毒舌評論

究極のエンジンを求めて

兼坂 弘

エンジン革新をめざして

戦前の、日本の航空機エンジニアたちは、飛行機は音速を超えることは不可能である、と論文を如何に理路整然として書くかに力点が置かれていたと聞く。

現在の、日本の、世界の自動車エンジニアたちは、ガソリン・エンジンを過給すれば必然的に熱効率は低下する、と確信して、過給を避けて通るベンツを代表とする一群と、燃料消費率を無視して過給度を高めたいポルシェ派とに二極分化している、というよりは混在しているというべきである。

一方、中・大型ディーゼル・エンジンの分野では熱効率を高める目的で過給度を高めつつあり、熱効率は50％を超え、自動車用ガソリン・エンジンの二倍に達した。しかし、ガソリン・エンジン技術者の目は専ら出力率を高めることのみに向けられ、DOHC4弁とすることによって吸排気抵抗を低減し、充塡効率を高め、最高回転速度を高めて出力率を高めた。更に、そのエンジンを圧縮比を下げて過給し、出力率は一〇〇ps/ℓを超えているのが現状である。が、熱効率が低下したという事実は進歩ではなく、明らかに退歩である。

ピストン・エンジンによっては音速を超えることは不可能であった飛行機は、ガスタービンによるジェット・エンジンの導入によって壁は破られ、結果として航空機原動機界に革命が起きたのである。

これを受けて自動車用原動機にも当然に革命待望論が湧き上がり、ロータリー・エンジン、ガスタービン、スターリング・エンジン、電気モーターなどなどが候補に選ばれ、研究が続けられてはいるが、セラミック・エンジン同様にジャーナリストに話題を提供したにとどまっている。

これらの〝新型〟エンジンの研究によってエンジニアーたちは、ピストン・エンジンの欠点こそが他のサイクルを利用したエンジンにとって掛け替えのない長所であることを痛感した。おそらく、否確実に、自動車の動力源として石油の最後の一滴は、ピストン・エンジンの燃焼室内で酸素と化合する、と確信する。したがって、自動車用原動機に革命ではなく、〝革命的な革新が期待されるゆえんである。

飛行機用のピストン・エンジンが完全に行き詰まったとき、ジェット・エンジンへの革命が行われたごとく、行き詰まり状態にある自動車用エンジンに大変革の予兆を強く感じ、千載一遇というべきか、自動車が出現して一〇〇年目に起きるべき大革新に参加したい。と切望する筆者は、エンジン設計者たちを叱咤激励しつつも、モーターファン誌の読者にも笑いながら参加してもらいたい。と書き続けるのが兼坂弘の毒舌評論である。

毒舌評論●目次

総論

いでよ画期的エンジン

いまや日本の自動車は、品質がよく、廉価なクルマとして、世界に冠たる存在となった。しかし、オリジナル技術では、なんら誇るべきものがないこともまた事実である。

80年代は技術革新の時代といわれているが、今後、日本の自動車工業が生き残るためにも、新技術を開発しなければならないことはいうまでもない。そこで、あえて以下の苦言を呈する次第である。

▲トヨタの１Ｇ-ＧＥＵ型ツインカム24バルブ・エンジン

▼ＶＷのターボ・ディーゼル・エンジン

●なにもクリエートしていない

最近、国産エンジンに新しいものが次々に出てきた。

それらは軽量・コンパクトであり燃費率、パワーの向上などが図られている。また、かつては特別なエンジンであったＤＯＨＣタイプも汎用エンジン化しつつある。しかし、これらのエンジンの進歩は、いずれにせよ微妙な改良開発に過ぎない。

もっと思想を高く持ってほしい。

自動車の技術で日本が発明したものはほとんどない。オットー・サイクル、ディーゼル・サイクル、点火プラグ、噴射ポンプ、ｅｔｃ……基本的技術はすべていただいたものだ。

また、ホンダ以外の自動車メーカーは、レースにも参加していない。

極言すれば、自動車文化になんら寄与をしていない。

それはともかく、発明というのは千三だから、３００くらい失敗すれば一つくらい当たるかもしれないが、日本の社会の土壌として、３％くらいしか成功の確率がないものは、ダレもやろうとしない体質がある。

いま日本の自動車工業は日の出の勢いかのようにみえるが、究極の覇者になれるかどうかは非常に疑問である。

エンジン技術に限っても、現在の新エンジンの改良技術はすべて手先の仕事に過ぎない。

頭を使った仕事とはいえない。

軽量化などというのは、真面目に重箱のスミをほじくっていればできることだ。トヨタの１Ｇエンジンは軽量エンジンのはしりだが、軽量化への涙ぐましい努力を見ていると、むろん、そうした努力にケチをつけようというわけではないが、そこまでやる必要があるのかなぁ、という感じさえする。さらにいえば、しかしながらこれで軽量化を極めたとはとてもいえないと思う。たとえばＶＷゴルフのエンジンである。ガソリン・エンジンとしてゼイ肉を取り尽くしたはずのものが、いつのまにか最も軽いディーゼル・エンジンになり、シリンダー・ヘッドボルトの寸法を11㎜から12㎜に太さを増しただけでディーゼル・ターボとなり、出力と信頼性を誇ることになった。

結論は……これまでの世界中のエンジンが強度計算も軸受け面圧計算もウソのデッチ上げの数値の下に設計されていたことになる。

トヨタのエンジニアが、軽量化を極めたはずの1Gエンジンをディーゼル化し、ターボ・ディーゼル化したときに、やはりすばらしい技術の進歩が不可能を可能にしたというのだろうか？

馬力当たり重量からいえば、仮にリッター当たり出力が、無過給エンジンの2倍以上でる過給エンジンができれば、2ℓ車は1ℓエンジンに載せ換えることによってエンジン重量を大幅に軽減することができる。すなわち、車両重量を軽減し、燃費や運動性能が抜群によくなる。もちろん、コンパクトなエンジンによってエンジン・ルームも小さくてすみ、横置きエンジンも可能になるなど、スタイリングや設計の自由度が大幅に向上する。

こういう考え方もあるのではなかろうか。第一、軽量化はなんらクリエイティブなものではない。

たしかに、昔のレーシングカーのエンジンと同等のものが、一般のクルマにリーズナブルな値段で搭載される時代になってきた。しかし、これはエンジン技術が進歩したわけではない。DOHC、4バルブは40〜50年前のレーシングカーでは当たり前のメカニズムである。これは我々の先祖が手造りしたハニワの美しさに魅せられて、型に粘土を詰めて量産して、安く売っているのと同じ発想であって、なにも画期的なエンジンではない。

ここ10数年間に部分的な小さな発明はいくつかあった。残念ながら、これらのほとんどは外国でのはなしである。たとえば、コッグド・ベルトはエンジンの簡易化に大いに役立った発明だ。大昔のレーシングカーのDOHCエンジンはクランク軸からシリンダー・ヘッドにあるカム軸にまで5〜6個の歯車を連ねてその回転を伝えた。あるいはベベル・ギヤによるOHCエンジンもあった。その後タイミング・チェーンが実用化されることによって、簡素化とコストダウンが図れたが、伸びてタイミングが狂う、あるいは騒音を発するなどの欠点を持っている。タイミング・ベルトは安いだけでなく、騒音がない。また、タイミング・チェーンのように潤滑する必要がないから、カバーしなくてもすむ。

いまやOHCエンジンが当たり前でOHVエンジンを作る気がしなくなったのは、コッグド・ベルトのお陰でもあろう。

また、これもレーシングカーで開発されたフューエル・インジェクション。霧吹き原理のキャブより流入抵抗が少なく、燃費、パワーの向上が望めるものだが、これもボッシュその他の発明を買ってきたものだ。

開発担当者としては、あれを改良するのは大変だったというかもしれないが、クリエイティブではない。

ただ、三菱の燃料噴射ではエアの流量を測るのにカルマン渦を測る方法をとっているが、それまでの流入空気の前後の圧力差、イコール流速という算出法とは異なっており、微少なる改革といえども、画期的だといえよう。だが、いずれにせよ総合的に見て日本のエンジン技術は進歩していない。ロボットに代表される生産技術やトヨタのカンバン方式に代表される生産管理技術が進歩したに過ぎないのである。

車のコストダウンは直ちに利益につながるからといって、これにコダワリ続けたフォードの、かつてのピンチを思い起こせば、この先日本のエンジニアは何をするのか、何をしたいのか、と問いたい。

●スロットル・ロスを減らす方法も「？」マーク

日本のエンジン技術者は、あの世界一厳しい、不可能かと思われた排ガス規制をクリアした。しかし、これはガソリン・エンジンに限ってである。ディーゼル屋は泣くだけだ。

ディーゼル・エンジンの規制はザル法で、エンジンのある運転状態に限って定めているだけで、ガソリン・エンジンのように走行距離当たりの排出量の規制ではないので、比較的楽にゴマかせるからだ。

ただ、ガソリン・エンジンには具合がいいことがある。それはEGRが使えることだ。ひとつは排ガス温度が高いので、ガソリンの蒸発がいい。また、ガソリン・エンジンでは軽負荷時にはスロットル・ロスがあるわけだが、EGRすることによってリーンバーンになるとそのマイナス仕事が多少は減る。

フルロードではガソリン・エンジンもディーゼル・エンジンも燃費はさほど変わらないが、市街地走行などでは、負荷はフルロードの15％くらいで走行することになり、ガソリンは燃費が悪い。その原因としてスロットル・ロスがかなりある。スロットル・ロスとはエンジンのパワーを絞る目的でスロットル・バルブによって吸気の流れを絞り、ミクスチャーの吸入量をコントロールするとき、吸気は負圧となり、**図1**の斜線部の面積のマイナスの仕事量を発生し、熱効率を下げるので、それを減らせばディーゼル並みに近づく。ちなみに、ディーゼル車の全負荷走行燃費は、ガソリン・エンジンとの差が少ないせいか、表示されていないケースが多い。

走行燃料消費自体は、高速道路を走ったらガソリンとディーゼルとではさほど変わらないということは、高速走行時にはエンジンの負荷は高く、**図2**に示すように、ガソリン・エンジンの場合スロットル・ロスが減少するからである。が、負荷の低下とともにスロットル・ロスは増大し、ガソリン・エンジンの燃料消費率は急激に悪化するので、市街地走行では大幅にガソリン・エンジンは不利なのである。

いまガソリン・エンジンは燃費をよくするためにリーンバーンにしている。リーンバーンとはリーン（薄い）なミクスチャー（ガソリンと空気の混合気）をバーン（燃やす）することで、理論空燃比（ストイキ）より薄い混合気を燃やすことができれば、**図3**に示すようにスロットル・ロスを減らすことができるばかりでなく、燃焼ガスサイクルから熱効率の高い空気サイクルに近づき、燃費率を下げることができるのだ。EGRはリーンバーン化する効果があったわけだ。ただ、最近ではO_2センサーを使って精密に空燃比コントロールをして、EGRをしないケースが増えてきているようだ。これはEGRすると燃焼速度が低下するので、むしろ燃焼を速くするためにホンダの新CVCCや日産のツイン・プラグのように急速燃焼させる方向になってきている。

三元触媒とO_2センサーもすばらしい外国の発明だ。

O_2センサーとコンピューターによって厳密に理論空気燃料比（ストイキオメトリー：ガソリン1を完全燃焼させるに必要な酸素を含んだ空気14・5）にコントロールされた状態では、三元触媒はNOxをN＋O_2に解

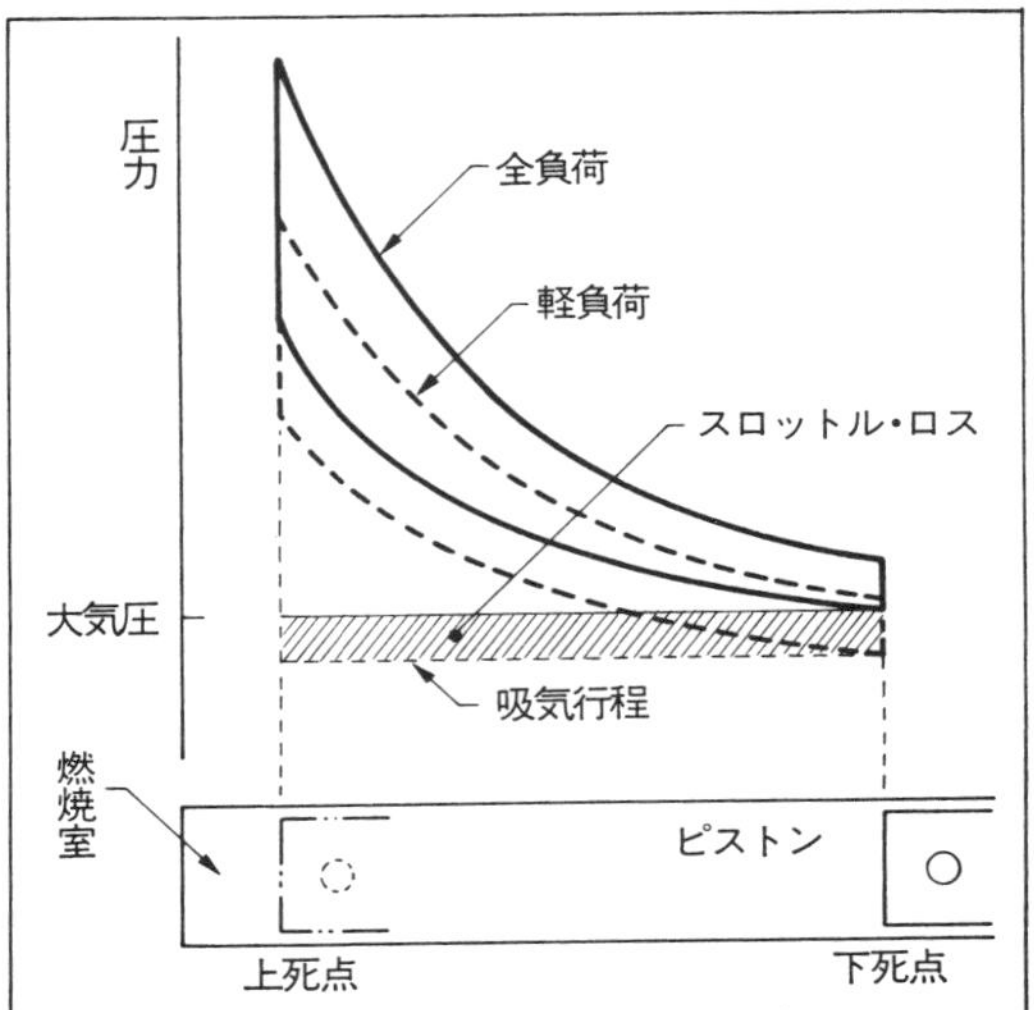

図1　軽負荷時にスロットル・ロス発生

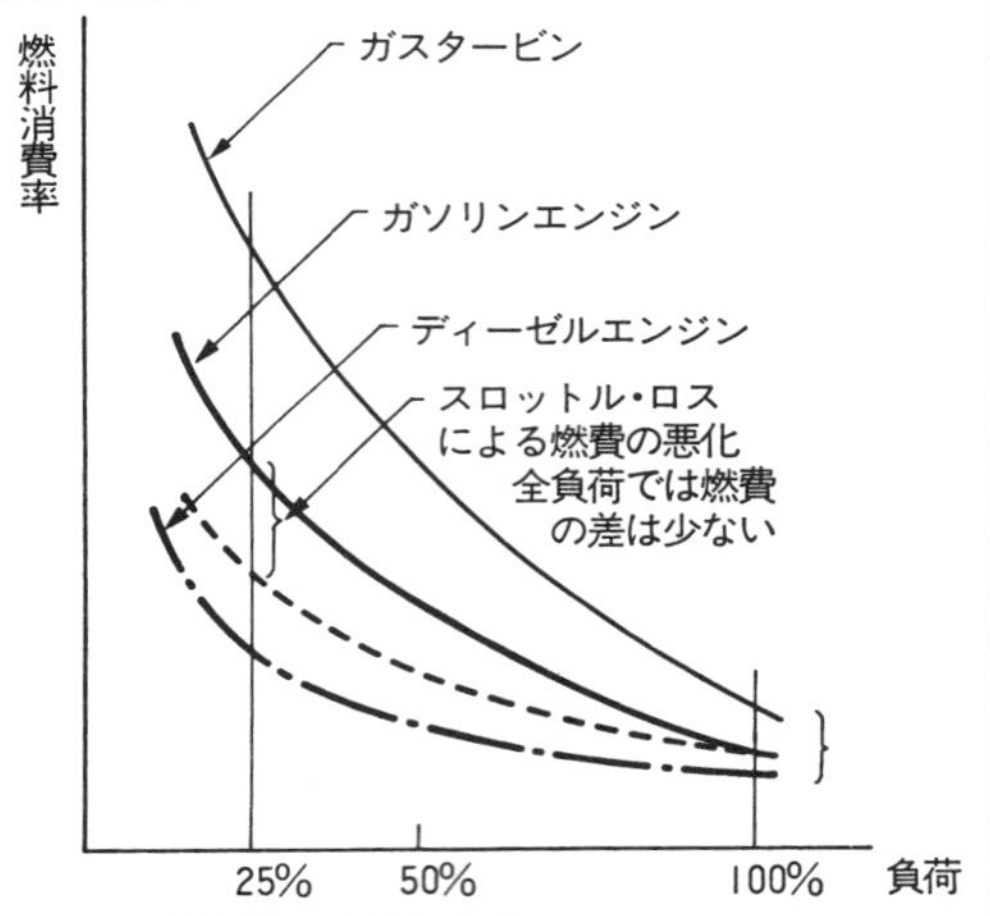

図2　全負荷では差は少ない

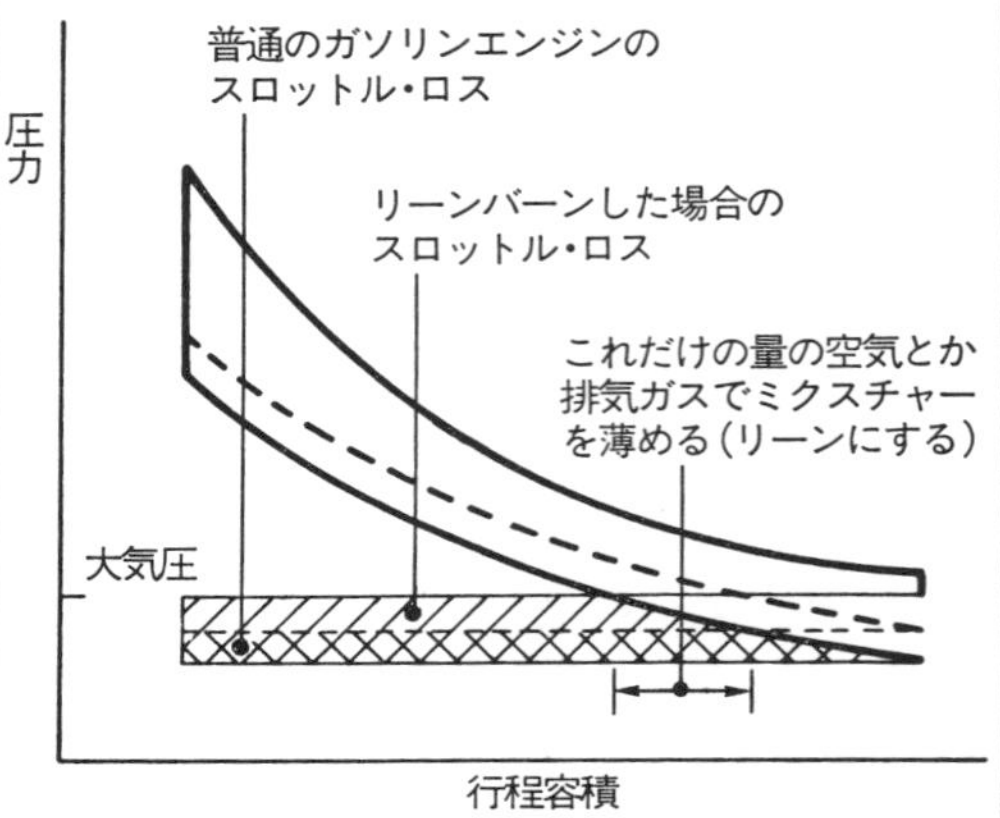

図3　リーンバーン化した場合、スロットル・ロスが低減

離し、ＨＣとＣＯを酸化させてEO_2とCO_2の無害なガスに変えるので、ガソリン・エンジンの技術者は公害問題から解放された。

本題に戻って、いまのところスロットル・ロスの少ないガソリン・エンジンは気筒数変換方式を除いては成功していない。

気筒数変換方式はアメリカのイートン社で最初に発明されたと思う。これはＧＭのキャデラックの８／６／４エンジンとして脚光を浴びたが、現在は製造中止されている。ＢＭＷや三菱では目下健闘中である。

たとえば、６気筒エンジンの場合は、負荷が半分になるまでは６気筒すべてが働く。負荷が半分以下になると３気筒は死んだふりをしていて、残りの３気筒はフルスロットルで**ガンバリ**、スロットル・ロスを少なくして、**図４**に示すように、完常走行時のエンジン低負荷時の燃費率を改善しようとする考えである。が、３気筒から６気筒へのつなぎがギクシャクするとか、スロットル・ロスはなくなってもフリクションは相変わらず６気筒分あって、思っていたほどの燃費改善は得られなかったとか、故障しやすいとか、致命的な問題が残されているようである。

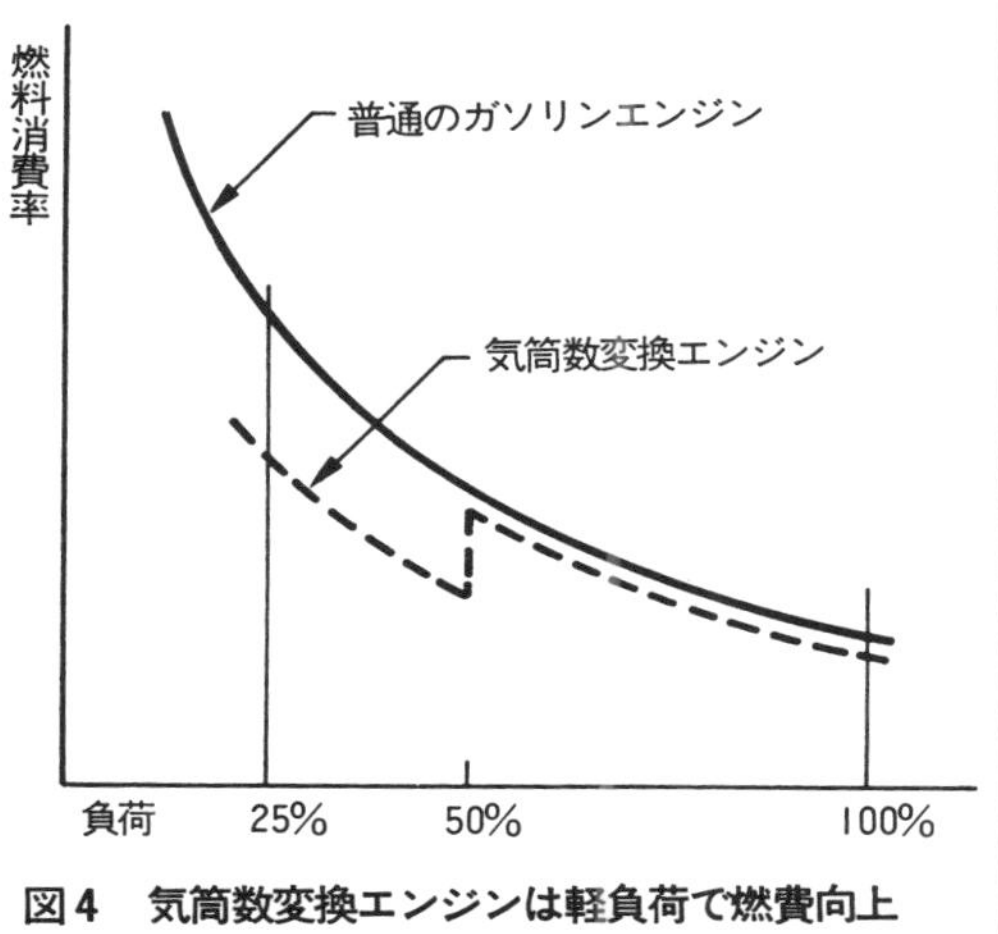

図４　気筒数変換エンジンは軽負荷で燃費向上

ガソリン・エンジンではミクスチャーが薄くなると火がつきにくくなるので、点火プラグの近くだけを濃くしておきたい希望があって、ＣＶＣＣの他にフォードの成層燃焼方式プロコも有名であるが、いまだに成功していないようだ。ベンツがレーシングカーに使っていたガソリン筒内噴射（市販のＥＦＩは筒外噴射）はディーゼル・エンジン並みの燃費となりうるわけだが、コストと信頼性に問題があって、近日発売、乞うご期待！　というわけにはいかない。

それではストイキオメトリー（最適空燃比）なミクスチャーを絞らずに、吸気量のコントロールが可能ならば、軽負荷時のスロットル・ロスをなくすことができるわけで、日産やＧＭではその研究を行った。

方法としては二通りの考えがある。

ひとつは、スロットル・バルブのないエンジンのインレット・バルブを、吸気中に自由な位置で閉じる方式。

アイドルでちょっとだけ吸入して閉めてしまう。ところが、この〝先閉め〟方式は**図５**から分かるように、吸気行程の途中の点１で吸気弁を閉じると、以後の吸気行程では大気圧力、大気温度であったミクスチャーは圧力と温度を下げたら断熱膨張し、点２で吸気行程を終了し、圧縮行程に移り、点１に至ると、再び大気圧力、温度となるから、実質的な圧縮行程は点１から始まり、点３の圧縮上死点で圧縮工程を終了する。ということは、通常にエンジンに比較して圧縮行程は短くなり、圧縮比も低下し、点３の温度は低下するのだ。これでは負荷の低下とともに圧縮比が低下して、低負荷では火がつかない。要するに、スロットル・ロスはマイナス仕事をしているけれど、ミクスチャーの温度を高める効果があったわけである。

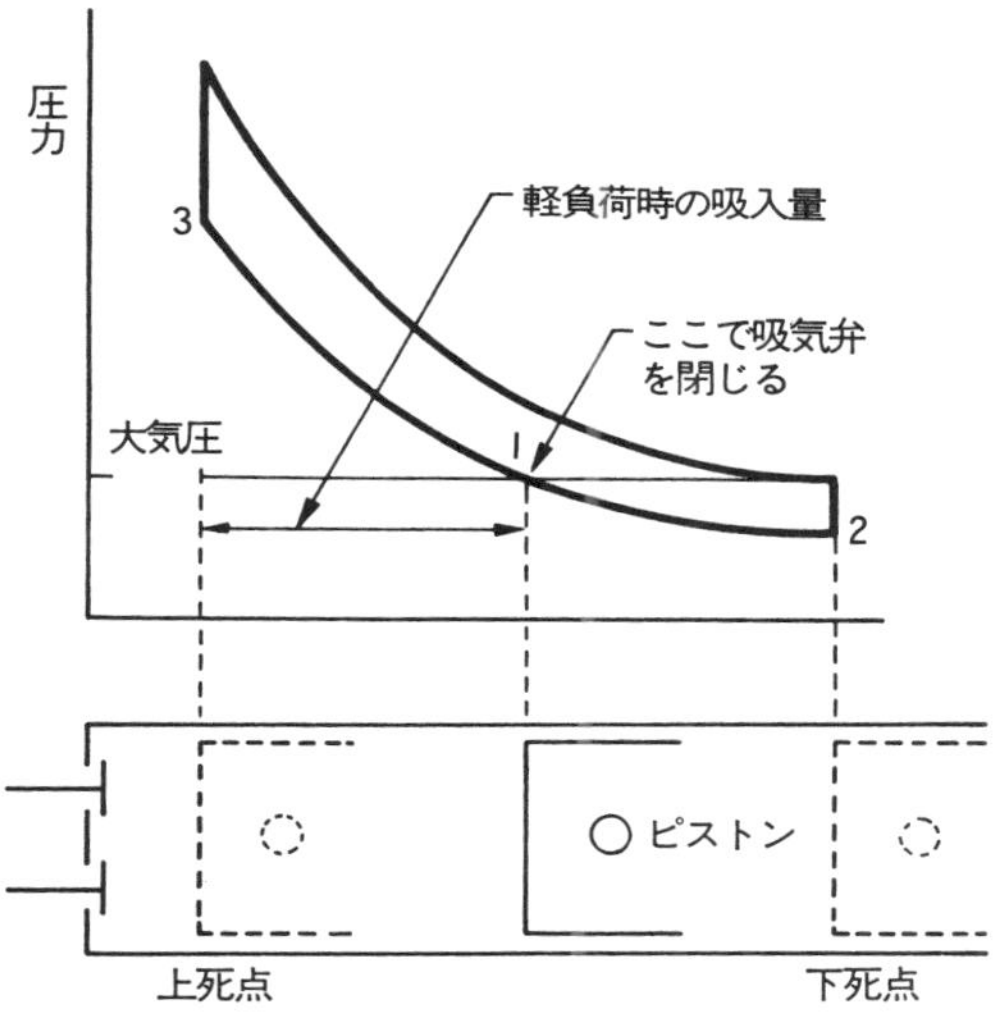

図５　先閉め方式

もうひとつは〝後閉め〟方式。

軽負荷のときでも絞らずにピストンの下死点にまで１００％吸気する。

フルパワーのときはここで吸気弁を閉じるが、軽負荷のときは圧縮行程中でも吸気弁を開きつづけ、一度吸ったミクスチャーの大半を吐き出してから吸気弁を閉める。が、今度は吸気弁でミクスチャーの出入りがあって、ミクスチャー温度が高くなりすぎてノッキングしてしまう。

この〝後閉め〟方式はGMでトライしているが、いずれにせよ、ディーゼルに比し、ガソリン・エンジンのタッタ一つの欠点はスロットル・ロスによる低負荷時の燃費で、平均して負荷が6分の1程度の自動車用エンジンではスロットル・ロスによって大きく燃費を悪くしているので、スロットル・ロスのないガソリン・エンジンを最初にどの会社が開発するか、の戦いを見守るのも外野として楽しみである。

●セラミックは有望だが……

いまターボ、ターボと草木もなびいているが、現在のターボはまだ具合の悪いところがある。それはエンジン回転の二乗に比例してブースト(過給圧力)が発生するので、低速では過給どころかかえって邪魔になり、高速ではいらないといっても勝手にミクスチャーを押し込んでくるので、ノッキングしてエンジンを壊してしまう。そこで**ウエイストゲート・バルブ**をつけてせっかくの排気エネルギーを捨てて、ブーストを低めに押さえてノッキングしないようにしている。排気エネルギーをウエ**イスト(捨てる)**するから確実に燃費は悪くなる。それでも過給するとノッキングして困るから圧縮比を9から8程度にまで下げ、さらにノック・センサーを使ってノッキングを感知して、着火時期を遅らせるから、**図6**に示すように実質的な圧縮比も膨張比も低くなり、ますます燃費が悪くなる。当然の報いとして熱効率の低下は排気エネルギーを増やす。増えたエネルギーによって排気温度を高め、高すぎる排気温度によって排気タービンを溶かしてしまうのだ。これだけのことをして稼げるパワーアップは30％くらいか、せいぜい50％が限界である。

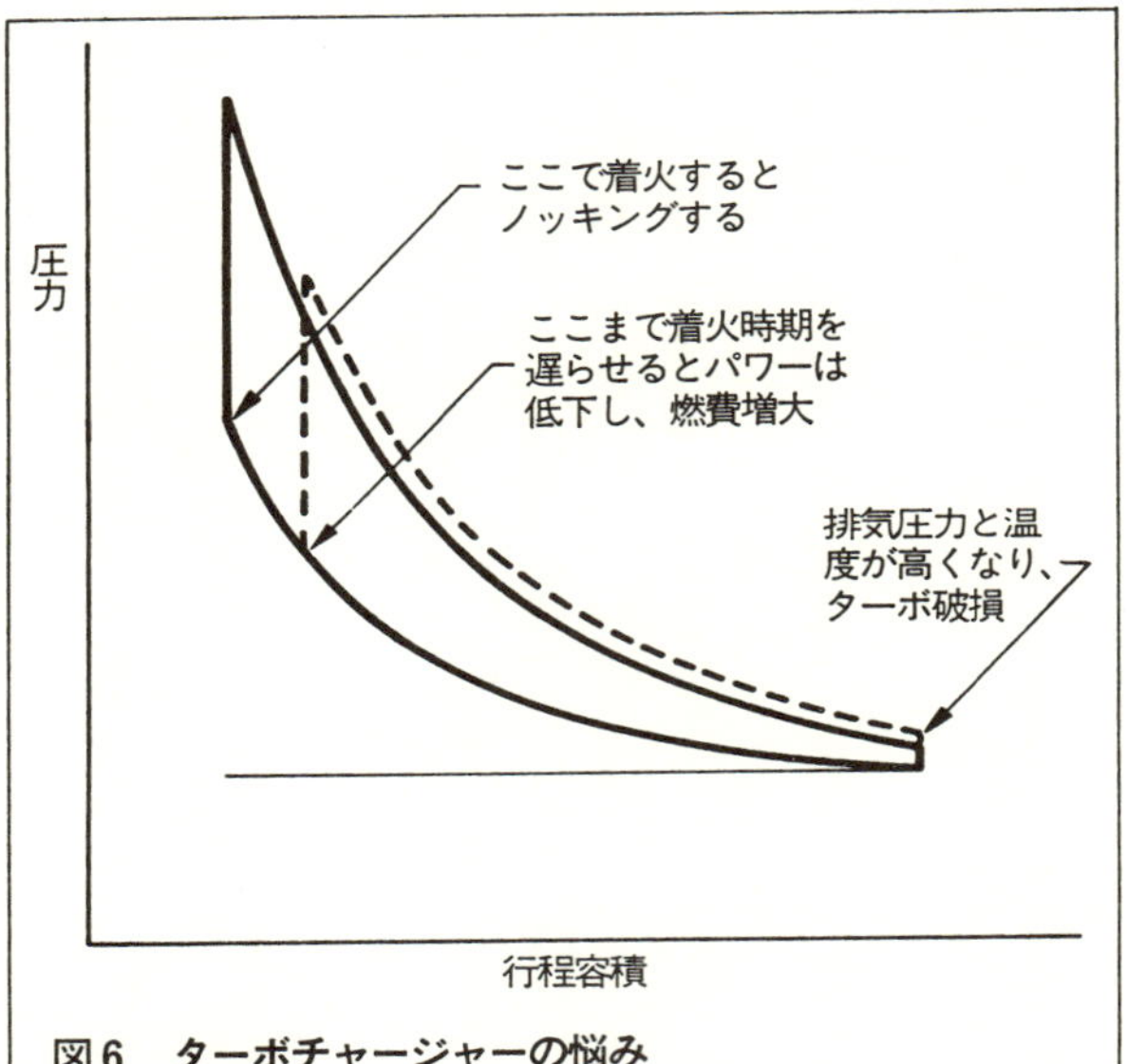

図6　ターボチャージャーの悩み

さて、最新型ハイパワー・ターボ車に乗って、いざ交差点グランプリで勝負！　といっても、エンジンが吹き上がらないのにイライラする。

ダイムラー・ベンツ社の測定ではターボ・チャージャーがアイドリング状態から毎分20万回転に達するには、7秒もかかるという。

一昨年、ベンツを訪れたとき、技術担当役員のコールマン博士はターボ・パワーが発揮されるまでに7秒もかかるので、ダイムラー・ベンツ社としてはガソリン・エンジンの過給はしない、その代わり軽量アルミ・エンジンをやるといっていたが、いまはそのとおりになっている。

一方、容積型スーパーチャージャー（ルーツ・ブロワー）はどうかと考えてみると、クランク軸からVベルトで一定回転比で容積型スーパーチャージャーを回してやると、低速から高速まで高いブーストが得られる。しかもターボのような時間遅れがなく、レスポンスがよい。が、欠点としては、クランク軸からの駆動馬力は損失となり、燃費を悪くする。

そこで加速時や高速走行、登坂などフルロードの必要なときはスーパーチャージャーを効かせて力を出し、普段の25％～50％ロードのときは作動させないようにして、燃費をよくするというのもどうだろうか？　ターボよりトータル燃費がいい？　ターボは低速のところのトルクがマイナスするが、容積型スーパーチャージャーは平行に低速トルクまで上がるから、加速性能は抜群となるが、極端な加速をしないかぎり普段は作動しないシカケをつけ加えるのだ。

これはひとつの方法だと思う。最新の情報

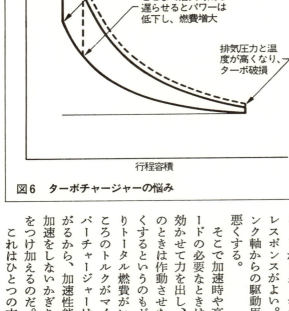

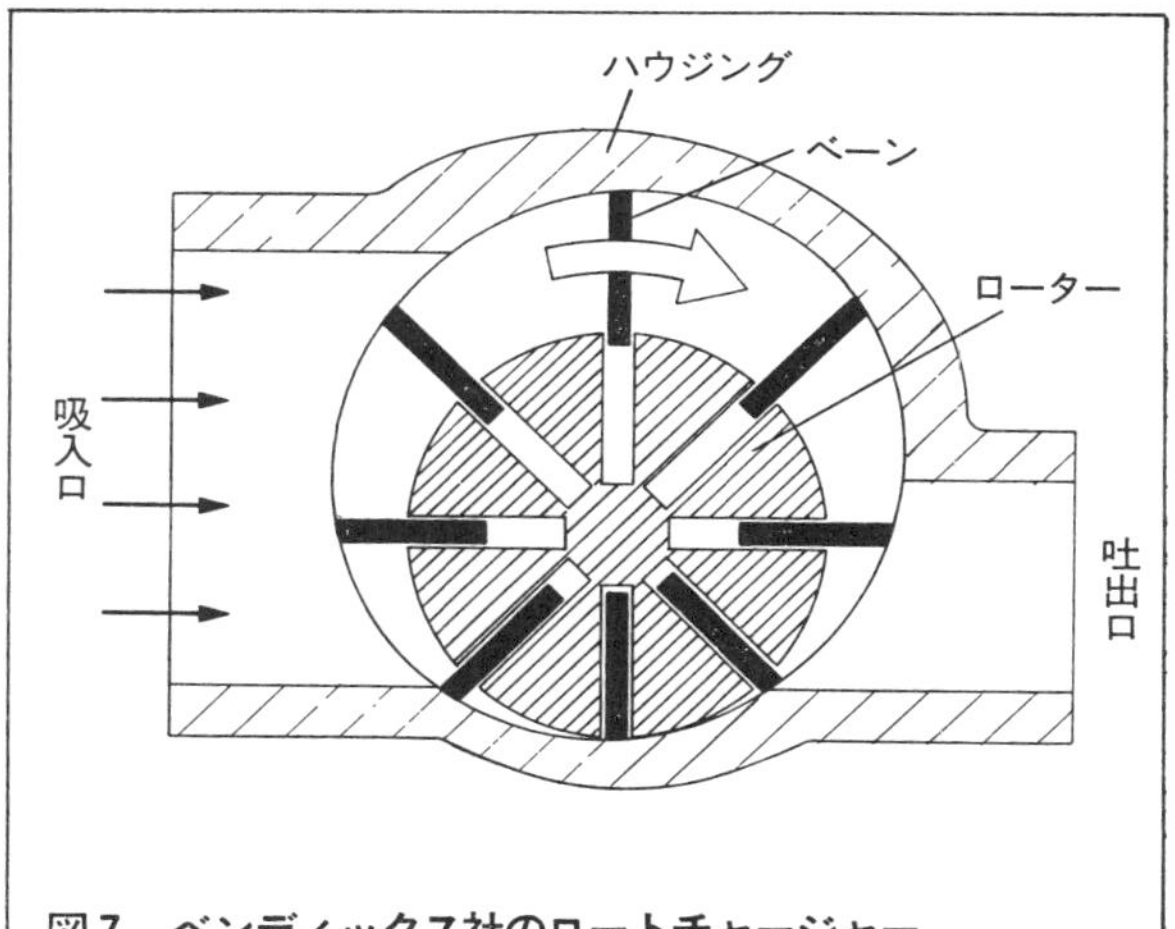

図7　ベンディックス社のロートチャージャー

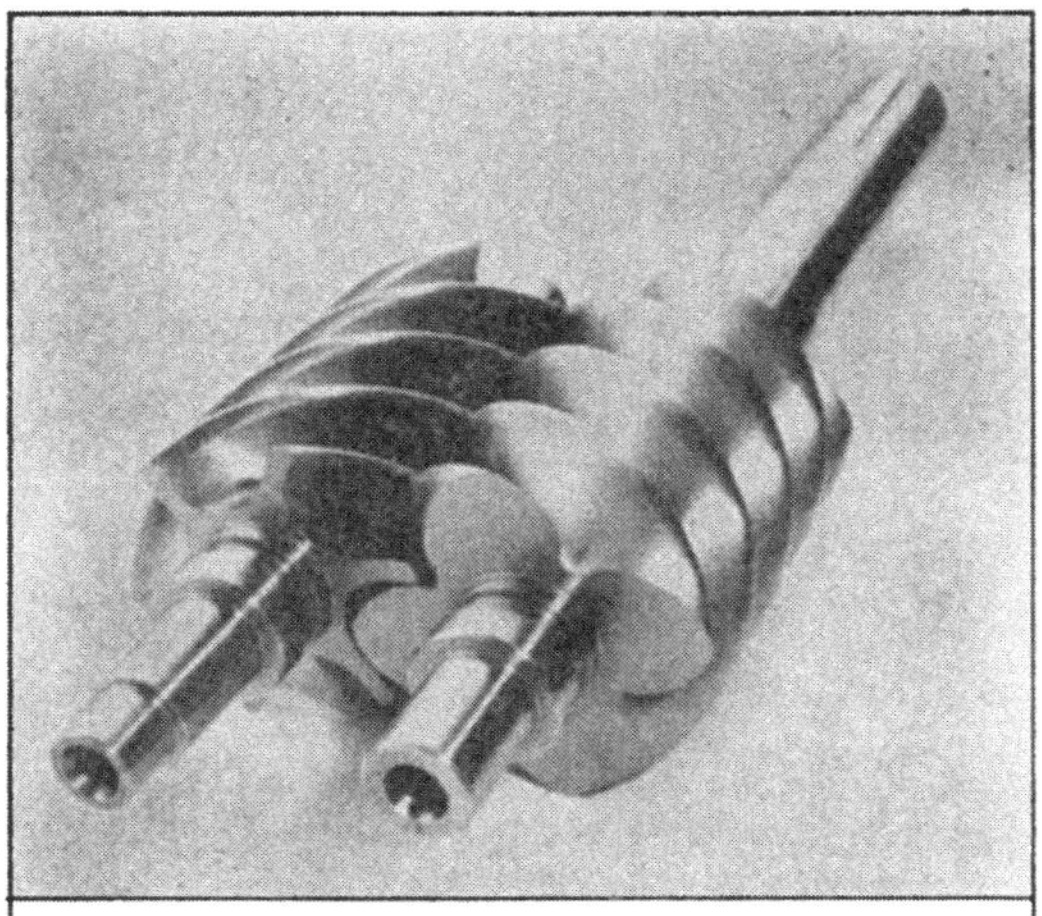

図8　リショルム型コンプレッサーのローター

によれば、ベンディックス社は容積型スーパーチャージャー「ロートチャージャー」の開発を中止したそうだ。ロートチャージャーとは**図7**に示すようなベーン型コンプレッサーで、吸入した空気を圧縮してから吐出するので、内部圧縮の機能のないルーツ・ブロワーよりも高い効率が期待されたが、致命的な欠点は、ベーンがハウジングと、ローターと接触しながら滑る構造で、潤滑してはいけない（潤滑油が半燃えの状態で2サイクル・エンジンのような白煙を出すから）スーパーチャージャーでは、磨耗の問題を克服できなかったようだ。一方フィアットでは、効率40％のルーツ・ブロワーから、効率80％の高い効率を持つ、**図8**に示す「リショルム」という容積型コンプレッサーに切り換えて、開発中とのことである。これは大いに期待が持てる。

図9に示すようにターボの長所、高出力と低燃費を生かしつつ、欠点である低速トルク不足とレスポンス不良をスーパーチャージャーで補う、ハイブリッド（混血）エンジンという新しい概念がランチアから提案されている。ハイブリッドにすることによって2ℓエンジンは無過給の3ℓエンジンに化けることが可能ではあるが、2個の過給機を取りつけることによって3ℓエンジンより高価になってしまうところに問題は残されている。

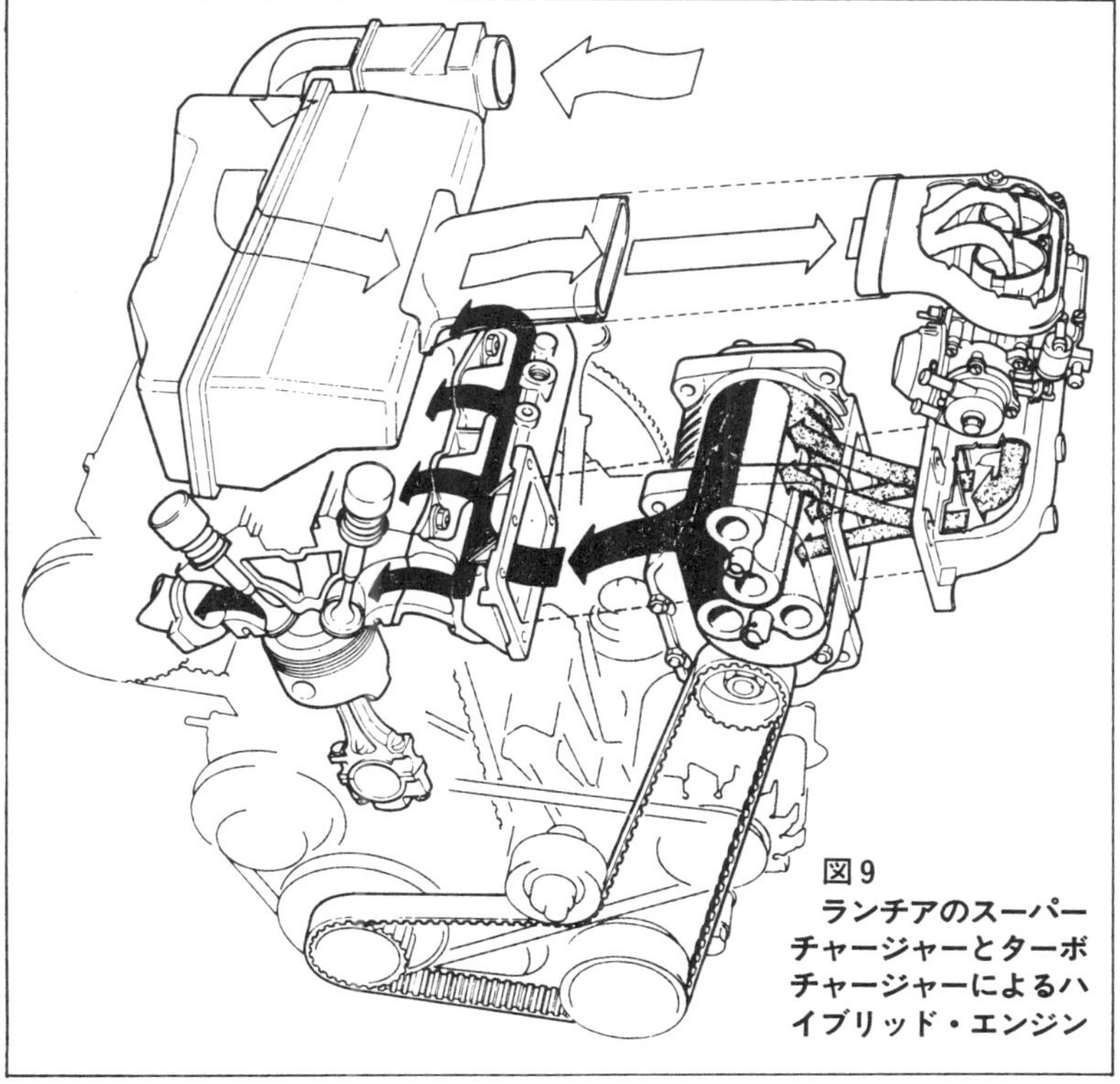

図9
ランチアのスーパーチャージャーとターボチャージャーによるハイブリッド・エンジン

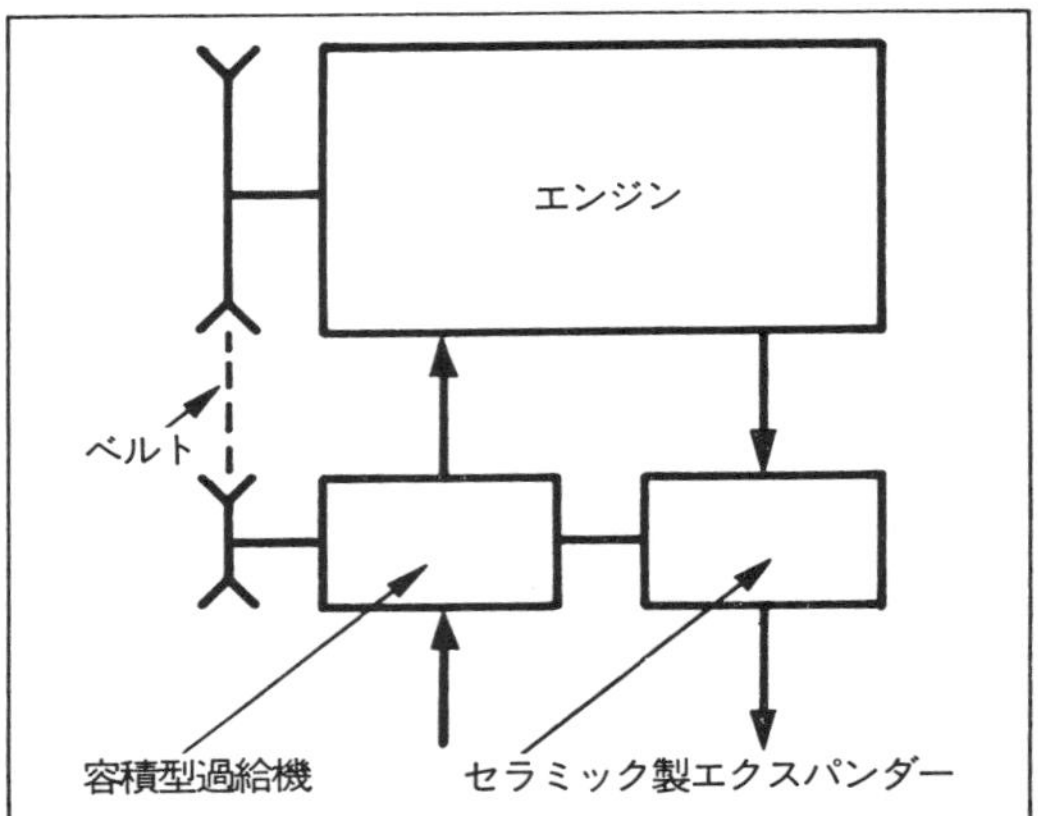

図10　カミンズでトライしているセラミック・エクスパンダー・エンジン

また、カミンズでは図10に示すようなガソリン・エンジンにリショルム・コンプレッサーとエクスパンダーを繋いだ、ターボ・チャージャーと同様の考え方のエンジンのトライをしている。エクスパンダーも効率80％だからトータルで64％の効率となるわけだ。小型ターボはなかなか効率50％までいかないから、もし実現すれば燃費率は大幅に改善し得ることになる。

そして、極低速から高速まで効くし、コンパクトでパワーもでる。エクスパンダーで排気ガスから回収したエネルギーでコンプレッサーを回してお釣りがくる。これが自然とクランク軸に戻る仕掛けだから燃費もいい。理想に近いガソリン・エンジンの過給方法だが、一つだけ難点がある。それはエクスパンダーの材質の問題だ。エクスパンダーは摂氏800度の高温排気ガスをエクスパンド（膨脹）させて機械的な動力に変換するわけだから鉄ではもたない。

セラミックにする必要がある。このセラミック・エクスパンダー・エンジンにはアメリカのエネルギー庁が予算を出している。だが、セラミックのネックは値段が高いことだ。

Kラミックというのがある。水に酸化クロムを溶いて、表面に塗って摂氏600度くらいで焼けば、表面がセラミックとなって焼き付けられる。これは熱伝導率が低く、金属と擦っても焼き付かない。つまり、金属との親和力がないのだ。

このKラミックは相当に安いが、それでもまだコスト的に通常のエンジンには太刀打ちできない。

このセラミック・エクスパンダーを使った過給ガソリン・エンジンになれば、これまで2ℓエンジンを積んでいたクルマが1ℓエンジンですむ。低速トルクもレスポンスも2ℓと同等で燃費がよく、エンジンは小さくて軽い。理想的なエンジンだ。

ところが、現在のガソリン・エンジンは2ℓでも1ℓでも非常に安いのだ。元値は10万円を割る。いまの技術でセラミック・エクスパンダーを作ると200〜300万円はかかる。将来、Kラミックによって作れたとしても20〜30万円はする。いまターボは1万円のものをつけて15万円高で売っている。セラミック・エクスパンダーは、いかんせんコストの壁を越えることができない。

だが、燃料のコストがいまの数倍になったら必ずペイする。アメリカ人はそうなったときのことを考えて、いまから研究をしているのだ。

ガソリン・エンジンをセラミックで作ることはナンセンスだ。圧縮温度が上がってノッキングするからだ。

だからセラミック・エンジンといえるのは水とか空気で冷却しないディーゼル・エンジンのシリンダー、ピストン、シリンダー・ヘッドをセラミック製にしたものであって、またの名を無冷却エンジン、あるいは断熱（アダイアバティック）エンジンといい、冷却に30％、排気ガスに35％もの熱エネルギーを捨てて、パワーとなるのは35％だけというのがいまのディーゼル・エンジンだから、そのうちの冷却損失をなくせば熱効率が大幅に向上する目論見なのだが、無冷却にしただけでは排気ガスが燃料の熱エネルギーの65％を持って、高温になるだけの話である。

京セラのセラミック・エンジンがこれであって、燃費向上とは無関係のものだ。ホット・プレスしたシリコンナイトライドを使ったので、エンジンの値段が100倍になっただけである。だから、排気ガスの熱エネルギーを動力に換える装置、排気タービンや排気エクスパンダーを付けてパワーをクランク・シャフトに回収するコンパウンド・エンジンにしてから安いKラミックで断熱するのが、カミンズ社のセラミック・エンジンの創始者ロイ・カモ（日本人二世）のセラミック・エンジン開発の手順である。

これはトラック用エンジンとしてというよりは、エンジンの冷却用空気の出入口が弱点である戦車の戦闘能力を高める目的で、TACOM：Tank Commanal：米軍戦車司令部の切なる要望で研究が開始された、という経緯を知った上での評価をしなければならない。ということであれば、乗用車エンジンへの応用を考えてみること自体、早トチリのそしりは免れない。

●パワーを4倍出すエンジンにチャレンジ

図11に示す可変ターボ、バリアブル・ジオメトリーも面白いアイデアだ。これはエアロダイン社も特許を持っているが、ダイムラー・ベンツ社でテストした結果、コンプレックスよりレスポンスがいいという話をカモさんから聞いた。

かつてヘルシンキの国際会議場にブラウンボベリ社が**図12**に示すコンプレックスのデモ用に持ち込んだ、プフのジープ・タイプの4輪駆動車に乗ったことがあるが、アクセルを踏むと、まったく遅れなしに反応する。実にレスポンスがいいことが印象的であった。そのコンプレックスよりいいというのだから、相当のものである。もちろん、このコンプレックスはディーゼル・エンジンに装着されているものだ。コンプレックスは高速でガスが入ってきて、前のガスを追い出して、反転して吸入す

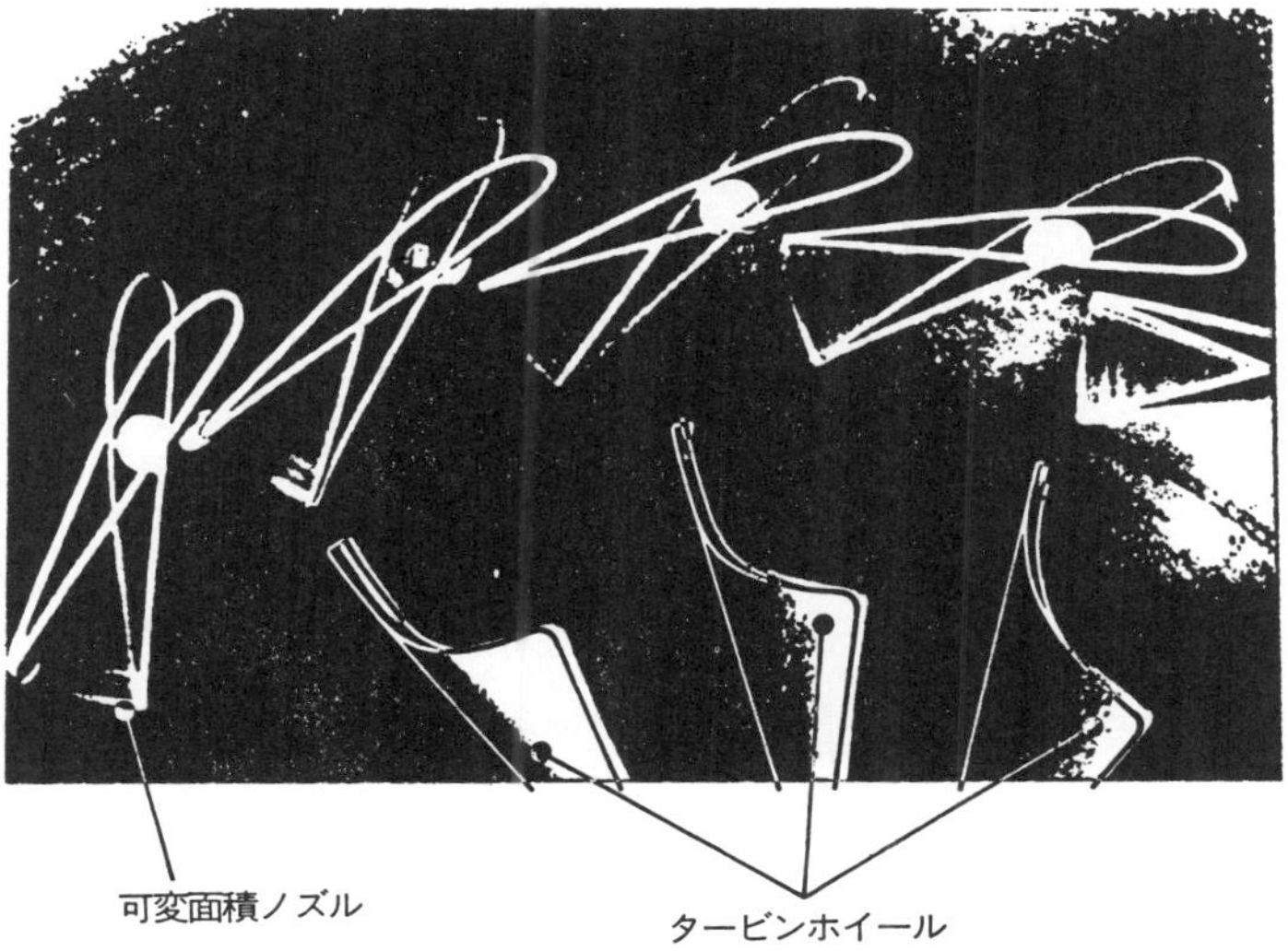

図11　可変ターボ・バリアブル・ジオメトリー

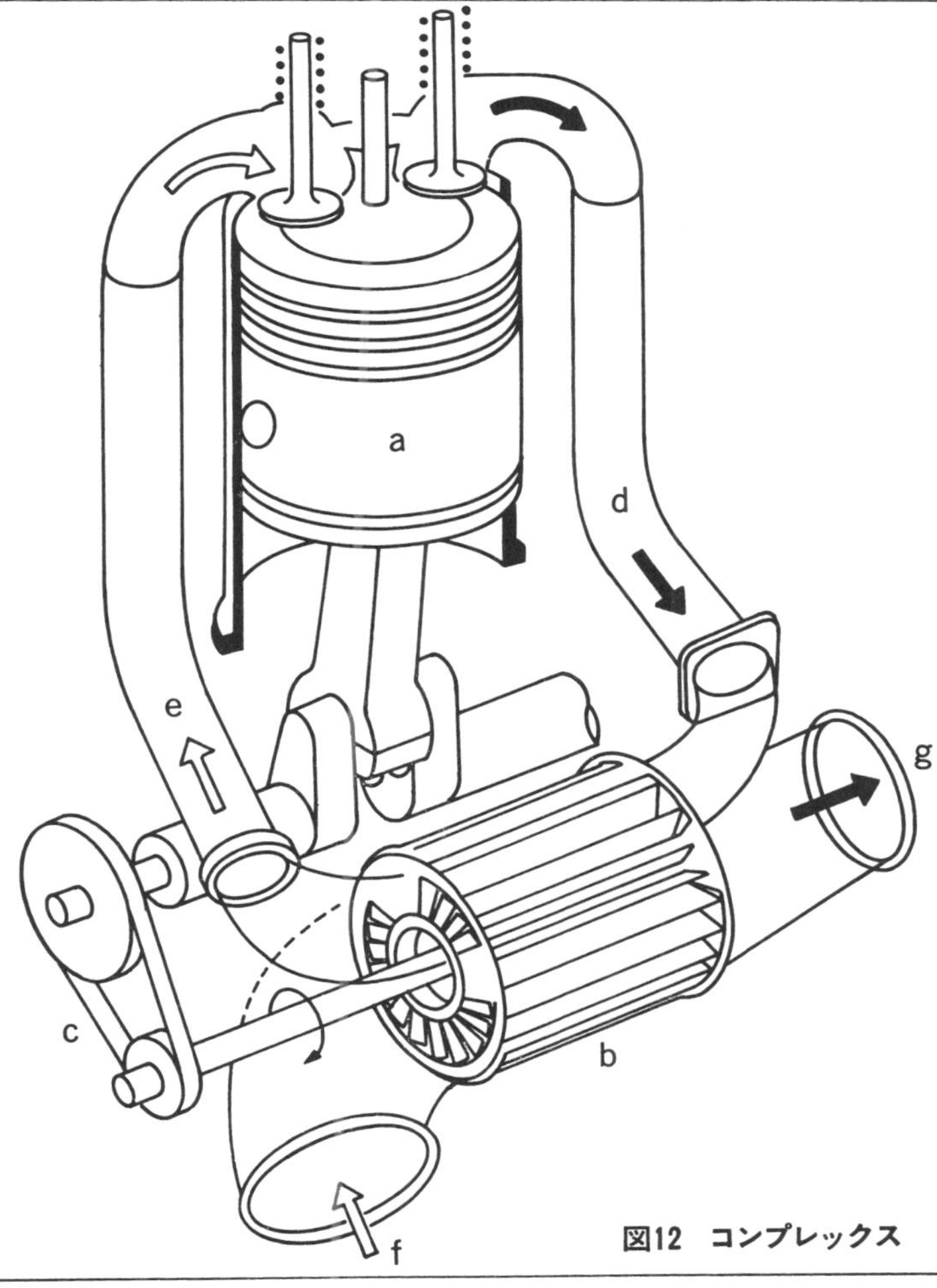

図12　コンプレックス

るわけだから、広い回転レンジでは使えない。つまり、回転レンジが狭く、回転が伸びないから、ディーゼル・エンジンの最高回転を下げると使える。とてもガソリン・エンジンでは使えるシロモノではない。また、コンプレックスはターボの4倍くらいコストが高い。使用しているニッケルの量が多いためだ。

ベンツの実験ではよかったというバリアブル・ジオメトリーだが、ターボの専門家にいわせると、コンプレックスよりレスポンスがよくなるはずがないという。

また夢がつぶれてしまうが……。

過給をどんどんして4倍くらいパワーを出しているディーゼル・エンジンがある。ただ、そうするとパワーといっしょにブースト圧力も上がり、エンジンがもたなくなるので、圧縮比を8くらいに下げている。フランスのハイパーバー社とアメリカのコンチネンタル社の戦車用エンジンがこれである。だが、圧縮比が低すぎて燃費が悪くなり、民間用には使えない。しかし、膨脹比さえ高ければ圧縮比を下げても燃費は悪くならないので、この原理を応用して4倍くらいパワーを出してやろう、というアイデアがある。

無過給エンジンの4倍のトルクを出すことができれば、最高速度6000rpmのエンジンを半分の3000rpmに落としても馬力としてはまだ2倍は残っている勘定で、こんなエンジンができたら車輌用エンジンとしてすべての点でよくなるのだがナァー。

ゼロ発進するときエンジン・パワーの60%ほどは、信じられないかもしれないが、フライホイールを加速して、残りの40%でクルマを加速するのだ。が、低速で強力なエンジンであれば、エンジンの速度を2分の1にすればフライホイールに吸い取られるエネルギーは4分の1に激減し、加速とレスポンスを様変わりさせるのだ。

エンジンの燃費率はフリクションによって決まり、フリクションは高速で急に増加する傾向があり、低速高出力エンジンは燃費の点でも勝れている。

無過給エンジンは1回に吸う空気量は決まっており、それに応じてしか燃料を燃やせないから、回転で馬力を稼ごうということになるが、いい過給エンジンでゆっくり回すというほうが、クルマとしての加速がよくなる。音も静かになり、燃費もよくなり、耐久性もよくなる。ちなみに、船舶用エンジンの最高回転数は75rpmくらいだ。ボア・ストローク比が2・75とか3で、燃費を119g／ps・hくらいにしたいとガンバッている。ゆっくり回して燃焼効率(プロは図示効率という)を向上しようというわけだ。乗用車用ディーゼル・エンジンは180g／ps・hくらいだ。トラックと同じ直接噴射式にすれば160g／ps・hになるが現在の技術では乗用車用直噴ディーゼル・エンジンは無理である。200気圧で噴くボッシュ式の噴射装置の代わりに2000気圧で噴ける高噴射率噴射装置が開発されれば、燃費130g／ps・h程度で、排ガス規制をクリアする直噴ディーゼル・エンジンができるはずである。

ウイスコンシン大学のウエハラ先生は燃料の温度を上げて噴射している。燃料はガスになって噴射されガソリン・エンジン並みに静かになったそうである。

また、ガソリンのターボにはノッキングの壁がある。だから、普通は50%くらいしか出力向上が見込めない。それを4倍出そうというわけだが、それにはロータリー・バルブを使って〝可変圧縮比エンジン〟にすることで、ノッキングを回避しようというものだ。つまり、ノッキングをノック・センサーで検知して、ノックしたらロータリー・バルブでアジャストして、膨脹比を変えないで圧縮比を変える。過給してノックしたら、圧縮比を下げる。さらに過給してノックしたら、どんどん圧縮比を下げて逃げる。

いまのターボはウエイスト・ゲートバルブでブースト圧を下げているがあれは要するに〝エネルギー・ウエイスト〟である。

現在のターボは第一世代のターボである。いかにエレクトロニック・コントロールしようともいまだ欠点のカタマリであるが、その欠点すらがアバタもエクボに見えるファンに支えられてきた。このファンがシラケる前に、もっと燃費のよい第二世代の過給エンジンを世に出して欲しい。

トヨタ編

4A-GEUエンジン

カリーナ用4A-ELU

1G-GZEU

スーパーチャージド・エンジン

ツインカム・ツインターボ

1G-GTEU

トヨタ4A-GEUエンジン

3Aエンジンの実力をうまく昇華させた16バルブ

ターボに遅れをとったトヨタは、気筒当たり4弁というべきところを24バルブと唱えることによって、エンジンばかりか車まで良く見える新語を創造し、ターボの影を薄くしてしまった。

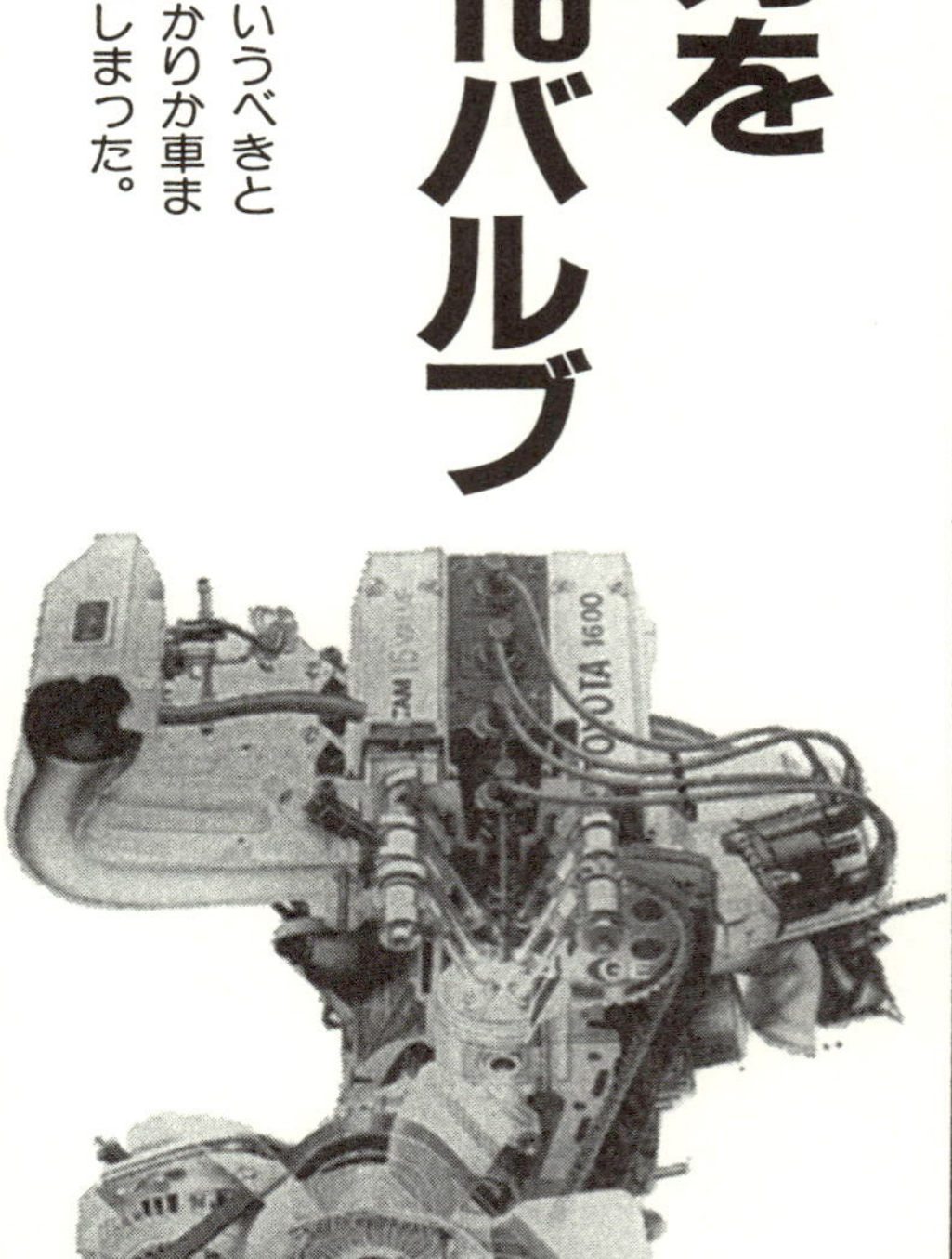

TWIN CAM 24VALVEでヒットしたから、次はTWIN CAM 16VALVEと柳の下から2匹目のドジョウが躍り出てもオレは驚かない。

西独のMTUの前身はマイバッハ。このエンジンはなんと1シリンダーに弁が6個もついているのだ。今もヨーロッパの鉄道で活躍している、このオレの大好きなV12エンジンはトヨタ風にいえば、QUADRABLE CAM 72VALVEということになり、おまけにターボ+アフタークールだ。

わずか16バルブ。しかも無過給のトヨタ4A−GEUエンジンは、オレたちを感動させるサムシングを持っているか?

●なぜ6600rpmか?

一体なんで16バルブにしなければいけないのか。考えてみるまでもなく、TWIN CAM 24とボディに書き込むことによって、隣の車が遅く見えるほどスタイルが向上したので、4気筒エンジンにも応用しなければウソである。

ではトヨタに成り代わって、16バルブ・エンジン作りの作業を進めてみよう。これまでの2T−GEUエンジンでは、DOHCではあるがチェーン駆動で、音がうるさく、コスト高で古くさい。バルブはシリンダー当たり2弁で8バルブではボディの横に書き込めるバルブ数ではない。それにボア×ストロークが85×70㎜。ボアストローク比0・83では圧縮比も9とさえない。

このエンジンの最高回転速度のポテンシャルは8500rpmであるのに8バルブのせいか、6000rpmでパワーがサチュレートして115ps、リッター当たり73psではパンチが効かない。このオールド・ファッションで146kgと鈍重なエンジンを捨て、ファッショナブルな1・6ℓ、16バルブ・エンジンをだれにでも買える値段で作り出すのがトヨタの腕の見せどころだ。

3A−Uエンジンはカローラ系に使われていて、ナント月産10万台である。当然のことながら「多ければ安くなる」で、第一感としてこの1

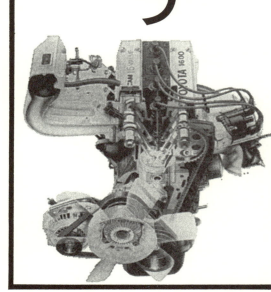

エンジン / 項目	4A-GEU	3A-U (AE70系搭載) 〔参考〕	2T-GEU (TE71系搭載) 〔参考〕
シリンダー数および配置	直列4気筒縦置き	←	←
弁機構	DOHCベルト駆動	SOHCベルト駆動	DOHCチェーン駆動
気筒当たり吸排気弁数	各2	各1	←
燃焼室形状	ペントルーフ型	くさび形	多球形
総排気量〔cc〕	1587	1452	1588
内径×行程〔mm〕	81.0×77.0	77.5×77.0	85.0×70.0
圧縮比	9.4	9.0	←
吸排気配置	クロスフロー	カウンターフロー	クロスフロー
最高出力〔ps/rpm〕	130/6600	80/5600	115/6000
最大トルク〔kg-m/rpm〕	15.2/5200	11.8/3600	15.0/4800
燃料消費率〔g/ps・h(rpm)〕	200(4800)	210(3600)	215(4800)
重量（整備）〔kg〕	123	109	146

4A-GEUエンジン主要諸元

・5ℓSOHC8バルブ・エンジンの頭だけ変えてDOHC16バルブにできないか？　ボア・アップかストローク・アップによって1・6ℓにできないかと考えてみて当たり前である。

可能ならば、憧れのレーシング・エンジンが他社のSOHCエンジン

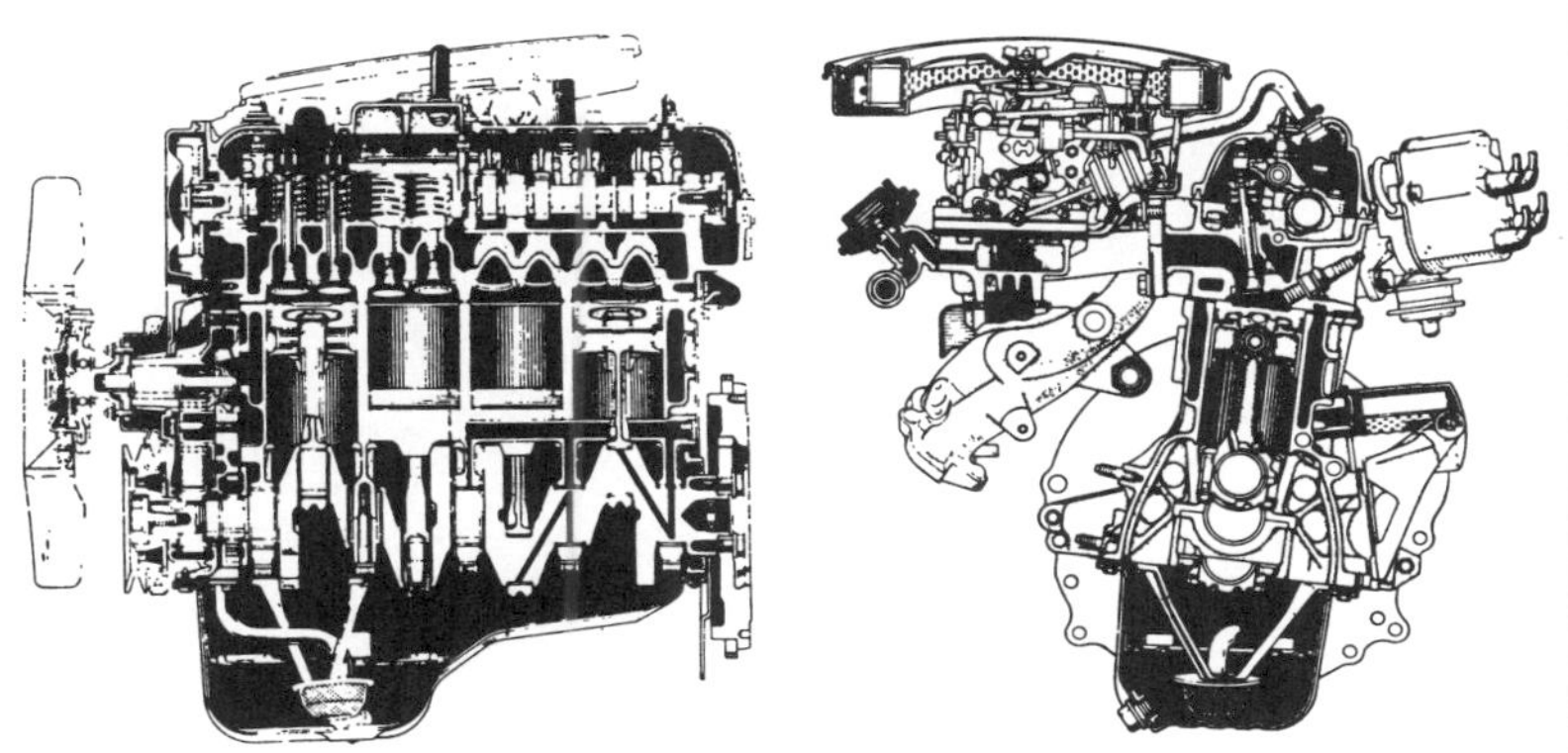

図1　3AU型エンジン断面図

並みの値段で作れるはずである。作れたので8月にはもう1万台以上売れた。

図1の3Aエンジンの断面図を見て、ボア・アップは可能か？　と考えてみると、シリンダーは完全サイアミーズド（シャム双生児風）で、

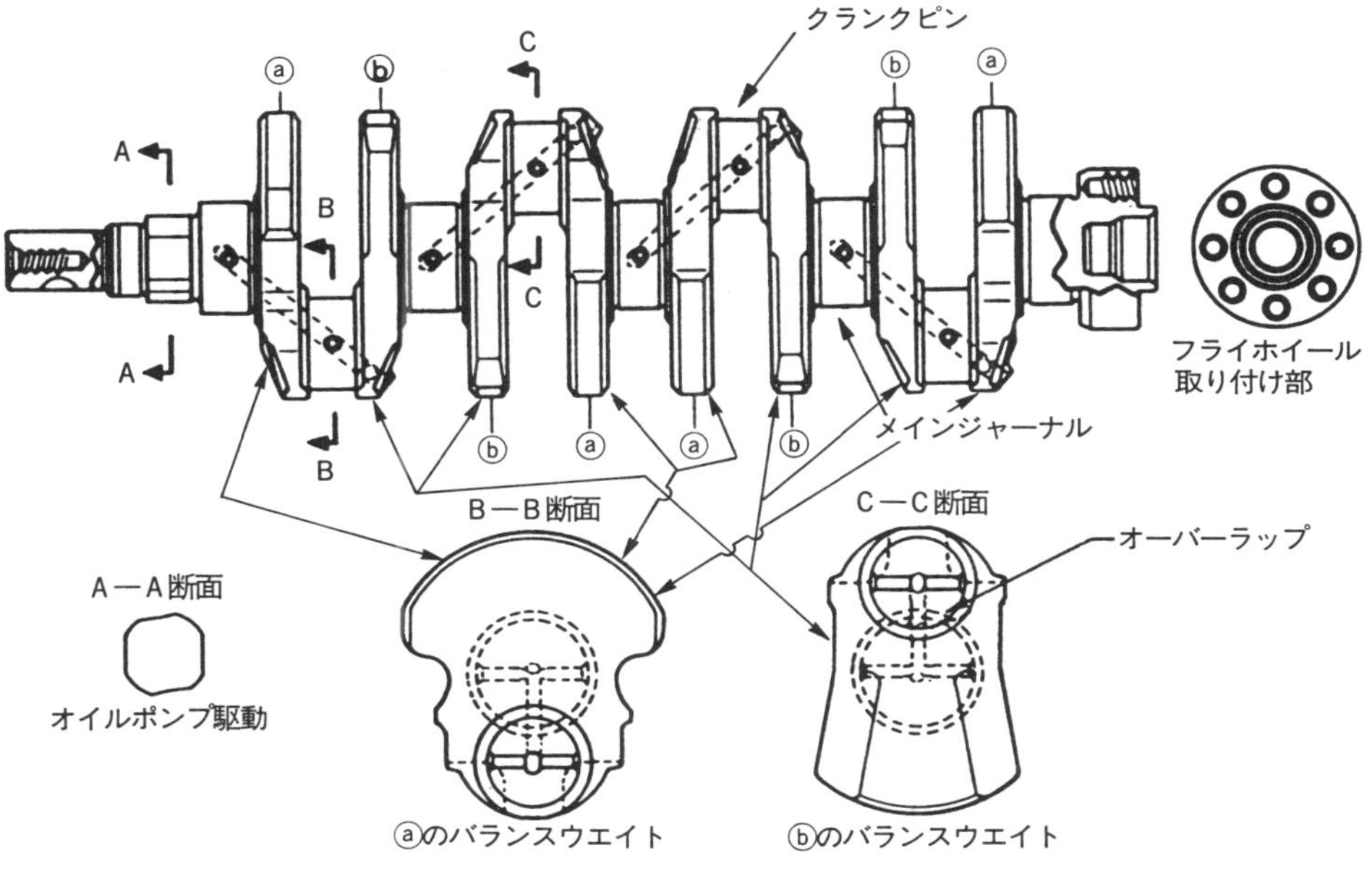

図2　クランクシャフト

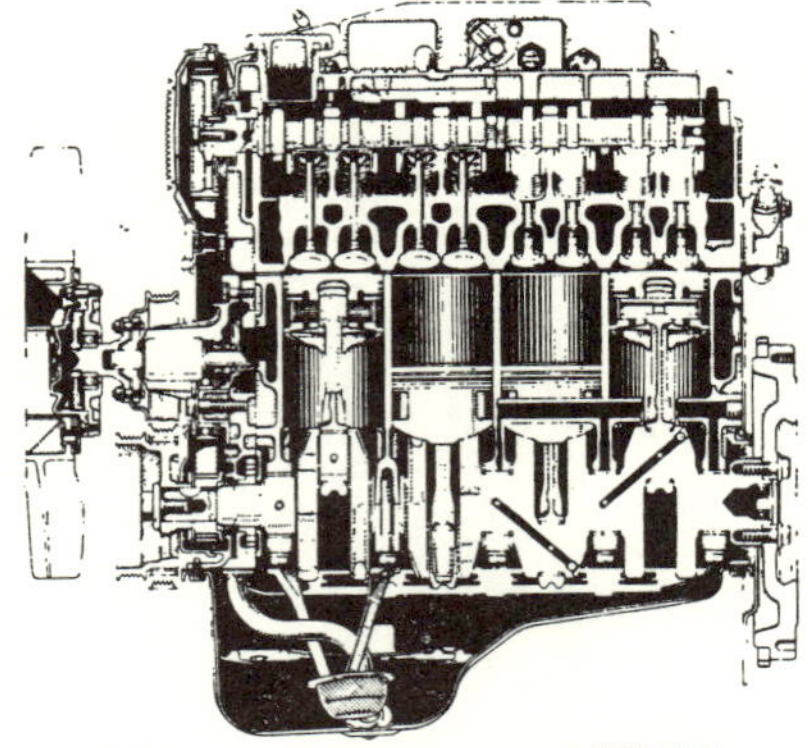

図3　4A-GEUエンジン断面図

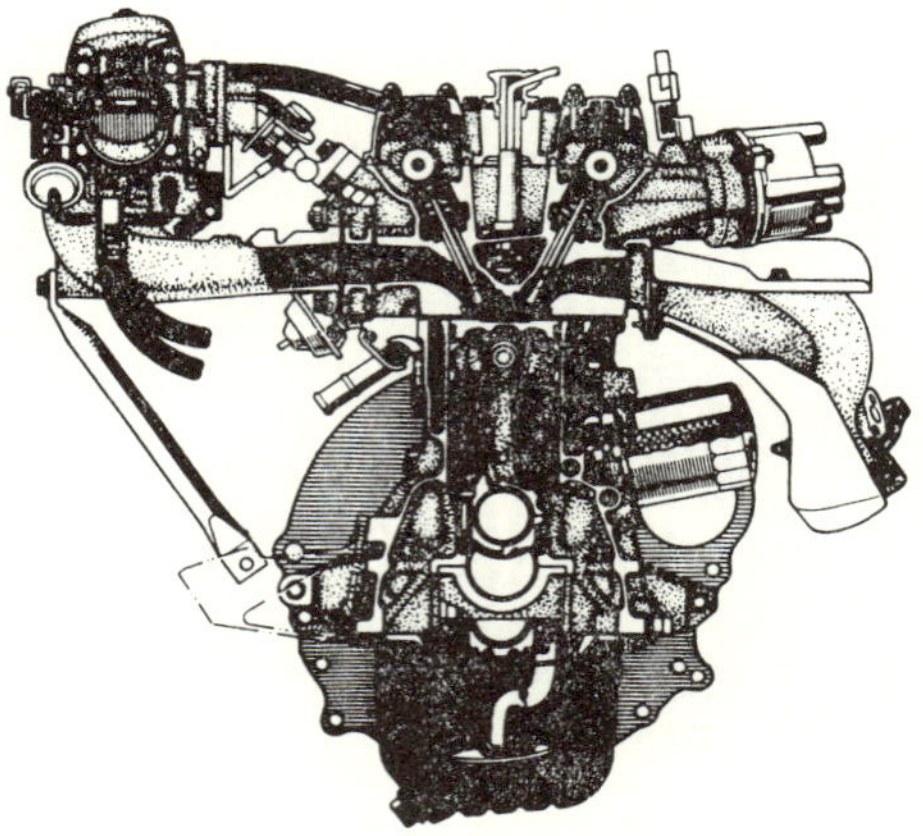

シリンダー間に水の通路がない。そこでボア・アップは無理と考えて、ストローク・アップを考えてみる。

77㎜ストロークの1・5ℓエンジンは、ストロークを82㎜に伸ばせば1・6ℓエンジンとなる。では早速クランクシャフト改造にとりかかろうと、**図2**を見るとメイン・ジャーナルとクランク・ピンとの重なり、オーバーラップが小さく、さらにクランク・ピンを外側に追い出すとオーバーラップは0になってしまう。

オーバーラップ0のクランク軸は強度が低下するばかりでなく、強さにもバラツキが多くなって折れやすい。クランク軸としてアンタッチァブルな領域である。

そこでこのオーバーラップの小さい弱いクランク軸には手を触れず、やはり何が何でもボア・アップすることになる。3Aエンジンを設計するときシリンダー間の壁の厚さは限界にまで薄くしていたはずだが、さらにボアを77・5㎜から81㎜に広げ、壁の厚さをもう3・5㎜薄くすることにした。これに着手するときの設計者の気持ちは、エンジニアやサイエンティストのそれではない。「もう少し何とかならないか」と手を胸から下へ1㎜ずつ下げていくあの助平根性そのものである。

助平でもかまわない。とにもかくにも出来上がったのが4Aエンジンで、その断面図（**図3**）をみて、シリンダー間の壁の薄さにも冷や汗を出してもらいたい。

話変わって、ピストン・スピードはディーゼル・エンジンで12m／sec、ガソリン・エンジンで20m／secが限界でもある。ピストン・スピード20m／secは100㎜ストロークのエンジンで6000rpmに相当し、50㎜で12000rpmである。これ以上スピードを上げても、たとえDOHC4弁であっても排気ガスはフンヅマリとなれば、吸気も入りにくく、パワーの増加量よりもフリクション・ロスの増加量が増えて、パワーアップは頭打ちになるのである。**図4**は4A―GEUエンジンの性能曲線であるが、このエンジンは6600rpmでサチュレートして最大出力となり、これ以上回転を上げてもかえってパワーダウンしていることが分かる。

ストローク77㎜のエンジンは、7800rpmのときピストン・スピード20m／secになる。すなわち燃費もドライバビリティも捨ててひ

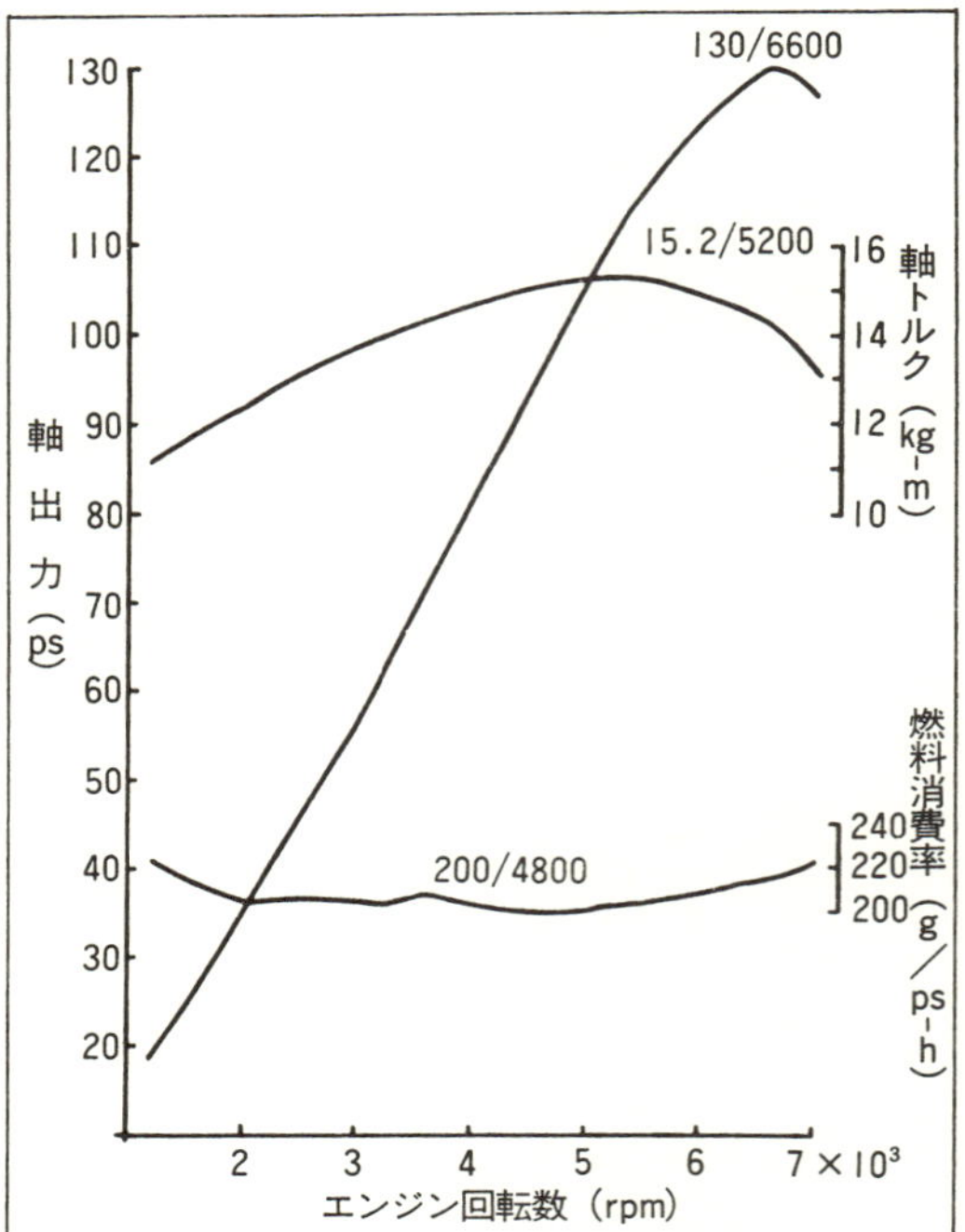

図4　4A-GEUエンジン性能曲線

たすらパワー・チューンアップすれば7800rpmで最高出力となり、リッター当たり100psを超えるエンジンとはなるが、それはあくまでも職人の操るエンジンであって、教師にスパルタンであったヤングの操りうるものではない。

実用車として公道を走ることを前提にすれば、性能を高速のパワーにチューニングすることよりも低速トルクとレスポンスに重点を置かざるを得ず、DOHC4弁といえどもピストン・スピード18m／sec、トヨタ4A―GEUエンジンの場合6600rpmが限界である。

一方、このひ弱に見えるクランク・シャフトの強さはどうか？

クランク・シャフトが爆発圧力に耐えきれず折れるということはまったくない。恐ろしいのは爆発圧力によって加振されるねじり振動の共振だ。L6よりも短く、この面で楽であるはずのこのエンジンのクランク・シャフトのねじり振動は、**図5**のねじり歪値に見られるように、だいたい8000rpmにおいて4次（1回転に4回）の共振点に突入しヤバイ。ねじり振動ダンパーでこのねじり歪値を低くおさえ込むワザもないわけではないが、ダンパーにしたところで1分間に32000回もブルブルやられると破損したがるので、ダンパーがやられるとクランク・シャフトまでやられてしまうので、8000rpmまでこのエンジンは回すべきではない。

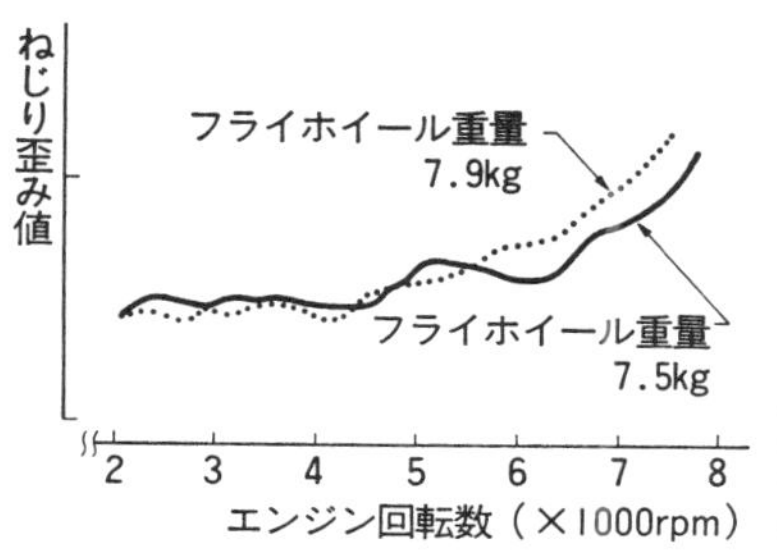

図5　クランクシャフトねじり歪み値

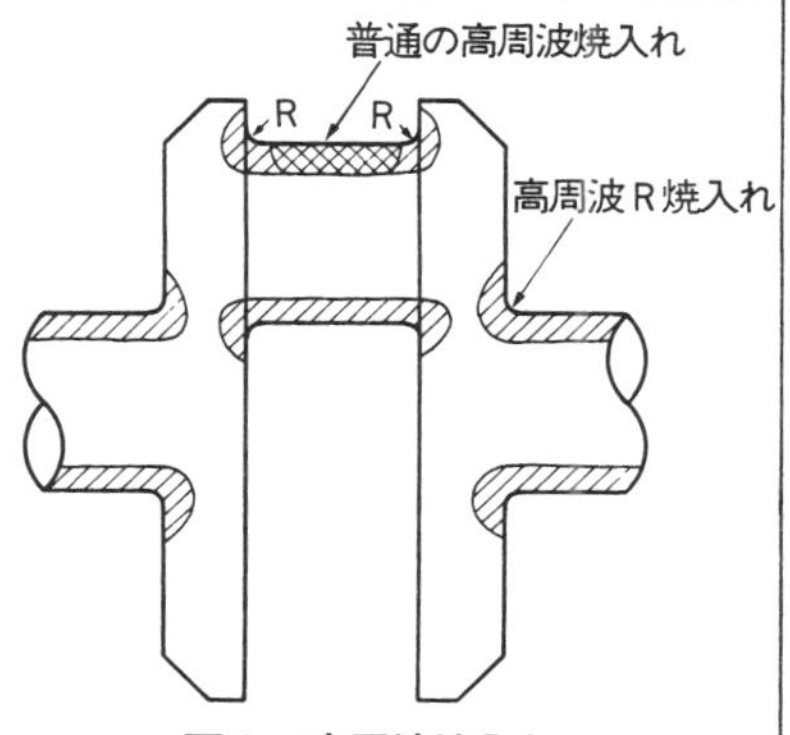

図6　高周波焼入れ

パワー・チューニングの面からも、クランク軸強度の面からも、最高出力時の回転数6600rpmにせざるを得なかったのだと言えるのはバランスのよい設計と言えるのかも……。

最高出力回転数5600rpmの3A―Uエンジンは鋳鉄製のクランク・シャフトで間に合っていたが、このエンジンでは鍛鋼製にした。しかし、それでも試験の結果はヤバイ応力値を示したに違いない。そのわけは、大型過給ディーゼル・エンジンでもほとんど採用されていない、**図6**に示すようなクランク・ピンやジャーナルの高周波R焼入れをしているからである。

高周波焼入れをすると圧縮残留応力を発生する。例えば20kg／mm^2の圧縮残留応力が残ると20kg／mm^2の引張応力が発生しても⊖20⊕20＝0となる。物が破損するのは圧縮応力ではなく、引張応力が主原因であって、クランク・シャフトのR部は引張応力の集中する所だから、大変に効果のある強度向上方法である。ところが好事魔多し。圧縮残留応力が、場所によっていくらかムラがでて、強い方から弱い方に向けてクランク・シャフトを曲げてしまうのである。ヨーロッパやアメリカでは曲がったままのクランク・シャフトを時間をかけて研磨して仕上げるが、これでは金がかかり過ぎる。世界最高の能率を誇るトヨタではエイ、ヤッとばかりに反対方向に曲げて曲がり直しをしてしまうのである。これではせっかくゼニを使って発生させた圧縮残留応力は消し飛んでしまう。うな丼のうなぎを捨ててメシばかり食っているような気がする。

それでも7000rpmまでしか回さないこのクランク・シャフトは、折れることもないだろう。

ここで総括すると、月産10万台の3Aエンジンのシリンダー・ブロックのボアを77・5mmから81mmと極限まで利用しつくし、クランク・シャフトの強度の限界内ギリギリまでパワー・チューニングした。

こうして最も安く、軽く、そしてパワフルなスポーティ・エンジン、4A―GEUを創造したトヨタの商品企画力には、まさに脱帽するのみだ。

その代わり、残念ながらスポーツ・チューンする余力がない。8000rpmでレース・トラックを疾走することは望むべくもない。果たして、全開のメイン・スタンド前から第1コーナーに突入するとき、エンブレのためのシフト・ダウンによる8000rpmを越えるオーバーレブに、このクランク・シャフトはどのくらい耐えられるだろうか？

近ごろでは、BMWレーシング・エンジンはホンダに負けてはいるが、かつては市販エンジンをベースとしたレース・エンジンを供給していたBMWには、これによって高性能車のイメージ・アップと裏付けがある。

BMWユーザーには、レース・エンジンをデチューンしたエンジンのクルマに乗っているんだ、という誇りがある。この感激、この信頼感はホンダに満たしてもらうほかはないのだ。

●なぜ16バルブか？

いつもいっているように、ガソリン・エンジンでは空気の重さの1／14のガソリンを混ぜた混合気の時間当たりの重量によって、それを燃やしたときのエネルギーのわずか1/3が馬力に変わるのである。と、教科書には書いてあるが、これはあくまでもフル・スロットルのときの話で、例えば60㎞／hの定常走行時には1/6スロットルで走り、熱効率はフル・スロットル時の半分、燃費率でいえば220g／ps・hが450g／ps・hぐらいにまで低下してしまうのだ。

パワーを出すにはエンジンに入る時間当たりのミクスチャーの重量を増やすより他に手はない、のだからエンジンを速く回すのもひとつの手ではある。ピストン・スピードの限界が20m／secであるならば、ストロークを短くしてオーバースケアのエンジンにすればよいわけだが、低速が安定しない、低速トルクが出ない、圧縮比を上げられないから燃費が悪いといった問題が出てくる。それに振動その他の問題で思ったほど回転が上げられない。

2T—GEUエンジンでは、ストローク70㎜で6000rpmとわずか14m／secのピストン・スピードで性能が頭打ちになっている。それに対し4A—GEUエンジンではストロークを77㎜に伸ばし、ピストン・スピードも17m／secにまでガンバッテ6600rpmに仕立てたとは、DOHC4弁というシカケは低速トルクを上げてドライバビリティを向上し、燃費まで良くする大変に良い方法である。

だが、このエンジンからリッター当たり82ps、130psを引き出すには6600rpmにおける風通しを良くしなければならない。

調べてみよう。

このエンジンも高性能エンジンの例に違わずEFIを採用している。ボッシュが発明し、商品化に成功したEFIは、日本ではニッサンがヂーゼル機器、トヨタはデンソーにボッシュの図面どおりに作らせている。この優れた外国技術製品EFIは、ニッサンでは風通しを測るのに熱線風速計を採用して偉大な改良をした。三菱ではカルマン渦（何という高貴な語感であろうか。5年前にボディ・サイドにカルマンEFIと書き込むべきだったのだ）。

トヨタ4A—GEUエンジンではバキュームセンサー。いずれにしても、わが国得意の電子技術によって、ボッシュ・オリジナルの〃風にノレン式〃風量計を排除してしまったのは見事である。

図7はATZ6月号に記載されたベンツの最新型16バルブエンジン、190E2・3のEFIである。オレのシビレルほど大好きなベンツは今も矢印に示すノレンを使っているのである。**図8**に示す

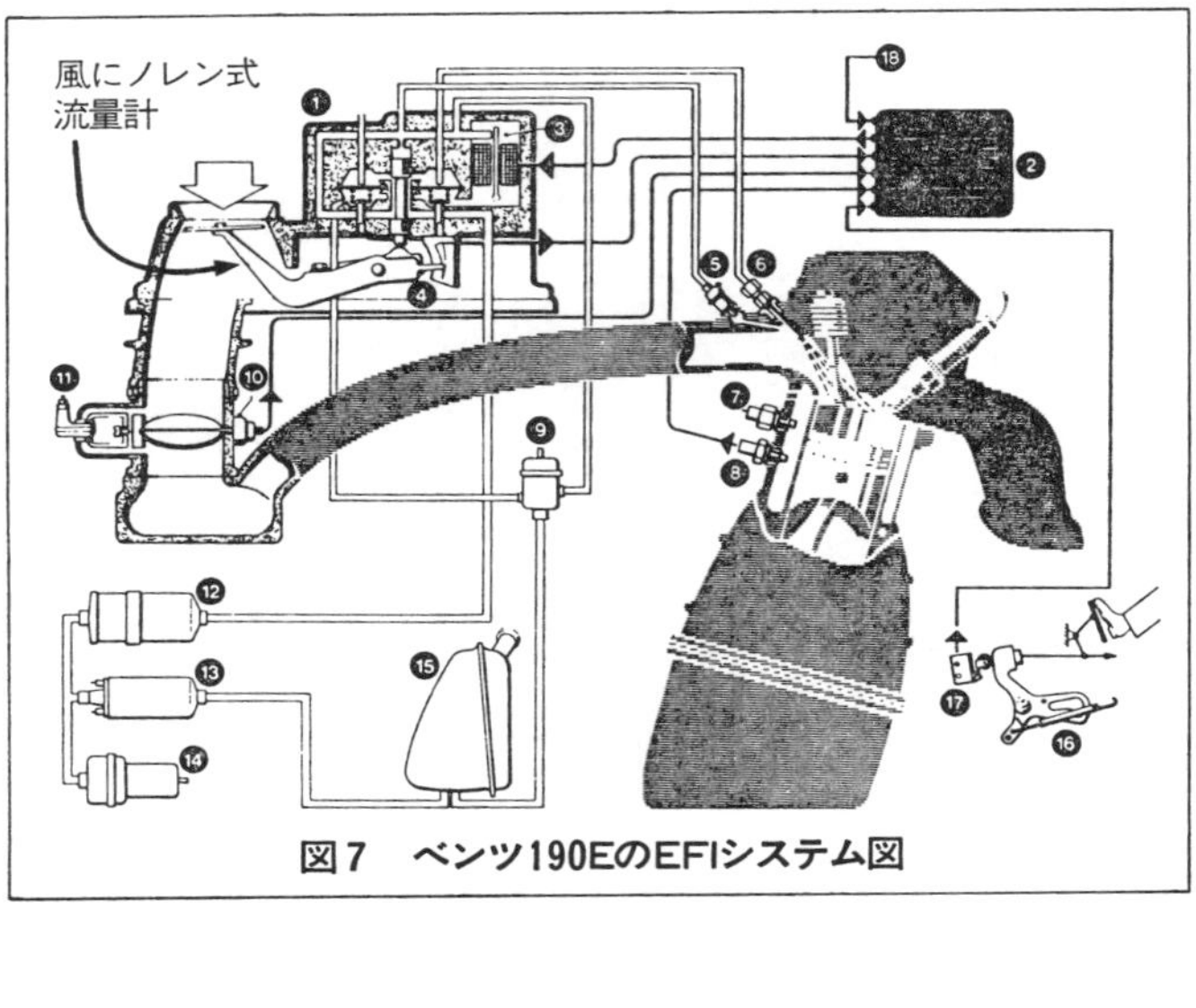

図7　ベンツ190EのEFIシステム図

ようにノレンを使用していないトヨタ式に比し、ボッシュの方式では2～3psのパワーロスがあると思われる。2馬力でもかまわない。なんとEFIは本家を超えて極めたのダ！

次はバルブ。いうまでもなく4弁のほうが2弁よりも風通しが良い。そして**図9**に示すように、平面に弁を並べるよりも傾斜させたほうが弁を大きくできる。そうすると必然的に燃焼室は屋根型になってしまう。5角形(ペンタ)のこんな家の屋根をペントルーフという。だから「ペントルーフ燃焼室を採用」したのではなくて、そうなってしまうのだ。

ペントルーフの良いところは**図10**に示すように、燃焼室の真中にプラグを置くことができることだ。左の2弁エンジンではプラグを真中におくことができず、燃焼距離が長くなる。ガソリン・エンジンの燃焼は、プラグから遠ざかると急激にスピードアップしてノッキングする。

ヘミスフェア（半球形）燃焼室で2弁の85㎜ボアの2T―GEUエンジンは圧縮比が9であり、4T―GEUの兄弟エンジンの3Aはウエッジ型燃焼室でボア77・5㎜と小さいにもかかわらず、やはり圧縮比は9である。これと全く同じ技術レベルでも、4A―GEUエンジンはペントルーフのお陰で、ボア81㎜でも圧縮比を9・4にまで高めることができたのである（プレミアム・ガソリンを使う輸出仕様では圧縮比10だ）。

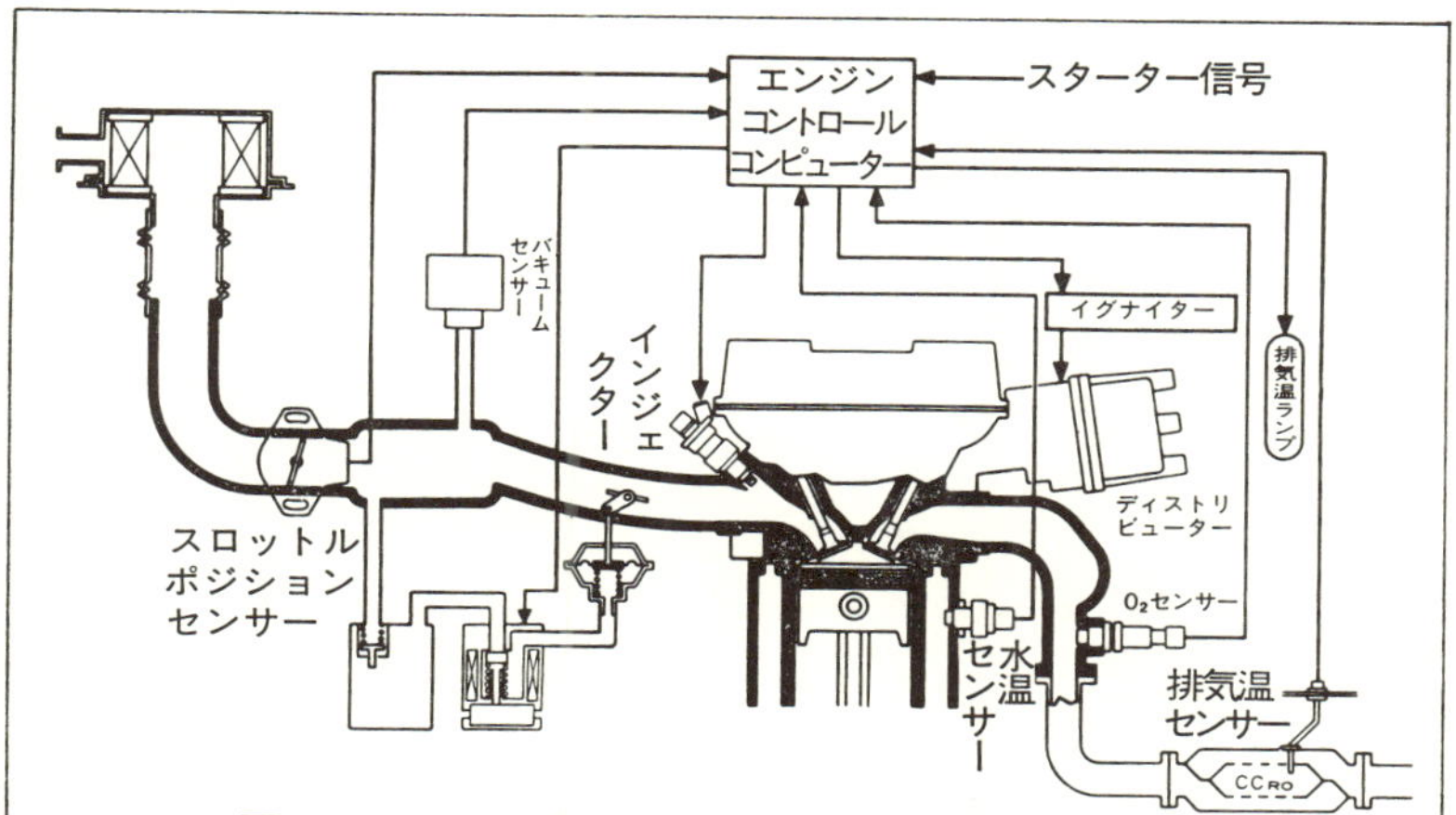

図8　4A-GEU型エンジンの排出ガス浄化システム図

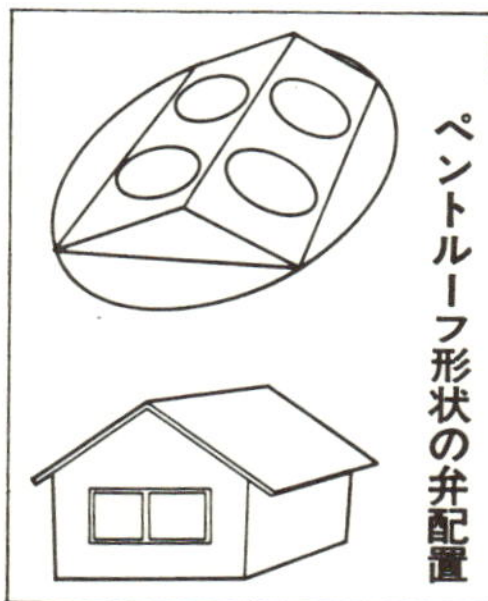
図9　ペントルーフ形状の弁配置

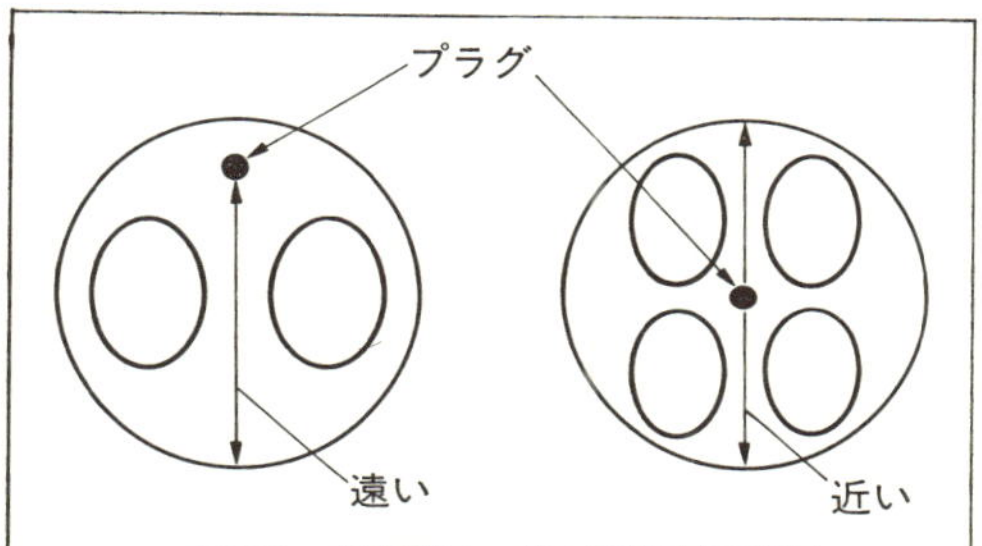

図10　弁配置とプラグ位置の関係

図1と図3を見ればお分かりのように、SOHCではカム・シャフトが邪魔で、ド真中にプラグを置くことはできない。だからカム・シャフトは吸気用と排気用とに左右に分かれてプラグ様のお通り道を開けなければならない。

これで馬力も出るし、燃費も良くなったが、これだけではリッター当たり82psは無理である。

吸気系統を調査してみよう。

このエンジンの吸気弁閉時期はABDC（下死点後）51°で、低速では**図11**に示すように**下死点後**も吸気弁が開いているので、一度シリンダー内に吸入した混合気の1/4程度を、圧縮行程の始めでは再び吸気管内に吹き返しているのである。だから極低速では下死点付近で吸気弁を閉じる〝おとなしいエンジン〟と比較すれば、3/4くらいしかパワーを発揮できないし実質的圧縮比も9・4ではなくて7程度になってしまっている。

それでは圧縮比の低下によって熱効率は低下する、と考えるのはシロウトで、熱効率は膨脹比によって決まるのである。フツウのエンジンはアトキンソンとかミラー・サイクル・エンジンのように圧縮行程と膨脹行程の長さを変えることはしない。だから圧縮比を下げれば自動的に膨脹比まで下がり、熱効率は低下する。しかし、**図11**の場合、膨脹比は依然として9・4なので燃費にさわることはない。

低速でショボクレているこのエンジンも、高速になると図3の長い吸気管のお陰で、この中に入っている混合気——1リッターでわずか0・001gの重さだが——の慣性力で吸気弁からの吹き返しに逆らって慣性過給が行われ、体積効率は5200rpmで最高になる。もっと速度を上げると慣性過給にもかかわらず吸気弁の絞り損失が増加して**図12**のようなカーブになる。

だが、これだけでは82ps／ℓのパワーは出ない。次の手は共振過給である。**図13**によって説明すると、吸気弁が開いてピストンが下降して吸気行程に入ると吸気弁付近に負圧が発生する。この負圧の波は吸気の流れに逆らって音速で集合管に向かって進む。直径の大きな集合管に達すると、どういうわけか負圧は正圧に変わるのである。正圧の波は今度は混合気の流れに乗って、音速で吸気弁に向かって突進する。この正圧の波が吸気弁を通ってシリンダー内に入り終わったところで、タイミングよく急いで吸気弁を閉めれば共振過給となる。運転中に吸気管の長さや音速を自由に変えられないから、正圧の波が入って来る前に吸気弁を閉じても、入ってから再び出て行ってしまった後で、吸気弁を閉じてもウマクいかない。吸気管の長さを適当にすると、図12に点線のようなコブを作ることができる。体積効率＝トルクであるから、これで高速高トルク型の82ps／ℓに達する高出力のスポーツ・タイプのエンジンができ上がったのである。

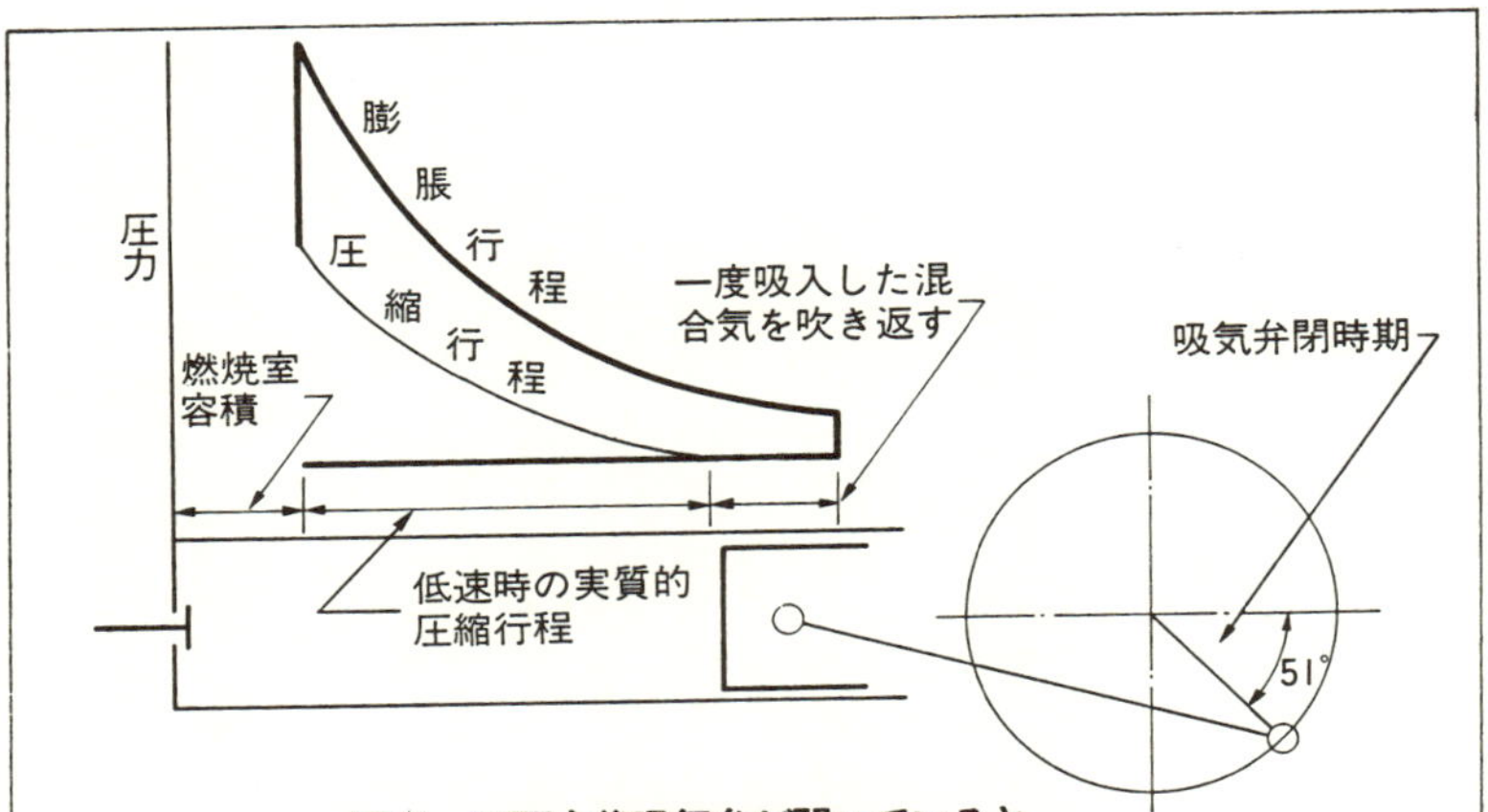

図11　下死点後吸気弁が開いていると

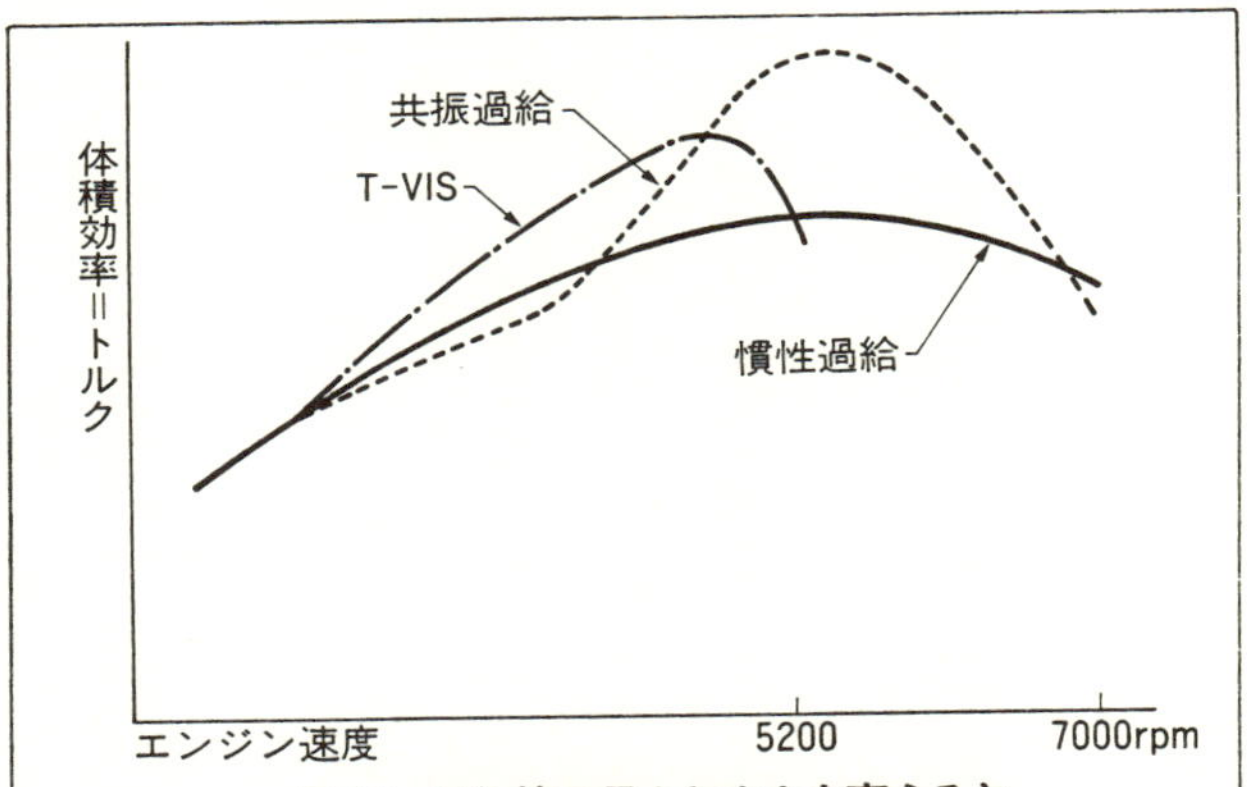

図12　吸気管の長さと太さを変えると

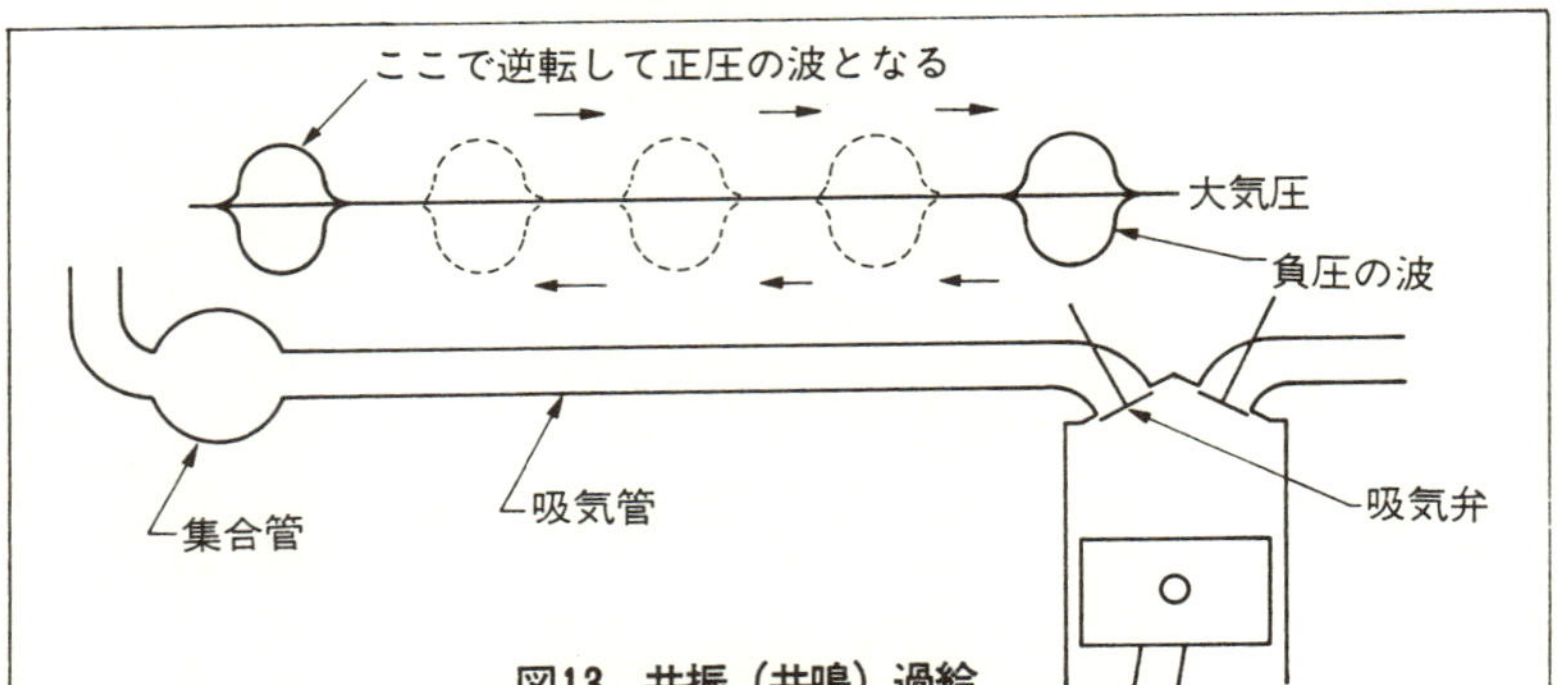

図13　共振（共鳴）過給

ところが、このままでは図12から分かるように、低中速では吸気の吹き返しのため、中速では大気圧以上の圧力波がシリンダー内に入る前に吸気弁を閉じることになり、まことに情けないパワーしか出ないのでそこでトヨタは考えた（実は会社ではなく、会社の中の個人。複数の人が同時にヒラメクことはない。年功序列以外に評価しないので個人はカットされる）。このエンジンには、T—VIS（Toyota-Variable Induction System）なる世界最初の中速トルク増加装置がついている。**図14**がそれで、中低速では、それぞれ

図14　T-VIS（TOYOTA Variable Induction System）

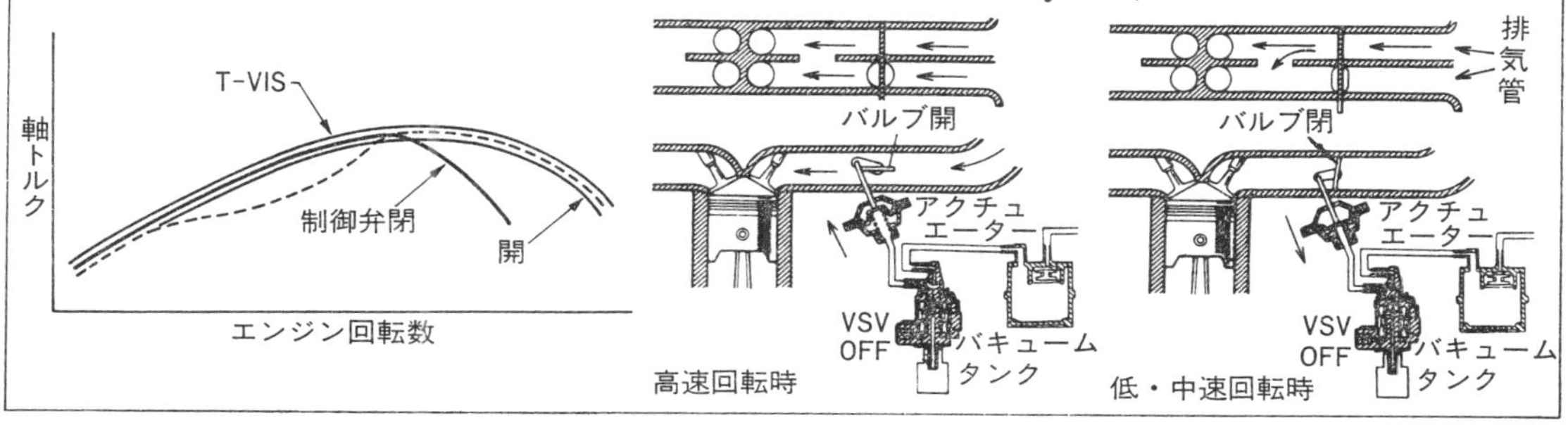

の吸気弁に対応して一本ずつの吸気管、すなわちシリンダーごとに2本ある吸気管のうち片方の吸気管をバタフライ・バルブによって閉じて、残りの一本だけの吸気管を使って吸気させて、吸気管内の吸気速度を高めて吹き返しに立ち向かわせるのである。こうすると図12に示すように中速トルクが膨らむ。高速ではもちろん吸気管の絞り損失でパワーが落ちてしまうから、制御弁を開き、共振過給につなげば図14左のだれでもスポーティ・ドライブを楽しめるスムーズなトルクカーブができ上がる。

このよいシカケを発明したのはヤマハである！　とは驚きだ。

パワー・チューニングには吸気管同様に排気管も大切である。というのは、ウンチの出が悪ければメシは食えないと同じリクツで、排気がフンヅマリでは吸気も入りにくいのだ。このエンジンの排気管は当然に排気干渉をさける良い設計になっている。しかしどのエンジンでも同じような設計なので、他のエンジンのとき詳しく解説する。

ところで、運転がウマイと信じているガキどもを集めて、このエンジンを搭載しているトレノに試乗させたら、「このエンジンはヒッパッてもガーッと来ない」という。今はやりの言葉でいえばスパルタンでないとでもいうのかネ、T—VISを否定する発言に、「これでは日本の自動車工業に将来はない」と思ってガッカリした。

カメラやオートバイが世界一になれたのは、日本の若いユーザーが真実の評価をして、まやかしの技術商品を淘汰し、若いエンジニアもそれに応えてホンマモンの技を出したので世界に評価されたからである。

自動車はカメラやオートバイのようにマニアックな商品ではないので、例えば24バルブのようにメーカー指導型のムード作りで怒れる若者たちをダマシやすいのは事実だが、それにしても情けないガキどもだ。「フラットなトルク特性をもつエンジンと5段ミッションとの組合わせでこの車は……」かつてこんなキャッチ・フレーズにユーザーがダマされた。

目を転じて、電車や蒸気機関車をみるとクラッチもトランスミッションもない。原動機と駆動輪と直結のままで発進も登坂も自由自在である。

それはトルクカーブがフラットなのではなく、**図15**のように馬力一定型だからできるのである。つまり走行抵抗が増えるとトランスミッショ

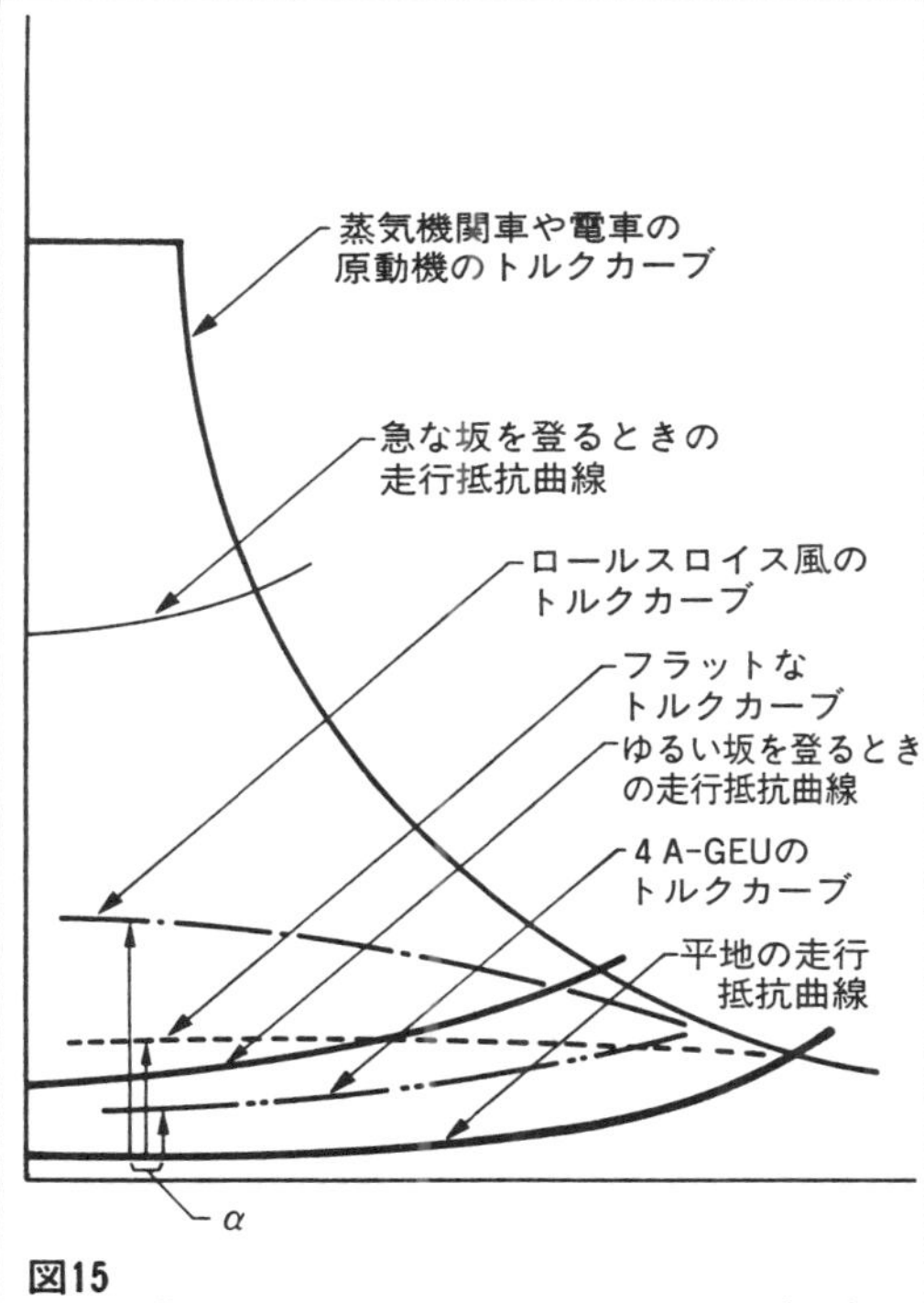

図15
電車や蒸気機関車とエンジンのトルクカーブの違い

ンで変速しなくとも勝手に速度が低下し、トルクが上がってくるのである。図15では坂にさしかかるとフラットなトルクカーブの130psのエンジンは変速しないでも登れるが、4Aエンジンでは変速しなければエンストしてしまうことを示している。ロールスロイス風エンジンでは余裕シャクシャクである。もっと坂が急になっても平気である。このような〝ねばり〟のあるエンジンでは、ミッションは3段もあれば十分である。

5Speedと車のケツに書き込んで誇りに思っているエンジニアは「低速トルクが出なくて5段ミッションのお助けにたよっています」と恥部を露出しているようなものだと思うが。

図15のαは加速能力を示し、電車ではDCモーターが低速トルクが高過ぎるので、もっと低いモーターを研究中とか。エンジンでは低速高トルク型のほうが断然車をよく加速する。ただし、無過給エンジンでは低速トルクは排気量に比例するので、ロールスロイス風に130psのエンジンを作るには、排気量を4リッターくらいにする必要がある。ps／ℓをエンジンの本質と考えていないロールスロイスでは、エンジンの馬力を公表したことはない。

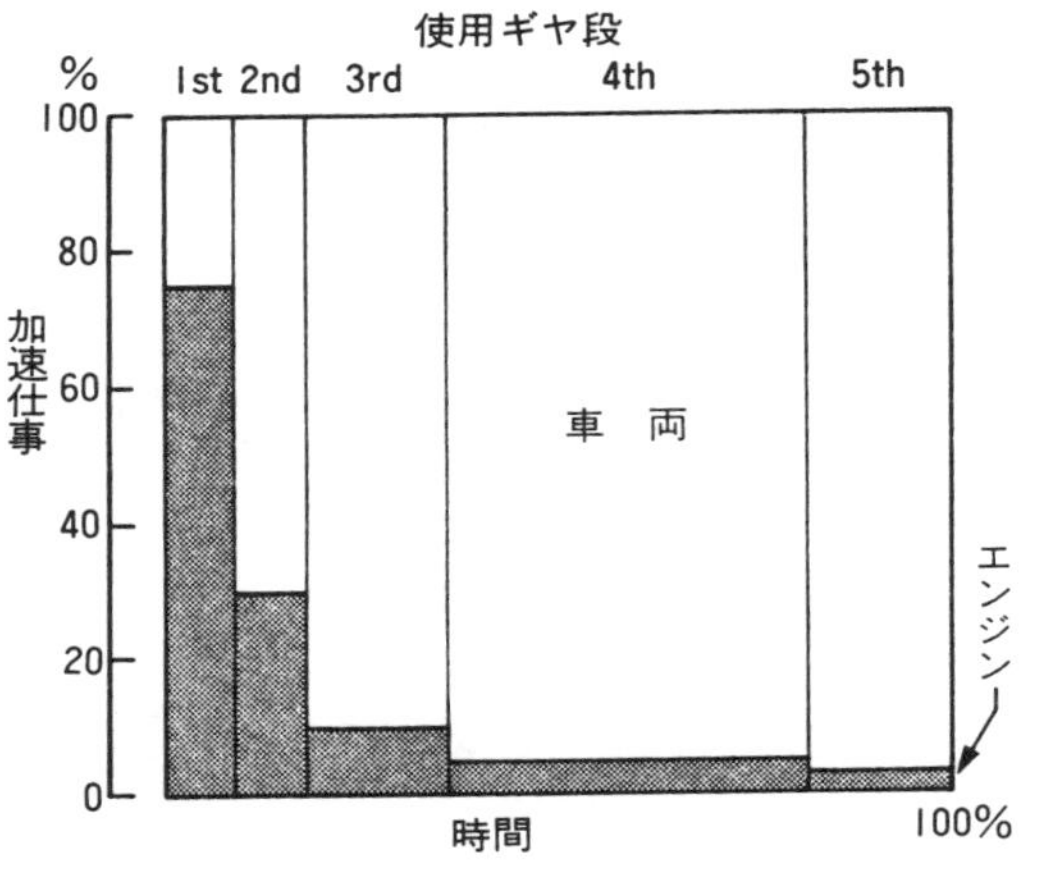

図16　加速仕事に占めるエンジン加速仕事
（0→40km/h）

図16は機械設計10月号のオレの論文『エンジンのGD²』からの引用である。驚くべきことに、大型トラックではロー発進のとき出力の75%はフライ・ホイール（GD²）の加速に費され、残りのたった25%で車を加速しているのである。乗用車のこの数値は計算したことがないのでハッキリしたことは分からないが30%のパワーはフライ・ホイールに入るのでは……。

トヨタ4A―GEUエンジンは、フライ・ホイールのGD²を小さくした。だからレスポンスも良くなった。もちろん良いことではあるが、フライ・ホイールに蓄えられるエネルギーはGD²×W²であるから、最高出力時のエンジン速度を下げ、（馬力は変えないで）ローのギヤ比を下げれば、交差点グランプリレースで抜群の車ができる。

高速トルクを下げ、オマケに回転まで下げたら馬力はどうなんダ？もちろん下がる。EFIからノレンをとった、弁も4つにした、もうこれ以上パワーのでるシカケは無過給エンジンにはない。各社に4弁が出揃ったとき、次のシカケとして過給しか手がない。だから過給するときはこんなホンマモンのエンジンを作った会社が生き残るのだ。

●なぜ、静かになったのか納得できない

燃費を気にしながらスポーティなクルマに乗る人もいないと思うが、このエンジンの開発のねらいは、優れた燃料経済性を得ること（ヘンな日本語だと思いませんか？）と自動車技術の9月号に書いてはある。

4弁のため真中にしかプラグが置けず、それで圧縮比が9から9・4になったので、いくらか燃費が良くなるだろうということは分かる。でも燃費のことをいうのだったら、兄弟の3Aエンジンのようにバリエブル・スワールのシカケ（尊敬してます）でもつけてくれなくては困る。

エミッション対策は各社同じで三元触媒にたよっている。三元触媒が働くための条件は理論空燃比（ストイキオメトリー）でなくてはならぬ。だが理論空燃比の混合気ではエンジンがかからない。始動してもエンジンが温まるまでは濃いミクスチュアーを食わせなければリキが出ない。温まっても理論空燃比ではリキが出ない。だから止むを得ず理論空燃比の1：14よりホンのわずか濃いめの1：12のミクスチュアーをエンジンに吸わせるのだ。

内燃機関の83年8月号には三元触媒用のフィードバック・キャブレー

ターの解説が載っているが、空燃比制御理論は**図17**に示すようにフィードバック域だけ。この制御論理がチットも論理的でないことは**図18**を見れば分かる。厳密にストイキオメトリーな混合気のときしか三元触媒は働かないのだ。だからO_2センサーがコンピューターに混合気の濃さを教えて、キャブレターやEFIを7000rpmのときでもサイクルごとに計算した結果に基づいて制御するのだが、図20を見ると「止むを得ず」でクルマを走らせて、ときどきフィードバック域で制御するが、これではHCとCOを出しっ放しという感じがする。それでもニッサンVGエンジンはヒーター付O_2センサーを使用して、少しでもフィードバック域を広げようとしているが……。

このエンジンの開発のねらいは排出ガス規制を十分に満足する低公害エンジンということになっている。どうしてこんな規制になったのか、〝学識〟未経験者の教授と環境庁と運輸省の役人とメーカーのコドモたちが、どんな風にナレ合って毒ガスたれ流しにしたのか聞いてみよう。

4気筒エンジンは1回転に2回上下に揺れるが、気にするほどのものではない。三菱はこれをとるバランサーを発明し、ポルシェにもこの特許を売っている（スゴイ）。

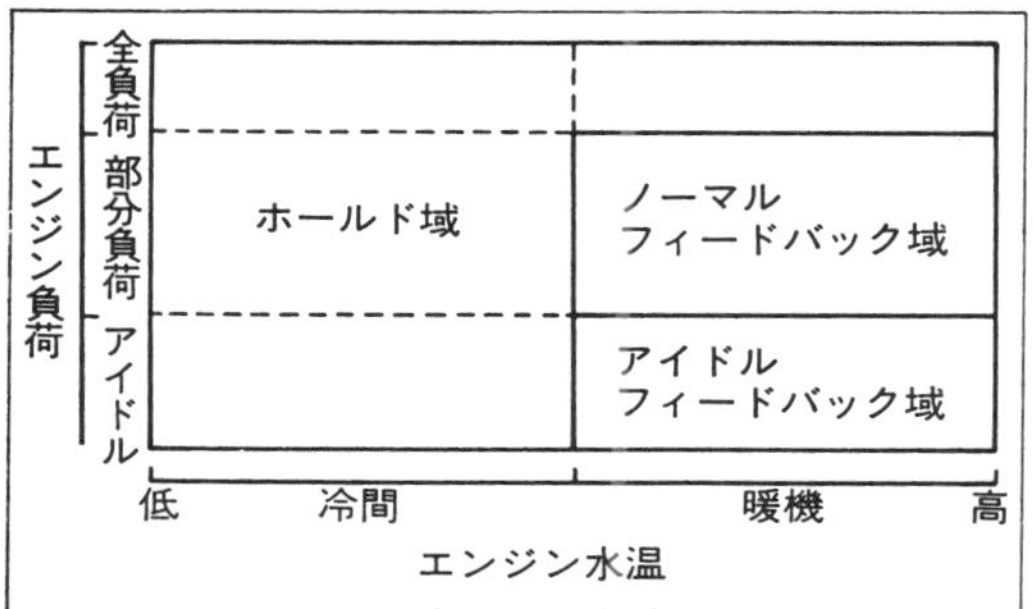

図17　空燃比制御論理

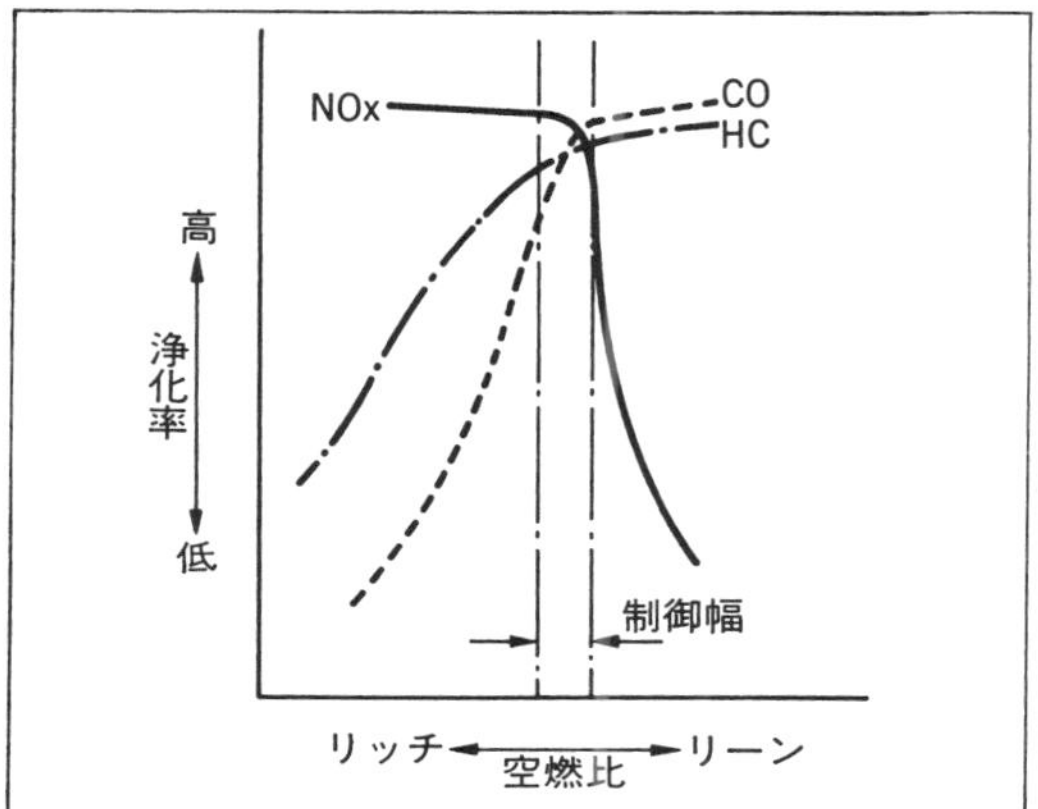

図18　空燃比と三元触媒浄化率

一般大衆はこの2次の慣性力は気にならないが、体中の神経を集中して、イヤミの固まりと化すれば感じないわけでもないし、それによるコモリ音も聞き分けられるはずである。ナニ、ベンツだって190の2・3ℓエンジンはL4だ。で気にしないことにする。

図1の3Aエンジンは4カウンター・ウェイトで図3の4A―GEUエンジンは8カウンター・ウェイトのクランク・シャフトを使っているが、V6やV8のバランサーとは異なり、カウンター・ウェイトによってバランスは変わらない。だから、これはなくてもバランスには一向に差しつかえない。4A―GEUエンジンが8カウンター・ウェイトである理由は、メイン・ベアリングの荷重を減らすためだけである。というが、図2をよく見ると、8個あるカウンター・ウェイトが場所によって大きさを変えてある。これには大きな意味があるのだ。

4気筒エンジンのクランク軸に4個だけカウンター・ウェイトをつけると図2のⓐ部分にだけになり、カウンター・ウェイトなしで問題となる#3メイン・ジャーナルの荷重を減らすことができる。が、#2と#4の荷重は変わらずアンバランスである。全部のメイン・ベアリングにかかる荷重を最小にするには、8個のカウンター・ウェイトを図2に示すように、場所によって大きさを変えねばならない。ということを知っているトヨタの実力は……。

メイン・ベアリングの荷重を減らすと、確実にいくらか音は静かになると思う。だけど、それに加えて**図19**のように3・5㎜の厚さのペラペラのシリンダー・ブロックをリブにつけたとしても、**図20**に示すように静かになるとは信じられない。それにピストンはニッサンV6同様、ディール式である。ディーゼル・エンジンは音を気にしてガソリン・エンジン特有の技術、オートサーミック・ピストンをいただいて音を下げているのに。エンジンを加振する音源の第1は、いうまでもなくメイン・ベアリングであり、第2はピストン・スラップである。図18は自動車技術会の会誌『自動車技術』の9月号からの引用であるが、それでも信じない。

そのわけは、まず音の計算法から説明しなければならない。音の単位dBの計算は、１００＋１００＝１０３、１０３－１００＝１００、１００×１０＝１１０なのである。

図21によって説明すると、オイルパンその他の10個所から90dBの音を出すとすると、90×10＝１００の全体音になる。そしてあり得ないことだが、理解しやすいようにオイルパンから出る音を全く消してしまったとすると、１００－90＝10ではなくて99・５となり、音の大きさはほとんど耳では聞き分けられない。オイルパンから吸気マニホールドまで５つの音源を全部消して、やっと97dBである。だが残りの４つの音源、その６からその９までを消して行くと急にdBが下がる。最後は93－90＝90と一気に３dBも静かになってしまうのである。

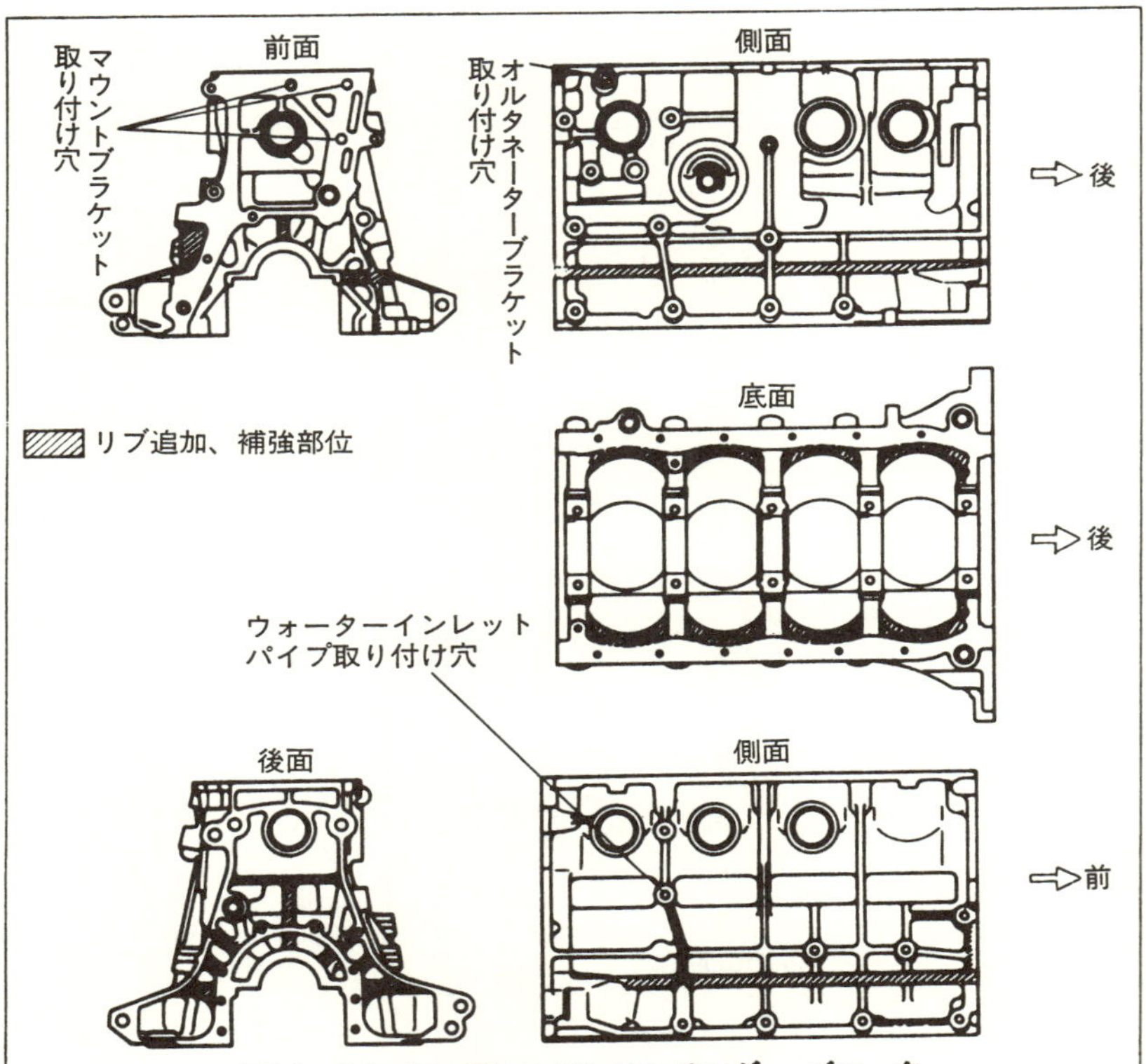

図19　4A-GEU型エンジンのシリンダー・ブロック

だから音を静かにするのに何が一番効果的かと聞くのは愚問である。いつでも最後の対策が一番良く効くのである。

日野のＶ８エンジンを設計したオーストリアのエンジン研究所、ＡＶＬのティーンやアッハバッハなどはリブを付けても音は静かにならないという論文を書いている。

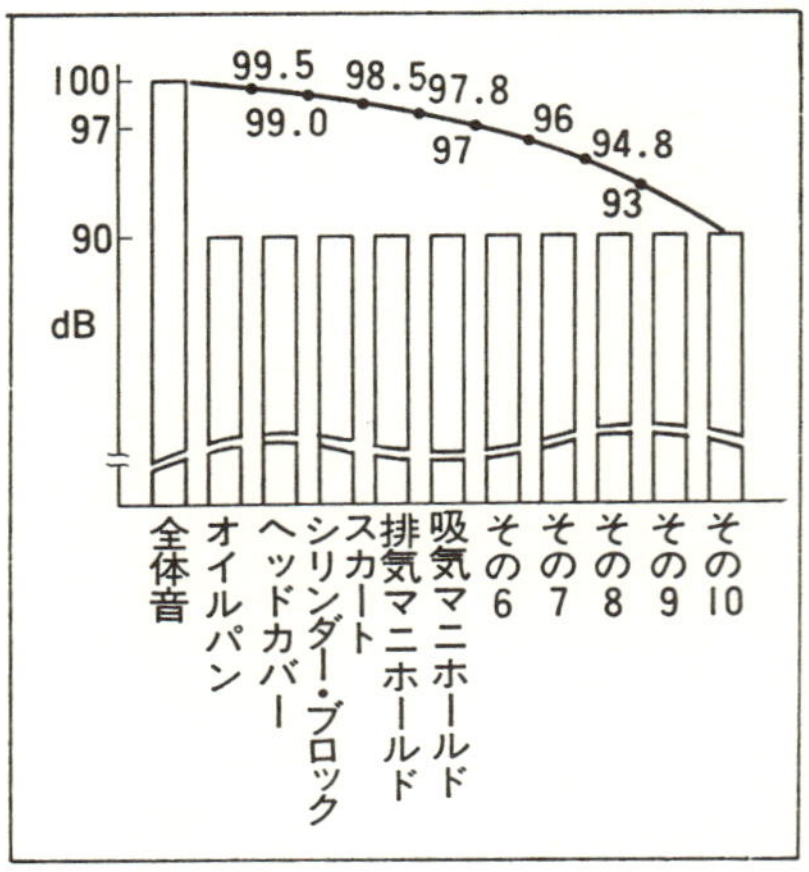

◀図21　音の単位の計算方法

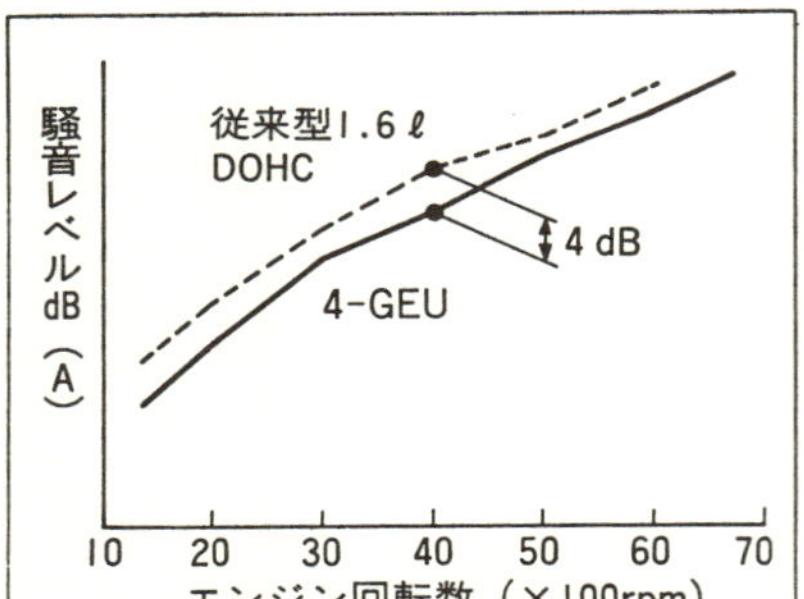

図20　エンジン騒音レベルの比較

そこで素朴な疑問（振動論が分からないから）を持ったオレは、鉄の固まりをハンマーでたたいてみたらカーンとよく響くではないか、納得。だがオレの経験からすると、図17の位置にリブを追加すると静かにはなるが、とても人間の耳で聞き分けられるにほど遠いのだ。

ニッサンＶ６ならば、「静か」といわれても納得できるが、リブだけで静かになったとは信じてやらない。逆に前のエンジンが４dBもうるさいということも信じられない。

まさかトヨタのレーザー・・・レーザー・・・エンジンは、ダブルパルス・レーザーホログラフィーの研究によって静かになったなどと「達者なシャレ」をいう気はないと思うが。

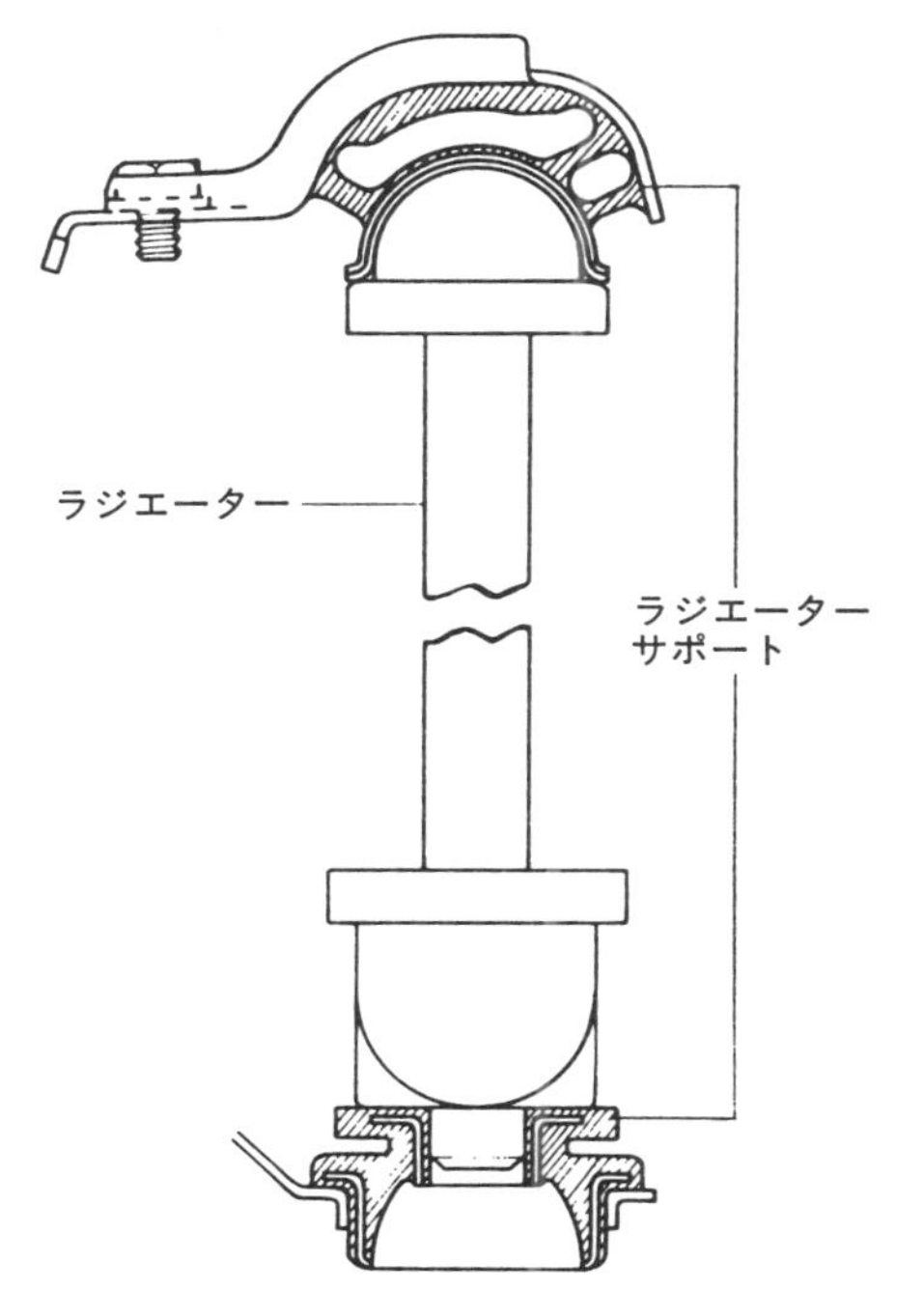

図23　ラジエーターの支持方法

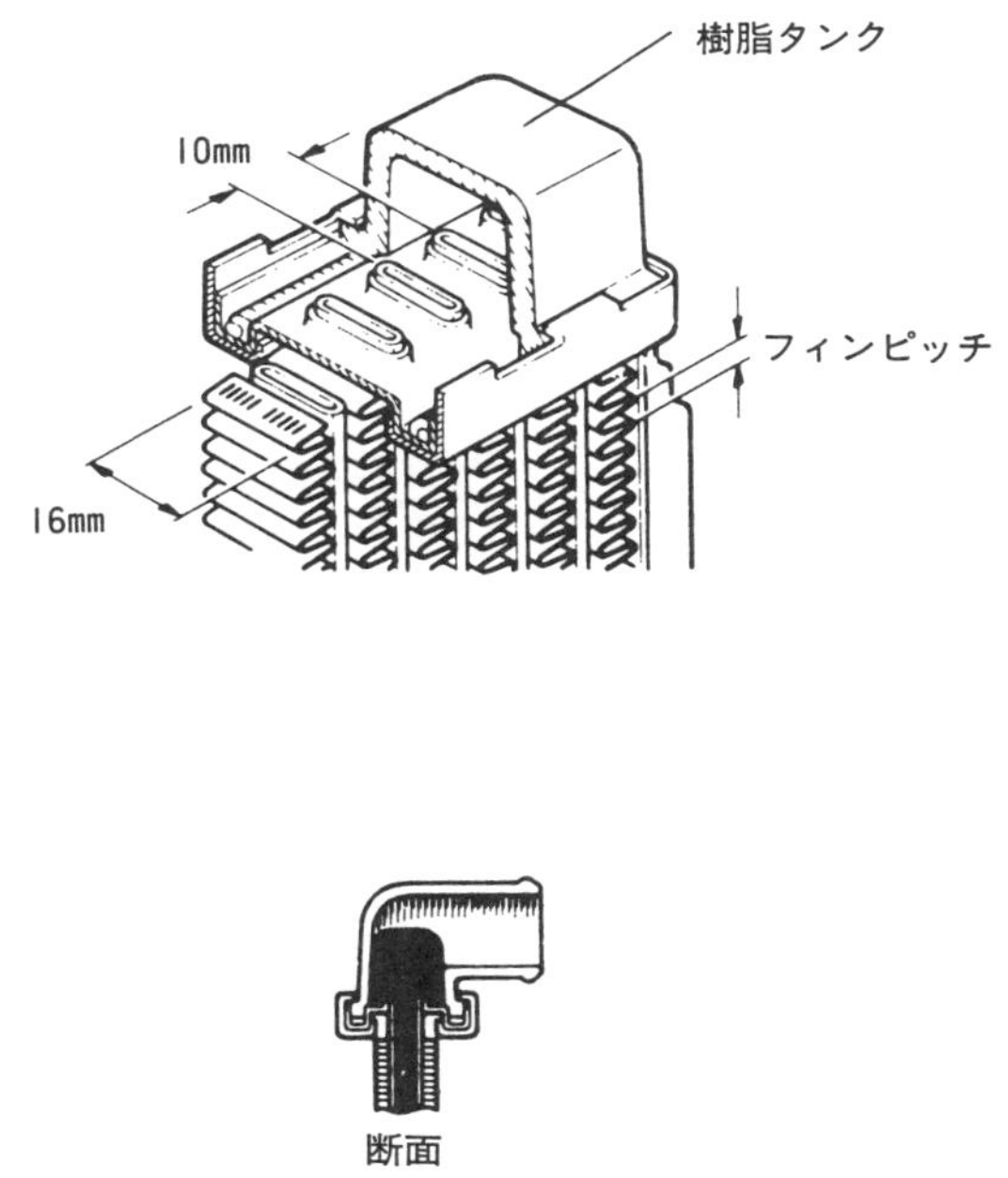

図22　SRラジエーター

●気にいらないクランクの油孔穿ちかた

放熱チューブがたった1列のSR（Single Row）ラジエーター（図22）を見たときは大感激だった。

ラジエーターには最初の1列には冷たい風が当たり、よく冷やすが、2列目には1列で温められた風が当たり、3列目は1、2列でと、エンジン冷却水を冷やすべき風が後に行くほど温まって効きが悪くなる。だからラジエーターを極めるとSRになるのです。そのためにはフィン・ピッチ、材質、ハンダ付などを最適にしたに違いない。SRラジエーターは、またラジエーターを通過する風の抵抗も小さく、ファンのパワーロスばかりか音までも下げると思う。

上下のタンクをプラスチックにしたのもシャレているし、これにFFカローラでは図23に示すようなゴムを取りつけて、ラジエーターをダイナミック・ダンパーとして利用してアイドリング時のエンジンの振動によってボディが上に動こうとするとき、ラジエーターも振動して下に動き、ボディの振動を小さくしたのもリッパ。

梅原半二大先輩以来の伝統と技術の蓄積が、このラジエーターに濃縮されている。

ピストン・リングにはオイル・リングと圧縮リングとがあるが、圧縮リングといえど、特にセカンド・リングはオイル・コントロールが主要な任務である。図24のようにアンダーカットをつけ、油をかきとるのが普通のリングだが、これでは合口の所からブローバイ（ガス漏れ）が多くなるので、このエンジンでは図の左のように合口の所でアンダーカットを中断して、インタラプティド・アンダー

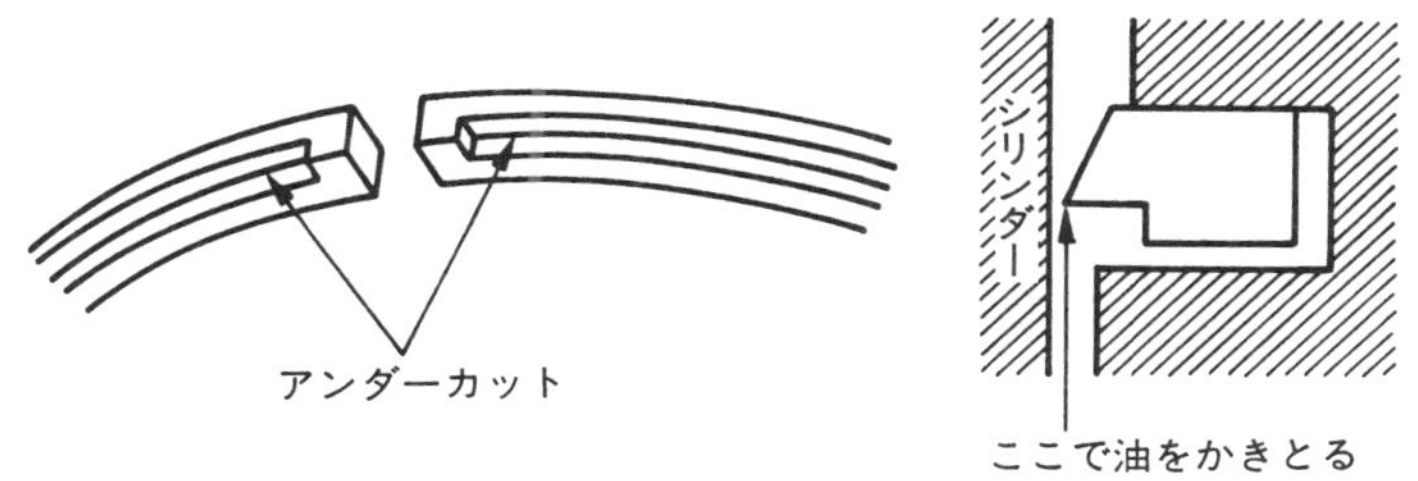

図24　ピストンリング

カットしている。金をかけてもマジメにエンジンを作っているのはウレシイ。

　最後にホメルのはオイルパン・バッフル№２（図25）。ボンネットを下げてカッコつけようとすると、エンジンが邪魔になる。エンジンを下げるとオイルパンが地面に当たる。そこでオイルパンを浅くしてしまうと、クランクでオイルを攪拌する。空気の約１０００倍の比重を持つオイルを攪拌するとパワーは落ち、燃費が悪くなり、燃費を悪くした分のエネルギー分だけ確実にオイルの温度は上昇し、ベアリング・メタルを溶かしたがるのだ。ついにはＰＣＶからオイルが吹き出してしまう。このエンジンのオイルパンは深い方だ。それにバッフルもついている。それにもかかわらず№２をつけたことは止むを得ずという目で見たくない。積極さを買う。

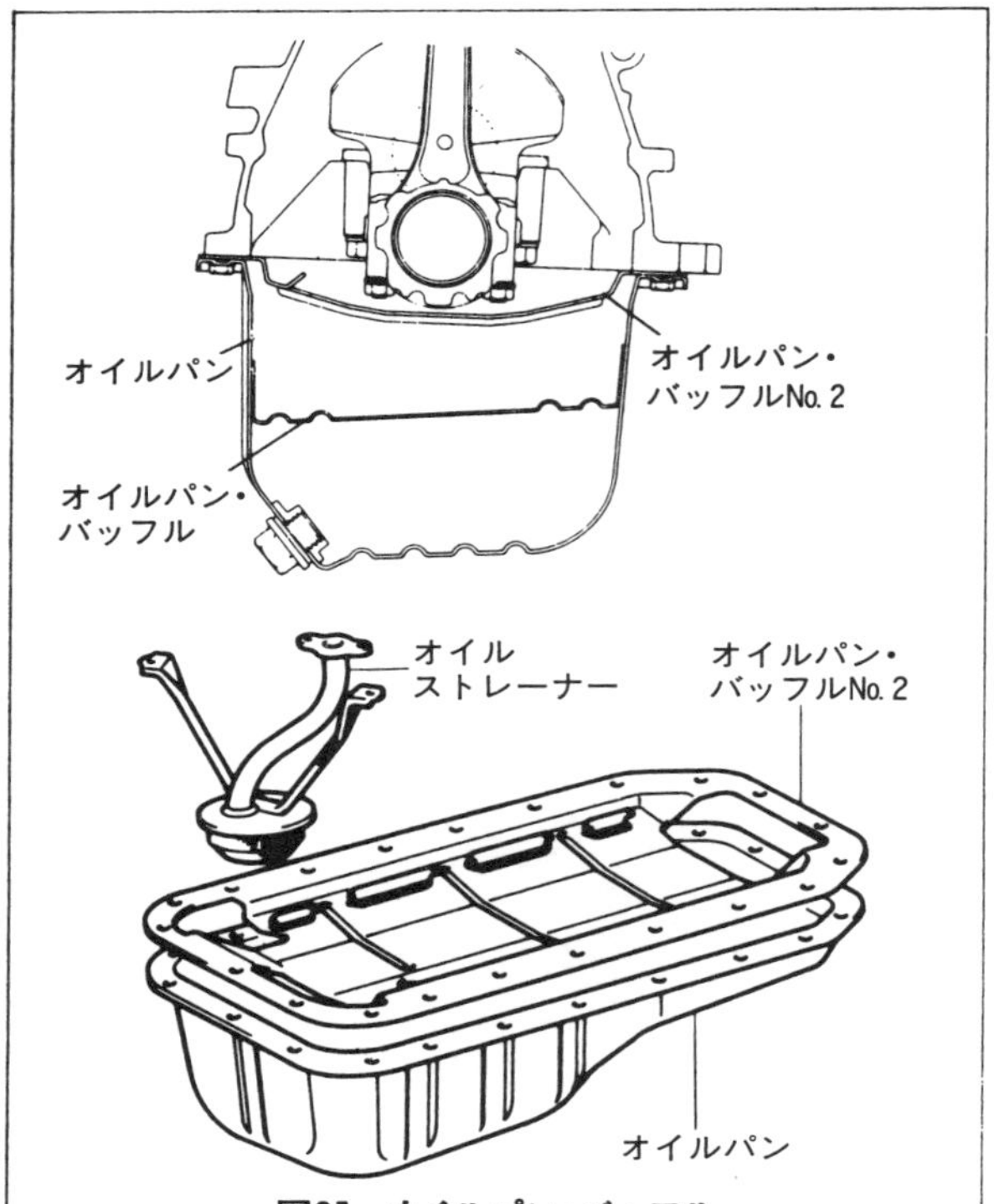

図25　オイルパン・バッフル

　クランク・シャフトの先端にドライブ・ギヤを取付けた図26の内接歯車式オイルポンプは、場所をとらない。構造が最も簡単で、もちろん安い。だから最近の日本の乗用車用エンジンは例外なくこの方式を採用している。が、このポンプは内歯歯車の外径が大きくなり、摩擦損失が異常に大きく、パワーロスは燃費を悪くし、油温を高めるから、ＢＭＷやベンツでは使わない。使ってはいけないオイルポンプを比較すると、図26左はニッサンＶＧエンジンのオイルポンプで、歯車はインボリュート、歯が小さく同じ大きさのポンプでは送油量が少ない。４Ａ－ＧＥＵエンジンのポンプは図26中で、歯型はハイポサイクロイドで歯丈が高くなり、送油量が増えてはいるが極めていない。

　図26右はホンダ・バラードＣＲ－Ｘ用のポンプで完全に三日月が消滅している。もちろん送油量は最大となり、ポンプは小さくできるし、当然にロスも小さくなりオイルの吐出もスムーズである。この歯型はトロコイド。ニッサンやトヨタは歯型理論、Secondary Conjugation（二次噛合）を勉強すべきである。

　図２のクランク・シャフトを見ると、この油孔は製図器の都合でエの字形となったとしか思えない。膨張行程でクランク・ピンが図27の位置にくると、コンロッド・ベアリングの油膜最大圧力の位置と油孔が一致してしまう。このときの油膜圧力は１００kg／cm²以下ではないはずで、ポンプからの送油圧力は５kg／cm²くらいだから、せっかくゼニをかけて油孔を増やしてベアリングを冷却してやろうとする目論見《もくろみ》とは裏腹に、ピンとベアリングとの間で爆発圧力を支えていた油膜は油孔に逆流してしまう。

　そういうけどベアリングはノープロブレム、というならば、ベアリング面積が大きすぎるヘタな設計なのです。

　次はねじの締付け方法。「機械とは部品と部品をねじで結合したもの」という定義も成立し、ねじの良し悪しの80％は締付け方法である。

　このエンジンのねじの締付け管理方法はトルク法、締付け力のバラツキが50％もあるのです。トルク法を塑性域角度法に変えると、締付け力は2倍に増えバラツキも18％になる。ベンツが口火を切ったこの技術は、ドイツはもちろん今や日本でも常識。何が何でもトルク法に固執するトヨタを許せないのは、トヨタ中研に酒井智次さんという技術で日本

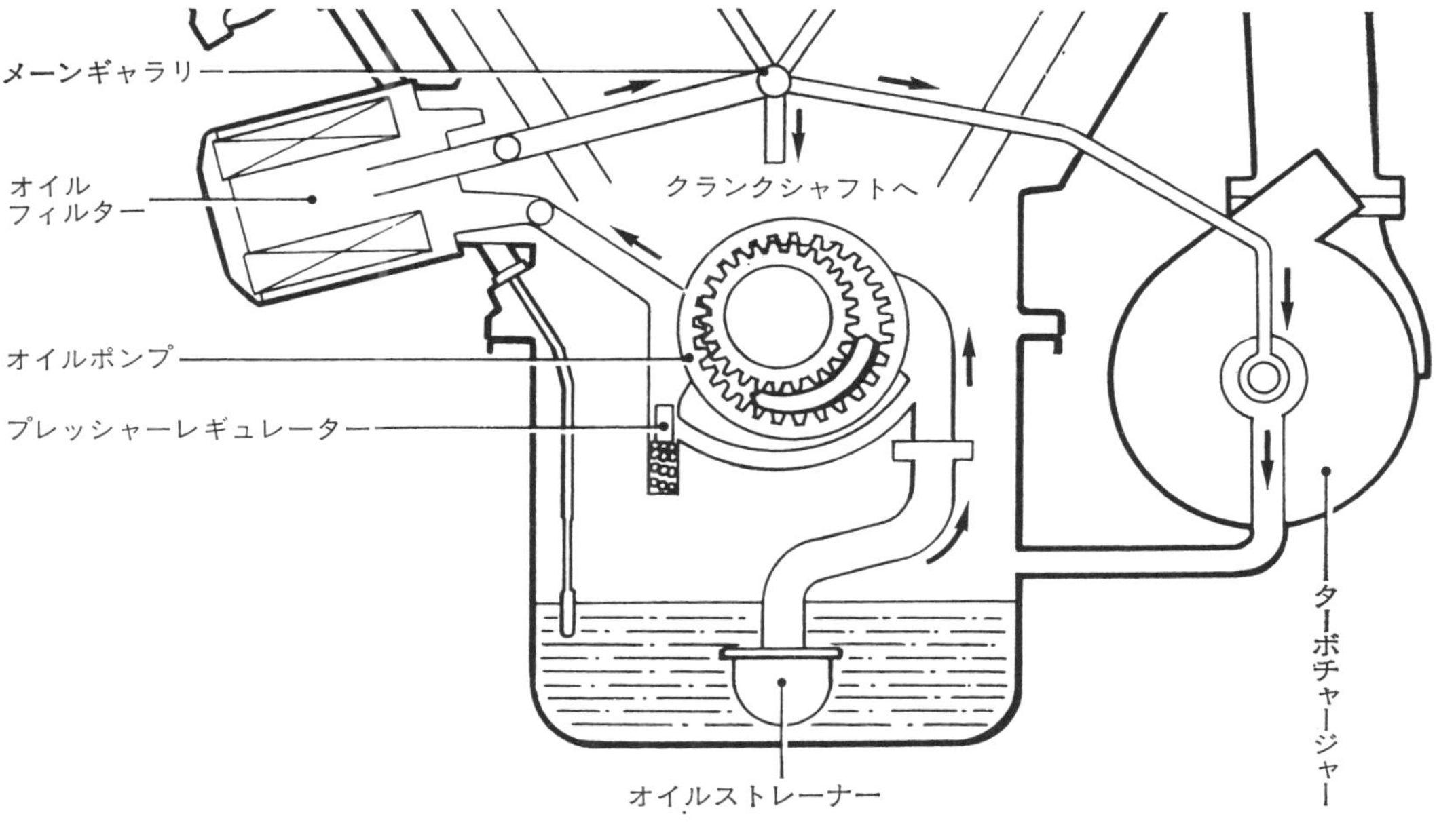

図26　オイルポンプ（上：日産VG用、下左：トヨタ4A-GEU用、下右：本田EW用）

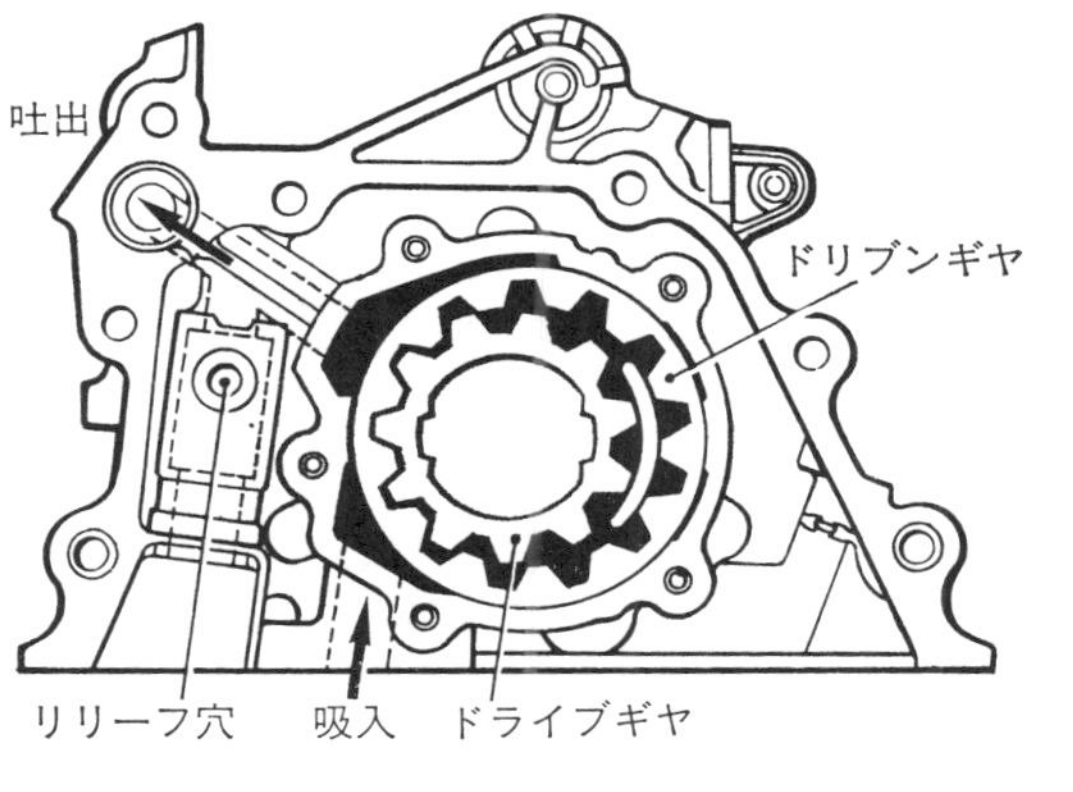

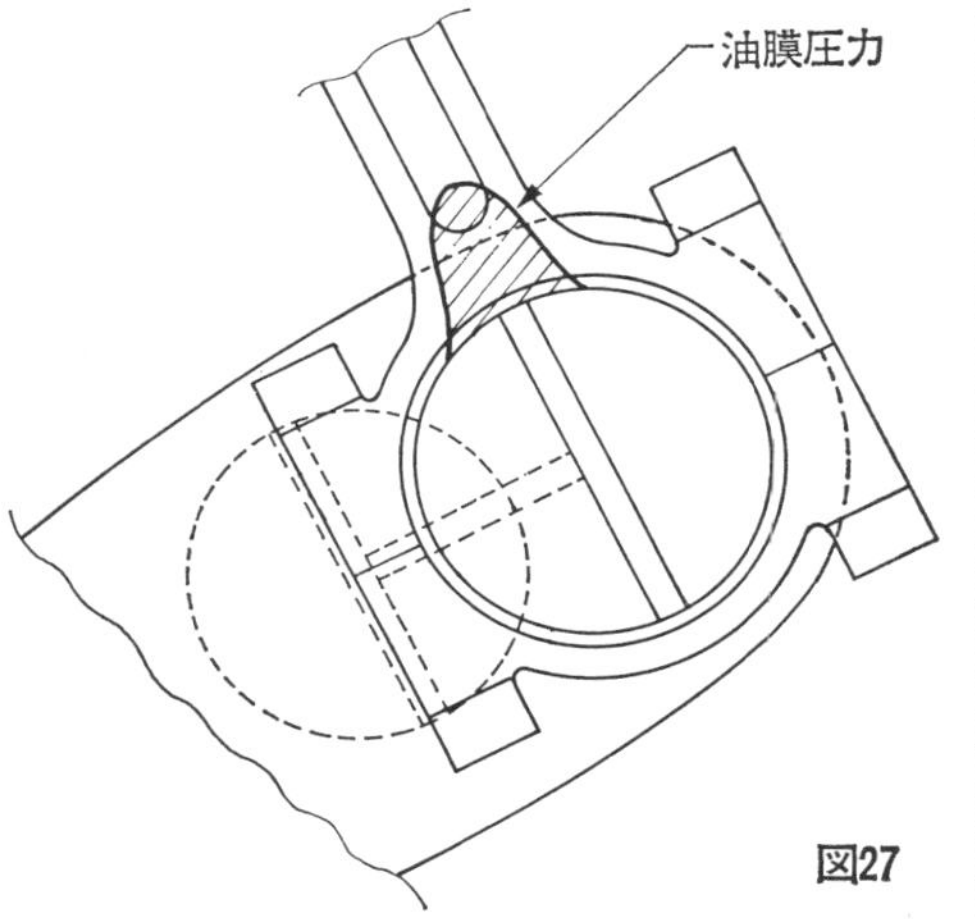

図27

一の人がいるのに、オレに抜かれてしまったからである。

それでもこのエンジンのねじが緩むことがないのは、ねじが太過ぎるからである。で、まあ何となくこの4A―GEUエンジンは出来上がった。良いところの発明は全部他社、トヨタのしたことは改良だけではあるが、月産10万台の3Aエンジンのポテンシャルを余すところなく拾い上げて、DOHC―16バルブに改造した企画力は実に大したものである。

16バルブはまた、低燃費なターボ・エンジンを作るに不可欠である。無過給エンジンを極めたトヨタが次にはホンマモンの過給エンジンで世界をリードすることを期待してやまない。

トヨタ・カリーナ用4A-ELU

高い山を極めた超希薄燃焼エンジン

次はトヨタの超希薄燃焼エンジン。興味あるか、とMFの鈴木社長。興味大あり、とオレは答えた。

実はAutomotive Engineering 6月号で、カリーナのリーン・コンバスション・エンジン（なぜか〝超〟が抜けていた）が17㎞/hの低燃費を達成したことを知っていたのだ。

アメリカ人には、謙虚に、早く報道したトヨタの希薄燃焼方式(Lean Combustion System)は、ネンピ低減の本命か？　オレたちを感動させる新技術の開発に成功したのか？

●TQCが日本をダメにする

本題に入る前に、山本七平の『日本人とユダヤ人』風に、なぜニッサンではなくて、トヨタが〝超〟希薄燃焼エンジンを作ったか？のウソップ物語を創作し、読者を笑わせるのもオレの任務である。

日本を亡ぼすのは日教組とノーキョウと国鉄であるという人もいるが、もう既に悪くなってしまっているものを、彼らがこれ以上悪くすることは困難だと思うが、ノーキョウが政府に納入する米代金よりニッサン一社の売上げの方が大きい今、日本を支えている会社を静かに深くむしばんでいるTQC活動。これこそ問題である。

今朝（7月26日）、NHKのテレビ・ニュースでは、銀行の女の子のQCサークルがトイレのシャー音を消すために水を流してジャーとやる水がモッタイないので、キカイでジャーという音を出すことにしたら、年間50万円の水代がモウかるという。オレはカーッとして、音のしないトイレを作るか、中水（水洗に使った水を浄化してまた水洗に使う）システムを作るのが先だッ、とテレビに向かってドナったら、隣の家のコドモが泣き出した。女の子のシャーなんか気にしているから、リッカーに貸した100億円が返らなくなってしまったのだ。バカメ!!

事務次官は役人にサンダルをはくなといい、事務部長は社員にネクタイをしろとかいうが、さすがに自分でいうのがハズカしくなったとみえて、他人にいってもらいたい、そして他人に責任を負ってもらいたいと考えた。そこにつけこんだのが日本科学技術連盟で、アメリカであまり有名でないデミングさんの名前を借りて、デミング賞なるものを創案した。

本来QCとはQuality Controlの名の示すとおり、部品とか、自動車とかをなるべく設計図どおりに作ろうとするコントロール・システムで、良いシステムではあるが、いつの間にかこれがTQCに化け、QCサークルを作り、女の子がパンティをぬいでシャーをするところにまで口を出した。他のQCサークルにとって残されている道は、〝中心に狙いをつけることと、紙は5㎝だけ使うこと〟だけとなり、「1984年」

のジョージ・オウエルも想像できなかった、ソルジェニツインもマッサオな超管理体制を、自縄自縛で作るように日本全体がうまくハマリこんだわけだ。

悲しいことに、日本のガキは生まれたその日から、ママの超管理の下に育てられ、今度はママの目が届かない会社に入ったら、TQC的超管理で救いがない。と思ったら、実は管理されズレしたガキどもは超管理されているほうが落ちつく、サイボーグと成り下がってしまっていたのだ。

サイボーグ社会を作った会社に、日科技連は「デミング賞」という〃紙〃を与えることにしたのである。そして、この利益追求団体が発行した〃紙〃を、天皇陛下が下さる勲章みたいに有難がる、というふうになってしまったのであーる。

「良い自動車を安く作る」のがTQCの目的であるというが、〃良い自動車〃という哲学的命題に対しては、本来、工員に適応することを目的としたQCのようなコントロール・システムはなんら寄与しない。むしろ百害あって一利なしだ。

で、〃安く作る〃ことにだけ熱中することになる。〃安く〃は円の単位でデジタル評価できるから楽である。これだけならば問題ないが、TQCは本来天才のみが成し得る設計にまで口をだし、設計がヘタだから安くできないなどとエスカレートしてきた。設計のウマイ、ヘタは設計者の主観と客観（購買者の主観）が一致するかしないかで決まることであって、会社がTQCで決めるのはマスターベーションである。

QCはたしかに、乾いたタオル（従業員）をもう一度絞って、ムダをなくすかもしれないが、利益は〃良い自動車〃を提供する代償として得られるものであって、いくらムダを排しても、会社の中から利益を発生することはない。〃良い自動車〃の創造は天才の努力を待つよりほかはない。

天才の努力の結果は発明であって、例えばMMCの3×2の発明がなければ、DASHエンジンのあのトルクの太りはないし、いかに秀才が努力によって洗練しようとも、T―LCS（Toyota Lean Combustion Systen）に代わる発明をしなければ、17㎞／ℓの燃費を超えることはできない。

天才を管理するとタダの人以下の気狂いになってしまうので、注目すべき発明と新製品を見れば、管理の弱さがわかり、クルマと株を買うときの有力な指針となる。

ホンダが意外と発明が少ないのは、CVCC、魔法のタコツボを自分で勝手に大発明と評価し、バカのひとつオボエで全機種にこれを採用したからで、ビートルの後にVWからはロクなクルマがでてこないと同じリクツである。

技術のあるMMCの良い発明が、製品と結びついていないのは商品企画室のオッサンがパーとしか考えられないので、エリマキをしてない若者に変えるべきだ。

任期2年の〃雇われママ〃社長は、目先にこだわり、自分の退職後に利益を生むかも知れない新技術に捨て金は使えない。

ところが、乾いたタオルを絞るトヨタはオーナー経営者で、〃QCによる現場のムダの排除〃で今日を楽しみ、そして新技術の創造による未来の利益を老後の楽しみとし、なにもQCによって身を守る必要がないのであろう。

その結果、カリーナには4種類のエンジン――可変スワールの3A―LU、希薄燃焼の4A―ELU、可変共振過給のIS―iLUとディーゼルの2C―Lがあるが、3種類のガソリン・エンジンは、それぞれに発明によって個性を創りだして自己主張しているのは、見事というほかはない。

中でもオレの気を引くのは、希薄燃焼の4A―ELUである。

●なぜ希薄燃焼（リーン・バーン　またはリーン・コンバスション）？

燃料を燃やす、とは燃料と酸素とが化合することで、1kgのガソリンを燃焼させるには14・5kgの空気に含まれる酸素が必要である。空気燃料比：A／F比が14・5であるとき、理論空燃比（ストイキオメトリー：

略してストイキ）というのだ。

図1の14とか12は濃すぎるミクスチャーで、燃料を燃やすのに必要な酸素が不足する。22は非常にリーンである。

リーン・ミクスチャーが良いネンピを作るのは、

a）比熱が下がる。

b）スロットル・ロスが低下するからである。

ガソリン（HC）が燃えると、水（H_2O）と炭酸ガス（CO_2）ができる。水や炭酸ガスは空気（N＋O）と比べると比熱が大きい。すなわち暖まりにくいのである。すべてのガスは1℃上昇するごとに体積を1／273増加させるのだから、暖まりにくいガスでは燃焼によってあまり温度が上昇せず、圧力も上がらず、したがってパワーもでない。リーンにすると窒素や酸素の割合が増える。NやO_2は比熱が小さいのである。だから少しの燃料を燃やしても温度が上がり、パワーがでるということはネンピが良いということである。

図2を見ると、NOxは少しリーンなところで最大になっている。本来化合しにくいNとOは2000℃くらいの高温になると化合してNOxとなるが、少しリーンのところではストイキオメトリーなときよりも比熱が下がったので、高温になりNOxがたくさん発生したのである。

もっとリーンにすると比熱は更に低下するが、空気に対して燃料の量が少なく全体としての熱エネルギーが低下するので燃焼温度も下がり、NOxも下がり、パワーも下がるが、比熱が低下したぶんだけ燃費は低下する。だからリーンであればあるほど熱効率は向上し、燃費は良くなるリクツだが、リーン・ミクスチャーは火がつきにくいので限界があり、この限界を下げるのが技術であり、発明である。

ディーゼル・エンジンはタップリと空気を吸い込んで、必要なパワーに応じて燃料噴射量を決める方式なので、生まれつきの超リーン・コンバスション・エンジンである。ディーゼル・ターボ・エンジンでの実験結果では、A／F比が30～45くらいのところに燃費の最低があることが分かっている。それ以上のリーンでは、パワーが減少して摩擦損失の割合が増えてかえって燃費が悪くなってしまう。

トヨタ4A—ELUエンジンも、A／F比が30以上にまでリーンになったときはじめて超リーン・コンバスションとなり、極めたといえる。

通常のストイキオメトリーなミクスチャーを燃やすガソリン・エンジンでは、パワーがあまり必要でないときは**図3**のようにスロットル・バ

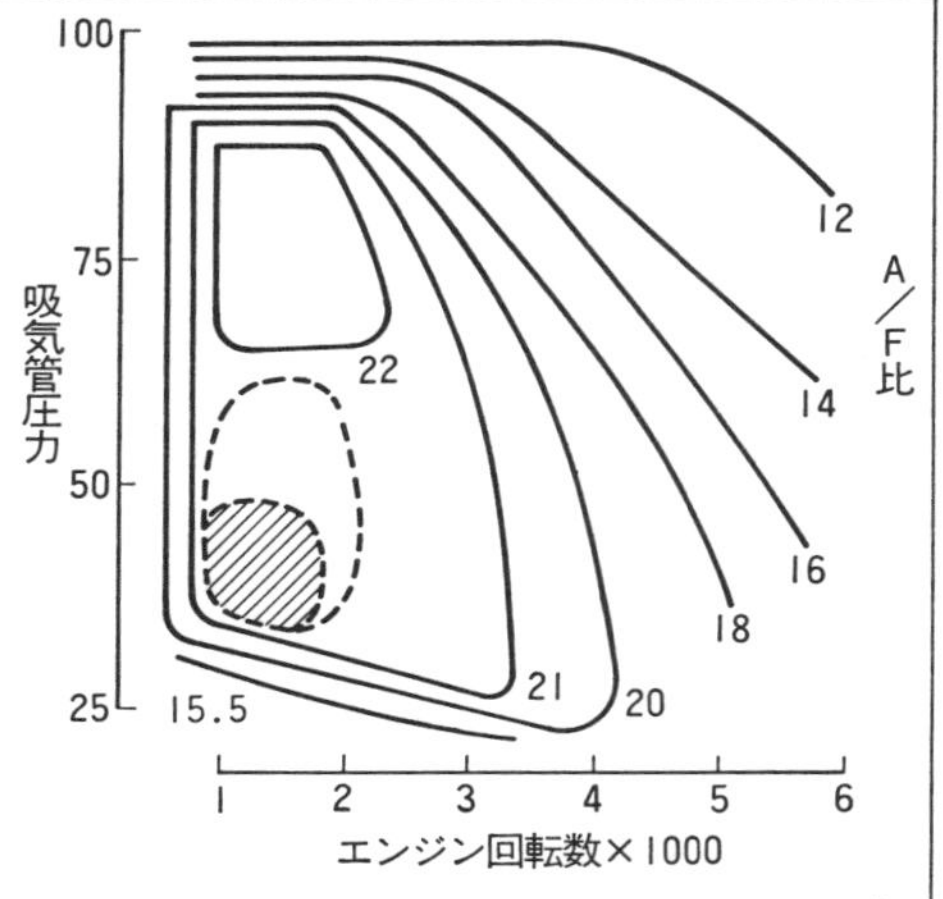

図1　トヨタ4A-ELUエンジンの混合濃度マップ

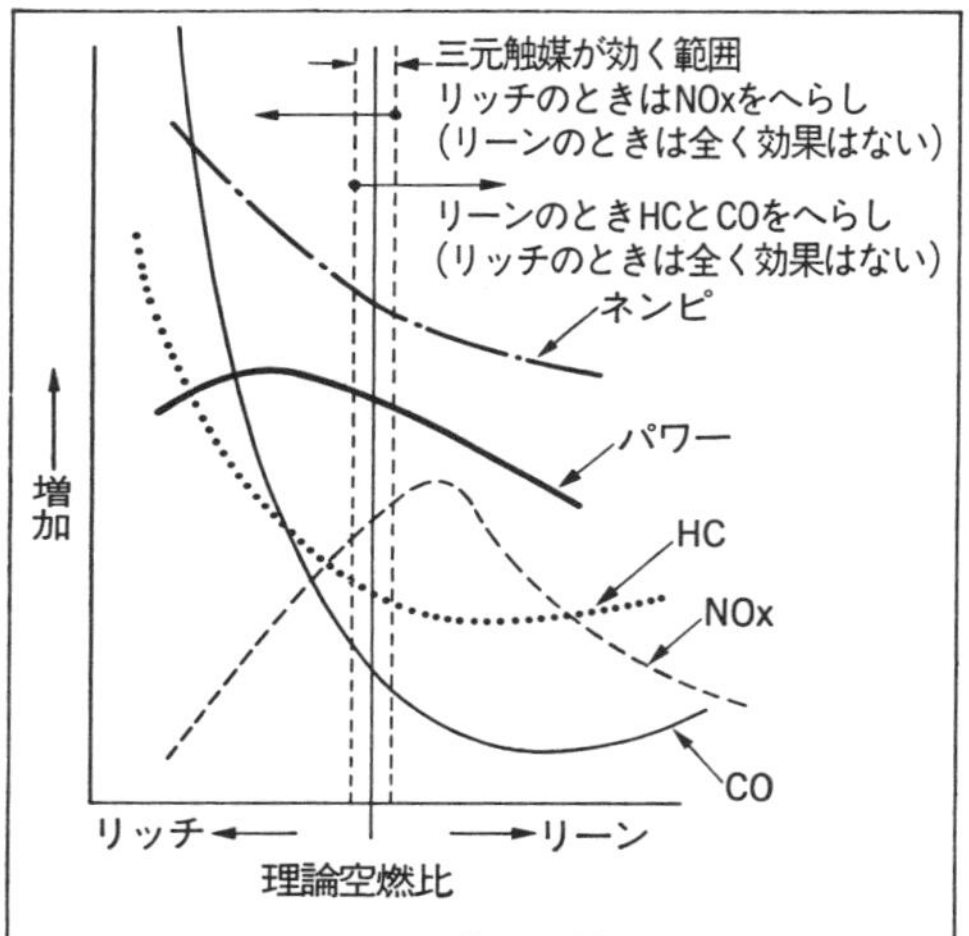

図2　ミクスチャーの濃さと性能とエミッション

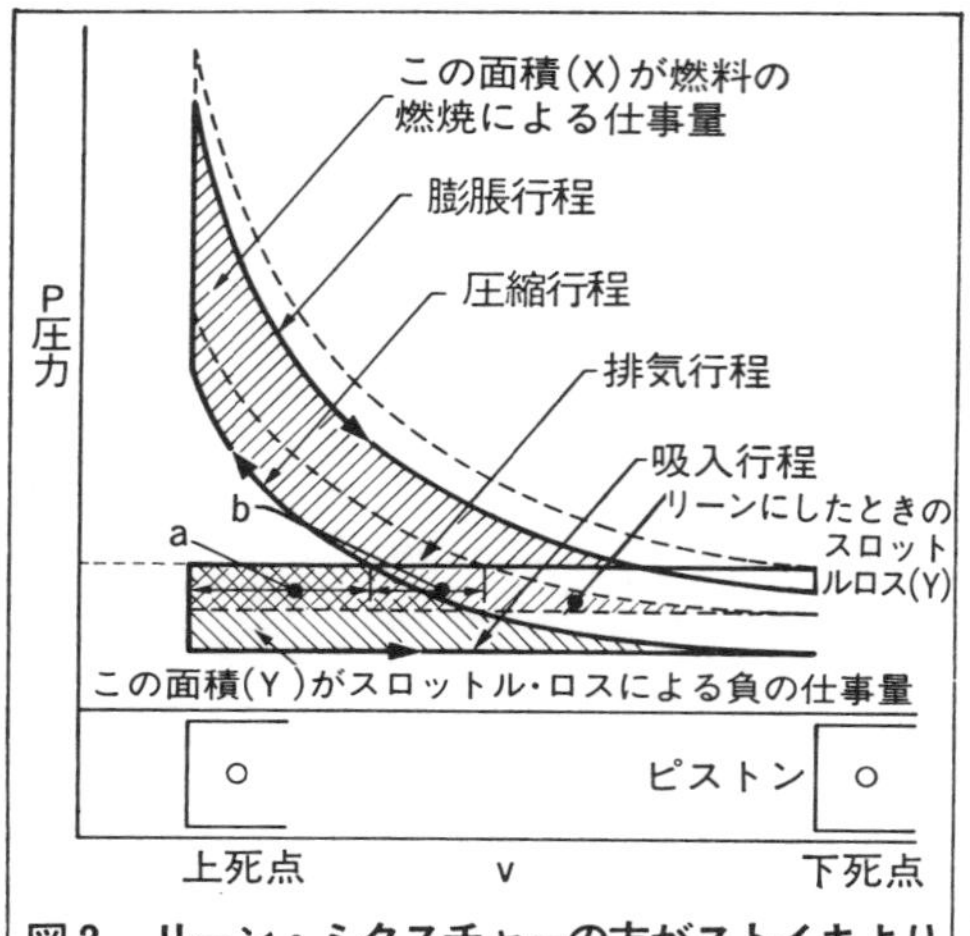

図3　リーン・ミクスチャーの方がストイキよりもスロットル・ロスは小さい

ルプを絞り、大気圧より低い圧力でミクスチャーを吸入する。絞ったことにより大気圧換算でaだけ吸入したことになり、むろんaに見合ったパワー（X）を発生するが、スロットル・ロス（Y）を差し引いただけがクランクからパワーとして出てくるわけで、熱効率は低下する。

リーンにしてミクスチャーaに空気をbだけ余分に混ぜると、**図3**の点線のようなρ—v線図となり、スロットル・ロスの面積Yが減り、ネンピが良くなるリクツである。

スロットル・バルブのないディーゼルは、当然にスロットル・ロスもなく、しかもリーンなので、**図4**のようにガソリン・エンジンと比較すると低負荷では断然有利である。ところが、ガソリン・エンジンもディーゼル並みのリーン・コンバスションができれば、**図4**の一点鎖線のようにネンピは改善される。ただリーン・ミクスチャーではパワーがでないので、図1のようにパワーとともにストイキオメトリーに近づけ、圧縮比9・3とガンバッたこのエンジンは、フルスロットルではノッキングしたり、ピストンが溶けたりするので、やはりガソリンを2割も余分に食わせてガソリンで冷却する。

また、アイドルではリッチにしないと蒸発できなかった生ガスが燃焼室の壁に付着したり、一部分的に濃過ぎるミクスチャーとなったりするので、プラグの付近がストイキとならず、着火しなかったり、着火しても燃焼が不安定になるのだ。図1の2000rpmの状態を図4に記入すると、太い実線のようになるはずだ。

リーン・コンバスションはトヨタの発明ではない。40年くらい前にテキサコ燃焼室というのが発明され、CVCCソックリである。ホンダはテキサコのインスピレーションにシビレて改良したに過ぎないが、別室にリッチな火の着きやすいミクスチャーを用意し、リッチが燃える勢いでリーンまで燃やすことに成功し、お金をもうけたのだからそれでもリッパである。

フォードでは**図5**のプロコ燃焼室を20年前くらいから開発中であるが、まだ成功していない。プロではバケツの中の水をかきまわすと水が遠心力で外側にはりつく原理を応用して、リッチなミクスチャーをスワールで燃焼室の外側にはりつけ、燃焼室の外側においたプラグで着火し、真中のリーン・ミクスチャーまでも燃やすという試みである。バケツの中の水と空気の比重比は1：1000だから水だけが外周にはりつくが、リーンとリッチでは比重比はほとんどなく、ミクスチャーを回転させても混じって濃度差はできない。とだれでも想像できるのだ。

フォードがプロコで理想の超超リーン・コンバスションでもたもたしている間に、インスピレーションを頂いて日本では硬式庭球よりイージーな〃軟式低級〃に成功してしまったのである。

トヨタの4A—ELUがそれである。

たしかにリーン・コンバスションは燃費を良くするが、どうしてリーン・ミクスチャーに火をつけるかが問題であって、地中に残された原油が少なくなりつつある

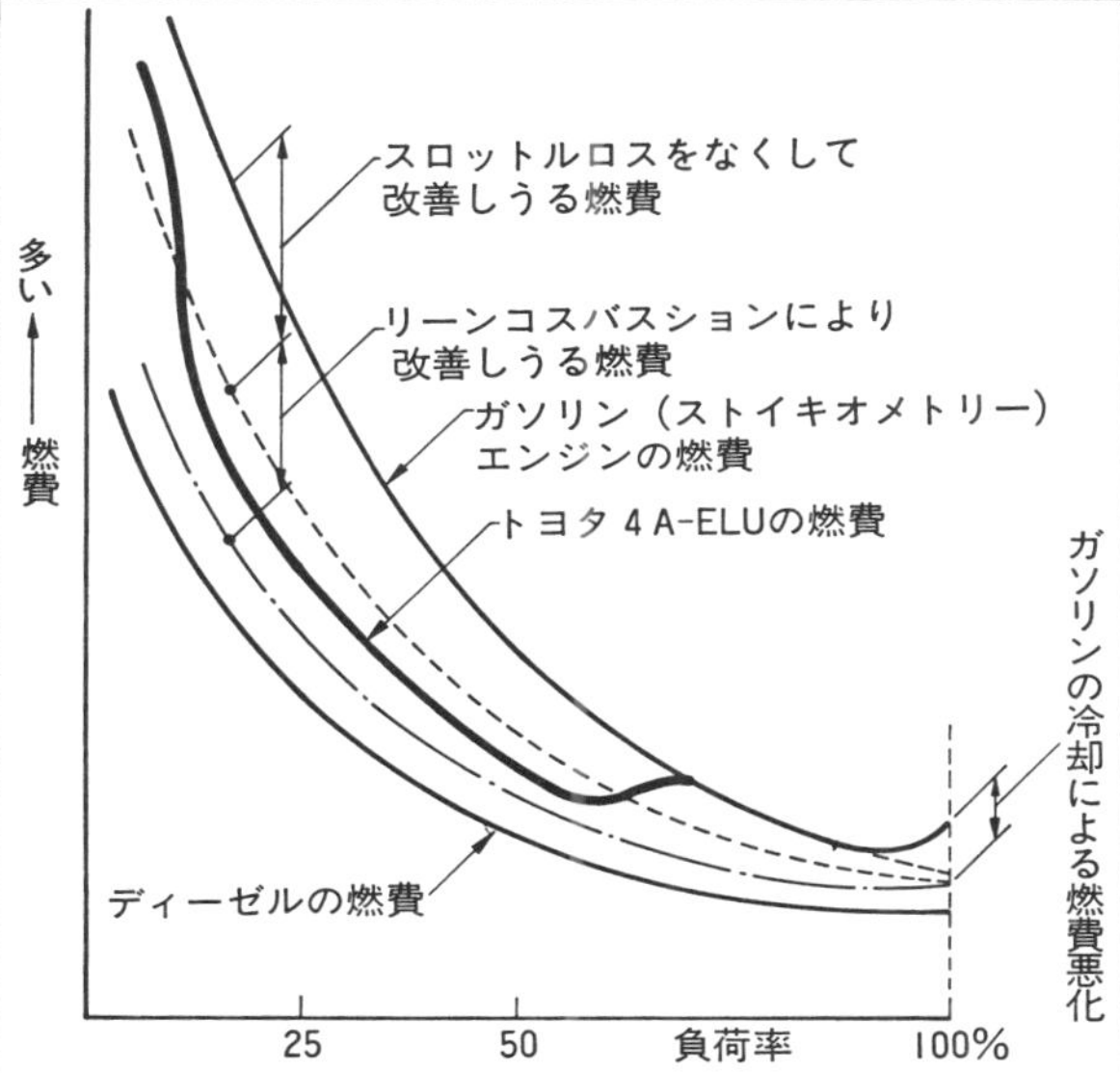

図4　ガソリン・エンジン（ストイキ）とリーンとディーゼル・エンジンの燃費

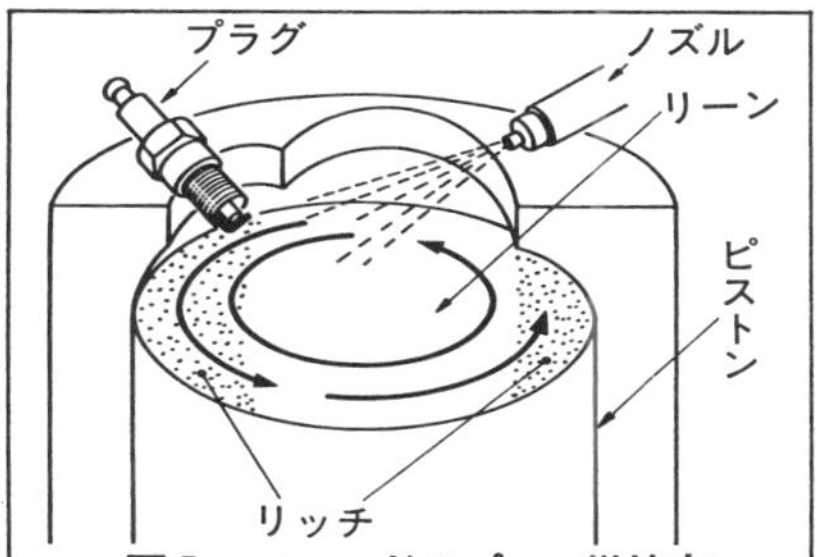

図5　フォードのプロコ燃焼室

今、最もリーンなミクスチャーに着火できたメーカーが生き残るのである。

トヨタのサバイバル計画では、リーン・ミクスチャーに着火するために、

a）白金プラグ。これは10万kmも長持ちするだけがトリエで、白金は高いので中心電極を1・1mmと細くしたのかと思ったら、スパークも細くエネルギーが集中してリーンなミクスチャーでも火がつきやすいのだそうだ。他のカーメーカーでもデンソーかＮＧＫで買えると思うが。

b）ディストリビューターには電子進角システムを採用し、リーン・ミクスチャーに最適点火時期で着火する。

c）コイルには強力閉磁路コイルを、イグナイターはフルトランジスタ方式でなにがなんでもリーン・ミクスチャーに火をつけてしまう。

d）スワール・コントロール・バルブで低速低負荷のときだけ**図6**右のように吸気ポートの半分を閉じると、シリンダーに入るときの流速が高くなり、**図6**左のようにシリンダーに強いスワールを発生させる。どういうわけかスワールがあるとディーゼルもガソリンもよく燃える。

このシカケはトヨタの発明である。オレもパテントを出しているし、各社それぞれに発明しているので、これが他社のリーン・コンバスションを遅らせているとは思えない。ＭＭＣのバルブ・セレクターと組み合わせれば、もっと良いのができる。が、これだけではまだリーン・コンバスションはできない。

e）ＥＦＩは近ごろはやりのタレ流し方式ではダメで、独立噴射方式で**図7**のように吸気弁が開いているときそのシリンダーの噴射弁だけが作動してガソリンを噴射して、白金プラグが火花を飛ばすとき、プラグの近所をリッチにしてやらなければ火はつかない。だからプラグの位置もデリケートに選ばなくてはいけないのだ。昔のＥＦＩはミーンナ独立噴射方式だったので、これが他社のリーン・コンバスションを妨げているわけではない。

a、*b*、*c*、*d*、*e*とこれだけのシカケを取り付け、残業して一生懸命にチューニングさえすれば、ガラクタ・エンジンでもフツウのエンジニアでもリーン・コンバスションはできるが、リーンを極めようとすれば、火がつかなくなる直前にまでリーンにしなければいけない。

f）リーン・ミクスチャー・センサーをつけて、信号をコンピューターに送り、燃料を噴射するたびに火がつくかつかないかのギリギリのリーン・ミクスチャーになるように、コンピューターは燃料の噴射量を決

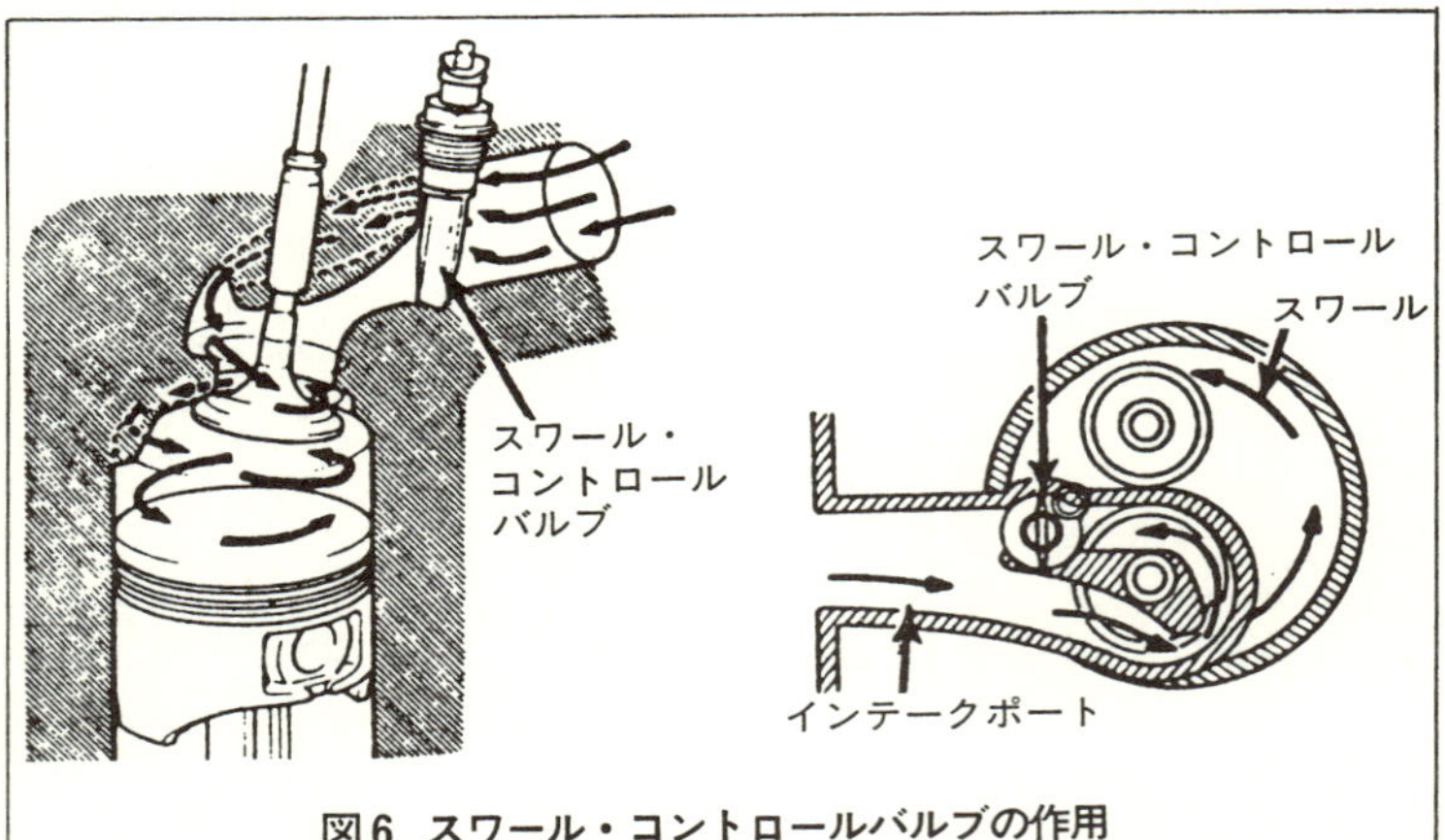

図6　スワール・コントロールバルブの作用

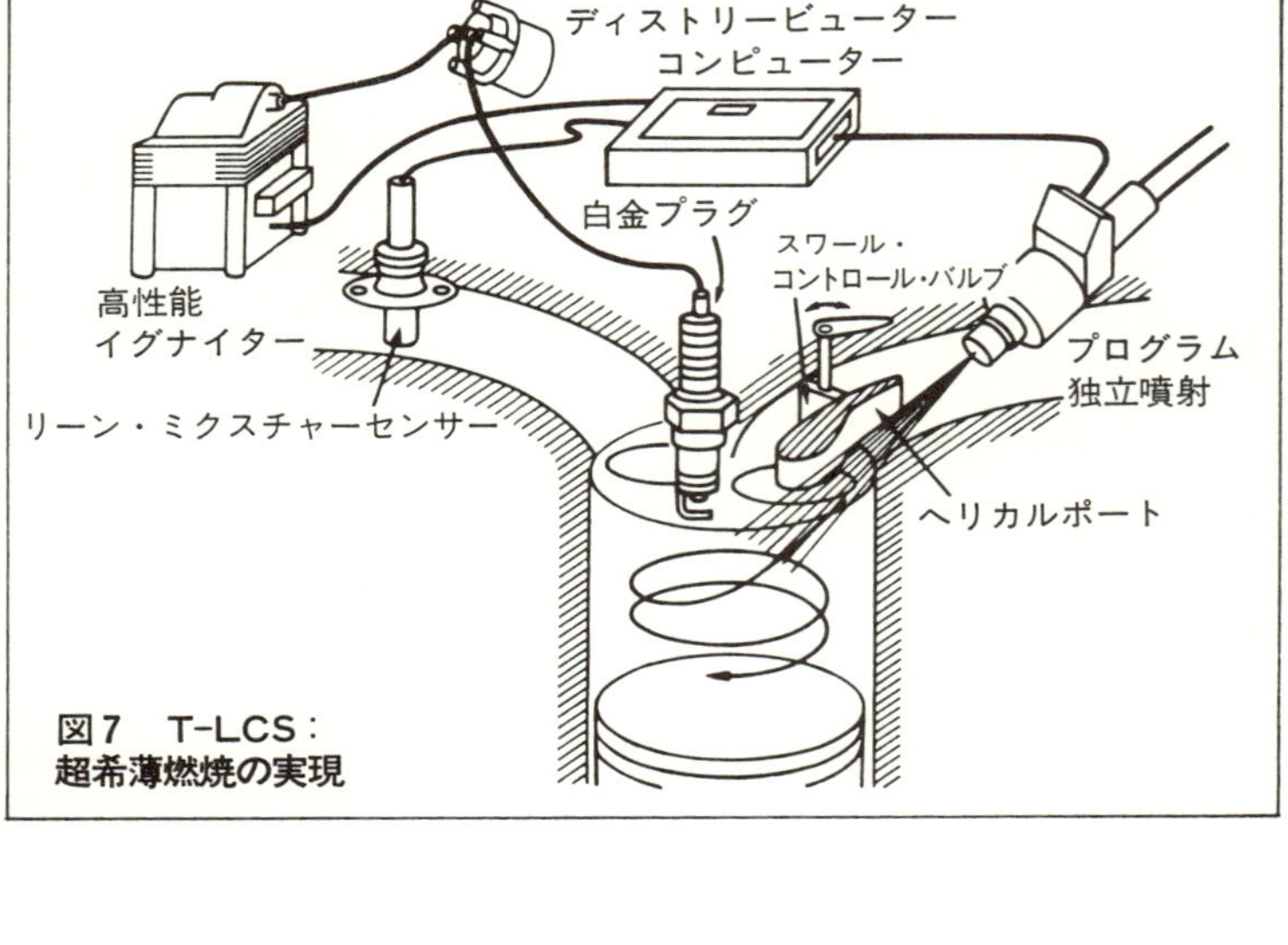

図7　T-LCS：
超希薄燃焼の実現

定し、インジェクターに命令する。

吸入した空気量を測定して、空気量に応じて燃料噴射量を決めれば同じだと思うかもしれないが、これでは敵機にミサイルをねらいをつけてブッパナスようなもので、必ずしも当たるとはかぎらない。

ジェット・エンジンの排気ガスを赤外線センサーで感知しながら、ミサイルが敵機を追いかけるようにすれば、100%当たる。これと同じようにリーン・ミクスチャー・センサーで排気ガスの中に残った酸素の量を測定しながらサイクルごとの燃料噴射量を補正すれば、A/F比の精度はピッタンコになるリクツである。これをインテリ風にいえばフィードバックである。

●既知の原理だが組合わせの妙

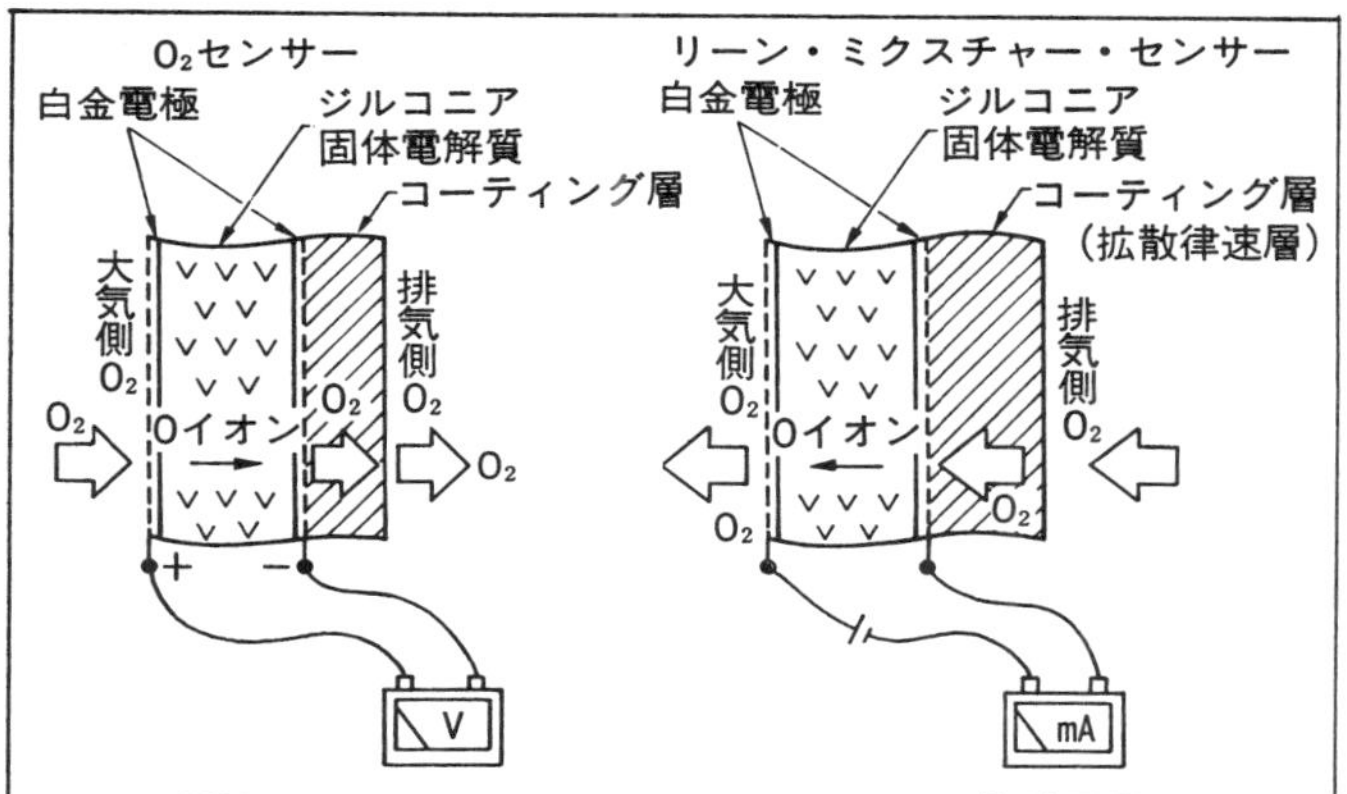

図8　リーン・ミクスチャー・センサーの作動原理

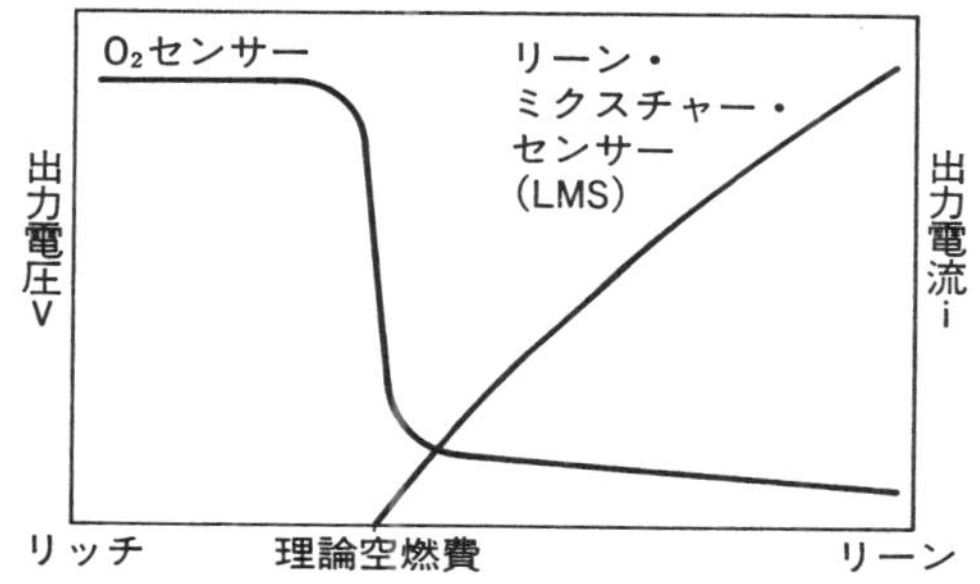

図9　リーン・ミクスチャー・センサーの出力特性

トヨタとホンダ、MMCとの決定的な差はフィードバックの有り無しであって、フィードバックを万能にしたのは、白いセトモノ、ジルコニア製のリーン・ミクスチャー・センサーである。

アルミニウムとO_2が化合したのがアルミナで、ジルコンとO_2が化合するとジルコニアと名前を変える。

ジルコニアはフシギなセトモノで（物性論的に考えれば少しもフシギではないが、オレの固い、悪いアタマでは物性論をうけつけないので）、セラミックスの中で一番熱伝導率が低く、金属との間に Affinity（親和力）がない。つまりジルコニアに鉄をゴリゴリと激しくコスっても焼き付くことはない。だからディーゼルのセラミック・エンジンのシリンダーには、これが一番ということになるわけだが、温度を高めていくと次々と結晶構造が変わり、バラバラになってしまう。ところがイットリウムと酸素の化合物、イットリアを混ぜてやると安定化して強くなり、エンジン用セラミックとなるわけだが、驚いたことに、これを排気ガスの流れの中におくと**図8**左のO_2センサーのように排気ガスの中にO_2がない場合は、Oイオンはジルコニアの中の〝酸素の穴〟を伝わって空気中のO_2を流し、大気側と排気側との間に**図9**のように電圧を発生する。ただし排気側にホンの少しでもO_2があると電圧はガクンと下がる。このガクンを感知してEFIに噴射量をフィードバックさせ、ストイキオメトリーなミクスチャーを作る方式が、フツウの三元触媒を使ったエンジンである。

これとは逆に、電流をO_2センサーのときと逆方向に流して、排気ガスの中に酸素があると（リーン・ミクスチャー）ジルコニアの〝酸素の穴〟でOイオンを大気側にムリヤリに押し戻すようにしたのが、LMS（Lean Mixture Sensor）である。排気ガス中に酸素のないリッチな状態ではOイオンを押し戻すことはできないから、もちろん電流は発生しないが、リーンな状態では図9のように排気ガス中の酸素の割合（A/F比）に応じて電流が流れる。

ナーンとウマイ、スバラシイ発明であろうか、否原理の発見ではないか!!　「これアンタが発明したの」とセキコンデいうオレに、「こんなこと昔からだれでも分かっていたんです」と少しもサワがぬ小出課長であった。「じゃーどうして他社ではできないの」とオレ。「酸素の穴をうまく配列するのがムズカシイのです。それをQCでやりました」とのことであった。

涙を流して感動しようと身構えているオレに急ブレーキではあった。〃乾いたタオルたち〃でも残業さえすればできる、このLMSはプラグくらいの大きさの真白なセトモノで、**図10**のような形である。LMSの真中にはセラミック・ヒーターがついていて、LMSが正しく働く600℃を保つようになっている。

これを**図11**に示すように、排気マニホールドの酸化触媒の上流に取り付け、図9の信号をコンピューターに送り、コンピューターはエンジン速度とスワール・コントロール・バルブの開閉とスロットルの開度に応じてガソリンの噴射量を正確にインジェクターに指示し、白金プラグも最適点火時期をコンピューターに指示されて、高エネルギー密度なスパークを飛ばし、またコンピューターはスロットルの開度とエンジン速度に応じてスワール・コントロール・バルブの開閉の命令を出すようになっているのが、*g*）TCCS（Toyota Computer Controlled System）によるT—LCS（Toyota-Lean Combustion System）である。

これでやっとT—LCSエンジンが完成したわけである。マージャンでいえばメンタンピンリーヅモドラ2という感じである。いうまでもなくドラはスワール・コントロール・バルブとリーン・ミクスチャー・センサーであるが、ドラだけではマージャンは上がれないので、ヘタでも

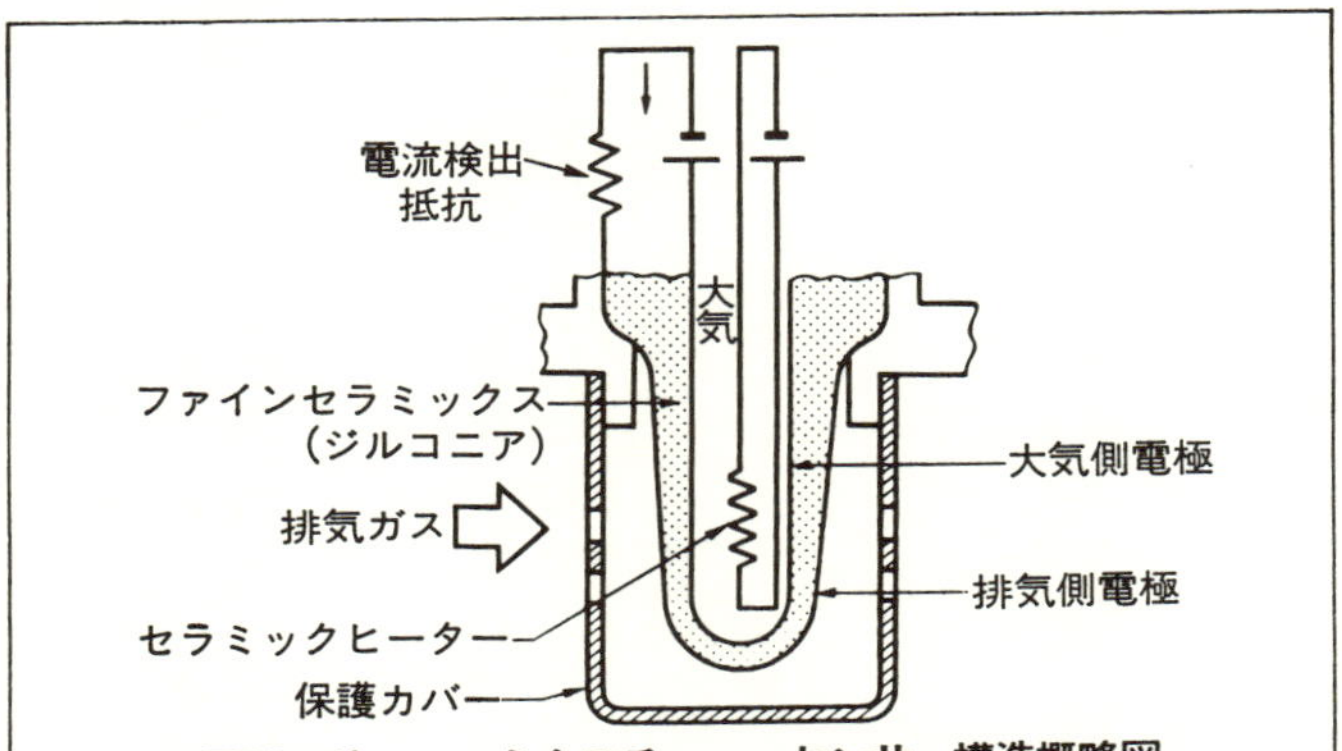

図10　リーン・ミクスチャー・センサー構造概略図

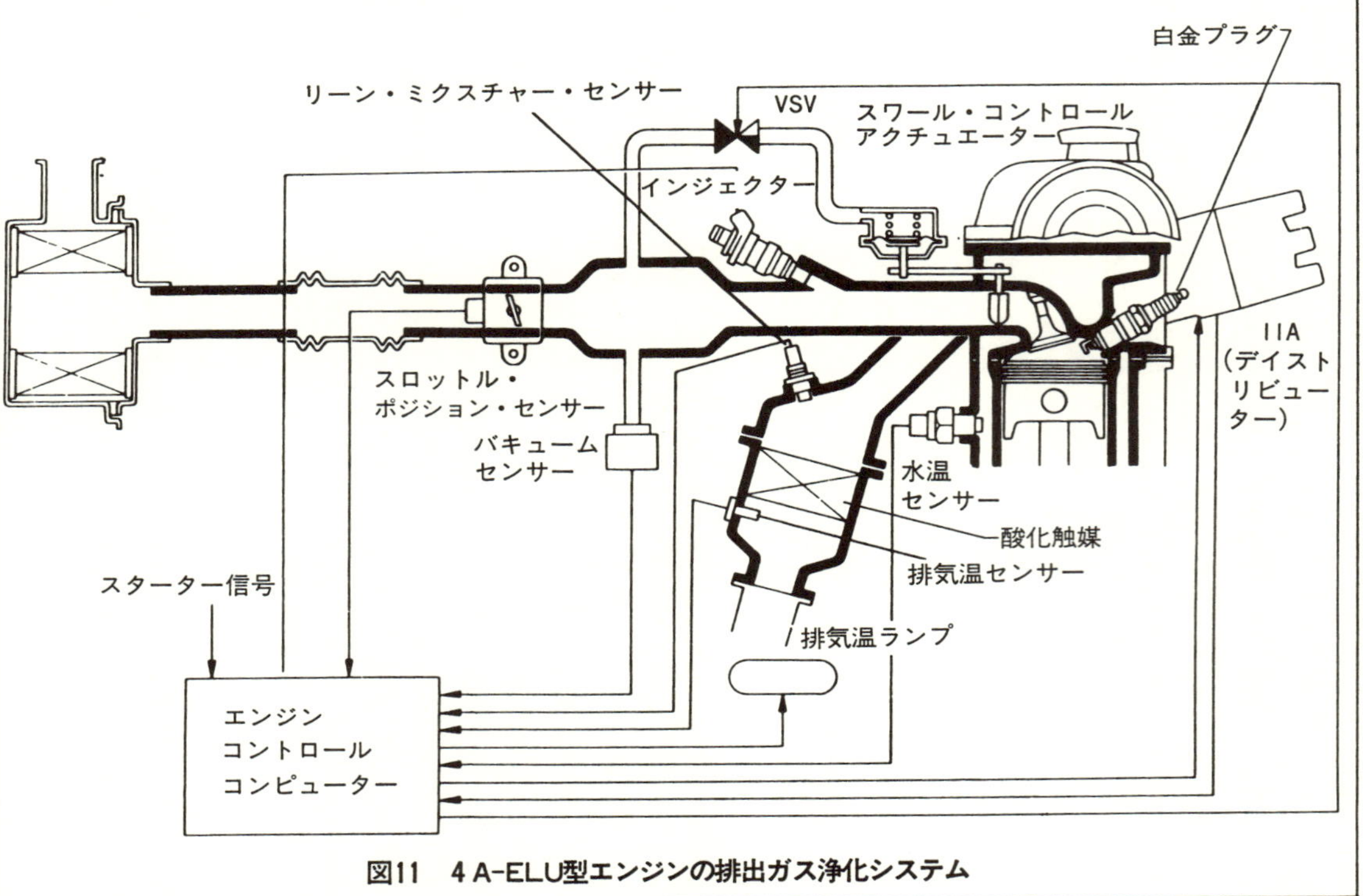

図11　4 A-ELU型エンジンの排出ガス浄化システム

できるメンタンピンを作ることもまた大切である。

得点は、3元触媒エンジンと比較してみると、**図12**のようにネンピで10〜15%トクをしている。もっとリーンにすればもっとネンぴがよくなると思うが、走りがガックンガックンしてくるので、スワール・コントロール・バルブの助けを借りてもこれ以上はムリである。というのが図12点線のトルク変動の許容限界である。

酸素のある雰囲気の中で酸化物は解離できないという鉄則があるので、どんな触媒を使ってもNOxをNとOに分けることはできない。リーン・コンバスション・エンジンではQC前のトイレで、NOxタレ流しである。チョンボ！　とおもわずオレは叫んだが、トヨタはこれは裏ドラであると主張する。

図12をよく見ると、NOxはリーンにすればするほど下がり、ついに触媒なしで許容限界以下を達成してしまったのだ。これを知ったら、ホンダ最高顧問はさぞお嘆きになるであろう。

ただし図1を見ると〝超〟リーン・コンバスションはエンジンの運転範囲のホンの一部でしかない。ほかはどうなんだ。アウトバーンでブッチギるときは車両抵抗は図1のA／F比16のあたりになるはずだし、A／F比16ぐらいのとき最高のNOxを発生し、しかもリーンだからNOxの始末ができないのではないか？　と思うのがシロウトで……。

頭の良い学者と役人はオレたちバカ者は交通規則を良く守って**図13**の10モードのようにクルマを走らせ、このときのエンジン負荷の時間頻度マップは**図14**のようになるんだってサ。

これをカリーナの100ps／5600rpmにあてはめると、図14の斜線部は回転でだいたい1/5、負荷で1/7だから100ps÷(5×7)≒2.8psとなる。2人で3頭立ての馬

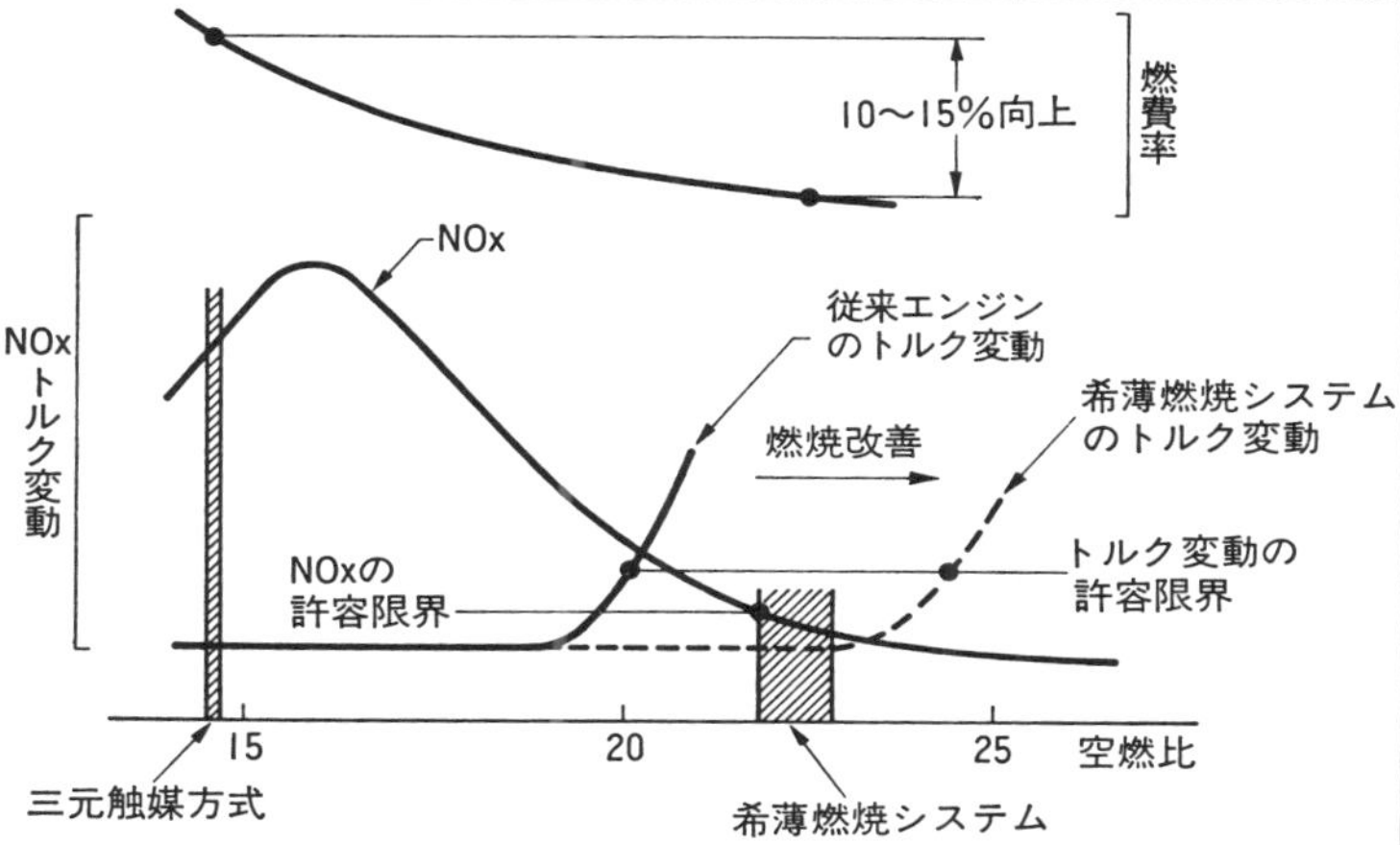

図12　三元触媒方式と希薄燃焼システムの比較

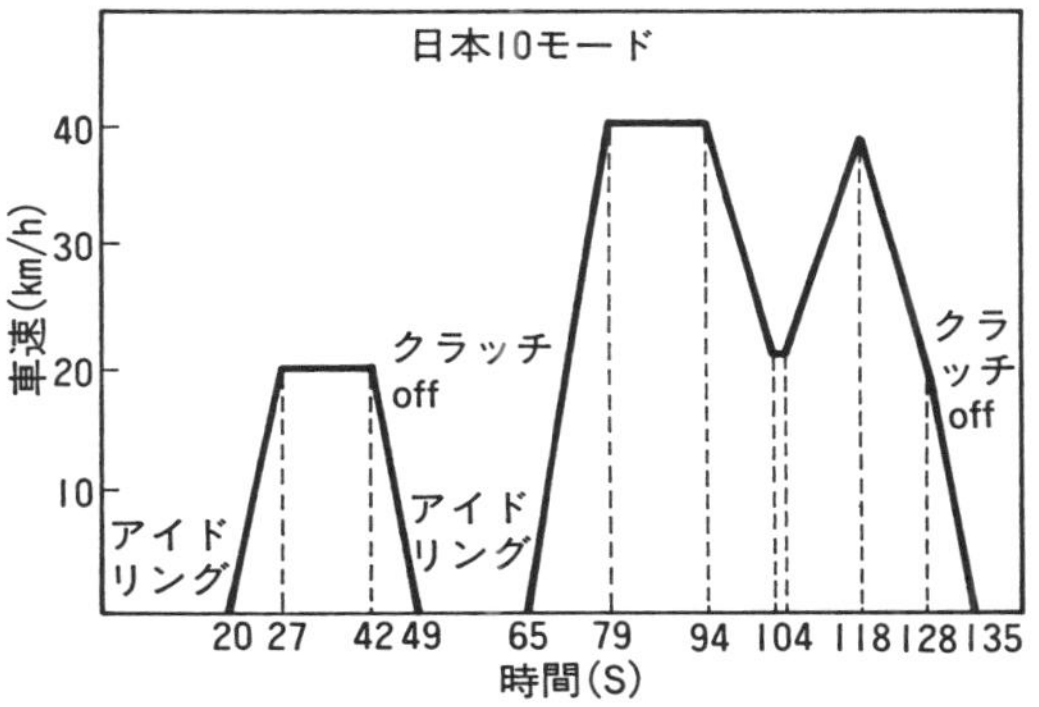

図13　10モード走行パターン（40km/h以下でドライブしたときだけトヨタ・カリーナのリーン・バーン・エンジンは毒ガスを排出しない）

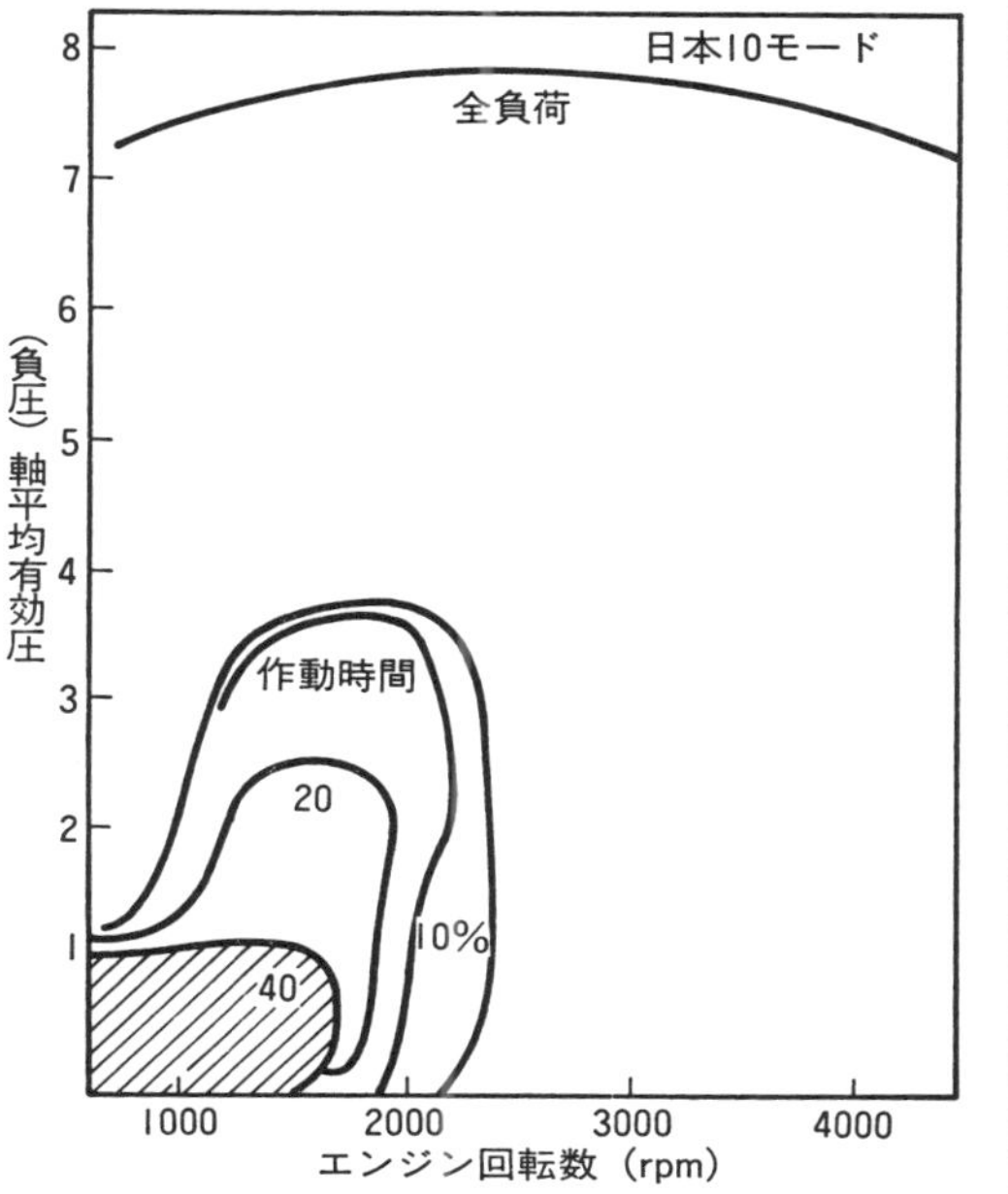

図14　40km/h以下で走ればリーンバーン

車に乗って時速20㎞で走ると思えばナットクできないこともないが、40㎞／hまで必ずローで乗車にムチをあてるオジン暴走族にとっては……。

吸気管圧力とトルクは比例関係にあるので、図1の吸気管圧力をトルクとみなして、ここに図14を重ね合わせてみると、1の点線になるのだそうだ。

罰金安全速度120㎞／hでカリーナのエンジン回転数は3000rpmだから、このとき4A―ELUエンジンは図1に示すようにA／Fは21と低く、低ネンピ、低公害でカリーナを駆動するが、HCとCOは気になるので図11の酸化触媒で燃やしてしまう。

ウマクできているなアと感心するも、マユにツバをつけるも読者の勝手ではあるが……。

●全域を希薄燃焼にできたら最高だが……

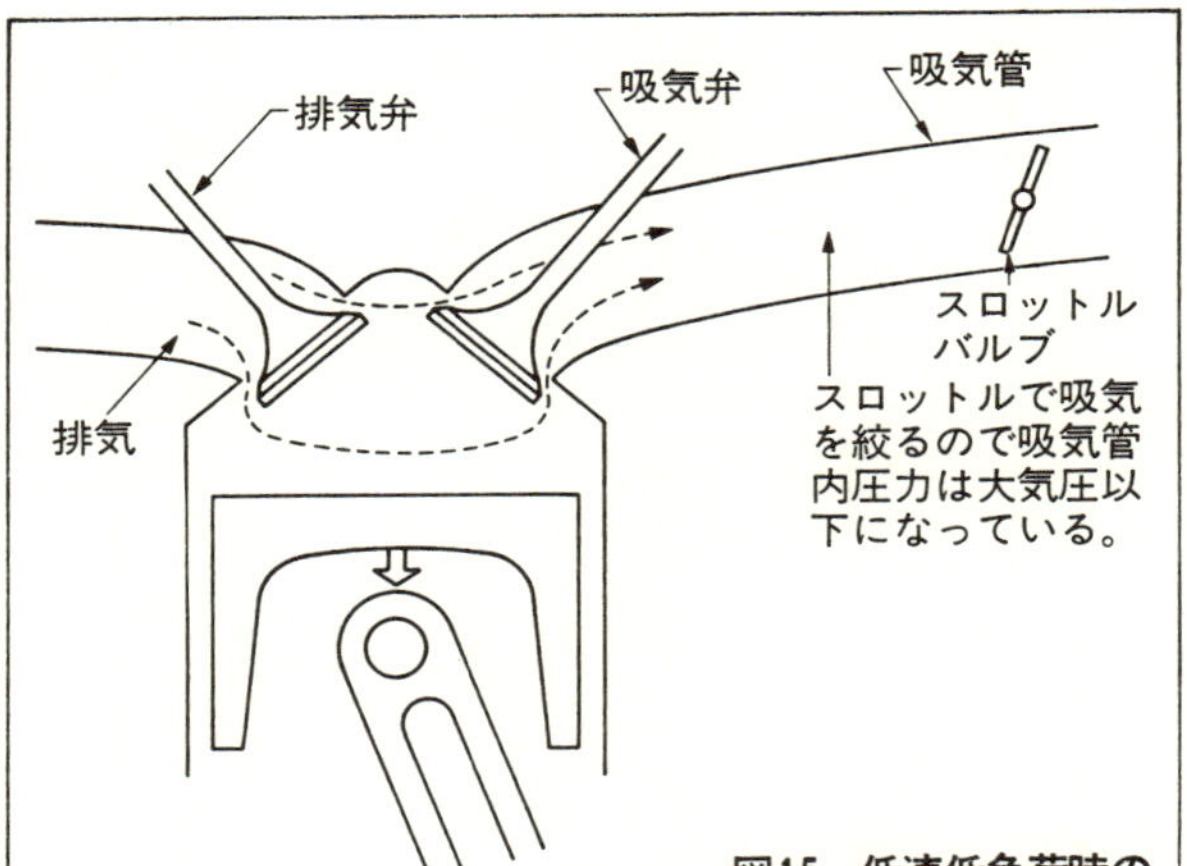

図15　低速低負荷時の排気の逆流

図1のマップ全部をリーン・コンバスションにできないのは、

a）800rpm以下の低速では、**図15**のように排気行程終わりの上死点では吸排気弁が同時に開くオーバーラップの時間が長くなり、吸気管の中に排気ガスが吹き返されて、吸気管中のミクスチャーは排気によってリーンとなり、燃焼が不安定になるので、それをみこしてコンピューターが濃いめに燃料を噴くようにイジェクターに指示する。

b）800から2800rpmの間でも極く低負荷では当然に図15のスロットル・バルブは吸気を強く絞り、吸気管内には強い負圧が発生する。回転はやや高いといえども排気ガスの吹き返しが発生し、吸気管内に吹き返された排気ガスによって〝超超〟リーンになり、スワール・コントロール・バルブでいくらスワールを強めても、着火不能になるので濃くする。

排気ガスはNとH_2OとCO_2とから成り、前にもいったようにH_2OとCO_2は比熱が大きく、排気ガスを混ぜたリーン・ミクスチャーでは熱効率は低下する。

図13の10モードから分かるように車速20㎞／hとかアイドル運転の頻度が高い――こんなにいわなくともいつも渋滞中の道路を走るオレたちにとってこれは問題である。

オーバーラップをなくしたロールスロイスのバルブ・タイミングにすれば、むろん解決はするが、8バルブのこのエンジンから100ps／1.6ℓ＝62ps／ℓを絞り出すことは不可能で、馬力と燃費を両立させるにはMMCのバルブ・セレクターを採用した3×2しかない。

トヨタのLMSとMMCのバルブ・セレクターはクロス・ライセンス（とりかえっこ）すべきだ。

互いに他を讃えあうのがオリンピック精神で、黙殺しつつ他社と同じものを開発するのは時間と才能の浪費である。なさねばならぬことは新技術による新製品の創造である。

c）加速するためにスロットルを開くと、A／F比22のリーン・ミクスチャーでは14・5のストイキオメトリーなミクスチャーの1／22÷1／14.5＝0.7しかガソリンが混じっていないので、15％熱効率が向上してもフルトルクの80％しかパワーは出ない。

リーン・コンバスションが行きづまれば、もうあとはヤケクソで、スワール・コントロール・バルブを開き、スワールはどうでもミクスチャーをたくさんエンジンに吸わせる。NOxが出てもかまわず燃料噴射量をストイキオメトリーに高める。図1と図4とを同時にながめるとこの感じが分かる。さらにパワーを高めて、フルスロットルでは圧縮比を9・3とガンバッたので、確かに低負荷のネンピは良くなったが、ノッキングする。

ノッキング止めの妙薬はガソリンで、A／F比12と2割ほど（ターボでは4割）冷却ガソリンを余分に噴く。このときエア・ポンプの付いていないこのエンジンでは、燃やすべき酸素が排気ガス中にないので、HCをそのまま大気にまきちらす。

d）高速ではスワール・コントロール・バルブは馬力の妨げで開きっぱなし。だからリーンでも、低NOxでも、低燃費・エンジンでもない。

図16がSCVの開閉プログラムである。2800rpmは車速120km／hに相当するので、市街地も高速通路もSCVを閉めたままのリーン・コンバスションで、このエンジンはカリーナを駆動できる。

図17のエンジン性能曲線をジーッと見つめていると、〝乾いたタオル〟をねじきるほどにして絞り出したパワーだということが分かる。図14をジーッと見つめてから図17を見ると、使ってはいけない4000rpmにピークトルク、14kgmを設定したことはTQCでドタマがイカレたと断定せざるを得ない。

自動車をよく知っていないトヨタの商品企画室のオッサンは、このエンジンのポテンシャルが75psであるのに、商品企画書の馬力欄に100と書き込んでしまったのだ。

その結果、バルブ・タイミングは馬力型となり、オーバーラップ角度が大きく、吸気弁時期も下死点後60℃くらいとなり（発表されていない）、カタログで100psとうたっているが、このミジメな低中速トルクは何だ。

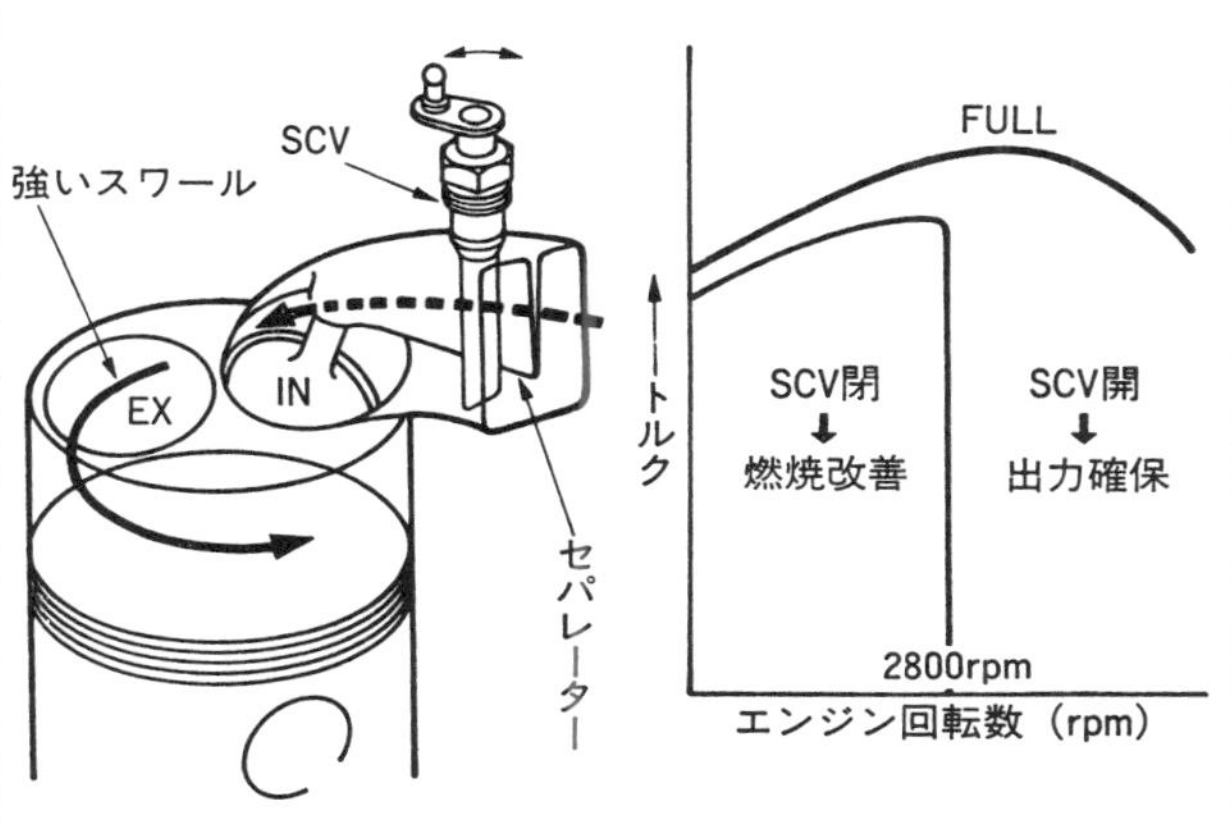

図16　スワール・コントロール・バルブ（SCV）

もしも、小さなオーバーラップと早い吸気弁閉時期を選んだとすれば、トルクカーブは図17の点線のように下が太り、市街地での加速が良くなるばかりか、80km／hからの追い越し加速も悪くはならない。

図17の車両走行抵抗トルクをオレが勝手に記入したが、エンジン・トルクと抵抗トルクとの交点、最高速度は160km／hが155km／hと少し下がるだけだ。

一方、オーバーラップを少なくすると、アイドルと低速低負荷では排気の吹き返しがなく、もっと回転が安定し、もっとリーンに、もっと燃費を良くできるのに！

借りた「借りーな」には瞬間燃費計と平均燃費計とがついていた。瞬間

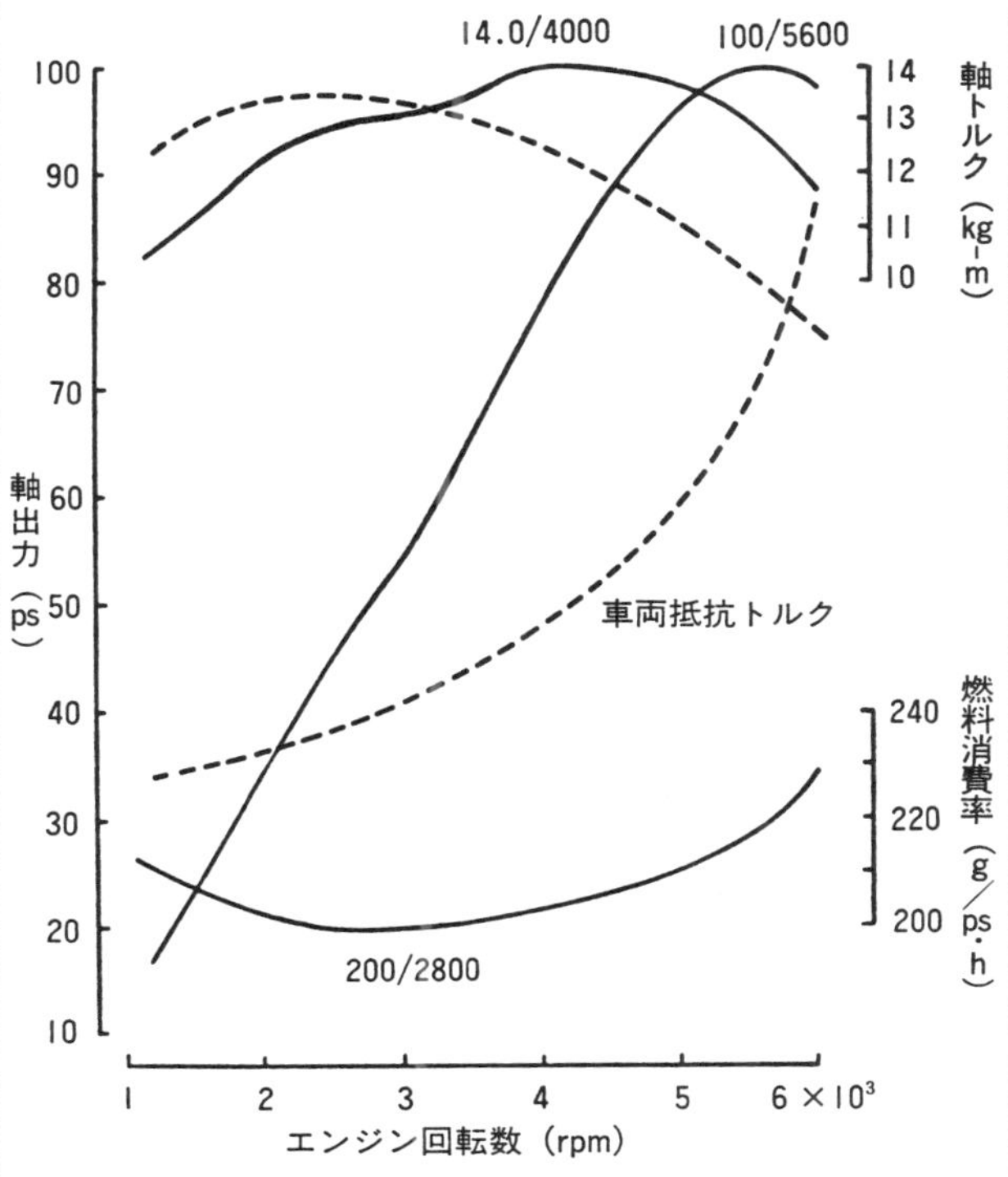

図17　4A-ELU型エンジン性能曲線

燃費計とは文字どおり、加速中の今、５㎞／ℓの燃費を示していたかと思うと、信号を見てコースティングに移るとトタンに70㎞／ℓを指すシカケで、ドライブから帰って、今日の平均燃費を知りたければ、〝平均〟の下のボタンを押すと、16・７㎞／ℓなどと表示されるのである。

この燃費計を見て、ナゼかオレは急にセコクなり、トヨタのガソリンで仕事に行ったのである。川崎から横浜ＩＣまでは大渋滞で、いつも１時間足らずで行ける距離が２時間もかかってしまった。東名は御殿場近くが事故で、止むを得ず小田原―箱根越えをして三島へ。これでも平均燃費16・６㎞／ℓとはオドロキだ。帰りは東名を１２０㎞／ｈでトバして、燃費は16・７㎞／ℓ。ウソツキのオレはトヨタもウソ燃費計をつけたと疑い、ガソリン・スタンドへ。満タン法で割り算をしてみたらピッタンコでトヨタは正直であった。

燃費を悪くしようとイジワル・オジンのオレは、２泊３日で霧ケ峰へ。標高１０００ｍ前後の高原を登り降りし、全部で１２３８㎞走って、ナント、燃費計は16・４㎞／ℓを示しているではないか。

オレがマトモな人間だったら、確実に燃費は17㎞／ℓを超えるはずだ。

スゴイ!! だがひとつだけ気になったことは、渋滞中にアイドルでクリープしようとするとガクガクしたり、エンストするのである。チョットふかせば気にならないが。たぶん燃費を良くしようとして、この試乗車はアイドルをリーンにし過ぎたのだと思う。

もうひとつ気になることがある。遅くて、ウルサクて、ガタガタ身震いをする、ネダンの高い２Ｃ―Ｌディーゼル・エンジンがなぜカリーナ・シリーズに存在するのか、である。このディーゼル・エンジンはガソリン・エンジンとは異なり、カタログで見るかぎりなにひとつ新技術を取り入れていないので、乗ってみなくても他社並みのできで、４Ａ―ＥＬＵと比べてなんら経済的でない。

オレが商品企画室のオッサンだったら、〝超〟リーン・コンバスション・エンジンの発明で、我が社ではディーゼルは売らないことにしました――ッと、ラッパを吹くが……。

アンチ・ジャイアンツのオレは、当然にアンチ・トヨタである。このままでは新技術開発競争のペナントはやすやすとトヨタへ、だ。それでは外野としては面白くないではないか。

ライバルよ、図１と図４をジーッと見つめてくれ。燃費が一番よいのはＡ／Ｆ比22の枠の中だ。この枠内で走れるクルマを作れば、30㎞／ℓは夢ではないのだ。

そして勝負を面白くしてくれ。タノム!!

各メーカーの発明＆新製品

	注目すべき発明	注目される新製品
トヨタ	可変慣性過給(レビン、トレノ) 可変スワール(クラウン、ソアラ) 可変共鳴過給(カリーナ) 希薄燃焼(カリーナ) 同センサー(カリーナ)	４速AT 24バルブ・エンジン 16バルブ・エンジン MR2
ニッサン		V6エンジン 16バルブ＋ターボ
マツダ	６ポート・ロータリー 慣性過給ロータリー	
三　菱	２次バランサー ねじり振動ダンパー (ビスカスラバー) バルブ・セレクター(MDエンジン) ３×２DASHエンジン	フルタイム4WD (スタリオン)
ホンダ	CVCC ホンダマチックAT マップ式燃料噴射(PGM-FI)	ロング・ストローク・エンジン
いすゞ	ウルトラ・クイック始動装置 (ディーゼル) 加速時高ブースト装置(ターボ)	
富士重工	無段変速機(CVT)	エレクトロニクス・コントロール4WD
ダイハツ		リッター・ディーゼル

トヨタ1G-GZEU
スーパーチャージド・エンジン

いよいよ容積型スーパーチャージャー時代の口火を切ってルーツが復活

この毒舌評論を読み始めると直ぐにゲラゲラッと笑い出す人は頭のレスポンスの良い人で、始めると直ぐに声を出すヒトは名器の持ち主である。右足のツマ先の動かし方に応じて、自由自在にパワーを、しかも一瞬の遅れもなくコントロールできるのが名エンジンである。ウスノロで、忘れたころにクソカを出すターボにウンザリし始めた今、トヨタのスーパーチャージャーは我々の期待にこたえてくれるだろうか?

●イジメ問題とエンジンの関係は?

アメリカが北ベトナムをイジメるのはよくないと、「ベトナムに平和を、連合会」こと「べ平連」ができたが、ベトナムがカンボジアを侵略だか、解放だかをしても〃カ平連〃が、ロシヤがアフガニスタンをイジメても〃ア平連〃が結成されないのはなぜか。

ぐーッと次元を下げたところで、ジャリのイジメも大問題である。イジメる方は死なない程度にやっても、イジメられる方のレスポンスが良すぎると自殺してしまうのだ。

臨教審というマヌケな集団の親玉もだまってはいられなくなり、異例の談話を発表するというので、マジメに聞いたが、内容はゼロであった。談話でイジメがなくなるはずもなく、日教組の大会で討議したところで逆効果しかあがらないのは目に見えている。

5年前の新聞を見ると、イジメられそうになったセンコーが恐怖のあまりナイフで生徒に切りかかったとあるが、近ごろはセンコーたちは団結して防衛しているに違いない。

教え方がヘタだから、授業についていけないジャリどもは団結してセンコーをイジメていたのだが、近ごろは日教組にはかなわないと知ってか、仲間討ちとは情けない。

こうなったのも、そもそも義務教育という考え方がオカシイからである。義務や義理でナニをしたって楽しくないし、教育を義務にして生徒をムリヤリ学校内に束縛するのが間違いなのだ。

コドモは親が納入した税金や月謝によって、楽しく教育をうける権利を持っているのだ。好きなガッコーを選び、イジメッコのいる学校に行かない。ヒイキばかりしてワタシを無視する先生には教えさせない。

コドモに教育をうける権利さえ持たせてやれば、月給30万円のセンコーの方が15万円の先生より教え方がヘタなんていう資本主義の原理を否定するような現象は起こらないのである。

税金という月謝を親に支払ってもらっている生徒の方には自由はゼロで、ゼニをもらっているセンコーの方は、「オレに合わないのだから仕方ない」などとウソブイて無視することによって、登校拒否に生徒を追い込んでも、それに対して評価させない１００％の自由をエンジョイしているのだ。

「毒舌評論」も日教組と同じで、書きたい放題を書きまくって、天下の名エンジンをメッタ切りにするが、しょせんは評論家、実現不可能でも理想はこれだとワメイテいる技術論は読んで面白いが、実際に設計する立場から考えれば空論に過ぎぬ。とはＭＦの社長と編集部員の評価であったのには恐れ入った。何度もいうが、オレの本職はディーゼル・エンジン・デザイン・コンサルタントで、プロのコドモどものヘタクソな設計を直してやることによって、メシを食い、ショウチュウを飲んでいるのだ。

●〝スーパーチャージャーといっても数々あれど

今はターボ・ブームの真最中である。しかし、ターボ過給されたガソリン・エンジンは圧縮比を下げることによってのみパワーアップが可能である。ということは燃費改善技術から見ればマイナスの進歩である。加えて低速トルクはホンのわずかではあるが無過給エンジン以下に低下し、ゼロ発進からピークトルクが発生するまで２秒以上もかかる現状では、ターボ・ガソリン・エンジンの存在価値は疑いの目をもって見られる昨今である。

そこでターボ・ガソリン・エンジンの三悪：燃費が悪い、低速トルクがでない、レスポンスが悪い、のうちの燃費が悪いは、「過給ガソリン・エンジンは絶対に燃費が悪くなる」との大論文によって社長とユーザーをゴマかした。だが、セメテ低速トルクとレスポンスだけでも良くできないか、とだれしもエンジニアであれば思いたくなるものである。

ましてやその技術が70年前に完成され、３年前にはランチアがスーパーチャージャーとして復活したルーツ・ブロワーであれば、考古学的だ、頭を使わない、何も創造していないなどと〝毒舌〟されるのは覚悟の上で、低いレベルの技術であれば失敗のおそれもなく、開発期間が短く、完成さえすれば、〝日本初〟と称せるのだから、まずはトヨタの商品企画力をたたえておこう。

ルーツ・ブロワーに遅れをとった他社の商品企画室長は、自らイスを窓ぎわに移すべきだ。

トヨタ1G—GZEU、スーパーチャージドＤＯＨＣ24バルブ・エンジンが、いかに最新式、高性能を主張しようとも、オレの目から見ればサイテイである。そしてもっと良い技術はコレだ、と誌上に展示して、テメエの技術を売り込もうとするオレもサイテイである。

トヨタのカタログに、「スーパーチャージャーの自動車への利用は１９１０年代から行われたが、国内ではこれまで乗用車への搭載は行われなかった」と自ら考古学的な興味によってこれを開発したことを白状しているのは正直でよい。が、スーパーチャージャーにはルーツ・ブロワーだけしかないと、信じているのがいかにもアワレだ。

そもそもスーパーチャージャーとは、日本語で過給機、だから過給する機械でありさえすれば、ターボチャージャー、ルーツ・ブロワー、リショルム・コンプレッサーや20年前にスイスのブラウボベリー社で発明され、最近になってようやくオペル・ディーゼルに採用されたコンプレックスなどなど数え上げればキリがないほどである。

手元のドイツのエンジン雑誌、ＭＴＺを開くと、トヨタのルーツ・ブロワーを待ちうけていたかのように、フォルクスワーゲンのスパイラル・コンプレッサーの解説がしてある。実物は東京モーターショーのＶＷコーナーにあった蚊取り線香型のアレである。

種々のスーパーチャージャーを分類するとターボは、Exhaust Gas Driven Turbocharger：排気ガス駆動ターボ過給機で、ルーツ・ブロワー、リショルム・コンプレッサー及びスパイラル・コンプレッサーは Mechanical Driven Displacement Type Supercharger：機械駆動容積型過給機である。コンプレックスとは複雑を意味する Complex とか劣等感を意味する Inferiority Complex の Complex ではなく、圧縮を意味する Comprex で、学問的には Pressure Wave Supercharge：ＰＷＳ：圧力波過給機である。

これらのスーパーチャージャーとトヨタのルーツ・ブロワーとを対比

しながら解説すれば、読者には理解しやすくなるだろうし、一方ターボのレスポンスの改善にメドが立たず、代わりの過給機としてルーツでもやろうかとか、ルーツしか過給エンジンのレスポンス改善の道はないと思いつめているアワレなエンジニアには、ルーツとはチンケスト（最もチンケ）な過給機であることが理解できるはずである。トヨタのマネさえしていれば、と思っている他の会社も目がさめるだろう。

●げに、なつかしきルーツ・ブロワーに再会するとは！

比較する前に自分史を言わさせてもらうと、過給ディーゼル・エンジンを設計したいばかりにチンケストな自動車会社に就職したが、命令される仕事といえば、エンジン吊上げ用フックとかでウンザリしていた（今考えれば重要な難しい設計である）ある日、突然にルーツ・ブロワーの設計を引きつぐことになった。前任者が投げ出して退社したからである。「他人の不幸は我がシアワセ」をこのときほど強く感じたことはなかった。35年前のことである。

問題はローター側面とハウジング側面との焼き付であった。**図1**左下はトヨタのルーツ・ブロワーの断面である。オレが設計したものと本質的に何も変わっていないし、変えようもないのでこれを使って説明すると、図の右側のボールベアリングは複列になっているが、前任者の設計は単列ボールベアリングであった。

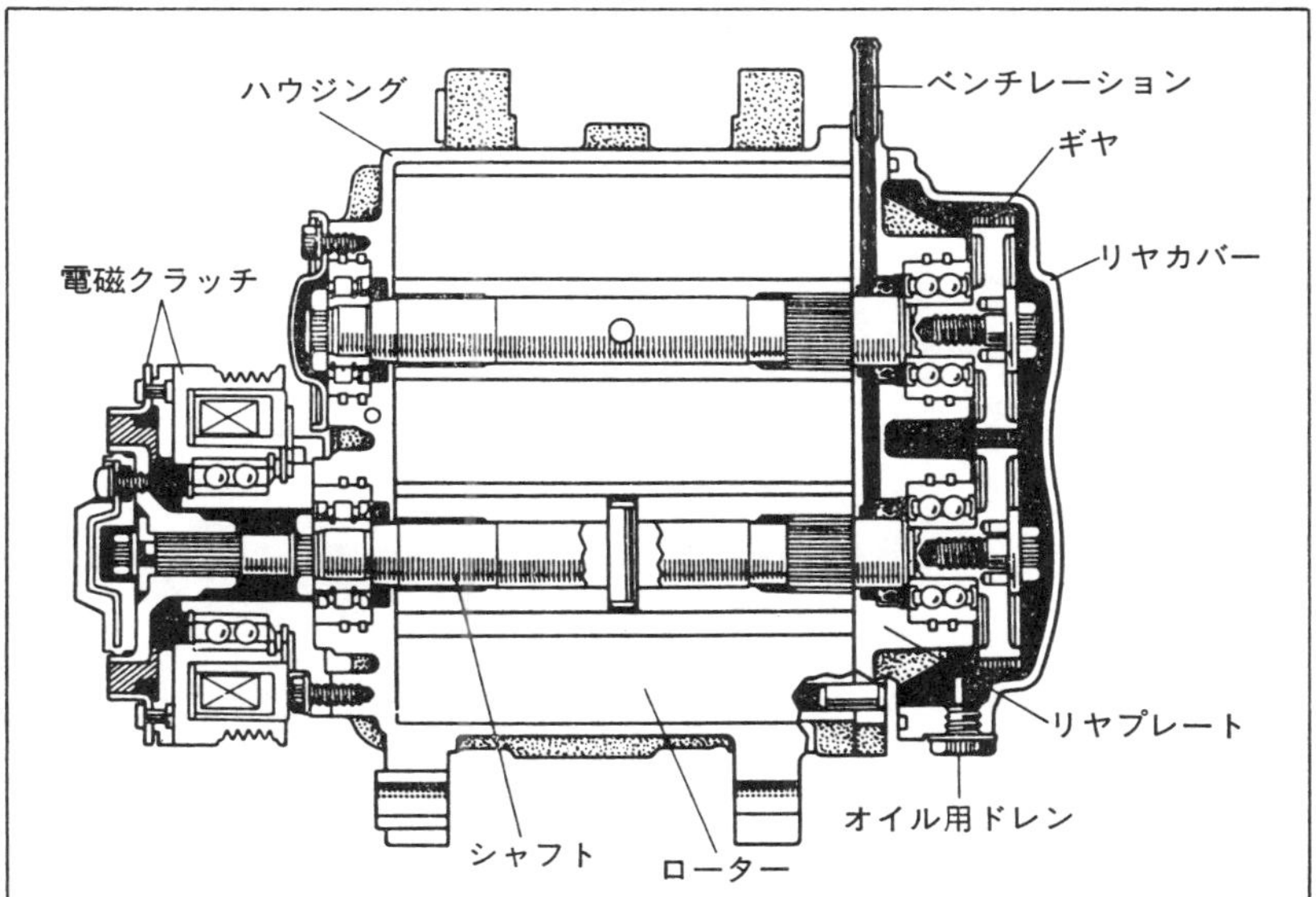

図1　トヨタSC14ルーツブロワーの構造

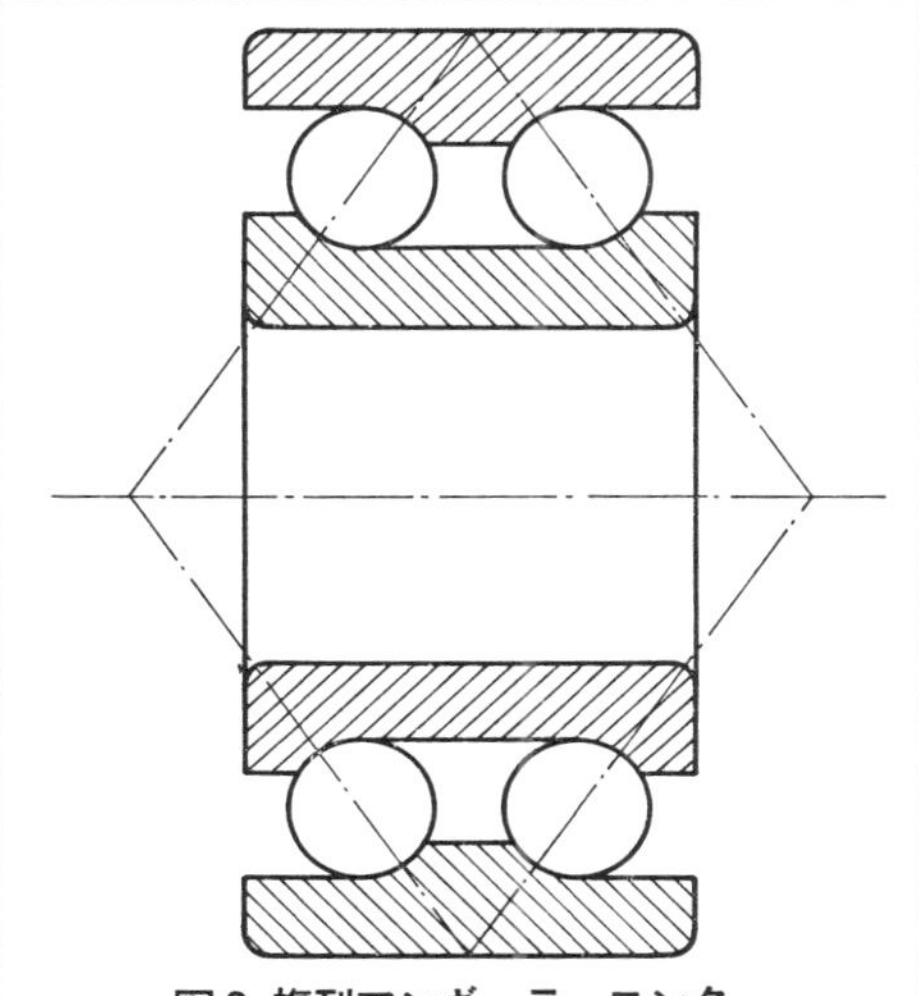
図3　複列アンギュラーコンタクト・ボールベアリング

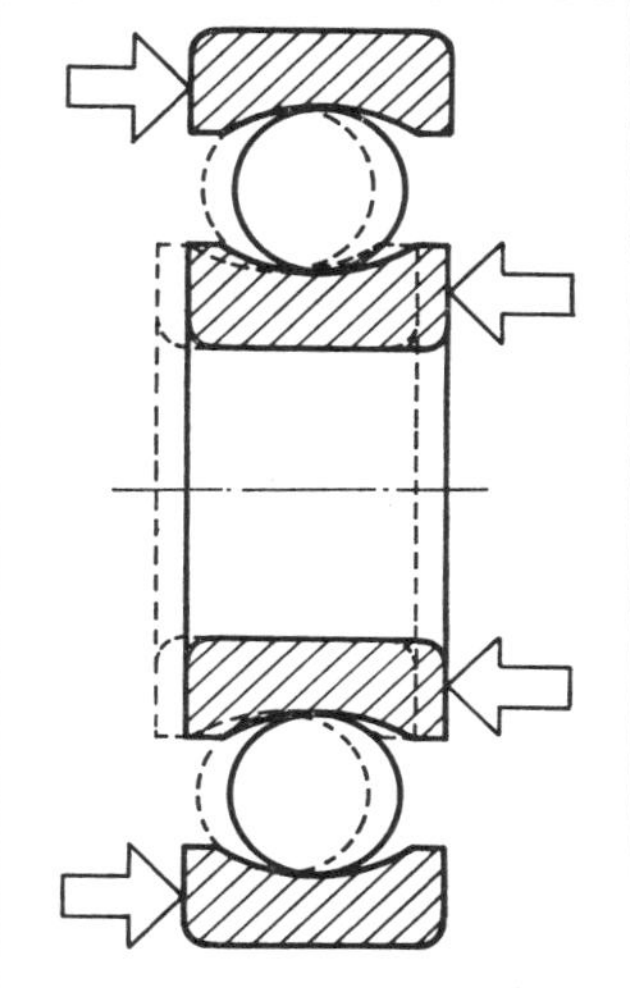
図2　ボールベアリングの軸方向のガタ

このボールベアリングを手に持って**図2**の矢印の方向に押すと、0・1㎜のガタがあることが分かった。これでは焼き付いて当たり前である。

ボールベアリング屋に文句をいったら、常識ですヨと笑われ、憐れなガキ(そのころのオレ)のために、軸方向にガタの発生しない**図3**の複列アンギュラーコンタクト・ボールベアリングを設計、製作してくれた。トヨタの人に「このベアリング特注品？」と聞くと、「いーえ市販品です」との答えが返ってきた。ベアリング屋も進歩して当たり前である。

トヨタの人にこの昔話をしたら「ヤッパリ」とタメ息まじりにいった

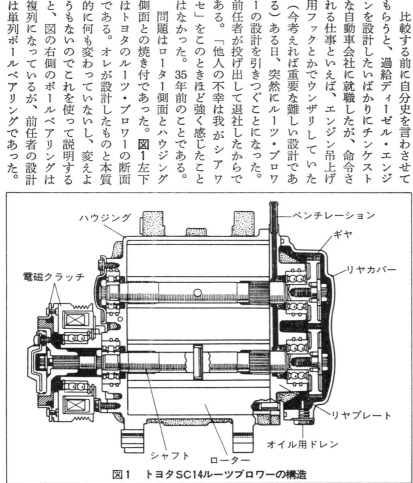

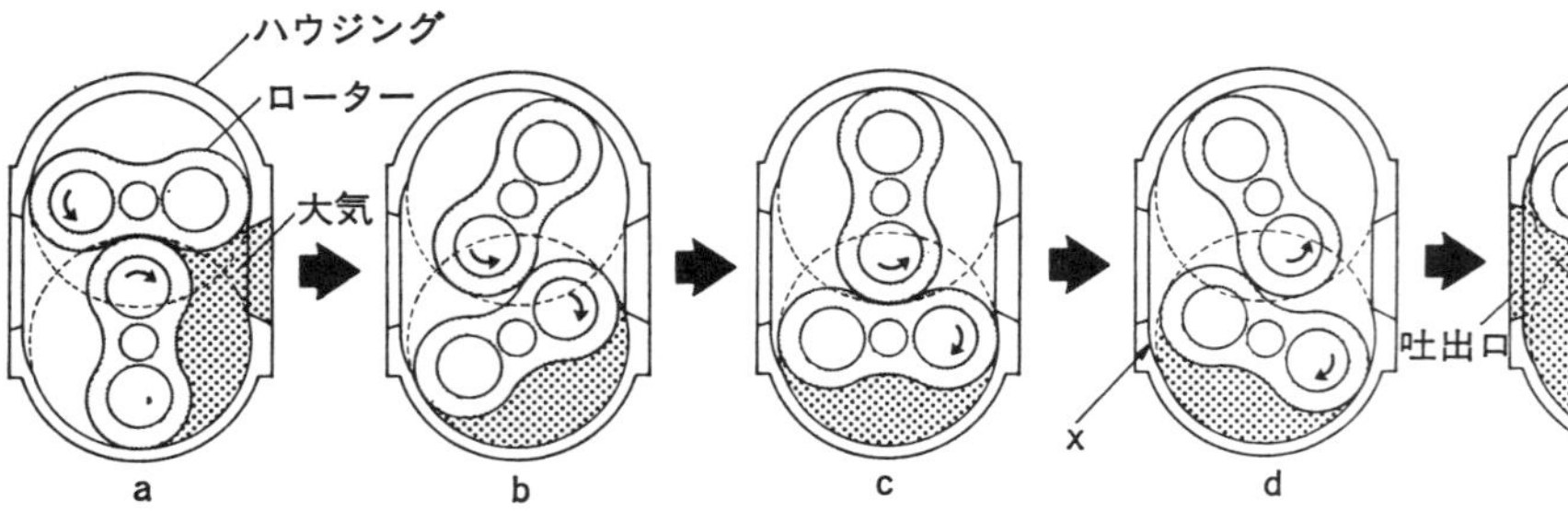

図4　ルーツブロワーの作動図

ので、35年後でも開発の手順は同じだと思った。

次に試運転でまず驚いたことは、強烈なノイズを出すことであった。まるでサイレンのようなではなく、サイレンそのものなのだ。その理由を**図4**のトヨタのカタログを使って説明すると、ルーツ・ブロワーとは一種の歯車ポンプで、この場合歯数は2枚だけと思ってくれればよいのだ。aは吸入中で、bでは歯間の容積が満タンになる状態で、それまで流れつづけていた空気の流れがピタッと止まる。dでは再び吸入を始める。サイレンも原理は全く同じで、遠心ブロワーで風を流しながら、その通路をロータリーバルブで開閉する構造である。ルーツ・ブロワーがサイレンよりも優れた音響機器と思うのは、図4のdではローターの先端が吐出口に開口すると、吐出側の1・7気圧の空気はローブ間の1気圧の空気に向かってドバッと逆流するのである。この大逆流は当然に大きな音を出す。図4をよくみると、ハウジングの出口付近Xのところは少し削り落としてあって、ローターの回転とともに少しづつ面積が増大するようにしてある。大逆流をドバッからフワッに変えたい気持ちが出ているが、オレの経験からいえば、あまり静かにはならなかったと思う。これではサイレント・エンジンではなく、サイレンとエンジンの組み合わせになってしまうのだ。だがサイレンのような回転速度に比例した周波数の音ならば、イトモ簡単に消音できる。**図5**が消音装置で、盲腸のようなものはヘルムホルツレゾネーター。原理は**図6**で波の高いときはそれを吸いとり、図のように低いときは吐き出して音の波を消してしまうのだ。これは実によく効く。だが取り切れない音もあると見えて、サイレンサーも図5のように取りつけているのは35年前を思い出してナツカシイ。

スーパーチャージド・クラウンは乗ってみて実に静かであった。ボンネットを開けてエンジン音を聞いたが、ルーツ・ブロワーのサイレン音はだれも聞くことはできなかった。さすがにトヨタである。

音は消すことはできても大逆流によるルーツ・ブロワーの効率の低下

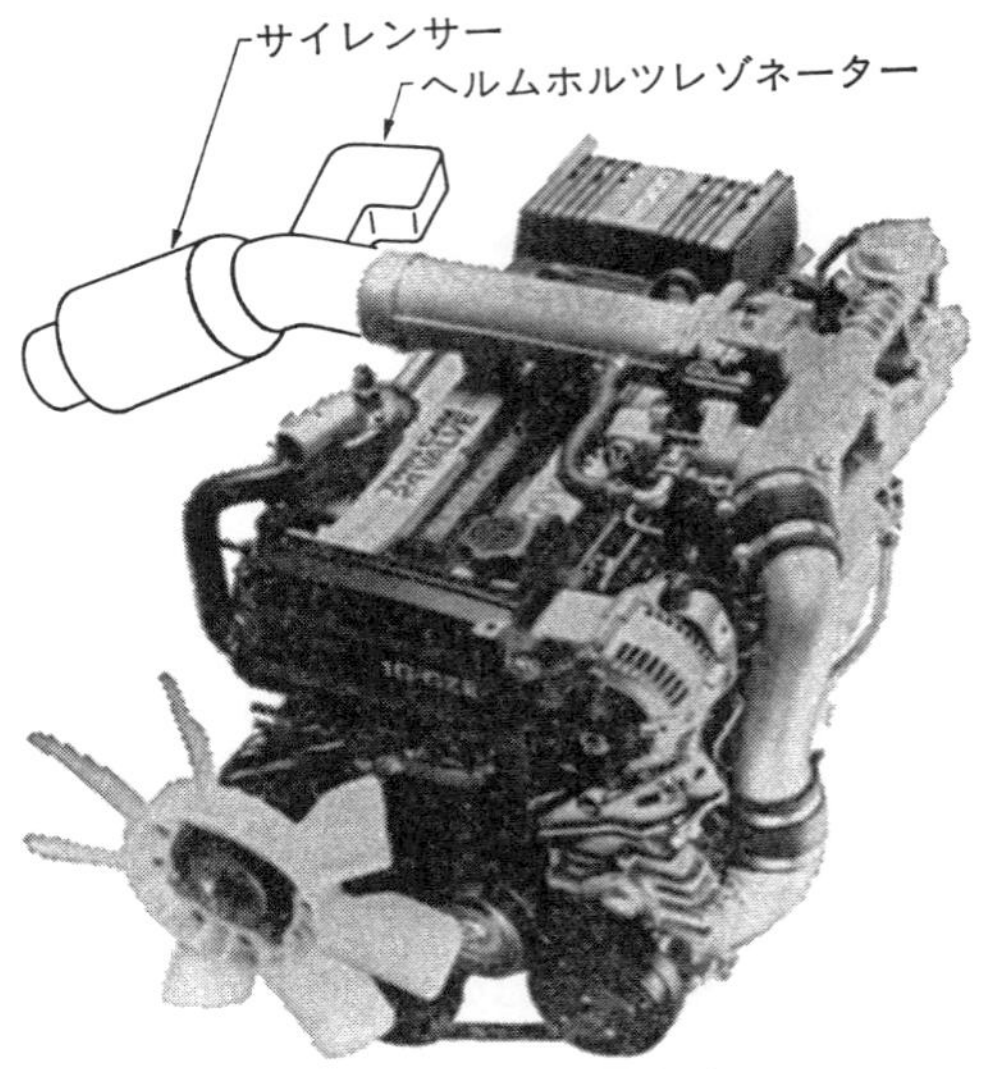

図5　1G-GZEUの消音装置

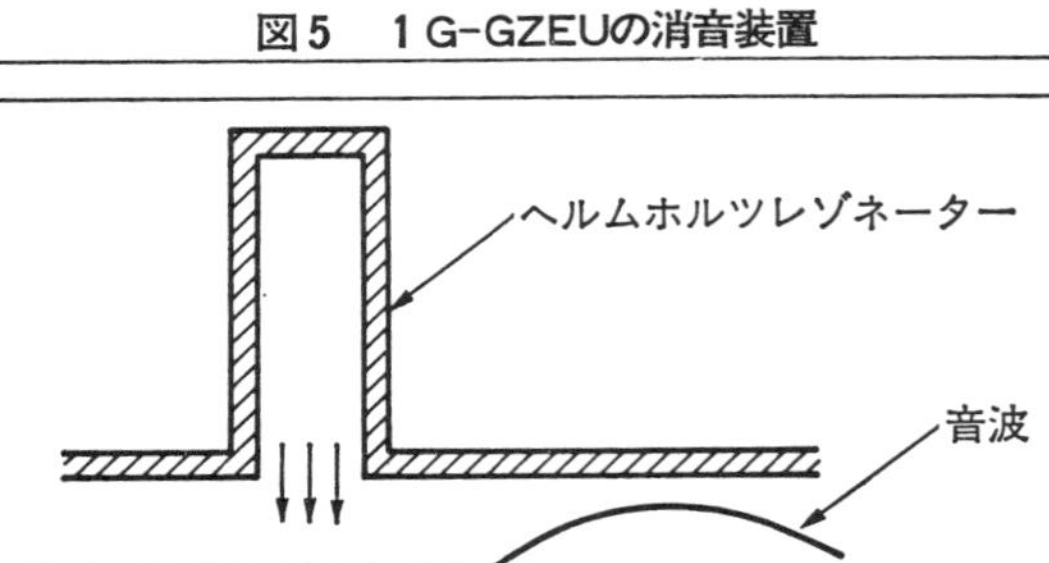

図6　ヘルムホルツレゾネーターの働き

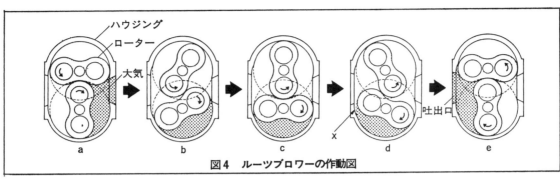

はトヨタがやっても、神様でも避けられないのだ。ブロワー：Blower を辞書で調べてみると、ホラ吹きとか送風機であって、リショルムやスパイラル・コンプレッサーのような圧縮機とは根本的に違うのである。これをp―v線図で示すと**図7**で、ルーツ・ブロワー内に吸気した空気は大逆流によって圧力が高まるので、p―v線図は矩形になってしまうのだ。一方コンプレッサーでは**斜線**のように圧縮行程があるので理論的には効率100％である。**斜線と実線との面積差は過給するときの仕事量の差**であり、効率の差はブーストとともに大きくなる。この余分な仕事量をクランク軸からルーツ・ブロワーに入れてやると何に変わるか？「エネルギー恒存の法則」からいえば熱に変えるよりほかなく、測定してみても法則どおりに温度は高くなる。チャージ温度が高ければブーストを水銀柱550mmと高めたところで空気重量は増えず、パワーもでない。そればかりかノッキングが発生し、それを抑制するには圧縮比をもっと下げるよりほかなく……と効率低下のナダレ現象が起きるのである。

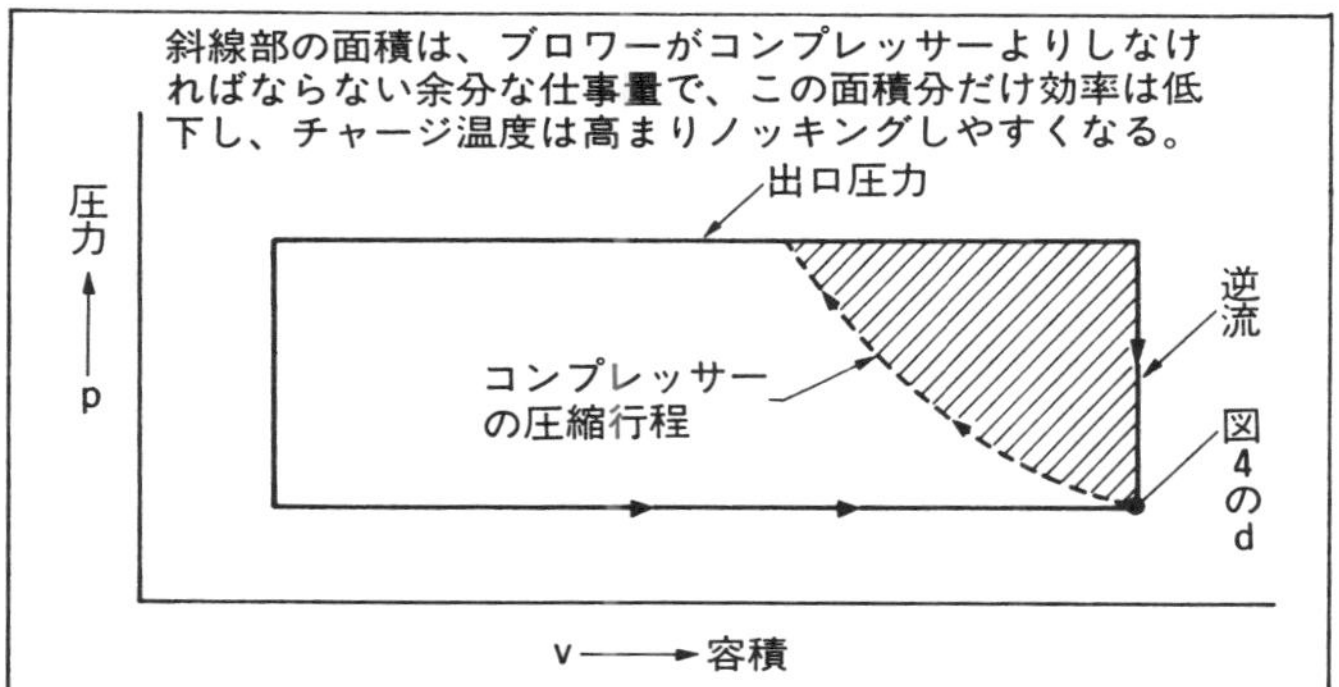
斜線部の面積は、ブロワーがコンプレッサーよりしなければならない余分な仕事量で、この面積分だけ効率は低下し、チャージ温度は高まりノッキングしやすくなる。
出口圧力
圧力
p
逆流
コンプレッサーの圧縮行程
図4のd
v
容積
図7　コンプレッサーとブロワーのp－v線図

オレの設計したルーツ・ブロワーは量産され、ローターの外形加工はトヨタと同じくブローチ加工し、精度を高めたが、全断熱効率は40％であったと覚えている。こんなブロワーでは圧力比を1・5と高めても、上がるのは温度ばかりで、チンケなディーゼル・エンジンではパワー比は1・3と30％アップがヤットであった。もっとパワーを高めようと、圧力比2までブーストを高めることはもちろんできる。だがブロワーの悲しさ、このキカイは内部圧縮はできないシカケなので、効率は急激に低下し、クランク軸から駆動した仕事量の大半はブーストの温度を高めるために消費され、圧力比を高めても空気重量の増加率は低く、エンジンのわずかなパワーアップもブロワー駆動に消費され、燃料消費量は増加するが、パワーアップはほとんどしないという状態であった。結論としていえることは、ルーツ・ブロワーのブースト限界は圧力比で1・5、水銀柱でいえば380mmで、パワーでいえば30％アップが限界である。このことは技術の進歩した今でも変わらないということである。

当時のエンジン技術は低く、5万km走るとエンジンを全分解し、段べりしたシリンダーはボーリングし、オーバーサイズのピストンを組み込んで再生、というありさまだったので、過給による燃焼圧力上昇と温度上昇にエンジンが耐えられるはずもなく、2万5000kmごとの大整備が必要とあってはいつしか買う人もなくなり、自然消滅してしまった。

それから35年。当時の恋人の名前さえも忘れてしまった今、再びトヨタのルーツ・ブロワーに再会するとは！　一生涯に2度ハレー彗星に遭遇する幸運にめぐりあったような気がする。

●電磁クラッチ付きとはオレの予言どおり

原理は昔のままで変わりようもないが、それでも、どこかに進歩があるはずだ、とさがすと、まずローターの作り方が違う。図1を見ればローターの形がどんなかわかると思うが、これを**図8**のように、アルミサッシュを作る技術とキカイを使ってシリンダーの穴からピストンでムリヤリ押し出して、ローターの長い棒を作り、定寸に切ってローターとするわけで、これなら安くできるリクツである。

ルーツ・ブロワーは潤滑油を含まない空気をエンジンに圧送するため、タイミングギヤ

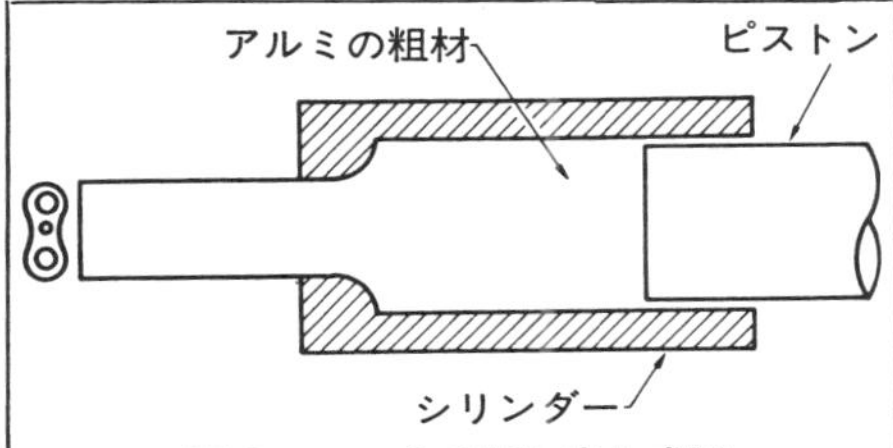
アルミの粗材
ピストン
シリンダー
図8　アルミの押し出し成形

によってローター同士が接触しないで回転し、またローターはハウジングとも接触しないで回転しなければ焼付いてしまうのだ。もし、接触しても焼付かない方法があれば、隙間を小さくすることができて、空気の漏れは少なくなり、容積効率を高めることができる。そこでトヨタは考えた。デュポンが発明したテフロンをコーティングしようと。ところが何にこすりつけても焼付かないのがトリエの物質、親和力：Affinity最低のテフロンはアルミのローターにつけてもすぐ剝がれてしまってトヨタはマイッた。そこで、ローターの表面に凸凹をつけて機械的に結合させ、余分なテフロンをブローチで寸法精度を高く削り出してでき上がったのが図1で、黒くみえるのはテフロンである。

トヨタのルーツ・ブロワーは、この新技術のおかげで**図9**のように体積効率を高めたとイバルのだ。そこでいじわるジイサンのオレの目は輝いた。図9をみると3000rpmのときの体積効率は約74%である。これを**図10**で示すと、ルーツ・ブロワーが吸入した空気の26%が漏れたことになり、これによるムダ仕事量は面積Aで示される。それに歯車やベアリング、ローターが空気をかきまぜることによって発生する摩擦損失仕事量は面積Bで、ルーツ・ブロワーのシカケの悪さから発生する逆流によるムダ仕事量を面積Cで示される。

一方、効率100%のコンプレッサーの理論仕事量は面積Dで表される。D÷(A+B+C+D)=コンプレッサー効率である。

図10を見ると、面積Dは全体の面積の50%ぐらいなものである。それならばオレのチンケなルーツの効率40%を、35年後のトヨタは新技術によって10%も向上させた、で納得できるのに、トヨタの計算したコンプレッサー効率は、**図11**とリショルム・コンプレッサーもマッサオの70%の高効率である。

もしも漏れゼロ、摩擦ゼロのルーツ・ブロワーができたとしても、圧力比を1・5に高めるということだけによって逆流が発生し、効率は85%に低下してしまうのだから、おそらくトヨタには社内用、学会用、重役用および自動車評論家用の効率があるのだと思う。

そういえば、MF83年9月号の「毒舌その1」でランチアのルーツ・ブロワーを紹介し、ついでに「さらに加速時や高速走行、登坂などフル

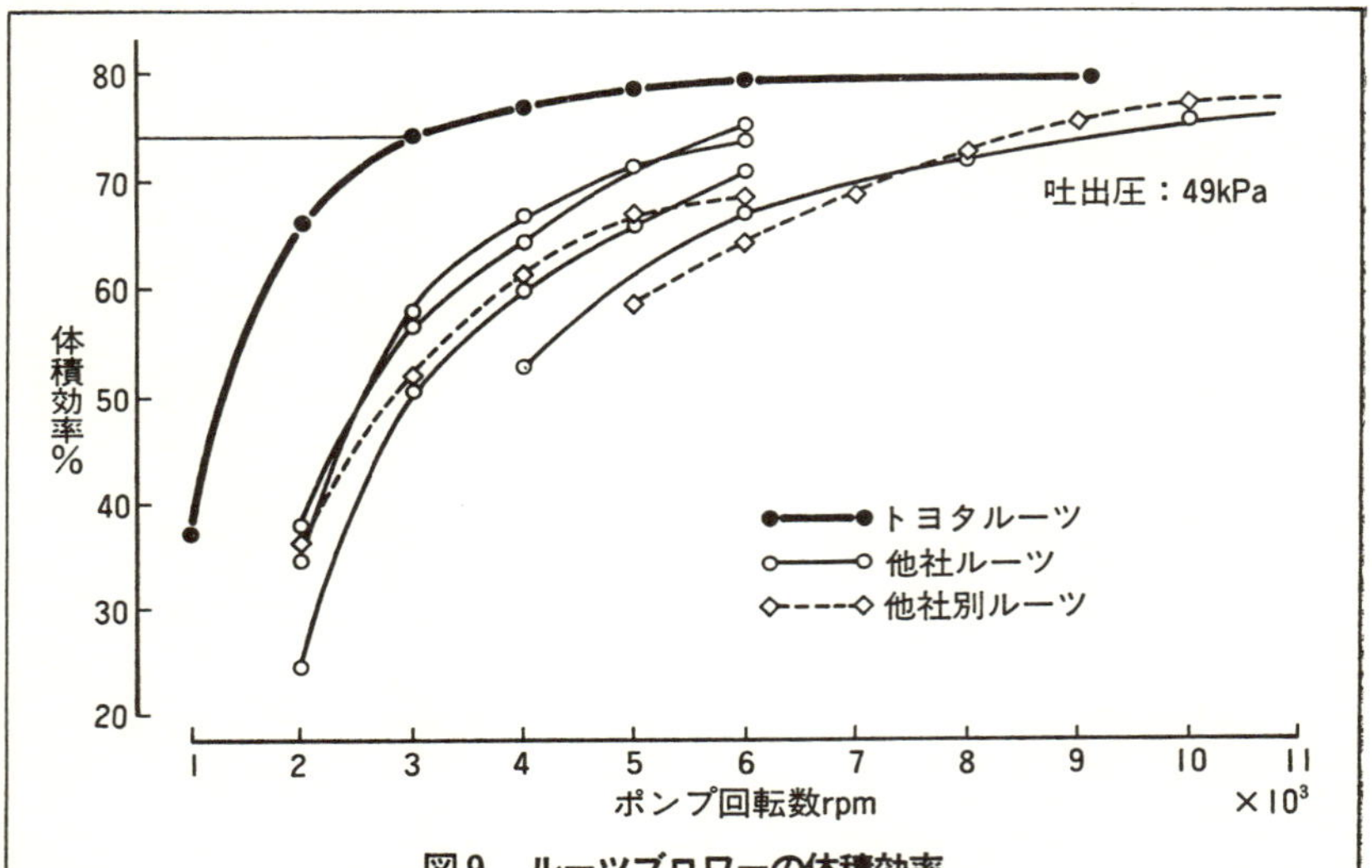

図9　ルーツブロワーの体積効率

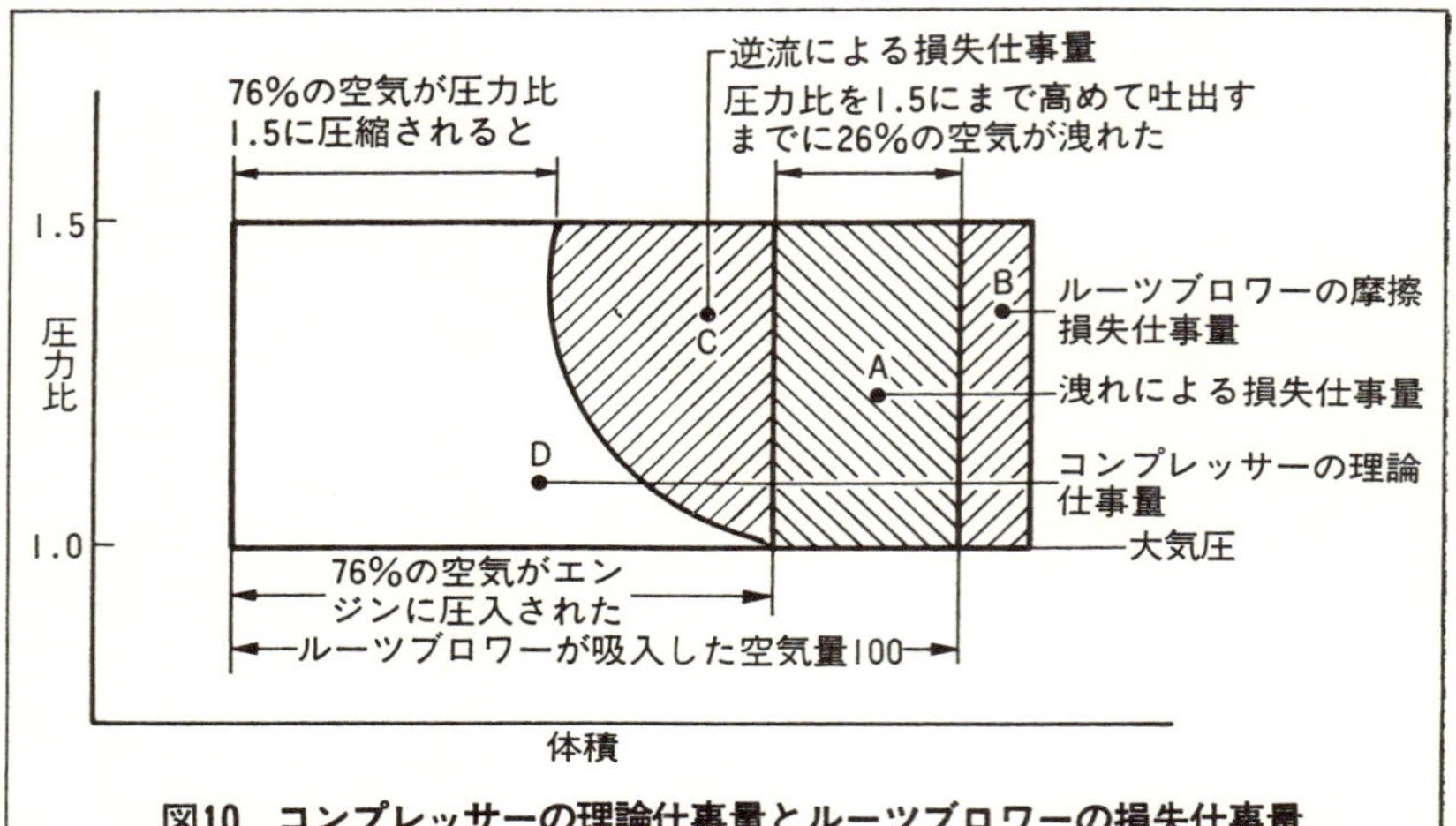

図10　コンプレッサーの理論仕事量とルーツブロワーの損失仕事量

ロードの必要なときはスーパーチャージャーを効かせて力を出し、普段の25～50%ロードのときは作動せずに燃費をよくするのもどうだろうか？」と提案しておいたが、トヨタの1G―GZEUエンジンはまさにオレがいったシカケである。これでオレは、「実現不可能な技術を無責任にワメク」というタイトルを失ったが、次に「レベルの低い技術に限って予言が当たる」兼坂といわれそうで心配である。

トヨタのルーツ・ブロワーには、電磁クラッチが付いているのだ。このシカケはカークーラーのコンプレッサー用電磁クラッチと全く同じである。ブーストが必要でないとき、平地を120km／hで走るときは無過給エンジンのパワーで十分だから、何も効率の悪いキカイをシッチャカメッチャカに回す必要はなく、電磁クラッチの電流をオフにしておく、それではエンジンが空気を吸えなくなるので、**図12**のようにバイパスをつける。停止しているルーツをポンとクラッチ・オンすればショックが発生し、そのショックは乗客が感じるはずであるが、クラウンをドライブしてみて、ショックを感じることはなかった。だが3200rpm以上になるとショックを発生し、ベルトを切ってしまうので部分負荷時でもクラッチ・オンである。

でも3200rpmというと140km／h以上だから、その頻度は高くないのだ。

加速をしようと、アクセルを踏めばコンピューターは直ちに電磁クラッチに電流を流させ、クラッチ・オンすなわちルーツオンとなり、一瞬の遅れもなく（はウソで0・1秒ぐらいラグはある、が気になる人は精

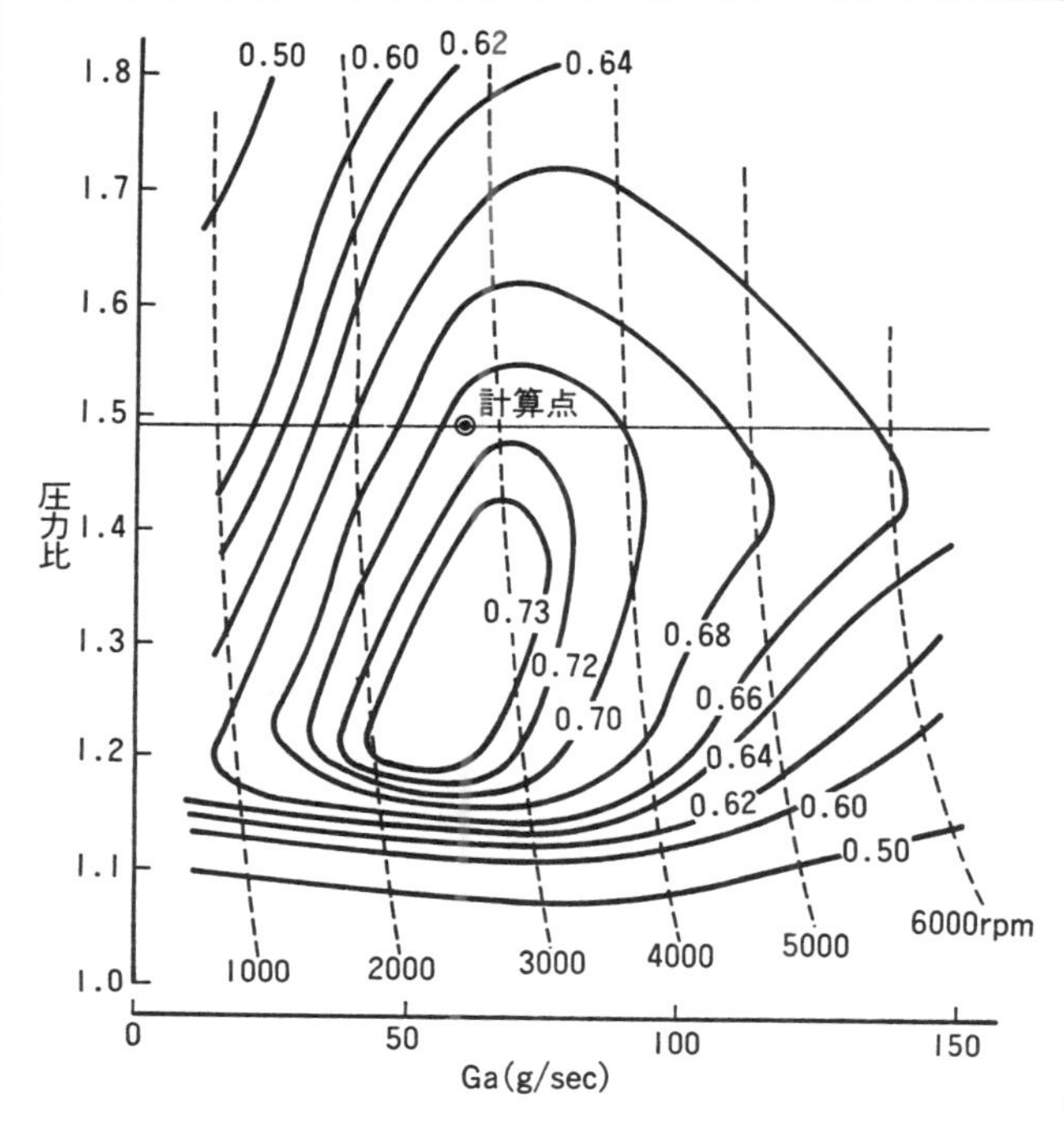

図11 S／Cコンプレッサー効率

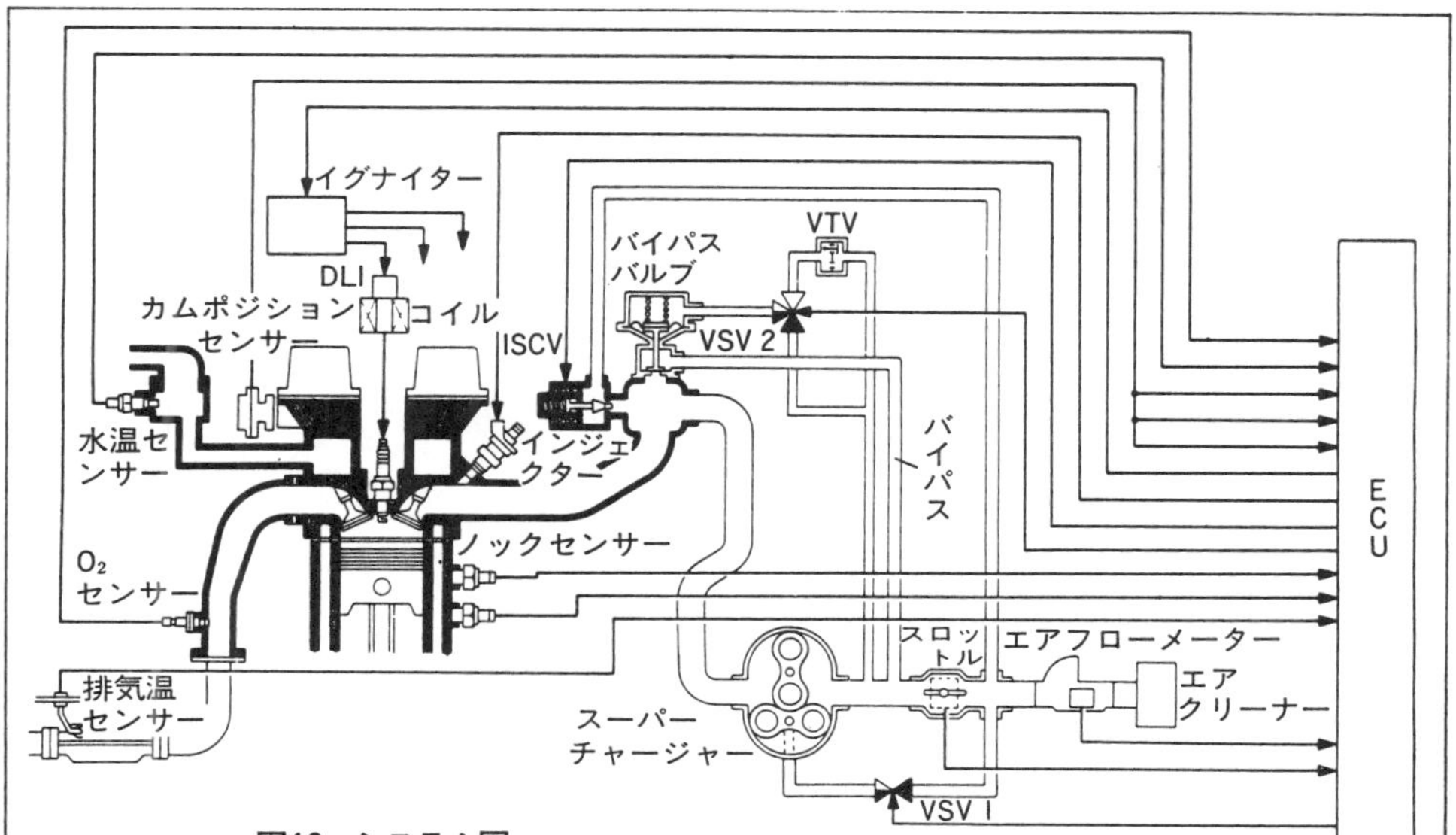

図12 システム図

神病）ブーストアップし、（このときバイパスから逆流するので、バイパス・バルブを閉じる）ＧＺＥＵエンジンのパワーは激しくクラウンを加速するのだ。

その激しさを性能曲線で表示したのが**図13**で、点線は無過給の１Ｇ－ＧＥＵエンジンのパワーをネットに換算してオレが書き加えたのだ。中速で25％トルクアップ、高速では15％アップである。タッタの25％では激しいとはいえないかも知れないが、トルクからいえば無過給２・５ℓエンジンのクラウンという感じで、乗ってみればＥ加速感である。

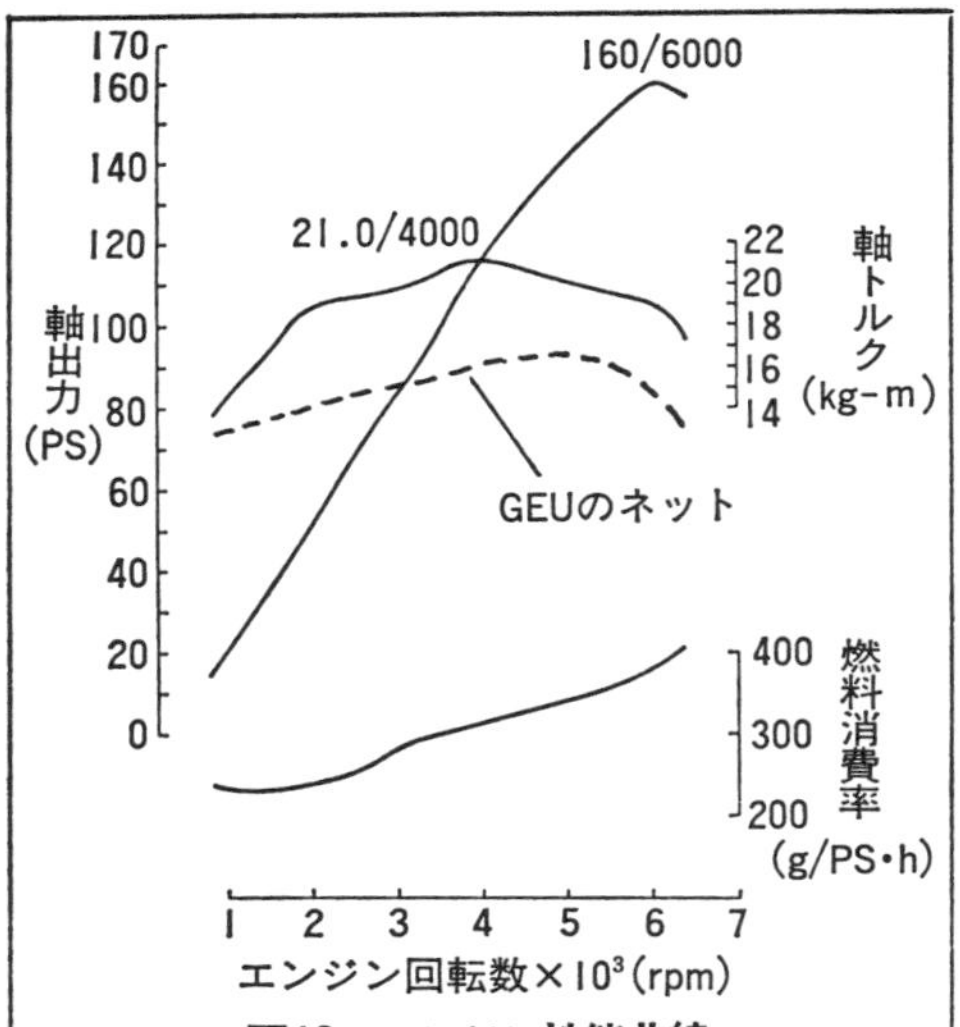

図13　エンジン性能曲線

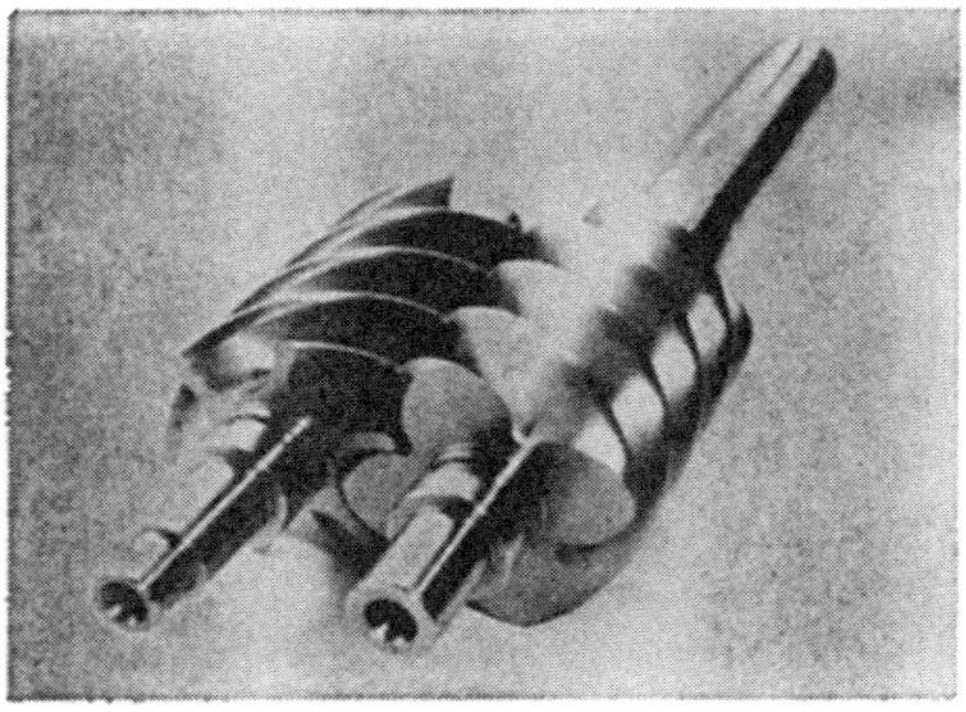
写真14　リシュルム・コンプレッサー

●すでにイギリスではリショルムが実用化された

ガソリンでは、アイドルのときはスロットルは全閉に近い状態で、吸入空気量は少なく、したがって少量の排気ガスはターボという風車を回すだけの元気がない。ほとんど停止状態にあるターボを急加速させたい気持がバリアブル・ジオメトリーやセラミック・タービンの開発へエンジニアを駆り立てるのであろうが、レスポンスと低速トルクの二つを解決するのはほとんど絶望的である。

それならば、もっと効率の高いスーパーチャージャーが研究され、出現してもよさそうである。

「毒舌その１」にリショルム・コンプレッサー**写真14**を有望であると紹介しておいたが、Automotive Engineearing の'85年７月号にはイギリスのフレミング・サーモダイナミックス社から高効率スクリュー・コンプレッサーが発表された、と報じられている。この会社はまたデザイン・コンサルタントもしているので、実力のない会社はここかオレに相談すべきだ。

オレがリショルム・コンプレッサーを設計していたのは30年前だった。当時すでにルーツ・ブロワーとターボの限界を知ったと思ったオレは、タッタ１人でこれに着手したのだ。

ルーツもリショルムも容積型で、歯数の少ない歯車ポンプと考えてよい。**違い**はルーツはスパーギヤのポンプで内部圧縮が発生せず効率は低いが、リショルムは写真14から分かるように一種のヘリカル・ギヤで、軸方向から空気を吸入し、軸方向に内部圧縮し、軸方向に吐き出すコンプレッサーなのだ。流れに無理がないことは高速で回しても効率が良く、フレミング社の１・８ℓエンジン用のリショルム・コンプレッサーは２万２５００ｒｐｍ max である。ちなみにトヨタのルーツは７５００ｒｐｍ max でピッタシ1/3までしか回せないのだ。

容積型スーパーチャージャーとはザルで水をすくうようなもので、ローター間やローターとハウジングとの間の隙間はオレの昔の技術で０・２㎜、今はトヨタもフレミングもテフロンコートのおかげで０・１㎜の隙間から空気を漏らしながら送風するのだが、そこまで隙間を小さくしても、どちらも低速では体積効率は低い。が、大きいザルをゆっくり動かし、水が全部漏れないうちに水をバケツに入れようと考えるのがルーツで、小さいザルを速く動かすのがリショルムということになるのだ。３倍も高速で回せるリショルムをトヨタの１・４ℓのルーツに代えるとすれば、毎回転０・５ℓの小さなものとなり、それだけ隙間の長さは短くなり、面積も小さくなり、体積効率は高くなるというリクツである。

内部圧縮があって体積効率が高ければ、全断熱効率も高くて当たり前である。ルーツ・ブロワーと同じ圧力比1・5で仕事量を比較すると**図15**となり、ムダ仕事量がダンゼン小さく、これを見れば全断熱効率80％はだれでも納得できるはずである。

リショルムを認めたくないトヨタのエンジニアはいった。「このねじれたローターを作るのに金がかかるのでは？」と新しいことをやりたくないエンジニアの定石でせめてきた。「血のついた左ねじれの野ぐそかな、という句があるでしょう」とオレは応えた。ルーツのストレートなローターを押し出し成形したように、ケツの穴のねじれた押し出し機械を使えば、雲子もアルミもねじれたヤツがでてくるのだ、と。それにテフロン・コーティングして、ねじれたブローチで精度を高めれば、リショルムのローターはでき上がるのだ。フレミングのリショルムは間違いなくこの方法で作っていると思う。

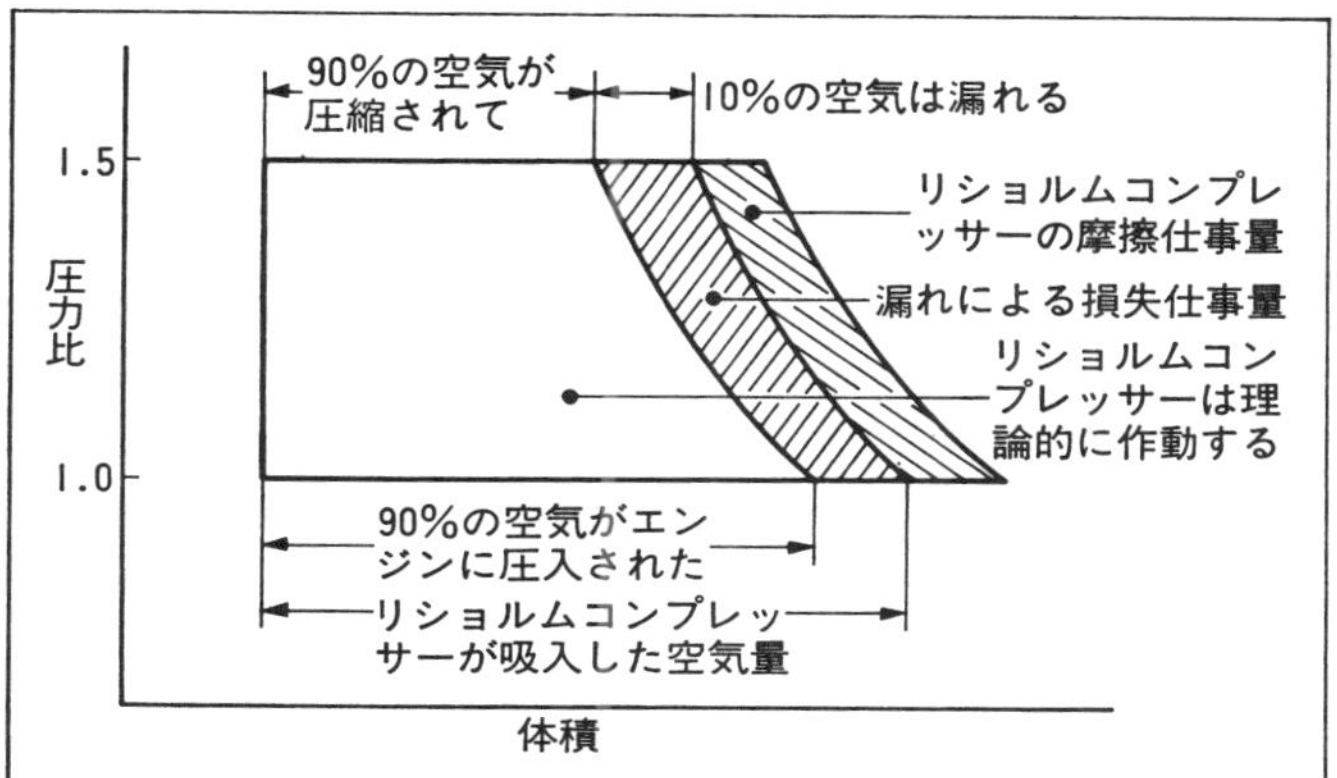

図15　内部圧縮のあるコンプレッサーの仕事量

製法と材質が同じなら1・4ℓのルーツと0・5ℓのリショルムはどちらが安いか？

トヨタにしては珍しく、高くて悪いものを作ったが、パイオニアとしてのチョンボは許されるべきであろう。だが、他社がこれから作るスーパーチャージャーは、リショルムかスパイラル・コンプレッサーでなくてはならない。「リショルムを使ってハイブリッド過給（低速はリショルムで高速はターボ）しなさい」とオレがいうと、本を読まないエンジニアはキョトンとしているが、いまやすべての工場の作業用圧縮空気（7気圧）を作っているのがリショルムだ、というとすぐに理解できる。リショルムはまた、マグロ漁船の冷凍庫のフレオン・コンプレッサーとして一段で20気圧まで高めるという離れ技をやっているのだ。

●VWのスパイラル・コンプレッサーも有望なシカケ

自動車用クーラーのフレオン・コンプレッサーとして、日本のメーカーがスパイラル・コンプレッサーをAutomotive Engineering誌に発表したのを読んだときはビックリした。形があまりに変わっているのでビックリしたのだ。もっとビックリしたのは、東京モーターショーでVWコーナーにこれがスーパーチャージャーとして誇らしげに出品されてあったことだ。

スパイラル・コンプレッサーの原理は**図16**に示す。スパイラル溝のついたハウジングに、同じくスパイラルな隔壁をもったディスプレーサーが挿入され、ディスプレーサーは回転するのではなく、図のように偏心動きをしながら、外径から空気を吸入し、内径へ向かってチューブから押し出すように空気を吐出するシカケである。スパイラルの巻数を増や

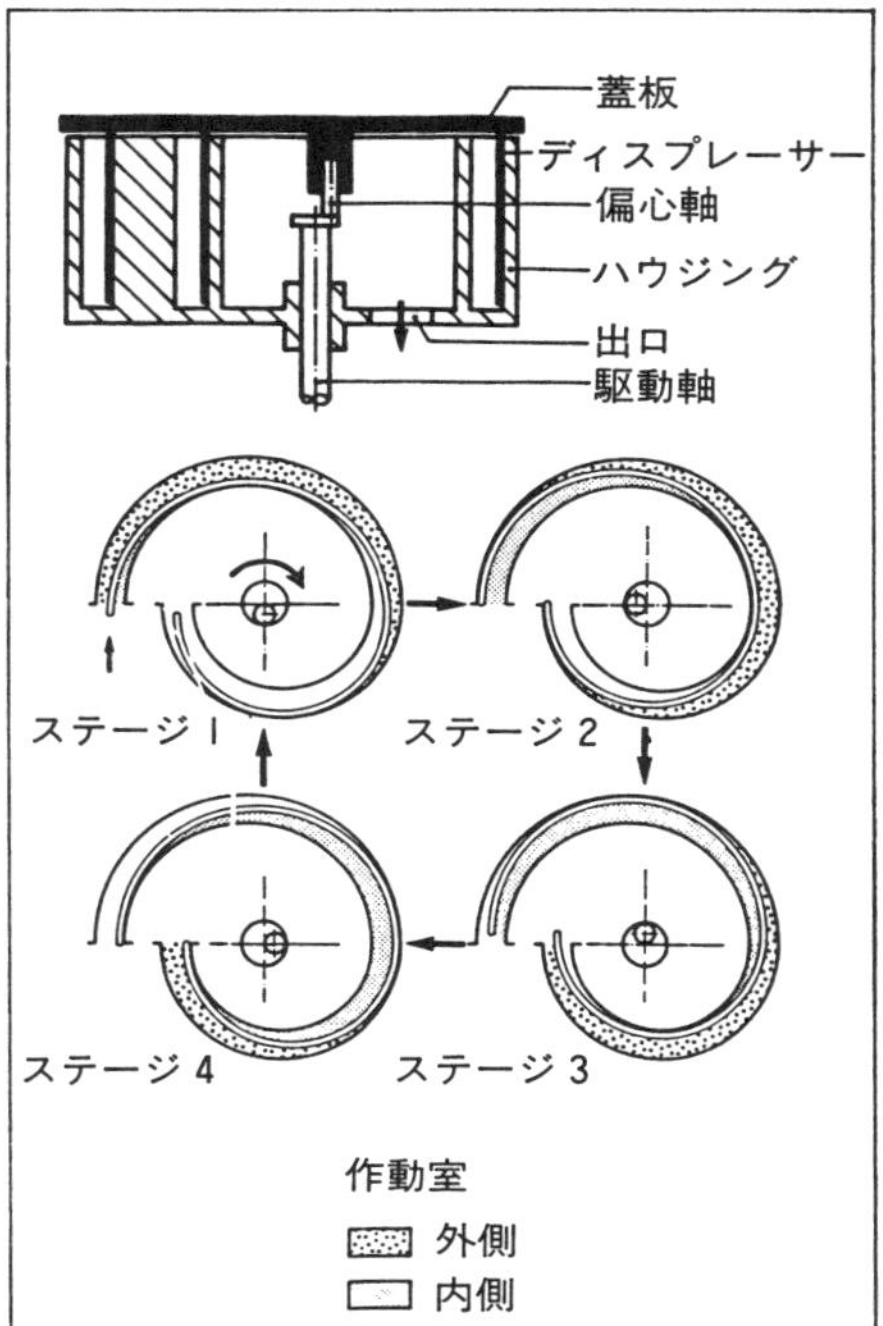

図16　スパイラル・コンプレッサーの作動原理

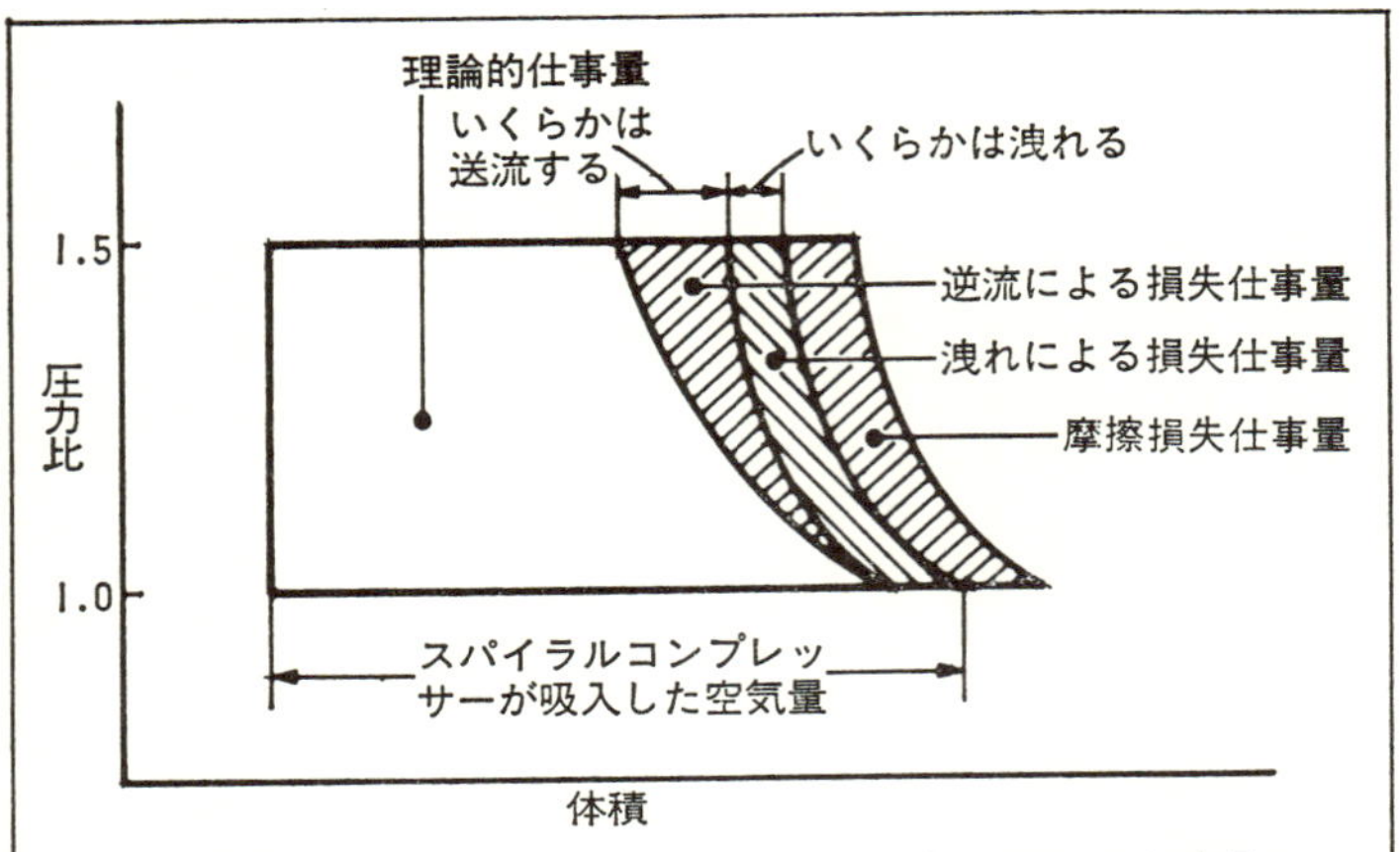

図17　内部圧縮比1のスパイラル・コンプレッサーの仕事量

すことによって、設計圧力比はいくらでも高めることができるが、このVW1・05ℓエンジン用スパイラル・コンプレッサーは設計圧力比1である。ということは内部圧縮が行われず、原理的にルーツ・ブロワーと同じといえそうだが、実際は図のステージ2からステージ3に向かって吐出を始めるとき、内部容積は急激に減少してくるのに吐出口の開口面積は小さく、逆流が発生しつつも内部圧縮が行われるのだ。それをP－v線図で書けば**図17**になる。オレの体験からリショルム・コンプレッサーの内部圧縮比を1にすれば、全く同じような少しの逆流が発生したものだ。

ルーツ・ブロワーの場合も同様な内部圧縮が期待できるのでは？　残念ながらNOなのだ。図4から分かるように逆流が完全に終わった後でローター同士が噛み合い、空気の絞り出しが行われるので内部圧縮は発生しないのだ。

写真18　スパイラル・コンプレッサー・ディスプレーサー

スパイラル・コンプレッサーの内部圧縮比を1・3と設定したとすれば、圧力比1・6のとき全断熱効率は最高率を発揮し、コンプレッサーは少しの馬力を吸収し、低温のチャージを作り、チャージクーラーなしでもノッキングしないで高出力が得られるのに、なぜ、最高ブーストのとき効率の低下する内部圧縮比を1に設定したのだろうかの疑問は残る。が、これは東京モーターショーで氷解した。

VWの場合はトヨタのようにクラッチを使用せず、スパイラル・コンプレッサーは駆動されっぱなしなのだ。そしてパワーコントロールのためのブースト・コントロールは、トヨタのようなバイパスとバイパス・コントロールバルブを使うのだ。アイドルやパートロードのときはコンプレッサーを出た空気はバイパスを通って逆流するばかりで、コンプレッサーの摩擦損失やバイパスを逆流する流れの損失は確実に無過給領域の燃費を悪化させている。このようなコントロール方法だから、コンプレッサーの内部圧縮比が1以上であれば、必要もないときに空気を圧縮してさらに損失を増大させるのだ。だから内部圧縮比を1にしなければならなかったのである。部分損失負荷時にはトヨタのようにクラッチ・オフしてコンプレッサーを停止させるシカケを採用すれば、内部圧縮比を高くでき、もっとパワーともっと燃費が良くなったのに……。

ディスプレーサーは**写真18**のようにアルミ製の薄板のスパイラルからできていて、非常に軽い。**図19**のようにハウジング内で2つの偏心軸によって小さな円運動をしながら空気を円径側に押し出すが、運動エネルギーは小さく、クラッチ・オンして急激に高速駆動しても、そのショックはルーツ・ブロワーより小さいはずで、VWがなぜクラッチ・コントロールを避けたか理解できない。

ディスプレーサーとハウジングの壁の先端には、図20のように焼結したブロンズに、テフロンを含浸したシールエレメントが、ばねで相手側の壁に押しつけられている。シールエレメントはピストン・リングのような役割をするから、他型式のスーパーチャージャーのように隙間から漏れることはなく、体積効率は高いものと思われる。一方、スパイラル・コンプレッサーが最高1万rpmで回転するとき、焼付きはしないかと心配であるが、ディスプレーサーは回転するのではなく、半径5㎜程度の小さな円運動をするだけなので、1万rpmのときシールエレメントの摺動速度は1秒間にタッタの5mしか動かず、テフロン・コートしてあるから焼付きがないのだそうだ。

トヨタ1G—GZEUエンジンは、なぜかインタークーラーを使わない。効率の低いルーツ・ブロワーであれば、チャージ温度は高くなるので当然チャージクールすべきだが、とオレがいうと、チャージクールすれば3ℓを超えるパワーが出るのに使わさせてもらえなかった、と彼らは残念がるのだ。だが、東京モーターショーに出品されていた4気筒エンジン版にはチャージクーラーがついているので、クラウンはチャージクーラーを置くべき場所がなかった、のはウソではないと思うが、ベストはつくしていない。

東京モーターショーに出品されたVWのスパイラル・コンプレッサー付きエンジンは、もちろんチャージクールされていた。だが、チャージクーラーさえつければ、内部圧縮が可能なスーパーチャージャーを採用すれば、機械式過給エンジン技術は完成したわけではない。次に挑戦すべき目標は圧縮比を下げないことである。そしてディーゼル・エンジンと同様に過給した方が燃費が良くなる、と思うことである。まず自分自身に、なれ合っていたイージーゴーイング根性を捨てて、本当に燃費の良い過給ガソリンエンジンを作り、次にユーザーの概念を切り変えられないかぎり、せっかくの過給ブームも長続きしないのでは、と評論家は理想論をワメクが、開発サイドでは現実に切実な問題が発生していたのだ。

●ニッサンは6個だが、トヨタは3個のコイルですましたわけ

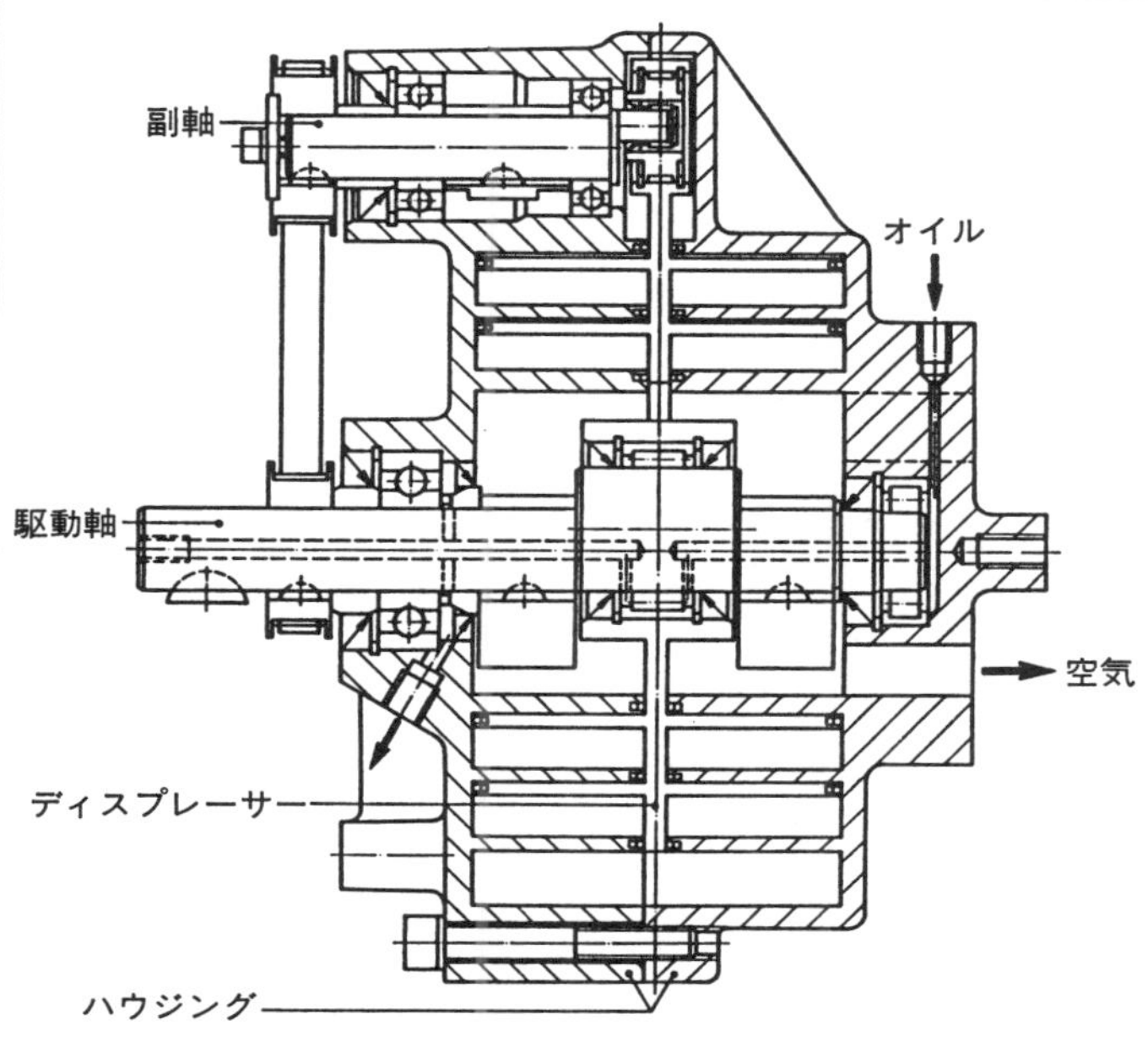

図19 スパイラル・コンプレッサーの断面図

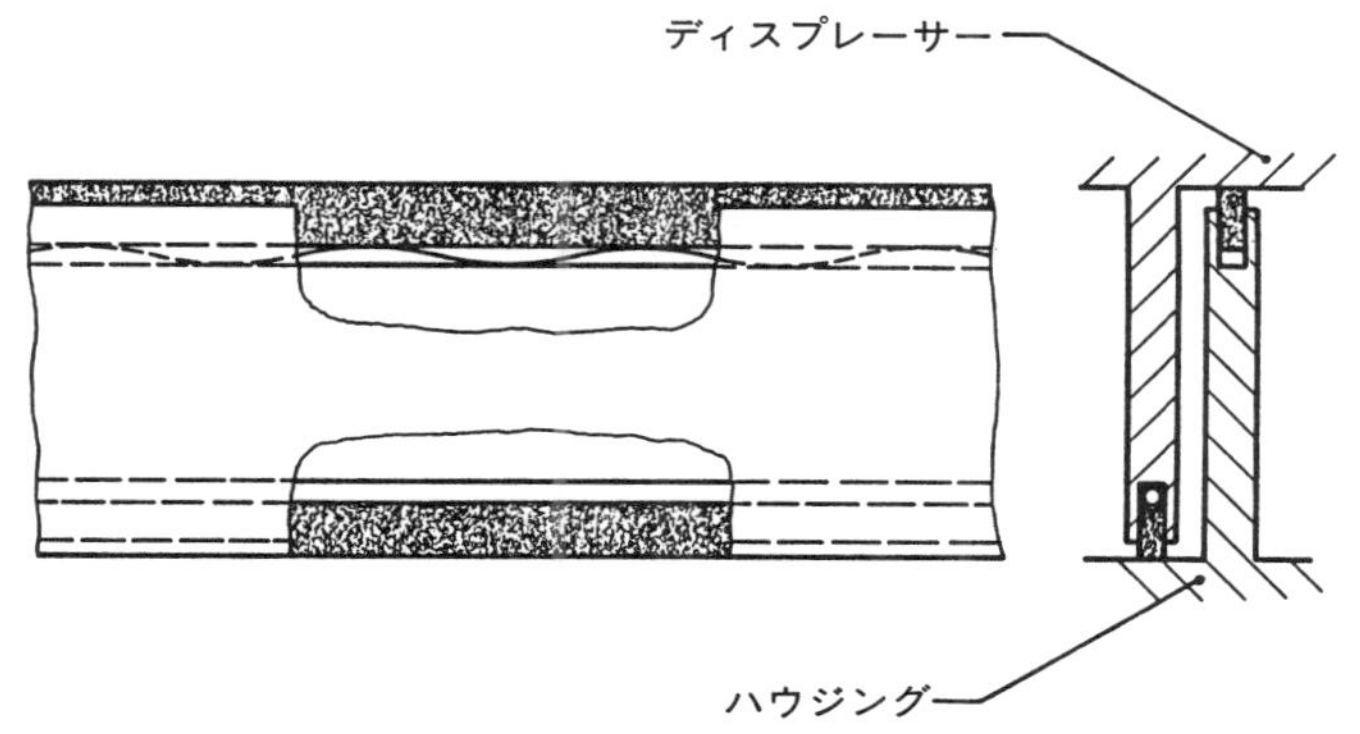

図20 ハウジングとディスプレーサーのサイドシール

電気火花は圧力の高い空気の中を飛びたがらないので困った。ターボは低速トルクが出ない。ということは低速でブーストが高まらず、高速になるともちろん高くなる。高速で点火するときは点火タイミングを進めないと、上死点を過ぎてから着火し、パワーが出ない。だから図21の点火時期に火花を飛ばすのである。このときは図から分かるように、まだ圧力が低く、火花が飛びやすい状態である。

スーパーチャージャーの特長は低速でもブーストが高いことで、低速では上死点近くで点火しなければならない。図21でいえば着火時期に点火するようなものだ。このときは圧力が高くなり、火花が飛ばない。それならもっと強烈な点火装置を使えば、と思って電圧を高めると、図22のように圧縮行程でないから火花の飛びやすい隣のシリンダーのプラグに電気が流れてしまうのだ。これをフラッシュオーバーという。もちろんディストリビューターの直径を大きくして、電極間の距離を大きくすれば避けることはできるが、一番よいことはディストリビューターを使わない点火装置にすることである。

DLIシステムとはDistributor Less Ignition Systemの略で、ディストリビューターの役割はコンピューターがするのである。コンピューターは、ブースト、エンジン速度、水温やエンジンのノッキング状態などの情報をもとに、カムポジション・センサーという、ディストリビューターに似ているがクランク軸の回転位置だけをコンピューターに知らせるキカイによって、点火時期を決める。点火時期が決まれば、今までコイルに電流を流し続けていたパワートランジスターに命じて、電流を急に遮断する。2次側のコイルは電流を流し続けようとガンバリ、大電圧を発生するが、プラグのギャップを火花として飛びこえなければ電流

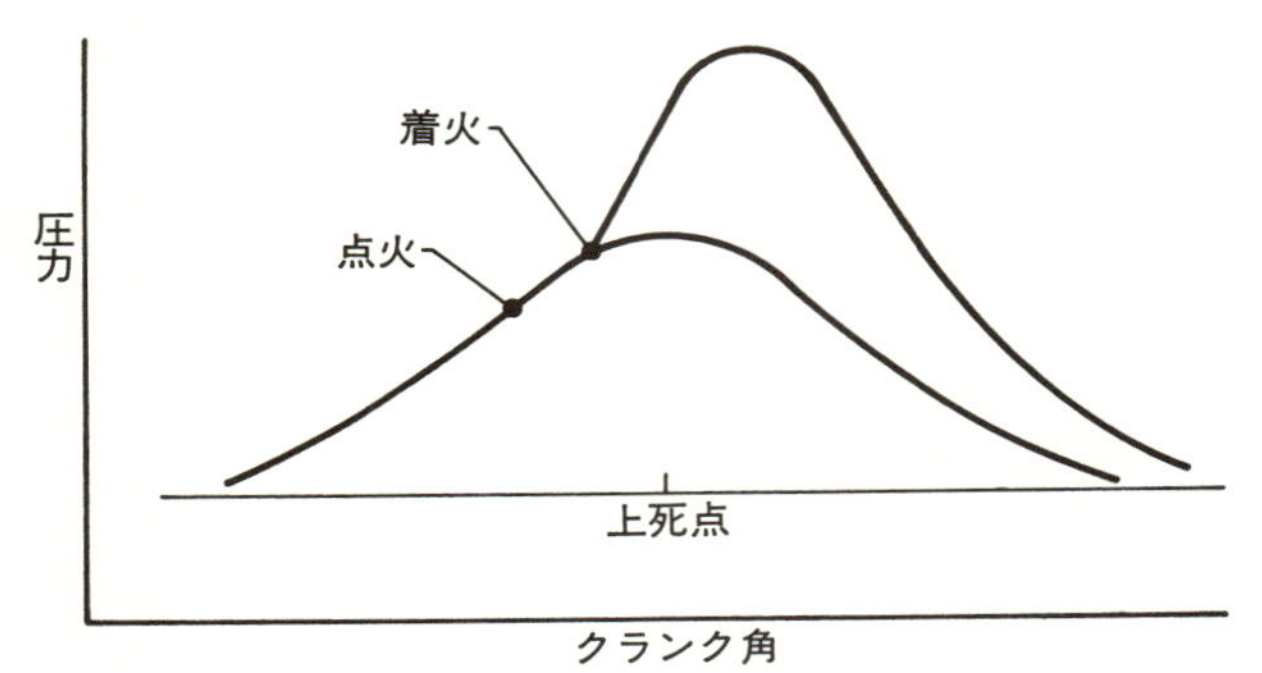

図21　点火時期と着火時期

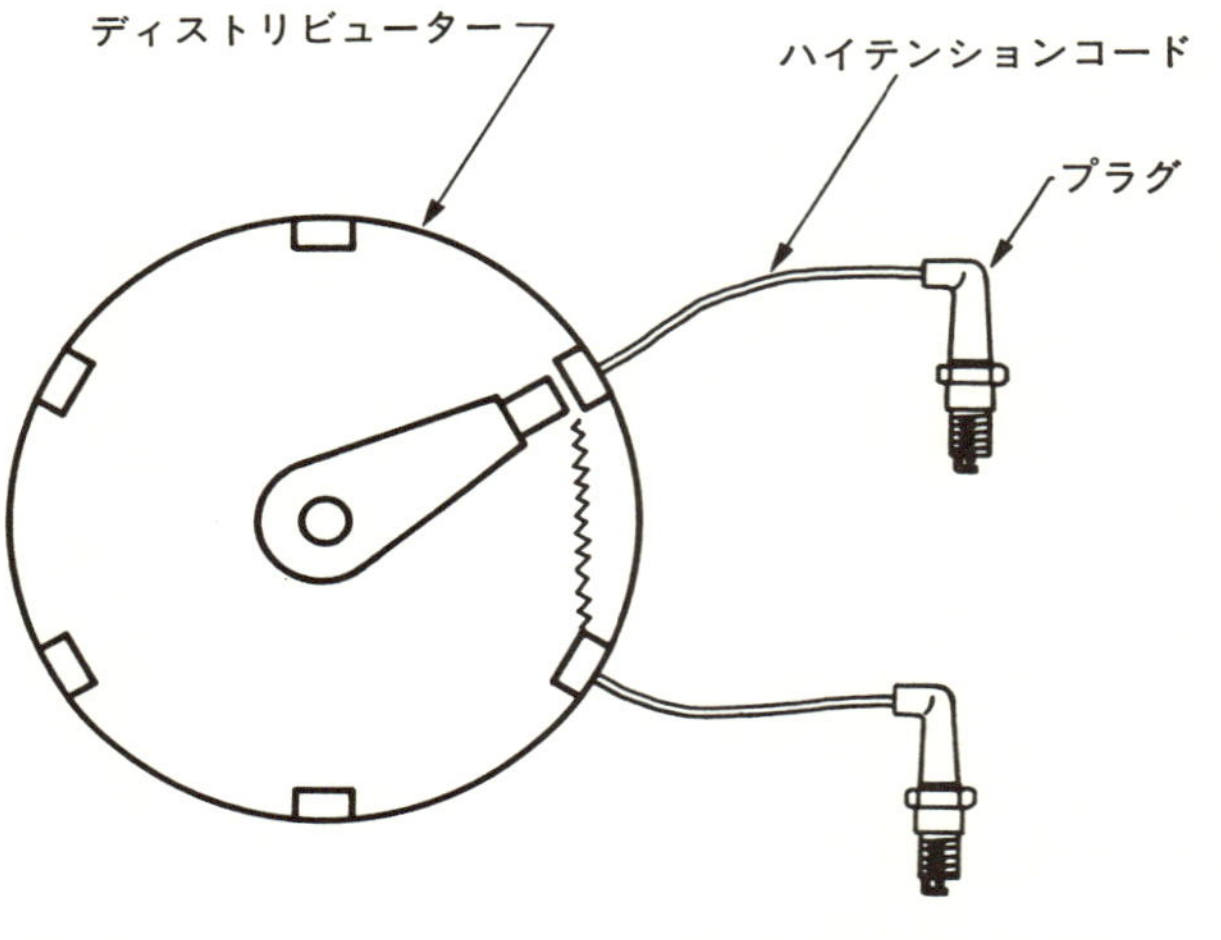

図22　ディストリビューターに発生するフラッシュオーバー

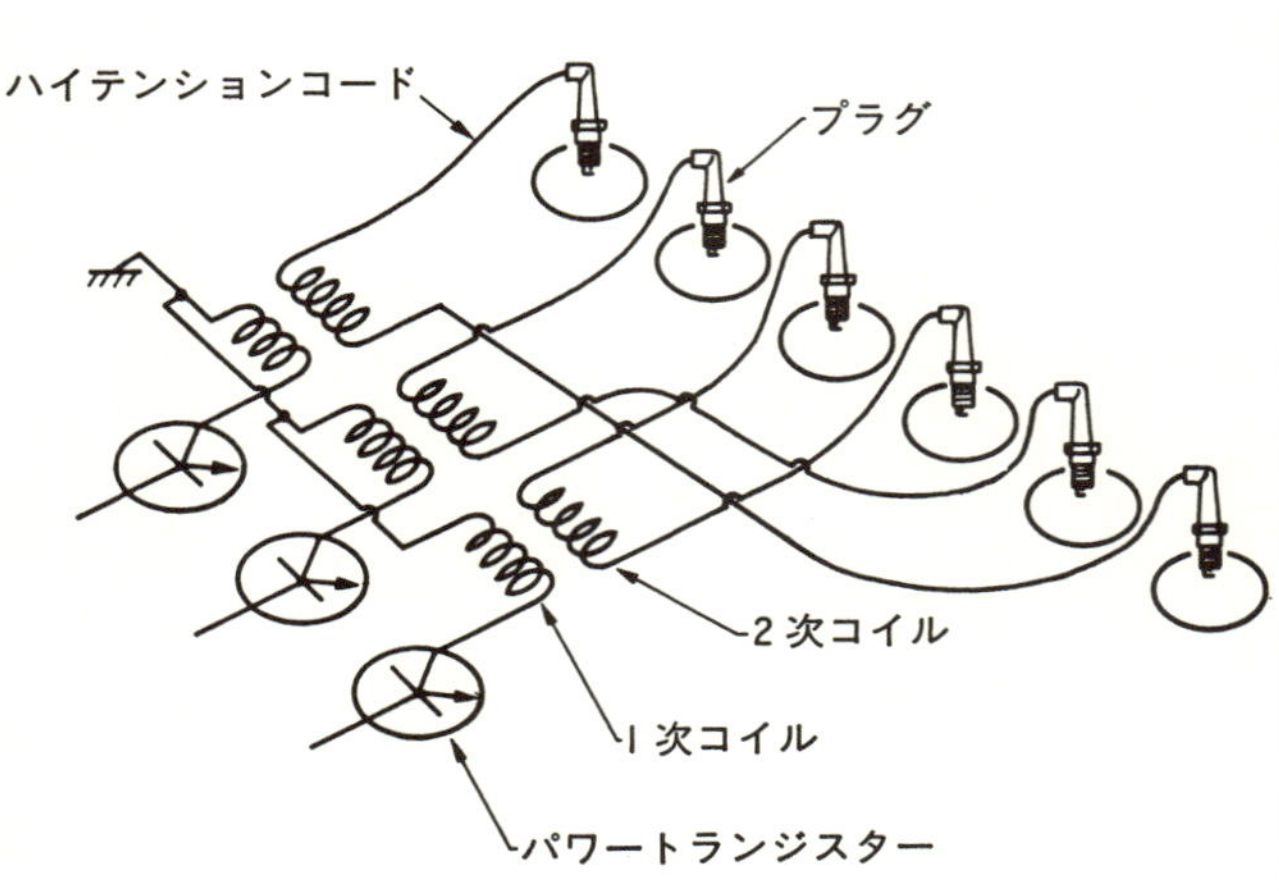

図23　トヨタDLI の原理

は流れられないシカケ。これがＤＬＩである。

　コイルとプラグとの間にディストリビューターを置かないのがＤＬＩなので、１つのプラグには１つのコイルが必要となるリクツである。リクツどおりに作ったのがニッサンＲＢエンジン用ＤＬＩで、もちろんこれが理想である。何よりも15％もエネルギーを消費するハイテンション・コードがないのはうれしいが、値段の方はどうも……ということになる。

　そこでトヨタは考えた。１つのコイルで２つのプラグに同時に火花を飛ばせば、６気筒エンジンは３個のコイルでＤＬＩ化できると。イカニモ・トヨタらしいケチな発想である。**図23**のように配線すれば、二次コイルには２つのプラグに火花を飛ばさない限り電流が流れないリクツである。１番シリンダーに着火しようとするとき、対で火花を飛ばすのは６番シリンダーとすれば、このシリンダーは排気行程なので排気ガスには着火するはずがないのだ。逆に６番シリンダーが圧縮行程であれば１番シリンダーは排気行程となっていて心配はない。２つ目のコイルは２番と５番シリンダーに同時に火を飛ばし、３つ目のコイルは３番と４番である。これでは火花が弱くなりはしないかと心配であるが、「大丈夫」とトヨタがいえば信ずるよりほかはないほどのオレの実力だが、ハイテンション・コードに15％、２本のハイテンション・コードを流れるから30％かも、のエネルギー損失は確実にある。プラグの寿命が半分になるのでは、と思ったが、大丈夫といわれて、ハイとオレは答えた。

　トヨタのスーパーチャージャーの人気はスゴく、「１人３千円だァ」とオレがいったら、ホントに３千円持って、「乗せてくれェ」というジャリがいたのにはビックリした。ベンツの５ℓの方が、ソアラの３ℓエンジンの方が加速が良いと当たり前のことをいうコドモもいたが、ほとんどは、ターボラグのないことは、こんなにもレスポンスを良くするのかを体感し、満足したようであった。

　評論家ゴッコしたときの燃費は参考にすべきでなく、また書いてはいけないので、宇都宮往復と都内の大渋滞とコミで３２１㎞走って51ℓのガソリンを消費、６・３㎞／ℓは、マアマアを目標に設計した車だけあってマアマアだった。

●終わりに一言

「スーパーチャージャーにはリショルムを使うべきだ」とか「過給エンジンはミラーサイクルを応用すべきだ」とオレがワメイたり、書いたりすると、「それはまだ商品化されてないのでは」とシラケた声が返ってくる。バーロー、商品化された後ならだれでもワメケルのだ。こんな発想の向こう側に、70年前のルーツ・ブロワーを複製したくなる負け犬根性が日本のエンジニアにはあるのだと思う。他人の手がけたことのない新技術を創造するとき、人は喜びを感じ、会社は創業者利益をガッポリ金庫に入れることができるのでは……。

　次に何を作るべきか？　は会社の命運をかけた大問題である。この大問題の解決法として、トヨタがルーツ・ブロワーでもうけたから我が社でも、がサイテイで、こんな会社はいずれはトヨタに吸収合併されてしまうのだ。

「毒舌」を読んでリショルムかスパイラル・コンプレッサーのスーパーチャージャーを開発する。ニッサンであれば、サンタなＶＷ社にお願いすれば図面を売ってくれるであろうが、これを発売するころ、他社がリショルムを発売したら、創業者利益はムリである。

　勝つ方法、否もっとキビシく生き残る方法は同時に二手使うことである。例えば、中速までをスパイラル・コンプレッサーで、中速以上をターボで加速するハイブリッド・エンジンとか、リショルム・コンプレッサーをＣＶＴで駆動し、低負荷のときはコンプレッサーをエキスパタンダーとし、動力回収して燃費を改善し、高負荷時のノッキングにはミラーシステムで抑制する、などなど商品化すれば、他社は必ず一手だけしか新手を出してこないから一手だけの勝ちとなり、トヨタをアワテさせることも可能なのであるが……。

トヨタ・ツインカム24
ツインターボ1G-GTEU

旧来の技術を極めた今、次はなにがあるだろうか

豊田と本田の相似点は社名に田を有する点だけである。ホンダはオートバイに、F-1にとヒタスラにレースに勝つことを生き甲斐にし、そして勝ち続けてきた。この事実は劣等感の強いオレたち日本人に誇りを持たせてくれた、とともに自動車文化と自動車技術に貢献したといわざるを得ない。

トヨタは文化とか、芸術とかに身ゼニを切って貢献しようとする心構えは全く見当らない。ガッポリもうけたゼニはトヨタ銀行へ、金利を数えてはホクソ笑む毎日であり、オレもそうしたいなアーと思っているのだ。

ホンダがレース用にDOHC4弁のチューンナップに夢中になっている間に、トヨタはそれをセダン用にホンダより先に量産発売した。

ホンダがF-1用のDOHC4弁ツインターボ+チャージクーラーに徹夜している間に、トヨタはマークII及びソアラ用にそれを発売したのだ。

スポーツを見ていると、必ず負けている方に応援したくなるビョーキのオレは……ウーム。

●自動車は文化に貢献しているか

ケンブリッジでの遊学を終えられた浩宮様のテニス姿をテレビで拝見した。実に美しいフォームである。それにお顔も高貴である。

それもそのはず、世界に数少なくなった王室の中で、神話の時代から連綿として続いているのは我が皇室だけなのだから。

ここで畏れ多くも、一つだけいわせてもらうと、せっかく貴族文化の本家、イギリスの貴族と交歓したのだから、ポロを、浩宮様とチャールズ皇太子とのポロ対決をダイアナ妃の横で（テレビの斜め横から）応援したいものだ、と願わずにはいられない。

「歴史は夜作られる」のかもしれないが、真昼の〝ポロ外交〟だって悪くない。経済大国ニッポンでは、〝米中ピンポン外交〟みたいなミジメなことをしてもらいたくないものだ。

ポロをするには、まず〝上流〟か貴族でなければいけない。上流社会に入るには仕事は持たず、ヒマだらけが第一の条件で、ゼニは金利とか広大な土地から自然ところがり込むようでなければサマにならない。上流でありさえすれば、ポロシャツを5枚、ボールとゲートボール用には長すぎるヤツと、馬はタッタの5頭もあれば足りる。それとそれを世話する馬丁1人とその家族を住まわせる家1軒と会費をホンの少々だけと、ポロ・グラウンドに行くときのロールス、できればベントレーさえあればよいのだから、次にオックスフォードに遊学なさるときには、ぜひともポロをマスターしてもらいたいものである。そして世界で最も洗練された、高貴な青年貴族としてオレは尊敬したいのだ。

オレの孫は実にデキの悪い悪ガキではあるが、ヒョットすると天才であることをワザと隠しているのかもしれない。これがヒョットしてノーベル賞をとるかもしれない。外国で賞をもらえば文化勲章をくれるかもしれない。そのとき、賞を手渡す人はスダレ頭の中曽根さんでも、政界のET、宮沢さんでも、政界のプリンスメロン、安倍チャンのムーンフ

ェース（外国ではインポの象徴）でも感激の涙は出ないのだ。

プリンスの中のプリンス、浩宮様からクンショウを頂くときこそ、感動と共に甘美な涙は出てくるのだ。

経済大国ニッポンの中流は、ガイジンにいわせればエコノミック・アニマルで、アニマルとはケダモノのことである。ケダモノは食ってはウンコするだけで何も考えないのだ。春先には発情するが、アニマルはオールシーズン発情しっぱなし、というところがケダモノがケイベツされるユエンである。

こんな中流では源氏物語は書けるはずもないし、文化の創造とか、エンジンの新しい過給システムの開発など、とてもムリである。だから良い意味でのアンチ・マルコスな上流社会を有能な人たちによって形成すれば、ことによると、と考えても見たくなるのだ。

ルネッサンスはイタリアの貴族が、元禄文化は江戸時代の豪商が、それの名残りのオイランもソープランドとは……。

新橋芸者が演舞場で踊る「東おどり」を見ることはオレの楽しみであった。と過去形になってしまったのは、今や医者とボウズだけが500万円ほどのキップを引き受け、1000万円の着物を買ってやれるが、今は中流と成り下がってしまった大会社の社長にはゼニもヒマもないのだ。本当はヒマがあるのだが、忙しがることによって自分の存在価値を誇示しないと、粗大ゴミとなってしまうので、長唄などの教養を積むヒマもなく、ケチ、ヤボ、ヒマなしでは日本古来の芸術のパトロンにはなれない。

ヒマだらけの貴族、ニュートンはボンヤリと庭を見ていたとき、リンゴが一つ落ちた。オレだったら急いで拾いに行くが、彼はヒラメイた。万有引力の法則である。

戦前、青年貴族である大河内正敏子爵（河内桃子のオジイサン）は理科学研究所を作った。今も和光市のホンダの向い側にあって、次元の高い研究をするこの研究所では、創業のころ、研究者が朝からテニスばかりやっているので、事務職員が怒った。「昼休みぐらいテニスを休み、オレたちにもさせろ」だったそうな。

だれにも管理されず、ノンビリと研究した研究所から、仁科博士のようなノーベル賞クラスの大学者が輩出して当たり前だった。

これとはウラハラに、中流の社長の下に上流のエンジニアは育つはずもなく、万日残業で疲れきった頭からはヒラメキが出ることは期待してはいけないのだ。

●一般教養：エンジン技術史概論

日本人のよくないところは、平和とゲンバク反対さえワメイていれば、ロシヤが攻めて来てもアメリカ人が戦死者の山を築きながらニッポンを守ってくれると信じていることだ。他力本願は今に始まったことでなく、文字や儒教、トーフや碁はシナから、仏教はインド、キリスト教と学と名のつくすべての文化はヨーロッパから教えてもらった。

自動車はゴットリープ・ダイムラーとカール・ベンツによって発明、発売されて以来、今年でちょうど百年になるが、万日残業のクソ力だけで世界一の自動車生産国になったニッポンからは、歴史に残るような新技術の創造は何もしてないことは知ってのとおりである。

昔、エンジンは**図1―1**に示すようなサイド・バルブが主流であった。図からも分かるように、これは燃焼室が大きすぎ、プラグによって着火された火炎は速度を高めながら伝播し、最遠端ではノッキングとなり、圧縮比は4程度までにしか高めることはできなかった。

イギリスの学者、リカードはピストンの頭とシリンダ・ヘッドとの間にスキッシュ・エリア（Squish：グシャッとつぶす）を設けて、燃焼室内に渦を作る方法を発明した。**図1―2**がそれで、これならば燃焼室はコンパクトになり、火炎は渦に乗って燃焼室の隅までノッキング発生以前にミクスチャーを燃やしてしまうので、圧縮比は6程度まで高めることができ、以後、昭和30年代にいたるまで、リカード型燃焼室は自動車用ガソリン・エンジンの主流となった。この功績によって、ミスター・ハリー・リカードはサー・ハリー・リカードと呼ばれる貴族になった。

そして、イギリスの最南端、ショアハムバイシーなる景色のよい所にリカード研究所を作った。むろん、ニッポンの会社もエンジンの研究を委託している。オレも行ったのだ。4倍といおうと思ったが、遠慮して、ディーゼル・エンジンのパワーを3倍ほど高めたいので共同研究をしてくれまいかと。昼になって、飯を食いながら「ミスター・カネサカは3倍もパワーを出すそうだ」「それは野心的である」などといってヤツラはカラカウのだ。カッとしたオレは飯だけは食い終わると残りの仕事を捨てて飛び出した。

ロンドン見物をしながら二度とチンケな研究所、リカードには行くまい、と思った。

閑話休題。

リカード型燃焼室のエンジンは、構造簡単で部品点数も少なく、安く作れる利点があったからこそ大流行したのだが、**図1―3**に示すようにミクスチャーは3回も流路を直角に曲げなければシリンダー内に入れない。本来、真直ぐに流れたがる空気をムリヤリ方向変換させては、流れの抵抗が大きく、ミクスチャーはタップリとシリンダー内に流入せず、パワーを高めるのはムリであった。

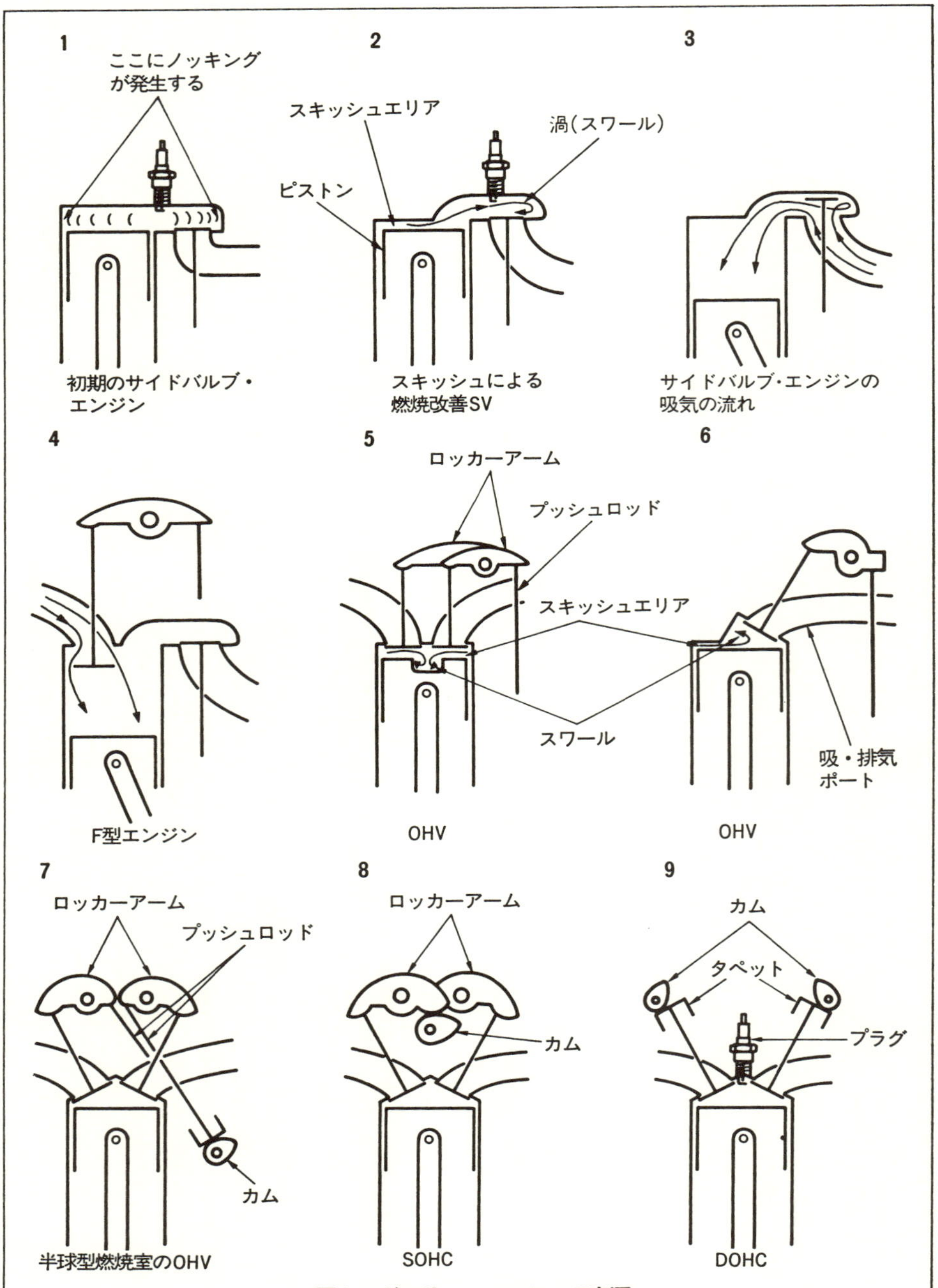

図1　ガソリン・エンジンの変遷

フランスにドビレールなるエンジンの大先生がいて、リカード・エンジンを改造した。**図1―4**がそれで、これならば吸気は1回しか曲げられないから、吸気抵抗が減った分だけパワーがでるリクツである。ドビレール先生はこれぞ究極のエンジンである、とイバッた。ロールスロイスもついウッカリとこの話に乗ったが、排気ガスを出すには図1―3の逆でフンヅマリになる。出るものが出なければ入りたくも入れないリクツで、馬力にコダワラないロールスロイスもあきた。

その後、ジープの本家、ウイリスは何を血迷ったか、ジープ用にF型エンジンを作り、ここから図面を買って、ジープを作っているMMCも自動的にF型エンジンとなり、今のサイクロン・エンジンほどに宣伝したが、一般大衆はシラケたままだった。考えて見れば、〝究極のエンジン〟とは、地球上の最後の一滴のガソリンを燃やすエンジンのことで、ドビレール先生もワメクのが百年早すぎた。

フンヅマリをカンチョウするには、排気弁も上にあげてしまえばできる。**図1―5、6**がそれで、ここでも、リカードの案出したスキッシュ・エリアによってスワールを作ることには変わりはない。図1―5はクロス・フローで吸気の慣性過給によって排気ガスを押し出せるからよいのだ、という人もあれば、ウエッジ型（くさび）燃焼室の方が耐ノック性があり、それに吸排気ポートの曲がりが少なく、風通しもよくパワーが出るのだ、と主張する人もいたが、ホテトルとマントルほどの差もないのだ。

V8のSVエンジンにコダワリ続けた、当時世界一の自動車会社フォードは、OHVを採用した弱小メーカーの寄り合い世帯のGMにイッキに抜き去られたことは今も語り継がれているのだ。ウエイストゲート付ターボを排気管にボルト締めするだけのターボ・エンジンを作る自動車会社は、新しい過給システムを採用した会社に何時の日か……。

閑話休題。

最近、ロールスロイスの自動車部門を買収したアームストロング社では、昔アームストロング・シドレーなる名車を作っていた。このエンジンはOHVを極めようとしてガンバッた。それが**図1―7**で、これならば図1―5と6の双方の長所を併せもつことになり、大流行するかと思ったオレはバカで、この型式の致命的な欠点は、大きな吸排気弁、曲がりの少ない吸排気ポート、理想に近い燃焼室形状にもかかわらず、意外と高速が伸びないのだ。撓《たわ》みやすいプッシュロッドとロッカーアームを使った弁駆動方式では、これらの振動によって高速では弁がカムに追随できなかったのだ。

それならばカムをヘッドに取り付けたら、と思わない読者はアホである。だから、さして頭の良くないエンジニアでも**図1―8**は製図することはできる。できるが、クランクシャフトからカムを駆動する歯車列を作ることは大変に金がかかった。ベンツならば高くても買う人がいるので、ここから始まったが、イギリスにレイノルズなるチェーン・メーカーがあって、ここのチェーンを採用することによって、日本でも中流の上ならばSOHCの国産車を手に入れることができるようになり、その後、ゴム製のタイミング・ベルトが発明されて以来、エンジニアはOHVの製図をすることに興味を失った。

このエンジンの欠点はロッカーアームが重くて撓みやすいのだ。それにヘッドのド真中にカムがワダカマッテいるので、燃焼室の頂点にプラグを設置できず、燃焼室の耐ノック性を極めたとはいえない。

それに4弁にしようとしても、プラグの置き場がないのだ。

ジャマ者は殺せ、保険金は頂き、は三浦の手口で、ジャマなロッカーを捨てろ、売り上げを伸ばせ、はトヨタのエライところだ。バルブのケツにタペットを被せてカムを直接駆動するDOHC、**図1―9**こそが究極のシカケだ。

これほどスッキリしたエンジンをなぜ今ごろ、73年前にプジョーがレース用に開発したものをナゼ今ごろになって、と思って当たり前だが、ここまで到達するには、オートメーションなどの生産技術の進歩によって、貴族用のエンジンを我々中流でも買えるように安く作る技術が先行し、後からデザイナーは製図しただけだ。

DOHC2弁というマヌケなエンジンがないわけではないが、吸気弁2コと排気弁2コをヘッドに取り付けることはアホでもできるし、吸排気弁の開弁面積が拡大した分だけ高速が伸びるのだ。5バルブにすれば、もちろんもっと高速は伸びる。が、4の5のいうほどの差は出ない。だから5バルブはヤマハが5音階の楽器を作ったと思えばEのだ。吸気管を長くしただけで慣性過給エンジンとなり、排気管をタコ足にすれば、パルスコンバーターとなり、外観はコスワース・チューニングのエンジンと見分けがつかなくなった。

　キャブレターはウエーバーといえども、吸気の流れを絞ってガソリンを吸い出して霧にするシカケだから、絞り損失が発生してパワーが落ちる。絞りをなくして、ガソリンを吸気管内に押し込んでやれば、もっとパワーが出るリクツである。こんな簡単なことさえ、ニッポンのエンジニアはテメエでは考えようともしない。ボッシュからパテントを買ってきて、国産化したものを取り付け、レスポンスが悪ければ電気屋サンにお願いして、コンピューターによるエレクトロニック・コントロールしさえすれば最新型超高性能エンジンはでき上がるのだ。

　だが、これではシカケが豪華すぎて、量産しても売れないのでは、との心配はトヨタが解決してくれた。良いものはそれを理解する良いユーザーに認められ、10万円のコストアップは30万円のプライス・アップとなり、トヨタはガッポリもうけつつもシェアを拡大した。アワテた他社もトヨタに追従した。

　これにて無過給量産ガソリン・エンジンの技術史はオシマイ。

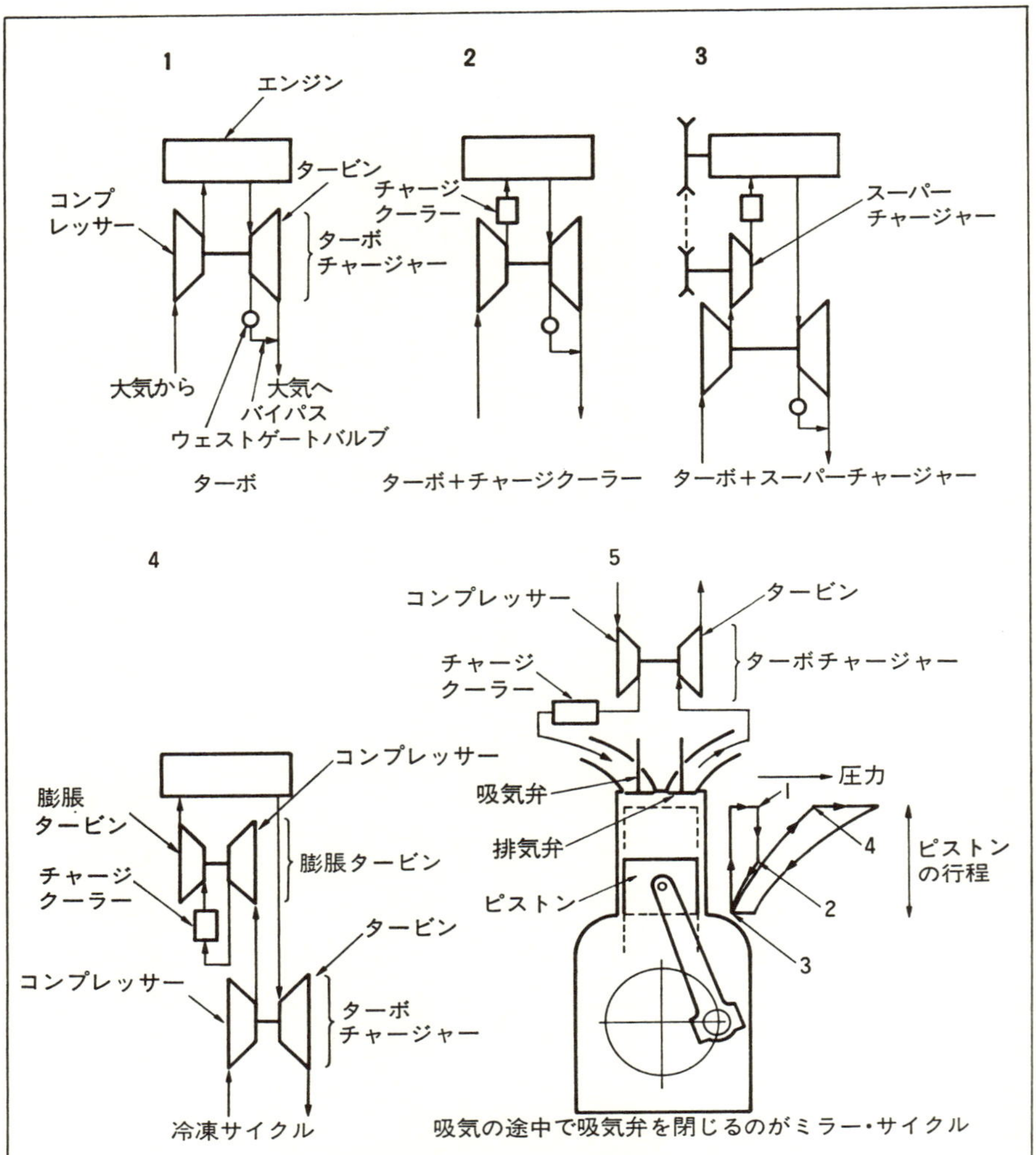

図2　過給ガソリン・エンジンの変遷とこれから

●過給エンジンの最大の敵、ノッキングをいかになだめるか

　もっと加速が良ければ、カワイコちゃんが、とオールシーズン発情しっぱなしのアニマルが思って当たり前である。この当たり前なことを当たり前な方法でしか解決できないのがニッポンのエンジニアの情ないところで、目は前についているが、思考は必ず後ろ向きなのだ。カビの生えた虫の食っている本を取り出して読むとターボチャージャーの説明がでていて、スイス人のビュッヒさんでも、フランス人のラトーさんの発明でもかまわない。早速アメリカのギャレット社から取りよせて、排気管にボルトで取りつけてみると、でたァー、パワーが出たのが**図2―1**である。だが、このシカケは欠点だらけである。

　まず、圧縮比を下げなければ、ノッキングが発生して、エンジンが回らないのだ。それは、空気をターボで圧縮すると、どういうわけか温度が高くなるのだ。ターボで圧縮して高温になったチャージをエンジンでもう一度圧縮したのでは、熱くなり過ぎて、ミクスチャーは燃えたくてイライラした状態になる。そこでプラグによって点火されれば、イッキに燃える。イッキにアルコールが体内に入れば、急性アルコール中毒になり、イッキにミクスチャーが燃えればノッキングとなり、カチカチという音とともにピストンを溶かしてしまうのだ。

　圧縮比を下げれば、燃費が悪くなることはダレでも知っている。それでも、最新型のトヨタ1G—GTEUツインカム・ツインターボ・エンジンは無過給のとき9・1であった圧縮比を8・5に下げた（といっても高い方である）。

　これだけではノッキングは消滅しない。ブーストの高まりとともに恐怖のノッキングがカチカチと発生するのだ。カチカチと人間の耳に聞こえる、このノッキング音は調べてみると、2000から4000ヘルツ(毎秒4000回)までのデタラメな振動であることが分かった。これを感知するのが、**図3**のノック・センサーで、トヨタの秀才は他社よりEものを作った。

　フツウのばねは**図4**に示すように力に応じて伸びるが、皿ばねは力を加えて行くと、途中にフワッと柔らかくなり、もっと力を加えるとまた固くなるのだ。

写真3　ノック・センサー断面

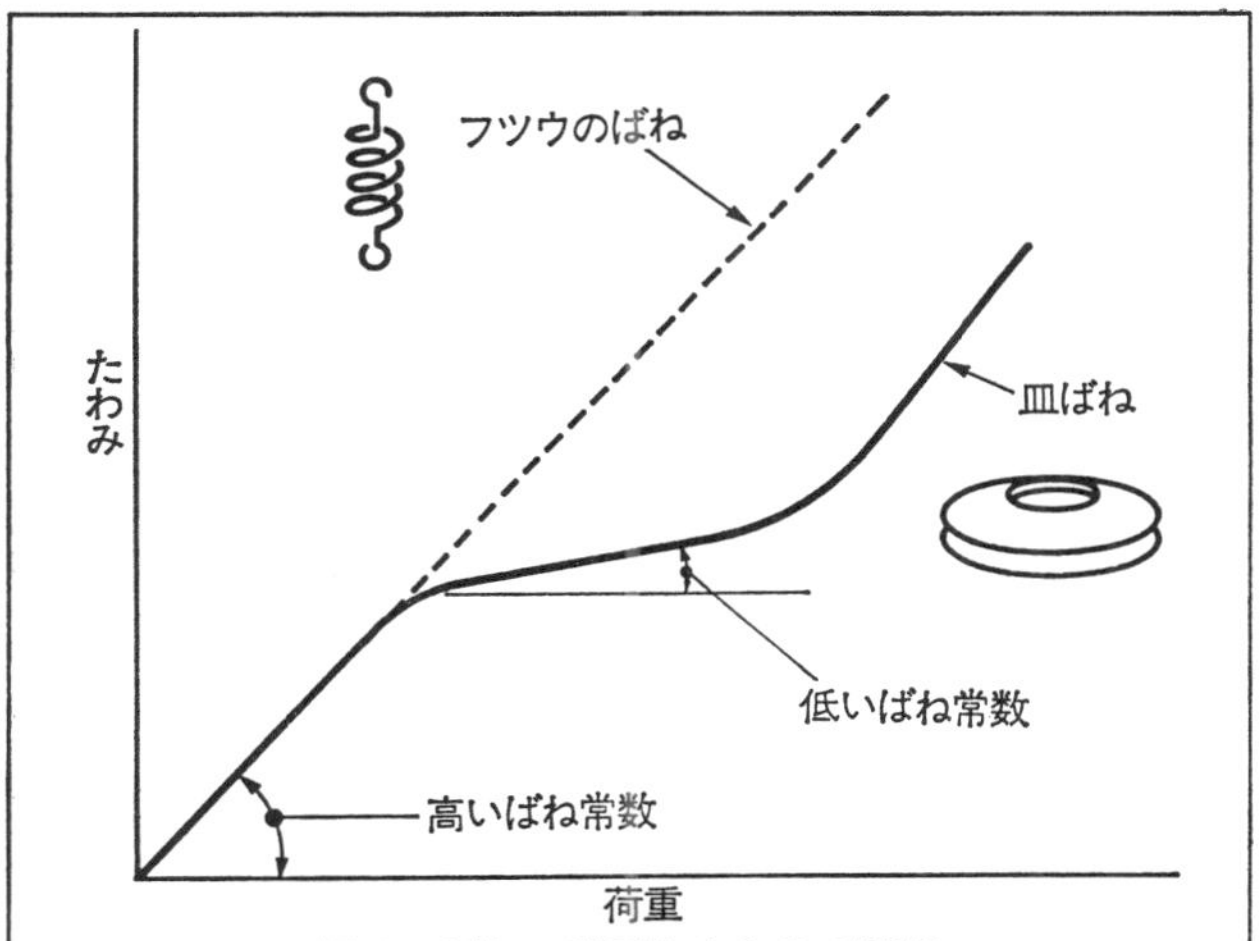

図4　ばねの荷重とたわみの関係

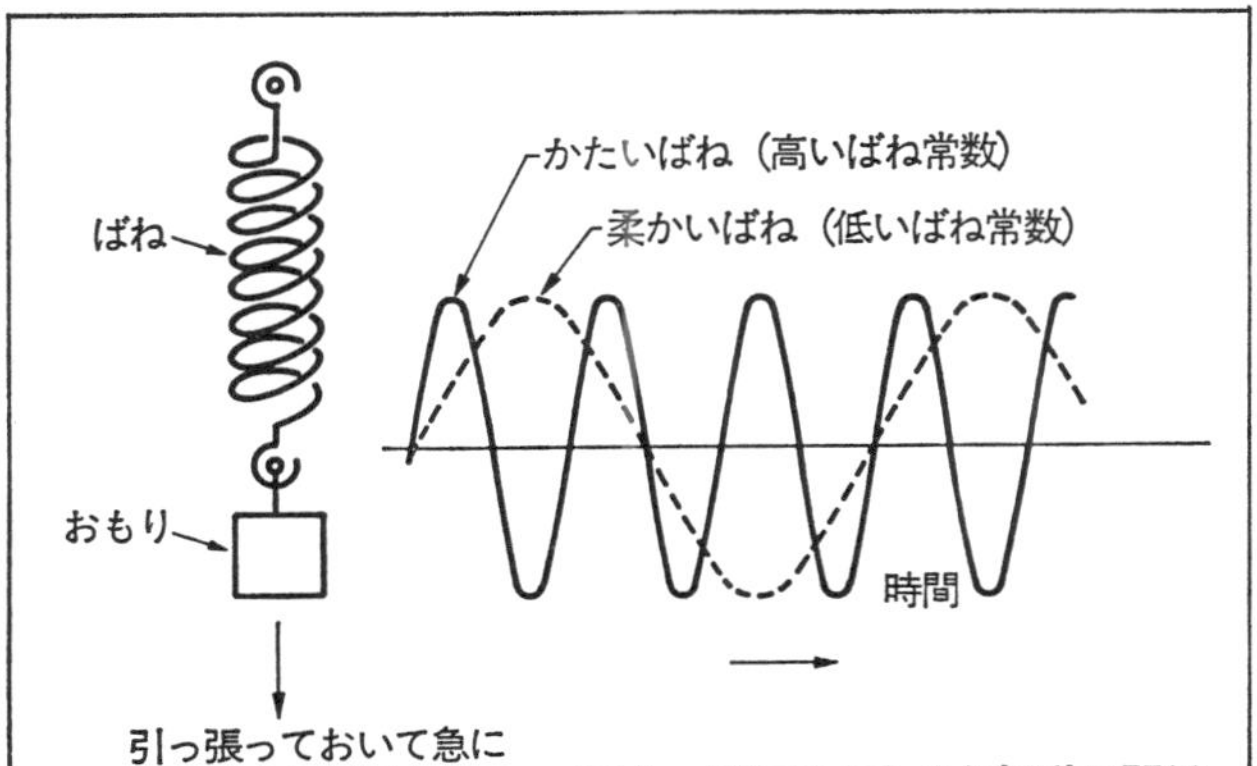

図5　ばねのかたさと振動の関係

　物が振動するときの固有振動数は、**図5**に示すように、ばね常数と質量によって決まってしまうので、図4のように2つのばね常数を持つ皿ばねを使えば、2000ヘルツから4000ヘルツの間のどの振動にも共振するような皿ばねを作ることはできる。図3のように皿ばねの上に圧電素子（チタン酸鉛ジルコニアというセトモノ）を押しつけておけば、ノッキングが発生して2000〜4000ヘルツの幅で、シリンダー・ブロックがいかにデタラメな振動をしても、どんなギャルとでも共感できるプレイボーイのように、皿ばねがブルブルと共振して圧電素子をたたく。電子ライターの石と同じ材質のこの圧電素子はたたかれると電気を出し、コンピューターに知らせるのだ。

　ノッキングは全部のシリンダーに同時に発生するものではなく、どのシリンダーがノッキングしても確実に検出できるように、**図6**に示すごとく2＃と5＃シリンダーに2コのノックセンサーを取りつけている。

　ノッキングの知らせをうけたコンピューターはウエイストゲートを開いて排気ガスをタービンの横から捨ててしまう。そうするとターボの元気はなくなり、ブーストは低下し、ノッキングは消滅する。これが一番分かりやすく簡単で、しかも燃費の悪化が少ない方法であるが、こんな簡単なことさえニッポンのエンジニアは考え出すことはできない。これはサーブのパテントなのだ。

　だから、ニッポンのターボ・ガソリン・エンジンは実に馬鹿ゲタことをする。タイミング・リタードである。**図7**の左は正常な点火タイミング、右はタイミング・リタードを示している。タイミング・リタードすると、クランクシャフトが上死点を通り越し、膨張行程に入ってから燃焼が始まる。ということは、図7からも分かるように圧縮行程も、膨張行程も短くなり、当然にパワーは落ち、燃費も悪くなる。ということを、プロは実質的に圧縮比が低下したからだ、というが、間違いである。熱効率を決定するのは圧縮比ではなくて、膨張比なのだ。圧縮比が小さくて膨張比の大きいアトキンソン・サイクルとか、ミラー・サイクルが燃費を改善することを研究しなくてはいけない。

　もっと回転を高めると、もっとブーストは高まり、もっとパワーがといけば話はウマイのだが、タイミング・リタードをしてもノッキングは発生する。こうなるともうヤケクソで、ガソリンをハチャメチャに噴射して、ガソリンを冷却してノッキングをおさえ込もうとするのだ。このとき、排気の触媒は効かないようにコンピューターはコントロールする。こうしないと、大量のガソリンが触媒で燃焼して、触媒を熔かしてしまうからである。このとき、自動車のタレ流す排気中のHCはハチャメチャに多く、この排気浴をした人間は健康を害するが、自動車メーカーにとっては人間の命より触媒の方が大切なのだ。

　こんなことをしても、高速ではブーストが高すぎてノッキングする。そこで奥の手、ウエイストゲートを開いて高温、高圧の排気ガス・エネルギーをバイパスから大気中へ捨てる。

　これでは走行燃費はハチャメチャに悪くなる。と考えて当たり前であるが、10モード燃費を見ると、トヨタ1G―GTEUを載せたマークⅡは10・2㎞／ℓと無過給の1G―GEUの10㎞／ℓよりもEのだ。ナゼダ。

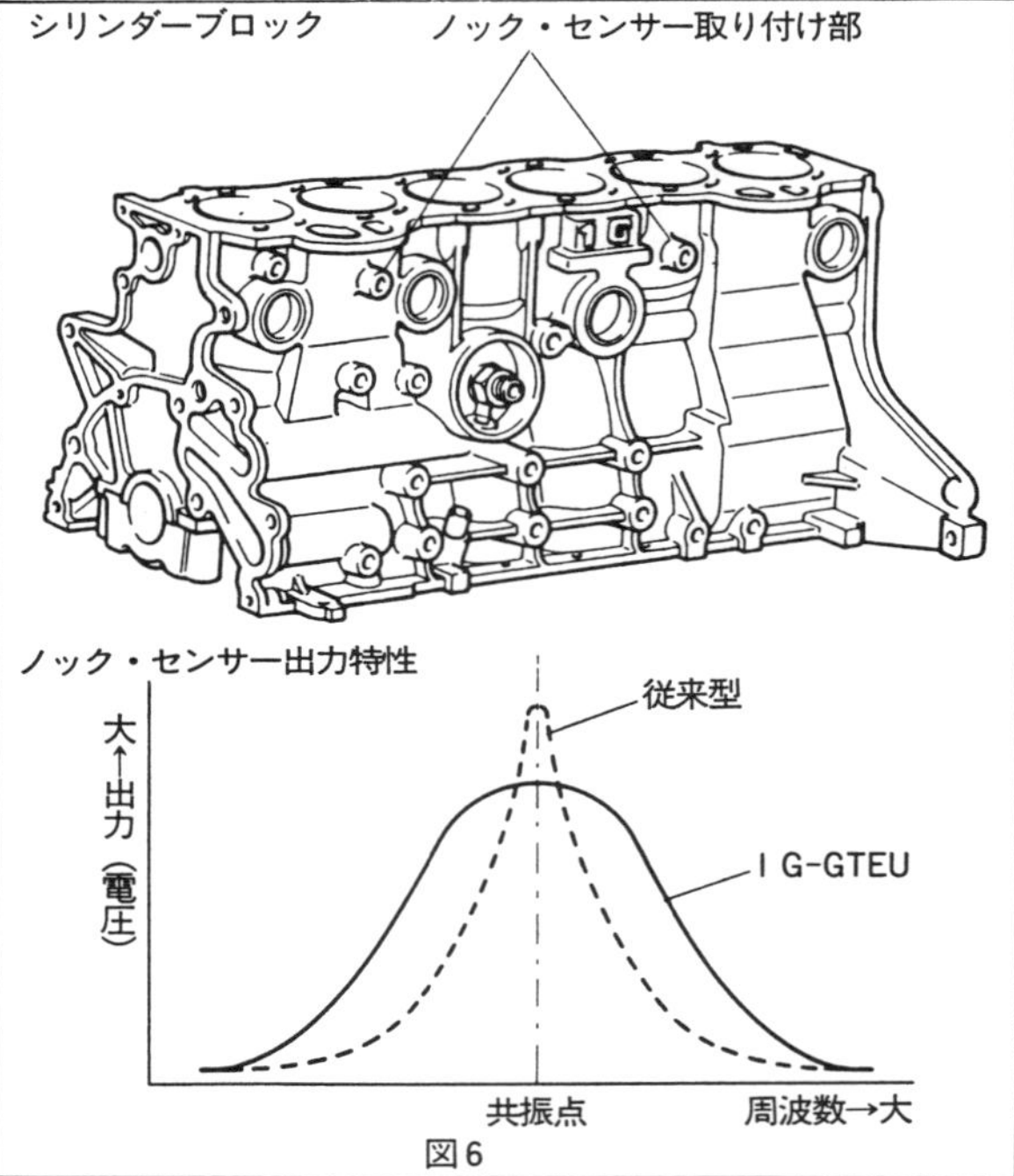

図6

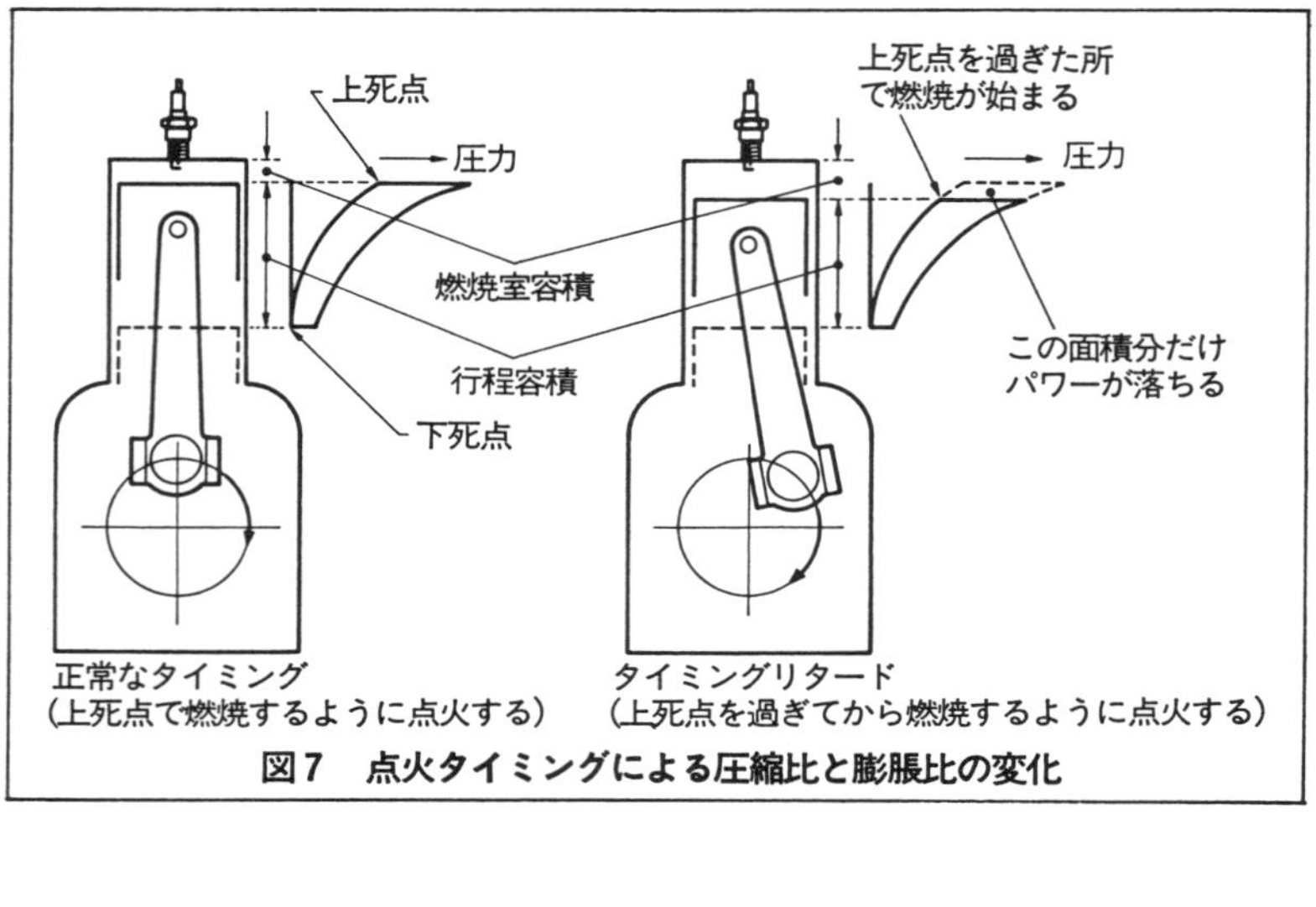

図7　点火タイミングによる圧縮比と膨張比の変化

一つには、兄弟分のスーパーチャージャー付の1G—GZEUは圧縮比は8なのに、1G—GTEUエンジンは圧縮比が8・5と過給エンジンにしては高いのだ。これを可能にしたのはチャージクーラーの採用である。

これをシステムとして描けば、ターボが1コであろうと、2コであろうと、3コでも図2—2である。これがターボチャージング・システムの究極である。とマヌケなエンジニアたちは思い込んでいるのだ。なるほどノッキングは高いチャージ過度によって発生するのだから、冷やせばよい。それに1℃冷やすごとに1/273だけミクスチャーは縮み、比重が大きくなり、エンジンが吸入するミクスチャーの重量が増えて、パワーも出るリクツで、チャージクールしないことに比べて大進歩である。

トヨタ・マークII/チェイサー/クレスタの設計主査はかくも早く、ターボ+チャージクーラの時代がくるとは予測できなかった。だから、エンジン・ルームに空冷式チャージクーラーを置くスペースを用意しなかった。トヨタのエライところはそれでもやるのだ。水冷式インタークーラーである。

自動車が何かを冷却しようとしたら、低温源は外気しかないのだ。そこで1G—GTEUのチャージクーラーは図8のような水冷式なのだ。水の比率は空気の1000倍もあるので、水冷式のインタークーラーならば、コンパクトになり、ボンネットをふくらませない。だが、チャージを冷やした水は熱くなる。そこで、熱くなった水は電動ウォーターポンプで、ラジエターの前に設置した、サブ・ラジエターで冷やし、再びインタークーラーへというのが図8である。

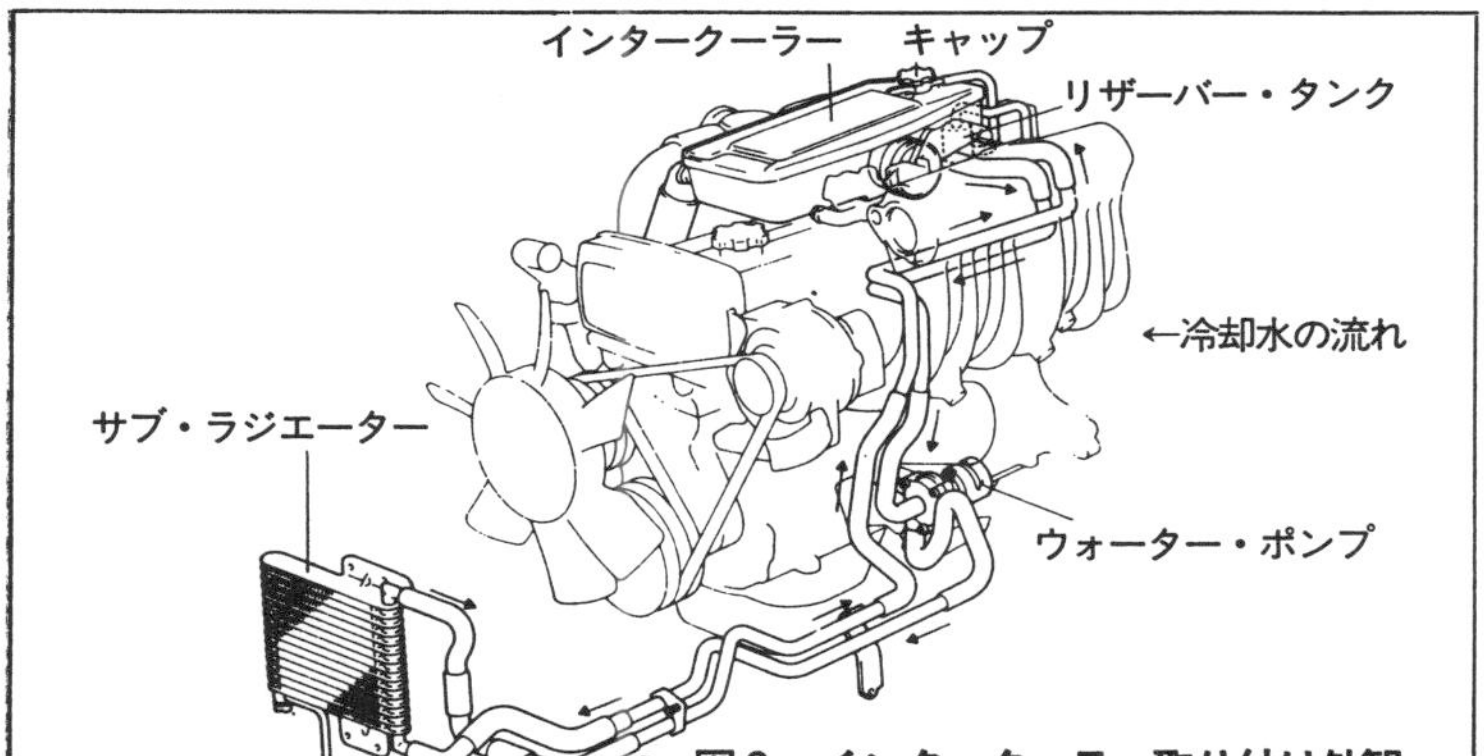

図8　インタークーラー取り付け外観

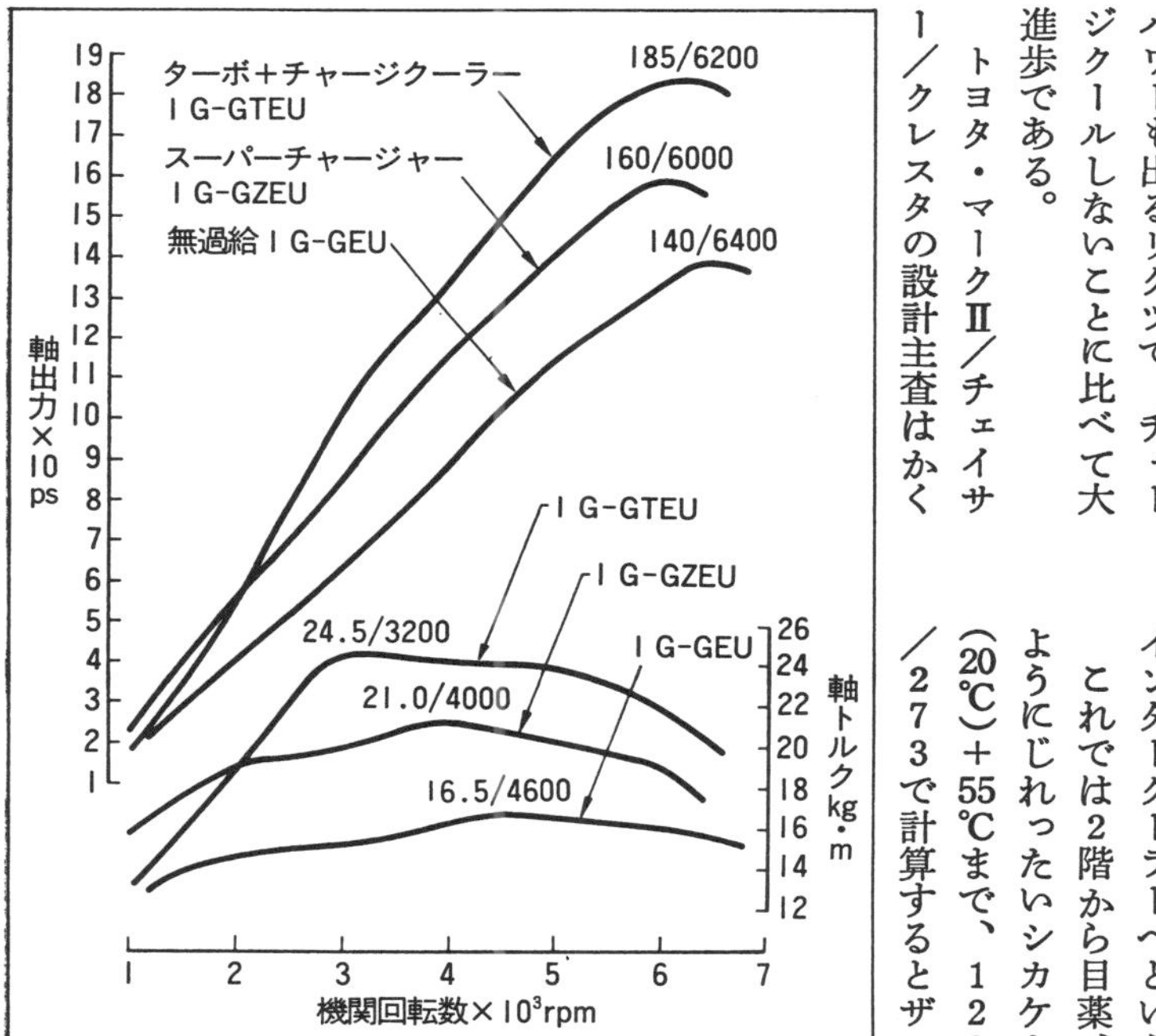

図9　トヨタ1Gエンジン群のパフォーマンス

これでは2階から目薬、靴の上からカく、あるいはまたコンドームのようにじれったいシカケと思うが、それでもΔt=55℃とは、大気温度(20℃)+55℃まで、120℃のチャージは75℃と45℃も冷却できる。45/273で計算するとザット16%もパワーアップしたことになる。これで図9のパフォーマンス・カーブがナットクできる。1G—GZEUのスーパーチャージャーの160ps×1・16=185ps、ターボ+チャージクールと計算が合うのだ。

空冷式チャージクーラーならもっと冷えて、もっとパワーがでる。が、水冷式インタークーラーも悪くない。というのは、アイドルや低負荷時に水冷式クーラーで逆にチャージを加熱して、燃焼を安定させる方法はディーゼル・エンジンでは当たり前にやっていることなのだ。

当たり前といえば、低速トルクを膨らませるのに、2種類の長さのインテーク・マニホールドを使っている(図10)

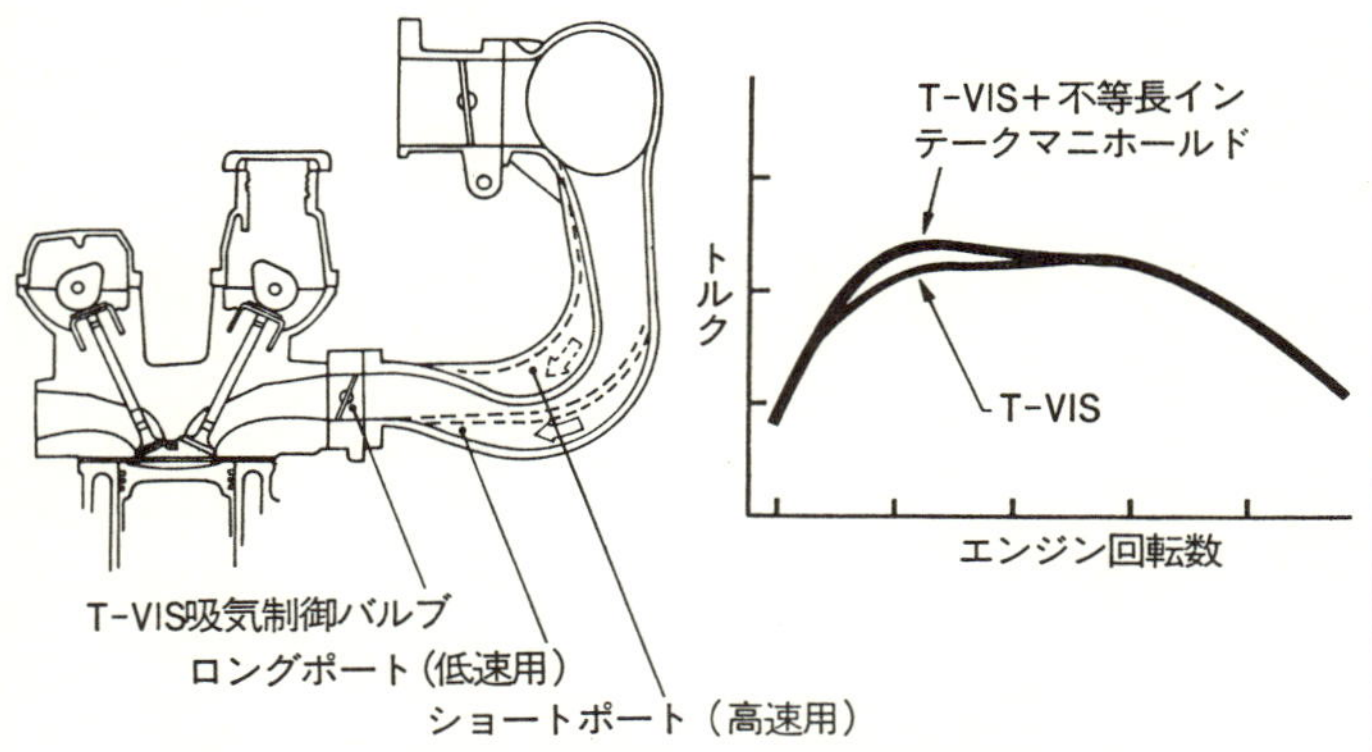

図10　T-VIS＋不等長インテークマニホールド

が、なぜかニッサンRBエンジンと同じである（「日産RB20DE／DET」の項参照）。低速トルクは図の右のようにホンの気持ちだけ膨んでいる。低速といってはみたものの、3000rpmでは5速でザッと100㎞／hのスピードだから、このピークトルクはパトカーの追跡から逃げるときのみ有効かも。

●ツインターボは何に有効か？

ターボを2コ使えば、1コで全部をまかなうターボより小さくなる。1G-GTEUエンジンの場合、59㎜直径のターボは2コにすると52㎜と小さくなる。小さいターボはレスポンスが良くなるリクツである。「気をつけろ、ターボは急に回らない」とはオレが作った標語であるが、それでも小さい方が加速しやすいのだ。

計算してみると、加速しにくさ：慣性能率：モーメント・オブ・イナーシャは直径の5乗に比例するのだ。だから59→52㎜とたった13％小さくしただけでも、慣性は1／3・5になってしまうのだ。

それならば、今まで4秒あったターボラグは1秒に、と思ったら、4秒が3・2秒になっただけとトヨタは正直だ。ここで分かったことは、ニッサンのバリエブル・ジオメトリーとセラミックタービン、はたまたマツダのワレメ入りタービン・スクロールはいずれもターボラグを大幅に減らしてはいないということだ。

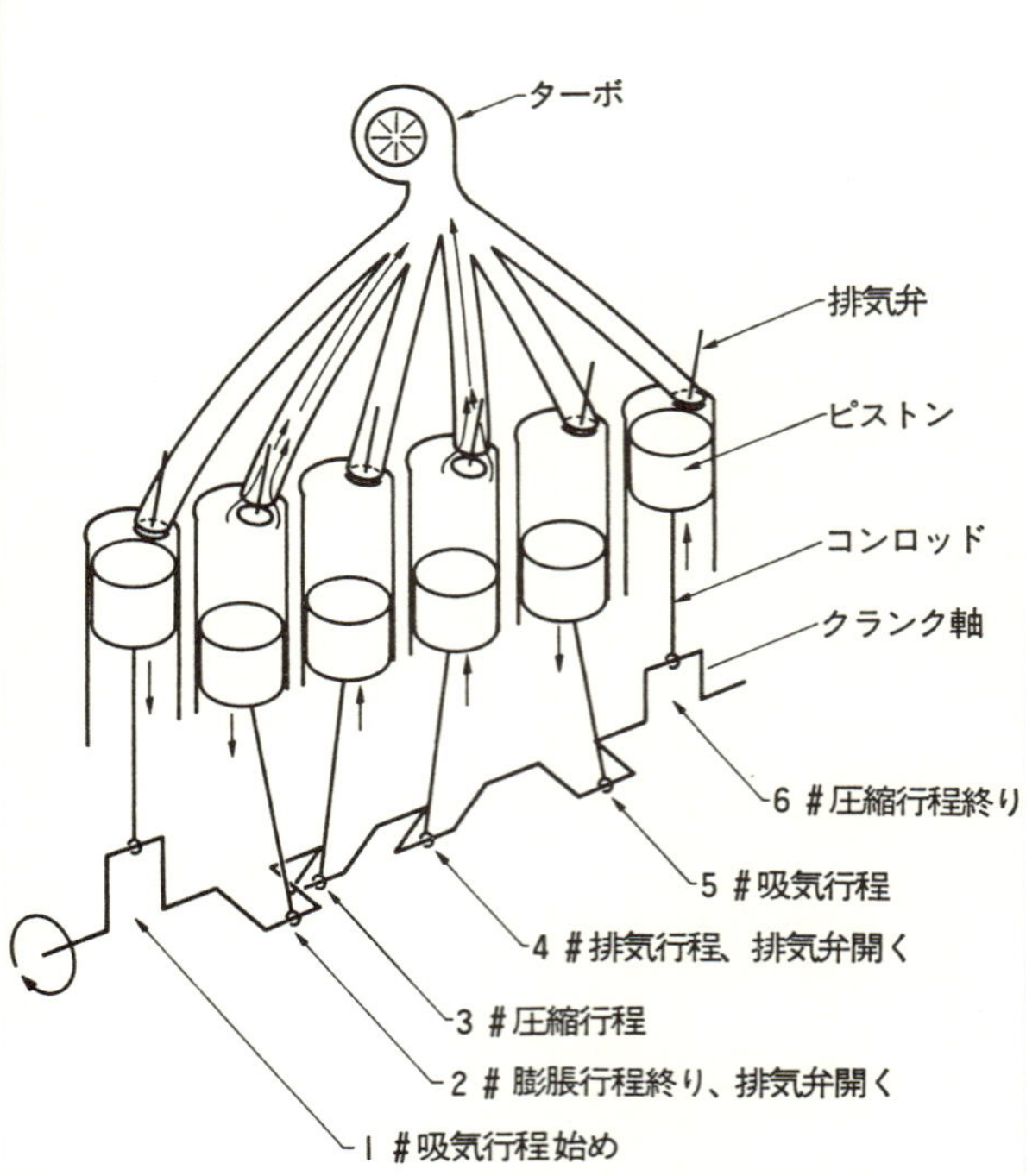

図11　多気筒エンジンに1個ターボでは排気干渉する

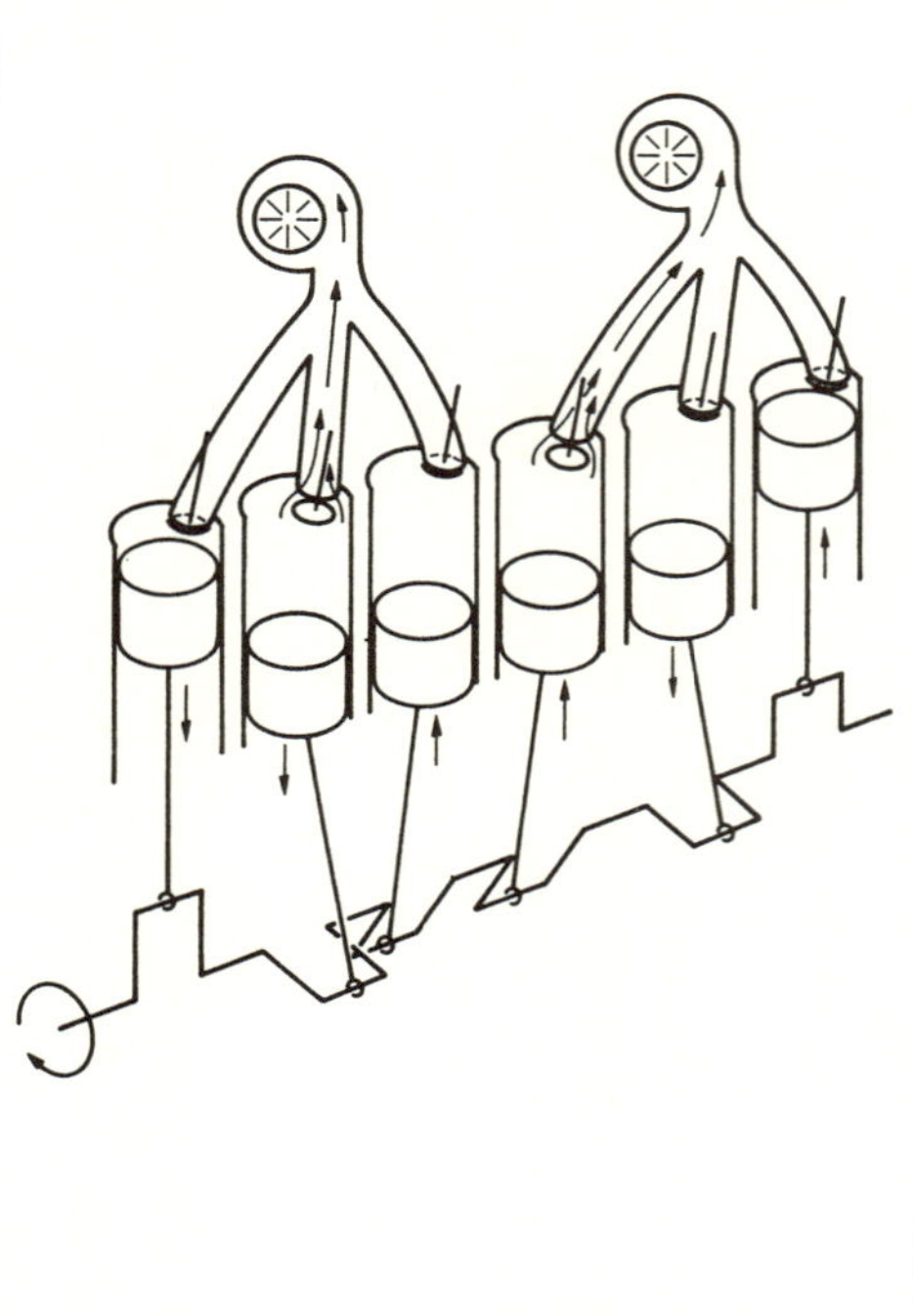
図12　ツインターボでは排気干渉しない

そこで、マークⅡをドライブしてみると、ターボラグが3秒あるサバンナと全く同じで、ターボラグを感じないのだ。へんだ、とよく調べてみるとバルブ・タイミングを低速側にチューニングしたので、ゼロ発進に必要な低速トルクはエンジンの強い地力で、セカンドからはターボが加速する、という感じであった。

2コ・ターボにはもう一つご利益があるのだ。排気干渉をなくすことだ。**図11**は1コ・ターボにタコ足マニホールドを使った直6エンジンの場合だが、図では4#の排気行程の途中で、2#の排気弁が開き、ドバッとタービンに排気ガスは流れ込もうとするが、排気マニホールドの合流点でブツカリ合う。タービン・ノズルは2シリンダー分の排気ガスを流せないし、せっかくのブローダウン・エネルギーもタービン・ノズルがフンヅマリではターボを駆動するエネルギーにならないばかりか、4#の排気圧力を高めて、パワーとしてマイナスに働く。これをプロは排気干渉というのだ。

ターボを2コ使ったGTEUでは、**図12**のように、1、2、3と4、5、6気筒用の2コの排気マニホールドを作り、それにターボを取りつければ、排気干渉はなくなるリクツだ。

V6エンジンを2コ・ターボとすれば、F―1エンジンとなり、究極のエンジンかも。だが、これだけガンバッテみても、圧縮比を9・1から8・5に下げ、タイミングリタードして熱効率を下げ、ウエイストゲートからエネルギーを捨てガソリン冷却をしているのに、走行燃費が10から10・2㎞／hと向上したとは読者はナットクできない。

ナットクさせるのがオレの役目で、まず新型車解説書によって調べてみると、ファイナル・ギヤはGEU用では7・5インチのサイズであったものが、GTEUでは8インチと大型になっている。GTEUの大きなトルク・アップはここからも分かる。ただし、減速比は4・3と同じである。

ヘンだ。そこで、**表1**のミッションのギヤ・レシオを見ると、全段にわたって減速比が小さい。減速比が小さいということは、エンジン回転のワリにタイヤの回転が速いことで、例えば、車速60㎞／hのとき、トップの減速比0・85のGEUなら、エンジン速度2000rpmとすれば、減速比0・78のGTEUでは0・78÷0・85×2000rpm＝1800rpmとエンジン速度は低くなり、エンジン負荷は1割ほどアップするのだ。

同じエンジン速度なら、もちろん、車速は速い。車速が速ければ走行抵抗も大きくなって当たり前である。これを説明するのが**図13**で、エンジン回転が2000rpmのときの加速能力を比較している。

表1　マニュアル・トランスミッション仕様

型　式		W58	W55(参考)
搭載エンジン		1G-GTEU	1G-GEU
形　式		前進：常時噛合式　後退：選択摺動式	
変速比	1速	3.285	3.556
	2速	1.894	2.056
	3速	1.275	1.384
	4速	1.000	1.000
	5速	0.783	0.850
	後退	3.768	4.091

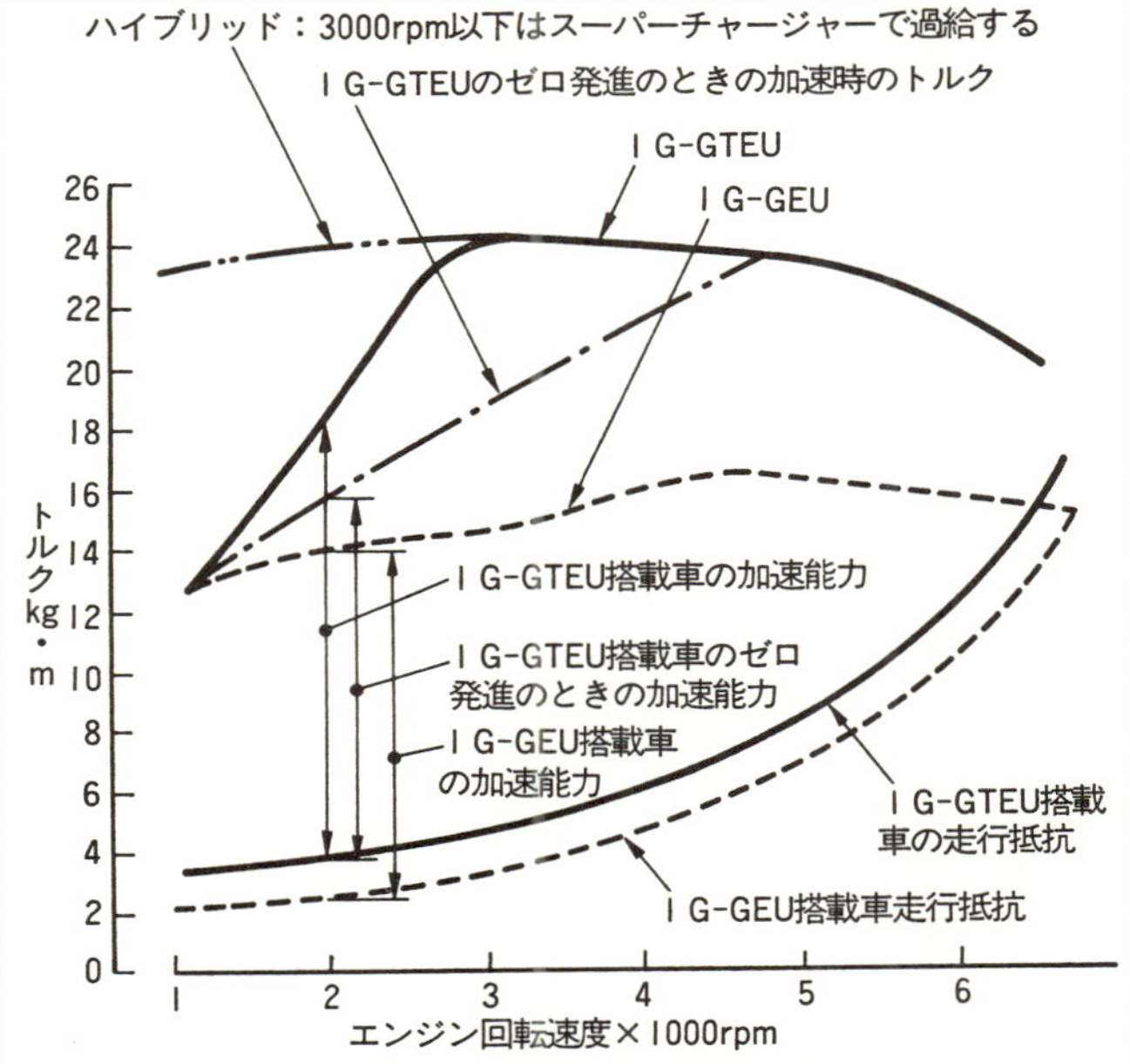

図13　低速トルクが大きければ、変速比を小さくしても加速感はよくなる

図14　エンジン負荷と燃費の関係

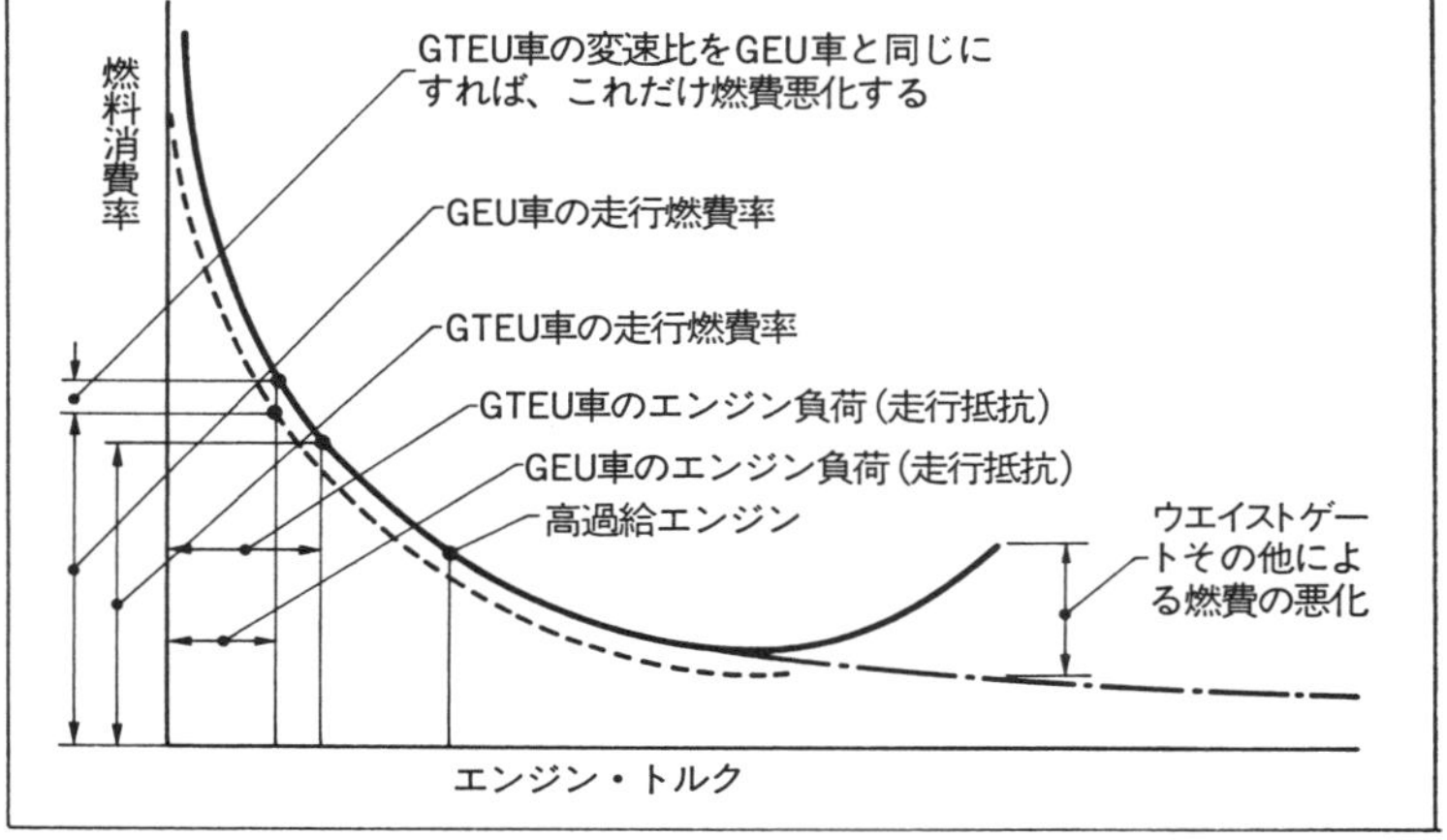

ターボ・エンジンの場合、ターボラグがあるので、ゼロ発進と追越加速を分けて評価するのが妥当である。図13から判定すれば、ゼロ発進のときの加速能力はGEUとGTEUではほぼ同じである。もちろん、車速とともにGTEUの方が加速が良くなることは図13を見ても分かることだし、これはドライブしてみれば激しく感じる。追越し加速はGTEUの方が優れていることは図を見るまでもないし、これでスキーに行ったオレは楽しく体感した。

次に車速60㎞／hのときの燃費を比較してみよう。

何よりもまず、読者に認識していただきたいのは、ベンツでも軽でも、エンジン負荷0、すなわちアイドルでは熱効率0、燃料消費率は無限大である、ということである。燃費はトルク増加とともに低減し、無過給エンジンでは最高トルクのとき最低となる。ただしガソリン冷却さえしなければの話ではあるが。

GTEU車は60㎞／h走行のときのエンジンが発生するトルクはGEU車よりも高い。エンジン・トルクが高ければ、**図14**の燃費のカーブに示すように、圧縮比が低いGTEUは全域で燃費率は悪化しているにもかかわらず、GTEU車の方が燃費が良くなってしまうのだ。だから、もっと過給度を高めれば、もっと燃費を下げうる可能性を図14から読みとらなくてはいけない。

だが、これはあくまでも日本での話であって、速度制限のないドイツでは、どうしても最高回転、最高トルクを使って走りたくなる。これでは図14を見るまでもなく、ターボ・エンジンの燃費はハチャメチャに悪くなってしまうのだ。だから、ベンツにはターボがないのだ。オワカリカナ！

●次の次はなにをすべきか

これで、人類が100年かけて開発したガソリン・エンジンの高度技術の量産化はすべて終わったのである。ルーツ・ブロワー、リショルム・コンプレッサー、スパイラル・コンプレッサー、それにコンプレックスはどうした、といわれても、図2―1とか2のカテゴリーにミーンナ入ってしまうのだ。

ハイブリッドはどうした、といわれれば、スーパーチャージャーとして、ルーツかリショルムを使えば図2―3となり、低速トルクは図13の2点鎖線のごとくに向上する。これならば、ミッションとか、ファイナルの減速比をもっと小さくしても、もっと鋭い加速ともっと低燃費が期待できる。外国で、ランチアで実現化した（米軍戦車用のコンチネル社のディーゼル・エンジンでは20年も前からこれだ）新技術は、ルーツ・ブロワーを持っているトヨタなら明日にも実現できる。その明日こそが、外国人の考えたアイデアでエンジンを改良しうる最後の時である。3年後、トヨタがスープラの新型、ソープラにハイブリッド・エンジンを載せたときこそ、旧技術の泉は完全に涸れるのである。サビシイナー。

「次の次は」とのオレの質問にトヨタのエンジニアは目を伏せるだけであった。

「冷凍サイクルである」とオレは自問自答したのだ。

冷凍サイクル？

カークーラーを使ってチャージを0℃以下まで冷やすの？　とレスポンスの良い人もいるし、これが試作されたこともあるが、もっと簡単にできるのだ。図2—4がそれで、ターボチャージャーにはオレの嫌いなウエイストゲートは使わない。排気エネルギーの全部を使ってターボを働かせればブーストは2気圧（圧力比3）ぐらい効率の悪いターボでも出るし、トヨタの自家製のターボならもっと出る。チャージの温度は200℃を超えるが、チャージクーラーで80℃まで冷やす。冷えたチャージは膨脹タービンで断熱膨脹させ、100℃ほど温度低下させ、⊖20℃のチャージをエンジンに吸入させようというシカケである。タービンで高圧の空気を膨脹させればパワーを発生するのだ。膨脹タービンのパワーでコンプレッサーを駆動し、ターボのコンプレッサーで圧縮したチャージを更に圧縮するシカケなので、チャージクーラー入口圧力と温度をもっと高める。このように膨脹タービンはエネルギーを無駄に捨てることはない。⊖20℃まで冷却できれば、GTEUの⊕75℃まで冷やすチャージクーラーより更に95℃も冷やしたことになり、空気密度は95／273＝35％も増大する。

1G—GTEUエンジンに冷凍サイクルを使えば、185ps×1・35＝250psとパワーアップが可能で、オマケにチャージが冷えているからノッキングの心配もない、という至れりつくせりなうまいシカケである。

1G—GTEUエンジンの2コ・ターボを止めて、ターボ1コと膨脹タービン1コの2コにして、冷凍サイクルにしたら、と早トチリしてはいけない。ターボは低速は効かないのだから、膨脹タービンの働くのは高速、高負荷のときだけで、低速トルクには何の影響もないので、自動車用には膨脹タービンを使った冷凍サイクルはムリだ。

●ミラーサイクルを使えば、パワーも燃費もよくなる

もっとうまいシカケはないか？

あるのだ。アメリカ人のミラーさんが30年前に発明したミラー・サイクルである。図2—5でそれを説明すると、吸気行程の途中で吸気弁を閉じるシカケさえついていれば、ミラー・サイクル・エンジンなのだ。簡単なシカケではあるが、ハイブリッド・エンジン＋冷凍サイクルと同じ高性能のエンジンができるからユカイだ。

まず部分負荷を考えてみよう。

エンジンのパワーを落とすにはフツウのガソリン・エンジンではスロットル・バルブによって吸気をスロットルする。**図15**で説明すると、1で吸気を開始すると、絞りのため、シリンダー内は負圧となり、3で吸気弁を閉じ、吸気行程は終わる。3から圧縮行程を開始して2で大気圧となる。ということは図の斜線部がスロットル・ロス：絞り損失となり、これのない下品なディーゼルに燃費の差をつけられていたのだ。

だから、絞り損失をなくすことがガソリン屋の夢で、リーン・コンバスションもその手のひとつである。ミラー・サイクルでこれに挑戦すると、図の1から吸気は絞らずに大気圧のまま吸入、吸気行程の途中、図15の点2で、すなわち図2—5のピストン位置で吸気弁を閉じる。図15の2から3まで断熱膨脹し、3からピストンは上昇して、圧縮行程に入り、再び2では温度、圧力とも大気状態に戻る。

実質的な圧縮行程は2—4と短く、圧縮比は下がる。が膨脹行程は5—6と大きく、変わらない。小さな圧縮比と大きな膨脹比は理想のガソリン・エンジン：アトキンソン・サイクルとなり、部分負荷の燃費を大幅に改善する予定であった。ところが大笑い。圧縮行程終り、4の温度が低すぎて、プラグに火花を飛ばしても火が着かないのだ。

過給ガソリン・エンジンでは圧縮終りの温度が高す

図15　スロットルロスはミラーサイクルでなくせる？

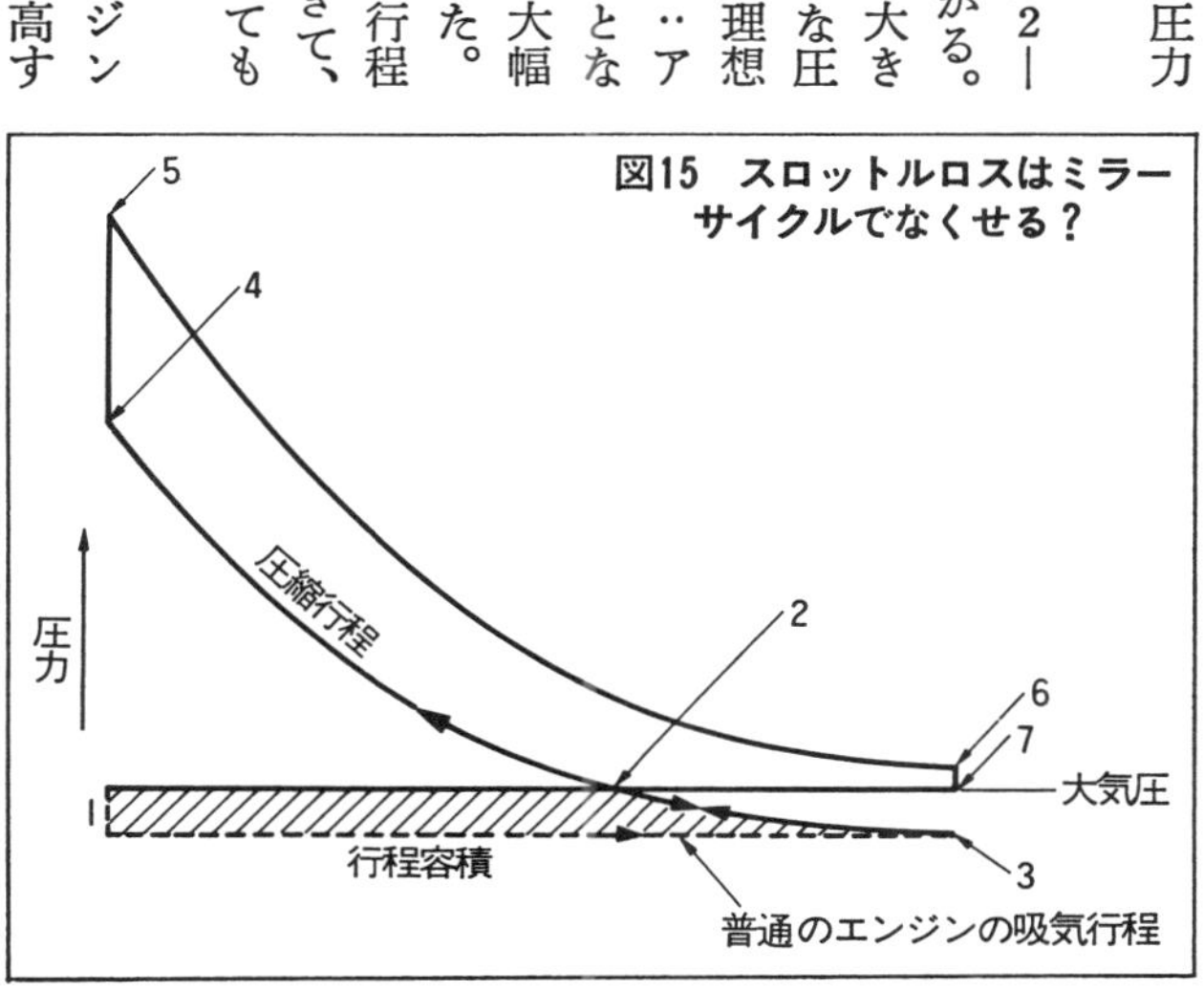

ぎてノッキングして困っているのだから、ミラー・サイクルで圧縮終りを冷やそうと考えないエンジニアはアホである。**図16**で説明すると、エンジン速度が高まるとともにターボは元気になり、ブーストを高める。チャージ温度は高まり、チャージクールをしても、少しばかり圧縮比を下げても、それでもノッキングはする。それをノック・センサーが感じ、それを受けたコンピューターは吸気弁を早く閉じろ、とアクチュエーターに命令するのだ。すると、図16の点線のように圧縮比は下がり、ノッキングは止まるリクツだ。どんなにブーストが高くても、ブーストに応じて、図の一点鎖線のように吸気弁をもっと早く閉じればノッキングはしないリクツだ。

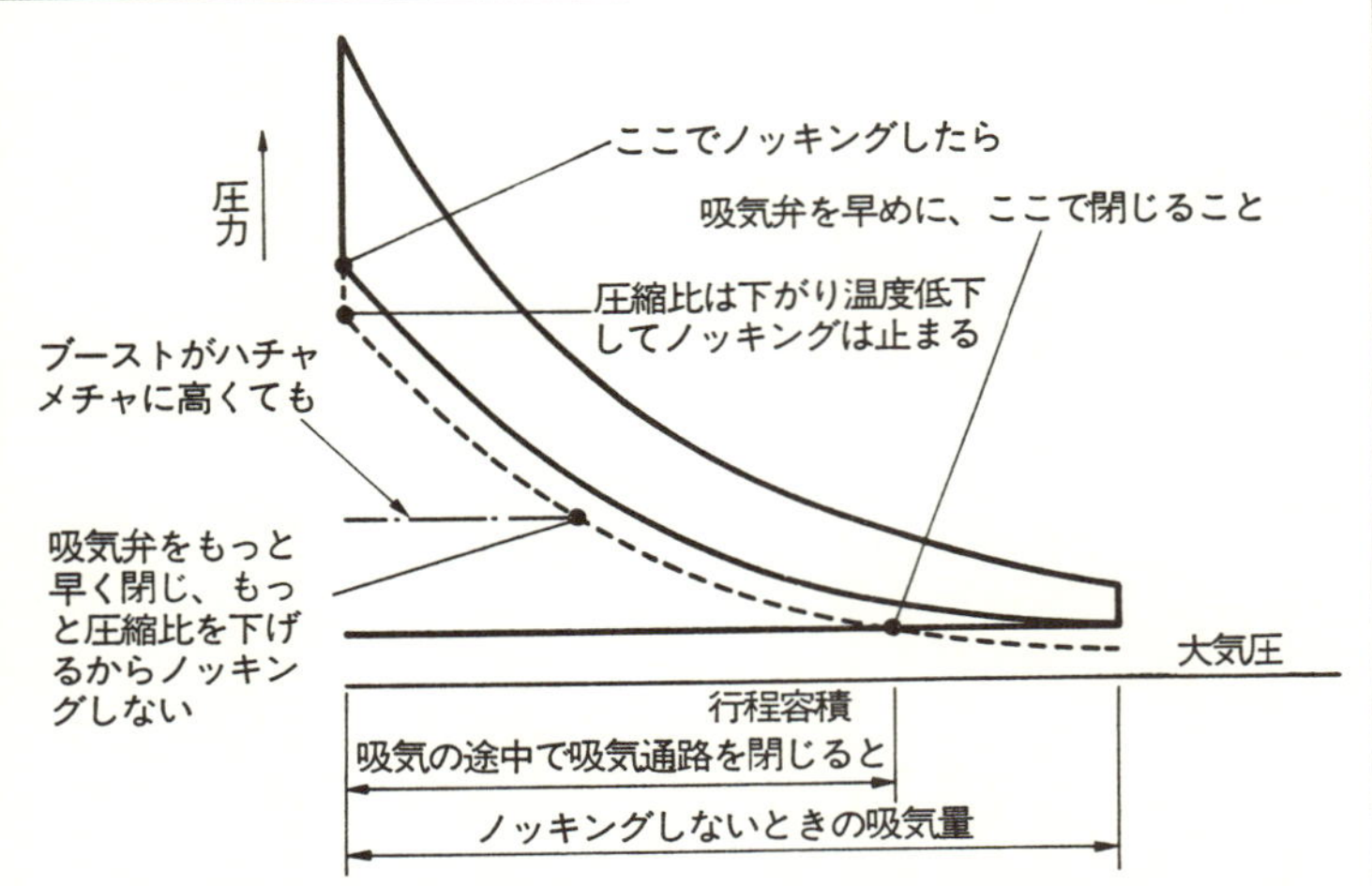

図16　ミラーサイクルによるノッキング・コントロール

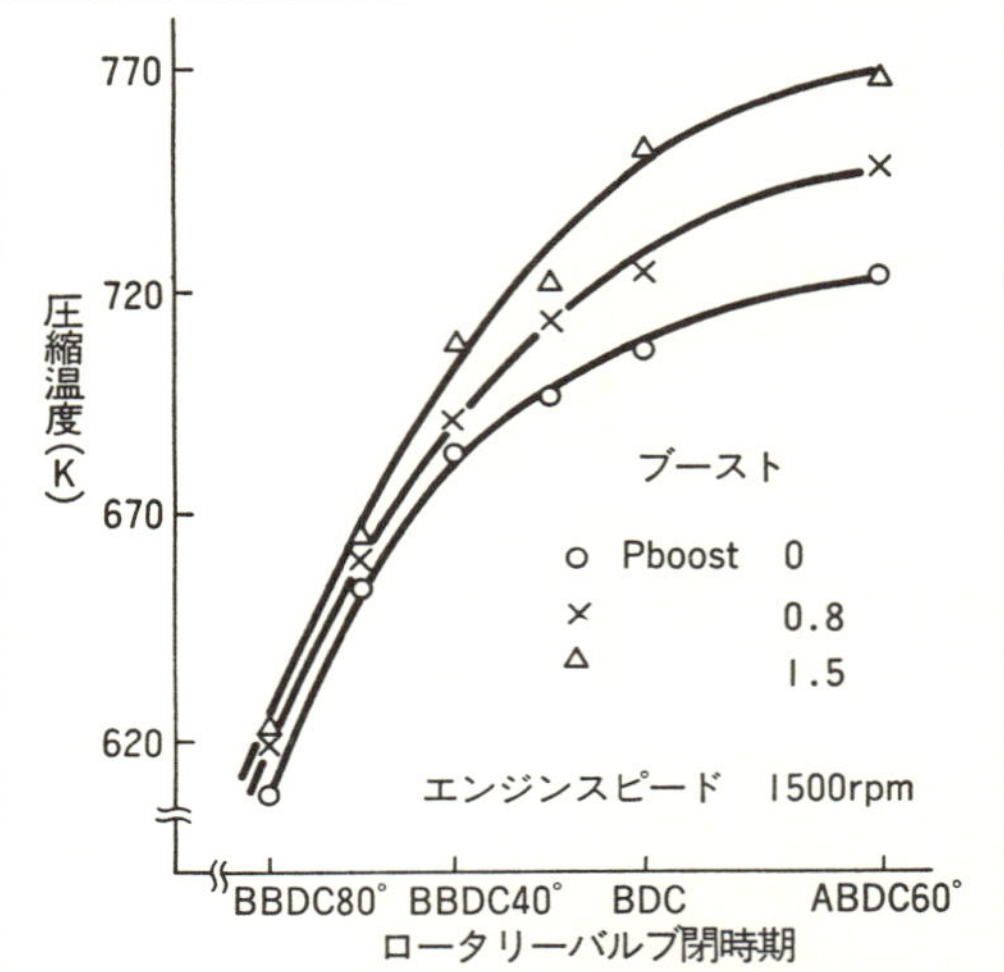

図17　ミラーサイクルによる圧縮温度低下

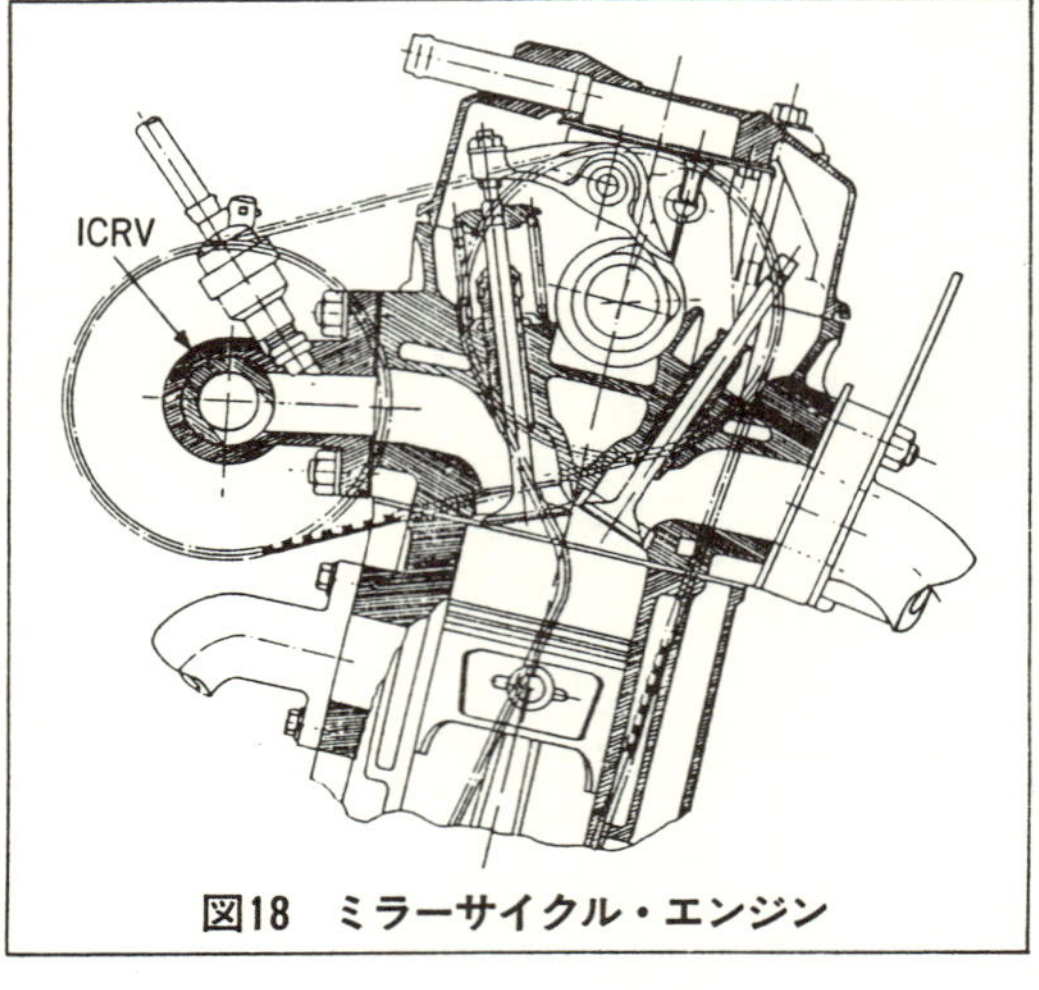

図18　ミラーサイクル・エンジン

このリクツが本当かどうかを東大の酒井研で調べたのが**図17**で、ブースト1・5気圧のとき、下死点前80°で吸気弁を閉じれば、圧縮終りの温度は150℃も低下することが分かった。このときのシカケは、吸気弁のバルブ・タイミングを変えるのがメンドクセエので、吸気終りを変えることのできるロータリー・バルブを使ったのが、**図18**である。東大のコドモたちが設計したヨーチな図面ではあるが、それでもミラーサイクルの本質をさぐり出すことはできた。オレがシカゴにあるGRI：ガス研究所の依頼で指導に行ったときも、この図で説明したのだ。

トヨタ1G−GTEUツイン・ターボ・エンジンにミラー・サイクルを応用すると、性能がどう変わるかを調べてみよう。

図19をみると、3000rpmから1000rpmにかけて急激にトルク・ダウンするのは、ターボというキカイにはサージ限界という悪物が住んでいて、この線の左側では空気をエンジンに送り込むことは不可能なのだ。将来、どんなにターボが進歩してもサージ限界がなくなるということはない。

速度限界というのは、もっと高圧の、もっと大量の空気をエンジンに

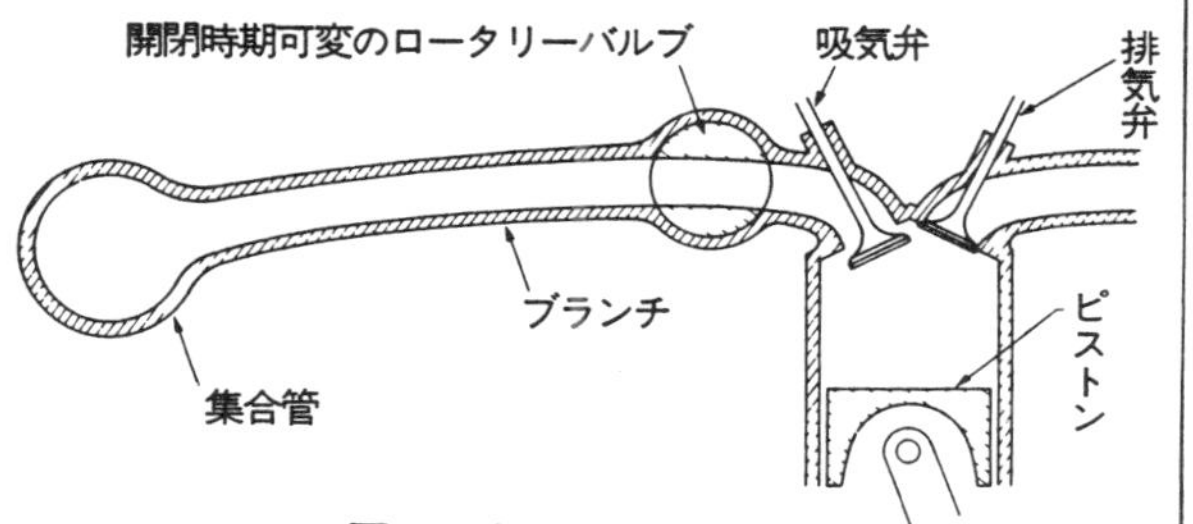

図20　全域慣性過給装置

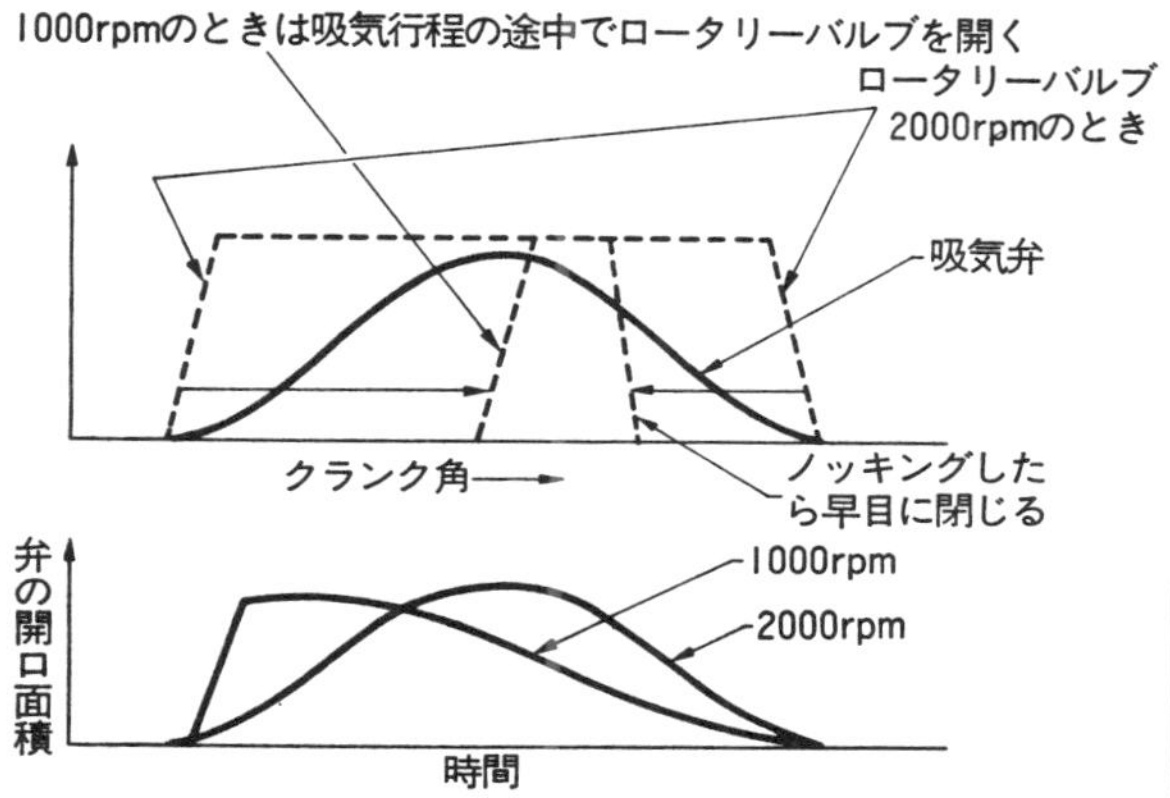

図21　ロータリーバルブによって吸気する時間を一定にする

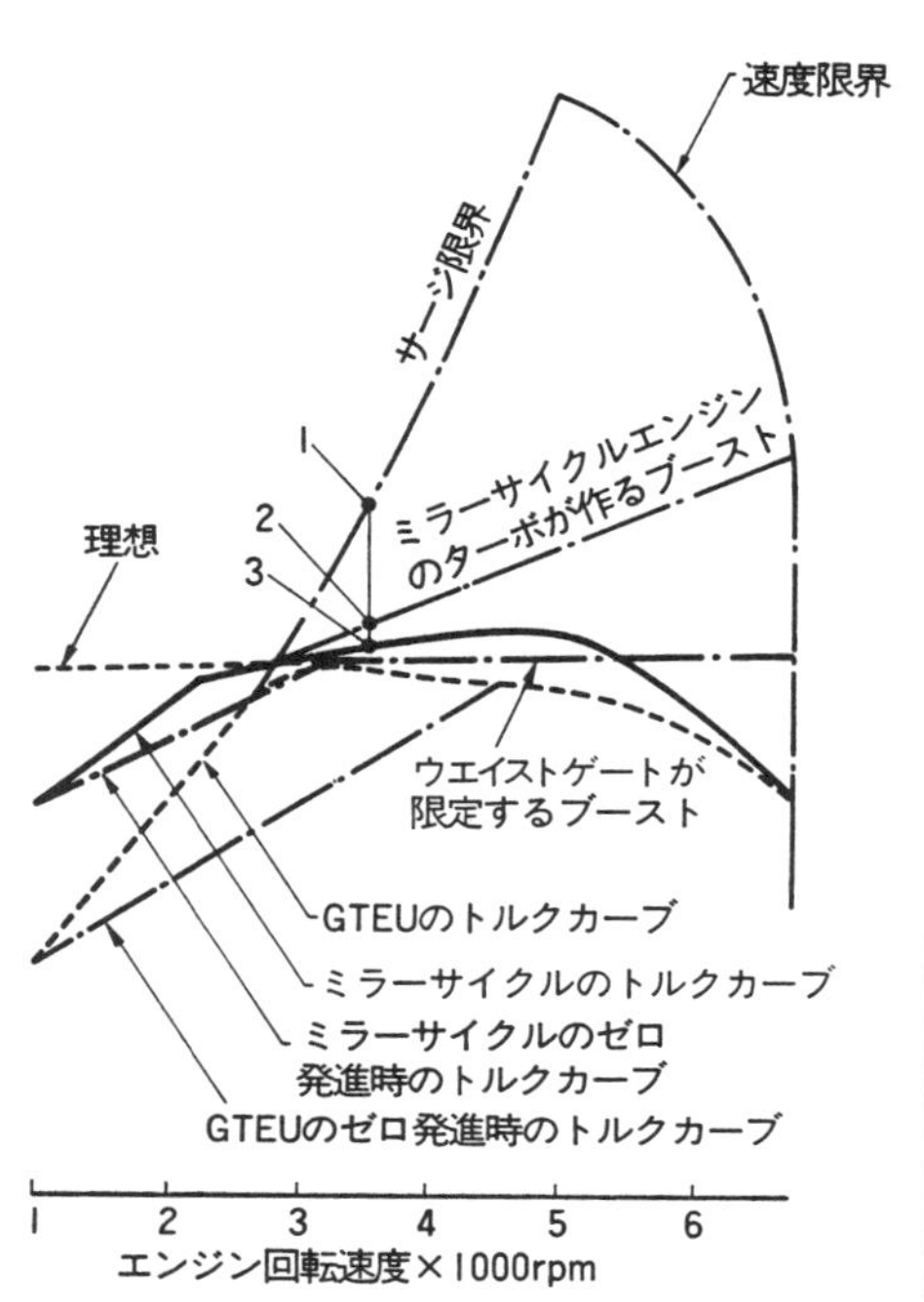

図19　ミラーサイクルによる性能向上

送り込もうとし、ターボをビュンビュン回すと、遠心力でターボの羽根車がチギレてしまう壁が存在する。

ターボによって過給されるエンジンは壁と壁の間でしか、有効にトルクアップできないのだ。だから、理論的に低速トルクはアップしないのだ。と秀才的発想で、理論はどうでも、何が何でも低速トルクを高めるのだ、というのがドンキホーテ的オジンの発想である。

まず、エンジンには、**図20**に示すように２０００ｒｐｍにチューニングした、長いブランチの吸気マニホールドと閉時期をコントロールできるロータリー・バルブを装着しなくてはいけない。

このエンジンの２０００ｒｐｍのときは、**図21**に示すように、吸気弁とロータリー・バルブのバルブ・タイミングは同じである。だから、吸気通路の開閉は吸気弁だけで行う。

２０００ｒｐｍにチューニングされた吸気管は慣性過給をして、大量の空気を吸入し、大量の排気ガスをターボに流し込むのだ。これでターボも元気になって、ブーストを高め、２０００ｒｐｍのトルクとフクラミを作るのだ。

１０００ｒｐｍのとき、吸気をしている時間は１／２０００分で２０００ｒｐｍのときの１／４０００分の２倍も時間があるのだから、吸気行程の時間を２０００ｒｐｍのときと同じにしなければ、ブランチ内の

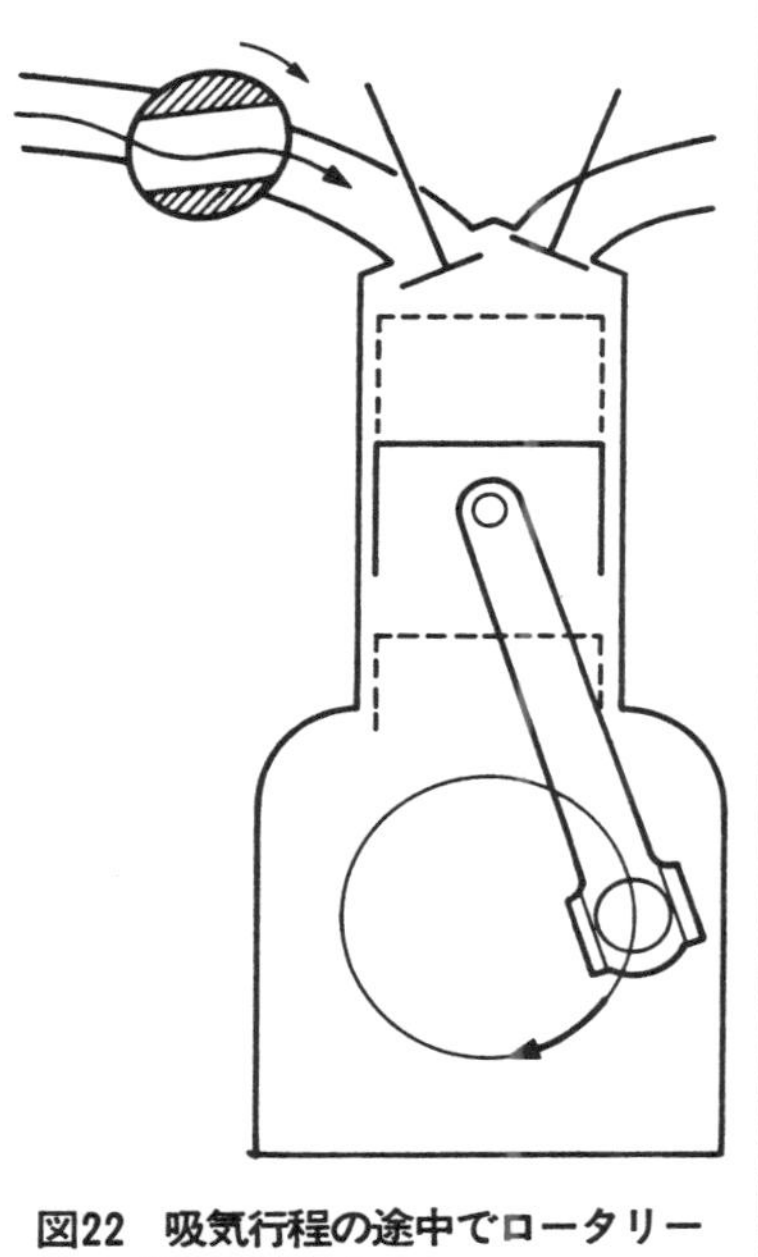

図22　吸気行程の途中でロータリーバルブを開く

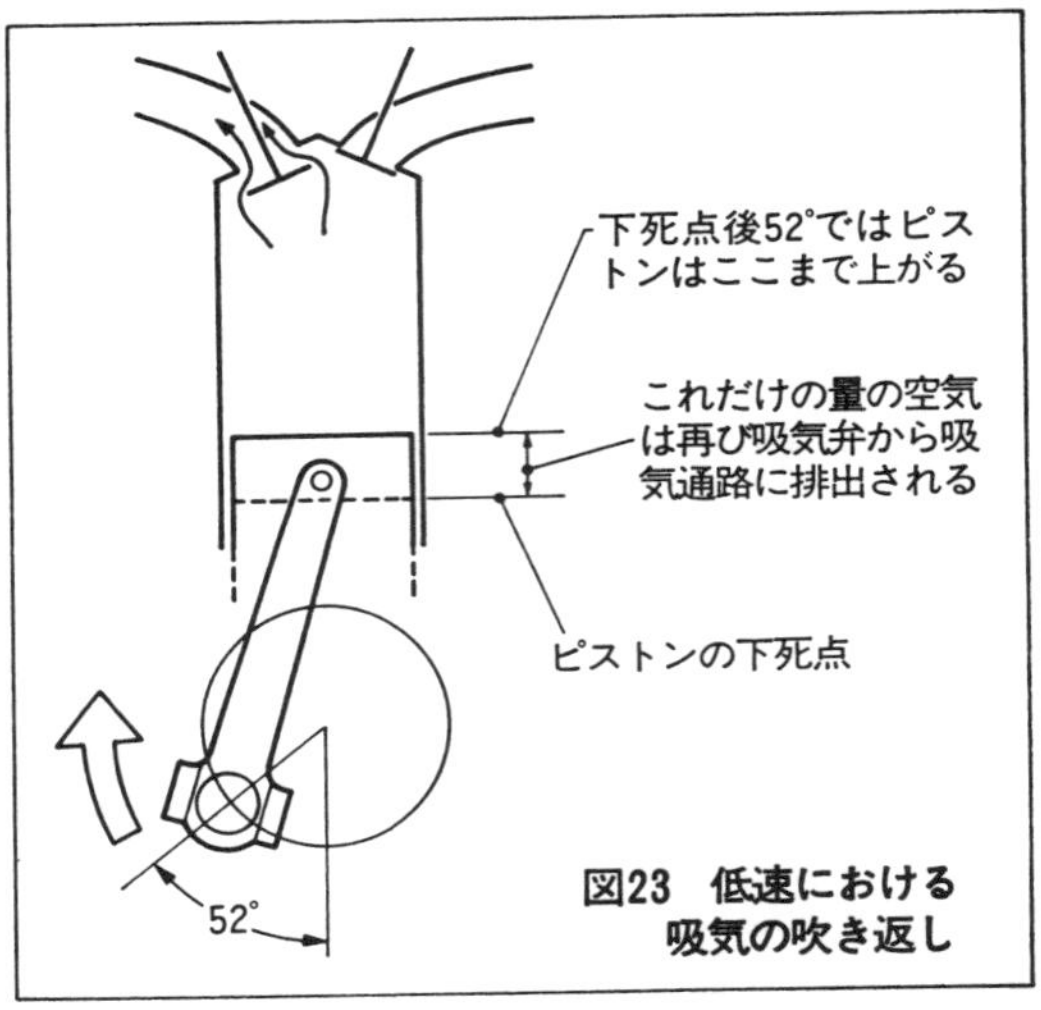

図23　低速における吸気の吹き返し

流速も、慣性過給も、圧力波がシリンダー内に入るタイミングも同じにならない。

時間を半分にするには、吸気行程の長さを半分にすればよいワケで、**図22**のように、吸気行程の半分までは吸気弁は開いているが、ロータリー・バルブを閉じたままで空気を吸入させない。吸気行程の半分を過ぎると、ロータリー・バルブを開いて負圧になっているシリンダー内にドバッと流し込めば、慣性過給は2000rpmと全く同じ条件となり、1000rpmトルクも図19のように高くなるリクツである。

それにしても効きすぎるのでは？

1G−GTEUエンジンの吸気弁弁閉時期は下死点後52°である。低速において、下死点にまで吸入した空気は、慣性過給の効かないフツウのエンジンでは、**図23**に示すように、再び吸気弁から吸気通路へ押し戻されるので低速トルクは下がり、発進時にはエンストするのだ。だからといって下死点で吸気弁を閉じれば、高速のパワーはガタ落ちになる。

本来、マイナスの効果の吸気系をプラスに変えて吸気量を増やせば、ターボも幾らかは元気になって図19の低速トルクが発生するのだ。

ウエイストゲートを使わないミラー・サイクル・エンジンの3500rpmでは図19の点1にまでブーストは高まる。これでは激しいノッキングを発生する。

ノック・センサーはそれを感じ、コンピューターはロータリー・バルブを図21に示すように吸気行程の途中で閉じる。閉じれば圧縮比を下げてノッキング・コントロールするのだが、図16を見ると、エンジンの吸入空気量も減るのだ。吸入空気量が減れば、排ガスの量も減り、ターボはやや元気を失い、ブーストは図19の点2に落ちつく。

ウエイストゲート付ターボより高いブーストではあるが、吸気量が減ったのではパワーはチャラでは？

それでもミラーの方がトルクが高いのは、圧縮上死点温度が低いからである。温度が108℃下がれば40%のトルクアップが可能なのだから。

残念ながら、最高回転におけるトルク＝馬力は変わらないのだ。なぜなら、ターボの速度限界ではエンジンに送り込める空気重量は限界で、エンジンが吸入しうる空気重量が同じなら、最高出力も同じなのだ。

これでは、ミラー・サイクル・エンジンに魅力はない。もっとパワーアップしなくては、と考えて当たり前である。ディーゼルでは目下、3倍の関門を通過し、4倍パワーアップに挑戦中なのだから、ガソリン・エンジンももっとパワーアップしなくては面白くない。次の機会にパワーを2倍にする方法を述べよう。そのときマークⅡは排気量1ℓのエンジンで鋭い加速をし、60km／hのときのエンジン負荷は図14の高過給エンジンにまで高まり、燃費をガクンと下げるのだ。

圧縮比とともに膨張比まで下げるタイミング・リタードの代わりにミラー・サイクルを使えば、圧縮比は下がるが、膨張比はそのままなので、熱効率の低下はない。ガソリン冷却はしない。など燃費悪化の要因は何もないので、燃費曲線は図14の一点鎖線となる。これならば、アウトバーンを200km／hで飛ばしてもベンツもマッサオな燃費となるのだ。

ターボを高速側にチューニングした、F−1用エンジンにミラー・サイクルを応用すれば、パワーも出るし、燃費も良くなる、とホンダのエンジニアに説明したら、「他社で実用化されていない」とホンダらしくない負け犬根性的な答が返ってきた。

マツダ、MMC、ダイハツおよびいすゞに説明しても似たような反応しか示さなかったが、トヨタとニッサンのエンジニアの目は輝いた。ということは旧技術での過給エンジンを極めたからこそ、〝次〟を求め始めたのである。

ニッサン編

VGエンジン
PLASMA RB20E
VG20E・T JET TURBO
PLASMA RB20DE/RB20DET
フェアレディ200ZR用
セラミック・ターボチャージャー
VG30DE
ツインカム24バルブ・エンジン

ニッサンVGエンジン

新技術はないが洗練された良いエンジン

近ごろ、カーラジオなんぞを聞いていると、「高級車はV6、V6エンジンは高級エンジン」といったコマーシャルが耳につく。オレはV12、380馬力ディーゼル・エンジンを設計したことがあるので、江本ほどではないが、ニッサンV6より2倍も高級なエンジン設計をした2倍高級なデザイナーということになるわけだが……。そこで、技術のニッサンが18年ぶりにL6からフルモデル・チェンジしたV6エンジンを拝見し、達成された技術レベルと達成され得る技術レベルを探ってみよう。

●なぜV6？か

一体なんでV6にしなければいけないのかを考えてみると、L4ではアイドルがスムーズではない、そこで大きなフライホイールをつけるとレスポンスが悪くなる。おまけに1回転に2回エンジンが上下振動をする……ので高級車には不向きである。

L6は1次振動も2次振動も完全バランスするし、フライホイールを軽くしてもアイドリングがスムーズである。

ただし、エンジンが長い。**図1**から分かるようにL6ではC_D＝0・32などとカタログにうたえない。それにエンジンが長いとエンジン・ルームも長くなり、鉄板の使用量も増えて車体重量が重くなる。

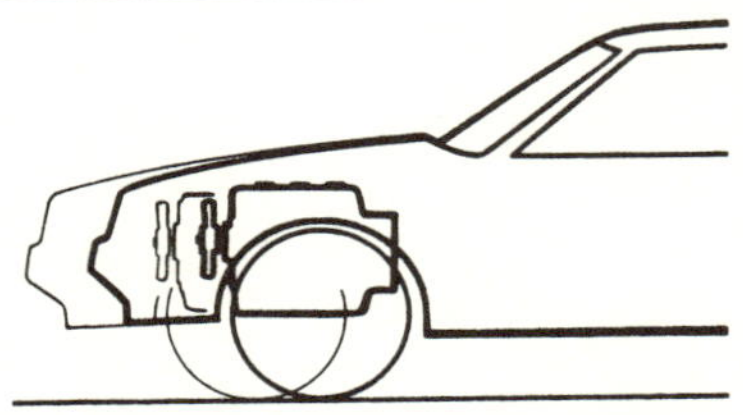

図1　エンジンが長ければボンネットも長くなって車は重くなる

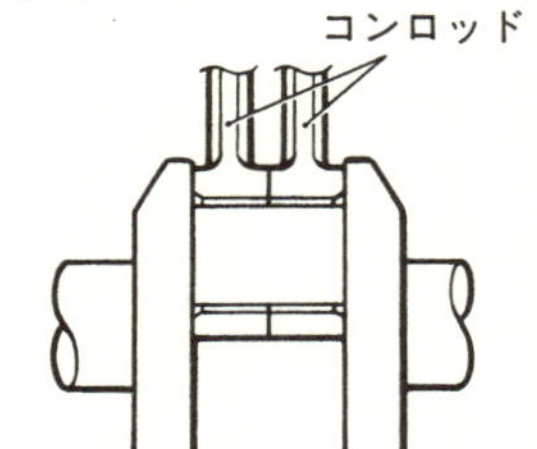

図2　V8やV12のコンロッド配置（サイドバイサイド）

V8は完全バランス、回転もスムーズ、リキもよく出て、伸びもある。エンジン長も短い。

しかし、コスト・アップが難点だ。

そこでV6ということになる。V6のメリットとしては、重量が軽い、燃費がいい（ベアリング数が少ないので、フリクションが2%くらい少ないという）、クルマの造形の自由度が大きいといったことがある。

理論的にはL6の半分の長さのエンジンができるわけだが、VGエンジンはL4の長さにでき上がった。そしてL6の良さを全部引きつがなくては意味がない。

それにはまず、エンジンがスムーズに回るように、等着火間隔でなくてはならない。V6を等着火間隔にするにはバンク角度120度ということになるが、これではエンジンの幅が広すぎてマクファーソン・ストラットにぶつかってしまう。そこでできるだけ幅の狭いV6エンジンを作るために、バンク角を60度と狭くした。その結果、V8やV12の**図2**に示すサイドバイサイドのコンロッド配置とすれば、着火間隔は60度—180度—60度……とバラツキ、エンジンが暴れて下品になる。そこで、**図3**に示すようにクランク・ピンを60度オフセットすれば、120度—120度……と、L6と同じく等着火間隔となるのだ。が、オフセットしただけではクランク・ピンは斜線部分だけでつながっていることになり、このままでは折れてしまうので、中間にウェブを入れて補強してやらねばならないのだ。結果として、ウェブ分だけエンジンは長く、L6の半分、L3の長さではなく、L4エンジンと同じ長さに間伸びしてしまったのである。図2と図3を比較すればV6が間伸びした理由がよくわかる。

間伸びした結果、VG20とL6の重量差は、「同じ技術レベルで作ったとすると、1・2〜1・5kg、1〜2%くらいしか軽くないが、間伸びさえしなかったら10%は軽くなるはずだ。間伸びしたためにシリンダー・ブロックは**図4**に示すように、ボア間にユトリができすぎ、ボアを大きくしたい誘惑に負け、大きくして3ℓエンジンとすれば、ニッサンVG30エンジンができ上がる。

3ℓのVG30は馬力当たり0・96kg/psと1kg/psを切っている。なお、アルミ・ブロックにすると15〜16kgほど軽くなる（一次試作ではアルミをトライ）。

新規にL6を設計すれば、大差ないということは近視眼的にみれば、VGの評価が低くなるといえるが、このエンジンのコンパクトネスを生かして、車両重量を軽くして、加速と燃費を良くして、魅力のあるスタイリング、C_Dの小さいクルマをデザインできるポテンシャルがある、ということを評価したい。

ところが、せっかくのV6がL6の2・8ℓディーゼルも載せられるセドリックに使われたのでは、宝の持ち腐れである。V6エンジンによる個性的なスタイルに生まれ変わらなかったのにはガッカリした。

図5はGMのダウン・サイズ計画で、余計な心配をしなくてもニッサンも間違いなくこの道を歩むと思うが。

ただし、L6よりV6の方がコスト的に割高になるのはシリンダー・

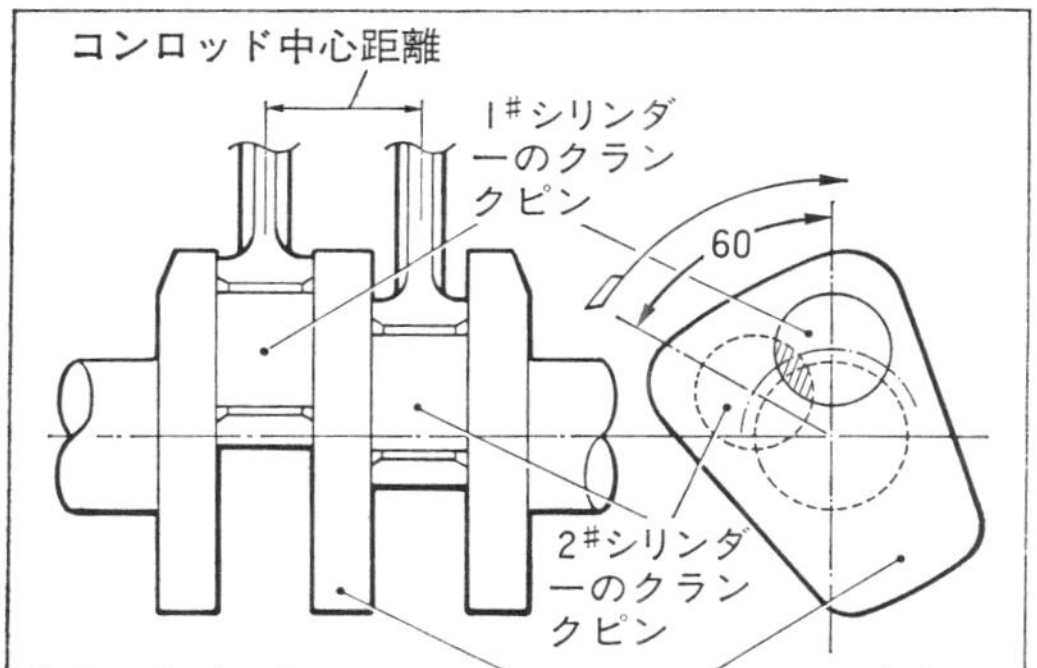

クランクピンをオフセットしたために、ウエブが必要になった。このためV8やV12に比べボア・オフセットが長くなり、エンジンがいくらか長めになった。

図3　60°V6エンジンのコンロッド配置(クランクピン・オフセット)

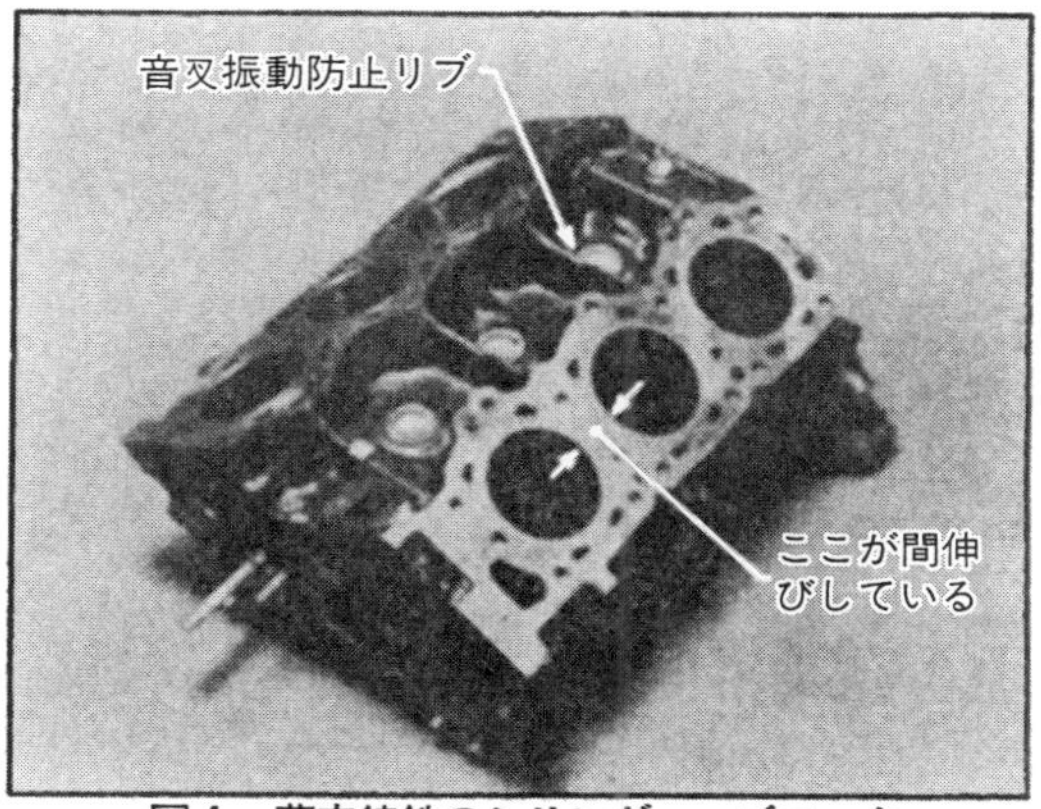

図4　薄肉鋳鉄のシリンダー・ブロック

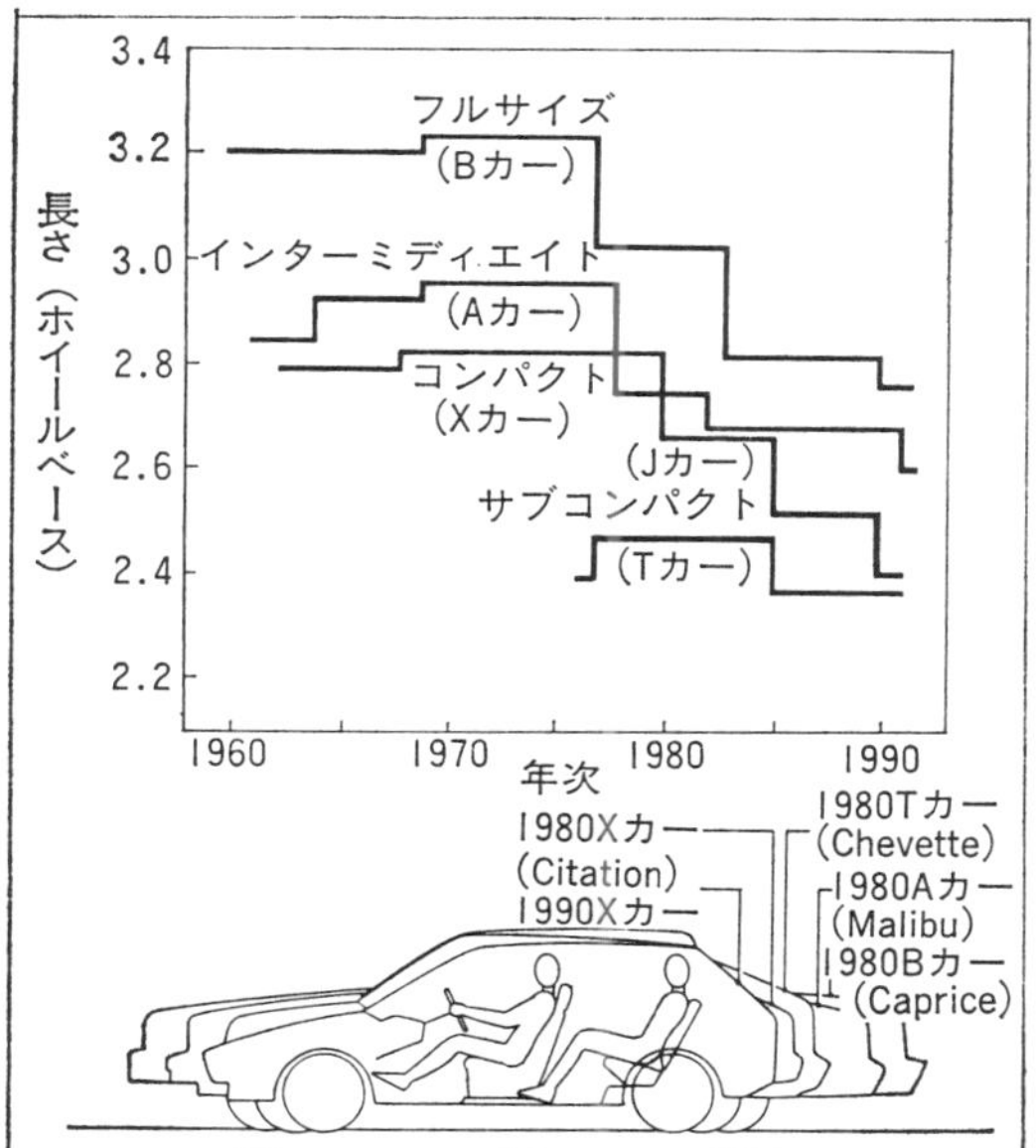

図5　GMのダウンサイズ計画

ヘッドやカム・シャフトの数が2倍になるからで、このエンジンを安くするためにはシルバーストン曲線に従って月産2万台以上にする必要があり、セドリック／グロリアだけではほぼ月産5000台平均なので、当然ほかにフェアレディやレパードといった車種に載せる予定だろう。

日産では、現在2万台規模のラインを2本持っており、その1本のラインをV6専用ラインとしたので、効率のよい設備投資ができたというが、最近はロボットなどを利用した設備投資額も高くなっている。日産の最適生産台数も3万台／月くらいというので、モジュール化によってV6の部品を利用したL4、V8なども作ったらどうか、と余計な心配もしたくなる。

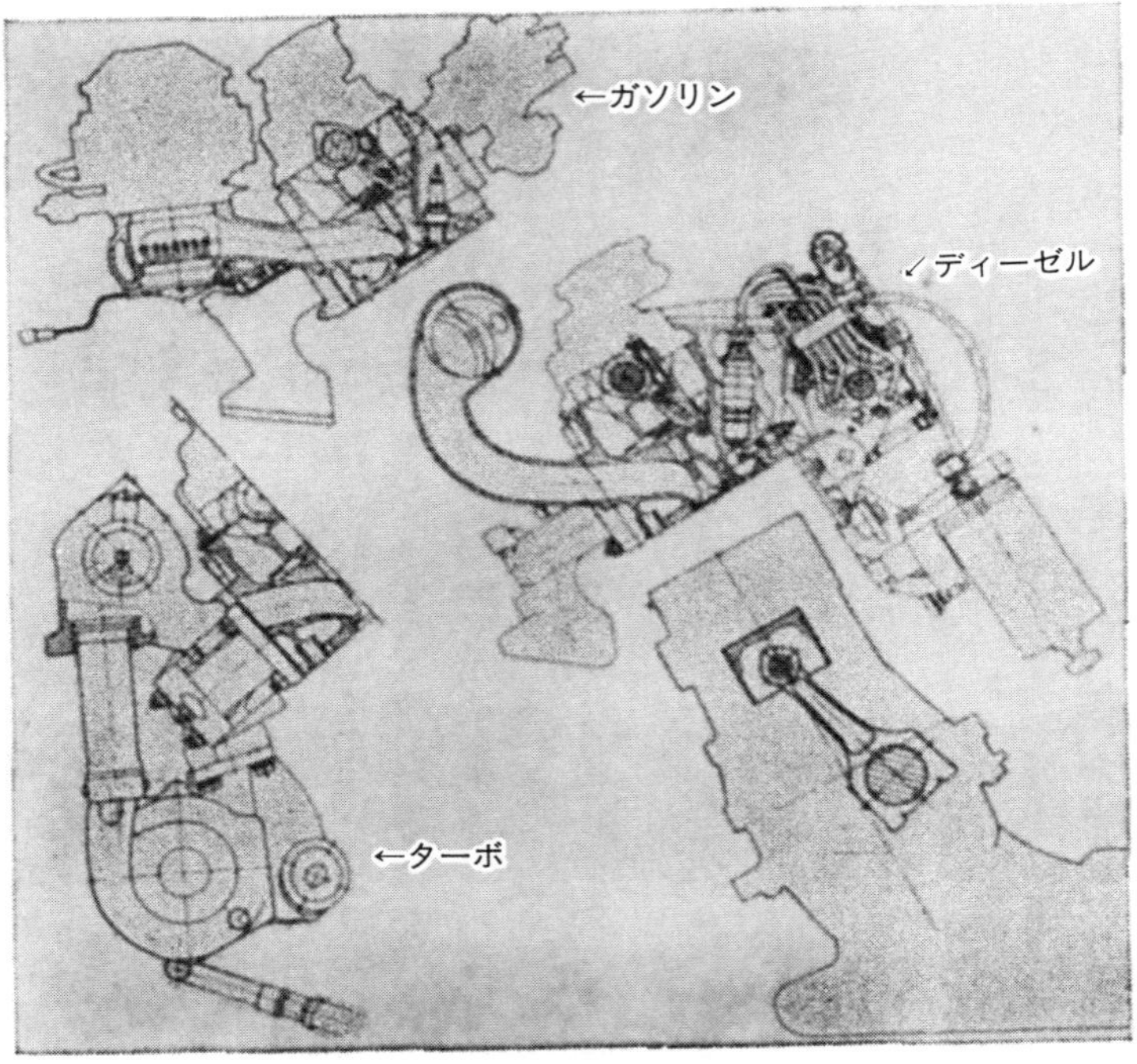

図6　モジュール化されたVWのエンジン

モジュール化によって資本を集約し、コスト・ダウンが図れるばかりでなく、技術の集約も考えたらどうだろうか？　もしもL4、V6、V8が同一モジュールで構成されたとすれば、3倍の技術者と試験研究費を投入でき、もっと洗練されたエンジンができ上がると思うのだが。

図6はフォルクスワーゲンのトラック用エンジンの例だが、ガソリン、ディーゼル、ディーゼル・ターボとモジュール化されている。

こういう発想と企画があれば、セドリックは長いL6ディーゼルを載せないことになり、もっと軽く、カッコよくなっていたはずだ。

もっと気にかかることは、DOHC、24バルブがヘッドの交換だけによって可能だろうか、ということだ。

当面のライバルばかりでなく、VWゴルフもスモール・ベンツ、メルセデス190もまた4バルブ・ヘッド・バージョンをフランクフルト・ショーに発表する予定だという。その他、BMW、アウディもDOHC4バルブ車を計画しており、ヨーロッパでも4バルブ・ブームが起こっている。

ニッサンのV6もQOHC、24バルブがなくては機種展開ができないのではないか？（QはQuadrableで4。ダブルのDではない）。

V6・4カム・24バルブでまずライバルを黙らしてから、2カム・12バルブを出さなければいけない。

V6エンジンは4カム・24バルブにして初めて極めたといえる。極めるということは10年前のレーシング・エンジンをトランスファー・マシンとロボットの力を借りて安く作るだけでできる。

もしも極めていない場合は、この欠点を追求されるはずだと思いながら、このエンジンのレイアウトを見ると、まずQOHC、24バルブを設計してから12バルブを設計したとは思えない。Vエンジンの場合、後からでは改造不能な場合がある。

エンジンの良し悪しは、それの技術的な洗練だけではなくて、その時代の要求する新しい機能、すなわちキャッチフレーズを持っていなくてはならない。だから、技術力だけによってエンジンが良くなるのではなくて企画力によって決まってしまう。

高級車にはV6以外のキャッチフレーズは出るか？

●高性能か？QOHC24バルブがほしい

キャッチフレーズとは離れて、本当に馬力を出しているだろうか？

ガソリン・エンジンの性能は1秒間にどれだけの量の空気がエンジンを通過するかで決まってしまう。エンジンが吸入する空気に重さで1/14のガソリンを混ぜて燃やしてやりさえすれば、ガソリンの熱エネルギーの1/3だけの馬力を出す。残念ながらこの基本原理はこれからも変わるとも思えないので、エンジンの風通しよさに注目すれば、性能評論ができるわけである。

まず風の吸い口に注目すると、キャブレター仕様はなくて全部EFIになっている。

この理由のひとつには、これまでのL6でもキャブ付は月に500台くらいしかなかったこと、それに写真からも分かるように、このVバンクにまん中にキャブレターを取り付けたのではエンジンが高くなりすぎて、どのクルマにも載らなくなってしまうからである。仮に90度Vにしても、補機類があるから高さはせいぜい20㎜くらいしか低くならないという。ちなみに、長さは30㎜ほど短くなるが幅は100㎜広くなるということだ。

キャブレターはガソリンのキリ吹きであって、キリを吹かせるためにベンチュリーで空気の流れを絞る。絞れば風通しが悪くなって性能が落ちる。だから、キャブ仕様なしは高級イメージを与える。将来先見の明をほめられると思う。

そこでEFI。このボッシュで発明されたEFIは空気の通路にフラップ——風の流れに従って動くノレンのようなもの——を置き空気流量を測定して1/14のガソリンを噴射していたわけだが、ノレンに腕押しとはいえ空気抵抗がゼロにならないので、日本的小改良が必要となる。

日立では熱線風速計を応用することを考えた。ワイヤーに電気を通して、赤めておいて、そこに風が流れると冷えて電気抵抗が変わる現象を利用している。コンピューターがその変化に対応してEFIのガソリン噴射量を決めるシカケである。

これだと全く風の抵抗がない。その上、感度も良く、1：1000の流量比まで測定できる。従来のフラップ式だと1：40が限度でNAならともかく、ターボには使えない。

次に弁を流れる空気抵抗の番だが、4弁は2弁の倍は空気を流さない。30％アップくらいにみておけばよい。

ところでこのV6は24バルブに改造できるか？

いわゆるSOHCタイプで4バルブ化は可能とは思うが、SOHCではこのエンジンのようにロッカー・アームを使って弁を動かさなければならない。

このロッカー・アームは直動式のDOHCに比べてだいぶ剛性が落ち、高速ではカムの動きにバルブが追随できなくなり、おのずとエンジンの最高回転速度が決まってしまう。

エンジンの排気量×回転速度が空気流量であり、馬力となるわけだから、やはりSOHCではなくDOHC＝QOHCがほしくなる。

弁ばねやロッカー・アームを見ると極めている設計である。だからSOHCのままではこれ以上の性能向上は無理であって、どうしてもQOHCがほしくなるのである。

話変わって、このV6エンジンの着火順序は1—2—3—4—5—6である。フシぎだ、ヘンだ、という声があるので説明する。

まず3気筒で考えてみると、1—2—3か、1—3—2—1—3—2—1の組合わせしかなく、3—2—1というよりは1—2—3の方がいいやすい。

V6では120度遅れてもうひとつの3気筒エンジンが回っていて、1—1—2—2—3—3は必然的に1—2—3—4—5—6と唱《とな》えることになり、これに代わる着火順序はない。

このエンジンでは1番シリンダーの吸気中に2番シリンダーの吸気弁が開き、吸気を始めることになり、隣の1番シリンダーに空気を取られて、うまく吸えない。そこで1、3、5と2、4、6番シリンダーとはマニホールドを分けて作らないと吸気干渉が生じて馬力がガタ落ちになってしまうので、図7に示すマニホールド・コレクター（400〜500㎜の吸気管をたたみ込んだもの）が必要になってくる。

排気量2ℓのVG20Eエンジンの吸気弁閉時期は下死点後40度であって、普通のガソリン・エンジンの50度に比べるとだいぶ早い。

その理由を図8および図9によって説明すると、

図8は吸気弁が閉じるときのピストン位置を示し、エンジンが低速のとき、吸気弁閉時期下死点後50度に比べ、下死点後40度ではピストンの位置は低く、より多くの空気をシリンダー内に保有している。だから図9のように早めに吸気弁を閉めた方が低速トルクがでて、ドライバビリティは良くなる。だが、エンジン速度増加とともに空気慣性が増加し、これを利用するには吸気弁を遅めに閉めたほうが吸入効率が増し、馬力が出る。いわゆるフラットなトルク・カーブとなるわけだ。

早目に吸気弁を閉めると、いわゆる伸びのないエンジンになってしまう。そこでマニホールド・コレクターで空気の慣性を積極的に利用し、慣性過給をし、図9の点線にまでトルクを上げているわけだ（吸入効率向上で3ℓで1kgm、2ℓで0・7kgmトルクアップしたという）。

ところが排気量3ℓのVG30Eエンジンでは吸気弁閉時期は下死点後52度であ

図7　マニホールド・コレクター

3000〜4000rpmが吸気慣性効果による性能向上のピークであるという。なお、2000rpm以下の低速域で当然慣性効果は期待できない。

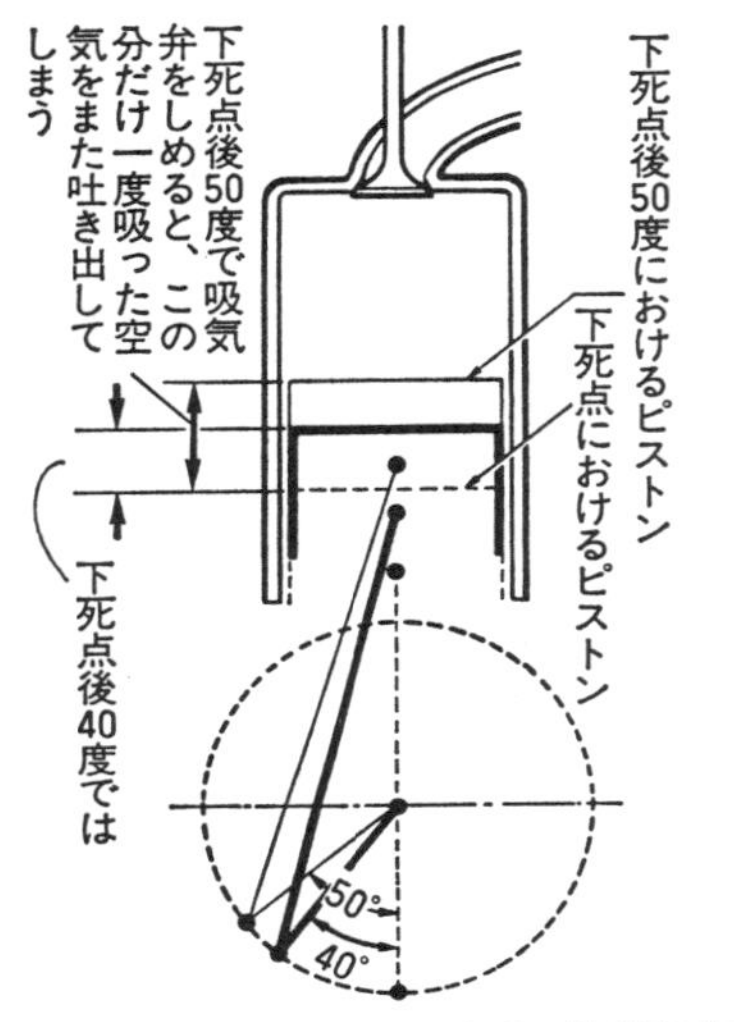

図8　吸気弁閉時期と低速時の体積効率

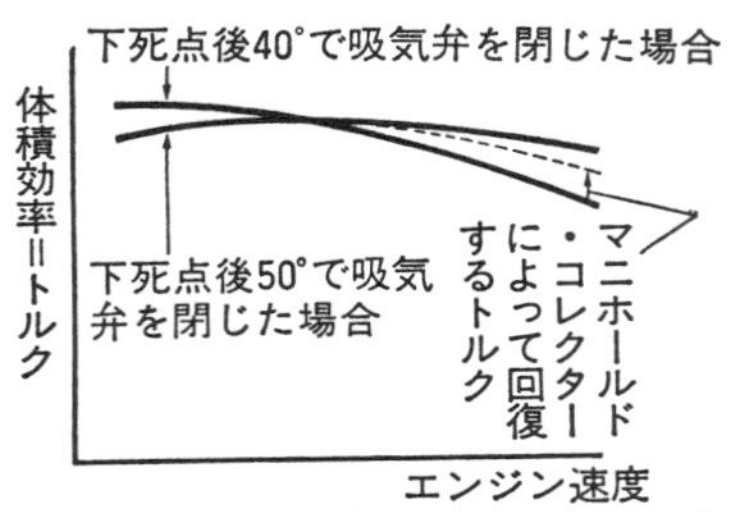

図9　吸気弁閉時期とトルクカーブ

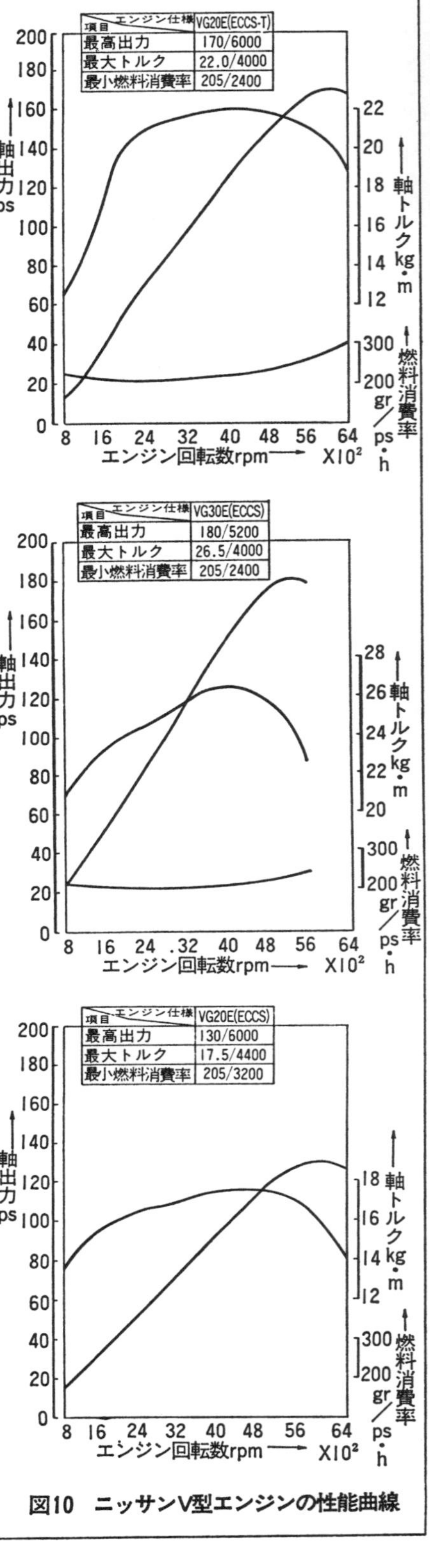

項目	エンジン仕様 VG20E(ECCS-T)
最高出力	170/6000
最大トルク	22.0/4000
最小燃料消費率	205/2400

項目	エンジン仕様 VG30E(ECCS)
最高出力	180/5200
最大トルク	26.5/4000
最小燃料消費率	205/2400

項目	エンジン仕様 VG20E(ECCS)
最高出力	130/6000
最大トルク	17.5/4400
最小燃料消費率	205/3200

図10　ニッサンV型エンジンの性能曲線

る。これは大排気量のため低速トルクは十分であったのでフラットなトルクをねらったのであろう。

吸気弁閉時期がエンジンの性格を左右することは**図10**のトルク・カーブを見ると分かる。下死点後40度で閉まる図10下のＶＧ20Ｅのトルク・カーブに比べて、下死点後52度で閉まる図10中のＶＧ30のトルク・カーブは低速トルクよりも高速トルクが高く、どちらかといえばスポーツ・タイプである。

ＶＧ30はフェアレディやレパードにとって最適なエンジンといえるが、3ナンバーのセドリックには下死点後30度で吸気弁を閉じ、馬力よりも低速トルクに重点をおいたロールス・ロイス調にするのが高級車用エンジンだと思うのだが。

全くシラケた話だが、羊となるも狼となるも吸気弁閉時期で決まってしまうのである。

排気側で高速側をチューンアップする手口もある。それはパルス・コンバーターといって、Ｌ4やＬ6では極めて自然にその効果が生かされている。

Ｖ6エンジンの場合のパルス・コンバーターの配置は**図11**の点線に示す。1番シリンダーの排気弁が閉じる直前に2番シリンダーの排気弁が開き、ターボを回す原動力であるブローダウン・エネルギーで1番シリンダー内に残っている排気ガスを吸い出し、ミクスチャーの充填効率を向上するので馬力が出るリクツである。

ところが、このＶ6エンジンでは横着というべきか、バカげているというべきか、左右の排気マニホールドを図11のアミ部で示すようにクロス・パイプでドテッとつないでしまった。

写真12に示すクロス・パイプは、性能を落とすにしては、見るからに金がかかり過ぎているのだ。ここでもセドリックはＶ6エンジンを生かして使っていない。セドリックのチーフ・デザイナーはエンジンを勉強しなければいけない。

フェアレディやレパードでは間違いなくカッコよい排気管になっていると期待する。

このＶＧエンジンの開発担当者、第一機関設計部佐々木健一次長は、「ターボ仕様はエンジン側でエキパイをつながなくてはならないわけですが、シャシー担当がそれにつけ込んでノン・ターボもエンジン側でつなぐことになったのです」と残念がっていたが。

●ＥＧＲの効用

エミッション対策としては三元触媒を使う、と文章で書いてもこれだけで済むのだから三元触媒はスゴイ。

有毒のＨＣとＣＯにはＯをつけてやり、水とCO_2にすると同時にＮＯxと言う毒ガスからはＯをヒッパがして窒素に戻してしまうことができるのだから。

ただしこの触媒が働く条件は、ストイキオメトリーな排気ガス、空気中の酸素をガソリンの燃焼のために全部使いきって、生ガスが排気に残らない状態、すなわち、空気14にガソリン1と正確にコントロールしてやらなければならない。

そこで、排気管の中にO_2センサーを入れて、O_2を検知したら、ＥＦＩからの燃料噴射量を増やし、O_2が無かったら、燃料噴射量を減らす、ということをコンピューターで計算しながら、6000rpmのときでもサイクルごとに噴射量をストイキオメトリーにコントロールする。

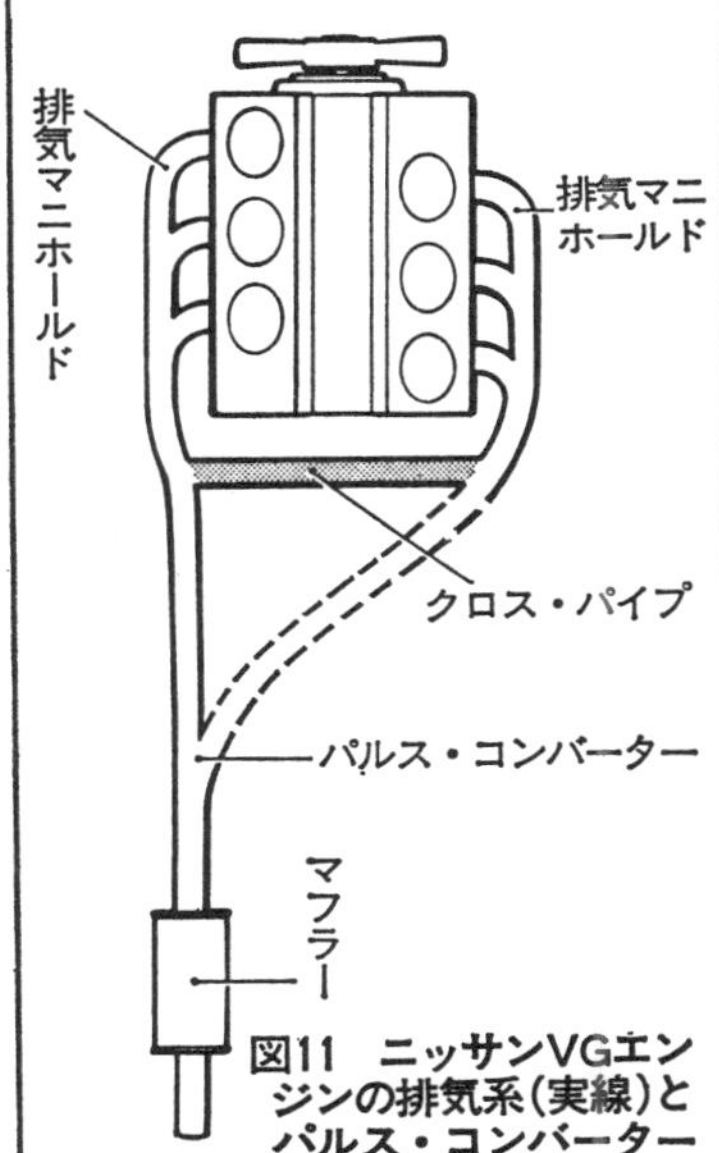

図11　ニッサンVGエンジンの排気系(実線)とパルス・コンバーター(点線)

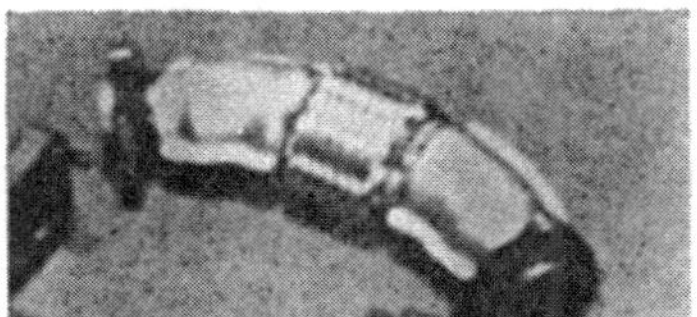
写真12　クロスパイプ　パイプだけでは熱膨張によってツッパって壊れてしまうので、間にベローズを入れたが、ベローズが振動するとチリチリ音がでるため、針金のメッシュをかぶせて消音している――という手の込んだ代物。

O_2センサーは低温では働かないので、排気温度が低過ぎる低速時や低負荷時には作動させるためにヒーターで暖める。この暖めることがV6エンジンの公害対策の新技術である。

三元触媒とO_2センサーとコンピューターの三位一体の活躍で排気ガスは完全にキレイかと思うと、大間違い。会社の技術者がコンピューターに役人と中公審の教授を〝ダマセ！〟と命令すると、役人のいないときだけエンジンの都合によって生ガスやNO_2を出す。どんなシカケになっているのか、カルキュレーターさえ持っていないこのオジンには分からないが。

余談はさておき、全負荷の燃費は前述の性能のところでいったように、オットーという人が考えたオットー・サイクルによって決まってしまい、悪くすることはできるが、良くすることは無過給エンジンではできない。

しかし、実際にクルマのエンジンの使われ方を調べてみると、**図13**から分かるようにエンジンの馬力の1/20くらいでタウン・ドライブしている。

100馬力のエンジンのクルマではタッタの5馬力であるが、二人で5頭立ての馬車に乗っていると思えば納得できる。

エンジンの回転の1/4くらい、エンジンの負荷の1/5くらい、50km／hでクルマを走らせているときの燃費は**図14**のように、全負荷時やディーゼルに比べてヒドすぎる。

それはガソリン・エンジンでは空気14：1ガソリンのストイキオメトリーなミクスチャーでないと良く燃えないから、三元触媒が働かないから、軽負荷時にガソリンの量を絞ることは、同時に空気の量も絞らなければならない。絞ると**図15**のP―V線図に示すように、エンジンの吸気行程においてピストンは負圧に逆らって動き、斜線部の面積だけ損失が発生し、このスロットル・ロスに応じて燃費が悪くなる。

車両としての燃費は車両重量、C_D、ギヤ・レシオ、車速、ドライブ・テクニックなどによって変わってしまうが、ガソリン・エンジンの燃費の良し悪しはスロットル・ロスの多少によって評価できる。

三元触媒を使うガソリン・エンジンの低燃費法は唯一、EGRである。**図16**に示すようにEGRしないときは負圧も大きく、▨線部のスロットル・ロスも大きいが、ミクスチャーを排気ガスで薄めてやることによってスロットル・ロスは▨線部のように減少する。

だからEGRの量を増やせば限りなくディーゼル・エンジンの燃費に近づくわけであるが、限界がある。ウマく燃えてくれないのである。

そこでホンダのCVCCのようにタコツボの中でストイキオメトリーなミクスチャーに火をつけて、タコツボか

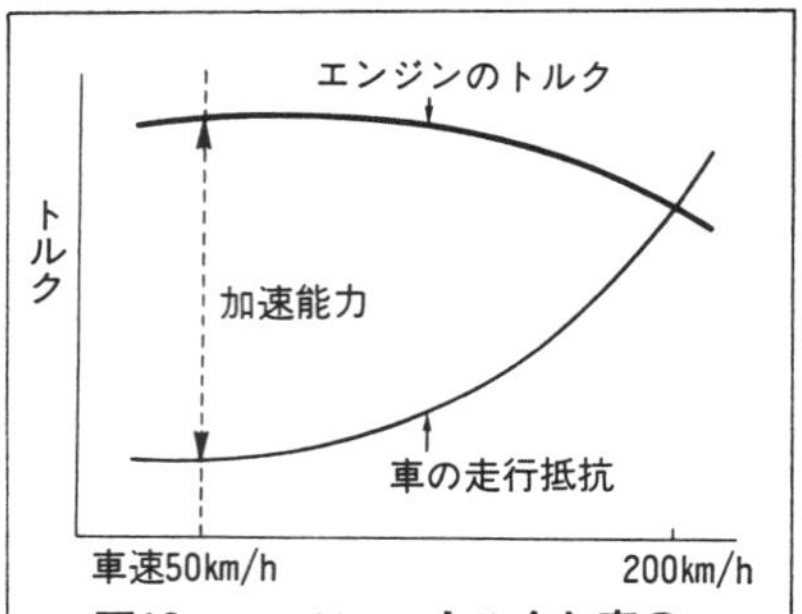

図13　エンジン・トルクと車の走行抵抗と加速能力

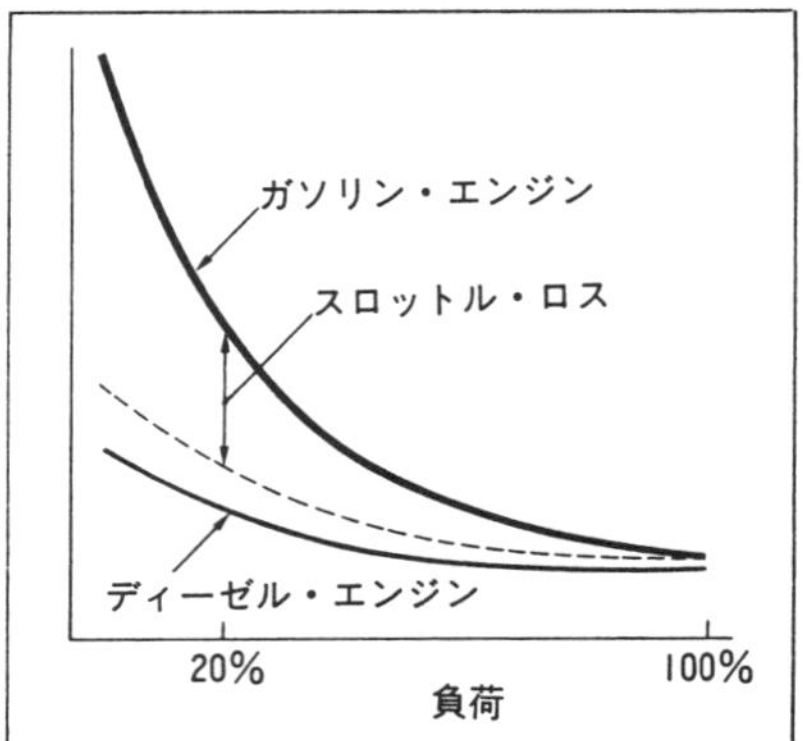

図14　ガソリン・エンジンの抵負燃費はディーゼルより悪い

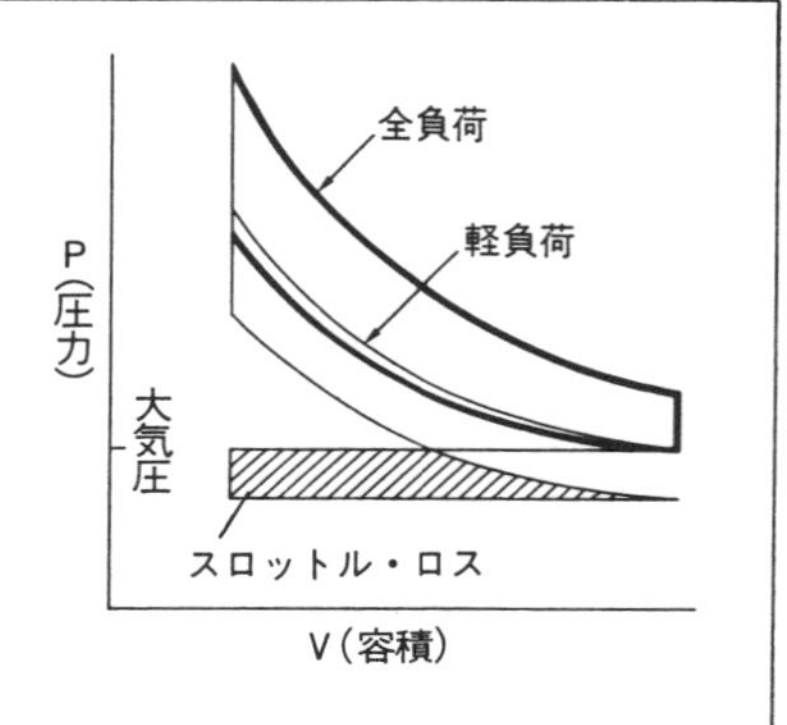

図15　ガソリン・エンジンの抵負荷に発生するスロットル・ロス

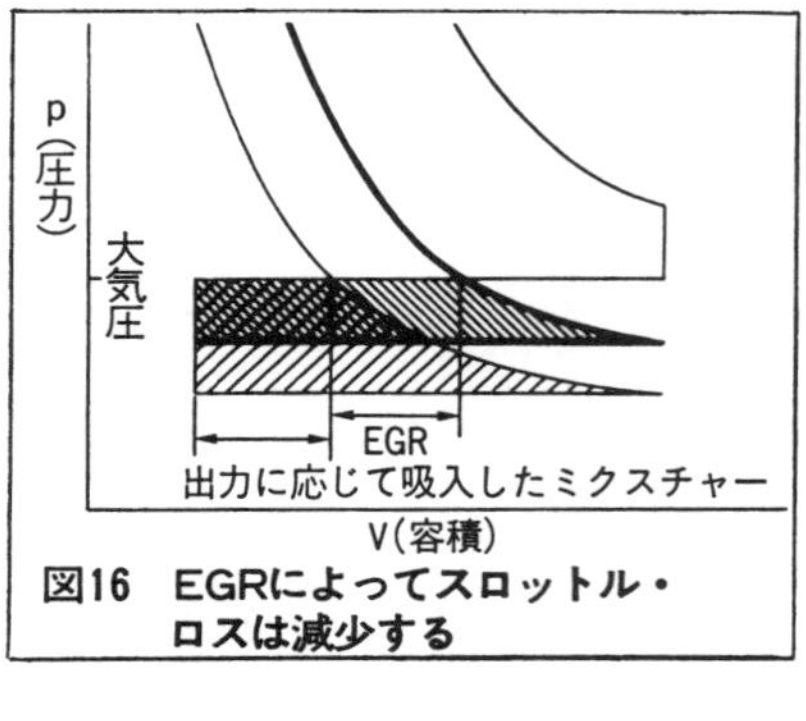

図16　EGRによってスロットル・ロスは減少する

ら噴出するジェットでEGRの多いミクスチャーを燃やす方法や、トヨタの可変スワールのように、低負荷のときだけミクスチャーを燃焼室内で渦巻きを起こさせて燃やす方法とかがあるのだが、このV6エンジンはただEGRするだけ。ただ、このEGRによって4〜5%燃費が向上しているという。これまではEGRは排気公害対策として使われていたが、三元触媒の出現によって燃費低減対策に切り変わってしまったのだ。

●音と振動とバランスはL6に遜色ない

L4のディーゼルはザラだし、L3のディーゼルさえ出現している今、V6ガソリン・エンジンのバランスを論じるのもどうかと思うが、エンジン・マウンティング技術がいくら進歩しても、バランスの良いエンジンは乗りごこちの良い高級車にとって不可欠である。

L6エンジンは完全バランスである。それを1―2―3―4―5―6と変則的に思われる着火順序のV6エンジンのバランスが気がかりになって当たり前である。

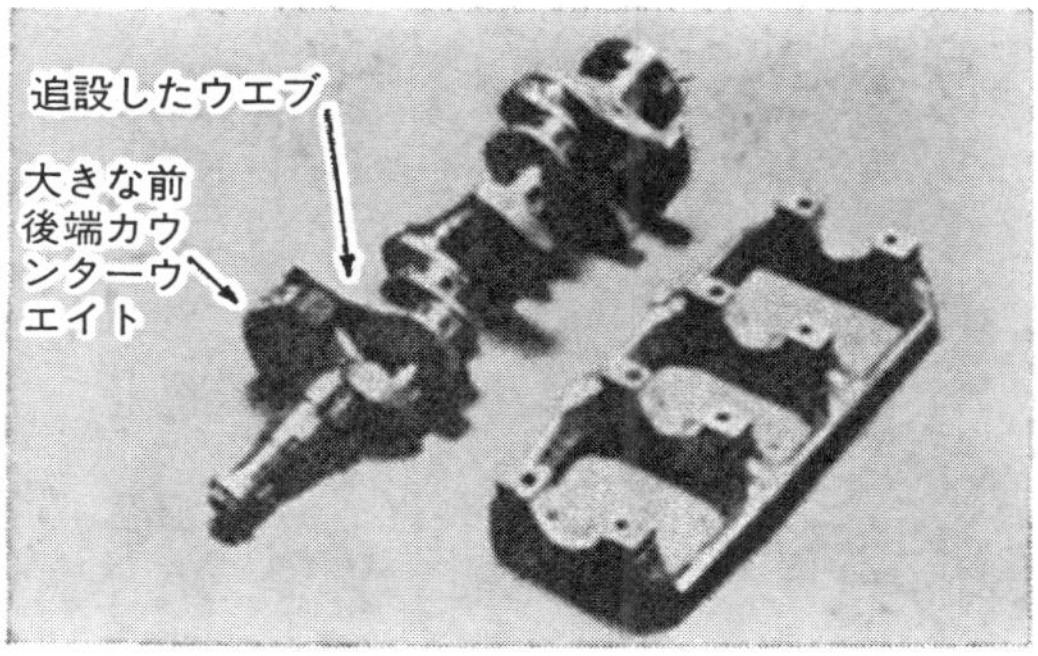

写真17 ニッサンV6エンジンのクランク・シャフトとベアリング・ビーム

▲クランク・シャフト〔右〕：短いクランク・シャフトは、ねじり振動の問題がないから鋳鉄製。前後端ウエブを広くして大きなバランサーを付けている。
ベアリング・ビーム〔左〕：理論を実践に移したのは立派！

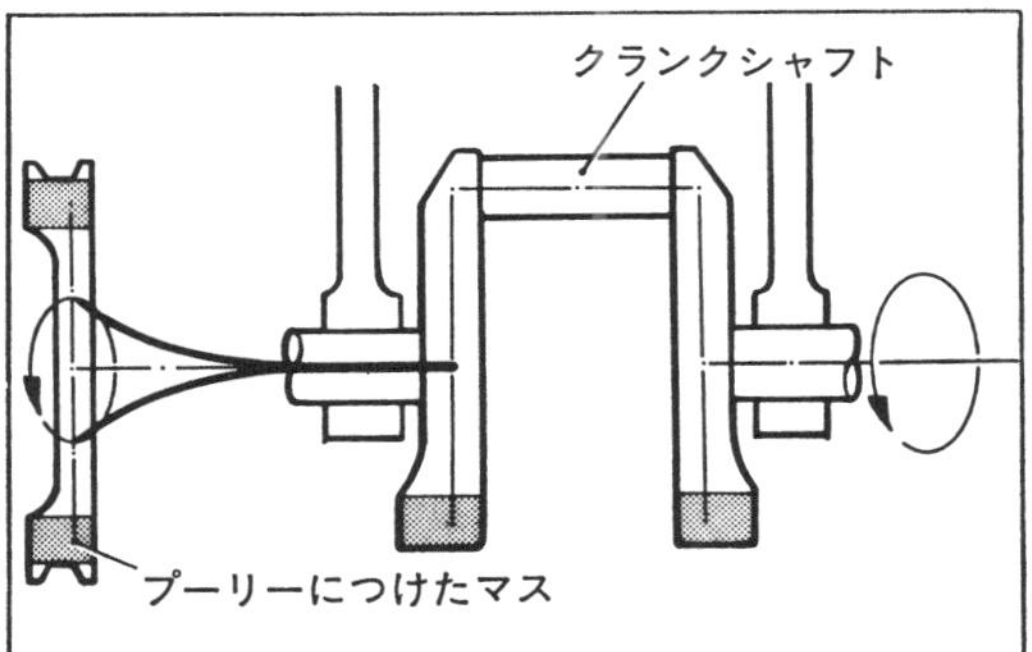

図18 クランク前端にアンバランスがあると…

60度V、等着火間隔のエンジンはアンバランス量をクランク軸のカウンター・ウェイトでバランスさせても6000rpmのとき不平衡モーメントが48kgm残る。これは一大欠点かと思ったが、日産の佐々木健一氏によると、L6ではバルブ（1個につき70g）の動きによって発生するモーメントの方が大きいということだ。

L6は前のシリンダーの次に後ろのシリンダーが点火する。例えば1番シリンダーのインテーク・バルブが開くとき、6番シリンダーのエキゾースト・バルブが閉まる。このときはバルブの慣性力によってエンジンは前下がりになろうとし、こんどは6番シリンダーのインレット・バルブが開くときは後ろ下がりになろうとする。そうすると長いエンジンがギッコン・バッタン運動をして、6000rpmのとき不平衡モーメントが39kgmになるんだそうだ。60度V6のバルブ・モーメントは2kgmしかなく、トータルでみるとL6もV6もさほど違いがないということになる。60度V6はバランスの良いエンジンである。

このエンジンはバランスをとるときプーリーやフライホイールにマスを取り付けたりせず、写真17に示すようにクランクシャフトの前後端のカウンター・ウェイトを大きくしたことは、図18の太線に示すクランクシャフト前端のミソスリ運動がなくなり、クランクシャフトの応力を下げ、ベアリングの負荷を軽くし、音までも低くする。

このところはマジメに良い設計をしている。

L6のガソリン・エンジンのクランクシャフトは常用回転域で3次のねじり振動を発生する。ディーゼル・エンジンでは確実にクランクシャフトをねじ切ってしまうほどの激しさであって、ガソリン・エンジンでもクランクの応力を高め、音が大きくなる。

もちろんこの振動をおさえ込むためにねじり振動ダンパーをクランクシャフト前端に取り付けてあるが、抑制するだけで、ゼロにはできないので、3次の共振回転になるとウルサくなる。

困ったことに、このねじり振動ダンパーはあまりよく効かないクセに丈夫でもない。日本では直6のねじり振動ダンパーがほとんど問題を起こさないのは高速道路が100km/hに速度制限されているからであって、シフト・ダウンして追い越し加速しているときくらいしか3次の共振回転速度にならないので、イタムことはまれである。しかし、ドイツのアウトバーンのように速度無制限のところでは、クルージング・スピードのときエンジンが3次の共振をしているかもしれない。連続的に使われても大丈夫なねじり振動ダンパーが技術的にできないわけではないが、コストがらみで使ってはいない。

Ｖ6にすると、うれしいことにクランクが短いので、ねじり共振回転速度が高くなって、常用回転速度の外に追い出すことができる。そして静かになる。だから、ヨーロッパではBMWのL6を除いて、V6ではボルボ、プジョー、ルノー、アルファロメオ、V8ではベンツ……などとV6、V8が多いわけで、ニッサンがV6を企画した理由のひとつは、6気筒はVという欧米の〝流行〟もあるだろう。というよりはねじり振動は小さくして静かなエンジンを作りたかったのだ。

ニッサンVGエンジンの大特長はベアリング・ビーム。どうしてこんなヘンテコな、写真17右に示すベアリング・キャップにしたか？

エンジンのクランク・ケースは図19のように振動して音を出すので、ベアリング・ビームでツッパって押さえ込んでしまおうというわけだ。

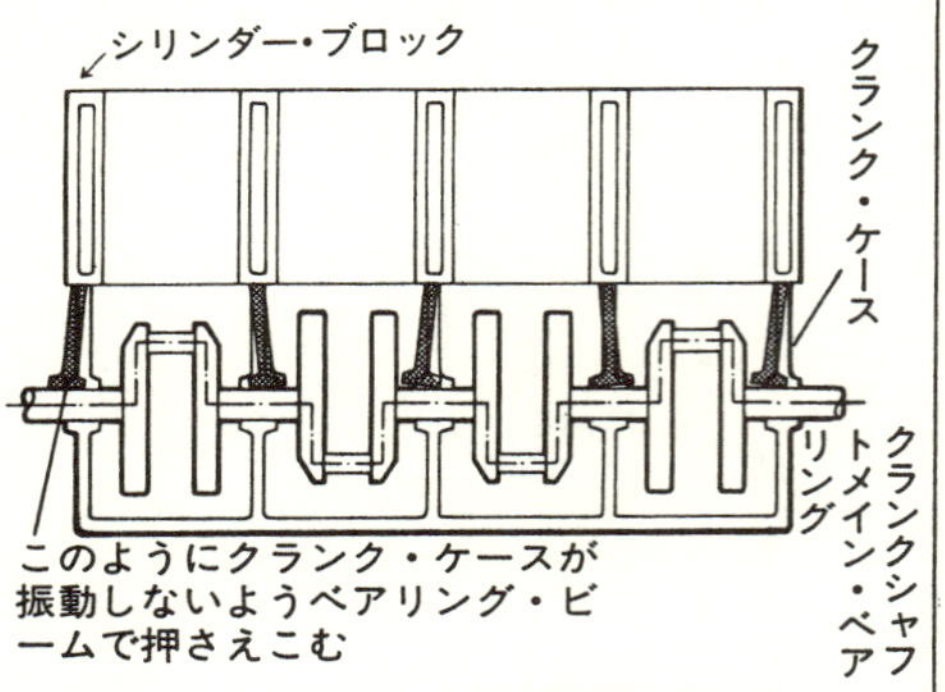

図19　クランク・ケースの振動を押さえこんだベアリング・ビーム

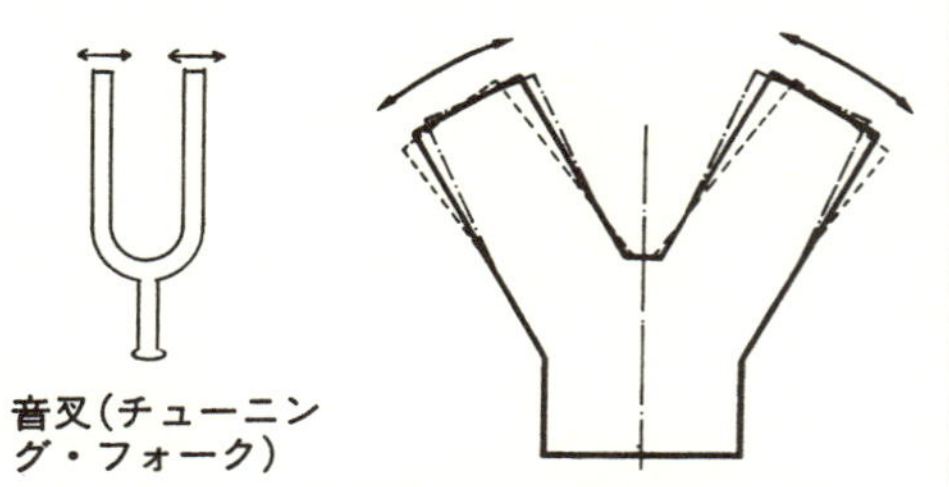

図20　Ｖ型エンジンの振動

ベアリング・ビームが騒音低減に役立つと最初に言いだしたのは英国のサンプトン大学のプリエード教授で、この人が世界で初めて、エンジン騒音の原因を燃焼圧力の振動の面と音の相関性を明らかにし、結果としてエンジン騒音を低減する方法も提案したエライ先生なのだ。だから世界中のエンジニアが教えを乞いに行くのだ。オレもその一人で4回も先生のところへ行った。が、不肖の弟子は、テメエの設計したウルサイ・エンジンを静かにするためベアリング・ビームを採用しろと言われたが、ゼニの面で採用はできなかった。が、ニッサンがガソリン・エンジンに思い切って採用したのはリッパ！

また、Vバンクがチューニング・フォーク・モード（音叉）振動する（**図20**）のを防止するためのリブであるが、オレの経験からいうとこのリブはあまり効くとは思えなかったが、日産では「結果としてよく効いた」とのことだ。

それとメイン・ベアリングを選択して組み付けている。つまり、メタルを5種類に選別（30〜45ミクロン間）し、メタル・クリアランをつめて油膜厚さを最適にしている。これによってブロックの近接音で2デシベルくらい騒音を低減したという。そして生産が3万台／月になる（立ち上がり1万7000台／月）までにコンロッド小端メタルまでグレード分けをする予定だという。そうするとさらに1デシベル強下がる。

クランクシャフトとメタルとの間にある油をショック・アブソーバーとして積極的に利用しようというわけだ。

ニッサンは去年、機械学会賞に輝く大論文があって、その中ではメイン・ベアリングと軸の間の油膜の挙動と音との関係が論じられているが、その理論がこのV6エンジンに生かされている。

こうしてシリンダー・ブロックの振動を押さえ込み、それ自体から放射する音を下げたとしてもシリンダー・ブロックに加振されて、あたかもスピーカーのようによく鳴る部品があって、その中でも一番ウルサイのはオイル・パンで、二番目はヘッドカバーのはずだ。

VGエンジンのオイル・パンもヘッドカバーも鉄板二重構造で、たたいてみると、ボコッと低音を出す低音設計になっている。応力を下げるのではなくて、振動を下げて、音を下げる目的でクランクシャフトにはねじれ振動ダンパーがついている。

　バルブ・リフターがオイル・タペットになっていて、だれしも音に効くと思っているが、これは効かないのである。

　このエンジンで不思議なのはピストンがディーゼル式なのである。近ごろのディーゼル・エンジンは騒音低減のため、ガソリン用のオートサーミック・ピストンを使うのが流行しているのに。あとでもっと音を下げろと言われたときの貯金かナ？

　ところで前述のメタル・クリアランスだけでなく、ピストン・ピンのクリアランスも詰め、その他様々な騒音低減対策をやったのは、クラウンの2・8ℓ（L6）に比べるとうるさかったためで、3デシベル下げる目標をたて、それを達成したという。人間の耳に3％くらい、ウッカリすると聞き逃すほどのこの3デシベルは、音のエネルギーでは半分になったことだ。

　この低騒音V6エンジンを載せたセドリックが車両として静かかどうかは分からない。騒音防止の仕上げは車両側でやるのだから。

●ターボ技術はあるが、システムとしては未熟

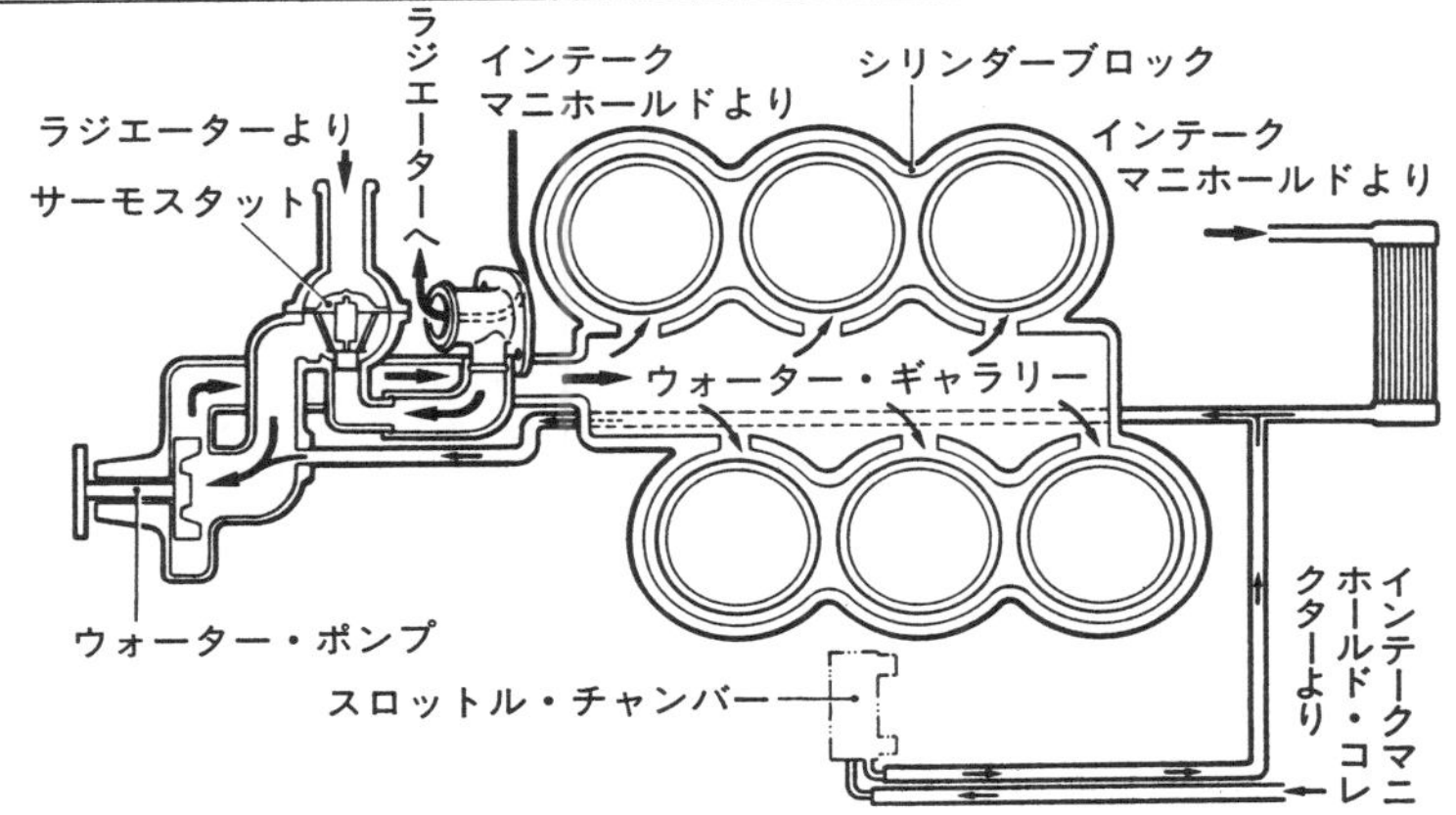

図21　VG系エンジン冷却系統図

　このエンジンはV6であるがため、やむを得ずボア・ピッチが間伸びしているのだが、悪いことばかりでない。

　Vバンクの谷間にはウォーター・ギャラリーがあり、そこから各シリンダーに適量の水を分配している。（図21）だから各シリンダーが均一に冷やされる。普通のガソリン・エンジンではこれがデタラメで、水ポンプのそばの1番シリンダーが冷え過ぎ、ピストンが焼き付いたり、シリンダーが磨耗したりする。

　サーモスタットも水ポンプ入口についている。このほうが調温も良く、ウォーミング・アップも早い。だからルーム・ヒーターも良く効く。BMWより遅れること20年、オレに遅れること10年でも良いことは良いのだ。

　ところが気に入らないのが図22のオイル・ポンプだ。この内歯歯車式のギヤー・ポンプは驚くほど効率が低く、馬力を食い、燃費を悪くしているはずだ。それにウルサイ。

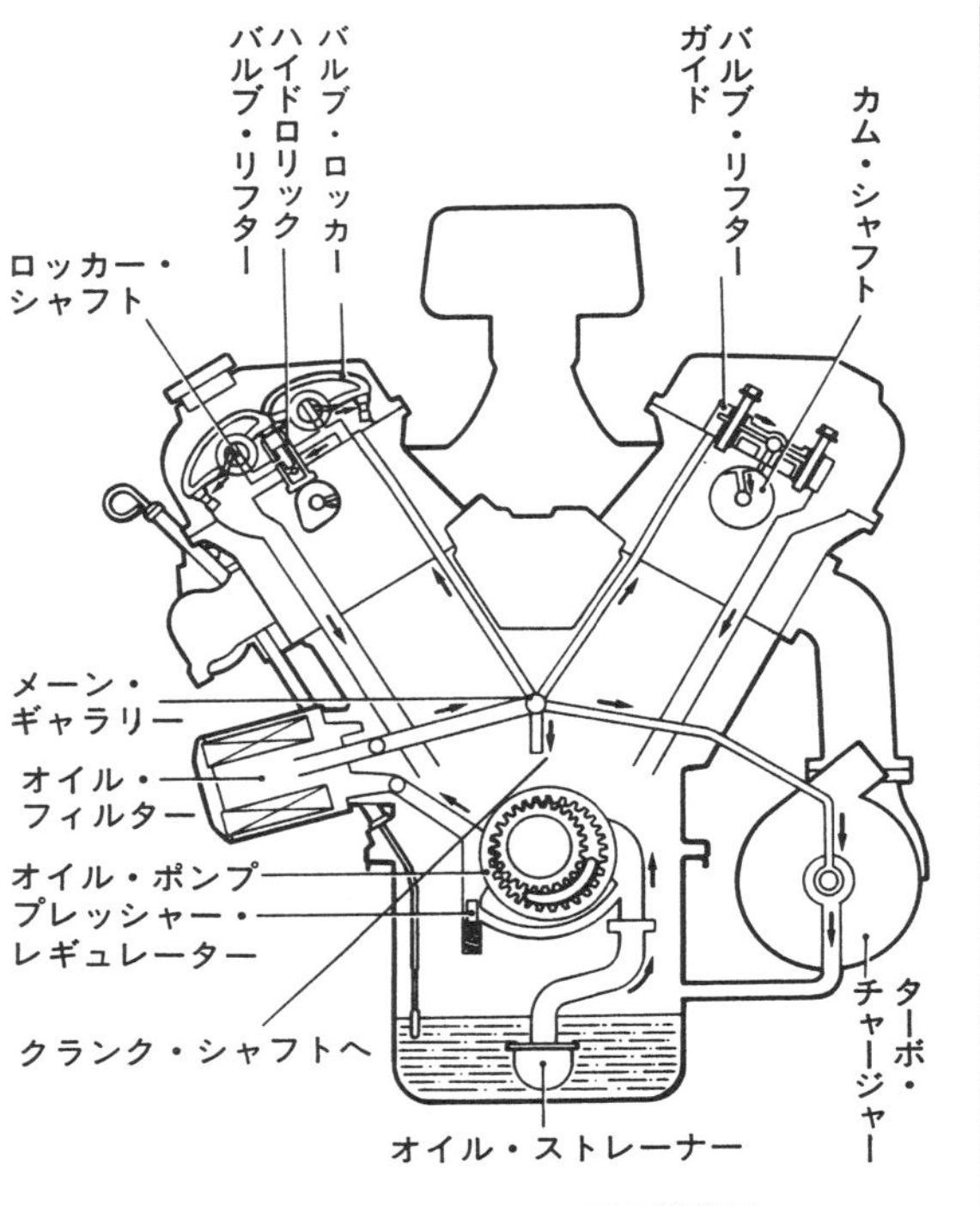

図22　VG系エンジン潤滑系統図

他社もミーンナこのポンプを使っているといっても、悪いものは悪いのだ。

いろいろと無責任に勝手なことを書いてきたが、欠点はあっても長所のほうが多く、VGは良いエンジンと思うが、ターボはいただけない。部分的な改良はあると思うが、本質的には5年前と同じである。要するに馬力は出るがほかは全部ダメなのだ。

ターボチャージャーをエンジンにボルトで取り付ければ馬力は確かに出る。しかし、始動性、低速トルク、レスポンス、燃費、信頼性と全部がオカシクなる。

その理由は**図23**を見ればよくわかる。VG20Eは圧縮比9・5である。リッパである。ところがターボをつけると圧縮比は8に低下する。

このエンジンは圧縮比9・5のままでは絶対にターボはできない。それはホンの少しでも過給するとノッキングしてしまうからだ。

圧縮比を8に下げて、燃費を悪くしてみたところで図23の点aでノッキングが始まるので、ここまでしかパワー・アップしない。だから、もっと圧縮比を下げれば、パワーは出ることは出るが、燃費は悪くなるばかりである。それでもヤケクソになって圧縮比を下げていくと、今度は排気温度が高くなり過ぎて、ターボの排気タービンのケーシングがオカシクなってしまう。

だから、ターボのパワーアップ限界は点bだ。30%パワーアップが限界だとエンジン屋自身が信じ、ユーザーにも信じ込ませている。が、ウソだ。50年も前にミラーはこのノッキング・ゾーンと排気温度限界をなくす方法を発明している。

ところで図23の点aとbをつないでやらないと、たった30%のパワーアップもしない。その方法はタイミング・リタードだ。**図24**から分かるようにタイミング・リタードとは圧縮比を下げるのと全く同じことなので、ノッキングが発生したら、ノック・センサーでキャッチし、コンピューターに入れて、指令を出し、タイミング・リタードさせる。

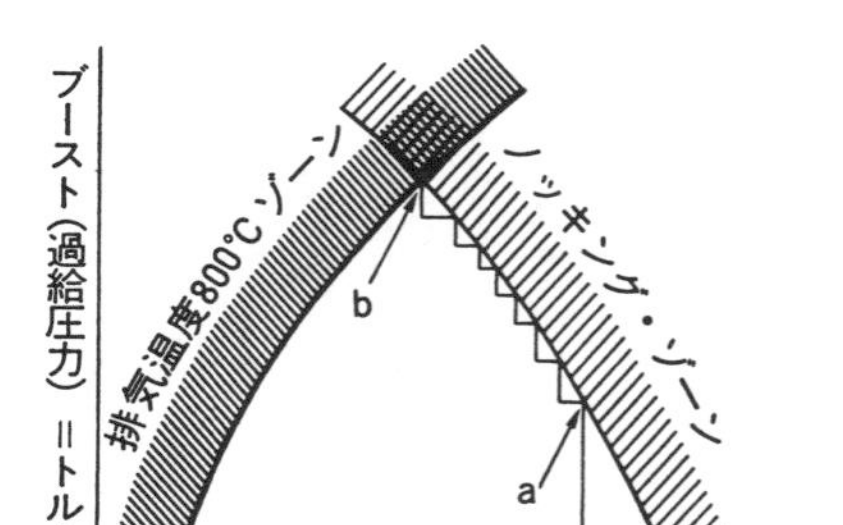

図23　ターボ・ガソリンエンジン性能の壁

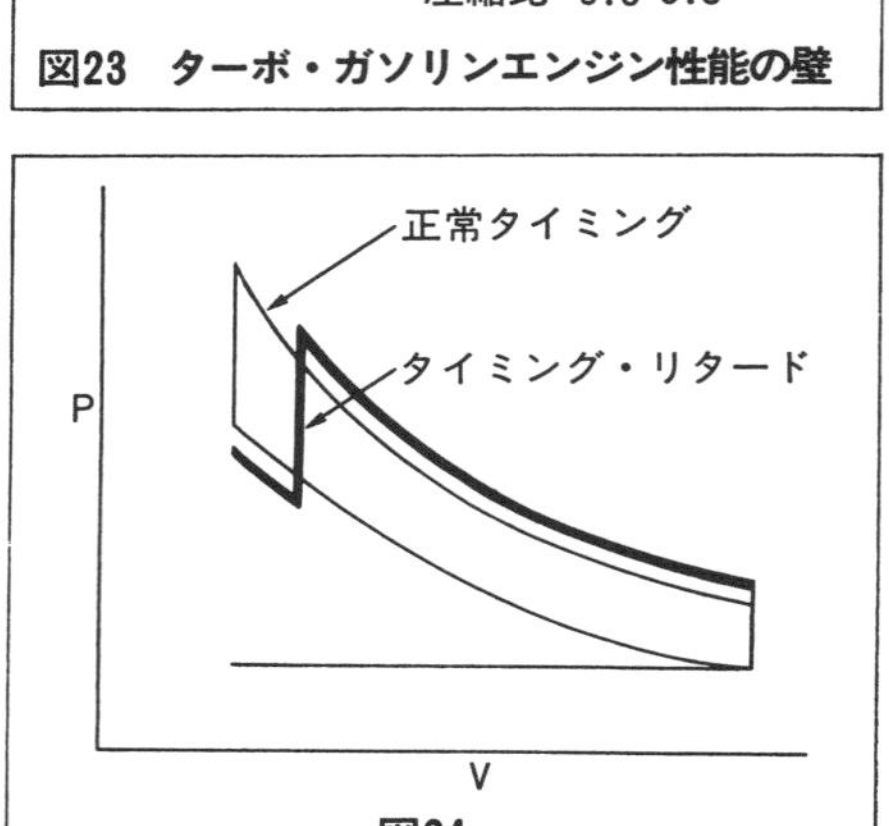

図24

そして点bでオシマイだ。これ以上パワーを出そうとしてブーストを上げると、エンジンもターボもイカレてしまうので、ウエストゲート・バルブからタービン・ノズル前の高温・高圧の排気ガスを大気側に捨てる。

ウエストゲート・バルブの開度をコンピューターでコントロールしてみたところで、捨てた排気ガスのエネルギー分だけ確実に燃費を悪くしている。

実際に大して燃費が悪くならないのは、2ℓエンジンですでに加速能力は十分あるのにターボをつけたのだから、普通は1/4パワーくらいで走っている。だから、ターボの使われるチャンスが少ないからであるが、ターボを使うような運転をすればひどく燃費が悪くなるのは周知のとおりである。

この程度のターボ・エンジンを作るのならVG30の3ℓエンジンの方がすべての面で勝れている。製造原価もはるかに安い。ベンツ社をマネて、税金対策にしか価値の発生しないターボをやめて24バルブにした方がマシと思うが。

ニッサン PLASMA RB20E

クラシックな技術の集大成版ストレート6

高級風のクルマ、ローレルとマークⅡを比較すると、マークⅡのほうが高級そうに見える。というのはマークⅡのテールにはTWIN CAM24VALVEと浮き出ているからで、L6とV6との差ではない。マークⅡをミジメなクルマにするには、QOHC(4本カム)V6とローレルに大きく書込みさえすればよかったと思うのに、いま、L6。しかも12バルブなのだ。ニッサンに勝算ありや？

●今、なぜL6か？

「ニッサンVGエンジン」を読まれた読者の中で、日産がV6のほかに新たにL6の2ℓエンジンを出してくる、と想像した人は非常識である。

エンジンの究極の姿はV6であるといわれると、昨今のF1エンジンは**図1**のようなV6、1・5ℓターボ付で、750馬力〝強〟（1m〝弱〟のサカナを釣り落としたゾ！と同じで信ずる人はオヒトヨシ）を発揮しているのだから、ヘソ曲りのオレまでもV6こそ究極のエンジンと信じてしまうし、多分トヨタでも今ごろは発売直前の残業に追われていると思って当たり前である。

加速を良くしながら燃費を良くすることは、エンジン技術だけでも可能ではあるが、車輌重量を軽くするのが一番の近道である。

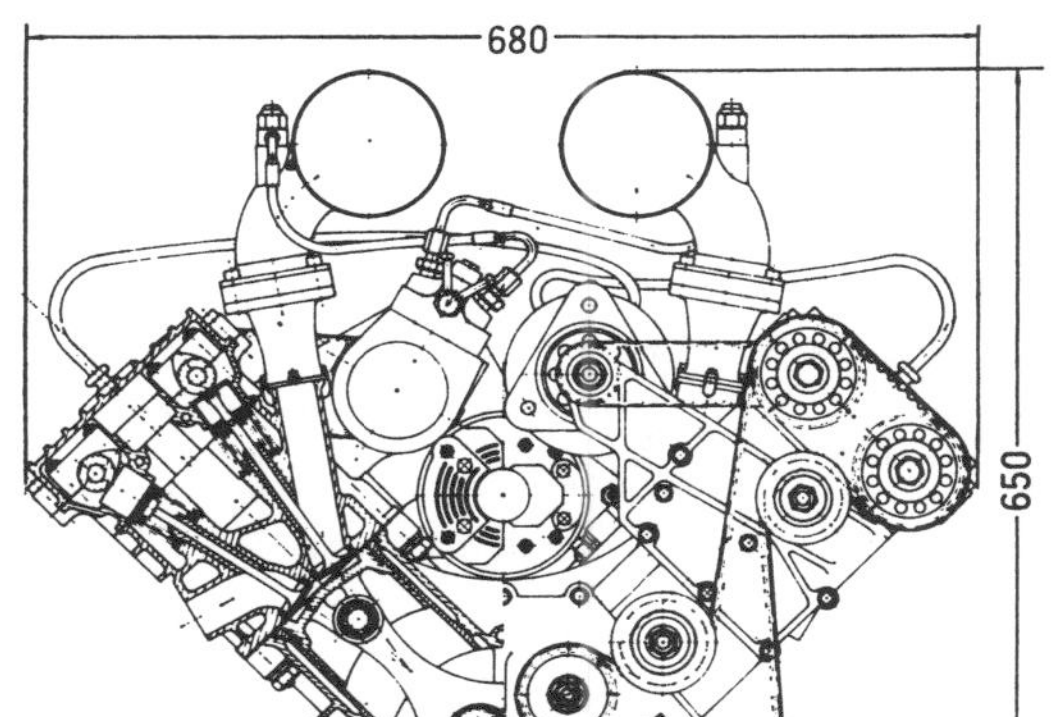

図1　ルノーF-1エンジン　ホンダF-1エンジンもこれとソックリのはず

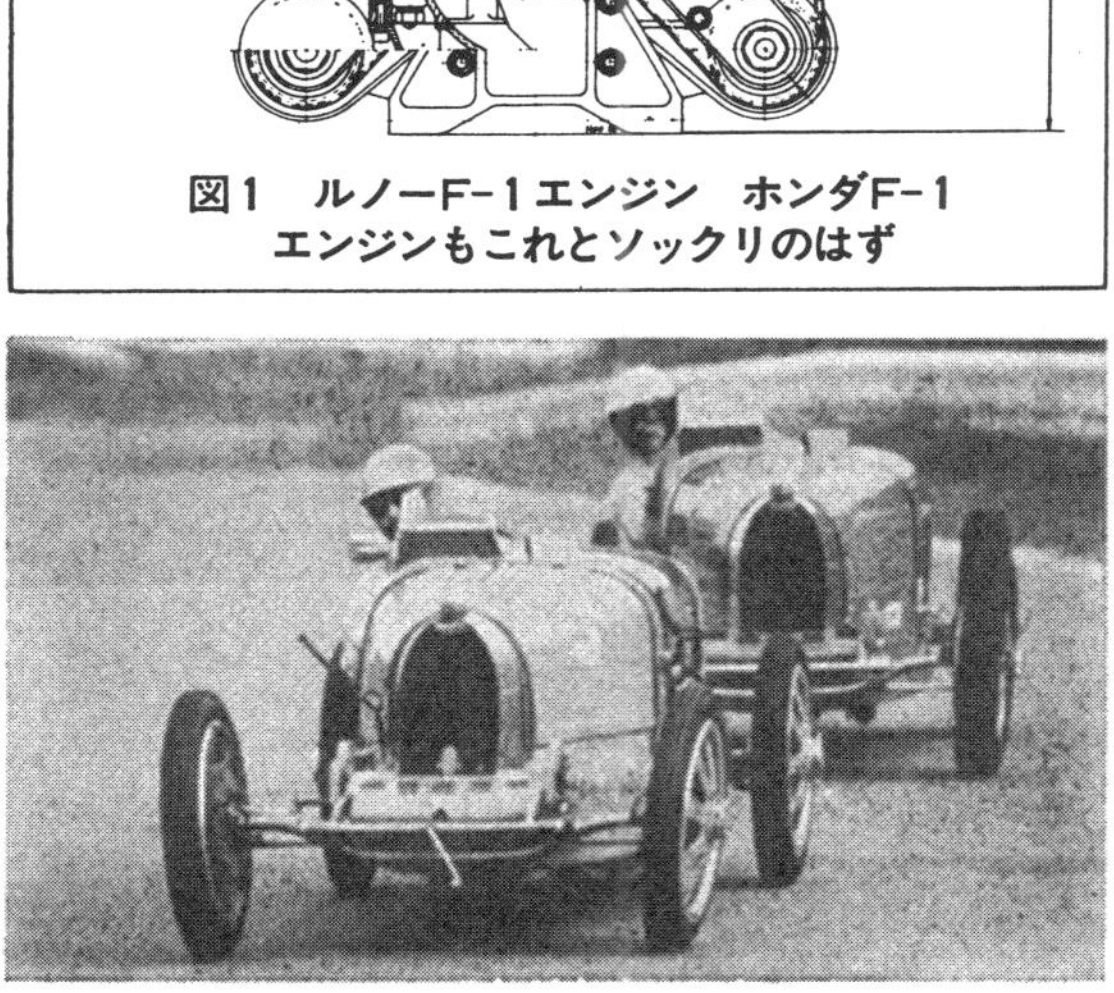

写真2　ブガッティ・タイプ35B

写真2の1920年代の名車ブガッティでは、車の主人はエンジンで、人はその後ろに乗せてもらっているように見えるが、85年型キャデラックでは、**写真3**のようにV8、4・1ℓのエンジンは日本の1・5ℓ車のごとくに横置きされ、今や美人はロングノーズではなくブタハナである。これこそが進歩であり、歴史の流れなのだ。

長いエンジンを縦に置くと、**図4**のようにロングノーズとなり、ショートノーズに比してたくさんの鉄板を使って大きなエンジンルームを作らねばならず、重いエンジンルームは重いフロント・サスペンションを、ブレーキを、タイヤを要求して、雪だるま式にクルマが重くなってしまうのだ。

敗北主義の日本とちがってアメリカは戦争をしたら必ず勝つつもりで、そのとき必要な石油をいま汲み出さないでなるべく地下にそのままにしておきたい。そこで車に燃費規制をするわけだが、**図5**はそれに対応するGMの燃費のためのダウンサイズ計画だ。人間は小さくなり得ないので、専らにエンジンルームとバゲージ・スペースを小さくしていく経過がよくわかる。

秘密主義の日本では将来計画を語る会社はないが、日産でも図5のような計画を金庫の中にしまってあると考えて当然で、スポーツ・バージョンとしてはV6QOHC24バルブとF1と相似形のエンジンが今ごろ発表され、オレたちをシビレさせるとダレしも期待していたのだ。

それなのに、なぜダ？

なぜ、今L6が必要なのか、を日産のエンジニアから聞いた。

その速記録を再録すると——。

写真3　キャデラック・フリートゥッド・エレガンス

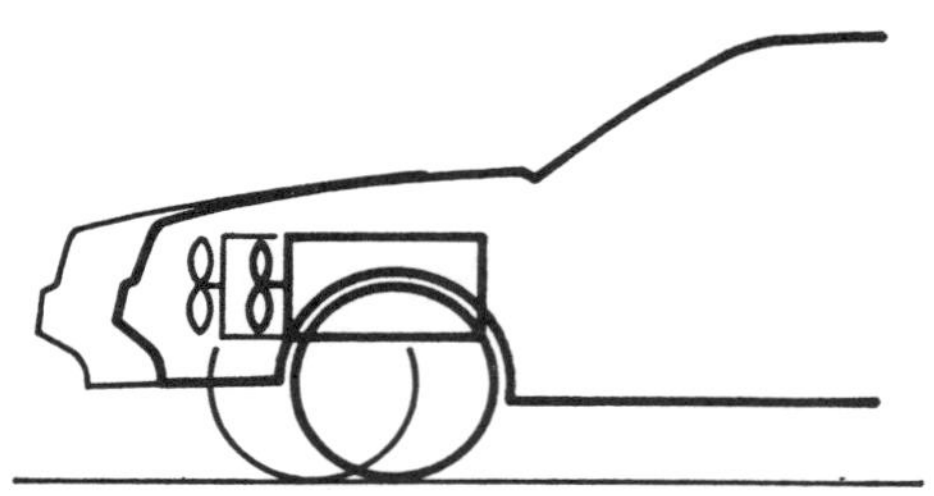
図4　長いエンジンはボンネットを長くし、車を重くする

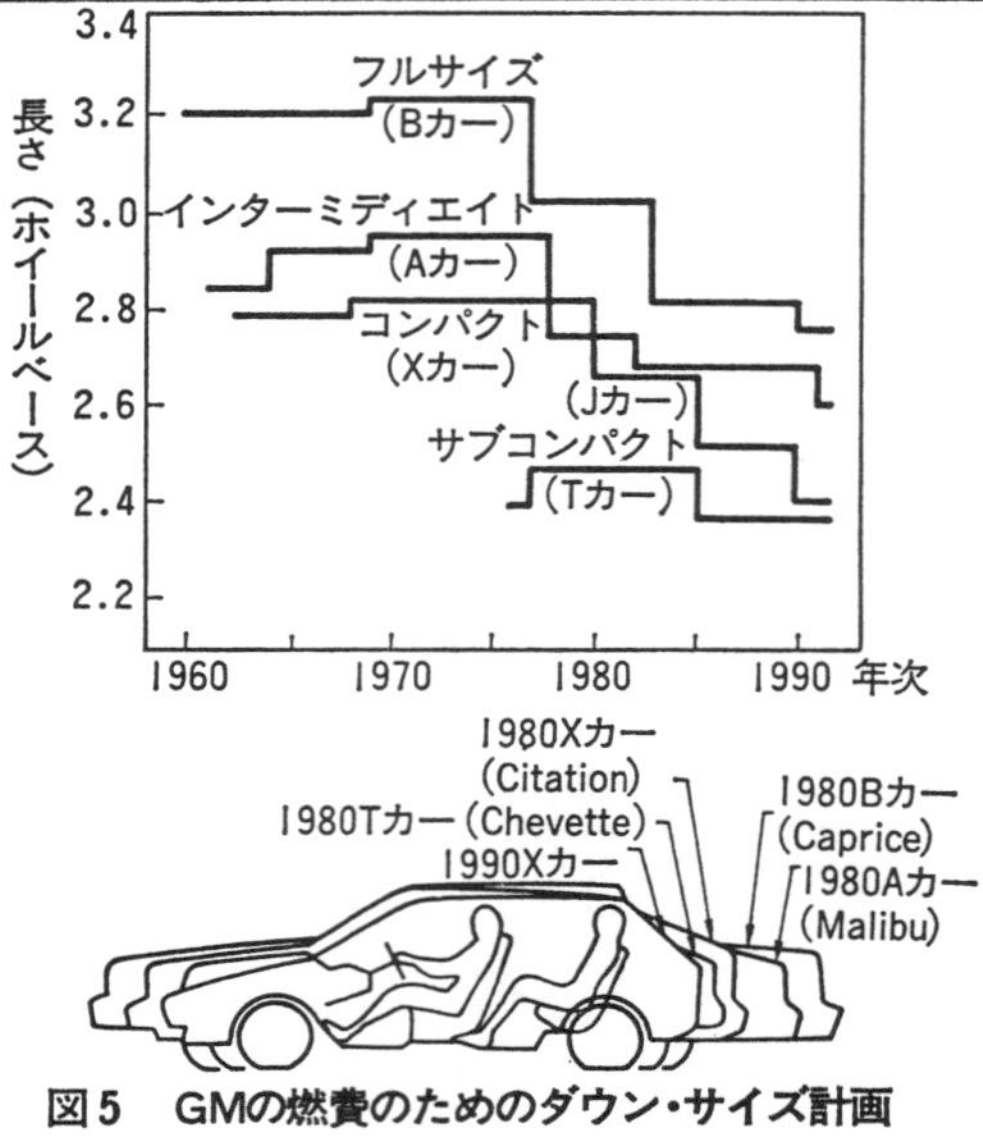

図5　GMの燃費のためのダウン・サイズ計画

メンバー：日産自動車第一機関設計部
佐々木健一部長
第一機関設計課
久富　尚志課長

兼坂：なぜ、直列を作ったか、教えてほしい。

久富：これは難しいんですが、一般的には味が違う部分というのがありますが、ユーザー・ニーズの多様化もあるんですが、やはりV6とは別の直6のよさがお客サイドから求められるのではないか。例えば、バランシングの問題とか、そういう面で直6も必要で、クルマのニーズによって使い分けるようにしたいな、ということで、私どもの夢だったんですが。

もうひとつは、V6は値段が高いものですから、シンプルかつ性能のいい6気筒というのが中級くらいのクルマには最適ではないか——というような背景で企画が始まったわけです。

兼坂：その論法でいうとV6はやるべきではない。

久富：V6のもうひとつのメリットは搭載性の問題があります。これから高級・快適指向になりますと、どうしても直6は苦しくなります。かつ図らずも長いヤツばかりになってしまうものですから、そういう意味でもV6の存在価値があるという……。

そういうと、なんでセドリックにV6を載っけているんだ、という話になるんですが……。

企画上の問題がありますが、純技術的にどっちが上か下かということは、必ずしもシロクロつけていません。

兼坂：だってロールスロイスだってVじゃない。あれこそストレート8にしたほうがいいと思うが。

私はVを設計したから、Vの肩を持つ。本心はそうじゃないけど、読者に代わってイヤ味をいう。

久富：技術的にいいますと、利害得失がありまして、例えば、高速回転のポテンシャルはV6のほうが高い。

兼坂：そりゃそうです。F1で勝つためにはV6だし、その延長上でV6がある、といったほうが客が納得しやすいのではなかろうかと思うけど。

技術的なものであるのか、ムード商品であるのか、気になる。

直6というエンジンはしゃくにさわるほど洗練されている。吸気干渉もないし、排気干渉もない。1次も2次のバランスも完璧だし、ターボなんかやると、直6が一番パワーがでる。だけど泣き所としては、長い、重い。クランクがこういうエンジンだと3次のねじり共振が使用範囲に入るでしょう。

久富：そうですね。入りますね。5000rpm近くなりますから。

兼坂：オレもV12設計して、ディーゼルだからピストン・スピード12m／secだけど、15m／secくらいになると、ビーッと3次が出てくるもの。

F1はみなV6だ。直6がどんなにいいか涙がでるほどよく分かるが、ロールスロイスだってV8だし、直6のよさを他のタイプのエンジン、V型で作っていくのが自動車屋の生きる道じゃないかと思うんですがね。

例えば、キャデラックはV8を横に置いてブタ鼻みたいなリムジーン作っている。

日産は先頭切ってV6を作った。他社はまだ発表していないけど、みんなV6やっている。あれは日産のを見ながらやっているから設計とは言えない。そんなものは製図だが、そういう中で、これがあるから直6を作ったんだ、という極め付きの一言がほしいね。

MF読んだ人が翌日ローレルを買いたくなっちゃうような。

佐々木：むかしから直6もV6もあったわけです。いま急に忽然と現れたわけではありませんで。

明らかに工学的に見て、物理的にどちらかのエンジンのカタチがいいんである、とハッキリしてしまったら、恐らく世界中の6気筒エンジンはみなそうなっていたと思うんですよ。

兼坂：それは認めますがね。一長一短がある。

オレがV10やったとき、4トン車は4気筒、5トン車は5気筒、6トン車は6気筒、8トン車は8気筒、10トン車はV10で、トラクターヘッドはV12で、ひとつのピストンでいこう、と平のときに書いたわけ。ディテールの設計までマンガ風に描いて出したら、上役が平のくせに生意気だと怒った。

それから8年目に、やっぱりやれということになって、やった。

なぜ、そういう風にしたかったというと、燃焼室もバルブも同じだ、というふうにすると、技術集約度が違うでしょう。

オレはこのエンジンをこういうふうにやった、オレはこうだ、というんじゃなくて、例えば、カム・プロファイルだったら、全エンジン共通なので、専門家を養成し、コンピューター擦り切れるほど使って、いろんなこと実験できるでしょう。こんな風に技術集約ができるということで、モジュール化がいいんじゃないかと思うわけだ。

オレが日産の社長だったら同じピストンを使って、L4、V6、V8を作り、それぞれにSOHC、DOHC、QOHCとターボとバリエーションを増やすのになァ——。

それに日産はV6エンジン作ったが、ちっともノーズが短くならない。直6があるからだと。それが不愉快だ。あのディーゼルをVにすれば、短くできる。ローレルはこれでいいけど、シルビアとかいうんだったら、ノーズを下げてC_Dを良くすることもできる。なんでそういうことをしないのか——という疑問が解けない。

佐々木：我々の企画としては、エンジンのユニットをいろんな種類で用意して置きまして、どれでも使える状態にある。例えば、車両をまとめる人がそのクルマに一番合ったエンジンをもってくる、というのが理想だと思うんです。

エンジンなんていうのは、馬力がいる品物でありまして、形はなくたっていいものなんです。極端にいえば、車軸に組み込まれるような大きさになるのがエンジンの理想だと思うんですが。

そういう観点から、V6、直6を見れば、V6のほうがコンパクトです。

ですから、そういうエンジンを用意して、それに見合った車両が作られるのを手助けしてやる、という部分はこれからメリットが出てくると思うんです。

他の理由で、ある程度のエンジン・ルームを確保しなければいけないクルマというのがありまして、それに積むのに、素質的に振動工学的にいえば、直6はバランスの取れたエンジンですから、それを実用的な価格で供給するというのも、エンジン屋に要求される機能のひとつだと思っています。

直6はこれが決め手だ、V6はこれが決め手だ、というストーリーをなかなか作りにくい、というのが実情だと思うんですがね。

直6とV6のそれぞれの特性は、基本的には直6は音・振動的に優れた素質を持っております。V6はコンパクトにまとまっているために、高速高回転の特性に優れています。その極端な例がレース用エンジンで、Vアレンジで高速型を狙ってコンパクトにまとめている。

実用エンジンの中で、実用性の高い性能をもつエンジンで直6でまとめているのは多いですね。ベンツにしたって、BMWにしたって。

兼坂：これはハチャメチャにぶん回すエンジンでなく、BMW・K100みたいにして、下品にエンジンぶん回して走るんじゃなくて、ロールスロイス風に乗りたいわけですかね。この場合は。

佐々木：いや、いま申し上げましたのは、本来持っている素質ということで……。（という風に、V6と直6と両方の設計にタッチしている佐々木部長は答えにくいのだ。ましてや本音は今は言えないのだ。だが、この後しばらくコンニャク問答をして）

兼坂：コンニャク問答をいくらやってもしょうがないから……。

たしかにこの直6、RBエンジンは抜目ない、いい設計している。あちこち文句のつけようがない。しかし、日産らしいアイデアが一つも入っていないのが不思議で、これは共通一次試験の優等生以外の何ものでもない。

とコンニャク問答にあきたので本論に入る。

●L6エンジンは上品である

半球型燃焼室を持つPLASMA-RB20Eエンジン（**写真6**）は、ボア78㎜、ストローク69・7㎜のややオーバースケアと常識的な直列6気筒で、排気量は1998ccである。

圧縮比は9・5と2ℓエンジンとしては高めで、パワーは130ps／5600rpmとまあまあである。これを別な目で見ると、ピストン速度17m／secのとき65ps／ℓの性能であってSOHC12バルブでは限界で、リッパというべきである。これをDOHC24バルブにすれば、ピストン速度を20m／secまで高めることが可能で、このエンジンは160ps／6600rpmに化ける（半年後に出るか？）。

ニッサンでの製造原価は5万円アップで、ユーザーはタッタの10万円も余分に支払えば、ボディのどこかに24バルブのクンショウを付けたローレルを入手でき、優越感を満たしてくれるはずだ。

図7は性能曲線で、トルクピークは18・5kgm／4000rpm。レーシングエンジン風ではあるが、日産にいわせれば、他のエンジンと比較すると低速トルクの確保には涙ながらにガンバッタのだ。

ニッサンの広報資料に従って説明すると。低速トルクを高めるために

①圧縮比を9・5と高めに設定した。

ガソリン・エンジンは圧縮比13までは熱効率が向上する。だから同量の燃料を燃やしても余分にパワーが出るリクツである。

②ペントルーフ型燃焼室および中央寄りのプラグ配置。

と日産はいうが、**写真8**のこの燃焼室はどう見ても屋根の形（ペントルーフ）をしていない。これは半球型燃焼室で、良い燃焼室ではあるが、図のように大きな吸排気弁によってプラグは中心から押し出されてしまうのだ。だからこの燃焼室が圧縮比を高めたり、低速トルクを出し

写真6　ニッサンRBエンジン

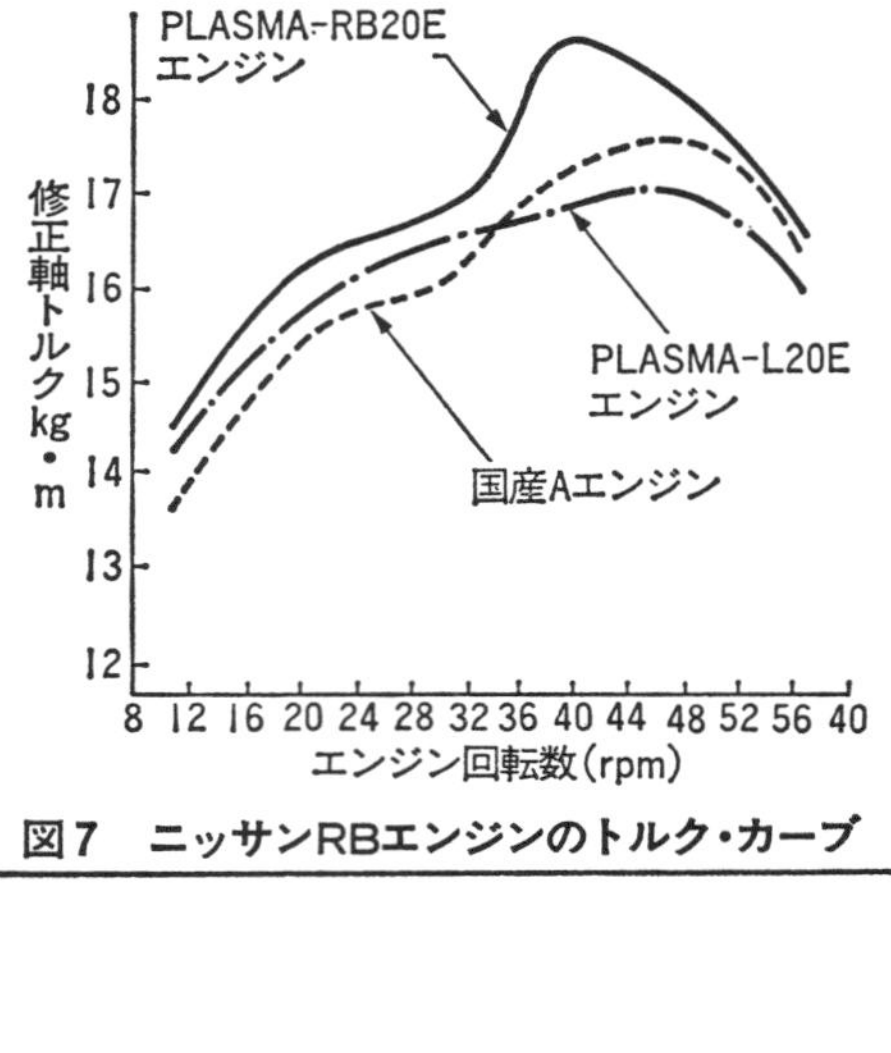

図7　ニッサンRBエンジンのトルク・カーブ

たりしたとは思わないことにする。
③④⑤にはシロウトダマシが書いてあって、
⑥ウォーターギャラリー式クロスフロー冷却システム。
これはベリーグッド。Galleryとはゴルフの見物人と同じスペルではあるが、ここでは廊下。**図9**のウォーターギャラリーとは冷却水の流れる廊下で、ウォーターポンプを出た水はここを流れ、小穴からそれぞれのシリンダーの外周に同量の水を流してやり、同じ温度に冷却するのだ。

図の左上はフツウの冷却システムで、ポンプを出た水はドバッと#1シリンダーを冷やし、ポンプから一番遠い#6シリンダーはよく冷えない。だから#6シリンダーが一番熱くなり、ノッキングが発生しやすい。それで圧縮比は#6シリンダーに合わせて設定するので、高くできないのだ。

RBエンジンは、シリンダーヘッドにもウォーターギャラリーがついていて、全部のシリンダーとシリンダーヘッドが同一の条件で冷却できる。だから冷却水温を一定にコントロールしさえすれば、チンケなエンジンより圧縮比を高くできて当たり前である。

水温を一定にコントロールするには、サーモスタットを水ポンプの入口につけなくてはいけない。そのリクツは前に書いてあるが、RBエンジンは図9のように「入口水温制御」であり、オレが日本で最初に採用した入口制御を素直にマネしたので、この冷却システムは100点満点である。

なぜ冷却システムにコダワルかというと、熱すぎるシリンダーのノッキングは当然として、フルパワーのとき冷たいシリンダーは熱膨張はしない。ピストンだけが熱くなり、熱膨張してピストンとシリンダーとの間に隙間がなくなる。隙間がないのにムリにコスれば焼付く。

これよりもっと大切なことは、冷たいシリンダーでは**図10**のように生ガスが蒸発しないままシリンダーを濡らすのだ。シリンダーには磨耗させないためのオイルがついているが、洗い油としても使われるガソリンはオイルを洗い流してしまうのだ。

始動直後はどんな良いエンジンでも**図11**のようにヒドク磨耗

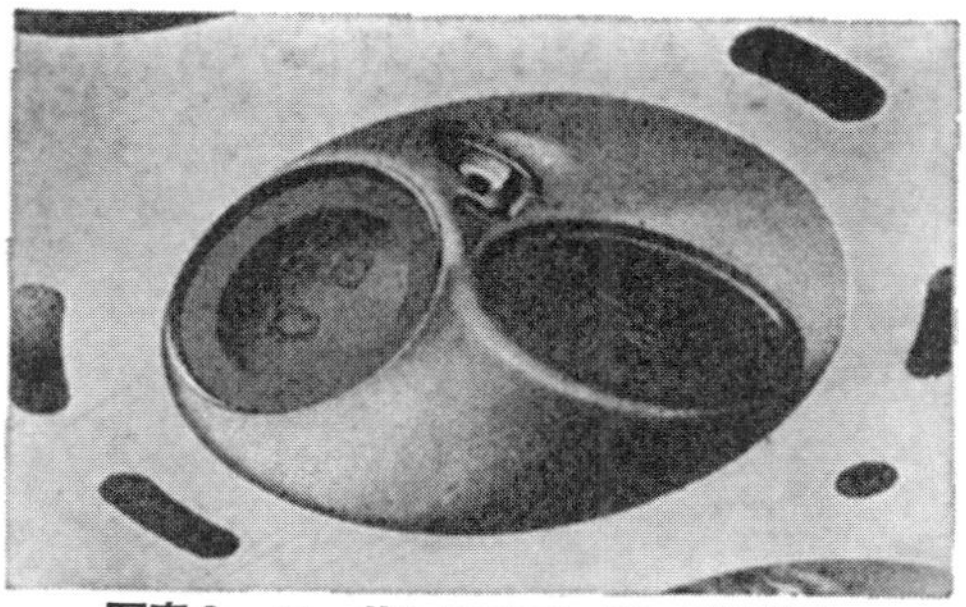
写真8　ニッサンRBエンジンの燃焼室

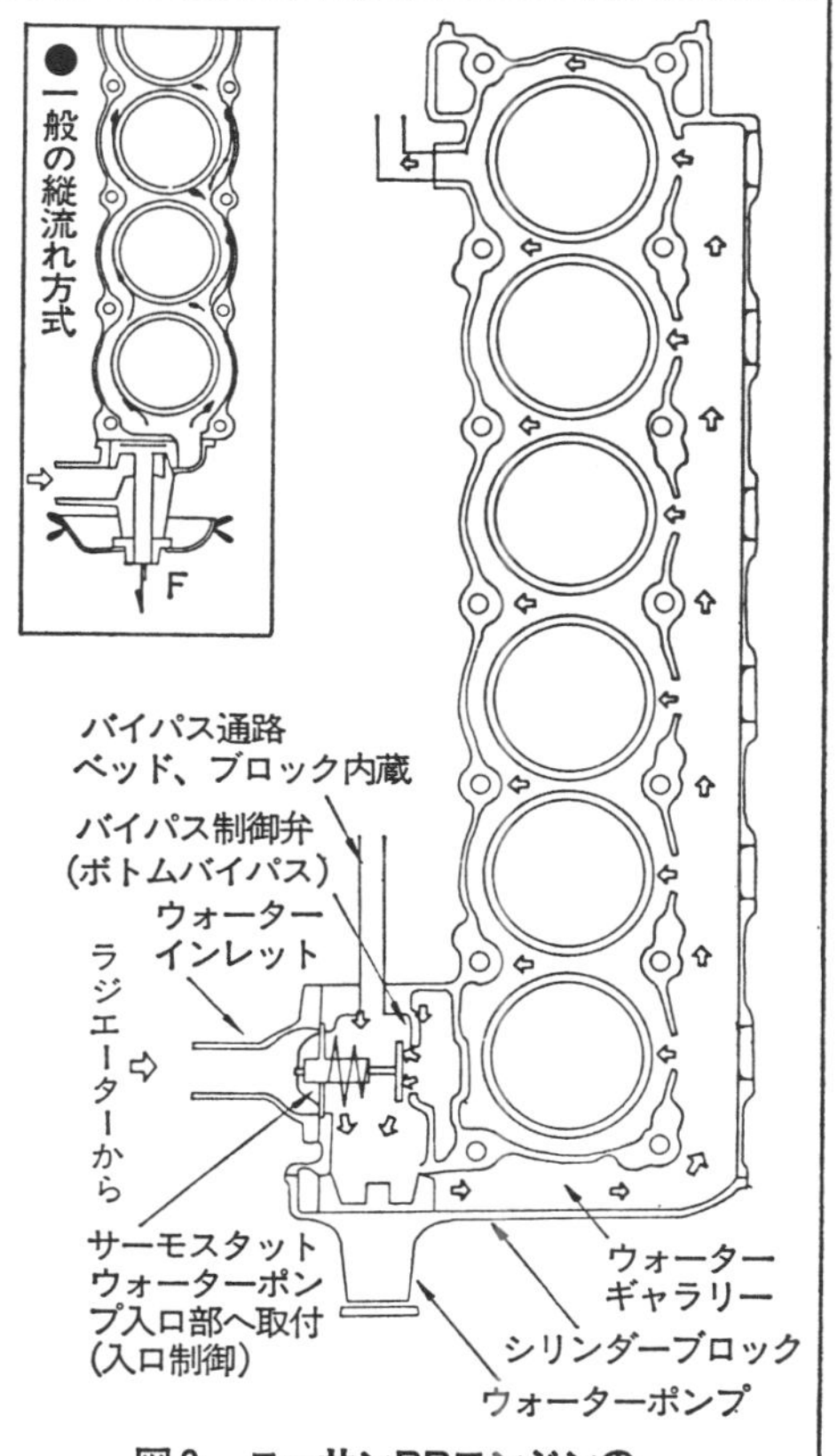

図9　ニッサンRBエンジンの
クロスフロー冷却システム

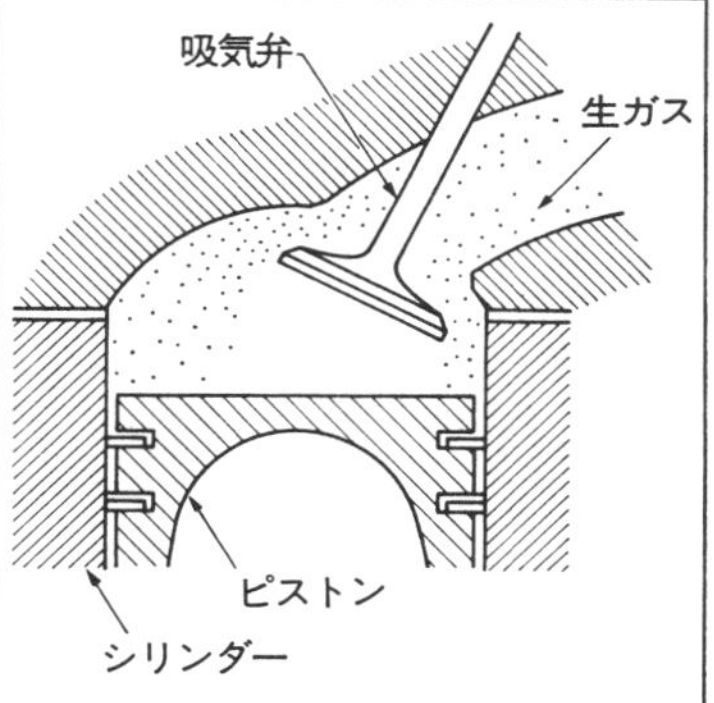

図10　エンジンが冷たいときの生ガスはシリンダーのオイルを洗い流す

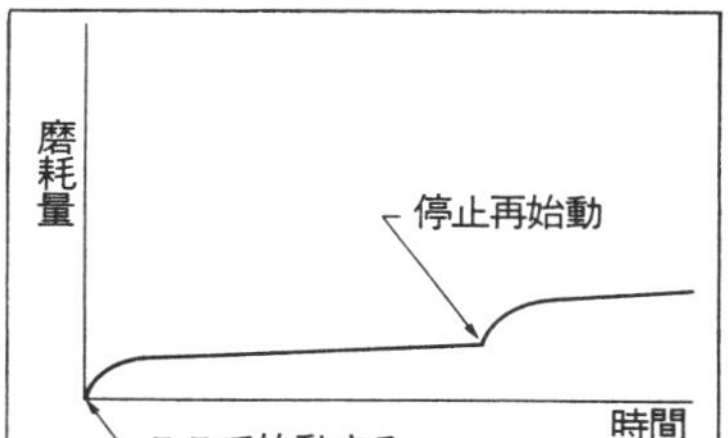

図11　エンジンは始動直後に
磨耗する

する。エンジンが温まってしまえばガソリンは蒸発して文字どおり混合気になってしまうから生ガスはシリンダー内に入らないし、入ってもシリンダーについてたら直ぐに蒸発してしまうのでオイルのダイリューション（精液を前立腺液で薄めることもダイリューション）は起こらず、磨耗はほとんどしないリクツだ。そしてエンジンを止めて翌朝エンジンをかけると、図11のようにまたドバッとシリンダーとリングは磨耗する。

ダイリューションばかりか、低温時にはガソリンは不完全燃焼をしてアルデヒドみたいな酸性腐食性ガスが発生し、ガソリン中の水素が燃えてできたH_2Oに溶け込み、これが冷たいシリンダーに露となってクッツクのだ。クッツケばシリンダーは腐食してボロボロになり、ピストン・リングにコスられてドンドン磨耗するのだ。だからエンジンは焼き付かないかぎり、ノッキングしないかぎりなるべく高温に維持しなくてはいけないのだ。

⑦ノックコントロールシステム

圧縮比を9・5にまで高めることができたのは本当はこれのお陰で、ノッキングしたらタイミングリタードするシカケである。

ガソリン・エンジンの熱効率は30％といわれるが、自動車用として走行中は10％くらいなものである。そして汚ない排気を出す。そこで夢の原動機、ガスタービンやスターリング・エンジンを研究してみたが、どうしても夢が実現しないのだ。（ニッサン中央研究所ではダメと知りつつやっているのだが、ダメとは社長に報告しにくい。そこで誰が報告するかで今ジャンケンをしているのだ。）

今は情ないけど、自動車エンジンとしてガソリン・エンジンを改良するよりほかにテはないのだ。改良するには原則があって、可変システム、センサーとコンピューターを使った最適制御システムでやるのである。

フツウのエンジンの圧縮比は一番冷却水温の高いとき、気温の高いとき、そして一番負荷の高いときにノッキングしないように設定しているのだ。だから冬に平地を走るときは、もっと圧縮比を高くしてもノッキングしないのだ。

ニッサンRBエンジンには図12のノック・コントロール・システムが

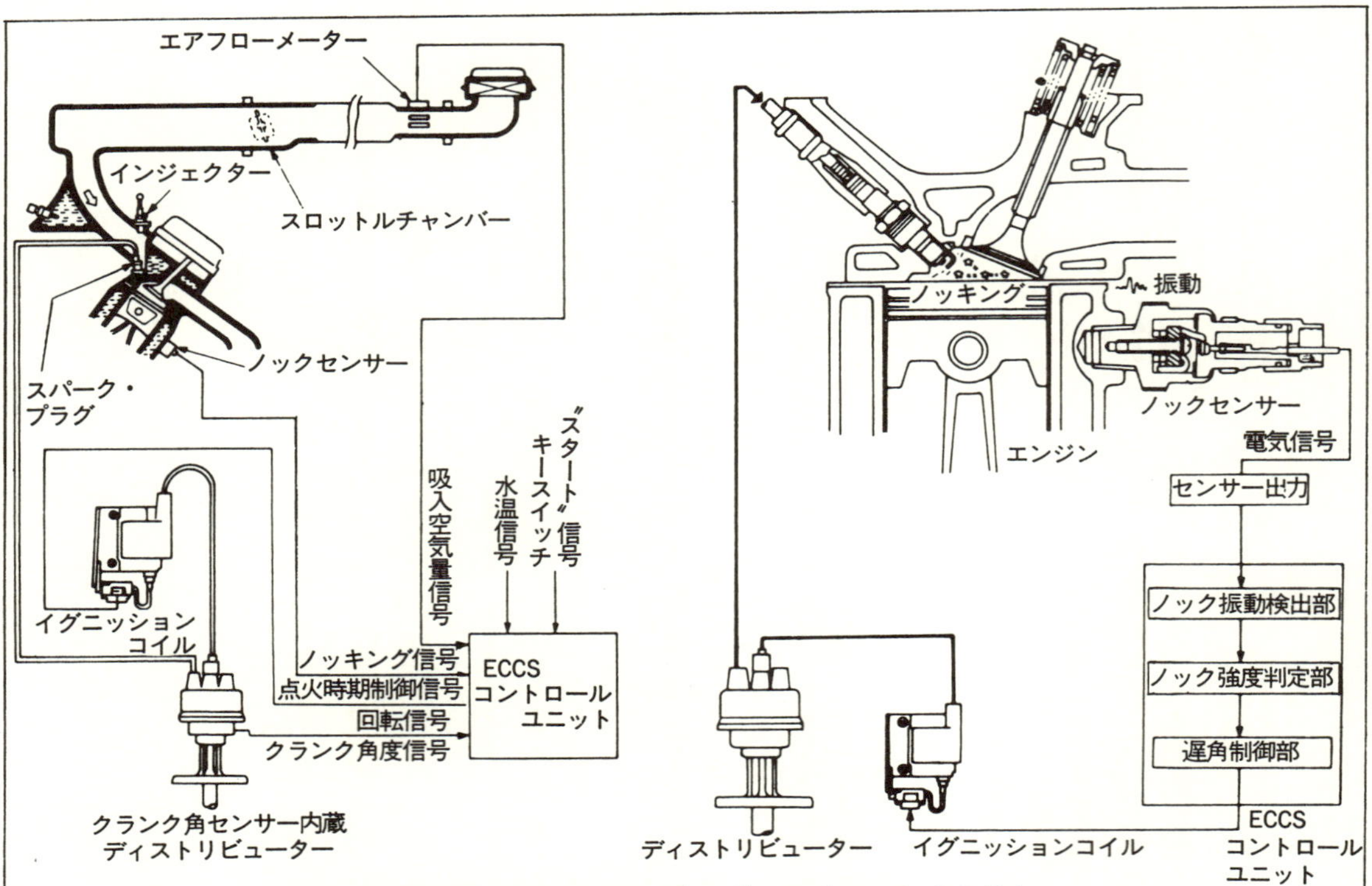

図12　ニッサンRBエンジンのノッキング・コントロール・システム

採用され、ノッキングしたら点火時期を遅らせるのだ。9・5とズウズウしくも高めな圧縮比ではオーバーヒート気味で、登坂するときノッキングする。ノッキングするとエンジンは2000Hz（1秒間に2000回）の振動をして、カチカチという音を出すのだ。この振動を見分けるのが、図のノックセンサーで、中にはチタン酸バリウムとかジルコン酸鉛とかのセトモノが入っている。たたくと火花が出る、電子ライターに使われるアレである。

ノッキングでこのセトモノがたたかれると電気を出し、コンピューターに〝助けてくれエ〟と泣きを入れる。コンピューターはディストリビューターに点火進角を遅らせろと命令する。

点火時期が最適進角より遅れると、**図13**のように実質的に圧縮比は下がり、ノッキングは止まるというシカケである。これをもっと詳しく説明すると——。**図14**のようにコンピューターはズウズウしく、パワーが出るように、燃費が良くなるようにタイミングを進める。パチンとノッキングすると、ノックセンサーから電気が出てコンピューターに教える。コンピューターはディストリビューターに命じて次のサイクルではタイミングを遅らせるが、その次のサイクルではまた進めるのだ。だから図のように、サイクルごとにノッキングをした、しない、した、しないを続けていくのだ。

このときの〝弱い〟ノッキングでエンジンが不調になったり、コワレたりはしない。

ノッキング・コントロール・システムはターボ・エンジンのノッキング対策であったが、無過給エンジンにこれを採用したRBエンジンを評価する。

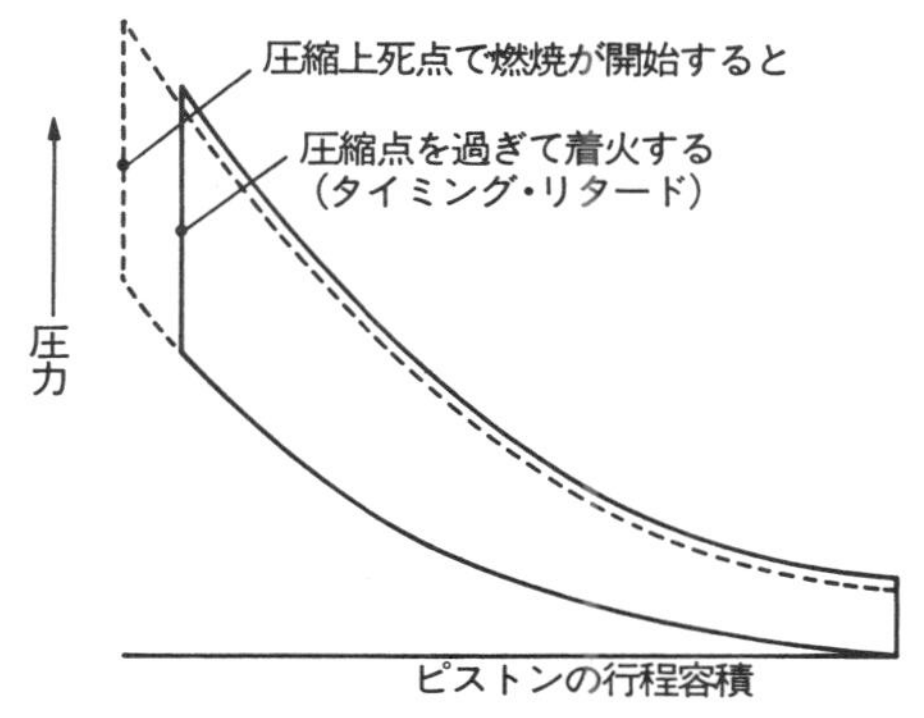

図13　タイミング・リタードは実質的に圧縮比を下げること

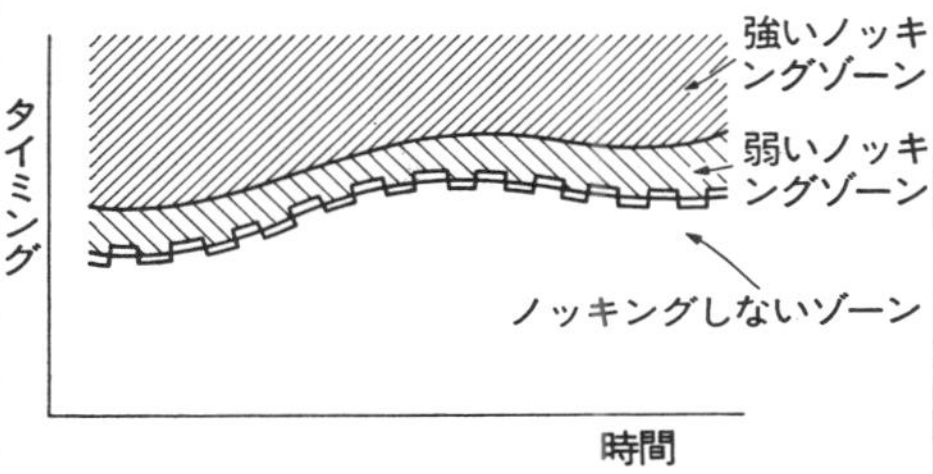

図14　図12のシカケでノッキング・コントロールすると

●騒音対策はもぐらたたき

レスポンスを良くするためにエンジンの運動部分を軽くしたという。すなわち①クランクシャフトの最適形状化、②サーマルフロー・タイプの軽量ピストン、③コンロッドの軽量化などで、オレにいわせれば、当たり前のことをよくぞやったとホメたいのだ。

エンジンを組み立てるにはコンロッドにピストンをピストンピンで組みつけて、シリンダー上部から**図15**のようにクランクピンに向けて挿入するのだ。だから図のようにコンロッドのビッグエンドの大きさはシリンダーを通り抜けられなければならない。クランクピンの太さの決定はだれでも図15のように製図するのだ。だから最高燃焼圧力150気圧のターボ・ディーゼルも50気圧のガソリン・エンジンも、同じボア径ならば同じクランクピン径になってしまうのだ。インチキな製図をした後で、これが最適設計であると主張するために、頭の良いエンジニアはこのピン径が最適であるというまで、

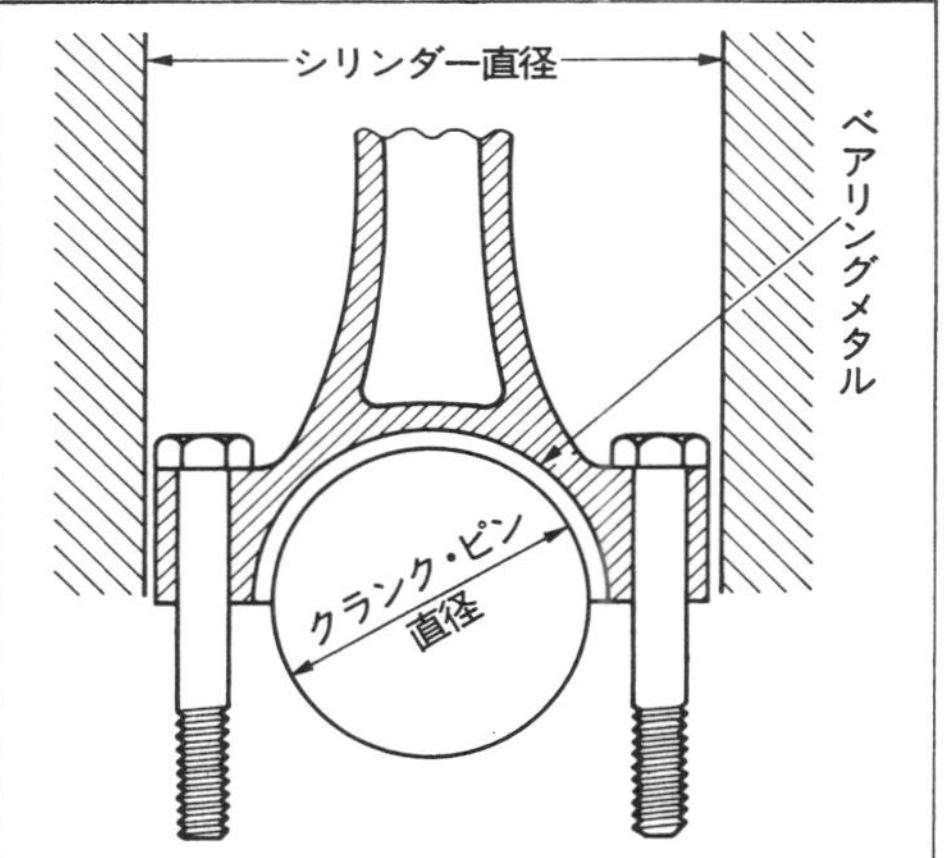

図15　コンロッドの設計法

コンピューターに〃デタラメ係数〃のデタラメさを変えて、コンピューターに最適形状化であるといわせるのだ。エライ人とか、オレみたいなオジンでは、コンピューターが計算しましたといわれると、反論する能力がないのだ。

ニッサンのエンジニアのエライところは〃最適〃のバカバカしさに気がつき、**図16**の点線のようにピン径を少し細くし、幅も狭めた。このクランクピンにだきつくコンロッドのビッグエンドはどうしても**写真17**のように小さくなり、当然に軽くなる。ウェブが**写真18**のようにぶ厚くなると、このクランクは曲がりにくい、ねじり振動しにくいということになり、エンジンまでが静かになってしまうのである。

だからといって写真18が〃最適形状化〃されたクランクシャフトではない。この次にはもっとピン幅の狭いクランクシャフトが出現するにきまっているので、〃最適化〃などとコンピューターを使ったマスターベーションすることはいい気持かもしれないが、進歩の芽を自分でつみとることである。

④加速割り込み噴射方式。

ボッシュが発明したこのEFIは素質が良いので、最適制御によって進歩させることが可能である。

ニッサンRBエンジンは三元触媒によって排気をキレイにするので、ミクスチャーはストイキオメトリー（理論空気燃料比＝空気14：燃料1）でなければ触媒は作動しない。ところが、パワーが一番出るのは濃いめのミクスチャー（空気12：燃料1）で、RBエンジンでは加速するとき、アクセルの踏み込み量や車速、水温、気温などに応じてコンクなミクスチャーを燃料噴射装置に作るように、ECCS（エンジン電子集中制御システム）のコンピューターは命令を発するのだ。

コンクなミクスチャーでは三元触媒はNO_xをキレイにするが、HCとCOはそのままで、RBエンジンもまた「ドライバーに加速を、通行人に排気浴を」なのだ。

石油ストーブやガスストーブからはコンクなNO_xが出るし、タバコを吸えばCOメーターで測定できないほどのCOを吸って酸欠状態になりクラクラッとくるのだ。だからこのくらいはガマンしろ、と役人は思っているのかも知れない。

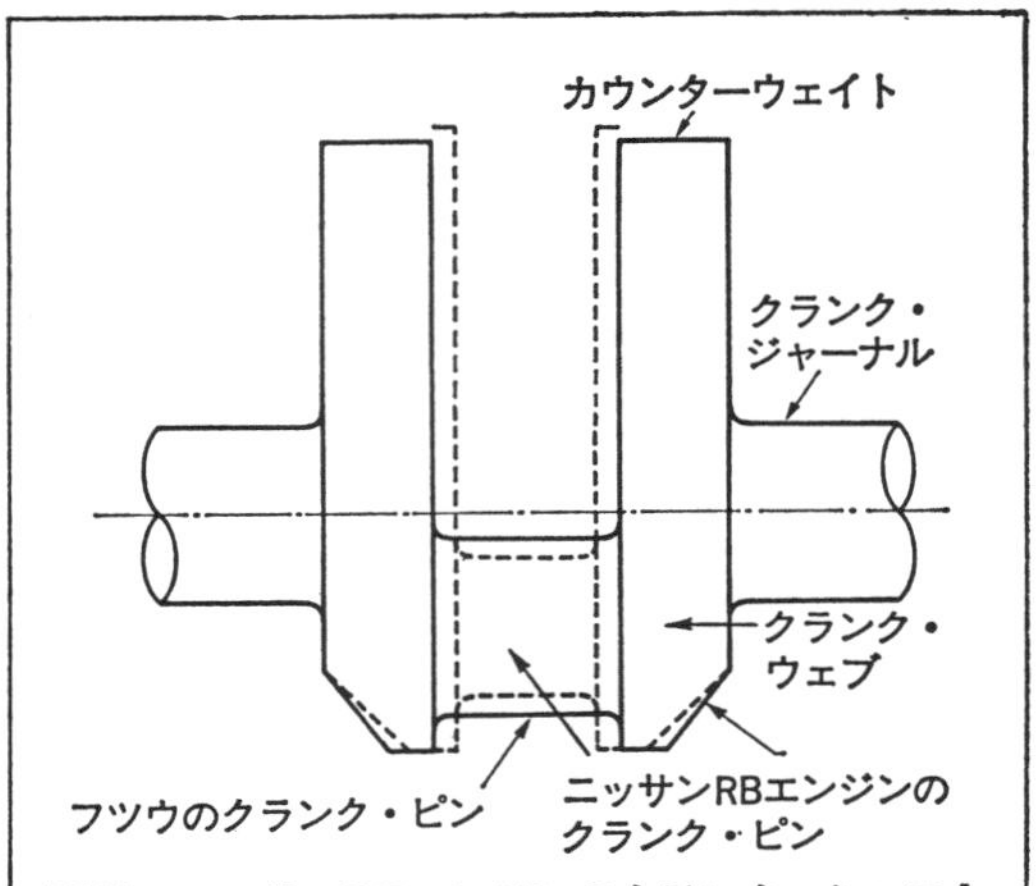

図16　ニッサンRBエンジンのクランク・シャフト

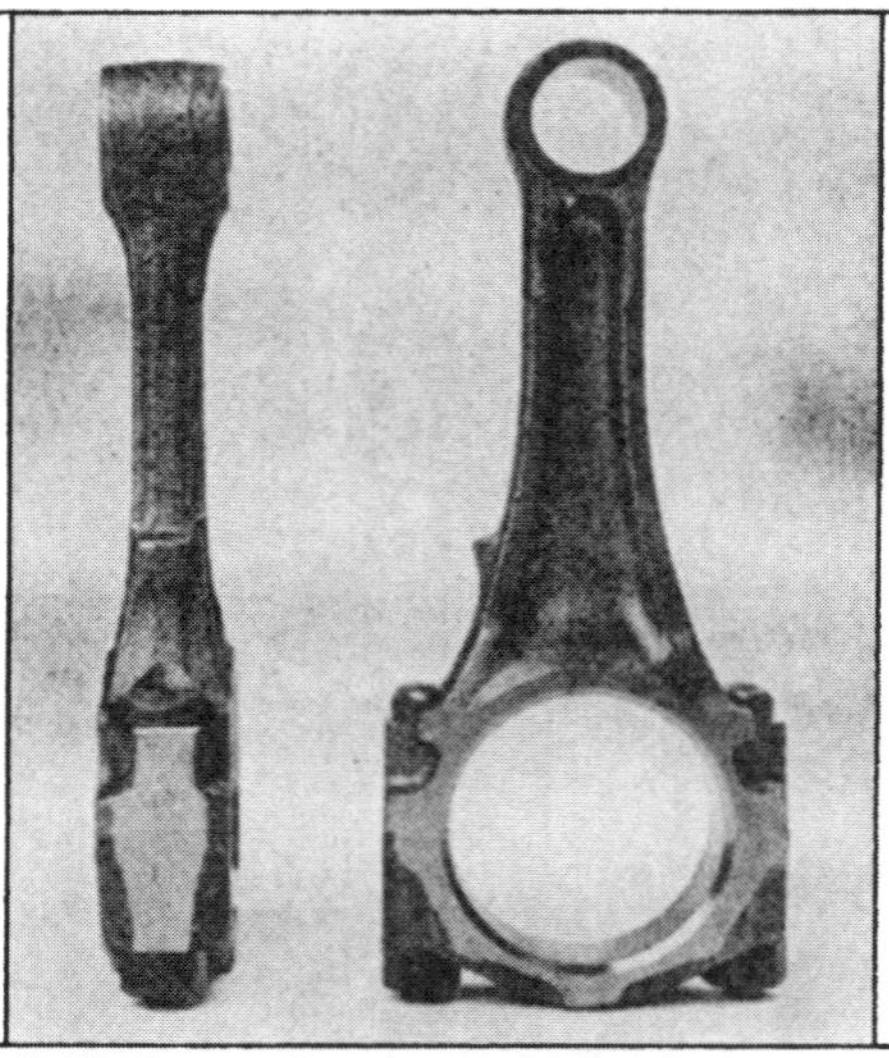
写真17　ニッサンRBエンジンのコンロッド

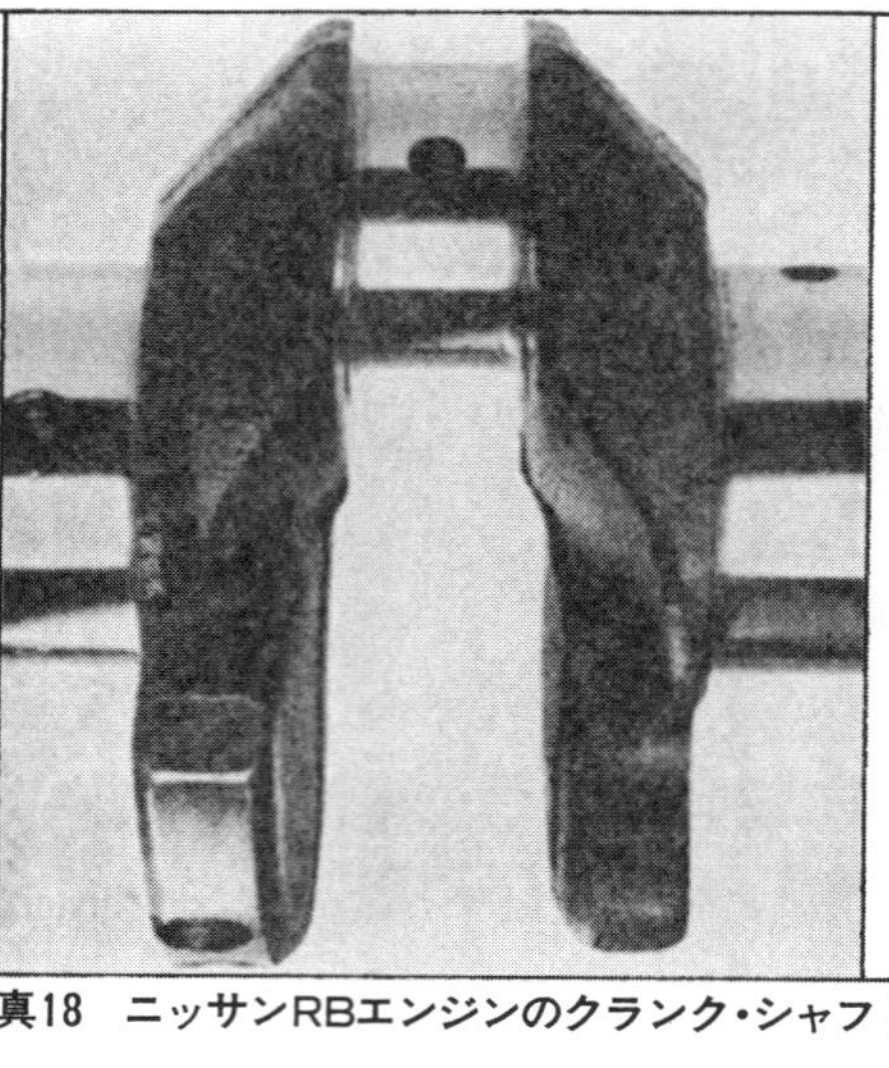
写真18　ニッサンRBエンジンのクランク・シャフト

閑話休題。だからＲＢエンジンはレスポンスが良いのだ。フルパワーを出すときは他人の健康など気にしてはいられない。コンピューターに良心を期待する方が無理で、コンクなミクスチャーで遠慮なくパワーを出すが、そのままではオーバーヒートしてエンジンがコワれてしまうので、止むを得ずガソリンで冷却するためミクスチャーをハチャメチャに濃くすることまでコンピューターは知っていて、実行する。

だが、これだけでは１３０psは出ない。**写真19**のインテーク・マニホールドを使っての慣性過給は４０００ｒｐｍにチューニングしてあるので、レースでもしないかぎり必要のない図７の性能曲線に示すような高速高トルクが発生したのだ。このとき**写真20**のデュアル・エキゾースト・マニホールドとパルスコンバーターのついたフロント・エキゾースト・チューブを使って、シリンダー内の残留排気ガスを吸い出してやらなければパワーが出ぬことは、何度もいっているとおりである。

こうしてムリをして馬力をたたきだすのは、(ピ)エンジンの特長で、ps／ℓを犠牲にしても低速トルクにコダワルのが㊎エンジンなのだが。

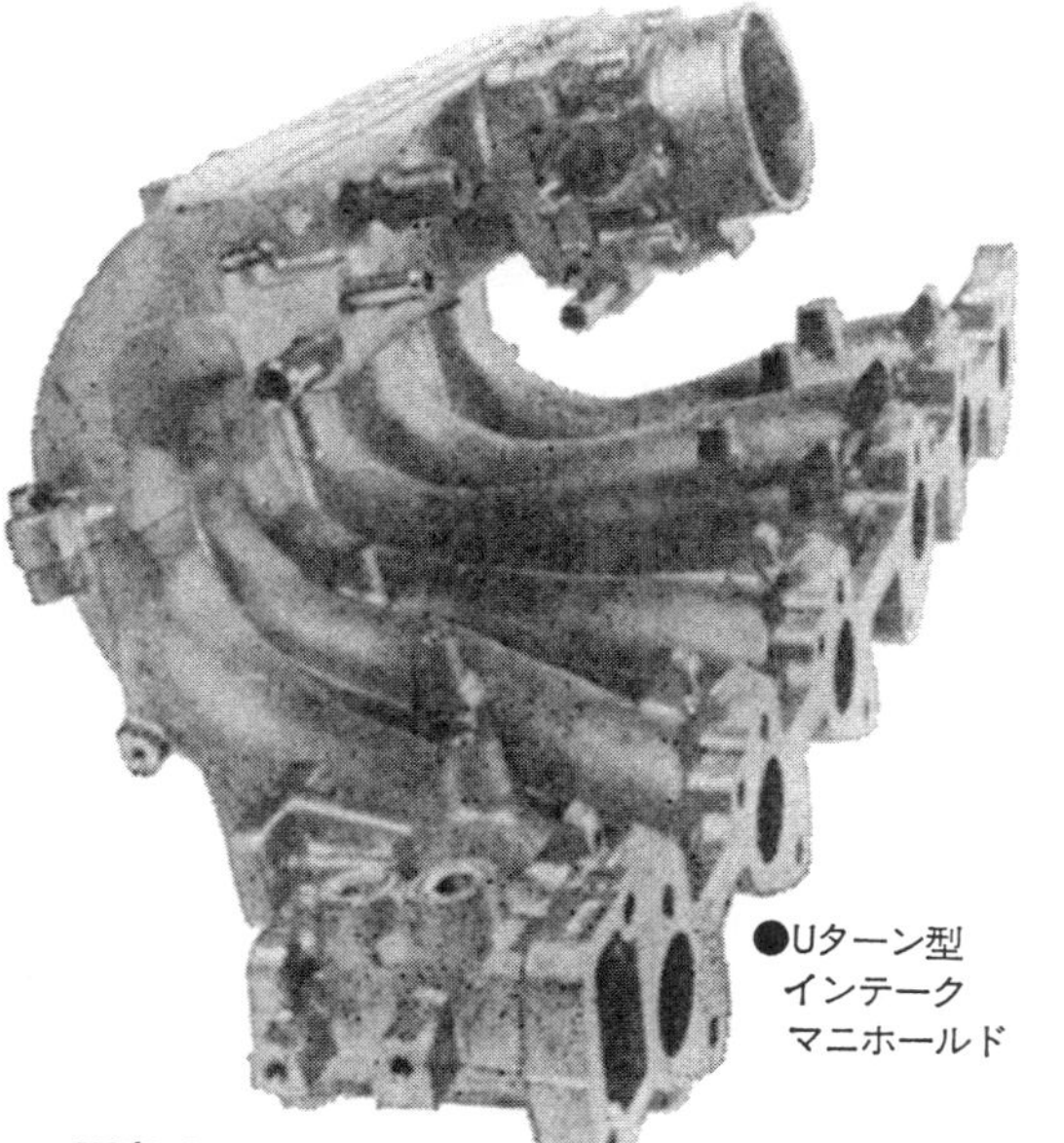

写真19
ニッサンRBエンジンの慣性過給用マニホールド

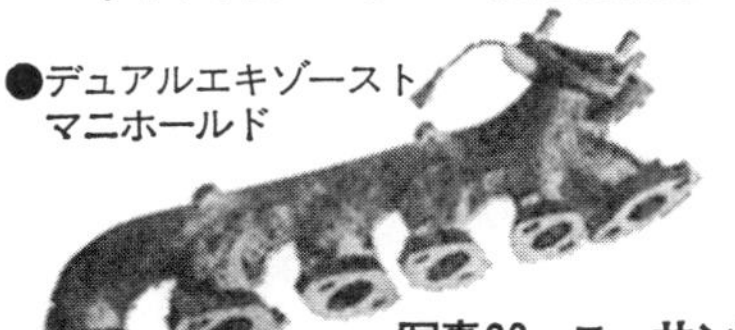

写真20　ニッサンRBエンジンの排気系

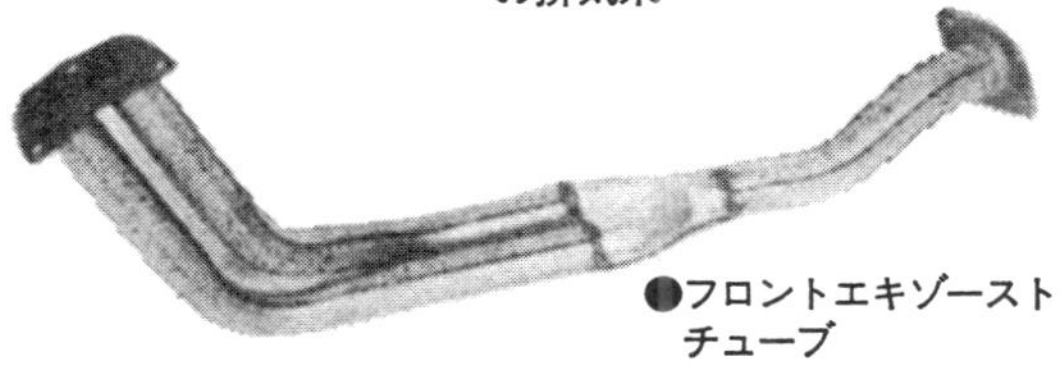

自動車技術会の会誌「自動車技術」の83年９月号に、トヨタ４Ａ―ＧＥＵエンジンがシリンダーブロックのスカートにリブをつけただけで、４dBも静かになったと書いてあったので、「トヨタ４Ａ―ＧＥＵエンジン」の項で絶対にウソであるとホエた。それにコリてか他社もニッサンも何dB下がったなどといわなくなった。良いことである。

そのわけをもう一度説明すると、まず音の計算方法は１００＋１００＝１０３で、１０３－１００＝１００なのだ。１００÷10＝10ではなくて90になるのだ。人間の耳は音のエネルギーが２倍になっても３％しかウルサイと思わないし、音のエネルギーが９割も少なくなったとき１割だけ静かになったと感じるのだ。オヤジのガミガミは平気でも隣の部屋のヒソヒソ話に寝つかれなくなるリクツである。

図21によって説明すると、オイルパンその他の10個所から90dBの音を出すとすると、90dB×10＝１００dBの全体音になる。そしてあり得ないことだが、オイルパンから出る音を全く消してしまったとすると、１００dB－90dB＝10ではなく99・５dBとなり、人の耳では聞き分けられないのだ。オイルパンから吸気マニホールドまでの音源を全部消してやっと

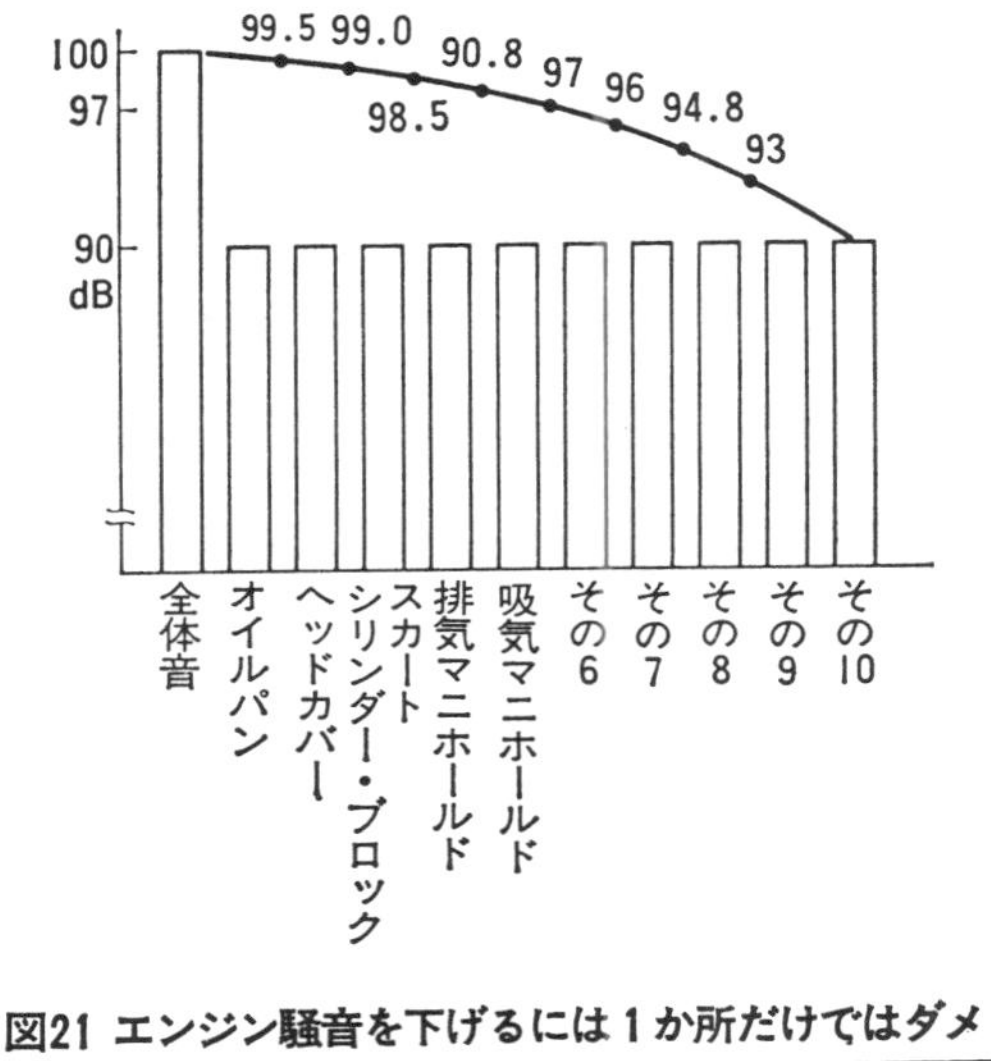

図21 エンジン騒音を下げるには１か所だけではダメ

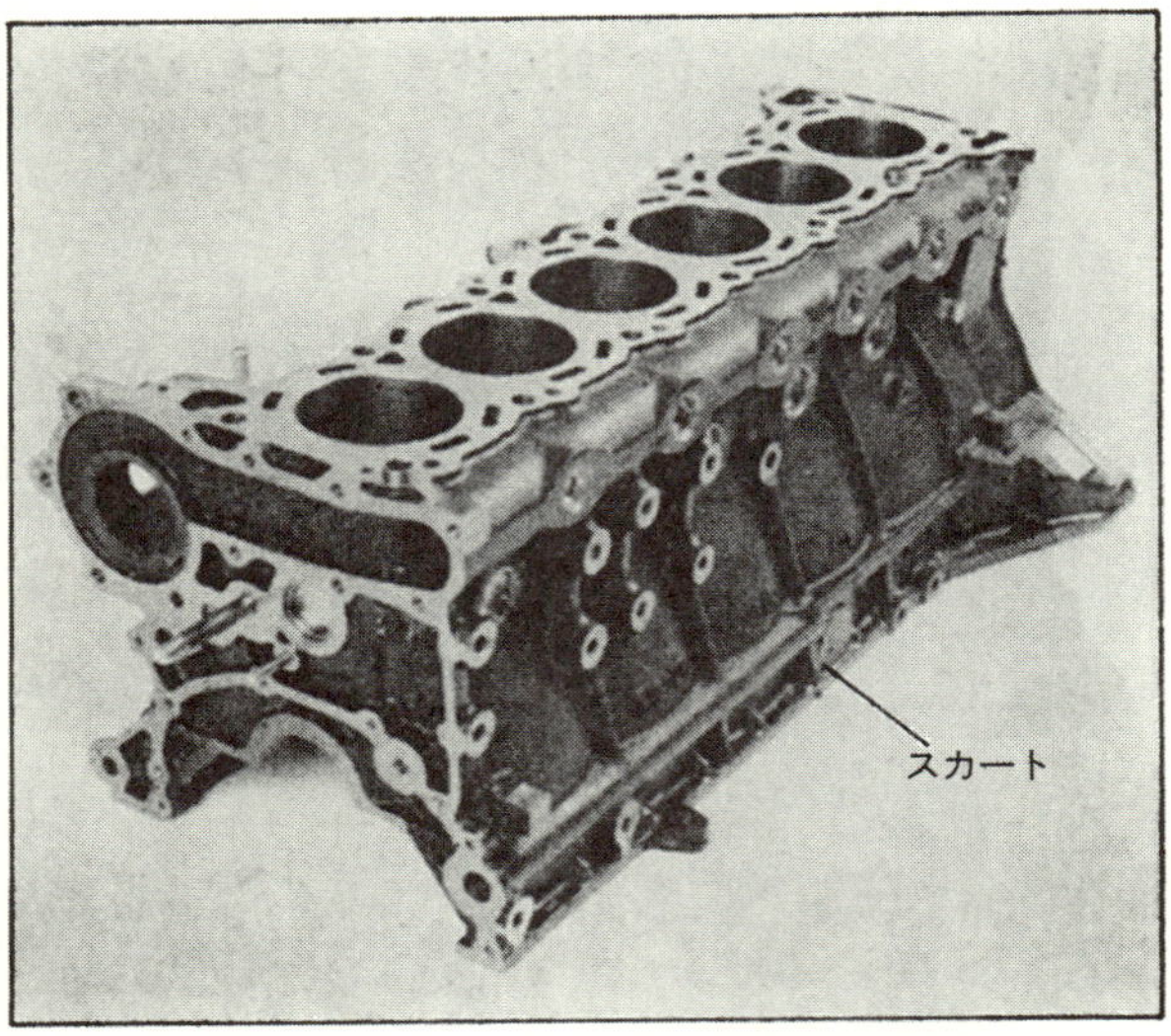

写真22　ニッサンRBエンジンのシリンダー・ブロック

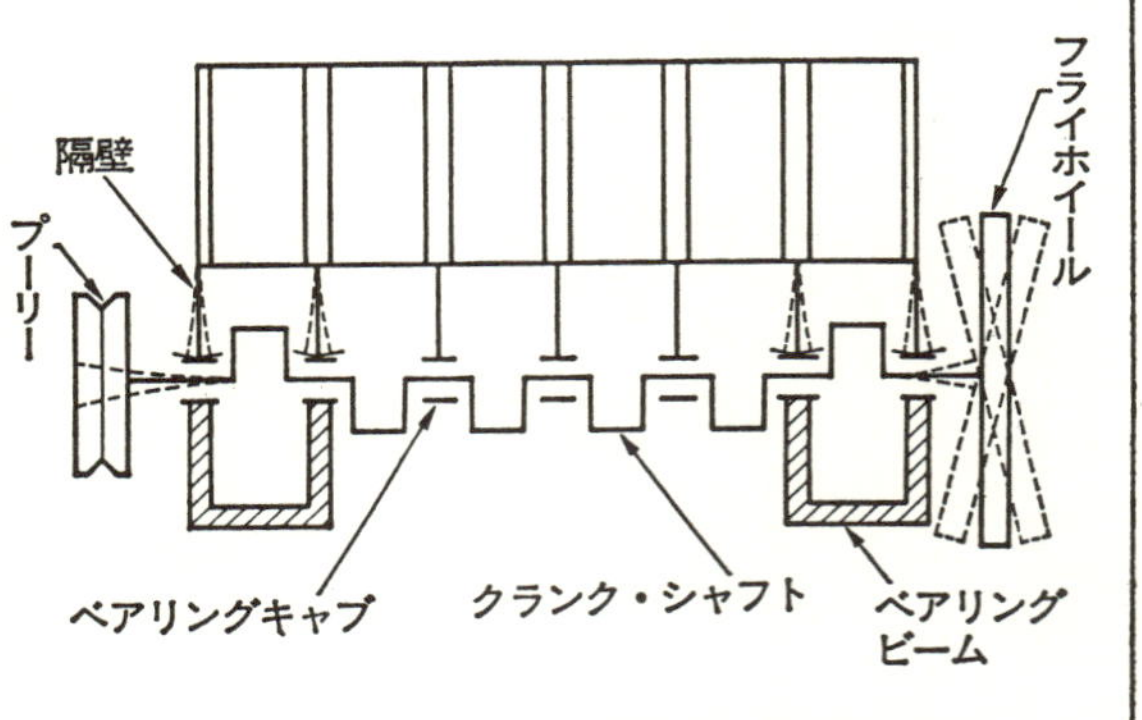

図23　ベアリング・ビームでクランク・ケースの振動を押さえこむ

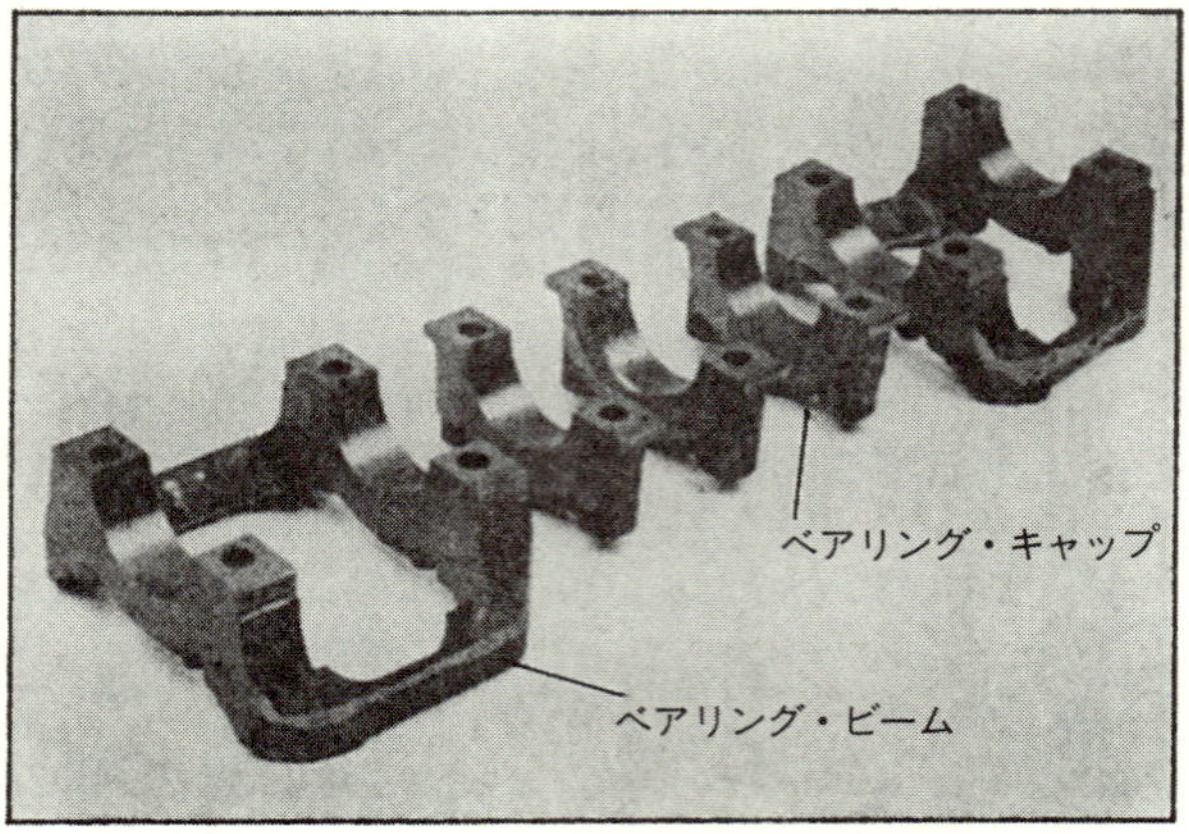

写真24　ベアリング・ビームとベアリング・キャップ

97dBで、ここまで下がると人は100dBよりいくらか静かになったと感じるのだ。だから騒音対策がたくさんしてあればいくらか静かになるかも。

だから静かなクルマとするための静かなエンジンを作るには特効薬はなく、なんでもどこでもマジメにたくさんの騒音対策をしなければいけないのだ。

もしも〝クランクシャフトの最適形状化〟がしてあれば、エンジンは静かになるはずである。剛性の小さいクランクではねじり振動や曲げ振動が発生し、クランクはムチのようにアバレたがる。それをメイン・ベアリングで抑えようとするが、結果としてベアリングはクランクケースを振動させ、クランクケースの表面はスピーカーとなって音を出すのだ。だから静かなエンジンを作るには何よりもまず剛性の高いクランクが必要であるが、RBエンジンの広報資料にはこれが書いてないのだ。このクランクはレスポンスに最適で、音には最適ではないかも。そして、

①球面形状を持った高剛性シリンダーブロック。

タルの平らな鏡板をたたくとドーンとデカイ音を出すが、球面の胴を叩くとカッと音は小さいことはだれでも知っている。だから**写真22**のように、スカートを平面ではなくいくらかフクラミをつければエンジンはすこしは静かになるのだ。

②前・後端型ベアリングビーム。

クランクシャフトは**図23**のように隔壁に取り付けられたメインベアリングで支えられているが、最適形状であっても、前端のプーリーや後端のフライホイールによって点線のように振り回される。この動きを前後端のメインベアリングは止めようとするが、動かされ、隔壁も点線のように振動させ、スピーカーにしてしまうのだ。

隔壁の振動を抑えるには#1と#2、#6と#7のベアリング・キャップを図のように一体化すればよいワケで、**写真24**は実物写真である。

③油圧式ラッシュ・アジャスター。

エンジンはどこから音を出すか？　一番は燃焼圧力によってピストンがシリンダーにたたきつけられて音を出すピストン・スラップ。二番は燃焼圧力をまともに受けるメインベアリングで、これが前述のようにクランクケースやオイルパンをスピーカーにするのだ。三番はバルブがシリンダーヘッドをたたく音だ。

フツウのエンジンでは、バルブとシリンダーヘッドとは温度も材質の熱膨張率も異なるので、ロッカーアームもバルブとの間にスキマ（バルブ・ギャップ）を開けておかないと、バルブが熱膨張したときツッパッテ勝手に開いてしまうのだ。だがバルブ・ギャップがあると、弁が閉じるときバルブ・フェースがバルブ・シートに衝突してカチカチと音を出すのだ。だからバルブを小さくするには、バルブ・ギャップをなくせばよいリクツで、アメリカでは30年も前からフツウなのだ。

ニッサンRBエンジンは**図25**に示すように、油圧式ラッシュ・アジャスターがついているので、シリンダーヘッドからは音を出さないリクツではあるが、高速になればロッカーアームが変形したりしていくらか音を出すし、燃焼圧力はヘッド全体を振動させるのだ。この振動がロッカーカバーに伝わるとスピーカーのように大きな音を出すのだ。ところが④樹脂製ロッカーカバーにすると、たたいてもボコボコいうだけで、ヘッドからの振動が直ぐに消えてしまうのだ。これはグラスファイバーで補強したナイロン製だ。

その外の騒音対策は、⑤低騒音歯形のタイミングベルト（他社でも全部これ）。⑥アスベスト入りサンドウィッチ構造のエキゾースト・マニホールド遮熱板。写真6参照（こうしなければウルサクなる）。⑦F型クーリングファン（臼井国際産業から買ってきた）。など――エンジンを静かにするために涙ぐましいほどガンバッタのだ。そして広報資料に言及されていないが、〝ベアリングメタルの選択＝最適オイル・クリアランス〟。これはリッパなことである。

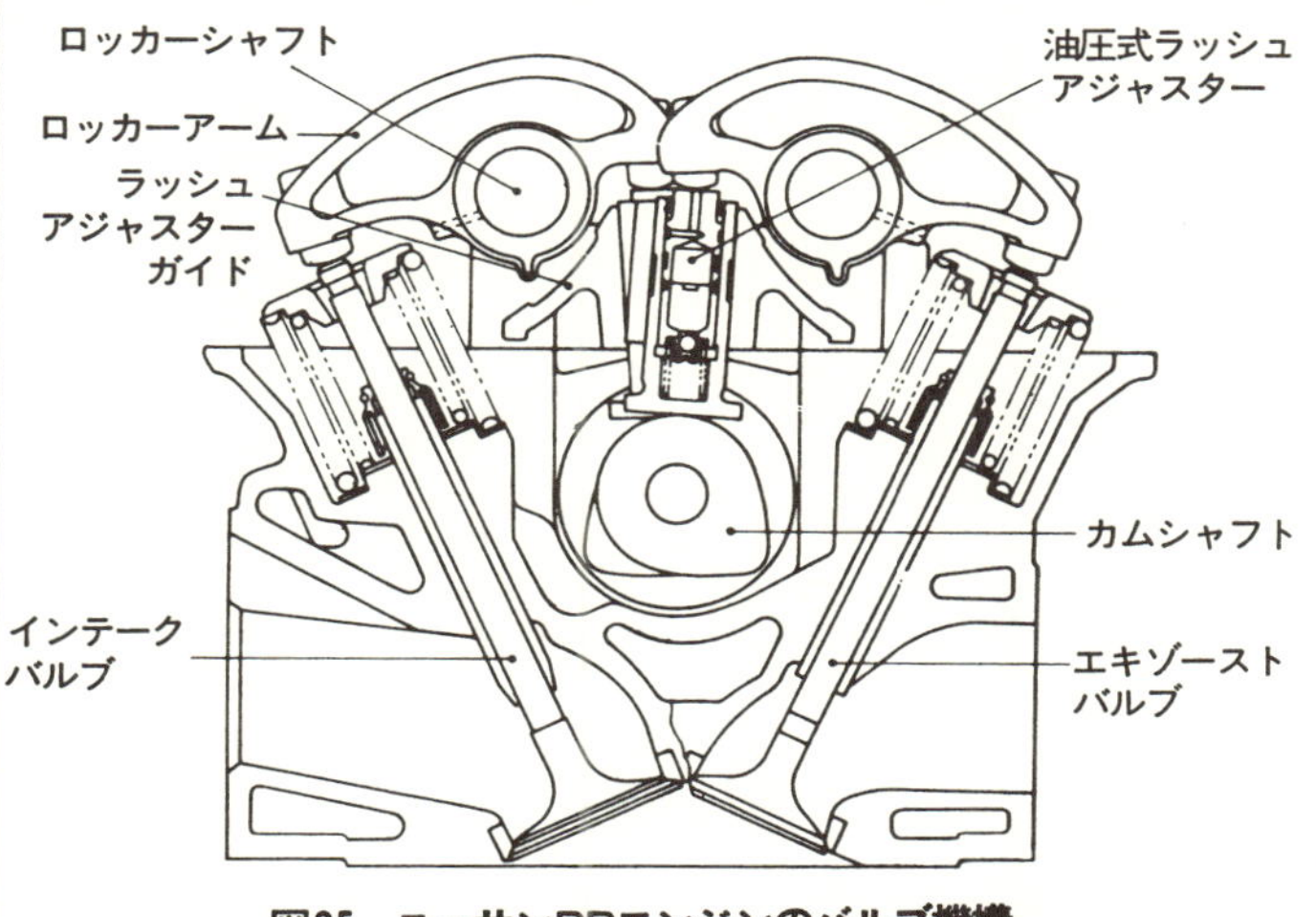

図25　ニッサンRBエンジンのバルブ機構

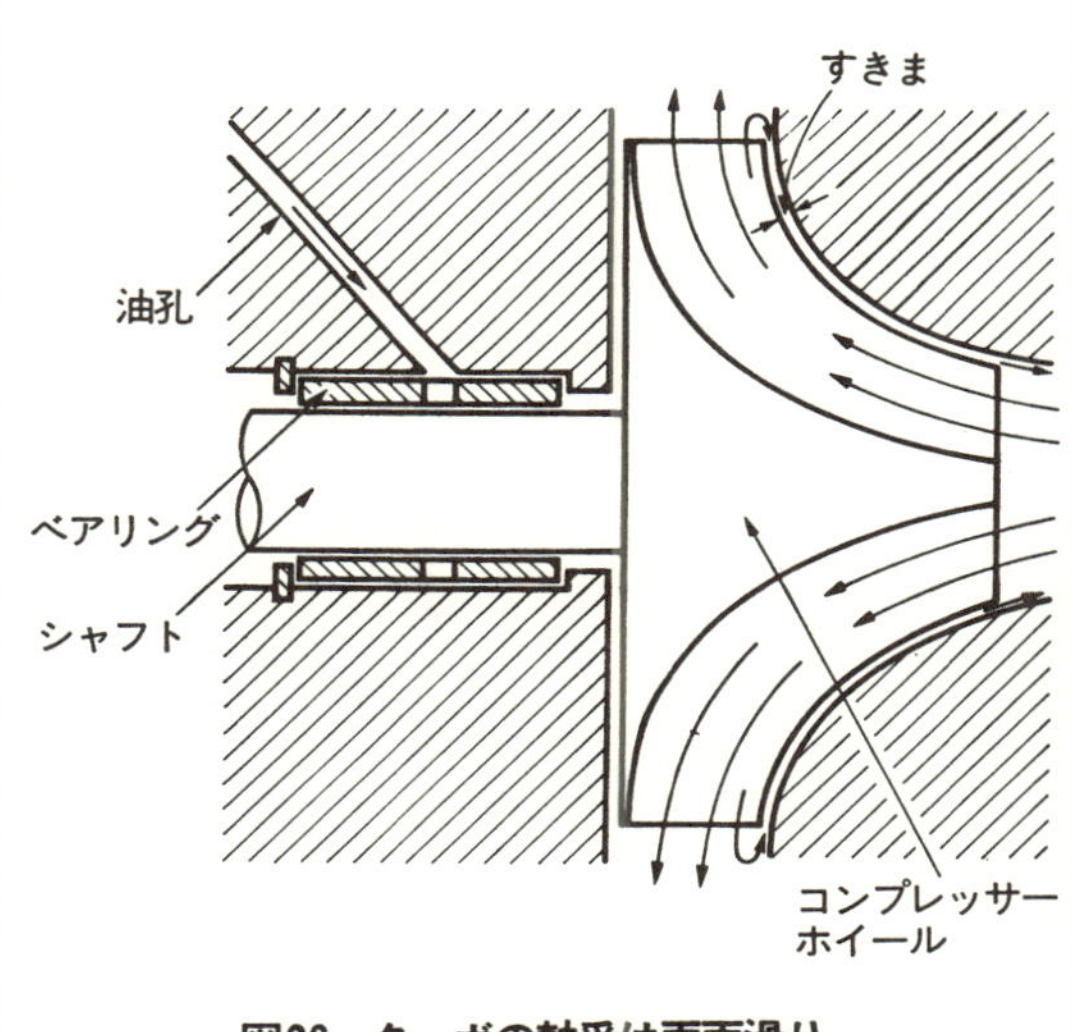

図26　ターボの軸受は両面滑り

図26はターボの断面図を示し、ベアリングは浮動式で、内外面とも滑る。だから内外面に油膜のためのスキマがあって、高速回転でこのスキマ内でシャフトはアバレる。シャフトに取り付けられたコンプレッサー・ホイールもアバレるから、コンプレッサー・ホイールとケースとの間にスキマを作らないと焼付いてしまうのだ。このスキマから漏れる空気の量がターボの効率を悪くしているのだが、ボールベアリングなどでキチッと支えてやると効率は良くなるが、振動が発生してタービンやコンプレッサーの羽根が折れて飛んでしまうのだ。

つまり、ターボの浮動式ベアリングはターボのショックアブソーバーなのだ。

エンジンのベアリングにもこの原理を応用すれば静かになるリクツで、ニッサンは浮動式ベアリングの代わりに油膜を厚くしたのだ。軸とベアリングとの間の厚い油膜が衝撃を受けて絞り出される間にショックをアブソーブしようとする考えで、この考えの論文で、ニッサンは機械学会賞をとっているのだ。

油膜を厚くするにはオイル・クリアランスを大きくすればよいと思うはシロウトで（プロにもいるゾ）、図27を見れば分かるように小さくしなければいけないのだ。だがあまり小さくすると焼き付いてしまうし、ベンツではイギリスのバンダーベル社に特別に精度の高いベアリングを注文しているが、ニッサンではメインベアリングもコンロッドメタルも最適オイルクリアランスになるように、それぞれ5種類の厚さのメタル選択して組み付けているのだ。メインベアリングはシリンダーブロックのスカートやオイルパンなどの音源を加振するエネルギー源なので、この対策はニッサンのいっているように3dBも効果があるのかもしれぬ。他社もマネすべきだ。

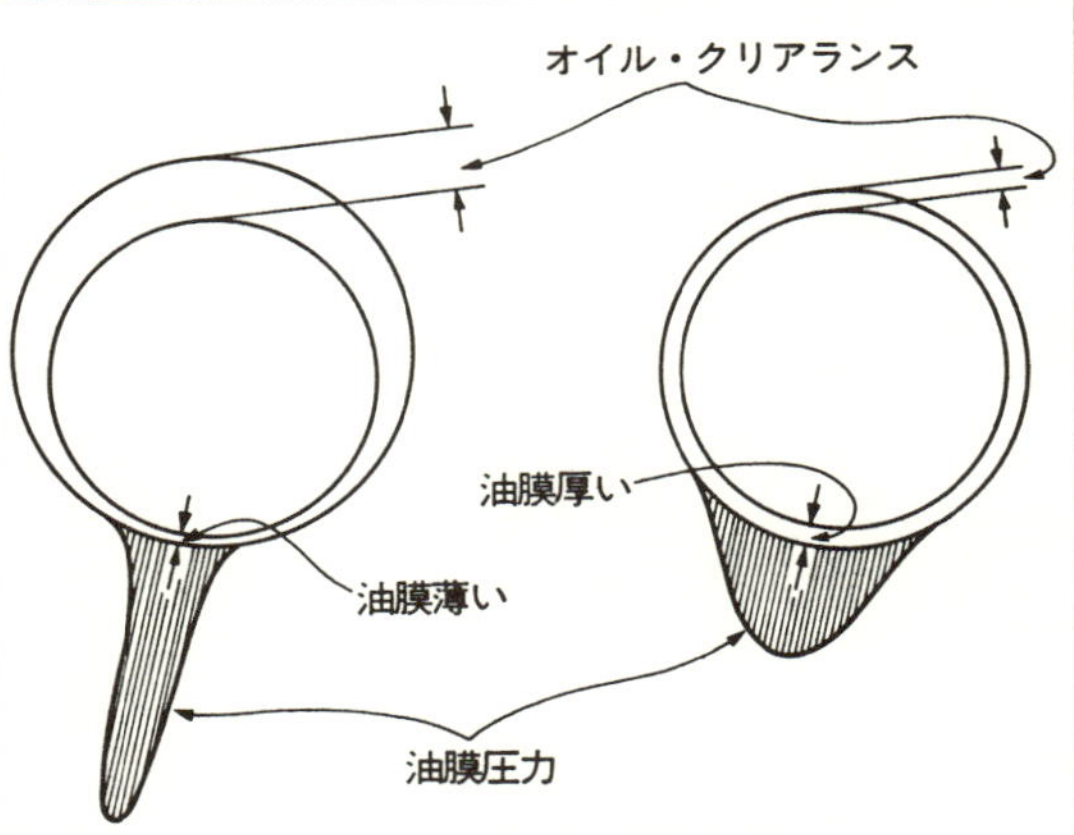

図27　オイル・クリアランスを小さくすれば油膜厚さが厚くなる

⑧エンジンマウンティング位置のハイマウント化と鋳鉄製マウンティング・ブラケット。

静かなエンジンとサスペンションが良いからといって、クルマが上品になるわけではない。L6エンジンがバランスが良いといっても、全く振動しないということではない。その振動で客のケツをクスグッては下品なクルマになるので、ニッサンにはエンジン・マウンティング課長がいて、エンジンと人間との間の振動を遮断するのだ。

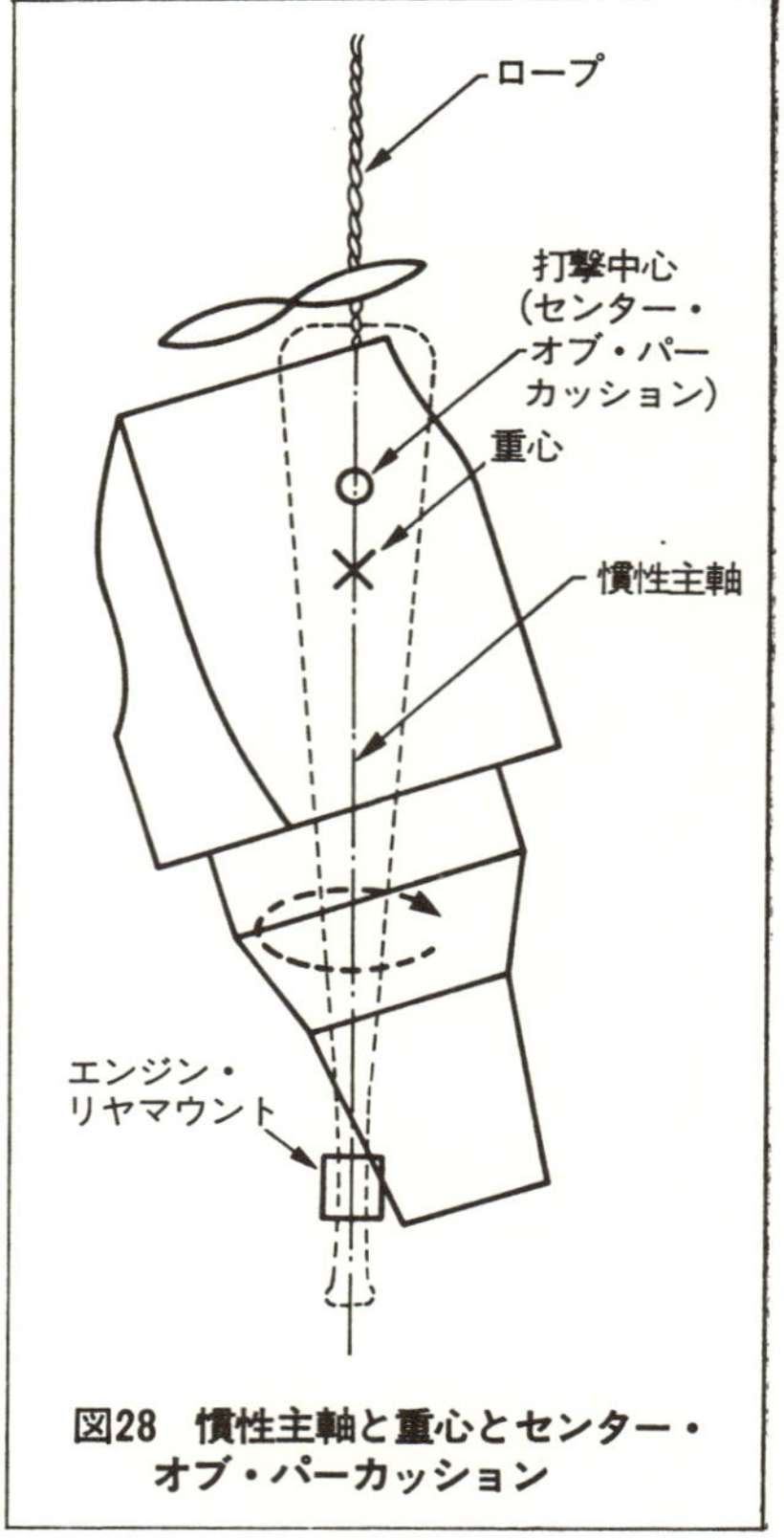

図28　慣性主軸と重心とセンター・オブ・パーカッション

図28のようにロープでエンジンを吊るして、ロープをねじってエンジンを矢印の方向にまわすとロープもエンジンもブラブラと揺れるが、重心を通る垂直線が慣性主軸となるように吊るすと揺れないのだ。エンジンはそれを中心にして回転することが一番自然である。だから慣性主軸でエンジン・マウントすれば、エンジンの回転方向の振動は車体に伝わらないリクツだ。

エンジンの上下方向やガブリの振動は、図の点線のようにエンジンを野球のバットに見立て、ガツンと球を打ったときホームランとなり、手もシビレない場所で支えるのが自然で、バットを握る位置にエンジン・リヤ・マウントを置き、フロントマウントは打撃中心（センターオブパーカッション）に置くのが理想的である。

L6エンジンでは打撃中心は#2シリンダーの真ん中になってしまうので、図29のように#2シリンダーの真ん中をネラってエンジンを支えるのがニッサンのいうハイマウントで、エンジンの振動をボディに伝えない良いエンジンマウンティングである。これを創造したクライスラーではフローティング・パワーといったと思うが、30年前のことなので忘れた。

⑨大型**ガ**セット。

良いエンジン・マウンティングであっても、エンジンとミッションとの結合がヤワだと**図30**のように、エンジン・ミッション結合体はナワトビのナワみたいに振動し、この振動はエンジン・マウンティングからボディに伝わり、車室内〝こもり音〟を発生させる。こもり音は人をフユカイにするので、ニッサンではエンジンとミッションとの間にツッカイ棒（大型ガセット）を入れて結合剛性を高めたのだ。

ツッカイ棒を取り付けることは恥かしいことと思うが、（オレの設計したエンジンにもついている。ナミダ）ベンツではアウトバーンを２００km／h以上で走るので、**図31**のように、ミッションとの結合面をエンジン側でも徹底的に剛性を高めてツッカイ棒ははずしたのだ。ニッサンもはずしてからジマンしてもらいたいものである。

例によって、近所の**ガキ**どもを集めたロードテストごっこをして楽しんだ。総括すると、サスペンションにいくらか不満はあったようだが、第一印象は〝静か〟である。もちろん、変な振動もこもり音もない。発進時にダレもエンストしなかったので、低速トルクに一応の評価はできるが、４０００ｒｐｍ以上でドライブするとエンジンが変わったように元気になる。㊎用のローレルなのだから、次にＤＯＨＣ24バルブを出すときは、馬力は１３０psのままで、思い切って低速トルクを高めたロールスロイス風のニッサン・ローレルロイスを作ってもらいたいものだ。

低速トルクが不満であるといっても、ロー、セカンドから３、４速をとばしていきなり５速に入れても、何事もなかったように加速し続けるのはサスガである。急にアクセルを離しても、ガックンとエンブレすることはなく、ＥＦＩのチューニングにぬかりはない。

たしかに洗練された良いエンジンであるが、クラシックな技術の集大成によりＬ６エンジンを洗練させたにすぎない。男はインポになると洗練されるというが、エンジンに進歩がなくなると洗練されるのかもしれない。オレは新技術が消化しきれずに未完成のままでいるエンジンに愛着を感じるのだ。進歩がなくなると、Ｙシャツや船のように中開発国、韓国で作ったほうが安くなるし、そういう日本もヨーロッパやアメリカの自動車の進歩の速度が落ちたとき、何の新技術も開発しないのにマネだけで追いついたのだ。

韓国車、ポニーがカナダで大ヒット中であり、造船の二の舞かと心配している自動車屋もいるが、そのとおりで、韓国人のバイタリティからすれば、ＭＦを読みさえすれば、明日にもＲＢエンジンはマネして作れるはずだ。

日本が、日本のニッサンが新技術を創造し続けないかぎり、心配は現実に近づくのである。

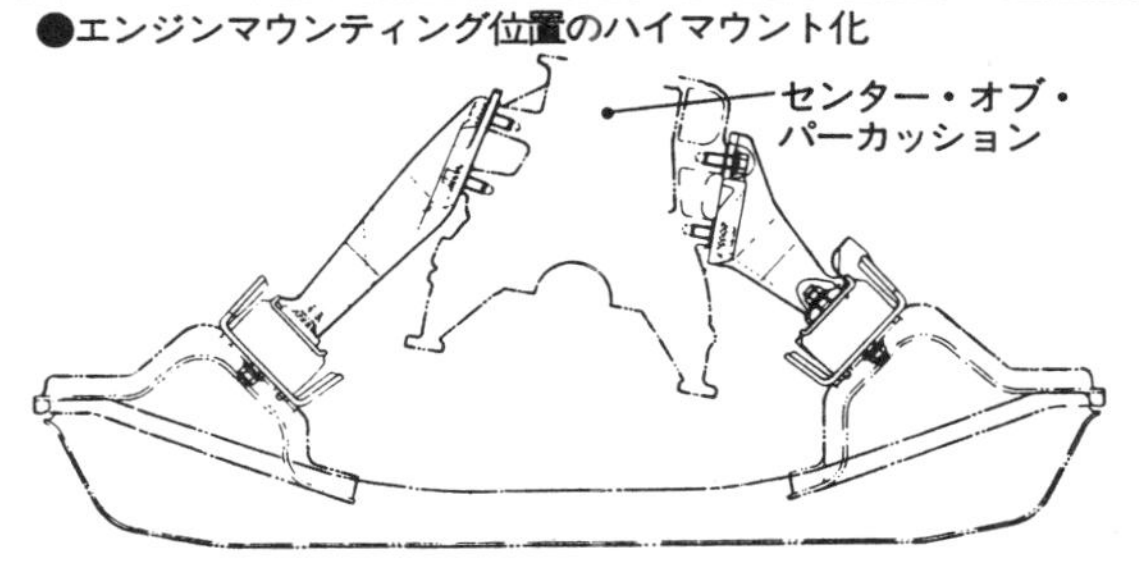

図29　ニッサンRBエンジン・マウント

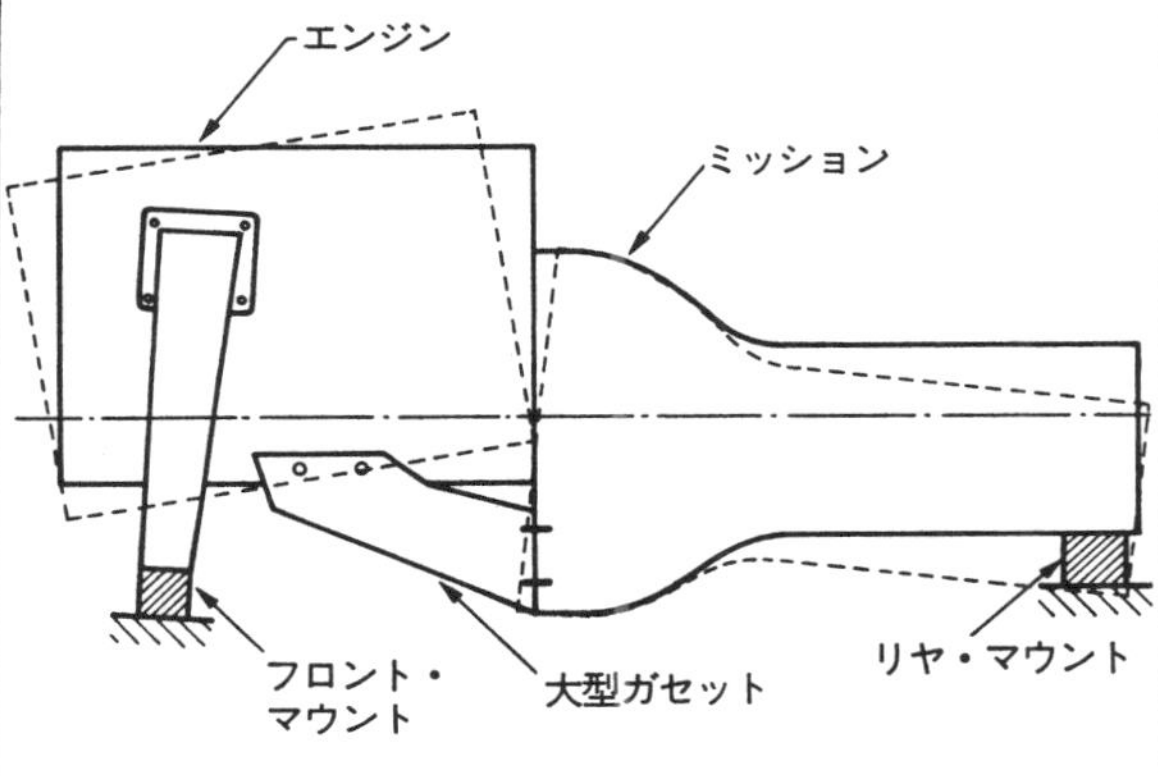

図30　パワートレインの剛性を高める大型ガセット

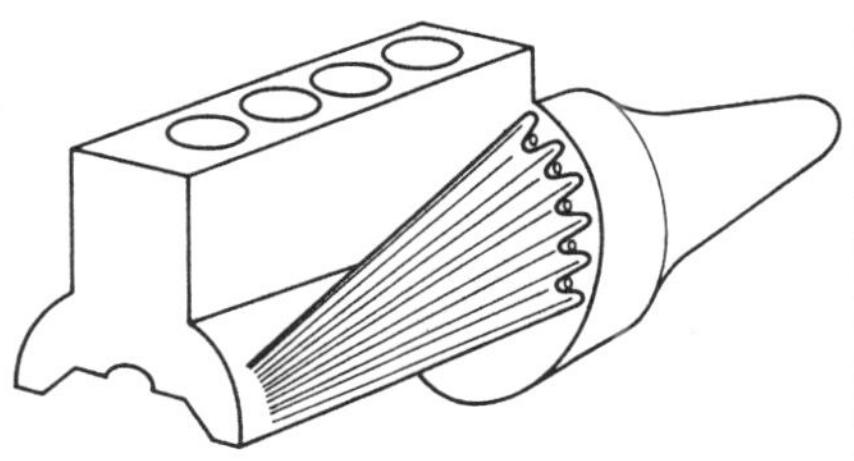
図31　ベンツ流結合剛性を高める設計方法

ニッサンVG20E・T
JET TURBO

ターボの弱点を補うニューメカを大いに評価。さらなる技術革新を期待

ここのところ、トヨタとホンダばかりに毒を浴びせ続けてきた。トヨタは怒り、ホンダは逃げるというムードの中で、チンケな会社から毒舌してくれ、といわれたが、特長のないのが特徴だといわれても、書きようがない。〝ネムれるネコ〟ニッサンも何もやらないで消えてゆくだけかと思っていたら、なんとガバッと目を醒ましたのだ。つきつけられた新製品、JET TURBOとは名前もE名前どおりか？　マユにツバをつけて調べてみよう。

●ターボは60%、ルーツ・ブロワーは40%の効率

パテントを売りつけようと、インディアナポリスからニューヨーク近くのマック社（コンボイに出てくるあの大型トラックを作っているのだ）まで、1500㎞ほど無免許運転して行った。応接室に出てきたテキはと見ると、一番若いオニイチャンがイバッテ1人で話している。名刺をよく見るとオジンが課長で、オニイチャンは部長なのだ。

残念ながら、日本ではこうはいかない。共通一次でまず精気を抜かれる。ドレイの場合はドレイ船上でヒタスラにムチ打ちして精気を抜くのだが、テメエから志願して抜かれるのが日本のガキの悲しいところだ。若年寄となったところで入社。年功序列という夢も希望もうちくだく制度で、追い越すことができない代わりに、追い越されることもなく、ヒタスラに年をとることだけが楽しみになる。

追い越されないからといって、安心してサボっていると、オチコボレになる。オチコボレは窓ぎわか、窓の外の風通しのよいベランダに席を移されてしまうのだ。その会社の環境に適合しないヤツがオチコボレるのだが、環境とはイエスといい続ける男だけが生き残れるフンイキで、発明することは先輩の作品を根底から覆すことになり、失礼なのだ。部長の反対を押し切って設計することは、反抗心の強い男と評価される。こんな風に二重に精気を抜かれた日本のエンジニアの目はウツロで、完全に脳死しているのだ。ただし呼吸はできて、食欲もある。が、二重に精気を抜かれているので性力は弱い。

これが日本のエンジニアが発明できない理由で、運よくエラくなったゴマスリ取締役は任期はたった2年で、株主総会が近づくと死刑囚の顔になり、来期もう1期生き残りたい、失敗するかも知れないニュープロジェクトは絶対にやるまい、やらせまいと心に誓うのだ。

こうした日本の空気の中で、トヨタの金原取締役が他社に先がけてDOHC4弁を命令できたのは、本人もエラかったが、社長の豊田章一郎サンもエラいのだ。この人はオーナーで、クビの心配が全くなく、明るい顔をして、ヤレといったのだ。本田宗一郎社長引退の今、頼りになるのは豊田社長だけか？

だが、ニッサンも、新社長によってようやく脳死状態からメザめ、DOHC・16バルブ／24バルブ／24バルブ＋ターボｅｔｃなどドバッと新製品を出したのはウレしい。中でもV6・JET TURBOとはゴロ

もEし、名前もE。トヨタのレーザーに対抗してプラズマのニッサンでは、マネがミエミエでイマイチ・パッとしなかったが、先んずればネーミングを制し、松田聖子を神田聖子に変えることだってできるんだから、ガンバラナクッチャ！

ガンバラナクッチャ、世の中何も変わらない。だが、ガンバル前にいずれの方向にガンバルかが問題である。鬼門は方角が悪い。コウモンはエイズの心配があるのでもっと方角が悪い。

エンジンにとって良い方角とは、吸気行程ごとにたくさんの空気を吸入することで、これがトルクになり、高速になっても体積効率が落ちなければパワーが出る。だから、この方角を進むより外に道はないのだ。

体積効率はタイムエリアで決まってしまう。タイムとはバルブの開弁時間で、１２００ｒｐｍで回っているエンジンの吸気弁の開弁時間は約1/20秒である。これに吸気弁の有効面積、すなわちエリアを掛けた値がタイムエリアである。このエンジンが６０００ｒｐｍのときには、タイムは１／100秒と短くなり、タイムエリアは1/5と小さくなってしまうので、2弁より3弁、3弁よりも4弁とバルブの数を増やして、エリアを稼ぎたくなるのだ。

しかし、バルブの数を増してみたところで、１２００ｒｐｍの回転数のときは開弁時間が十二分にあり、2弁でも5弁でも低速トルクに本質的な変化のないことは、ドライバーなら体験的によく知っていることである。

エンジンが高回転になると吸気管内の流速も高く、吸気行程下死点でピストンが停止し、向きを変えて圧縮行程に移っても、高速で流れている空気は止まれず、シリンダーの中に押し込んでくる。この性質を積極的に利用したのが慣性過給で、これは吸気管を長くすれば30％もパワーアップするのだ。パイプはターボよりもスーパーチャージャーよりも安く、キセルはキップを買うよりも安く、目下のところパイプが主流で当たり前である。

もっとパワーアップしたくなったら、シリンダーに入れる前の空気を圧縮して、2倍の目方にすれば、パワーは2倍になるリクツである。リクツは分からなくてもコドモは作れるが、リクツは分かってはいるが、パワーが出ないのがガソリン・エンジンなのだ。

ターボの遠心コンプレッサーにしても、ジェット・エンジンの軸流コンプレッサーでも、スーパーチャージャーに使われる容積型コンプレッサーで空気を圧縮しても、空気は圧縮されると、理論的には圧力の１・4乗に比例して温度上昇するのだ。

何事もリクツどおりにいかないので、ガンバル。ガンバッタところでエンジンの今の実力では、ターボ用の遠心コンプレッサーの断熱効率は60％、スーパーチャージャー用のルーツ・ブロワーで40％と効率は低い。残りの40％とか60％のエネルギーは、エネルギー不滅の法則に従って空気温度の上昇となるのだ。これでは空気の圧力を2気圧（大気圧力は1気圧だから、シロウトのいうブースト1kg／cm²とか水銀柱７６０㎜をこう表現する）と2倍に高めたところで、空気の重量増加は１・５倍にもならない。１・５倍の空気で１・５倍のガソリンを燃やせば、１００馬力のエンジンは１５０psと50％もパワーアップできるリクツなのだが、現実にはガソリン・エンジンの中にはノッキングというワルモノが住んでいて、ジャマをするのだ。

●ノッキングが過給エンジンの最大の敵

横浜国大に行ったとき、**図1**のような10ｍほどの長い一端が閉じたパイプが研究室の中に窓をつき破って入ってきているので、これナンだ、と聞いたら、パイプの中にストイキのミクスチャーを入れておいて、開放端で火をつけると、燃焼は加速しつつ左に進み、一番ケツのところでは速度は無限大になる、というのだ。無限大の速度の圧力波によって圧縮されたミクスチャーが最後に燃えるとき、温度は理論的に無限大になり、核融合が起こるかもしれない、とマジにいうのだ。これを

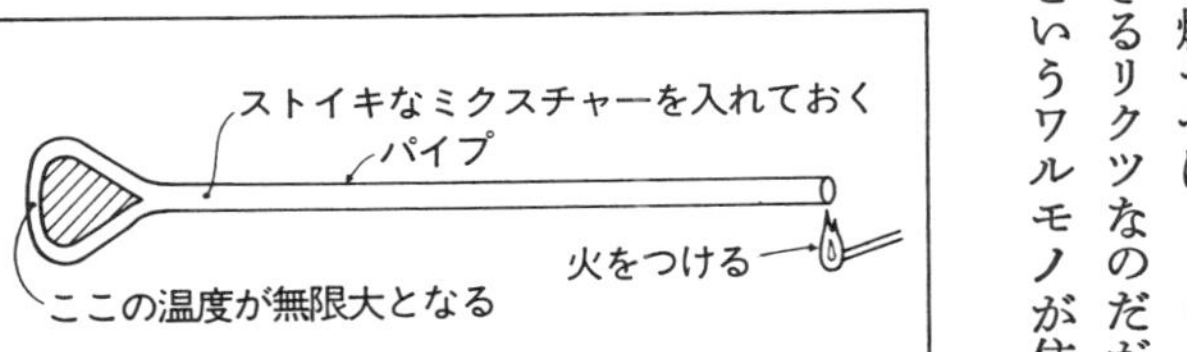

図1　ノッキング発生装置

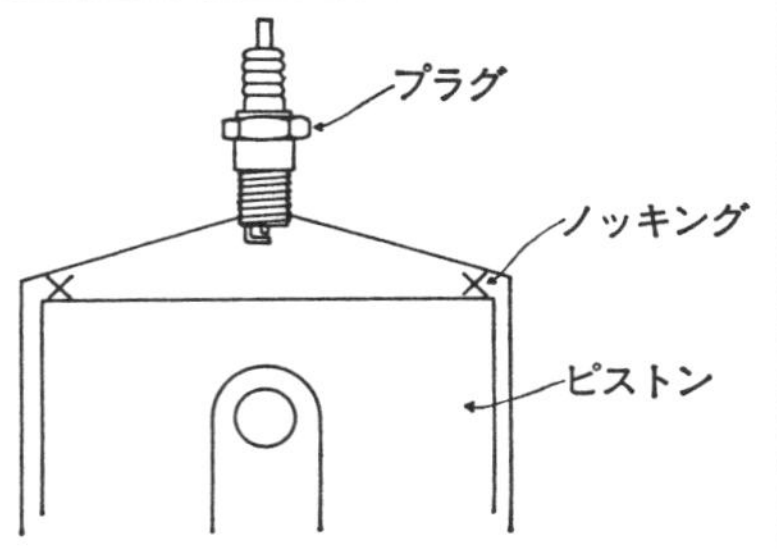

図2　ノッキングの発生

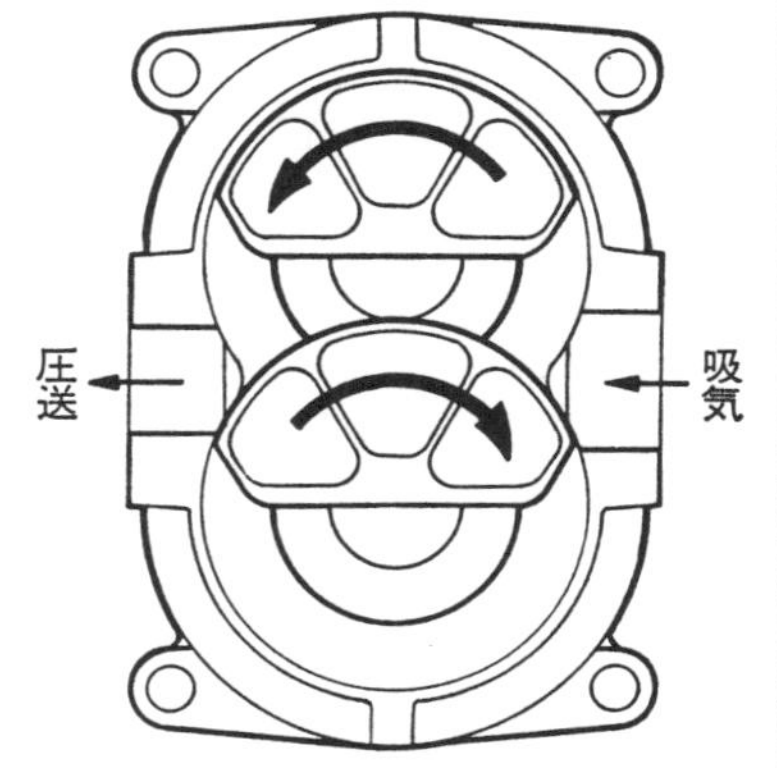

図3　バンケル製スーパーチャージャーの構造

聞いたオレは、顔の筋肉をコントロールしてマジな顔にしようと努力したが、ダメだった。アハハ……。

核融合はジョーダンとしても、ノッキングは**図2**のように、プラグから離れた位置で発生し、パチッと超高速で燃焼し、瞬間的に超高温になり、ピストンやシリンダーヘッドを溶かしてしまうので、過給エンジンの大きなバリアがノッキングなのである。

ノッキングは圧縮上死点のミクスチャーが高温になると誘発するので、過給エンジンの場合、圧縮比を下げるのが一番テットリ早い。次のテとしては、チャージクーラーで圧縮前のミクスチャーを冷やして、圧縮上死点の温度を下げることである。

ニッサンV6エンジンの場合、NA（無過給）では圧縮比9と高いが、60％の断熱効率のコンプレッサーで空気を圧縮し、チャージクーラーを使わないので、圧縮比を8に下げざるを得なかった。

なぜチャージクールしないか？　それはチャージクールするには、あまりにもブーストが低く、ブーストが低ければ効率の低いターボで加圧してみたところでチャージの温度は100℃くらいのものか。それを30℃の空気をチャージクーラーにぶつけて一生懸命冷やしても70℃までと、タッタの30℃だけ温度を下げるのに1万円のチャージクーラーを使うとはナニゴトぞ、ということでチャージクールしないのだ。

されば、**図3**に示すスーパーチャージャー、バンケルタイプのブロワーを過給機として採用すればどうか。答はノーである。ドイツだからバンケルだからと有難がってみても、しょせんはブロワー。**図4**に示すルーツ・ブロワーと原理は同じで、理論的に高い効率は望めない。効率40％ではチャージ温度は高くなり過ぎ、もっと圧縮比を下げないとノッキングしてしまうのだ。

なぜ、ルーツタイプは効率が低く、スクリュータイプ（リショルム）・コンプレッサーは効率が高いかは、次の次の項で説明するが、スクリュータイプ・コンプレッサーならば、内部圧縮があり、効率は80％とダントツなのだ。だから、すべての工場にあるコンプレッサーはこれで空気を7気圧に高めているのだ。スーパーチャージャーとして使えば、圧縮比を下げなくても、チャージクーラーを使わなくてもパワーアップできるはずだ。**写真5**がそれで、最近イギリスで発売されたから、ニッポンでもマネしようと見本を輸入しようとしているはずだ。これではロシアを笑えない。オレに聞くべきだ。

話をもどして、圧縮比を下げるとネンピが悪くなる、と大学教授も設

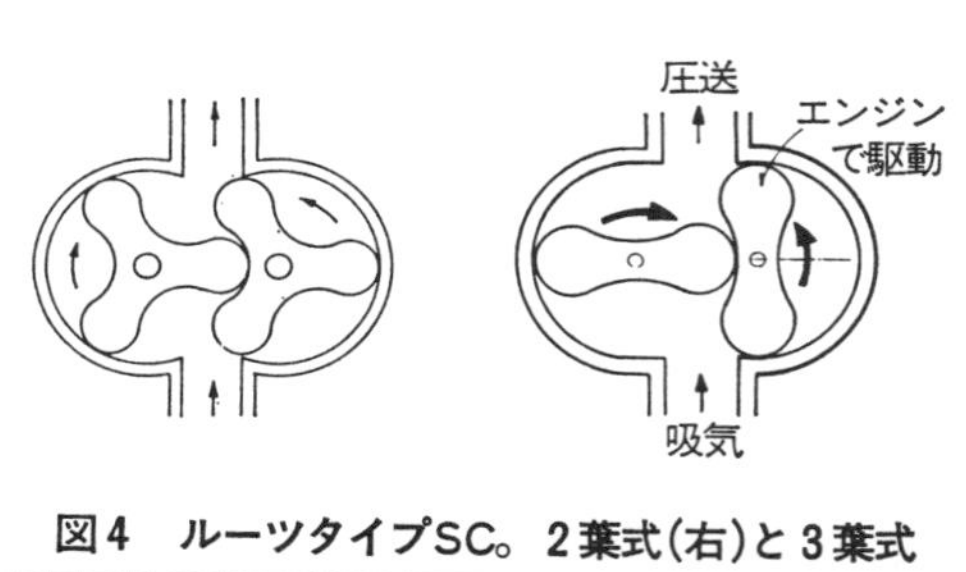

図4　ルーツタイプSC。2葉式(右)と3葉式

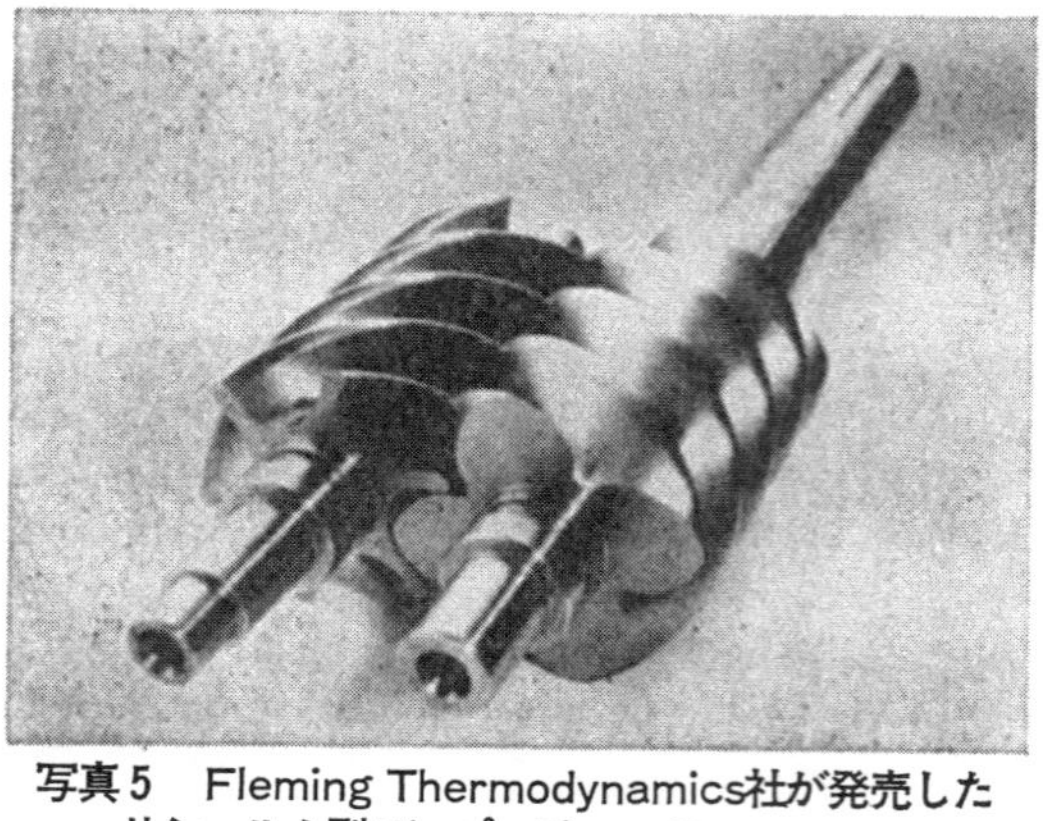

写真5　Fleming Thermodynamics社が発売したリショルム型スーパーチャージャー

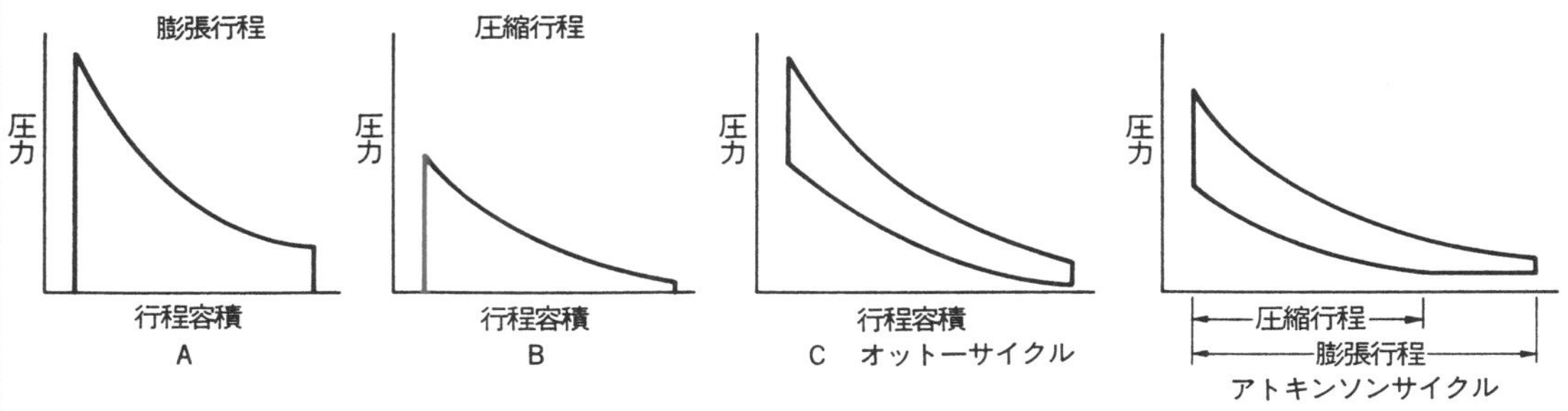

図6　エンジンの仕事

計部長もヒラも固く信じている。そう信じさせられている評論家もアホである。

　エンジンには、だれでも知っているように、圧縮行程と膨張行程とがあり、膨張行程で稼いだパワーをフライホイールにため込んでおいて、半分以上のパワーを圧縮行程でハキ出さないとオットーサイクルによるガソリン・エンジンは成立しないのだ。これを**図6**で示すと、図Aの面積が膨張行程パワーで、図Bの面積が圧縮行程をさせるに必要なパワーであるから、膨張行程のパワーから圧縮行程のパワーを差し引いた値がエンジンのパワーで、図Cに示してある。

　図6から分かることは、膨張行程のパワーをもっと多くして、すなわち、膨張比をもっと大きくして、圧縮行程に必要なパワーを小さくすること、すなわち、圧縮比をできるだけ小さくすることがパワーを高め、熱効率を高めることなのだ。こんな簡単なリクツはコンピューターがなくても、だれでも理解できる。だから80年前のイギリス人、アトキンソンさんは図6の一番右に示す圧縮比が小さく、膨張比の大きい、当時の他のエンジンと比較して20%も熱効率の高いエンジンを創造したのだ。

　日本の大学教授やプロ、評論家、それにコイツらにウソを教えこまれたアマたちの悲しい固定観念は〝圧縮比を下げると燃費が悪くなる〟であるが、正しくは〝圧縮比を下げると、膨張比まで下がるフツウのエンジンの燃費は悪くなる〟である。なぜ間違った固定観念にとりつかれたかといえば、世の中にあるピストン・エンジンのすべては圧縮比と膨張比が同じなのである、が、圧縮比と膨張比とを分けて考えることによってこそ進歩が、もっと燃費の良いエンジンの芽を育てることになるのでは……。

　これとは逆に我が国最高の〝東大度〟を誇るニッサンの設計のコドモたちは、原理の発見とまでいかなくても、見直しすらできない大秀才の集まりで、ノッキングしたから圧縮比と一緒に膨張比まで下げてしまったとは情ない。ネンピが悪くなるということは、ストイキのミクスチャーを同じ量吸入しても、膨張比の低下によって燃焼ガスのエネルギーをピストンで受け止め、クランク軸に伝えられないからパワーが落ちたことで、ターボがブーストを高めない発進トルクは無過給エンジンと比べ確実に落ちるのだ。

　発進トルクとはアイドル・スピードにおけるトルクで、これが高くないと、ゼロ発進にエンストをしたり、だからといってフカしながらクラッチを合わせるのでは、バイク並みに下品なエンジンになってしまうのだ。無過給エンジンといえども、発進トルクを高めようとすると、高速トルクが落ちる。

　過給エンジンでこれを高めるには、容積型のスーパーチャージャーに頼るほかはない、と思っているのはシロウトかセミプロである。

　ガソリン・エンジンのアイドルでは、キャブレターかEFIでストイキのミクスチャーを作り、これをスロットル・バルブで絞って、ホンのチョットだけエンジンに吸わせて、燃焼させて低速回転させ続けるワケだが、当然に排気ガスも少ない。その上、低速なので燃焼ガスの熱のほとんどは冷却水に逃げてしまって排気は低温である。これではターボ・チャージャーのタービンを駆動するエネルギーは不足で、最高16万rp mも回るターボも2000~3000rpmしか回らないのだ。ブーストは回転数の二乗に比例して高まるので、計算してみたいところで、最高ブーストの4千分の1と、限りなく0に近いのだ。

そこで昔の頭の良い人（ガイジン）は考えた。水力発電所で使われているペルトン水車を小型化して、**図7**のようにオワンを5~6個ターボのシャフトに取り付ける。クランク軸はペルトン用のオイルポンプを駆動して、オイルをペルトンホイールに吹きつけて、ターボを10万rpmにまで加速したらと。

だが、このアイデアには落とし穴があるのだ。**図8**がその説明図で、流量が少ないのにムヤミヤタラとコンプレッサー・ホイールを回してみたところで、通路内に渦ができるばかりで、ブーストは上がらない。これをサージングとプロはいうのだ。

図9には空気流量とサージングとの関係を示していて、アイドル速度ではチョットだけでもブーストを高めると、サージングが発生してしまう。ターボでアイドル速度でのブーストを高め、トルクアップすることはドダイ無理だ、と早トチリするのが日本のプロの情ないところで、ターボから出てくる空気をドンドン捨てればよいのだ。だが、捨てるのはモッタイナイので、ブーストを利用して、図7の点線のようにバイパスを作り、タービンを駆動すれば、バイパスを通る空気量が図9に示す量であれば、ペルトン式ターボでもアイドルからイッキにガーンとダッシュできるリクツである。

ところが、このリクツもマユツバで、ペルトン用のオイルポンプの吸収馬力がデカイので、一瞬エンジンはスピードダウンし、それ

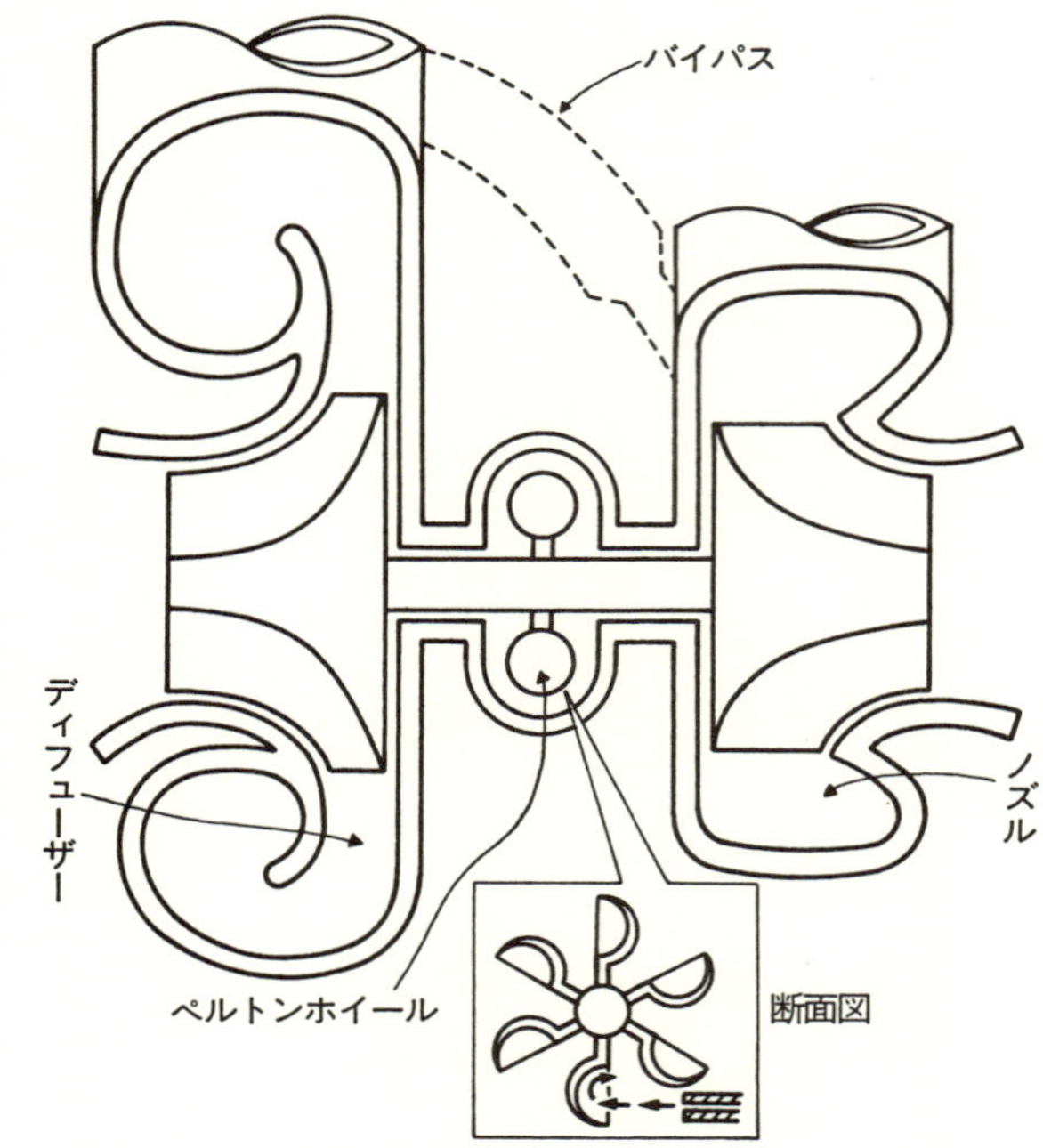

図7　ペルトンホイール付ターボ

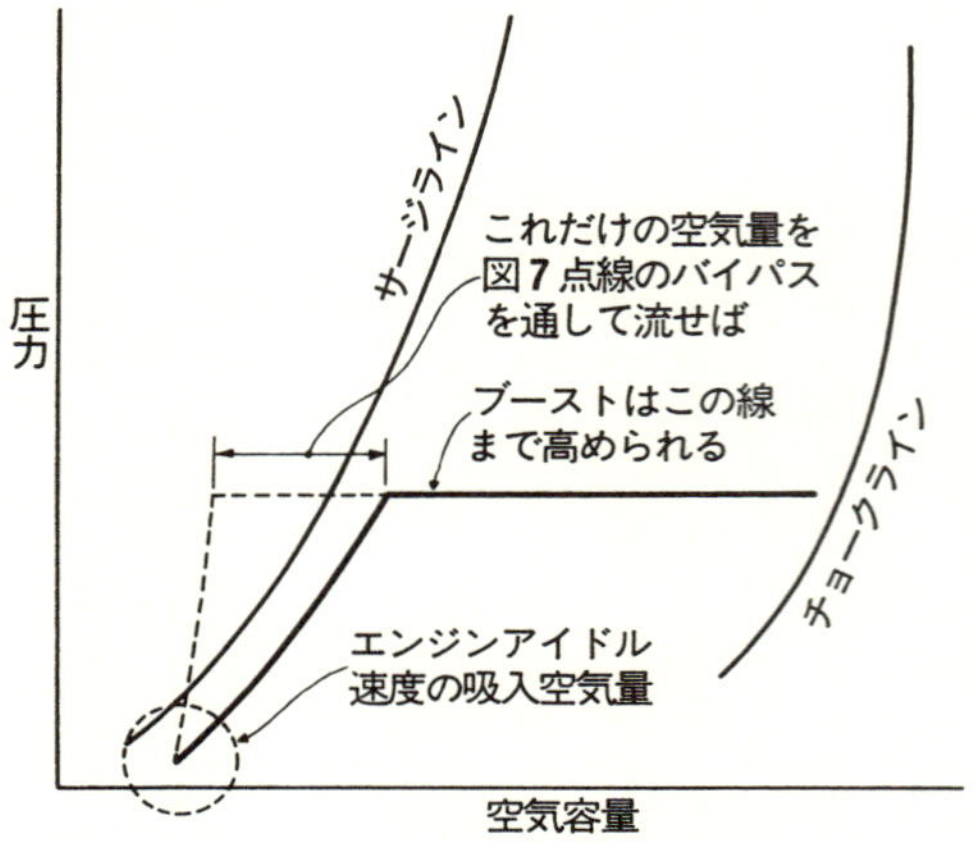

図9　コンプレッサーの性能曲線

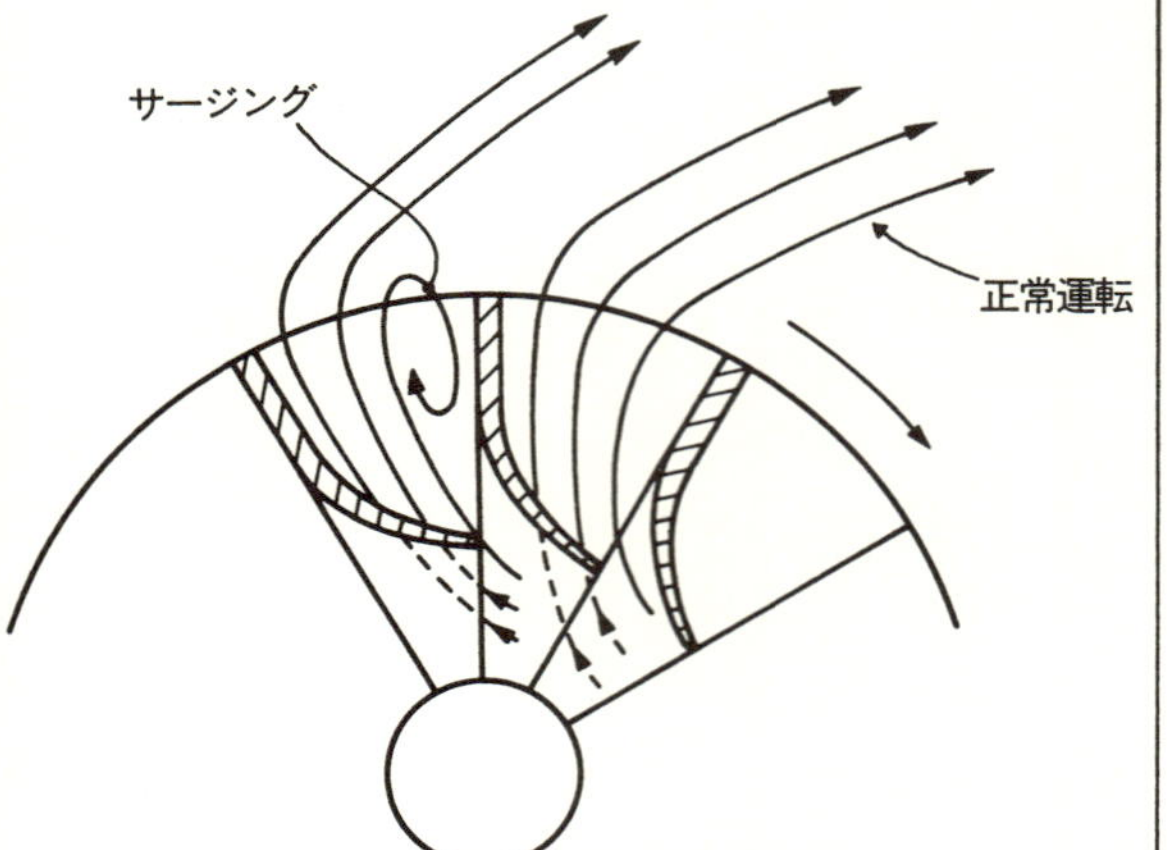

図8　コンプレッサー内の空気の流れ

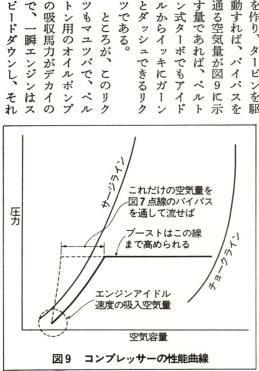

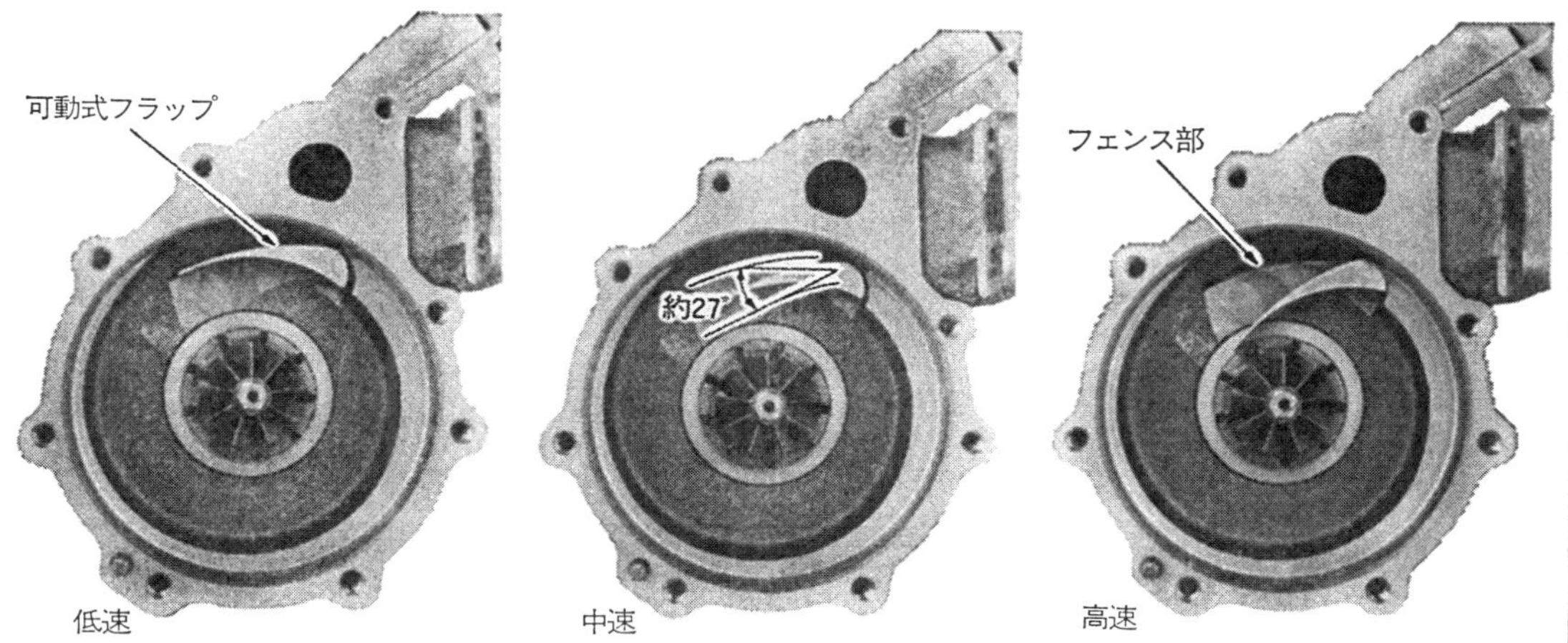

写真10　ジェット・ターボ断面図(タービン・ハウジング側)

写真11　バリアブル・ジオメトリーのタービン・ノズル

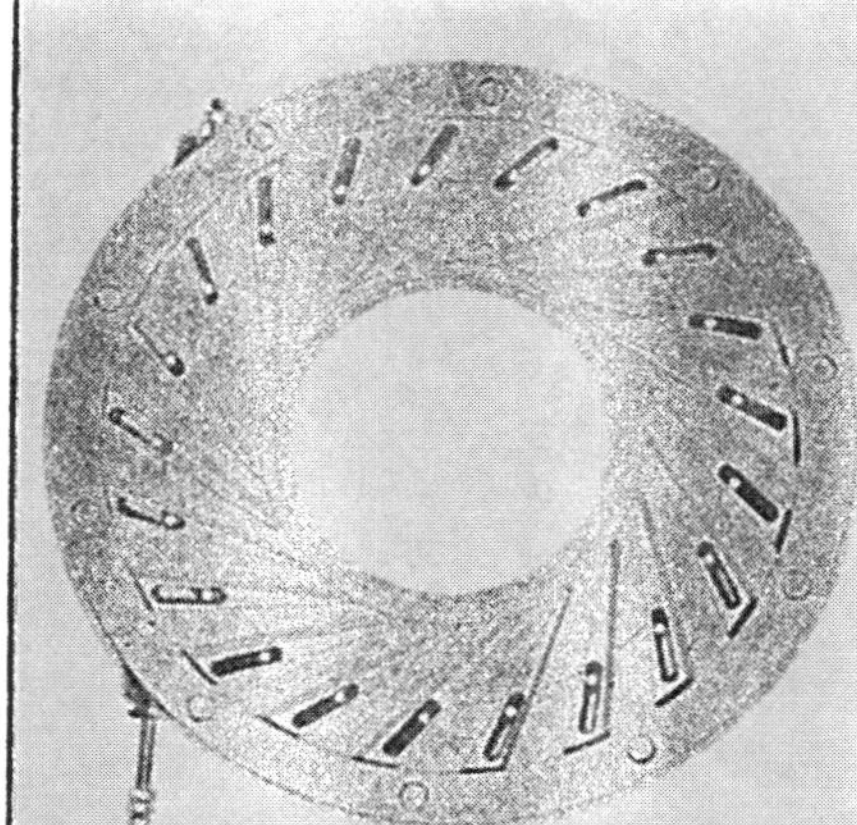

写真12　バリアブル・ジオメトリーのコンプレッサー・ディフューザー。高速時。

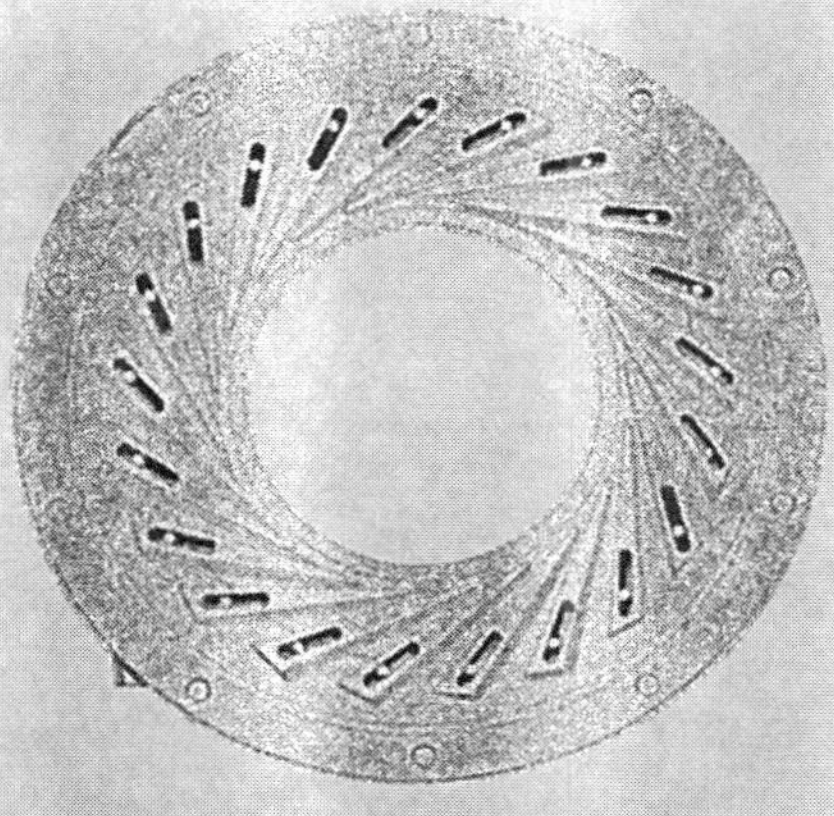

写真13　図12の低速時

からイッキにダッシュするのだ。だから、このシカケもドライバーにいすゞのNAVI5的な異和感を与えるはずだ。もっと良いシカケはないか、とエンジニアは悩むのである。

●可動フラップ式は〝軟式VG〟

日産自動車、創業以来の大技術革新、VG20E・T JET TURBOのシカケは**図10**で、タービンノズル面積を1個の可動式フラップで変化させる、Variable Geometry Turbo 略してVG／TURBOである。これは世界最初ということではなく、MMCが10トン車用エンジンにこれを採用したが、どういうわけか売りたがらないし、だからこれの評判も不明である。とすればニッサンが世界初かも。

自動車のターボは図7に示すように、排気ガスを加速してタービン・ホイールにブツける役目をするノズルも、コンプレッサー・ホイールで加速された空気を減速して圧力に変えるディフューザーも、羽根なしのノッペラボーである。これをベーンレス・ノズルとかベーンレス・ディフューザーというが、**図11**はベーン・ノズル、**図12**、**13**はベーン・ディフューザーで、むろんこの方が効率は高いし、値段も高いのだ。

　自動車用エンジンの全速度範囲にわたって効率を良くしようとすれば、図11、12、13のようにたくさんのベーンを可変式にしなければならない。これは米軍のタンク用エンジンのターボで、**図14**に示すように使用前の点線と比較すると、使用後は低速トルクが倍増しているのだから大したものである。こうまでもしてガンバラなければ戦争に勝てないのだ。

　このホンモノのVGターボが良いことは分かったが、直径5cmのタービンホイールにこのメカは無理で、テニスを知った日本人がスグに軟式テニスを発明した、と同じ手口で発明したのが〃軟式VG〃で、それが図10なのだ。

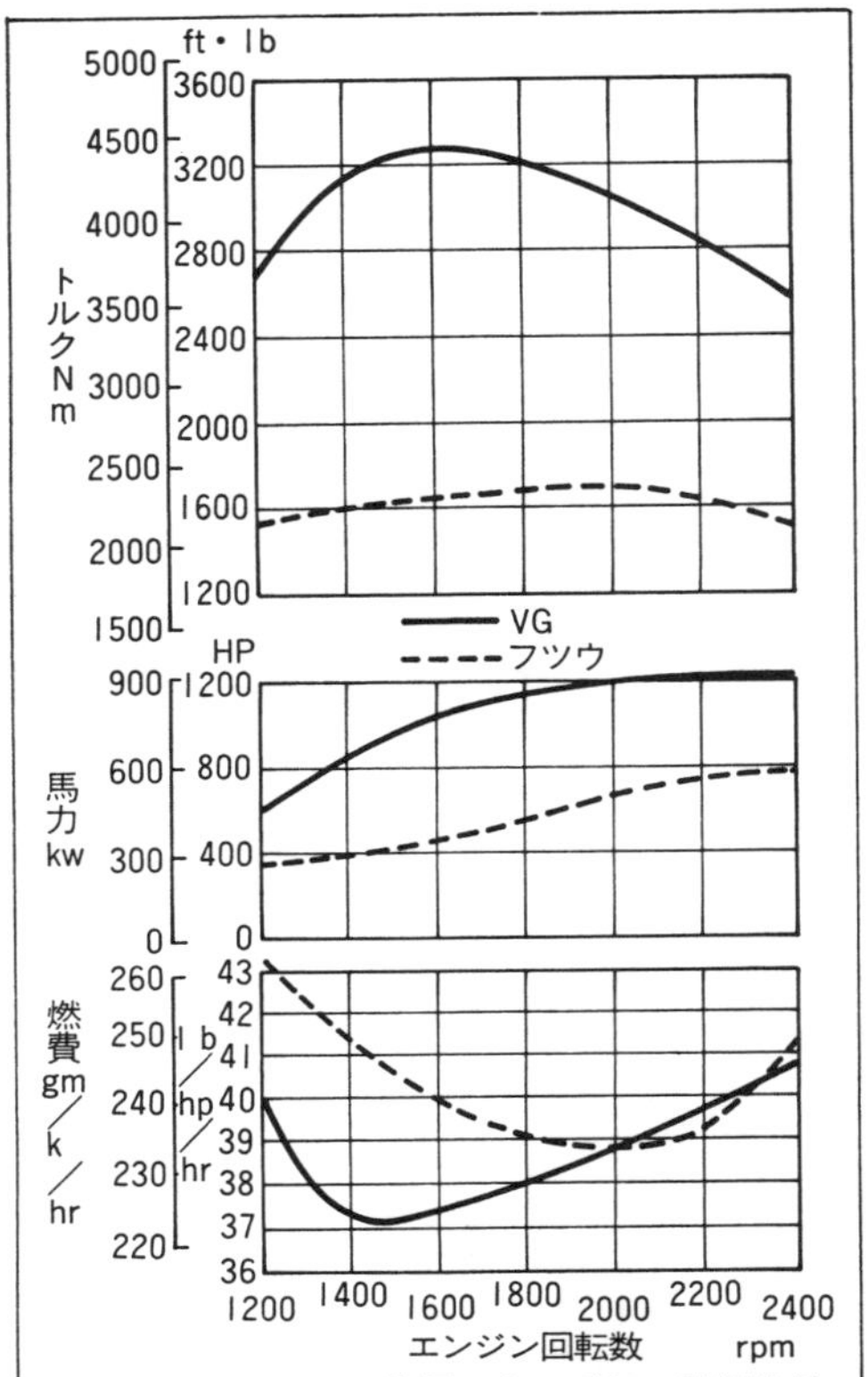

図14　VGターボと普通のターボとの性能比較

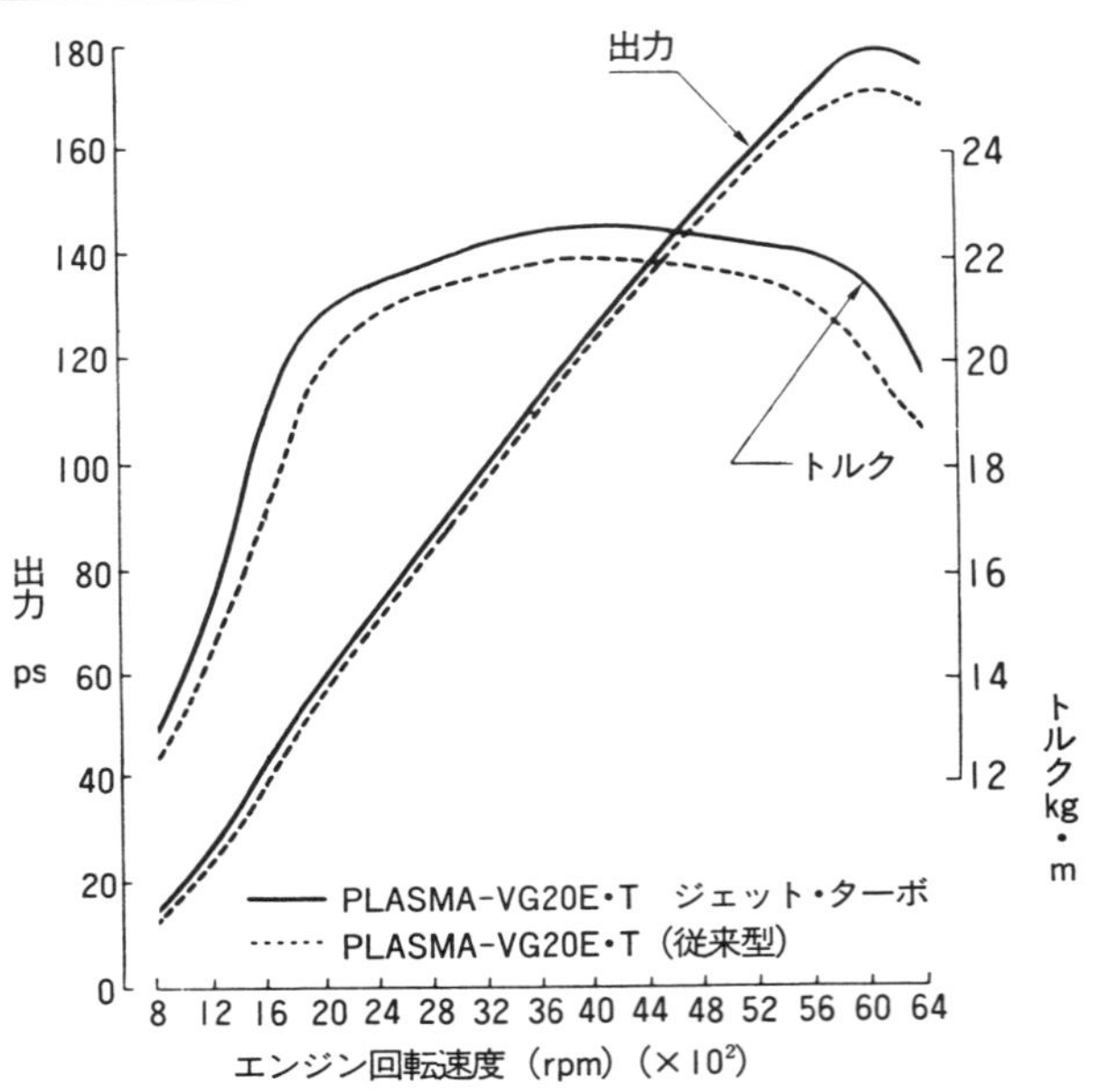

図15　エンジン性能曲線比較

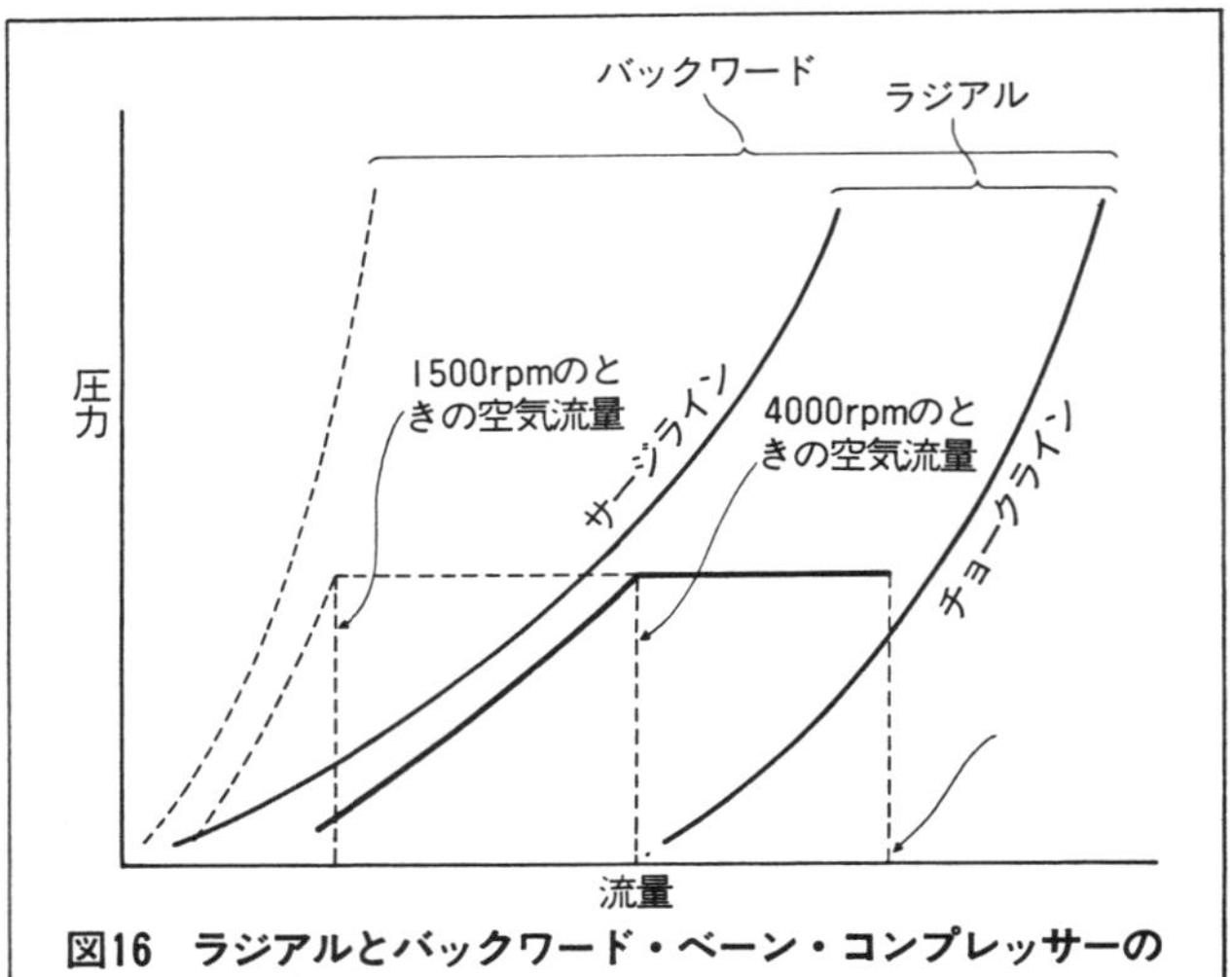

図16　ラジアルとバックワード・ベーン・コンプレッサーの性能比較

　硬式であろうと軟式であろうと、発進トルクは排気エネルギーが不足しているのだから高めることはムリだ。しかし、低速トルクは**図15**の性能曲線に示すようにリッパである。が、点線のフツウのターボと比べるとチョットだけ、タッタの3%しかトルクカーブは改善されていない。トルクの立上がりにしたところでホンの気持だけにしか過ぎないのだ。

　低速トルクを高めようとしても、図8のラジアル・ベーンのコンプレッサーではムリ。というのは、これは**図16**に示すように作動域は狭いのだ。サージングについては前に述べたが、チョークとはもうこれ以上はフンヅマリになって空気を流せないことで、サージとチョークの間でコンプレッサーは仕事をし、エンジンに過給するのだ。

　ハヤリ始めのころのターボのコンプレッサーのベーンはラジアルだっ

たので、狭い作動域しか使えなかった。トルクの立上がりが4000rpmでは、2速で80㎞／hも出さないとターボを感じないシロモノで、これではトヨタのDOHCにやられ放題も仕方なかった。

6000rpmまでヒッパッテもチョークせず、トルクの立上がりはアイドルではムリだが、せめて1500rpmにしたいとニッサンのエンジニアは思った。その方法は、**図17**のようなバックワード・ベーンにすれば、だれの目から見ても、流れにムリはなく、サージもチョークもしにくくなり、作動域の広がることは昔から分かっていた。が、できない理由は、図8のラジアル・ベーンには16万rpmで回転しても、遠心力しかかからなかったが、バックワード・ベーンでは図16の右に示すように、羽根は遠心力によって折られてしまうのだ。

遠心力は回転の二乗に比例して増大するので、作動域を広げるためには、遠心力に強い設計と材料を選ばなければならない。レーキ・アングルをつけると遠心力による曲げの力を減らすことができる。レーキ・アングルとは**写真18**のようにニッサンの広報資料にあるバックワード・アングルであって、それらの区別のつかない人たちが設計しても効率の高いターボができるのだから、他社も自家製ターボを作るべきだ。

レーキ・アングルを30°から40°に増やした（バックワードアングルも高めて？）結果は作動域が広がり、低速トルクの立上がりは**図19**に示すように2000rpmであったものが1600rpmと下がり、コンプレッサーの直径も62・2㎜から60㎜へと小型化に成功したことは、後で述べるレスポンスすなわちターボラグを短くするのに大いに役立つので、まずはメデタシメデタシである。

が、理想をいえば、バリアブル・ジオメトリーなコンプレッサー、図12、13のようにディフューザーのベーンをバリアブルにした方が作動域も広く、効率も高いのだ。というのは、ベーン・ディフューザーの方が効率が当然に高いし、**図20**のようにコンプレッサーの作動状態に応じて

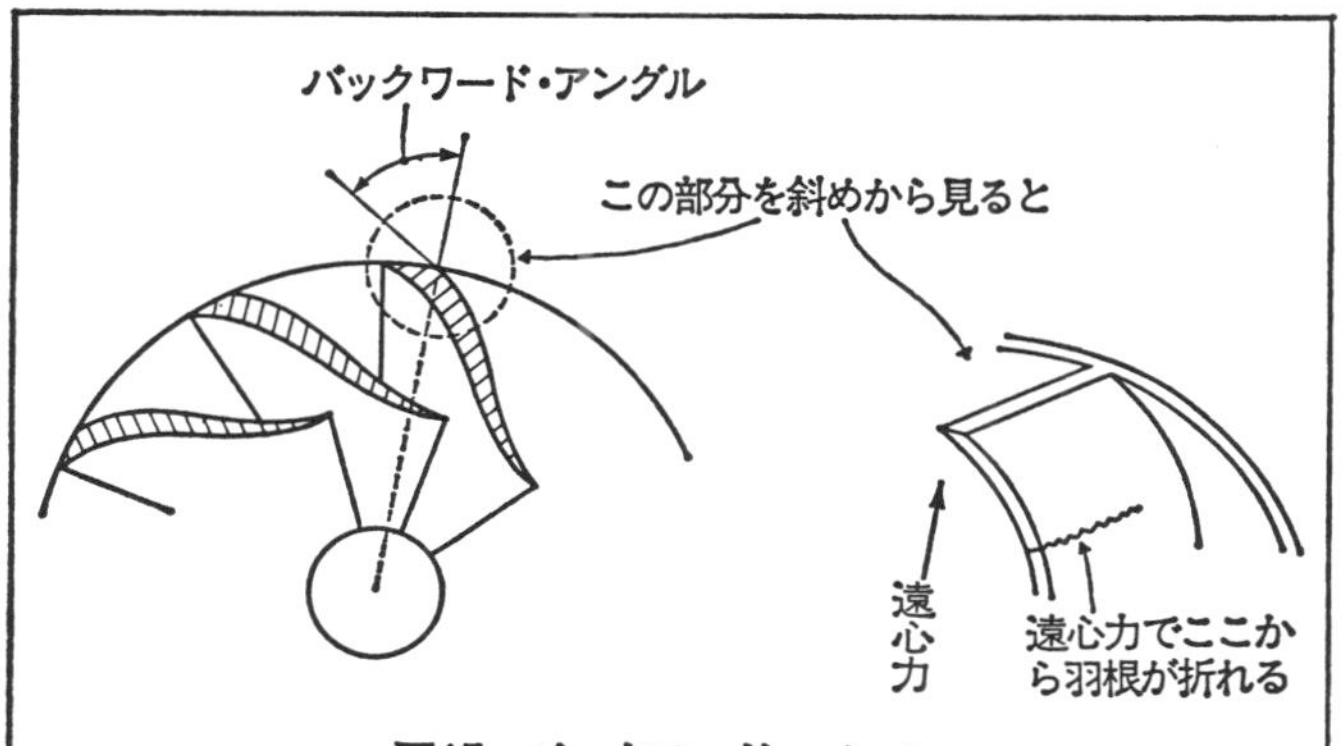

図17　バックワード・ベーン

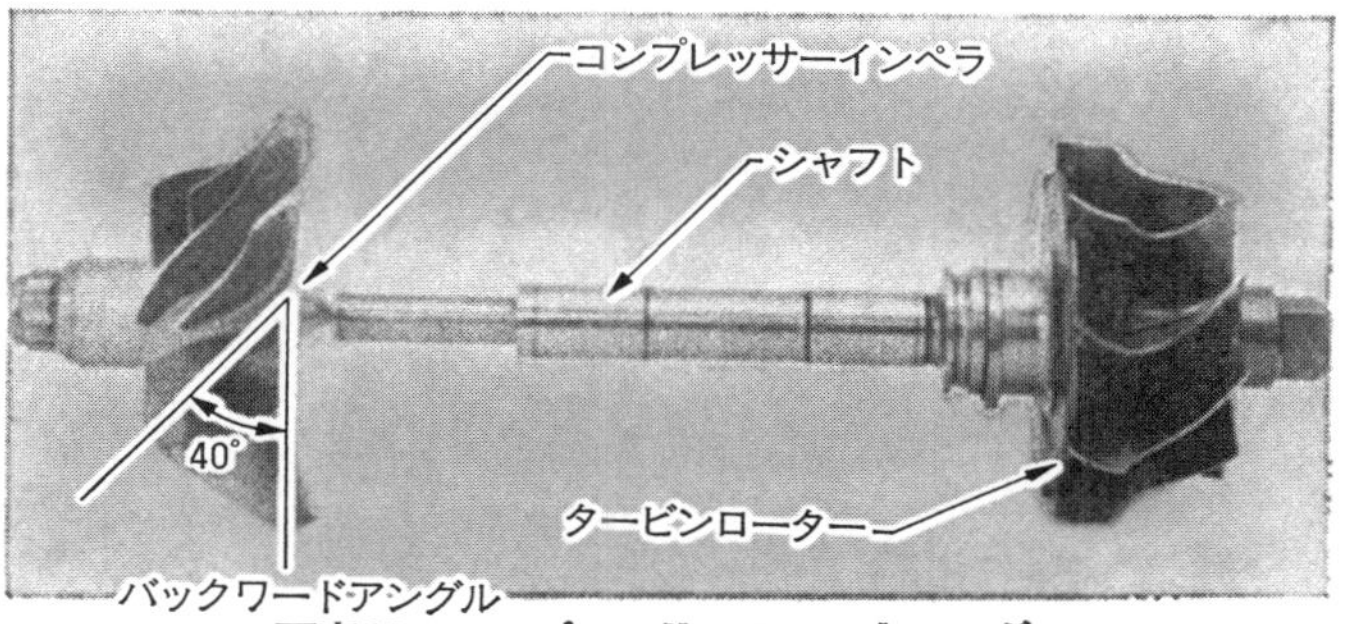

写真18　コンプレッサーのレーキアングル

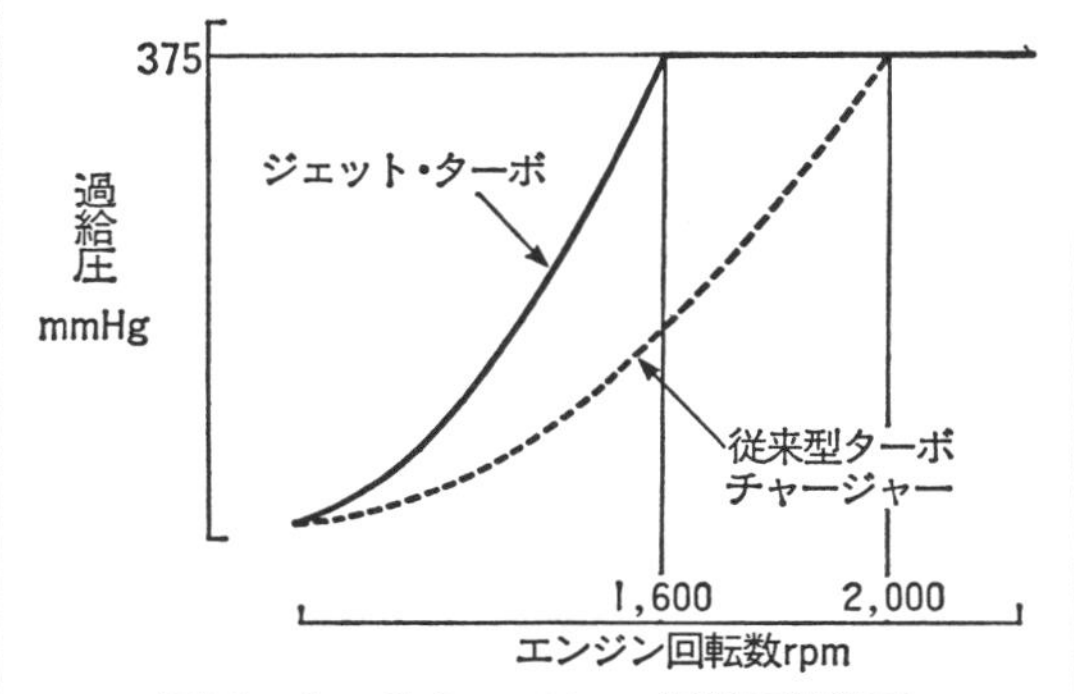

図19　ターボチャージャー過給圧特性図

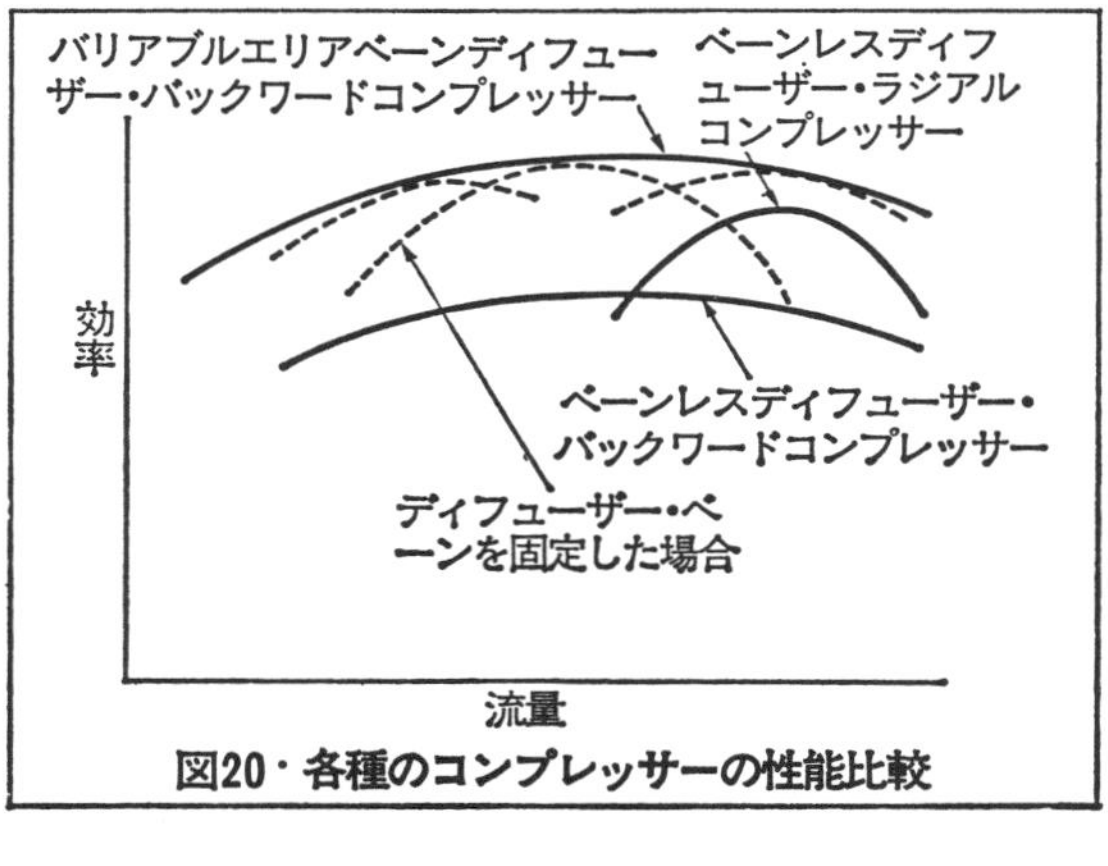

図20・各種のコンプレッサーの性能比較

最適のディフューザー・アングルを選ぶことができるからである。

チンケなタービンでは、このような広い全作動域にわたって、コンプレッサーを駆動できないので、ＶＧなタービンが必要になるリクツである。ただし、ディーゼル・エンジンのブーストの圧力比が４・５と高く、パワーも無過給エンジンの３・５倍も高めるには、ということであって、ガソリン・エンジンはノッキングでエンジンがコワレてしまうので、ブーストの圧力比はせいぜい１・５倍。だからパワーもタッタの１・39倍だけしかアップしない。ブーストを０・５気圧だけしか高めないのであれば、低速の少ない排ガスのエネルギーでも十分に、そしてチンケなタービンでもコンプレッサーを駆動できる。だから、ウエイストゲートでもＶＧでもかまわないのだ。

最初にアホーのテクニック、ウエイストゲート付ターボで、ニッサンＶ６エンジン用のタービンを設計してみると、図16の点線の１５００ｒｐｍのところで、０・５気圧のブーストをコンプレッサーに出させるには、２０００ｒｐｍでチョークしてしまうほどの小さなタービンで駆動しなければならない。この小さなタービンはエンジン回転が１５００ｒｐｍのとき最高効率でフルパワーを発揮するのである。エンジン回転を１５００ｒｐｍ以上に高めることは、これ以上の排ガスはフンヅマリになってタービンを流れないから、そこでウエイストゲートを開けてリッター当たり１５０円のガソリンで作った排気エネルギーを捨てる。エンジン速度の増加とともにウエイストゲートは大きく開く、６０００ｒｐｍでは半分以上の排気ガスをウエイストゲートから捨てるシカケだ。モッタイナイ！

ドロボーにも３分の理、毒舌は９分の理、ウエイストゲートにも１分の存在理由はあるもので最小のタービン・ホイールは最高のレスポンス、すなわちターボラグが短いことが約束されているのだ。だがウエイストゲートは低速から開いてやらねばターボはチョークしてしまうのだ。**図21**にオレが勝手にミツクロイでセドリックの走行抵抗曲線を点線で記入すると１００㎞/ｈで走ると点１となり、ウエイストゲートは線１より右のゾーンで開き始めてしまうのだ。オレのように東名を１４０㎞/ｈで走ればウエイストゲートは大開きになり、加速度を楽しむことと引換えにガソリン代で悲しまねばならぬ。

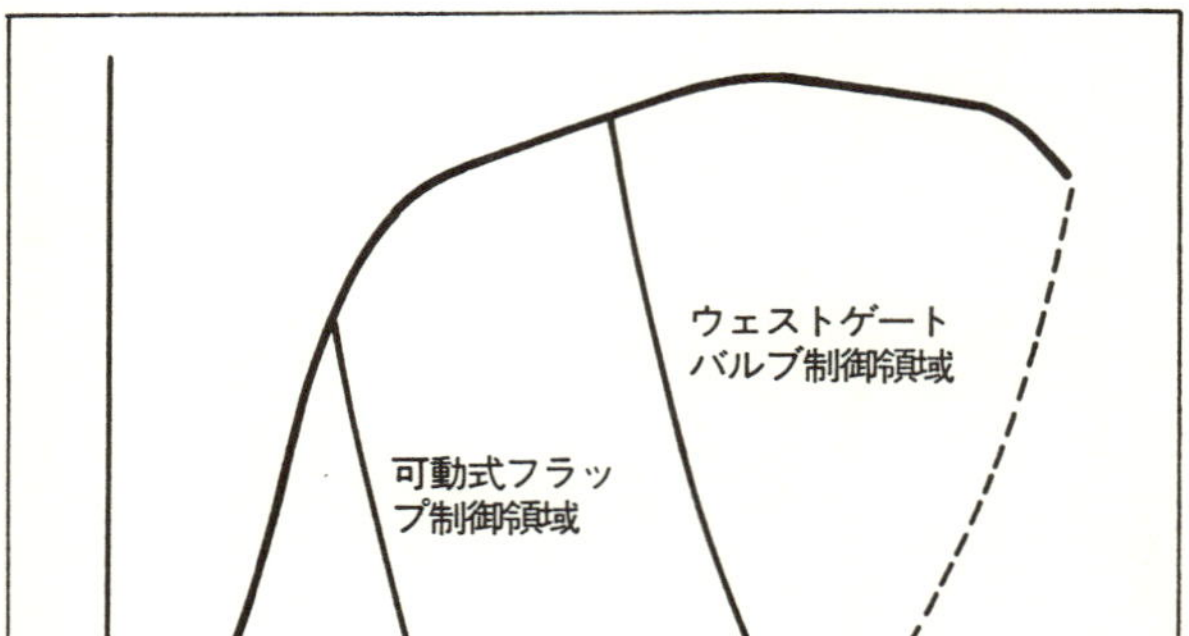

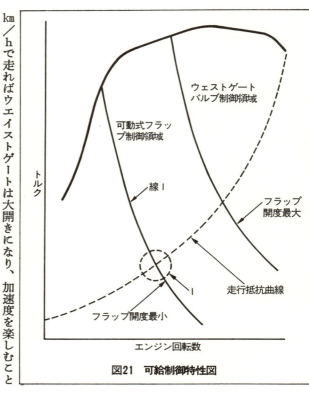

図21　可給制御特性図

逆にバリアブル・ジオメトリーのタービンで設計してみると、エンジン６０００ｒｐｍのときウエイストゲートなしだから全量の排ガスをタービンを通して大気へ排気しなければならない。ということは大きなタービンが必要になり、低速ではタービンのパワーが不足するから、ノズルの面積を絞って高速ガスをタービン・ブレードにぶつけてやるのがＶＧターボで、そうするのだ。

でかいタービン・ホイールはターボラグを長くするが、フルスロットルでアウトバーンを２００㎞/ｈで走ってもネンピはすこし悪いだけだ。というのは無過給エンジンより圧縮比を下げているからである。

と、ここまで書けば、日本人ならダレでもピーンとくるはずだ。日本人は足して２で割ることが好きな民族で、低速から中速まではＶＧ、中速から上は加速と登坂以外に使わないのだからウエイストゲートと考えて当たり前である。これで発進トルクはペケだが、低速トルクはマアマア、パワーもマアマア、ターボラグもマアマア、ネンピもマアマアと特長を消し合いながらも、ドブネズミ色のセビロを着たサラリーマンのようなマアマアのターボ・エンジンができ上がったことになる。

●ホンモノのVGターボでもターボラグは消えない

とはいうものの、このターボのバリアブル・ジオメトリーのシカケはオモシロイのだ。オレはターボにはシロウトで、図10のシカケでは、**図22**のように狭いノズルを出て高速のガスが急に広いところに出ると渦が発生して、速度エネルギーは失われて、熱に変わるだけだと思っていた。フリーボルテックスなどという高級な理論を知るには、夜間の各種学校ではムリで、オレには説明できないと知ってか、カタログにはチャーンと書いてあるのだ。**図23**を読めばよく理解できるし、**図24**の説明もナントなくナットクさせられてしまうのだ。

低速のときは図24の左で、可変ノズルで絞れた高速の排ガスはフリーボルテックス（自由渦）に乗って真ん中に向かってグングン加速され、速度を上げながらタービン・ホイールにぶつかるので、低速の少ない排ガスでもタービン・ホイールを、コンプレッサーを高速に駆動できるリクツである。

図10を見れば、可動フラップの動かし方がよく分かる。が、驚いたことに、タカがこのチンケなフラップを動かすのに、コンピューターを使うとは大ゲサな、と思ったが、**図25**を見てナットク。**図25**から推定すると、エンジンがブースト100mm水銀柱以下の低負荷で運転されていて、ピストンもシリンダーもヘッドも冷たい状態にあり、このとき急にアクセルペダルを踏み込むと、水銀柱で200mmのブーストになるまでの時間が短い、ということをコンピューターは確認し、オボエておく。とはいえ0・5秒たってもまだクルマが急加速

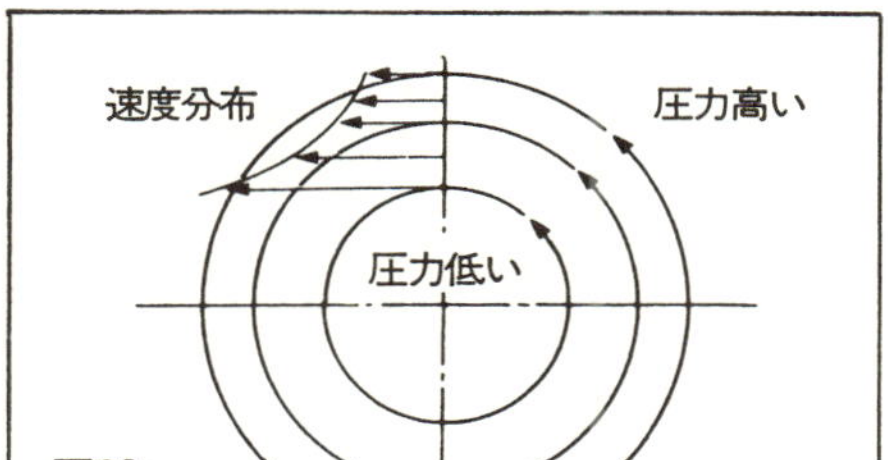

図23
自由渦とは
渦の円周で正圧が、中心で負圧が発生する場合に、遠心力と圧力のバランスによって中心付近で圧力が低くなるため、渦の旋回速度が中心に近づくにしたがって加速され、中心において最高速状態で流出する渦巻現象。(Ex.風呂の栓を抜いた時に発生する渦現象)

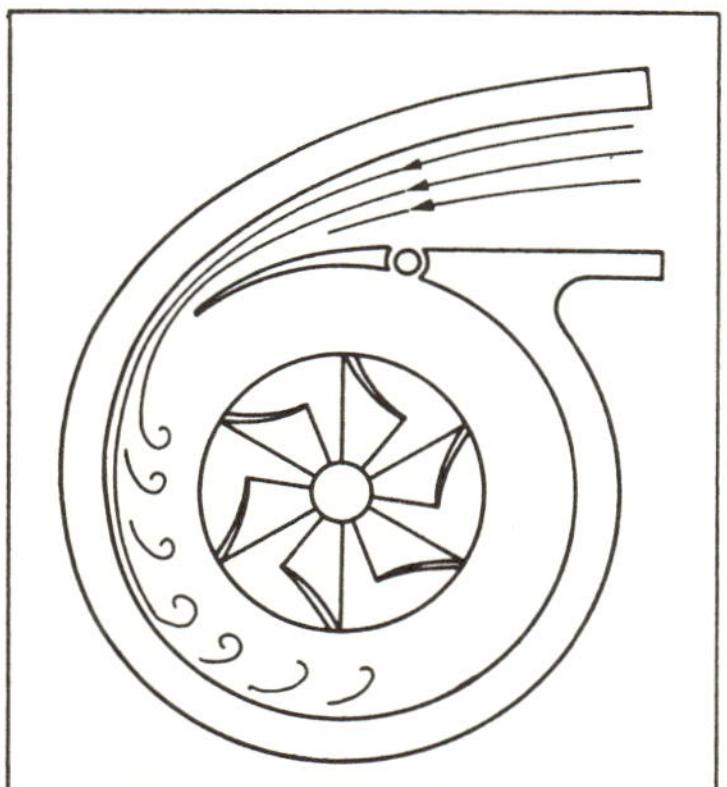
図22　オレの間違った考え

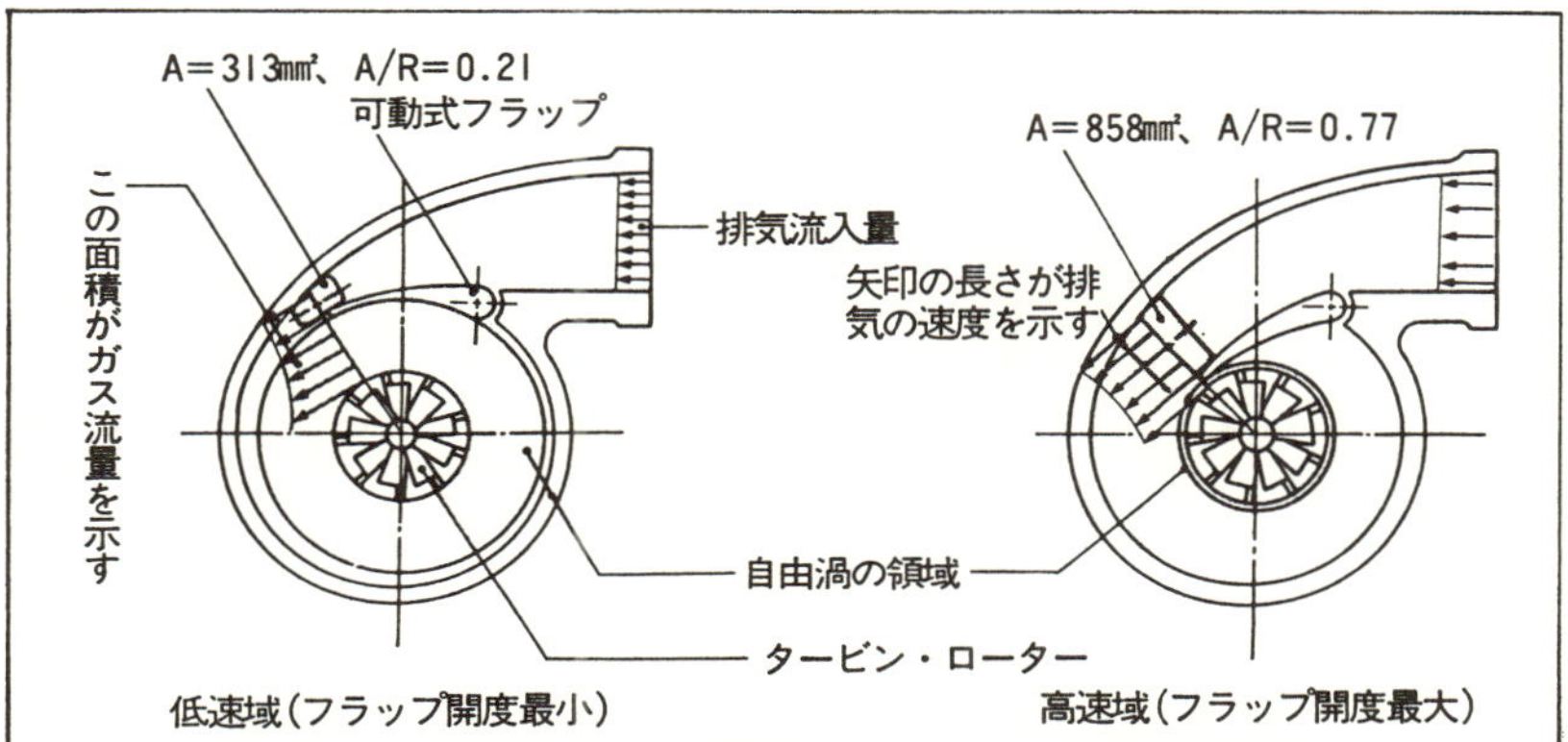

図24　ジェット・ターボ断面図（タービン・ハウジング側）

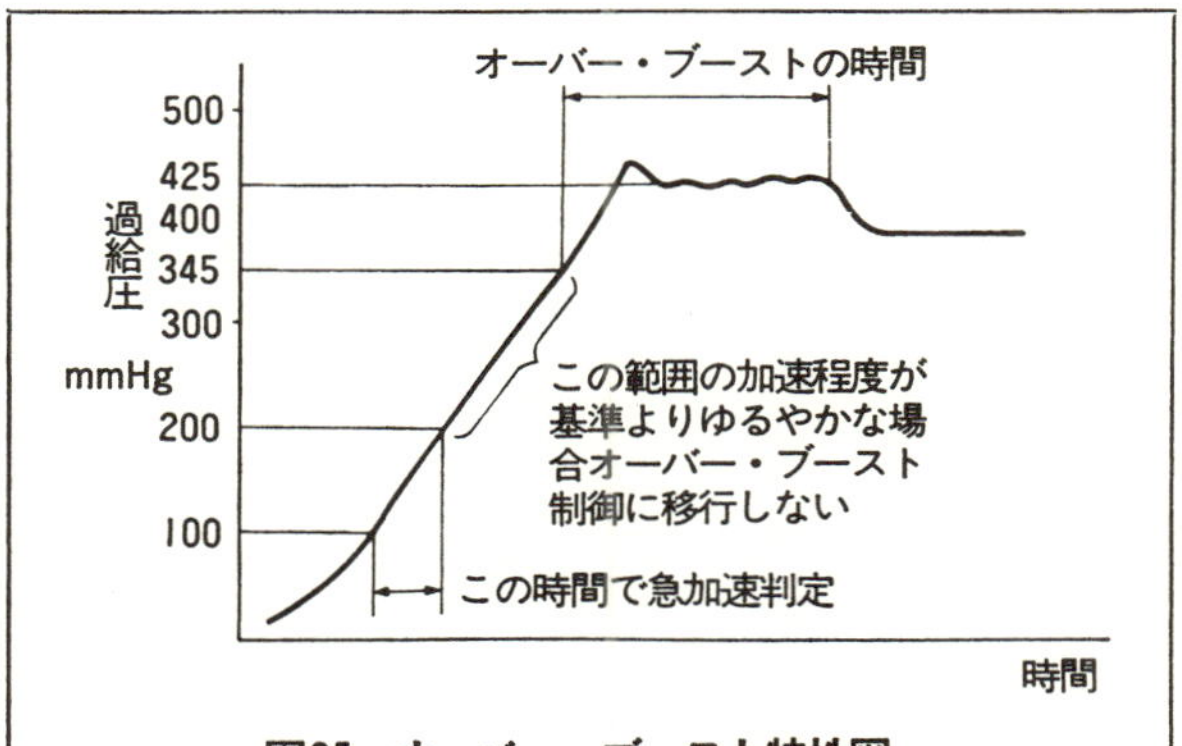

図25　オーバー・ブースト特性図

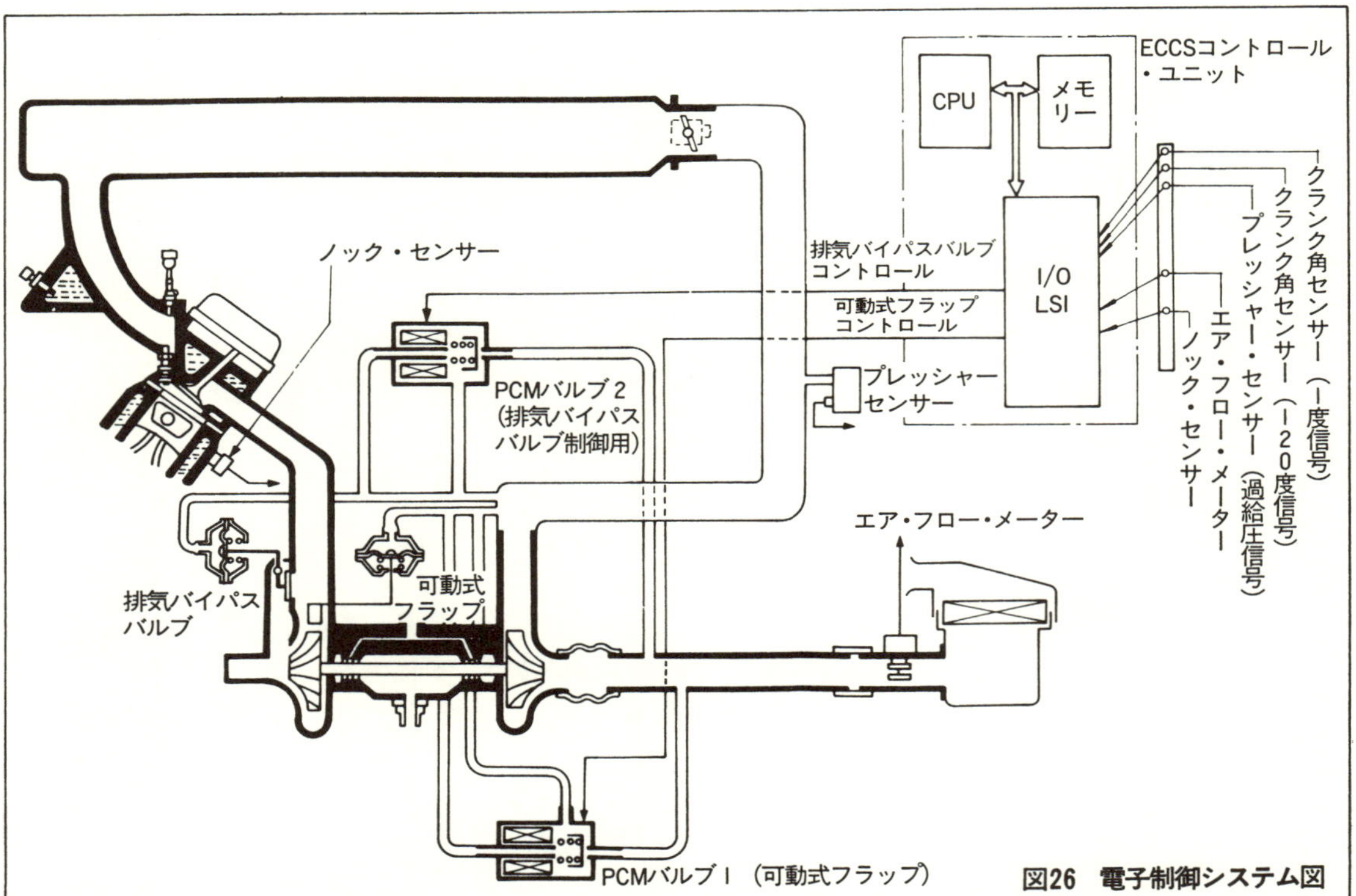

図26　電子制御システム図

しないので、アクセルペダルを踏み続けると、ノッキングによって制限されるブースト、水銀柱345㎜になっても、フラップは動かず、水銀柱で425㎜までのオーバーブーストをかける。むろん、このときトルクはムリムリッとオーバーに出てクルマを急加速させているわけである。しかし、オーバーブーストをいつまでもというわけにはいかない。エンジンが温まってきてノッキングが始まるからだ。ノッキングが始まると、**図26**のように、エンジンにはノックセンサーがついていて、ノッキング開始をコンピューターに知らせる。コンピューターはアクチュエーターに命じて、フラップを少し広げて、ブーストを正常の水銀柱345㎜にまで戻すのである。

このシカケは2年前に発売された、いすゞアスカ・ターボに採用されているので、ニッサンが〝初〟ではない。このシカケが悪いとはいえないが、こうまでガンバッテみたところで、発進トルクは全く変わらず、アクセルペダルを踏んでフルスロットルにすると、期待に反し、実にオダヤカにスタートするのだ。ナーンダ、ニッサンVGターボとはこの程度か、と思う間もなく、オーバーブーストが効いてガーンと背中を押すのだ。

もっと詳しく**図27**で説明すると、ゼロ発進を試みてアクセルを目一杯踏むと、瞬時に①のトルクは出る。これは無過給エンジンのト

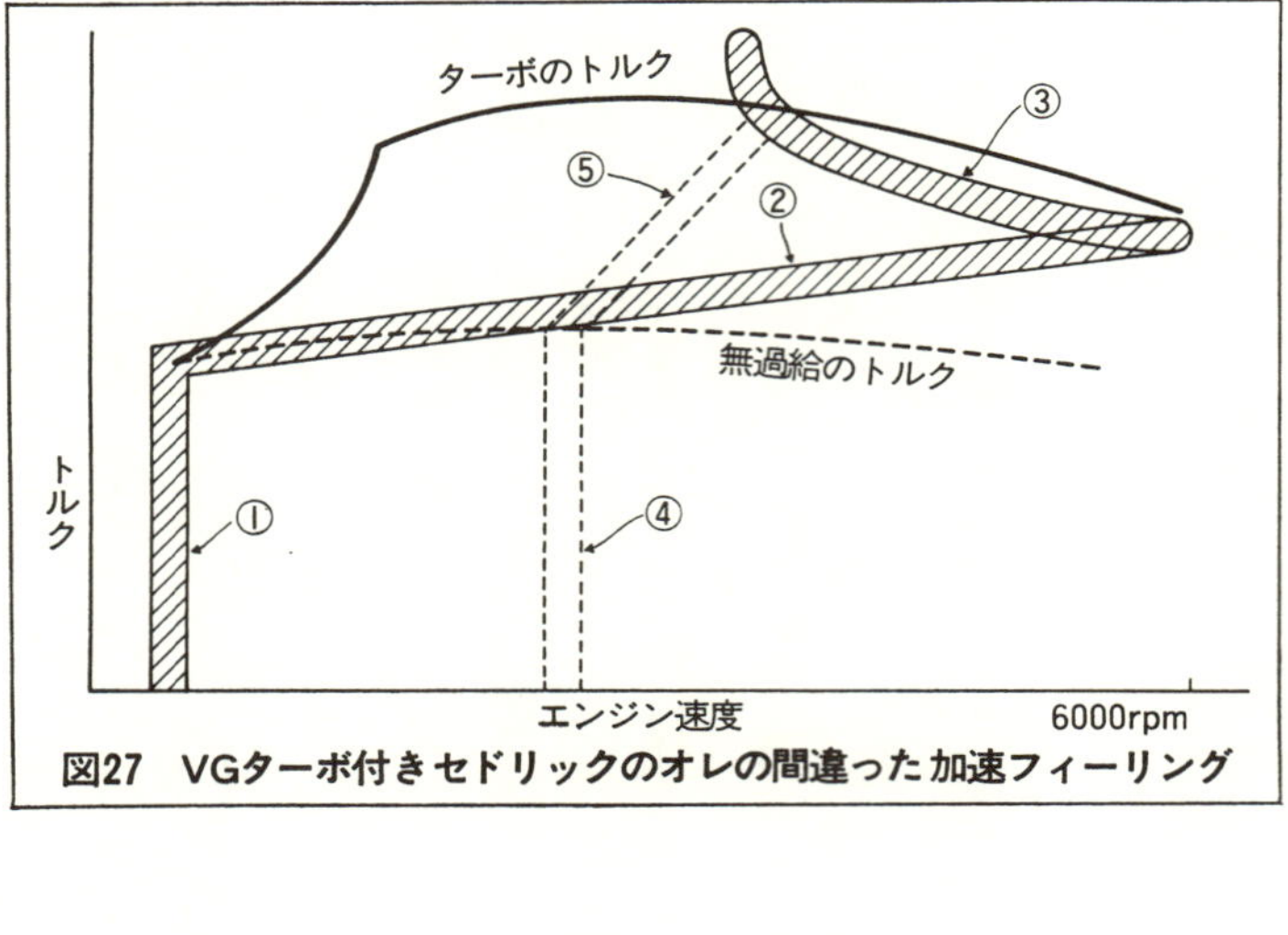

図27　VGターボ付きセドリックのオレの間違った加速フィーリング

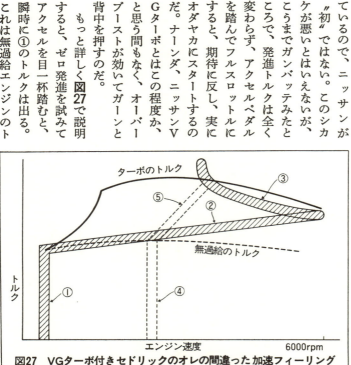

ルクでターボラグには関係ない。これから上のトルクはターボが過給してくれないと出ない。２０００rpmで回っていたターボはフルスロットルと同時に加速し始めるが、クルマの加速に追いつかず、線②をたどりながら加速し続け、エンジン回転が６０００rpmになっても16万rpmに達せず、ドライバーはフルトルクを背中に感じない。ここでオート・ミッションは２速にシフトし、エンジン回転は４０００rpmに下がる。このときターボは４０００rpmのエンジンをオーバーブーストで過給しつつ、エンジンをパワーアップし、６０００rpmのフライホイールの持つエネルギーは４０００rpmへ減速しつつタイヤを加速し、ガーンとクルマを急加速させる。約４秒間にわたって、このやるせないジレッタさを克服できる男だけが５秒後のチャンピオンになれるのだ。

ところが、40km／hで走行中に急加速をしてみると、エンジンは瞬時にして④の無過給のトルクを出す。このとき、エンジン速度と負荷の関係で、ターボはやや高速で回転していて、かてて加えてオート・ミッションもキックダウンし、アッというまにエンジンは４０００rpmになり、オーバーブーストによる高いトルクを背中に感じる。ゼロ発進のときもこのくらいターボラグだったならなア、と思うばかりである。

一番ススンでいる図11、12、13のVGターボなら、ターボラグはないのでは、と思って、このターボ付エンジンのレスポンスを見ると**図28**のように、フルスロットル後６秒してもまだ９００psで、１２００psになるのは10秒後かも。過給度（過給による出力増加率）を高めるほど、ターボラグは大きくなり、過給エンジン屋のオレを悲しませるのだ。

ターボラグがどうしてもなくならないなら、ターボを止めてＤＯＨＣ４弁にしたら？　確かに保守的な人にとって正論である。が、ＤＯＨＣ４弁にはまた過給が似合うし、過給エンジンに慣性過給すると無過給エンジンより効果があるのである。エンジンの進歩はリッター当たり出力といって言い過ぎでなく、リッター当たり出力の大きいエンジンでないと理論的にネンピは良くならないのだ。同じニッサンのターボとＤＯＨＣ４弁を比較したのが**図29**で、慣性過給とターボ過給との差は歴然である。

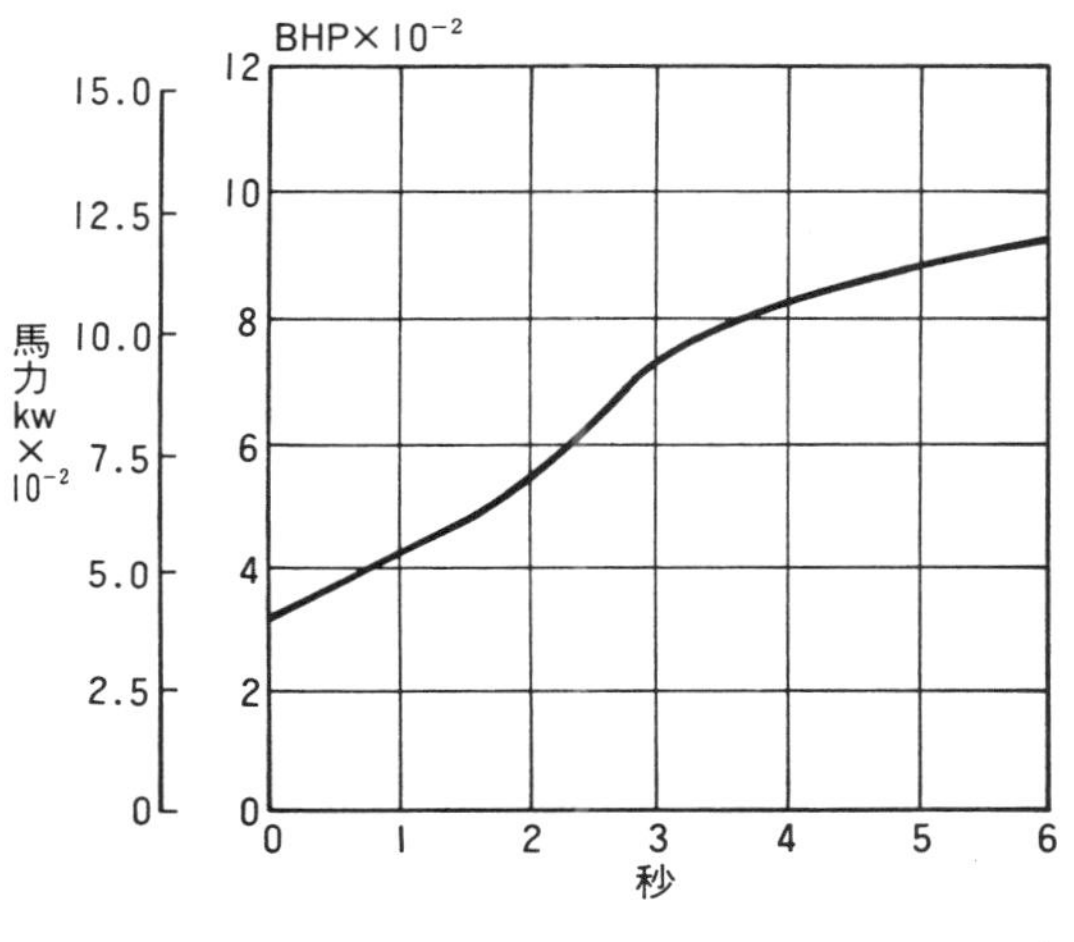

図28　図11〜13のVGターボ・エンジンのターボ・ラグ

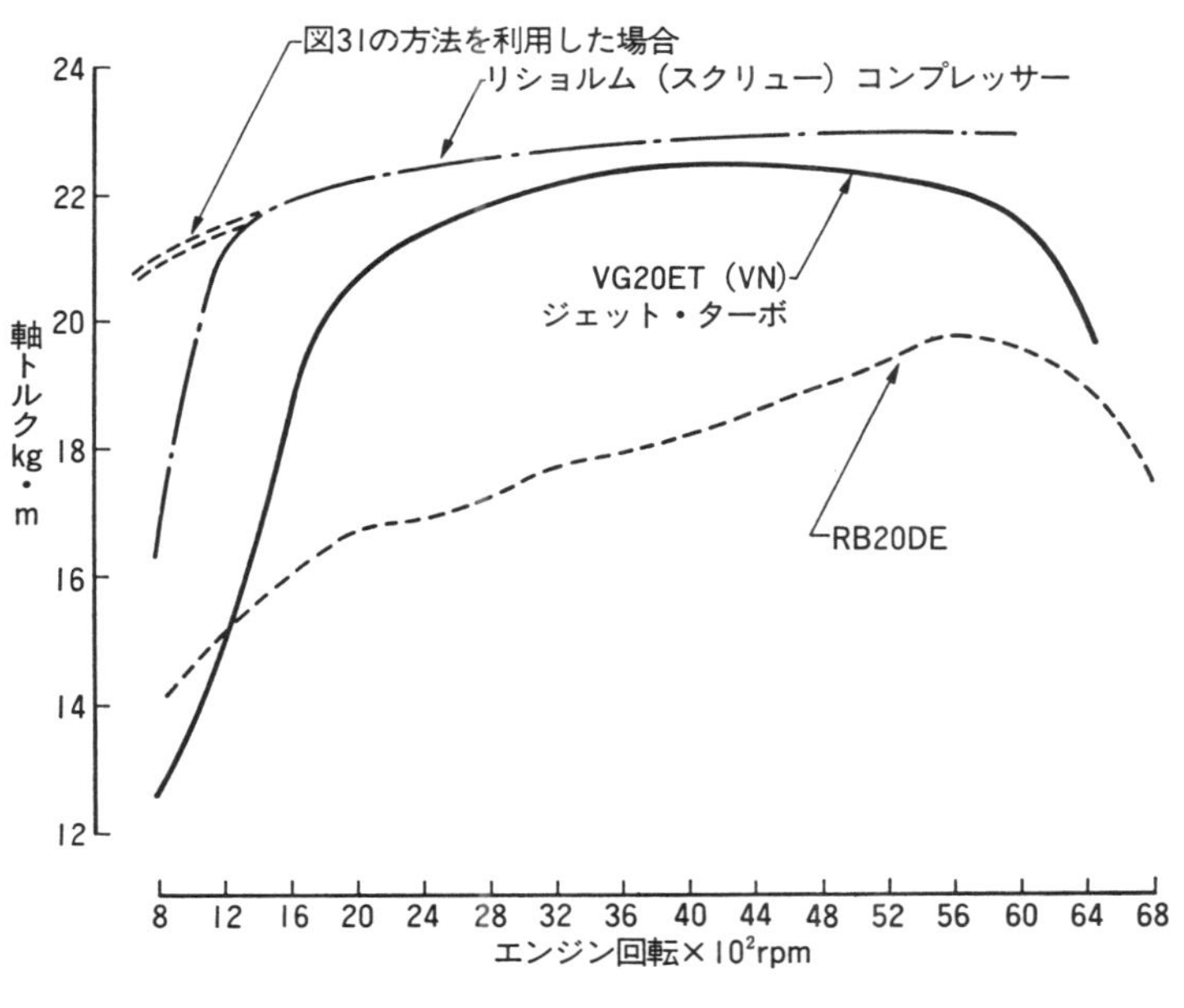

図29　VG20ET（VN）、RB20DE軸トルク比較

だから、過給エンジンの開発は失敗しても失敗しても、続けなければならないのだ。ターボの方が発進トルク、800rpmのときのトルクが低いのは圧縮比を下げた結果であるが、ターボにとって致命的なことは、運輸省が「ターボは無過給よりネンピを良くしろ」と指導するのだ。圧縮比（膨脹比）を下げたからガソリン・エンジンは過給できるので、ネンピは**図30**に示すようにターボの方が悪い。それでも走行燃費を改善する方法が一つだけあって、ファイナルの減速比を下げると、負荷が増えたネンピのツジツマを合わせることができる。が、これでは無過給エンジンはロー発進のフィーリングを保つが、ターボはセカンド発進をしているようなもので、かてて加えて800rpmトルクの不足とターボラグの三重苦にアエイでいるのだ。

だからターボなんか止めてしまえ、と評論家はいい、ボーソー族用のターボを止めさせようとするのが頭の固い運輸省の役人で、これでは世の中面白くない。変化がなければだれも本は読まない。読まなければMFはつぶれてしまうので、オレはワメクのだ。聞け！　プロのコドモたちよ、アマのガキどもよ。

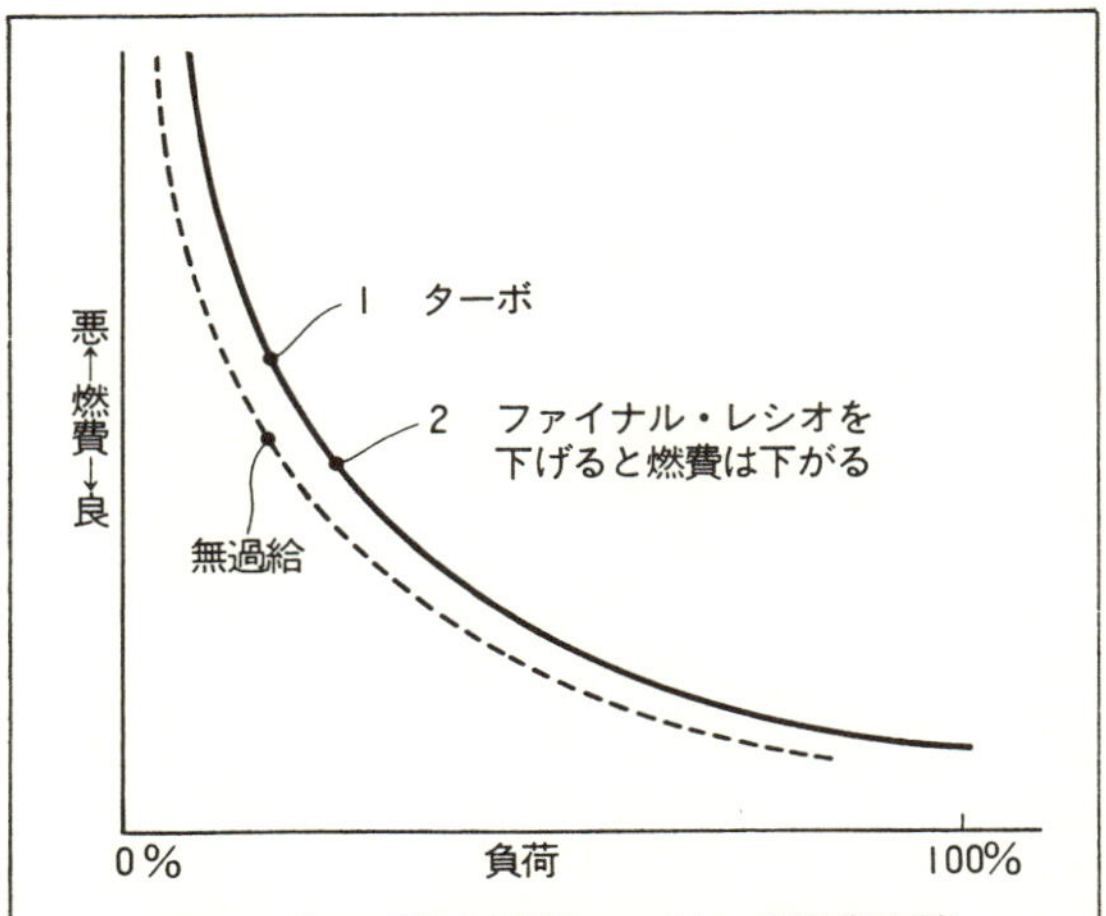

図30　ターボと無過給エンジンの燃費比較

●スクリュー・コンプレッサー＋CVTが決めて

図16のトルクカーブをジーッと見つめていると、2000rpm以下のトルクさえ高めることができれば、しかも、ターボラグなしで、とだれでもカーキチなら思わずにはいられない。では低速だけをメカニカル・スーパーチャージャーでと思って当たり前で、パワーを無過給エンジンの4倍にも高めた米軍戦車用のコンチネンタル・エンジンは、低負荷のときは圧縮比は22と高く、全負荷では10にまで下げる可変圧縮比のディーゼル・エンジンではあるが、これだけのシカケをもってしても発進トルクは全くアップしない。そこで低速ではルーツ・ブロワー↓低圧ターボ↓高圧ターボと3段過給でロシヤをニランでいるのだ。

レースの世界だって悩みは同じで、ルノーが低速のときだけルーツ・ブロワーでターボラグと極低速トルクの問題をチャラにしようとガンバッテいるのだ。このシカケをキミのクルマに取り付けると、エンジンルームにはルーツ・ブロワーを入れる場所がないから、ボンネットにフクラミをつけねばならない。カッコイイと感動しているともう50万はフンダクられる。

低圧縮比は過給エンジンの常としても、ルーツを回すのにパワーが必要で、このパワーのため20%のネンピ悪化は覚悟しなければならない。それでもキミは買うというのか。だが、(ビ)の人たちはスーパーチャージャーはクルージングのときは必要がないので、加速のときだけクランク軸とスーパーチャージャーとの間のクラッチをオンすればと考えたいが、これがペケなのだ。止まっているスーパーチャージャーを急に1万rpmで回そうとすると、このエネルギーも巨大で、逆にエンジンがガクンと減速してしまうのだ。

いっそのこと、リショルム（スクリュー）・コンプレッサーだけで過給したら、これは効率が高いばかりでなく、作動域も広いので、図29の一点鎖線で示すトルクカーブが得られるはずだ。800rpmのトルクは無過給エンジンより高いとはいえガクンと下がっているのが気にくわない。リショルムはルーツと同じように相手のローターやハウジングと隙間をもっているので、高速回転できるのだが、低速では隙間からの漏れの割合が大きく、ガクンと効率が落ちてしまうためだ。これは簡単に解決できる。**図31**のようにガソリンを少しローターにかけてやればよいのだ。ガソリンの比重は空気の800倍もあり、800倍も漏れにくいので、800rpmトルクをピークトルク近くまで高めることはできる。このアイデアはオレが30年前に発明したのだ。そしてパテントは15年前に切れた。

リショルム・コンプレッサーをCVT（無段変速機）を通じてクランク軸から駆動すれば、パワーに応じてブーストを変えることができる。低負荷ではリショルムがあまりにゆっくり回るのでブーストはマイナスとなり、ミクスチャーのエンジンへの供給量を制限することもできる。だから、スロットル・バルブ不要となり、大気圧のミクスチャーはコンプレッサー内で減圧し、マイナス・ブーストを作ることとなり、このときはコンプレッサーといわずにエキスパンダーといわなければならない。このとき、エキスパンダーはクランク軸にパワーを戻すこととなり、ネンピは無過給エンジンより改善できるリクツだ、とカモさんはいうのだ。だが、チョッとマユツバなのは極低負荷運転までこれでやらせようとすると、エキスパンダー内の減圧は断熱膨脹でミクスチャーの温度が下がり過ぎて、プラグで火花を飛ばしてもミスファイヤーしてしまうのだ。しかし無過給エンジンより大幅にネンピをよくしようとすることをあきらめたとしても、スバラシイではないか。

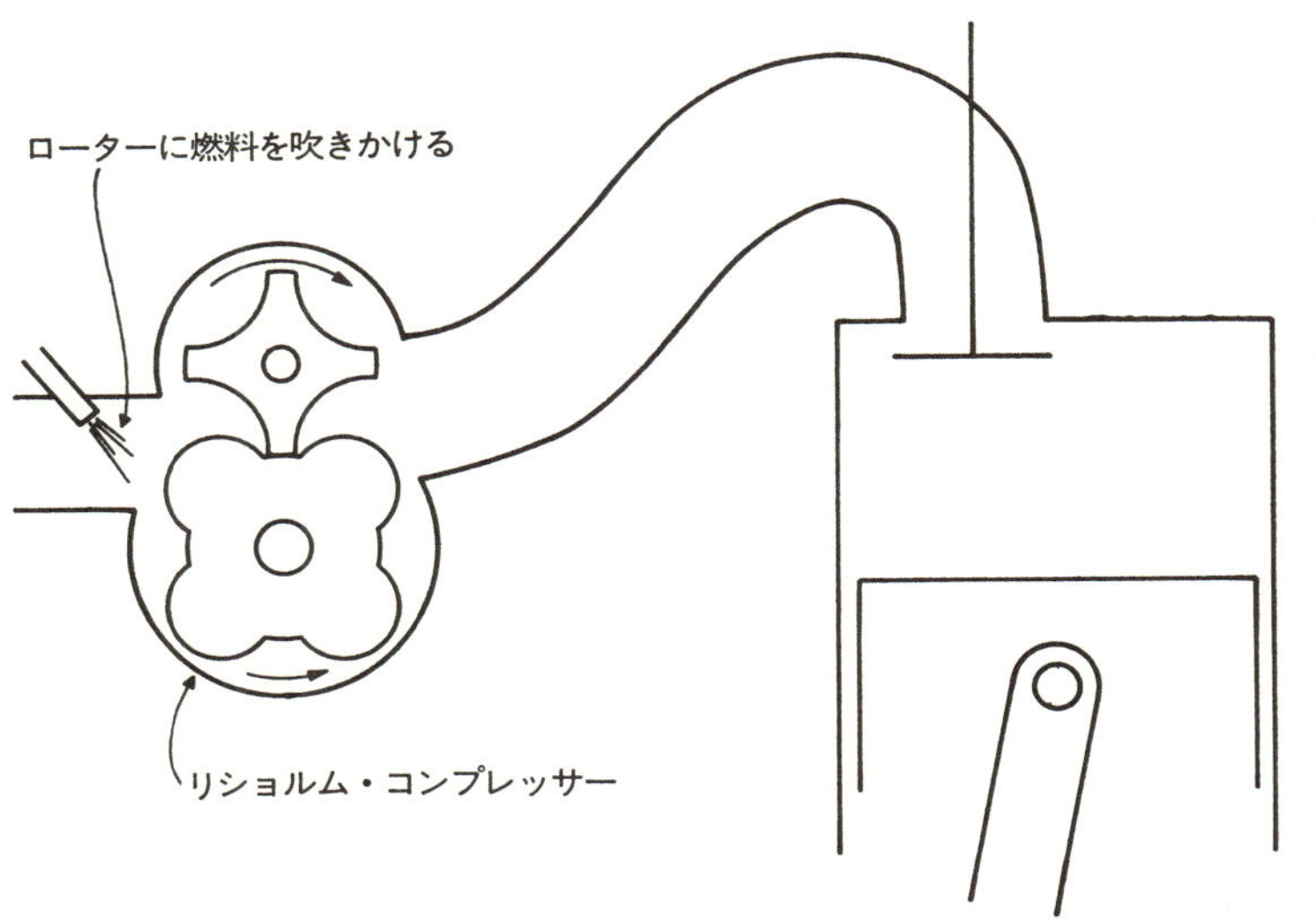

図31　メカニカル・スーパーチャージャーの発進トルク増大方法

とはいうものの、過給するに圧縮比を下げなければノッキングが、という問題が残る。前にも言っているように、圧縮比は下げても膨脹比さえ維持できれば熱効率は変わらないリクツである。何事もリクツどおりいかないのが、世の中の、技術の面白いところである。だから、東大の酒井研では面白がって実験をしたら、膨脹比は大きいままにして、圧縮比を可変にした過給ミラーサイクル・エンジンでは、無過給エンジンの圧縮比のままで2倍のパワーを出せることが分かった。ネンピも良くなることも分かった。それでアメリカはミルウォーキーのSAEで講演することになったのでオレも行くだ。

●終わりに一言

オレのダチといえば大秀才ばかりなのだ。だがコイツらと話してると、カッとしてコロしたくなるのだ。というのは、コイツらはできない話の名人で、例えば「過給エンジンにおける出力限界」などという論文を書く。何ひとつ間違わずに理路整然と50%以上パワーアップはしません、コンピューター・プログラムはこれです、というのだ。

バーロー。エンジンにターボをボルトで取り付けただけではダメなことは分かっているんだ。だから何をなすべきかのディスカッションをオレはしたいのに。

眠れる秀才ネコ、ニッサンは目を覚ました。そしてニューメカ、バリアブル・ジオメトリーのJET　TURBOを世に問うている。そして今ハッキリいえることは、ニューメカ、JET　TURBOのパンチは効いていると。そしてもう一言いいたいのは、残りの問題点の一つだけでも更にニューメカを加えて解決し、ユーザーと読者とジャーナリストを楽しませてほしいことだ。

●終わりにもう一言

オレのダチのターボの専門家がこれを読んだ。そして言った。図22の〝オレの間違った考え〟が実は正解で、VGはリクツどおりにはならず、これからも流行しないのだ、と。

ニッサンPLASMA
RB20DE／RB20DET

Part 1 メルセデス・ベンツM103との比較考察

現代の最高の技術の集大成版だが……

国乱れて忠臣出で、家乱れて孝子出づ、と老子がいえば、非老子(ヒロシ)は、ニッサン・ヨタリで名車出づ、とワメクのである。美女には名器が、名車には良いエンジンが必要不可欠・ネッササリイである。

歳月人を待たず、ニッサン客を待たせて2年間、果たしてライバル、トヨタを超えたであろうか？

史上最強の7th SKYLINE、その原動力、ニッサンPLASMA RB20DETエンジンは我々の期待に応えてくれただろうか？

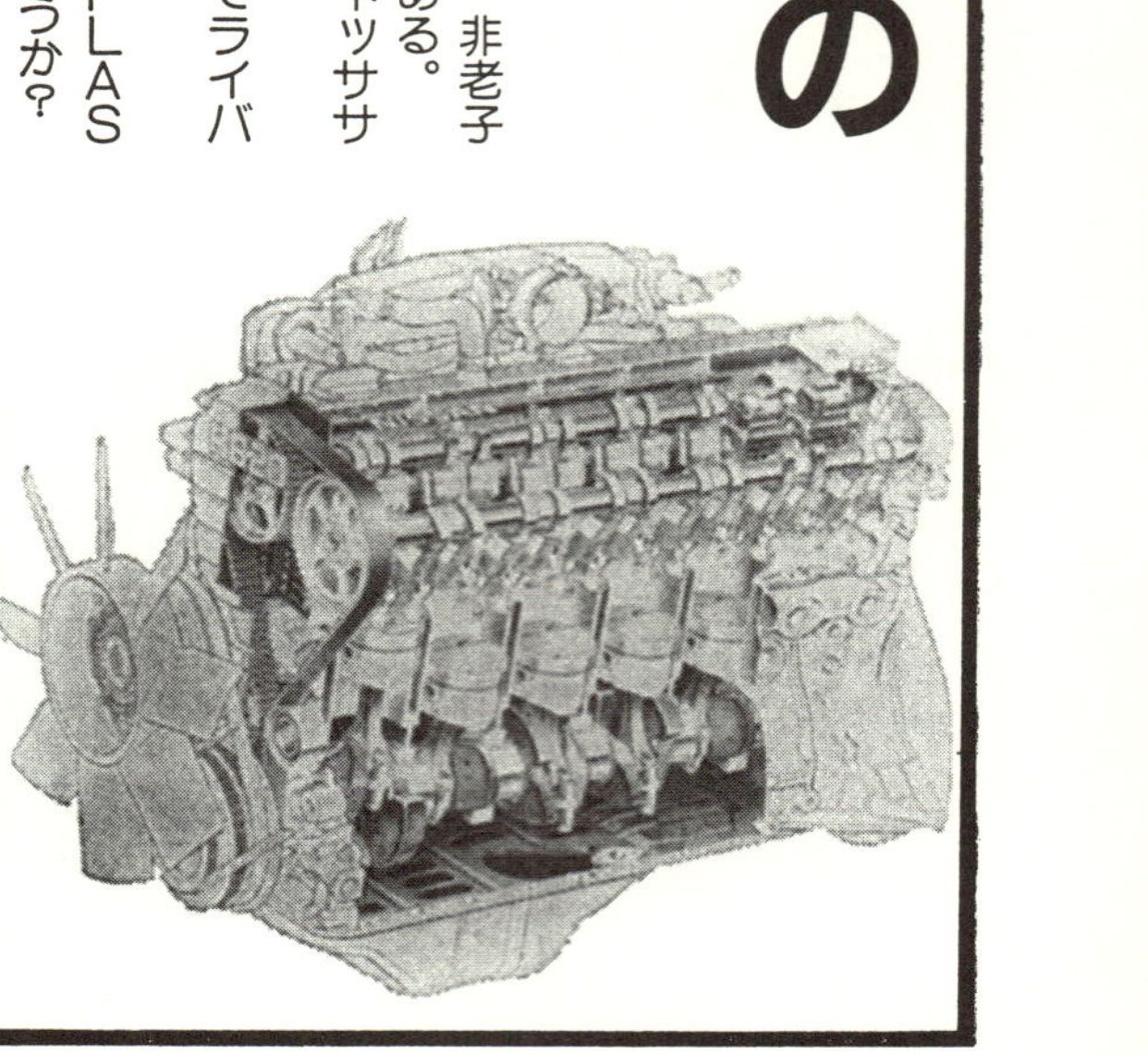

●SAEでKミラーが拍手喝采

アメリカにはSAEがある。もちろん日本にもSAF of Japan（日本自動車技術会）があって、本家がギンザとすれば日本のはワッカナイ・ギンザという感じである。

SAEは論文を英語で書きさえすれば〝このエンジンは特長のないのが特長である〟でも何でも講演OKなのだ。だから英語で論文が書ければ、英語でスピーチができさえすれば、観光旅行のついでにハクをつけてくることができる。ましてや旅費が税金や会社から出るのであれば行かなければソンである。

「先生、これボクのSAEペーパーです」と差し出されると、「オレのはASME（アメリカの機械学会）だよ」と背伸びをして優越感にヒタろうとし、他人がムズかしい審査をパスしてASMEに論文が採択されると、4年前のCIMAC（国際内燃機関連合会）でのシミのついた論文をチラつかせてユズラない。オレはなぜ、他人に嫌われるのだろうか？

バカにしていても内心は尊敬しているSAEに論文を書いた。そしてペケになった。

オレのダチに、旧華族なのだから絶対にクビになれない学習院をクビになったヤツがいて、もちろん大物である。オレも誰でもパスするSAEがペケになったのだから大物かも、と諦めた。だが、東大の酒井研で実験したミラーシステムをガソリン・エンジンに応用した論文に、オレの名前が載っているし、小松製作所もディーゼル・エンジンのミラーシステムを発表するというし、アメリカでのコンサルタント仕事もあってドルをくれるというので、やっぱりミルウォーキーにまで出かけたのだ。

ミラーシステムを発明したミラーさんはアメリカ人で、ノードバーグというガス・エンジンを作る会社のエンジニアだった。ガス・エンジンはガソリン・エンジンと同じく火花点火エンジンで、もちろん、ノッキングは発生しやすいし、過給しようとすれば圧縮比を下げなければ無理である。そこでミラーさんは考えた。ノッキングしそうになったら圧縮比を下げよう。ただし、膨脹比だけは大きいままにした、熱効率の高いアトキンソン・サイクルのエンジンが簡単にできないかと。これはいつもいっているように、吸気弁の弁閉時期だけを変えることによって簡単にできたので、ミラーサイクルとか、ミラーシステムとかいわれるユエンである。

9月10日に開かれたオレたちのセッション Improving Diesel Cycle Performance では話題の中心はミラーシステムで、TACOM（米軍戦車司令部）のブライジックさんが議長、オーガナイザーはかのセラミック・エンジンで有名なロイ・カモさんと二人とも旧知の間柄である。

最初は、イートン社のチュートさんが、断熱エンジンにミラーシステムを組み合わせると燃費が良くなるはずだ、というコンピューターによる計算結果を発表した。オレも似たような命題で、カルキュレーターさえもっていないオレは暗算で燃費はトテモ良くなる、と英語で書いてみたところで落とされて当たり前だったのだ。アハハハハ。

次はカールクビストさん。この人はデンマークの船用エンジンメーカー、バーマイスターのエンジニアだったと思う。カモさんと共同で断熱エンジンの熱い排気でスターリング・エンジンを駆動するという画期的なものを発表した。しかし、スターリング・エンジンが実用化されていない現在、計算結果だけの発表であった。

エンジンの排気ガスでボイラーをたいてスチーム・エンジンを動かして動力回収するのがランキン・ボトミングで、スターリング・エンジンで動力回収するこれはスターリング・ボトミングというのだ。オボエてダチに差をつけよう。

次はオレたちの番で、野口クンという東大院生がスピーカーである。このガキの英語、オレみたいにヘタクソで、もしもオレがスピーチすればどの程度ハジをかくかがよくわかって面白かった。中身はミラーシステムの理論的解析とガソリン・エンジンによる実験結果であって、圧縮比が無過給のままであってもノッキングなしで過給できること、排気温度が低く、もちろん燃費も良くなるというものであった。

最初は小松製作所の石附クン。このコドモはイカニモ・マージャンの強そうな感じで、英語もウマい。最高圧力がタッタの130気圧しかもたないチンケな2弁のディーゼル・エンジンを、ミラーシステムと2段ターボ過給で無過給エンジンの2倍半もパワーアップしてしまったのだ。低速1000rpmのトルクも2倍半である。燃費の良さに会場はザワメキ、終われば拍手喝采、雨アラレのごとくであった。

思えば、明治以来百年の長きにわたって欧米の尻馬に乗ってヒタスラにマネをし続けて追いついた日本が、アメリカ人が良くなるはずだとスピーチをしたら、ホントだ、君のいっ

図1　PLASMA-RB20 DETエンジン断面図

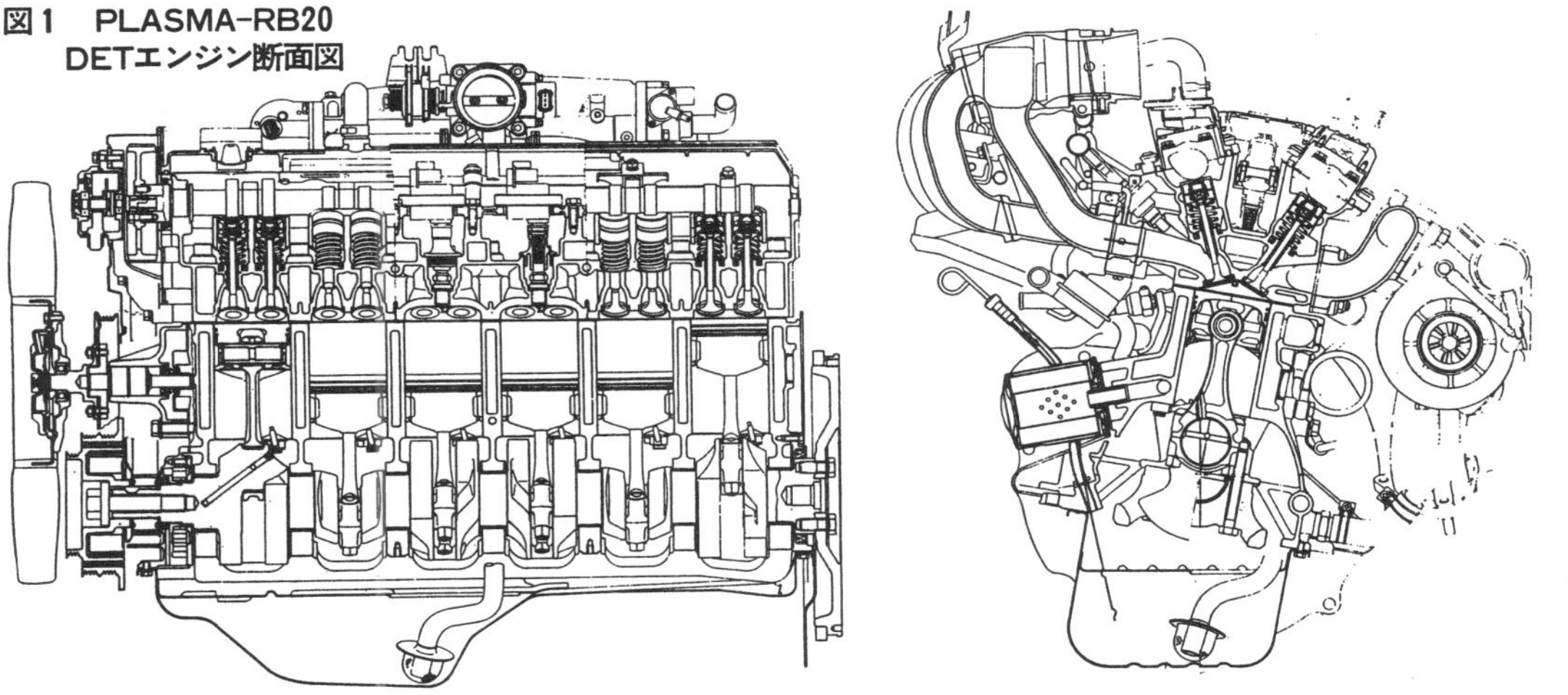

図2　ベンツの新エンジン
M103の断面図

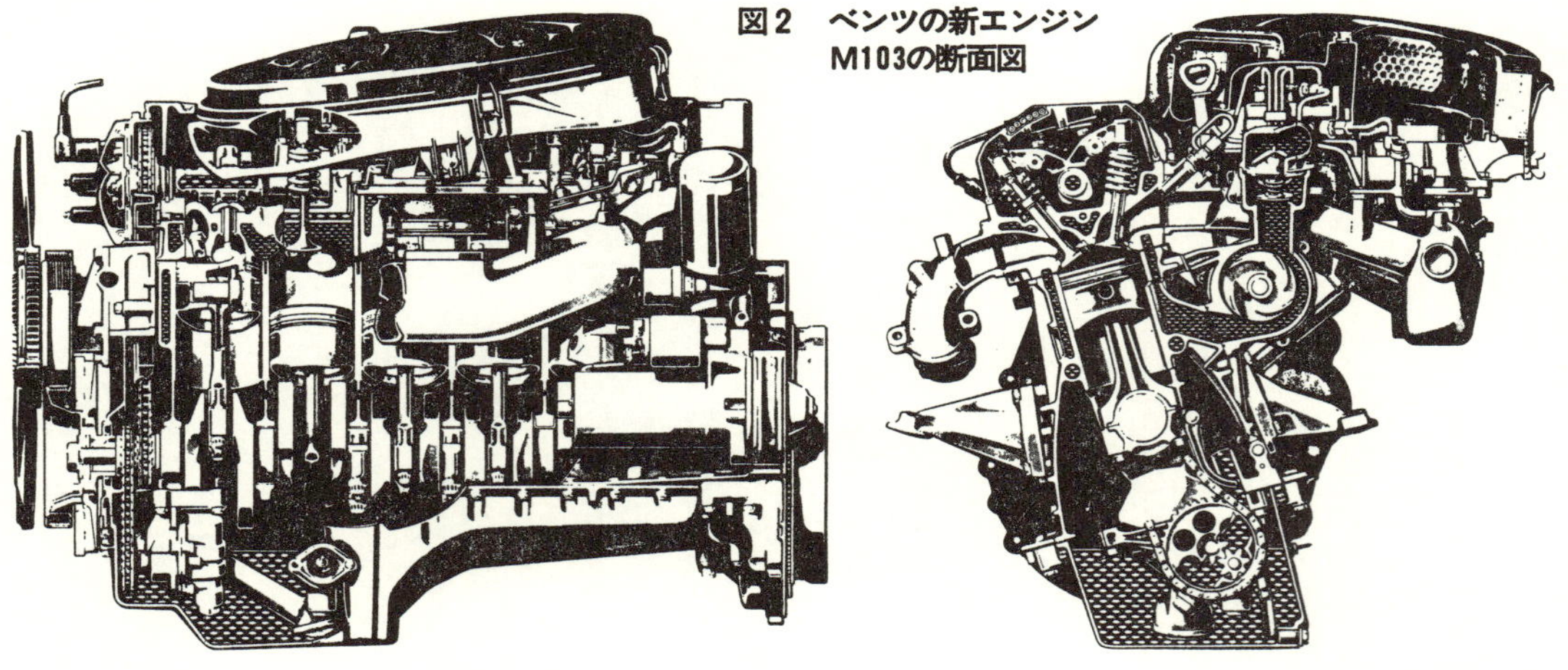

ていることはもう実験が終わってしまっているんだ。そしてホントに良いエンジンができたよ、と発表したということは、このとき初めて追い越したのかも。とは考え過ぎか……。

●ベンツの新直6エンジンと比較してみると

ニッサンPLASMA RB20DETエンジンは先生を追いこしたであろうか?

手元にあるMTZ(ドイツのエンジン専門誌)8月号には先生の中でも大先生、ベンツの新型2・6/3ℓ直6ガソリン・エンジンの解説が載っている。

この2つのエンジンを対比しながら、そしてもっと良くする方法はと、オレのアイデアを交えてカラカエば、読者はマンガを読むよりもっと笑える、と思いついたのはオレのエライところか(と自分からいう人はバカ)。

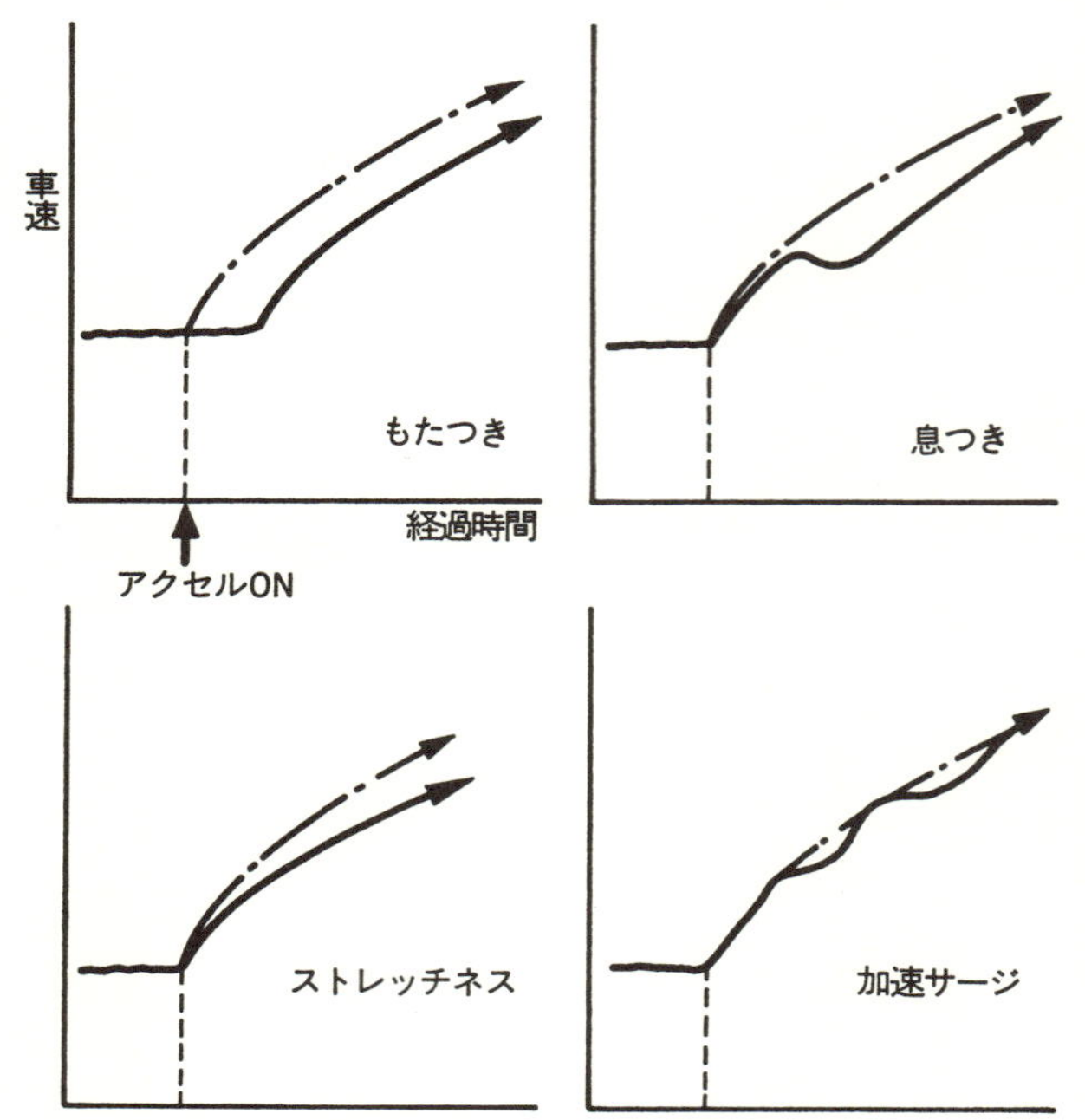

図3　代表的な車両の過渡時の現象

図1はニッサンRB20DET、**図2**はベンツM103新3ℓ直6エンジンの断面図を示す。

ニッサンはDOHC4弁+ターボ、ベンツはSOHC2弁である。だからといって結論を急いで、ニッサンの勝ちといってはいけない。

ベンツは会社の方針として、ターボ過給のガソリン・エンジンを作らないことにしているのだ。それは高級車メーカーであるベンツは過渡特性、すなわちレスポンスを極端に重視するからである。レスポンスをガソリン・エンジンのプロはどう考えているかというと、「自動車技術」9月号にトヨタの野村さんという人は**図3**のように考えているのだ。もたついても、加速途中で一息ついても、ストレッチネス:加速の伸びなやみ、またフワフワと波うって車を加速する（サージをした）のでは高級車とはいえない。

ガソリン・エンジンのレスポンスは処女のごとくにデリケートで、インレット・マニホールドの壁画がガソリンで湿ったりすると、一瞬ミクスチャーはリーンになり、もたついたり、息ついたりするのだそうだ。そして小さいエンジンからギリギリのパワーを引き出そうとすればするほど、レスポンスはデリケートになって当たり前である。

図4を見れば、SOHCをDOHCにし、オマケにターボ過給してみたところで、発進トルク、すなわちアイドルよりチョット加速した速度のトルクは今のところ変えようもなく、逆に、ピークトルクからの期待感からすれば、レスポンスはパワーアップによって低下の傾向にあるのだ、ということが分かる。だからターボ・エンジンはこの問題をかかえて苦しむのだ。

オレンチの近くの特浴の経営者たちのクルマは例外なくベンツで、このような㊎はネンピや税金には無関心？　なので、ニッサンが2ℓなら、オレ5ℓとすれば図4の点線のごとくに発進トルクは高まり、レスポンスの問題は一挙に解決するのである。だからロールスロイスが将来DOHCのエンジンを作り、それを陛下が御料車としてお乗りになるとは考えられないのである。

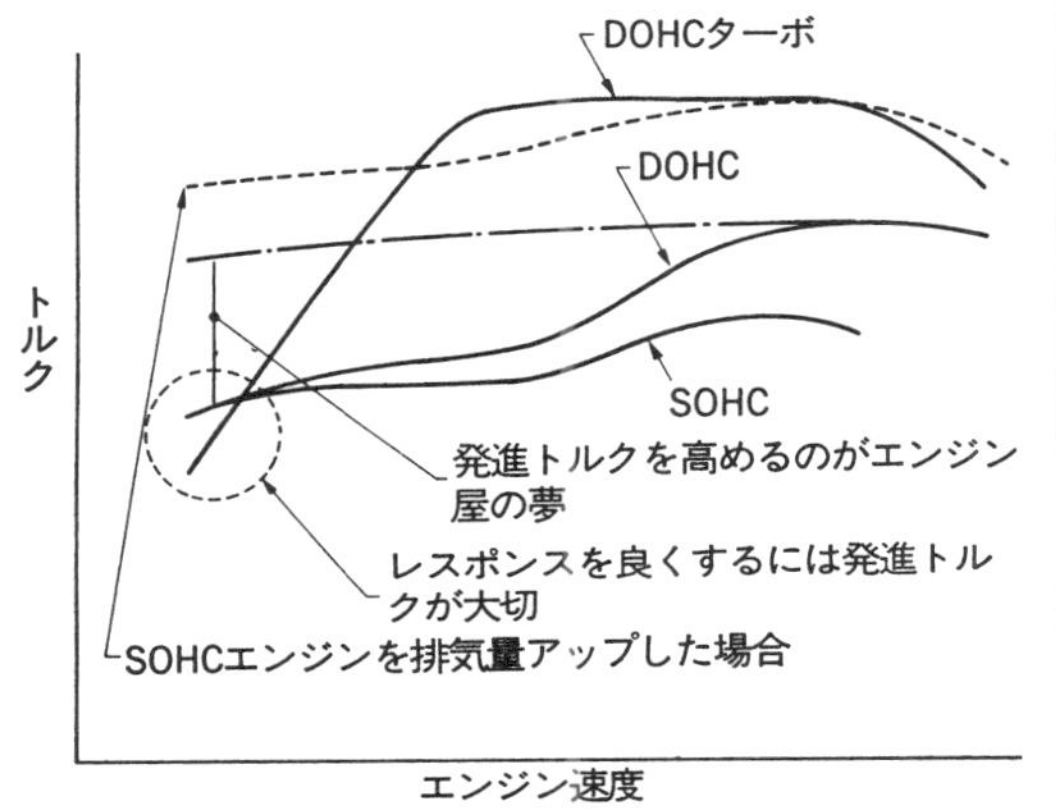

図4　トルク・カーブとレスポンス

図5　ノック・センサー
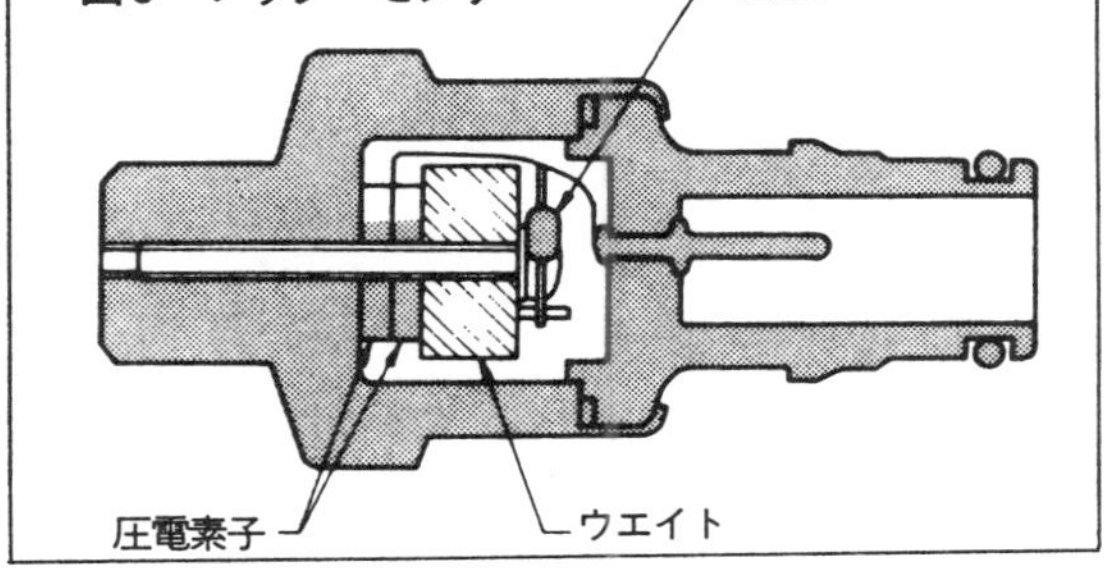

一方、ニッサンはニッポンの（ビ）民族の会社である。（ビ）は劣等感が強く、何でもカンでも他人に差をつけようとして悪アガキをする。スキーを例にとってみても、外国製はブリザードとか、ミッシャルとか書いてあるだけだが、国産のはGlas Fiber Reinforced Plastic とか、K&V (Kevler) とかのスペシフィケーションが印刷してある。これはオレたちが入学した学校で、スキーや車はスペシフィケーションに頼って評価したがるからである。もっと実質と離れているのが「毒舌評論」で、これを頼りにマイカーを選ぶ人はアホである。

エンジンにとって何が最も大切なスペシフィケーションかは、オレが一番よく知っていると読者に信じさせ、日本の自動車用エンジンの技術的動向をミスリードしたいばっかりにこの文を書いているのだが、今まではDOHCというお経を上手にウナッたトヨタに信者が集まり、完全にリードしていたのだ。そこでニッサンはDOHC24バルブでないスカイラインは売れないと悟ったのだ。ニッサンにはDOHC24バルブが、ベンツにはSOHC12バルブがよく似合うのだ。

圧縮比は、ニッサンは10・2。ターボのときは8・5と下がる。ベンツは10・0である。ほとんど同じで引分けと思うかもしれないが、ニッサンはレギュラー、ベンツはハイオク・ガソリンを使っての圧縮比でニッサンの勝ち。

ニッサンの燃焼室はペントルーフで、ベンツのは半球形だからというつもりはない。4弁ではペントルーフ、2弁では半球形に、だれが設計してもそうなってしまうのだ。そしてこの相似形に近い2つの燃焼室の間に決定的な圧縮比の差など生ずるはずもない。それなのにニッサンの圧縮比が高い理由は、ノックセンサーを採用しているからである。

ベンツの場合、どんな天候のときでも、負荷でも、絶対にノッキングしないようにユトリのある圧縮比の設定だが、ニッサンRB20ではノッキングしやすい条件、例えば真夏の湿度の高い日にフルスロットルで加速したときノッキングしそうになったら、ノッキングをノックアウトするシカケが付いているのだ。

図5がそのノックセンサーで、本体とウェイトとの間に圧電素子、毒舌の読者ならすでに承知のチタン酸鉛ジルコニアを挟み、ネジで締め付けた構造である。そのノックセンサーが2個シリンダーブロックに取り付けられており、ノッキングが発生すると、カチカチという音、4000Hz（1秒間に4000回）の振動と共振してウェイトが素子をたたき、同じ素子でできている電子ライターと同じリクツで高電圧を発生し、コンピューター内蔵のＥＣＣＳ（エンジン集中電子制御システム）にノッキングを知らせると、ＥＣＣＳは点火時期を遅らせ、ノッキングを回避する。

なぜノッキングを止められるかというと、**図6**上の正常タイミングではプラグによって点火した後もピストンは上昇し続け、ミクスチャーの温度と圧力とを高めながら燃焼し続けるのだ。大気条件が悪いと、このタイミングでは燃焼速度はハチャメチャに高くなり、最後にパチーンとノッキングして燃焼温度もドバッと高くなり、ピストンを溶かしてしまうのだ。

図6下のタイミング・リタードでは点火時期を遅らせ、圧縮上死点近くで点火する。この場合、フレームフロントがシリンダーのところまで進むころには膨脹行程が始まり、ピストンは下向きに逃げる。これではノッキングしようにも、グローブを引きながら球をキャッチするようなもので、フワッと燃え終わってしまうのだ。ただし、逃げるピストンを燃焼ガスが押すのではパワーは落ち、ネンピも悪くなるが、年に真夏の数日間だけ、しかもフルパワーのときだけしかタイミング・リタードはせず、いつもは圧縮比を高めておいて、ネンピとパワーを稼ぐ、ノックセンサーとＥＣＣＳの組合わせは良いシカケである。

●長・短の2本ブランチで中速トルクを太らせよう

図1と図2を比較すると、違いの分からない男でも違いは分かる。排気マニホールドは形は違うがどちらもタコ足で、性能的に同じと考えてよい。断然違うのは吸気マニホールドである。

図4をもう一度見てもらうと、ＤＯＨＣ4弁エンジンの高速トルク、これは高速のときだけ発生する慣性過給効果によってトルクアップするのであって、これを8000rpmのとき、発進のパワーとして活用できたらなアーと、これぞまさしくガソリン、ディーゼルを問わずエンジン屋の夢である。夢だけでもデカイ方がよいと思うが、日本のエンジン・デザイナーの夢は小さく、3ＬＤＫの家に職場のミヨチャンと一緒に暮らせたらとか、フリクションを10％減らして、燃費を3％下げたいと

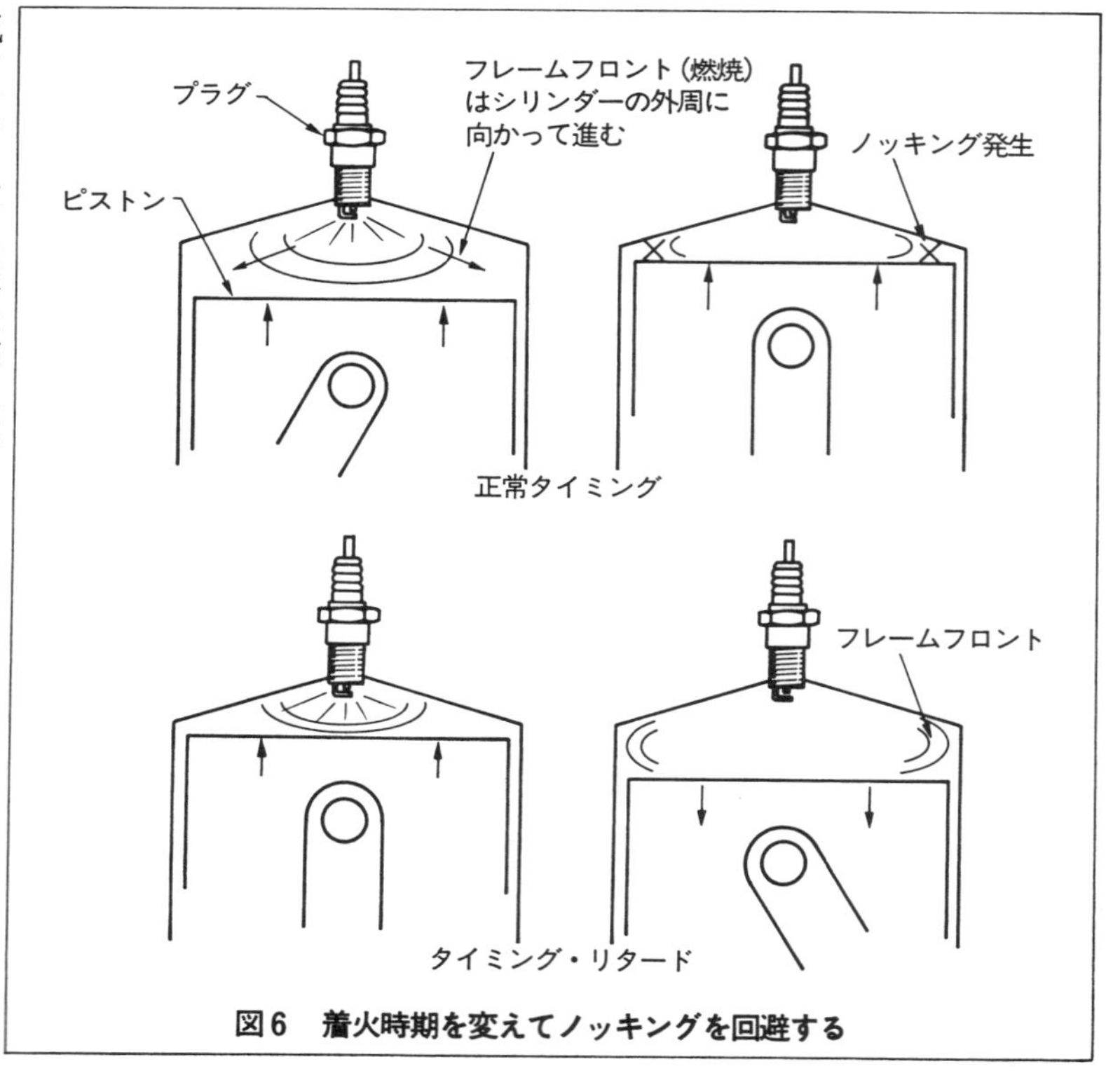

図6　着火時期を変えてノッキングを回避する

か、4弁エンジンならば吸気弁は2コあるのだから、1コの弁は高速チューニングし、もう1コの弁を中速チューニングすれば、中年太りではない、中速トルクがフクラムのではないか、と発想がイカニモピである。

このピアイデアを最初に思いついたのはヤマハで、中速のときバタフライ・バルブを閉じて1コの吸気弁を殺すと、エンジンは1本の吸気パイプだけを使って吸気をするので、高速なみに吸気管内の空気の流速は高まり、慣性過給はできないだろうかと。これは2年前に発売されたトヨタ4A―GEUエンジンに採用されたことは、毒舌の読者なら思い出せると思う。が、このシカケは未完成であって、高中速とも同じ長さの吸気管を使ったため、中速では慣性効果は高まるが、圧力波による過給はできない。圧力波は一度はシリンダーの中に過給するが、吸気弁が開いたままなので再び吸気管へ逃げてしまうのだ。またアイドル時に吸気管側に排気の吹き返しがあり、アイドルが安定しないことが難点である。

これに対してMMCは、中速では2コある吸気弁の1つをバルブ・セレクターを使って作動を止める、という超離れワザをやってのけた。これならばエンジンの運転中に1本の吸気弁は全く開かないのだから、排気の吹き返しもなく、確かにアイドルは安定した。が、オレはこれを見たとき才能の浪費だと思った。タカが1割か2割の中速トルクアップしてみたところで、車の加速時の過渡性能はゼニを払って買った人が感知しうるほどには改善されるはずもなく、だから評価しうるほどの効果もなかった。超高度な技術による高価なバルブセレクター。アア（タメイキ）。

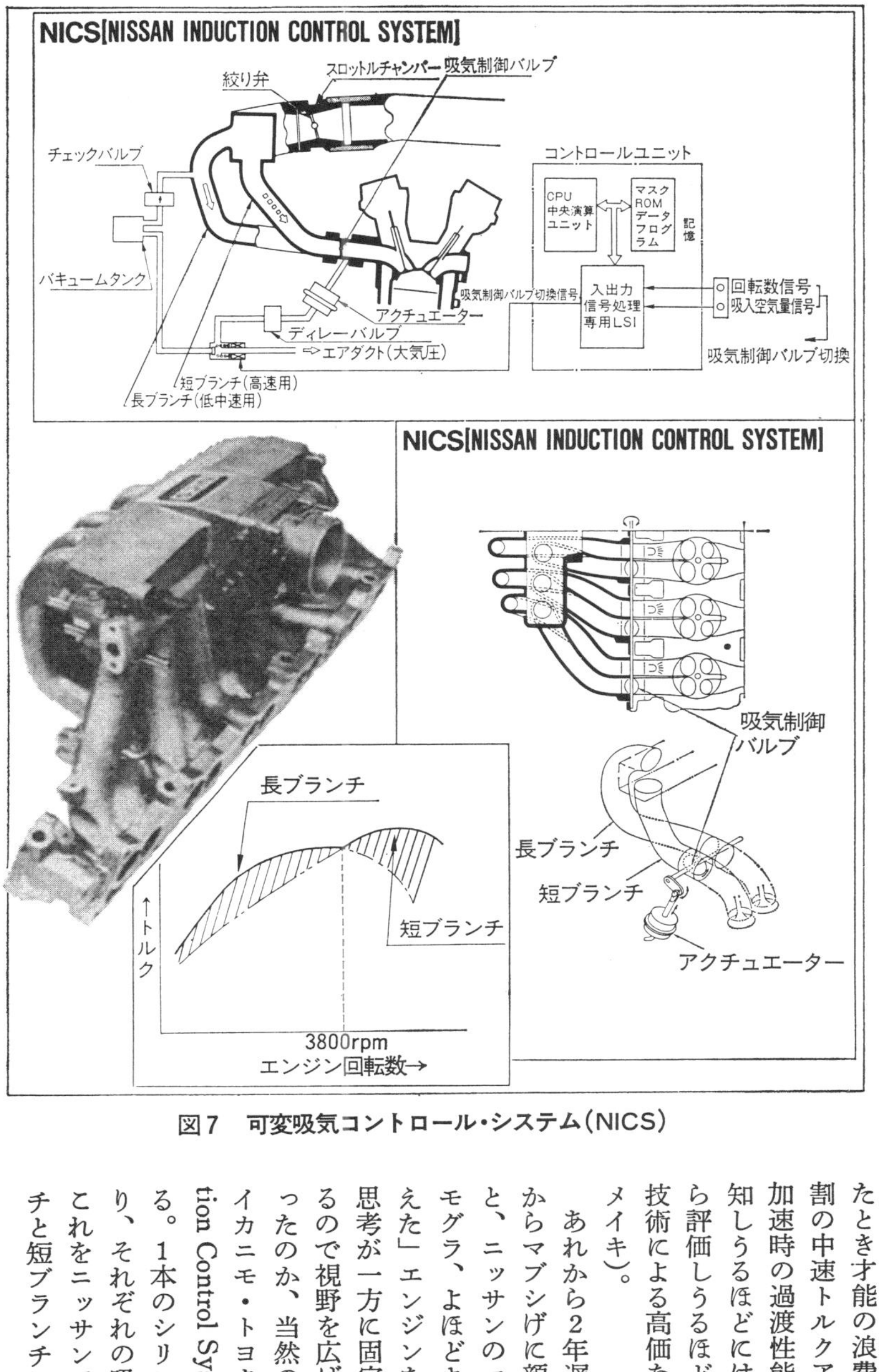

図7　可変吸気コントロール・システム(NICS)

あれから2年遅れて、真夏の昼下がりに土中からマブシげに顔を出したモグラをよくみると、ニッサンのマークがあるではないか。このモグラ、よほどキビシク社長から「トヨタを超えた」エンジンを作れ、といわれたとみえて、思考が一方に固定したというべきか、土中にいるので視野を広げてみたところで何も見えなかったのか、当然の結果として現れ出でたるは、イカニモ・トヨタ風のNICS (Nissan Induction Control System)である。**図7**がそれである。1本のシリンダーには2コの吸気弁があり、それぞれの吸気弁には1本ずつの吸気管、これをニッサンではブランチといい、長ブランチと短ブランチに分け、中速でも慣性効果と圧

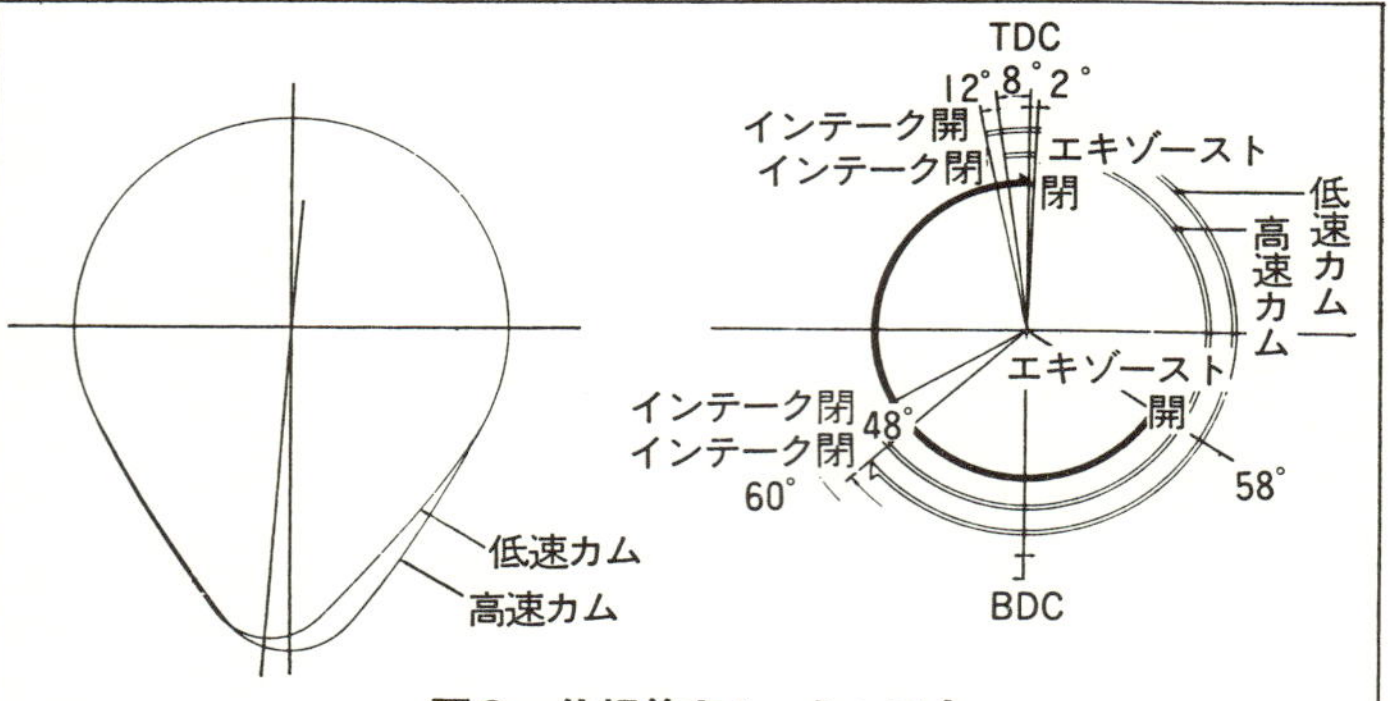

図8　位相差カム・シャフト

力波効果の両方を応用して中速トルクを太らせようと考えたところがミソである。

短ブランチはもちろん高速用で、これに連なる吸気弁もカムも高速専用ということになり、それならばアイドル時の吹き返しの心配も無用で、**8図**のように吸気弁開時期を早めてオーバーラップをつける。と思って図8をよく見ると、位相差カムと名前だけはカッコいいが、低速カムのほうがオーバーラップが大きいのだ。ワカラン。そこで、吸気弁閉時期だけでいうと、図8に示すとおり、高速では吸気下死点後60度と高速チューニングし、低速（ホントは中速）では48度と中速にチューニングしている。

このエンジンは３８００ｒｐｍ以下では短ブランチを、吸気制御バルブと名前だけはモノモノしいバタフライ・バルブによって閉じ、中速にチューニングした長ブランチと、それに連なる1コの吸気弁だけを使って吸気行程を行うワケだ。当然のことながら、吸入空気の慣性効果と圧力波効果とによって、図7右のように中速トルクはアップするが、交差点グランプリに必要な８００ｒｐｍトルクは、これでは変わるワケはないのだ。

３８００ｒｐｍを超えると、短ブランチ内のバタフライ・バルブは開き、長短ブランチに連なる両吸気弁を通じて吸気する。この領域では確かに短ブランチはよく働くと思うが、長ブランチでは慣性力は働くが、圧力波が飛び込む前に吸気弁は閉じてしまう、ということになり、これでは長所を殺して短所を補う今の日本の教育界みたいなもので、馬力だけでいえばヤマハ式のトヨタの方がマシというべきか。

図7上をジーッと見ていると、カーッとしてニッサンはアホかー、と叫びたくなるのだ。バーロー、このチンケなバタフライ・バルブを動かすのにコンピューターはネェぜ、ともスゴミたくもなるのだ。グッチというマークさえついていれば良いバッグで、コンピューターを使いさえすれば良いシカケという発想にはオレはナジメないのだ。

オレの持論は、オレがドライブしても高速でスピンさせないで、ニュートラル・ステアでブットバせる。そして高速でブレーキしてもスピンしない。こういうシカケ以外にコンピューターは使うな！　である。うれしいことに、最強の7thスカイラインにはこれがついているのだ。だから欲しいのだ。

コンピューターは2年ごとにリャンファンずつ進歩しているのに、これで明治時代のシカケ、バタフライ・バルブをコントロールしても似合わないし、ウマクいかないのだ。5段変速をコンピューターで変速してもＮＡＶＩ５となるが、動力伝達状態において変速できるようでないと、例えば、ポルシェのスポーツマティックのようなトランスミッションでないかぎり無理なのだ。

コンピューターが似合う変速機はＣＶＴ（**無段変速機**）だけなのだが、まだ市販化されずにモタモタしており、キカイ屋はコンピューター屋にバカにされているのだゾ。

●連続可変吸気のアイデア

Induction System をコンピューターでコントロールしたければ、ＣＶＩＳ（Continuously Variable Induction System：連続可変吸気系統）を発明しなければ、とここまでいうとだれもの頭に浮かぶのは、トロンボーン式にブランチの長さを速度に応じて無段階に変えるアイデアである。これはＦ１エンジンで試みようとしたことがあるらしく、アイデアだけは何かの雑誌でみたような気がするが、これはダメである。**図9**を見ればよく分かるように、低速ではブランチ内の流速は落ちてしまい、全く慣性過給効果は期待できないのである。長さとともに内径まで連続的に変わるトロンボーン式ブランチができないかぎり、図9の一番上の線はムリと考えて当たり前ではある。が、ムリと直ぐに悟りたがるのが若モーロクした日本のエンジニアである。

天才バカボンこと毒舌はこう考えるのだ。吸気弁は1コでも2コでもかまわない。だからブランチはメンドクセエから1本にする。で、バルブ・タイミングはF1用で**図10**に示すように、オーバーラップを大きく、吸気弁閉時期は遅らせる。それからブランチを高速側に、例えば5000rpmチューニングとすると、図9の点のピークトルクが得られる。このエンジンの2500rpmのときはピストンの速度は$1/2$に、吸気弁が開いている時間は2倍に、ブランチを流れる空気の流速は$1/2$になってしまう。これを5000rpmのときの条件に戻してやればよいワケで、図10の1点鎖線で示すように吸気弁弁開期間を5000rpmのときの半分にしてやれば、吸気弁が開いている時間は5000rpmのときと同じになるリクツだ。だから2500rpmのときでも圧力波効果は5000rpmと同じになるし、1回転ごとの吸入する空気量が同じで、空気が流れる時間が同じなら、ブランチ内流速は同じになり、慣性効果も5000rpmと同じとなり、図9の3点鎖線、一番上のトルクが確保できるリクツだ。

シカケは簡単、**図11**で、ブランチの途中に開弁時期を変えることができるロータリーバルブを取りつけるだけだ。5000rpmのときはロータリーバルブと吸気弁は同期して開閉するので、ロータリーバルブはないとして吸気系を考えればよいのであって、中速、例えば2500rpmのときは、ピストンの下向きの行程と共に吸気弁は開き、吸気をしようとするが、ロータリーバルブが閉じているので、シリンダー内の圧力は下がるだけだ。ピストンが行程の中ほどまで下がったとき、初めてロータリーバルブは開くのだ。

ブランチ内の空気は高速で、5000rpmのときと同じ速度でシリンダーに流入する。この空気の流れに逆らって、マイナスの圧力波は集合管に向かって進み、集合管に到着するとプラスの波に変換する。この波は高速で流れる空気に乗って

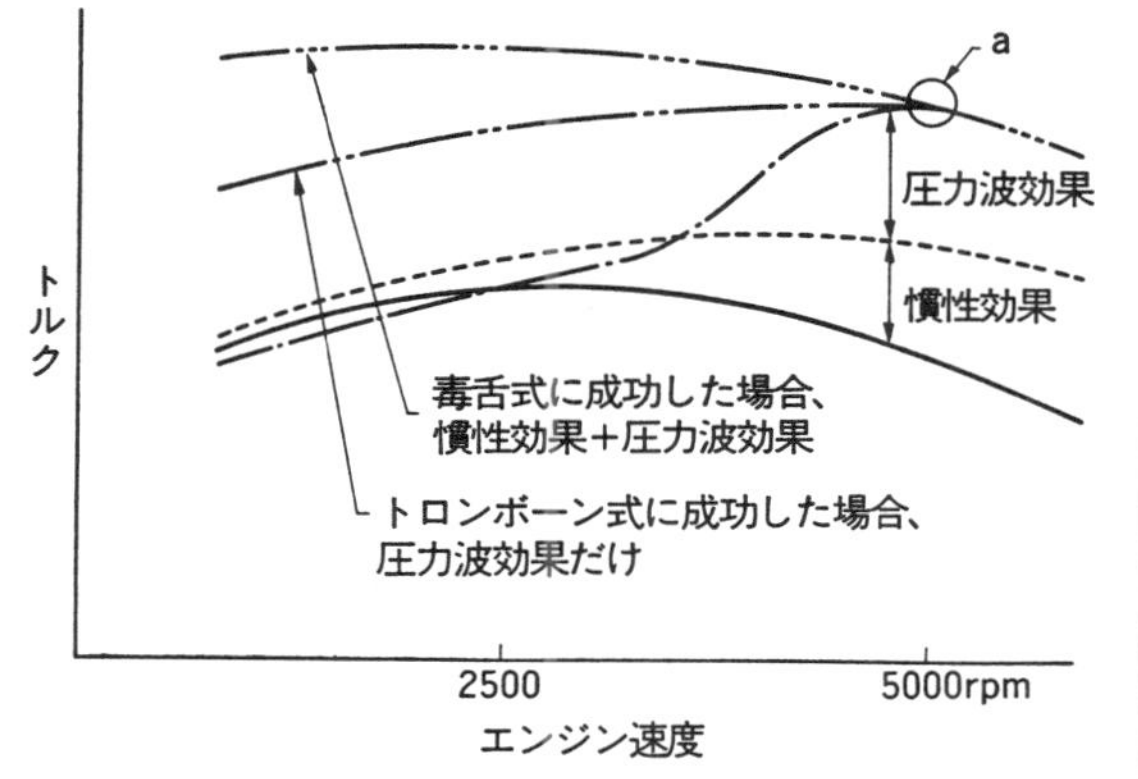

図9　800rpmトルクはアップするか？

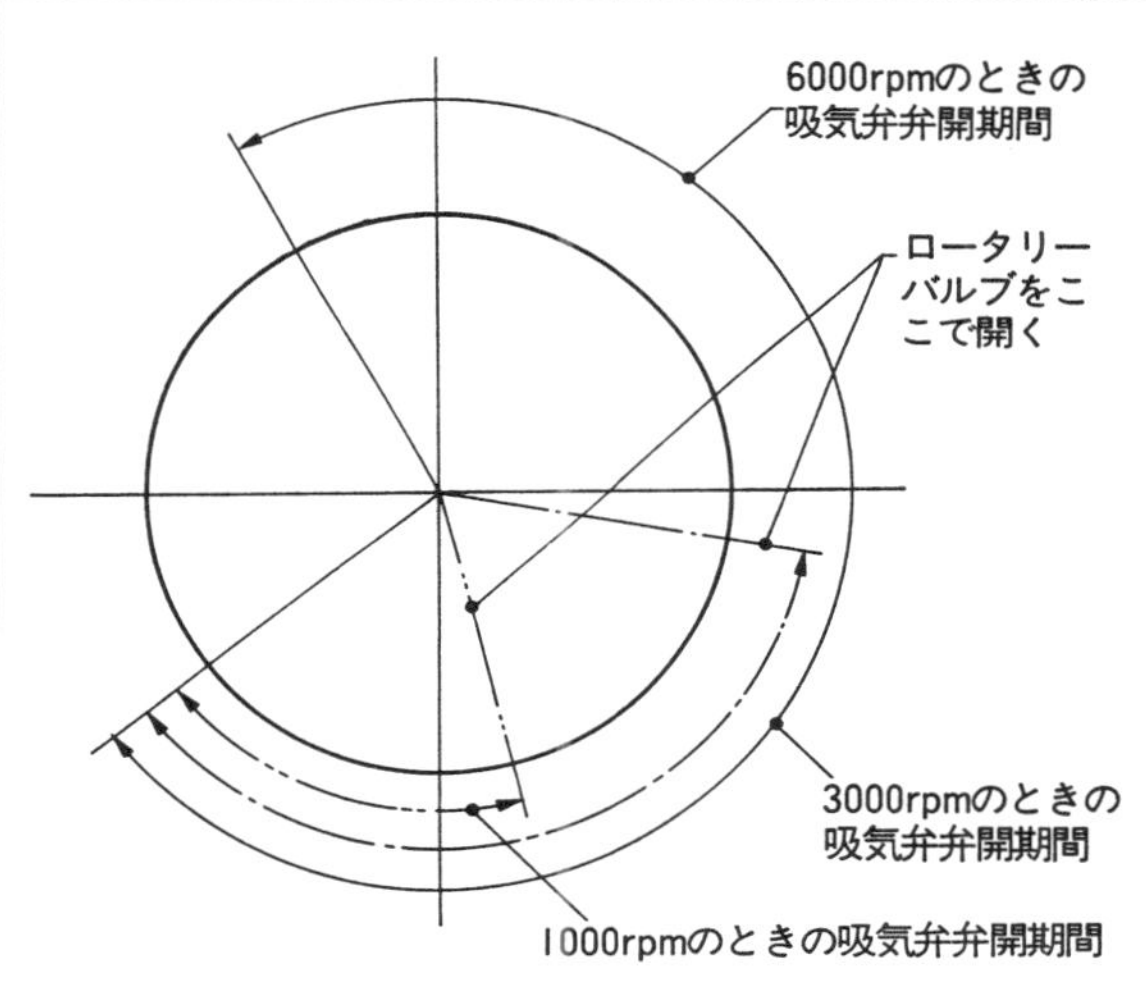

図10　オレの考える可変バルブ・タイミング

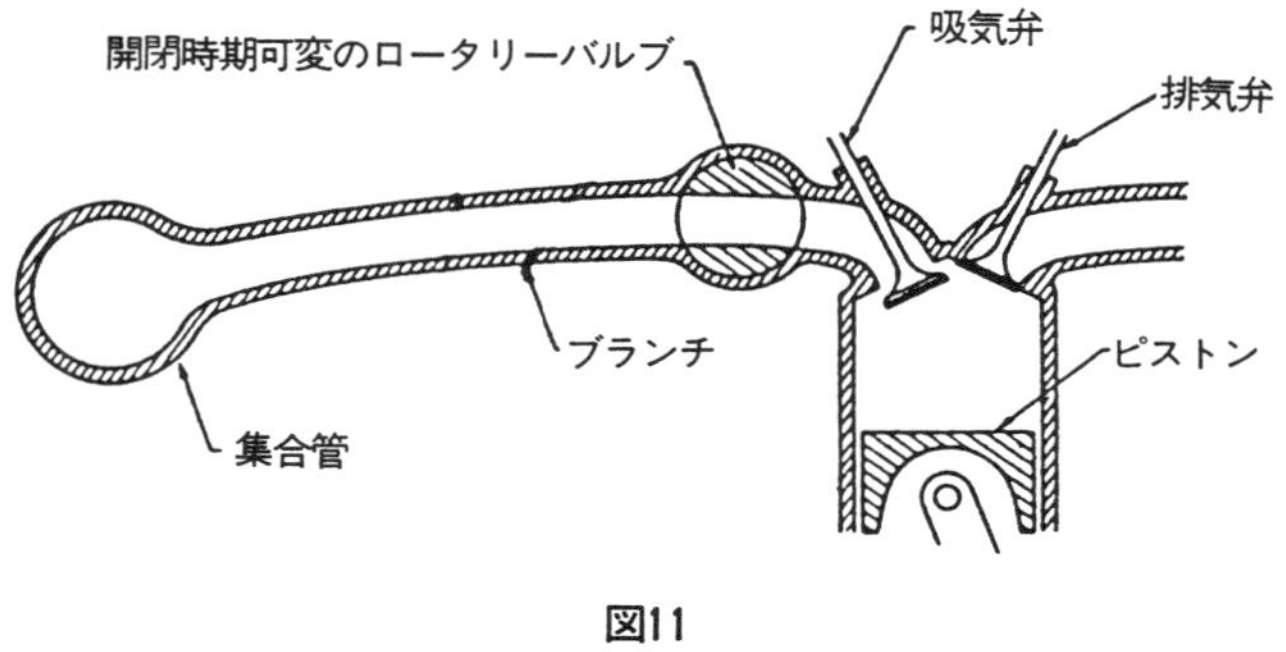

図11

シリンダー内に入る。ピストンが下死点にきていったんは停止するが、高速の空気は止まることができず、流入し続け、シリンダー内圧力を高め続けているときプラスの圧力波も飛びこみ、さらに圧力が高まったところで吸気弁を閉じて逃がさない。これで5000rpmのときと同じ条件で慣性過給ができたことになる。高速で流入した空気は高速の渦を作り、ノッキングなしのよい燃焼が約束されている。

発明の目的である1000rpmのトルクをガバッと高めることはできるか？

1000rpmのときは図10に示すように、下死点近くになってホンのチョットだけ、すなわち5000rpmのときの1/5の期間だけロータリーバルブによって吸気通路を開くことになるのだ。こうすることによって、吸気行程中にブランチ内を空気が流れ続ける時間は5000rpmのときと同じになったのである。

吸気弁でも排気弁でも弁を通って流れるガスの流れ抵抗は、〝時間×面積〟によって決まってしまうのだ。

シリンダー内に流入する〝時間〟は5000rpmのときと同じにできたとしても、下死点近くでは吸気弁のリフトは小さく〝面積〟の確保はムリで、低速での慣性過給はムリかも。だがこのアイデアはターボ過給のときには有効なのだ。

閑話休題。

無過給エンジンに慣性過給すればパワーアップすることは分かったが、過給エンジンの場合は？　OKである。ブーストを高めて空気の密度を2倍にしたとすれば、慣性過給の効果は2倍に高まるリクツである。水力発電所で水の流れを急に止めると、水の慣性効果で鉄管は破裂してしまうのだ。そのわけは、水の密度は大気の1000倍もあるからである。だからブーストを高めれば高めるほど慣性効果は高くなり、ターボ・エンジンにタコ足マニホールドを使わないデザイナーはバカである。

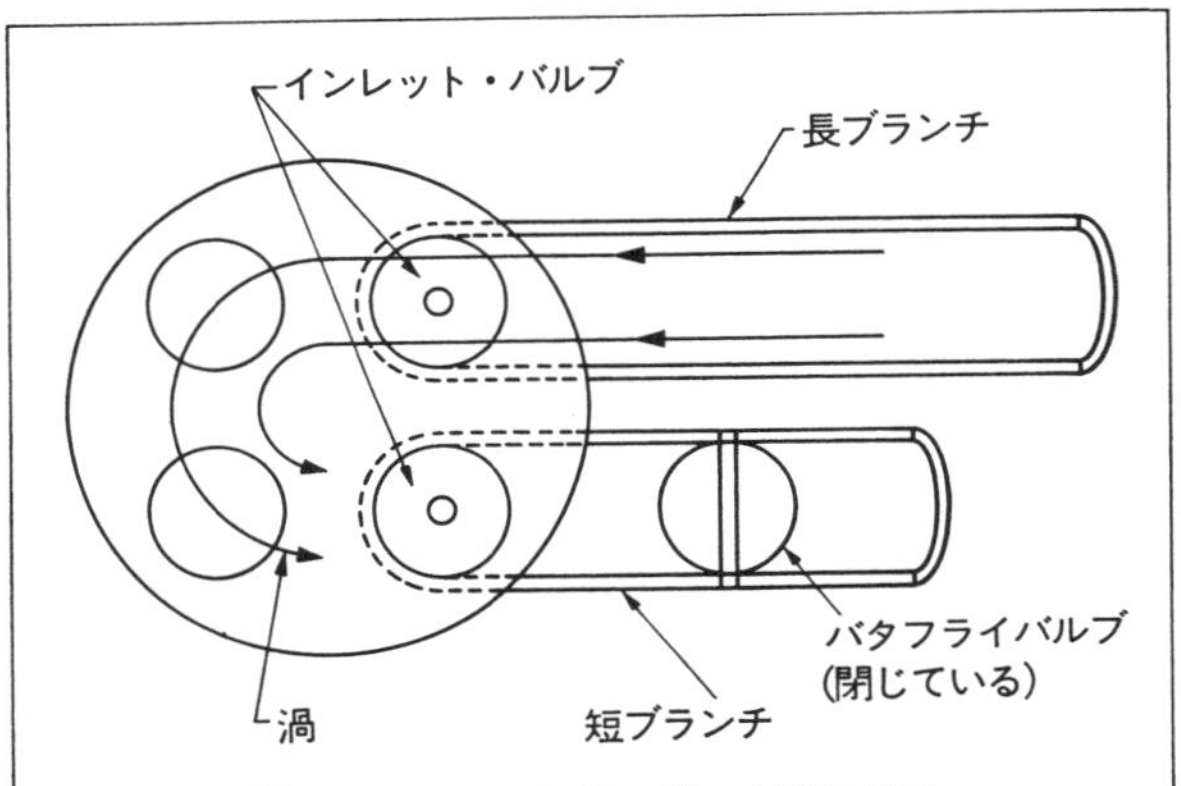

図12　NICSにシリンダー内渦の発生

ニッサンのエンジニアは頭が良く、図7のようにチャーンと2種類の長さのタコ足にしたのはリッパだ。3800rpmまでは、トップで140km/hまでは長ブランチだけを使って吸気するので図12のようにシリンダー内に渦ができて、燃焼を促進し短時間に燃焼を終わらせることができたのだそうだ。ベリグッド！

●オレのアイデアを応用したらターボラグは解決する

ギャレット製のターボチャージャーを採用し、（V6ジェットターボは日産製）チャージクーラーをラジエターの右に取り付けてみたところで、しょせんはナミのガソリン・エンジン。ノッキングには抗し難く、せっかく10・2までに高めた圧縮比を8・5まで下げざるを得なかった。

過給エンジンの圧縮比を下げることの空しさは宇都宮からの帰りにシミジミと感じさせられた。行きにスカイラインということだけでオマワリサンとニコヤカにお話するチャンスがあったので、帰りはオトナシク140km/hどまりであった。家に帰るまでの間ブースト計に注目すると、少しぐらい上り坂があっても＋ブーストには一度もならなかったのだ。交通安全週間以外のときキモチよく飛ばしてみたところで、ブースト計が＋を指し続ける時間は瞬時なのだ。瞬時のために圧縮比を下げ、その結果、燃費を悪くし、だからといって走行燃費を良くみせるため終減速比を下げたのでは、加速がボヤけてしまい何のためのターボか、になってしまうのだ。これではベンツもイチヤーメタといいたくなる。だが、これではドイツもこいつもシュタインコップフ（石頭）なのだ。

シュタインコップフなヤツは過給ガソリン・エンジンは圧縮比を下げなければ不可能であるとか、その出力限界とか、熱効率の限界などをすぐにコンピューターを持ちだして計算したがるが、機械学会誌9月号を読むと、山沢さんという人が「科学技術者と思考の柔軟性」の表題の下に、昔のヒコーキ屋はどうしてもヒコーキは音速を超えることはできない、という論文ばかり書いていたんだそうだ。オレはこういうとき、バーロー、デキナイ話スンジャネェ、とドナッタが、さすがに山沢さんはインテリ、〃思考の閉回路〃に陥ってはいけない、とおっしゃるのだ。そこで思考の回路を開いて、過給ガソリン・エンジンを考えてみよう。

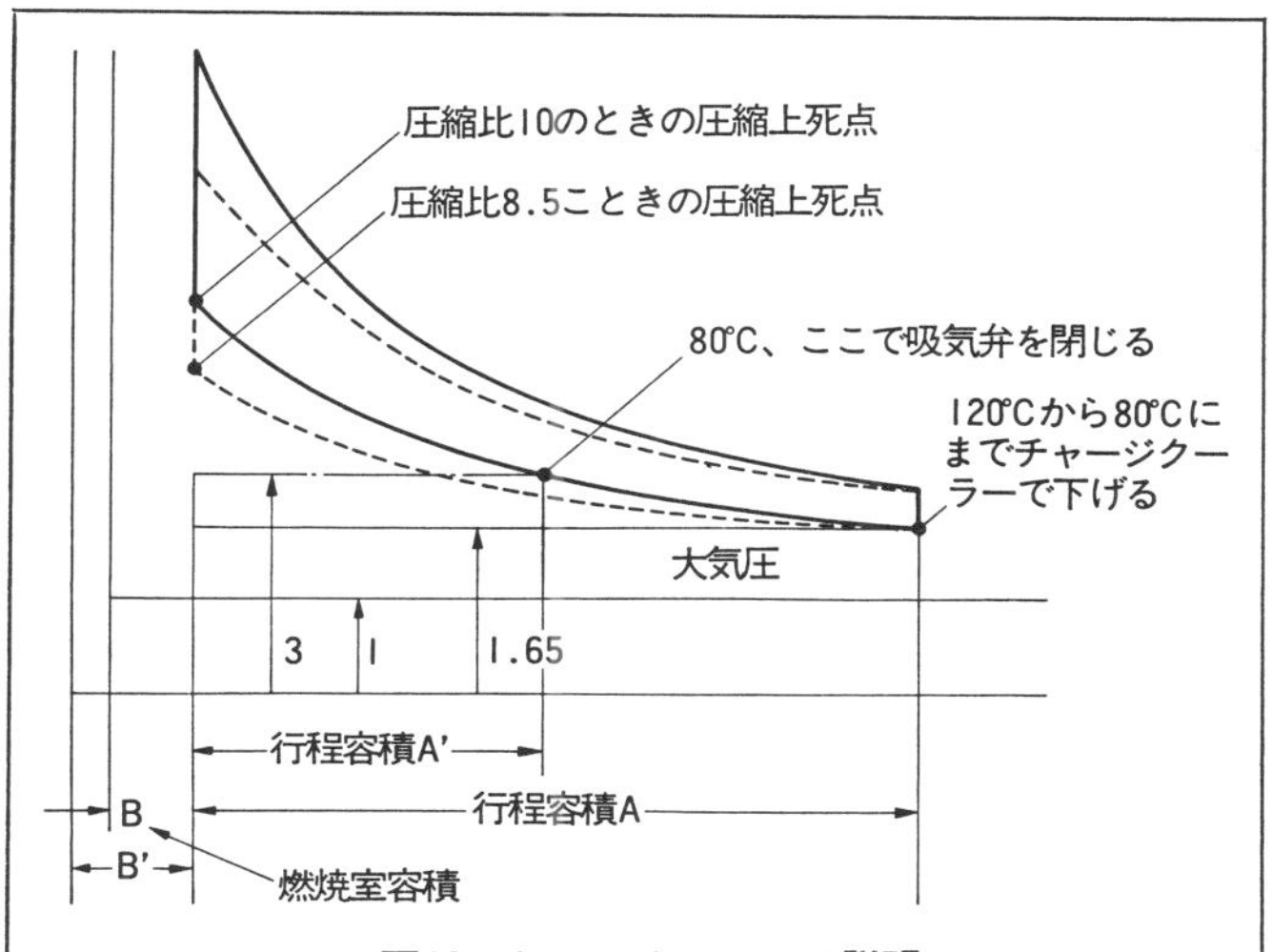

図13　ミラー・システムの説明

　ニッサンRBエンジンをターボ過給してブーストを水銀柱500㎜まで高めるということは、大気圧の1・65倍に高めたことになる。温度が大気と同じく25℃であるならば、出力は65%アップが期待できるところだが、70%の効率のコンプレッサーで圧縮しても120℃と高温になり、空気密度は33%しかアップしないので、パワーアップも33%どまりになるリクツだ。もっとパワーを出したいのでチャージクーラーで120℃のチャージを80℃にまで冷やしてやると、空気密度は大気の1・4倍となり、パワーも40%アップを期待していいのだ。が、それでも圧縮比10のままではノッキングする。止むを得ず図13のように燃焼室容積をBからB′に大きくして圧縮比を8・5にまで下げると、点線のように圧力と温度が下がってノッキングから逃れられるが、熱効率は下がる。しかし他にテがないからシカタないのだ。必要悪だ。と、こう考えるのが思考の閉回路である。

　回路を開くと、ノッキングしたら逆にもっとブーストを高めれば、チャージ温度も高まるが、チャージクーラーを使いさえすれば、やはり80℃まで冷やすことができるのだ。これをシリンダー内に送り込み、図13の容積A′のところ、吸気行程の途中で吸気弁を閉じてしまうのだ。しかし、簡単に可変バルブ・タイミングはできないので、吸気弁は正常のバルブ・タイミングのままにしておいて、図12のロータリーバルブのタイミングを変えて、吸気行程の途中A′のところで閉じてしまうのだ。ここから吸気下死点に向かってチャージは断熱膨脹しつづけ、吸気下死点では大気温度以下までにシリンダー内空気温度を下げることができる。

　ブーストを高めてノッキングを防止するのであれば、ウエストゲートを使ってせっかくの排気エネルギーを捨てることもない。もっとパワーアップさせるために有効利用を考えるべきで、エネルギーを捨てるためにウエストゲートの開き方をコンピューターを使ってコントロールするとは何ごとぞ、うしろ向きに進歩させるにコンピューターを使うのは犯罪である。

　東大での実験では圧縮上死点の温度を150℃も下げることに成功した。もちろん、圧縮比は無過給のままで2倍もパワーアップし、ネンピも良くなることも分かった。オマケに排気温度も100℃も下がった。ということはエンジンの熱負荷を下げ、ターボ過給ならタービン・スクロールを高価なニレジストではない普通の鋳鉄でいける、ケッコーケだらけネコ灰だらけなのだ。

　最強の7thスカイラインをドライブしながらオレは考えた。このRB20エンジンにオレのアイデアを応用したら、このターボラグを解決しうるか、であった。アイドル時にほとんど停止状態にあるターボを10万rpmにまで加速するには、オレのドライブ・フィーリングでいうと、タクシーとの交差点グランプリでは、まずタクシーがボンネット分リードする。ムカーッとした次の瞬間、ターボパワーは激しく車を加速し、ドバーッとブッチギルのだ。

ここで、だからターボはダメなのだと決めつけるようではシュタインコップフ、思考の閉回路に陥ったことになる。そこで思い出したのはダチのアスカターボ。これをドライブしてみると、驚いたことに全くターボラグを感じさせないのである。もちろん、NA（無過給）だって〝もたつき〟がゼロということはあり得ないし、ターボだからもっと〝もたつく〟のであろうが、シロウトのドライバーが感じなければOKである。ただしこの車、高速の伸びがないことが気にかかる。が、200km/hで走れないこの国では、不満の生じるほどのことではない。

だからといって、もっと小さなターボを使うことは、つまり、210ps以下のエンジンを作ることは、ニッサンの、スカイラインのプライドが許さないのである。

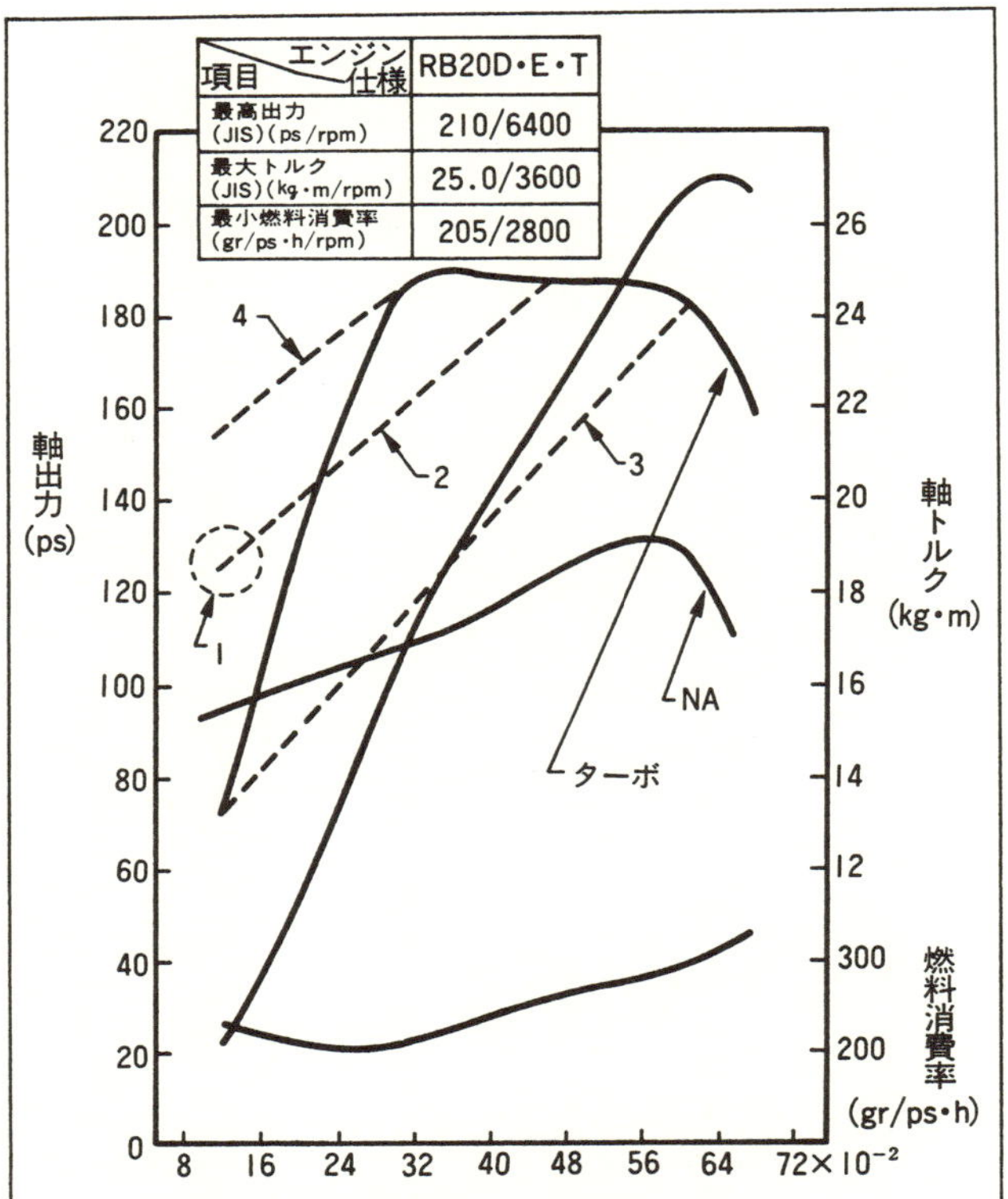

図14 RB20型DOHC・EGI（ECCS）仕様
ターボチャージャー付きエンジン

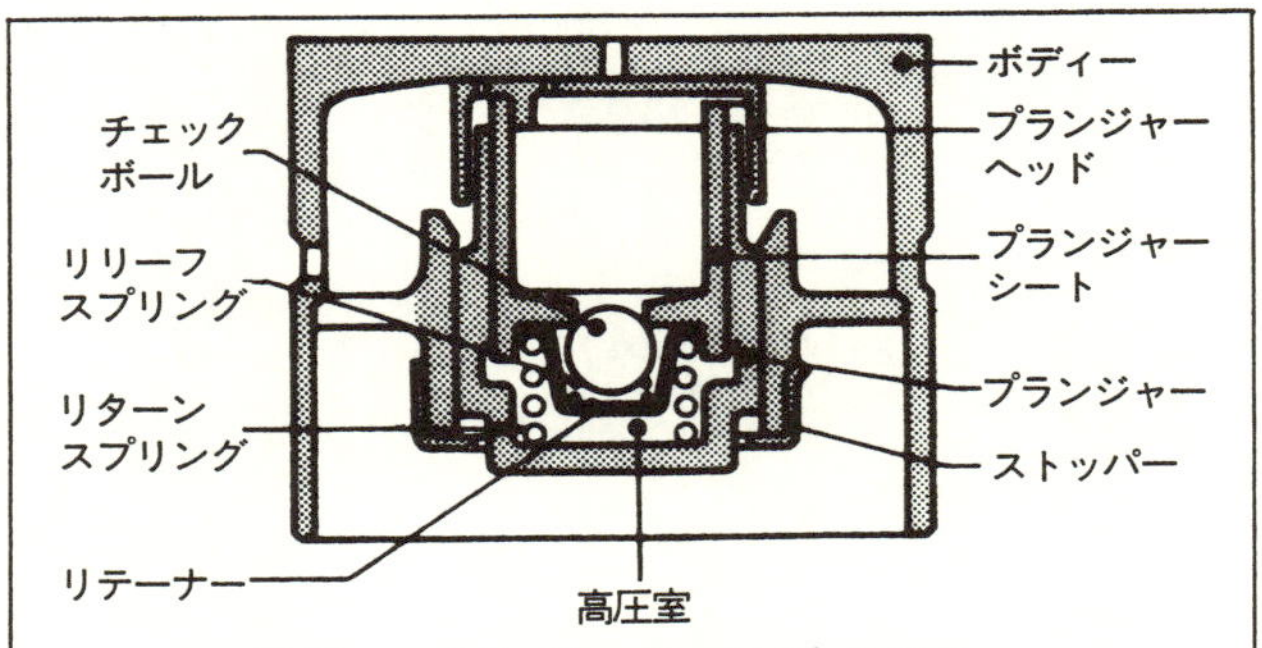

図15 ハイドロリック・バルブ・リフター

図14の性能曲線を見ると、なるほどターボパワーは出ているが、カンジンは1000rpmトルクはNA以下なのだ。これだからタクシーに負けそうになるのである。ピークトルクは3600rpmで発生することにはなっている。しかし、急加速中にはターボラグのため点線3をたどって加速し、ジマンのピークトルクを全く感じることはできないのだ。ゆっくり加速すれば……。それならナニもターボは不要である。

これを改善するには図11を思い出してくれればよいのだ。3000rpmくらいにチューニングした長めのブランチは必要ではあるが、ロータリーバルブのコントロールによって図の点1、NAエンジンのピークトルクまでは高めることはできる。加速はターボラグのため線2をたどると思う。それでも加速フィーリングはバツグンとなる。性能曲線は線4と書くべきかも。

3600rpmより高速では、もちろんロータリーバルブは圧縮比を10・2としたRBエンジンのノッキング・コントロール・バルブとして働くのである。話をもどして、ターボのシカケはイマイチだが、このRB20エンジンはほかのところでは最高のシカケと部品を使っているのだ。

●ベンツのピストン・ピンはなぜ細くて短いか

MTZでDOHC用のゼロラッシュ・タペットがフォルクスワーゲンに採用されたとは知っていたが、ニッポンのスカイラインにこれが採用されるとはうれしい。ニッサンでは直動式ハイドロリック・バルブ・リフターというのだぞうで、オレのことを〝悪の毒舌オジン、兼坂の弘〟と呼ぶようなものでモノモノしいところもタマラない。**図15**がそれで、ナニ、ゼロラッシュ・タペットのシカケをＤＯＨＣの直動式タペットの中に組み込んだだけのこと、といってしまえばそれまでだが、ニッサンとしてはＲＢ20ＤＥエンジンを静かにするためには絶対に必要だったのだ。

フツウのバルブ・リフターでは、運転中にバルブとシリンダーヘッドとの間に熱膨脹差があり、カムとタペットとの間に隙間、バルブ・ギャップをつけておかないと、バルブが閉まらなくなってしまうのだ。カムの側でいうと、バルブ・ギャップに相当するのがランプである。このランプがあるので運転中にバルブ・ギャップが変わっても、バルブを突き上げることはないのだが、**図16**に示すように、ランプはカムの斜面となり、どうしてもランプスピードが発生し、小さいながらもスピードをもってバルブをたたいて開き、閉じるときバルブはバルブシートに衝突し、カチカチという音を発するのだ。これは騒音計の目盛で評価すべきでなく、断続音なので気になる嫌な音なのだ。

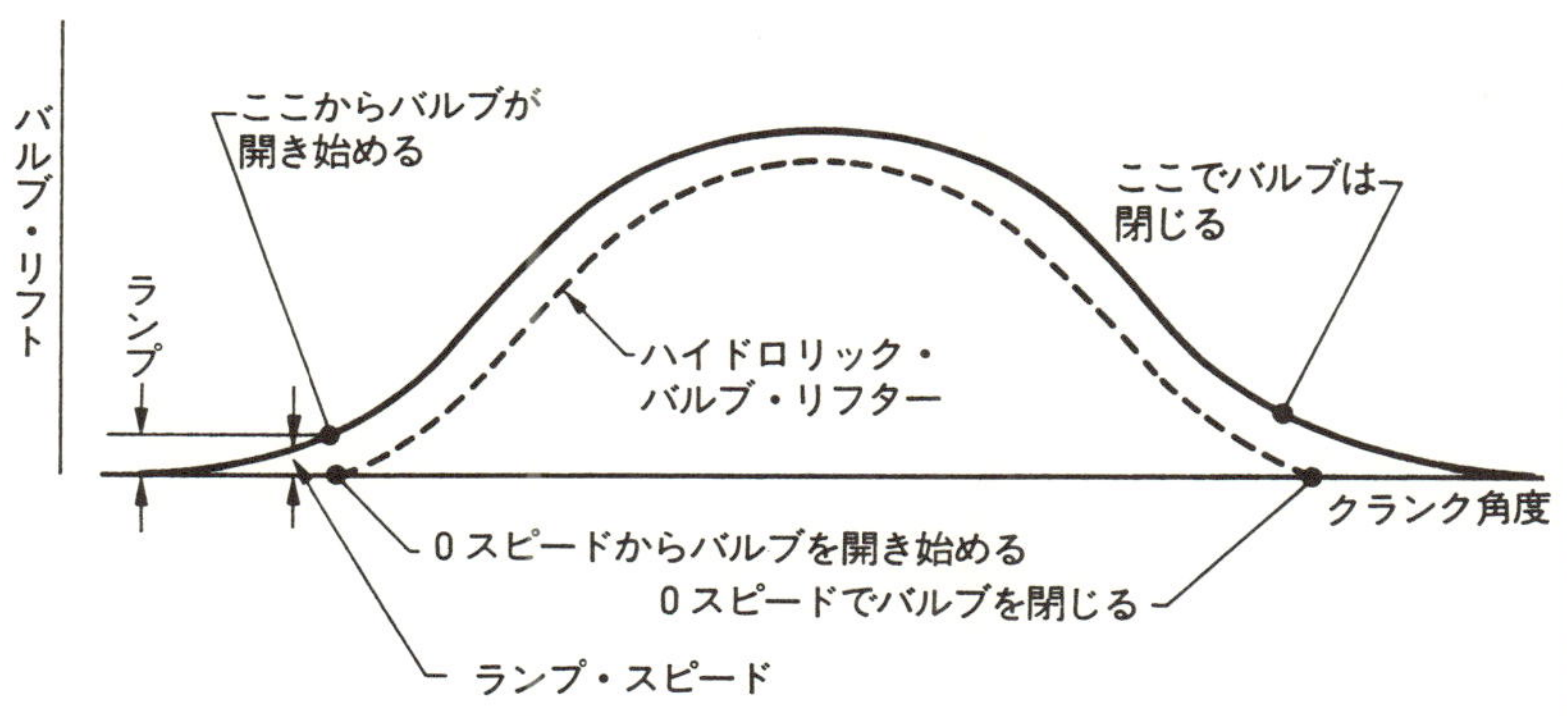

図16　フツウのタペットの場合とゼロ・ラッシュ・タペットのときではカムのプロフィルが違う

ガソリン・エンジンはピストンがシリンダーを平手打ち(スラップ)するピストン・スラップが一番大きな音の発生源で、次がバルブ音、メイン・ベアリングはピストンが受ける燃焼圧力を支えるので3位となるのだ。だからフワッとバルブを開いてやり、ソッと閉めることは効果的でナント4dB(A)(音のエネルギーが半分以下)も下がったのだそうだ。ニッサンのエンジニアはこのタペットの重量が20gも増えた、と気にしていたが、「弁ばねさえ強くすれば、問題ない。それよりも気になるのは、オイル・クッションによってタペットが柔らかくなり、高速でバルブが踊り出すことだ」といったら、「蓄圧室を小さくして、剛性を高めてあるので、7500rpmまで回してもヘッチャラ」というので、図15をよくみると蓄圧室は小さい。ナットク。

対するベンツは、**図17**のようにロッカーアーム内蔵式とこれまた最新式でユズラないのだ。

高速回転に耐えて、しかもフリクションを少なくするには、何よりもまずピストンとコンロッドは軽くなくてはいけない。ピストン重量はピストンの圧縮高さによって決まってしまうので、ニッサンとベンツの圧縮高さを比較すると、ニッサンはピストン径の0・4倍、ベンツは0・38倍でほとんど同じで、双方共非常にガンバッた良い設計といえる。ベンツのプロポーシ

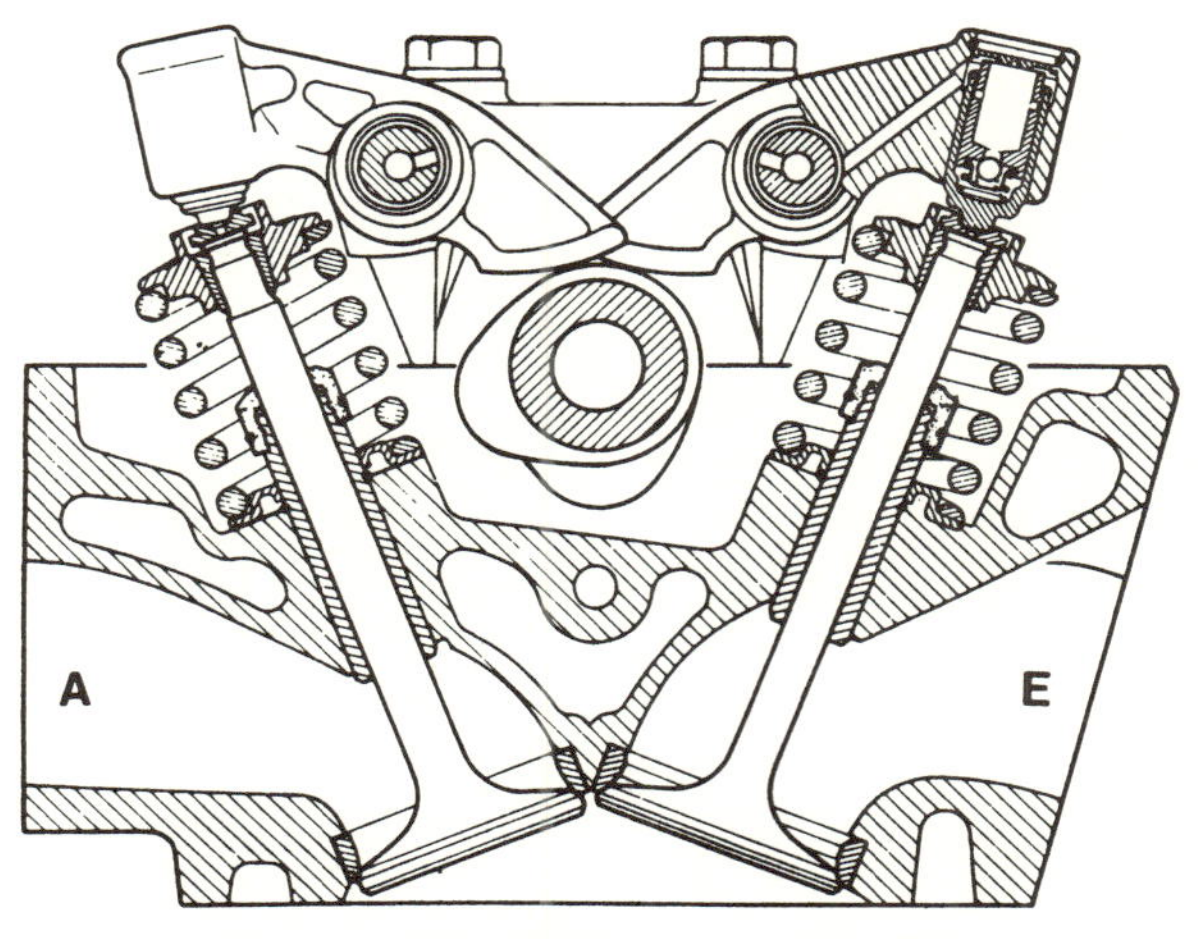

図17　ベンツM103型エンジンのハイドロリック・バルブ・リフター

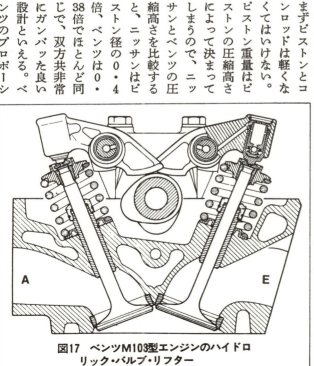

ヨンの方がやや有利なのは、ピストン・ピンが細いからである。ベンツは将来も過給しないのだから、思い切って細いピストン・ピンを採用することができたのだ。ピストン・ピンは鋼で、比重はアルミの3倍もあるので、細ければピストンが軽くなったといえるのだ。**図18**と**19**を見比べると、ベンツのピストン・ピンは細くて短いことがよく分かる。なぜベンツのピンが短くできたかというと、コンロッドの長手方向の位置決めを、常識に反してピストンのピンボスでやっているので、ピンボスが内側によせられた分だけ短くなったのだ。だから**図19**をよく見ると、ビッグエンドは長手方向のガイドをせずクランク・ピンのチークに対してガバガバなのだ。幅の狭いビッグエンドはコンロッドを軽くし、チークとビッグエンドとの間のフリクションまでもなくしてしまうとは、さすがはベンツ様、恐れ入りました。

　ここでニッサンは土下座しなければならないのは、ベンツのコンロッド・ボルトは塑性域角度法、ニッサンは旧式なトルク法なのだ。

　ニッサンRBエンジンは今ある最高の技術の集大成として完成した。それなのにベンツが15年前、オレが12年前に採用し、ライバル、トヨタが去年から採用した角度法をいまだにためらっているとは。日本の一部のエンジニアや整備工にとってすでに常識となっていることなのだが。「そこまでしなくとも」というが、塑性域角度法で締めつけたボルトの締めつけ力はトルク法の2倍もあって、そのバラツキも半分以下なのだ。だからコンロッド・ボルトを細く設計でき、軽いコンロッドを作ることができるのだ。「タダで教えてやろうか」とついに思い余ったオレはビョーキがでた。すると期待したとおり、ヌード写真を見せつけられたインポの顔になった。目をそらせばインポ（性的または知的無関心）がバレてしまうし、ニッコリ笑ってお願いしますでは、プライドが許さないのかも。「鈴木サン、これが例の顔ですヨ」とオレがいうと、見ては気の毒だし見なければオレに義理が立たぬと思ってか、MFの鈴木社長まで同じ顔になったのだ。

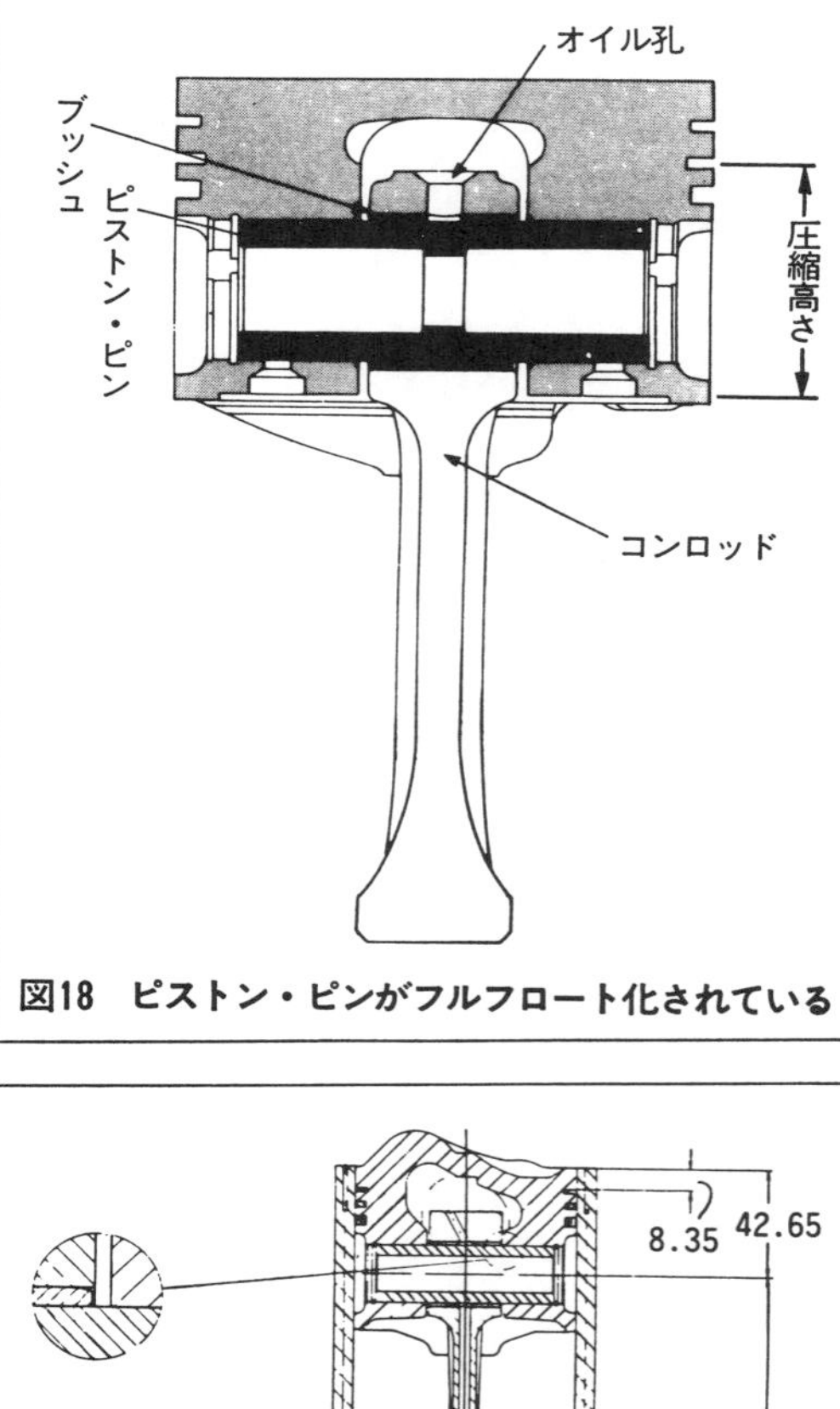

図18　ピストン・ピンがフルフロート化されている

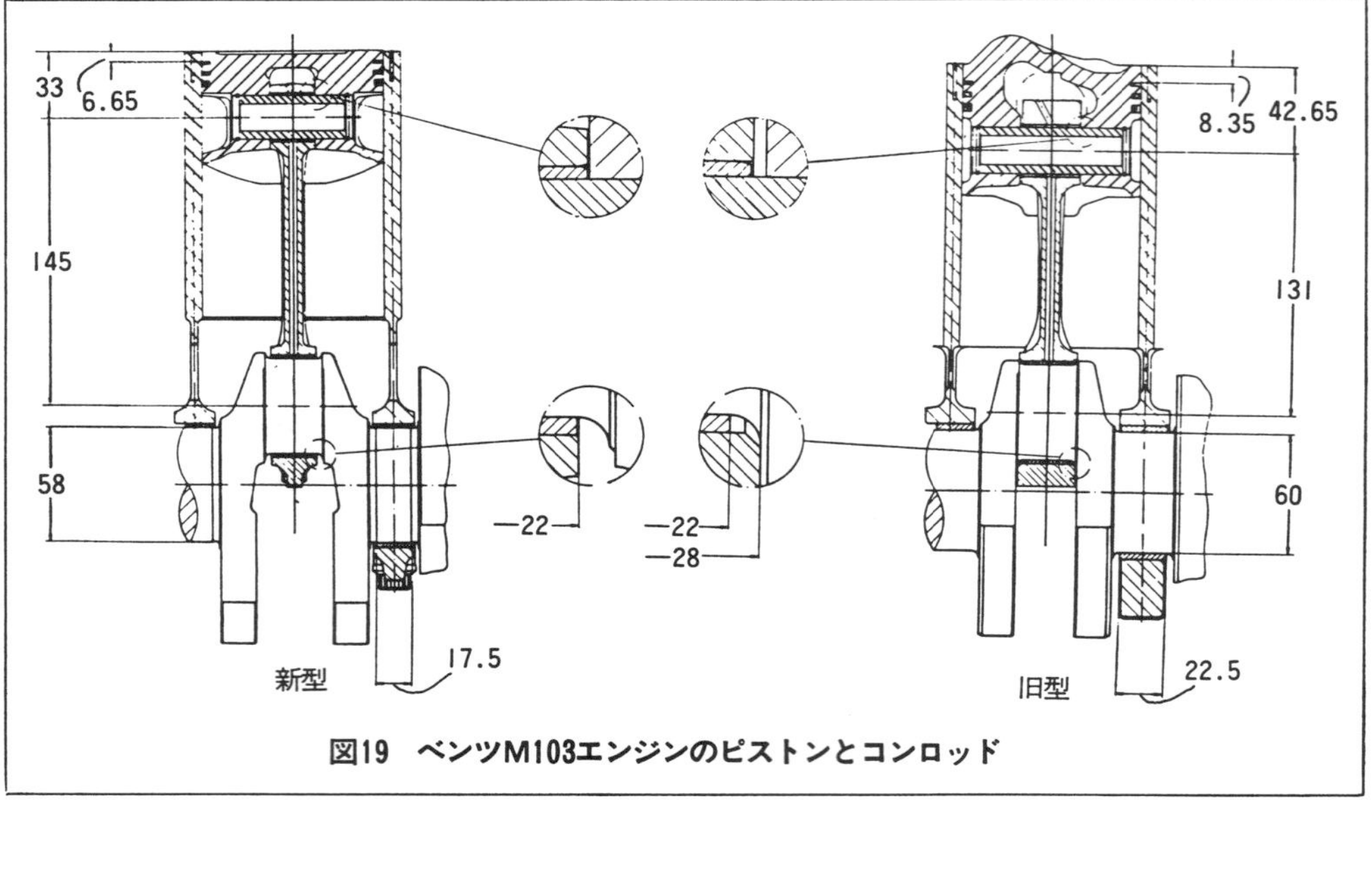

図19　ベンツM103エンジンのピストンとコンロッド

ニッサンPLASMA
RB20DE／RB20DET

Part 2 メルセデス・ベンツM103との比較考察

単にスペックを誇るのではなく、哲学のあるエンジンであってほしい

Bi-girlとは〝美ガール〟で美女のことかと思ったら、男性大好き、レズもしたい、という自動車でいえば水陸両用みたいな女性である、と桐島洋子サンの「淋しいアメリカ人」に書いてあった。それならば水陸両用のヤローはバイマンかと思ったが、この名著にはそれに触れてはいなかった。

●静粛性のためにまたまたオートサーマティーク・ピストンが復活

バイメタルとは何か？　なーんて思わせぶりをしてみたところで、実にヤボな金属なのだ。**図20**がそれで、シンチュウのような熱膨張率の大きな金属と熱膨張率の小さい、例えば鉄板と熔接して一枚の板を作れば、バイメタルとなる。

このバイメタルを温めると、シンチュウは鉄よりもヨケイに膨張して、バイメタルは図20下のように変形する。温度によって形が変わることを応用すれば、温度コントロールができるリクツで、**図21**のＲＢ20ＤＥエンジンのファンの中心にはファン・クラッチがついている。平地走行中にはラジエーターの自然通風だけで、十分にエンジンを冷却できるからファンをカラ回しにしておく、登坂にかかるとラジエーター水温も上がり、ラジエーターを通る風も熱くなって、バイメタルを変形させ、クラッチ・オンにしてファンを回転させて一生懸命に冷却する。このよいシカケは3～5％もネンピをよくし、ファンがカラ回りしているときは静かでもある。アメリカのシュビッツアー社で発明したファン・クラッチは、ベンツＭ１０３にも当然のことながら採用されていて、この件は引き分け。

ピストンの材料には、シリコン12％入りのローエッキスというアルミ材を使用するが、ローエッキス（Low Expansion：低膨張の意）といえども、フツウのアルミの熱膨張係数24が22と下がっただけで、鉄の10と比較すれば、倍以上も熱膨張率が高く、鋳鉄のシリン

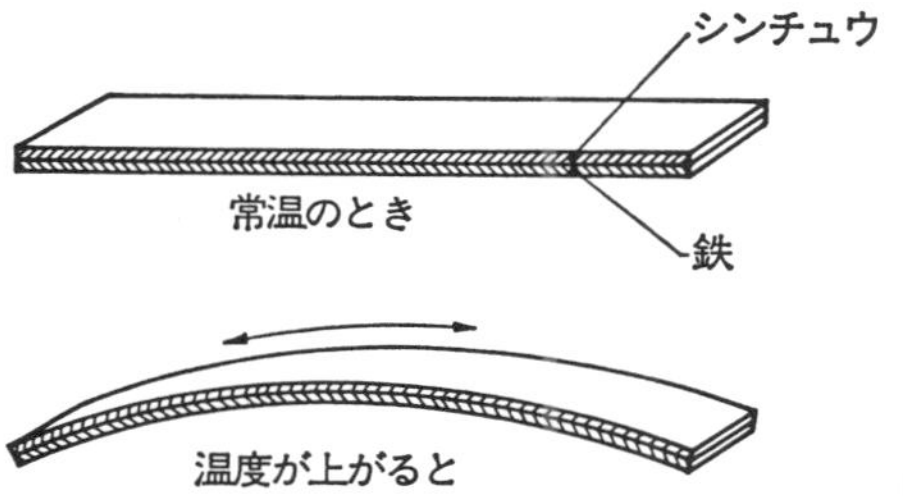

図20　バイメタル

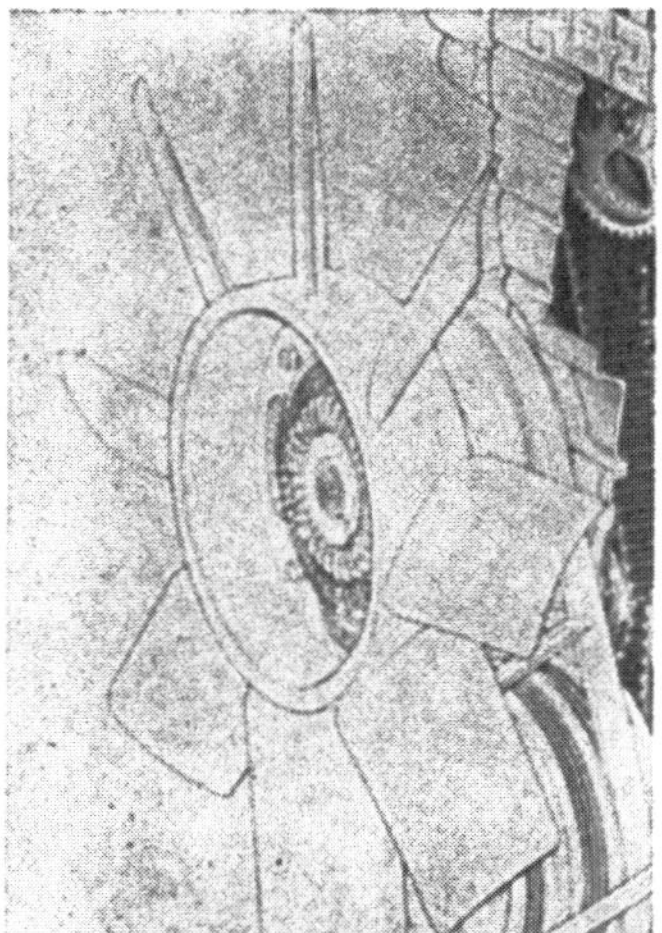
図21　ファン・クラッチ
（ファンの中心）

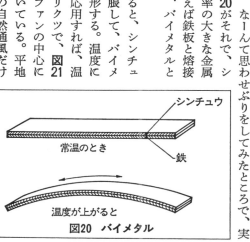

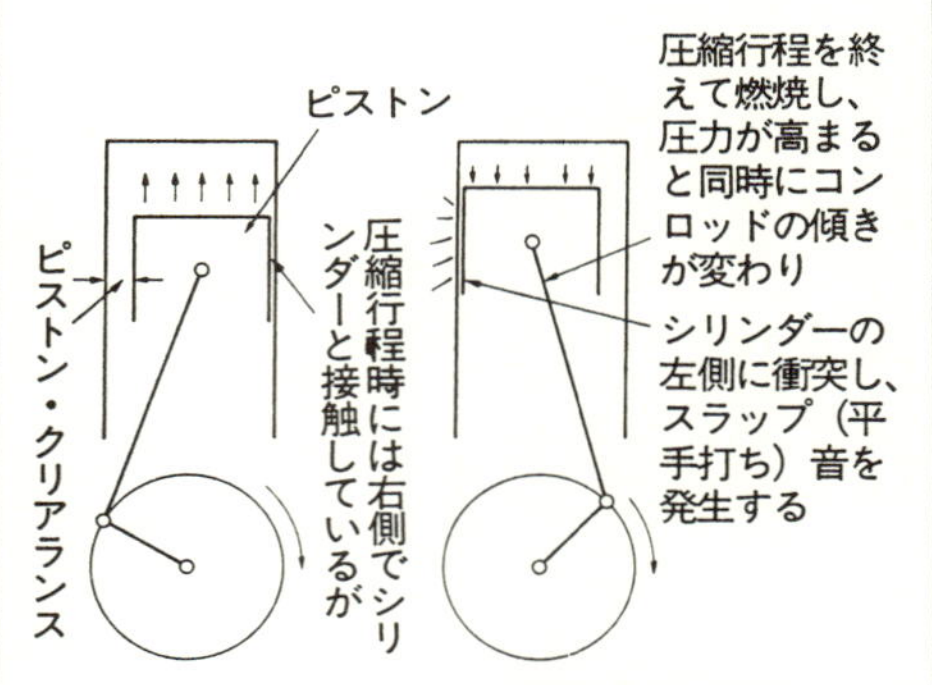

図22　ピストン・スラップ発生のメカニズム

ダーの中でガバガバの寸法にピストンを作らないと、高温になったとき、ピストン・クリアランスがなくなって焼き付いてしまうのだ。

ピストン・クリアランスが大きければ、ガス漏れ（ブローバイ）やオイル消費が増えて当たり前であるが、それよりも、もっと問題なのはピストン・スラップである。

ピストン・スラップは**図22**に説明するように、圧縮上死点でドカーンと燃焼すると、その圧力でピストンを反対側のシリンダー壁へ叩きつけることで、エンジンの一番の騒音源である。

ピストン・スラップを小さくするには、ピストン・クリアランスを小さくすれば良いワケで、ポルシェやＢＭＷ・Ｋ１００（ベーエムベー）のようにピストンもシリンダーもアルミとすれば、熱膨張率は同じになり、ピストン・クリアランスを小さくできる。だがベンツＭ１０３もニッサンＲＢ20ＤＥもシリンダーは鋳鉄でできているから、ピストンにシカケが必要になるのだ。**図23**にはオートサーマティーク・ピストンを示す。ピストンの内側には鉄板が鋳ぐるみされていて、バイメタルになっているのだ。低温のときは図23左のようにダ円になっていて、ピストン・クリアランスを小さくしても、高温時にはマンマルになるように膨張して、ピストン・クリアランスは変わらないというウマイ・シカケである。オートサーマティーク・ピストンは技術的に世界一といわれるドイツのマーレ社の発明で、もちろん、ベンツＭ１０３にはマーレ製の世界一のオートサーマティーク・ピストンが、ニッサンＲＢ20ＤＥにはイミテーション・サーマティーク・ピストンが採用されていて、この件は引き分け。

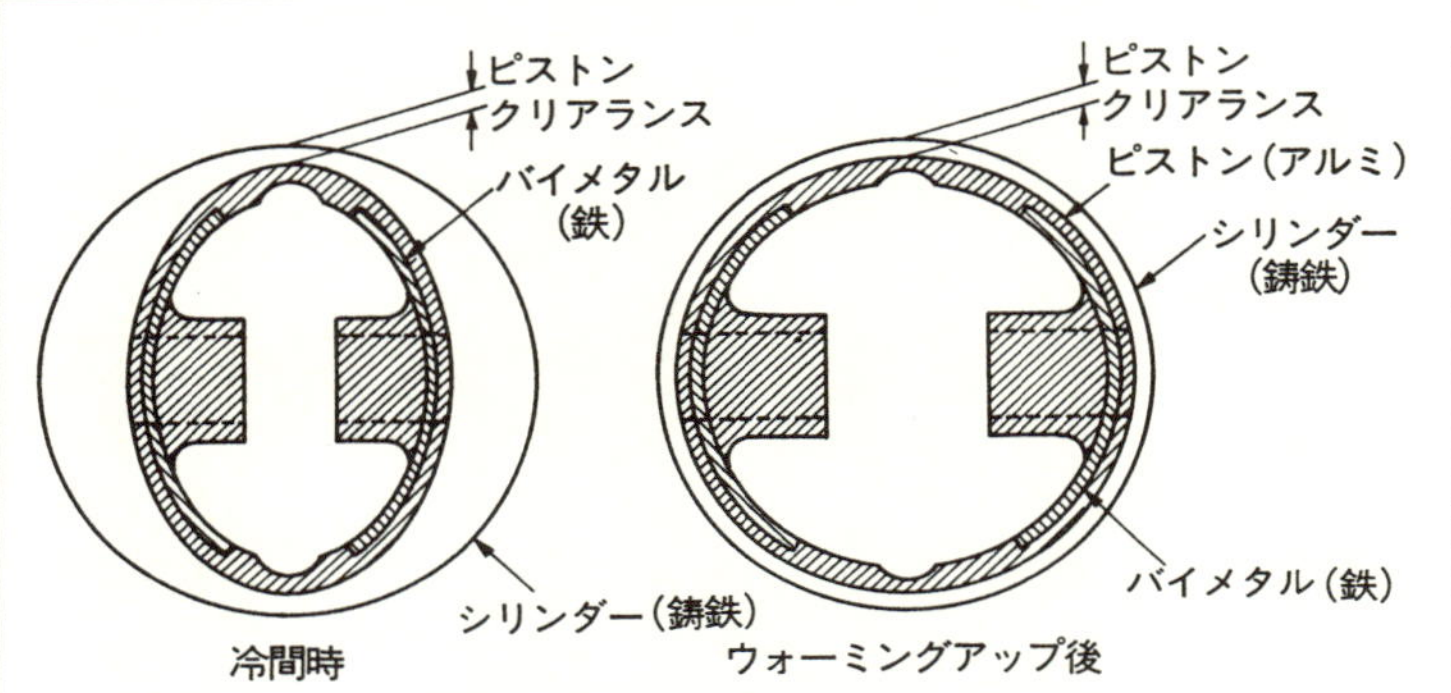

図23　オートサーマティーク・ピストン

ニッサンＰＬＡＳＭＡ　ＲＢ20ＤＥＴエンジンはクラス日本一を誇る高出力エンジンで、パワーを高めればピストンの温度も高くなって当たり前である。ピストン温度が高くなって、最初に出てくるトラブルはリング・スティックである。これは**図24**に示すように、オイルが高温のために炭化して、カーボンとなり、これがリング溝に詰まり、リングを動けなくしてしまうことで、これではシリンダーとリングとの間に隙間が

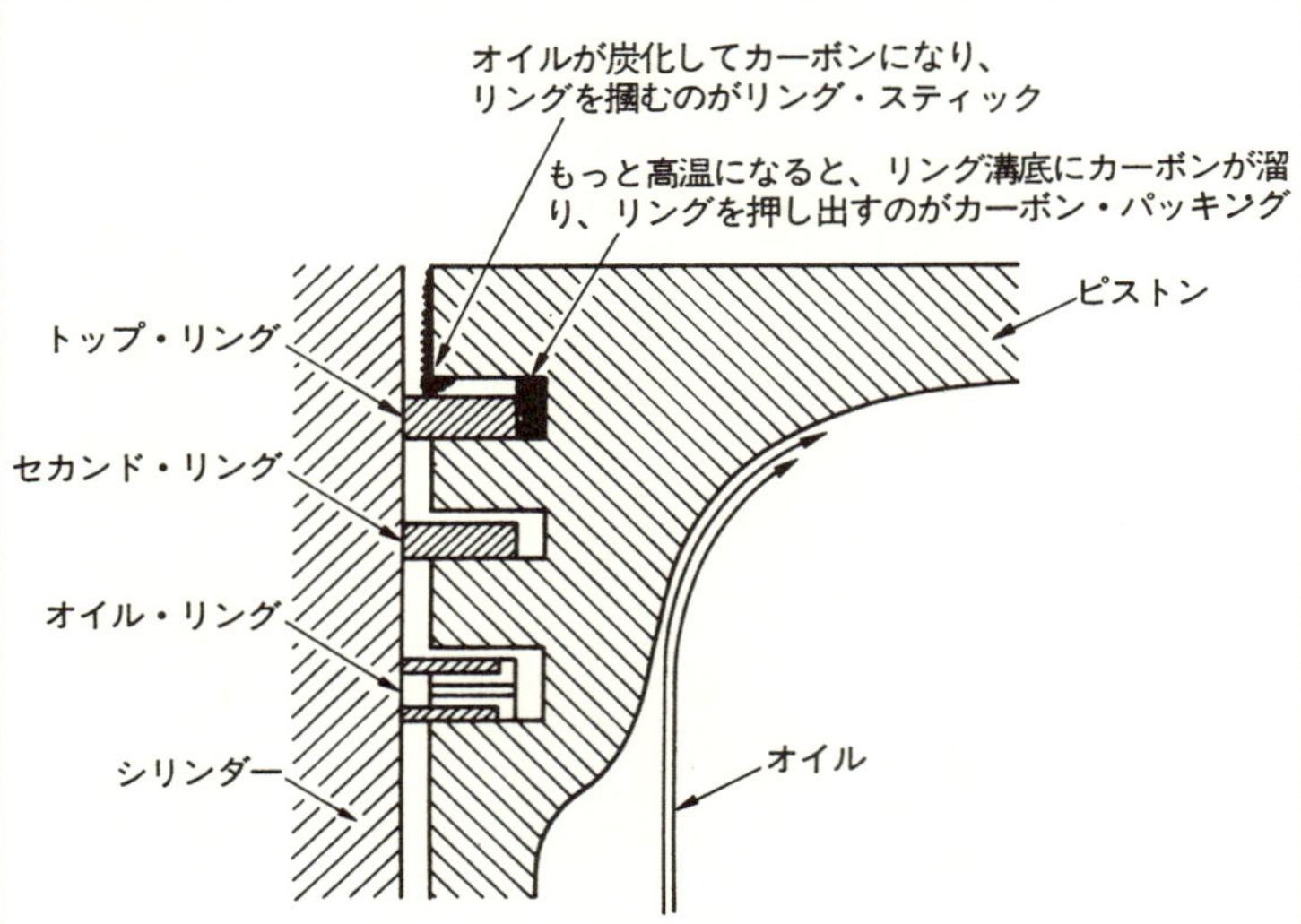

図24　リング・スティック

できて、ガス漏れしてしまうのだ。

ピストン温度を下げてやりさえすれば、リング・スティックは解消するが、パワーを下げるわけにはいかないので、図24のようにオイルで冷却するのだ。オイルを飛ばすオイル・ジェットは**写真25**に示してあるが、小便小僧をマネたにしても、ヘタクソな設計である。

いかにダメ設計であるかを説明するために、ジェットのカリ首の所だけを拡大したのが**図26**である。

「気をつけろ、車は急に止まれない」とはニュートンの運動の法則を知っている人のみが作れるツマラナイ標語で、オイル・ジェットに応用すれば「気をつけろ、オイルは急に曲がれない」で、流線を書いてみれば、図25右のように縮流が生じ、流量は下がる。その上、長い平行部を高速で流れるオイルは粘性摩擦のため、さらにオイルのスピードは下がる。

RB20DETエンジンが6400rpmで回転するときのピストンの最高速度は30m/secにもなる。オイルがピストンに追いつけないようでは、ピストンは冷えないのだ。

オイルの速度が低くなってしまうニッサンのオイル・ジェットはペケである。いうまでもなく、オレは設計の名人で、オレならば図26左のように設計するのだ。

オイル・ジェットやベアリングに油を供給するオイルポンプは、と見ると、**写真27**のようにインナーギヤーをクランク軸に取り付け、このギヤーでアウターギヤーをドライブする、オナジミのインターナル・ギヤーポンプである。この設計では、太いクランク軸にインナーギヤーを取りつけるので、大きくなる。これと噛

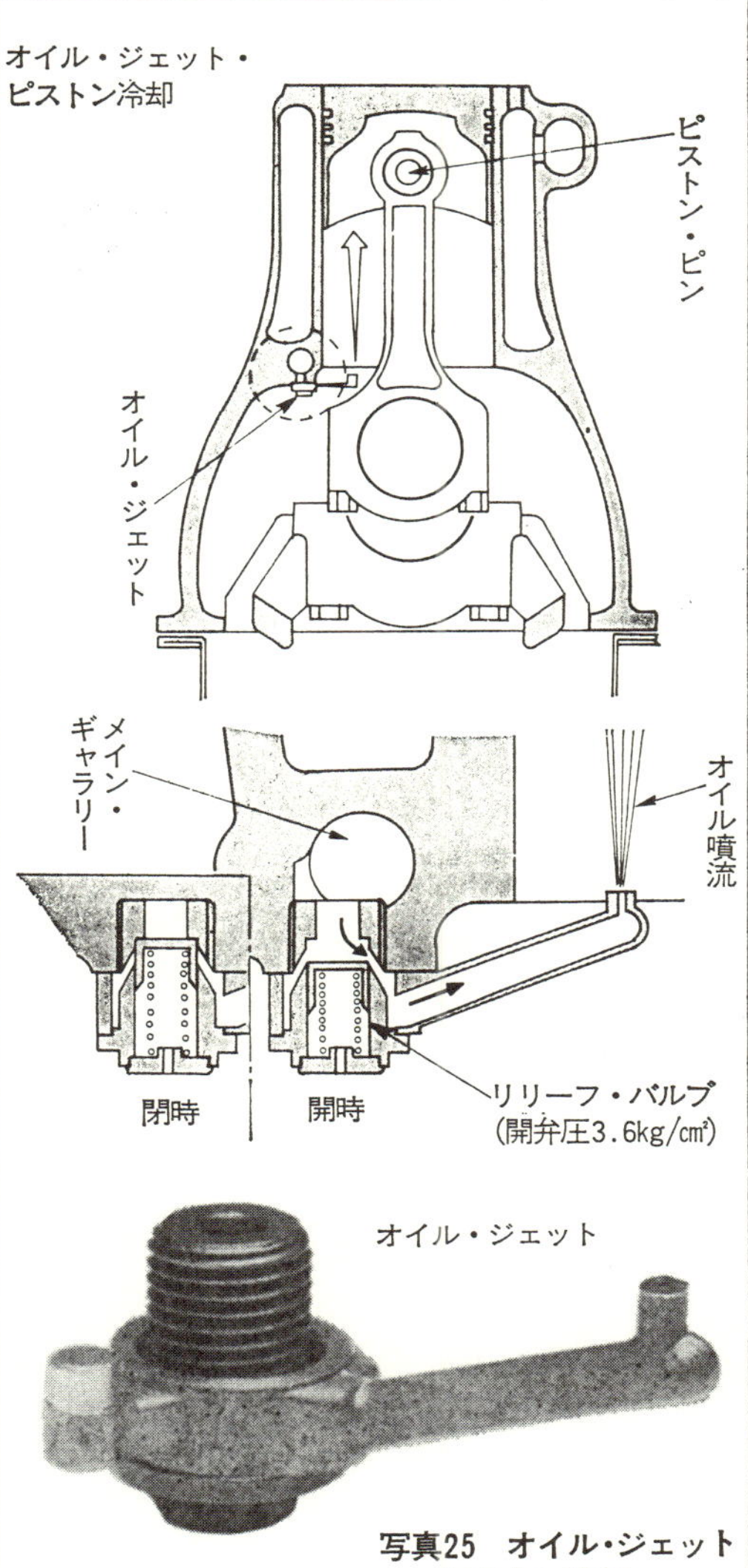

写真25　オイル・ジェット
ピストン冷却

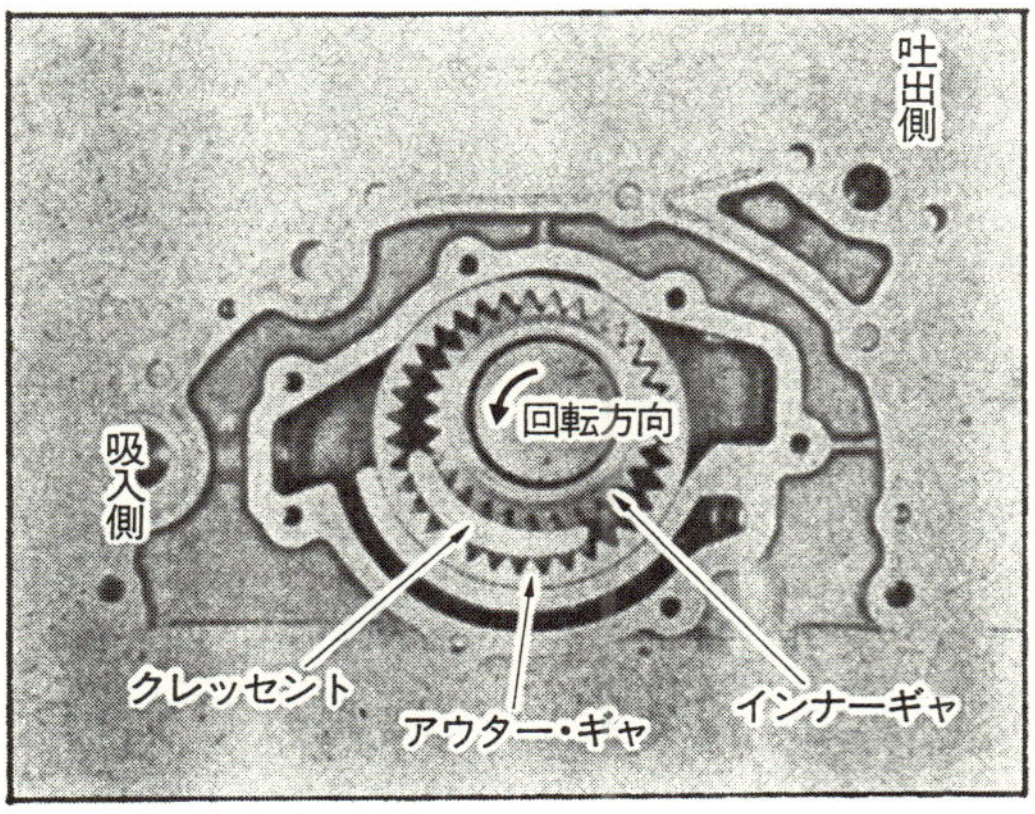

写真27　インターナル・ギヤー式オイル・ポンプ

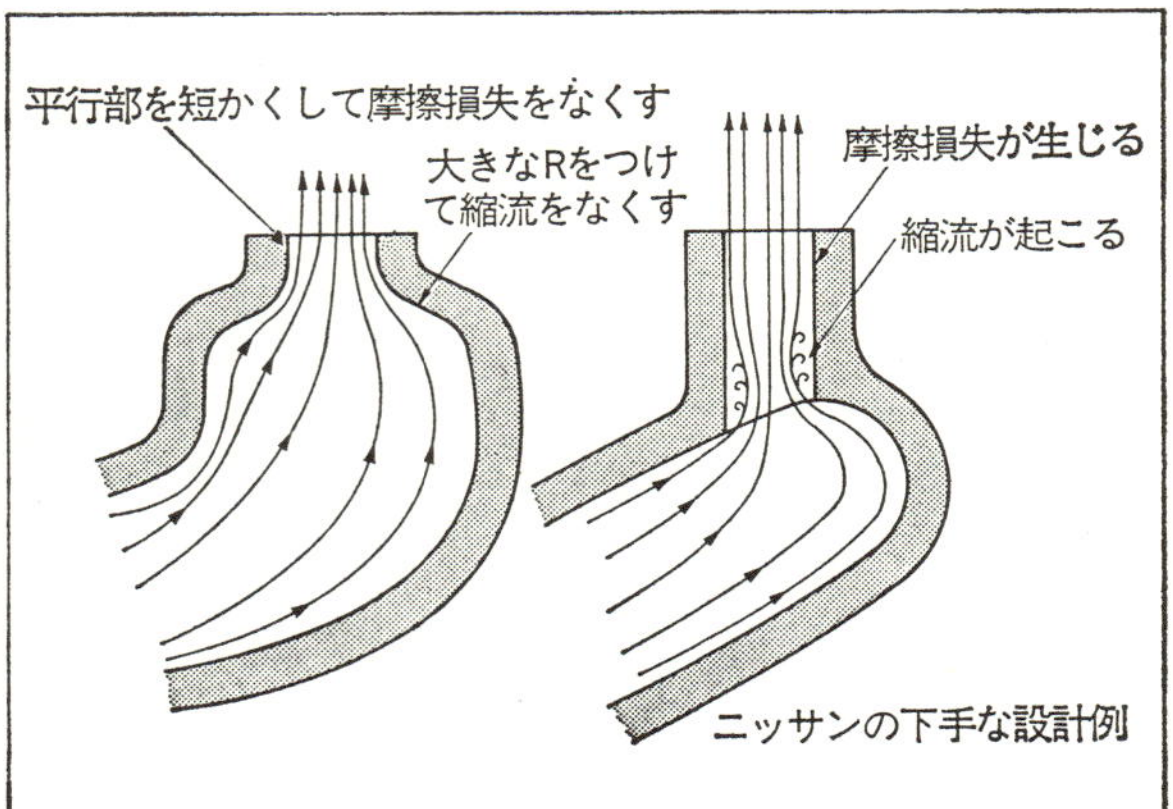

図26　オイル・ジェットの設計方法

み合うアウターギヤーはもっと大きくなる。大きな直径のアウターギヤーが高速でオイルポンプ・ケースと滑り合うと、オイルによる粘性摩擦抵抗はバカデカク、5馬力以上になると思う。このサイテイのオイルポンプは安いという理由だけで、日本の乗用車用エンジンであれば例外なく採用しているが、このオイルポンプを使う限り絶対にネンピは良くならないし、効率の悪さはオイル温度を高め、連続高速走行はムリである。こんなダメポンプを使うエンジンに名エンジンはないとオレは確信しているのだ。

図28　普通のギヤ・ポンプ

良いエンジンを作るためには、いくらゼニをかけても構わないというのが、ニッサンRB20DE/20DETの設計ポリシーではなかったのか……。

圧縮比を高める目的で2コのノックセンサーを使って電子コントロールし、ポンピング・ロスを減らすにはDOHC4弁、そのドマンナカに白金プラグを置き、さらにそれぞれに1コの合計6コのコイルを取り付け、ベアリングのフリクションを低減のために敢えて面積の小さなベアリングを採用するなど、ネンピを良くするための数かずの対策を講じていながら、アゲクの果てにこのオイルポンプではシラケを通り越して、スカイラインを買いたいと思ったオレの涙は止まらないのだ。

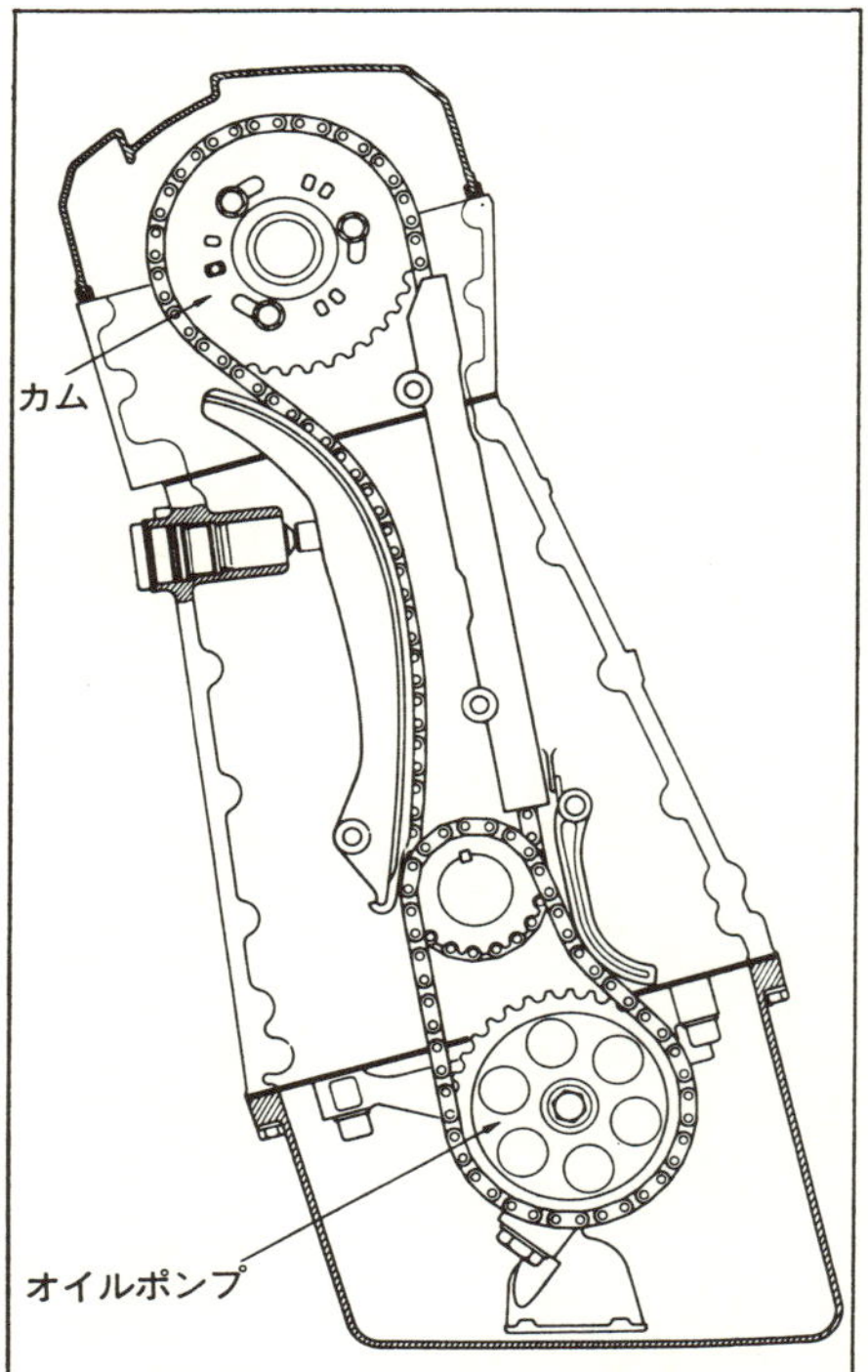

図29　ベンツのチェーン駆動

一方、ライバルではない、先生のベンツM103はと見れば、チャーンとフリクションの少ないフツウのギヤーポンプを使っているのだ。ニッポンのプロのコドモたちは残業してフリクションの多いポンプばかり設計しているので、フツウのギヤーポンプとはどんな形かを知らないと思って、**図28**を書いた。フツウのギヤーポンプをベンツは**図29**に示すようにチェーンで駆動し、回転比も1・84と下げて、ユックリ回しているのだ。だからオイルポンプの吸収馬力は**図30**に示すようにニッポン式(ビ)ポンプに較べて大幅に減ったのだゾ、とベンツはイバッテいるのだ。この件、ベンツM103のフツウ、当たり前、月並みなオイルポンプの楽勝。

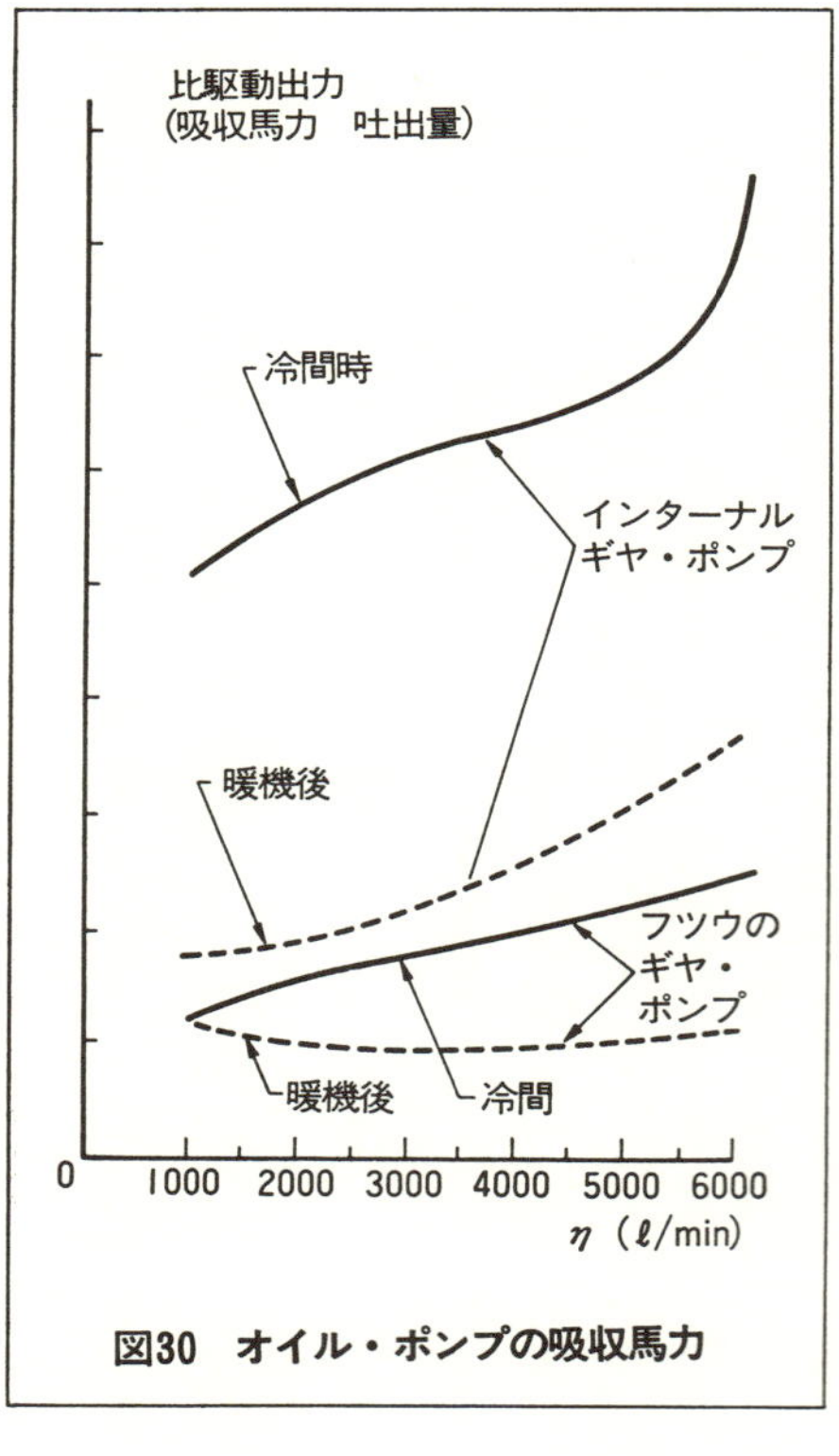

図30　オイル・ポンプの吸収馬力

●保守のかたまりベンツの大胆なベルトのとり回し、芸がないニッサンの3本ベルト

カムシャフトの駆動は、ベンツM103は図29のようにチェーンでS

ＯＨＣを駆動している。ニッサンも先代のスカイラインはチェーンでＤＯＨＣを駆動していたが、７thでは**図31**のようにタイミング・ベルトに変更した。ベンツの気持ちを代弁すれば、タイミング・ベルトはいまだに歴史が浅い、昔はよく切れた。万が一、ベルトが切れて、ベンツがモーテルの入口で立往生したらミットモナイ。――と考えると、どうしても保守的にならざるを得ないのだ。

一方、ニッサンはタイミング・ベルトの経験は十分で、絶対に切れないという自信と、車検ごとにベルトを交換するのだから、ベンツのようにオタツク必要なく、安く、静かで、サイコーと判断したのだ。この違いはクルマ作りの哲学の問題で、勝ちマケを決めることではない。ところが、補機、水ポンプやファン、ジェネレーター駆動では逆にベンツＭ１０３のほうがはるかに度胸がよいのでビックリした。

図32がそれで、１本だけのポリＶベルトがエンジンの前面でノタウチ回っている。驚くべきは３のファン駆動で、ポリＶベルトの裏側、平ベルトとしてファンを回しているのだ。ベルト張力調整装置９の詳細は**図33**で、ねじりゴムばねを使ってベルトをいつでもヒッパッテいるようにテンションローラーを動かすので、ベルトが少しくらい伸びても、ベルト張力は変わらないシカケである。ベンツＭ１０３はエンジンを短くするようにヒタスラにガンバッタとあるが、タイミング・チェーンもエンジン長

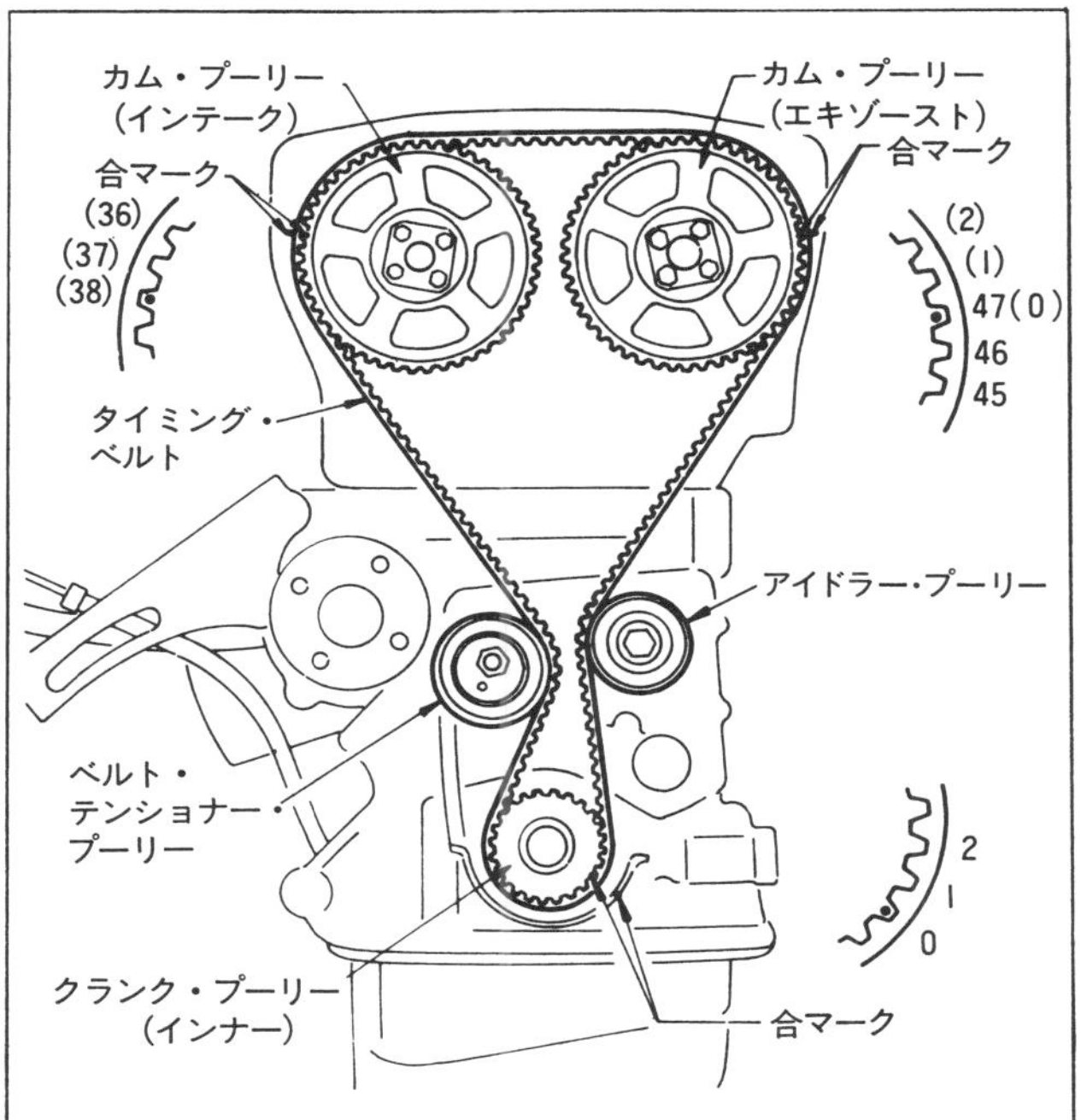

図31　RBエンジンのカム駆動

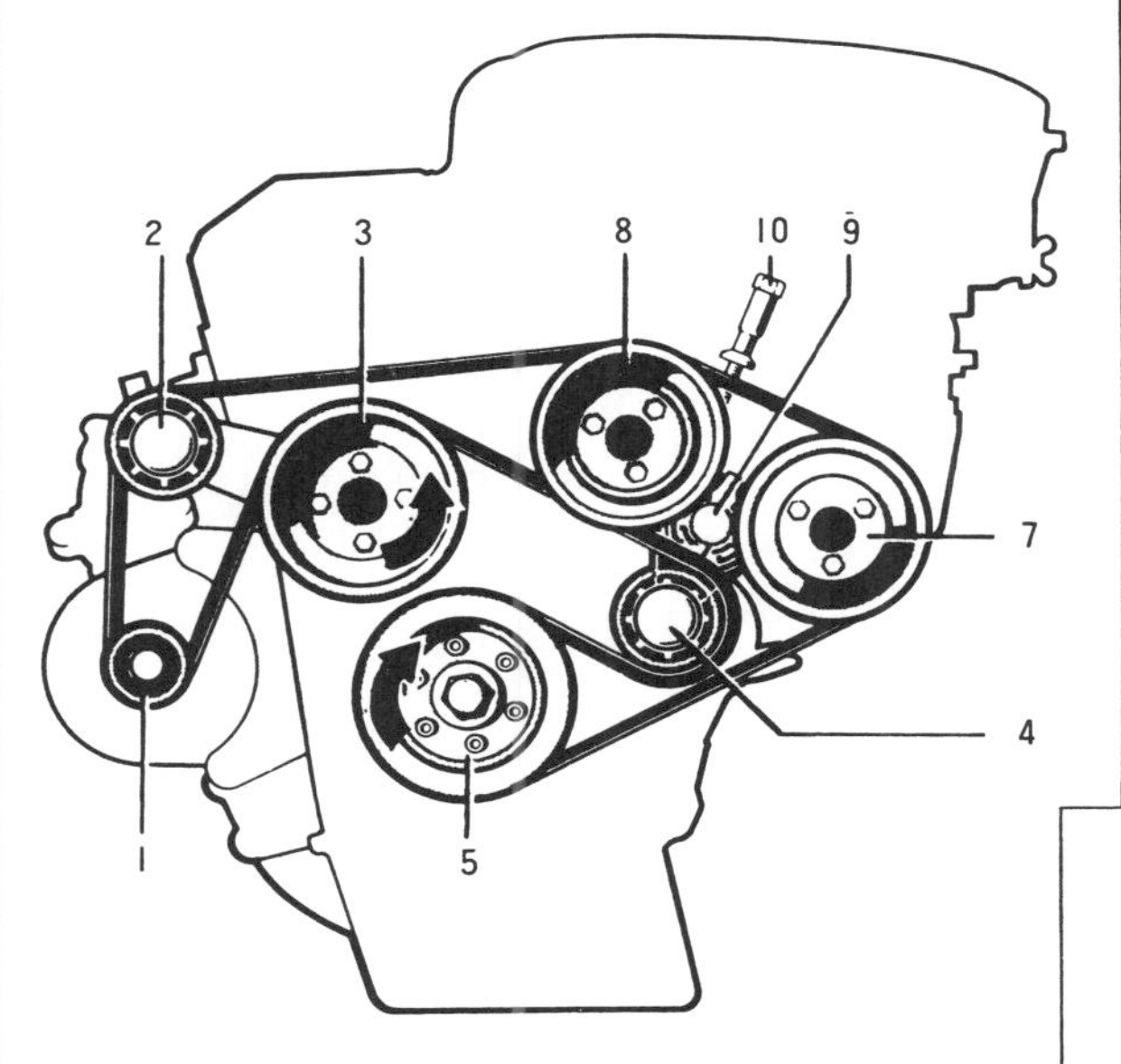

1.ジェネレーター
2.アイドラー・プーリー
3.ファン・ドライブ
4.テンション・ローラー
5.クランク・プーリー
7.パワステ・ポンプ
8.水ポンプ
9,10.ベルト張力調整装置

図32　ベンツM103エンジンの補機駆動

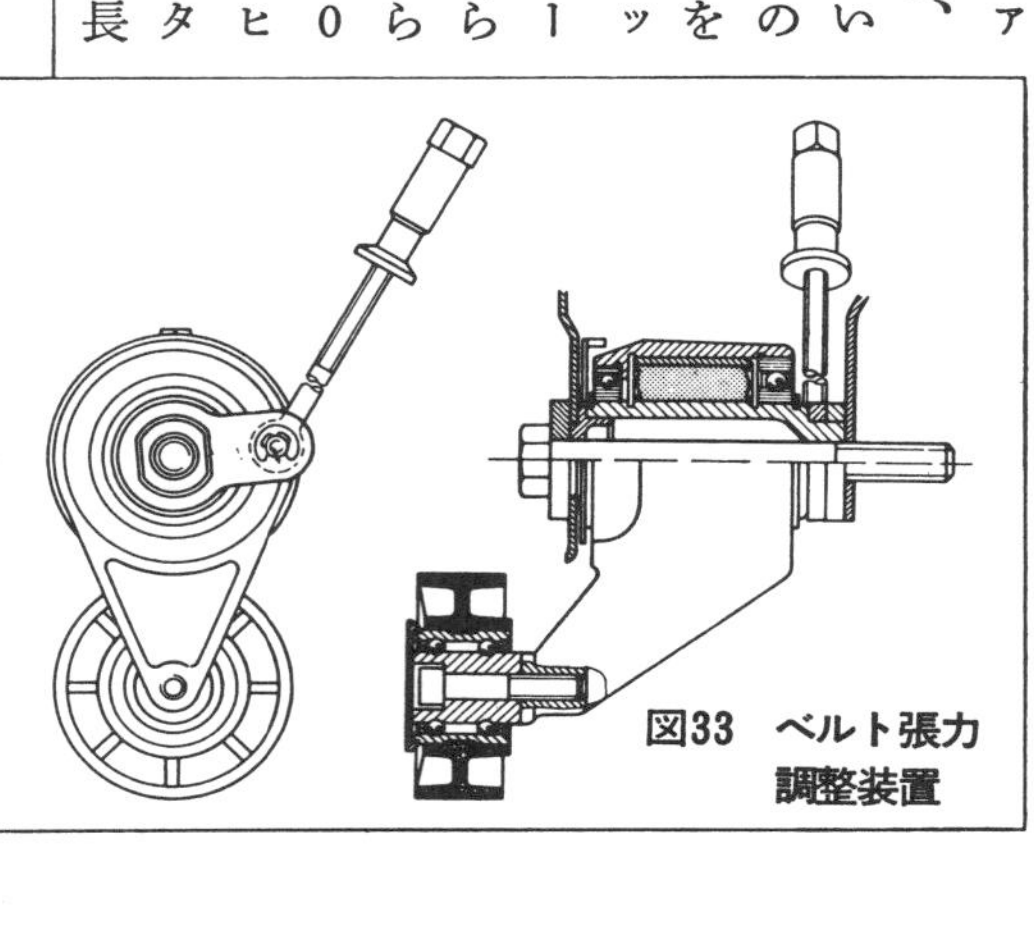
図33　ベルト張力調整装置

を短くする目的で採用したのかもしれない。

一方、ニッサンＲＢ20ＤＥは**図34**に示すように、パワステ・ポンプに1本、エアコン・コンプレッサーにもう1本、オルタネーター（ジェネレータ）と水ポンプ駆動にさらにもう1本と合計3本のベルトを使っているのだ。それぞれのベルトの張力調整をしなければならず、メンドクセエ。その上、エンジンの長さが幾らかでも長くなれば、ボンネットは長くなり、鉄板の使用量が増えて、クルマが重くなり、加速に悪く、ネンピも増えるという悪循環になるのだ。ニッサンはベルトとフンドシをしめ直し、設計変更しなければ。

ニッサンＲＢ20ＤＥのクランクプーリーは3本のポリVベルトを掛けるように3段プーリーである。**図35**がそれで、**図36**の板物をプレスしただけのベンツに比べると、長く、重く、ゼニがかかるｅｔｃと、バカバカしい設計に見えるが、トーショナル・ダンパーとして眺めれば、これは最高級のダンパーなのだ。

ニッサンＲＢ20エンジンもＳＯＨＣのときは、最高出力回転数が５６００ｒｐｍで、ねじり振動の問題はあまり生ぜず、シングル・マスのトーショナル・ダンパーで十分おさえることができた。ベンツＭ１０３もＳＯＨＣで、最高出力回転数は同じく５６００ｒｐｍなので、トーショナル・ダンパーも同じく**図37**に示すようにシングル・マスである。

ＲＢ20をＤＯＨＣ4弁に改造したところで、トルクは18・5kg／ｍから19kg／ｍとチョボチョボなので、回転数を高めることによってしか馬力を稼ぎだすことはできない。

そこでＲＢ20ＤＥは最高出力回転数を６４００ｒｐｍと高めた。

しかし、意地悪くできていて、ほとんどすべての面で優れている直列6気筒エンジンの泣き所であるねじり振動の問題がでてくるのだ。つまり、６０００ｒｐｍ近くでクランク軸にねじり振動を発生するのだ。これをプロは3次のねじり振動といい、クランク軸の1回転に3回クランク軸をねじり、クランク軸はねじ切れそうになって、助けてくれーとばかりに悲鳴をあげ、エンジンももらい泣きをして、ものすごい音を出すのだ。

この直6やＶ12シリンダー・エンジン特有の3次のねじり振動はあまりにもモノスゴクて、それを抑えつけるのはオレにはムリだった。ニッサンでもムリだった。だが、外国には頭の良い人がいるもので、ドイツのメグラスティーク社がダブルマス・ダンパーを発明したのだ。メグラ

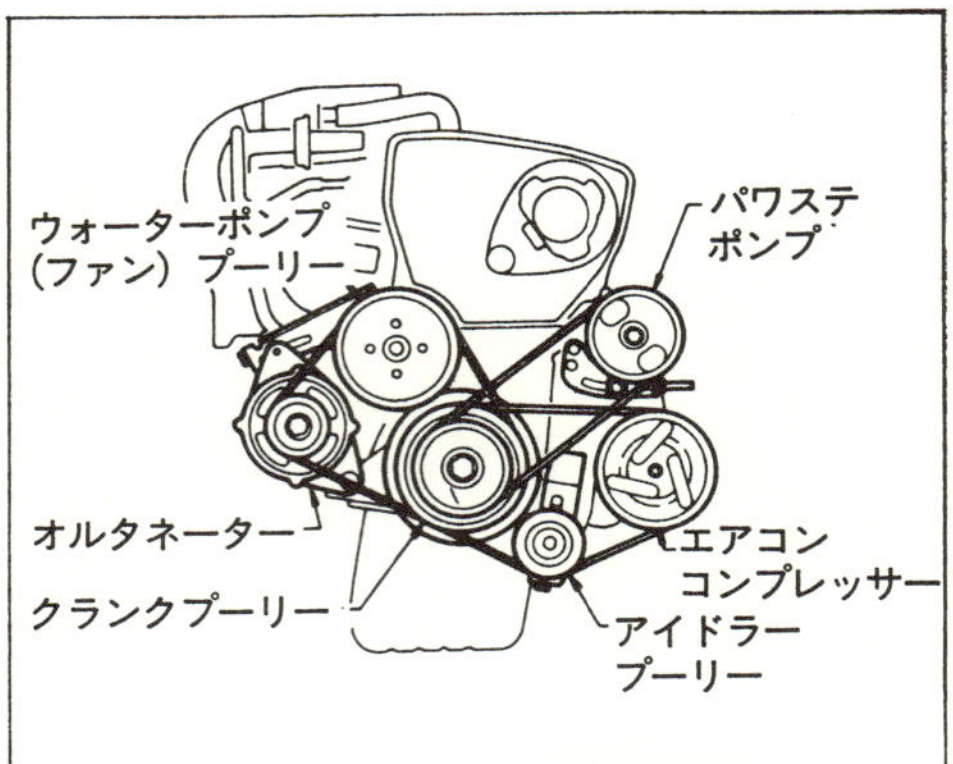

図34　RBエンジンの補機駆動

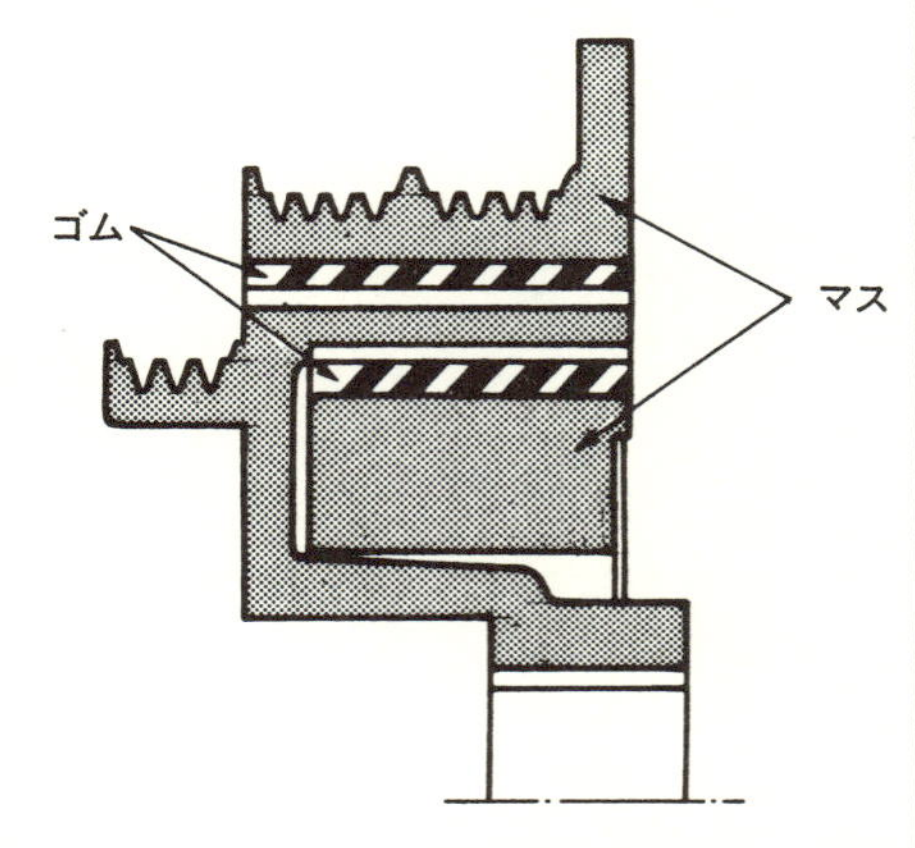

図35　RBエンジンのクランク・プーリー

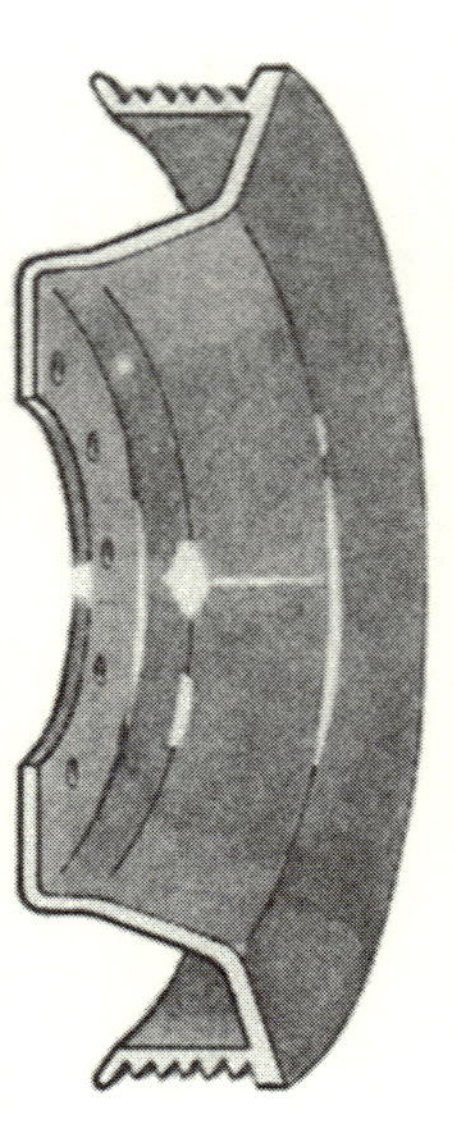
図36　ベンツのクランク・プーリー

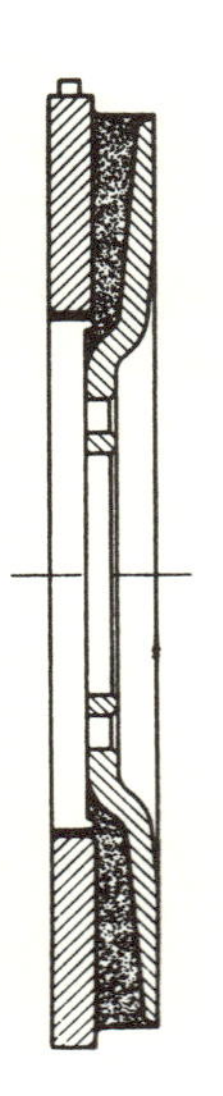
図37　ベンツのシングル・マス・トーショナル・ダンパー

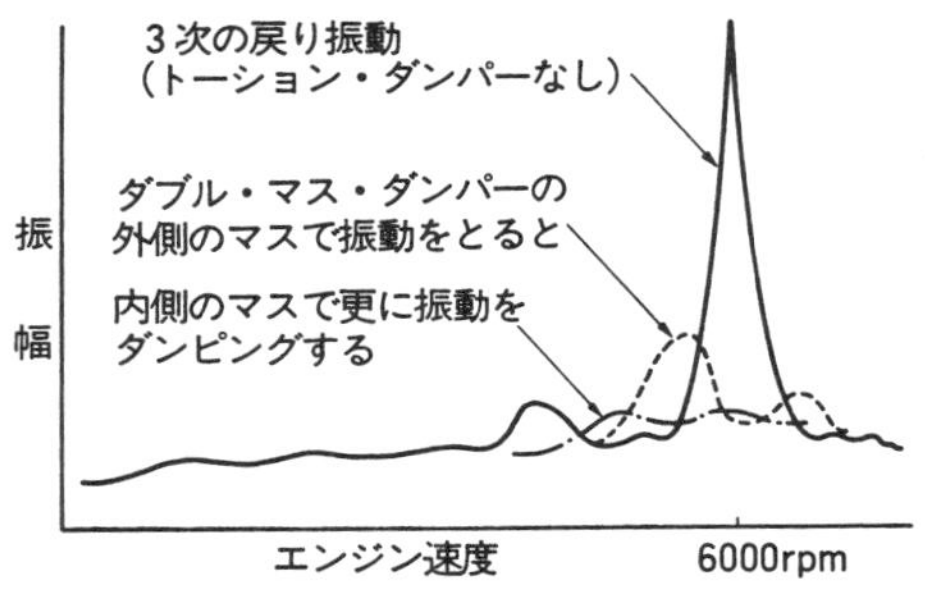

図38　ダブル・マス・ダンパーの制振効果

スティーク（Megulastik）とは、Metal Gumi Elastik：金属、ゴム、弾性の略語で、金属にゴムを接着して、その弾性を利用して防振するという会社名である。

図35と図38によってダブルマス・ダンパーを説明すると、3次のねじり振動は図38のように激しいのだ。図35のダブルマス・ダンパーの外側のマス（質量）はプーリー兼用であるが、これがゴムによってクランクのねじり振動を打ち消すように、クランク軸がねじり振動によって時計方向に回転しようとすれば、ゴムによってねじり振動させられているダンパーのマスは反時計方向に回転して、クランク軸のねじり振動を打ち消すようにチューニングしてあるのだ。その結果、3次のねじり振動は激減するが、それでも図38の点線のように高周波と低周波側の2つの小さな山に分かれてねじり振動する。これではまだ、6000rpm近くなるとエンジンはガタガタと音を出す。そこでプーリーの内側にあるもうひとつのマスとゴムとを共振させて、この点線の低周波側の大きい方の小山を退治すれば、図38の1点鎖線のように四海波静かとなり、メデタシ、メデタシである。

トーショナル・ダンパーはベンツもニッサンもメグラスティーク社の技術で作られているので、この件、引き分け。

●6気筒エンジンになぜカウンターウェイトが必要か

次にクランクシャフト。

ニッサンもベンツもベアリングの技術は高く、ベアリングの幅を狭めても、ベアリングが磨耗したり、熔けたりする心配は全くなくなった。そこでクランクの弱点、ウエブの幅（図39参照）を広げ、クランクシャフトを強化している。このことはクランクのねじり振動や曲げ振動を低下させ、エンジンを静かにすることに役立っている。この件、両社とも良い技術をもっている。

だが、カウンターウェイトはベンツM103は12コ、ニッサンRB20DEは8コである。

イギリスにはパーキンスとかガードナーなどのカウンターウェイトなしの名エンジンがあるくらいで、直6エンジンはカウンターウェイトなしでも完全バランスなのだが、それではなぜカウンターウェイトをつけるかというと、メイン・ベアリングに加わる荷重を減らしたいからである。荷重を減らさなくともベアリングの荷重負担能力は十分にある。それでも荷重を減らしたいのは、メイン・ベアリングに加わる荷重がクランクケースを変形させ、これが振動になり、音を発するからである。それならば、2番および4番シリンダーのクランクウエブにカウンターウェイトのない8カウンターウェイトのニッサンRB20DEよりも、全部のウエブに同じ大きさのカウンターウェイトをつけたベンツM103のほうが、全部のメイン・ベアリングの荷重が減るので合理的かも、と思って当たり前である。が、これも早トチリで、正解はもちろん12コであるが、すべてのメイン・ベアリングの荷重が同じになるように、目方の違う3種類のカウンターウェイトを――もちろんコンピューターで計算しなければ答えは出な

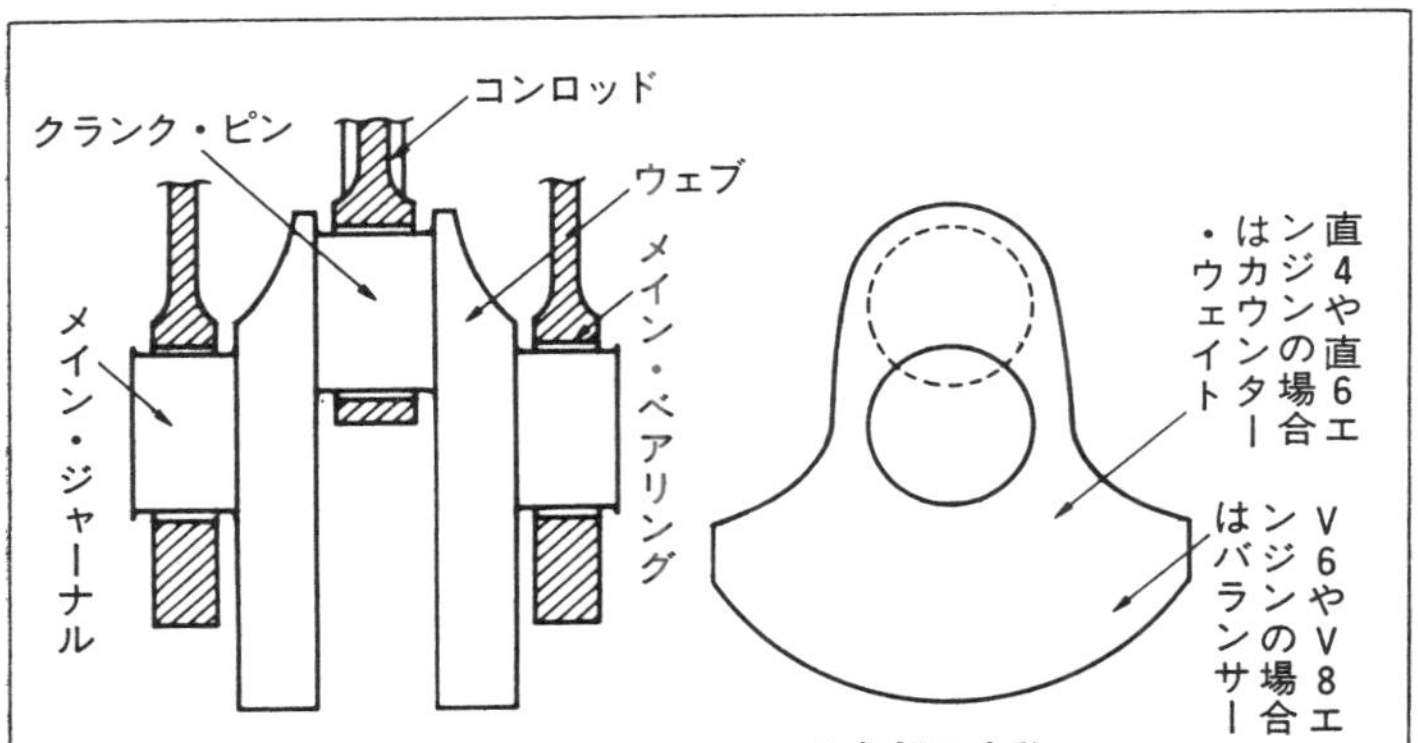

図39　クランク・シャフト各部の名称

いが──つけるべきなのだ。トヨタならば最適カウンターウェイトをつけた6気筒エンジン用クランクシャフトがあると思って、昨日、東京モーターショーへ行った。だが、あったのは8カウンターウェイトのクランクだった。

　メイン・ベアリングの荷重によって、メイン・ベアリングと一体となっているクランクケースの隔壁、バルクヘッドは**図40**のように前後にブラブラゆれる。ゆれるとクランクケース外壁はアコーディオンのような振動をして、これが空気を振動させるとエンジン騒音になるのだ。アコーディオンのような振動をムリヤリ止めるには、図40のようにメイン・ベアリング・キャップを一体にしてツッパルよりほかにテはない。**写真41**はニッサンRB20エンジンの一体型ツッパリ・ベアリング・キャップで、ニッサンではベアリング・ビームというのだ。ベンツM103はベアリング・ビームを使ってないので、この件、ニッサンの勝ち。

　メイン・ベアリングで受ける荷重とか振動がクランクケースを振動させ、音を出すのであれば、メイン・ベアリングにショック・アブソーバーをつけたらと思って当たり前である。話題を変えて、ターボチャージャーのベアリングにボールベアリングを使うと振動のダンピングがなく、振動でコンプレッサーやタービンの羽根が折れてしまうのだ。そこで止むを得ず効率の悪い滑り軸受を使うのだ。が、それだけでは不十分で内周ばかりでなく外周までが滑る両面軸受にして、軸受と軸、軸受とハウジングとの間にできる油膜をダンパーにして羽根の振動を防止しているのだ。結論としていえることは、1μとか2μの極めて薄い油膜でも確実にショック・アブソーバーとしての役割を果たしているということだ。

　エンジンにこれを応用するには、軸受とクランク・ジャーナルとの隙間、オイル・クリアランスをなるべく大きくすることではなくて、理論的には小さくすることによって、油膜厚さが厚くなって、ダンピング効果がでてくるということをニッサンは発表し、この論文は日本機械学会賞をもらったのだ。ただしオイル・クリアランスが小さ過ぎればベアリングは焼きついてしまうので、精度を高める必要がある。ベンツの場合、ベアリングをイギリスのバンダーベル社に特注してムリヤリに精度の高いものを作らせているが、ニッサンの場合、5種類の厚さのベアリングを用意して、最適オイル・クリアランスになるように選択してエンジンを組み立てているのだ。他社はどちらかをマネすべきだ。

　メイン・ベアリングが燃焼圧力を受けてベアリング・ハウジングを変形させ、クランクケースを振動させ、音を出すのだから、静かなエンジンとするにはシリンダー・ブロックの設計もガンバラナクッチャ。

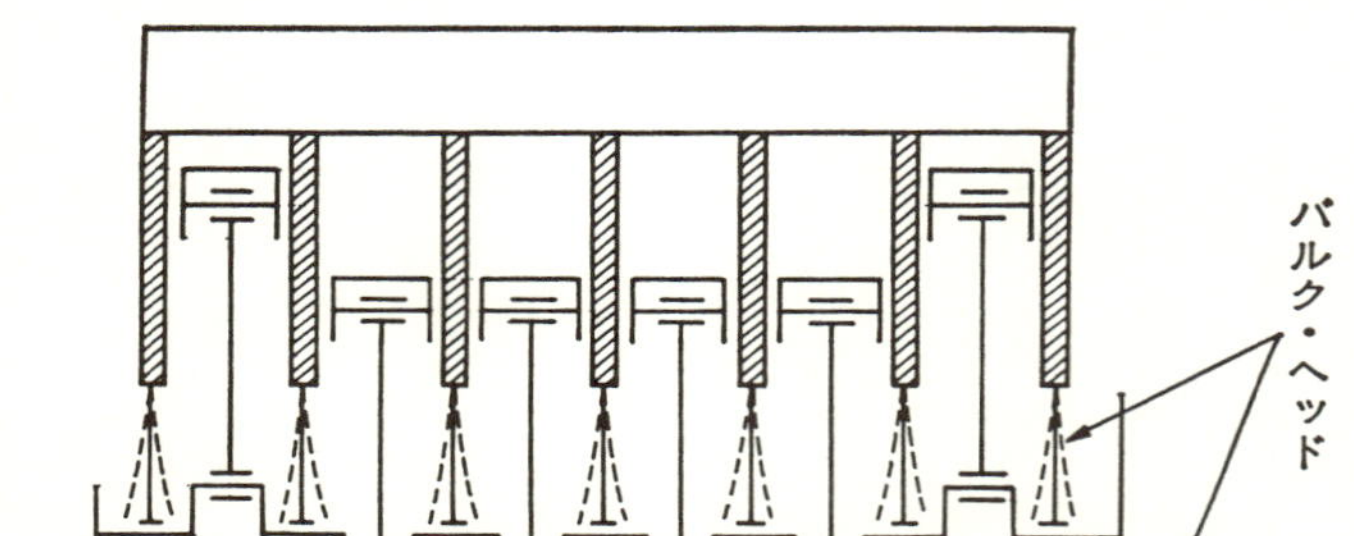

図40　ベアリング・ビームの役割

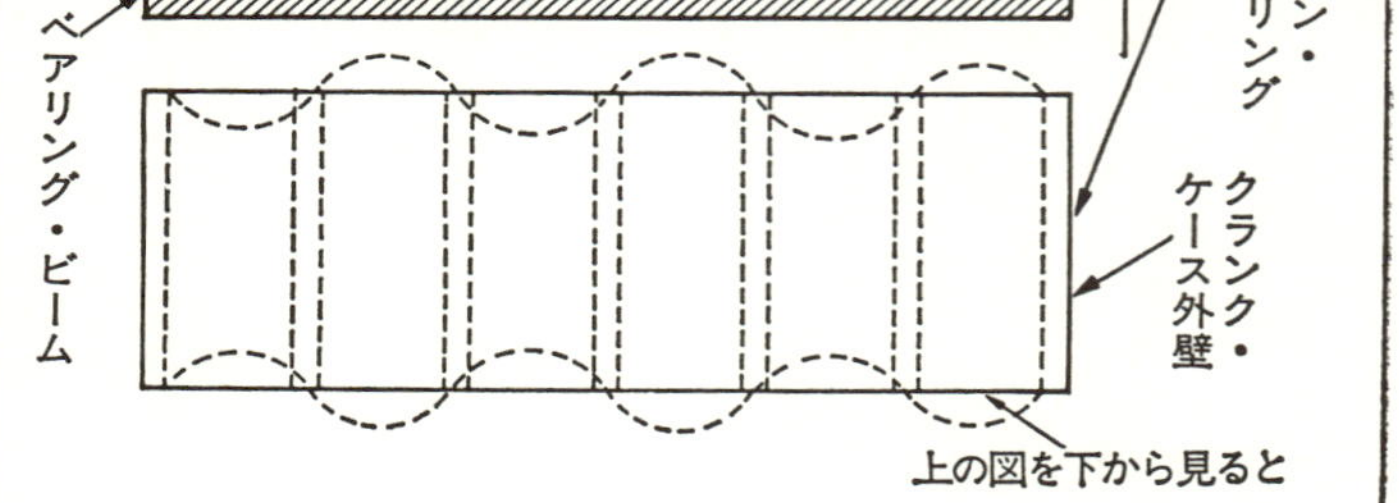

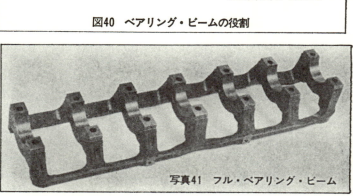

写真41　フル・ベアリング・ビーム

燃焼室でミクスチャーが燃焼すると、その圧力でシリンダーヘッドを上にハネ飛ばそうとし、その反力としてピストンはクランクを下に押す。その力は**図42**の矢印で、リブには矢印のような引っ張りの力を伝える。このリブが太くて丈夫ならば、変形も少なく、静かになるリクツで、日野自動車ではコンピューターを使って計算した結果静かになるといっているが、この当たり前のことは両社とも実施済みと思う。このリブのことはベンツM103とニッサンRB20DEのエンジン断面図を見てもよく分からないが、スカートの下端のフランジを厚く、幅広くしたのは、このフランジによってスカートの振動をおさえこもうとした振動対策かもしれない。

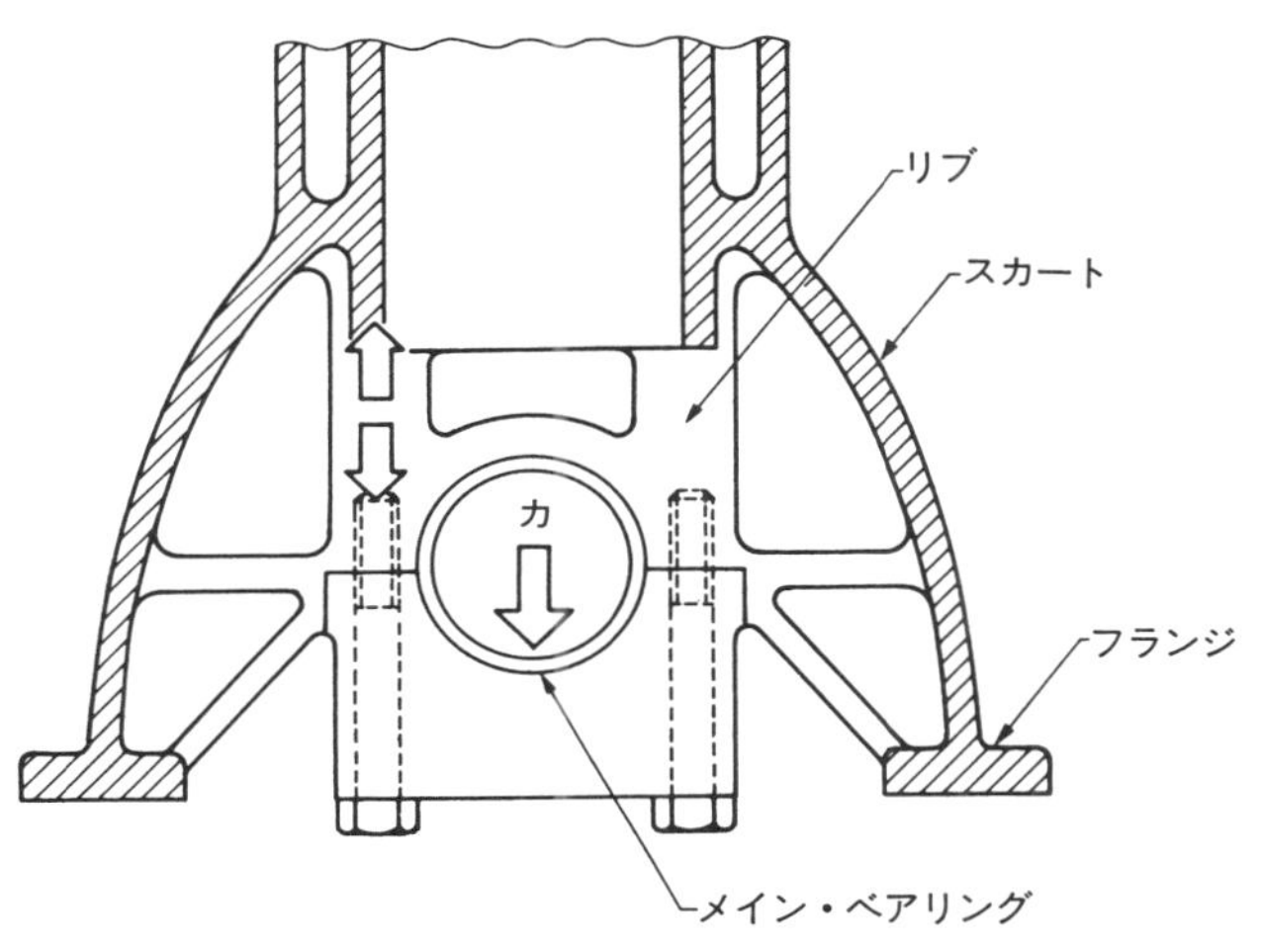

図42　低騒音高剛性シリンダー・ブロックの設計

●気候、風土の違いによる冷却系の違い

ベンツM103は前のSOHC2・8ℓエンジンよりも43㎜も短くしたのだ。それには例のベルトのおかげもあるが、シリンダー・ブロックもムリヤリに寸法をつめている。図2（108P参照）から分かるようにシリンダー間は水が流れないと思ったが、よく見るとシリンダーの上部にスリットが切ってあって、シリンダー間の冷却はここだけである。

これではヤバイとニッサンは思った。だからRB20DEエンジンは図1や**図43**から分かるように、シリンダー全周にタップリと水を流しているのだ。そればかりかウォーターギャラリーをつけて、すべてのシリンダーに均等に水がまわるようにしたばかりでなく、シリンダーヘッドに**図44**のようにウォーターアウトレット・パイプをつけて、シリンダーヘッドのどの部分でも均一な水の流れとし、温度を平均化したことはもちろん、圧縮比を高めるに有効な丁寧な良い設計である。

一方、ベンツはと見ると、ウォータージャケットはシリンダーの長さ

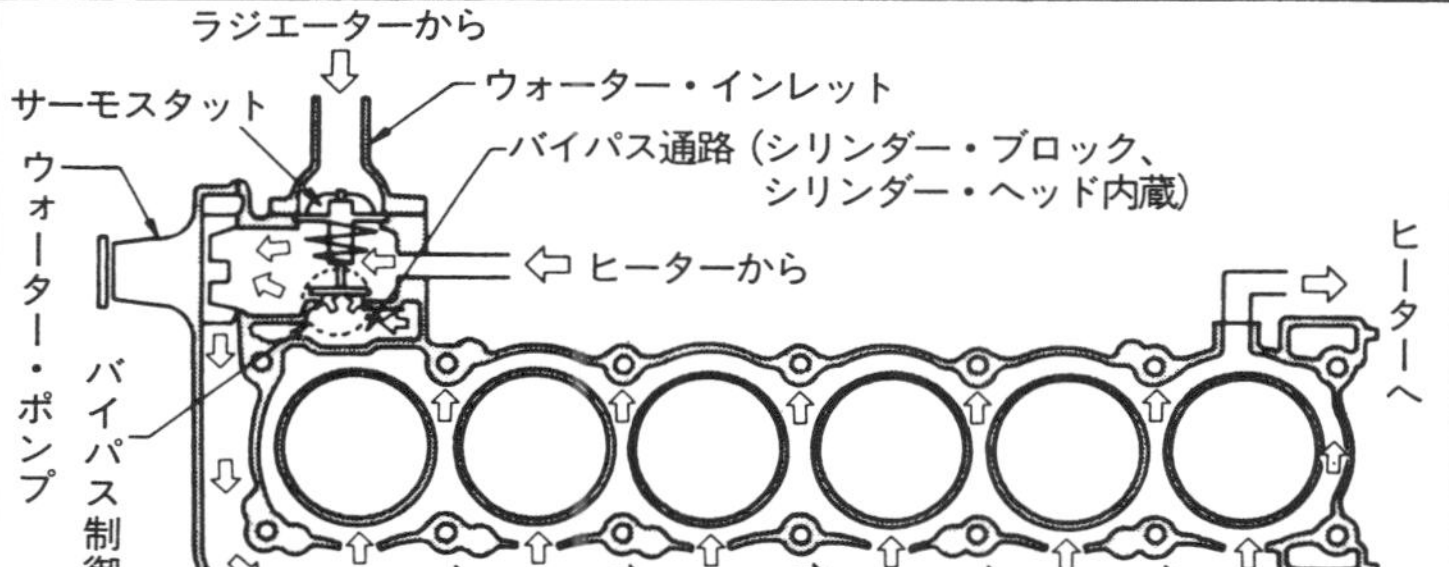

図43　入口水温制御方式及びクロスフロー冷却システム

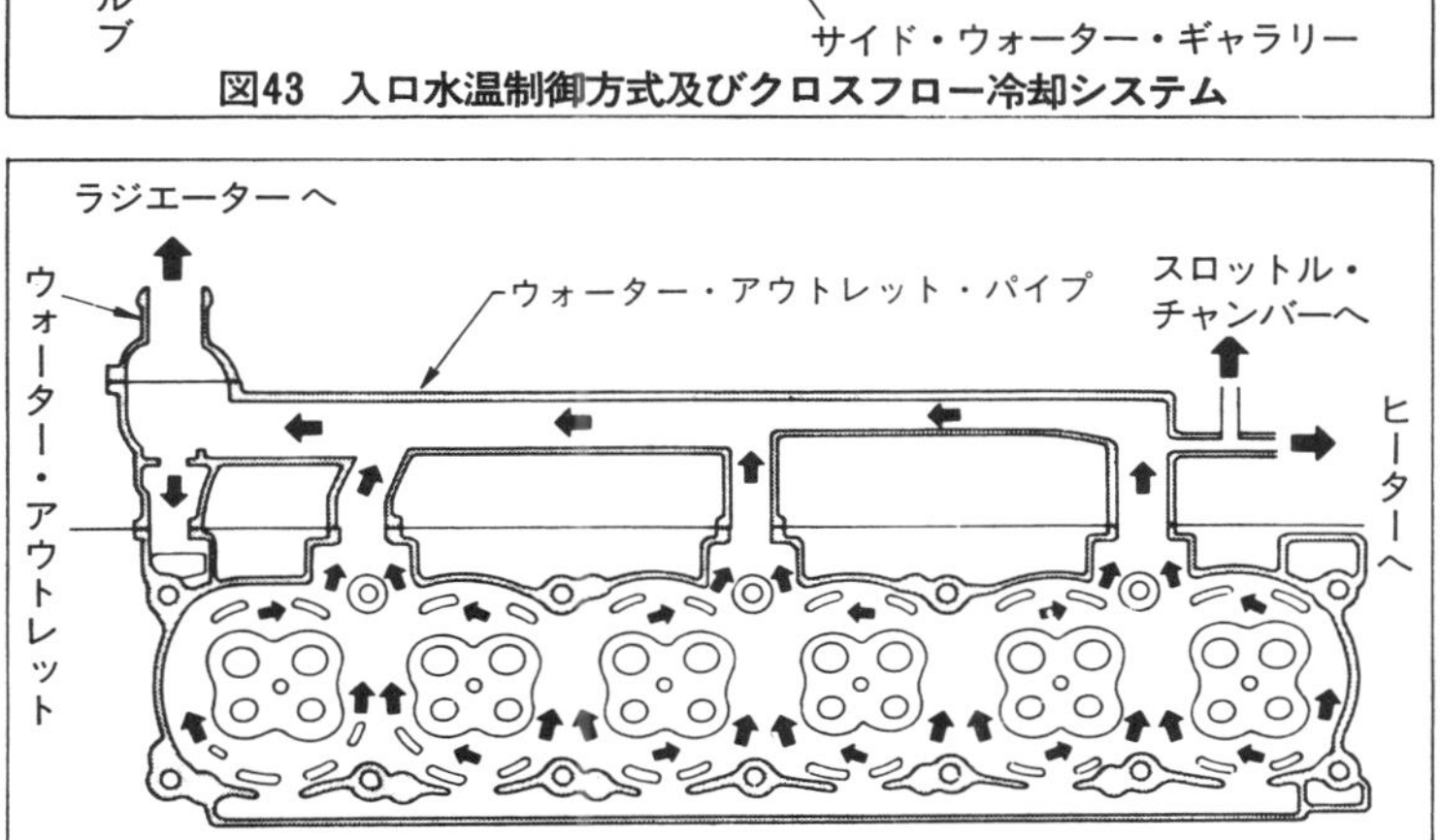

図44　シリンダー・ヘッドの冷却通路

の半分までしかなく、冷却不十分で焼き付きはしないかと心配である。が、ヘイキなのだ。燃焼は上死点で行われ、ピストンが下がるに従って燃焼ガスは断熱膨張して温度が下がるから、シリンダーのテッペンだけ冷やせばよいのだ、とベンツ。

ベンツの狙いはもう一つあって、徹底的に冷却水量を少なくすることによって、ウォーミングアップを早めようということなのだ。風呂の水は少なければ早く沸くし、風呂に入ってウォーミングアップするのは人間ばかりでなく、エンジンも冷たい間は調子が悪い。排気ガスは汚ないし、シリンダー壁のオイルは生ガソリンに洗い流されて、油なしの状態でエンジンは回るのだ。おまけに乗員は寒くてたまらないのだ。北国ドイツと暖国ニッポンでは設計思想は変わるのだなアー。

ウォーミングアップしたら、もちろん冷却してやらねばならない。冷却水を水ポンプでラジエーターへ、と書くこと自体が間違っているのだ。冷却水が湯になったから冷却するのであって、水ポンプではなく〃お湯ポンプ〃といわねばならない。お湯は沸騰する直前なので、ヘタに設計したお湯ポンプでは、**図45**のように泡をかきまぜる（キャビテーションが発生する）ばかりで、ポンプ能力はガタ落ちになるばかりか、キャビテーションは鉄に穴を開けてしまうのだ。図2を見るとベンツM103のお湯ポンプは、流体力学的に見て最高の設計であるが、RB20DEエンジンのお湯ポンプのインペラー（**図46**）は鉄板を折り曲げただけのブッキラボーな設計で、とても高速エンジン用とはいえないシロモノである。サーモスタットはニッサンRB20DE（図43）もベンツM103（**図47**）もお湯ポンプ入口側に取り付けられていてE設計である。ホンダはマネしなくては……。

写真48右はRB20DEエンジンのシリンダー・ブロックを斜め前から見た写真である。写真の上に高剛性シリンダー・ブロックと印刷されているが、オレの目から見るとコンニャク・シリンダーブロックとしか見えない。タッタ4本のボルトでエンジンとトランスミッションを締めつけたのでは結合剛性は十分ではない。それにひきかえ写真48左の斜め後ろから見たベンツM103のシリンダー・ブロックの後半は円錐形のフ

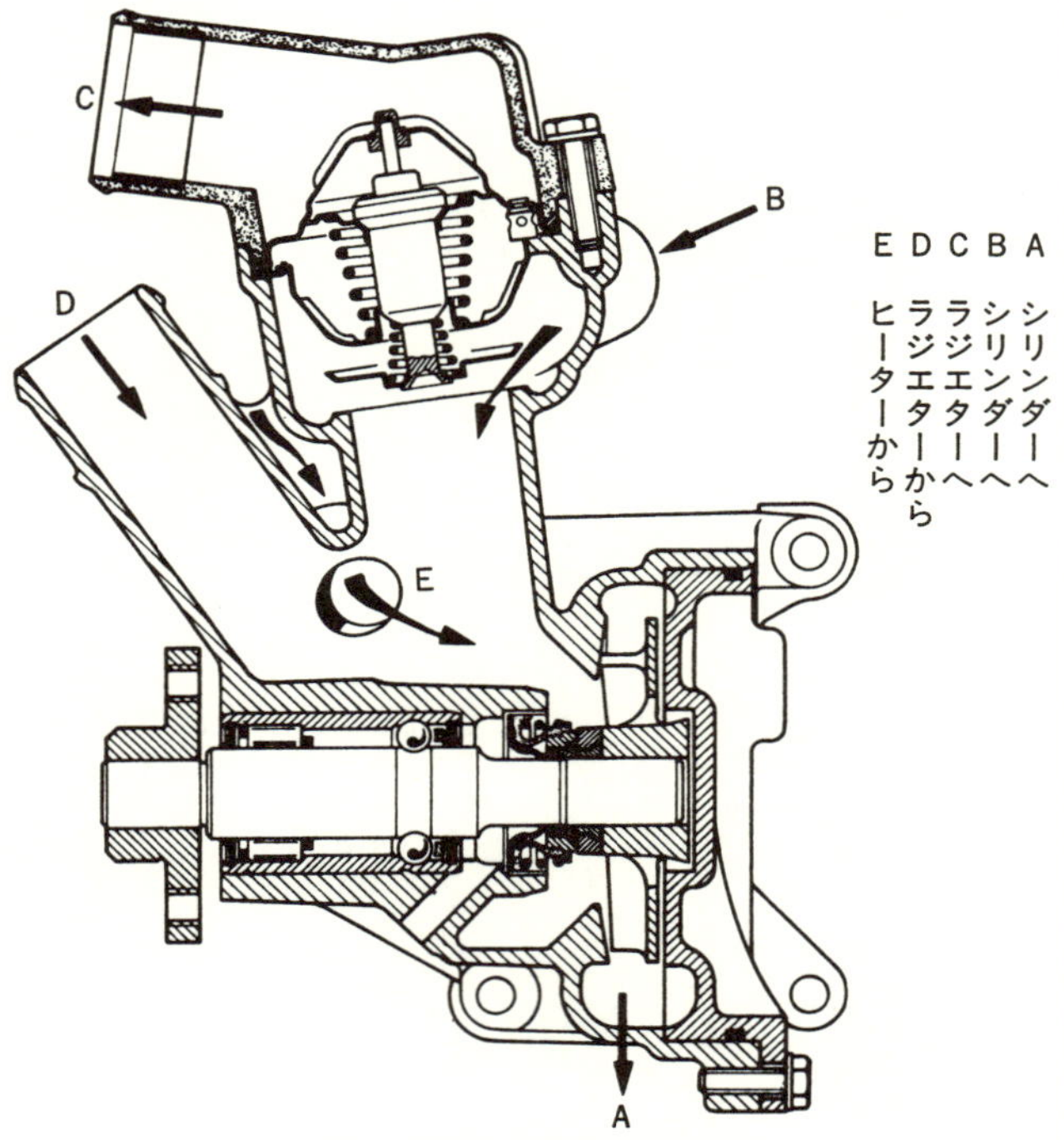

図47　ベンツM103の水ポンプ

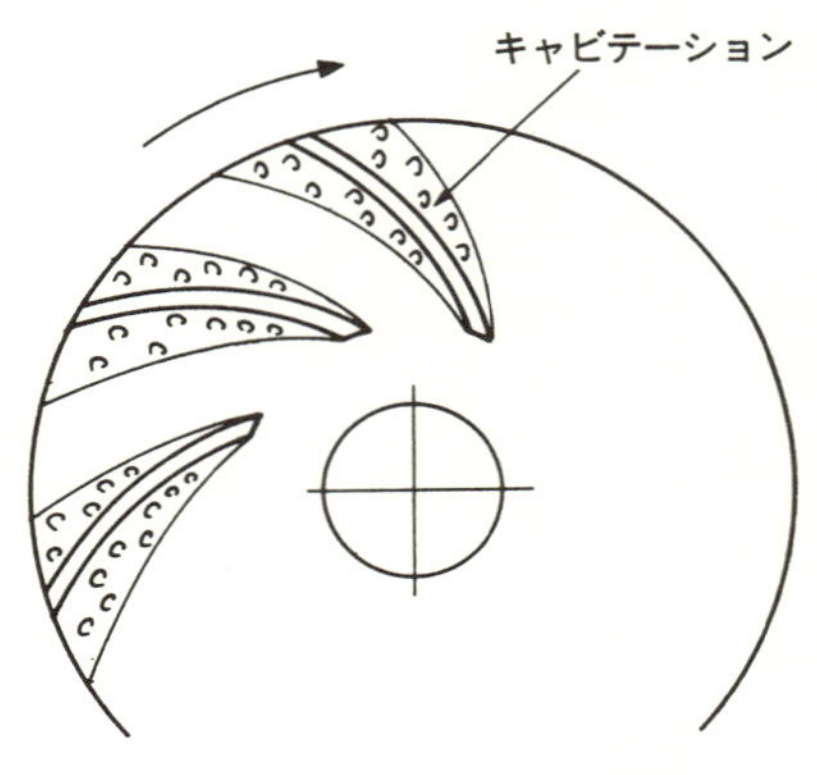

図45　キャビテーションの発生

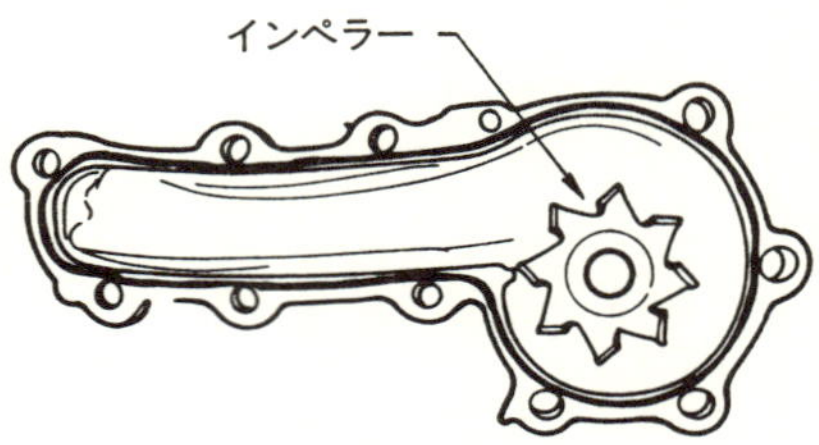

図46　RBエンジンの水ポンプ

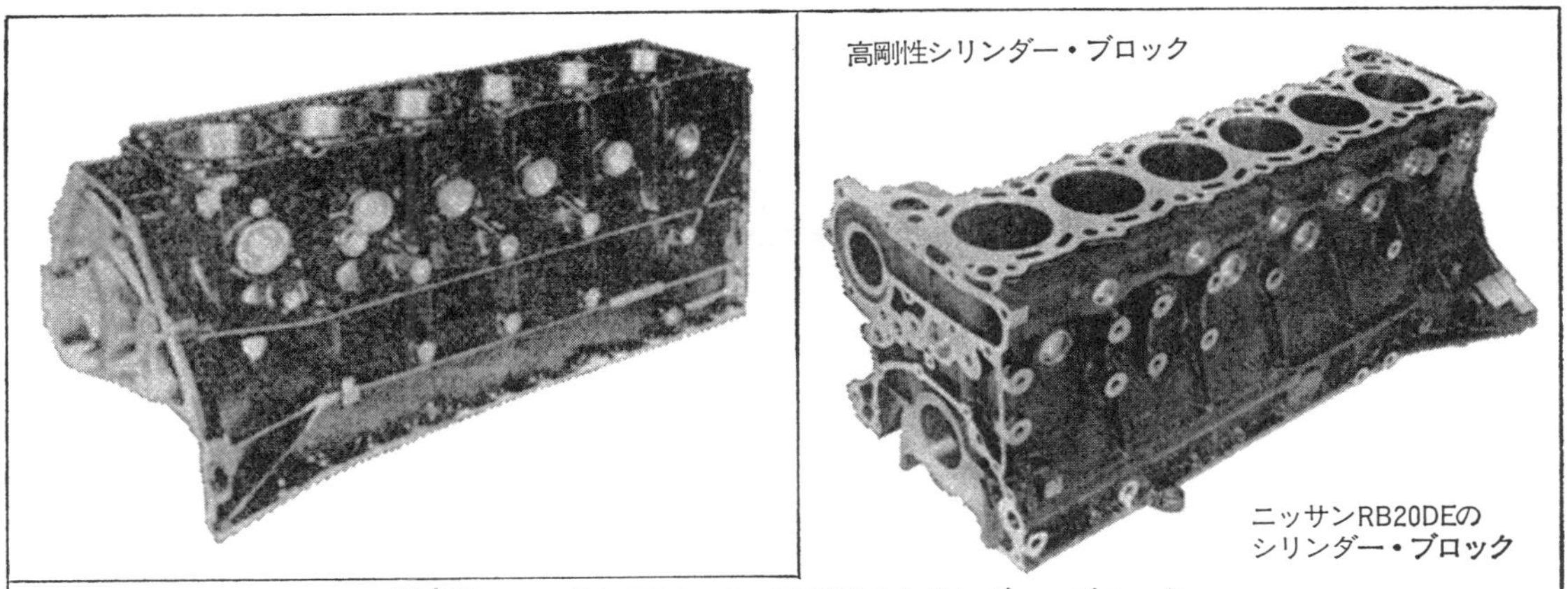

写真48　ニッサンRBとベンツM103のシリンダー・ブロック

ランジとして、フライホイール・ハウジングのフランジと一体化するようになっていて、12本のボルトによってガッチリと締めつけられているばかりか、図２から分かるようにオイルパンまでもがクランクケースと一体になってフライホイール・ハウジングとガッチリ結合されている。結合剛性がハチャメチャに高い理想的な設計になっている。

エンジンとトランスミッションとは**図49**に示すように、取り付け部のところが弱点となり、曲げ振動を発生する。この振動は低周波で、どんな柔らかいエンジン・マウンティングを採用したところで、振動はゴムの中を通り抜け自動車のボディをゆすぶり、不愉快なこもり音となるのだ。

７thスカイラインは確かに１４０km／hまでは〃こもり音〃を発生しなかった。しかし、アウトバーンを２００km／h以上で走行するときは、このようなコンニャク結合剛性では〃こもり〃はしないかと心配である。この件ベンツの勝ち。

ベンツのＭ１０３オイルパンは結合剛性高めるだけでなく、**写真50**に示すように浅い所にはリブがついていて、クランクシャフトによってブッツケられたオイルは強制的にオイル溜りへ流されるようになっている。が、オイル溜りにはオイルがパシャパシャしないようなシカケは何もついていない。

オイルの比重は空気の１０００倍もあり、これが高速回転しているクランクやコンロッドにブツカルとブレーキになり、パワーが落ちた分だけ油温も上がるという悪い結果を作るのだ。

図１（Ｐ・１０７）のＲＢ２０ＤＥエンジンではオイル溜りの方にはバッフルがついていて、クランクにオイルがはねかえらないようにしているが、浅い部分には何のシカケもついていないのだ。が、ベンツは油面を低くしているのでヘイキなのだ。

結合面：ここが振動によってパク～開く

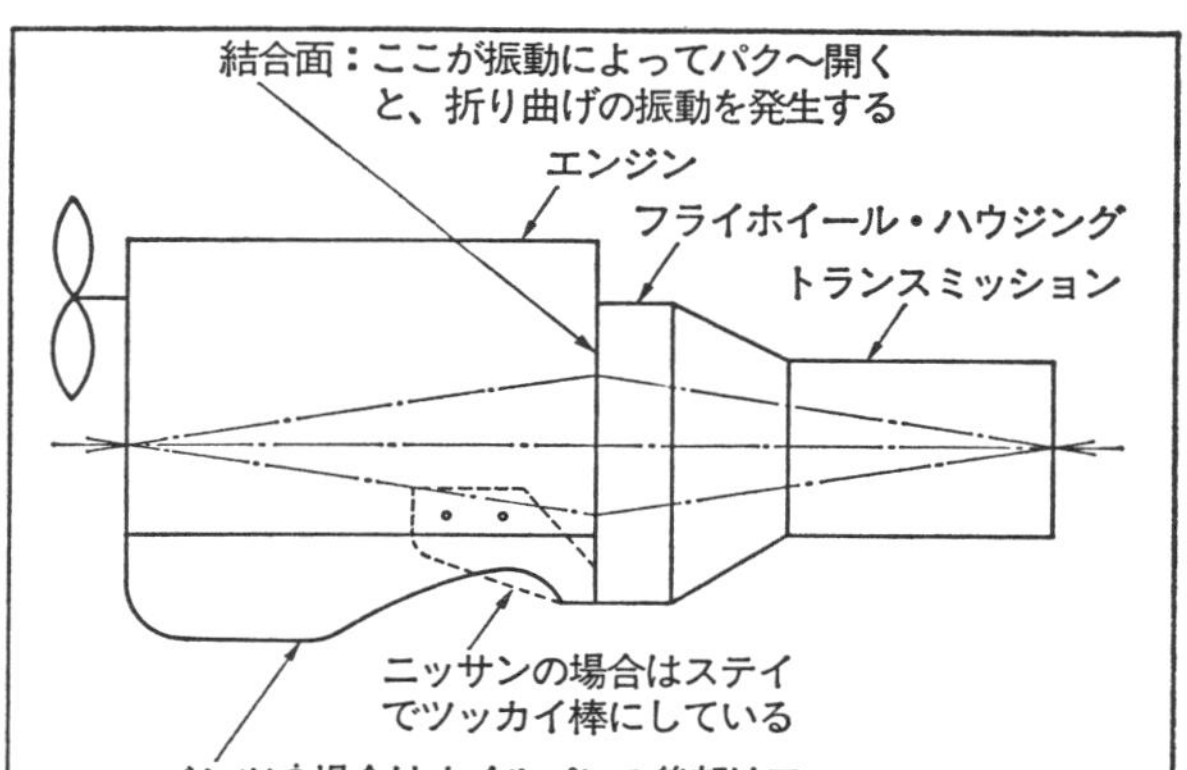
でツッカイ棒にしている
ベンツの場合はオイルパンの後部はフ
ランジを形成し、フライホイール・ハ
ウジングに締め付けられている。

図49　エンジンとトランスミッションの結合剛性

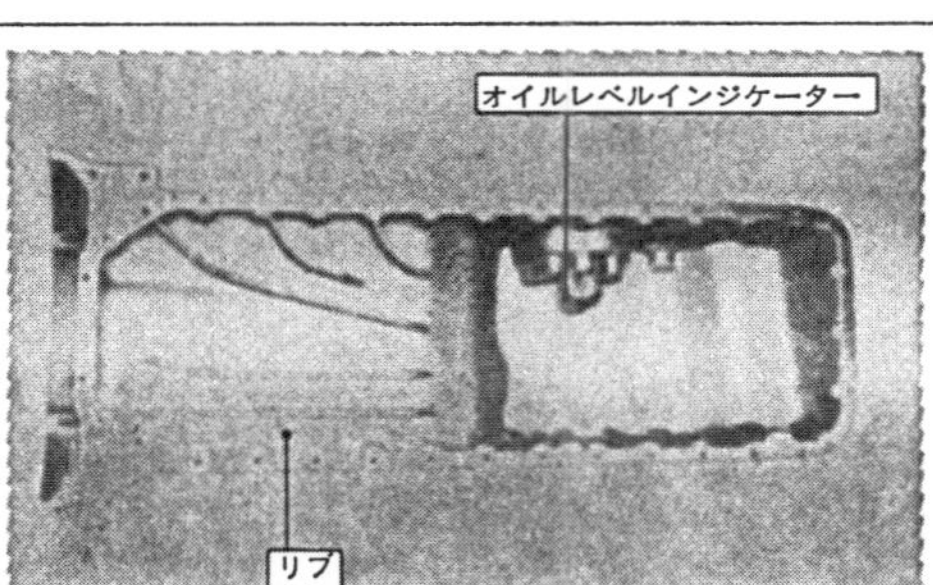

写真50　ベンツ103のオイルパン

●"ノレン式"のベンツ、熱線風速計のニッサン、しかし、MMCカルマン渦がベスト

三元触媒を働かせて、NOxを解離して窒素と酸素に分けて無毒にするには、排気ガスの中に少しの酸素でもあるとダメなのだ。だからといって、濃すぎるミクスチャーを作ったのでは、酸素不足のため、不完全燃焼をしてHCやCOがたくさんでてきて、酸素がなければ、いかに触媒がガンバッテみたところで、HCやCOを燃やして水やCO_2に変えることはできない。だから三元触媒を使うエンジンのミクスチャーは厳密にストイキオメトリー（理論空燃比）にしなければならない。ニッサンRB20DEエンジンもベンツM103エンジンもミクスチャーを作るにはもちろんEFIを使っている。EFIそのものはドイツのボッシュの発明で、ボッシュ製であっても、日本製であっても性能に変わりはない。が、コントローラーが違うのだ。

ストイキオメトリーなミクスチャーを作るには、まずどれだけの空気をエンジンが吸入したかを空気流量計が測定し、空気重量の1／14・5のガソリンをEFIは噴射してやらねばならない。それでも幾らか誤差を生ずるが、それは排気ガスの中に酸素があるかどうかをO_2センサーで感じ、ある場合にも少し濃い、ない場合にホンの少しだけ薄いミクスチャーとなるようにコントローラーにはコンピューターと協同して、次の吸気行程の時までに1／1000秒以内に噴射量を決定して、ガソリン噴射をしなければならない。

ベンツM103の空気流量計は相も変わらず機械式である。正確にはベーン型エアーフロメーターといい、早い話が、風が強ければノレンがそよぐリクツである。ノレンは空気の流れをジャマし、この抵抗は幾らかのパワーダウンはする。このノレンの軸の摩擦抵抗は流量測定の精度を悪くするばかりか、アナログで測定したノレンの回転角（空気流量に比例する）をコンピューターに入れる前にデジタルに変換してやらねばならず、ここでもエラーは発生するのだ。

なぜベンツはノレンにこだわるのか？　まず考えられることは、あまりにも新型ばかりを追求すると信頼性を落とす。次に機械でできることは何もエレキにすることはない、というドイツ人特有のガンコ一徹である。この一徹さが信頼性の高いベンツを作ったともいえるが、5リンクのサスペンションを発明したベンツがなぜ、とシラケて考えてみると、日本やアメリカと比較すれば、ヨーロッパはコンピューター開発競争に遅れをとってしまったので、止むを得ず、というのが本当のところか。

それに引きかえ、日本では、ニッサンではオール・エレキの花ざかりである。ニッサンの熱線風速計は図51左で、針金に通電しておくと赤くなる。そこに風が当たると冷える。金属は温度によって電気抵抗が変わるという特性があるので、電気抵抗値を測定すれば風速が分かり、風速とパイプの断面積が分かれば空気流量が分かるという、流量がイキナリ電気量でとり出せるよいシカケである。

トヨタのシカケは図51真中で、圧力取出し口1の圧力は風速とともに低下するが、取り出し口2の圧力は変わらないという性質を応用したもので、取り出し口1と2

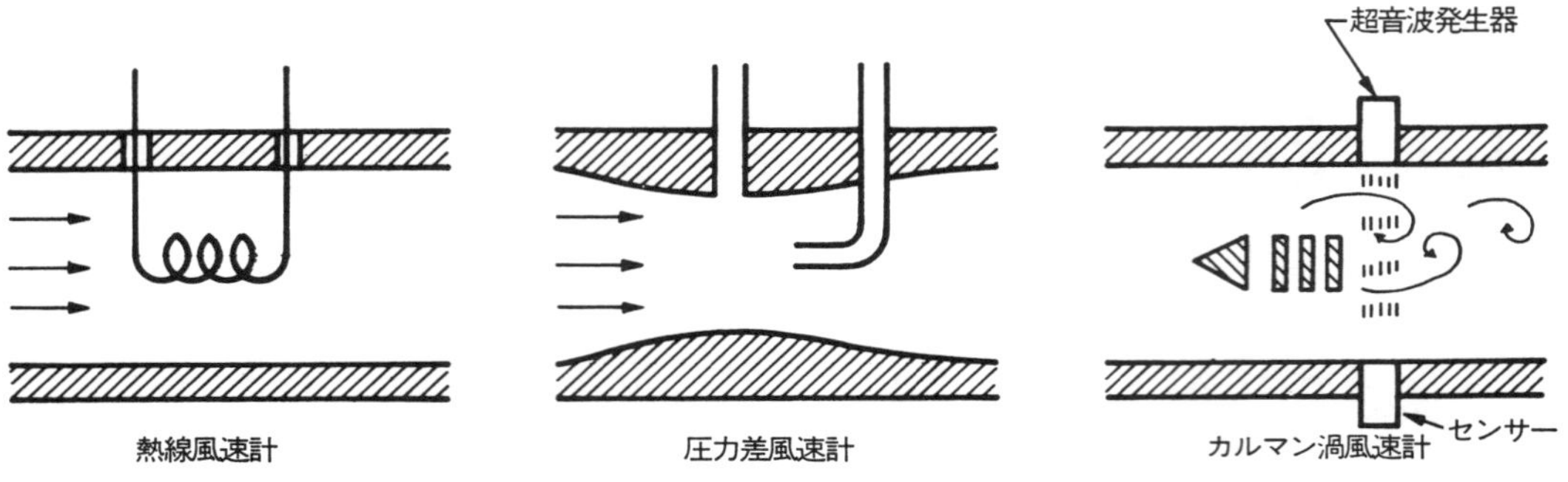

図51　EFI用空気流量計に使われる風速計

との間のホンのわずかの圧力差を測定すれば、風速が分かり、風速とパイプの断面積が分かれば流量が分かるというシカケではあるが、圧力差を電気量に変換しなければならず、ここでエラーが幾らか発生する。ニッサンのシカケもトヨタのも出てきたエレキはアナログで、デジタルでなければコンピューターは受けつけてくれないので、変換するときもう一度誤差を覚悟しなければならない。

図51右はMMCの発明したシカケである。カルマン教授は流れの中に棒を置くと、後流に流速に比例した数の渦ができることを発見した、と流体力学の教科書の第1ページに書いてある。MMCのカルマン渦風速計は流れの中に三角棒をツッコムと、後流に渦ができる。パイプの上側の超音波発生器から音を流すが、時計方向に回転する渦が流れるときはセンサーによく聞こえるが、次に反時計方向に回転する渦が流れると音は渦によって押し戻されて聞こえないリクツで、センサーはプツ、プツプツと断続音を聞くわけで、これがデジタルな電気信号としてセンサーから直接コンピューターに入れることができる理想のシカケである。この件、MMCギャランの勝ち。

●6コのコイルをプラグの頭に取り付けたニッサンのコロンブスの卵

Automotive Engineering の1月号を見ると、プラグの頭にコイルがついている写真が出ていた。サーブものずきだ、ぐらいに思って一所懸命に読まなかったオレは、好奇心の弱い最低のエンジニアだと思って後悔しているのだ。ニッサンの電子配電点火システム（Nissan Direct Ignition System : NDIS）を見たところで、サーブのマネかと思った。これはニッサンに対し大変に失礼なことで、そもそもサーブとは発想が違うのだ。

サーブのシカケはCDI方式で、エレキをコンデンサーの中に蓄えておき、火花を飛ばしたいときには、そこからエネルギーを取り出すので、プラグの電極内を火花が走っている時間は数マイクロ秒と短く、特に低速では、シリンダー内にミクスチャーの濃さにムラができやすく、運悪く、薄いミクスチャーがプラグのところへ流れてきたときには、火花を飛ばしても、短い時間だと着火できず、低回転が不安定になり勝ちなのだ。だが、高速では、エレキを瞬時にコンデンサー内に蓄え、取り出せるので、火花のエネルギーが弱くなるところはない。だから、スポーツやレース用としてきたのだ。

これとは逆に、誘導型の高電圧発生装置はコイルにエレキを蓄えようとすると、コイルにはインダクタンスなる邪魔者が住んでいて、機械でいえばフライホイールみたいなもので、急にはエネルギーが入らない。が、取り出すときもダラダラーッと出てくるのだ。といっても火花が飛んでいる時間は2m／S（2／1000秒）ぐらいなものだが、CDI方式に比べれば1000倍も火花の持続時間があるので、ミクスチャーを暖める時間とストイキなミクスチャーと遭遇するチャンスも増えて、着火ミスはなくなるリクツである。

図52は従来型の1コだけのコイルで、エレキを蓄えようとすると、満タンになるまでには5／1000秒もかかってしまい、4000rpmが限度で、6000rpmのときはエレキが半分入ったところで放出しなければならず、これでは良い火花を期待する方がムリである。

だから誘導式はダメなんだ、オレの責任ではないといわなかったニッサンのエレキ屋のエライところで、ダメなところは発明によっ

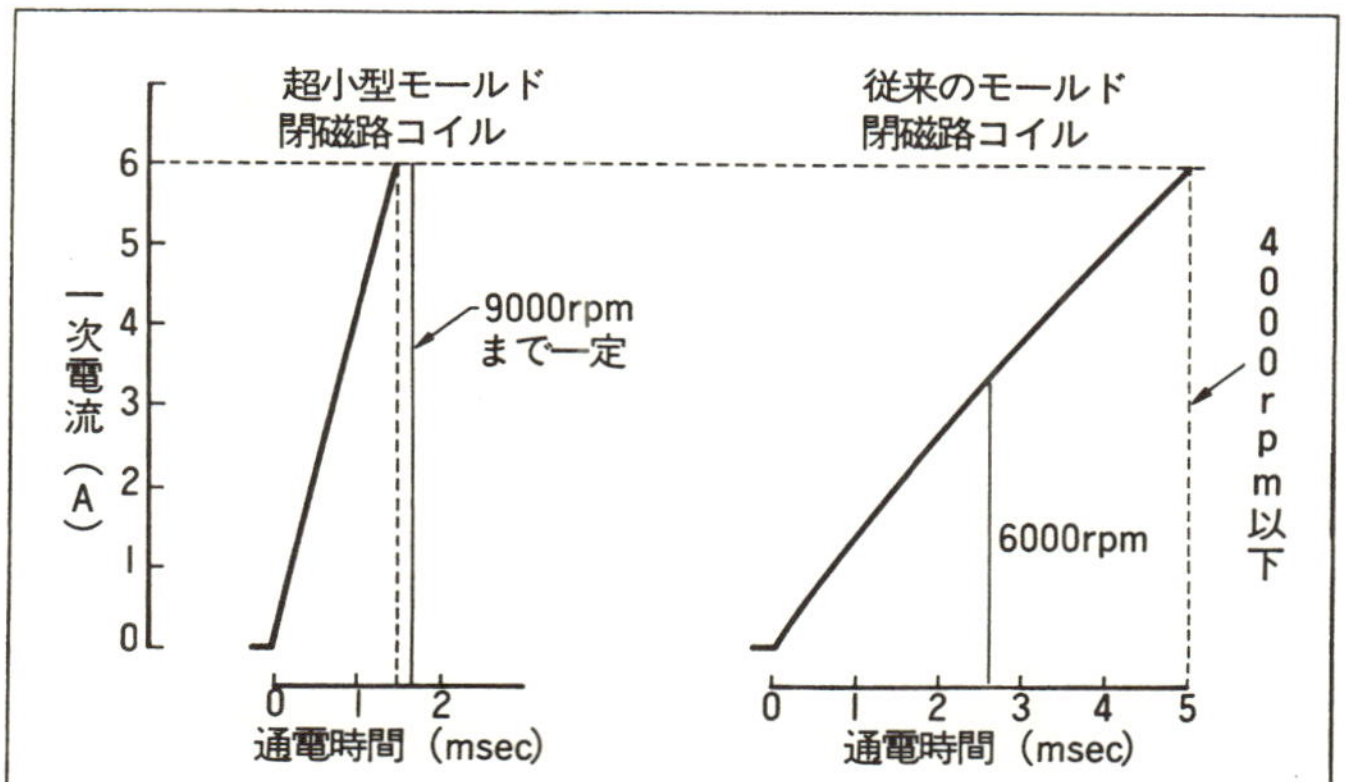

図52　一次電流立上がり特性

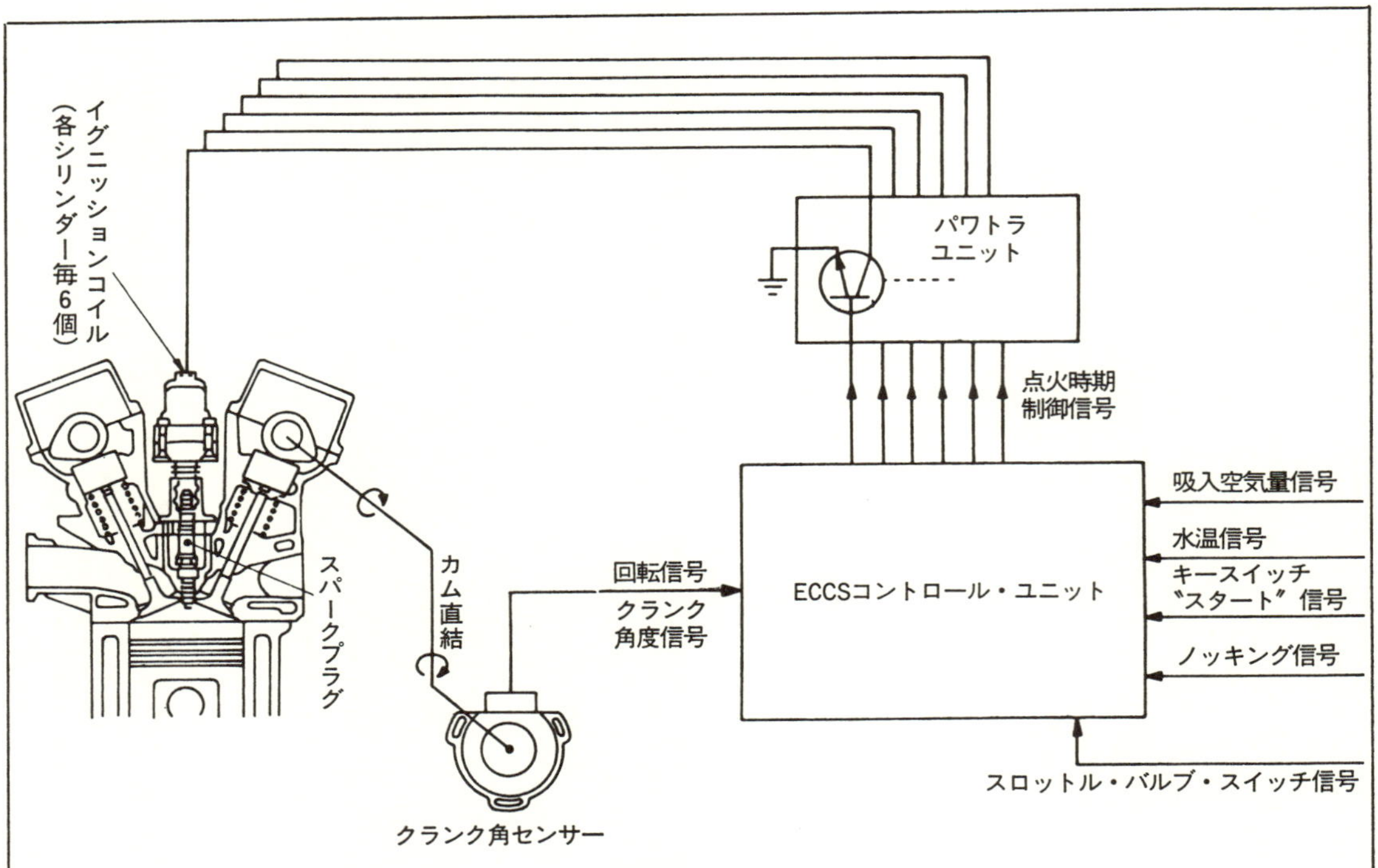

図53　NDIS

て良くしたのだ。

そのシカケ、ＮＤＩＳは**図53**で、コンピューター内蔵のコントロール・ユニットには吸入空気量、水温、ノッキングの有無、エンジン速度やシリンダー毎の圧縮上死点位置などの情報が入り、計算の結果、最適の点火時期を決定し、パワートランジスターに信号を送る。この信号はパワートランジスターで増幅されて、一次電流としてイグニッション・コイルに供給されるのだ。

一次電流はコイルの一次巻線、巻数の少ないコイルに供給されると、巻数の多い二次巻線から巻数に比例して増幅された約4万ボルトの高電圧がドバッと出てきてプラグの所で火花をとばすのだが、オトウサン1人で6人の女性はムリ、1コのコイルで6コのプラグにエレキを配給するのはムリと知って、**図54**のようにスパークプラグにはそれぞれ1コのコイルを取りつけてしまったのだ。何とゼイタクな！

このコイルは小さく、図52左のようにたったの1・5m／secもあればエレキは満タンとなる。だから9000rpmまでは強い火花を永く飛ばし続けることができるのだ。

ウレシイことに、この高電圧を受けるプラグの電極はプラチナなのだ。10万km無整備のこのプラグは、トヨタより2年遅れてはいるが、Eものはエのだ。当然のことながら、このシカケにはディストリビューターがなく、ハイテンション・ケーブルもない。ということはギャップでの電圧ロスやハイテンション・ケーブル内の電気抵抗もなく、火花がもっと強くなるばかりか、故障するものが何もないとは

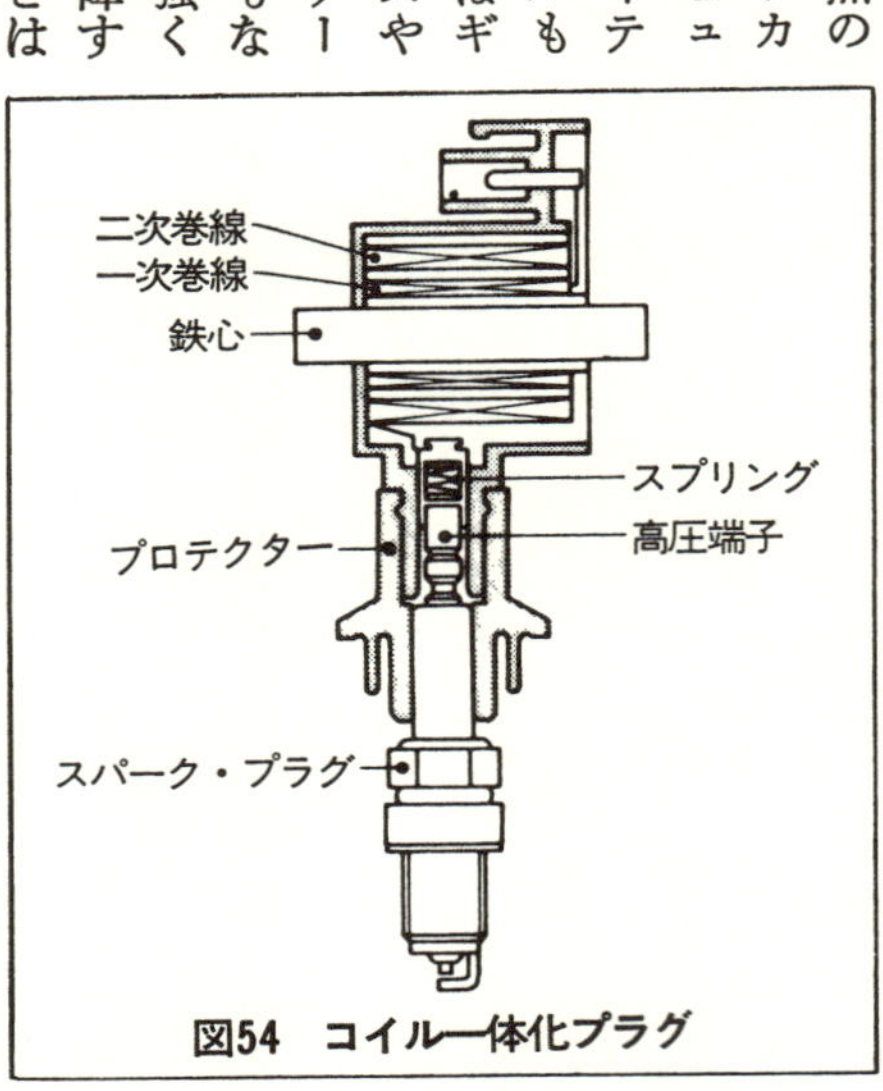

図54　コイル一体化プラグ

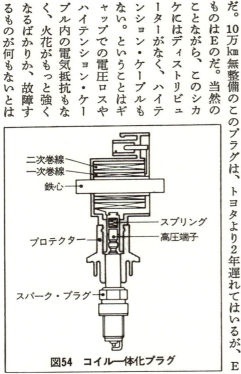

泣かせるぜ。この件ニッサンの不戦勝。

オレは運転がヘタなので、このNDISがどんなにRB20DEエンジンの高速の伸びを良くしているかは分からなかった。しかるべき人に評価してもらうほかはない。が、このエンジンから受けた強烈な印象は、〝静か〟なことであった。ドライブしているときあまりにも静かだったので、ボンネットをあけて、エンジンをふかしてみて、もう一度ビックリであった。「ウルサクないエンジンは設計できるが、静かなエンジンは設計できない」とオレはいつもウソブイテいたが、誤りであったことを認める。「ウルサクない」とは⊖3dB(A)で、100dB(A)のエンジンを97dB(A)にすることはタッタの3%の低減と思えるが、実は音のエネルギーを半分にすることで、〝静か〟と人が感じるとき騒音計の目盛は⊖6dB(A)で、ナント音のエネルギーはタッタの1/4にまで下げなければならないのだ。

●終わりに一言

ホントはベンツとニッサンを比較してはいけないのかもしれない。だから総合評価はしないことにした。

ニッサンが総合評価でベンツと争うには、何よりもまずクンショウが必要である。文章は芥川賞によって、絵は日展入選によって、人はノーベル賞をもらったときからステキと評価されるのだ。自動車は Car of the year エンジンは Engine of the year では評価すべきではない。人為的なタクラミが全く入りようのない世界記録とか、国際記録とかが必要。

ノーベル賞作家に共感できない人はアホ、というムードがあるから、クンショウの次には設計哲学を明確にしなければならない。哲学をいえる人は会社の中で社長だけで、いわなかったニッサンのエンジンは無思想で、思想がなければ、新しい概念は確立せず、これなしでは何を発明し、何を自己主張するのか、だれにも分からないのだ。

ニッサンとしては、思想などどうでもイキナリ目標品質をワメクのだ。イワク「パワーと経済性の両立」といわれてもハッキリと両立していないし、アルミ・シリンダーブロックのエンジンに比し「軽量」ではなく、どこが「精密」なのか分からない。「静粛性」は大いに評価できるが、「力強さ」は低速では感じられず、「先進性」といってみたところで、哲学がハッキリしていなければ、どちらに向かって〝先進〟しているのか分からないではないか?

オレがニッサンの社長だったら、「人とエンジンとの心地よい対話」をモットーにするだろう。男女の対話を楽しくするには、レスポンスの良い名器が必要で、人とエンジンとの対話をアクセル・ペダルを通じて行うとき、レスポンスが悪ければ、ケトバシたくなるからだ。

●オマケにもう一言

今月の Engine of the year は、ディーゼル・グランプリに輝くいすゞアスカ・ディーゼルターボである。

第一の理由は207km/hと日本の量産車としては珍しく、ベンツ190—2・3が世界記録ならば、いすゞはチンケな国際記録ながら、リッパなクンショウを持っているからである。このクンショウはコケオドシではなく、市販車でもホントに早いのだ。ウレシイことにギンギンに低速チューニングしたので、馬力こそ30%アップだが、低速トルクは50%アップで、だからレスポンスも悪くない。

NAエンジンでは、セラミック・ホットプラグを使ってイバッテいたが、ターボでは高熱でもたず、アッサリと金属製のホットプラグに戻し、ここではセラミックは何の役にも立たないことを再確認したのもホホエマしかった。

このエンジンのUQS(ウルトラ・クイック・スタート)はディーゼルエンジンを始動するには予熱しなければ、という概念からオレたちを開放したのも偉大な進歩であった。

必然的に次のガソリン・エンジンに革命的な新技術を期待したが、〝特長のないのが特長〟という、同じ会社の製品とは思われぬほどにサンタンたる有様だったので、アスカ・ディーゼルターボが今になって良く見えるかも……。

フェアレディ200ZR用セラミック・ターボチャージャー

夢かマボロシかが実現! だが、しかし……

ブラックシャフトなら球が飛び、カーボンロッドなら大物が釣れ、セラミックさえ使えば燃費の良いエンジンとなり、ターボは加速が良くて、さらにセラミック・ターボは最高の加速となる――と、評論家やジャーナリストがいえば、信じたがる日本人が多いのだ。

だから、軍備をGNP1%以下にすれば、日本のアフガニスタン化は防止できる、と信じさせることも活字の力をもってすれば可能なのだ。

だが、MFの読者とオレにとって、国家の安全よりも気にかかるのは、ニッサンのセラミック・ターボだ。

レスポンスは改善されたか?

●世界三大技術サギ!?

ヴァンケル・ロータリー・エンジンとファンドーナのCVTとセラミック・エンジンが世界三大技術サギである、とオレのダチがいうのだ。なーるほどウメエーことをいうものだ、と一瞬感心はしたものの、よく考えてみると――。

ロータリー・エンジンは世界的に注目を浴び、プロの中にもこれの可能性を信じた者が多かった。バラ色の夢:小型、軽量、安価、高出力そして振動がなく静かであるべきはずが、シール・エレメントからのガス漏れ、ハウジングの異常磨耗・チャターマークなどによって多くの会社は挫折した。GMはNSUにパテント料として600億円支払った、と聞いたが、間もなくあきらめた。MFの鈴木社長はNSUのRo80に乗って得意だったが、メンテナンスに手がかかりすぎ、ついにマツダ・コレクション入りとなってしまった。

だからサギだッ、といえるか? どっこい生きているサバンナRX—7は今では輸出のホープ、ケナゲにもポルシェと戦っているのだ。

オランダにDAFという自動車会社があり、イギリスのレイランドと技術提携して大型トラックや自主開発したダフォディールという小型乗用車を作っていた。ダフォディールのトランスミッションはスクーターと同じシカケで、ゴム製のVベルトを使った自動変速機、厳密にいえば連続的に変わる変速機・CVT(Continuously Variable Transmission)であった。このCVTの駆動可能な馬力があまりにも小さ過ぎたためか、いつの間にかDAFの名前は忘れ去られていた。ところがDAFの社長はCVTマニアと見えて、Vベルトのゴムをスチールに変えて〝大成功〟と世界中にラッパ(ホラかも)を吹いた。それも出資社、スウェーデンのボルボとケンカ別れをして何十億円かの違約金を払ってからであったので、真実味はあった。

ドイツを除く世界中の自動車会社がこれに飛びついた(ドイツにはPIVというCVTメーカーがある)。だが、アメリカのボルグワーナー(この会社はオートマ・ミッション・メーカーで日本ではアイシン・ワーナーという合弁会社を作り、各社に納入している)がイチヌケタ、といってからファンドーナの経営がオカシくなった。オレはそれを聞いて

オカシくなった。オレはそれを聞いてオカシくなって笑った。というのは、ファンドーナーのCVTの図面をジーッと見つめていたオレは、6つの致命的欠陥を発見したのだ。いずれは詳しく説明するが、だれにでも分かりやすい欠陥を一つだけいうと、潤滑油の中で動力を伝達している。否、油がないとベルトが擦りきれてしまうのだ。

摩擦を利用するシカケ、クラッチやブレーキに油をサスとは何事ぞ。Vベルトとプーリーの間に油をタラせば、タチマチにスリップするくらいのことは技術屋でなくても知っている。

だが、オートマ・ミッション内部のクラッチやブレーキは油漬けでは？　そのとおり。乾燥状態に比べて潤滑状態では摩擦係数は1/10になり、10倍の面積と荷重を加えなければ同じ動力を伝えることはできないのだ。そこで、コマとプーリーの間では滑りにくく、ベルト間では摩擦係数の低い油があればなァ？　と考えているフシがパテントの書類を見ているとよく分かる。がバーロー、自分では何も考えずにパテントを買ってきて、ダマされたと分かってから油屋に泣きついたところで、どんなに絞ってもそんな油は出てこないのだ。

この致命的欠陥が、富士重をして、CVTを出すぞ出すぞとストリップ嬢のごとくにワメイてみたところで、理論的に成立しないCVTだから、ベルトに無理な荷重が加わり、どんなに良い材料を使っても、すぐに切れてしまうので、完成するはずもない。一方、トヨタのCVT担当者は心労のあげく、神経性円形脱毛症になっているのでは、と心配である。

技術サギと子供を生みたがる女は深追いしないほうがよい、と永井さんはフランクに語った。

オレのダチ、ロイ・カモをサギ師よばわりすることは許せない。何よりもまず、彼は発明家ではないのだ。だから、パテントを売り込みに来たのではなく、彼はセラミックで作ったエンジン、というよりは冷却しないエンジン、すなわち断熱エンジンを全世界に紹介したのだ。

ロイ・カモは日本のエンジニアの非独創性、とそれに伴うエンジン技術の遅れを心配しての余り、日本人の血が騒ぎ、日系二世加茂露営氏になって指導したのだ。

彼が力説するのは、断熱エンジンといえども「パワーを無過給エンジンの少なくとも2倍出さなければ、排気エネルギーが高まらず、それを利用して熱効率向上もできない。コストの面からはモノリス(かたまり)では高すぎ、セラミック・コーティング（ホーロー）に限定される」である。

それなのに、何を血迷ったか、だれがスリカエたのか、「セラミック・エンジンはよいエンジン」が、日本のエンジニアに定着したばかりでなく、NHKまでがいすゞのモノリスのセラミックでできたエンジンを新技術とニュースで流したのには、オレの口はアングリだった。

創造力のないエンジニアほどセコクなる、とはオレの言葉で、セラミック・ブームに乗らなきゃそんそんとばかりに現れ出でたるホットプラグ。これは高価ではあるが、燃焼には何の影響もない、とは何度も書いた。では、ターボのタービンローターを金属からセラミックに変えると、カネの茶碗とセトの茶碗ほどの差が出るのだろうか？

●ターボの7悪が克服できてない

図1は、トヨタの松本清さんの日本機械学会誌12月号の記事からの引用である。DOHC車は84年までは急増している。85年はもっと増えているだろうし、86年になればMMCを除く会社がDOHCを前面に出してシェアを争うことになるので、更にこのカーブは急上昇を続けることは間違いない。

レーシングカー専用であったDOHCエンジンは、エンジン屋が何の改革の痕跡も残さずに、生産技術屋

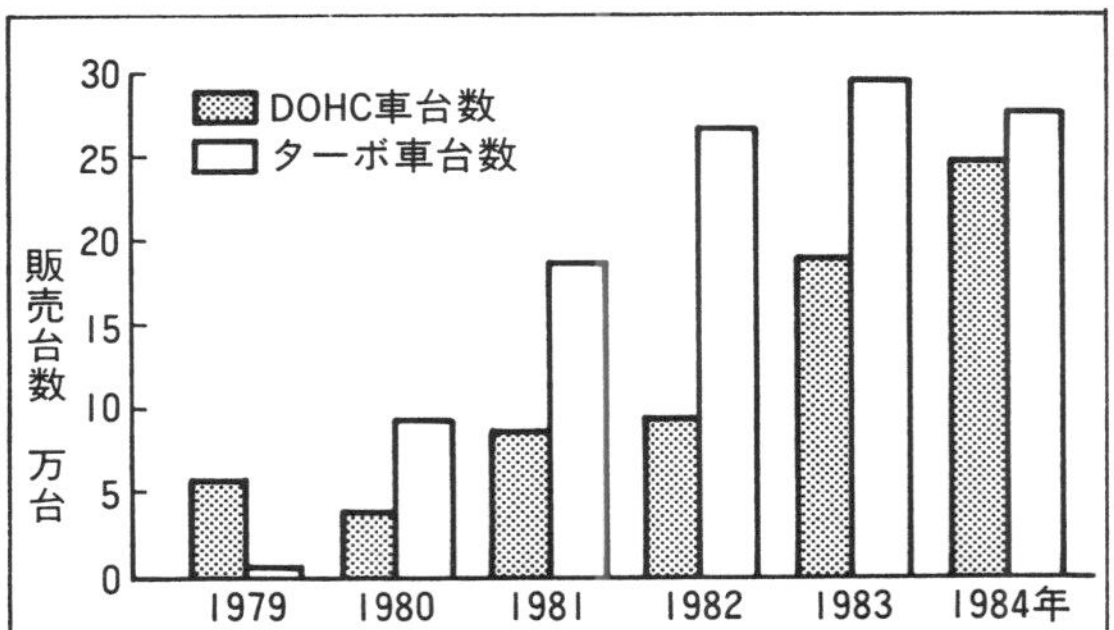

図1　DOHC車・ターボ車の販売台数の推移（国内）

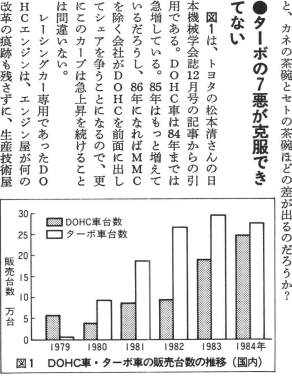

の努力によってのみ量産可能となり、隣のガキにも買えるほど安価になった。このことは自動車技術者の間でも共通の認識とみえて、松本さんの同じ記事の中に**表2**で表現されている。エンジンについては、ガソリンとディーゼル・エンジンの2つだけで、エンジン屋が自動車を革命的に進歩させてないことはよく分かったが、1960年以降となると、ロックアップ式オートマ・ミッションだけで、燃費と引き換えてフィーリングを悪くするこの後ろ向きの発明以外は全部電気屋が自動車を良くしてくれたことになっている。

エンジンの排気管に市販のターボチャージャーを取り付け、明治時代の最新の技術を使って、ガンバッテみたところで、チャージクーラーを購入してエンジンの上に取り付けてみても、それでもノッキングするので、エンジン屋が最も得意とする後ろ向きの技術によって圧縮比を下げた。これだけが機械科出身のエンジン・デザイナーの成果であった。DOHCやターボ・エンジンの性能や信頼性、低公害性を支えているEFI、ノックセンサー／O_2センサー／リーンミクスチャーセンサー、DLI、etcの新技術は電気屋さんの仕事で、これらのセンサーと機械の間にはコンピュータ屋さんに努力を願わねば、たちまち50年前の技術レベルに戻るとは同業者ながら情けないヤツラである。

戦後発明された2大後ろ向きの必要悪はソープランドとウエイストゲートで、前者を愛用するオレの目からはウエイストゲートとは燃費を悪くするだけのシカケとしか思えない。必要悪のウエイストゲートを開閉するのにコンピュータ様の御力を借りなければできないとはホントに情なく、ナミダがでるのだ。

日本のユーザーのありがたいところは新技術待望で、カメラやオートバイが次々と新技術を開発すれば、初め少しくらい不具合なところがあっても、ユーザー側の努力によって使いこなし、メーカーもそれに応えて更に技術開発する、という対話型の進歩を続けてきた。最近ではミノルタα―7000がその良い例である。

自動車エンジン屋だけはユーザーと対話をしなかった。レスポンスが悪い、燃費が悪い、ターボを取りつけるだけでは、アイドル時には排気

1880　1900　1920　1940　1960　1980年

- ガソリン自動車
- 自動車用空気入りタイヤ
- ディーゼル・エンジン
- ストラット式サスペンション
- ディスク・ブレーキ
- ディスク・クラッチ
- ウインドシールド・ガラス
- オーバードライブ付きトランスミッション
- 油圧ブレーキ
- パワー・ステアリング
- シンクロ式トランスミッション
- ブレーキ・ブースター
- オート・クラッチ
- オートマチック・トランスミッション
- エネルギー吸収式ステアリング
- 自動車用トランジスター・ラジオ
- オルタネーター
- ICレギュレーター
- 電子式燃料噴射システム
- 電子式スキッド・コントロール
- 電子式オートマチック・トランスミッション
- IC点火装置
- マイコン制御エンジン
- マイコン制御車高調整装置
- ディジタル・メーター
- ロックアップ式オートマチック・トランスミッション
- 音声合成
- 光ファイバー
- ナビゲーション
- CRT
- 液晶メーター
- 音声認識

表2　自動車技術の歴史

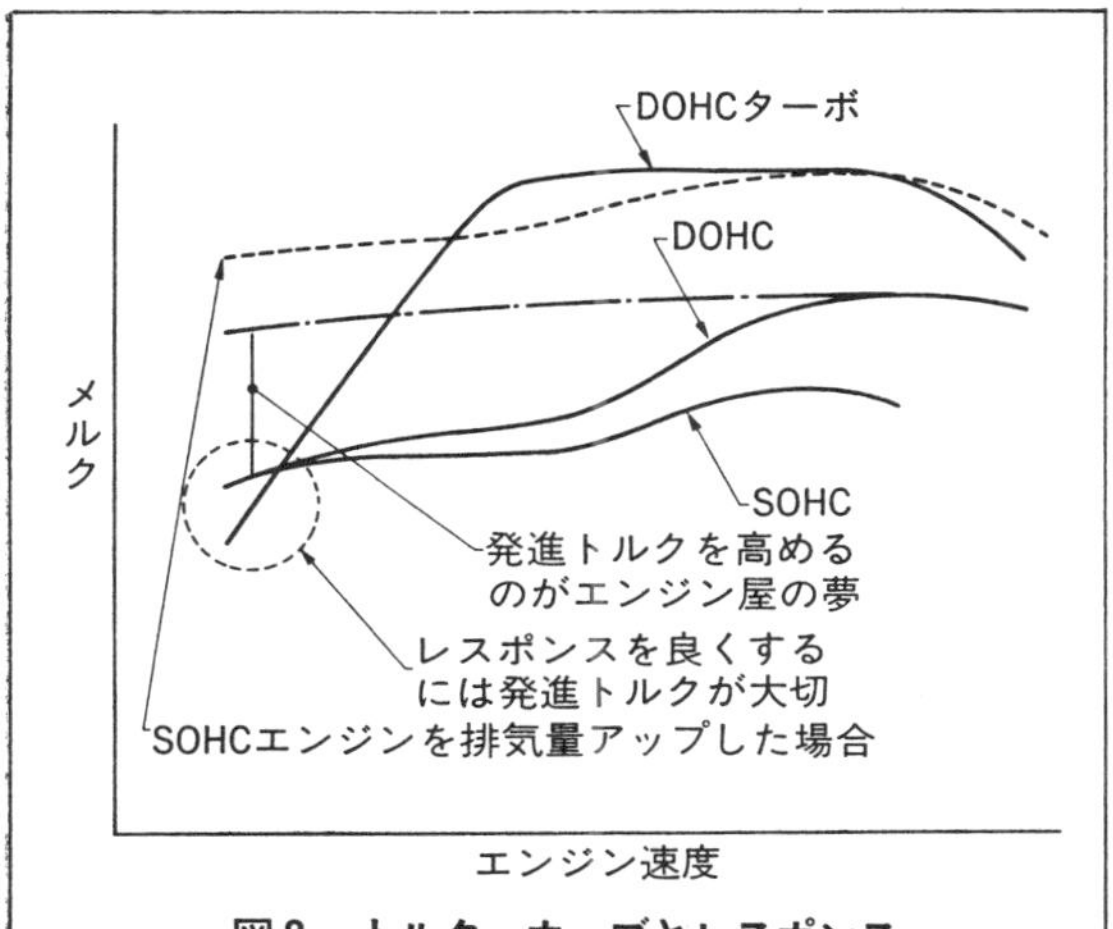

図3　トルク・カーブとレスポンス

ガスの量と温度が不足してターボはブーストを高めない。おまけにガソリン・エンジンのアイドルはスロットルは全閉に近く、ミクスチャーをホンのわずかしか吸わないから、排気ガスもすかしっぺ程度で、ニオイ（アイドルでは濃い目のミクスチャーなので燃え残ったHCがクサイのだ）はあるが、ターボを動かす力はない。止まっているターボをイッキに10万rpmにまで高めようとしても、4秒はかかってしまうのだ。

ブーストが高まれば、パワーとともにノッキングが発生する。仕方がないから圧縮比を下げる。悲しいことに、圧縮比を下げるという必要悪は熱効率を下げるだけでなく、当然のことながら熱効率の下がった分だけ**図3**に示すようにパワーダウンしてしまうのだ。このパワーダウンはゼロ発進時にエンストしやすく、ターボ・エンジンのレスポンスを追い討ちをかけるように悪くしている。そしてエンジン回転の増加とともにブーストは高まり、パワーも高まり、ウレシイと思った瞬間にノッキングするからウエイストゲートを開いて高温高圧の排気ガスをバイパスさせて、排気のエネルギーを捨てる。これでは無過給エンジンで100年間にわたって蓄積した低燃費技術はすべてパーになる。が、実はそれでもノッキングは止まらず、ハチャメチャに多量のガソリンを噴射してガソリンでエンジンを冷却する。酸素のない燃焼室では燃えないから、ガソリンの蒸発潜熱によって冷却できるので、この余分なガソリンがパワーに変わることはないのだ。

ここ5年間のターボ・ブームの中で、ガソリン・エンジン屋は何をユーザーのためにしてくれただろうか？　何もしないからユーザーは買うのを止めたのだ。と、いう事実が図1にハッキリと出ているのだ。一昨年がピークで、今年は更に確実にシェアダウンすることに運命が定められている。ターボ・ガソリン・エンジンにバリアブル・ジオメトリーのジェット・ターボで自らの運命を切り開こうとしたニッサンが、新たにセラミック・ターボをもって挑戦したとはリッパな精神である。

だが、リッパな精神とセラミックとの組み合わせは愛国心と竹ヤリとの組み合わせに似ている、とオレは思うのだ。これではアメリカに勝てなかったし、ロシアにも勝ち目はなさそうである。

ターボ過給したガソリン・エンジンの7悪、レスポンスが悪い、発進トルクは無過給以下で、低速トルクも低い、圧縮比を下げウエイストゲートからエネルギーを捨て、ガソリンを冷却して燃費を悪くし、その上コストアップする、の全部を改善してもらいたいのがユーザーの希望で、ニッサンのエンジニアはレスポンスだけでも、ホンのチョットだけ改善したいと考えたのだ。

〃都市工学〃によって7thスカイラインを作ったニッサンが、エンジンに新しい過給システムを導入することを拒絶するのは〃自動車工学〃を忘れているからで、なぜ機械駆動の過給機（スーパーチャージャー）の導入によってレスポンスと低速トルクを改善し、ミラーシステムの導入によって無過給エンジンの圧縮比で過給することに挑戦しないのであろうか、フシギである。

それでも、ニッサンに救いがあるのは、セドリックのジェット・ターボ部屋とスカイライン/フェアレディのターボ慣性過給部屋とは親方が2人いて、それぞれに競いあっていることである。フェアレディ部屋の親方は意地でもジェット・ターボを使わない。だからタービンローターを耐熱合金の$^1/_3$の比重のセラミックに変えて、ターボの加速を良くして、ジェット・ターボよりもターボ・ラグを少なくして、ジェット・ターボ部屋の連中をセセラ笑いたいのである。リッパ！

去年の9月にミルウオーキーのSAEに参加したついでに観光旅行を

した。ニューヨークでレンタカーを借りてナイアガラに向かって５００km程行くと、エルマイヤという小さな町があって、シルベニアというセラミック会社があった。

この会社も他社同様に世界一のセラミック・メーカーと思い込んでいた。

技術部長のいうには、プロジェクション・モールド（プラスチックとセラミックの粉を混ぜて粘土状にしたものを型の中に押し込んで成形する）を大気圧で焼結した窒化硅素がターボのタービンホイールに最適だというのだ。タービンホイールの形は**写真４**で、これを10万ｒｐｍで回したとき、遠心力で飛び散ろうとする応力は**図５**である。

セラミックは圧縮には強いが、引張りと衝撃には弱いことぐらい茶碗を落としたことのある人ならだれでも知っているが、彼がいうには、焼結中にセラミックは30％も寸法が縮む。縮むとき、一様に縮めば問題はないが、**図６**のように表面はツッパッてあまり縮まないが、中身はもっと縮むので、問題が起こるのだ。図６の円筒ではこの欠陥は致命的ではないが、**図７**のように板状のモールドを焼結すれば、板の真中がペコンと凹むリクツである。

写真４　セラミック・タービン

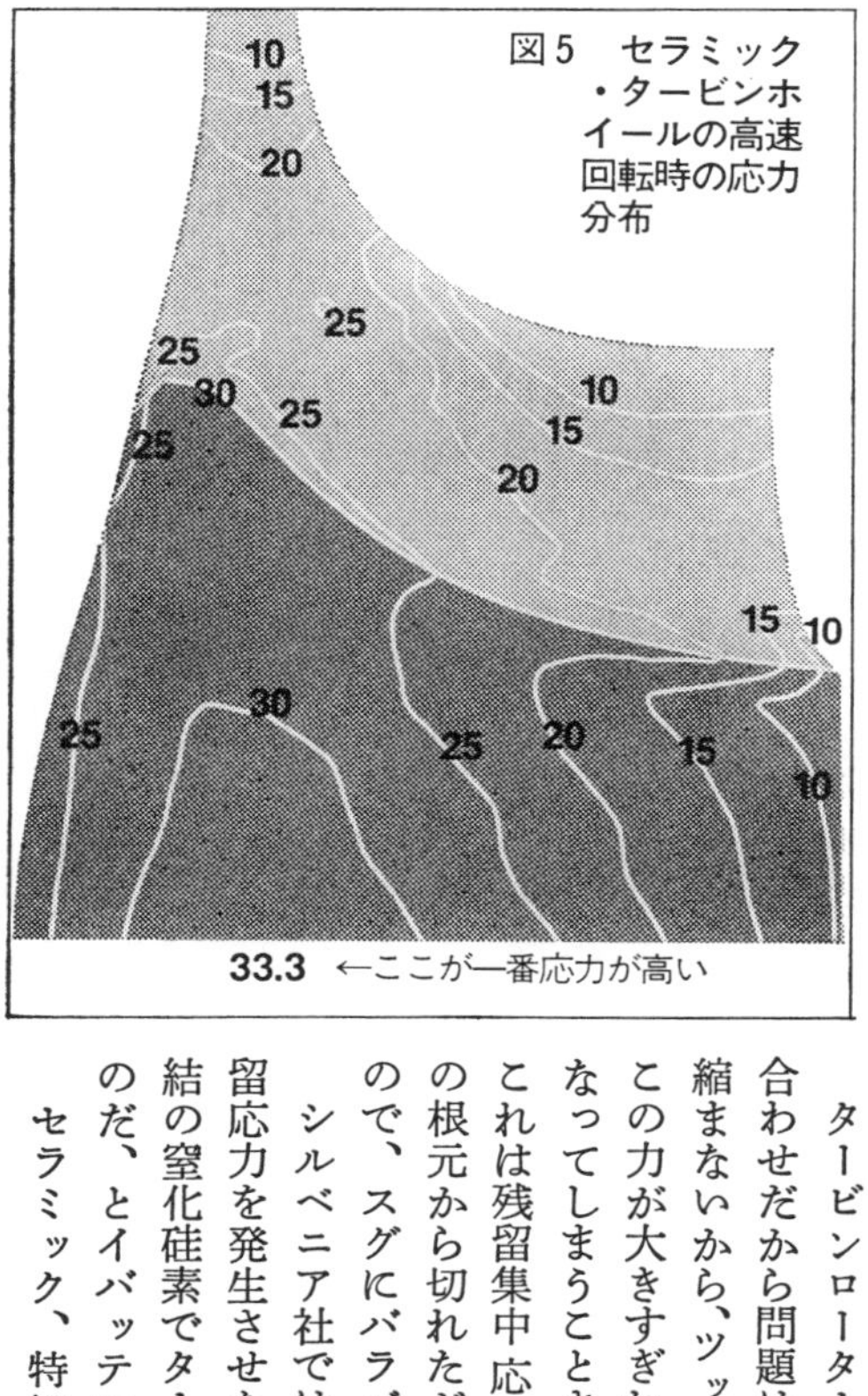

図５　セラミック・タービンホイールの高速回転時の応力分布

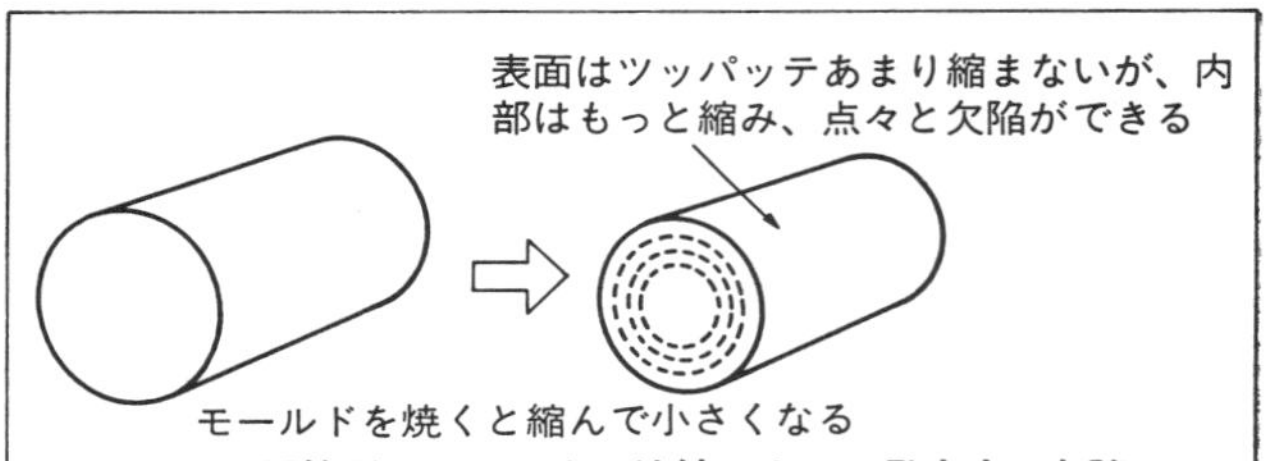

図６　円筒形セラミックの焼結によって発生する欠陥

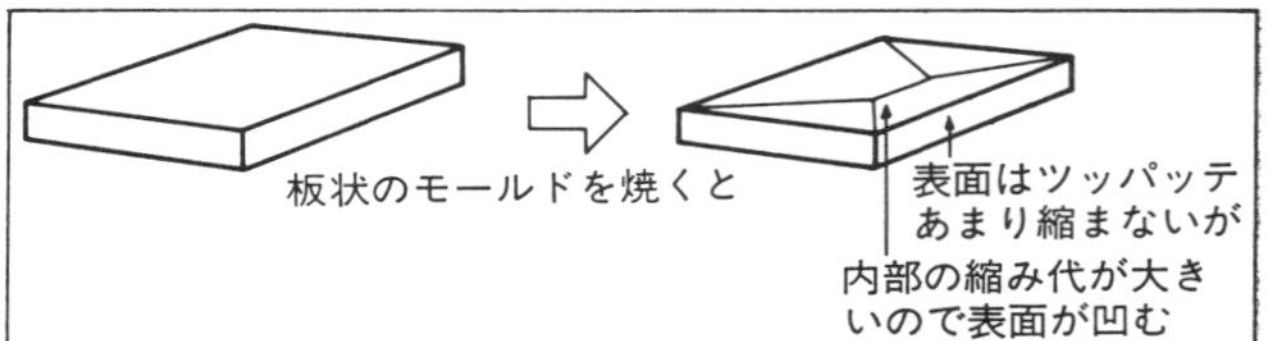

図７　板状セラミックの焼結時の変形

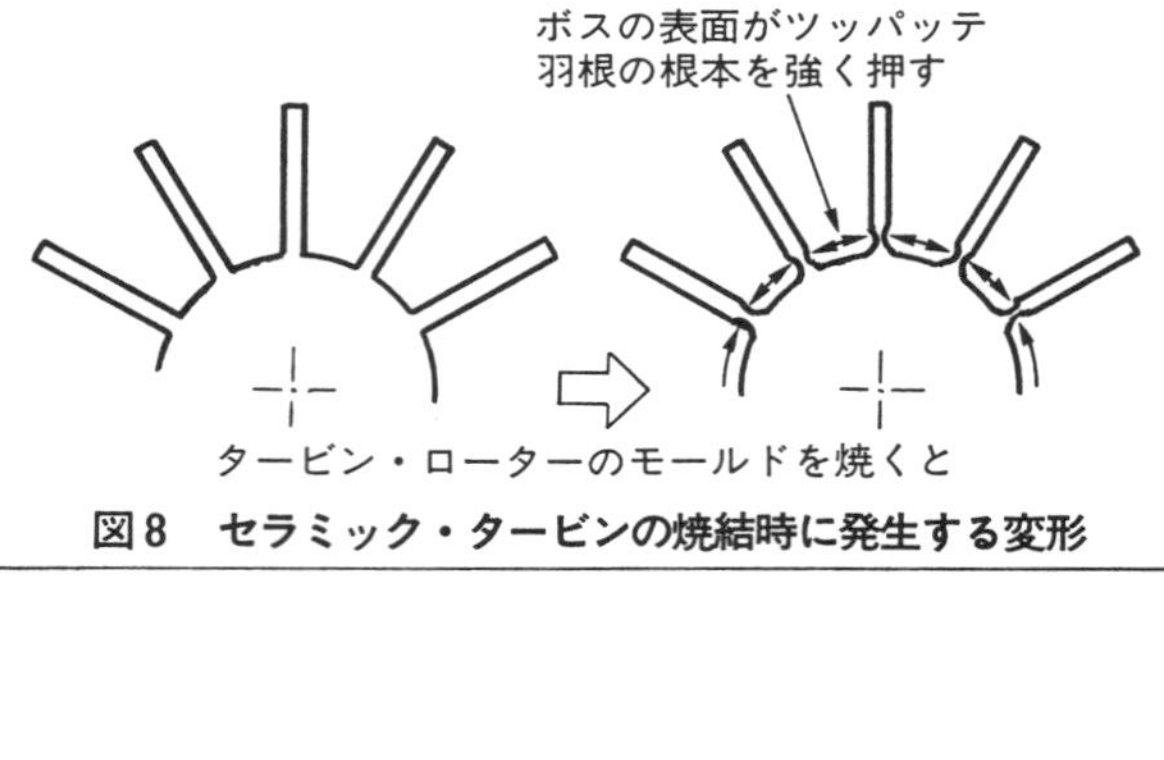

図８　セラミック・タービンの焼結時に発生する変形

タービンローターは**図８**のように板と円筒との組み合わせだから問題は大きいのだ。ボスの表面はあまり縮まないから、ツッパッて羽根の根元を強く押すのだ。この力が大きすぎれば、焼成中にコワレてバラバラになってしまうことさえあるし、コワレない場合でも、これは残留集中応力となり、高速回転すれば、羽根の根元から切れたがっているところに遠心力が加わるので、スグにバラバラになってしまうのだ。

シルベニア社では焼成中に発生する羽根の根元の残留応力を発生させない製造法を開発したので、常圧焼結の窒化硅素でタービンローターの製造を可能にしたのだ、とイバッテいた。

セラミック、特にモノリスのセラミックを見ると、マユにツバをつけるようにカモさんから教育をうけてきたオレは尋ねた。「将来量産した場合、このセラミック・タービンは金属製の何倍の値段になるか？」「3倍である」とのことであった。

去年の12月の初めに、カモさんはこの年3度目の来日をした。そのとき、彼と筑波学園都市にある科学技術庁、無機材質研究所を訪ねる道すがら、シルベニアのタービンローターは金属製の3倍だといっていたがとオレがいうと、カモさん笑っていわく、「6倍の聞き違いだ」であった。

無機材質研究所の目玉商品は常圧の下でダイヤモンドを合成することとヒップ：HIP：Hot Isostatic Pressによるセラミックの焼成であった。窒化硅素でいえばモールドを1500℃、200気圧という高温高圧の窒素ガスの中で焼く、すなわちヒップすると欠陥はゼロで強い窒化硅素ができるとのことであった。なるほどヒップとチッ素とは良い組み合わせである。これならばシルベニアのセラミックより確かに強くなると理解できた。

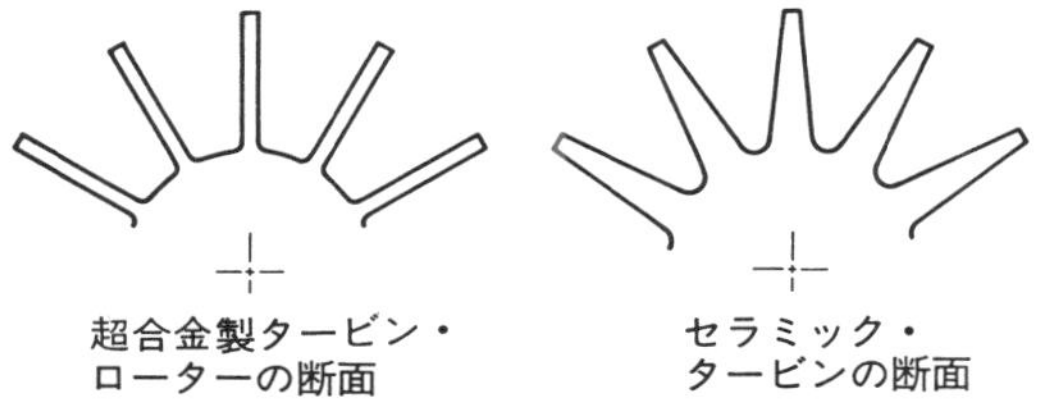

図9　メタル・タービンとセラミック・タービンの形状

ここの親分、長谷川さんは「毒舌」の愛読者で、「アナタが毒舌の兼坂先生ですか？」というので赤面したら、「文章で想像していたほど顔は下品ではない」といわれたオレは、ここのセラミックを悪くいう気持を失った。

●焼成中の応力集中と遠心応力を避ける形状

無機材研の創造した新技術ヒップはパテントを得て、名古屋のスパークプラグ・メーカーNTKはこのパテントを買った。NTKはニッサンのセラミック・タービンローターをヒップで作った。と、やっと本題にたどり着いたのである。

ニッケルをベースにクローム、モリブデン、タングステン、コバルトetc，を合金して作った耐熱超合金のネダンは鉄よりも100倍も高く、比重は12と鉄の8よりも重いのだ。これを急加速してイッキに11万rpmにまで高めるのは大変だ。だからといって軽いアルミでは500℃で熔けてしまうから、900℃の排気ガスをブッけるわけにいかない。そこで軽くて耐熱強度の高い材質となれば、セラミック以外に考えられない。高温強度が一番高いのは炭化硅素といわれてきたが、ヒップした窒化硅素の方が強い。そして軽いのだ。比重は3だから超合金の1/4となる。それならばターボ・ラグは1/4になって鋭いダッシュが、と考えるのは早トチリで、セラミック・タービンローターの断面は図9のように根元をガバチョと太くしなければならない。ひとつには焼成中の羽根の根元の応力集中をさけるため、他は11万rpmのときの遠心力もやはり羽根の根元に集中するからである。

秀才だが創造力のないエンジニアは「この羽根の形状はFEMで計算しました」と必ずいうのだ。

FEMとはFinite Element Method：有限要素法で、これを発明した外国人はエライが、根気さえあれば、コンピュータを買うとオマケについてくるプログラム：NASTRAN（NASAが開発した）を使って、女がセーターを編むように根気さえあればアホでもできる計算法である。

図5は実は、フォードのガスタービン・ローターの応力分布で、FEMならではである。物体は力を加えても内部から破損することはまずない。だか

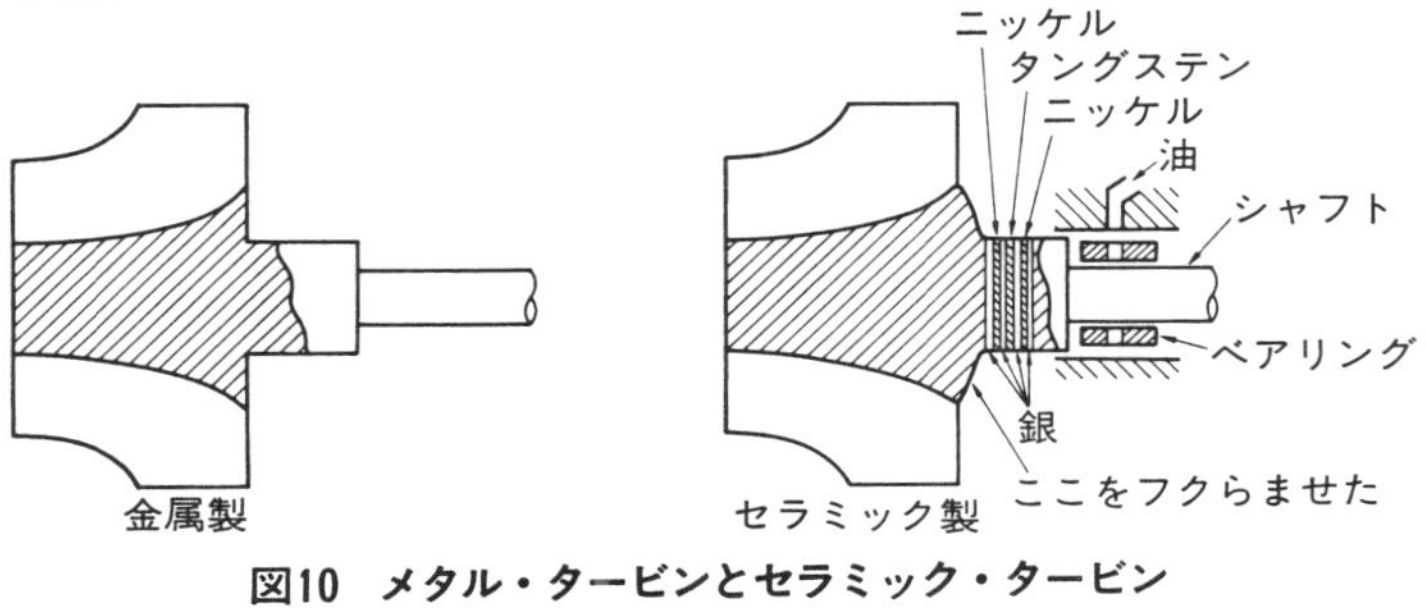

図10　メタル・タービンとセラミック・タービン

ら図5を見ると、ローターの背中を膨らませて高い応力を包み込んでしまったことがよく分かる。

ニッサンのセラミック・タービンも、当然に**図10**のように同じ形状にした。そしてシャフトまで全部一体のセラミックにすることも可能である。だがしなかった最大の理由は「万が一折れたら」であった。

もしも、シャフトが折れて、ローターごと排気管内へ飛び出すと、ベアリングを潤滑するための高圧の油が排気管内に流入して、しまいにはオイルパンはカラになり、油なしではエンジンがパアになる。万が一にもこんなことになってしまっては困るのだ。万が一を心配して設計するのを信頼性工学的にフェールセーフといい、ジャンボの隔壁と尾翼の設計が〝フェールセーフ〟に設計されていなかったので530人がアウトになった、というわけだ。

フェールセーフ的な見地からシャフトは鉄と決まった。ところで鉄とセラミックとをどうつなぐかが問題である。幸い鉄とセラミックは銀ローでロー付けできることが分かった。ところがセラミックの熱膨張率は鉄の1/3しかないので、温度を高めると、鉄の方が勝手に膨張してハガレてしまうのだ。そこで、〝ボカシ〟を入れて、熱膨張の差を柔らげる必要がある。〝ボカシ〟は図10に示すように、熱膨張差を少しずつボカそうと、ニッケル・タングステン・ニッケルの3枚重ねにして、これらを銀ロー付けしてでき上がりである。

苦労の結果、完成したタービンローターの目方（回転体の場合は慣性能率：Moment of Inertia という）は半分になったが、一緒に回転するコンプレッサーの目方は変わらず、足して2で割って34％軽くなったのだ。

34％軽くなれば、ターボ・ラグは34％短縮すると考えたくなるが、実際にキビシイ、タッタ22％しか短縮しなかった。これを図解したのが**図11**で、時間とはアイドル状態からフルスロットルにしてロー発進してからの時間である。点線の金属製タービンの場合は4秒後にターボの回転速度は上昇し、ブーストもノッキング直前まで高まり、ブーストに相応したトルクが得られる、と考えて当たり前であるが、事実は奇なり、で、重いタービンをムリやり早く加速しようとしてリキむ。リキンだ結果が上から2本目のカーブで、人間ならケツ圧と一緒に血圧も高まるが、エンジンの場合はケツ圧：排気の圧力が高くなるのだ。

背圧が高ければ排気を押し出すためにパワーを消費し、その分だけパワーが落ちる、と思うのはシロウトで、実際は900℃の高圧の排気ガスが燃焼室の中に残る。圧縮比が8ならば、その量は吸入空気量の1/8もあり、吸気行程では900℃の排気ガスと40℃のチャージは混合し、チャージ温度を高める。高温になったチャージはタッタの27℃だけ温度上昇しただけでも10％も膨張し、膨張した分だけ圧力が高まり、いくらターボで圧力を加えても、チャージはシリンダーの中に入らず、体積効率を低下させ、確実にパワーダウンさせる。

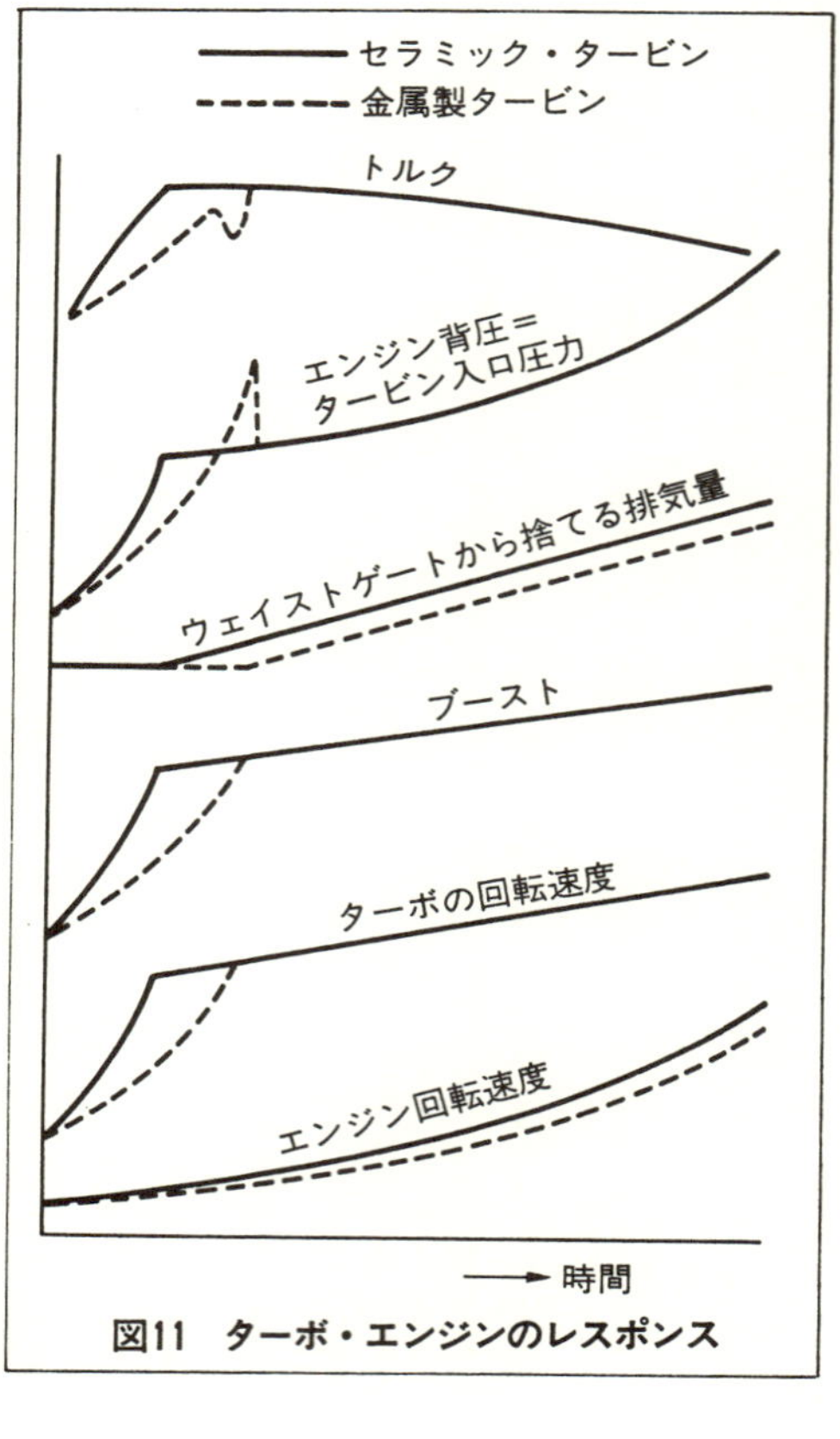

図11　ターボ・エンジンのレスポンス

重い金属製のタービンのマズイところは、図11の一番上の点線のトルクカーブのように、急加速の真最中に一瞬トルク・ダウンしてしまうのだ。と、金属製のタービンホイールのスカイライン・ターボを設計したニッサンのエンジニアがいうのだから、ゼッタイに正しいのだ。

レディに乗るとはなんたる喜びとばかりに、フェアレディZをドライブしてみると、ロー発進ではターボの回転が車速に追いつかないという感じは幾らかは残るが、セカンドからはほとんどターボ・ラグを感じさせないのにビックリした。エンジンは7thスカイラインと同じＲＢ20ＤＥＴで、ターボもギャレット製で、タービンホイールだけがセラミックに変わっただけで、大きなチャージクーラーがエンジンの上に取りつけられてはいるものの、これは車速によって発生するラム圧で冷却するシカケだから、ゼロ発進からの加速フィーリングは全く無関係なはずなのだ。

「ナゼダ」と一昨年の流行語をおもわず叫んだオレは、「背圧の性能に及ぼす影響」などとワメイてゼニを稼いでいることに気がつき顔を赤らめた。ついでにもう一度赤くなるのは、「毒舌その19のセラミック・エンジンの夢はマボロシか?」である。ＮＴＫにインタビューに行き、セラミック・ターボは絶対に出現しない、とダマされてきたのだ。だが、まだホントにだまされたとはオレは思っていない。

彼らにしてみれば、科学技術庁からパテントを買い、HiPed セラミック・ローターの研究の最中だったので、秘密主義の日本の企業であれば、いえなかったのであろう。ヒップしたセラミックは常圧焼成したものの10倍もコストアップすると聞いているが、心配である。

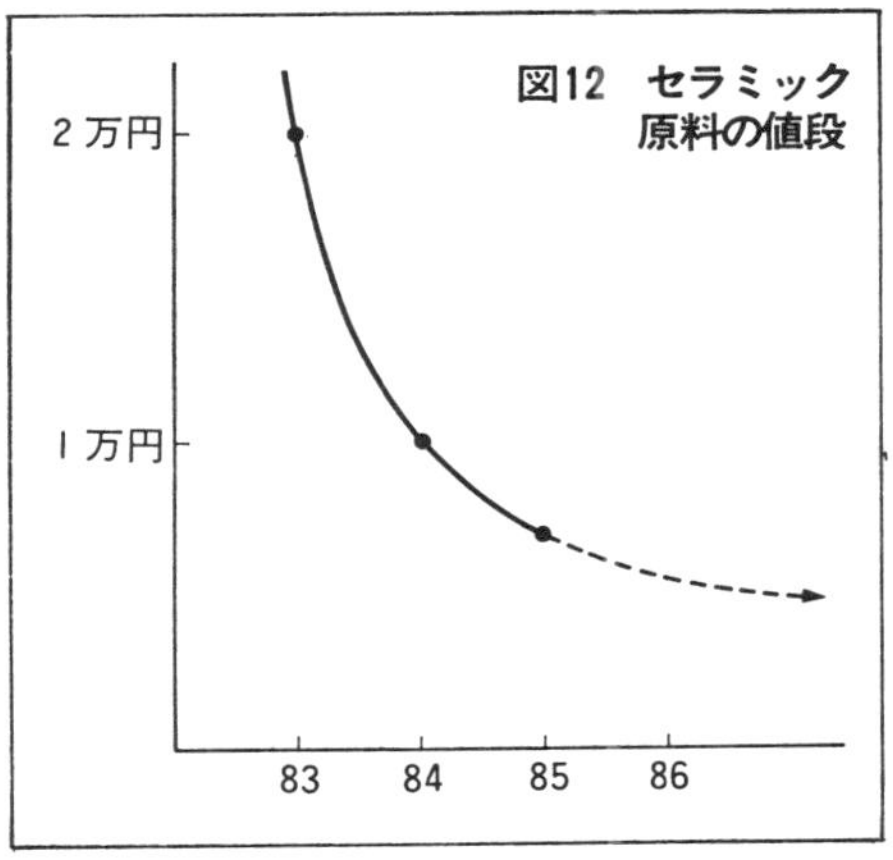

図12　セラミック原料の値段

●本当にそんなにコストが安いのか?

図12は窒化硅素の粉の値段である。なるほど年ごとに急速に値段は低下してはいるが、この粉を２００気圧１５００℃の窒素の中で１週間焼き続ける。焼き上がったファイン・セラミックスは硬くて、ダイヤモンド以外では研磨できない。研磨で加工することは時間がかかり、ゼニもかかるのだ。それから三層に銀ロー付け。金属製の10倍かと聞くのが常識であるが、答は2～3割高いだけ……。オレにはUn信じrable（信じられない）であった。

ニューセラミックスは金属の代用品として使用すべきではなく、金属では不可能な機能を発揮しうる場合にのみ採用すべきである。これがセラミック・エンジンの元祖、ロイ・カモの言葉なのだ。O_2センサーのジルコニア。これは金属には絶対にない機能だし、小指の爪ほどの大きさだから使うべきだが、ピストンやタービンローターなどの構造物では、コストの面から今後とも主流になるとは考えられないのだ。タービンローターは幸いにも従来の材料が耐熱超合金で、そのネダンは鉄の１００倍以上もする。たしかにこれの代替物に成功したといえるかもしれないが、アルミ製のピストンや鋳鉄製のシリンダーの代替として、ニューセラミックスを使えば、将来どんなに技術の進歩があったとしても、確実に１００倍以上のコストになるわけで、いすゞのモノリス式セラミック・エンジンを買うのは博物館以外にだれがいるか、心配である。

いすゞのエンジニアも日本人、日本人なら自閉症で、モーターショウに出品したセラミック・エンジンは〝目つぶし〟で、別にセラミック・コーティングしたホンモノの断熱ターボ・コンパウンド・エンジンを研究中とは、考え過ぎカモ!?

だからといって、セラミックの構造物が全く自動車用原動機に不適ともいい切れないのだ。大きさの割合に１００倍もパワーが出ればコストはチャラになるリクツである。

図13は、ターボ・メーカーのギャレットとフォードがＮＡＳＡの後押しで研究中の自動車用ガスタービンの断面図である。この１００psのガスタービンは自動車の燃費を半分にし、低公害、高信頼性で、安く、レスポンスまでガソリン・エンジンを上まわるのが目的、とデトロイトのフォード研究所でこの話を聞いたオレは腰をぬかした。自動車用ガスタービンなんぞできるはずがないとウソブキ、ディーゼルさえやっていれば一生メシが食える、とガスタービンをせせら笑っていたからである。

現存する最高の耐熱超合金の耐熱温度は９００℃なのだ。ヒコーキ用のジェット・エンジンでは針ほどの穴を数百コもあけて、そこへ空気を流して冷却するのでタービン入口温度を１３００℃に高めて効率改善しているが、このために名刺の半分ほどの大きさのタービン・ブレード１コのネダンが10年前で、25万円もするので、自動車用ではそれもできず、と安心していたのだ。だがニューセラミックの進歩はめざましく、図13のように各部をセラミック化することによってのみ、金属で不可能であった機能、タービン入口温度１３００℃を可能にしたのだ。この場合は大いにセラミック化を進めるべきで、このタービンのセラミック化にはカーボランダムとかコーニングなどの超一流の会社とともにＮＧＫ（ＮＴＫと地続きの兄弟会社）も参加しているとは日本人としてはうれしく、オレは失業が心配である。

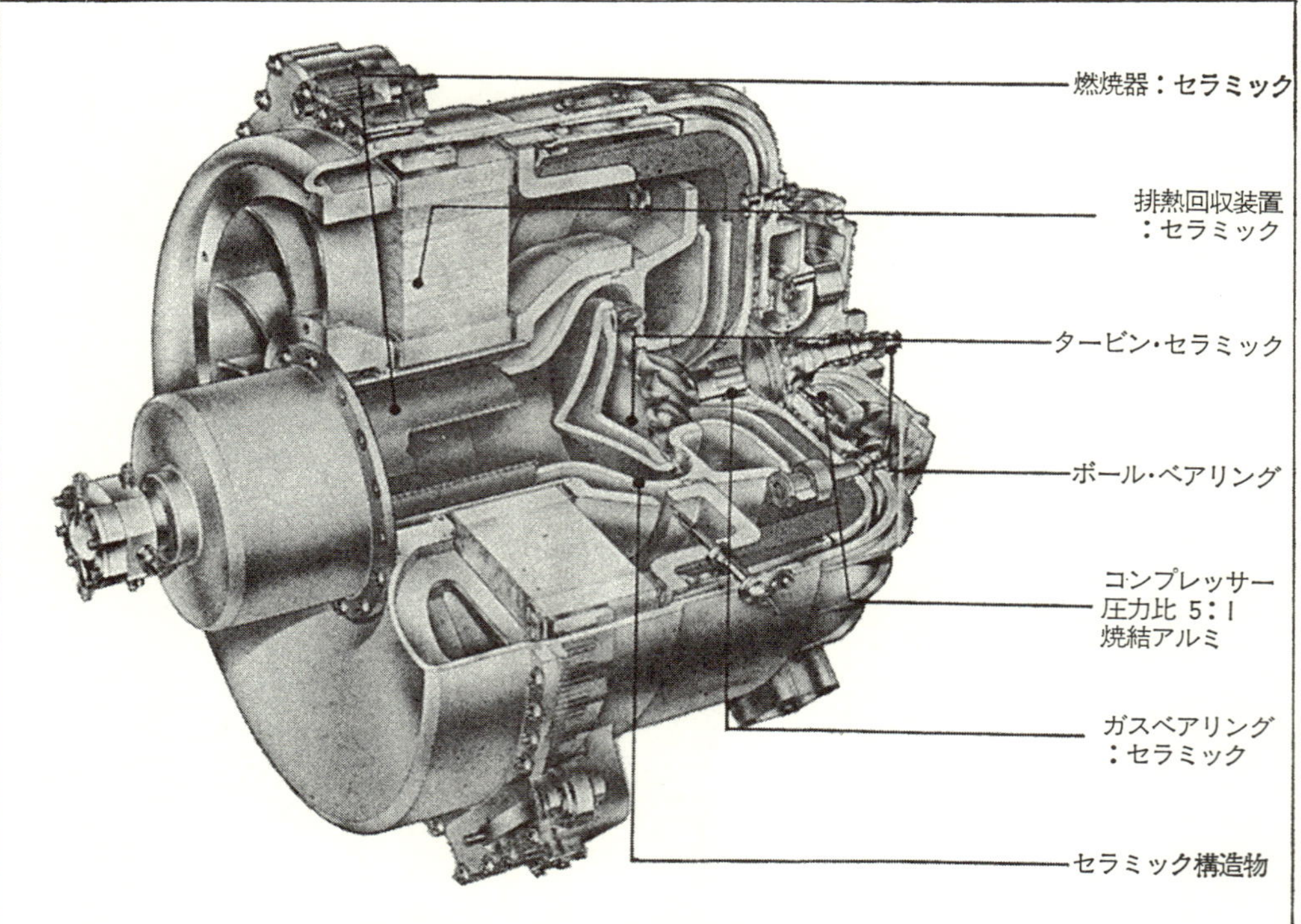

図13　フォードのAGT101型ガスタービン

　もしも、このガスタービンが量産化に成功すれば、オレだけでなく、ピストン・エンジン屋は全部失業してしまうのだから、その前にもっと良いピストン・エンジンを作らなければ……。

　では何をなすべきか？

　無過給エンジンはＤＯＨＣ４弁と慣性過給によって完成した。これ以上の進歩は望めないから方向を変えて、ターボ過給エンジンにすれば、確かにレーシング・エンジンでは４００ps／ℓとかそれ以上のパワーを絞り出すことに成功はしてはいるが、交差点グランプリ用としてはレスポンスが大不満である。

　ニッサンのセラミック・ターボは確かにレスポンスを改善したが、今後技術の進歩によって出力率が増大すればするほどターボ・ラグも増加するのである。ディーゼル・エンジンの例でいえば、１・５倍にパワーアップした場合、２秒のターボ・ラグは、２段ターボ過給して４倍にパワーアップすると、ナント、アクセルを踏んでから７秒も待たないとパワーが出てこないのだ。

　セラミック・ターボにして７秒を５秒にすることはできる、が、ジレッタイことに変わりはないのだ。

　排気ガスや空気の比重を１とすれば、アルミは３０００倍、鉄は８０００倍、超合金では１万２千倍で、セラミックは３０００倍もあるのだから、排気ガスがセラミック・タービンに体当たりしても、ションベンで水車を動かそうとしているみたいなものである。タービンが加速してからコンプレッサー、これも空気の３０００倍の重さで、ユックリと空気を加速するからジレッタイのだ、とオレより先に考えついた人がいる。排気ガスでイキナリ空気を加速すればラグはゼロになるはずだと。スイスのブラウンボベリー社（ＢＢＣ）では**図14**のコンプレックスを発明した。これはレンコンを輪切りにしたような穴（セル）のあいたローターをクランク軸からＶベルトで回す。回すのは圧力を高めるのではなくて、単にタイミングするだけなのだ。コンプレックスとは劣等感のComplex ではなく Comprex である。学問的には圧力波過給度（ＰＷS：Pressure Wave Supercharger）というのも**図15**により原理が分かればナットクできる。図の右側はエンジンの排気マニホールドに連なり、排気ガスは高速回転しているセル内に音速より少し遅い速度で流入する。セルの回転とともに左側にどんどん進むわけだが、排気の先端には空気があり、その境目には圧力波が発生するのだ。この圧力波は、いうまでもなく音速で飛び、排気ガスが空気出口に近づくころには圧力波はもう空気出口に飛び込み、ブーストを高めてしまうという天才的なシカケである。圧力波が再びセルの方向に戻ろうとしても、もうダメヨ、とばかりにセルは回転し、口を閉ざしてしまうのである。

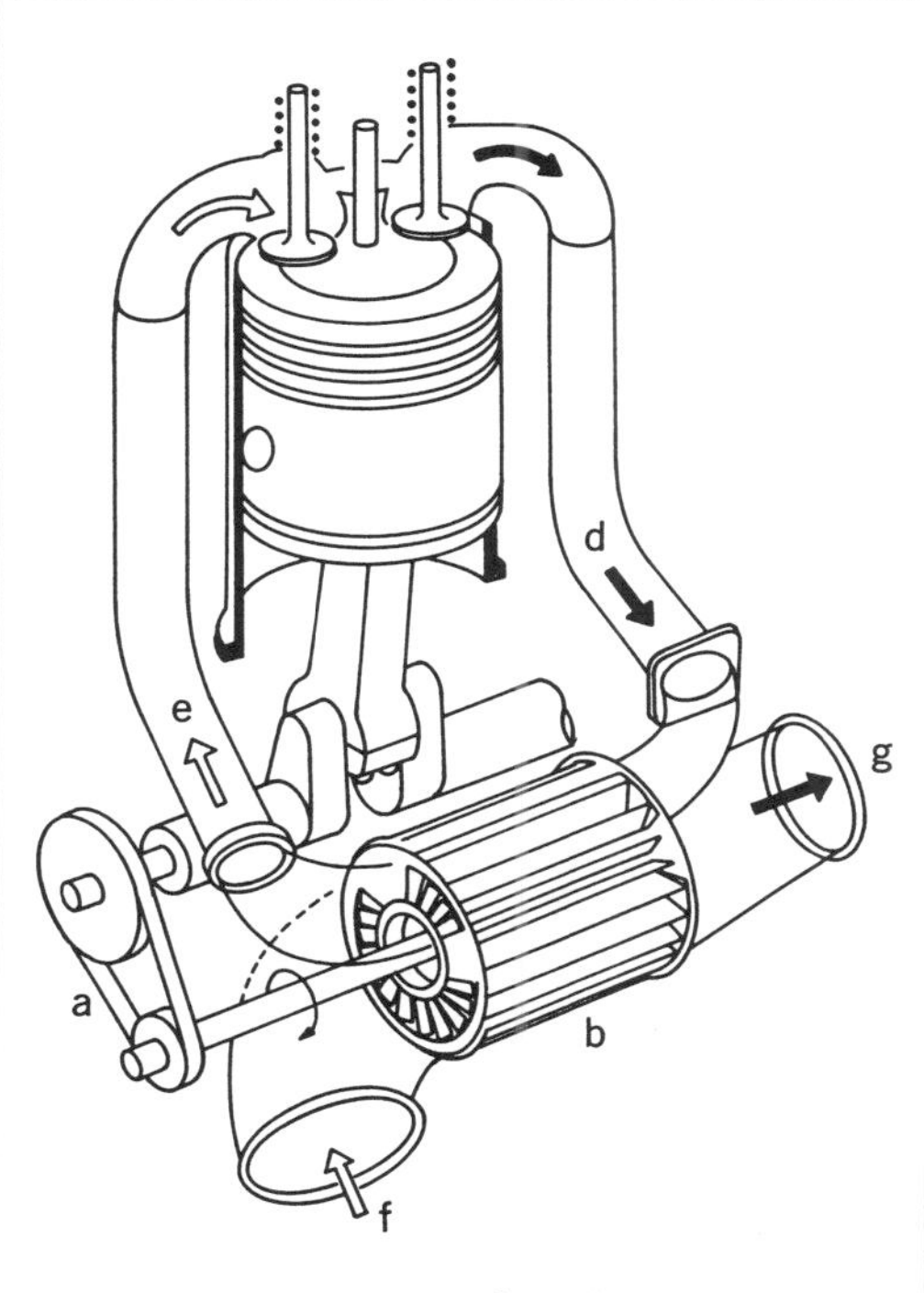

図14　コンプレックス

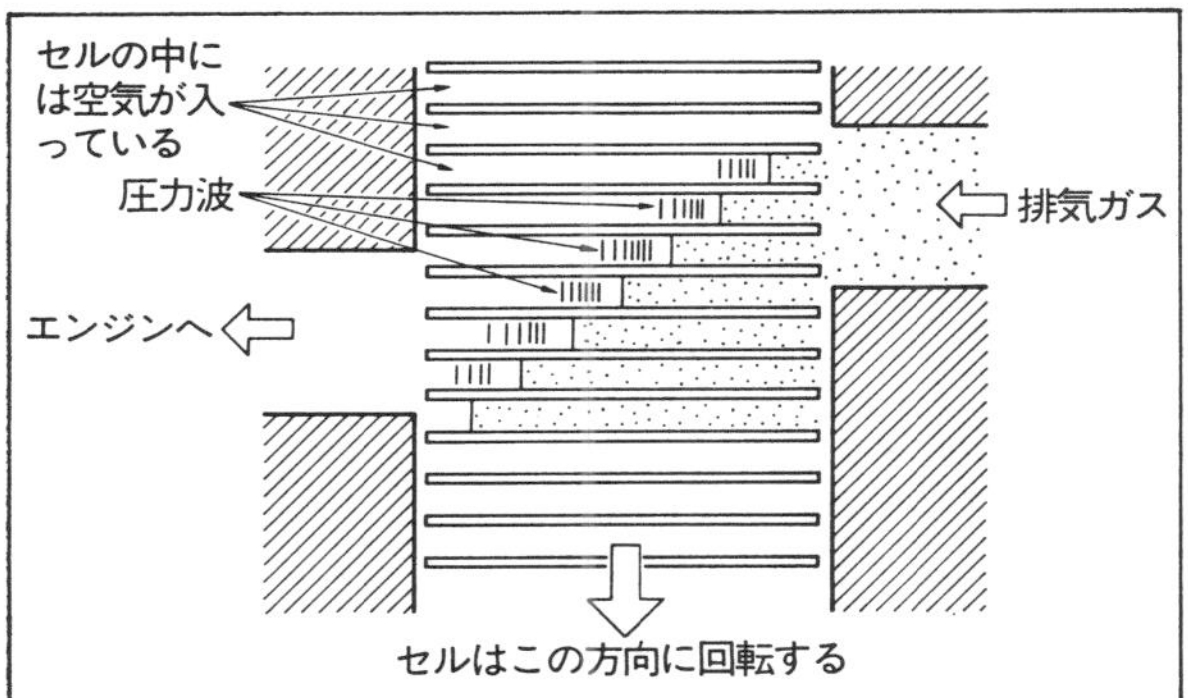

図15　コンプレックスの原理

この天才的なシカケ、今世紀エンジンにおける最高の発明をトヨタの松本さんが図2の中で認めていないことは、トヨタがコンプレックスの良さにいまだ気づかず、何の研究もしていない証拠である。他社はこの面からも打倒トヨタとキバをムキ出すべきである。

排気ガスと空気の間には何もないのだから、ラグの発生はあり得ず、コンプレックス・ラグという言葉もなく、コンプレックス・ラグによってコンプレックスを感じることはないのだ。

5年前にＣＩＭＡＣ（学会）でヘルシンキへ行ったとき、コンプレックス過給したディーゼル・エンジンを載せた、シュタイヤー・プフ・ハフリンガーなる舌を噛みそうな名前の4駆に乗せてもらった。なぜ4駆かといえば、2駆ではタイヤが滑って試乗者を驚かすことができないからである。不用意にアクセルを目一杯踏むと、ガックンという猛ダッシュにブッタマゲたオレはオシッコを少しだが漏らした。

デブの女が好きなヤツにはデブを近づけてスパイは機密を盗むのだぞうで、人間、だれしも欠点はある。コンプレックスも例外ではなく、使用回転範囲が狭いのだ。その理由は、高速になると、セルも高速回転し、圧力波が空気出口に到達する前に出口を閉じてしまうからである。だから高速だけを競うＦ１でフェラーリがこれを採用しても勝目はなかったのだ。ラリーならば、とも考えられるが、今のところ高速の伸びないディーゼル・エンジンの、オペル・セネターに装着され、受注生産しているに過ぎない。

だから、コンプレックスは、などとすぐに〃できない話〃をしたり、「コンプレックス過給による性能限界」という表題の論文を書きたがるのが、ニッポンの思考の回路が閉じているイワユル秀才で、オレならばコンプレックスのコンプレックスを取り除こうと考えるのだ（とイバル奴はサイテイ）。

コンプレックスは800rpmから4000rpmまでベスト・チューニングできるが、4000から6000rpmまでの間も強烈にパワーアップさせたいガソリン・エンジンにはムリ、これが現実である。この現実を発明によって覆えすのが、オレの存在価値で、説明しなければと思ったが、すでに紙面が不足である。

ニッサンにインタビューに行った楽しみのひとつは、40ページで紹介した、VWのスパイラル・コンプレッサーを国産化して出すのか、どうか、を打診することであった。エンジン設計部長の佐々木健チャンの口ゴモリ方は予想どおり明るく、「アノーソレハデスネ」といくら煙幕を張っても、オレの耳にはスーパーチャージャー・プロジェクトは進行中である、と聞こえた。いずれは本格的スーパーチャージャー付エンジン、あるいはそれを超えた低速をスパイラル・コンプレッサーで、中速以上をターボで過給するハイブリッド・エンジンがニッサンから出てくるにちがいない、と思いながらオレはワクワクしているのだ。

ルーツ・ブロワーはトヨタ、スパイラル・コンプレッサーはニッサン。ではリショルム・コンプレッサーをどこが？　を予想するのも楽しみである。

いすゞは30年前にリショルムの試験、研究を終え、技術はあるが、いつもブービー狙いで、他社が市場に出して成功しないかぎり着手しないので、期待できない。

ホンダは特許出願から見ると、15年前は大変に熱心であった。が特許の図面からみると、ヨーチな設計で成功したとは思えない。とカラカウと直ぐにムキになる会社なので一番期待しうる。

マツダはロータリー・エンジンの開発に苦労しすぎた。もう新技術の開発はコリゴリで、何もしないことにしたが、それにもあきたので、ガンバッテいるかも。ロータリー・エンジンもリショルムもサイクロイドやトロコイド曲線の組み合わせなので、マツダには底力があるのだ。

MMCは手持ちの発明と技術の集大成、ダッシュ・エンジンを2年前に世に問うたが、3弁のせいか、だれも見向きもしなかったので、全くヤル気を失った。

「毒舌」を一度もしたことのない富士重から新技術が出てくるとは思えない。CVTのベルト切れが解決するとも思えず、これの対策に夢中なので、新技術どころか旧技術の集大成、フラット6エンジンを作った。

●終わりに一言

オレは遊び人である。昼間苦労して働いて、夜だけ遊ぶのでは満足しなくなった。そこで方向転換して、夜も昼も楽しむことにしたのだ。例えば、この「毒舌」を書くにしても、読者より先にテメエの文章のバカバカしさに、ときおりクスクス笑いながら、楽しんで書いているのだ。

オレの哲学はソープ嬢と同じで、ゼニを稼ぎながらもエンジョイしてしまうことで、この哲学からすれば、スキーに行く場合、スキー場までのドライブも楽しまなければいけない。と思っているところに、ニッサン・フェアレディZセラミック・ターボ、おマケにガソリン代は向こう持ちなので、これをパーフェクト・ゲームといわずして……というワクワクした気持にしてくれた。

八方尾根までの道路は乾いていて、チェーン装着の苦痛から逃がれられたのもうれしかったし、レスポンスの良いエンジンも楽しみを増してくれた。しかも1156km走って、燃費は9・3km/ℓ。セラミックのせいではないかもしれないが、この値は立派である。だが、今考え直してみると、どうもヘンだ。あの暗闇の牛のごとくにスローモーなレスポンスのスカイラインと同じエンジンなのに、セラミックのタービンホイールだけで、フェアレディZのレスポンスがこんなに改善し得るはずがない、とMFの鈴木社長もいうのだ。

考えられるのは、ターボのチューニングをいくらか低速側にシフトしたのではないか？　そうであるとすれば、スカイラインのメタル・ターボのレスポンスも改善されたのでは？　ということだが……。

次のスキーにはスカイライン・ターボでいってみたいと思っている。

ニッサンVG30DE TWIN CAM 24VALVEエンジン

予言した通りのいいエンジンだがまだまだ極め足りない

トヨタがLASREと命名すると、その後からPLASMAエンジンを発表したニッサンはヒンシュクを買うことになった。

そして、トヨタがツインカム・エンジンを作ると、3年後にニッサンはV6ツインカムを作った。

3年前にオレがV6をDOHCにすれば、QOHCだと教えてあるのに、Automotive Engineering の Jack Yamaguchi記者は Quad Cam という Twin Cam よりE名前を付けてくれたのに、トヨタのケツを追うとは何事ゾ。

2と4の区別のつかないニッサンのエンジニアは、オレ達を感動させる新技術を、このV6QOHCに投入したか？

●ラーメン・ライスとV6QOHCの関係は!?

〝究極のザーメン〟かと思ったら、〝究極のラーメン〟というものがあるんだそうだ。ラーメンとはシナそばを丼に入れて、つゆとネギと肉だけの食い物というべきか、限りなくエサに近いものだと信じている。オレの犬はラーメンの肉を与えてもマタグだけなのだ。この肉をヒレやサーロインに置き換えてみたところで、日本の労働者以外はみむきもしないと思う。

ラーメンしか食えない労働者だから、せめて、名前だけでも〝究極〟とはわびしい限りだ。このわびしさにさんさ時雨か萱野の雨を降りそそぐのが、ラーメン・ライスである。これでは馬が麦ワラをオカズにしてワラを食っているようなもので、澱粉質だけを食っていれば、腹一杯でも必ず栄養失調になるのだ。

ドルを持ち過ぎた栄養失調人間、日本人はボクシング、サッカーでは韓国にあたかも初夜の花ヨメのごとくにやられ放題で、女子プロ・ゴルフは台湾人だけがテレビに映り、柔道もソウル・オリンピックでは韓国に負けるのでは、とオレは思っている。というのは、韓国にエンジン・コンサルタントとして行ったとき、現地の大衆食堂へつれていってもらったが、そこでオレがビックリしたのは、麦飯のほかに6品もオカズがついていたからである。

ラーメン・ライスを食いながらの万日残業。これがヒデエことにニッサンでは15時間、トヨタで60時間、これ以上いくら残業しても、パチンコの打ち止めと同じで、それ以上の残業料は支払われないのだ。それでも休日出勤、そして代休願を出して、労働基準監督所の目つぶしをしておいて、犬のごとき忠誠心の証として休暇出勤までもあえてする。のは一生懸命に設計するのではなくて、TQC的に何も欠点のない世界一のエンジンを設計する、とか、設計しました、とかのウソのレポート作りにいそしむのだ。

ラーメン・ライスと残業だけで十二分にインポになる。加えてウソをつくと、オドオドとうつむき加減になり、インポは更にレスポンスよく加速する。ラーメンではないシナ料理を食うシナ人の新婚さんは、平均して週に11回イタスが、日本人の場合タッタの3回、オレの場合6回。

3回をせめて6回にできない最大の障害は百姓で、戦時中、ヤミ米でタラフクもうけたところで、敗戦。そしてただ同様で買った土地が今では坪50万円。この土地を買って、家を建てたサラリーマンが月10万円ずつ返済しても8万円は金利で、元金は4000万円のうちのタッた2万円しか減らないシカけの中に住んでいるから、ラーメン・ライスしか食えない。ここで怒りだすのはインポの初期に現れる瞬間湯沸症で、ラーメンやライスの原料の麦や米の値段も肉の値段も国際相場の3倍とか5倍もするのだ。

「これは政治が悪いのだッ」と叫べば正解で、政治家は票を集めるにはゼニが必要で、ゼニを作るには撚糸公団から糸屋に行くゼニをチョロマカしたり、食肉公団で5倍に売った肉代を見のがすこともなかろうと思う。仙台でスパイク・タイヤの粉塵公害がどんなにひどくとも、仙台市民やＮＨＫがいくらワメイてみたところで、環境庁、建設省、運輸省や代議士のセンセイ方が動かないのは、道路を作りかえる土建業者からの見返りの方に目が移るからであろう。

外国ではスタッドレス・タイヤなのだ。スパイク・タイヤを使わせろ、といえば、道路補修費として税金をとる、というから、しかたなしにスノー・アンド・アイス・タイヤで上品にドライブするのに。

政治や宗教に無関係でいられるのは幸せだ、と思いこんではいるが、実はテメエを不幸せにしているわけで、地域エゴ丸出しで投票する新潟には関心のある人が住んでいるのだと思うが、ハマコウ先生がでてくる千葉県には先生同様にユカイな人が住んでいる。といって間違いないのは、オレも千葉県人だからだ。

結論として、政治はオレたちの力で変えられるが、会社はダメだ。コドモたちがどんなに先鋭的なエンジンを設計しようと思っても、オヤジ(社長)が他社で実績のない、ましてやトヨタすらもやっていないことはやめろ、といわなくても、いち早く感度の良いゴマスリ・レーダーで感知して、保守的なエンジンを設計させるのが設計部長の腕のみせどころか。

日本人の会社ではすべての権限は社長にあって、あらゆる責任は部下が負うことになっているから、思い切りの良い設計はできるはずもなく、この体制を変えるに投票などという方法もなく、いわば、共産党の民主独裁で、いうことはできる、が、いえば、シベリアか窓際に追いやられてしまうのだ。

ニッサンの場合〝技術のニッサン〟であったころはトヨタとツバぜりあいをしていたが、どうしてもトヨタを追い越せないのはコスト差だと思った。そこにつけこんだのが日科技連で、ＴＱＣさえやれば、コスト・ダウンする。それにはデミング賞をとれ、とオダテたのだ。

デミングというアメリカ人を知っているアメリカ人は少ないのだが、なぜか、日科技連で作ったクンショウ、デミング賞をもらったニッサンは喜んだ。ＴＱＣによってデミング賞をもらうということは、設計の現場まで品質管理という締めつけをやったからで、ファッション・デザイナーでもエンジン・デザイナーでも管理されることを徹底的に嫌う人類で、管理されたデザイナーは死んでしまうのだ。

死人がデザインしたクルマに乗って楽しい人はいないから、買わない、売れないというＱＣサイクルから降りなければ、と考えたのが久米新社長だと思う。〝毒舌賞〟を求めて死人に鞭打ち、フワリフワリと現れ出たるニッサンＶＧ30ＤＥ ＴＷＩＮ ＣＡＭエンジンの技術的評価をするのが、オレのホビーである。

●チェールおじさんの共振過給ではないか

3年前の「毒舌その2」がニッサンＶ6エンジンで、「毒舌その1」は全国のデザイナーのコドモたちよ目を覚ませ、という激励文だから、これがオレの筆おろし評論だったのだ。今、懐しく読み返してみると、ニッサンＶ6エンジンは出色の作品であった。ただ、今にして残念なのはなぜあの時点でＱＯＨＣにしなかったのか。Ｖ6ＱＯＨＣ24バルブのレパードであったら、Ｌ6ＤＯＨＣ24バルブのソアラにあんなにもミジメな負け方をしなかったのに。

シェアを下げ続けたレパードのシェアを固定するために市場に投入されたのが、新Ｖ6ＴＷＩＮ ＣＡＭである。断っておくが、起死回生のホームランをニッサンはねらってはいない。あくまでシングルヒットねらいなのだ。というわけは、ネーミングが4本カムなのにＴＷＩＮ ＣＡ

Mなのだ。４を意味する英語はＱＵＡＤ。だからオレはＱＯＨＣと差をつけろ、といったのに、ＴＷＩＮ ＣＡＭのほうが分かりやすいというのだ。バーロー。

トヨタが最初にＴＷＩＮ ＣＡＭといったときは、新鮮なスバラシイものとして受け入れられたのだ。しかし、今ではＴＷＩＮ ＣＡＭはダレでも買える平凡なエンジンを意味し、それをマネするニッサンは負け犬根生で、これではトヨタからシェアを奪い返すのはムリだ。

どうしても、オレやジャック山口さんのいうことを聴きたくないならば、４本カムはＴＷＩＮ＋ＴＷＩＮ ＣＡＭだから、「鋭く立上がり、しかも伸びの良いＴＷＩＮ ＴＷＩＮ ＣＡＭ」というキャッチ・フレーズにすればよかったのに、バーロー。

ライバル、トヨタ・ソアラには３ℓ、Ｌ６、ＴＷＩＮ ＣＡＭターボなのに、ニッサン・レパードでは３ℓ、Ｖ６、ＴＷＩＮ ＴＷＩＮ ＣＡＭとテキの２３０psに対し、１８５psでは見劣りがする。どうして、と聞けば、近い将来にターボも出します、などとノンキなことをいう。

乗った感じでは、確かに申し分のない加速感で、これ以上のパワーは必要ない、といえる。が、それはＴＱＣ的ヘリクツというもので、実用には軽で十分なのに、ミエが不必要なパワーを要求するのだ。クルマを持つ人の優越感を考えれば、ターボがあって悪いという理由は見当たらない。ましてや、パワーがあり過ぎで、ドライブが難しい、ということにでもなれば、Ａ級ライセンスをお持ちでない方には売りません、とやればだれでも欲しくなるし、ＴＷＩＮ ＴＷＩＮ ＣＡＭのシェアも伸びるリクツである。

トヨタのケツを追って２年後に同じものを発売するのが経営方針であるニッサンの、ＶＧ30ＤＥエンジンはダメかと思ったが、今では後がないほど追いつめられたせいか、よくガンバッタ、一応の評価のできるエンジンではある。０→30ｍの加速、すなわちレスポンスに集中的に技術を注入したことは、スカイラインのあまりにもミジメなレスポンスの反動とはいえ、リッパである。０→４００ｍといわずにあえて０→30ｍといったのは、スパット吹き上がって交差点グランプリで必ずトップに立てる性能は０→30ｍでしか評価できないからである。

０→30ｍの加速を鋭くするには、２０００ｒｐｍまでのトルクをふくらませる必要がある。それにはＴＷＩＮ ＴＷＩＮ ＣＡＭだけではムリである。ここで毒舌の愛読者なら、第一感あたりで、２段切換えの慣性過給で高速と低速のチューニングをするのだ。

２段変速機より３段、４、５、６段よりＣＶＴ（無段変速機）のほうがＥし、連続可変慣性過給が最高ときまっているのに、日本のエンジン・デザイナーはチノー指数が低いせいか、またはトヨタのマネをしたがるせいか、２段切換えが好きなのだ。

図１はＶＧ30ＤＥエンジンの断面図で、**図２**はそれの立体断面図

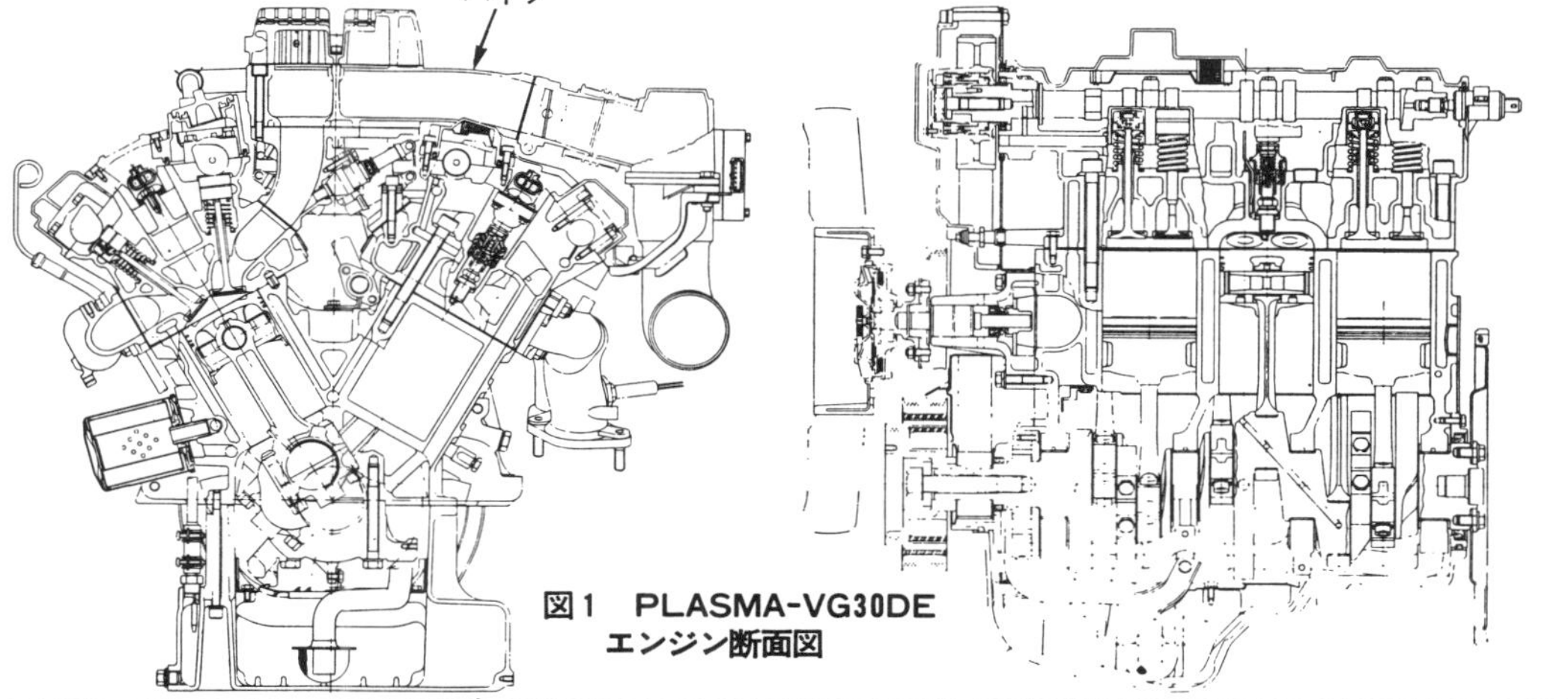

図１ PLASMA-VG30DE エンジン断面図

図2　PLASMA-VG30DE
エンジン透視図

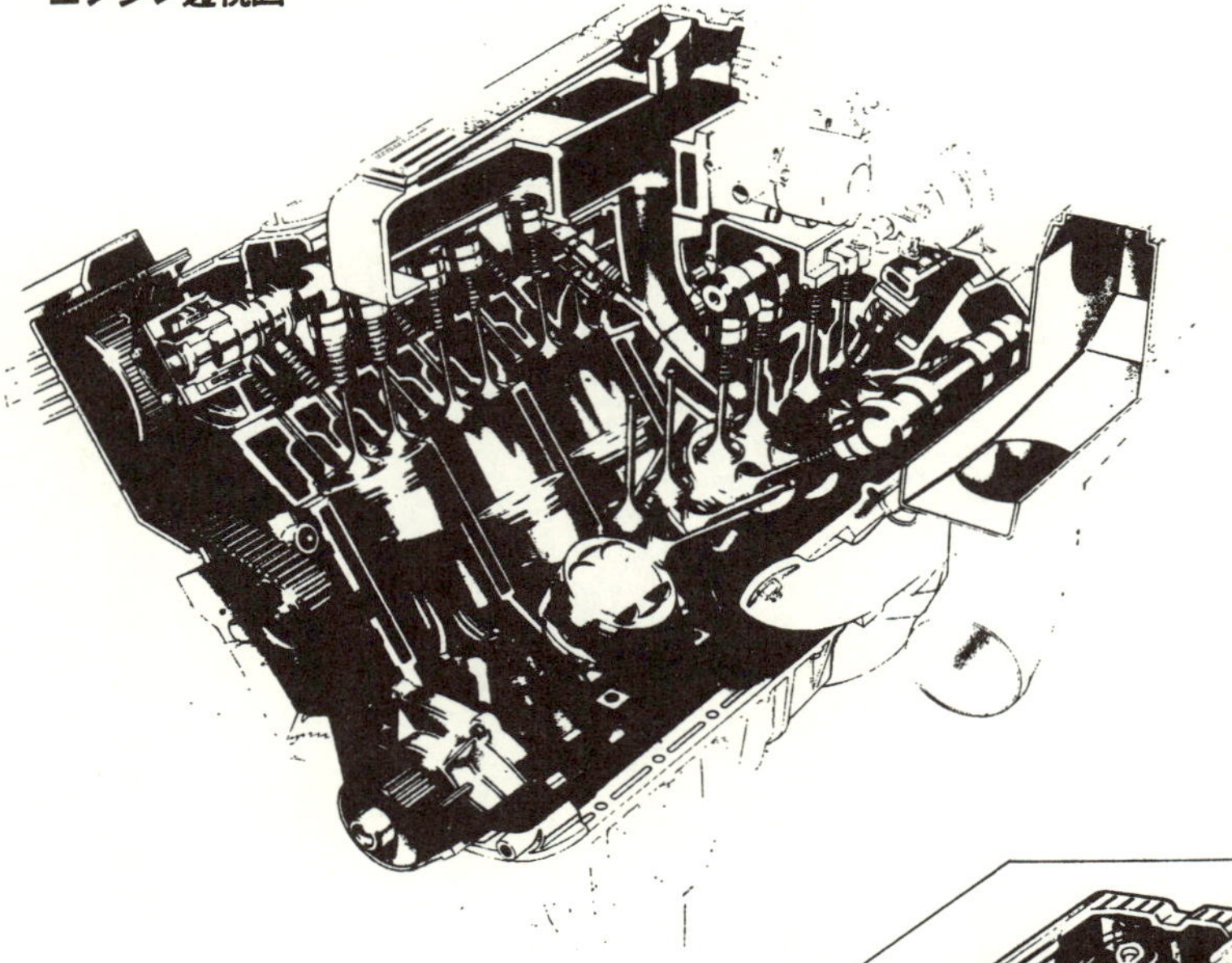

である。この中から吸気系統だけを示すのが**図3**で、NICS(Nissan Induction Control System)という名前だけは重おもしく、サルによく似たハナたれガキの名前がヒデマロと聞いたときのような、新鮮なオドロキを感じた。更にオドロイタことには、ヒデマロもどきのニッサンのコドモは、「これボクの発明です」と悪びれずにウソをいう。

短いパイプと両側のリザーバーによって共振過給させる方法は、ハンガリーの大学教授、チェールによって発明され、CCS(Combined Charging System)として世界的に有名であり、現在、MAN、ザウラー・ボルボ、シュタイヤー・ダイムラー・プフ、アウディおよびフォルクスワーゲンなどは技術提携してチューニング中なのだ。

ニッサンがNICSといってイバッテみても、これはCCSそのもので、発明していないニッサンではテメエではよく理解してないとみえて、読者を納得させるウマイ説明図はない。からやむを得ずオレが書いたのが**図4**である。

共振管の中の空気の流れは急には止まらないから、オモリと見なすこ

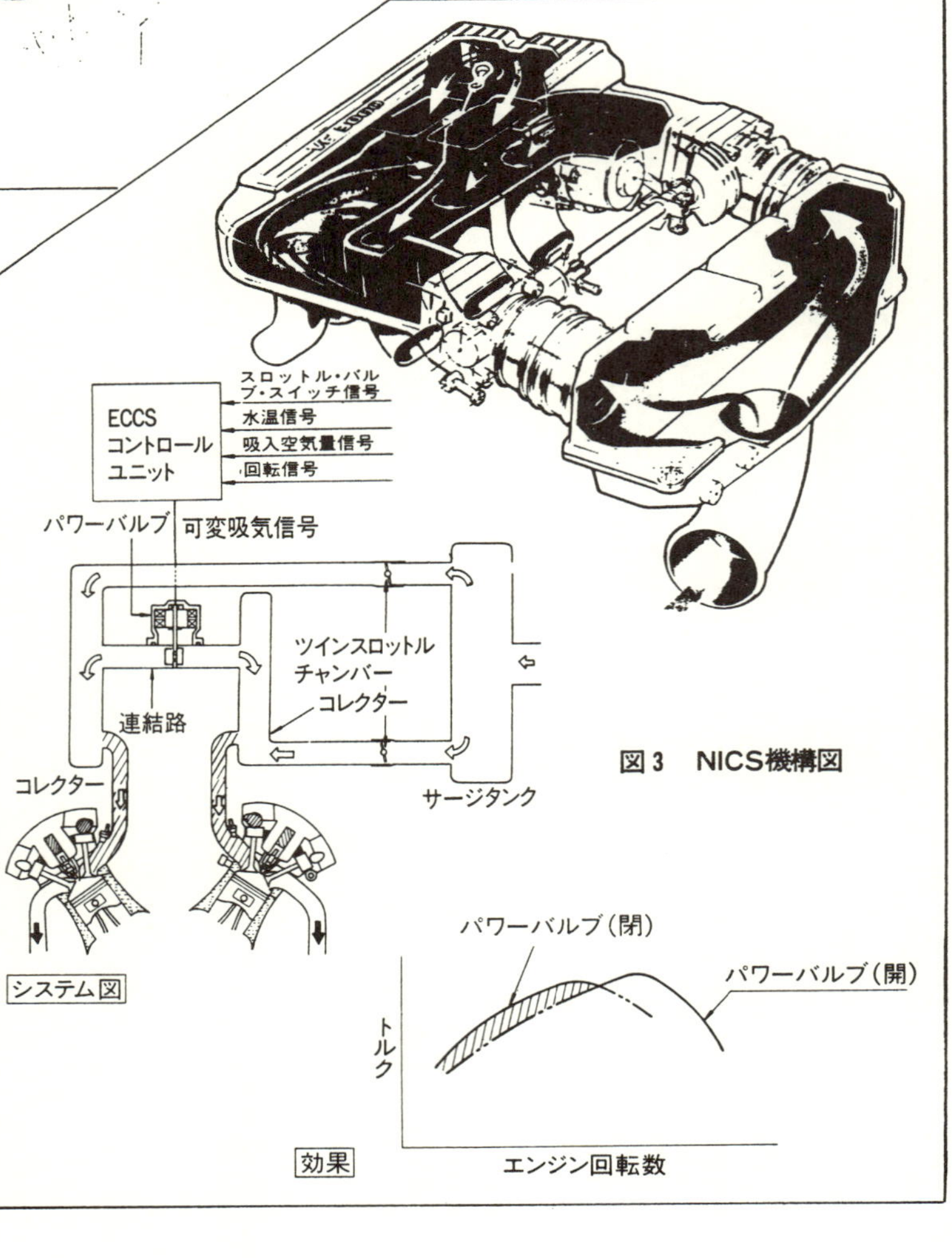

図3　NICS機構図

とができる。大容量のコレクターは共振管からの流れを柔らかく受け止めて、その圧力を高め、それから圧力を低下させながら共振管へ流れを弾き返す役割をするバネと見なすことができる。ピストンはコレクターの中の空気を吸入して圧力を下げたり、下死点でピストンが止まると圧力波がブランチ内を弾ね返って圧力を高めたりして、圧力の大波を作る加振機（図4では指）と見なすことができる。

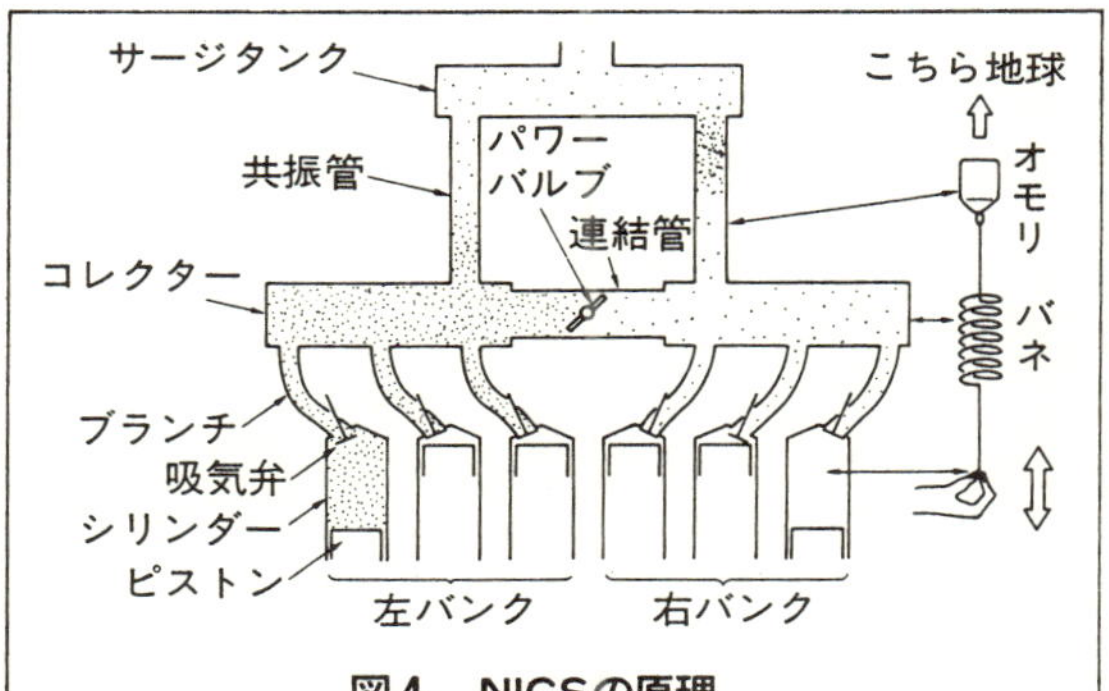

図4　NICSの原理

指を上下に動かすと、バネは伸び縮みし、オモリはバネによって上下動する。このとき指をオモリの上下動に合わせて動かせば、共振してオモリは大きく上下に動き、バネは大きく伸び縮みをする。ということは、コレクターの中に圧力の大波が発生することになる。

コレクターの中の圧力がワーッと高まり、シリンダー内の圧力も高まったところで、吸気弁を閉じれば、シリンダー内の空気量も増えてパワーも高まるシカけがCCSである。

CCSを低速にチューニングすると、高速では波の底、すなわち、コレクター内の圧力が低下したとき吸気弁を閉じることとなり、これではパワーにマイナス効果となる。そこで、5年前に我が国で最初にCCSのマネをした日野自動車は2つあるコレクターを連通させることにしたのだ。コレクターの中の波はシーソーのように波うっているので、連通すると、波は消えてしまいフツウの吸気系となるが、コレクターから吸気弁までのブランチの長さを高速用慣性過給にチューニングすれば、図3右下のようなフタコブ・ラクダ型トルクカーブができ上がるリクツである。図3左図は図4をニッサンのコドモが説明すると、何をいいたいのか分からなくなる、というのは理解することはできなくとも、他人の発明のマネはできるという一例である。

2段切換えの慣性過給よりも共振過給と慣性過給の組み合わせの方が低速トルクはでると思う。が、これだけでは交差点グランプリにソアラには勝てないと知ってか、もうヒトワザかけることになった。いわく、NVCS（Nissan Valvetiming Control System）である。

●可変といっても2段切換えのバルブ・タイミング

高速側にチューニングしたバルブ・タイミング、VG30DEエンジンの場合、吸気弁が閉じるのが図5に示すように下死点後63°では、一度吸気下死点にまで吸入した混合気はピストンが上昇し、圧縮行程に移っても依然として吸気弁は開いたままで、一度吸入した混合気は吸気弁から吸気管へ向かって逆流し続ける。下死点後63°になるとようやく吸気弁は閉じ、図の点1から実質的な圧縮行程が開始するのだ。が、この間に吸気弁から吐き出した混合気量はシリンダー容積の1/3にも達し、これでは

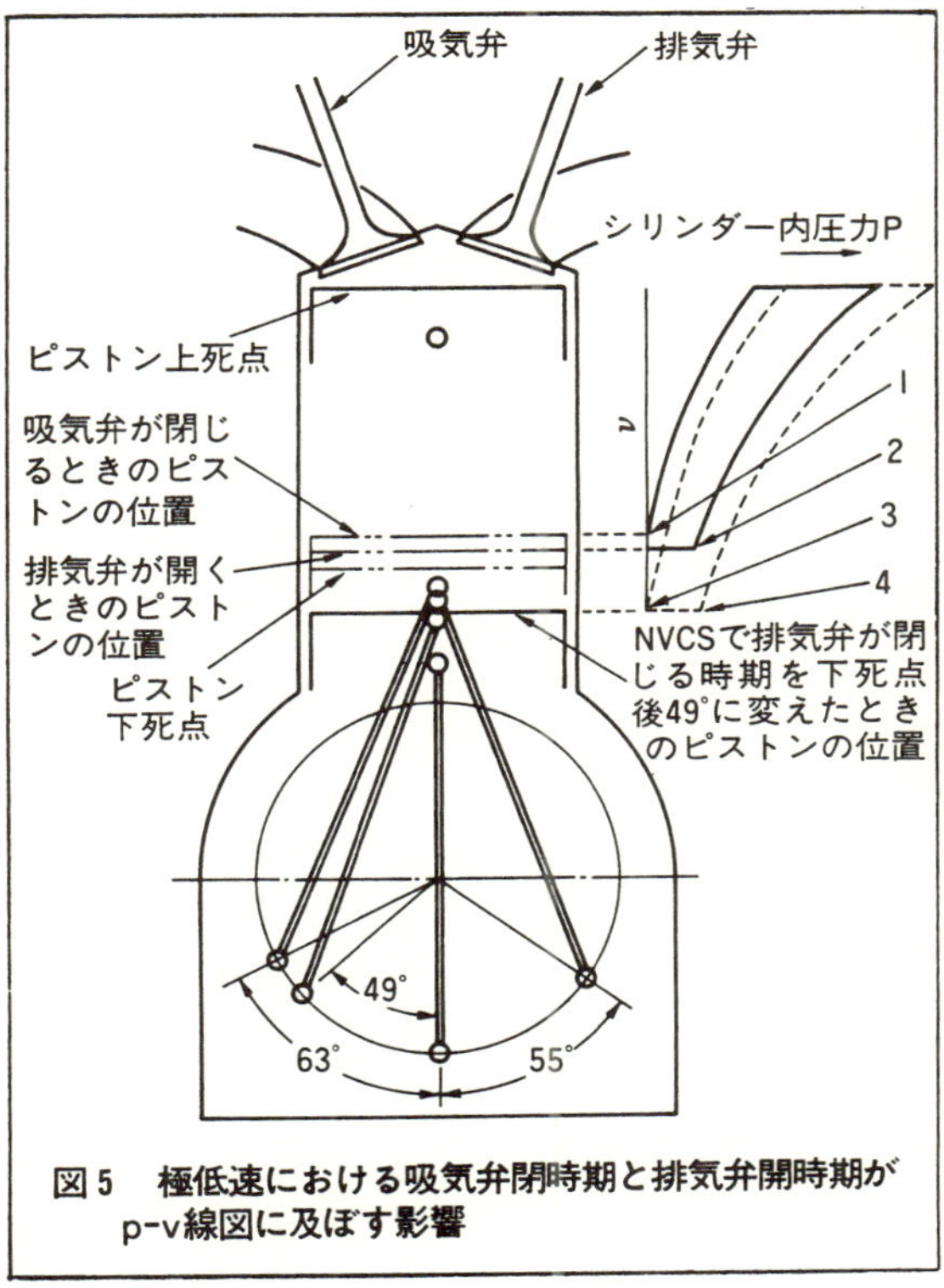

図5　極低速における吸気弁閉時期と排気弁開時期がp-v線図に及ぼす影響

3ℓエンジンといえども、混合気吸入量は2ℓとなり、2ℓエンジンの出力しか期待できない。

更に都合悪いことに、排気弁は下死点前55°、図の点2で開いてしまうため、下死点までの膨張によりパワーをピストンに伝えることができなくなり、1/3の膨脹行程をロスする。ということは、圧縮比が10とド高めに設定されたこのエンジンも、極低速では圧縮比6・6の熱効率しか期待できないのだ。

エンジンが極低速のときは下死点、図の点3で吸気弁を閉じ、膨張行程の終わり、すなわち排気行程の始めの下死点、図の点4で排気弁を開くようにすれば、点線のごときハイパワーと高い熱効率となるのだ。

エンジンが高速のときは、ブランチ内を高速で流れる混合気は、吸気下死点から圧縮行程の始めにかけて慣性によって押し込まれるので、下死点後63°で吸気弁を閉じると、3・5ℓ分もの混合気を吸入することができる3・5ℓ分のパワーを出し、排気ガスも早めに排気弁を開けないとフンヅマリになるので、下死点前55°に開いたほうがパワーも燃費も良くなるリクツだ。

MFの読者ならだれでも、エンジン速度に応じて吸気弁閉時期を下死点から下死点後63°までの間でコンピューターでコントロールすれば低速トルクはもう20%くらいは高まるのでは、と思いながら読むにきまっているが、ニッサンのプロと称するコドモは、「コントロールが大変だから」という理由だけで、これまたバカの一つ覚えの63°と49°の2段切換え一点張りなのだ。

〃一点張り〃とはバクチをするとき、半とか丁だけにしか張らない森の石松みたいな単細胞人間の張り方で、〃バカの一点張り〃の語源である。49°一点張りのNVCSを製図したコドモのチノー指数はどうも……。このコドモの書いた説明図は図6で、何をいってるんだか分からないので、オレが図5を書いた。

外国にはフツーのことをするエンジニアがいて、ドイツ・フォードのストユェック博士は一昨年のFISITA(自動車技術の国際会議)において、DOHCを使って吸気弁及び排気弁の両方のバルブ・タイミングを同時に換えた実験結果を発表した。図7がそれで、図を見ると、1500rpmのときは吸気弁閉時期及び排気弁開時期はそれぞれ下死点後36°及び下死点前36°すなわち、図7のバルブ・オーバーラップ80°における点Aで最高トルクを出すが、6000rpmのときはバルブ・オ

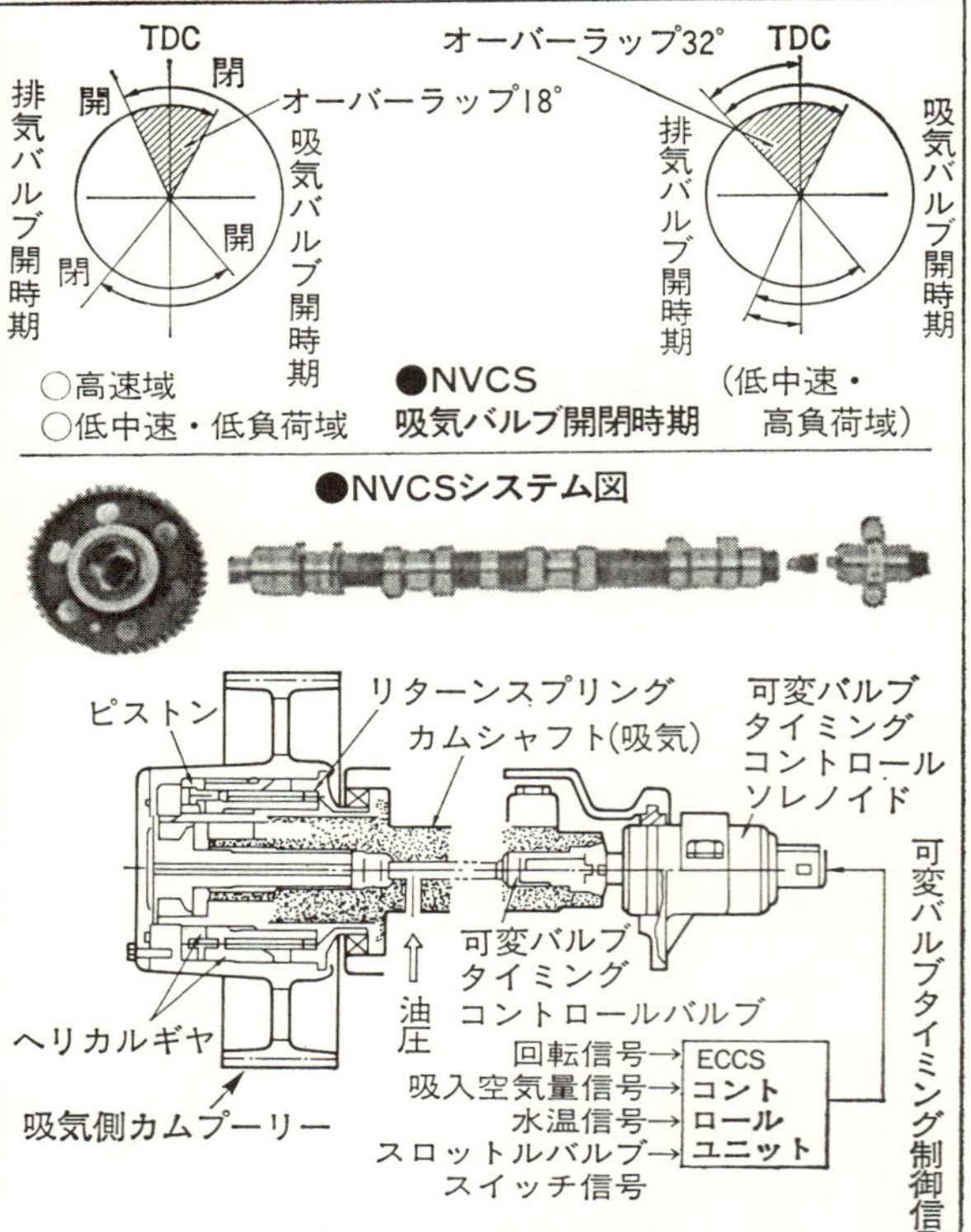

図6　NVCSの説明図

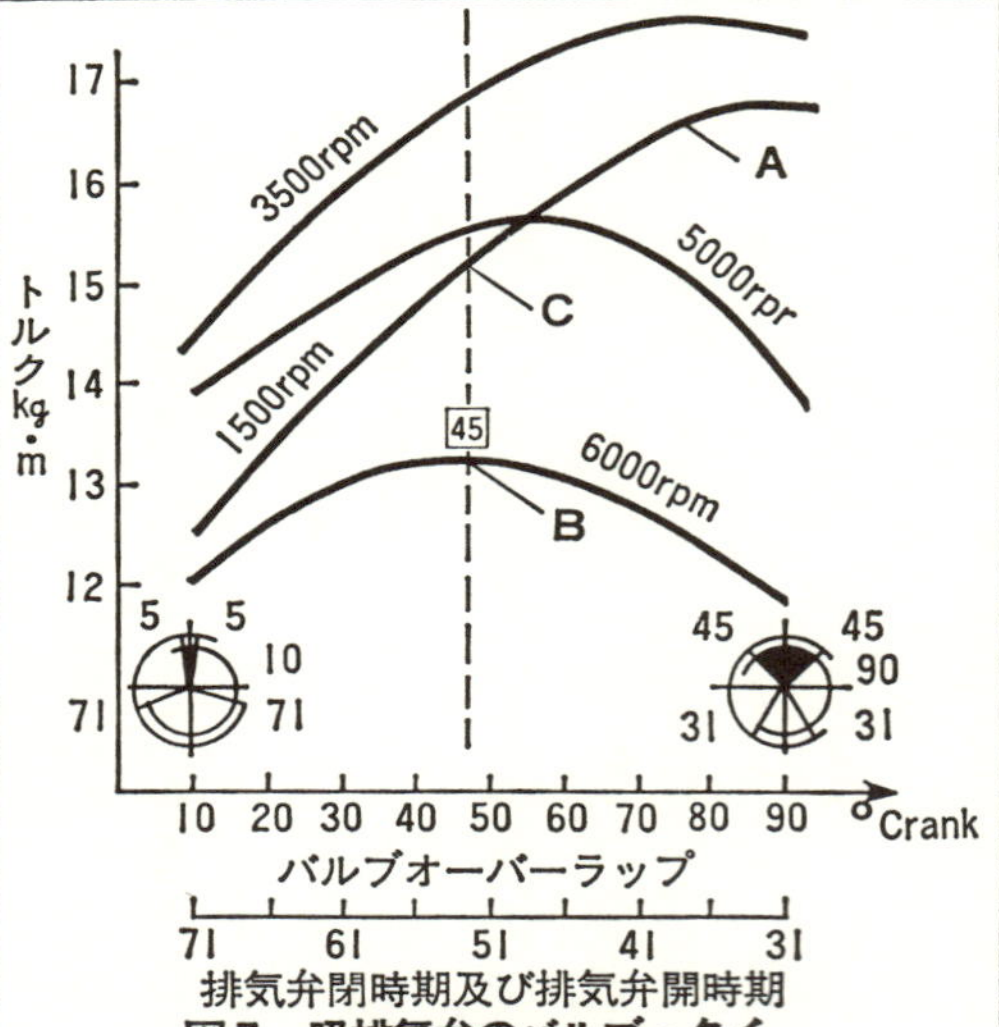

図7　吸排気弁のバルブ・タイミングを変えたときの性能

ーバーラップは45°、ということは、吸気弁閉時期も排気弁開時期も54°とすれば、図7の点Bに示すように最高トルクを出すのだ。

バルブ・タイミング固定のフツウのエンジンでは、エンジン最高速度のとき最大のパワーを引き出せるバルブ・タイミング、この場合、吸気弁閉時期及び排気弁開時期を54°に設定するから、このバルブ・タイミングのままでは1500rpmのときのトルクは図7の点C、15kgmであるが、最適タイミングの点A、36°とすることによってトルクは16・5kgmと10%もフクラむということを示している。**図8**はバルブ・タイミングを連続的に無段に変えるときの最適値を示している。バルブ・タイミングを6000rpmにチューニングして固定した場合は、点線のように低速では低下する。図8はエンジン負荷によってもバルブ・タイミングを変えた方が、燃費、NOx及びアイドリングの安定などの面から都合がよいということを示している。特にアイドリングではバルブ・オーバーラップがあると排気行程終わり、すなわち吸気行程の始めに、**図9**のようにスロットル・バルブで絞られて負圧になっている吸気管に排気ガスが逆流し、次の吸気行程のとき排気ガスだけを吸入することになり、エンストしてしまうのだ。

ニッサンの場合でも、図6上に示すように18°であったオーバーラップは、吸気弁閉時を63°から49°に早めることによって32°と極端に増大し、このままでは、アイドルや軽負荷の運転ではエンストするので、**図10**の斜線部に示すように低回転、高負荷のときだけNVCSは吸気弁閉時期を早める。こんな単純な作業をやらされるVGエンジンのコンピューターは泣いている。

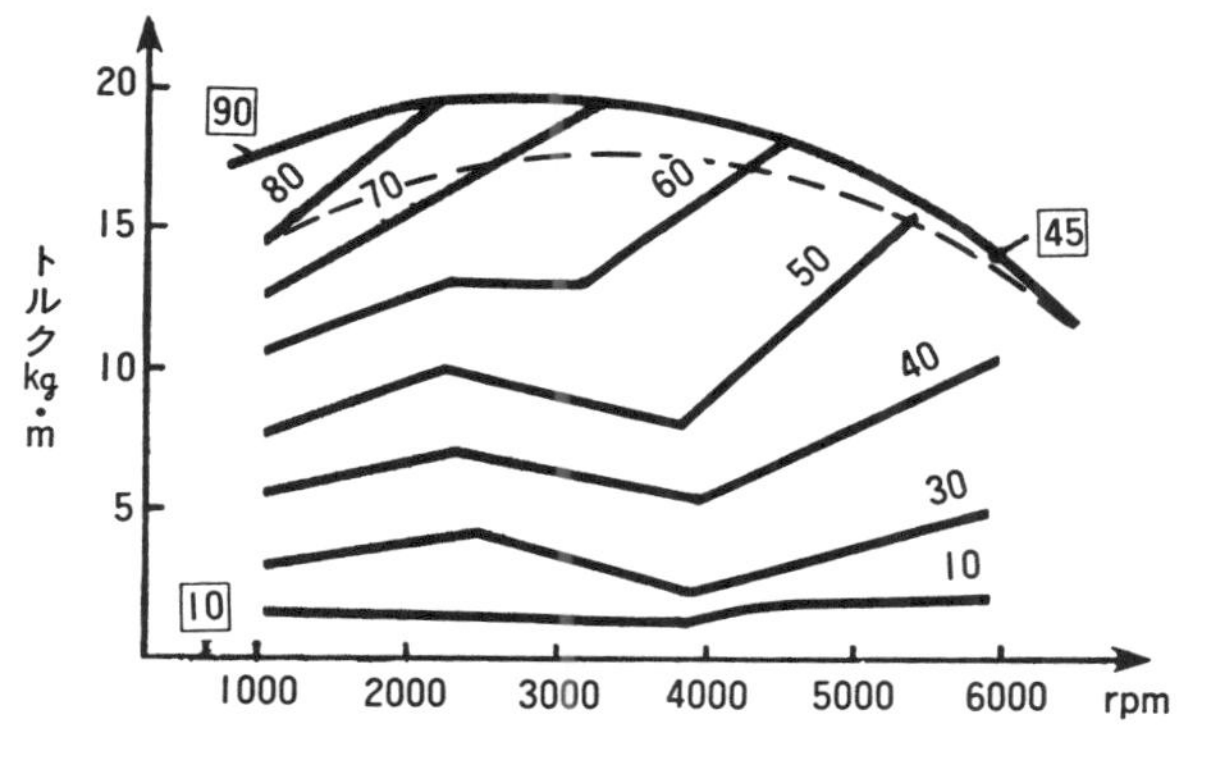

図8　エンジン負荷と最適バルブ・タイミング

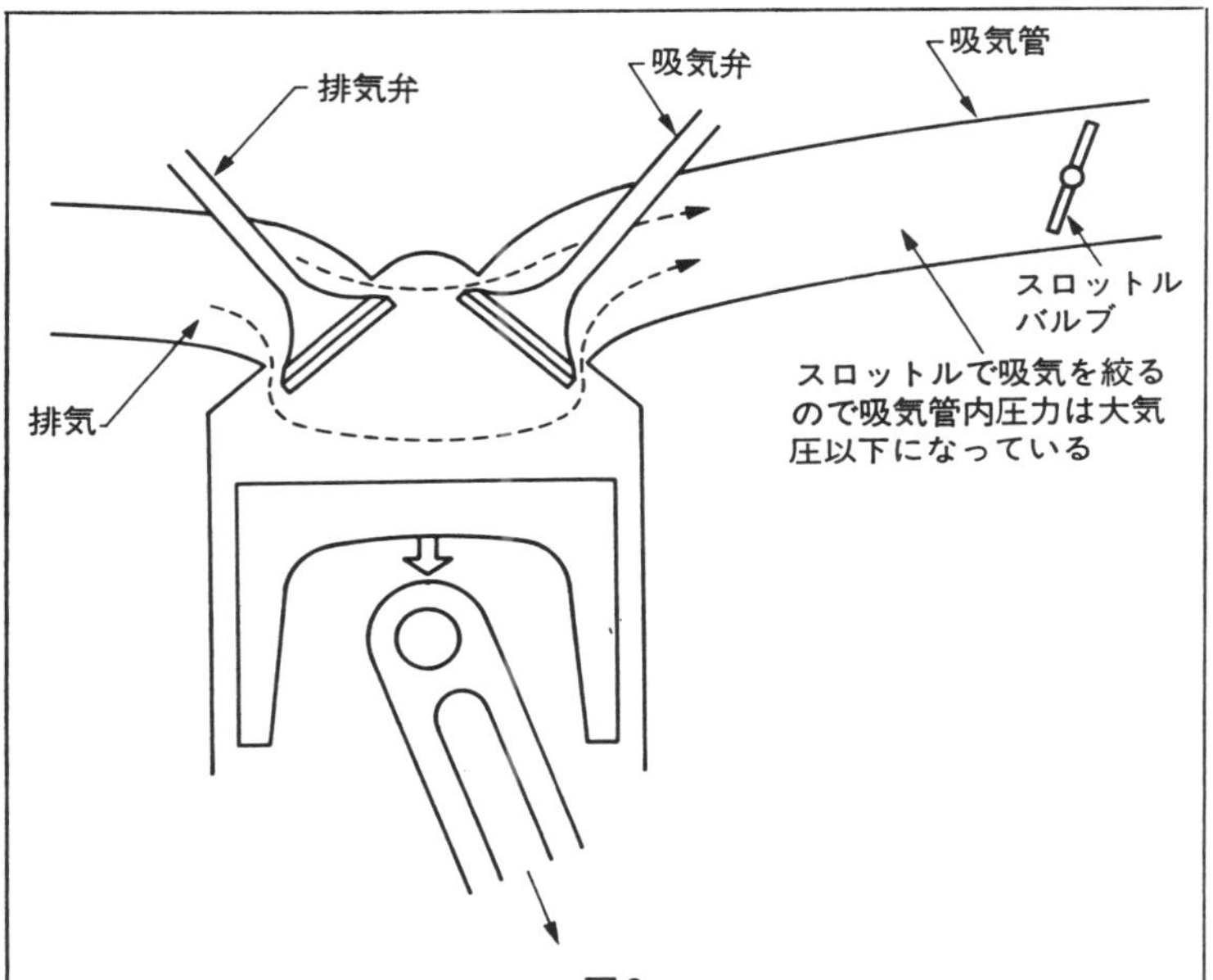

図9

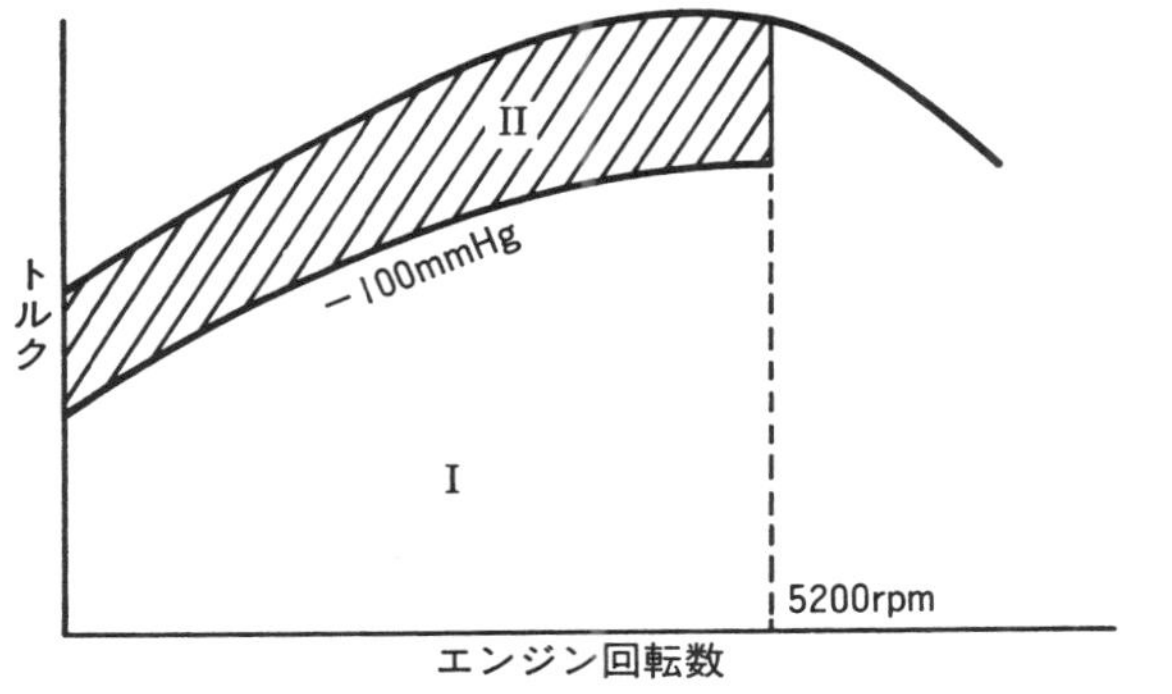

図10　NVCSの作動領域

●連続可変慣性過給システムがあるのに

可変バルブ・タイミングは、究極のエンジンを作る手段にはなり得ないと思う。その理由は低速で十分な性能を発揮する過給機や慣性過給装置があれば、吸気弁閉時期が遅くても吹き返しによって体積効率が低下することはないからである。フォードもまた、エスコート用の1・3ℓ・L4エンジンに図11に示すような可変長さの慣性過給用のマニホールドを研究中である。一見トロンボーン用の無段可変長さのマニホールドに見えるが、実は、スライディング・チューブは少し動かすだけで、2段切換えなのだ。

マツダは東京モーターショーにカタツムリみたいな連続可変長さの吸気マニホールドを発表した。が、これもまた究極的な慣性過給装置とはいえない。というのは、パイプの太さは一定だから、2000rpmのときの流速は4000rpmの半分になってしまう。流速の2乗に比例して慣性による圧力が発生するのだから、半分の流速では1/4の慣性過給しかできないリクツであって、これも究めたとはいえない。そこで吸気弁をシリンダー1当たり2個もつエンジンではそれぞれの吸気弁にブランチを配管し、低速では2本あるブランチの1本を閉じ、吸気管の面積を半分にすることによって流速を高めるのが近ごろの日本のエンジンの常道である。残念ながら、このシカケも2段切換えで面白くない。

次にニッサンRBエンジンが、または他社が新型エンジンを発表するとき、VG30DEエンジンと同じか、もっとチンケなシカケであったらヒットするはずがないので、次のシカケを用意する。といっても、もう外国で発明したシカケといってもフォードのようにチンケなものばかり

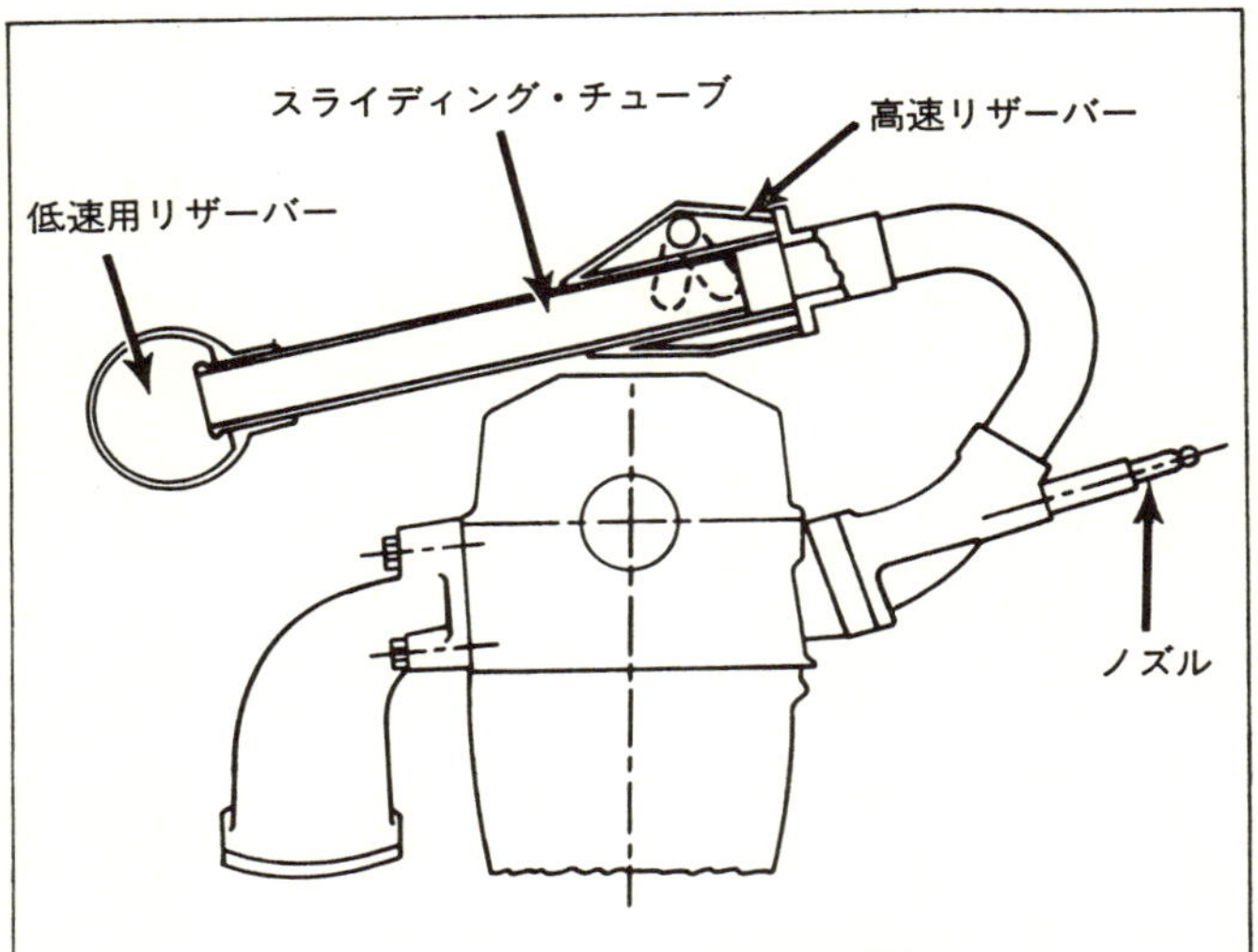

図11　フォードの可変長さ吸気管

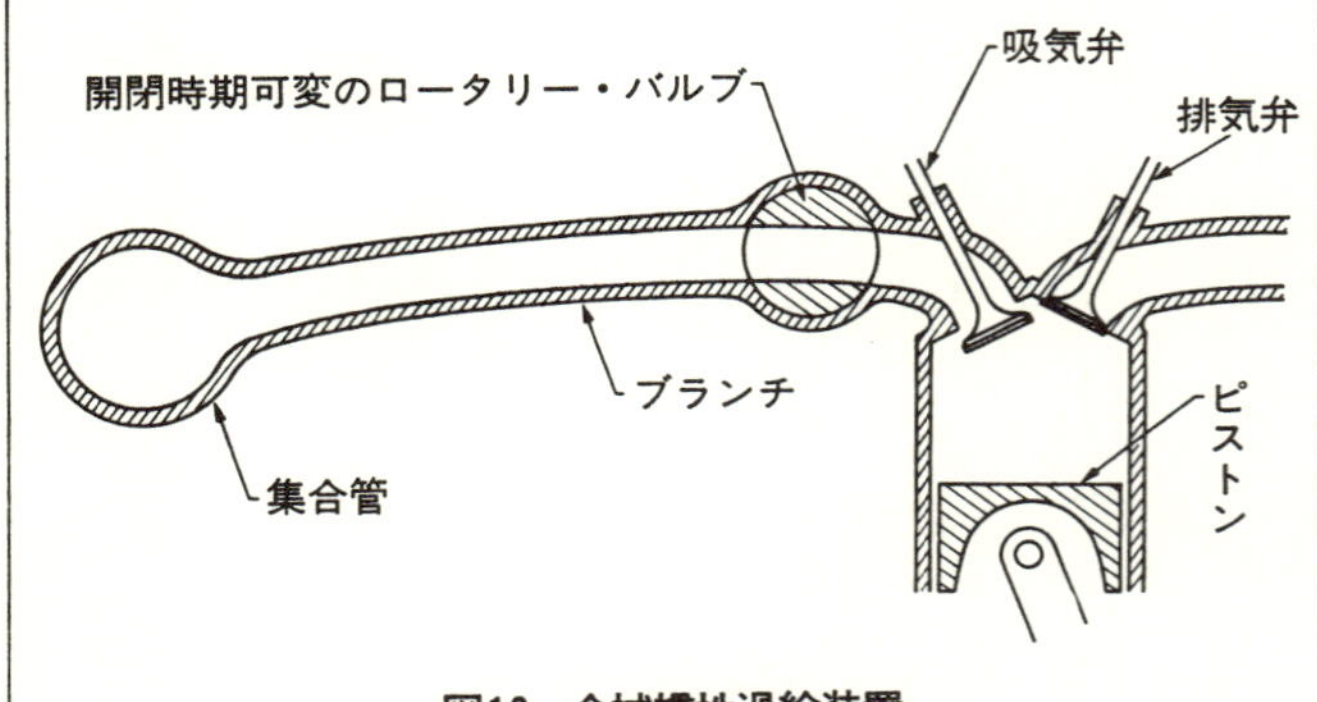

図12　全域慣性過給装置

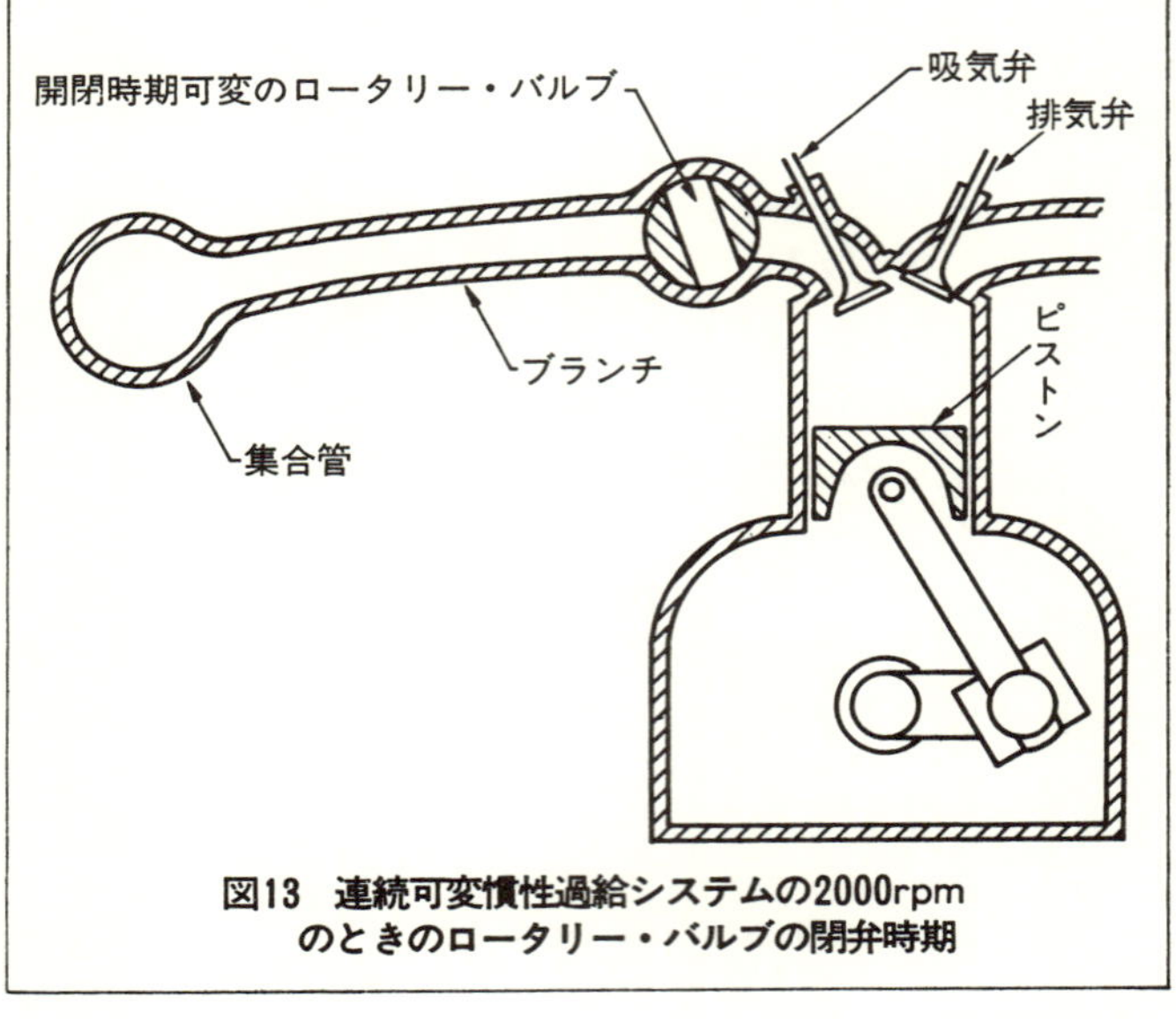

図13　連続可変慣性過給システムの2000rpm
のときのロータリー・バルブの閉弁時期

だから、ここらで日本でも発明をしなくては、と考えたのが、図12である。フツウのエンジンと同様に、吸気のブランチの直径や長さは４０００ｒｐｍにチューニングする。４０００ｒｐｍ以上の高速では、吸気弁が開くとき、ロータリーバルブも同時に開くようにしてあるので、ロータリーバルブなしのエンジンと同じ作動をし、同じ性能である。が、例えば２０００ｒｐｍのときは、図13に示すように、吸気行程の真中まではロータリーバルブをタイミング調整装置を作動させて閉じたままにしておく。ここでロータリーバルブは急速に開く、と残りの吸気行程の間に吸気をすることになる。

４０００ｒｐｍで回るエンジンの吸気は０・01秒で終わってしまうが、２０００ｒｐｍと回転が下がれば、当然に０・02と倍増するのだ。だから、吸気行程の半分をロータリーバルブで閉じていて、残りの０・01秒だけブランチを開けば、ブランチ内の流速は４０００ｒｐｍと同じになるし、またこのブランチは０・01秒で圧力波がシリンダー内に飛び込むようになっているので、２０００ｒｐｍのときでも４０００ｒｐｍのときと同じ条件で慣性過給できるリクツである。むろん、ロータリーバルブの開弁時期は連続的に可変だから、１０００ｒｐｍでも３０００ｒｐｍでも最適の慣性過給をするリクツだ。

リクツだけいくらワメイてもだれも信用してくれないので、半年後には実験結果もでて、自動車メーカーのコドモたちをカラカウのを楽しみにしている。と、いったところで、９００℃に達する排気ガスがよく抜けて吸気行程の始めにはシリンダー内の残留排気ガス圧力が低くなければ、混合気をたくさん吸入することはできず、パワーは期待できない。排気ガスを抜くにはタコ足マニホールドがＥことぐらいＶ６のＦ１エンジンを見れば分かることだが、吸気系統に頑張ったＶＧ30ＤＥエンジンも、なぜかイモ・エキ・マニで、どんなにカッコ悪いか、説明しようにも資料をくれないので、この件、文字でイモだイモだとワメクばかり。

●６個の圧電式ノック・センサーは

話し変わって、ニッサンＶＧ30ＤＥエンジンは、ＲＢエンジン同様に点火系統は世界で最もススンデいるのだ。ということはキカイ屋は頭が悪いが、デンキ屋はＥのだ。プラグの中心電極はプラチナであることは今や珍しくないにしても、プラグとコイルは一体的に直結しているのだ。ということは、６個のプラグには６個のコイルが必要で、ディストリビューターはいらないＤＬＩ方式で、コンピューター点火時期を計算して、コイルの１次側に電流を流すシカケである。ＤＬＩであれば、エネルギー・ロスの大きなハイテンション・ケーブルを使わないので、火花が強い。それにどんな高速になっても、コイルは２回転に１回だけ火花を飛ばす（フツウの点火装置では、６気筒ならば６回）のだから、ゆとりを持ってコイルにエネルギーを蓄えることができる。このシカケをニッサンではＮＤＩＳ（Nissan Direct Ignition System）というのだ。

コンピューターからそれぞれのコイルに配電するのであれば、ノッキングしたシリンダーだけ、点火時期を遅らせることも可能である。ノッキングは必ずしも全気筒同時に発生するのではなく、ミクスチャーがホンのわずか薄かったり、あるシリンダーだけがチョットだけ温度が高かったりすると、特定のシリンダーでノッキングが発生するのだ。この場合、旧式のノック・センサーではノッキングによってシリンダー・ブロックが２０００～４０００Hzの周波数で振動させられる現象を振動のピックアップという形でノッキングを感知していた。このシカケでは、どのシリンダーがノッキングしているかの判定をすることはできない。だから、全シリンダーの点火時期を遅らせることになる。

点火時期を遅らせる、ということは実質的な圧縮比と膨張比のダウンだから、パワーは落ち、燃費は悪くなるのだ。そこで、ノッキングしたシリンダーだけをタイミング・リタードすることができれば、旧式ノック・センサー付きのエンジンよりも、もっとパワーが、燃費をもっと良くすることができる。

それならば、旧式のノック・センサーを６個つけたら、と考えたくなるが、つけてみたところで、隣のシリンダーがノッキングすると、こちらも感じてしまうし、特定のシリンダーのノッキングを感知することはできない。何よりもマズイことに、４０００ｒｐｍ以上になると、エンジン自体がハチャメチャに振動し、当然に2〜4KHzの振動もするので、高速では加速度ピックアップ式の振動センサーでノッキングかエンジンの振動かの判定が不能の状態になってしまうのだ。

旧式のノック・センサーが行きづまると、異なった方式のノック・センサーが必要となり、必要は発明の母で、ニッサンは圧電式ノック・センサーを発明したのだ。否、ニッサンが発明したのではなく、ニッサンのエンジニアの中のタッタ1人が発明したのだ。100人が同じ研究に従事しようとも、100人の中で研究能力が最低であろうとも、ヒラメイタのはタッタの1人だけで、2人が同時にヒラメクということはないのだ。発明は個人の天才的なヒラメキによってしか創造されることはないのだが、ニッサンの場合、「気筒別燃焼制御システム（世界初）」とあるだけで、個人の名前は記入されていない。たとえ、外国人であっても、ニッサンの社員であったら、なおさら、ヒラメイタ人の名前を記入し、パチンコ代以上のゼニを与えるのが、〝技術のニッサン〟から〝創造のニッサン〟に飛躍する近道だと思うが、MMCの場合、あの世界的な発明、二次バランサーを発明した人の名前はだれも知らなかった。

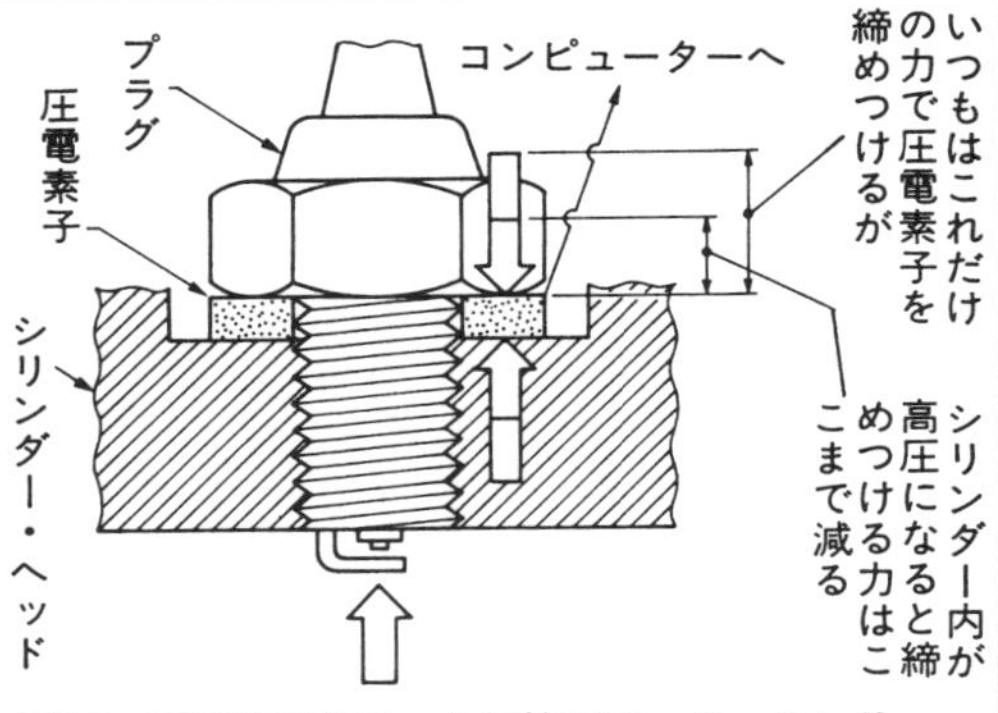

図14　圧電素子を使った気筒別ノック・センサー

閑話休題

気筒別燃焼制御システムはニッサンが発明したのではない。と思ったのは説明図があまりにもヨウチで、MFの読者に理解してもらうため、オレが**図14**を書かなければならなかったからだ。シロウトにはムリと、お高くしていたのでは、理解できないシロウト、すなわち、お客様に理解して頂かなくてはレパードを買ってもらうことはできないのだゾ。

圧電素子の材質は多分、ジルコン酸鉛だと思う。この機能的セラミックは電気を加えると変形し、力を加えて変形させると電気が発生する。例の電子ライター、電気加湿機などに使われているセラミックである。圧電素子をプラグとヘッドの間で、ギュッと締め付けておき、プラグの下端で矢印の方向に力を加えると、その力分だけ締め付け力が減るリクツである。圧電素子の締め付け力が減ると、幾らか伸びて起電力が変化するのだ。力の代わりに、プラグの下端の圧力が変化しても、当然に圧電素子の起電力は変化し、**図15**に示すように、燃焼室内の圧力変化を測定することができる。この線図をプロは燃焼研究に使うρ—θダイアグラムといい、この線が矢印のところでギザギザになったのは、ここでノ

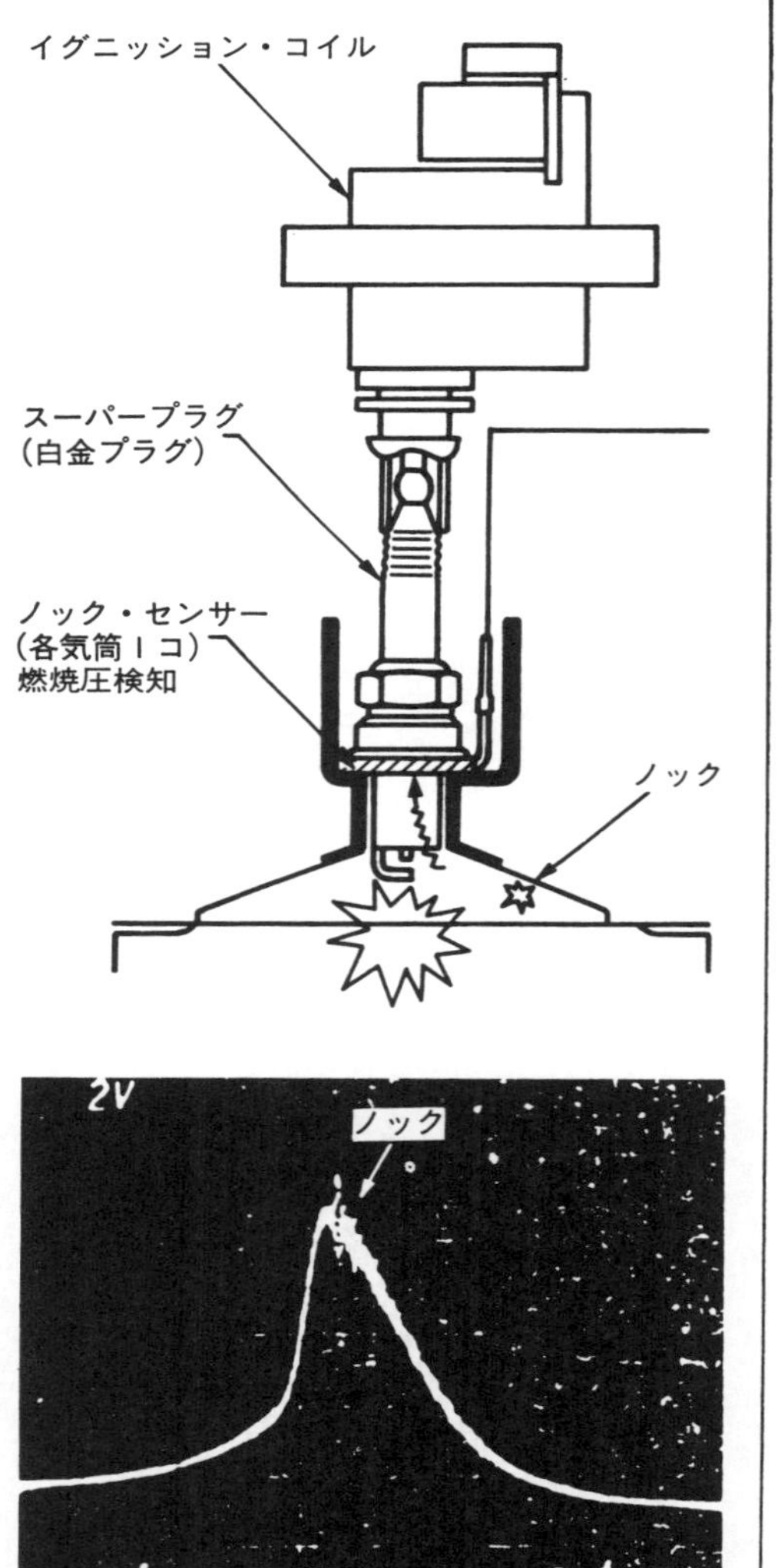

図15　圧電素子で測定したP-Qダイアグラムに現れたノッキング

ッキングしたことを表している。

6個のプラグに挟まれた圧電素子があれば、1シリンダーだけノッキングしても確実にそのシリンダーを指定し、その信号を伝えられたコンピューターはそのプラグだけの点火時期を遅らすことになる。実によいシカケだ。

セラミックスは、ターボのタービン・ホイールとかロッカーアームのパッドとかに構造材料として使うのは、コストの面から全面的に採用できない状態にあるが、排気ガス中の酸素の有無で電気信号を発するO_2センサーとか、外力の変化によって電気信号を発する圧電素子などは機能材料であり、他の材質に変えることができない上、O_2センサーにしても圧電素子でも小さな部品で機能を果たすことができる。だから機能材料としてのセラミックの用途がまず開発されて、実用化されるのだ。

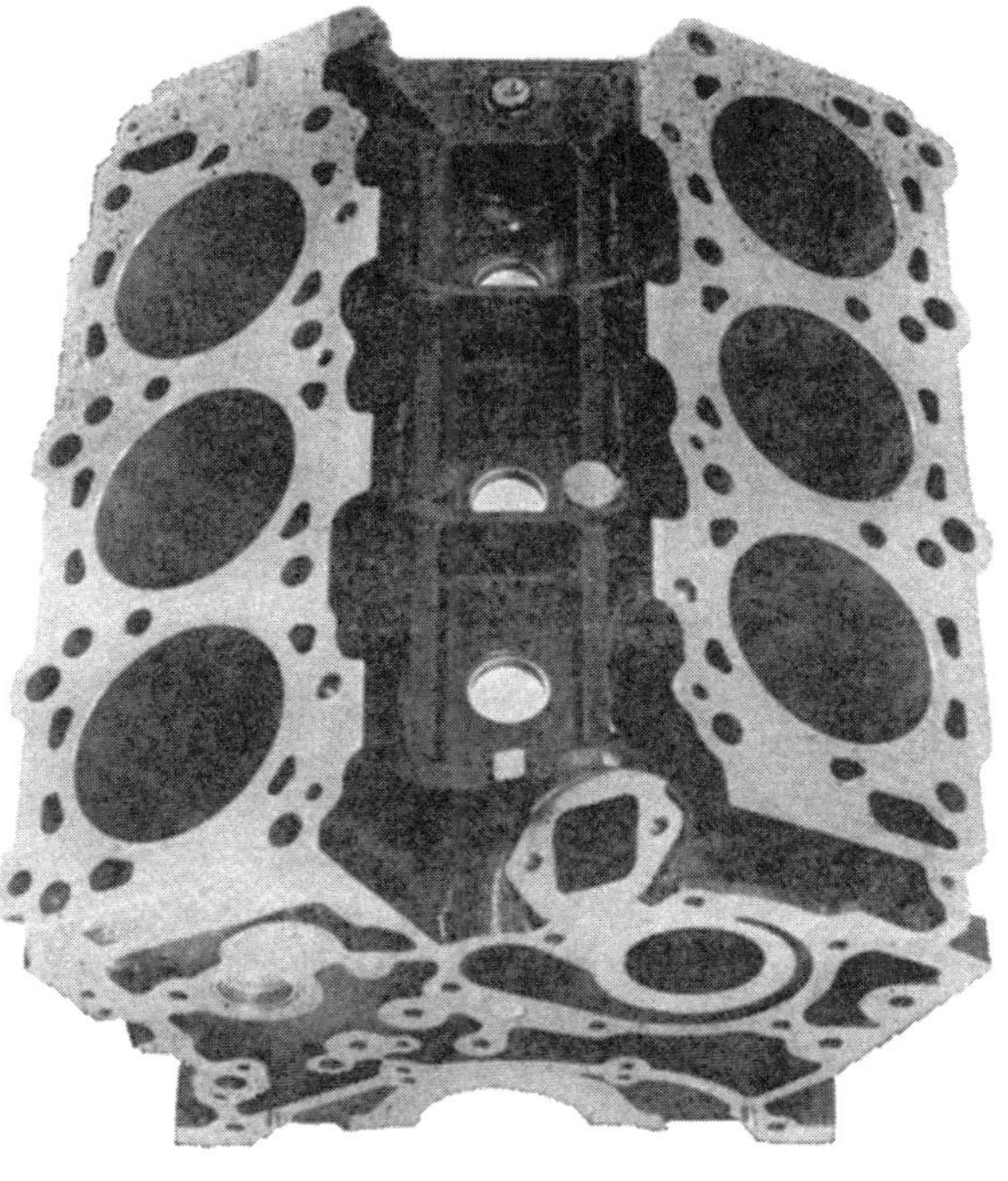
写真16　高剛性シリンダー・ブロック

●ヨウチな企画に優れた技術は日本人の属性か

V6エンジンはシリンダー・ブロックが写真16に示すように、どうしても間のびしてしまうが、必ずしも悪いことばかりではない。といえるのは、図1のようにシリンダー間には水の流れる隙間があり、全周によく水が回り、間のびしたシリンダー・ヘッドにも、ゆったりと水が回り、どのシリンダーもヘッドも均一によく冷えるのだ。ノッキング防止とは温度との闘いで、よく冷えるエンジンは圧縮比を高めることができる。ニッサンVG30DEエンジンの圧縮比は10と世界一なのだ。というと、ウソだろう、という読者もいるだろうが、ボア径が87㎜と大きく、しかもレギュラー・ガソリンを使うエンジンでは、の話である。

この冷却性能の良いシリンダー・ブロックは、また高剛性シリンダー・ブロックだとニッサンはジマンするのだ。コンニャク・シリンダー・ブロックよりもエンジンが静かになることは間違いない。なるほど上から見た限りでは確かに剛性は高そうではあるが、心配なのは見せたがらない下半身である。ニッサンとして重量軽減の目的で図17に示すようなショート・スカートにしたと思うが、これではトランスミッションとの結合剛性が十分でなく、図18上のように、いくら太いボルトでエンジンにトランスミッションを取り付けてみたところで、走るとブラブラとアバレる。このアバレは100Hzほどの低周波で、車室内にコモリ音を発生させ、ハキケ、車酔いの原因を作る。から仕方なく取り付けたのが

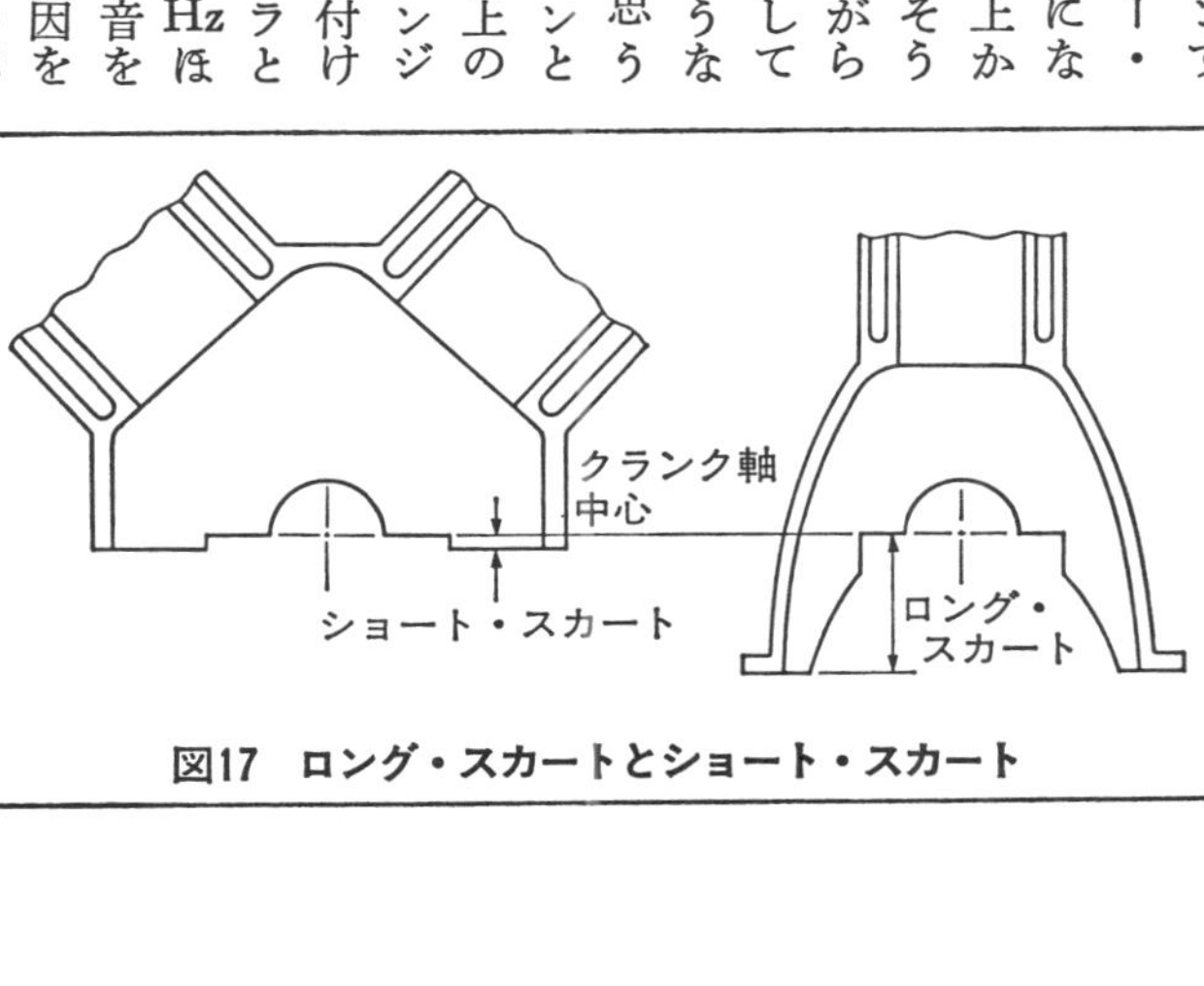

図17　ロング・スカートとショート・スカート

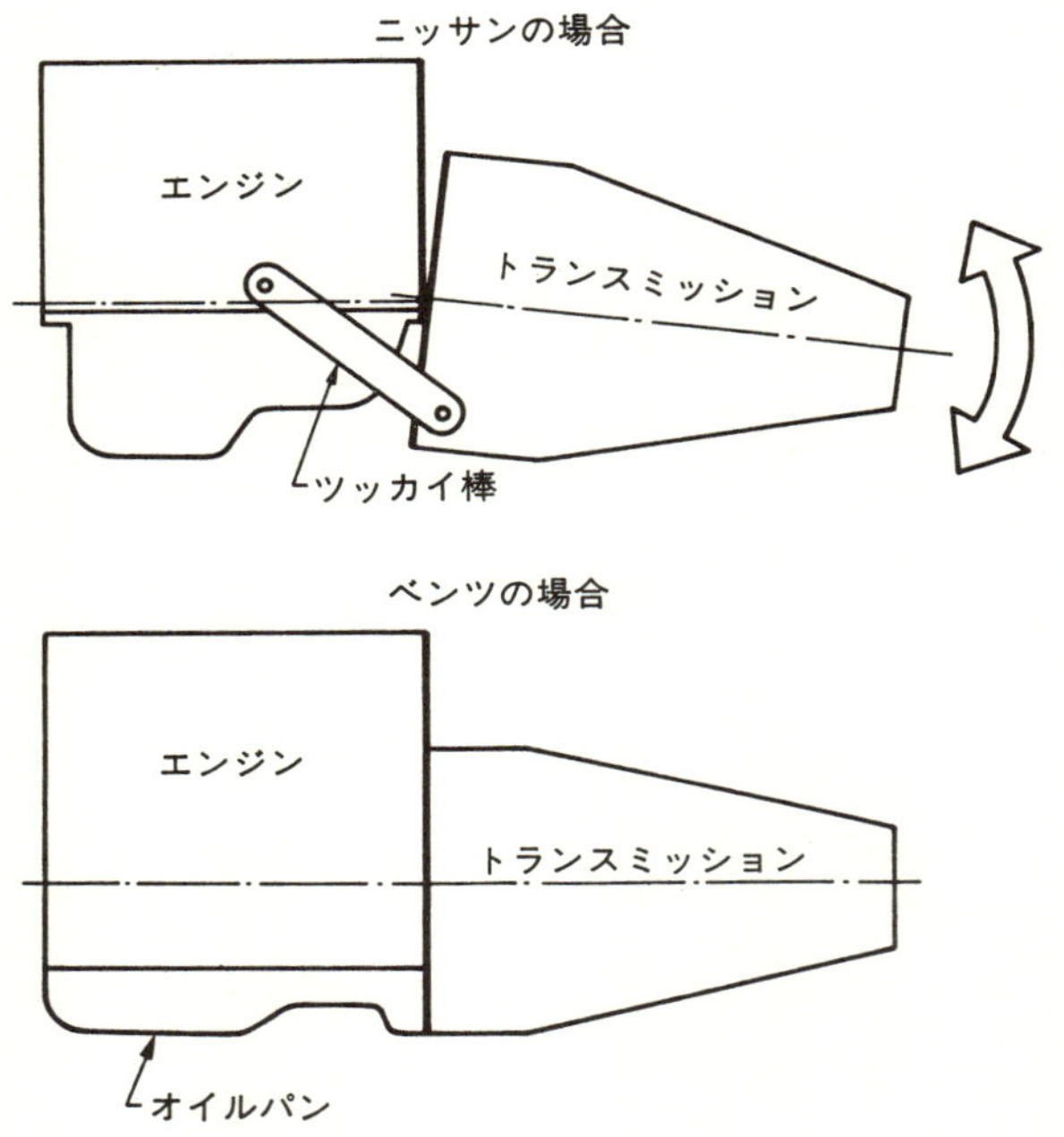

図18　駆動系の結合剛性

図18上のツッカイ棒である。

ベンツはショート・スカートにツッカイ棒だけで幾らゴマかしても、オーバー200km/hで走ったときコモリ音の出ない車はできないと、100年の体験と振動学的研究から知っていた。からロング・スカートのシリンダー・ブロックを採用したのだ。が、220km/hの高速で走ってみると、それでも結合剛性は不足し、コモリ音が発生したのだ。そこで図18下のように、エンジンの後面を総動員して、オイルパンにもフランジを立てて、トランスミッションを取り付けたのである。

ベンツのデザイナーを碁の位で9段とすれば、ニッサンのコドモは初段以下ぐらいなものか。スカートをショートにするか、ロングにするかは碁でいえば布石の問題である。ショート・スカートにして重量をもうけたと思っても、ツッカイ棒その他で目減りし、依然として駆動系共振による問題は残るのだ。それに図18の上下を比較すればよく分かるように、大きなオイルパンは大きなタイコのように大きな音を出すので、アバレまわるオイルパンの側壁の振動をとり静めなければならない。そのため、図19のようにガンコなステーとかリブなどで対策する必要があり、重量はほとんどロング・スカートと同じになり、コストアップとタ

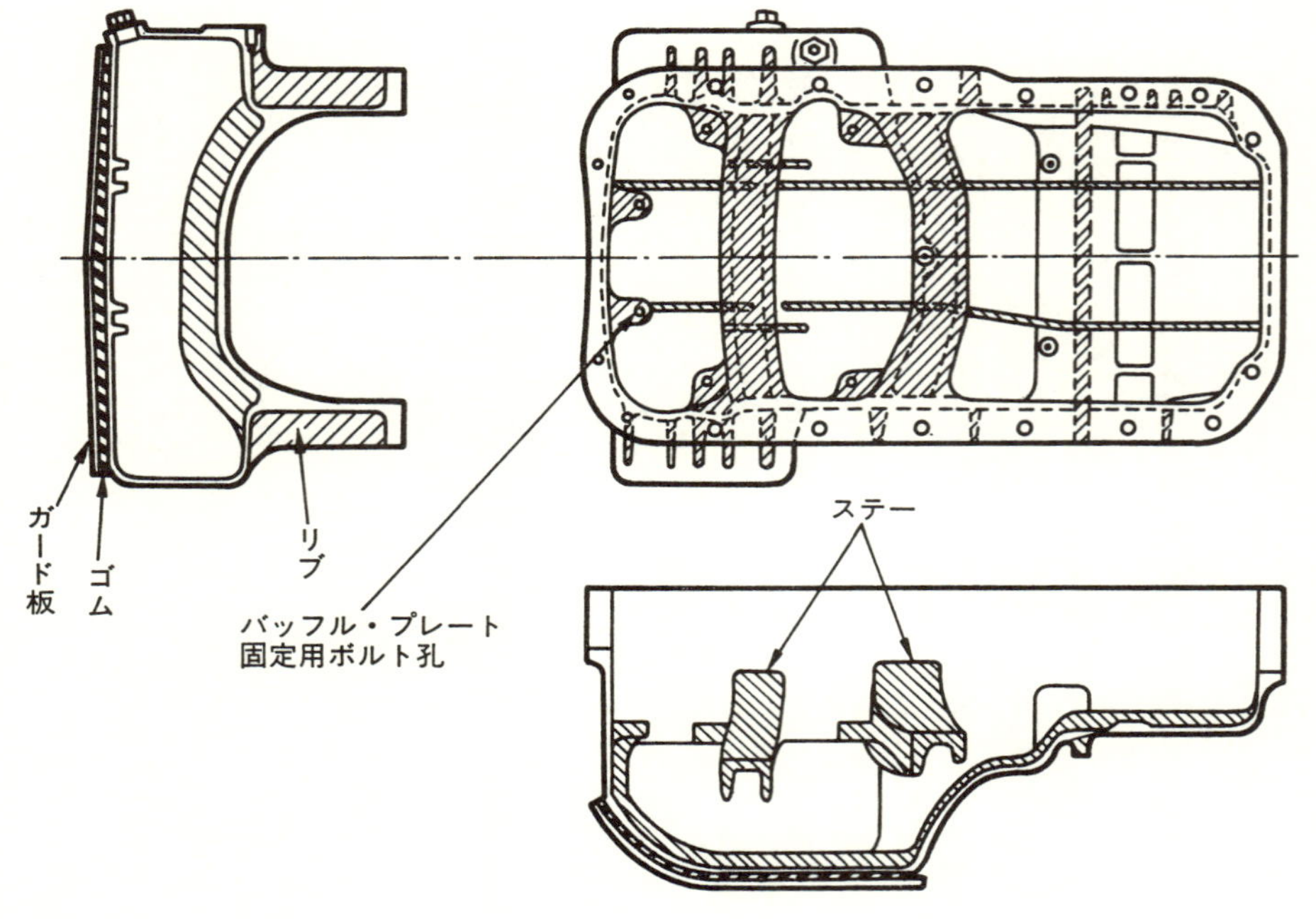

図19　VGエンジンのアルミ製オイルパン

メ息だけが残った。

ヘタな企画をしておいて、後から高級な技術を駆使して対策するということは、バカなガキ（親がバカだから）の受験対策しているようなもので、決してチノー指数が高まることはなく、エンジンの場合、商品価値が高まることはありえないし、エンジンの場合、リブやステーによって静かになる例は知らなかったのだが、ニッサンＶＧエンジンの場合、徹夜で騒音対策した結果のせいか、静かである。このリッパなオイルパンも地球と激突すると、鉄板のように凹むのではなく、割れてしまう。だから底をゴム張りにしたのだ。

静かになったのは、こればかりでなく、語るもナミダ、聞くもナミダほどにガンバッタからである。全部を語れば一冊の本にも書ききれないほどで、興味のある読者は「ニッサンＶＧ、ＲＢ20ＤＥ／ＤＥＴ」の項を復習すべきである。

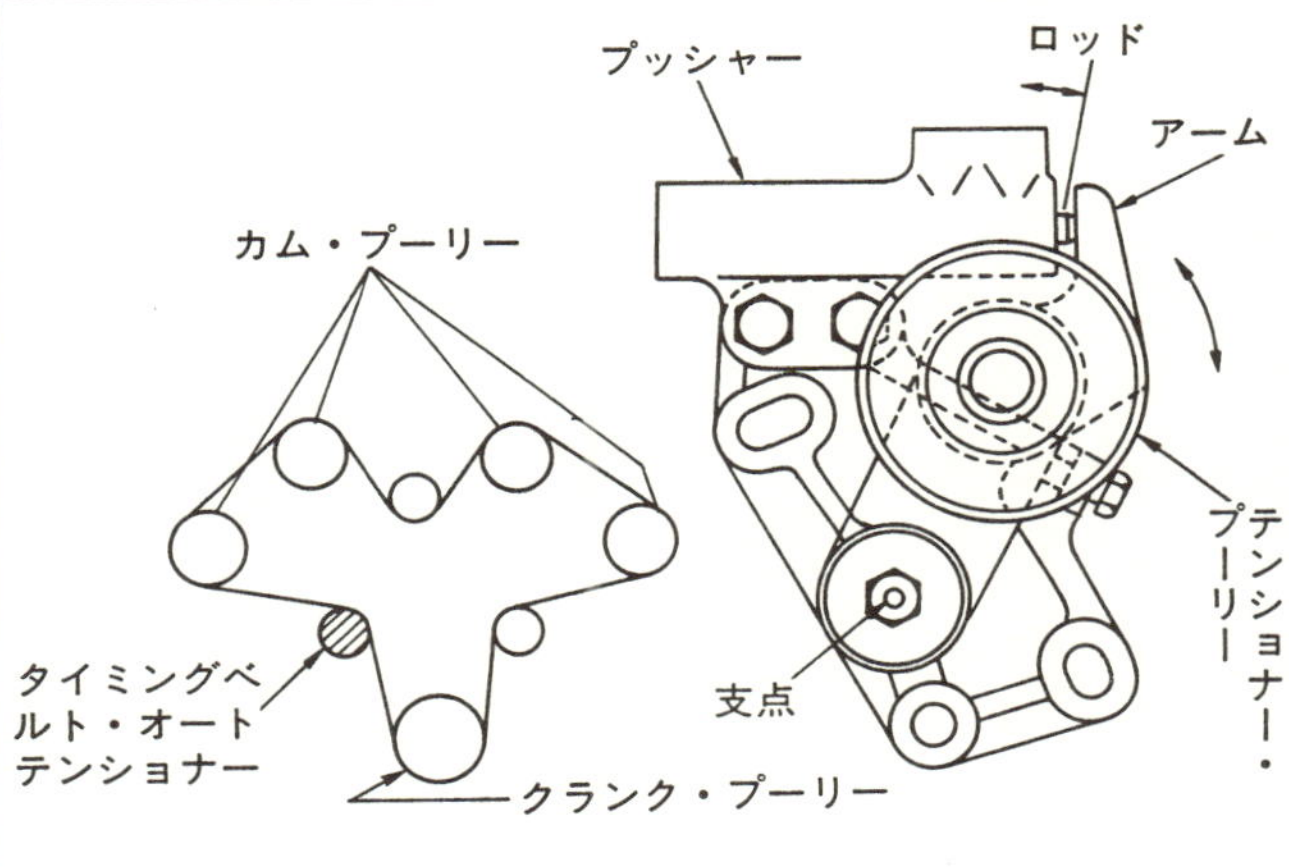

図20　タイミングベルト・オートテンショナー

〃日本初〃として新たに採用されたのが、**図20**に示すタイミングベルト・オートテンショナーである。近ごろのタイミングベルトにはケブラーという鋼などより強い化学繊維が使われるが、これは木綿のように伸びないから、張り過ぎやタルミ過ぎになりやすく、音を出すので、いつでもベルトの張力を最適にするオートテンショナーが必要となる。図にプッシャーとあるのは、バイクの前足のように、バネとショック・アブソーバーを組み合わせて、テンショナー・プーリーを引っぱり、振動を抑えつつも、ベルトの張力を一定にするシカケで、こんなツマラナイ物でも、〃初〃ならホメるところがオレのよいところだ。まず、始動してみて驚いたのは、１回転もしないうちにエンジンがスタートすることであった。あまりの始動性のよさに、図５を見ながら考えた。圧縮比の下死点から上死点までのシリンダー内の空積変化を燃焼室内容積で割った数値で表示するが、下死点後63°で吸気弁が閉じるＶＧ30ＤＥエンジンでは、一度吸入したミクスチャーの1/3を吸気通路に逆流させた後に吸気弁が閉じることになり、実質的圧縮行程は図５からも分かるように2/3となり、実質的圧縮比は10×2/3＝6・6となってしまう。この数値でも圧縮比の高いＶＧエンジンはフツウのエンジンより大きく始動には有利であるが、ＮＶＣＳによって吸気弁閉時期を下死点後49°にすれば、始動時の実質的圧縮比は8・25と、ギネス・ブック的高圧縮比となり、驚異の始動性能になったのではないか、と思った。が、これはオレの思い過ごしかもしれない。

始動不良のエンジンは冷感症の女と同じで、イラダタシクもヤルセナイものである。㊀20℃の高原へドライブを楽しみつつスキーに行くには始動性の良いことが絶対の条件で、レパードは㊜である。

そして、発進加速をしてみると、実にレスポンスがＥのだ。０→30ｍの加速を良くすることを目標に開発した、というのはウソでなかった。オートマ・ミッションは運転は楽ではあるが、加速は鈍くなるので、オレは大嫌いだったが、レパードは鋭くダッシュするので大好きになった。といってもこれが初めてではない。今年になってからでも、マークⅡツイン・ターボ、ＲＸ－７ロータリーサバンナ、フェアレディ・セラミックターボなどに心の底からホレタのだ。

ＭＦの鈴木社長にオレ、レパードを買いたくなった、とまたいってしまったのだ。そしたら次にもっと良い車を、次の次にはもっともっと良いクルマにアナタは試乗することになっています。１か月以内に決断しない限りアナタは永遠にクルマを買うことはできません、だって。ホントかナァー。

写真21　高剛性鍛造クランク・シャフト

●終わりに一言

オレにとって一番悲しいことは下半身が弱ってきたことである。生物にとって生殖能力を失ったとき死ぬのは天命ではあるが、なぜか、人間だけは生き続ける。喜ぶべきか、or悲しむべきか、依然としてスケベなのだ。次に天寿を全うする前兆としてド忘れがヒドクなるのだ。「アレをコウして、ソレをナニしてくれ」などと完全に言語失調症になってしまったのだ。あらゆるものに逆らい、そして、天命にさえも逆らって生きたいのが、オレの生きザマで、何を血迷ったか、8年前から狂ったように英会話のオ勉強を始めたのだ。が、インポにインポシブルは外国語ということをイヤというほど知らされた。ということをギャレット・ターボの里川さんに話したら、アルファベットの発音もできないのに、英語を聞いたり、話したりすることはできません、私が教えてあげます、ということであった。それから毎日、顔中の筋肉がクタビレルまでABCなどとワメイている。ワメキながら気がついたことは、ニッサンの設計がヘタなことである。

「機械とは部品と部品をボルトによって結合してなるもの」という定義があるくらいで、最近では橋とかビルなどの構造物までがリベットをやめてボルト締めにしているのだ。そして、構造物のデザイナーの中にはボルトの研究によってドクターになった人もいるのだゾ。ボルトは機械設計のABCである。ボルトを完全にマスターしない限り**写真21**に示す組立て式クランクシャフトはどうして設計できるのだろうか？　ましてや、最新式のワイヤリング入りシリンダーヘッド・ガスケットはEのだ、と説明されても、ガスケットによる漏れ止めの機能の発生は、シリンダー・ブロックとシリンダー・ヘッドとの間にガスケットを挟んでからボルトによって締め付けることによって発生する面圧によるのであって、ボルトの締め付け方法が確立されない限り、ガスケットは設計できないし、ましてや評価などできないのがリクツである。このリクツさえ分かっていれば、例えばクレックナー・フンボルト・ドイツのトラック用空冷ディーゼル・エンジンでは3本のヘッド・ボルトで締め付けただけで、ガスケットなしなのだゾ。といったら、「先生、教えてください」というのだ。

このボーヤの胸には、マンガチックな元気マークをつけていて、「ボク、元気にやります」というが、ホントはネクラでネアカに振る舞うように管理されたサラリーマンである。ことが分かったオレはオゴソカにいった「オジンも一緒に聞けばタダで教えてやる」と。

ライバル・トヨタ(向こうは思っていない)には酒井智次さんという材料力学の専門家であり、かつネジのオーソリティがいて、論文では学者を抜いて第1位である。が、この人、なぜか気が弱いと見えて、トヨタに塑性域角度法なる究極のネジ締付け管理法を導入することはできなかった。一方、製図工であるオレは、スパナぐらい製図工でも使える、とばかりに仲間をナグリつけながら5年間で塑性域角度法をモノにした。それから1年間「外国に例がないからダメ」という上役や工場のバカ者をケンカ腰で口説いて採用させたのだ。

それから5年後にトヨタも採用した。

ニッサンの場合、コドモどもを教育しても何にもならないのだ。ド迫力のないコドモでは工場のバカ者どもを説得させることはムリで、オジンである重役が、ヤレ、と命令しない限り、会社として新しいネジの締付け管理を採用することはあり得ないのだ。元気マークをつけたネクラのボーヤもホントは新技術には興味などあるはずもなく、その後、音沙汰もない。これはダメだ。

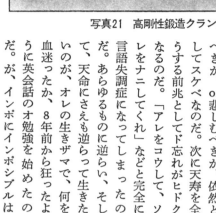

ホンダ編

VE(1・3ℓ)/EW(1・5ℓ)型エンジン
ZCエンジン
B20A/B18Aエンジン
レジェンドC25A/C20A

ホンダVE(1.3ℓ)&EW(1.5ℓ)型エンジン

CVCCでは極めたが、4弁で極めてほしい

赤のバラード・スポーツCR-Xに乗ろうとするとき、近所のジャリ共が集まっていて、オレの顔を見ると、カッコイーといったので、一瞬オレのことかと思った。

さればとて、カワイイコちゃんを誘ってドライブ。彼女は大満足であった。

男としての実力ではなくて、女性を喜ばせ、モテさせてくれるかも知れないフシギなキカイ、自動車、ホンダ・バラード・スポーツCR-Xの中身は、本当の実力はどうなんだろうか？　モテナイ男のシラケタ眼差しでみつめてみよう。

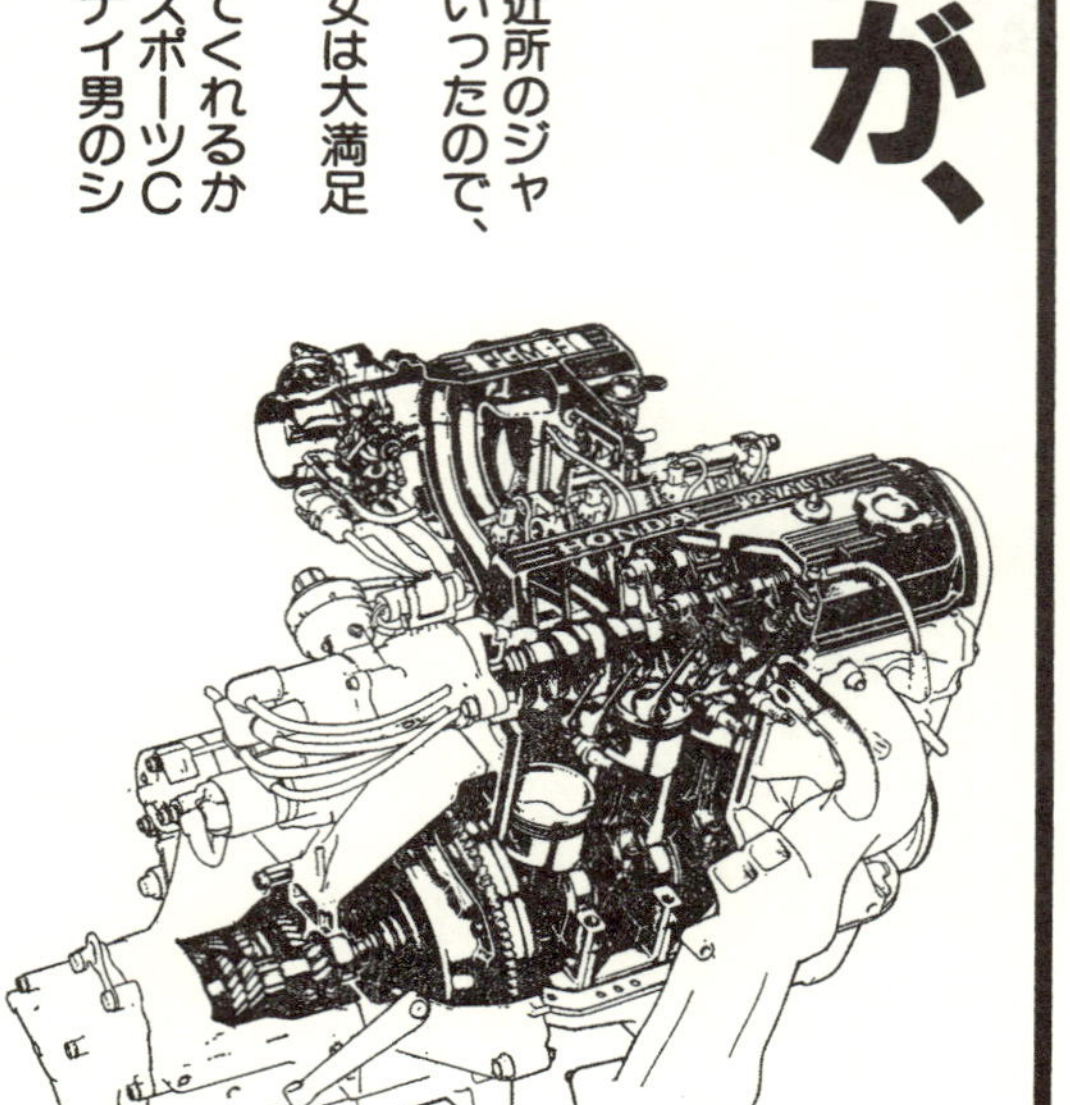

●MM思想――本当にエンジンが小さいか

ホンダ独自のMM (Man-Maximum, Mecha-Minimum) 思想（とは大げさな！　概念 Concept でも顔の赤らむ思いだ。志向ぐらいが適切な日本語カモ）というものがあるんだそうで、タッタ2人の人間をユッタリとホイールベースの真ん中に乗せて、レイアウト上の乗りごこちをまず最高にしておいて、キカイは軽・薄・短・小とする。

これはホンダがお金をもうけたいという思いつめた志向であって、本当に思想といいたいのならば、人間尊重、乗員の命を守る、乗っていない人の命を守る、他人にメイワクをかけない（音で）、他人の健康を害さない（排気で）の4つを高だかとウタイ上げなければいけないのだが、それでも志向としては正しい。

加速イコール・乗りごこちであり、スタイルであるし、加速の悪いクルマではホンダではない。

加速をよくするために、2人のために、ナント1・5ℓ、110psのエンジンをフロントに横に載せただけでMM思想。

日本には宗教も思想もないといわれているが、タッタひとつの日本の思想、ホンダMM思想は間違いだ。というのはタッタ、リッター当たり73ps（本当はスゴイのだ）の無過給エンジンなので、110ps出すために1・5ℓものバカでかいエンジンが必要になってしまったことだ。

ホンダはF1レースに参加して自動車文化に貢献している。我われ日本人として、そのことを誇りに思わなければいけないような立派なことである。東京モーターショウで見せていただいて感動したF1エンジンは、1・5ℓの排気量でナント600馬力強。リッター当たり400psも出しているのだ。もしもこのエンジンを小型化することができて、110psを出すのなら、タッタ275ccもあればよい。

20年前のF1用エンジンが今は量産され、だれでも夢のスペシフィケーション、DOHC4バルブ・エンジンのクルマは買える。10年後には、今日のレーシング・エンジンはセダンに載るか？

否、すでに公道上を走っているのダ。それはホンダにもあるし、他社

でも発売しているDOHC4バルブ・ターボ+チャージ・クール。これだけがナウイのダ。他はエンジンの化石かハニワだ。化石エンジンを設計しているエンジニアは休みにはゲートボールをしているに違いない。

もしも、ホンダがマジメにMM思想といいたいのならば、リッター当たり400psのF1エンジンを排気と騒音の公害をなくし、だれでも運転できるように低速トルクを高め、信頼性を高め、安くするためにリッター当たり出力をタッタの150psにデチューンしたとすれば、750ccもあれば110psの出力は出る。出ればDOHCはカムがボンネットにツカエるなどと泣かなくともすむ。

MM思想で0・75ℓにエンジンを小さくすると、**図1**のブタ型バラードは**図2**のイメージ・スケッチがモロ実現でき、ランボルギーニ・カウンタック風なステキなスタイルとなる。このスタイルならばセイコちゃんも「ノセテー」と叫ばずにはいられないであろうが。

ところが、**図3**のようにエンジンがデカイばかりに、ボンネットを押し上げ無残にもブタ・スタイルになってしまったのだ。

このステキなイメージスケッチの下には「ホンダは、つねに挑戦しています。」と書いてあるのもシラジラしく、これがホントのMMシソーノーロー。

創造力と重・厚・長・大な研究によって、1・5ℓエンジンを0・75ℓに軽・薄・短・小することができれば、

1：静かになる——大きなタイコはウルサイ。

2：燃費がよくなる。

その理由を**図4**によって説明すると、図から分かるように全負荷ではガソリンもディーゼルも燃費はあまり変わらない（だからディーゼル車のカタログに高速燃費は記入されていない）。ところが部分負荷、特に自動車用エンジンとして多く使われる25％負荷付近では、ガソリン・エンジンの燃費は100％負荷のときよりも2倍も悪くなってしまい、ディーゼル・エンジンとは大きな差がつく。

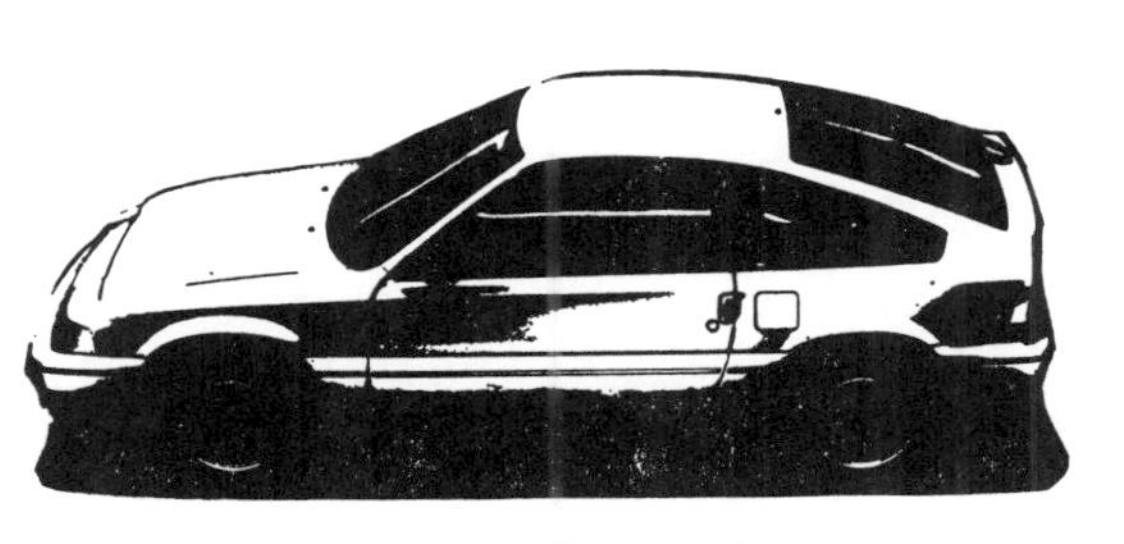

図1　ホンダ・バラード

図2　図1のイメージ・スケッチ

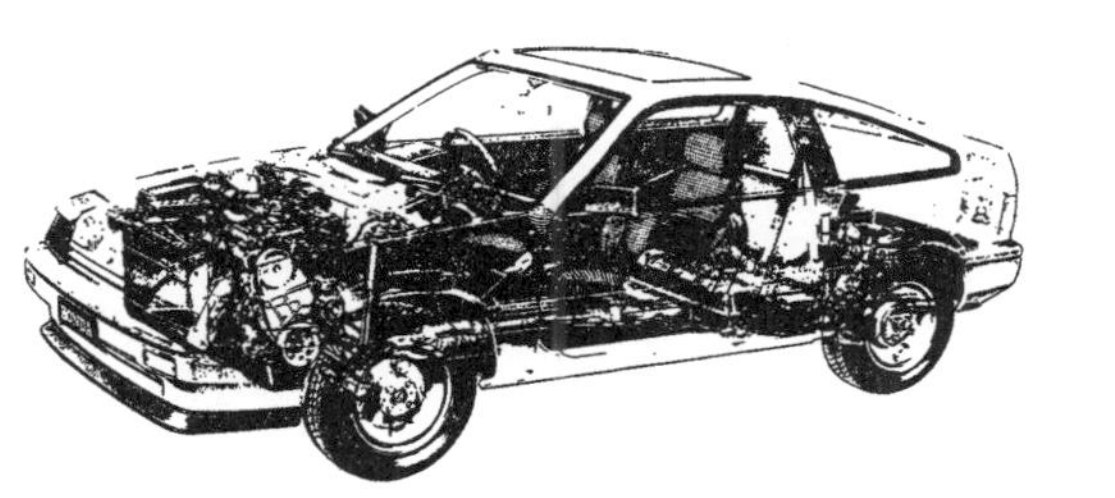

図3　現実がイメージと合わないのは
エンジンがデカイから

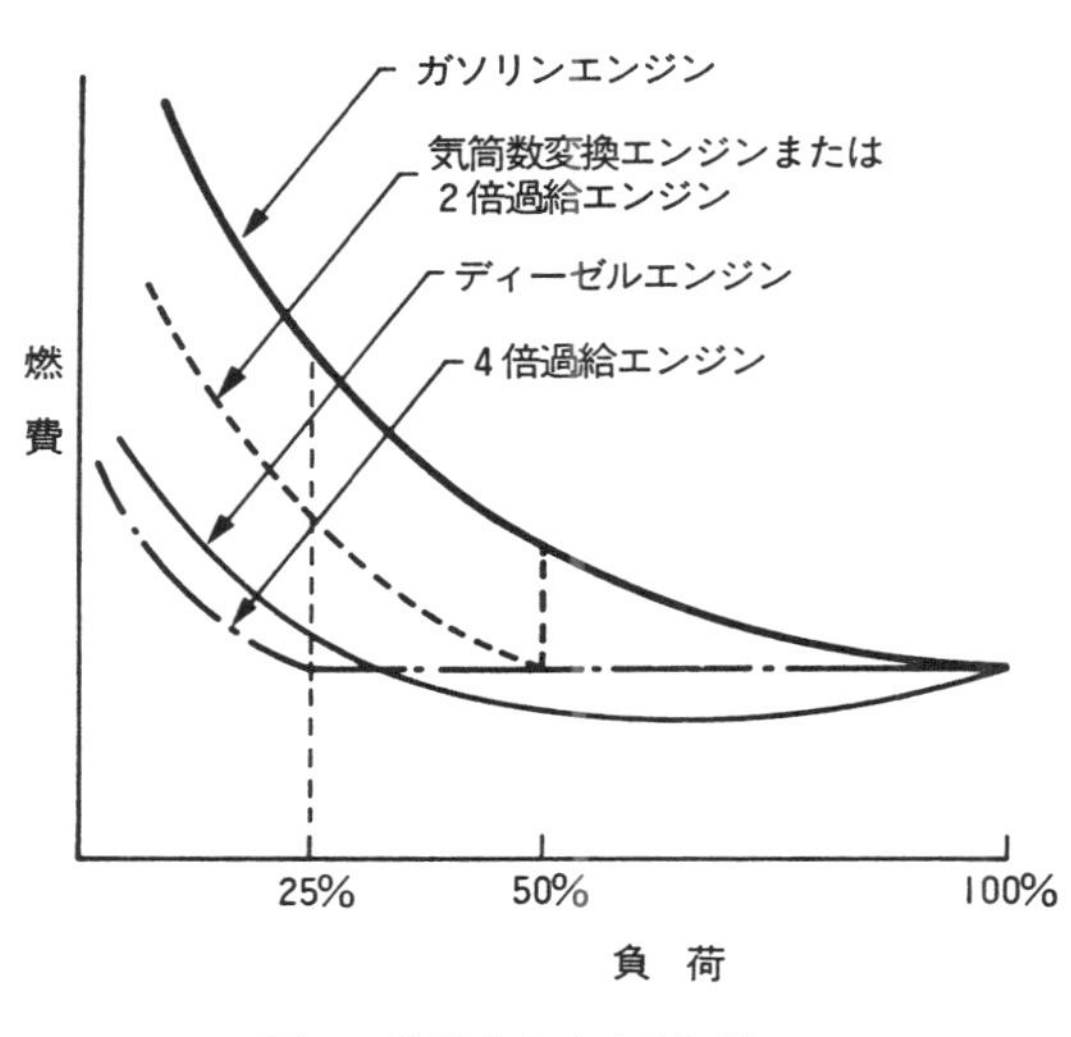

図4　燃費をよくするには

ディーゼル・エンジンにはスロットル・バルブがなく、いつでも吸えるだけの空気を吸って、パワーに応じた燃料を噴射する。ガソリン・エンジンは燃料対空気の重量比を1：14・5にした混合気を吸入する。パワーが少ししかいらないときは、スロットル・バルブで絞って混合気を少しだけ吸入する。このとき**図5**のスロットル・ロスが発生する。ガソリン・エンジンのエンジン・ブレーキがよく効くのはこのせいであるが、ブレーキしながら馬力を出すのだから燃費が悪くなっても当たり前である。

図5の斜線部の面積がスロットル・ロスの仕事量を表し、このスロットル・ロスこそがガソリン・エンジンの軽負荷時（高速道路を100km/hで走っていても1/3負荷ぐらい）の燃費を悪くしている源なのです。

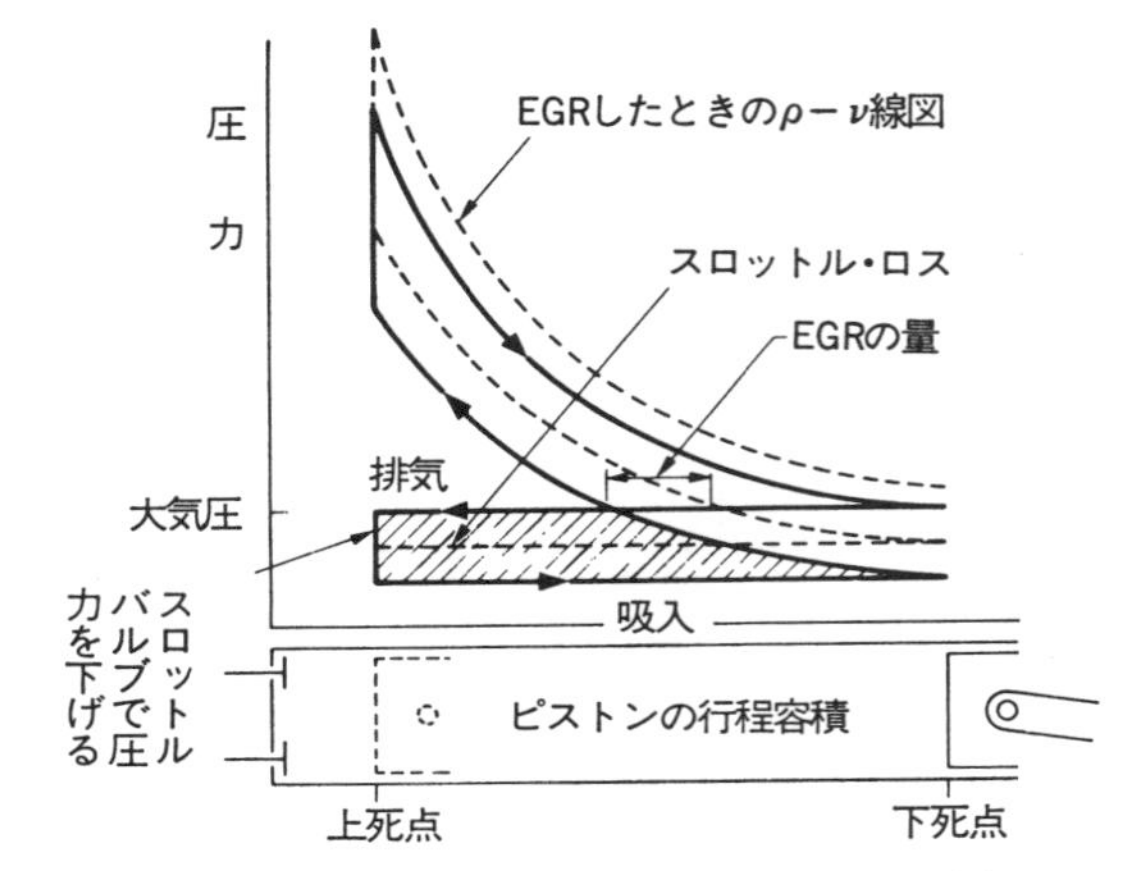

図5　EGRすればスロットル・ロスまで小さくなる

だからGMや三菱の可変気筒数のように、例えば4気筒エンジンを軽負荷のとき2気筒だけでクルマを動かせば、50%のパワーのとき2気筒は100%負荷でガンバルのだから点線のような燃費となり、軽負荷の燃費は大幅に改善されるはずである。ところがキャデラックでは8―6―4気筒エンジンの可変気筒数装置がすぐにこわれてしまうので、発売を中止した。そして三菱でも積極的に売っているとは思えない。

1・5ℓエンジンの代わりに0・75ℓのエンジンを載せても、50%負荷までの燃費は図4の点線である。ただしこれでは加速が悪いので、ターボ+チャージ・クールで出力を2倍にすれば、点線+一点鎖線の燃費曲線となり、全負荷域で燃費を改善するし、さらにスーパーチャージングでパワーを4倍にまで高め、1・5ℓのエンジンをやめて排気量を1/4の400ccのエンジンで110psを出す。これに成功すれば、当然に摩擦損失やスロットル・ロスもエンジンの排気量に応じて1/4に低下し、図4に示すように、自動車の走行中に最もよく使われる25%負荷では、燃費は半分近くまで改善される可能性がある。

400ccのエンジンから110ps引き出すということは、リッター当たりタッタの290psということで、リッター当たり400ps強の技術を持っているホンダにとって、こんな大幅なディチューンはかえってやりにくいのかもしれない、とつい皮肉をいってみたくなる。

3：レスポンスがよくなる。

「トヨタ4A―GEUエンジン」で述べたように、自動車はロー発進するとき半分近くのパワーがクルマではなくエンジンのフライホイールを加速するために吸収されてしまうのだ。だから各メーカーは競ってフライホイールを軽くする。フライホイールを軽くするとアイドリングが不安定になる。やむをえずアイドル回転速度を高めると、10モード燃費が悪くなってしまう。

だから、公表アイドル回転速度よりも実際は高く900rpmくらいになってしまうのが実状だ。こんなセコイことをしなくとも、エンジンさえ小さくすれば必然的にフライホイールも小さく軽くなるわけだが。ところが、たかだか直径3cm程度のターボチャージャーのローターを、5万rpmから20万rpmにまで加速するには3〜4秒必要で、このターボ・ラグとの戦いにこそ、ホンダは常に挑戦してもらいたいものだ。

●CVCC――魔法のタコツボ

「てめぇら、オワイヤになるんじゃねぇゾ」と時の本田宗一郎社長の一声で、このCVCC――魔法のタコツボは出現した。

そして実力のあるお方は政治家同様に下品なのダ、と確認しつつ感動した。

本田社長のおことばを我々上品な人たちにも分かりやすく解説すると、排気ガスの中にはNO_x、COやHCという名前の運子が入っている。これをエンジンの肛門、排気弁から外で、アフター・バーナーや触媒という名前のオワイヤサンに頼んでキレイにしてもらうのはエンジン屋の堕落だ、運子は出すな、という意味である。

運子の中でまず問題になるのはNO_x。これは2000℃に達する混合気の燃焼温度では、学校では酸素と窒素は化合しないといっていたのに、化合してNO_xとなってしまう。

燃焼温度を下げるために、比熱の大きな排気ガスを混合気に混ぜる、これを排気再循環――EGR(Exhaust Gas Recirculation)といい、エンジンの中でガソリンは燃えるとき空気のほかに余分な排気も加熱しなければならないので、燃焼ガス温度が上がらず窒素は酸素と化合しにくくなる。

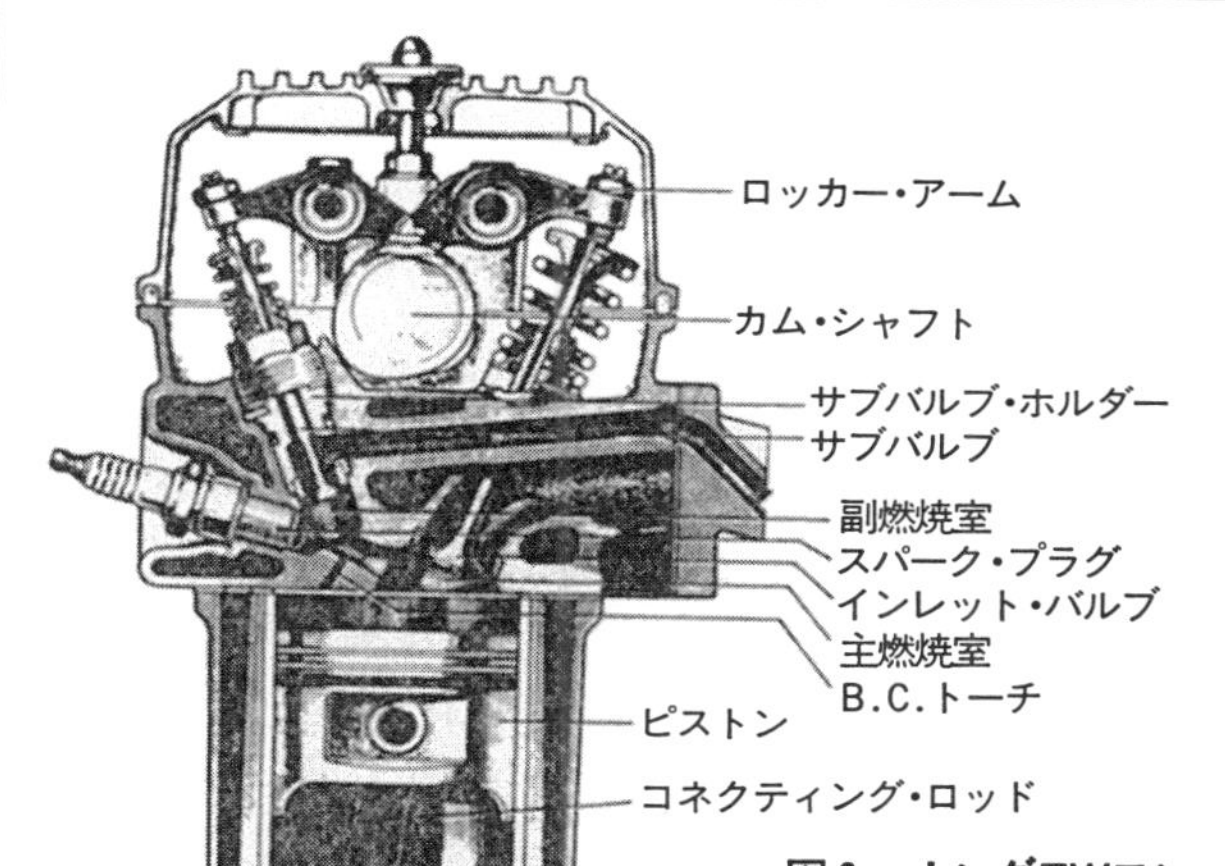

図6　ホンダEWエンジンの断面図

だがEGRをすると燃焼効率が下がり、燃費が悪くなって使いものにならない、と上品で実力のないエンジン屋は騒いだ。

ところが実験してみると、熱い排気ガスのためガソリンが蒸発して混合気の状態がよくなり、さらにEGRを入れれば入れるほど図5に示すように斜線部のスロットル・ロスは小さくなり、部分負荷時の燃費は改善された。

EGRを増やせば増やすほどNO_xは減り、燃費もよくなるが、燃焼効率は低下して、まだ燃えていないガソリンHCと一酸化炭素COを増やし、EGRだけでは運子はキレイにならない。それでもっとEGRの量を増やすと着火しなくなる。

そこでホンダは考えた。

主燃焼室とは別に**図6**のようにタコツボを設け、この中にサブ・バルブから理論空燃比(14・5)より濃い12くらいの一番着火しやすい空燃比の混合気を入れて、これに点火栓で火をつけ、ツボから噴出するアツアツのトーチで主燃焼室内の排気ガス混りの混合気をカキマゼながら火をつける。このときNO_xを減らすコツは、タコツボからのトーチで主燃焼室内のEGR入りの混合気をユックリと燃やすことである。急激な燃焼は圧力と温度を急上昇させNO_xを作ってしまうからである。そしてCVCCは低速燃焼に成功し、燃焼効率は高まり、HCやCOも減った。

まさに燃焼室内で下品パワーが爆発したのダ。

この大発明はホンダに名声と利益と工学博士と数々の金メッキや銀メッキの賞杯、ヒョーショージョーさえももたらした。

それから10数年。

ところが外国には頭のよい人がいるもので、三元触媒というものが発明された。これは**図7**に示すように、理論空燃比(ストイキオメトリー)の混合気を燃やした後の排気の運子を、徹底的に片づけてしまうオワイヤサンだ。

このオワイヤは処女

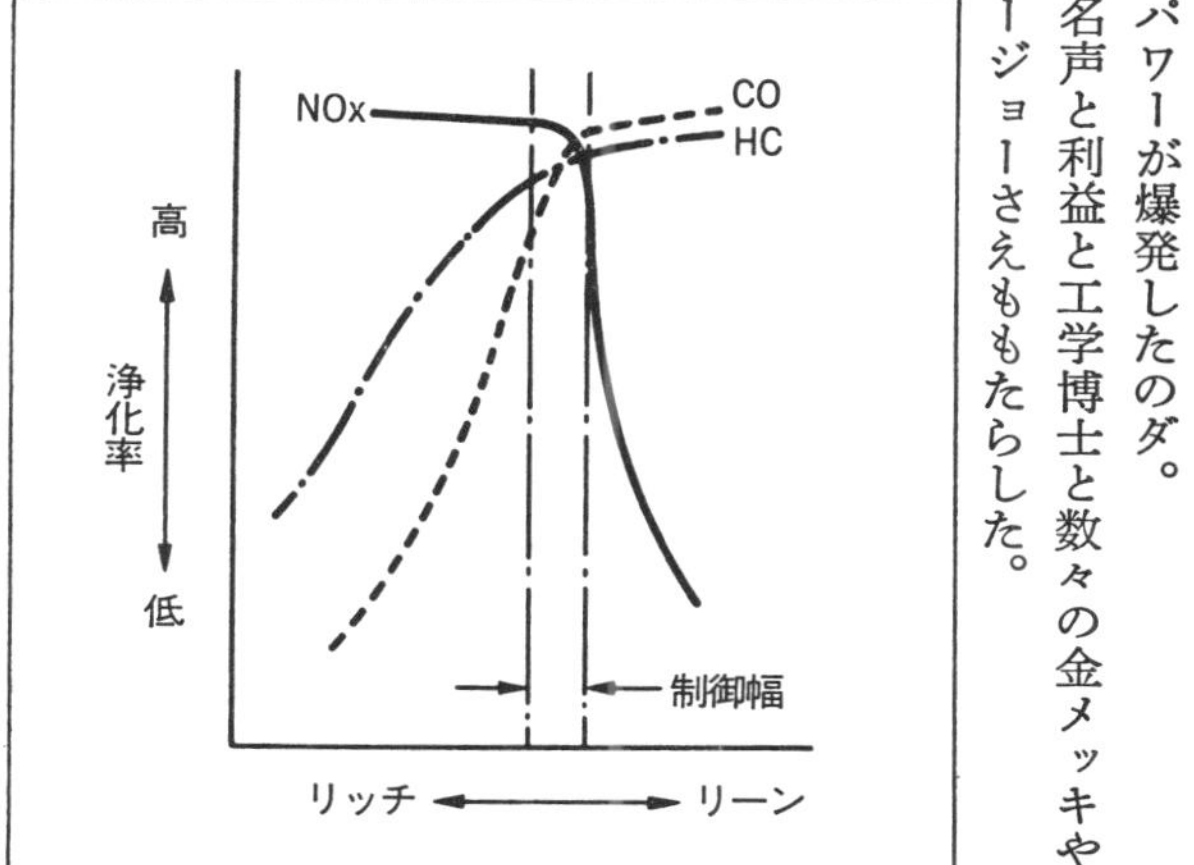

図7　空燃費と三元触媒浄化率

のようなデリカシーを持っていて、少しでも酸素のある雰囲気ではNOxをNとOに解離させないし、このOでCOをCO_2に、HCを水とCO_2にするが、少しでも濃過ぎる混合気を燃やすとCOやHCが濃過ぎてオワイヤも片づけきれない。だから当然のことながらEFIはコンピューターで1サイクルごとに計算して燃料噴射量を決定して、厳密なストイキオメトリーなミクスチャーを作るように噴射してやらねば、三元触媒は働かない。

ホンダのコンピューターはF1にも使われているPGM—FIで、あらかじめ状況に応じていかに噴射すべきか記憶させておくので精度がよく、排気がキレイになるとの話だ。

話は実際とは異なり、フルパワーのときは空燃比12くらいの濃いミクスチャーをエンジンに送りこむ。こうしないと110psを発生してくれないのだ。当然に排気中にはCOとHCがメチャメチャに濃くなるが、10モード規制がウマく出来ていて、40km／h以下で評価するのでパスする。マジメにCOとHCを三元触媒で燃やそうと排気中に空気を入れると、確かに排気はキレイになるが、今度は三元触媒が熱くなってクルマが火事になってしまうのでトボケル。

ホンダばかりでなく他社も同じで、トボケル・コンピューターを採用しているのだ。もちろん、運輸省の役人も環境庁の役人も、環境庁の御用学者もそれを知っているが、カーメーカーとナレ合ってトボケル。これは話のオーバーステア。

CVCCは燃えにくいミクスチャーをユックリ燃やすための大発明ではあった。ただしCVCCには限界があって、ユックリ燃やすCVCC—Iのときは触媒なしでも排気はキレイであった。ところがオイル・ショック後は燃費指向に切り換えざるをえず、CVCCもI型からII型、III型と進歩し、どういうわけか高速燃焼用タコツボとはなったが、これでエミッションの毒成分を$^1/_{10}$にまで下げることはできなくなった。オワイヤはいけないとおっしゃられた大社長もすでに引退されている。上品な人たちは実力がないといわれるが、三元触媒を採用したのに、いまだにCVCCとは理解に苦しむ。

三元触媒のためのストイキオメトリーなミクスチャーは火が付きやすく、当然のことながら燃焼効率も高く、排出される運子はオワイヤが片づけてくれるので、CVCCの必要性は全くない。

ところがCVCCは魔法のタコツボなのダ。

今度は逆にこれによって燃焼速度を高めてノッキングを防止するというのダ。フシギなことにそれがウソでないのだ。東京大学名誉教授浅沼強先生（お世話になっています）指導の下に実験した論文を読むと、確かに燃焼速度は向上し、燃焼を安定させる効果さえもある。それでこの論文を信ずるとまたフシギで気が狂いそうになるのは、この1・5ℓエンジンの圧縮比はタッタの8・7。東京モーターショウに出ていたマイの燃焼室（図8）をつけたジャガーのエンジンは、うずのおかげでナント圧縮比11・5だ。

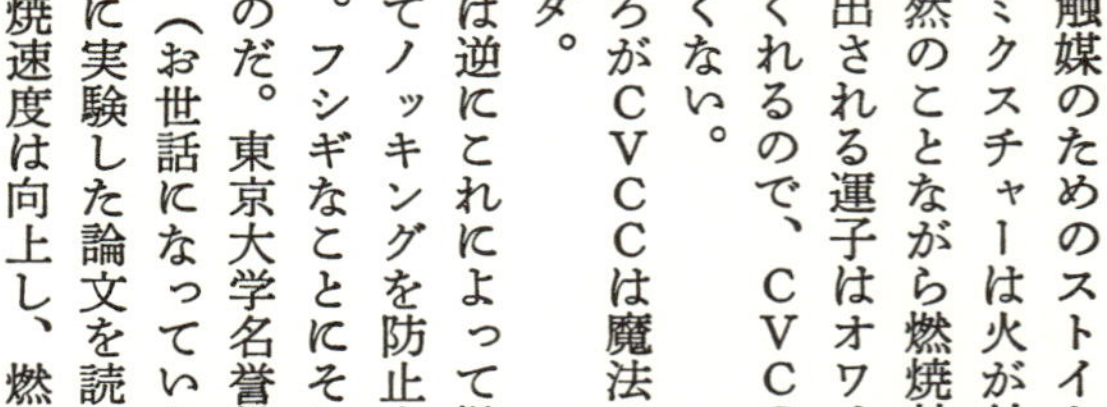

図8　マイの燃焼室

圧縮比8・7のエンジンはどんなにガンバッテ燃焼効率を上げてみても、圧縮比11・5のエンジンの燃費を上まわることはない。ストイキオメトリーなミクスチャーの燃焼効率を上げてみたところで、HCが減ってNOxが増えるだけだ。燃費はエンジンの圧縮比、正確にいえば膨脹比によって決まってしまうのだから。

どうせオワイヤに頼るのならば、魔法のタコツボ、CVCCをやめたらどうだろうか。シリンダー・ヘッドにワダカマッテいるタコツボを捨ててさえすれば、排気弁をもう1個増やすことができる。

16バルブ、DOHCのトヨタ4A—GEUエンジンは、1・6ℓの排気量で130ps、81ps／ℓの実力だ。12バルブ、SOHCのホンダのタコツボ1・5ℓエンジンは1・5ℓで110ps。リッター当たりはタッタ73ps（これでもホンダか。ナミダ）。

F1のホンダがパワーチューニングでトヨタに負けるとは情けない。では読者と同様オレもホンダの大ファンなので、早速毒舌チューンナップに取りかかるとしよう。

いつも言っているとおり、エンジンのパワーは風通しによって決まる。1秒間に何gの空気がエンジンを通過するか、その空気の重さの14・5分の1のガソリンを燃やして、その熱エネルギーの50％のパワーがシリンダーの中に発生し、フリクションで20％損して、残りのパワーがフライホイールを回すのだから。

まず空気の入口から。空気流量のセンサーはマニホールド内圧力を圧力センサーで感知してコンピューターに入れる方式で、トヨタと同じではあるが1年早かったとのこと。空気抵抗実質ゼロである。

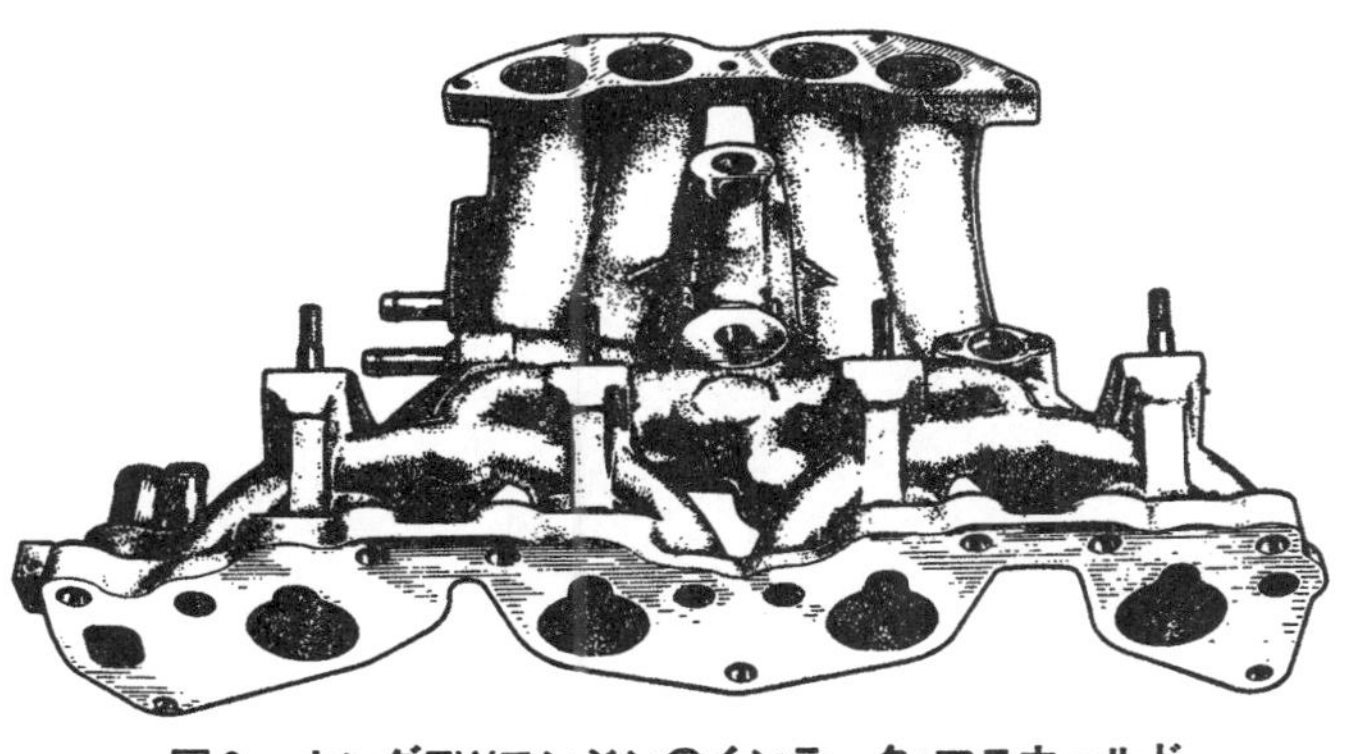

図9　ホンダEWエンジンのインテーク・マニホールド

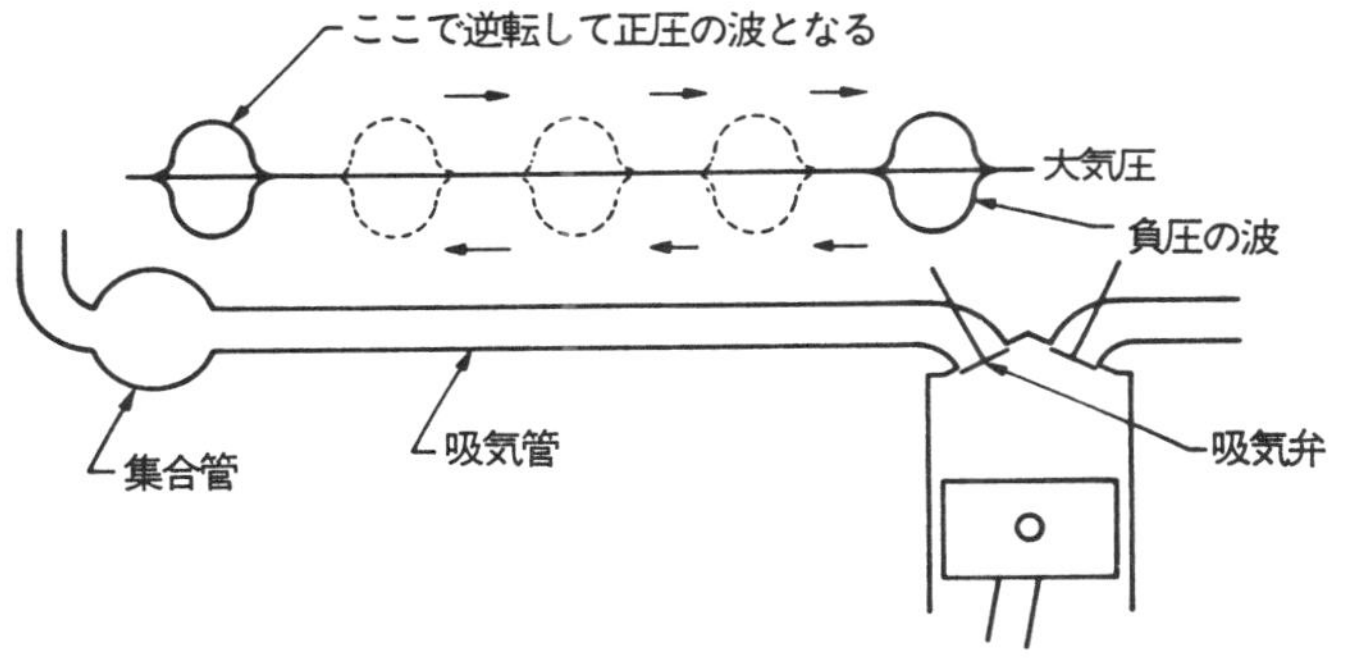

図10　共振過給の原理

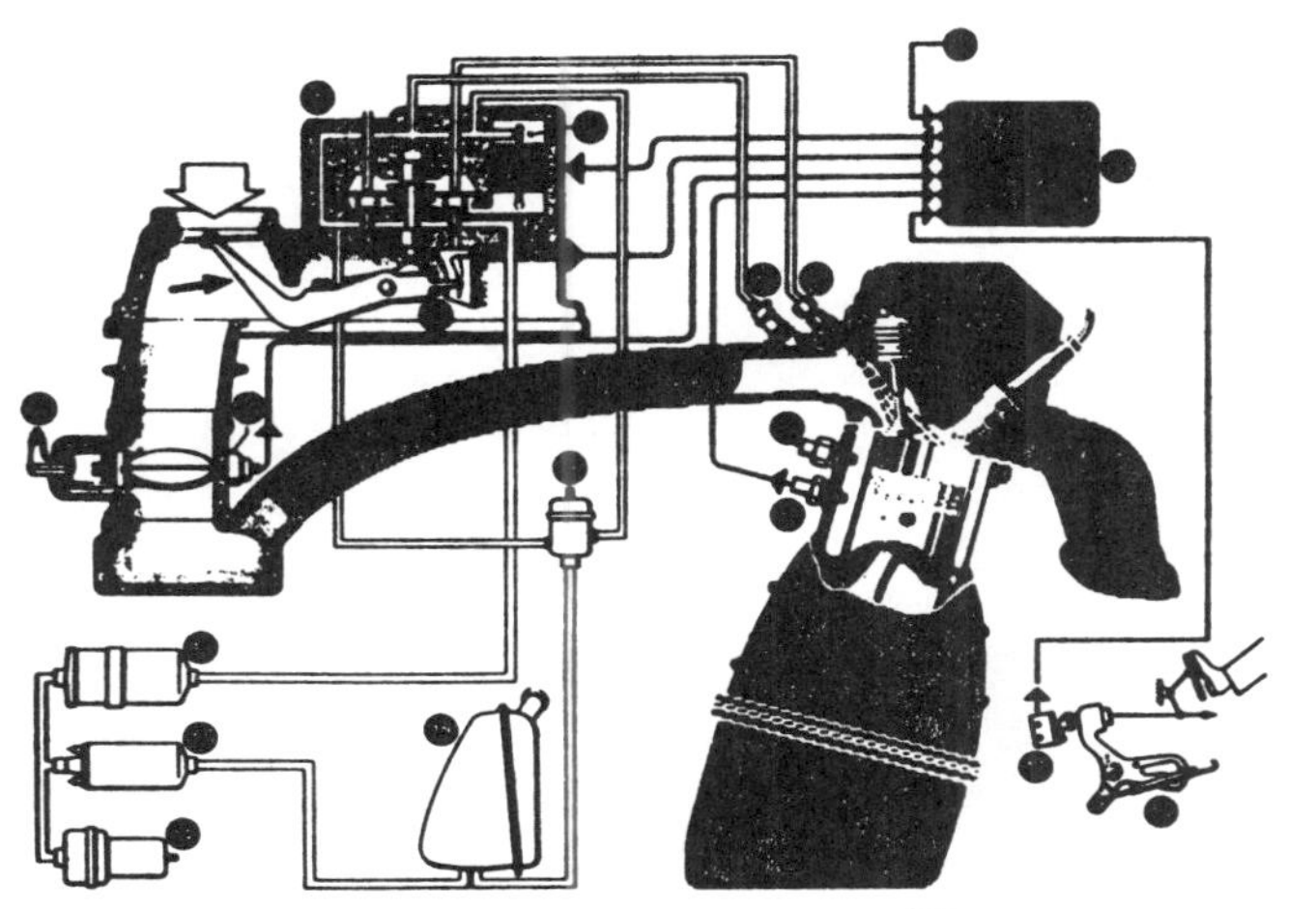

図11　ベンツ190EのEFIシステム図

次にインテーク・マニホールドは「吸気慣性効果を最大限に生かすために350㎜のロングポートに設定しています」と書いてあり、その形は**図9**に示すが、これでは短か過ぎてトヨタ4A—GEUエンジンのように共振過給はできない。共振過給は**図10**に示すように、慣性過給の空気の柱の上に正圧の圧力波が乗ってシリンダー内に突入させる方式で、大潮のときに高波が押しよせる感じである。空気を伝わる波の速度、すなわち音速は1秒間に340mなので、このマニホールドではいずれのエンジン速度でも波が逃げた後で吸気弁が閉じることになる。**図11**はメルセデス・ベンツ190Eのエンジンで、いかにインレット・マニホールドが長いかがよく分かる。このくらいの長さでないと、セダンで247㎞/hの世界記録を樹立し、モーターショーにデカイツラして展示できないのだ。

このインレット・マニホールドは明らかにMM思想に毒されている。シリンダー当たり吸気弁2個はOKだが、排気弁1個はイタダケない。どんなヘボが設計しても2個の方がパワーが出る。

次は排気系。これは最高ダ。「F1、F2のレーシ

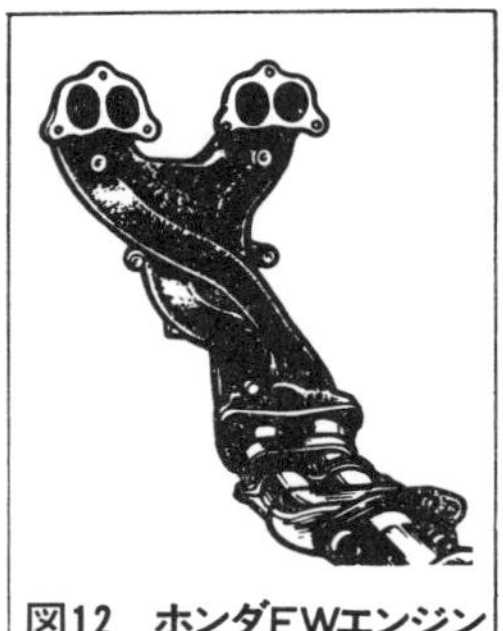

図12　ホンダEWエンジンの排気マニホールド

ング・テクノロジーで磨きぬかれた、4―2―1―2（排気管の数が排気弁の下流はまず4本で、次に2本に合流し、さらに1本になり、車外に見える最後のテール・パイプはレース・エンジン風にカッコつけて2本にすれば、見かけだけはデュアル・エキゾースト）のデュアル・エキゾーストを採用」とカタログに書いてある。図12がそのスーパー・エキゾースト・システムで、東京モーターショーを見た人なら思い出してほしい。BMW（ベーエムベーと発音）のエキゾースト・システムとよく似ているではないか。

まず一般大衆的ないしはチンケなエキゾースト・システムを図13と図14を使って説明すると、図13は排気順序と排気マニホールド内圧力が記入してある。aは排気弁開時期を表し、bは弁閉時期である。#1シリンダーの排気行程も終わりに近づき、排気弁を閉じようとするところ、#3シリンダーの排気弁開き、シリンダー内に残っている圧力の高い排気ガスが排気弁開と同時に一気に吹き出す（ブロー・ダウン）。このとき排気マニホールドは図14に示すように1本で連通しているので、このブローダウンの圧力波はまだ排気弁が開いている#1シリンダーに向かい、排気中の排気ガスを押し戻し、#1シリンダー内の排気ガス圧力が高まったところで排気弁は閉じる。800℃の高温高圧の排気がシリンダー内に大量にワダカマることは、引き続く吸気行程でピストンが下方に動いても、シリンダー内の排気ガスが大気圧以下にまで膨張しなければ、ミクスチャーを吸入し始めない。から、体積効率は低下し、パワーが低下するばかりでなく、吸入するミクスチャーは1℃で温められると1／273だけ軽くなってしまうのダ。だから273℃で温められれば体積効率は50％となり、パワーも半分になってしまうリクツである。図13と図14を見ると#3は#1に逆流し、#4は#3に、#2は#4に、#1は#2にそれぞれ逆流していることが分かる。

ところがホンダ・スーパー・エキゾースト・システムはパルス・コンバーターを使用して逆にシリンダーの熱い排ガスを吸い出して、新気を最大限に吸い込みパワーを出すシカケなのである。

図13をよく見ると#1シリンダーの排気弁が開いてい

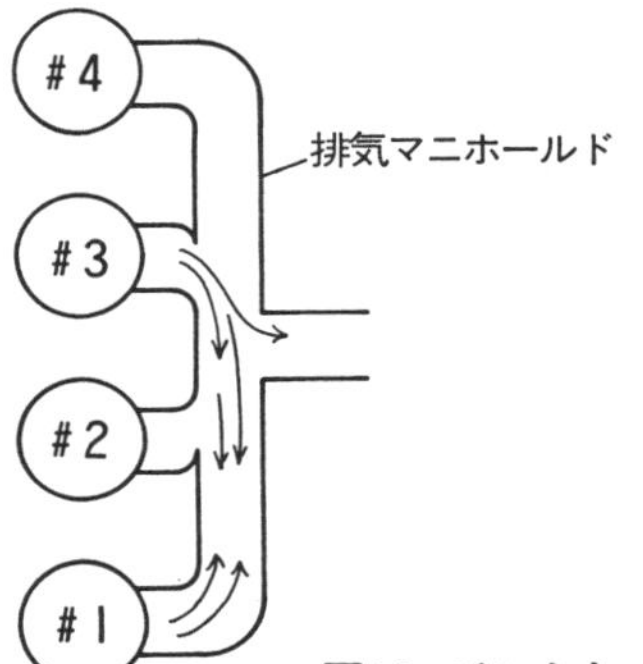

図14　チンケな排気マニホールドの排気干渉

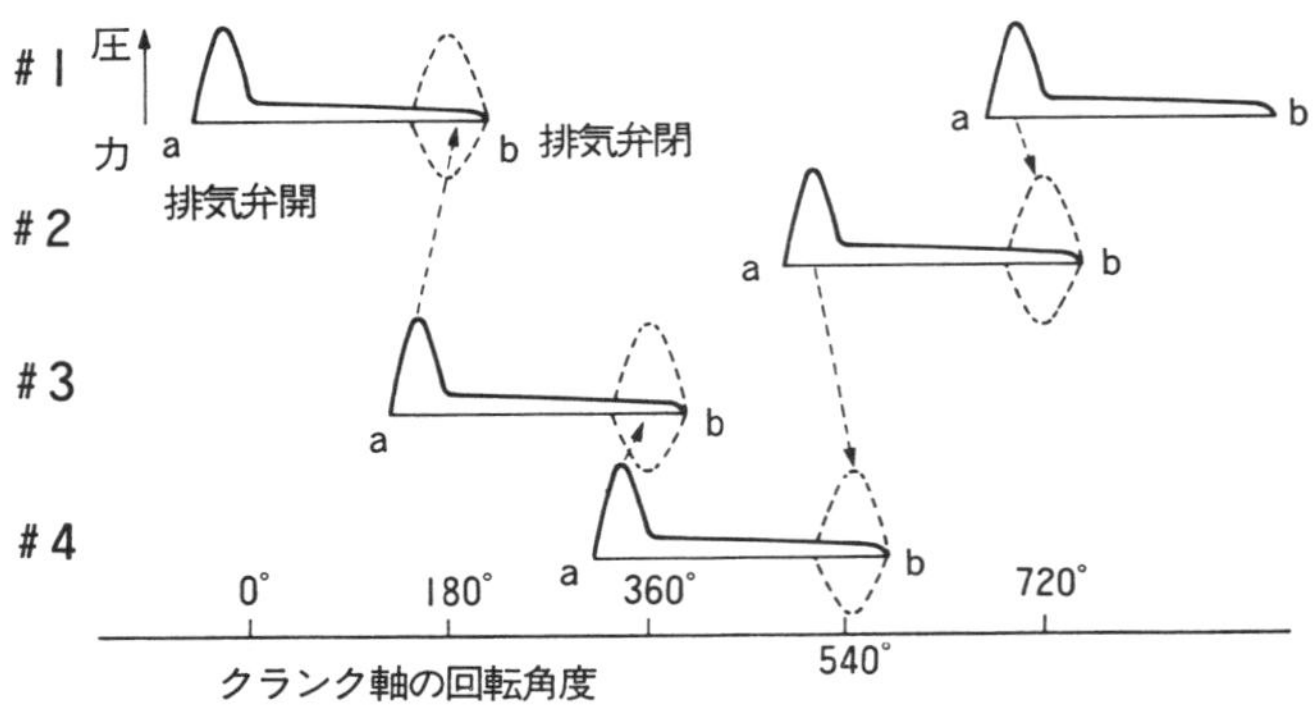

図13　シリンダー内排気圧力の変動

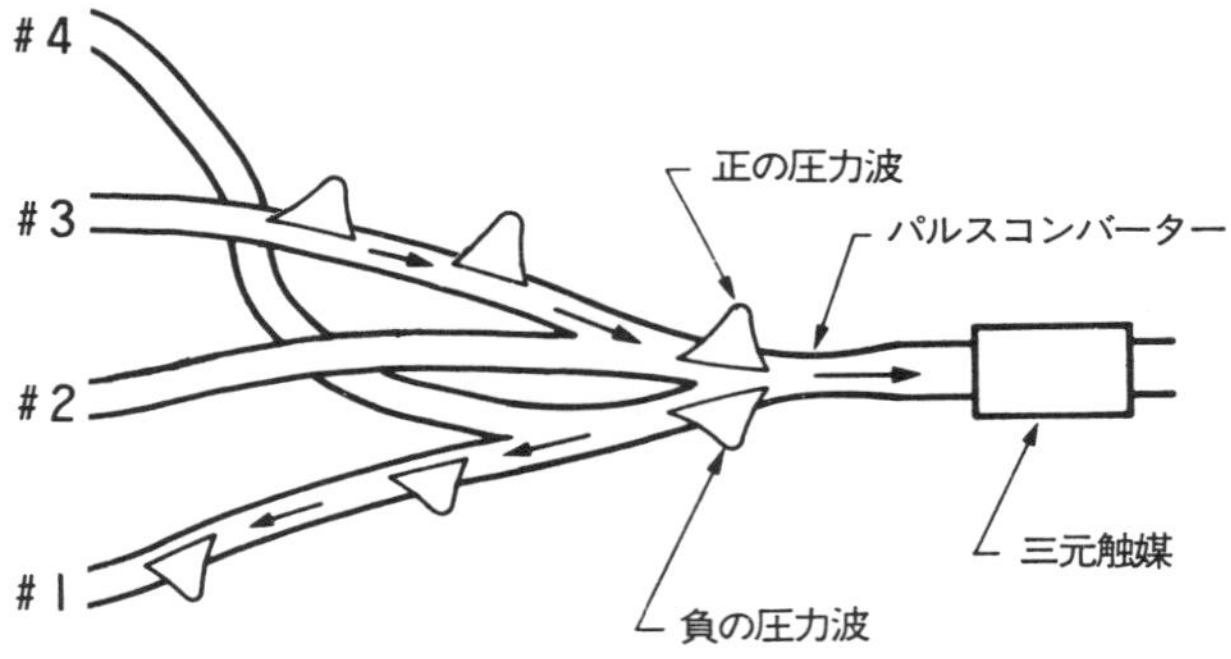

図15　タコ足排気マニホールドは排気を吸い出す

る間に#4が開くことはない。#2 #3との関係も同じである。だから排気管やマフラーを2本にして別々の排気系統を作ってやりさえすれば排気干渉は生じない。ここまでしか考えられないのはシロウト。

図15は図13のクランク軸の回転角度180度近辺のスーパー・エキゾースト・システムの図解だ。#1シリンダーの排気弁は閉じる直前である。#3のブローダウンの圧力波は音速に乗って排出され、この圧力波はパルス・コンバーターに流れ込む。パルス・コンバーターはキリフキと同じ原理で、クイコミ・パンツ形をしていて、ウエストがくびれている。このクイコミ・パンツで当然のことながら正の圧力波は負の圧力波に変わってしまい、引き潮に乗って波が引く感じで#1シリンダー内の熱い排ガスを吸い出してしまい、冷たい混合気は冷たいままでシリンダーに入るから吸入混合気の重量がふえてパワーが出るのダ。今度は図13の点線は逆に下向きに書かないといけない。下品にしてワイセツなホンダは実力があるのダ。

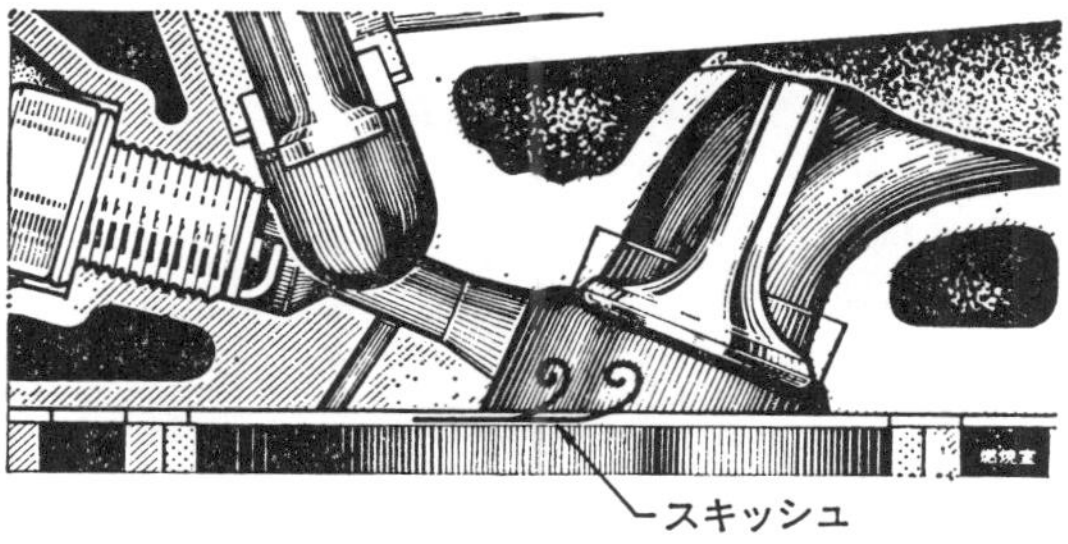

図16　スキッシュも燃焼速度を速くする

残念ながら、BMWの方がひとつだけ進んでいるところがある。ホンダの触媒の坦体は表面がガサガサした厚さ1mmほどの蜂の巣状のセラミックスで風通しが悪いが、BMWのはベーア社製の0・04mmの薄い金属製である。これはホンダの責任ではない。日本の触媒屋サンにガンバッテもらわねば。

1・5ℓエンジンの弟分の1・3ℓエンジンは圧縮比は10で80ps。リッター当たり出力は60psと控えめであるが、こちらが本当のCVCC低燃費エンジンで、触媒も「オーバル型直下キャタライザー」が排気マニホールドの直下についている。だから低回転、低負荷時の低い排気温度でも触媒が十分に活性化するので、低燃費、低公害エンジンである。排気マニホールドの直下にこんなマジメなものがワダカマッテいたのでは、クイコミ・パンツは使用できないのダ。それで60ps／ℓとなる。

もっとマジメにやると対米輸出仕様になる。それは2個ある吸気弁のうち1個の吸気弁をなくしてしまうのダ。そうすると、渦流（スワール）が発生する。スワールと**図16**に示すタコツボ下のデッパリによるスキッシュはノッキングを抑制するので、10以上の圧縮比が可能になったと思う。その結果、ナント、ディーゼル車より燃費が良くなったそうだ。

アメリカから輸入しなければ!!

一方、クイコミ・パンツの下流に、排気マニホールドからはるか離れて触媒を取り付けた1・5ℓエンジ

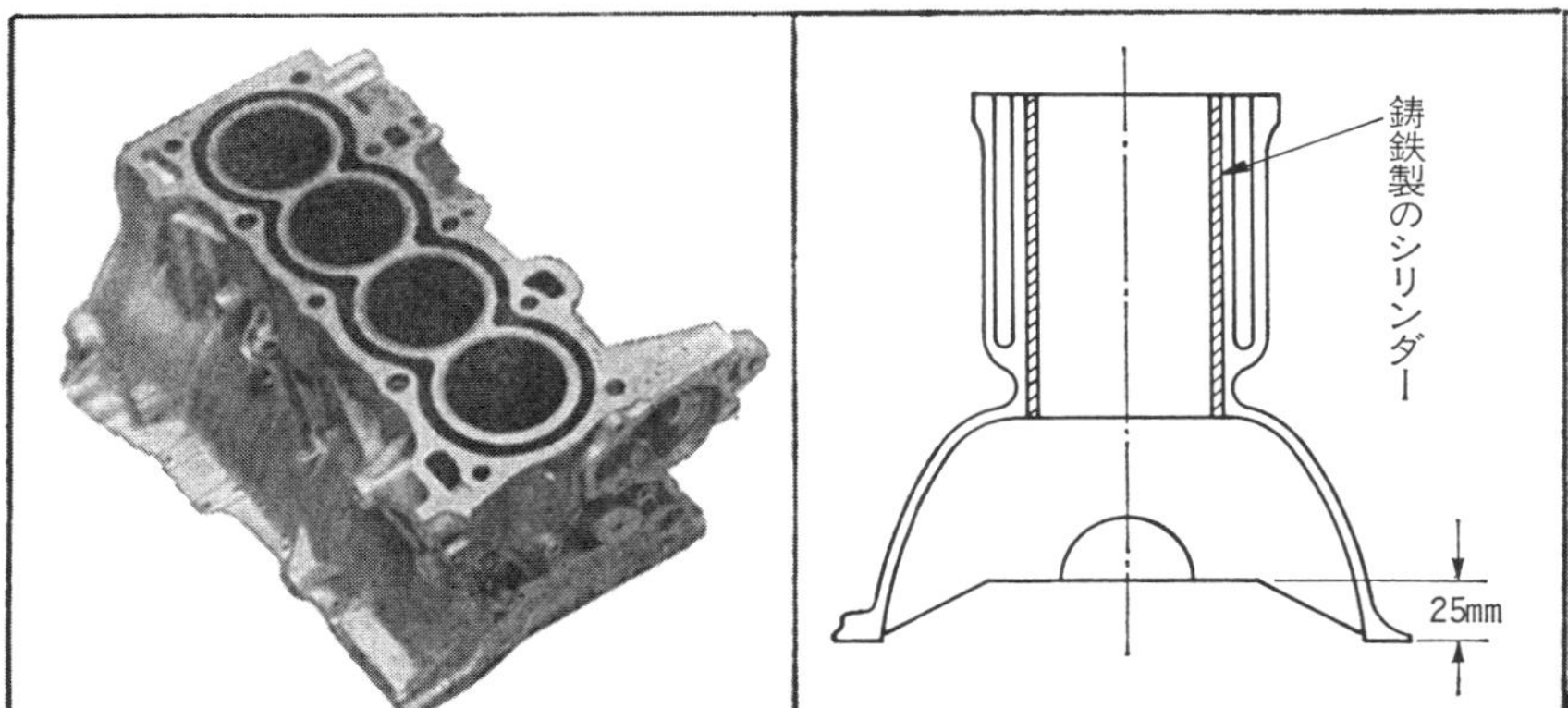

図17　ホンダEWエンジンのアルミダイキャスト・シリンダーブロック

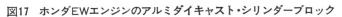

ンでは、10モードで規定される40km／hの低速、低負荷のとき排気ガスが冷えて触媒が働かず、毒ガスタレ流しが？

●シリンダー・ブロック――また極められる

このエンジンのシリンダー・ブロックはアルミ・ダイキャスト。（図17）試しに持ってみると軽い。片手で持てる。アルミの比重は鉄の1/3で、ネダンは鉄の3倍。だから同じ肉厚でシリンダー・ブロックを作れば同じネダンで出来るはずだが、アルミは鋳鉄よりいくらか弱く、それにヤングス・モジュラス（たわみにくさ）が鉄の1/3しかないので肉厚をふやさなければならない場所もあり、鋳鉄の半分の重さにできれば十分である。

現実には13kgも軽くできた。大成功である。ダイキャストという鋳造方法は鉄で型を作っておいて、溶けたアルミをピストンで押し込むのである。だから、タイヤキを作っていると思えばよい。そしてエンジンの素材がタイヤキを作るのと同じくらい早くできるのダ。鉄の型を精度よく作っておきさえすれば、カバーの取り付け面やボルトの座面などは加工不要である。もっと高い精度や平滑な面を要求される場合はもちろん機械加工しなければならないが、加工する量が少ないため、加工費が安くなり、素材費の上昇分は加工費で相殺されたそうだ。つまり同じ値段で13kgもエンジンを軽くできたのだが、問題が2～3ある。

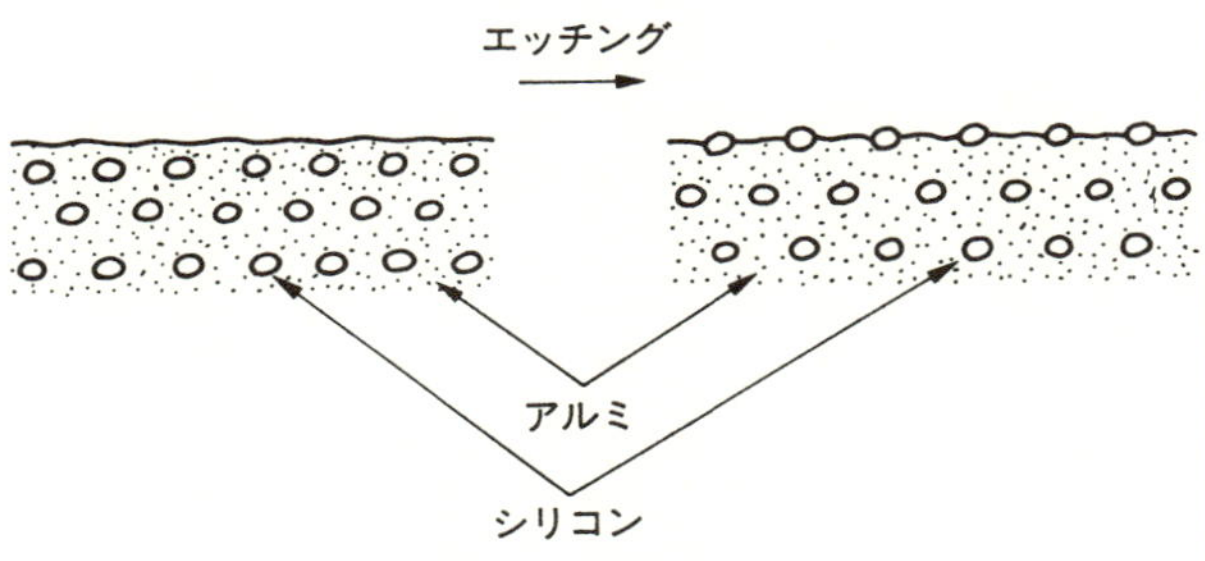

図18　アルミ・シリンダーの作り方

シリンダーの内面はピストン・リングで擦られるので、アルミのままではムシレてしまう。ホンダでは図17のようにあらかじめ鋳鉄製のシリンダーを作っておいて、それからダイキャストする「鋳ぐるみ」方式を採用した。

参考までに最先端技術を紹介すると、ポルシェ944の水冷エンジンではシリンダーはアルミのままである。どうしてムシレないかというと、シリコンの含有量を18％にまで高めると、アルミの中にシリコンは12％までしか溶け込めないから、過共晶（ハイパー・ユーテクチック）となり、残りの6％の硬いシリコンは粉ごなになってアルミ中に散在する。

この合金でシリンダーを作ってもやっぱり、ピストン・リングによってムシラれてしまう。機械加工したままのシリンダーは図18左のように硬いシリコンは軟らかいアルミ中に埋め込まれてしまって、せっかくの硬いシリコンが役立たないからである。そこでエッチングをする。エッチングとは、メッキとは逆方向に電流を流して図18右のようにシリコンが顔を出すまで電解するのである。こうするとシリコンの粒の間の谷間は油溜りとなり、摩擦は硬いシリコンが受け持つことになり、鋳鉄と同様の耐磨耗性とすることができる。

この技術はGMがアキュラッド法という鋳造技術と共に開発し、ベガのシリンダー・ブロックを作った。だが、急ぎ過ぎたせいか、GM始まって以来の大失敗作となり、GMミュージアムに残さないことに決まってしまった。

だが、ポルシェはカールシュミット社と共同してこの技術を復活完成させたのである。シリンダーとピストンが同じ材質で作れるということは同じ熱膨脹率だから、シリンダーとピストンとの間の隙間を小さくすることができる。隙間が小さければ当然にガス漏れやオイル消費を小さくできるし、ピストンがシリンダーをたたくピストン・スラップを小さくして、静かなエンジンとすることができる。そればかりか圧縮比まで高くすることができる。アルミは鉄よりも倍も熱伝導率が高く、アルミ・ヘッド同様に混合気の圧縮中に温度を上げないのでノッキングが起こりにくいからである。

ポルシェのシリンダー・ブロックはダイキャストではない。チルキャストかアキュラッドであろう。

ダイキャストはピストンで、溶けたアルミを金型の中に高速度で注入する。早く作れば安くなるのだが、早過ぎて金型の中の空気が逃げるヒマがない。空気中の酸素はアルミと化合してプラグのセトモノと同じアルミナとなり、非金属介在物としてアルミ中に混じり、残りの窒素は泡として残る。この泡が原因でダイキャストはチルキャストと比較して弱く、モロく、水や油がニジミやすくなる。

ところが今、アメリカ人が来ている。彼はダイキャストの金型にもう一つ孔を開けて、そこへ高速度でアルミを注入する。空気は孔から逃げるが、型がアルミで一杯になるとこの孔からアルミも逃げるので、アルミが来たらパッと孔を閉じる発明をして日本に売り込みに来たのダ。

外国人の発明で、しかもフォードが採用したのだから、きっとホンダもこの技術を採用することになると思う。とはオレの早トチリで、実は日本の宇部興産の発明であって、アメリカ人がパテントを買いに来ていたのだ。ゴメン。

ディープスカート・シリンダー・ブロックと称し、「クランク軸から25㎜スカート部を下げたことで、パワープラントの曲げ剛性が向上し、振動音に対して有利になりました。」とカタログに書いてあり、その形は図17であるが、これはだれが見ても超ミニスカートである。

エンジンとトランスミッションとの結合剛性が低いとドライブ中に共振してミッションを落とす。落ちない程度に剛性が低いと音がコモる。人の気分を悪くするコモリ音は1秒間に100回とか、それ以下の振動によって発生し、このような低周波音は後から対策しても何の効果もないから、最初からキチンと設計しておかなければダメである。

現物を見ると、このシリンダー・ブロックのミッション取付面は剛性が非常に高そうである。思わずウマイとウナッたが、それでも追加のステイが必要だったそうである。アルミは鉄の3倍もたわみやすいのだから、この程度のディープスカートでは不足で、女番長風のロングスカートが必要なのかも知れない。

●ピストン・リング——世界初の1本リング（圧縮）

オイル・ポンプは本書冒頭の項でホメた。ほかにもホメたいところがたくさんあるが、このエンジンのピストン・リングは自動車用としては世界最初であるので一言。

ピストンはシリンダー内に0・2〜0・3㎜の隙間で入っている。隙間がないと焼き付いてしまう。隙間があるとそこからスカスカにガスが漏れるのでピストン・リングを入れる。ピストン・リングはC型をしていて、ピストンに入れるとムリヤリ丸くしてしまうのだが、どうしても最後には図19のようにリングの両端に合口隙間ができてしまう。もちろんここから矢印のようにガスは漏れる。ピストンの下降行程では油が燃焼室の方へ漏れてしまう。精度を上げればガス漏れやオイル消費は減るが、それにも限界があり、2本の圧縮リングとオイル・リング1本の組合わせにする必要があった。が、3本のピストン・リングを使うことに

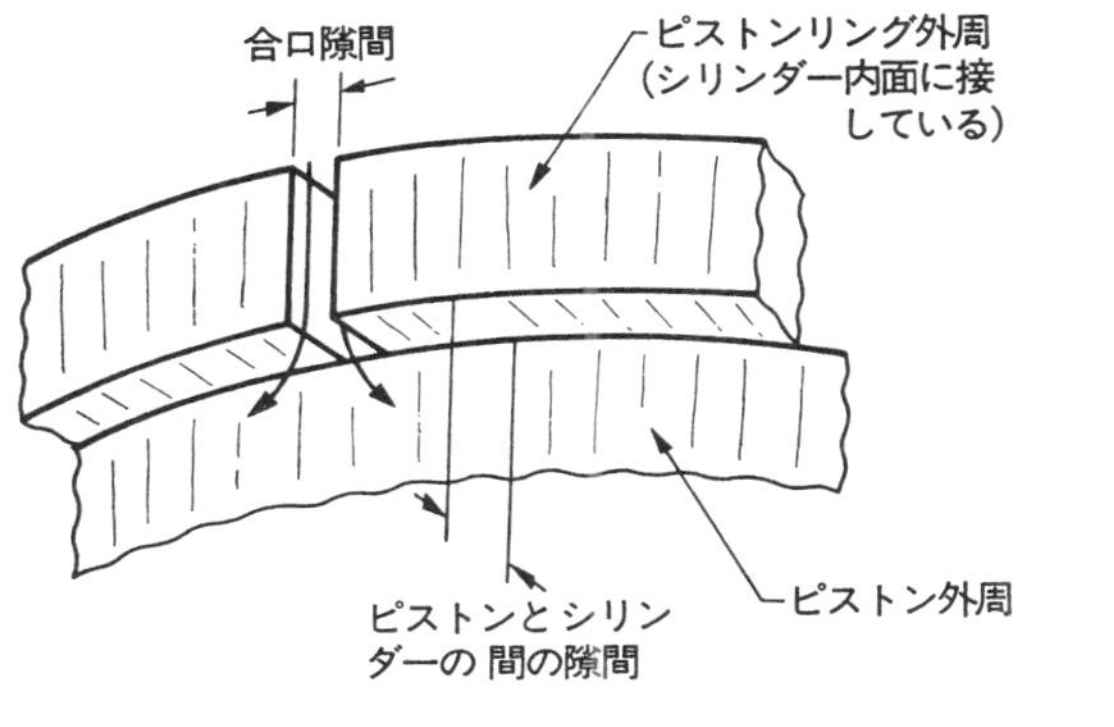

図19　ピストン・リング合口からの漏れ

図20　ホンダの新型圧縮リング

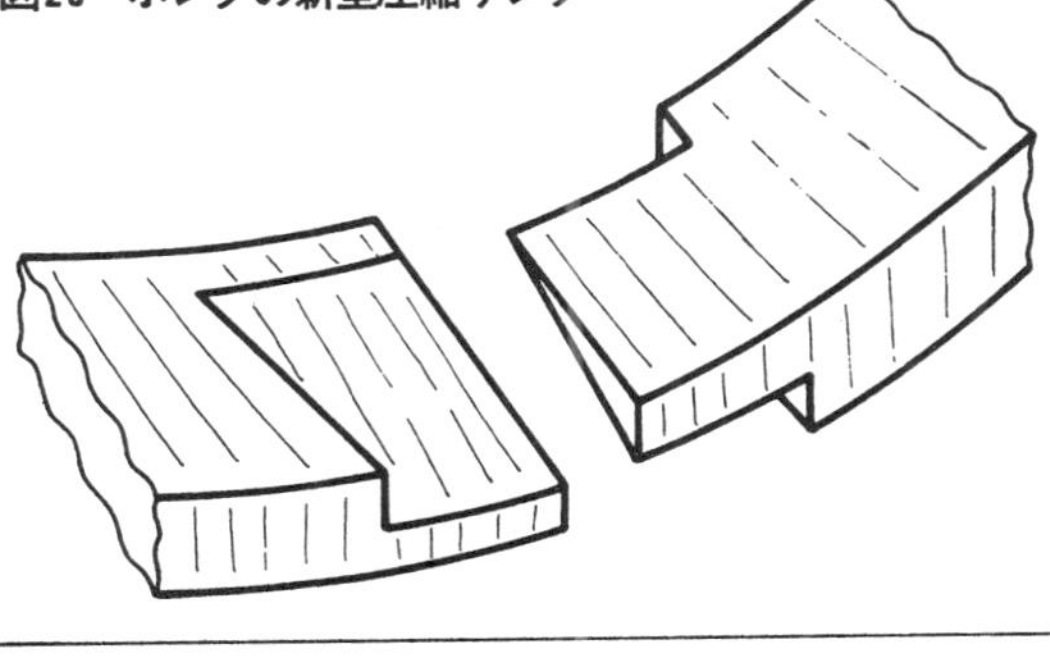

よってピストンの背が高く、重くなって、フリクションも増えれば音も高くなるので面白くない。そこで2本ある圧縮リングを1本だけにできないか、との要求が生まれ、要求があれば発明が生まれる。

図20は、ホンダの輸出仕様のピストン・リングの合口部の自由状態である。これをピストンに装着してからシリンダーに挿入したときの断面図が**図21**。図の右はピストンの圧縮または膨脹行程を示し、複雑な合口形状としてもガス漏れは従来のものと変わりなく漏れる。ところがピストンの下降行程ではアミ部の三角が漏れ止めをしてオイルがシリンダー上部に流れるのを防止している。オイル消費は$^1/_4$以下になったと思う。

ここで疑問に思うのは、なぜオイル・リングがついているのに1本だけしかない圧縮リングに圧縮リングの性能を増大させるのではなく、オイル・リングとしての機能をつけ加えねばならなかったのか、である。

オレもホンダ同様に新しいこと大好きエンジニアで、もちろん、圧縮リング1本、オイル・リング1本だけのピストン・リングに挑戦した。が、このとき分かったのは、1本だけの圧縮リングでも精度さえ高めれば、ガス漏れは2本の圧縮リングと同等のレベルまでに減らせることだ。が、オイル消費が多くて断念したのであった。つまりもう1本のセカンド・リングは圧縮リングとしての機能よりはオイル・リングとして機能していることが分かった。国内向けにはこのリングは使っていない。

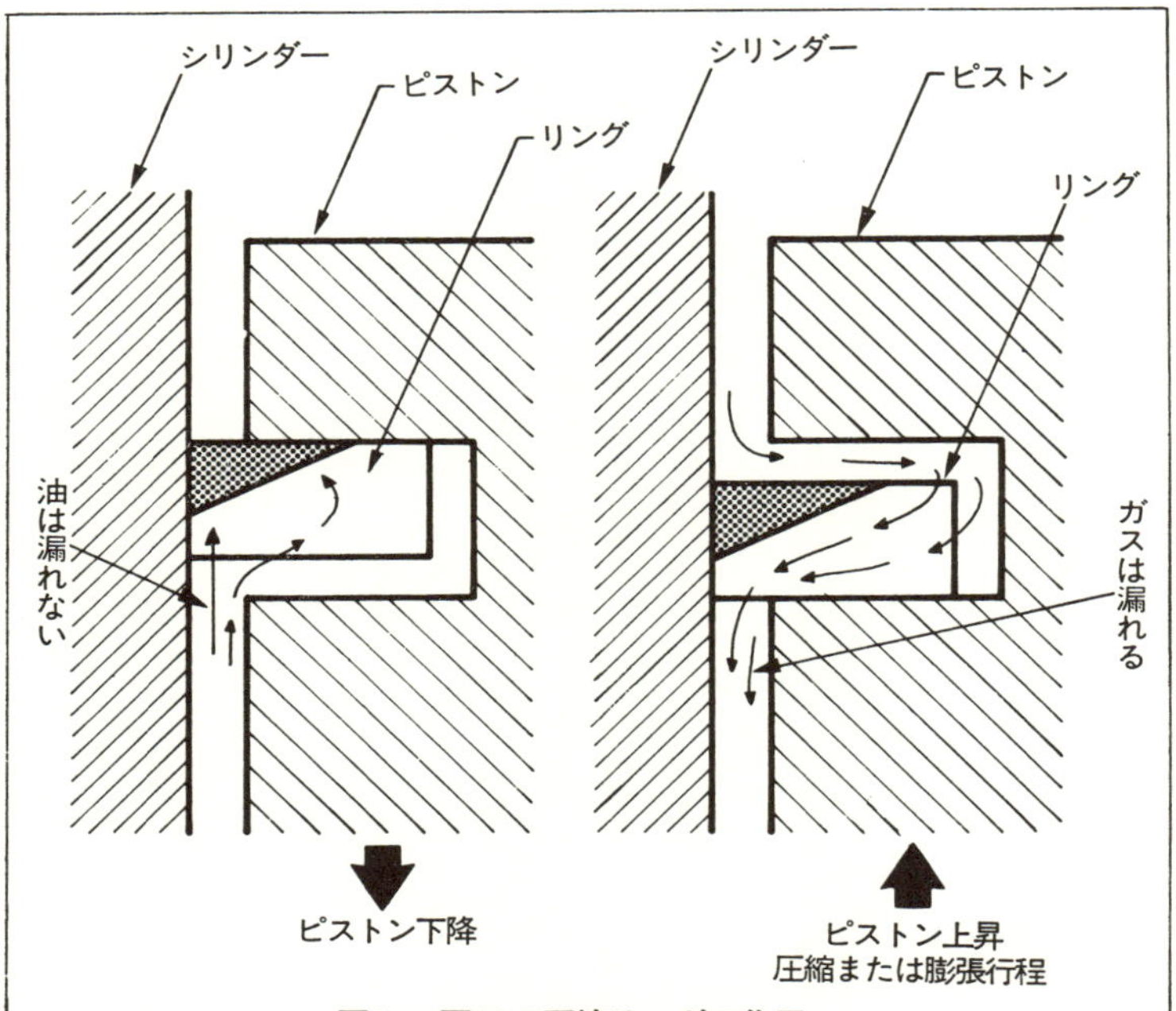

図21　図20の圧縮リングの作用

図22　ガス漏れもオイル消費も減るリング
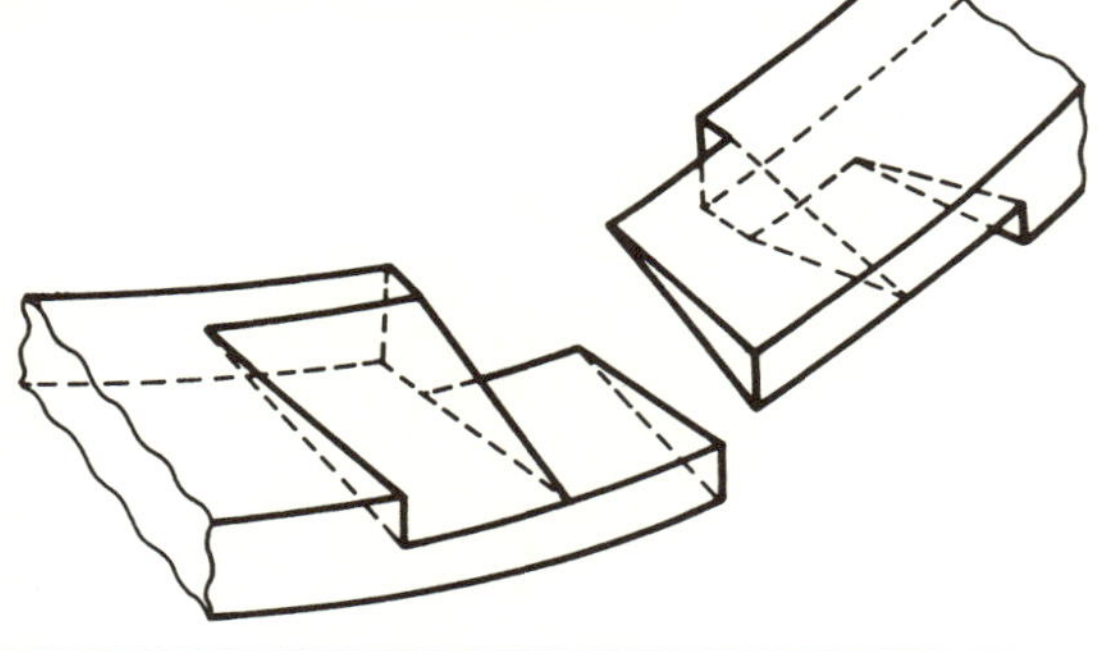

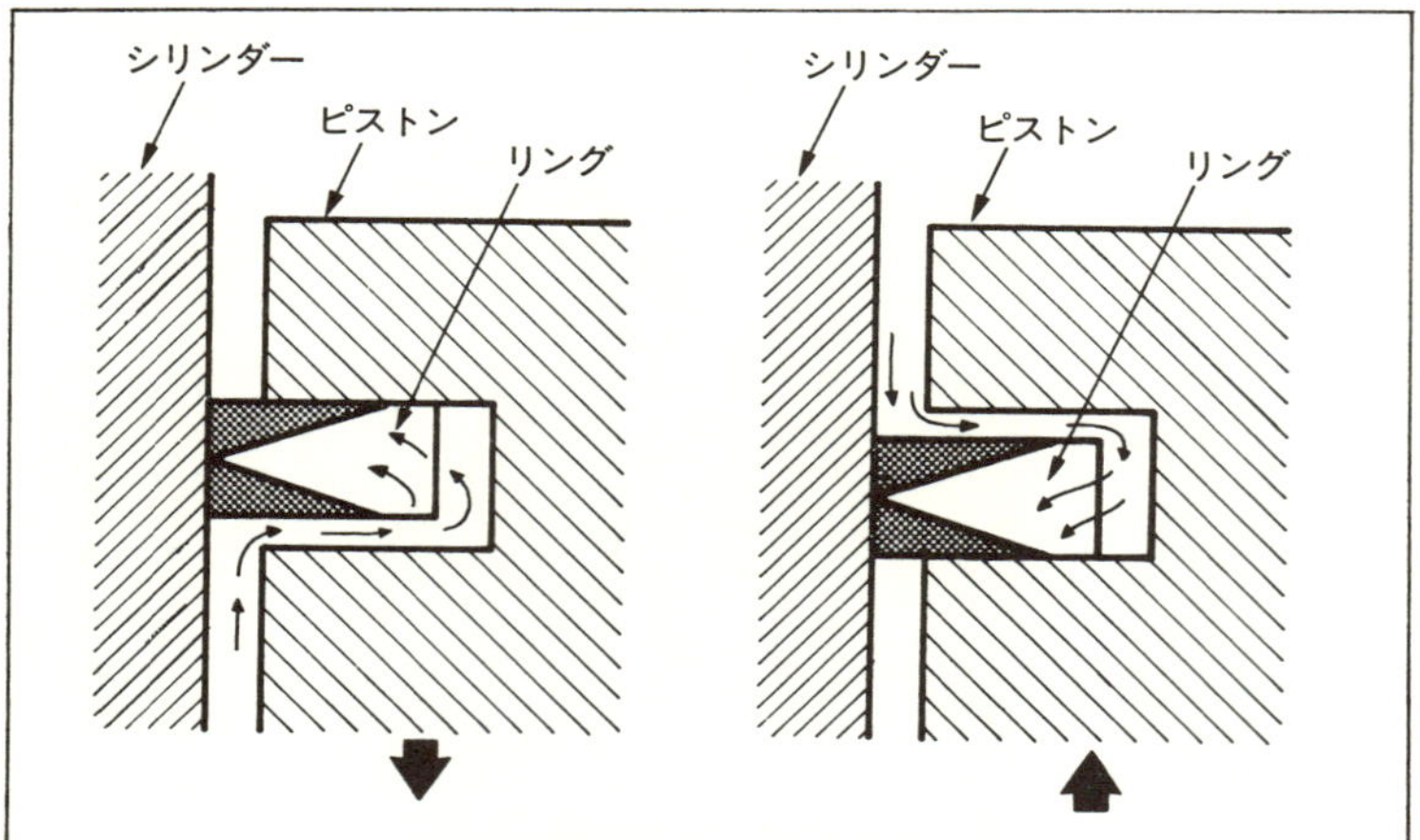

図23　図22のリングの作用

ホンダは日本のユーザーをバカにしているのだ。というよりはアメリカ市場での〃低燃費はホンダ〃のイメージ作りに熱中した結果だと思う。

オイル消費もガス漏れも止めるには図22のように三角のベロを合口の両側に突き出せばよい。そうすれば図23のようにガス漏れもオイル消費もなくなるリクツだ。とばかりに、オレはパテントを出願したのだ。が、オレより先にリケンが出願していた。そこでリケンに聞いてみると、メンドクサクテ作る気がしない、ダッテ。リングの発明はリング屋にまかせるべきだ。

ピストン・リングは合口から漏れるのでやむを得ず圧縮リングを2～3本使っているのダ。キャタピラー社のエンジンは圧縮リング1本だけ。ピストン・リングの数をへらせばもちろん摩擦損失は少なくなり、ピストンも軽くできる。そればかりでない。過給エンジンに最適なのダ。

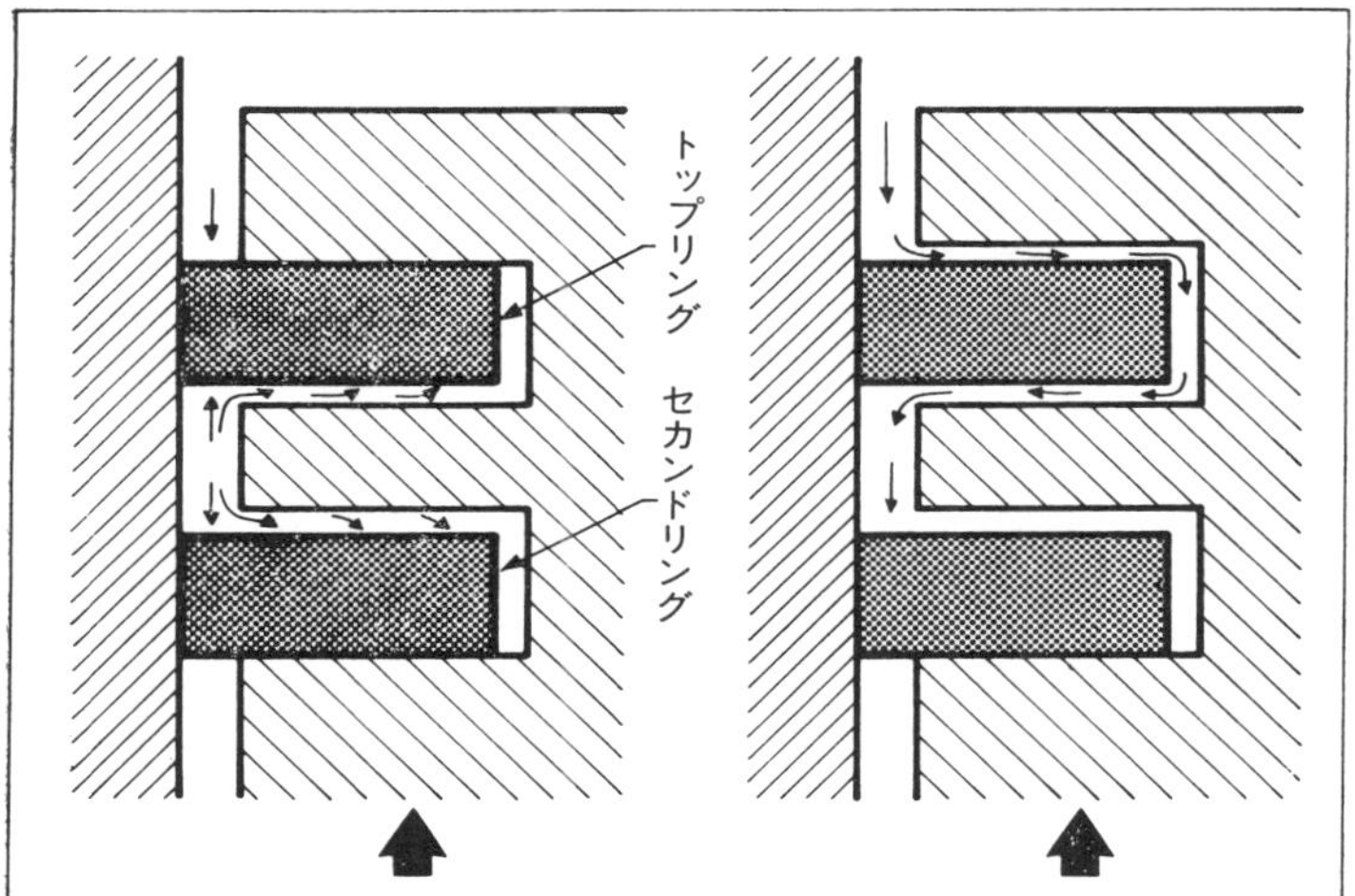

図24　過給エンジンのリングの動き

過給エンジンでは、ガス圧力が高くなり余分に漏れる。漏れたガスはトップ・リングとセカンド・リングとの間に高い圧力で閉じ込められ、圧縮行程のときでもトップ・リングは図24左のようにリング溝の上側に押しつけられてしまう。燃焼圧力が高くなると、トップ・リングの上側の圧力でリングは下の図23右のように動かされる。このとき2000℃の高温ガスが矢印のように大量に漏れる。ピストン・リングはリング溝下面をたたき、またバウンドし、リングの機能を失うリング・フラッターを起こすのだ。

●蛇足の感想――CR-XはなぜFFとしたのか

FFはFRに比べて高速操縦安定性が劣る。これはもう常識であって、フロント・タイヤではパワードリフトのかけようがない。

だからトヨタでは同系列にFF車があるのにスポーティなトレノやレビンではFRにしたのだ。

ホンダのいうMM思想の Man-Maximum とは人間のための空間をマキシマムにすることであって、人間の生命を守る、安全のための高速安定性は Maximum ではない。と思いながらドライブしたが、腕が悪いせいか、点数が足りないせいか、気持ちよくドライブしただけで欠点を見つけ出すことはできなかった。FFの技術を極めたと思う。

それでもスポーティな車はFRにすべきと思う。その安全性や走行安定性は、その極限状態を競うレースやスラロームのような遊びによって証明される。その証明された技術によって作られた車は極限状態で強く、「長生きをしたい人はホンダ」というキャッチフレーズを作らなければいけない。

この原稿を書いている途中で、シビック/バラード（CR-X）がカー・オブ・ザ・イヤーを受賞したことを知った。

ホンダの若さあふれるエンジニアたちはカーキチであり、技術もさることながらカーキチの心を知っていて、スタイル、音、乗りごこちやドライブ・フィーリングは心にくいまでカーキチを喜ばせる味付けがしてある。それが賞に結びついたものと思う。――オメデトウ。

それにしてもCVCCは古い。もうその役割は終わった。ハニワにどんな色つけをしてもやっぱりハニワだ。新しい社長の下で新しい技術を創造して、来年もカー・オブ・ザ・イヤーを取ってほしい。カーキチとカーキチでない人はそれを待っているのダ！

ホンダZCエンジン

チューンアップの〝芸〟は立派だが次はホンダの〝技術〟を見せてほしい。

若いヤツほど頭が堅いというのが、若者の集団、ホンダはバカのひとつ覚えみたいにマホーのタコツボ、CVCCにこだわり続け、MR2の前にシビックもCR-Xも影が薄くなり始めた今、MM思想の迷いからやっと目がさめたのか、オレタチ待望のDOHC4バルブ・エンジンで勝負に出た。

F1レーシングカーをドライブしたい、ヘアピン・カーブでタイヤをキシませながらカウンターステアできり抜け、数万の観衆の前で栄光のチェッカーフラッグを受け、シャンペンに美女のキッス——の夢を見るには、F1を設計したその人が設計したクルマをドライブする以外にはない。ニッポンのホンダがその正夢を1400万円ではなく140万円で売るのだ。と感激の涙を拭いてシラケタ眼差しでZCエンジンをみつめよう。

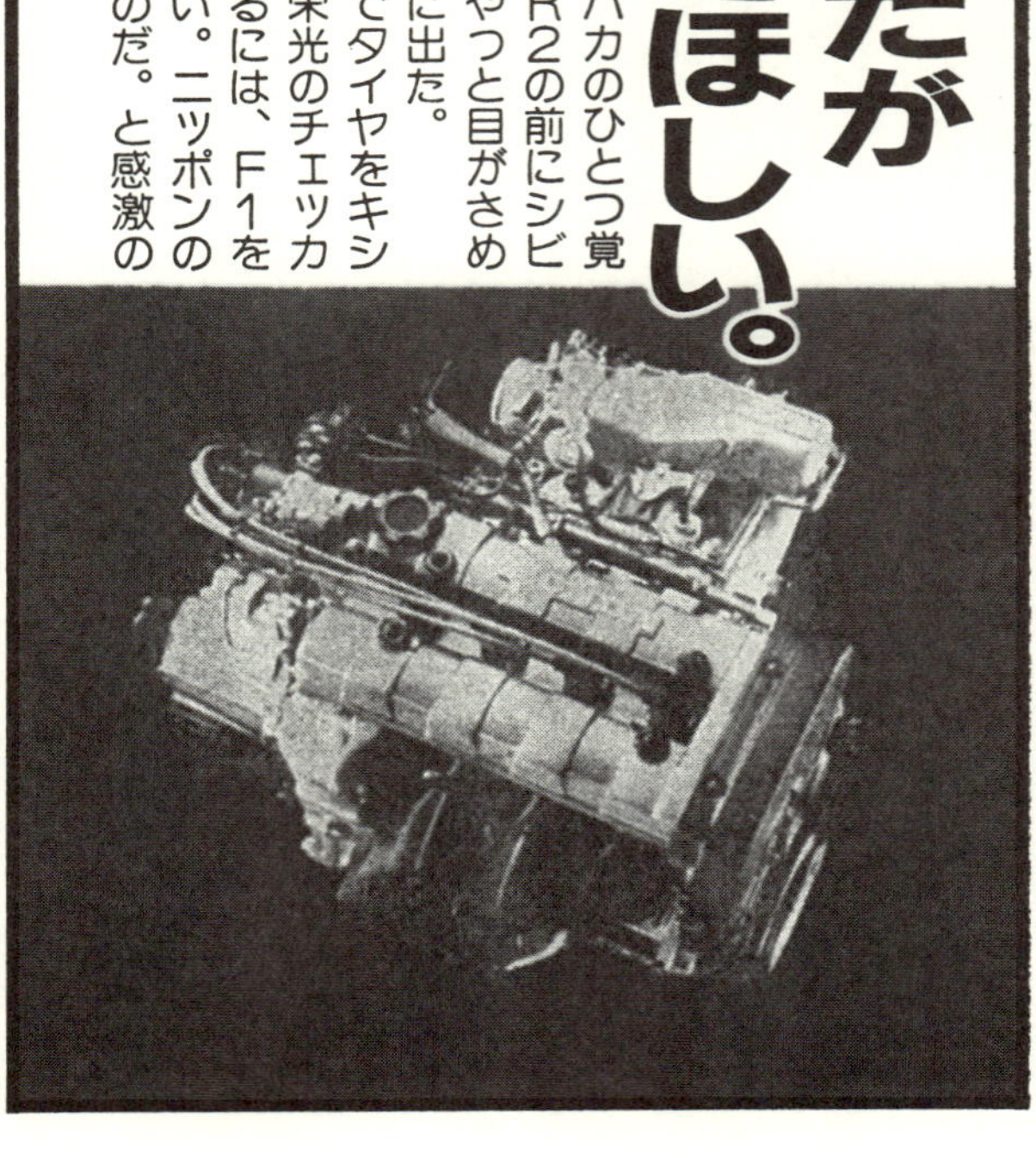

●本妻とメカケ

本妻よりメカケのほうがキレイに決まっているし、トヨタDOHC16バルブよりも1年以上も遅れて出現した、ZCエンジンを載せたシビックSiが、0—400mを15・55秒とMR2より0・5秒も速くて当たり前である。が、ホンダのエンジニアにいわせれば、ライバルより5ps高い135psとすることは、汗と涙と残業と休日出勤の結晶なのだ。

しかし、オレにいわせてもらえば、頭を使わなくてもリッター当たり85psを出せることが分かった。

それを技術史フウに説明すると——。

エンジンのパワーアップ法は、1秒間にどれだけ多くのガリソンを燃やせるかで決まってしまう。

ガソリンを燃やすには酸素が必要で、その酸素は空気中にタダでいくらでもある。そして空気を大量に吸入できるエンジンが、ハイパワーということになる。

排気量1・6ℓのホンダZCエンジンは、2回転ごとに1・6ℓの空気を吸入し、排気する。2000rpmでは毎分1600ℓ、7000rpmでは毎分5600ℓもの空気を吸入し、吸入した空気重量の1/14のガソリンを燃やして、その1/4を馬力にするのだから、無過給エンジンでは馬力は回転によって稼ぐよりほかに手はないのである。

昔のエンジンはサイドバルブ（SV）といって、**図1**—1のようにシリンダーのサイドにバルブがあった。これは構造は簡単であるが、入口で90度、バルブのところで90度、さらに燃焼室からシリンダーに向かって180度、空気の流れの方向転換が余儀なくされる。流体も池田理代ちゃんのように気分の方向転換はニガ手で、**図2**のように曲り角では勝手に絞り（スロットル）を作って流れる。

サイドバルブ・エンジンを高速回転させようとしても、3か所のスロットル・バルブによって空気の流れを絞るようなことになり、これでは

3000rpmがせいぜいであろう。これに固執していたT型フォードは、図1—2に示すオーバーヘッドバルブ（OHV）のシボレーにそのシェアを奪われることになった。

OHVでは空気の流れはスムーズで、SVよりも高速はよく伸びたが、高速になるとバルブが踊り始め、ついにはコワレてしまう欠点があった。これは**図3**に示すように、長いプッシュロッドがカムによってバルブを加速するとき、加速力によって縮み、加速が終わると縮んでいたプッシュロッドは次に勢いよく伸びて、まるでスキー選手の足のようにバルブをけり、ジャンプさせる。ジャンプの繰り返しの後、バルブは弁座にしたたかにたたきつけられコワレるリクツだ。

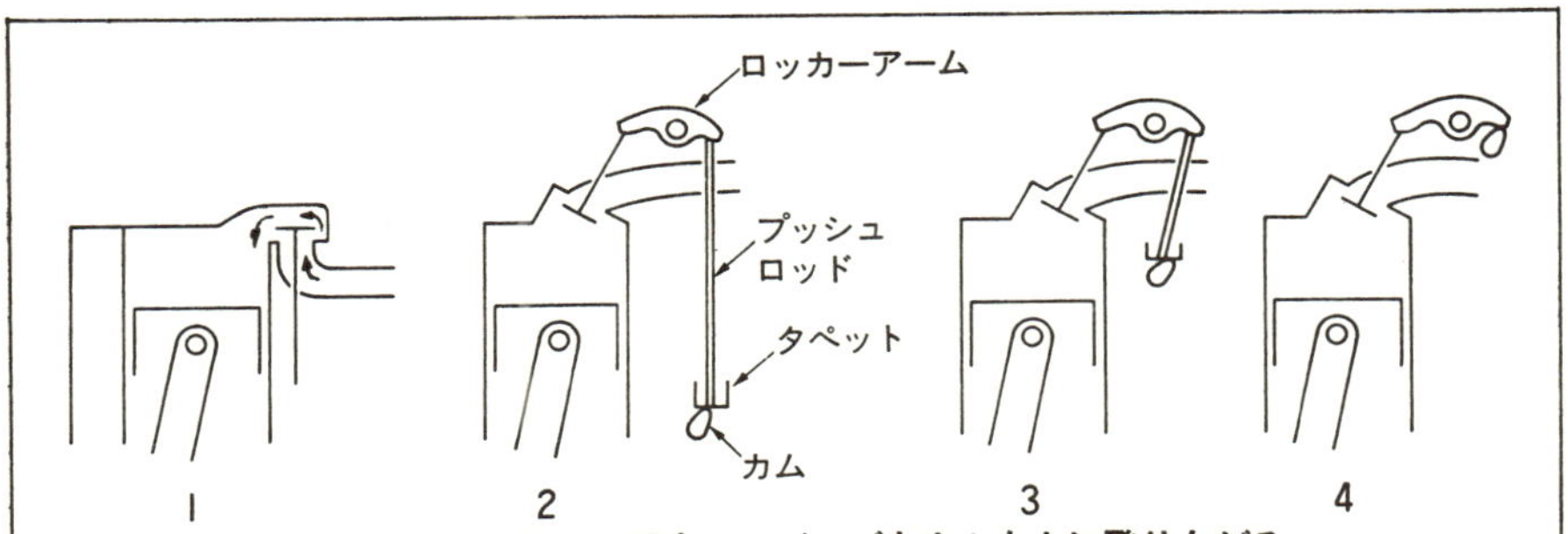

図1　エンジンの歴史——バルブもカムも上に登りたがる

回転を上げようにもピストンが重くて上がらない、大型トラック用ディーゼル・エンジンは、今でも全部がOHVであるが、回転を上げたいガソリン・エンジン屋は、次にプッシュロッドを短くしたハイ・カム（図1—3）にしたが、**図4**のようにバルブを開くときはカムでムリヤリ開くが、閉めるときは弁ばねで戻してやろうと思っても、タペット、プッシュロッドやロッカーアームの慣性力で戻しきれなくなり、バルブは勝手にジャンプして弁座にガチャンと衝突してしまうのだ。

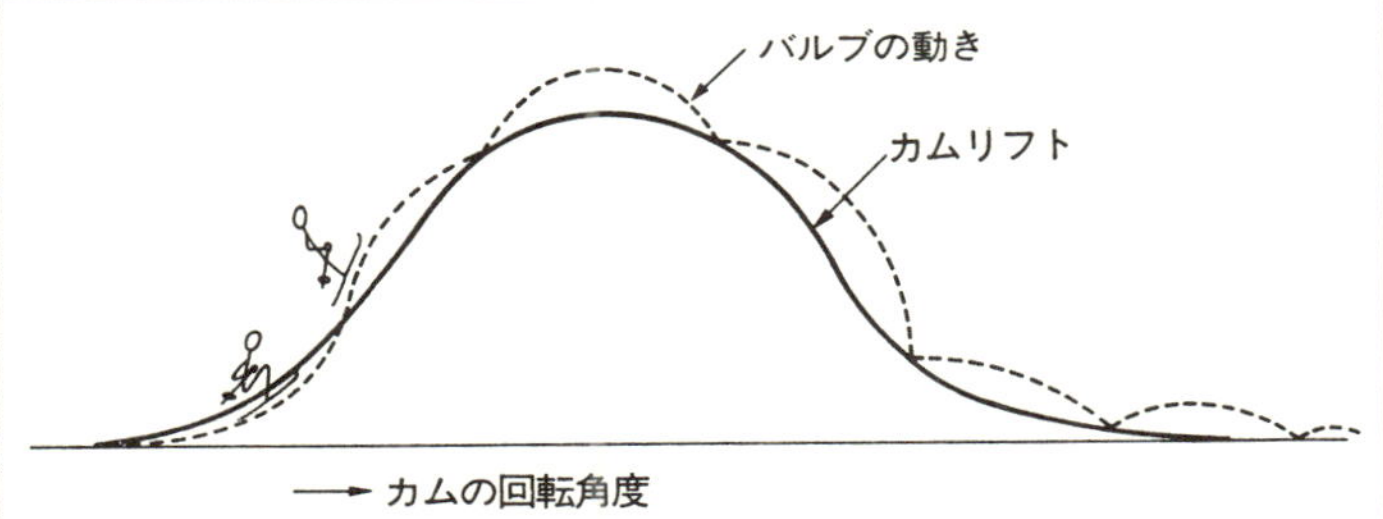

図3　長いプッシュロッドはバルブをジャンプさせる

図2　気をつけろ、空気は急に曲れない

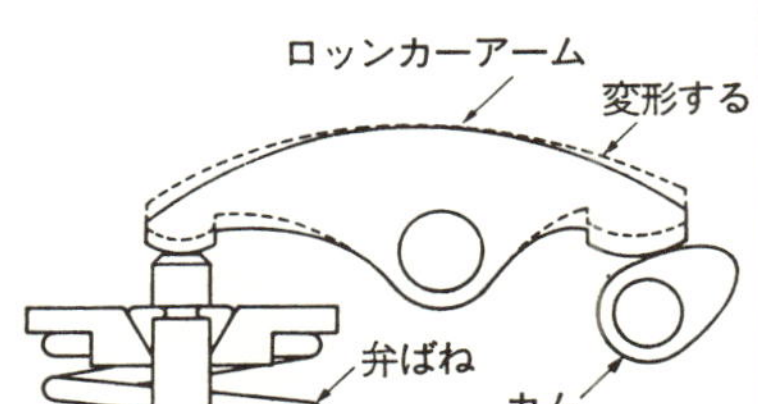

図5　ロッカーアームも変形してジャンプの原因

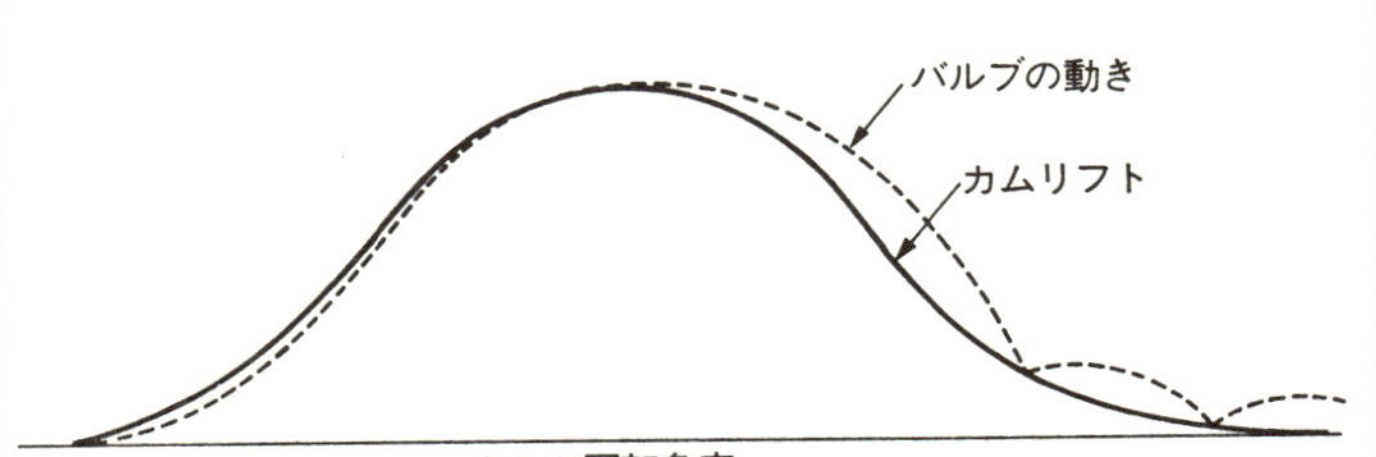

図4　プッシュロッドを短くしても

ついに頭にきたガソリン屋は、図1—4のようにカムを頭にもってきた。オーバーヘッド・カム（OHC）である。今度はタペットもプッシュロッドもなくなり、軽量化されたので慣性力は小さくなり、弁ばねに逆らってジャンプすることはなくなり、もっと回転は伸びたが、高回転では**図5**のようにロッカーアームは曲がり、これが飛び込み台のジャンピング・ボードのようにバルブを弾き飛ばし、線図で示すと、図3のようにバルブはアバれる。

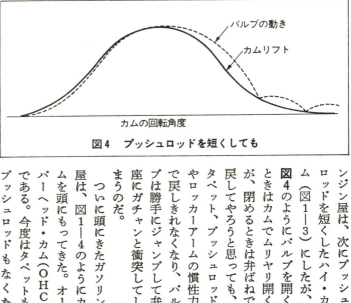

ロッカーアームの支点とバルブとの間をカムで押す**図6**の形では、スイングアームと名前を変えるが、これとてアームが変形しないわけではなく、アバれる原因は残っていることになる。

しかし、現実にはバルブがアバれ出す前に、バルブの有効面積が不足してミクスチャーがシリンダー内に流入せず、パワーは頭打ちになってしまうので、もっと回転を上げるには**図7**のように4弁にして、バルブの有効面積を稼がなければならない。そして燃焼室をペントルーフ型にし、ことのついでにカムをもう一本ふやしてDOHCとすると、プラグがピッタンコ燃焼室の中心に収まって、燃焼に都合がよいばかりか、ホンダのエンジンらしくなく、プラグの交換までラクである。これでホンダの16バルブZCエンジンのレイアウトは出来上がったワケだが、ロッカーアームの変形を嫌う設計者は、**図8**に示すダイレクト駆動方式とする。

これならば重量が軽いばかりでなく、バルブとカムの間にあるタペットは変形しないから、もっと回転を伸ばせるリクツである。だからトヨタ、ニッサン、ベンツ、サーブ、プジョー、ボルボ、BMWのDOHC 4弁エンジンはミーンナこのシカケを使っているのだ。

ところがもっと回転を上げていくと、やがて弁ばねがサージングして折れてし

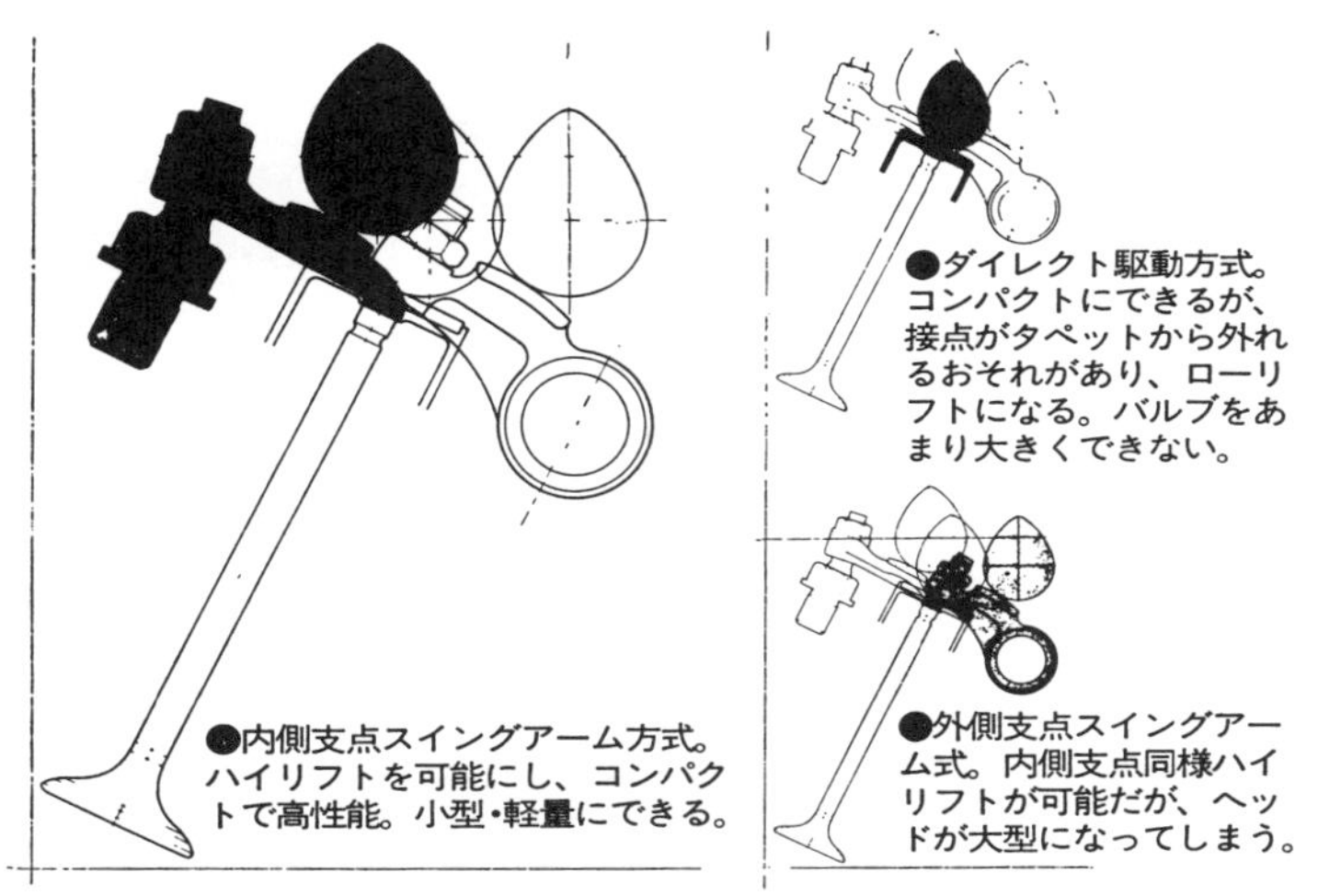
●ダイレクト駆動方式。コンパクトにできるが、接点がタペットから外れるおそれがあり、ローリフトになる。バルブをあまり大きくできない。
●内側支点スイングアーム方式。ハイリフトを可能にし、コンパクトで高性能。小型・軽量にできる。
●外側支点スイングアーム式。内側支点同様ハイリフトが可能だが、ヘッドが大型になってしまう。

図6　DOHCにはスイングアームがよく似合う

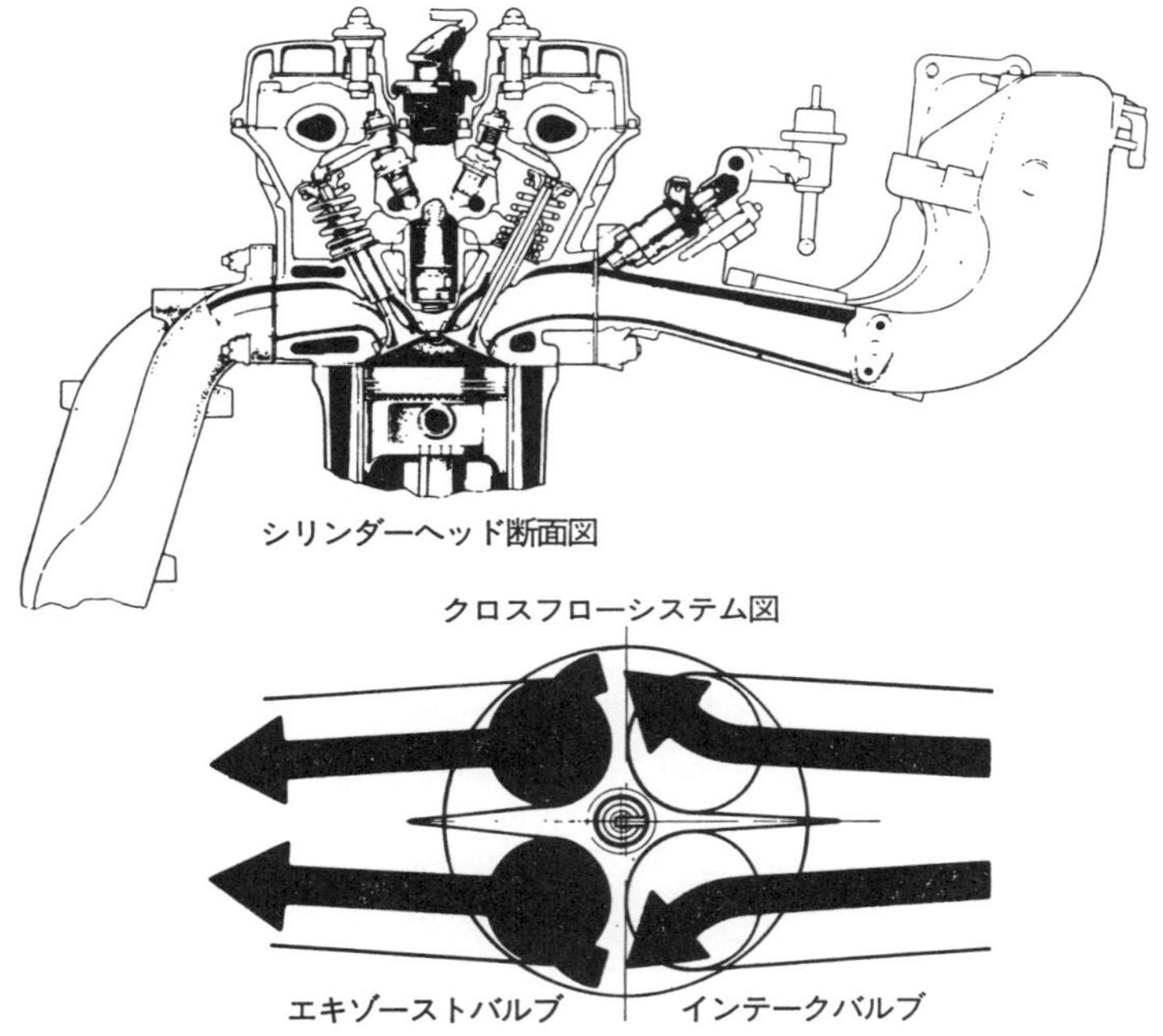
シリンダーヘッド断面図
クロスフローシステム図
エキゾーストバルブ
インテークバルブ

図7　ホンダZCエンジンのスイングアーム式DOHC

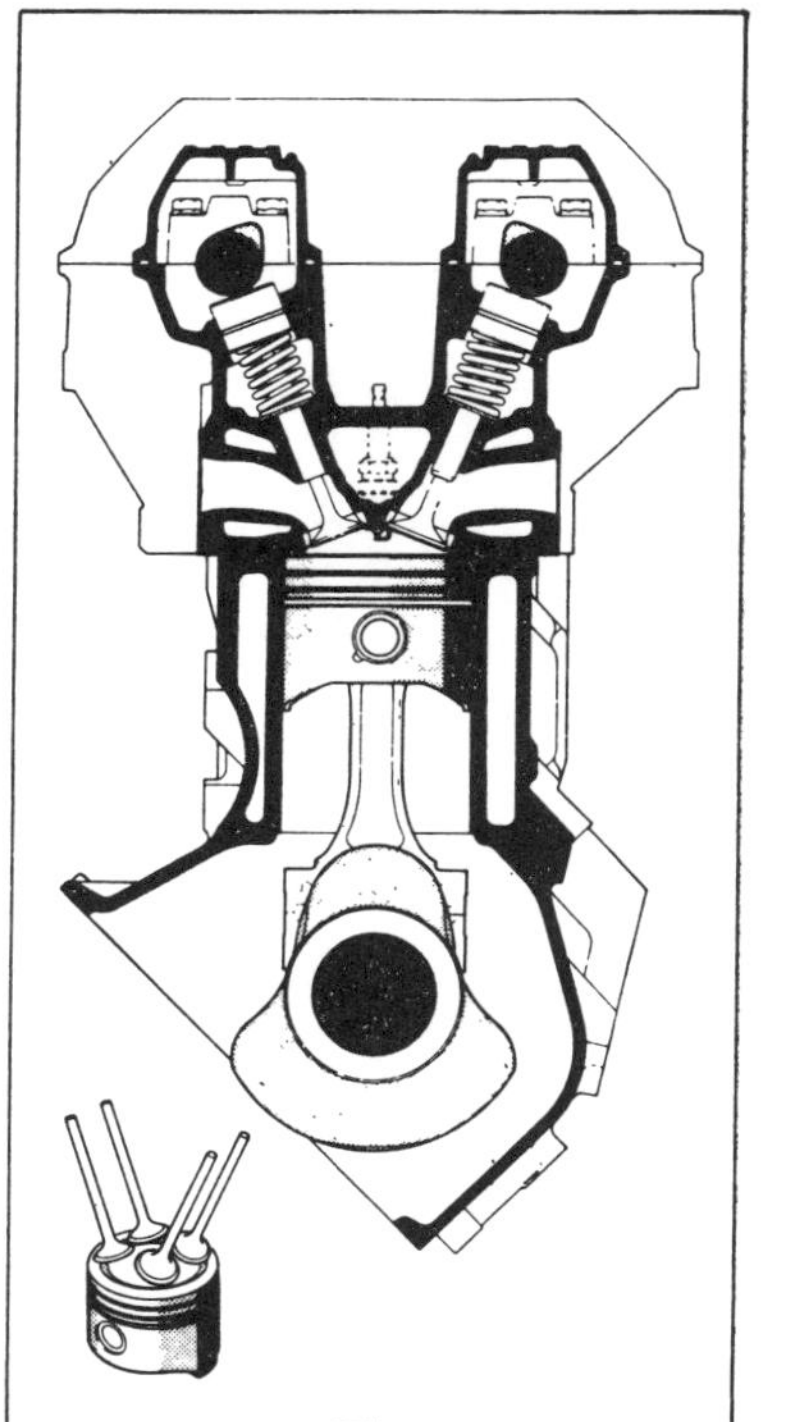

図8

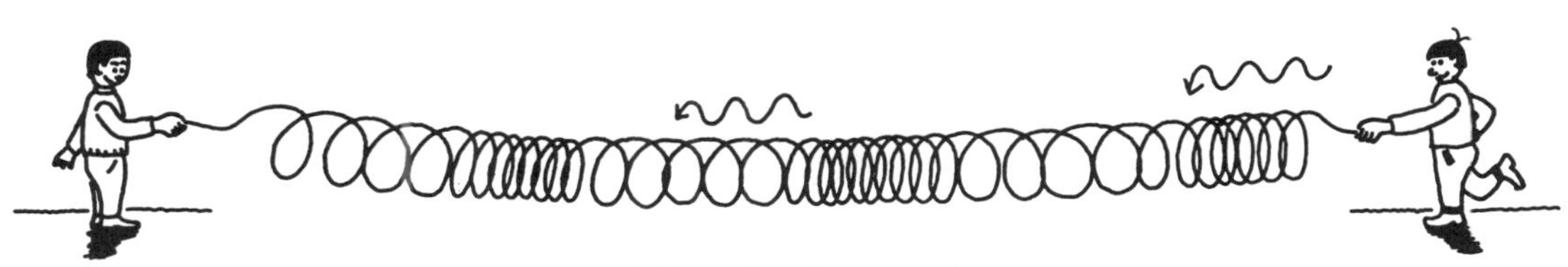

図９　ばねのサージング

まうのである。

サージング（波うち）とは、小学校か中学校で実験しているはずであるが、図9のように長いばねの一端を弾くと、ばねの一部が密になり、将棋倒しのように密の波が他端に向かって飛んでいくことである。

弁ばねのようにカタイばねでは、波の飛ぶ速度が速すぎて肉眼では見ることができないが、サージングが発生すると密になったところで、ばねにムリな力が発生し、ばねが折れてしまうのである。

弁ばねの巻数を減らすとサージング発生速度は向上するが、それでも限界があるので、よく調べてみると、カムの形にも原因があることが分かった。

エンジンを設計するとき、本当にコンピューターが必要なのは、カムの形の計算だけである。それは、カム・プロフィールは図10のようにいろいろな形のサインカーブを重ね合わせてあるからだ。だから、ばねがサージングするときの波の形（振動）とカムの形の中にある波の形が一致したとき、共振してサージングが発生するのだ。

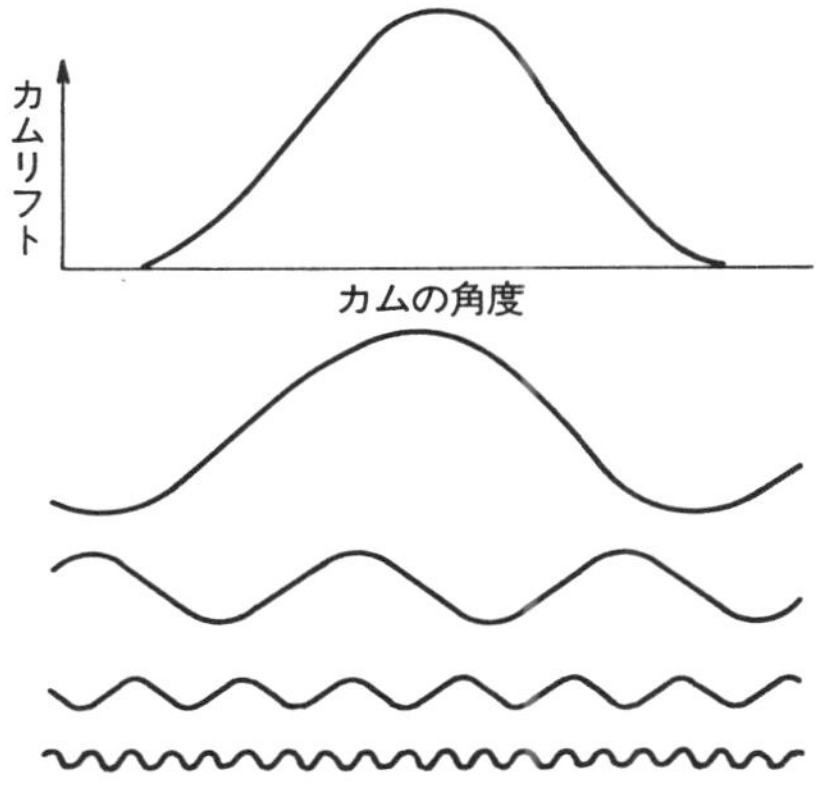

図10　カムの曲線はサイン・カーブの組合せでできている

ばねがサージングするときの波の形は、図10の一番下の速く振動するサザナミで、トヨタではその速く振動するサザナミ（高音）をなくして、低音だけでハーモニーを作ることを考え、ハーモニック・カムを開発した。

ホンダのこのカムもその技術のマネをすべきである。

もっと回転を高めたいレーシング・エンジンでは、ランチアのようにヘアピンばね（図11、センタク挟みのばねと同じカタチ）やパナールが使っているトーションバーばね（図12）を使うことになる。これらのばねは、力を受ける先端部が軽いので、たたくとピーンと高音を発し、もうカムによって共振させられる心配はいらないのである。

ところが、毎分タッタの65回転でしかないスルザー舶用エンジン

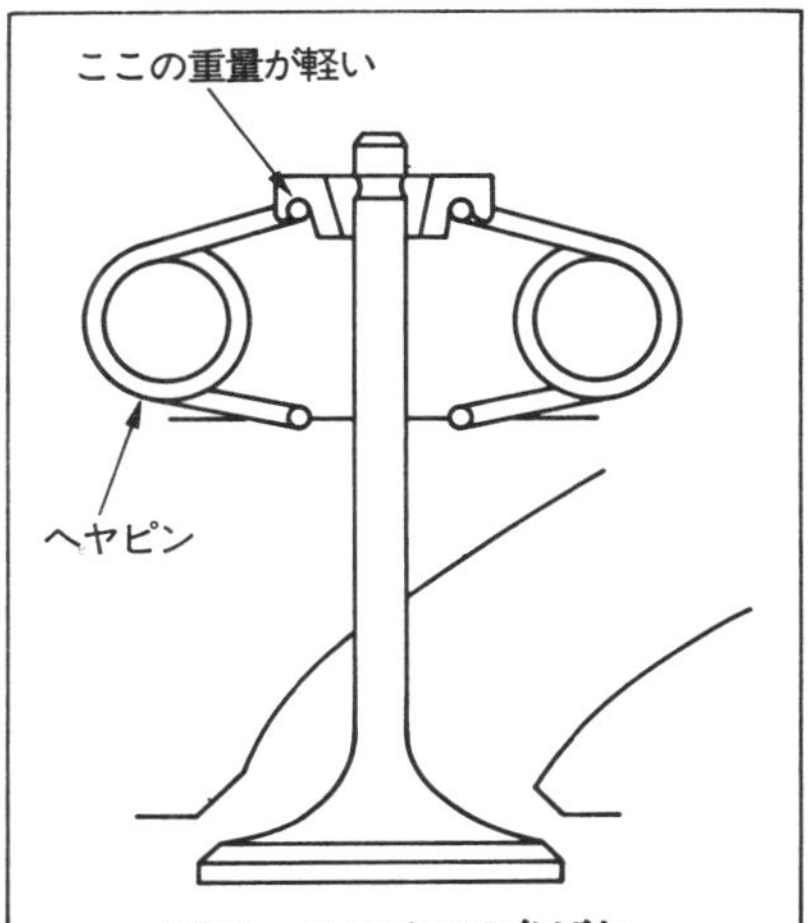

図11　ランチアの弁ばね

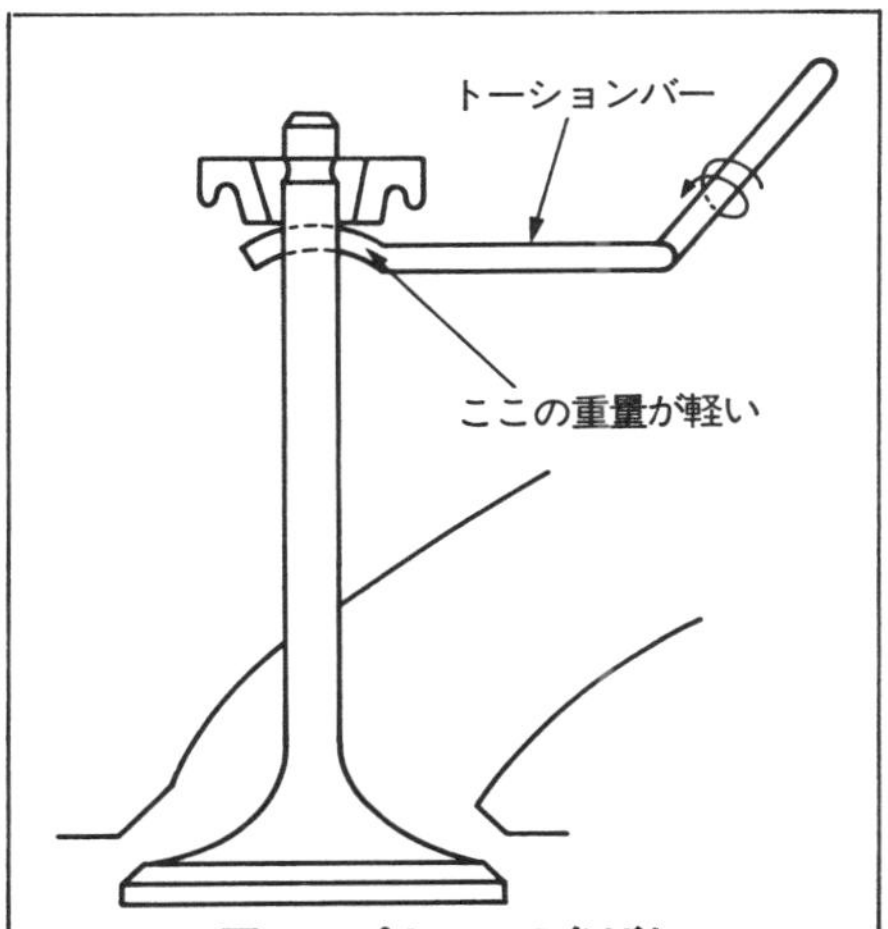

図12　パナールの弁ばね

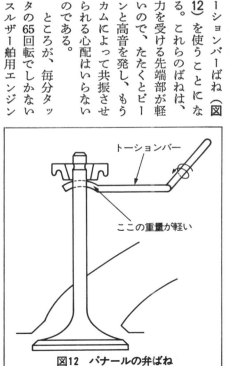

(ボア0・84m、ストローク2・4m)では、弁が重く、リフトも大きいのでトーションバーでも振動が発生するとみえて、一番軽いばね、鋼の1／8000の重さの圧縮空気を使った空気ばねを使っているのだ(図13)。

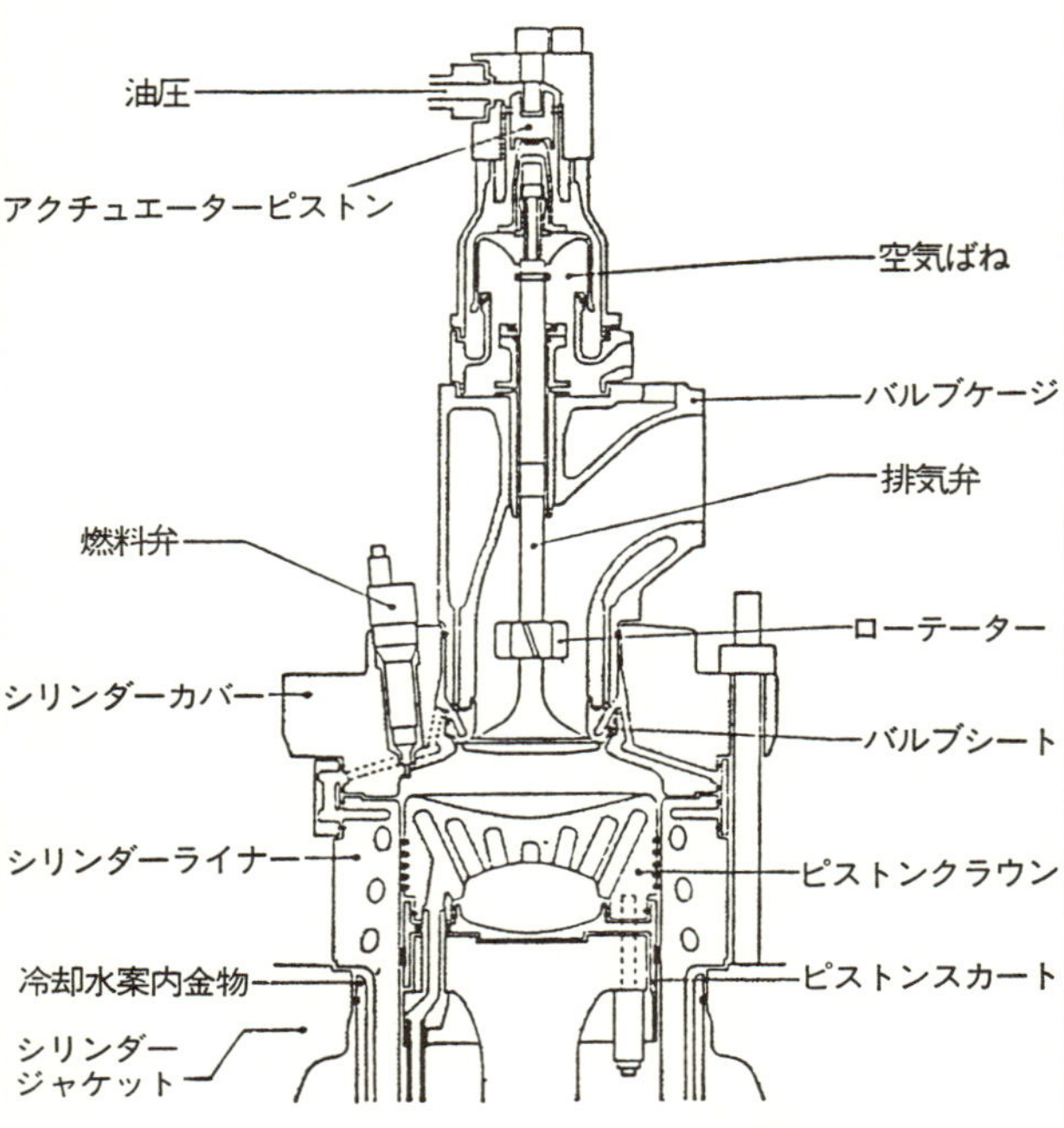

図13　船用大型エンジンの弁用空気ばね

また、かつてレースで絶対に負けたくないベンツは、ばねを使わない動弁機構、すなわちカムで弁を開き、閉じるときは別のカムで無理やりに引き戻すシカケ(図14)、デスモドローミック方式を採用したW196でヒタスラに勝ち続けた。30年前のことである。

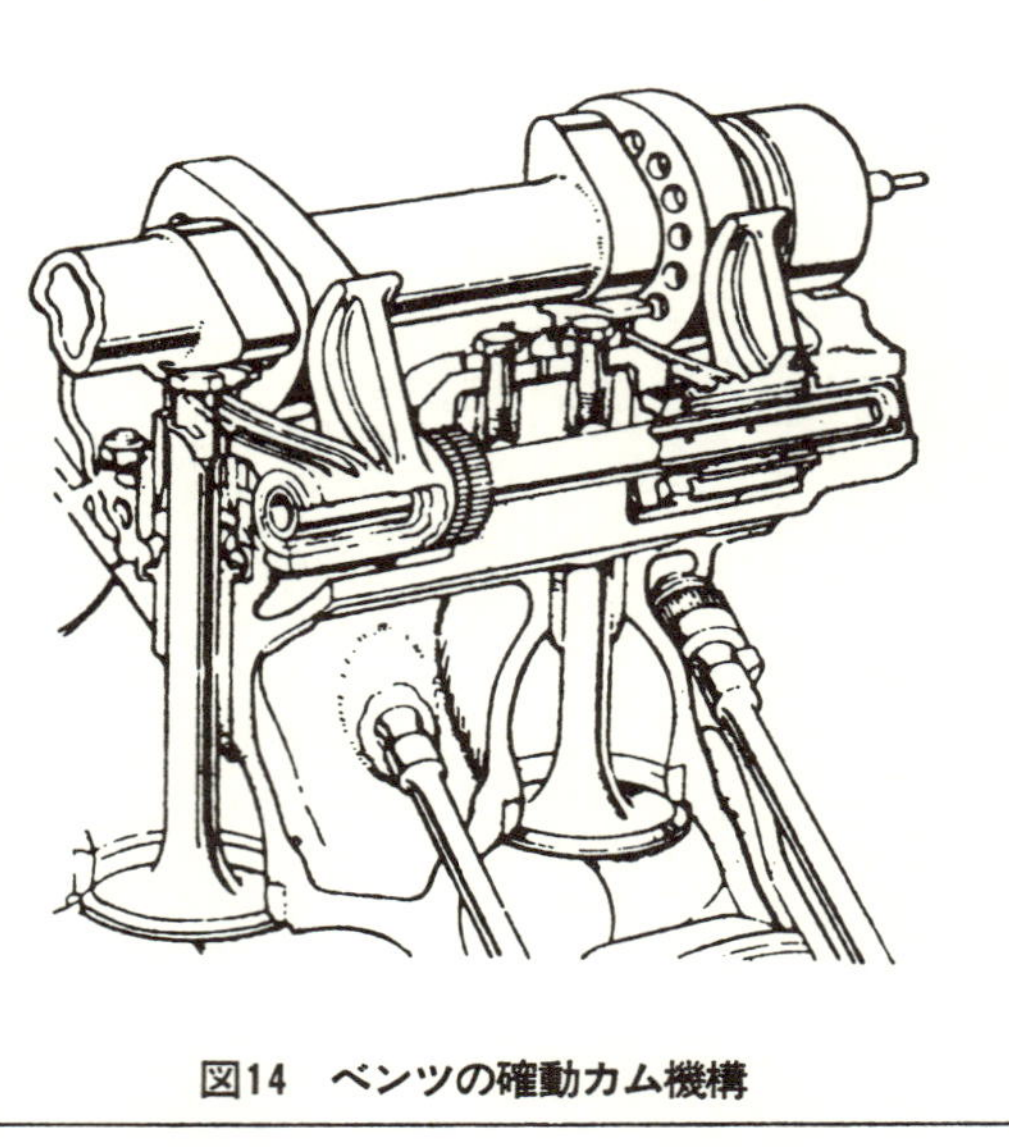
図14　ベンツの確動カム機構

——以上の予備知識を持っていないと、ホンダZCエンジンの技術レベルを理解できない。

●ホンダZCエンジンの技術レベルは?

このDOHC16バルブのZCエンジンのベースは、シビック／バラード用1・5ℓCVCC3バルブのEWエンジンである。このボア・ストローク74㎜×86・5㎜のロング・ストローク・エンジンをボアで1㎜、ストロークで3・5㎜拡大している。ボア・ストローク比は1・2とさらにロング・ストローク化している。

ライバルのトヨタMR2の1・6ℓエンジンのボア・ストロークは81㎜×77㎜。ボア・ストローク比は0・95と常識的なセンだ。スポーツ・エンジンでこれだけ極端なロング・ストローク・エンジンは他に類を見ない。

ロング・ストローク・エンジンは、ボアが小さいから大きなバルブを取り付けることができない。いうまでもなく、なぜ4弁にするかといえば、バルブ面積をふやして流入空気量を増すことがパワーアップにつながるわけだから、小さなバルブのロング・ストロークでは高回転ではガスの流れ抵抗が大きくなり、高回転高出力エンジンには不適というのが常識である。また、後述するようにロング・ストロークにはピストン・スピードのカベもあり、高回転で回せない宿命がある。

しかし、ホンダには適当なベース・エンジンがない。

台数的にも少量しか見込めないから、新たに専用エンジンを作ることはコスト的に引き合わない。で、EWエンジンをベースとせざるを得なかったが、ボアを大きくしようにも、**写真15**のようにシリンダー間はペラペラで余裕がない。それでもガンバッて1㎜ボアを広げた。さらに、1・6ℓにするには、残りはストロークを伸ばすしかなかったのだ。

デザイン哲学からではなく、会社の都合で決められた、このロング・ストローク・エンジンから、135ps/6500rpm、リッター当たり84psの高出力を絞り出したのが、このZCエンジンなのである。だから、そのために低速を犠牲にしたボロ・エンジンしかできない、とオレは思った。

ところが、シビックSiをドライブしてみて驚いた。

ローギヤで発進。実にスムーズだ。しかも力強く背中を押す。リッター出力を高めようとしてバルブ・タイミングを高速側にチューニングすると、特にバルブ・オーバーラップを多目にしたエンジンでは、フカシ気味でスタートしないとエンストしがちであるが、このシビックSiは期待(ゴメン)に反し、だれが運転してもエンストはしない。それにもっと驚いたことに、5速で30km/hの低速からフユカイな音も出さず、ガクガクとカーシェイクもせず加速し始めたことであった。

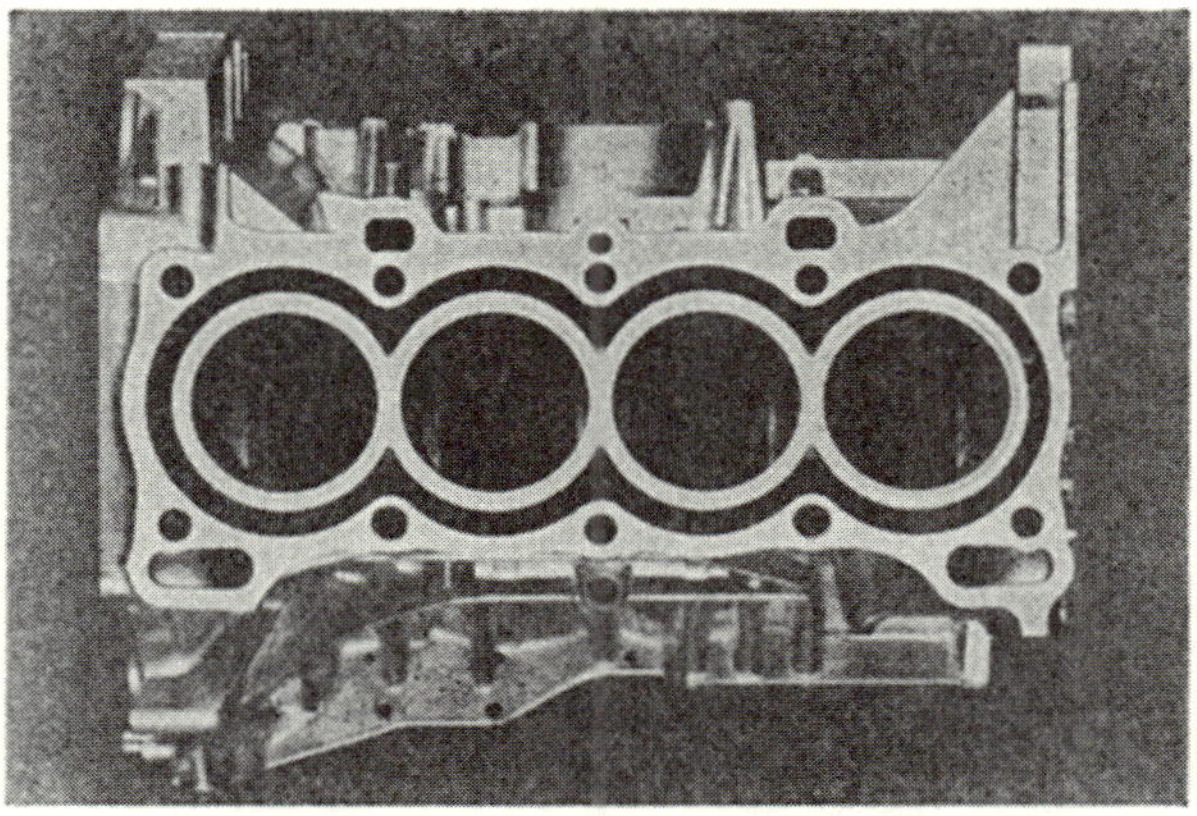

写真15　ホンダZCエンジンのアルミ製シリンダー・ブロック

低速におけるこの安定感、この高い低速トルクはバルブ・タイミングをスポーツカーのそれでなく、セダンのタイミングに近づけているはずだ。低速回転安定のためバルブ・オーバーラップを小さくすると**図16**の点線のようにバルブ・リフトを小さくしなければならず、これではとても大出力は望めないので、ZCエンジンではまず一点鎖線のようにバルブ・リフトを高めることから開発は開始されたのである。

フツウのエンジン・デザイナーの頭は単純で、**図17**に示すようにバルブ・リフトは弁の直径の$^1/_4$にすれば、開口面積はスロートの面積に等しくなるので、これ以上リフトをふやしてもムダだと思いこんでいるし、オレもそう思いこんでいた。ところが実際は、**図18**のように空気は一方に偏って流れるので、バルブ・リフトを弁径の$^1/_4$以上にすると、シリンダー内に流入される空気量は増え続けるのだ。

そこでホンダは、30㎜の吸気弁も27㎜の排気弁も、直径の$^1/_3$を超える

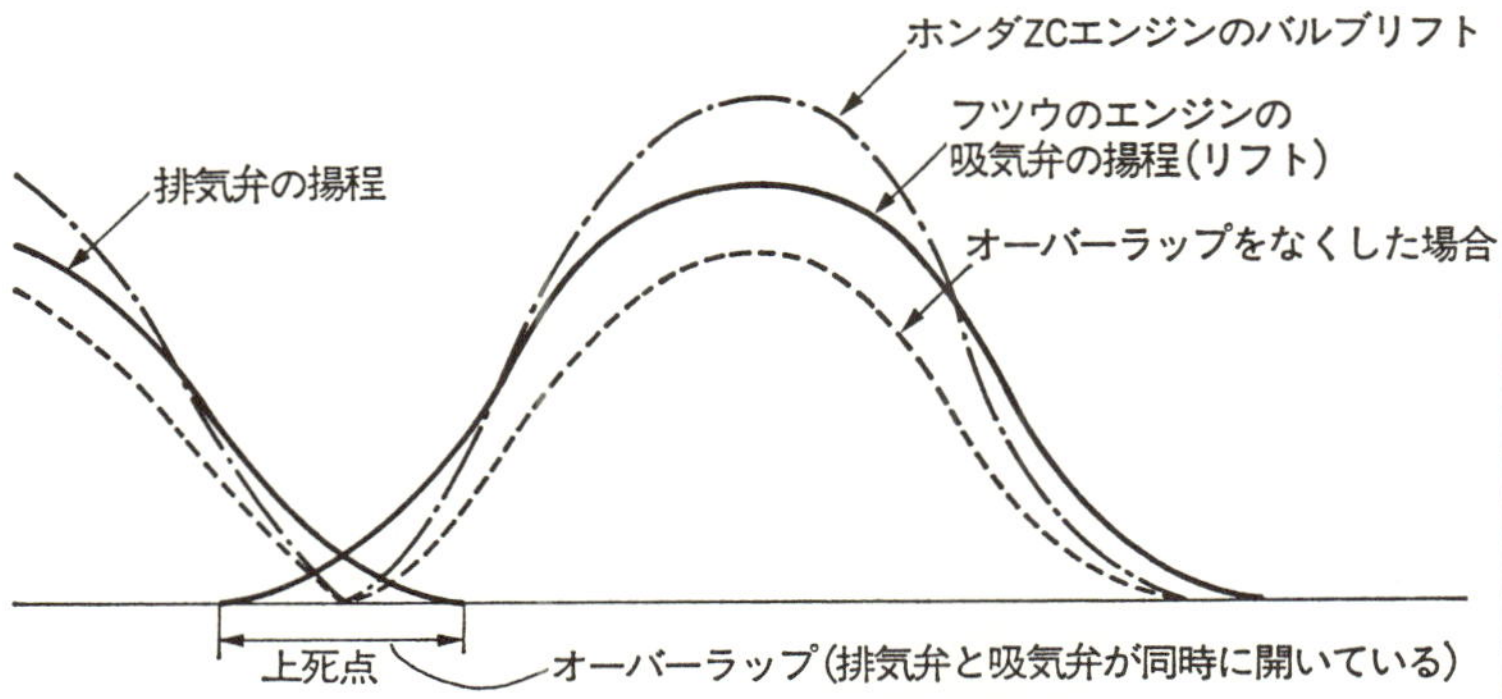

図16　バルブリフトと弁開期間

図18　実際の空気の流れ

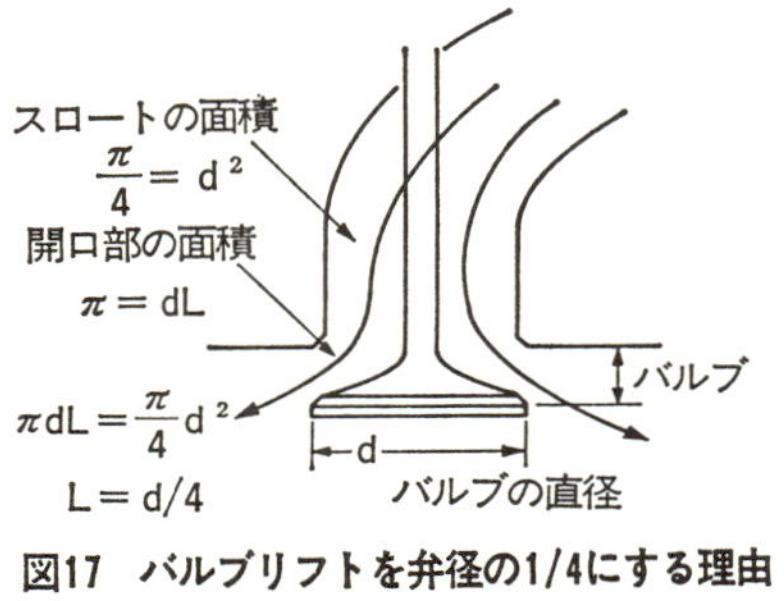

図17　バルブリフトを弁径の1/4にする理由

10・3㎜もの大きなリフトにしたのである。

このような大きなリフトを図8のダイレクト駆動方式にしようとすると、バルブの速度を高めなければならず、バルブ速度を高めるために大きな直径のタペットを使用すると、**図19**から分かるようにバルブ同士が近すぎてムリである。そこでやむを得ず**図20**のスイングアーム方式に後退し、レバーレシオでバルブ・リフトを稼ぐことにしたのだ。

10・3㎜と大きなバルブ・リフトはバルブ・スプリングの変動量を大きくし、ムリな力をかける。だからといって巻数をふやすと、7000rpmのときサージングでバルブ・スプリングが折れそうで心配である。

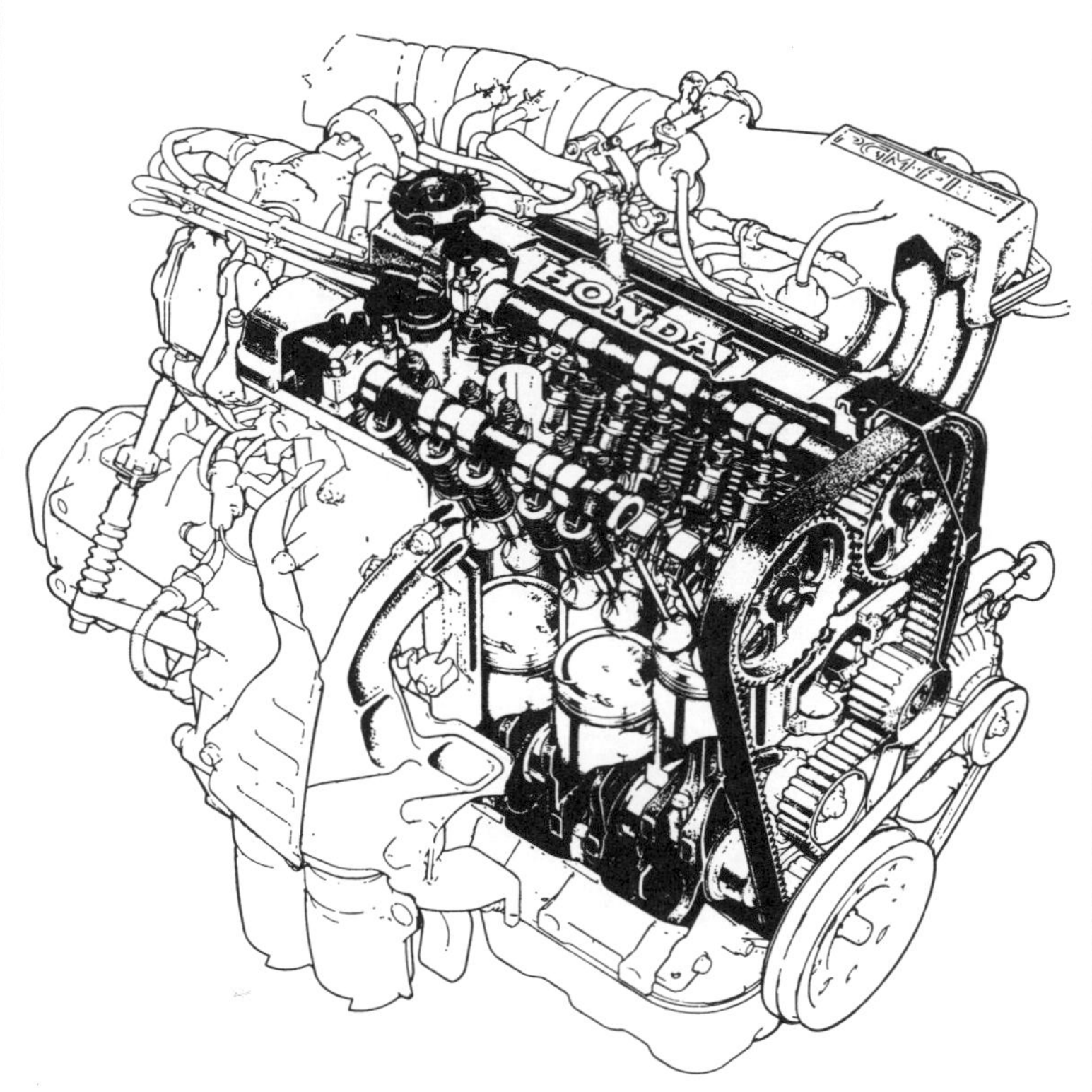

図19　ホンダZCエンジンの断面図

図20のバルブ・スプリングは、上方の5巻の下の1巻は密着巻きである。密着巻きはばねとしては働かないが、サージングが発生すると海岸のテトラポッドのように波消しをするので悪い設計ではないが、それでも、図20のバルブ・スプリングは7000rpmのときサージングで折れるとオレ。タフトライドしてあるから大丈夫とホンダのエンジニア。タフトライドとは鉄の表面を窒素と化合させて固くて丈夫にする方法なので、少しぐらいサージングしても平気というわけだ。で、オレはタフトライドが大好きなのでナットクしたが、図20をジーッとみつめていると、**図21**のようなタケノコばねにすればよいと思う。こうすれば、上の方のコイルは高い振動数でサージングするが、下の方のコイルは共振点が低くサージングの波が上から下へ伝わらない。そうすればもっとバルブ・リフトを大きくできるかもしれない。

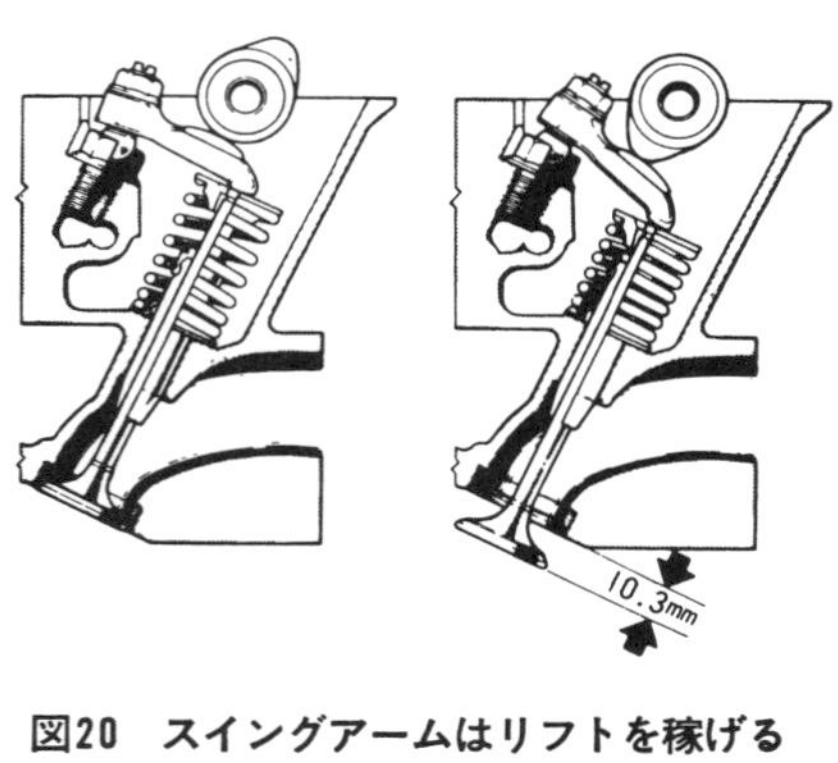

図20　スイングアームはリフトを稼げる

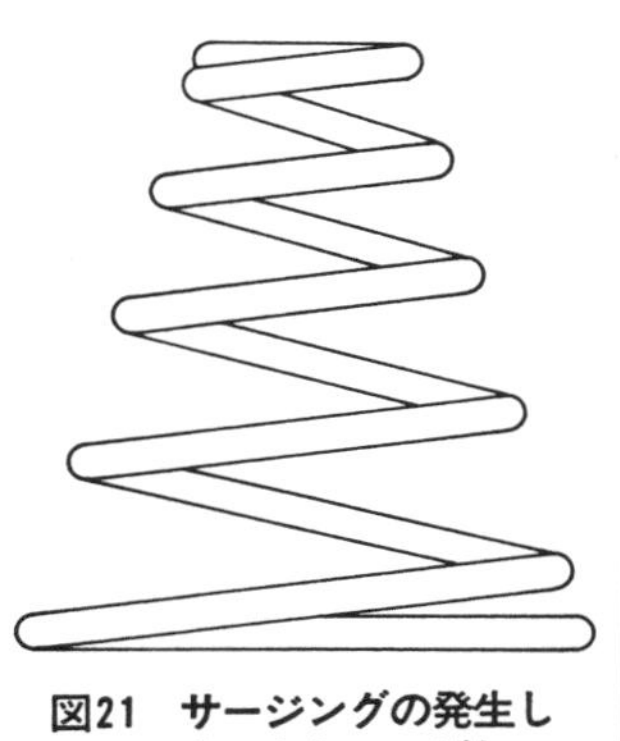

図21　サージングの発生しにくいタケノコばね

バルブ・スプリングのサージングをおさえるもうひとつの方法はカムの形、カム・プロフィールで、ホンダZCエンジンのカム・プロフィールは、弁ばねのサージングを考慮したものではない。オレと東大の酒井教授とで開発したヒスダイン・カムのようにバルブ・スプリングのサージングやスイングアーム振動とそれの減衰までを考えに入れたものにすべきだ。

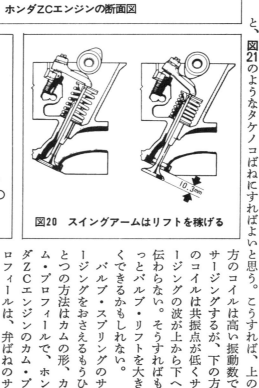

●ホンダのコドモたちに弁系設計学までを望むのはムリか?

次に吸排気系を調べてみよう。

4つの大きな吸排気弁のタイミングを低速にチューニングして高速で高出力を引き出すには、無過給エンジンでは吸排気システムのチューニングに頼るよりほかはない。**図22**に示すように、この吸気マニホールドはホレボレとするほどいいカッコウである。レース・チューニングで鍛えられたホンダの技術で、最大トルクは5000rpmで発生している。**図23**の性能曲線の2000rpmのトルクの小さなコブは圧力波が2往復したとき、運よく波がシリンダーに飛び込んできたものである。

排気マニホールドはタコ足でないとシラける。現物は**図24**のようにベスト・チューニングしたエキゾースト・システムなので満足。ホンダではこれを「4―2―1―2エキゾースト・システム」というのだそうだ。

初めは4本のタコ足で、次に2本、触媒やサイレンサーのところは1本で、最後にまた2本にして排気ガスを大気中に放出するシカケである。

なぜ排気マニホールドはタコ足がいいかというと、**図25**のように4気筒エンジンは着火順序も排気順序も

図22　ホンダZCエンジンの吸気マニホールド

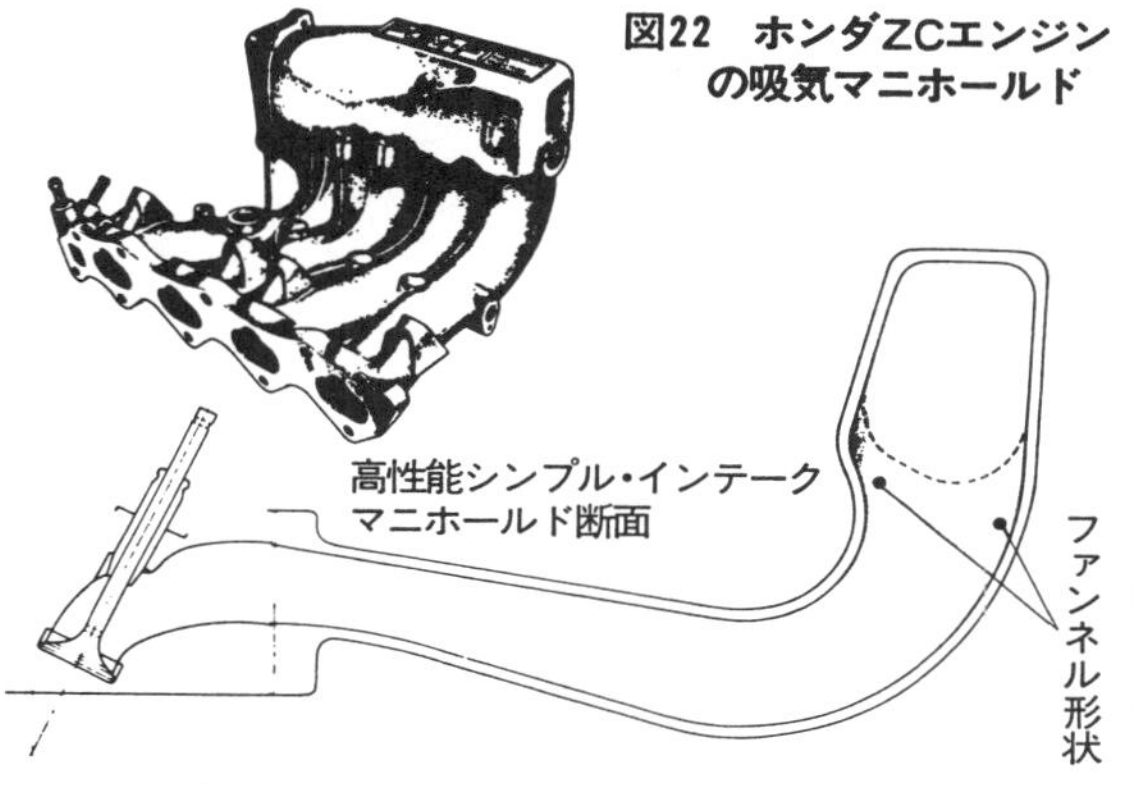

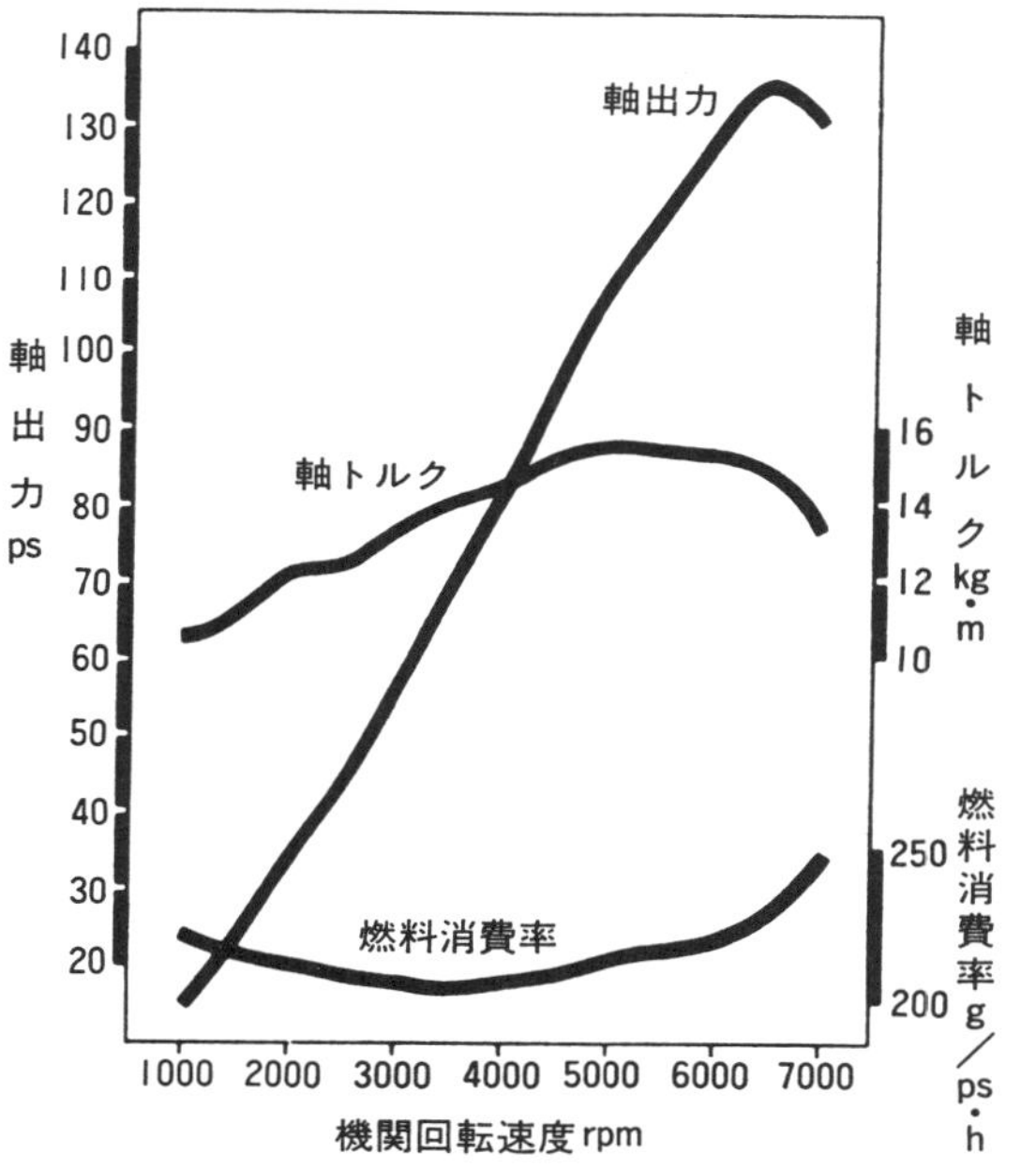

図23　ホンダZCエンジン性能曲線

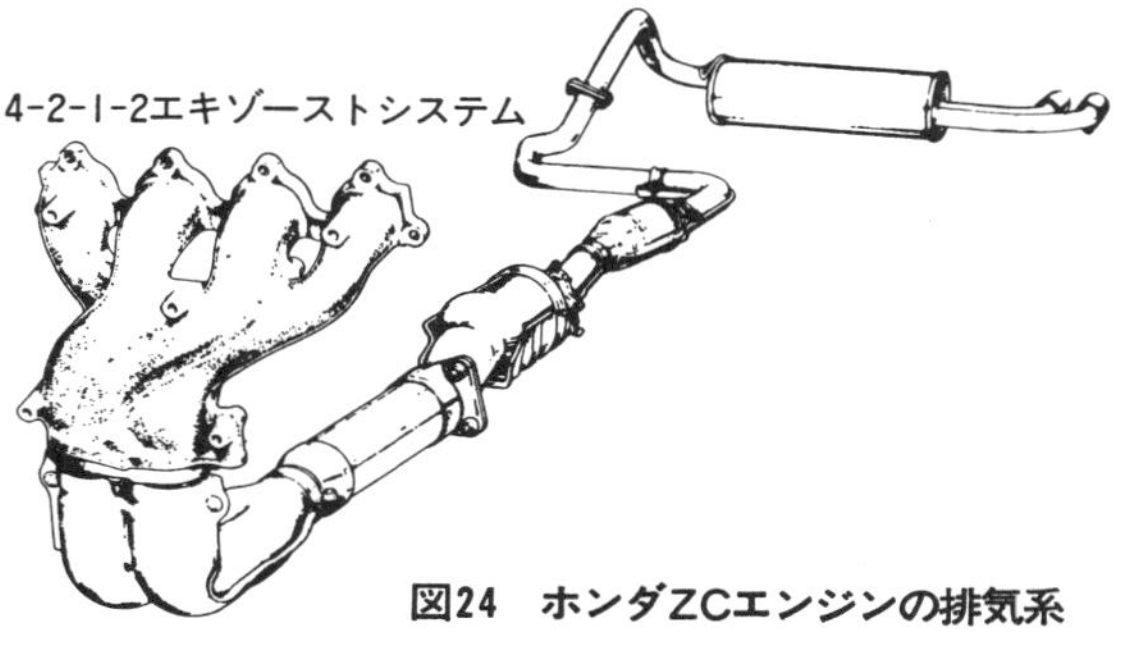

図24　ホンダZCエンジンの排気系

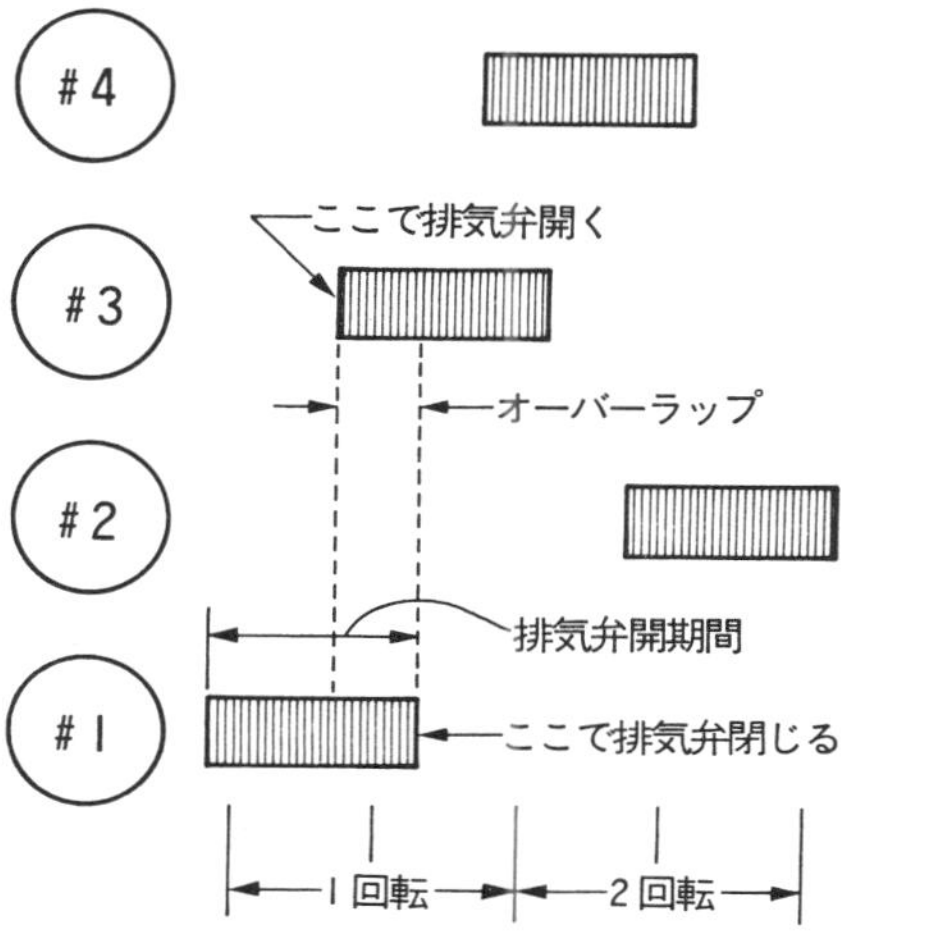

図25　L4エンジンの排気弁開期間

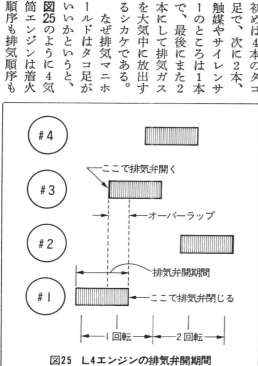

1—3—4—2なので、一番シリンダーの排気弁がまだ開いているときに、3番シリンダーの排気弁が開きドバッと排気を出す。図26に示すフツウのマニホールドではまだ排気弁の開いている1番シリンダーに逆流し、吸気直前の1番シリンダー内圧を高めてしまうのである。排気終わりの圧力が高くなると、図27のように点1から2までの吸気行程では空気を吸うのではなく、シリンダーの中の逆流した排気ガスが膨脹するだけである。点2まで膨脹すると初めて大気圧よりシリンダーの中の圧力が低くなって空気を吸い込むことができる。吸気下死点の3から圧縮行程に入るが、4でようやく大気圧になるので、このエンジンが実質的に吸入した空気の量はaで排気量fよりはるかに少なく、aに見合った馬力しか出ない。

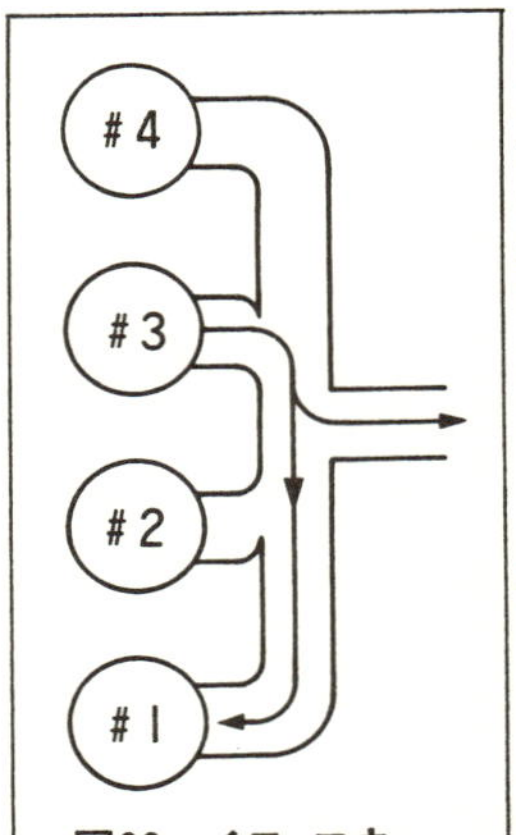

図26　イモ・エキ・マニの排気干渉

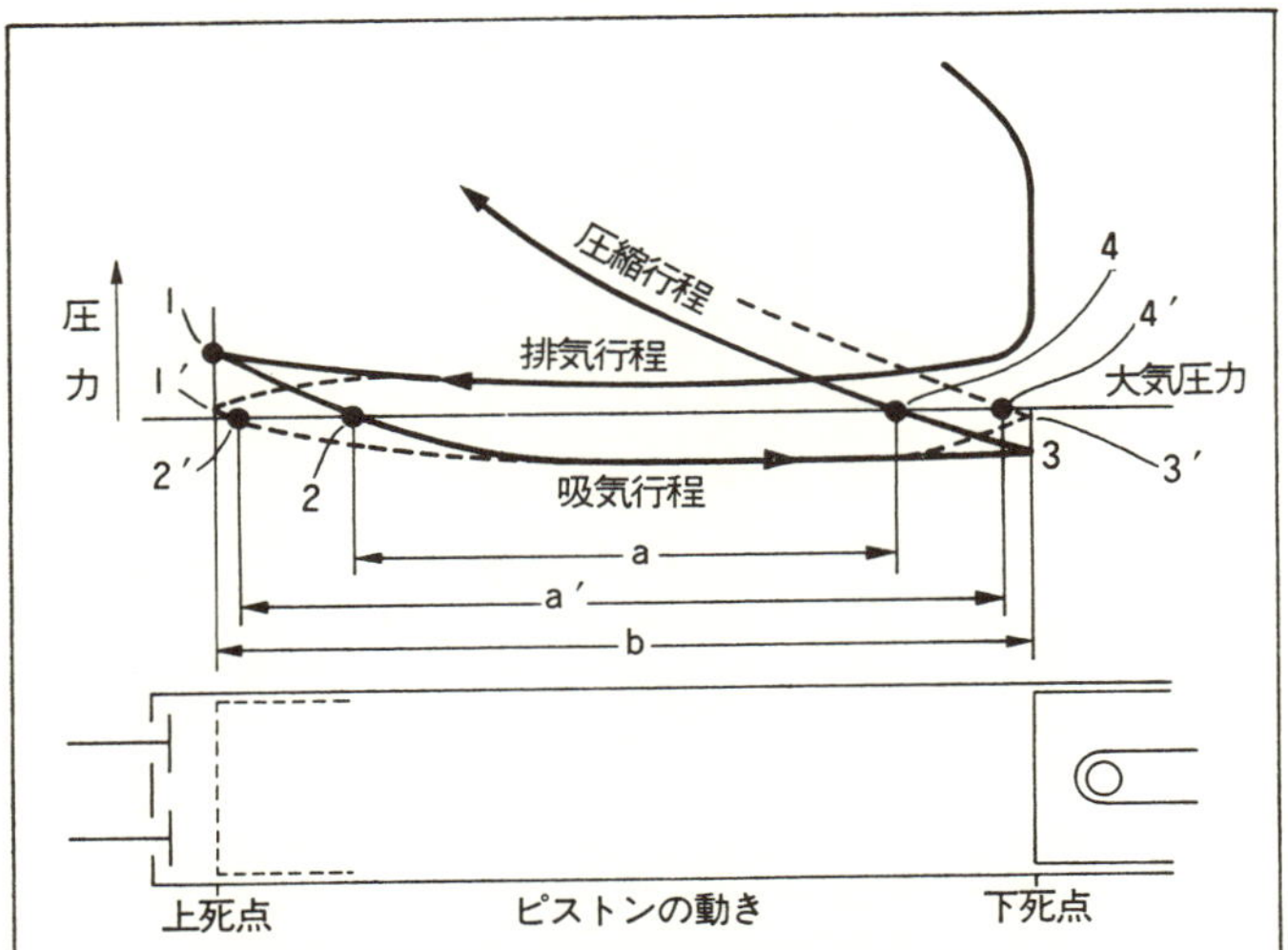

図27　吸排気系のチューニングでパワーは出る

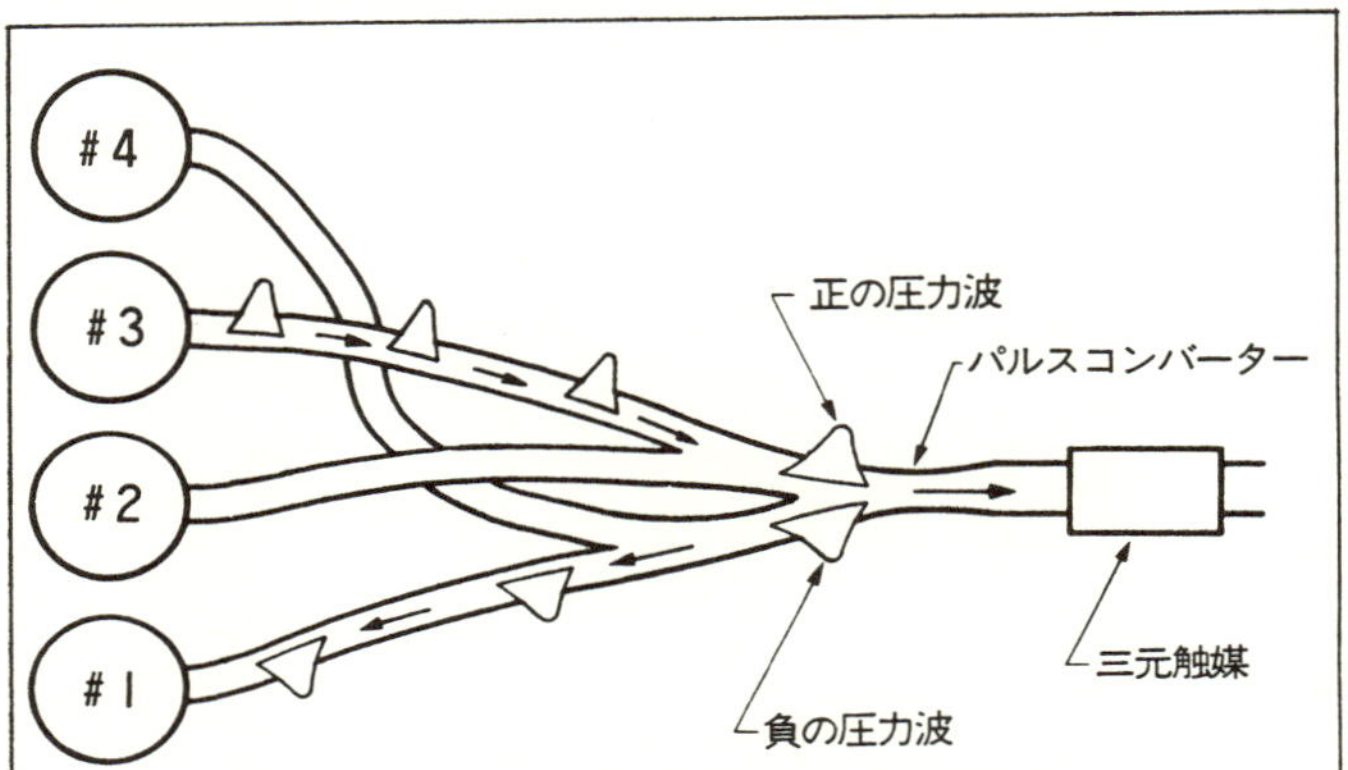

図28　タコ足排気マニホールドはガスを吸い出す

　そこで図24のタコ足排気マニホールドを使うと、図28のように1番シリンダーの排気弁が閉じようとするとき、3番シリンダーからの排気がパルス・コンバーターでキリフキのように1番シリンダーから排気を吸い出し、排気終わりすなわち吸気始めの圧力を下げるのだ。図27で説明すると、排気上死点のシリンダー内圧力は1′に下がり、2′から空気を吸い始めるクリツだ。

　吸気行程の終わりでは今まで高速で動いていたピストンが吸気下死点で急に止まり、向きを変えて圧縮行程に入ろうとする。このとき高速でシリンダー内に流入していた空気は、図22の長い吸気マニホールドでは急に止まれないので、空気は勢いあまってシリンダー内に流れこむ。このとき音速で正の圧力波も飛び込み、圧力までも高めるので、図27の吸気下死点の圧力は3′にまで高まり、4′ではもう大気圧に達するので、シリンダー内に吸入する空気量はa′と増大しパワーが出るリクツである。

　タコ足排気マニホールドを作るには、図25に示すオーバーラップがあると排気干渉を生じてマズイので、図24や図28のように4気筒エンジンでは、1番と4番、2番と3番シンリダーのそれぞれを1本ずつにまとめて2本とし、パルス・コンバーターで1本にするのだ。1本にしたところに触媒をおき、次にマフラーになる。が、どうして最後に2本にして排気するのかリクツが分からない。これはカッコつけ以外の何物でもない。

　次は燃焼室である。DOHC、4弁、ペントルーフ型燃焼室のウレシイところは、プラグを燃焼室のド真ん中におけることで、ノッキングしにくく、オマケにロング・ストロークでは燃焼室がコンパクトになり、さらにノッキングに有利で圧縮比は9・3と高い。だけどベンツ／コスワースの2・3ℓエンジンは10・3ともっと高い。チューニングの芸もコスワースのほうが上かも。もっともあちらは鉛入ガソリンが使えることもあるが。

　ホンダのEFIはPGM-FIというのだそうで、ボッシュで発明したガソリン噴射装置（FI）に、安くてチンケなコンピューターをつけただけのものだが、このコンピューターがクセモノだ。マホーのタコツボCVCCでも三元触媒を使わなければ、排気をキレイにできない今、ZCエンジンも当然に三元触媒で、これがエンジンから遠く離れた4―2―1排気マニホールドの先について、排気がここまで流れて行く間に冷えてしまわないかと心配である。それはさておき、三元触媒は絶対に理論空燃比（空気14にガソリン1の割合）のミクスチャーでなければ働かないシロモノである。だから他社のEFIのコンピューターはヒタスラに理論空燃比のミクスチャーを作るようにガンバル。

　ホンダのPGM-FIはいかなる運転状態においても、水温、エンジン速度、パワーが変わっても最適なミクスチャーを作るとあるが、最適とは燃費（ミクスチャーを薄くする）のことだろうか？　パワー（濃くする）だろうか？

●ピストン・スピード21m／秒とはおどろきだ

　これらの最適がキレイな排気にするとはフシギである。

　ハイ・リフトのバルブ駆動方式と、慣性脈動過給のインテーク・マニホールドと、排気脈動効果を生むタコ足パルス・コンバーター付エキゾースト・システムと、PGM-FIを駆使して、リッター当たり84psとターボもびっくりという高出力を稼ぎだすことに成功した。しかもパワーを稼ぐのに不利なロング・ストローク・エンジンからだから、さすがホンダである。

　その成功のヒミツは、ピストン・スピードが21m／秒と常識を外れて高いことだ。常識ではディーゼルで12m／秒、ガソリンで20m／秒がカべということになっていた。他社のDOHC4弁でも18m／秒がセイゼイである。

　ホンダのF1やF2でのチューニング技術が、高回転を可能にしたのだ。

　エンジン重量はタッタの102kgで、馬力当たり重量は0・75kgだ。もしも自動車用ガスタービンが出現したとしても、馬力当たり0・5kgぐらいの予定だから、もはや出る幕がないのだ。

　一方、この軽さに不安を感じて当然である。

　図15のシリンダー・ブロックはアルミ・ダイキャスト製で、アルミの比重は鉄の1/3だからむろん軽い。アルミの欠点は鉄より弱いので、ブロックの重量が1/3にまで軽くすることは無理だが、1/2近くまでにはできる。アルミのもうひとつの欠点はヤングス・モジュラスが鉄の1/3ということである。つまり同じ形ならば、同じ力を加えると3倍も変形するということである。

　写真29は図15のシリンダー・ブロックを下から見た写真で、メイン・ベアリング・キャップは5つが一体に鋳造されたベアリング・ビームであり、クランク軸をシッカリと支え、クランク・ケースを補強

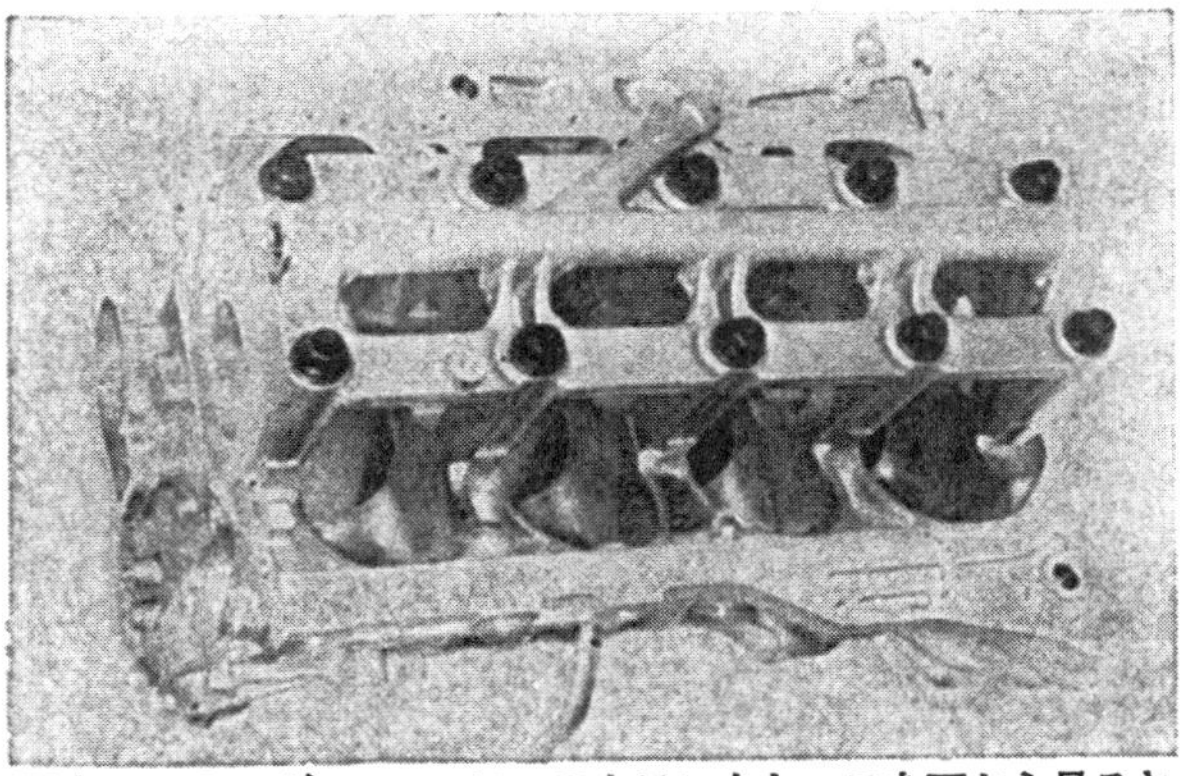

写真29　ホンダZCエンジンのクランクケースを下から見ると

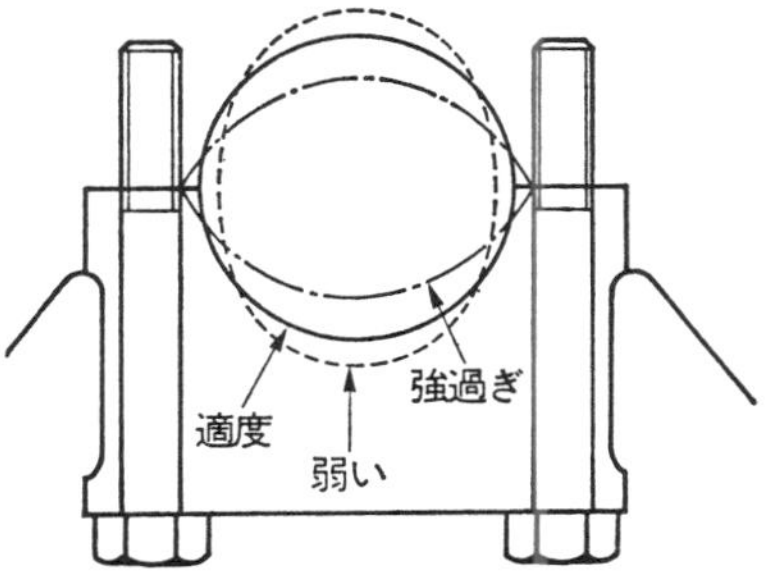

図30　ボルトの締めつけ力によって
ベアリング・ハウジングの形は変る

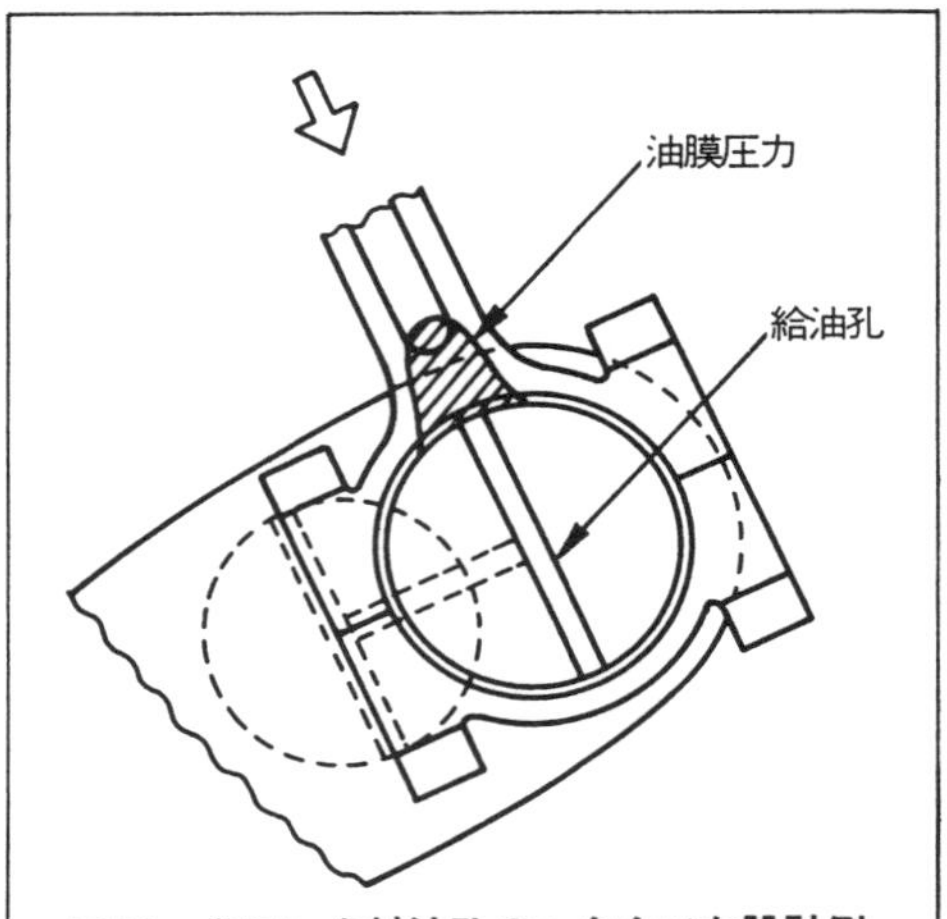

図31　クランク軸油孔のヘタクソな設計例

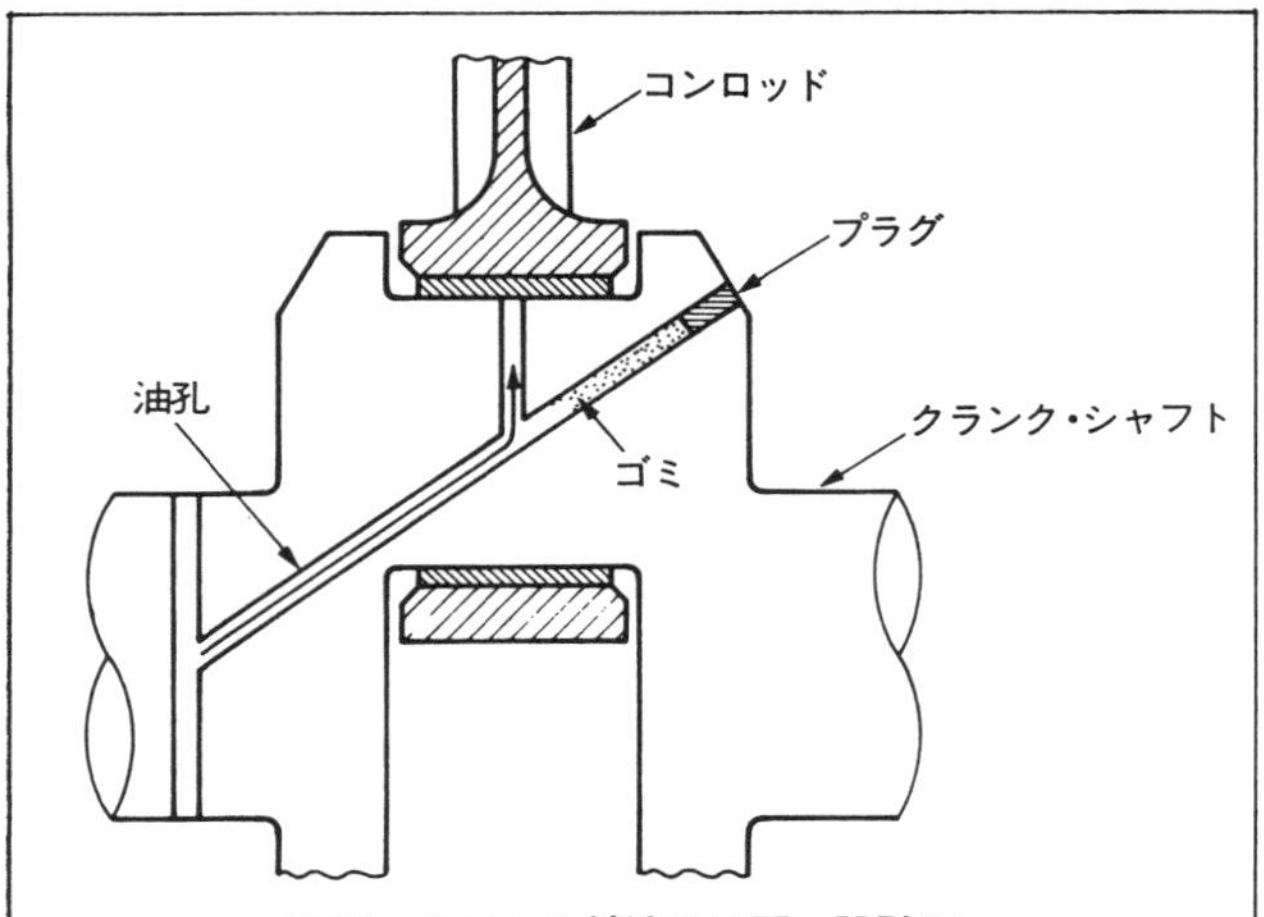

図32　クランク軸油孔の悪い設計例

し、音まで静かにする良い設計である。だが、アルミのこのベアリング・ビームは変形しやすく、**図30**のメイン・ベアリング・キャップをボルトで締めつめける場合、締めつけ力が不足すると図の点線のように縦長となり、締めつけ過ぎれば図の一点鎖線のように横長に変形するのだ。

ベアリングがクランク軸を支えるのに、丸く支えてやらねば焼きつきやすくなるのは当然で、だから、オレ、ベンツ、マツダ、トヨタは変形しにくい鋳鉄製のシリンダー・ブロックでもボルトを塑性域締めにしているのだ。ネジの締め方も知らないでエンジンを設計するとは何事ぞ。これではベアリングの当たりは最適にはならないのだ。

ベアリングがやられていないからかまわないというヘリクツも、メルセデス・ベンツ190―2・3のように247km/h以上で連続9日間も走れば確実にダメになるのだ。

それに反し、クランク軸は鋼を鍛造したものにタフトライドまでしているので、折れる心配がまずなく、世界最強といえるが、コンロッド・ベアリングへの給油の仕方がなっていない。**図31**の位置で爆発圧力を受けたピストンを支えるベアリングは、発生した油膜圧力によって荷重を支えるが、油膜圧力の方が給油圧力より高く、油を出してベアリングを冷却するのではなくて、ここでは逆流してしまうのだ。そしてこのようなデタラメ設計をすると、**図32**のように油孔の一部は遠心分離機となってここにゴミを溜め、溜まり過ぎるとドバッと飛び出し、コンロッド・メタルをハチャメチャにするから悪い設計例である、と本に書いてある。ホンダのエンジニアは本を読むべきだ。

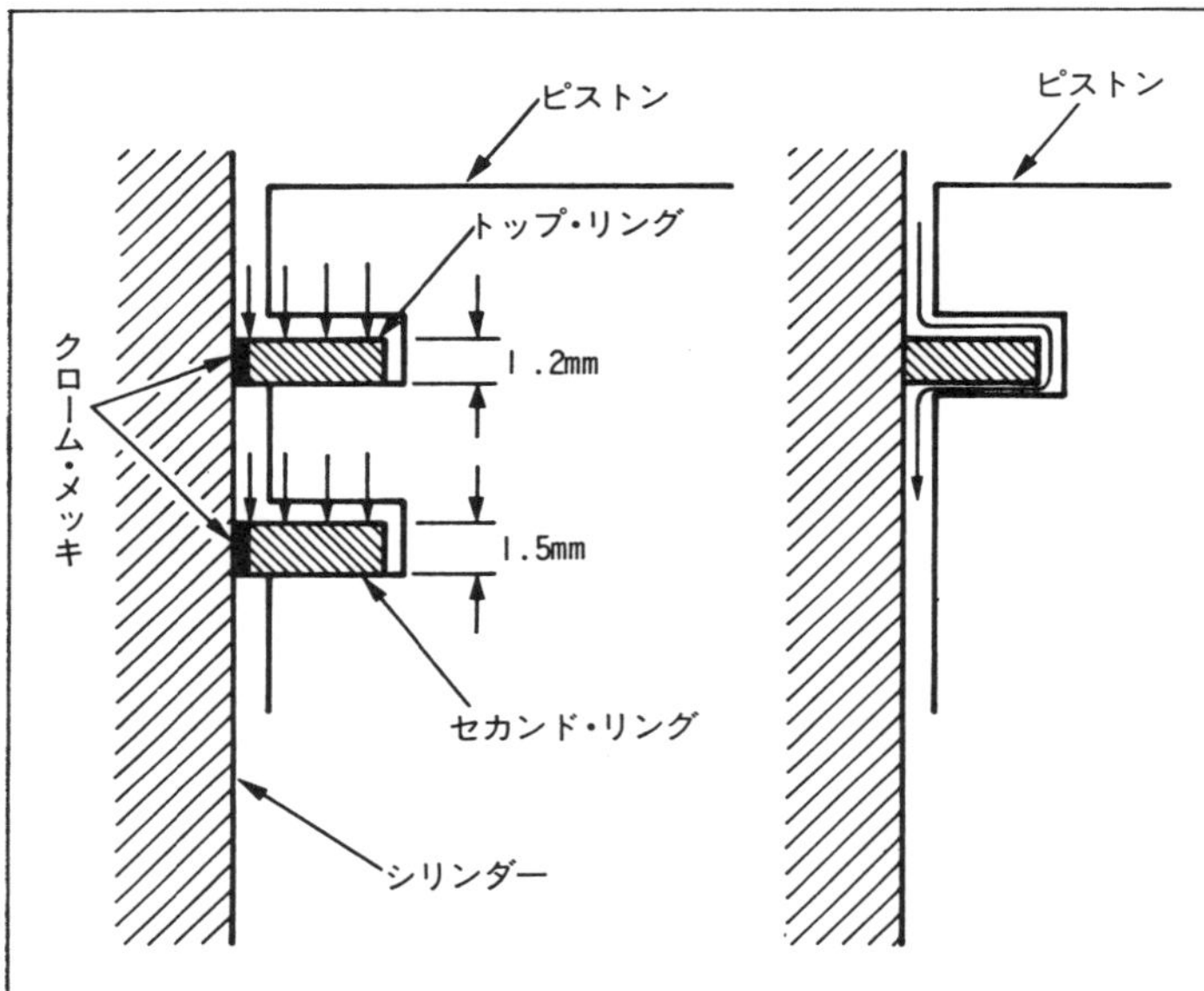

図33　ピストン・リングの作用

ピストン・リングは**図33**のようにトップ・リングが1・2㎜、セカンド・リングの厚さが1・5㎜と聞いて驚いた。ピストン・リングは、図34左のようにシリンダー内圧力によって下に押しつけられているから、漏れ止めをしているのだ。それが高速になるとリングの慣性力が矢印のガス圧力よりも大きくなり、図33右のように浮き上がるとガスはリングの後ろを流れ、スカスカ漏れになってしまうのだ。そしてリング溝の上側にたたきつけられ、はね返ってリング溝の下側にたたきつけられる。リングがフラフラッとすることを英語でリング・フラッターといい、これが発生するとガス漏れ大、オイル消費大となるばかりか、2000℃に近いガスが急に流れるので、シリンダーを濡らしているオイルが燃えたり、蒸発してしまうので、リングは磨耗する。そしてもっと恐ろしいのは、激しくたたかれてリングが折れることである。

リング・フラッターを防止するには、慣性力を小さくすることで、ピストン速度を下げるか、リングを軽くすることである。ピストン速度21m／秒と記録的に高いこのエンジンでは、リングを軽くするより手はなく、軽くするには薄いリングを使うだけである。あまりに薄いリングでは折れる心配をしたか、トップ・リングはスチール製の1・2㎜で、外周に磨耗防止の目的でクローム・メッキがしてある。

クロームは軟らかい金属であるが、メッキすると水素を含んでカチンカチンに硬くなり、耐磨耗性は向上するが、モロくなる。鉄との熱膨脹率の差で**図34**のように亀裂が発生し、その亀裂の底から危裂が伸びてスチールのリングを折ってしまうので、メッキ・リングは高性能エンジンには不向きだ。折れず磨耗せずのタフトライド・リングこそ本命である。とタフトライド大好きのオレはいう。

セカンド・リングにかかる圧力は、図33のようにトップ・リングよりも低い。だからセカンド・リングはトップ・リングよりフラッターしやすいのだ。フツウのデザイナーならば、トップ・リングが1・2㎜ならばセカンド・リングは0・8㎜と考えて当然であるが、何を血迷ったかセカンド・リングは1・5㎜と厚くしたのだ。理由を聞けば、素材を安い鋳鉄にしたからだという。セカンド・リングがフラッターするとエキサイトされてトップ・リングも始めるのだ。

ホンダZCエンジンのジマンのひとつに、**図35**の「異形中空カムシャフト」がある。中がガランドウだから確かに軽いことは分かるが、下請のリケンが鋳造しただけで、どうしてこれをジマンするのか分からない。カムシャフトの中に油を流して、カムとスイングアームとの間を潤滑するのだが、もしも除去しきれなかった1粒の砂がカムとスイングアームとの間に流れてきたら、カムは砂のためにすりへりはしないだろうかと心配である。とキリがなく心配するから、キリで孔を開けて中空にするのだ。こんなカムをジマンにするくらいだから、このエンジンにはホンダ固有の新技術は今まで述べてきたとおり何もないのだ。

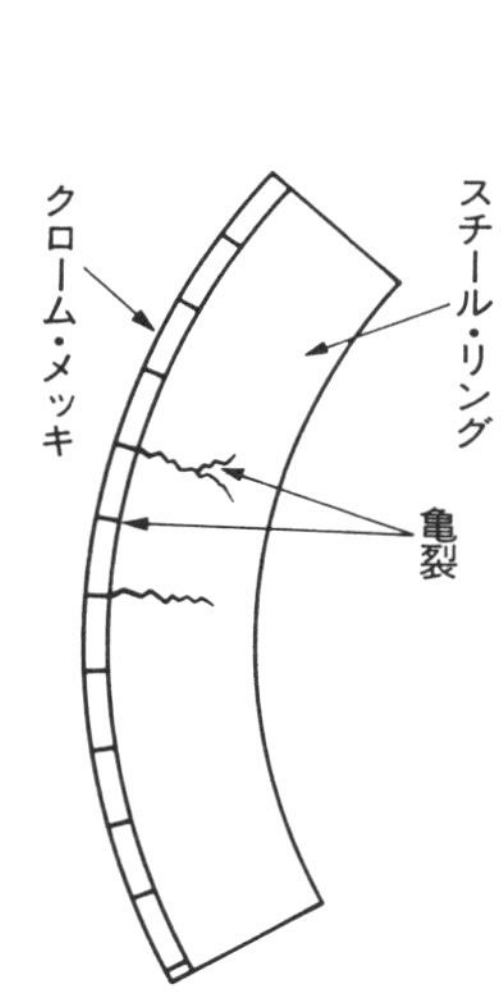

図34　クローム・メッキはリングを折れ易くする

本も読まずにヒタスラ残業し、ミラーサイクルはパワーダウンすると信じて疑わないホンダのエンジニアでも、DOHC4弁ならばよいエンジンができる。

このエンジンのスバラシさはF1で鍛えた職人芸である。職人芸をバカにする気持ちはないが、芸には進歩が期待できないのだ。

だからホンダも、トヨタの可変慣性過給や可変脈動過給や可変スワールとか、三菱の可変バルブ機構とか、可変圧縮比にして可変排気量にするミラーサイクルに匹敵するサムシングを創造しなければいけない。

とはいうものの、シビックSiはステキで、これのドライブ・フィーリングはオレには書けない。しかも、500㎞ほどをシッチャカメッチャカに走って10・62㎞／ℓの燃費とは、正におどろきだ。他人の書いたのも読むな。ホンダのディーラーに行ってタダで乗れ。フィーリングとは雑誌から得るものではなくて、個室浴場で体得するものだ。

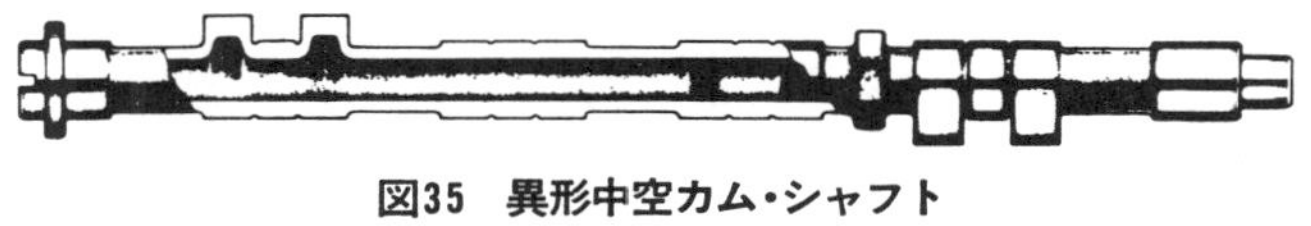
図35　異形中空カム・シャフト

ホンダB20A　B18Aエンジン

2ℓアルミ・エンジンをものにした優れた技術とヨーチな技術が渾然一体

ホンダマチックとは〝ホンに、こどもダマレチック〟な発明やなア、と思ったが、ホンダ以外の車には外国の発明、設計そのままのオートマチック・トランスミッションが載っているのだから、ホメなくては……。

新発売のホンダ・アコード／ビガー用エンジンにはSOHC、3バルブの1・8ℓとDOHC4バルブの1・8ℓ2キャブレターと2ℓEF-Iエンジンとがあるがホンダの大発明、CVCC——魔法のタコツボは、もうホンダのどこを見渡しても見つけることはできない。「VE／EWエンジンの頂」で、マホーのタコツボはアホーのタコツボと極めつけられた結果、アホーのタコツボを捨てて、3バルブから4バルブへと飛躍したことは、ホンダにとっては次元を超えたリープかも知れないが、我われにとってホンの尺取り虫の一歩かも……。

●日本語でエンジンを語る時代がくるか

「宗教はアヘンなり」と我ら飢えたる者たちの教祖、レーニン様がおっしゃったが、ローマ法皇がポーランドへいらっしゃったとき、全世界はマルクス教よりもキリスト教のほうが有難いのではないかと思った。これはレーニンの革命が中途ハンパだったからで、マホメットだったら、ジンギスカンだったら、異端者どもの寺は、その全部を焼き払い、異端のボーズを一人残らず殺してしまうので、民衆の心の中まで革命することができたのだ。

日本では、京都ではボーズという名の見世物（寺）の見物料頂き人間どもが、見物料に税金を払いたくないとワメいて、見世物の門をしめているが、この文をMFの読者が読むころには、京都市役所がラク勝しているはずだ。というのはボーズが何よりも好きなのはオレたちと同じナニで、エライ坊様になると祇園のゲイコはんのダンナではあるが、ゲイコはんはダンナの顔を見てもシブーイ顔をしているが、お金さえ見せれば……なのだ。だから今夜にも拝観料は必要なのである。

500年前であったら、ボーズどもはミコシ（ホトケ入りのミコシかも）をかついで御所に暴れ込んで直訴するという、赤軍なみの戦術で政治を動かしていたのだが、信長が腹を立ててヒタスラに焼き、そして殺してしまったのだ。このとき、オレたちのご先祖様は悟った。みホトケの力では暴力には勝てないと。

それから400年。信長のお陰で、オレたち日本人は、否日本人だけが、創価学会員は別として、宗教に支配されることなく、だから何のタブーもなく、タブーを破る心を持つこともなく生きてゆけるのである。

一方、力とかゼニ以外に価値の基準を失ったことも事実である。かつてのように、インド人の作ったお経を暗記したところで、だれも尊敬しないことは前記のとおりで、今では一流大学を卒業することこそが、尊敬されるに値すると思われていたが、5人に1人しか課長になれないのでは……。そこで今ハヤッているのが、ハーバード修士、プリンストンで博士を取るのがカッコイイのだ。政界の兼坂弘こと細川隆元の孫娘もやっていると思ったら、浩宮様だって……。

そこで自動車界の隆元こと兼坂弘も、とイギリスはサザンプトン大学のプリエード教授の下に行ったのだ。ただし、タッタの2週間を4回だけで、他人の残業料をカスリ取ってロンドン見物をしたところでだれが尊敬するものか、ということだけが分かった。

考えてみれば、大学教授にしたところで、テメエの大学に何ひとつ学問がないので遊学するのだが（だからオックスフォードからトーダイに遊学するバカはいない）、この学費がオレたちの血と汗の税金というのがタチ悪く、「先生といわれるほどのバカでなし」とついウッカリといってしまったりするのだ。

では、アチャラの学会で講演するのは……と思って、ミエはるオレはトライしたのだ。ところがだ、オレの論文（他人に英語で書いてもらった）はよく売れたのだ。ところがところがだ、レディスアンドジェントルメーンとやったところで、聞いているほうは英語風日本語が何ひとつ理解できなかったので、仕方なく買っただけの話だった。

人生の目的が他人に尊敬されてみたい、だけのチンケな男、オレはコレシキのことではヘコタレない。次に、エンジン設計の極意をゼニをもらってアチャラ（ヨーロッパかアメリカ）に教えればと思った。思っただけではダメなので、口をあけて上を向いていると、棚（アメリカ）からボタ餅〔Gas Reserch Institute から K-Miller System（オレの発明）を応用したガス・エンジンの設計指導依頼〕が落ちてきた。もちろん食った。Doctor たちを集めて、オレの Prime Minister's English（故大平首相風）は見事で、ウー　ジスイズアー　ペンと、言葉より先に脂汗が流れるほどであった。が、メモに書いたマンガはよく理解されたとみえて、全部おいていけといわれた。

今度こそは、と思ってテレビを見ていると、柔道の試合でガイジンたちがコーカとか、イッポンと日本語で叫んでいるではないか。これを聞いてオレは考えた。真に創造的なエンジンをオレが造ったならば、ガイジンたちは日本語を覚えてから日本にお勉強にくるべきなのだと。オレの場合、ゼニはもらっても、しょせんはヨーロッパ文明に飲みこまれて、アーウーとワメいたに過ぎない。と、悟ったオレの黒い顔は赤黒くなった。

そこでテメエが果たせなかった夢は他人に、原にホームランを打ってもらうか、ホンダにMMフィロソフィーの有り難いお経によって、**車格とはエンジンの排気量によって決まるものではないと全世界の異端のバカモノどもを改宗して、MM教徒にしてもらいたい**と思っている。それがダメなら、せめてコーカ（ホンダの設計手法をガイジンにマネさせる）かイッポン（ホンダの発明を全世界が買う）をとってもらうしかないのだ、と思っている。

●排気量＝車格を打破しなければならない

ホンダのカタログの見出しを読むと、

いつも追われ続けるランナーがいる。
先頭を走ってきたから、
後ろを振り返ることをしなかった。
ホンダアコード&ビガー。
無言のうちにも、昂まる期待。
それを裏切らないだけのフィロソフィーとテクノロジーが、……

うんぬんとある。

ベンツでもいえないオコガマシキ言の葉をノタマウのだから、オレの果たせなかった夢を、と期待して当然である。また別のカタログには、

ホンダのつくるクルマには、現在考えうる、最高のテクノロジー、最先端のメカニズムが採用されなければならない。うんぬん……

とあるのでなおさらである。

「さらに完成度を高めて。新1・8ℓSOHC12バルブエンジン」とカタログにあるので、何かオモシロイことないか？　フィロソフィーは？　最先端のメカニズムは？　と血マナコになってみても、シカケは**図1**のとおりで何もないのだ。強いていえば、アホーのタコツボのアホらしさに気がついて、やっとツボなし12バルブとなっただけだ。ガキの雑誌、MFでカラカワレてから行動するようでは、ホンダのエンジニアの感受

性はニブイのだ。

コンクなミクスチャーを作るキャブレターと、ミクスチャーの流れる通路、タコツボ用の小さなバルブ、それを動かすロッカー・アームとカムとそれにアホーのタコツボのないこのエンジンは、投資コンサルタント中江の顔からヒゲをそったように、サッパリとした他社並みの洗練されたエンジンになった。

しかし、こうもアッケラカンと開き直られると、トヨタの超リーンバーン・エンジンがナツかしくなるのはオレのヘソ曲がりのせいか。テキは世界初のリーンバーン・センサーを開発し、それによってリーン・ミクスチャーを作りつつもスワールの強さまでもコントロールしているのだよ。

カタログに「この独特なメカニズムを生む出発点になったのは、（中略）排気ガスは吸気ガスに比べ流速が早く（速くの誤まり）排気バルブ1個で、2バルブの吸気能力に応じた排気能力がひき出せるのです」とあるが、独特なメカニズムを捨てて平凡に徹しただけなのに、後で16バルブのときどんな説明するつもりなのであろうか。

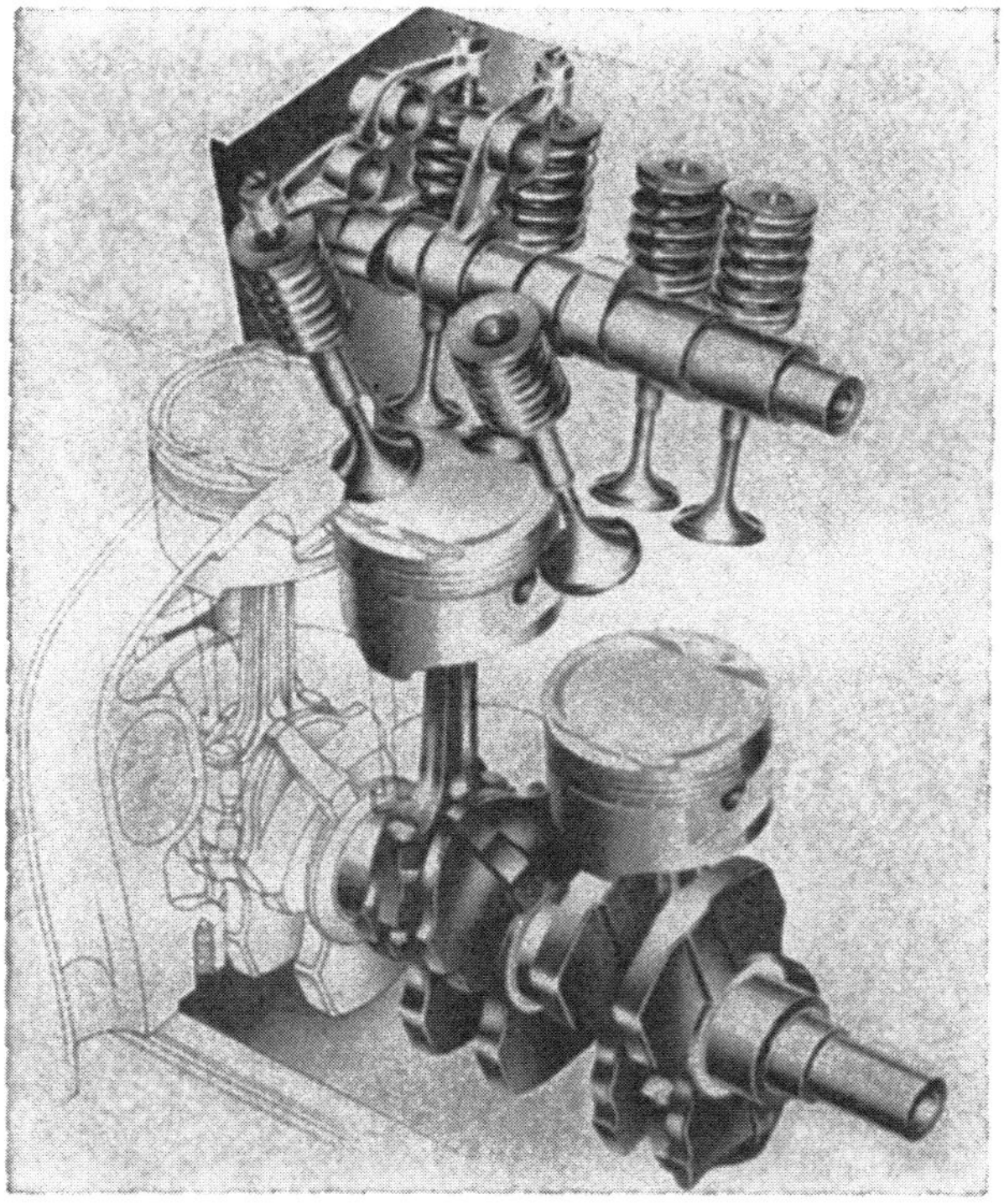

図1　ホンダ新1.8ℓ SOHC12バルブ・エンジン

ホンダの、否ホンダばかりでなく、日本のエンジニアの悲しいところはミーンナでウソの合唱をしていると、最後にはヨッパラッテしまって、あるときはCVCCが絶対に正しく、創価学会風にカタクナに批判を拒み、討論をしたがらないことだ。これでは新技術の創造はムリである。

「HONDA DOHCはボア径に対して最大級のバルブ面積がとれる1気筒あたり4バルブ方式を採用」とカタログに書いてあって、最大といわず最大級といわねばならなかったのは、ヤマハ5バルブに対する遠慮か。

このエンジンの断面図は**図2**で、1・6ℓZCエンジンの拡大ゼロックスか、と思って当たり前で（詳しく知りたい読者は「ZCエンジン」を読んでもらうよりほかはない）、相違点をいいあてられる人はパズルの名人である。

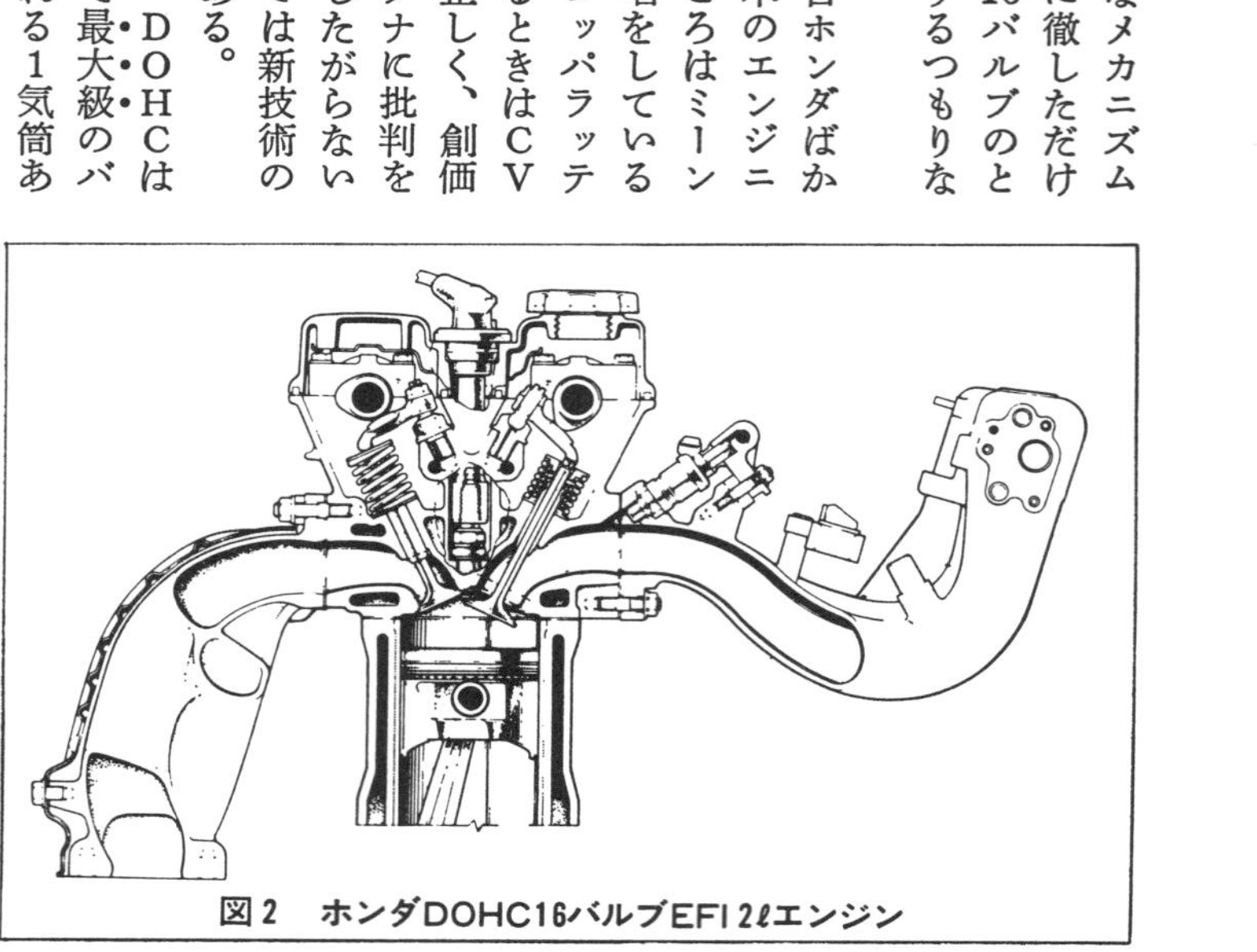

図2　ホンダDOHC16バルブEFI 2ℓエンジン

この2ℓエンジンは、ボア81㎜、ストローク95㎜、ボア・ストローク比1・17のホンダ得意のロングストローク・エンジンである。簡単にボア・ストローク比1・17というが、ディーゼル・エンジンですら、もっとショート・ストロークはザラで、F1にいたってはボア・ストローク比0・5と極端にショートストロークである。これはバルブ面積をもっと大きく、ピストン・スピードをおさえて、もっと回転をという願いからで、ショートストローク・エンジンは燃焼室がコンパクトでなく、燃焼がスムーズにゆかず、自動車として必要な低速トルクはムリである。

　ホンダがバルブ面積を確保しにくいことを承知の上で、あえてロングストロークを採用したことは独創的といえるリッパなフィロソフィーで、それでも80ps／ℓの高出力をヒネリ出したことは残業の結果とはいえ、何度でもホメたくなるのだ。

　この2ℓエンジンのねらいは、日本市場ではアコードを2ℓ車として格上げし、ヨーロッパ市場でオーバー200km／h車として、ベンツ、BMWなみに格上げするためだそうだ。

　人格は卒業した学校によって、車格はエンジンの排気量によって決まってしまう。このバカバカしい〝格〟にコダワッている限り、自動車のエンジンの進歩はない、とカリカリするオレは**図3**を見てガックリした。

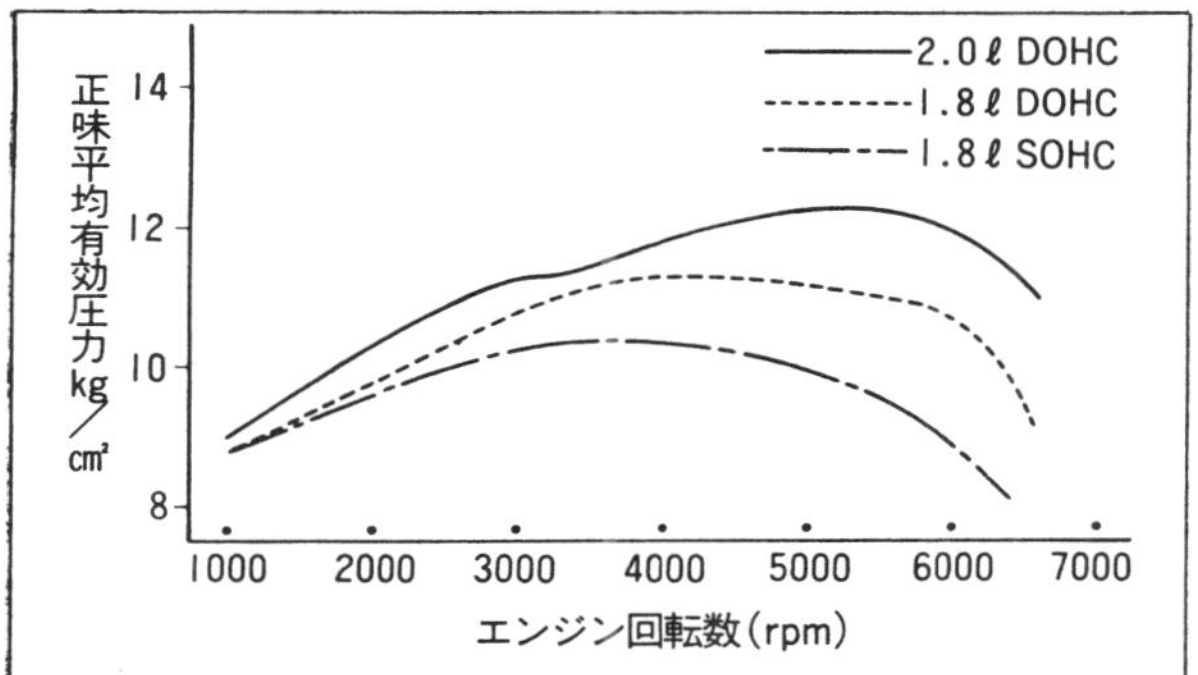

図3　SOHC1.8ℓ12バルブ1キャブレターとDOHC1.8ℓ16バルブ2キャブレターとDOHC2ℓ16バルブEFIエンジンを同一排気量としたときのトルクカーブ（正味平均有効圧力＝BMEP＝Brake Mean Effective Pressure）

図の縦軸の正味平均有効圧力（BMEP：Brake Mean Effective Pressure）とは、いわばリッター当たりのトルクで、排気量の違うエンジンの性能比較に好都合である。

　図3の1000rpmのときのBMEPに注目すると、SOHC12バルブ1キャブレターでも、DOHC16バルブ2キャブレター、またはDOHC16バルブEFIであっても、実質的に性能は変わらないということである。さらに3000rpmでも性能差は小さいといえる。日本で、ケイサツから安全にドライブするには4000rpmまで回れば十分で、この範囲ではメカの差によって、あるいは金をかけたほどにパワーが出ないのである。

　図3にターボの性能曲線を記入したとしても、3000rpm以下でパワーアップするとは思えないので、発進も市街地走行も高速道路でも、そのトルクを、快適性を確保するにはエンジンの排気量を増す以外にテはなく、だから排気量は車格なんだ、とウソブイているのだ。

　逆に、1000rpmのBMEPを30％高めることに成功すれば、1・5ℓエンジンで2ℓの車格を作り出すことが可能なのだが、図3の上部に、「性能曲線やスペックだけでは語れないホンダのエンジン作りの基本姿勢」とあるのは、何をいいたいのであろうか。オレだったらハズかしくてこんなグラフ発表したくないのに。何のアイデアも発明もなく、チューンナップしただけを誇るとは、職人根性もここまでくるとアワレである。

●本当にアウトバーンで200km／hクルージングできるか

　FF2ℓDOHC・EFIと車格を高めてみたところで、しょせんは排気量を大きくすることによって、ドライバビリティーを向上させただけの話だが、ひとつ困ったことは、エンジンが大きくなると重くなるのが道理で、FFではエンジン、トランスミッションとアクスルが一体となって前にあるので、重すぎるエンジンはクルマの重量配分を悪くし、悪ければ操縦安定性を損ない、命が危なくなる。だからエンジンを軽くしなければならないが、だれが製図してみても2ℓは2ℓ分の重量が必要となるのだ。そこで1・6ℓと同じにシリンダーブロックをアルミで作らなくては、となる。これが話のスジである。

　アルミのシリンダーブロックを軽く、安く作るには、ダイキャストにするのがベストである。が、ダイキャストの型は全部金型で、オカアサン金型にオトウサン金型を挿入したところへアルミを注入し、冷えたらオトウサン金型を抜き出さなければならないので、凹みはすべて開放型で、キンチャク型は成立しないのだ。

だから、ホンダ1・6ℓZCエンジンのシリンダーブロックは、**写真4**のようにウォータージャケットは開放型、オープントップになっているのだ。これならば、一番熱くなりやすいシリンダー上部が水冷されているから、良い設計では、と思う人がいるかもしれないが、実際にエンジンを作ってみると、いかにシリンダーをマンマルに加工したところで、シリンダーブロックにシリンダーヘッドを締めつけると、シリンダーはコンニャクのように変形してしまうのだ。

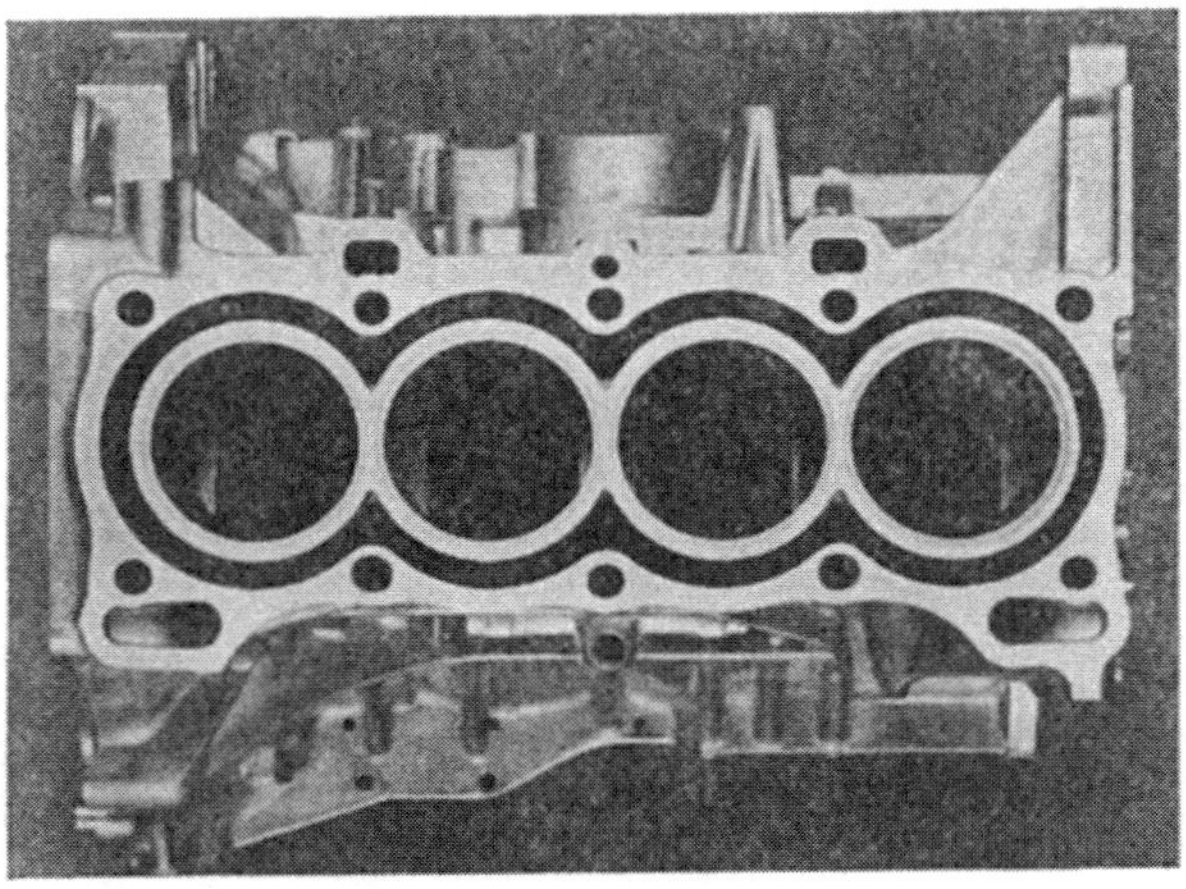

写真4　ホンダ1.6ℓエンジン用アルミダイキャスト・シリンダーブロック

写真7　ホンダ新1.8ℓ、2ℓエンジン用チルキャスト製アルミ・シリンダーブロック

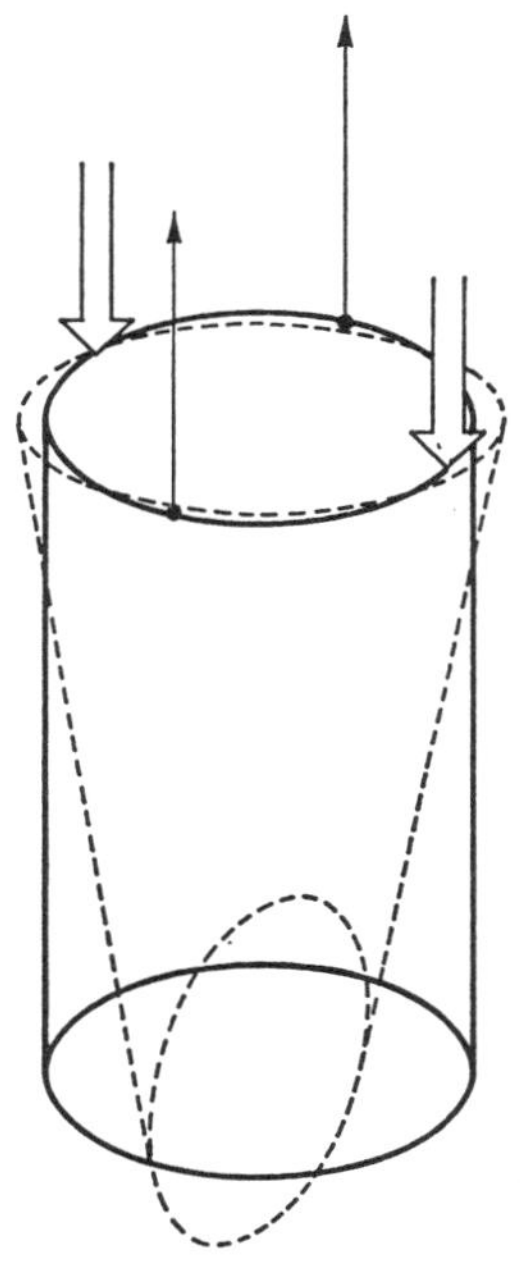

図5　シリンダーの変形の原理

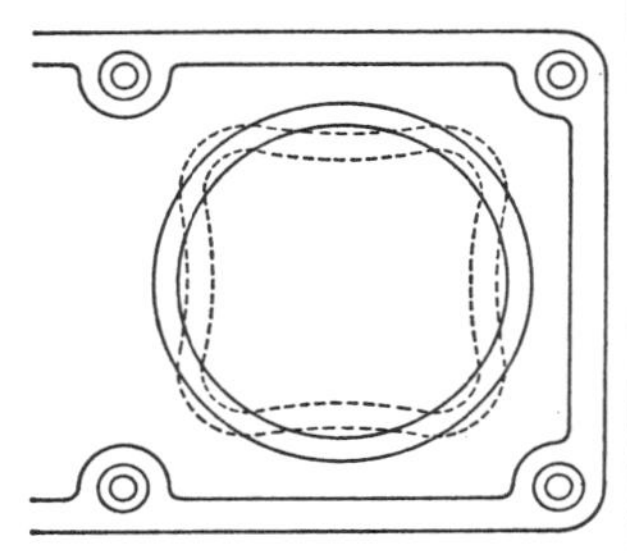

図6

図5はその原理である。読者には実験することをお勧めするが、まず紙でシリンダーを作る。中心に対称的な2か所に穴を開け、糸を通し、この糸でシリンダーを吊るす。矢印のところを指で押すと、図5の点線のような形に変形するのだ。だからオープントップのシリンダーにシリンダーヘッドをのせて4本のボルトで締めつけると、ボルトの近くでは強く押されるので広がり、**図6**の点線のような形に変形してしまうのだ。このウネリは実際には0・03〜0・04㎜程度ではあるが、ピストン・リングはウネリに追随できず、ブローバイやオイル消費を増やしてしまうのだ。

正直なところ、オレのチンケな実力では、1・6ℓエンジンにオープントップのシリンダーを使ってエンジンとしてまとめ上げる自信はない。だからこの面でのホンダの実力は認めざるを得ないのだが、サスガのホンダでも、2ℓエンジンではオープントップでやることはできなかったのだ。

シリンダーを変形させないためには、シリンダーの上部をシリンダーブロック外壁と一体化するよりほかにテはないのだ。このブロックを上から見たのが**写真7**で、図4と比較すると違いがよく分かる。この形では、ウォータージャケットの型を金型にしたのでは抜けないから、砂で作って、アルミが固まった後で、砂を壊して取り出すよりほかに作り方はない。だからといって、シリンダーブロックを砂型鋳造すると、強度が落ちる、寸法精度が落ちる、重くなる、見た目にキタナイ、コストアップ等々の問題が続発して、とても商品にならない。

ホンダの場合、ウォータージャケットだけを砂で作って、他は金型で作ることにして、ホンダ独自のNDC（New Die Cast）と勝手にヒトリヨガリをいっているが、これは普通のチルキャストで、アルミをヒシャクですくって金型にソッと注ぎ込むのだ。ダイキャストのように圧力をかけてアルミを金型にバシッと注ぎ込むと砂型が壊れてしまうのだ。

チルキャストの欠点はタイヤキを作るようにホイホイとはいかず、能率が低い分だけコストが高くなることである。GMでは金型の中を真空にして溶けたアルミを吸い上げるアキュラッド法を開発した。これならばホイホイと仕事は速く、安くて良いアルミ・シリンダーブロックができるはずで、この技術を持っているいすゞが鋳鉄ブロックなのは寂しくもまた宝の持ちぐされだ。

アルミ製シリンダーヘッドもまたチルキャストである。吸排気ポートやウォータージャケットが金型では抜けないからである。これはホンダだけではなく、日本のガソリン・エンジンのシリンダーヘッドは例外なくアルミ・チルキャストである。そして日本には、リッター当たり100psを超える高出力エンジンがいくつかあるが、ポリスのいないところで200km／hを超えてみたところで、1kmも走れば前の車に追いついてしまうのだから、シリンダーヘッドにヒートクラックが入りようがないのである。

ところが、ホンダではジョーダンではなく、アウトバーンでオーバー200km／hでクルーズできるアコードを輸出するというのだ。それならばオレもマジに聞かなければ。

コスワースがチューニングして、コスワースが作ったメルセデス・ベンツ2・3のシリンダーヘッドからは70ps／ℓしかパワーを絞り出せないのだ。コスワースもベンツも実力はホンダより遥かに上だ。それなのにホンダは2ℓで160ps、80ps／ℓも出している。これはヘンだ、と思わないようではMFの読者ではない。もっともJISの160psはDINの92%＝147・2psに相当するから、ホンダもアウトバーン仕様は実力（DIN）145psにするのだそうだ。ナットク。それでも70ps／ℓを超えると、シリンダーヘッド、排気弁、ピストンがモタナイのだ。限界のパワーに耐えるシリンダーヘッドの材質が気になる。コスワースのヘッドの材質は何か分からないが、シリコンを12%含有するローエッキス材じゃないかと思う。

アルミにシリコンを含有させて、12%になると共晶（ユーテクチック）状態となり、熱膨脹率は低く、ねばりも出て高い熱応力に耐える材料となるのだ。だが、この材料は鋳造性が悪いので、シリンダーヘッドを作るのはムリか、そのムリをコスワースが克服したのかも、とオレは推理するのだ。しかし、いくら良い材料でも不純物として鉄が入ると、鉄とアルミは化合して、冷えると**図8**のように針状に結晶してアルミ生地の中に分散する。この鉄とアルミの化合物は〝鉄の針〟(Stahl Nadel)といい、硬くてモロい。だから外力をうけると、針がワレて、針に沿ってクラックが発生してしまうのだ。

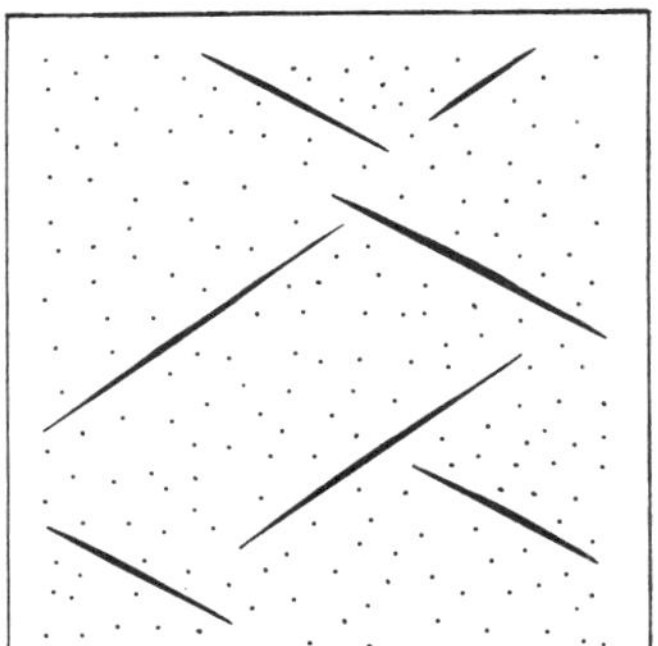

図8　アルミ材に含有された鉄の針状の結晶

ホンダの場合、鋳造性を考えてユーテクチック材は使わなかったが、鉄分は徹底的に抑えて、0・1～0・2%のレベルに下げた。ナットク。

アルミを鉄のナベで溶かすと、鉄がドンドン溶けてアルミに入ってしまうので、チタンのナベを使っているかもしれない。それでも溶けたアルミを金型に流し込むと金型がアルミに溶け込んで鉄分が増えるので、バージン（使いカスのスクラップを混ぜない）だけでヘッド鋳造するのだ。

こんなにがんばったシリンダーヘッドを使っても、DIN145psも出せば、それでもヤバイ。だからガソリン冷却をするのだ。余分に噴射したガソリンはシリンダーの中で燃えるには酸素不足でヒタスラにヘッド&ピストンを冷却するだけに使われるのだ。

ピストンは大丈夫か？

「このピストンのシリコン含有量は12%?」と聞いたら、「違います。そんなに含有しておりません」といいながらノートを見て、「アッ、12・5%でした」とチーフデザイナー。ホンダの実力とはこんなもので、認識していない人が良い設計をできるはずはない。ヨーロッパでは、このクラスのエンジンならば、**図9**で説明する熔湯鍛造で作るのが当たり前である。いうまでもなく、鋳物より鍛造品のほうがねばり強く、ヒートクラックが入りにくいのだ。

ホンダのピストンは鋳造品。いくらニッケルの含有量を増やしてみたところで、ベンツ2・3のピストンより良いとはいえないのだ。

次にエキゾースト・バルブはどうか?

ホンダB20Aエンジンは、圧縮上死点で2000℃でミクスチャーは燃える。この燃焼ガスは膨張しながら、圧力と温度を下げ続け、圧縮比と同じく9・4倍にまで膨張したとき排気弁は開き、排気ガスは排気ポートへドバッと流出するのだが、ガソリンエンジンの場合、膨張比が小さく、排気温度は900℃と高いのだ。エキゾースト・バルブがこんなに高温なガスにさらされては、ガスタービン用の超合金ナイモニックを使ったものもあるが、それでもまだヤバイのだ。だから冷却して温度を下げなくては……。

ホンダの場合、**図10**のように、エキゾースト・バルブの高温の部品は耐熱鋼で作る。こうしなければ溶けてしまうのだ。だが、マズイことに高級な耐熱鋼ほど熱伝導率が低く、熱をバルブ・ステムに伝えにくい。

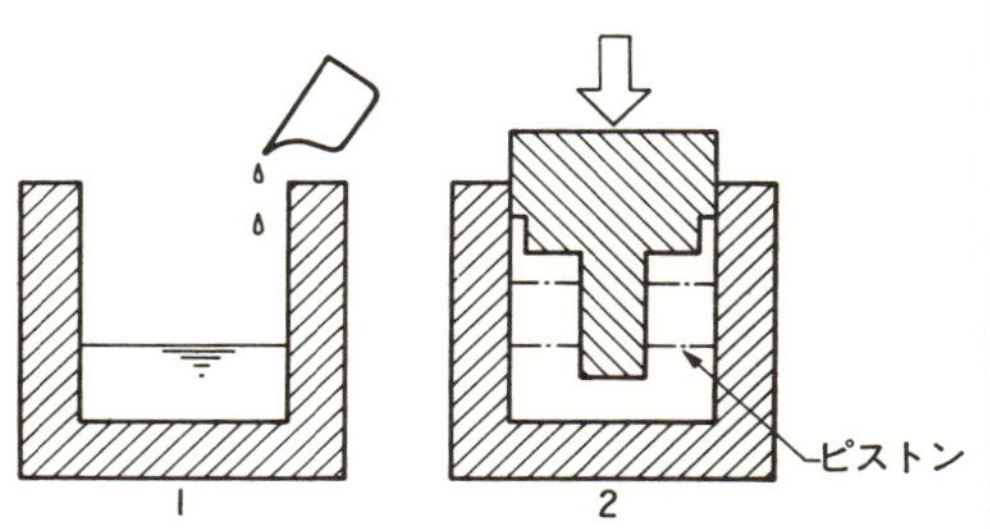

図9　ピストンの溶湯鍛造

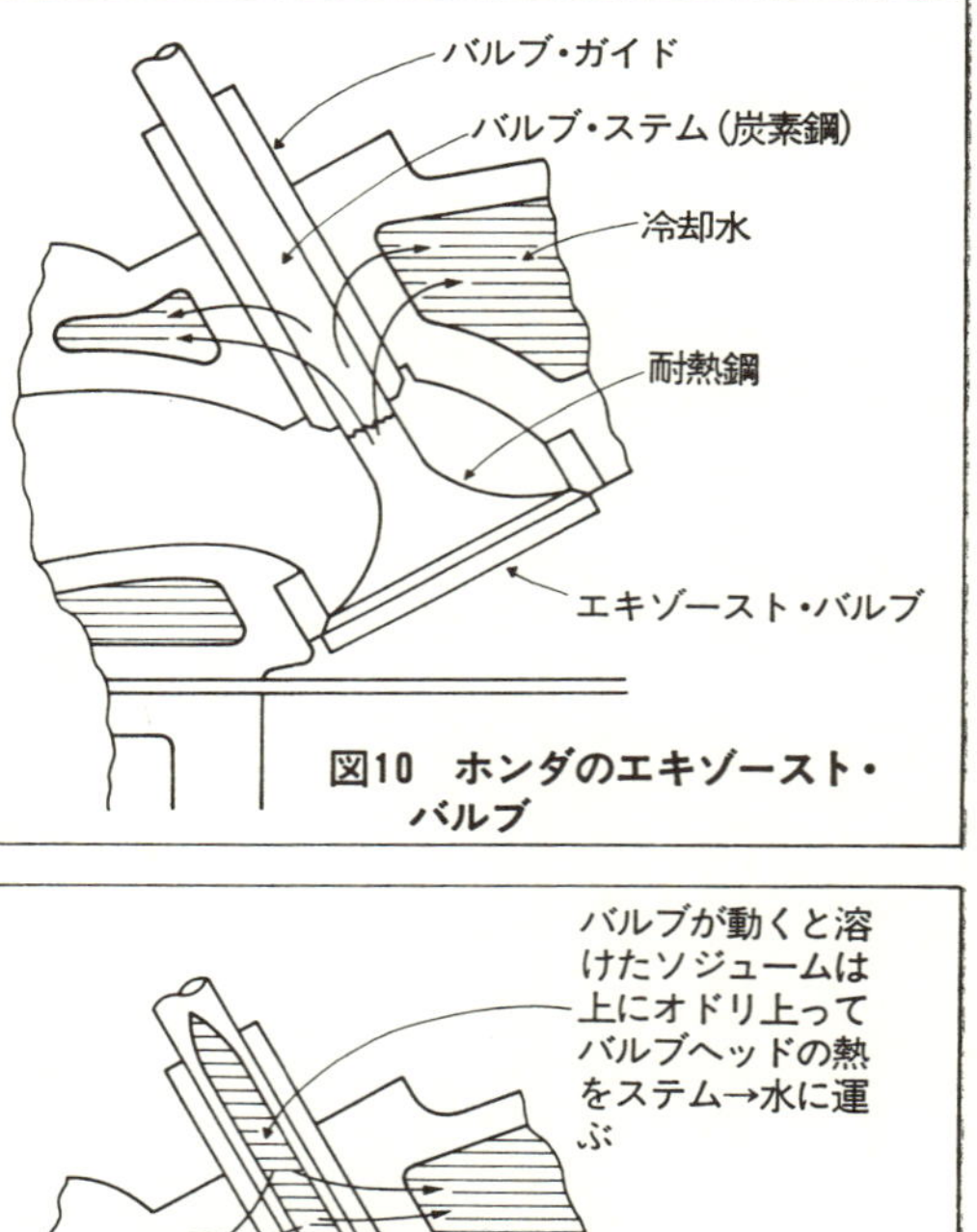

図10　ホンダのエキゾースト・バルブ

図11　ソジューム冷却のエキゾースト・バルブ

それではバルブ・ステム→バルブガイド→冷却水へと熱を流して、エキゾースト・バルブを冷却するに不都合である。そこで、バルブ・ステムを熱伝導率の高い炭素鋼で作って、バルブの頭と溶接すれば、冷却水に熱を流しやすくするばかりか、バルブ・ガイドにコスラれても炭素鋼のほうが磨耗しにくいし、炭素鋼は安いのもミリョクのひとつである。

しかし、ベンツやジャギュアがアウトバーンを走ってみると、このようなチンケなエキゾースト・バルブではアウトであった。本格的なソジューム入りバルブを使うよりほかにテはなかったのである。ホンダのバルブの5倍も高くなるが、やるべきことをチャーンとやるのがベンツで、**図11**のように排気弁の中をガランドウにする。ガランドウの中に1/3ほどソジュームを入れる。ソジュームとは塩の成分、NaClのNaで学校ではナトリウムだが、どういうわけか、エンジンに使うとソジューム。200℃になれば液体で、バルブの動きにつれてパシャパシャと暴れまわり、熱をバルブヘッドからステムへ運ぶシカケである。このワザは第2次大戦中のヒコーキ用エンジンの全部に使われていたのだから、日本のバルブメーカーが、日本のホンダのワザが低いということではなくて、ホンダがバルブメーカーに注文しないだけなのである。なぜならば、５分間だけ70ps／ℓの出力を発揮しても、エキゾースト・バルブは何ともないからである。

しかし、ハッキリいえることは、日本の道路を走るときアコードはステキだからといって、アウトバーンでは長持ちしないのだ。やっぱりベンツやＢＭＷ、ポルシェは数倍のコストをかけて、２００km／hクルージングを保障しているのだ。

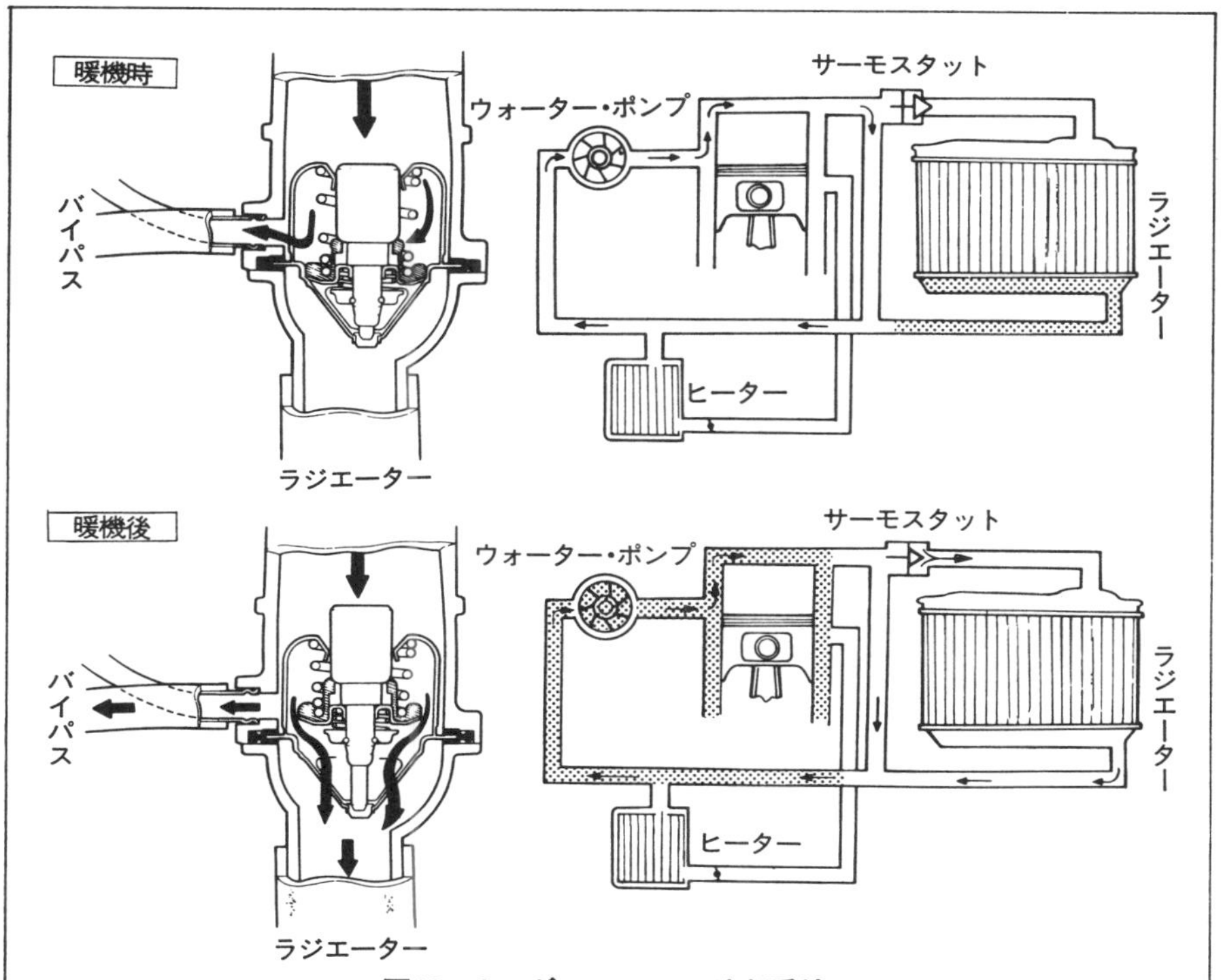

図12　ホンダ・エンジンの冷却系統

●カウンターウェイトとバランスウェイトのちがい

ホンダのエンジン技術の後進性をハッキリと知らせてくれるのが、図12のエンジン冷却系統である。なぜヘタクソな設計であるかというと——。

エンジンが始動してから、ウォーミングアップの間は図12上のようにサーモスタットによって、冷却水はラジエターを流れないようにコントロールされているのだ。だからマイナス10℃の朝、エンジンを始動すれば、水温が82℃になるまではサーモスタットは閉じ続ける。83℃になるとサーモスタットは開く。開くと図12下のようにラジエター内のマイナス10℃の冷却水はドバッとエンジンのウォータージャケット内に入って、エンジンを急冷する。このとき、マズイことにエンジンは急冷されているのに、サーモスタットを流れる水はまだ83℃で、エンジンが冷たいといって悲鳴をあげていることをサーモスタットは知らないのだ。やがて冷たい水がサーモスタットに到着すると、おそまきながらサーモスタットはラジエターへの水通路を閉じる。次にエンジンのウォータージャケット内の水が熱くなると、またサーモスタットは開く、このときラジエターの水は冷却されて冷たくなっている。だから何回か激しい冷却水温の変化があってから、やっと水温が安定するのがホンダの方式で、エンジン温度の急激な変化は熱応力を増し、エンジンを変形させ、ガスケットからガスが漏れたり、運転不調となったりしてロクなことはない。だから、トヨタもニッサンもオレのマネ（本当はオレはＢＭＷのマネをした）をして、サーモスタットを水ポンプの入口側につけているのだ。そうしたほうが良いということは、「ニッサンＲＢ」に書いてある。ホンダは勉強すべきだ。

このサーモスタットに救いがないのは、バイパス・バルブがついていないことである。タレ流しのバイパスがついていては、水温のコントロールが正確に出来るはずもなく、エンジン水温によっても燃料噴射量や点火タイミングがコントロールされるＰＧＭ－ＦＩが優れたものであるとすれば、エンジンはギクシャクと働くはずである。このサーモスタットでも、エンジンがスムーズに回転するのであれば、ＰＧＭ―ＦＩはダサイといわなければならない。

図13はベンツ３ℓ直６エンジンの断面図である。当然のことながら、サーモスタットは水ポンプ入口に、そして水温がハンチングしないように大きなバイパス通路とそれをコントロールするバイパス・バルブがついている。これを見て、テメエたちが実力のないことをホンダのエンジニアは確認しなければいけない。また、鉄板を折り曲げただけのホンダの水ポンプとは異なり、ベンツの水ポンプの流体力学的美しさを観賞すべきである。ダサイ設計の水ポンプでは、**図14**のようにキャビテーションが発生し、水ポンプに孔が開いてしまうのだ。

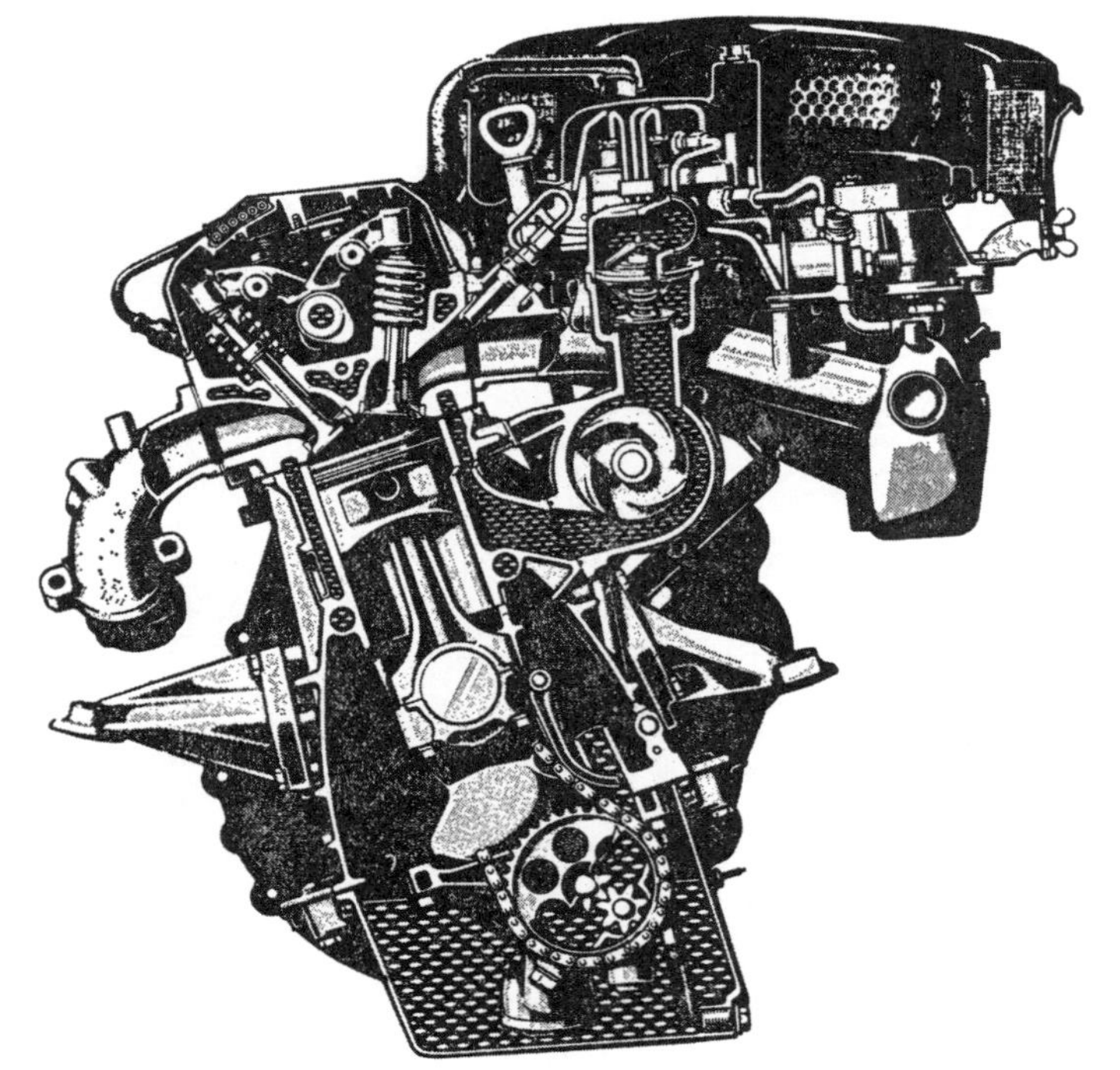
図13　ベンツの新３ℓエンジン

写真15はクランクシャフトである。見るからにガンコ一点バリのこのクランクシャフトは、表面処理技術として最高のタフトライドが施されている。タフトライドとは、クランクシャフトを炉の中で赤めておいて、雰囲気を窒素にして、鉄の表面を窒素と化合させる技術で、鉄と窒素の化合物は硬く、どんなに激しくベアリングと擦っても磨耗しないばかりか、強度までアップするのだ。

良い技術は残念ながらコストアップがつきものではあるが、ホンダとオレはタフトライド大好きで、思いきって採用したことはリッパである。が、気にくわないことがある。

ひとつはクランク・ピンの油孔で「トヨタ4A・GEU」の項以下何回もいっているので割愛するが、カウンターウェイトをヒタスラにデカクして8つも並べたことに、オレは違和感を覚えるのだ。直4や直6エンジンでは、カウンターウェイトなしでもエンジンのバランスには

写真15　ホンダ・エンジンのクランク・シャフト

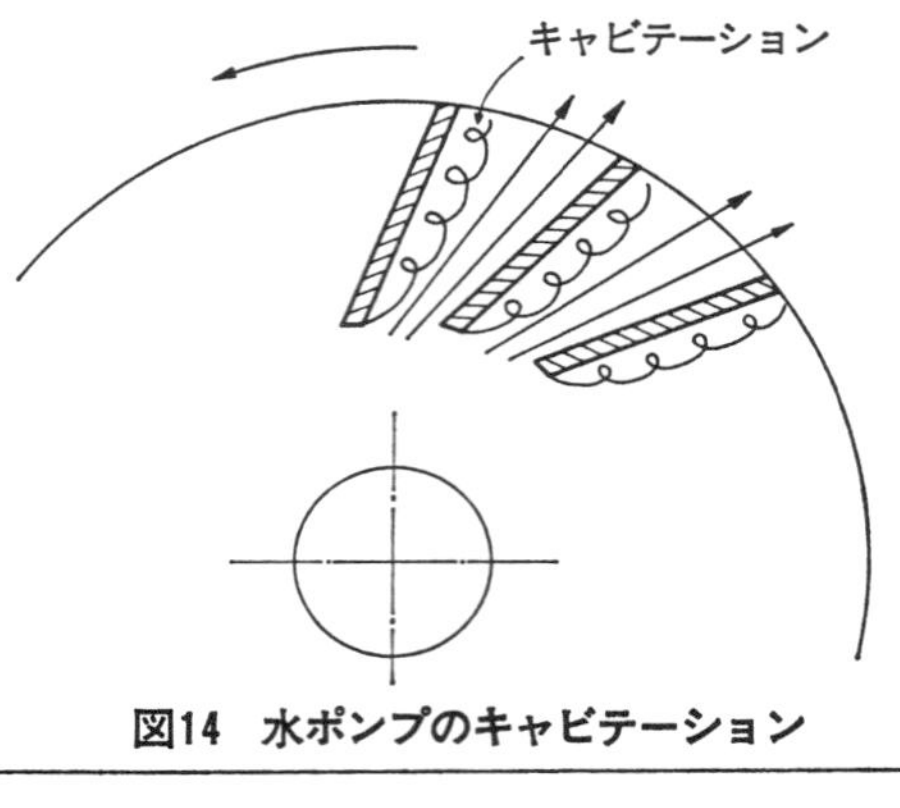

図14　水ポンプのキャビテーション

関係ない。ネンピ世界一のイギリスのガードナーエンジン（ディーゼル）はカウンターウェイトなしで達成しているのだ。だからカウンターウェイトというのだが、V6やV8エンジンはこのおもりによってバランスをとるので、このときはバランスウェイトといい、絶対に必要なのだ。直4や直6エンジンのクランクにカウンターウェイトを付けるとクランク系のGD^2が増えて、ねじり振動の共振点は低下し、重いおもりはエンジンを重くするばかりでなく、レスポンスを悪くすることぐらいだれにでも分かる。ホンダB20A／B18Aの場合、なぜカウンターウェイトが必要になったかというと、**図16**のようにピストンやコンロッドの慣性力がクランクピンに働いたとき、カウンターウェイトによって発生する遠心力で打ち消して、メイン・ジャーナルに加わる力、すなわちメイン・ベアリングの荷重をへらしたいからなのだ。チンケなエンジンでは、この荷重によってクランクケースが割れて、エンジンがパーになることすらあるのだ。

「なぜこんなバカでかいカウンターウェイトを8つも付けたのか？」とオレ。「シュミレーション計算の結果です」とホンダ。とはいうが、実はホンダはシュミレーションはしていないのだ。トヨタ編の冒頭でコケにした、トヨタ4A―GEUエンジンのクランクのカウンターウェイトこそが、シュミレーション計算の結果で、7000円のキャリュクレーターで計算したホンダのクランクと100億円のコンピューターで計算したトヨタのカウンターウェイトとの差が出ている。というのは、トヨタも8カウンターウェイトであるが、**図17**のように場所によって大きさを変えてある。なぜか？ は、筆を持つ腕が疲れてきたから別の機会にゆずろう。

図17を見ると、カウンターウ

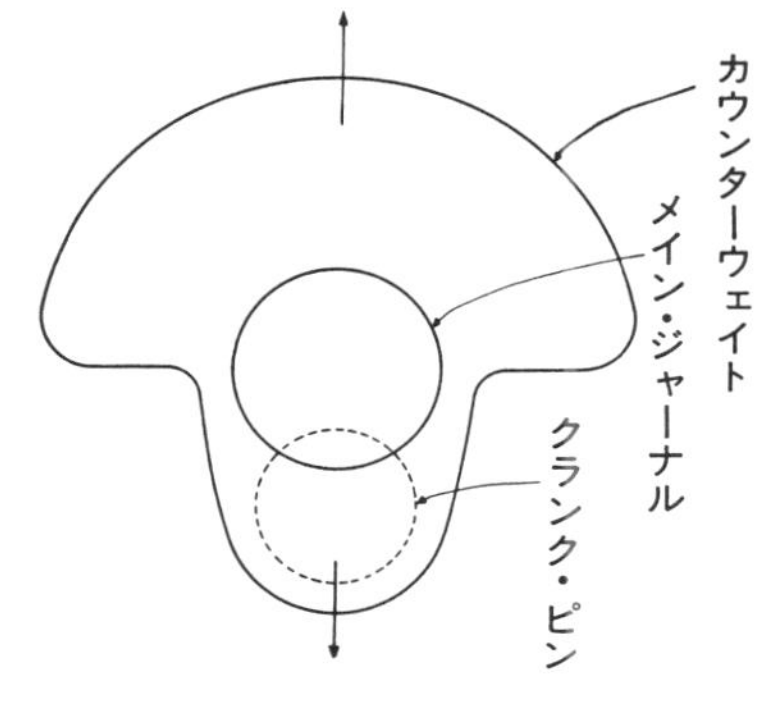

図16　カウンター・ウェイトの役割

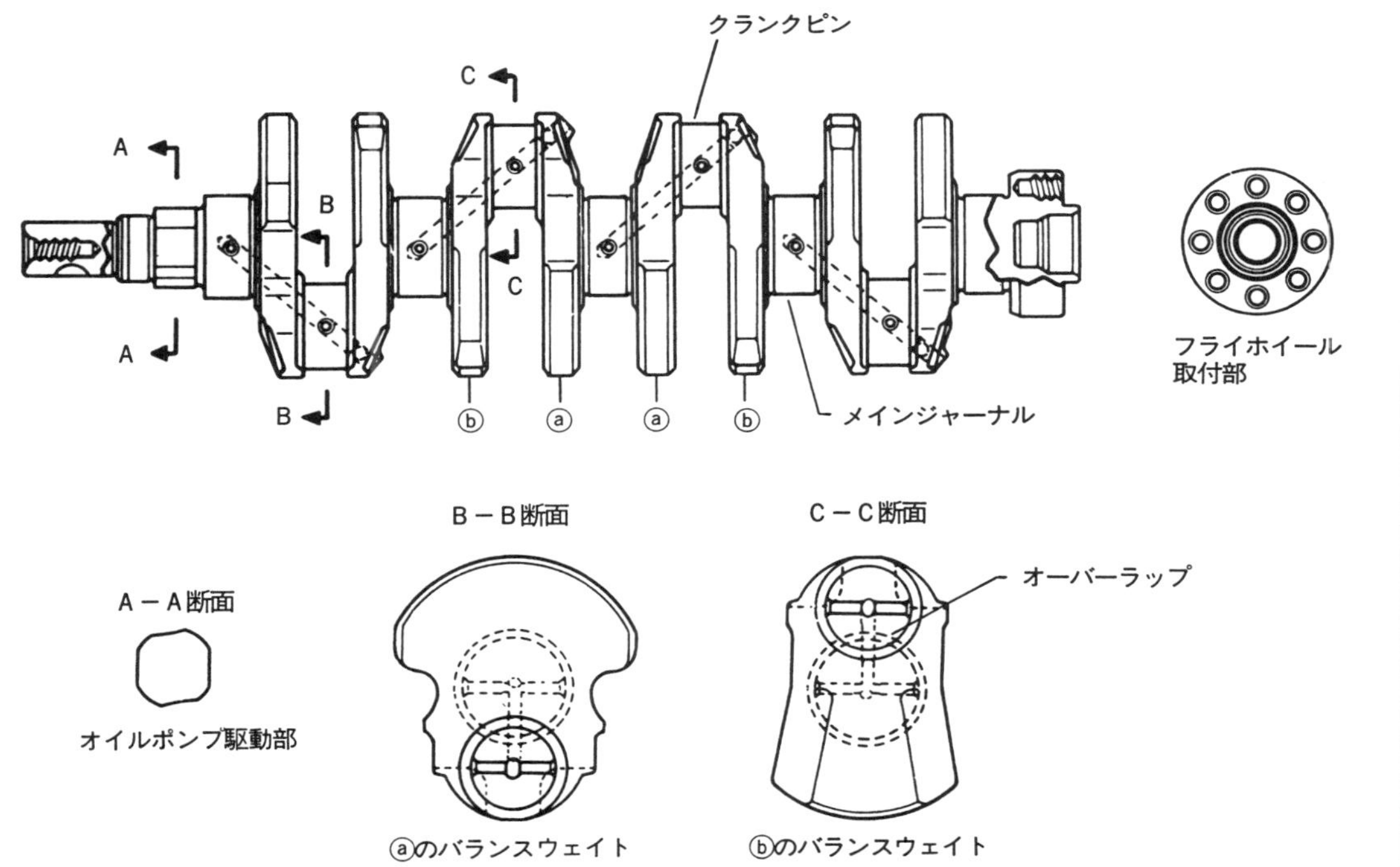

図17　トヨタ4A-GEUエンジンのクランク・シャフト

エイトの所にバランスウェイトと書いてある。要するに、カウンターとバランスの区別のつかない人でも計算できるのだ。ホンダもやらなくては……。

図18のコンロッドの図面を見て、〃ワッ！　カッコワルーイ！〃と感じる人はプロである。オレはプロの中でのプロなので、当然にそう思った。いろいろなことをホンダにタダで教えるワケにもいかないので、キーポイントだけをいうと、コンロッド・ボルトが異常に太いのだ。異常にといったところで、1〜2㎜程度なのだが、他の部分では極めようとしているのに、ヘンだ。

「このボルトはトルク法だネ」とオレ。「ハイ」とうなだれるチーフエンジニア。

世界のトップをゆくと自負しているこのエンジンに、化石時代のワザ、トルク法をやめたらどうか。ベンツと同様に塑性域角度法でコンロッドを締めれば、もっと精度が向上し、その結果、ベアリングの幅を狭くしてもベアリングは焼き付くこともなく、コンロッドの幅をもっと狭くできて、軽くなる。ベアリングの幅を狭くしてコンロッドを軽くすれば、もちろん、フリクションも少なくなり、燃費も向上するワケである。だからこそホンダはＦＲＭコンロッドを発明したのだ。それなのにトヨタも採用してる塑性域角度法をなぜホンダは採用できないのか？

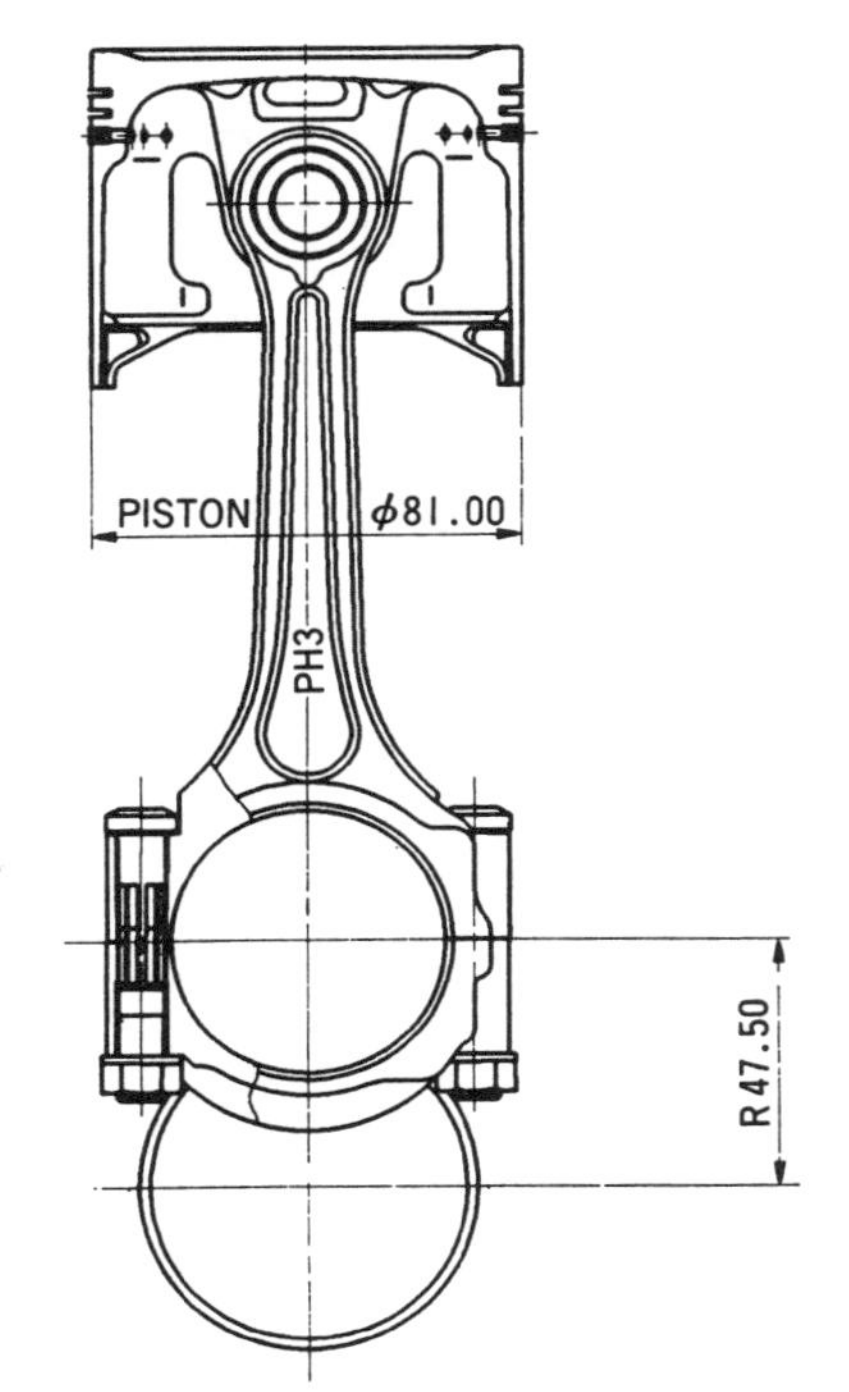

図18　ホンダ・エンジンのコンロッド

本を読んだことがないせいかもしれないが、あまりに気の毒になったオレは、「タダで教えてやろうか？」とオレ。「？？？」とホンダのエンジニア。

ニュースをしゃべり終わってもまだ画面にでているＮＨＫのアナウンサーの顔をしたままヒタスラにダマル。

何を考えながらダマリ続けるのであろうか？

弾性域から塑性域へ、頭が固いばかりにどうしても切り換えられないのか？

オレから聞くのが恥しいのか？　ホンダのプライドが許さないのか？

オレから聞くことはホンダの技術がオクレテルことを認めることになるからか？

何が何でも「毒舌」を無視したいのか？

――表情から読みとろうとしても、何もわからない。

彼は自閉症なのだ。

無知は読書とか、コンサルタントから聞くことによって解決はする。が、自閉症は読みたくない、聞きたくないのだから救いがないのだ。ホンダの技術者は72年前の技術、ＤＯＨＣ４バルブにはようやく心を開いたが、20年前の技術、サーモスタットとか、ボルトの塑性域角度法とかにはカタクナに心を閉ざしたままである。

ところで、72年前の技術、ＤＯＨＣの我が国の普及状況はどうか。

このクラスではホンダの外には先輩のトヨタが３Ｓエンジンで１６０psとガンバっているが、他の会社はもっと自閉症が激しく、ヒタスラに何もしないのだ。ゼッタイに失敗の心配のない、欠点はゼッタイに許されないＴＱＣ体制の中で、ゼッタイに新しい技術を採用してはいけないのだ。新技術には長所とそれに伴う欠点が必ずあるからである。

ホンダとトヨタのエライところは、欠点を長所として見える目を持っているからで、例えばＤＯＨＣ４弁のエンジンを作ると２万円も高くなる。だから損するからやめるのがＴＱＣ会社で、10万円も高く売れるからもうかるのが両社なのだ、他社に出遅れ最後にＤＯＨＣ４バルブを作る会社は絶対に失敗はしないが、もうかりもしない。そしてTQCから得られるものはデミング賞とペンペン草だけだということを知るのだ。

　ベンツにはコスワースがチューンナップしたDOHC16バルブ2・3ℓがあるから、2ℓもよく見え、よく売れるのだ。DOHCを持っていない会社のSOHCを載せたクルマは技術が低いんじゃないか？　やる気がないのでは、と思い、買う気がしないのだ。だから、いくらオレが自閉症だ、オクレテルウとワメイテ見たところで、この2ℓDOHC16バルブEFIエンジンはTQCをやっている会社のものと比べるとダントツに優れているのだ。パワーウェイト・レシオ、0・768kg／psとトヨタ3Sエンジンの0・9kg／psを2馬身引きはなしたのはリッパである。このエンジンをアコードに載せると、6・75kg／psと驚異のパワーウェイト・レシオとなる。この数値はアコードのアクセル・ペダルを踏んだとき、シートバックが背中に加える心地よい圧力によって感じとることもできる。東北道を走って宇都宮往復362kmで43ℓ、8・3km／ℓの燃費は、評論家ゴッコをしたり、東北道を140km／hで飛ばした悪条件での数値で、極めてリッパといわなければならない。

●終わりに一言

　中村良夫さんの名著、『レーシングエンジンの過去、現在、未来』の中に、馬力とは

60％Perspiration　努力と汗で
10％Inspiration　ヒラメキで
10％Constipation　行きづまりながらも
20％Manipulation　巧みに操作して

と、英国のレース・エンジン・チューナーのドアに書いてあった、とある。

　ナルホドとオレが思ったのは、「巧みに操作する」のはユーザーか、ラリーならば、ワルデガルドやカンクネンなどの北欧系の外人、F1レースならば、A・プロストやアルボレトなどの南ヨーロッパの人たちがすることで、自動車メーカーに関係はない。

　10％のヒラメキも、DOHC4バルブ、EFI、慣性過給、パルスコンバーター、チルキャストでアルミ・シリンダーブロック等々の新技術ももとはといえば、これまた外人の仕事であって、ニッポンのエンジニアは参加していないのだ。

　たしかに60％は努力と汗の結晶で、ホンダB20A／B18Aエンジンも例外でなく、ヒタスラにホンダのエンジニアの体力と家庭の側での犠牲の上に商品化されたといえる。

　10％ばかりは行きづまりながらも、というが、欧米では最後の技術革新、EFI以来ヒラメイテいないのだ。この行きづまり状態の中で、日本人のPerspirationによって技術が追いついて、アコードのような良いクルマを作れるようになったのは喜ばしいのだが、見方を変えれば、技術的に行きづまった商品は必然的に発展途上国に移行するのだ。

　オレが気になるのは、ホンダはDOHC4バルブ・エンジンの行きづまりをどう解決しようとしているのだろうか？　2→3→4バルブの次はもっとパワーの出る5バルブであろうか？　それともレスポンスの悪いターボ・チャージャーをあきらめて、容積型のメカニカル・スーパーチャージャーに進むのか？　写真19に示す自動車のリショルム型スーパーチャージャーはもうすでにイギリスでは発売されているのだ。リショルム型より効率の高い容積型スーパーチャージャーは考えられないので、次の世代の自動車用エンジンは確実にこれを使うのだ。

　オレが気になるのは、日本人のだれかが次の次を考えているであろうか？　それともまた外国から技術導入をするのか？――ということである。

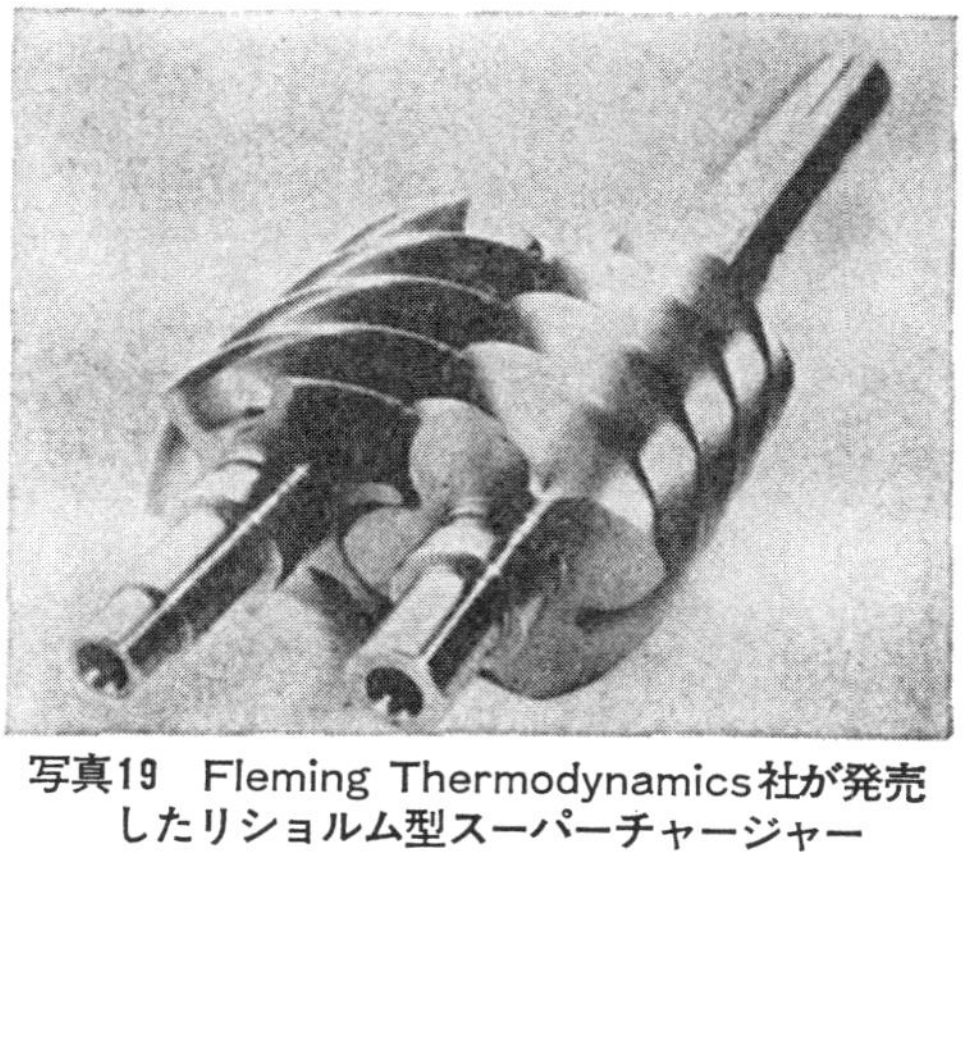

写真19　Fleming Thermodynamics社が発売したリショルム型スーパーチャージャー

レジェンドC25A／C20A

ホンダよ、F1エンジンと同じものを作れ

あこがれのスター大地真央（昨年退団したが）に会いたいと思って、タカラヅカに行っても会わしてくれないのだ。だから、あこがれ、こがれる気持が強まるのだ、と創始者の小林一三は考え、そのとおりになった。

あこがれのF1レースは日本では見ることはできない。見られないからこそあこがれの気持の高まるF1レースに、昨年から今年の緒戦のブラジルGPまで4連勝したホンダが、F1エンジンと同じV6エンジンを作った。

これゾ究極のエンジン。F1のホンダが作ったV6エンジンとばかりに、タカラジェンヌに胸をこがす乙女の心で、オジンはホンダに行ったのだが……。

●ゴッコしてはいかん、本気でやれェ

ジャリが一生懸命に野球をする、少年野球を通りすがりに観戦するのは楽しみである。が、常連になってよく観察してみて気がついたことは、ジャリ野球までが管理野球なのだ。監督とコーチの2人のオジンがジャリたちにドナリちらすのだ。あげくの果てにランニングでシゴクのだ。それをテレビに飽きたオッカアたちが応援するのを見て、日本の将来は暗いナ、とオレは思った。

怒鳴る監督は〝万日ヒラ〟ふうのオジンで、会社で管理されている腹イセにドナッテいるとしか思えない。ジャリはと見れば、ドナラレなければ全力を出さない管理され大好き人間にされてしまっているのだ。

スポーツで飯を食う人間こそ自主性がなくては勝てるわけがない。ましてや無限の可能性を秘めているジャリから自主性を抜きとることは何事ゾ。

高校野球を見ていてムカツクのは、ブリッコ&マジメゴッコすることだ。ボウズ頭とは坊主の営業用のコスチュームでは？

ネクタイさえしていればジェントルマンだと信じるヤツラ、NHKと朝日新聞は何を血迷ったか、ボウズ頭さえ強制しておけば、悪ガキ変じてイイコになると思っているのかも。

甲子園のガキ野球からオジンの監督を締め出して、3年生のガキ、キャプテンにさい配を振らせたらどうか。級友に信頼され、尊敬されるキャプテンのいるチームしか優勝できないのではなかろうか。大人物の卵を発掘する国民的行事としての甲子園でありたいものだ。

ゴッコとは、昔のトルコのオスペのごとく本番でないことで、お医者さんゴッコは産婦人科の知識の全くないオレだったが、今では限りなく甘いに近いホロ苦さだったなァーと、かすかに思い出をナツカしむだけである。だが〝子育てゴッコ〟をした有名なオジンは、ことのついでに〝子作りゴッコ〟を教えて楽しんだ、と電車の吊り広告に書いてあった。表題から受けた感じでは、直木賞作家たるもの、子作りゴッコはケシカラン、と怒りに燃えているようだが、この記者はゴッコできるほど

モテないので、正義感が倍増したという感じである。

子作りにハゲム前にゴッコする予備校が、ヨシワラとか川崎では南町にあった。ところが神近市子という女を卒業したエレキオバンがいて、共産圏の人はそんな不潔なことはしないとばかりに、テメエの若かりしころの男狂いは棚に上げて、売春禁止法を通した。これで日本は明るく、清潔な国になった、はずではあるが、実情は周知のとおりである。

予備校の名前もトルコとの国際親善に好ましくないということで、ソープラと変えた。それを喜んだ厚生大臣がソープラ代表と握手するところをテレビで見たオレは叫んだ。マルコスるな！　と。厚生大臣のいうには、ソープラでは売春しないが、ホテトルとマントルはケシカラン、逮捕しろ、なのだ。で、これまた逮捕ゴッコでソープラでも安心してゴッコをガリ勉できるのだ。

オレの町、川崎の名所はソープラと大師。名物は公害病患者である。オレは排気浴をしながらショーチュウを飲むとウマイと思っているのに、公害病とは。この人たちはNOxをさけて郊外に移れば、今度は花粉で郊外病になるのでは。

もしも環境庁と運輸省がボウズ頭になってマジメに排気ガス対策をしさえすれば、税金を食うゴッコ患者はなくなると思うが、日野自動車は悪魔の発明をしたのだ。

役人が見ているときだけ排気がキレイで、いつもはタレ流しになるという、「電子タイマー」である。

NOx対策は今のところ、タイミング・リタード：燃料噴射時期を遅らせることによりほかにテはないのだ。ところがタイミング・リタードすると確実に燃費は悪くなり、もちろんパワーまで落ちる。そこで〃コンピューター犯罪〃による世界最初の作品、「電子タイマー」によって役人のいないときにはタイミング・アドバンスしてパワーとNOx濃度を高めることにしたのだ。

環境庁には学識経験者としてアドバイスする教授たちがいるが、この人たちがNOxを減らしながら、パワーを高め、燃費まで改善しうる、とホントに信じたならば、バカというよりほかはなく、信じないで、低公害ゴッコに悪乗りして電子タイマー付エンジンに機械学会賞を与えたのであれば……。

●F1ゴッコしたいオレたち

オノボリさんならまずミュージアム。オレもデトロイトのミュージアムに行ったのだ。驚いたことに、ゴッホの絵の近くに、サイケなクルマがあって、中を覗くと人形の女の子がオナしているのだ。

アメリカの自動車文化が完全に女の子のレベルにまで浸透しているのを見た、とオレは満足した。

日本の文化とか思想はゼーンブ外国から、という文化人がいる。ホンダが日本では初めての思想、MM思想：Man Maximum Mecha Minimum なる思想がヒラメイタとしたら、文化人ならずともオレまでもがオジョーダンを、と笑いたくなるのだ。ところが、マズイことにホンダのエンジニアはマジメに思いつめた。その証拠に目が下《ゲ》三白《サンパク》である。

オレのMM思想とはMotete Motete 困る思想で、モテルにはレスポンスと加速が良いクルマで、何よりもまずシカケがF1と同じで、ポルシェやランボルギーニを追い越しながらシカケのスバラシサを女の子に説明してやらねばならぬ。

そのF1のシカケもトヨタ、ニッサンで作ったのではシラケる。F1連勝のホンダでなくては……。

そのホンダがF1と同じシリンダー配置、V6を作ったというので、オレはシビレた。そして、いつもは行かない新車発表会、赤坂プリンスホテルまで行ったのだ。それから和光市の本田技術研究所にインタビューに行った。

ホンダは、クルマの高級感を出すには6気筒でなければ、だが直6ではエンジン横置きのFFにするには長すぎるのでV6にしました。これがMM思想です。ハイ。というのだ。なんとチンケな思想としばらくは声も出ないほどにオレはアキレタ。そしていった。247㎞/hの速度世界記録をもつ名車にして、高級車、メルセデス190E2・3は直4、2・3ℓエンジンながらバック・オーダーを抱えているというし、サーブ900ターボ16も直4・2ℓ。それにポルシェ944ターボは2・5ℓ直4で堂々と高級車なのだが、と。

答えていわく。それでもやはり6気筒の方がバランスが良い。だが、バランスの良いのは直6で、これなら1次の、そして2次の慣性力や偶力…エンジン1回転ごとの、そして2回転ごとの上下や横にアバレル力やクランク軸中心にデキの悪いコマのように振れ回る力、は完全にバランスしていて高級エンジンといえる。

V6エンジンは1次も2次も偶力が残り、エンジンがイヤイヤをしながらアバレル下品なエンジンなのだ。直4は? これも2次の慣性力が残り、同様に下品である。アバレを抑え込むのがエンジン・マウンティング技術で、ブスでも化粧さえウマケればカワユク見せるシカケである。レジェンドには液体封入式のラバーマウントが使われている。

それでもエンジンが大きくなるとアバレル。ポルシェの直4、2・5ℓエンジンでは慣性力が大きすぎて困った。これを上品にするシカケは図1のバランサーで、ナントこれはわがニッポンのMMCの発明なのだ。さらにポルシェばかりではなく、ランチア・テーマのDOHC2ℓエンジンまでがMMCの発明を使っている。

すべての技術は外国から、といったのはオレの間違いで、MMCはポルシェとランチアに技術輸出したのだ。こんな良い技術はポルシェとランチア、MMCだけで使うのはモッタイない。日本の他社もパテントを買うべきだ。

それでもF1のホンダはV6にコダワった。オレやホンダ・ファンたちもホン

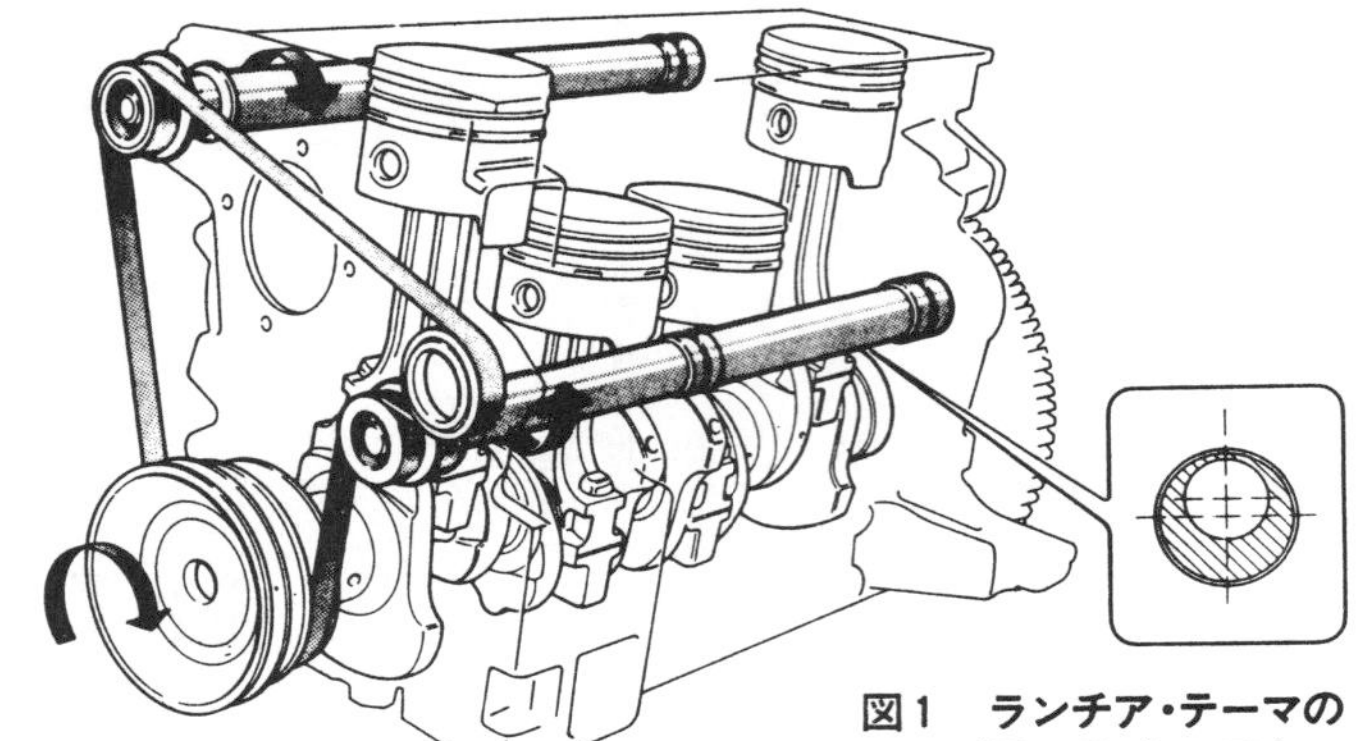

図1　ランチア・テーマのバランス・シャフト

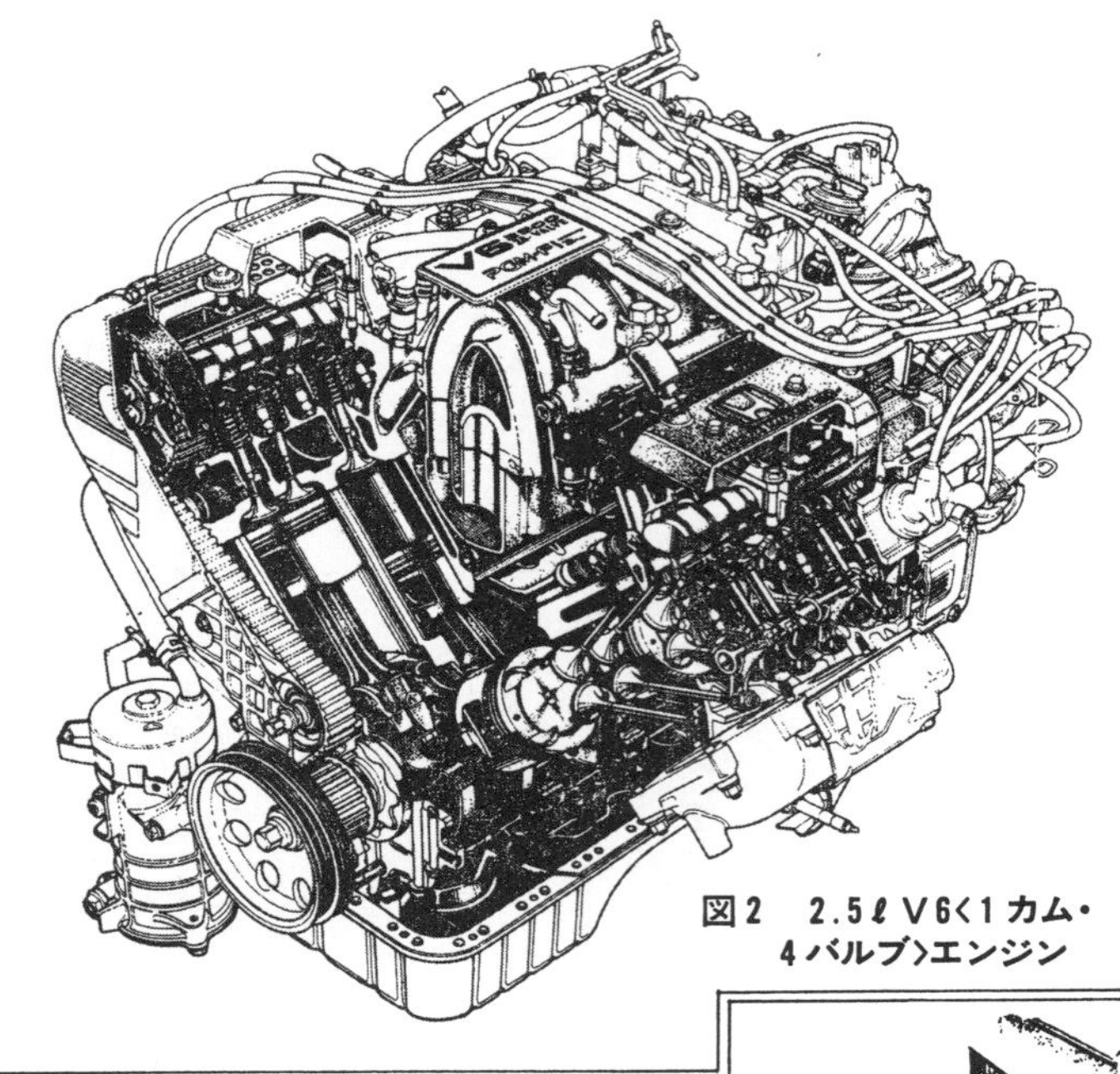

図2　2.5ℓ V6〈1カム・4バルブ〉エンジン

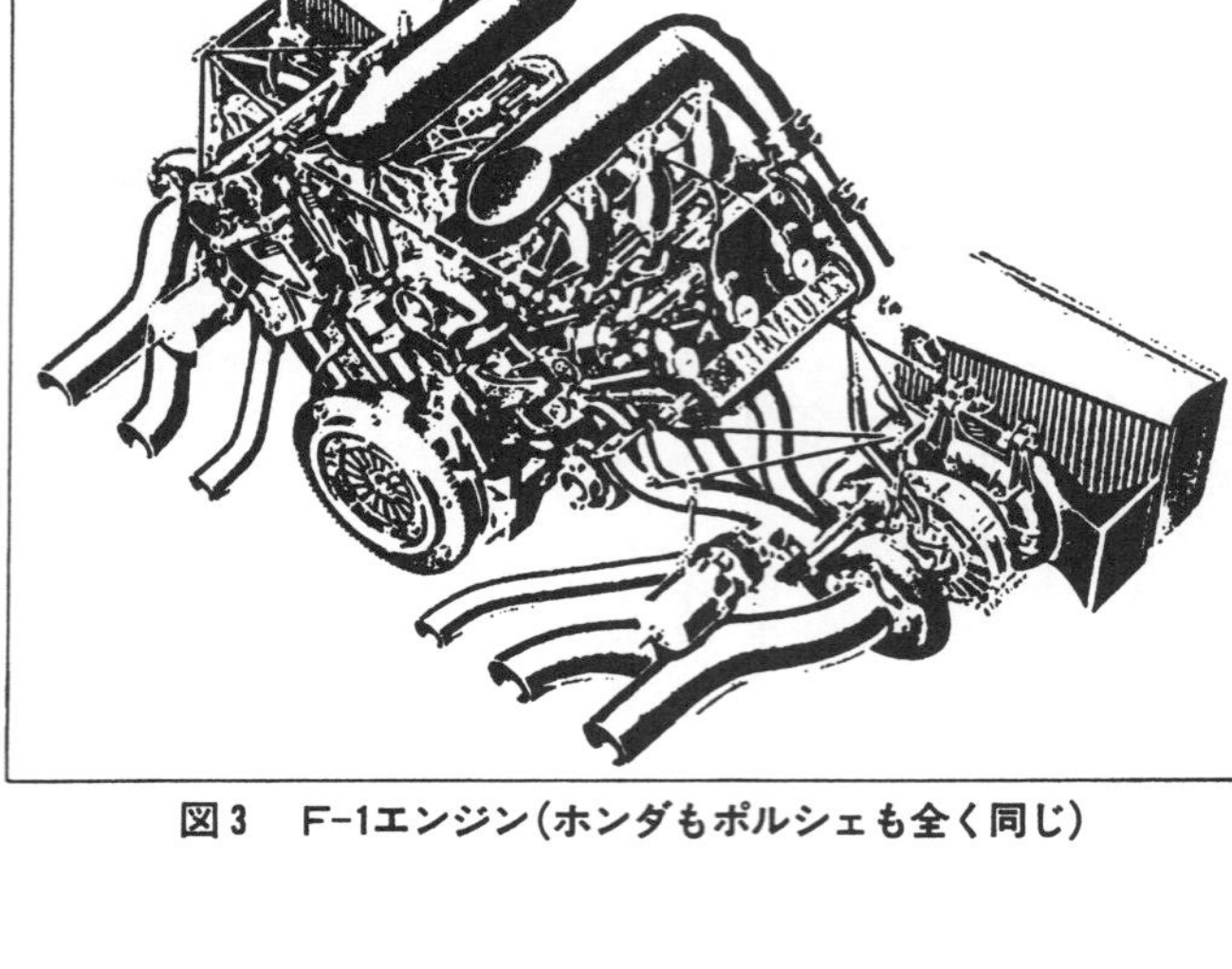

図3　F-1エンジン（ホンダもポルシェも全く同じ）

ダのV6でF1ゴッコしたいので、それでEのだ。が、**図2**のそれは、**図3**のF1エンジンとは何となく違う。その1はバルブメカニズムで、**図4**に示すようにDOHCではないのだ。DOHC・V6でなければ、F1ゴッコしても気持がスッキリしない。DOHCでなくても24バルブでありさえすれば、オーバー200km/hのドライブは確実に楽しめることは分かっている。

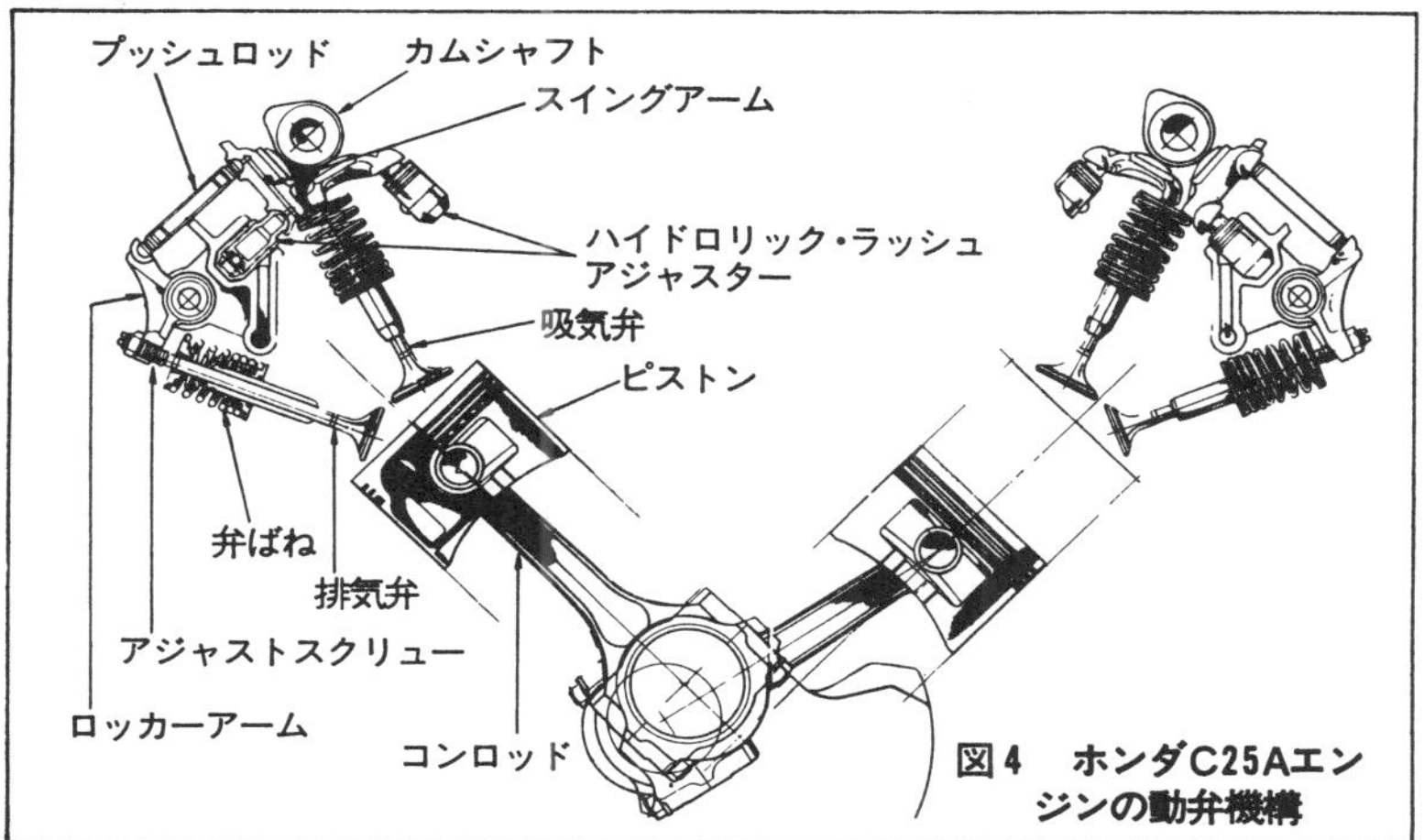

図4　ホンダC25Aエンジンの動弁機構

それでも割りきれないモヤモヤをどうしてくれる、とオレはワメクのだ。

　エンジンは**図5**の左から右に向かって進歩してきたのだ。図5には図2のホンダ方式が分類されてはいないが、吸気弁だけを見ればSOHC、排気弁はプッシュロッドとロッカーアームを経て駆動されるOHVである。これを足して2で割れば、SOHCとOHVの間に位置することになり、バルブ・メカニズムの観点からいえば歴史を逆行したことになる。

　ホンダともあろう会社が、なぜ旧式なバルブ・メカニズムを、と図2

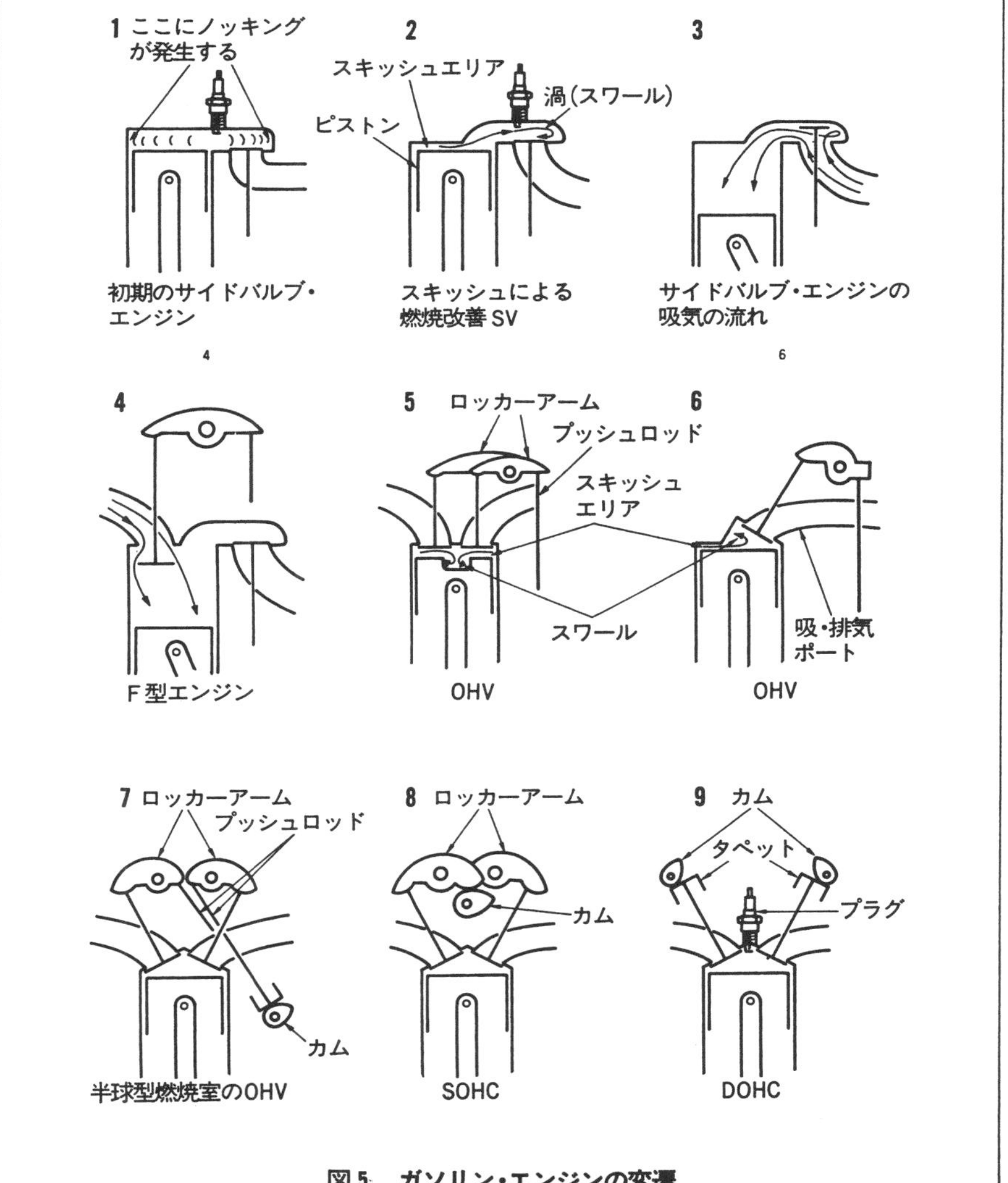

図5　ガソリン・エンジンの変遷

を見た。分かった。無過給エンジンでも、過給エンジンでも吸気マニホールドのブランチを長くしなければ慣性効果は出ない。そこで長いブランチをループ状にムリヤリVバンクの谷間に押し込んだのが**図6**である。これを参考に図2を見ればよく理解できる。

図6を製図しようとすると、60°Vではどうしてもブランチはバンクの谷間でトグロを巻けない。だから90°V6エンジンを開発することに決定した。製図してみて驚いた。幅が広すぎるのだ。**写真7**を見ると、エンジンの長さと幅がほぼ同じに見える。

直列エンジンを横置きにすれば、ボンネットを短くでき、コンパクトで軽いクルマができ上がるはずであるが、幅と長さが同じV6エンジンでは何のための横置きFFか。だからといって、幅を狭くするために今さらSOHC12バルブではホンダのイメージにそぐわないし、全く商品性はないことはわかっているから曲芸的な24バルブにしたのだ。これはすでにニッサンV6が証明したし、だからニッサンは急遽DOHC・V6を作ったのだ。ホンダ流にDOHC4弁の弁系を製図してみたのが**図8**で、これでは水戸泉もビックリである。こうすると、カムシャフト先端のタイミング用スプロケットがガバッと張り出る。これでは長さより幅の方が広くなってしまうので、ギヤ・トレーン式にしたとしても、片バンク75㎜、両側で150㎜も幅広になってしまうことが分かった。

タッタの150㎜といってバカにしてはいけない。全長4690㎜で1300kgのホンダV6Zi車の150㎜分の重量は42kgとなる。が、ボディ前端部では20kgくらいの節約かも。これだけの重量を他の構成部品で軽量化しようと思っても、すでに徹底的に軽量化してあるのでムリだ。150㎜のエンジン幅短縮さえできれば、燃費と加速をよくする20kgの軽量化が可能になるのだから、どうしてもとガンバッタのが図4である。

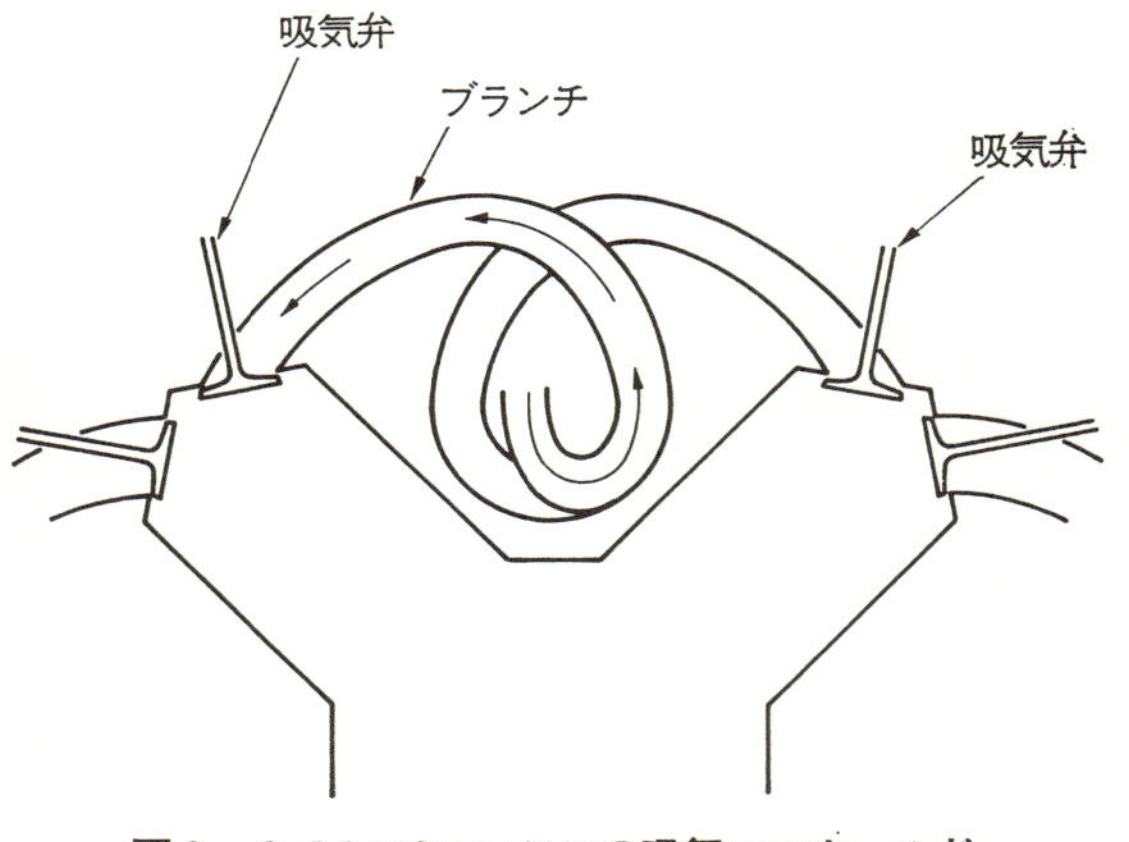

図6　2.5ℓ V6エンジンの吸気マニホールド

写真7　V6エンジンの真上から

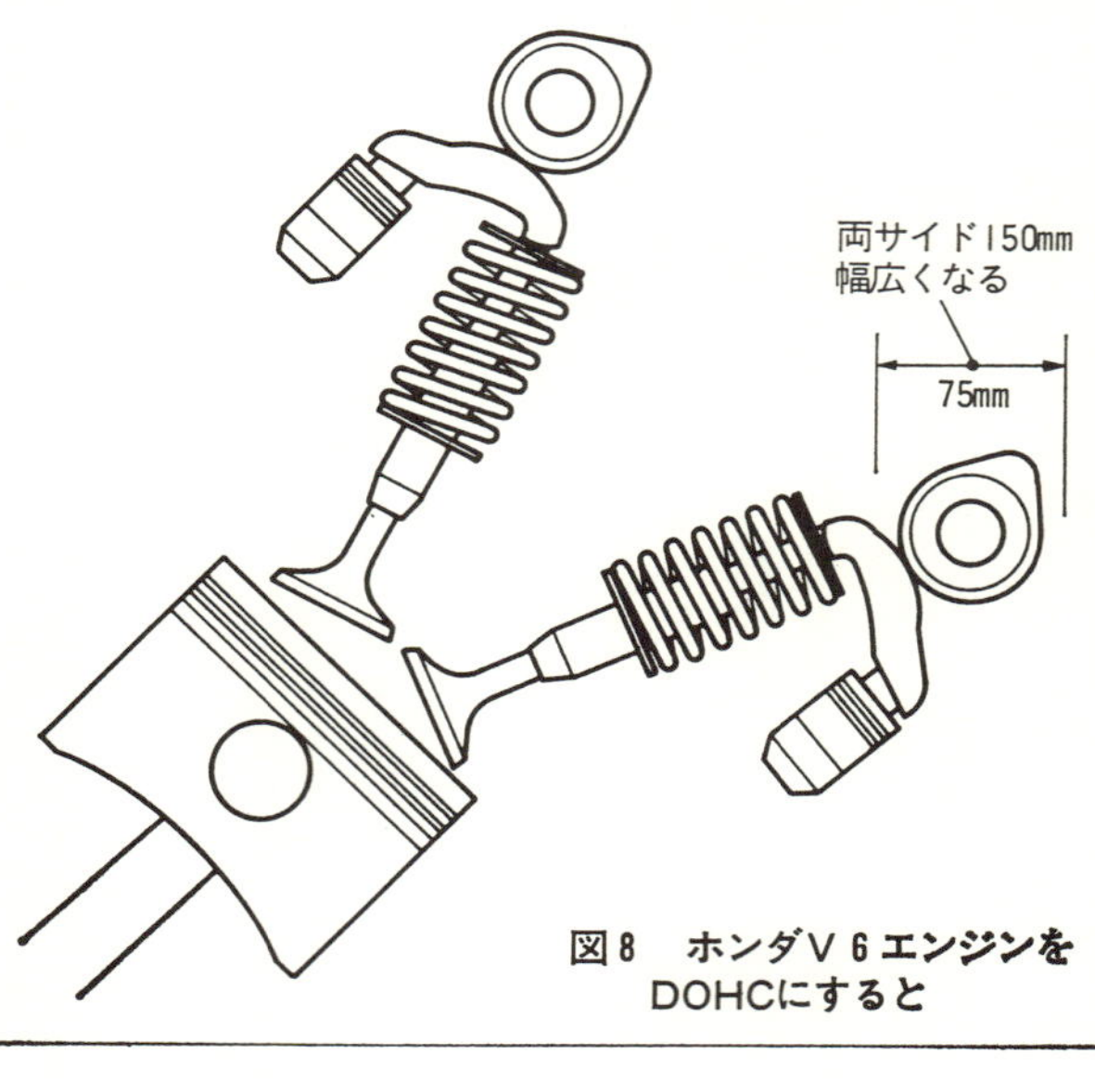

図8　ホンダV6エンジンをDOHCにすると

吸気弁はホンダ得意のスイングアーム駆動で、高速追従性もよく、バルブ・リフトも大きくとれて申し分がない。その上ハイドロリック・ラッシュ・アジャスターも採用され、常時バルブ・クリアランス・ゼロでバルブは駆動され、静かな高級エンジン用バルブ・ギヤになった。問題は排気弁駆動である。カム軸に形成された排気カムはラッシュ・アジャスターを中心として揺動するスイングアームを動かし、プッシュロッドを押し、ロッカーアームを揺動させてから排気弁を押すことになる。

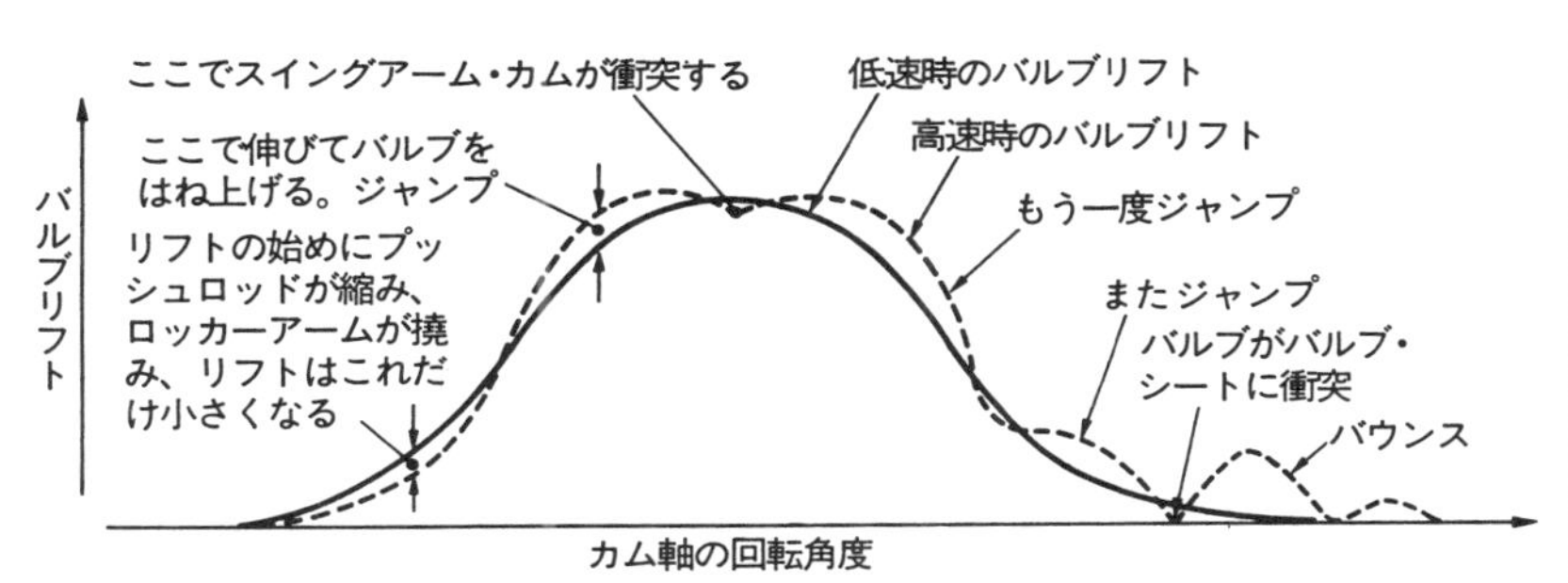

図9　バルブ・ジャンプとバウンス

　このバルブ・メカニズムは完全にOHVそのものである。OHVが衰退してほとんど見られなくなったのは、OHCのメカに比べて、プッシュロッドとロッカーアームが重いので、高速になると、弁がカムによって跳ね飛ばされるからだ。また、この余計な部品はたわみやすいのも問題で、例えばプッシュロッドはカムで急激に押されると縮む。だから、このときバルブはスイングアームの動きよりも小さなリフトをする。次の瞬間、プッシュロッドは勝手に伸びて、余分にバルブを動かし、ジャンプやバウンスを発生するのだ。これをマンガで説明したのが**図9**である。これでは弁が弁座を激しくたたくのでウルサクなる。それでもかまわず回転を上げてゆけば、バルブはチギレて、エンジンはパアとなる。DOHCでもオーバーランさせれば、バルブ・バウンシングが起き、レースでこれをやれば、スコアに「バルブ・クラッシュ・リタイヤ」と一行記入されることになるのだ。と、ヒドク驚かしたが、ホンダ・レジェンドV6エンジンでは、許容最高回転速度の7000rpm以下ではジャンプもバウンスも発生しないのだ。それには良いカム・プロファイルを設計したに違いない。

●ラッシュ・アジャスター付にアジャスト・スクリューとは何事ゾ

　オレは東大の酒井教授と共同でカム・プロファイル、ヒスダイン・カムを発明して、酒井さんが英語で論文を書いた。ヒスダイン・カムとは、プッシュロッドやロッカーアームのたわみと振動、それに弁ばねの振動などのダイナミックを計算に入れ、その振動の減衰（ヒステリシス）までも考慮してコンピューターで形をハジキ出す世界最高の（とオレだけが思い込んでいる）カムなのだゾ、とテングなっているオレは聞いた。

　カム・プロファイルは？

　サイン・カーブの組み合わせです。

　これだけなのだ。バーロー。いかなる曲線もサイン・カーブの組み合わせによって作りうるとは大数学者、フーリエの法則じゃネェカ。どんな風にサイン・カーブを組み合わせたかを知りたいんだ。設計担当者を呼んでこい、とオレはワメクが、ニヤニヤするばかりなのだ。頭にきたオレはこのバルブ・メカニズムにケチをつけることにした（とはいうものの深い反省してみると、メッタにホメたことはないなァ）。

　図4を見ていると、ロッカーアームの先にアジャスト・スクリューがついているのがヘンだ。ハイドロリック・ラッシュ・アジャスターがついているのだから、アジャストする必要はないはずである。

　不具合、欠陥、マズイ設計を発見したとき、オレはそのもの、すなわちロッカーアームを注目しないで、どこか他で欠陥設計をしたのでは、と、悪ガキは友達のせいだと思うオッカアのごとくに他に目を転じるのだ。

あった！ ハイドロリック・ラッシュ・アジャスターである。**写真10**がそれであるが、これではシカケがよく分からないので、分かりやすく書き直したのが**図11左**である。このヘタクソな設計のラッシュ・アジャスターを見ているとハキケをもよおし、ムカツク気持ちを抑えつつも愛するホンダのために設計してやったのが、**図11右**である。

左と右の相異点について述べよ、といわればだれでも蓄圧室の大きさの差に気がつくであろう。オイルは非圧縮性流体と学校では教えたが、圧力を加えれば、縮むのである。蓄圧室の大きなラッシュ・アジャスターではプランジャーに大きな力が加わると、蓄圧室内のオイルは圧縮され、プランジャーは下方に動き、蓄圧室内にエネルギーを蓄えたことになる。このエネルギーは吸排気弁をカムで減速させようとする瞬間に弁を弾き、バルブのジャンプの原動力となる。これを図で示せば図9で、プッシュロッド同様にラッシュ・アジャスターもバルブ・ジャンプやバウンシングの引き金になり得るということである。そればかりか、バルブがジャンプした瞬間、ラッシュ・アジャスターはラッシュ（カムとバルブとの間のガタ）ができたと感ちがいをして、バルブを突き上げ、バルブが開きっぱなしになってしまうのだ。これを技術的に説明すると、バルブ・ジャンプした瞬間、プランジャーを押す力がなくなり、リターン・スプリングは図11のプランジャーを上に押し上げる。このとき、チェック・ボールを通って高圧のオイルが蓄圧室内に流入し、プランジャーがツッパッテしまい、バルブが開きっぱなしになってしまうのだ。

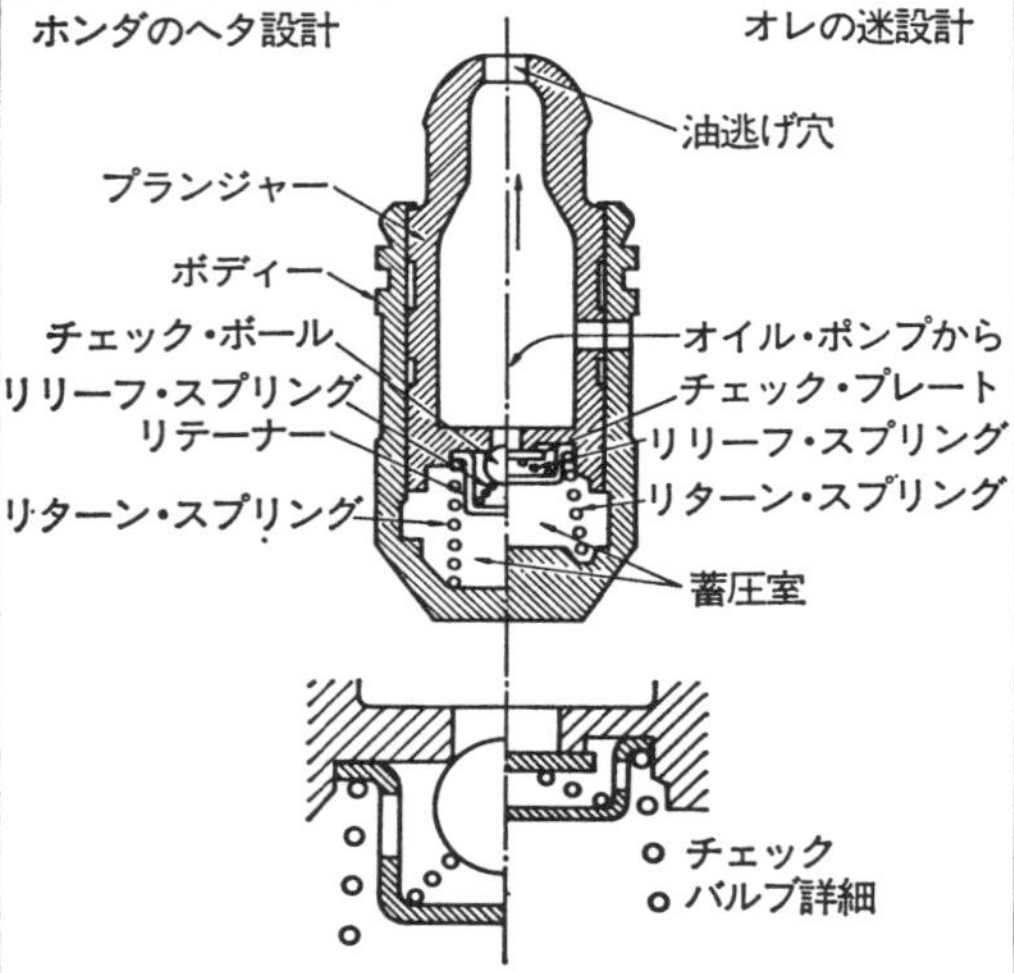

図11　ハイドロリック・ラッシュ・アジャスター

写真10　ハイドロリック・ラッシュ・アジャスター

頭を使わないで、ヒタスラに万日残業するホンダのエンジニアにとっての解決策は必要悪の導入より他にはテはないのだ。それが図4のロッカーアームの先についたアジャスト・スクリューである。これを使ってプランジャーを一番下まで押した形でセットすれば、当然に蓄圧室の容量は小さくなり、プランジャーの荷重変動による動きはなくなり、ツッパル心配もなく、レジェンドを借りたオレは安心してスキーに行ったのだ。

だが、1gでも軽くしたい、ロッカーアームの先端に粗大ゴミをつけるとは何事ぞ、アジャスト・スクリューを廃止しなくては、と考えたのが図11右である。図11左をジーッと見ていると、蓄圧室容量を大きくしたのはボール・チェックである。これを板のチェック・バルブ・チェック・プレート（これで1000気圧の漏れ止めをしている燃料噴射ポンプもある）にすれば、蓄圧室容積はザット半分になり、アジャスト・スクリューなしでも、ホンダV6エンジンの弁系の作動に心配はない。

が、それでも気にかかるのはオイル中の泡である。もしも泡がハイドロリック・ラッシュ・アジャスターの蓄圧室の中に入ると、空気は圧縮されやすいので運転中にプランジャーの動きが大きくなり、これではプッシュロッドの長い旧式のOHVエンジンと同じで、バルブをバルブシートに激しくたたきつけ音を発生する。これでは何のためのラッシュ・アジャスターか？　ということになる。

ラッシュ・アジャスターの蓄圧室に泡を入れないためには、スイングアームへ潤滑用のオイルを送る油逃げ穴が上向きになるようにして、泡を上に送り出し、蓄圧室内に入れないようにすればよいわけで、図4を見れば上向きになっていて、まずは合格ではある。が、それでも許せないのは、図2から分かるようなクランク軸にピニオンを取り付けた巨大なトロコイド歯型の内転式オイル・ポンプである。

「ニッサンRBエンジン」の項でRBのオイルポンプの歯型は**図12**に示すようにインボリュートではあるが、本質的にホンダと同型式であり、このポンプは効率が低く、パワーを落とし、燃費を悪くすると書いた。そして、オレの尊敬するベンツは、外径の小さな外転式のギヤ・ポンプを、**図13**のようにクランク軸からのチェーン駆動で回転速度をクランク軸の半分に落として、ギヤの周速を下げている。この目的はひとつには効率を高めるため、もうひとつの大事な目的はオイルに泡を発生させないためである。

レジェンドでスキーに行ったとき、泡がラッシュ・アジャスターの蓄圧室の中に入らなかったからこそ無事に帰れたので、何を文句いうか、という意見もあるであろうが、オーバー200km/hの高速でアウトバーンをブッ飛ばすときヤバイのではないか、とオレはいいたいのだ。ベンツはオーバー200km/hを前提に設計された名車だからこそ低周速のギヤ・ポンプを採用したのだ。毒舌に素直に反応する日本一の自動車会社、トヨタの1Gエンジンはオレの意見を採用し、トロコイドではあるが、ベンツと同じ思想で小型の低周速オイル・ポンプにしたのだゾ。

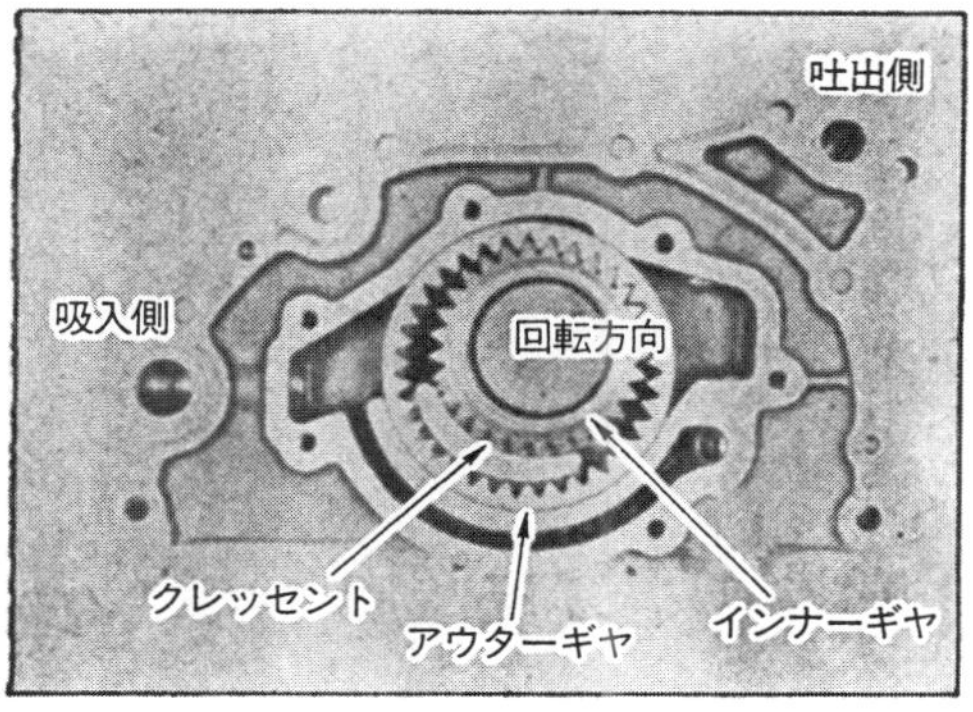

図12

図13　ベンツのチェン駆動

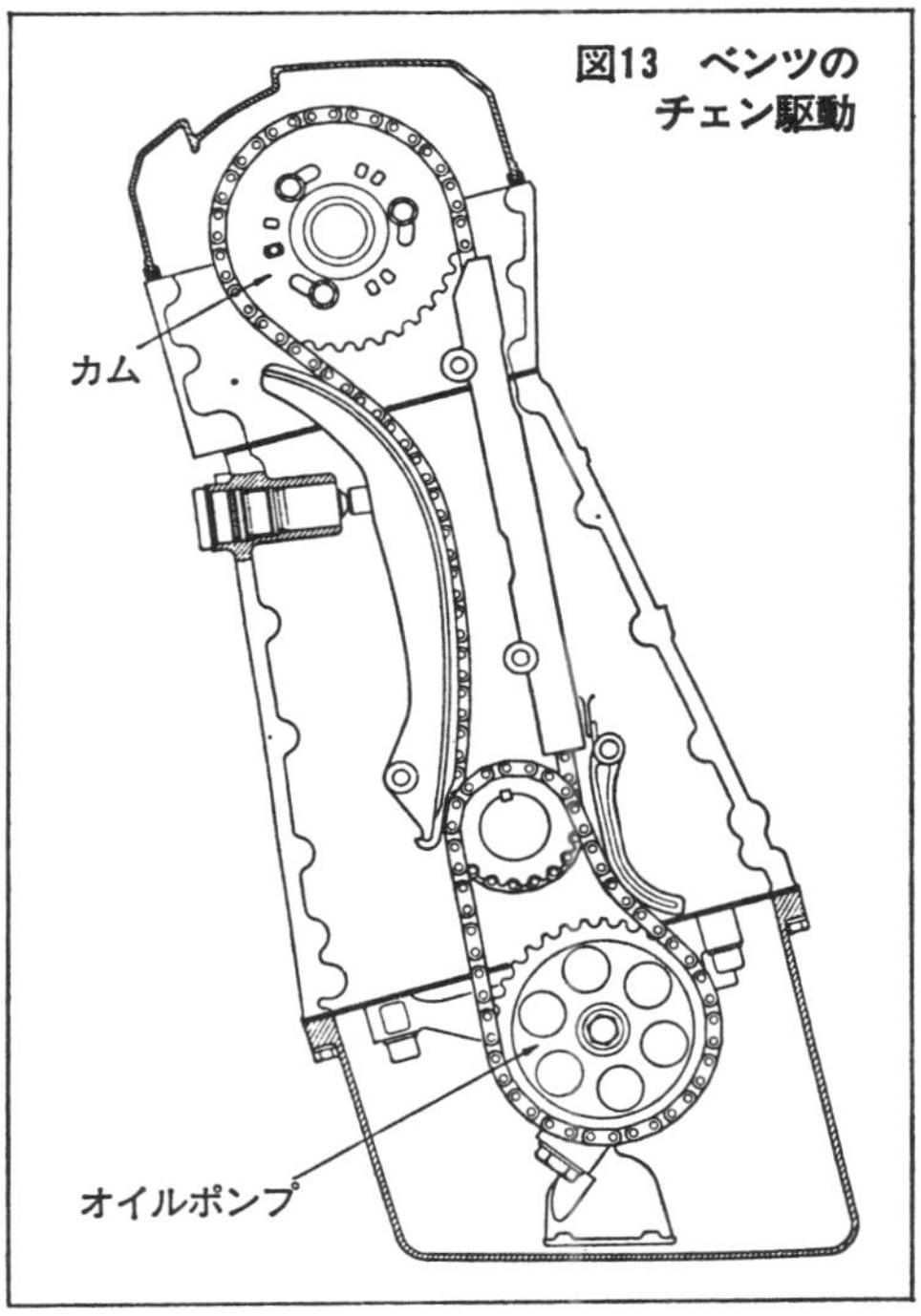

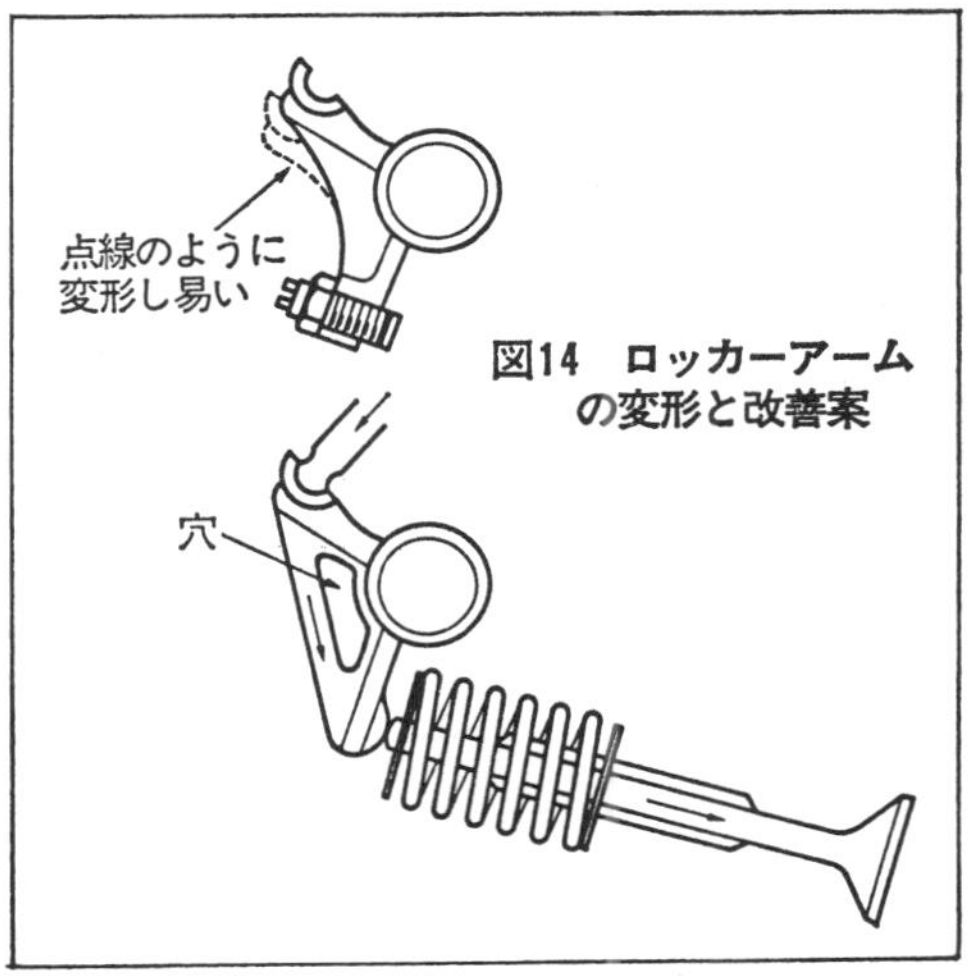

図14　ロッカーアームの変形と改善案

●特殊ゴッコはもうよそう

次にムカツクのはロッカーアームである。

粗大ゴミことアジャスト・スクリューを廃止したとしても、図4のロッカーアームの設計はヘタクソである。この形ではアームに曲げモーメントが発生し、**図14**上の点線のように、変形しやすくなる。デザインド・バイ毒舌の**図14**下のような形にすれば、力の通路は直線となり、軽量化できるばかりか、曲げモーメントは発生しないし、変形も少ないのだ。**図14**上ではホンのわずかしか曲げモーメントは発生しないのだから、図14下のものと比較して変形量の差は少ないのではと思うはシロウトで、**図15**上のようなホンのチョット曲った角材を押すと、下の真直ぐな棒よりも同じ力で

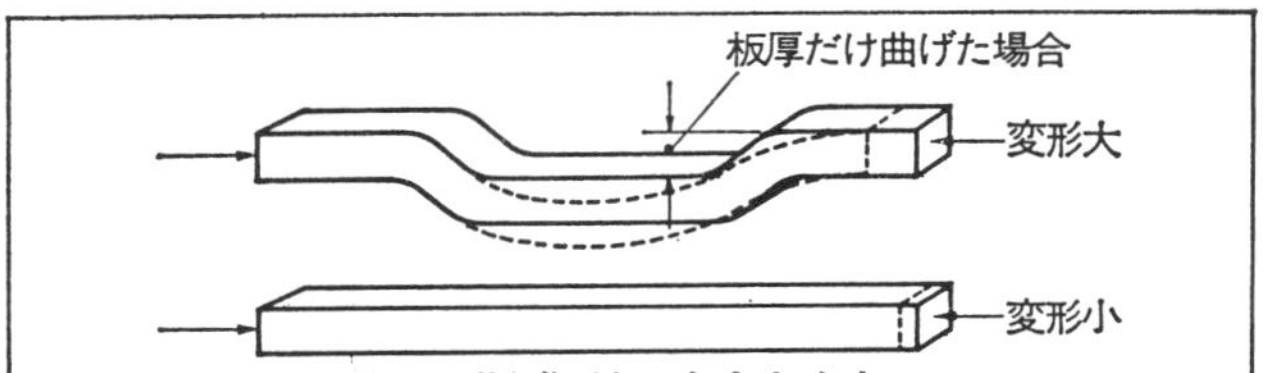

図15　曲げは撓みを大きくする

も、8倍も変形してしまうのだ。だから図14上のホンダ・オリジナルのロッカーアームはコンニャク・ロッカーアームで、バルブ・ジャンプの原因を作っているのかも。カタログに「カム表面に、耐磨耗性にすぐれた特殊合金を熔射処理しました。信頼性をさらに高めています（世界初）」とあるが、「特殊」では分からぬ。秘密なのか？　それならばXMA(X Ray Micro Analyser：X線微量分析機)で、すでに発売されたカムの表面を分析をすれば、5分もかからぬうちに成分が分かってしまうのに。成分をいいなさい、といったら、「クロームです」だって。

だが**写真**16から判定すると、クローム・メッキならギンギラに輝いているはずだが、真黒である。前にもいっているように、クロームは他の金属と合金を作りやすく、カムの表面のように面圧の高いところで擦るのは凝着磨耗を促進し、耐磨耗性の金属としては好ましくない。だから黒いのであって、黒く見えるのは他の元素と化合させた化合物だと思う。それならば特性がサマ変わりして、耐磨耗性にすぐれた物質に変化することもあるのだ。

カムの表面を黒くした物質はおそらく酸化クロームか炭化クロームの粉で、糊としてニッケル、コバルトまたはモリブデンなどの金属を使ったのかもしれない。そして高価ではあるが耐磨耗性にすぐれているものだと思う。だが、オレや他社のエンジニアはこの材質に興味を示さない。というのは他社のDOHCエンジンの弁駆動方式は直動式で、レバー式に比べ磨耗しにくい構成なのだ。

これを理解するには、まずEHL（Elasto-Hydrodynamic Lubrication：弾性流体潤滑）からで、カムや歯車のように線とか点の接触するところでは少しの荷重が加わっても、面積はゼロなのだから、面圧は無限大ということになる。実際の接触線では**図17**左のように弾性変形して面を作り、荷重を支えているのだ。

油で潤滑されたローラーを互いに転がり合うように回転させると、図17左のようにローラーは弾性変形しながらもローラー間に油をまき込むのだ。ローラー間に挟まれた油は数万気圧の高圧となり、ローラーに加わる荷重を支えつつ金属同士の接触をしないようにガンバルのだ。だが、油膜厚さは1万分の1㎜程度で、滑り軸受にできる油膜の1／10の厚さである。

図17中のように、ローラーの一方を停止させたまま、他方のローラーを回転させると油膜厚さは数万分の1と減少し、図17右のようにローラーを互いに反対方向に回転させて擦れば、油膜は全く発生せず、ローラーは互いにムシレ合うだけである。

直動式の弁作動機構では**図18**に示すように、タペットの当たり面が大きな球面の一部で、それと

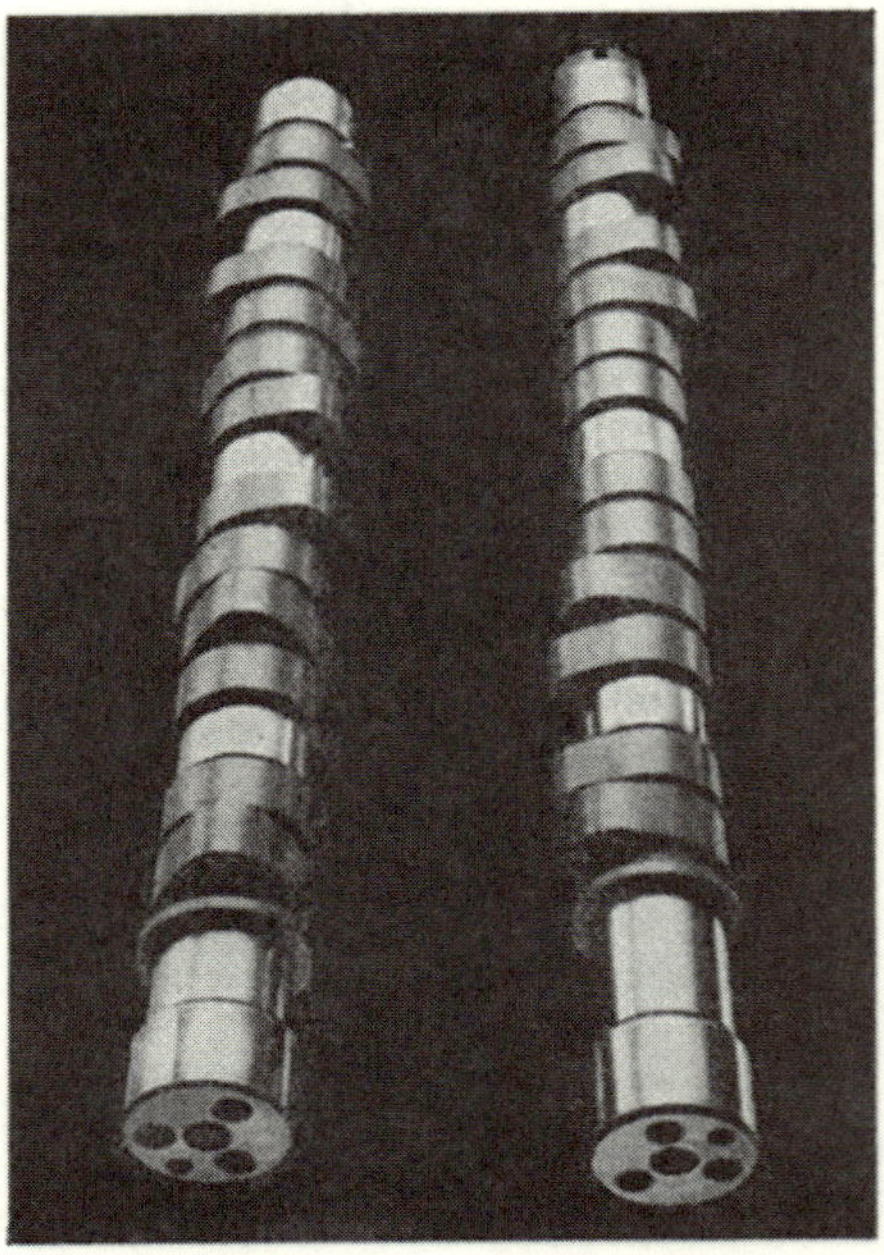
写真16　ホンダV6エンジンのカムシャフト

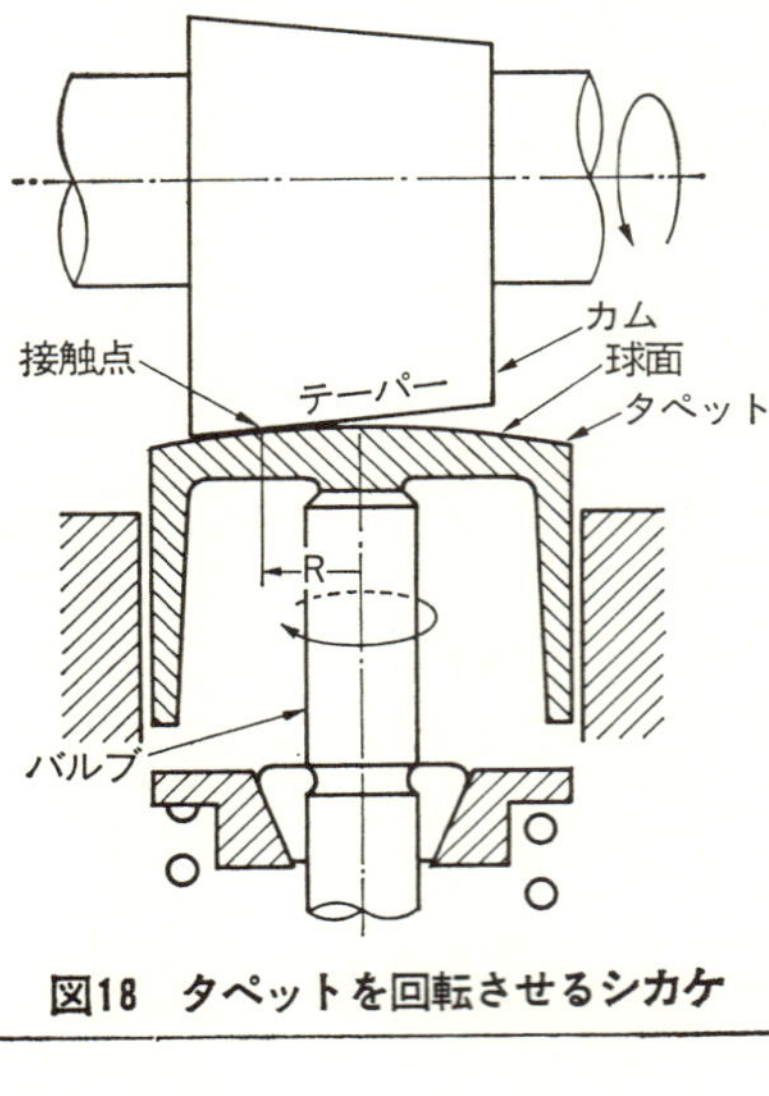

図18　タペットを回転させるシカケ

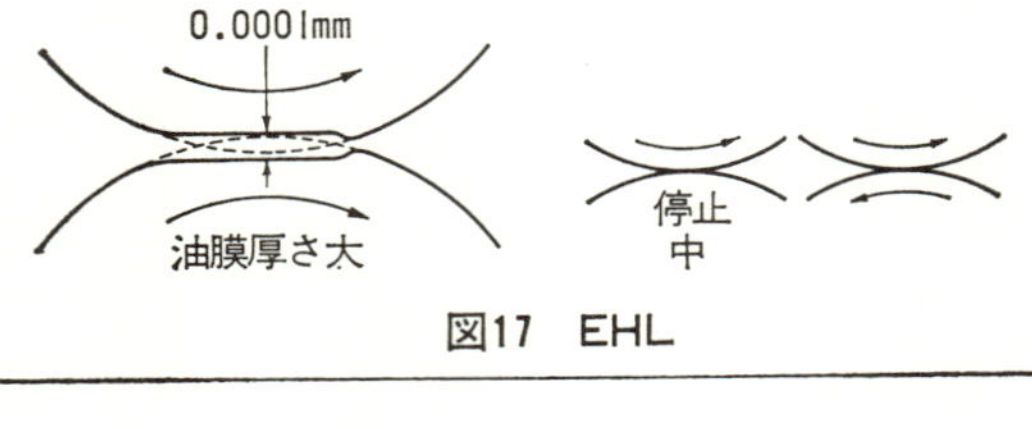

図17　EHL

図19　異形中空カムシャフト

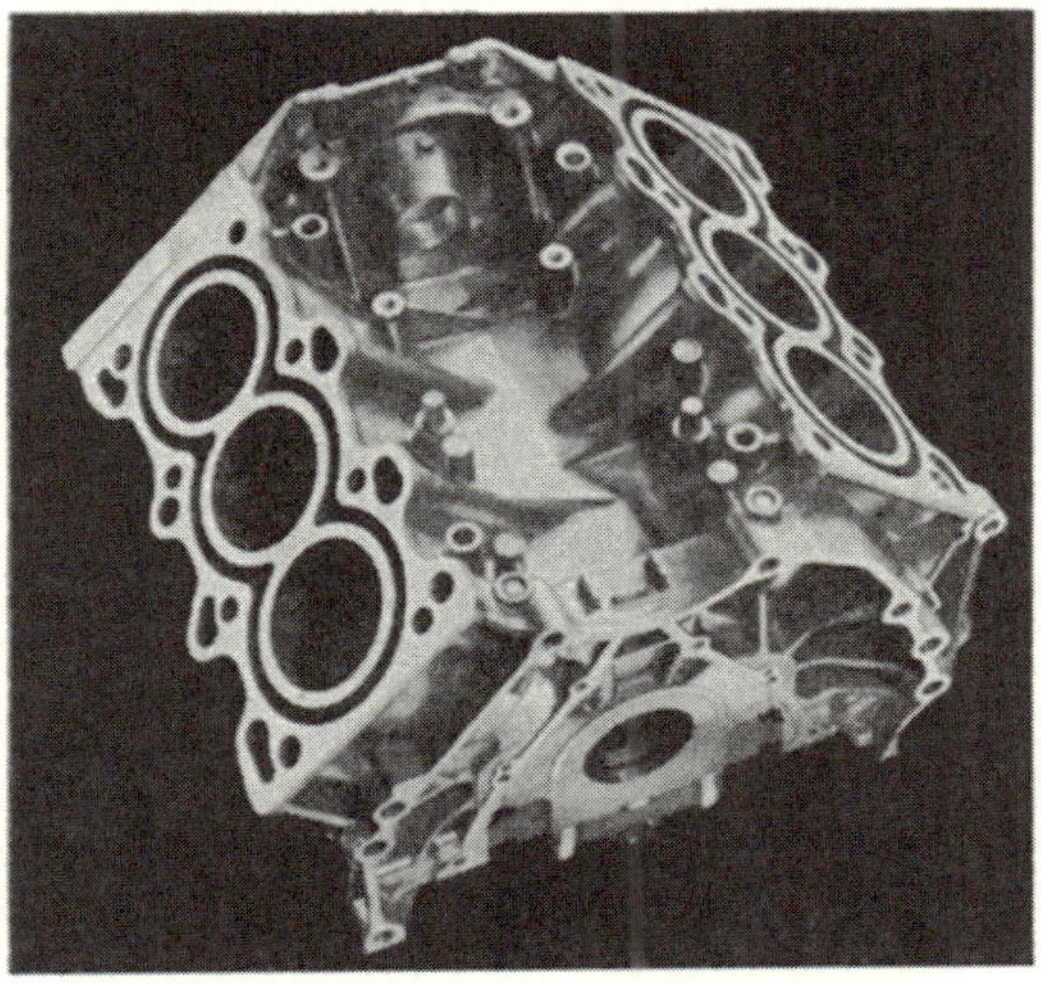
写真20　ホンダV6アルミダイキャスト製シリンダー・ブロック

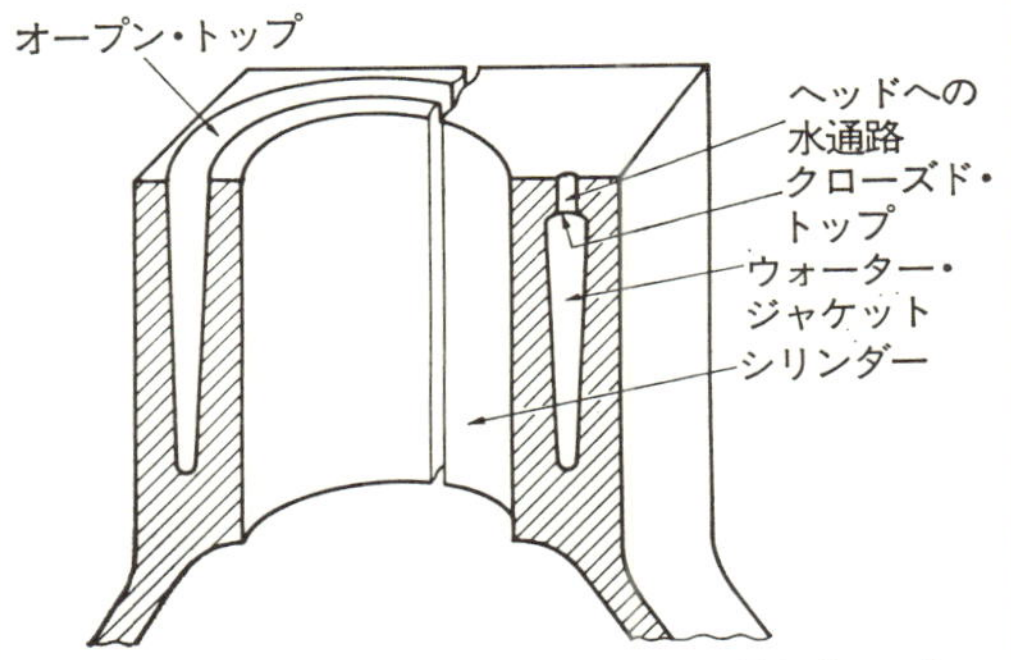

図21　オープン・トップとクローズド・トップ

接触するカム面はホンのわずかのテーパー面となっているのが、上手なカムとタペットの設計である。これならば接触点がタペットの中心を外れ、カムが矢印の方向に回転すると、タペットも矢印の方向にひきずられて回転し、図17左のごとき油膜を発生し、本質的に耐磨耗性であるといえる。

図4に示すホンダのレバー式の弁作動機構では、レバー側の円筒形の接触面は回転することはなく、図17中と同じで、油膜は薄く、カムとレバーのパッドとは接触しやすく、直動式に比べて理論的に磨耗に不利なシカケである。そこで止むを得ず特殊合金処理カムか、アハハハ。

これで自動車技術者が特殊なというとき、ウラがあることが分かった。特殊などという文学的表現は、〃特殊浴場で特殊なことをしたら特殊なビョーキになった〃以外に使うな、とあえてもう一度いう。

「ホンダVE・EW」の項でホンダCR―X用ZCエンジンをホメた。その中に、**図19**の異形中空カムシャフトがあり、数10gの軽量化に成功したとホンダは喜んでいるが、異型の穴を作るには砂でこの形を作り、鋳造後、砂を穴から出せば、図19のカムシャフトはでき上がるリクツであるが、実際に鋳造してみると、穴の中の砂を完全にホジクリ出すことは無理である。もしも穴の中に砂が残ると、何時かは流れ出て、1粒の砂でもカムとタペットとの間に入ると、カムとタペットをメチャメチャに磨耗させてしまうからダメだ、と書いた。

ホンダはこれにコリてか、V6エンジンでは異型中空カムをやめて、丸孔のカムにした。これならば鋳砂の除去は楽である。

●オール・アルミ製エンジンはgood

ホンダのエンジンのスバラシイところはシリンダー・ブロックがアルミ・ダイキャスト製で軽いのだ。エンジンが軽ければ、FF車の前後の重量配分が良くなり、操縦安定性が改善されるばかりでなく、フロント・サスペンションやばねまで軽くすることができて、加速も燃費も改善できるのだ。だからといってアルミ鋳造のシリンダー・ブロックではコストアップして、大衆車用としての採用はムリだ。

ホンダが持つ技術でオレがホメるのはただ一つ、アルミ・ダイキャストでシリンダー・ブロックを作りうることである。ダイキャストとは、金型でタイヤキを作るように、型の中にアルミを押し込んで作る方法で、短時間で鋳造できる上に精度も高い。だから機械加工するときは削り代も少なく、その上アルミは削りやすい。本来はベンツ5ℓV8エンジンに使われている高級アルミ・エンジンをホンダは大衆車のレベルにまでコスト・ダウンしたのだからエライ。

そのリッパなシリンダー・ブロックが**写真20**である。だが、ひとつだけ気にかかるのは、オープン・トップ・デッキであることだ。オープン・トップとは写真20及び**図21**から分かるように、ウォーター・ジャケットのトップがオープンなのだ。右側のクローズド

・トップでは金型が抜けないからオープンにしたまでのことなのだが、安くできることは悪くないにしても、困るのはシリンダーの変形で、これについては「ホンダB20Ａエンジン」に詳しく説明してあるが、オープン・トップとは節のない竹筒のようなもので、シリンダー・ヘッドをボルトで締めつけると、その力で変形し、本来マンマルであってほしいシリンダーの形がクズレル。クズレルといっても１００分の何㎜程度ではあるが、ホンダとしても気になると見えて、Ｂ20Ａエンジンのときには、ウォーター・ジャケットを図21右のようにふたをして、クローズド・トップにしたのだ。ふたをするとウォーター・ジャケットの金型を抜くことはできないので、この場合、ウォーター・ジャケットを砂で作り、アルミが冷えて、固まった後で砂を砕いて取り出せばでき上がるリクツである。が、これが難しいのだ。というワケはダイキャストするとき溶けたアルミを高圧で金型に押し込むので、レジンで固めた砂が崩れてしまうのだ。そこでホンダは圧力を下げて、ウォーター・ジャケットの砂が崩れないようにする低圧ダイキャスト法を開発したのだ。

なぜかＶ６エンジンにはこの技術が生かされていない。おそらく、低圧ダイキャストのシリンダー・ブロックではＶ６エンジンのパワーを支えることができなかったのでは……。

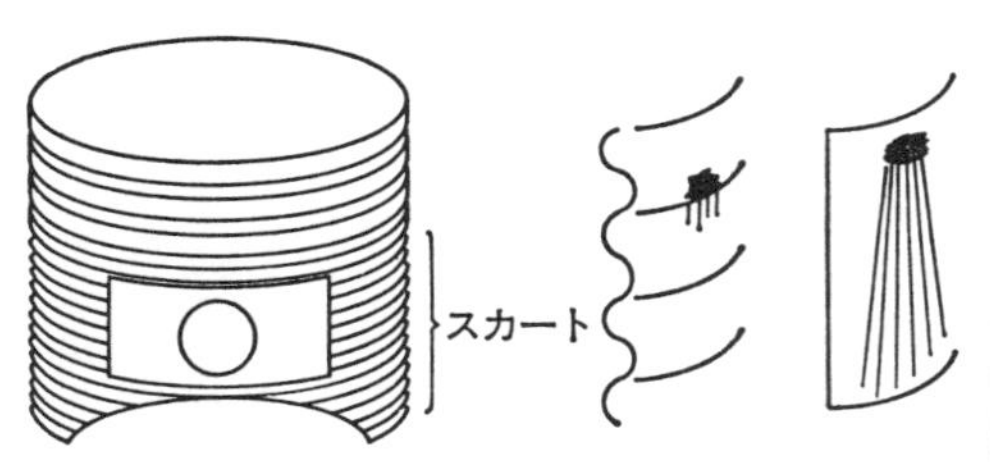

図22　セコール仕上げしたピストン

オープン・トップだから、マンマルではないこのＶ６エンジンのシリンダーの中で動くピストンは焼付きはしないか、と心配である。そこで、ピストンを見ると、モリブデン・コーティングしているので安心した。まずピストン・スカートを**図22**右に示すようにセコール仕上げする。ということは図中のように波形に仕上げることで、これならば波の山の一部が焼付いても、一部がムシラレルだけで、ピストンが致命的な損傷をうけることはない。ツルツルに仕上げたスカートの一部に焼付きが発生すると、図右のようにむしられたアルミ屑がシリンダーの間に挟まり、また焼付きを発生し、ナダレのように焼付きが連鎖的に進展してピストンをパアにして、エンジンまでもパアにすることがあるのだ。

セコール仕上げのピストンを採用したのは、オレが設計部長になりそこねた世界一のディーゼル・エンジン会社、カミンズが最初であり、日本一の自動車会社、トヨタの１Ｇエンジンも採用している。

マネでも良い方法は必ず良い結果が……。その上、ホンダでは二硫化モリブデンを焼付け、コーティングしたのだから万全である。コーティング材としては、世界一のピストン・メーカー、西ドイツのマーレではグラファイト、ほかに固体潤滑材としてはテフロン・コーティングも考えられ、これならば摩擦係数が最も低いので、フリクションも減らし、燃費の改善も期待できる。

ほかにホンダがスゴイと思ってマスターベーションしているものに、複合制御吸気システムが２ℓＶ６エンジンに採用されている。高低速２段切換えの低速用としては、７００㎜に達する長いブランチ、長すぎてＶバンクの谷間には入りきれず、**写真23**のようにトランスミッションの上にトグロをまいてワダカマッテいるサマは見事というべきか、醜悪というべきか。これとてもトヨタが初で、ニッサンが二番センジ。ホンダ

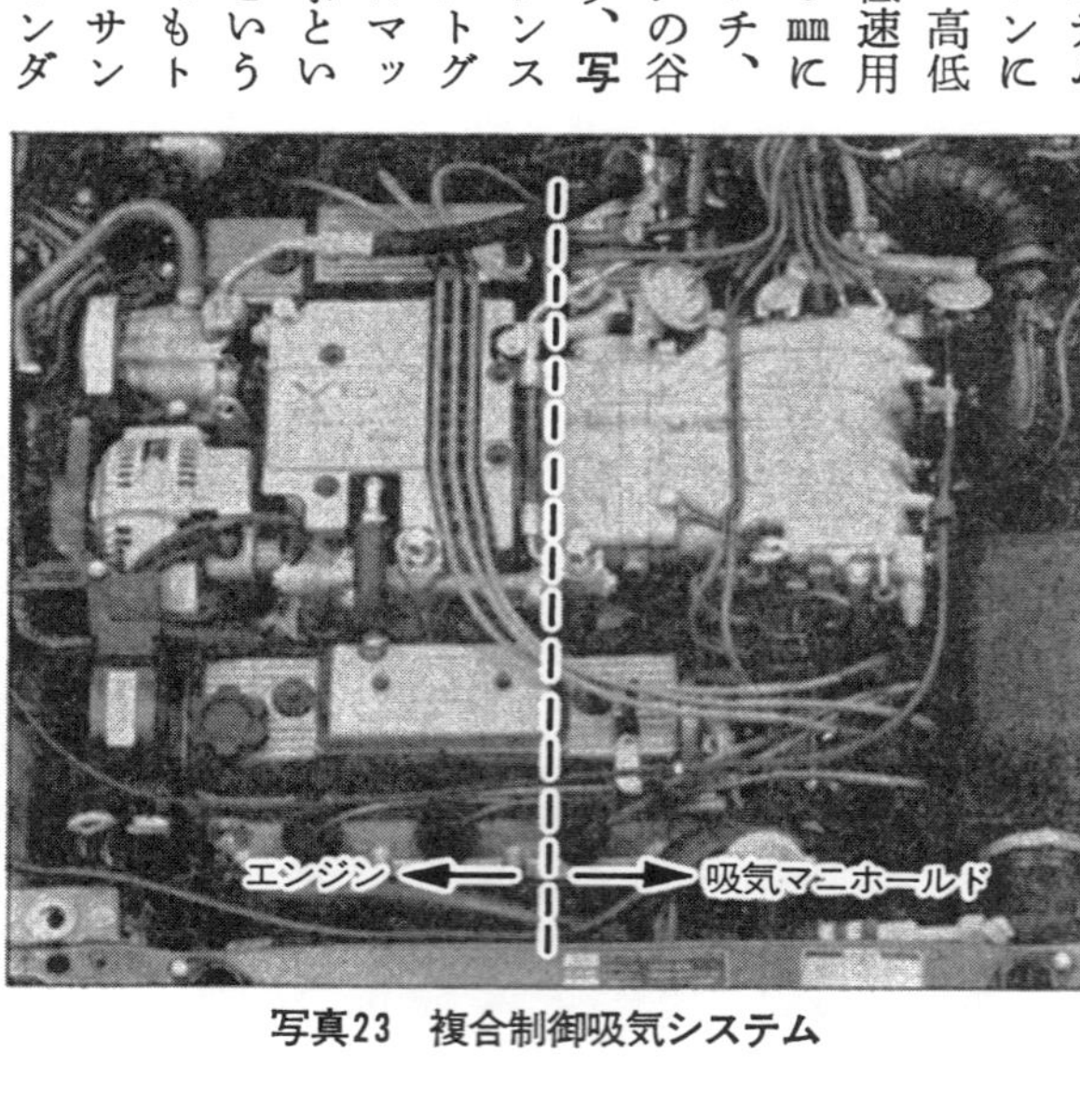

写真23　複合制御吸気システム

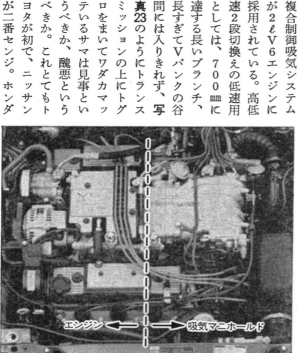

は三番センジということになり、だれしも感動するのは初夜だけで、シラケタ解説では読者も迷惑するだけである。

●ホンダよ、120ps/ℓのエンジンを作れ

ホンダ・レジェンドに乗って感じたことは、何も欠点がないことだ。ニッサン・セラミック・ターボ、マツダ・サバンナRX―7ツインスクロール・ターボ、トヨタ・マークⅡツインカム・ツインターボの後だったからかもしれないが。「メリーさんが処女で生まれました。ノーヒット、ノーエラー、ノーラン、処女のまま死にました。アハハハ」というカモさんの言葉をクルマの中で思わず口ずさんでしまったほどだ。ターボの持つ致命的欠点を恐れるあまりのバント戦法では、トヨタとの5点差を跳ね返すことはムリだ。

「ガソリン・エンジンのターボはグリコのオマケである」とはオレの迷言だが、「オマケのないグリコはアメでしかない」と追加補正せざるを得ないのが、レジェンドのドライブ・フィーリングである。

F1のホンダがF1と同じメカ、V6DOHC、ツインターボ、チャージクールしたエンジンをレジェンドに載せてこそ、オレたちは随喜の涙を流すのに。ホンダの得意ワザ、DOHC4弁の商品化の成功はトヨタに先んじられ、今またDOHC4弁ツインターボ・チャージクールもトヨタにアブラアゲをさらわれた。ナミダ!

なぜ無過給なのか? ベンツの5ℓやロールスの6ℓエンジンのように低速トルクはヒタスラに排気量アップで稼ぎ、おさえたパワーから、ゆとりを持って高い信頼性と静粛性を確保し、そしてレスポンスの良いエンジンを作るには2ℓではいかにもチンケだ。ロールスのスポーツカー、ベントレーですらターボ過給しているのに。

過給すると、圧縮比を下げねばならず、燃費が悪くなる。とホンダはいうが、何も考えず、排気マニホールドにボルトでターボを取りつけるだけの技術では、との前提が抜けている。

燃費を気にしているならば、ニッサンRBエンジンのように、無過給エンジンといえどもノックセンサーによる点火タイミング・コントロールをして、ギリギリにまで圧縮比を高めてほしかった。あるいはまた、超々リーンバーン・システムを発明して、エンジンの1/6負荷燃費を改善し、走行燃費率の世界記録を樹立し、トヨタ・カリーナのリーンバーン・システムをあざ笑うホンダでなくては。

だが、こんなチンケな秀才的な発想ではなく、もっと本質的にエンジンの熱効率と走行燃費率を改善するには、パワー密度、すなわち排気量当たりのトルクを高めることで、これだけが燃費を良くする大きなポテンシャルを持っているのだ。

例えば、船用3万馬力の2サイクル・ディーゼル・エンジンの燃費率は113g/ps・hrと、自動車用ガソリン・エンジンの半分以下である。エンジンの世界記録は123g/ps・hrで、2サイクルにかなわないのだ。それは排気量当たりのトルクが2サイクルの方が無過給の自動車用ディーゼルの4倍にも達し、4サイクルより、1・6倍も出るからで、それを図24で説明すると、トルク0のとき、すなわちアイドル運転のときは馬力も0で、いくらかの燃料を消費するから、ロールスでも軽でも燃料消費量を

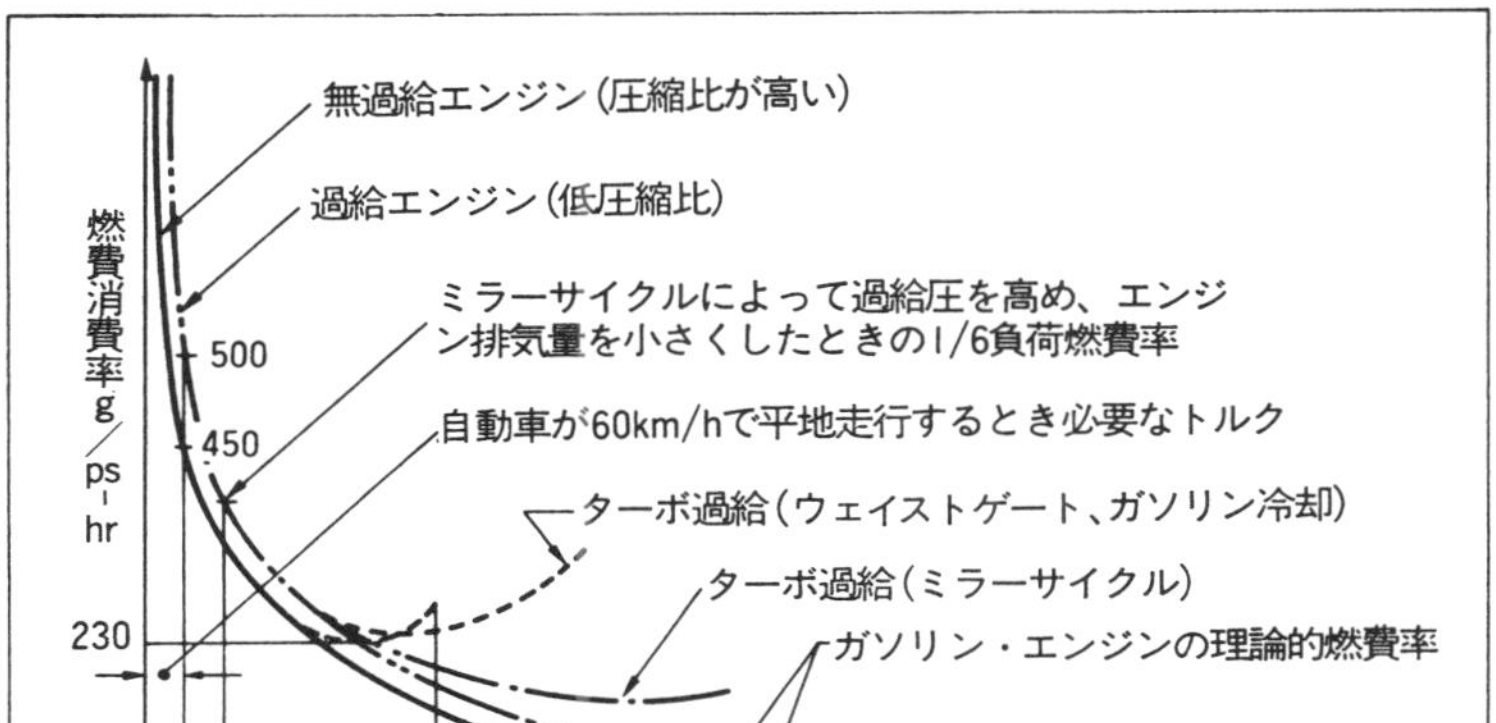

図24　排気量当たりのトルクと燃費との関係

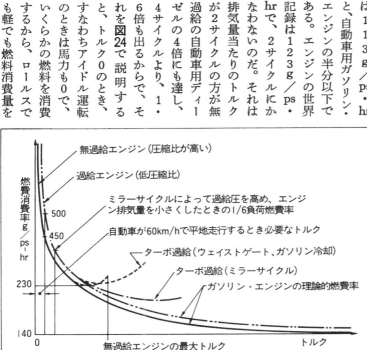

馬力で割った燃料消費を計算すれば、必ず無限大になるのだ。トルクの増加とともに燃費率は急激に低下するが、最大トルク点では燃焼効率の低下やガソリン冷却などによって燃費は悪化する。この形は釣針に似ているので、Fish Hook Curve とプロはいうのだ。

だがもしも、ウェイストゲートなしのターボを使って、ノッキングの心配なしに限りなくパワーアップすることができたら、図24に示すように、トルクの増加とともに燃費率は低下し続け、燃費率は140g／ps・hrと無過給エンジンの最低燃費率の半分にまで下げうることはリクツでは分っている。分かっているからこそ、船用エンジンではシャカリキにトルク・アップにハゲムのだ。

自動車が60㎞／hで平地走行するとき、必要なトルクは最大トルクの1／6程度であり、このとき最低燃費率230g／ps・hrとカタログに記されたエンジンの燃費率はナント2倍も悪化して450g／ps・hr程度になってしまうのだ。こんな数字はハズカシクて発表できない。だから1／6負荷時の燃費をよくしようとして、高圧縮比、稀薄燃焼とかフリクション低減にチンケなプロは夢中なのだ。逆に、ターボ過給のため、圧縮比を下げると、追越し加速は良くなるが、図24の2点鎖線で示すように全域にわたって燃費を悪化させる。追越し加速中もウェイストゲートからエネルギーを捨て、ピストンが溶けないようにガソリン冷却するため、ハチャメチャに燃費が悪化することは読者も経験ずみであり、その事実は点線で示してある。だから、ターボはダメなんだ、と思考の閉回路に陥ったのがホンダのエンジニアで、それでも挑戦するトヨタとは差がついたのは致しかたない。

ターボ過給して50%のトルク・アップに成功している現在の技術にミラーサイクルなどの冷凍サイクルを組み合わせて、チャージ温度を82℃下げただけで、もう30%、ということは1・5×1・3≒2倍のトルク・アップとなり得るのだ。そこで2ℓのエンジンの代わりに、同じパワーの過給1ℓエンジンで走れば、図24に示すように、燃費率の悪い低圧縮比エンジンでも、負荷率が高まった分だけ走行燃費率は良くなるリクツである。トヨタのエンジニアはこのリクツを知らなかったが、オレが教えたら、すぐ理解したので、次に冷凍サイクルのエンジンを市場に出してくると思うが、ホンダのエンジニアはリクツは分かったが、市販されていないからダメだ、というからダメだ。

●終わりに一言

ホンダにインタビューに行ってマイるのは、出てくる人が必ず言語障害で、知らぬ、存ぜぬで困る。「それは担当でないから知りません」というから、「担当者をつれてこい」といっても来ないのだ。それにテキストやデータもほとんどなく、毒舌しながらもマンガやグラフはテメエで書かねばならず、ついにはカリカリするからホメル気持ちを失ってしまうのだ。

理解しないでも、フィーリングによって評価できる評論家とは違い、オレは完全に理解できなければ、何も書けないエンジニアなのだ。

トヨタに行って気分のよいのは、それぞれのオーソリティたち、6〜7人が出席してくれることだ。

●P・S

と、骨休みにAutomotive Engineering 2月号を読み始めたら、**図25**があったのだ。図8を書くことはなかったのに。

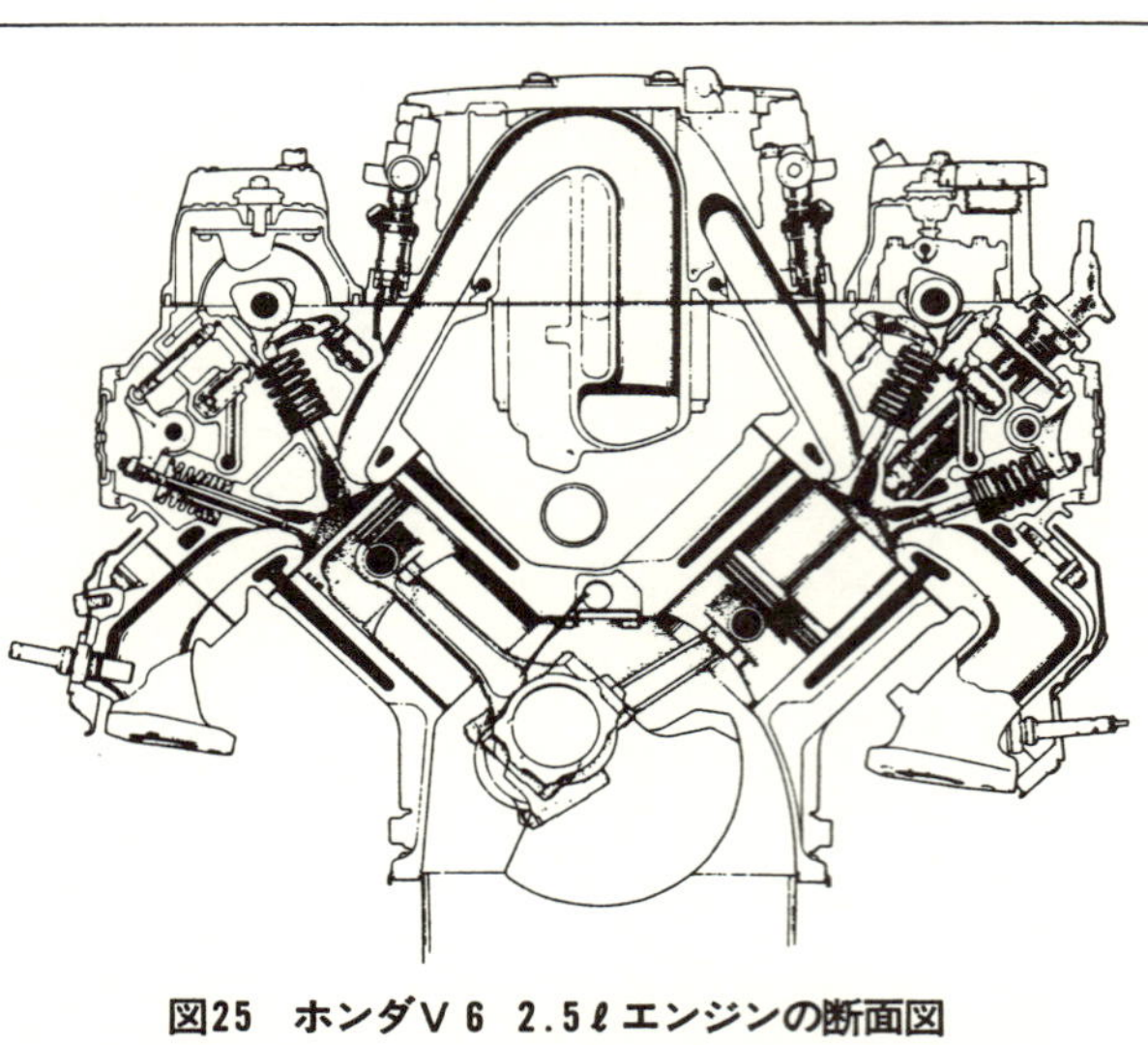

図25　ホンダV6　2.5ℓエンジンの断面図

マツダ編

ロータリー13B SI
（スーパーインジェクション）
13Bロータリー・ターボ

マツダ・ロータリー13B SI（スーパーインジェクション）

ロータリー革命のポテンシャルは秘めているのだが……。

「壮大なる失敗作はないナアー」とオレ（のアホらしさとイヤらしさがよく出ている）。「目の前にありますヨ」とMFの鈴木社長。

昨年の東京モーターショウのマツダのコマには、ロータリー・エンジンが寂しくおいてあった。

そのとき、プラズマでもレーザーでもない何かがオレを貫いた。それまでは無視していて見えなかったものが、塊が日食の終りのようにハッキリと見え始めた。そしてコレは化石ではない、ナウいエンジンの精虫ではないかと思い始めた。RE（ロータリーエンジン）に未来はあろうか？あると思う。熱い眼差しでみつめてみよう。

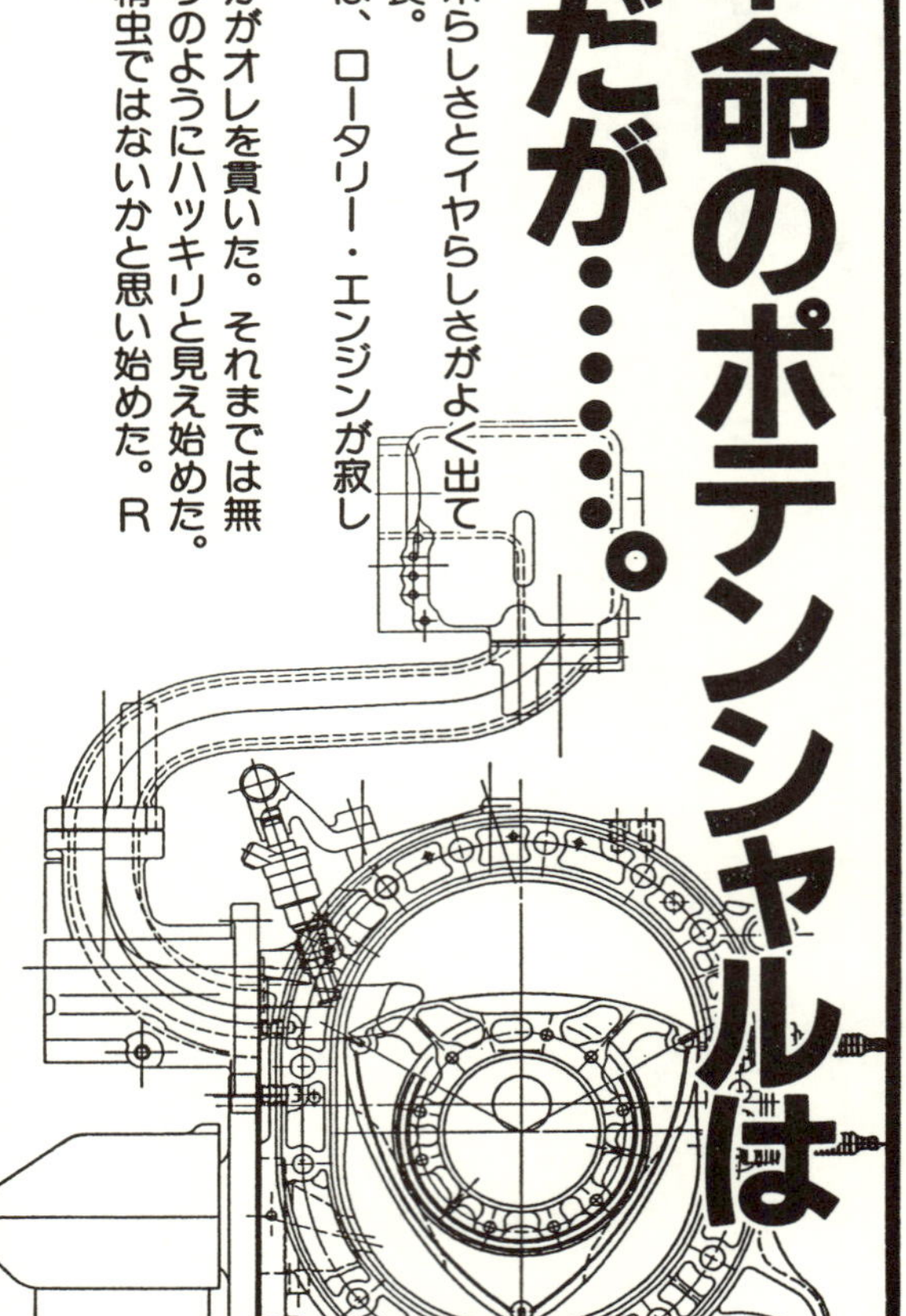

●なぜ　精虫？

ピストンを使うガソリン・エンジンはオットーによって発明されて以来、自動車用原動機として最適であったので専らこれが使われてきて、100年以上にわたって数十万人の学者や技術者がこの改善や発達に心血を注いできた。これに対しREはヴァンケルによって発明されて以来タッタの30年。しかもこれにコダワルのは世界にマツダだけ。そしてこれの開発に従事しているエンジニアは今のところ50人はいないと思う。ピストン・エンジンと研究密度を比較すると、100×10万：30×50の比率だから、いまだ6千分の1しか研究されていないのダ。これでは赤ン坊とかガキとかいう以前だ。だからそんなREがスコブル評判がわるくともメゲルことはない。

「今度はルーチェ・ロータリーだ、ドライブに行こう」といったら、「あら、ネンピの悪い車ね」というギャル。だが怒ってはいけない。

「壮大なる失敗作」とするには、もう千倍も研究して受精させなければ失敗作かどうかも分からない。オランダの〝コーヒーメーカー〟のメーカー、フィリップスのマイヤーさんは30年以上もスターリング・エンジンに入れ込んだが、まだ精通すらしていないのダ、と思いながらマツダ・ルーチェのカタログを見ると、表紙はドカタみたいな顔で、よく見るとアイサオ・エイオキでる。中島常幸よりヘタなゴルフ・プレーヤーの顔を見てREがステキなエンジンであると連想できるのはマツダだけである。こんなことに金をかけることはない。本当にマツダがREに入れ込むのなら、チーフ・デザイナーの顔にすべきだ。その誇らしげな顔を研究費の札束でハリタオさないと、富塚先生の失敗作博物館に入ってしまうのではないかと心配だ。

ダメという結論をすぐにだすのが日本人で、しかも頭がよいと思いこんでいる日本人に限って、「どうしてダメなのか」理路整然としてマクシたてるが、「どうしたらよくなるか？」は考えないことになっている。19年前に初のロータリー車NSUヴァンケル・スパイダーが輸入されて、MFロードテストに参加したオレは、日本で最初にRE車に乗った十数人の中に入ると思うが、座談会ではオレは秀才でもないのに富塚大先生と一緒にボロクソにヤッツケてしまった。「昔はものを思わざりけり」でここはゴマかして、REのポテンシャルを復習してみよう。

●REに未来はあるか?

RE?キミあれはダメだヨ。第一ネンピは悪いし、オイルは食うし、長持ちしないから、とだれもがいう。しかしこれらを解決したら（解決方法は後でいう）どんなエンジンになるのか。それが分からないと研究する気にならないし、マツダの株を買う気にもならない。

で、馬力は?

出る! いままでも言ってきたように、馬力はエンジンの風通しよさだけで決まってしまう。だから2弁のエンジンは逆立ちしても4弁にはかなわない。世の中で一番風通しがよいのはコイノボリで、もっと風通しをよくするために中に風車を入れたのがヒコーキのジェット・エンジンである。

REにはバルブがなく、ローター・ハウジングに真直な孔があいているだけである。**図1**はピストン・エンジンのバルブ近くの流れを示し、空気といえども高速度では急には曲がれず、渦を発生したり、バルブの片側だけに流れたりして風通しを悪くしている。そればかりではない。バルブは急に動けないのダ。バルブを急にあけると**図2**の点線のようにアバレだし、バルブは弁座と衝突してこわれてしまう。バルブ・バウンスさせない設計はもちろんDOHCではあるが、それでもローターの先で孔を開くREに比べれば、有効面積ははるかに小さく、更に風通しを悪くしているのが図2を見ればよくわかる。

風通しがよい、ということを、プロはタイム・エリアが大きい、というのだ。タイム（時間）×エリア（面積）のことで、大きな面積が長い時間開いているロータリーエンジンの方が、ある瞬間だけ面積を大きくするピストン・エンジンより有効面積は大きく、パワーも出しやすいリクツである。

風通しが悪いと馬力が出ないばかりでなく、吸排気抵抗はエンジンの摩擦損失の6割に達し、馬力を下げ、燃費を悪くしている。

風通しのよいRE・13Bエンジンは排気量1・3ℓでナント160ps／6000rpmも出るのダ。リッター当たり出力は120psとなり、市販のDOHC4バルブ・エンジンを寄せ付けない。

ところが、REは毎回転に1回爆発するのだから、2回転に1回の4サイクル・エンジンと比較するのなら2・6ℓとすべきであるという異論もある。それならば160psのエンジン同士で比較すれば、いうまでもなくREの方がはるかに小さい。「イナカのポルシェ」サバンナRX—7はFRではあるが、ノーズを思いきり下げていいカッコにまとめ上げられたのもREだからこそである。MM思想をマツダで発見した。

エンジン重量も0・94kg／psと軽く、燃費と信頼性さえ高めればポルシェを「イナカのサバンナ」と笑うことは夢ではない。否できるのだ。

話は変わるが、スターリング・エンジンは水素を媒体として100ps

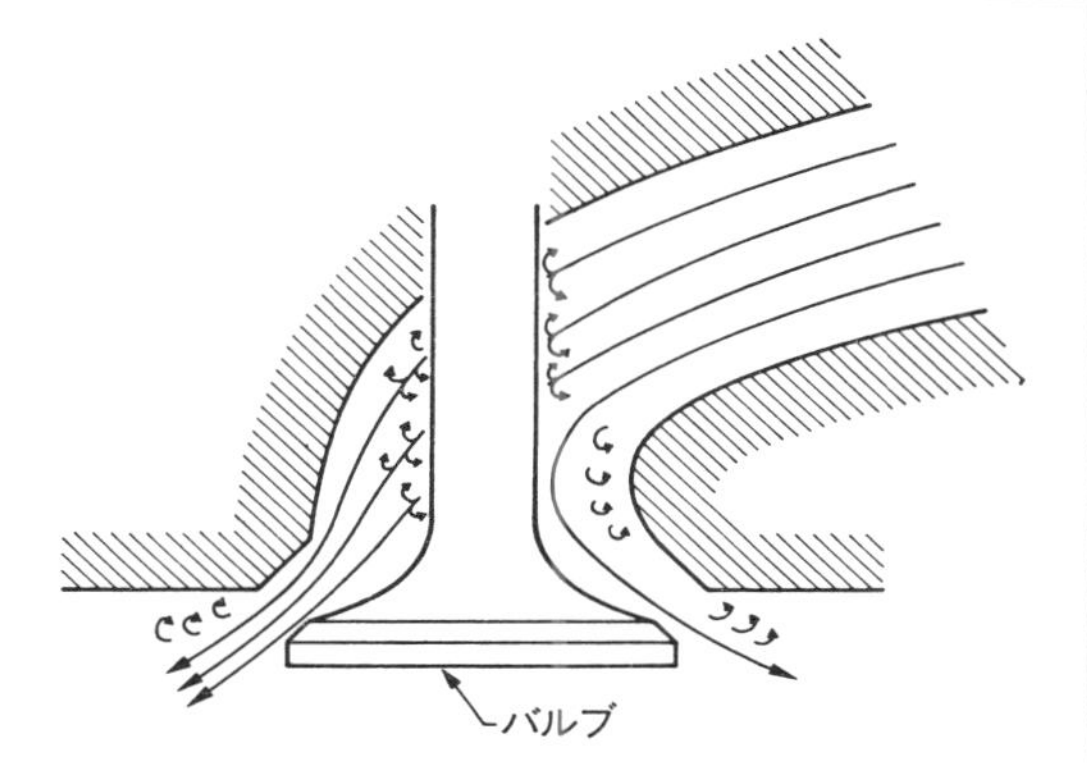

図1　ピストン・エンジンのバルブ回りの空気の流れ

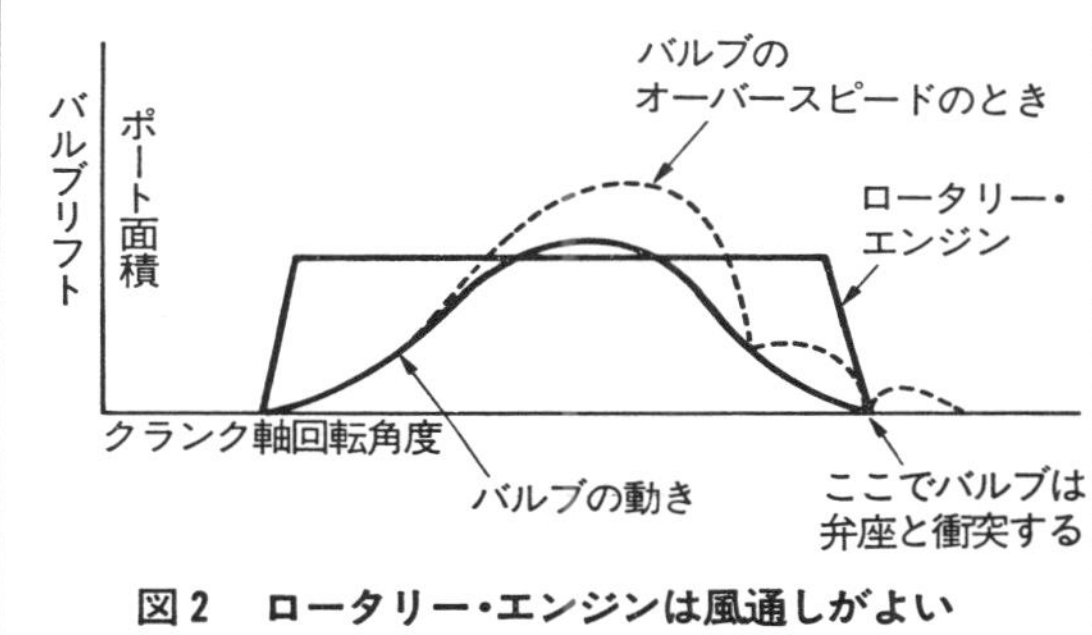

図2　ロータリー・エンジンは風通しがよい

出すものであれば、ヘリウムを使うと50ps、空気では5psになってしまう。そのわけは熱交換器を通るガスの流れの抵抗に反比例してパワーが出て、流れの抵抗は密度に比例し、水素が密度1でヘリウムが2となるからだ。エンジンに過給してブーストを2kg/cm²に高めると、当然に密度は2倍になって2倍も流れにくくなる。過給するとき、風通しのよいREは、ピストン・エンジンよりはるかに高いポテンシャルを持っている。

燃費は？

エンジン屋は、インディケーデッド・サーマル・エフィシェンシー（図示熱効率）というフチョウを素人がわからないように使うが、これは燃焼室内ででた馬力を、送り込んだ燃料の熱エネルギーで割った数値であって、ガソリン・エンジンならば点火時期が狂っていない限り、圧縮比によって決まってしまう。だから圧縮比9・4のRE・13Bエンジンの燃焼室内での熱効率はピストン・エンジンと変わることはないはずだ。燃焼室内で発生したパワーから吸排気抵抗（ポンピング・ロス）による馬力損失＋機械損失＝摩擦損失を差し引いたパワーがクランク軸からでてきて実馬力となり、実馬力を使ったエネルギーで割れば熱効率＝ネンピとなる。

だから摩擦損失が小さければ熱効率は高くなるはずで、ポンピング・ロスが小さく、滑る部品の少ないREはピストン・エンジンよりネンピがよくなるはずだ。エンジンの摩擦損失は自動車ではエンジン・ブレーキとして利用しているが、エンブレの効きの悪いREはネンピがよくて当り前なのだが……。

今のところREがネンピでピストン・エンジンに勝てないのは、ピストン・エンジンのピストン・リングに相当するシール・エレメントがスカスカに漏れるからだ。ピストンエンジンのだいたい10倍は漏れると思う。このエネルギー損失がネンピを悪くしている。

では音は？

ピストン・エンジンでは、ピストンとコンロッドが1分間に数千回も上下に動く。このとき発生する大きな慣性力を受け止めるクランクの主軸受のハウジングは動かされ、その動きはクランクケースとオイルパンをスピーカーとして音を出す。

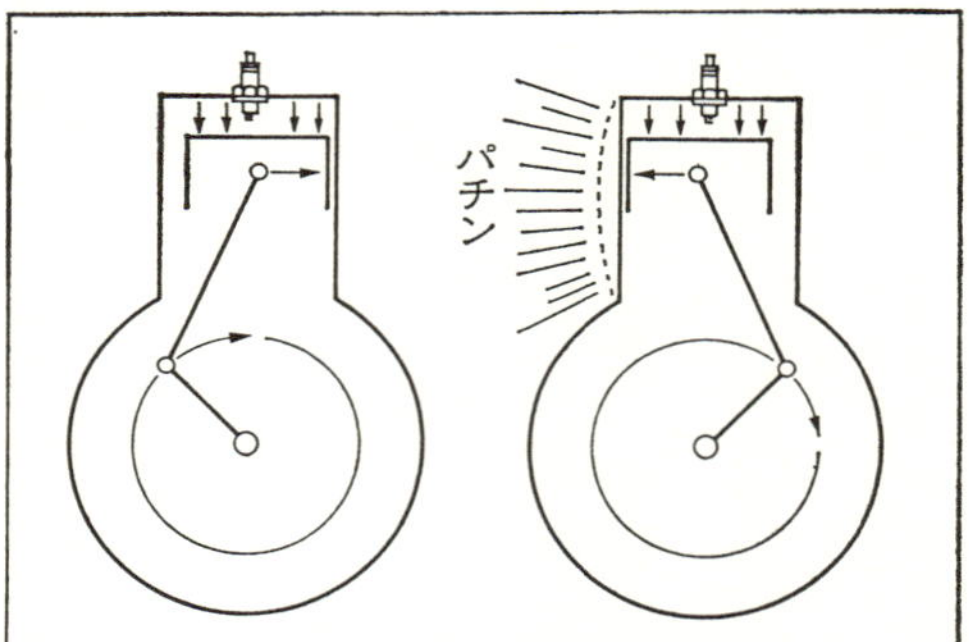

図3　ピストン・スラップ

写真4　マツダRE13B型ロータリー・エンジン

圧縮上死点近く、**図3**左でミクスチュアは着火する。このときコンロッドの傾きのためピストンはシリンダーの左側の壁に押しつけられているが、膨脹行程の始めではクランクの回転に伴いコンロッドの傾きは逆になり、ピストンはシリンダーの右側から左側の壁を「平手打ち」（スラップ）し、シリンダーをスピーカーとしてピストン・スラップ音を発生する。

吸排気弁がシリンダー・ヘッドを叩く音もウルサイが、REにはこんな音を出すシカケはない。ないところからは音が出ないので静かなのダ。

ネダンは？

世界一の自動車メーカーGMは、REのパテントを買うのにNSUにナント200億円も支払ったのダ。その理由は部品点数が少なければエンジンが安くできるから。

写真4を見るまでもなくREはシンプル・イズ・ベストの見本で、しかもリッター当たりのネダンが高いのだから馬力当たりのネダンが安くできなければアホである。

信頼性は？

信頼性工学という数式ばかり出てくる面白くない本を読むまでもなく、故障率は部品の数に応じて高くなる。

故障しない、長持ちのするエンジンを作るには、やはりシンプル・イズ・ベストで、それにウルサイ機械はコワレやすい。静かなREは長持ちするはずなんだが、今まではシール・エレメントが泣き所であった。

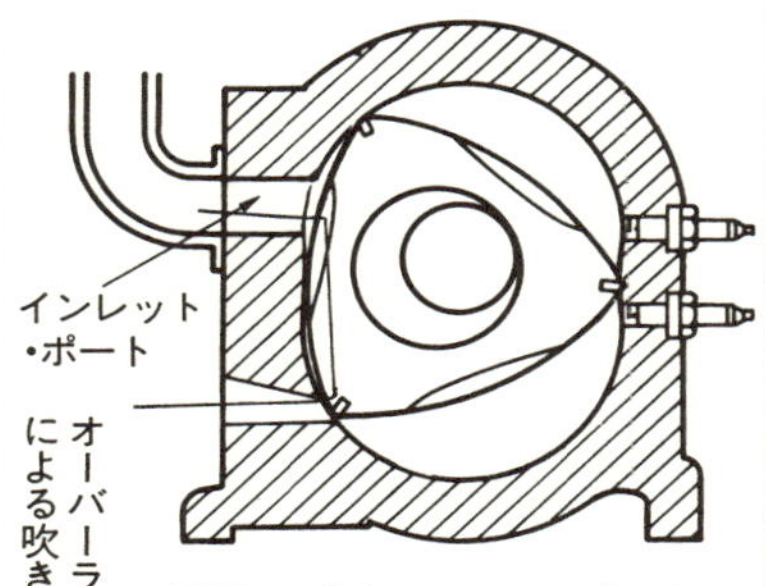

図5　ペリフェラル・ポートのロータリー・エンジン

もしもシール・エレメントの摩擦寿命がピストン・リングより長ければ、REの悪評の半分はなくなるし、故障率はピストン・エンジンより良くなるはずである。

REは信頼性の面でも、本当はステキな実力を隠し持っているのだ。されば、マツダはどれほどのREの隠し味を引き出したかを調べてみよう。

●REの現状

性能はエンジンの風通しのよし悪しで決まるから、**図5**のオールド・ファッションのロータリー・ハウジングに吸気の孔をあけたペリフェラル・ポートならば、吸排気ともポートは真直で最高の風通しである。だから今でもレースにはペリ・ポートが使われるわけである。

ところが、ペリ・ポートにするとオーバーラップが大きくなり、排気中に吸気ポートも同時に開き、排気に生ガスが流れ込めばもちろんネンピは悪くなり、HCが増えて政府から売ってはいけないといわれてしまう。逆に排ガスが生ガスに流れ込むと、少しならばNOxが減り、ネンピもよくなるが、入り過ぎると失火してしまう。アイドル運転中は極端に吸気を絞ってあるので排ガスが逆流しやすく、それで昔のREはアイドルが安定せず、低速の力に不満があったのダ。

そこでマツダは考えた。

図6に示すように、サイド・ハウジングにインレット・ポートの孔をあけて、ローターの側面で孔をふさいでいる間に排気ポートをしめてしまうのダ。**図7**はそのポート・タイミングである。そしてこの6PI・REの面白いところは吸気ポートが3つもあり、それぞれが別の機能を

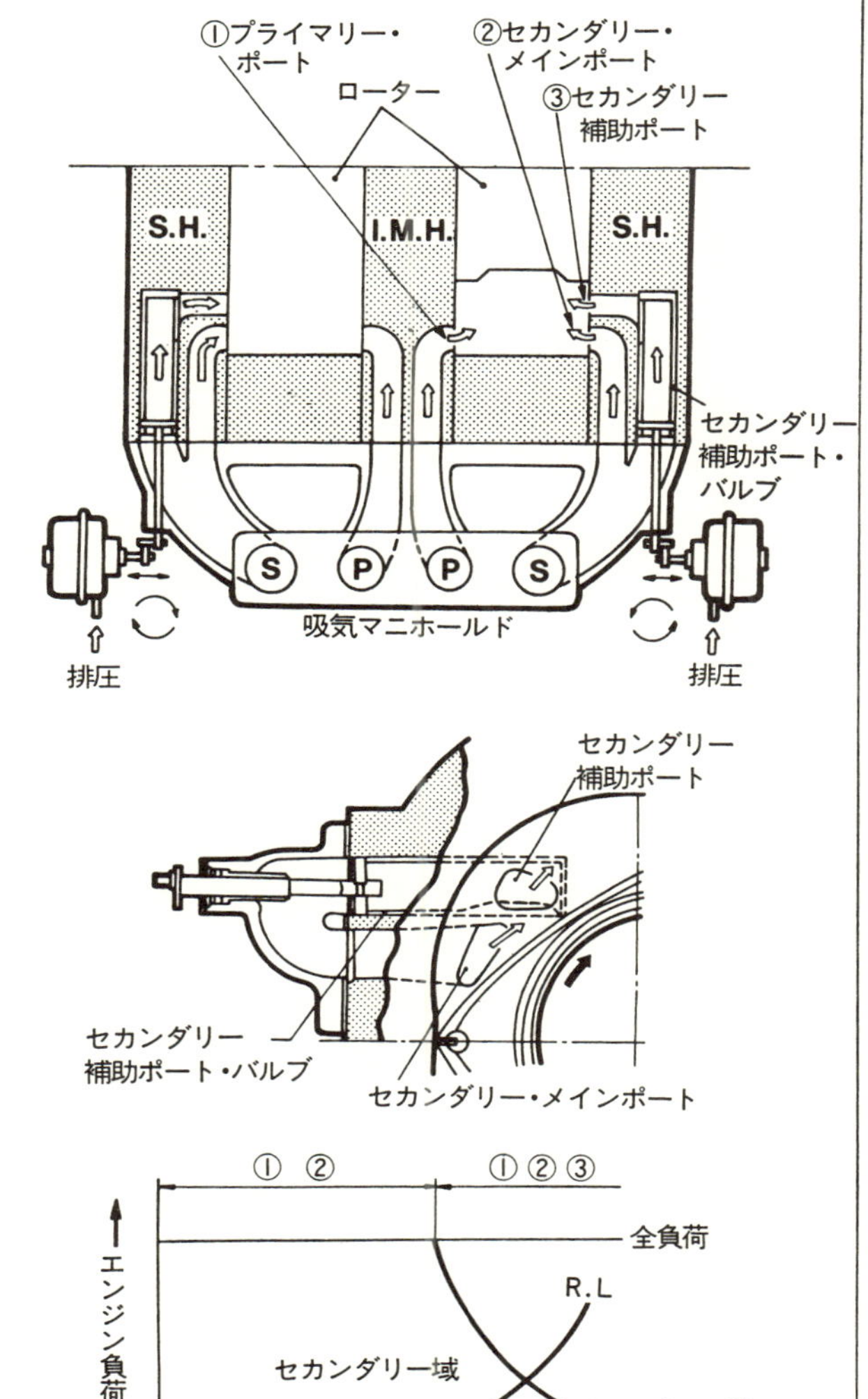

図6　マツダRE13Bエンジンのポート配置

持っていることである。生きている化石、カモノハシが1ポートで、進化の極致ヒト属ヒト科のメスも機能の異なる3つのポートを有しているので、REの発展は神の摂理にかなっているのかも知れない。

エンジンが低速のときは、前にも述べたように吸気下死点を過ぎても吸気ポートを開いていると、せっかく吸入したミクスチャーを圧縮行程の始めで再び吸気ポートへ吹き返してしまうので、図6のプライマリー・ポートⓅは早めに下死点後25度で吸気ポートは閉じてしまう。そして低速でもガスのスピードを高め、その慣性力を利用して燃焼室内に押し込む慣性過給を利用したいので、ポート面積やそれにつながるマニホールドは狭い。このポートだけを使ってエンジンを回すと、**図8**のA線のように低速で力は出るが、中速では絞られて力は出ない。

そこで中速になると、**セカンダリー・ポート**、図6のⓈを開いてやると、面積は広くなり、絞り損失は少なくなり中速トルクもOKとなる。高速ではスポーツ仕様のピストン・エンジンと同様に下死点後70度まで第3の孔、パワー・ポートを開いておく。このとき隣のローターではね返った圧力波が音速で燃焼室内に飛び込んできて、それが逃げ出さないうちにポートをとじるのが共振過給で、それには**図9**のように長いインテーク・マニホールドが必要となる。

これだけではまだ160psは出ない。キャブレターでは風通しが悪いので、EFIを採用してやっと**RE-Super Injection**ができ上がる。低速、中速および高速用と3つのポートのお陰で**図10**に示すように旧型に比べ全域で性能が向上している。しかしナットクできないのは、なぜB

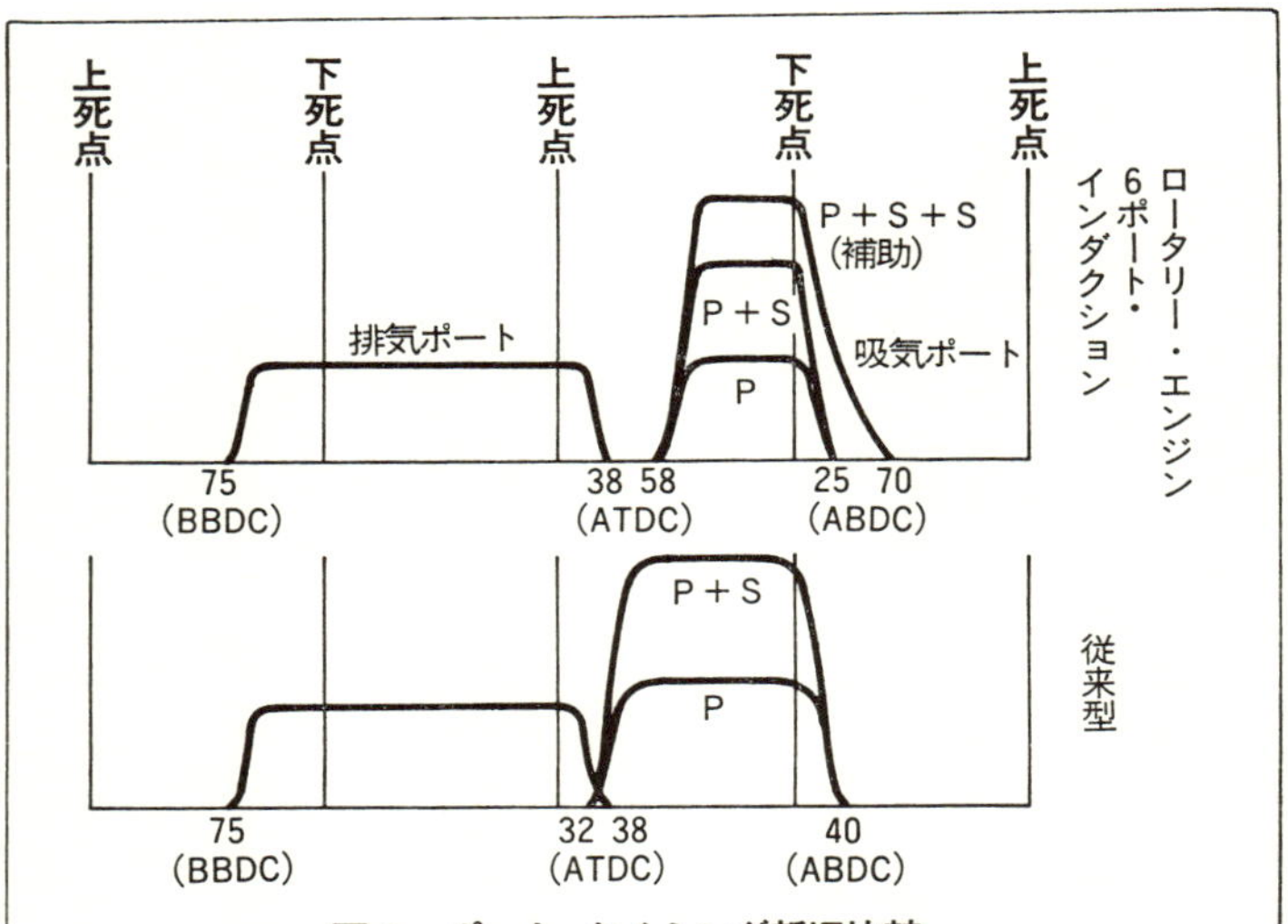

図7　ポート・タイミング新旧比較

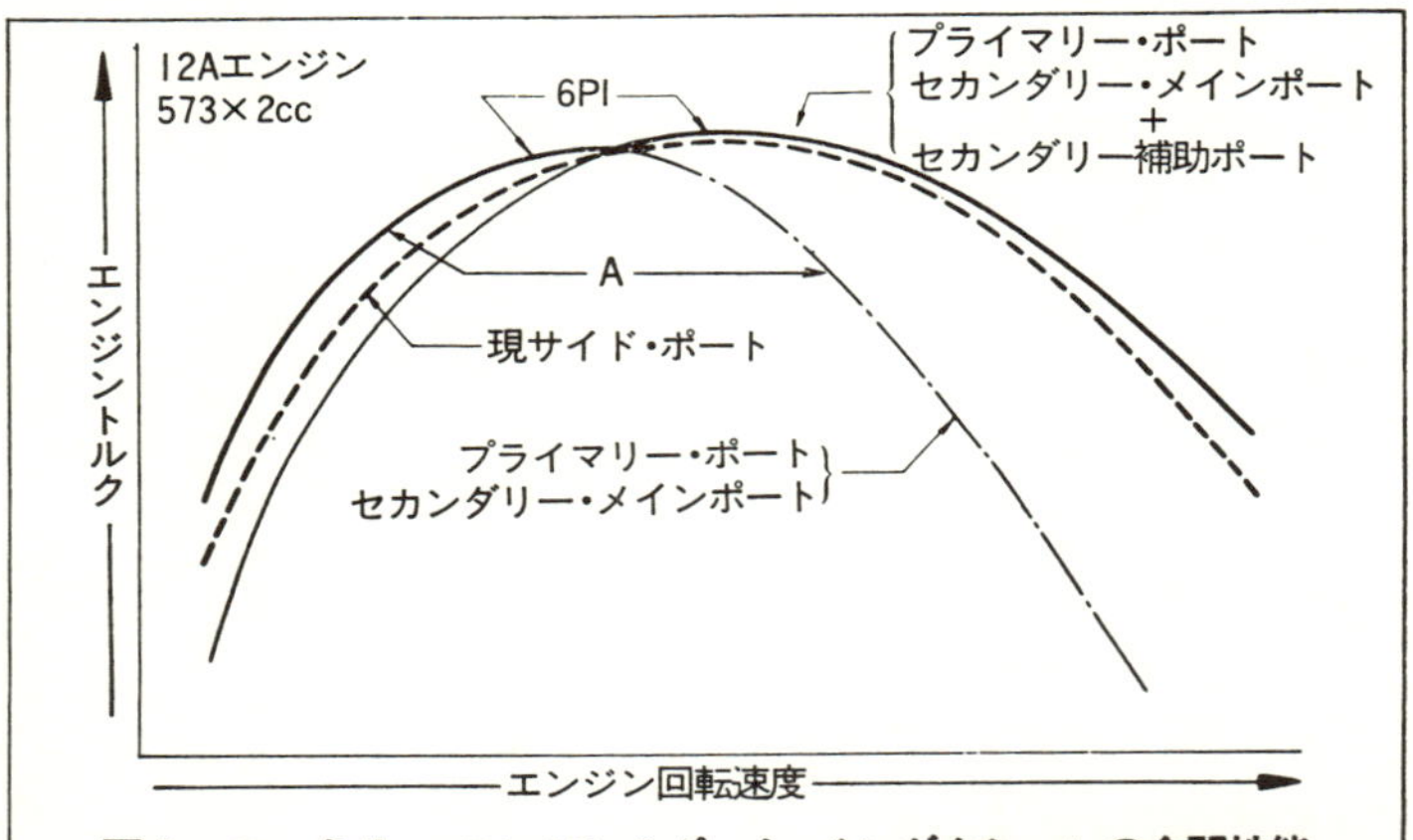

図8　ロータリー・エンジン6ポート・インダクションの全開性能

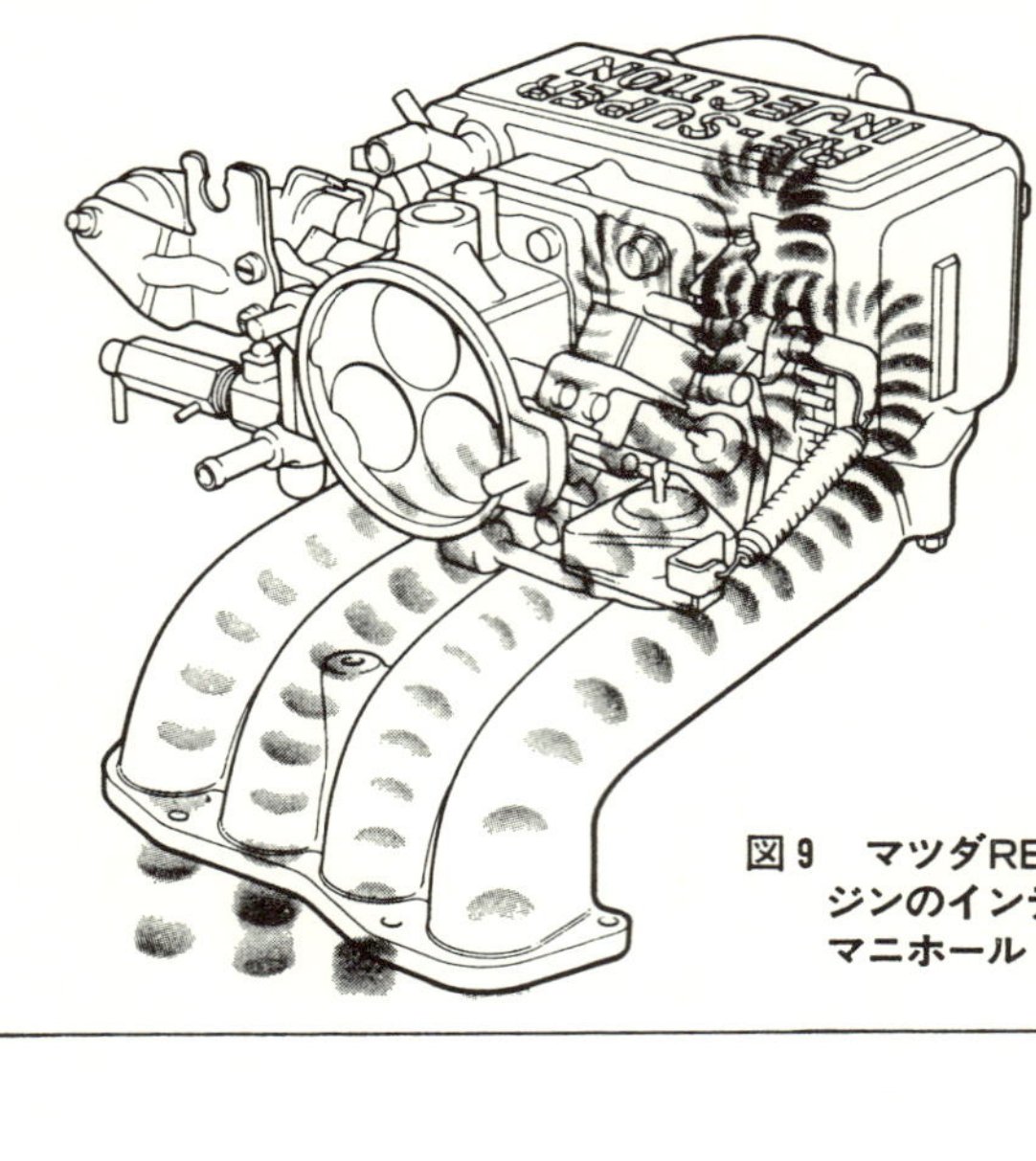

図9　マツダRE13Bエンジンのインテーク・マニホールド

MWやホンダのように長い排気マニホールド、パルス・コンバーターを採用しないのかである。REでは排気ポートも図2に示すように急に開く。燃焼室内のガスはスパッと排気マニホールドを通り抜けるので、このエネルギーを利用して隣の燃焼室内の排気ガスを吸い出してやれば、パルス・コンバーターはピストン・エンジンよりよく効き、もっと馬力が出るはずである。

しかし、**図11**をよく見ると、排気ポートにはエアポンプで燃え残りのガスを燃やすためのエアを注入している。そして容積の大きな排気マニホールド内でユックリとよどましておいて燃やしているのダ。排気中のHC全部を触媒で燃やすと、触媒が熱くなり過ぎて火事をおこすのかもしれない。

と不満はあるが、この未完成のREは10年間にネンピは**表1**に示すようにナント、ピッタシ2倍も改善されているのだ。

それでもこのREが自動車用原動機の赤ン坊として認知されないのは、日本人の国民性でも、青木功のせいでも、自動車評論家のせいでもない。ユーザーは、自動車に関心のある人は、ルマン優勝は当然として、REがネンピ世界記録を作って欲しいのダ。

それに応えるためには、何よりもまずシールエレメントのシール性能を高めなくてはならない。

C型のピストン・リングの割れ目は1か所だけだが、四角な燃焼室をシールするREのエレメントには割れ目が

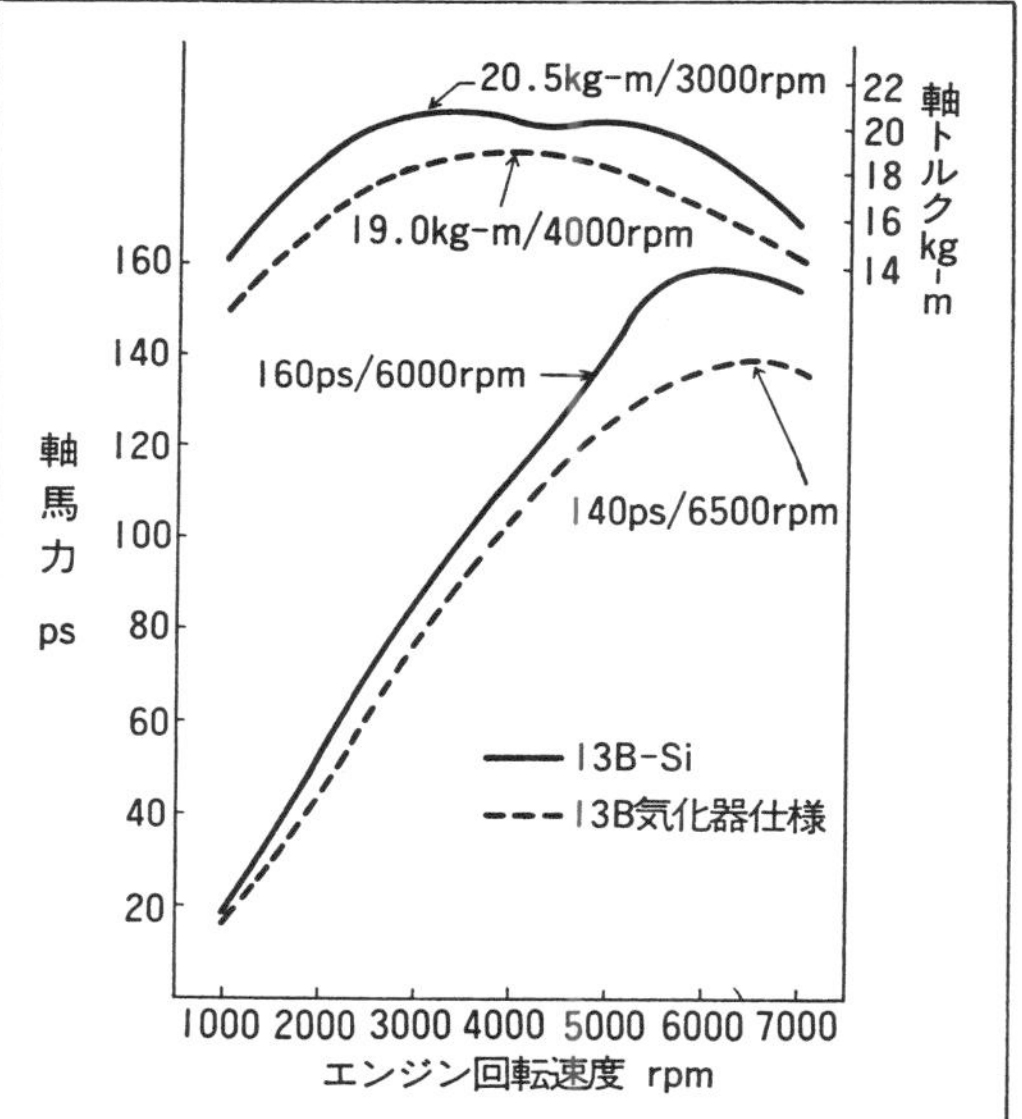

図10　マツダRE13Bエンジンの性能曲線

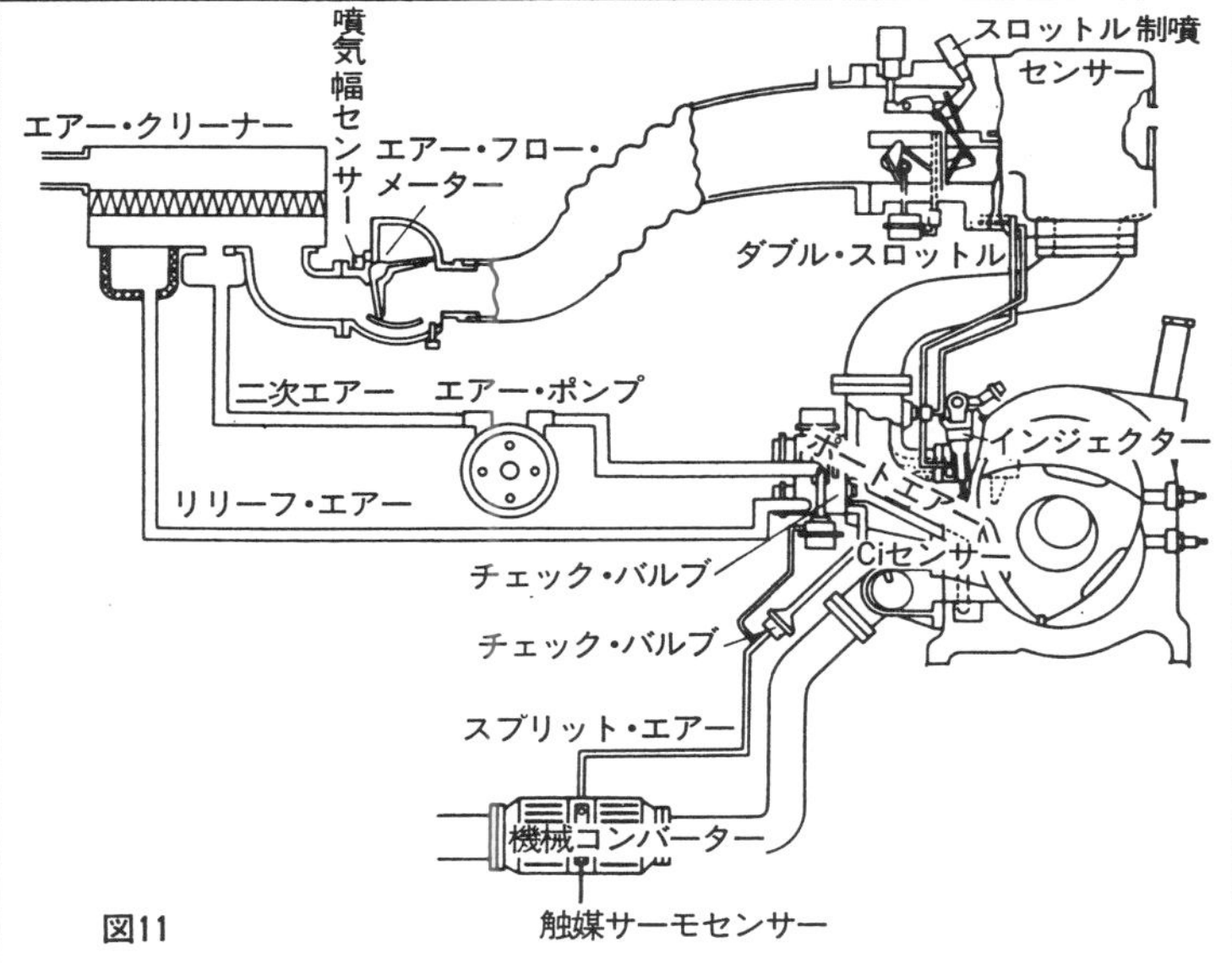

図11

表1　RE車の排出ガス対策と燃費改善

呼称	AP-3	AP-4	AP-5	REAPS(53年適合)	希薄燃焼室		6PI
等価慣性重量	1,000kgランク			1,250kgランク		1,000kgランク	←
10モード燃費(km/ℓ)	5.1	6.1	7.0	7.0	8.4	9.2	10.2
排ガス対策内容	エアポンプ・サーマルリアクター			エアポンプ・サーマルリアクター、EGR	エアポンプ、三元触媒		
主要燃費改善技術		ガスシール改善 反応性改善 2次空気制御	熱交換器 燃焼室変更 プラグ位置変更	二重ポートインサート	気化器リーンセット、点火進角変更	ガスシール改善 軽量化	
排出ガス規則	昭和50年度規制		昭和51年度規制	昭和53年度規制			

(サバンナRX-3、RX-7手動変速機装着車)

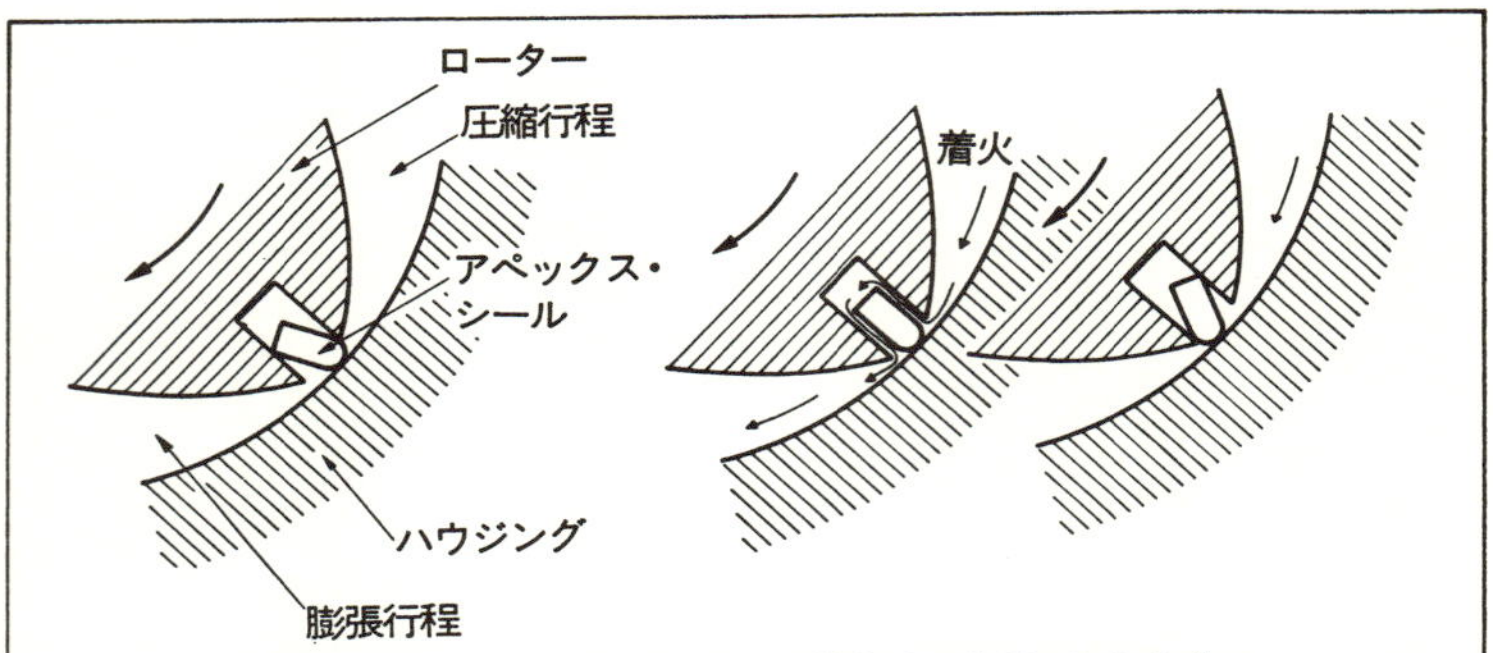

図12　アペックス・シールの姿勢変化が漏れを多くする

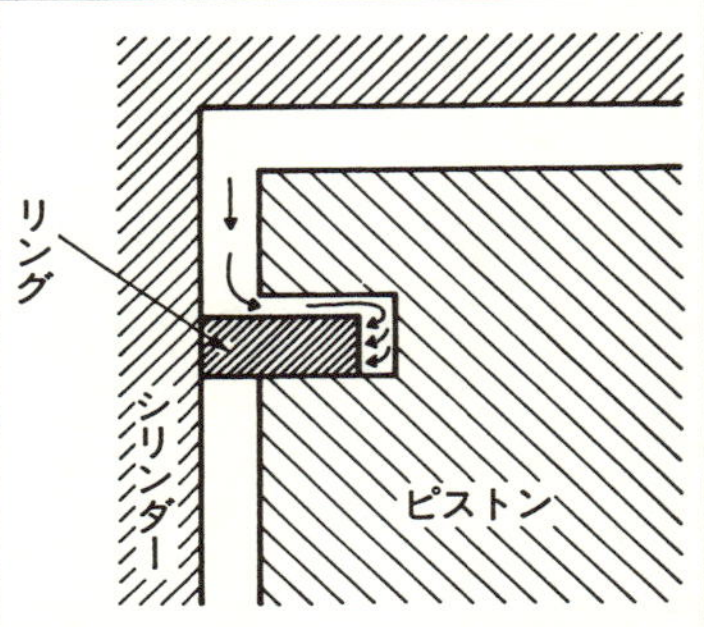

図13　ピストン・リングの漏れ止め

8コもあって、理論的に割れ目からの漏れは8倍である。「ホンダVE／EWエンジン」の項で述べているように、ピストン・リングの割れ目からの漏れを少なくする研究が進行中であり、REは100倍の努力をここに傾注しなければならないが、更に都合の悪いことに、リーディング側のアペックス・シールはハウジングとの間の摩擦のため、**図12**の左のようにローターに引きずられながら回転していて、圧縮行程の終わりに着火すると圧力が高くなって、アペックス・シールは図12の右のように溝の反対側に押しつけられて漏れ止めをするが、その途中では図12の中のように、たとえ1／10000秒でも完全に漏れ止めの機能を失う。

ピストン・リングではこれをフラッター（ふらつき）といって、決して発生してはいけない現象なのダ。

ピストン・リングでは**図13**のように、燃焼圧力はリングの後側に加わり、リングをシリンダーに押しつけてガスの漏れ止めをするが、図12を見ると、アペックス・シールでは高圧の燃焼ガスがその背後からそれをハウジングに押しつけることはない。サイド・シールでも状況は全く同じでスカスカに漏れる。REのシール・エレメントがピンフとすれば、ピストンリングはメンタンピンドラ1くらいの実力がある。だからピストン・エンジンをネンピでやっつけるには、シール・エレメントに少なくとも二飜くらいのワザをかけてやらねばならない。

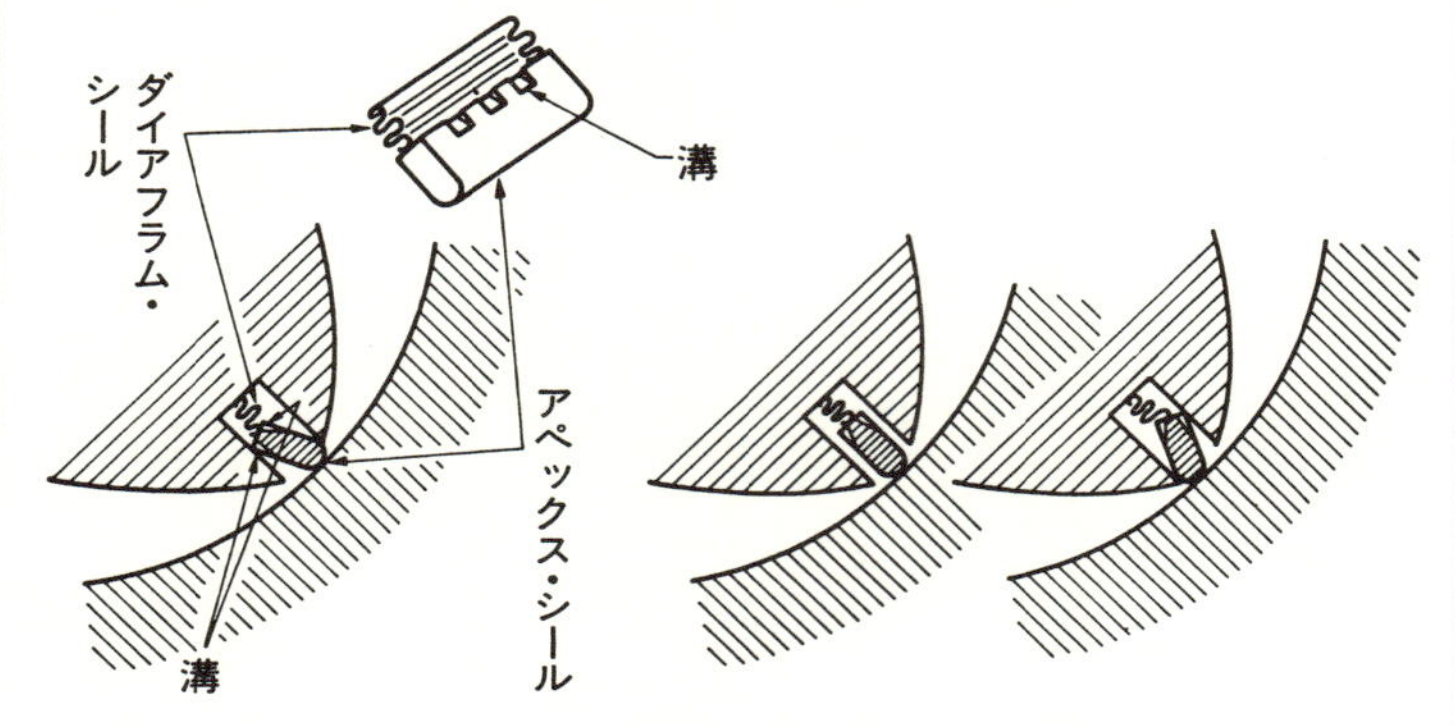

図14　オレが発明したアペックス・シール

●シールの漏れ防止がポイント

図14は大発明家、毒舌案である。シールの両側にはシールのケツに圧力がかかるようガスの出入りする溝を掘る。これでは前よりもっとスカスカになってしまうので、ダイアフラム・シールをシールの後に当ててシールの後側から漏れるガスを止める。むろん、サイド・シールにもダイアフラム・シールを付けなければいけないのだが、突然に耳鳴りとともに幻聴がして、広島の方から「ソレハムズカシイ、ソレハツクリニクイ」と聞こえるのはアル中のせいかもしれない。

アペックス・シールの表面はレーザー・ビームをぶっつけて焼入れしてある。こうすると全体的にタフで表面だけがカチンカチンに焼きが入る最新の技術である。ローター・ハウジングの内面はクローム・メッキしてある。クロームはメッキするとき水素が中に入り、どういうわけかスゴク硬くなる。だがこれだけでは油切れして焼付く心配があるので、メッキの途中で電流の流す方向を逆にすると、メッキの厚さが一様に薄くはならないで、アバタのようにポツポツと小さな孔があいてポーラスメッキとなり、孔の中には油が溜まり、焼付きを防ぐのである。

サイド・ハウジングの摺動面はガス軟窒化されている。減圧したケースの中に窒素ガスを入れておいて、ハウジングと電極との間で火花を飛ばすとイオン・ビームが窒素分子を鉄の中にたたき込み、硬い鉄と窒素の化合物層が5／100㎜の厚さでできる（このステキな発明は残念ながらドイツ）。これと鉄（クローム・メッキしてるかもしれない）のサイド・シールを滑らせるとピストン・エンジン並みの寿命があるというのだが？

ピストン・エンジンでもクローム・メッキされたリングが鉄のシリンダーの上を滑っているし、上等なディーゼル・エンジンでは窒化したシリンダーとクローム・メッキしたリングとの組み合わせである。

DOHCでピストン・スピードは17m／秒くらい、ディーゼルでは12m／秒であるが、REではアペックス・シールの摺動速度は最高で24m／秒に達する。だからピストン・エンジンより長持ちさせるためには、ここでも二纏うえのワザを使わなくてはいけない。

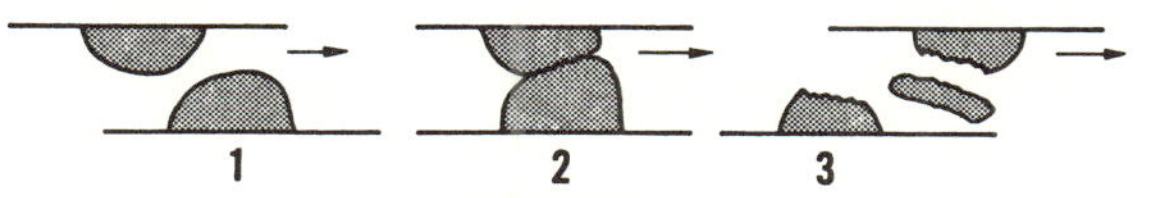

図15　凝着磨耗のモデル

●可変ローターこそ可能

東京工業大学に囲碁が日本で6番目に強い先生がいて、その笹田先生の専門はトライボロジイ。摩擦と磨耗と潤滑とは別べつには考えられない三角関係にあるので、同時に研究しようという学問である。

先生がいうには、つきたてのモチがあって図15の1の状態から近づいて、2で接触するとペタッとくっついてしまう（実際の金属同士では1／10000㎜くらいの大きさのトンガリ同士が衝突すると溶接されてしまう）、3でムリヤリ離すとモチが切れて別の固まりを作る。チギレた固まりが磨耗粉であり、チギルときの剪断力が摩擦係数となる。

モチの表面を水で濡らしておけばクッツカない。機械の潤滑油は溶接防止剤なのダ。

モチの表面に粉をマブシておいてもクッツカない。窒化やクローム・メッキなどの表面処理は鉄の表面を鉄と溶接しにくい材料でカバーすることである。

鉛や銀は決して鉄と合金を作らない。モチにプリンをブツけるようなもので、エンジンの軸受に鉛や銀が使われるのはこのためである。

クロームと鉄は仲が良く、特殊鋼といえば必ずクロームが入っているくらいである。だからトライボロジィ的に見れば互いにペタペタとクッツク磨耗しやすい組み合わせである。

REのアペックス・シールは鉄で、ハウジングのクロームの上を滑っているのでトライボロジィ的には摩擦しやすいヨウチな組み合わせなのである。耐磨耗性を改善するには、鉄を燐の化合物でカバーする。燐や硫黄はモチの表面につけた粉のような役割をするので、鉄とクロームの間で溶接しにくくなる。カミンズ社のエンジンはシリンダー内面を燐化合物でカバーするパーコ処理をしている。相手のリングはクローム・メッキで、寿命は50万㎞から100万㎞にも伸びた。

ベンツのピストン・リングの表面はモリブデンを酵素雰囲気の中で熔射している。面白いことに酸化モリブデンをコスると溶ける前にガスになってしまう。だから他の物質といくら強くコスリあわせても焼付くことはない。

話変わってセラミック・エンジンの創始者、カミンズのカモさん（日系二世のアメリカ人でとてもスケベ。なぜかオレと気が合う）はセラミック・エンジンをもう卒業して、今熱中しているのは無潤滑エンジンだ。潤滑油を使わないと油の粘性抵抗がなくなり、もっとネンピがよくなるという。油なしでも、例えばモリブデンをクロミア（酸化クロームを700℃で焼いたセトモノ）とコスリ合わせてもほとんど磨耗しないそうだ。これはホンの一例で、トライボロジィ的に考えればREはもっと負荷を高めても寿命を10倍に伸ばすことは不可能ではない。

漏れない、ヘラないシール・エレメントさえできればREはピストン・エンジンに比べはるかに過給しやすく、リッター当たり500psも出せばF1で楽勝である。そしてF1で優勝したエンジンをデチューンしたのがマツダ・ルーチェのエンジンである、とカタログの表紙に書き込みをすれば、トルコが好きなフランスの俳優でマツダのイメージを傷つける心配もなくなる。リッター当たり100psのピストン・エンジンをレース用に過給してリッター当たり400psに高めているのだから、REは無過給でリッター当たり120psだから、REターボはリッター当たり500ps出さないとはずかしい。ただし、レース用エンジンはエミッションが汚いので、エミッション対策にデチューンしてリッター当たり240psとすれば、1・3ℓの13Bは310psとなる。このエンジンを前において、ミッションは後ろにおいたトランザクスルとすればミッドシップ並みの重量配分となる。

旧式でバカデカく重いエンジンを前においても後ろにおいても重量配分が悪く、高速でのコーナリングが難しいので、止むを得ずオーナーの占めるべき座席をドレイであるエンジンに所有させたのがミッドシップだ。自動車の発達に逆行し、2人しか乗れないミッドシップを、4人乗りのREターボ+トランザクスル車はいろは坂で軽く追い抜けるはずだ。

ところで、マツダのロータリー・ターボの実力はどうか？ 残念ながらルーチェ用の13Bエンジンにはまだターボ仕様はない。あるのはサバンナ用12Aターボである。

図16がそのターボ・システムで、チャージクーラーはなく、エンジンにボルトでターボを取り付けただけである。排気量1・15ℓで165ps。リッター当たり出力は143psとスゴイが、無過給のREに比較すればタッタの20%アップである。ピストン・エンジンにDOHC+ターボ+チャージクールが出現した今、最もナウイと期待されているREがこれでは困るが、それでもREの良さを生かしている。

図17はREの排気圧力変動で、バルブがなく急に排気ポートが開くので、開くと同時に排気ガスもドバッと出る。これをブローダウンといい、このエネルギーをうまく利用するとターボラグは少なくなり、効率よくパワーも出る。

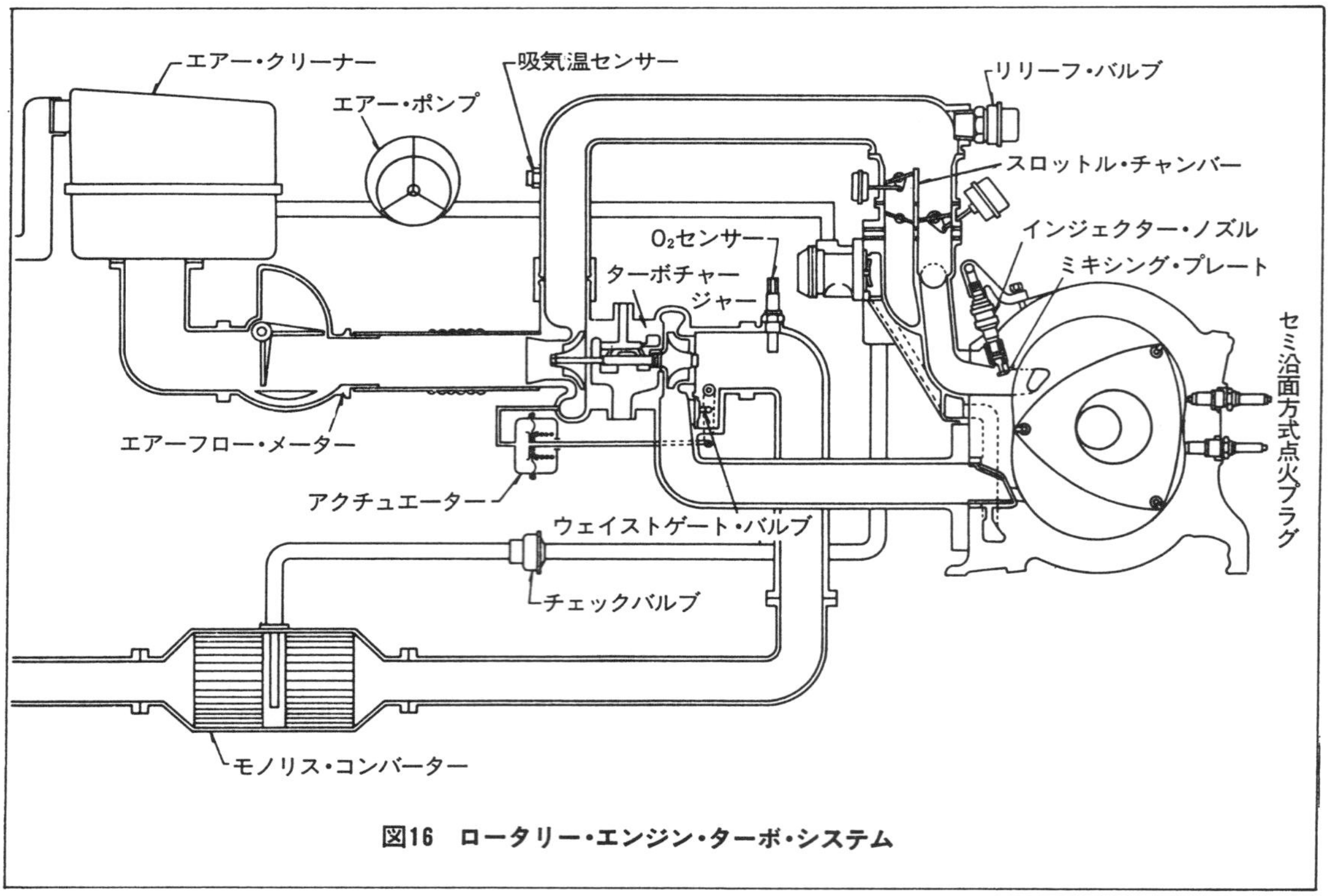

図16　ロータリー・エンジン・ターボ・システム

ブローダウン・エネルギーをうまくキャッチするのは図18下のようなスプーン型タービンブレードよりも、上のヘラ型のブレードにドバッとブッけた方がよいのだそうである。幾らか原始的なような気もするが、結果がよければ理論は後からでも作れる。図19の実線がヘラ型ターボによるエンジン性能である。ターボが最もニガテとしている低速性能が向上しているのはブローダウンを本当にうまくキャッチしている証拠である。高速性能はノッキングの発生によりウエイストゲートから排気エネルギーを捨ててブーストをコントロールするから、ターボを変えても同出力のはずだが、ここでタッタの5psアップはターボ効率向上の結果なので貴重だ。むろんネンピも良くなる。とホメたいところだが、これでは大学の先生に足し算をやらせて、ミスのないのをホメているようなもので、REの本当の実力とは関係ない。

「今、アメリカのバッテル・メモリアル研究所では、ターボ過給されたピストン・エンジンの吸排気弁の開閉時期を、コンピューターと油圧機

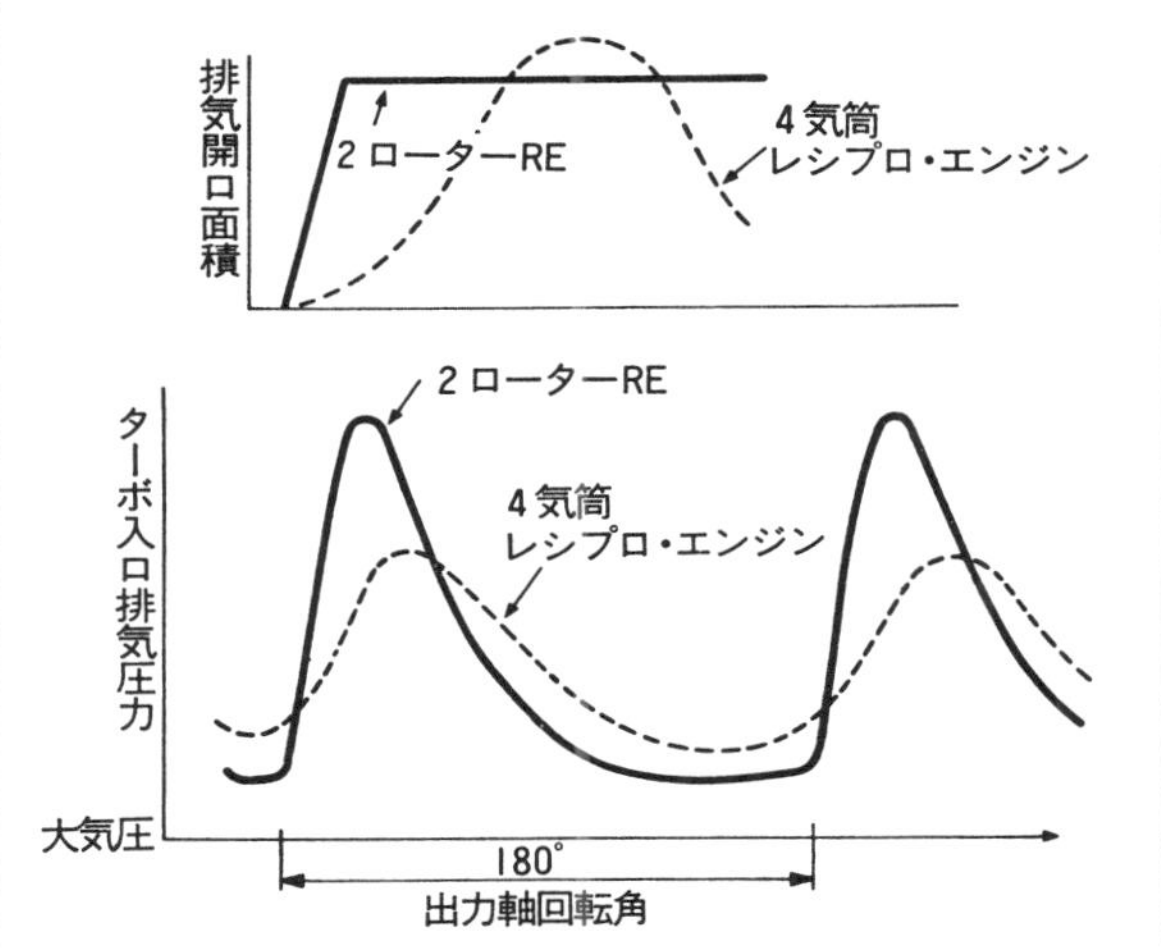

図17　排気ポートが急に開くREはターボをパルスで駆動する

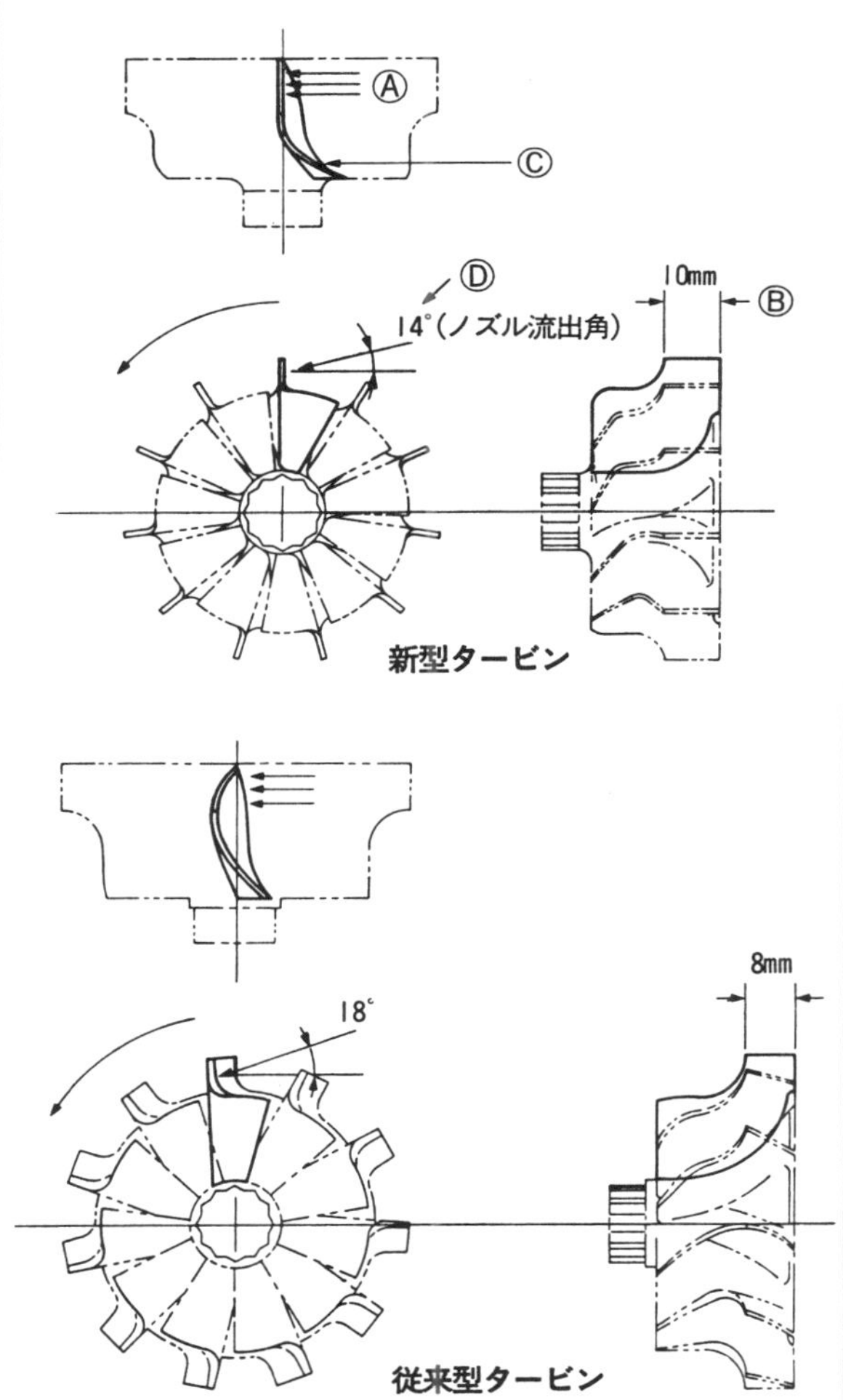

図18　タービン・ブレードの形と作用

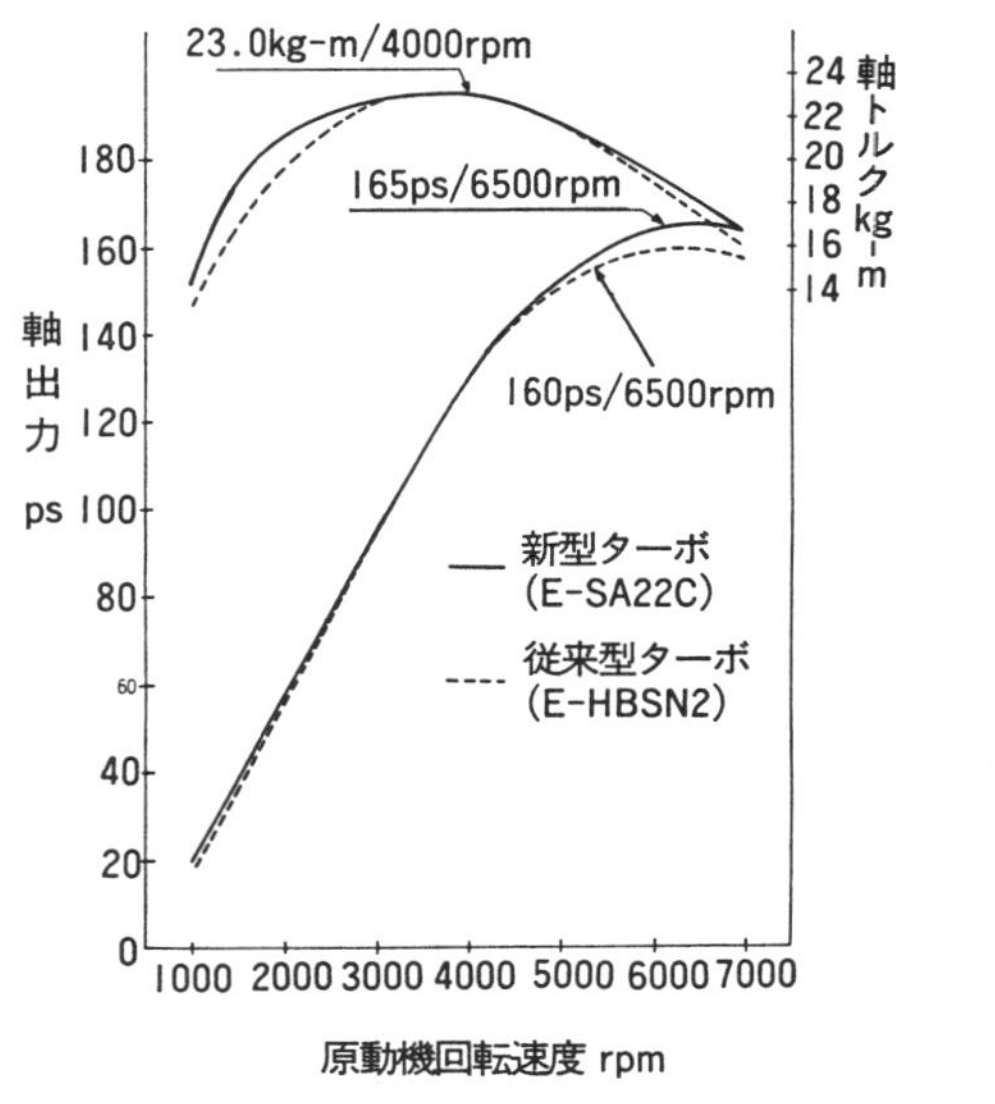

図19　タービン・ブレードの形と性能

器とを組み合わせて最適にする研究をしているのダ」とカモさん。「それは理論的に力が出てネンピもよくなるが、実験の結果はネンピは悪いはずダ」とオレ。「そのとおりダ。弁を開閉する油圧装置が予想外にエネルギーを食うのダ」とカモさん、であった。

ピストン・エンジン屋がこんなに苦しいアイデアを必死になって研究しているのに、REはポートの開閉タイミングを何の苦もなく変えられるのに、ターボREにそれが生かされていないのは、大秀才ばかりがREの開発をしているからに違いない。

それなら秀才風な人ならすぐに考えつく可変ローターREはどうか？

マツダのREはローターが2つあって、ひとつのローターが80psを出している。80psもあれば(80頭でルーチェを引っ張る)高速道路で100km／hで走ることは容易で、2つのローターのうちひとつを休ませて、ひとつだけで走れば可変気筒のピストン・エンジンと同じリクツでネンピはよくなる。

可変気筒のピストン・エンジンでは、高速運転中の吸排気弁を動かしたり、止めたりしなければならず、するとショックでバルブが折れたりして、キャデラックの4―6―8気筒エンジンもあきらめざるを得なかった。REには高速で運動するバルブがなく、ポートがあるだけで、それをガスのコックみたいなものでひとつのローターの出入口を閉じさえすればよい。上手に閉じればローターハウジング内は真空になってパワーを出さないローターの摩擦は小さく、リッター当たり10km走れるルーチェは12kmまで走れてピストン・エンジン屋の安眠妨害できるはずなのに、マツダの秀才と秀才風の人は意外と摩擦がへらなくてダメです、と悲しそうにいった。

話は変わるが、カモさんがセラミックで無冷却エンジンをこれから作る、そしてネンピをよくするのだといったとき、オレは冷却しないとエンジンが熱くなり過ぎて潤滑油が炭化してダメだ、といったら、高温に耐える油は今はない、だからこれから作るのダ、といった。オレは下を向いてダマった。

REはたしかに今は精虫でガキにもなっていない。だからこうしてピストン・エンジンをやっつけるのダ、とカミンズ社のセラミック・エンジンのようにその思想と概念と方法を全世界に発表してから研究に着手すべきだ。禁煙すると発表しない限り禁煙できないのだから。

●レシプロ並みの燃費を実感

雪道の上にソアラにシルエットがよく似た車があって、6PI-Super Injection とトランク・リッドに書かれていたのでルーチェREとわかった。では早速とキーを借りた。エンジンは一発で始動し、快調だ。ところが動かそうとしたが動かない。いつものクセでクラッチを踏んでいたからだ。この車はクラッチ・ペダルのないトルコン車であった。これで毒舌評論家とはヒドイと我ながらアキレ返った。自信を失ったオレは、ドライバーでネジをしめるのを仕事にしている友人をドライバーにして、ロード・インプレッションを聞き出しカンニングしようとした。ハチャメチャにハードに、スパルタンに70km走ってネンピは17ℓ。リッター当たり4・1kmだった。

次に川崎から友人と4人で白樺湖近くの車山へスキーにでかけた。東名を御殿場で降りて籠坂峠を登り山中湖で1泊し、翌朝はマイナス12℃と冷え込んだが心配した始動は一発でOK。大門街道は雪が深く10kmほど、チェーンを巻いて走行し、帰りの雪の10kmは1時間もかかった大渋滞であった。再び山中湖で1泊し、川崎に帰ったときのオドメーターは612km。この間に消費した燃料は84・21ℓで、なんとリッター当たり7・3kmも走ったのだ。問題の低速トルクはトルコン・ミッションなので分からなかったが、馬力からいっても2・8ℓ級のこの車は、ネンピではすでにピストン・エンジンに遜色ないことを知った。静かであることも分かった。残りの不信感、信頼性については是非公開ロングラン・テストで証明してもらいたいものだと思っている。

マツダ13Bロータリーターボ

大いなる可能性を秘め進歩著しいロータリーだが……

ジャギュアは貧乏人のベントレーで、㋪のポルシェはサバンナ。というのは、RX-7のスタイル、何となくポルシェ風だからである。

富塚清大先生によって成立不可能、オレのダチによって技術的三大詐欺の筆頭といわれ、オレは「前項」で未完の大器、いまだにガキにもなれず、精液の状態である、といったロータリー・エンジンは射精は終わったか、オギャーといったか、調査をしてみるのが、オレの関心事であり、オレの楽しみである。

●入れ墨とREと万日残業と

コペンハーゲンの下町を歩いていると、入れ墨屋があった。ショーウインドウには商品見本があって、トランプとか、ドラゴンとか、アチャラの入れ墨はチンケなデザインばかりだが、その中で異彩を放っていたのが、我がニッポンのクリカラモンモンであった。

日本の裏文化、遠山の金さん風のクリカラモンモンだけが、遠くデンマークで認められているということは日本人としてうれしくないはずはなかった。

が、これを彫るのは生やさしいことではないのだ。まずゼニ。500万円以下とはどうしても考えられない。というのは芸術としてのコストもさることながら、時間は1年を越える長期間になる。それは脂汗を流し、歯をくいしばって、針の束が皮膚を貫くのをガマンできたとしても、夜はそのために熱が出て苦しむのだ。だから2cm^2/day 以上はとても彫れないのだ。

クリカラモンモンが完成して、麻薬、淫売、バクチの三業に才能を発揮し、認められ、サツにアゲられても彫る苦しみに耐えた男はゲロさえしなければ若頭となり、ベンツとか、リンカーン・コンチネンタルの中でフンゾリ返っていられるのだから、苦労のしがいもあるというものである。が、これを彫った大半の人たちにとって、バクチを打つときの、スゴムときの、あるいはまた、ミコシを担ぐときのネクタイ代わりとしての機能しかない。そのチョットしたカッコツケのために、1年間、地獄の責め苦にマゾってしまうのが、本当のイキなのだ。

一方、比叡山の山中を毎日毎日50㎞も走り回って3年間、オマケに最後に四無行とやらで、飲まず、食わず、眠らず、横にならずの千日回峰もチョットしたものである。

新聞の記事によると、この荒修行に耐えた行者（ボウズより位が低い）の目は澄んでいた、とあった。

オレの目はドブロクのせいか、濁っていたが、ショウチュウに切り換えてから幾らか澄んできたように思う。積極的に澄んだ目にしたければ目薬をつければいいのにと思った。

カソリックの荒行によって悟れないと悟ったルターはプロテスタントを創り、荒行によっても宗教の力でも、強くなるのは煩悩ばかりの日本のボウズのすることといえば、「台湾姉妹を妾にして寺宝を売り払った高野山坊主」というフォーカスの広告を見ては、だれしも唖然とするばかり、否またかと思うばかりである。

何をやっても悟れないと悟った坊主たちは、建築物と仏像を見せ物にしてゼニを稼いだり、見せないといったりしているが、この坊主たちの親玉、親鸞上人の末裔はテレビで拝見したところでは、髪は七三に分け、目は澄んでいなかった。

千日回峰よりも10倍も凄まじい荒行はサラリーマンたちの万日残業である。二日酔いの朝も、国鉄のストの日も、カゼを引いても、カアチャンが病気でウナッテいるときでも、何が何でも会社へ行く。電車はあまりにギューづめで手が女性のお尻にもっていかれるときもあるが、それでも行くのだ。味方であるべき組合は組合費をとっていながらも会社となれ合いで、休暇はとってはいけないことになっているのだ。

5時になったら帰ろうとするが、課長が残っているので帰れない。課長は6時に帰ろうとするが、部下が全員残業しているので……。9時になると、痛み分けとなり、重い両足を引きづり、インポの中足を我が家に運ぶと、3食、テレビ、昼寝したカアチャンが人類の平和と繁栄を祈る荒行が待ち構えているとは……。

マツダがバンケルからロータリー・エンジンを導入してから28年、×365日＝2万日余りで、まさに万日残業を万願成就した記念すべき1986年3月吉日、インポ気味なるマツダのエンジニアは悟りを開き、新たなる技術を創造したであろうか？

●レシプロ換算では5・2ℓ＝364psのはずだが!?

「ロータリー・エンジン!? あれはダメだろう。レースに勝ってから考えてみるよ。あんなものはオレの評価の対象にならん」こんな発想をするエンジニアは最低で、できない話をするとか、思考の閉回路に陥って、ロータリー・エンジンはいかにして商品化が不可能であるかをワメいたり、論文を書いたりする秀才の方がまだマシである。この秀才でない最低のエンジニアは20年前のオレで、当時チンケなディーゼル・エンジンの設計に手を焼き、ロータリー・エンジンやガスタービンを横目で眺めてみるゆとりさえなく、ヒタスラに万日残業の荒行にハゲんでいたのだ。だが、万願成就した今は自由の身、目は鋭く女性のケツを、ときにはボンヤリとロータリー・エンジンの図面を眺めることもあるのだ。

そしてなぜ、マツダはロータリー・エンジンにコダワルのだろうか？と考えてみたりする。なぜNASAまでもがロータリーにコダワッテいるのか？ ヒコーキにロータリー・エンジンを載せれば、エンジンがコンパクトだからC_Dが下がる。軽いから翼面積を小さくできて、もっとC_Dが下がる。ヒコーキの燃費はC_Dとエンジンの熱効率で決まってしまうのだから、燃費さえピストン・エンジンなみになればロータリーは断然有利になるのだ。76年型ロータリー・ルーチェを持っているカモさんも、ロータリー・エンジン大好き男で、断熱ロータリー・エンジンを作るのだとハリキッテいたが……。

部品点数が少ない、バルブもカムもコンロッドも不要なこのエンジンでは、バルブがシリンダーをたたいて磨耗するとか折損はあり得ないとで、そして静かなのだ。エンジンはアペックス・シールが磨耗せず、ハウジング内面にチャターマークができさえしなければ、ほかに故障する部品がないのだ。エンジンが小さければ軽くて当たり前で、ヒコーキや自動車の性能を良くするが、さらに部品点数が小さく、軽ければ必ず安く作れるリクツなのだ。

1つのローターがピストン・エンジンの3気筒分の仕事をするのだから、フリクションは1/3となり、燃費は良くなるはずなのだが、なっていないのはマツダのエンジニアの残業が足らないのか、創造力が不足しているかである。

図1、2、3は新型サバンナRX—7の13Bロータリー・ターボ・エンジンの透視図と断面図である。13Bとは総排気量1・3ℓのB型エンジンということである。図2のローターとハウジングに囲まれたスペー

ス1は吸気行程終わりの状態を示し、その容積は1・3ℓ÷2＝0・65ℓである。スペース2は膨張行程の始めで、スペース3は排気行程の終わりである。

ロータリー・エンジンのローターが一回転すると、吸入、圧縮、膨張、排気の4つのサイクルの動作をしてしまい、4サイクルエンジンの2回転分の仕事をするのだ。三角形のオムスビ形のローターの外側とハウジングとの間に3つのスペースを作り、三か所で同時に動作をしているということは、1ローターだけでも3気筒エンジンと同じパワーを発揮できるリクツで、2ローターならば6気筒分、0・65ℓ×6＝3・9ℓ分のパワーが出るはずだ、とまず考える。だが、ローターを1回転させるには、エキセントリック・シャフト（ピストン・エンジンでいうクランクシャフト）が2回転するのがこのロータリー・エンジンのシカケ

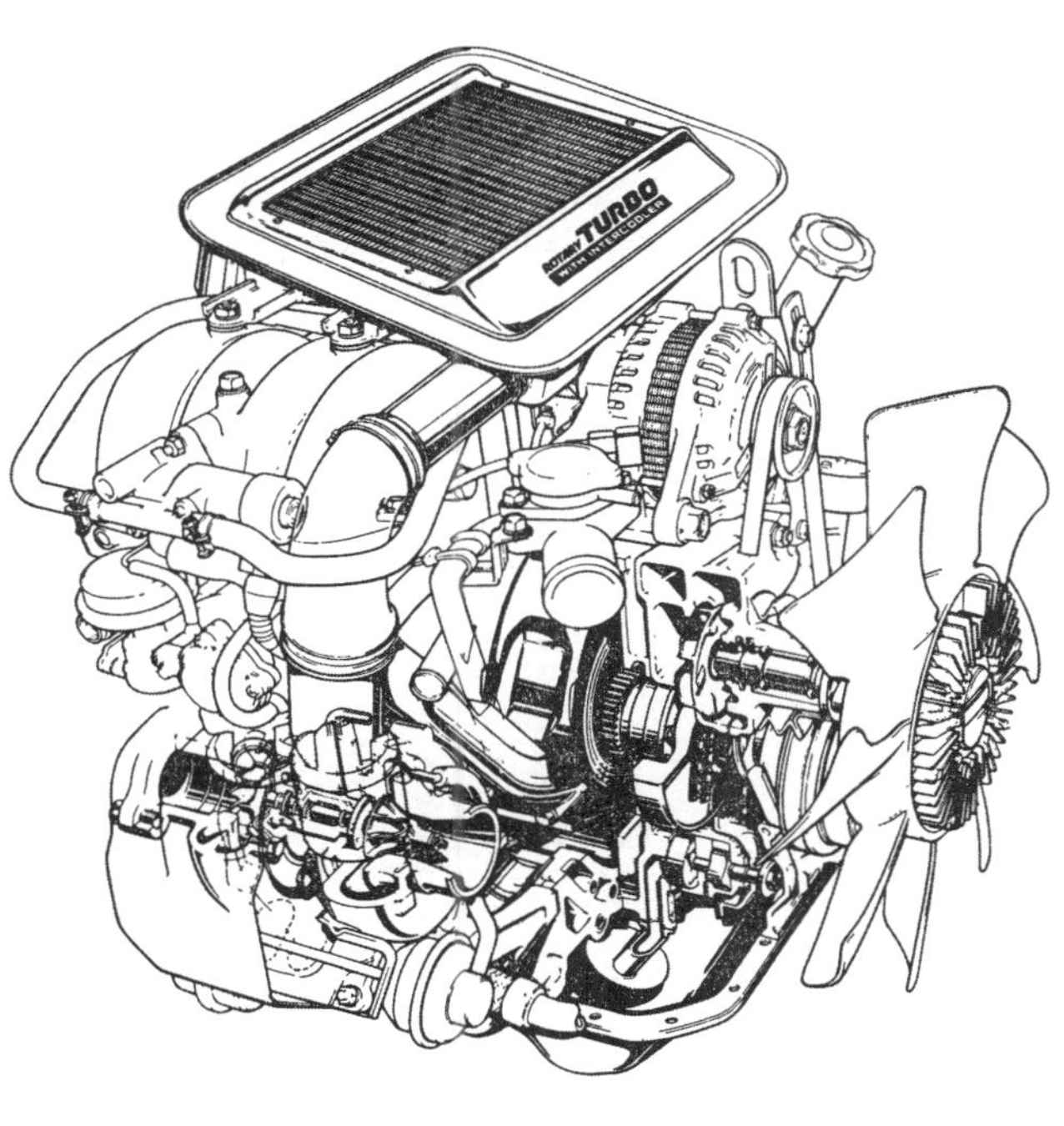

図1　13Bロータリーターボ・エンジン透視図

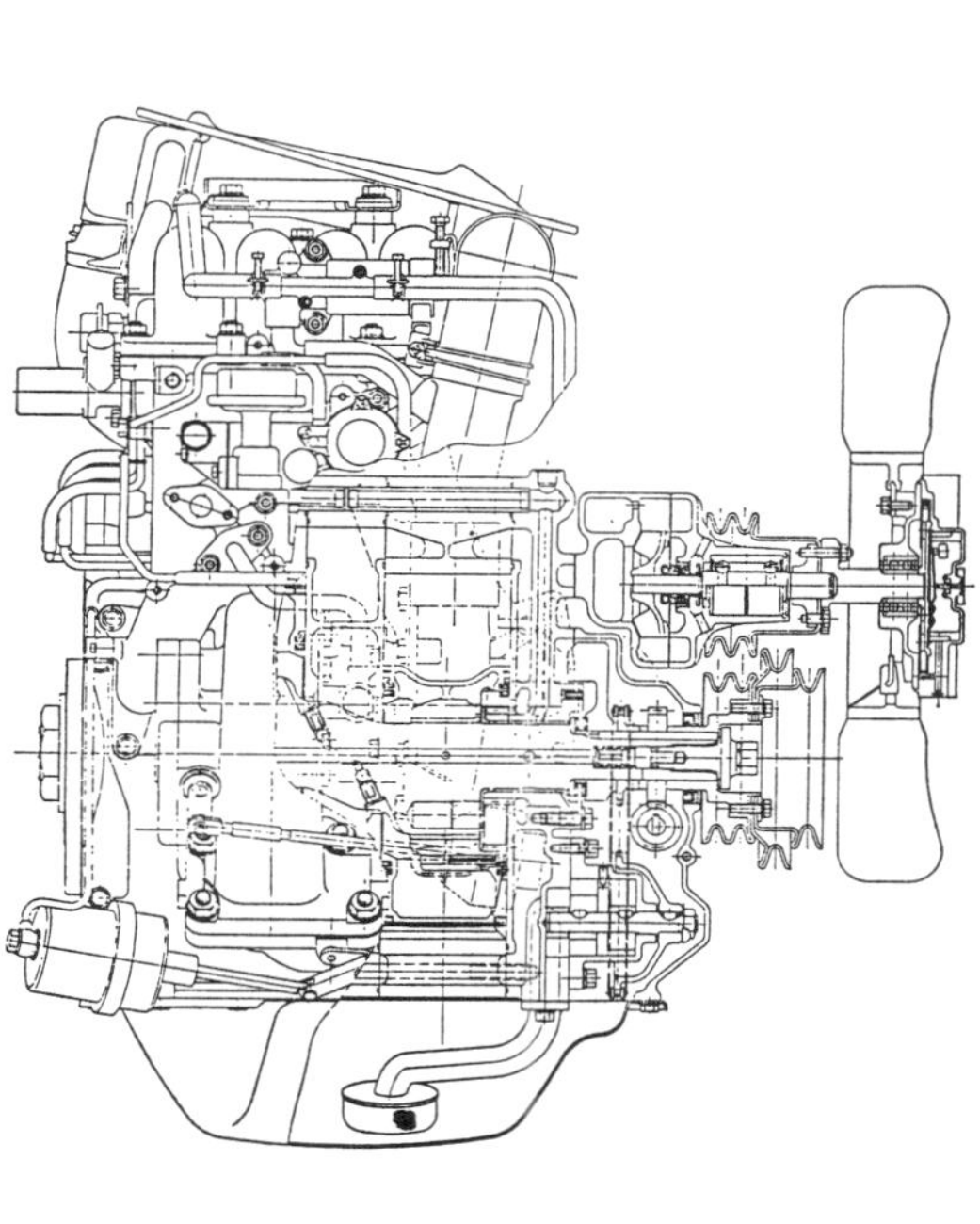

図3　13Bロータリー・ターボ・エンジン縦断面図

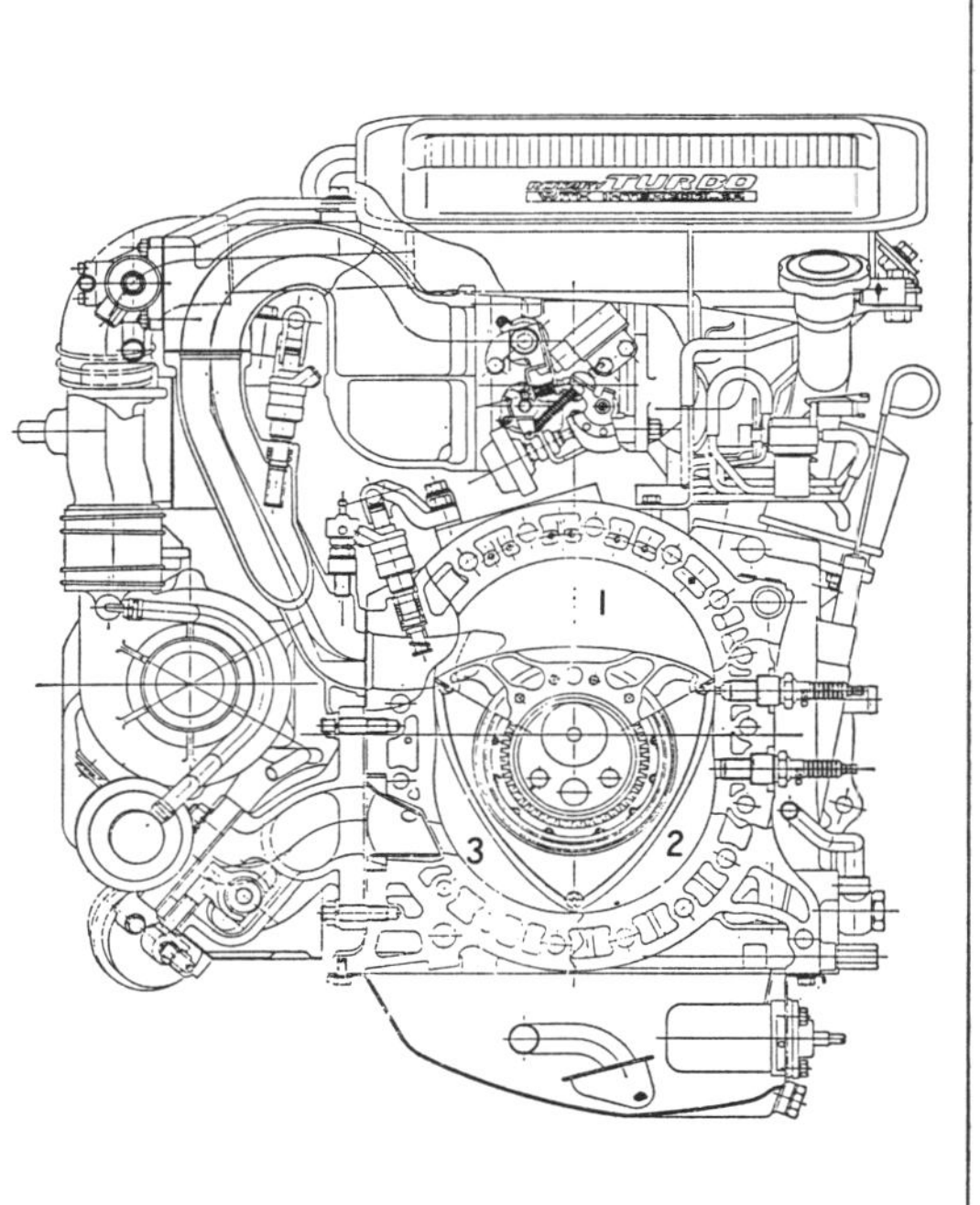

図2　13Bロータリーターボ・エンジン横断面図

で、エキセントリック・シャフトが1回転しても、ローターは$1/2$だけしか回転しないので、シャフト側から眺めれば、排気量1・3ℓの13Bエンジンの4サイクル・ピストン・エンジン相当の排気量は3・9ℓ÷2＝1・95ℓであるという説がもっぱらである。

　だが、この説に素直に納得できないのは、4サイクル・エンジンは2回転で1サイクルを完了するのに、ロータリー・エンジンは1回転で1サイクルと2サイクル並みなのだ。ロータリー・エンジンの作動は4サイクルなので、4サイクル・ピストン・エンジンと比較するには、13Bエンジンは1・95ℓ×2＝3・9ℓ相当ということになり、パワー密度を4サイクル・ガソリン・エンジン並みに高めれば、70ps／ℓは期待できるので、70ps／ℓ×3・9ℓ＝273psと驚異的なパワーがでるはずなのだが。

　ニュー・サバンナの13Bロータリー・ターボのパフォーマンス・カーブは**図4**で、185ps／6500rpmと、1・3ℓエンジンとみなせば142ps／ℓと高性能だが、3・9ℓならば70ps／ℓでフツウ、3・9ℓなら……。と、話はヤヤコシイのである。

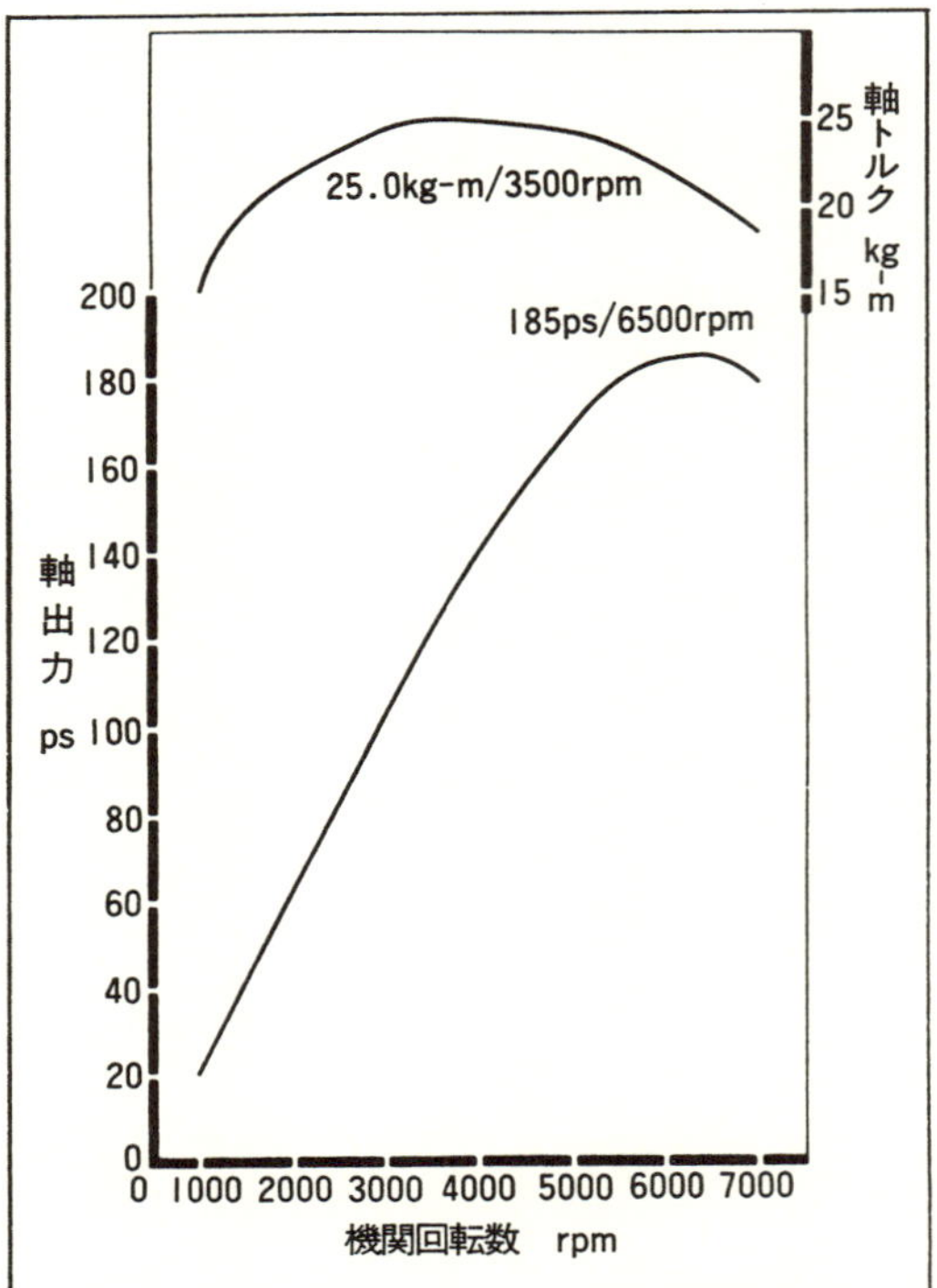

図4　13Bロータリー・エンジン性能曲線

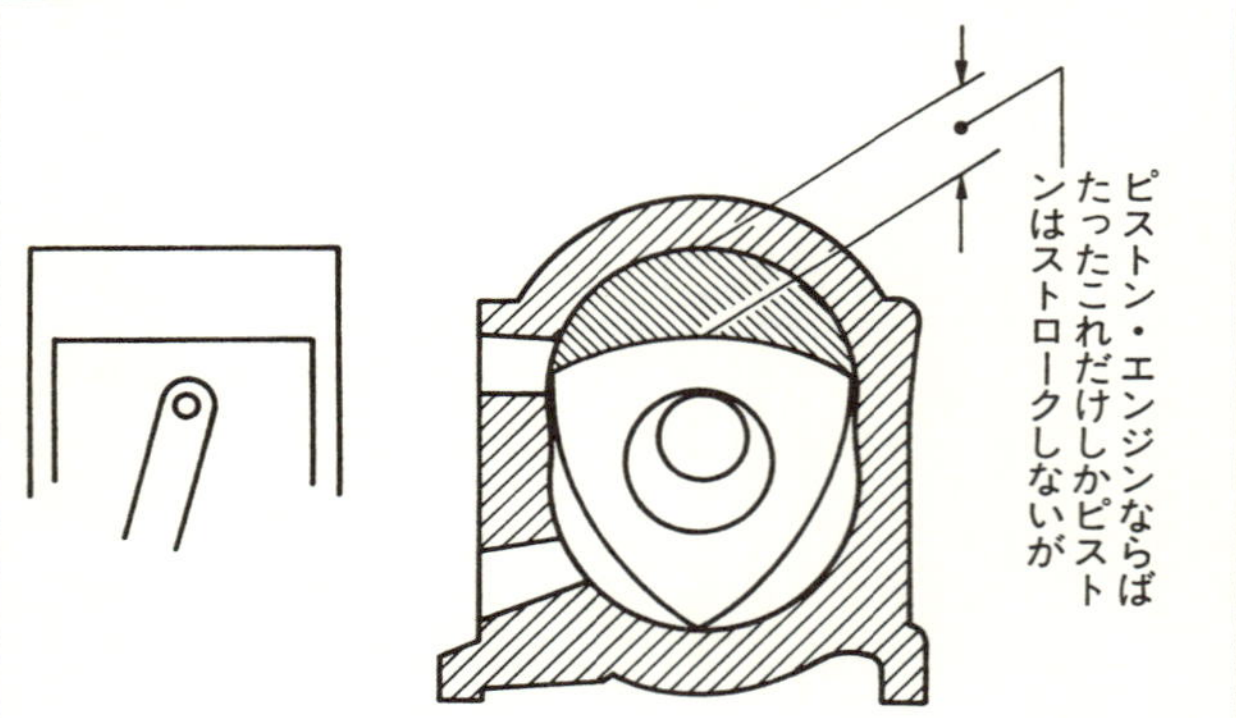
ロータリー・エンジンではアペックス・シールはこんなにも動かないと圧縮行程は終わらない

図5　アペックス・シールの移動距離

大きなポテンシャルから小さな馬力、これがロータリー・エンジンの現状で、シャフトが7000rpmのとき、ローターは2分の1の速度で、3500rpmしか回っていないのだ。ピストン・エンジンなみにローターを7000rpmまで回せば、シャフトは1万4000rpmとなり、パワーも2倍の370psとロータリー・エンジンとしてマアマアのパワーレベルとなるのだが……。

●モリブデン・クロームで大幅に耐磨耗性向上

　これが実現しない最大の原因は、**図5**を見ればわかるように、アペックスシールは斜めに動くため、移動距離が長いのだ。だから、エンジン速度7000rpmのときはローターの回転速度3500rpmとなり、アペックス・シールの摺動速度は毎秒24mと高速になってしまうのだ。排気量2ℓクラスのピストン・エンジンを7000rpmまでヒッパッテもピストン速度、すなわちピストン・リングの摺動速度は18m／secなのだから、24m／secは異常なのだ。

だから、ロータリー・エンジンの高速化、高出力化はムリだ、といっているのではない。「13B―SIエンジン」でもいっているように、いくらスピードを高めても焼き付かないようにしろというのだ。凝着磨耗（Adhision Wear）をモデル化したのが**図6**である。実際の磨耗現象は図6の100万分の1くらいの大きさで発生しているのだが、互いに擦れあう金属の表面の凸同士が図の2でブツカルと熔接されてしまうのだ。次に熔接部が3でチギレ、磨耗粉を発生して磨耗が進行するのだ。

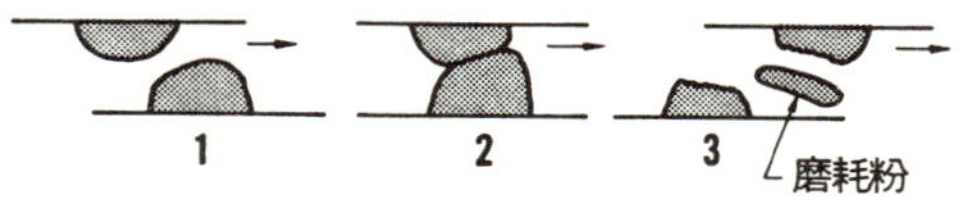

図6　凝着磨耗現象のモデル

驚くべきことに、トライボロジーの学者は熔接が発生した総面積と熔接部の剪断強度から摩擦係数を計算するのだそうだ。

磨耗を防止するには、互いに熔接できない材質とか互いに合金を作らない材料の組み合わせでなくてはいけない。「13B―SIエンジン」でハウジングの内面をクローム・メッキにし、その上を摺動するアペックス・シールが鉄では最も合金を作りやすい材料の組み合わせで、ブツカり合えば、互いに熔接し、熔接部がチギレて、凝着磨耗を発生し、チギレた破片、すなわち磨耗粉は焼きの入った硬いクローム鋼で、この粉がサンドペーパーで擦るようなアブレージョン磨耗によって二次災害を発生し、磨耗を加速させるのだ。

だから鉄とクロームの組み合わせはよくないと書いておいた。そして、モリブデンを酸素過剰なアセチレンの炎で熔かして鉄の面にブツケれば、酸化モリブデンとなり、これに何かを擦りつけても、熔けたり、熔接して合金を作ることはなく、いきなりガスとなってしまい、磨耗粉は発生しないのだ。だから、耐磨材としての最高の性質を持っていて、決して焼き付きは発生しないのだ。ハウジング内面にモリブデンを使うべきだ、と書いた。

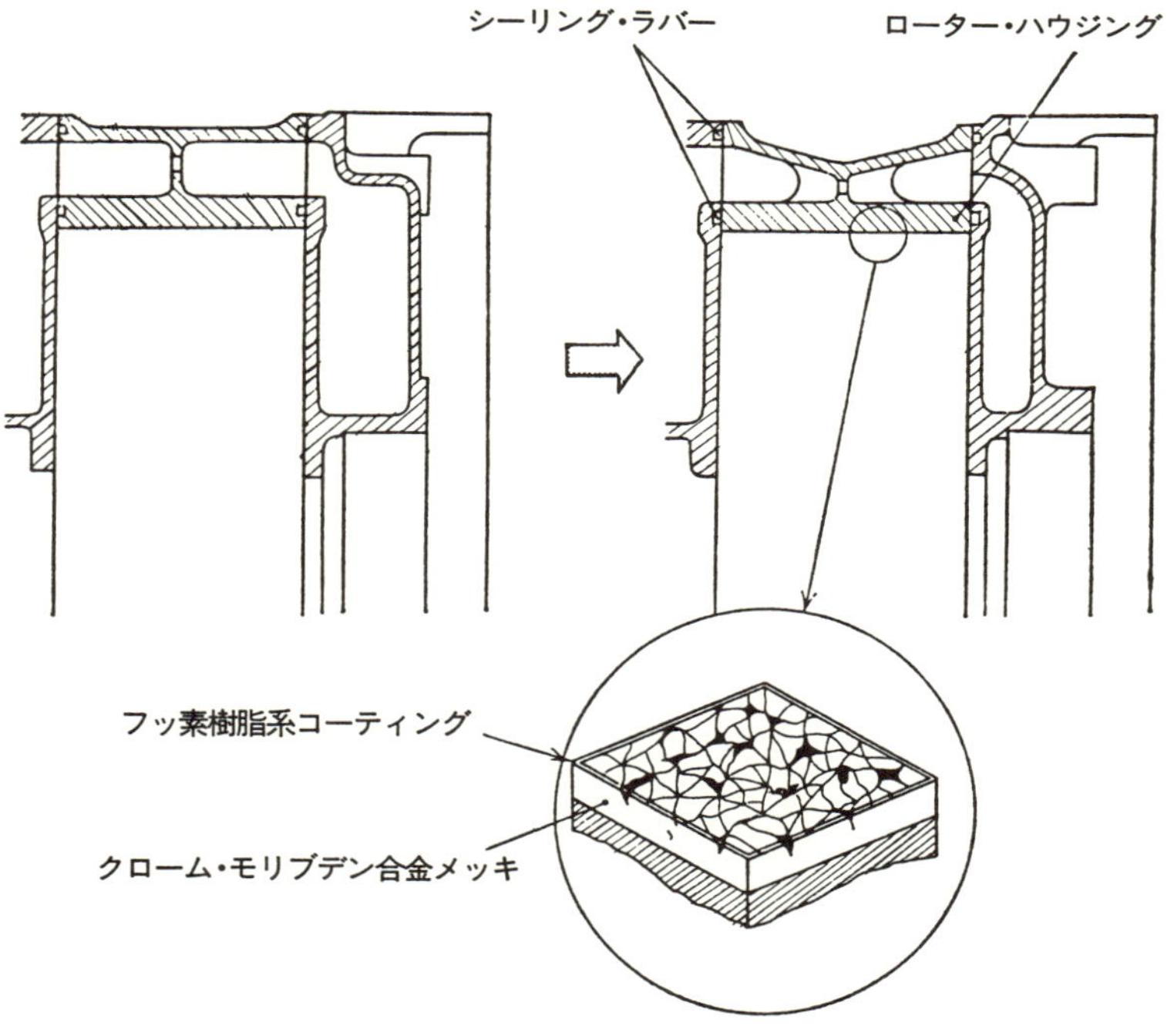

図7　ハウジングの改良

新型13Bロータリー・エンジンのハウジングは**図7**に示すように、クロームのほかにモリブデンも混ぜた合金メッキしている。オレの予言がよく当たるのか、マツダのエンジニアが素直なのか？

クロームはメッキされると、水素を含んでカチンカチンに硬くなる。これで荷重を支えつつもモリブデンで保護して焼き付き防止しようというアイデアで悪くない。バーのホステスとおナジミになるには時間とチップが必要で、摩擦する部品同士をナジマせる（Running In）には、チップ代わりにもうヒトワザ必要である。

機械加工したままの摺動面では、どうしてもいくらかの凸凹が残るし、凸と凸がブツカリ合うのは磨耗にとってよいワケはない。これを少しずつ磨耗させて、相手の形とこちらの形がピッタンコになってしまえば、よくナジンダということになる。ナジンダ後では少しくらいムリしても焼き付かないのは、人妻とナジンデみればよくわかる。

13Bエンジンのナジミ作戦は、**図8**上のようにクローム・モリブデン・メッキする。このメッキはカチンカチンに硬く、全く伸びないので、メッキし終わると、鉄メッキ層との熱膨張差によって、図8上のように肉眼では見えないが、日照り続きのタンボのようなヒビが入ってしまう。ここでメッキしていたときは逆に電流を流してやると、メッキ層は電気分解され、このときとがった所に電気は集中し、表面は何ともないが、クラックだけが電解されて、拡大して、図8下のような形になってしまうのだ。これをチャンネル型のポーラス・メッキといい、溝の中に油が入っていれば、もちろん焼き付き防止になる。そして、グラファイト、二流化モリブデン、テフロンなどの固体潤滑剤が入っていれば理想的である。

新型13Bエンジンではさらにガンバッテ、この溝の中にテフロンをナスリツケたのだ。テフロンは親和力ゼロというフシギな物質で他の物質とは接着しないのだ。だからフライパンやアイロンに使うとクッツカナイので、ロータリー・エンジンのハウジングの内面に使えば、鉄のアペックス・シールとクローム・モリブデンのハウジング内面が熔接しようとすると、テフロンが溶けて、溝から流れ出し、膜を作って熔接が発生しないようにジャマするのだ。これで耐磨耗性はバツグンに改善され、万日残業の成果はあったわけで、もっとrpmを高められる、と思って、当たり前であるが、図3をみると、馬力は6500rpmで頭打ちとなり、残念ながらもっとパワーを、の夢は実現しなかった。

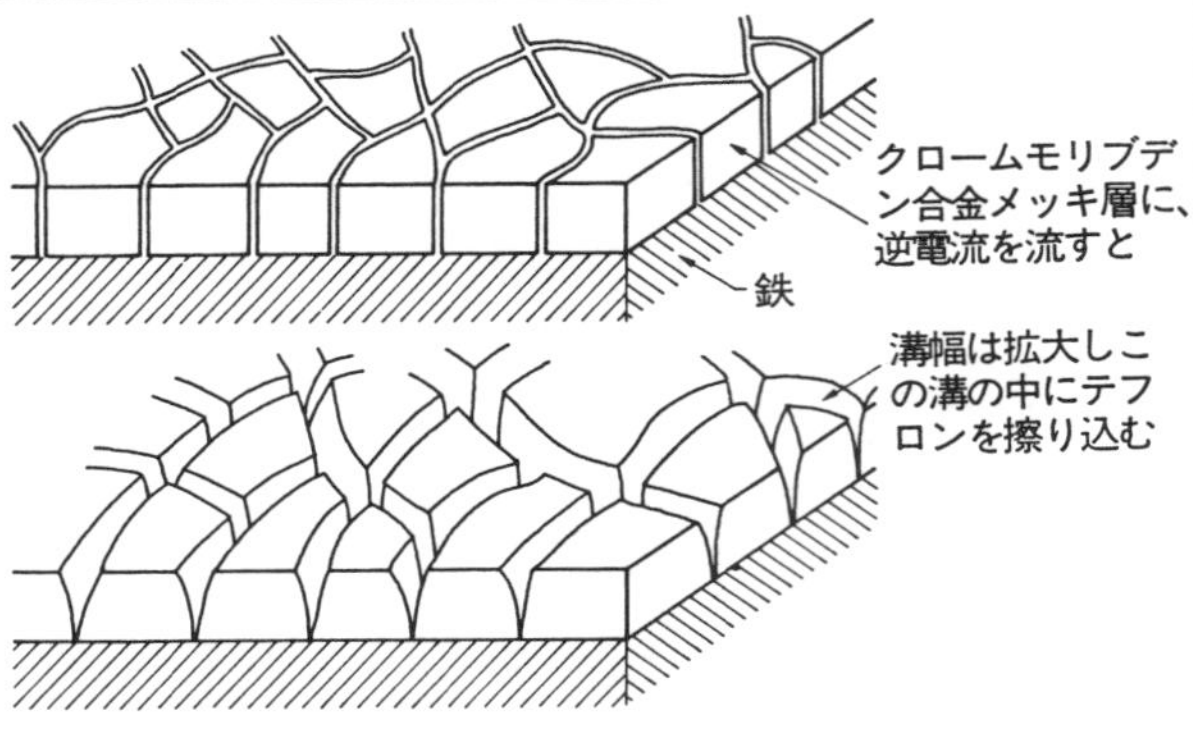

図8　チャンネル型ポーラス・メッキの断面図

●大幅なトルク・アップ、「ダイナミック過給」だが……

知ってのとおり、**図9**のペリフェラル・ポートのほうが13Bエンジンのサイド・ポートよりパワーが出るのだが、残念ながらオーバーラップ、すなわち吸気ポートが開いているとき、排気ポートも開いていて、排気ガスが吸気管内に逆流するのだ。特に低速低負荷とかアイドリングではスロットル・バルブはほとんど全閉状態にあるので、吸気管内は強

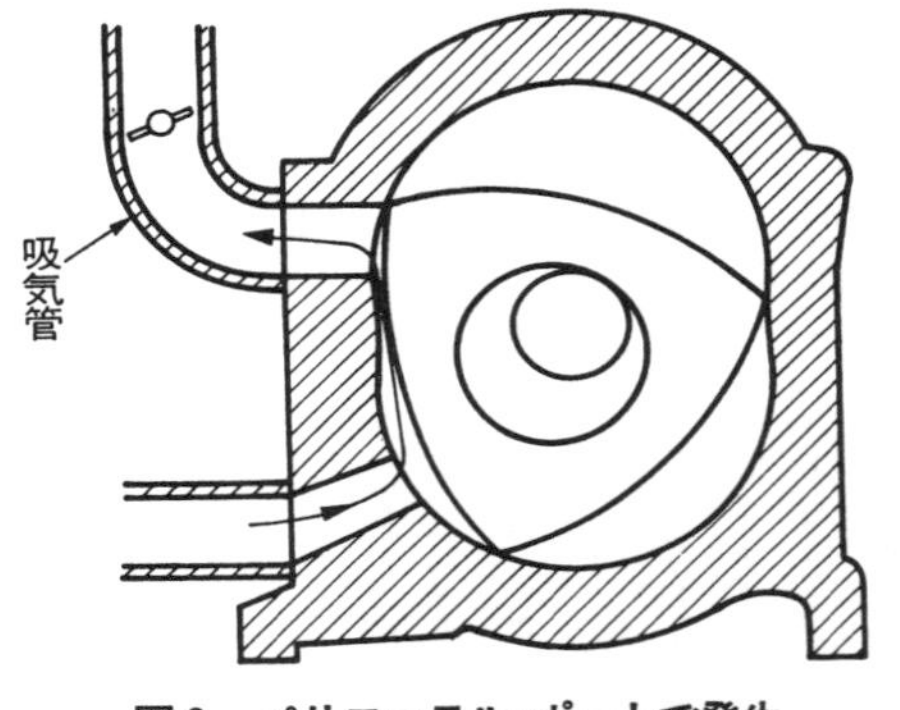

図9　ペリフェラル・ポートで発生する排気の吸気側への逆流

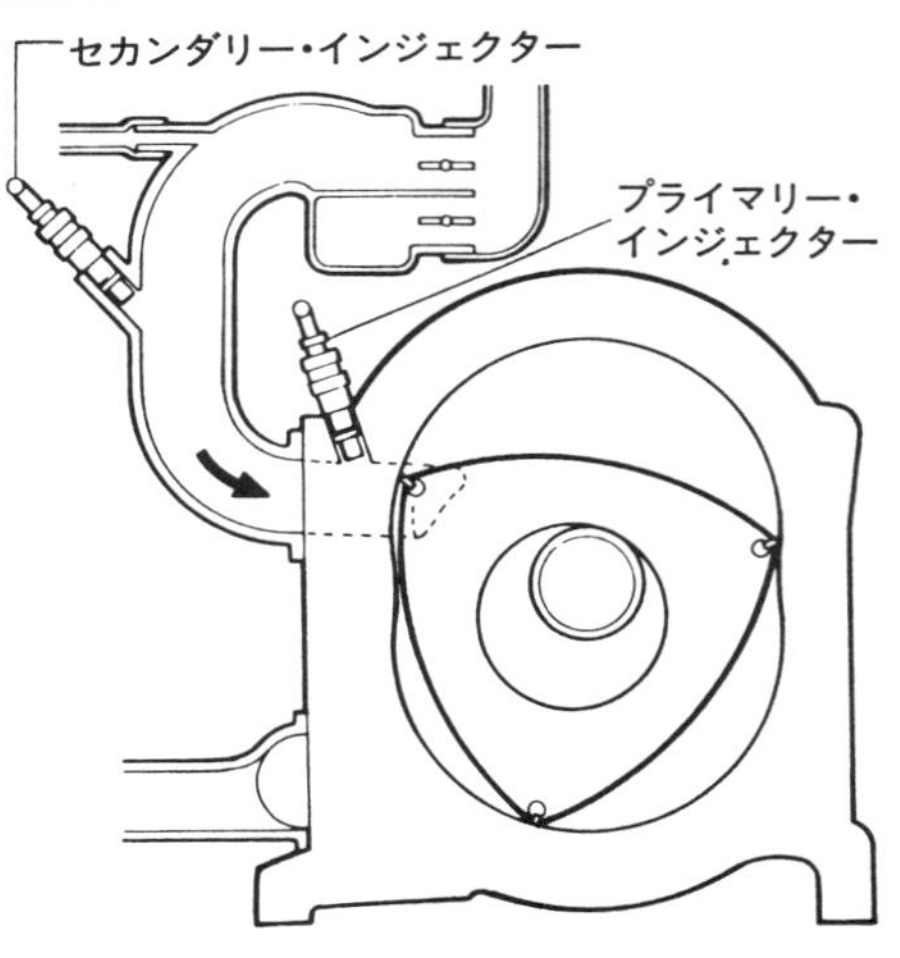

図10　デュアルインジェクター・システム

い負圧となり、排気ガスは勢いよく吸気管内に流れ込み、次の吸気行程では吸気管内の排気ガスだけを吸入することになり、低速の力はなくなり、アイドルはオートバイのエンジンのごとくに絶えずフカシてないとエンストしてしまうのだ。

そこで考え出されたのがサイドポートで、**図10**のように排気ポートが開いている時は、ローターの横腹で吸気ポートをふさいでおくと、**図11**上のようにオーバーラップはなくなり、アイドルはスムーズに回転し、**図12**のように低速トルクもホンのチョッピリだがアップし、ドライバビリティを改善した。メデタシメデタシである。

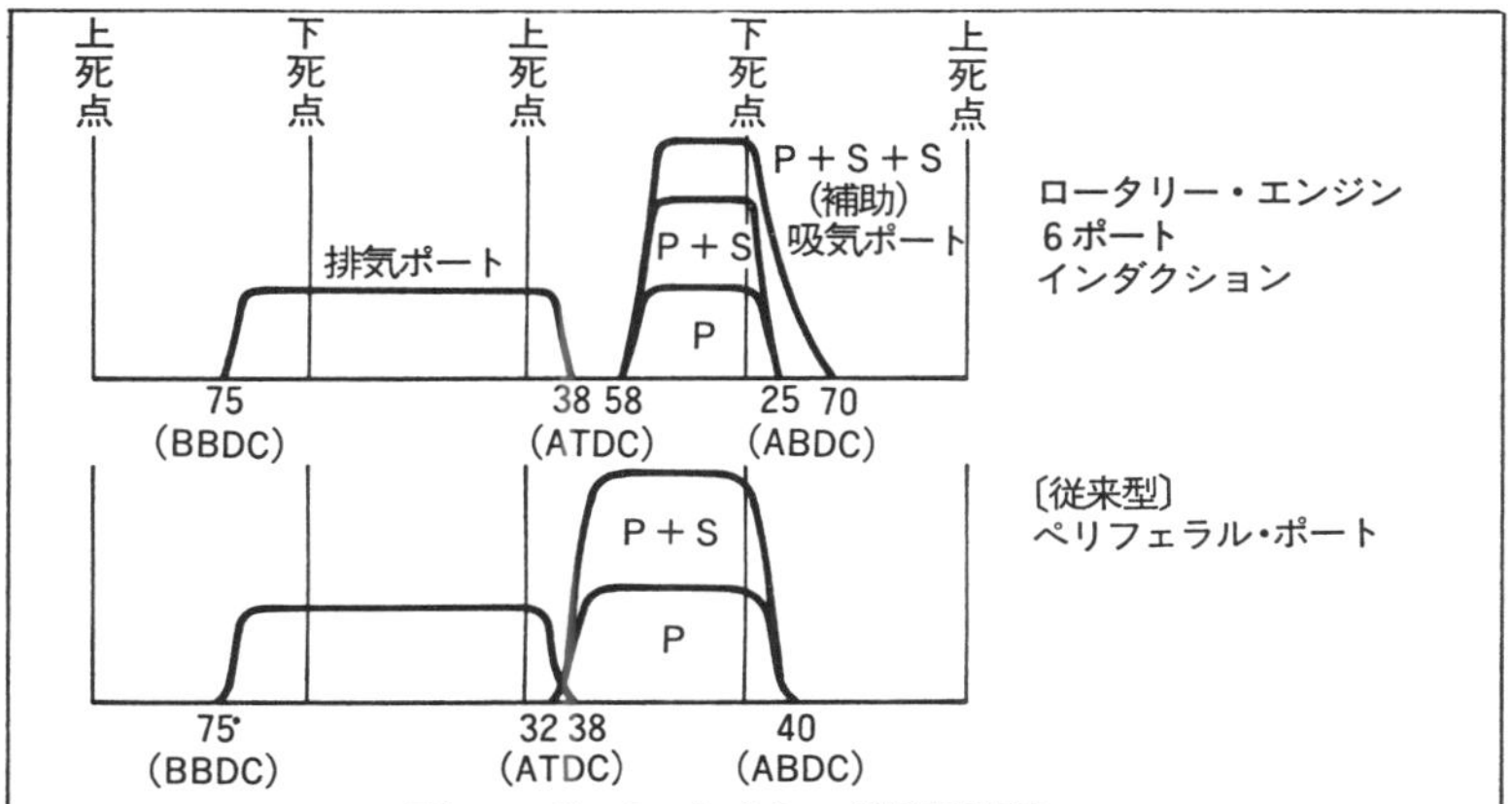

図11　ポート・タイミング新旧比較

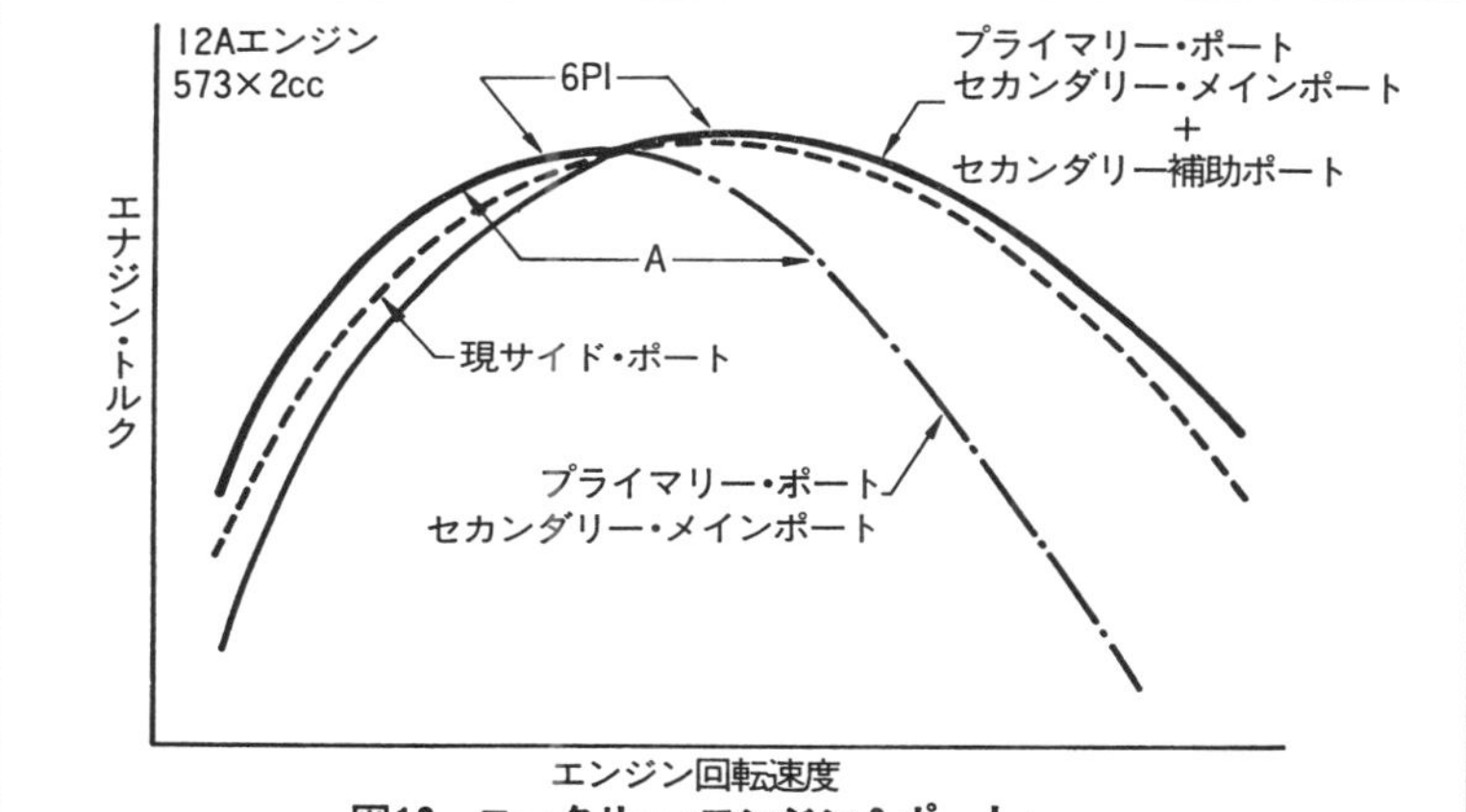

図12　ロータリー・エンジン6ポート・インダクションの全開性能

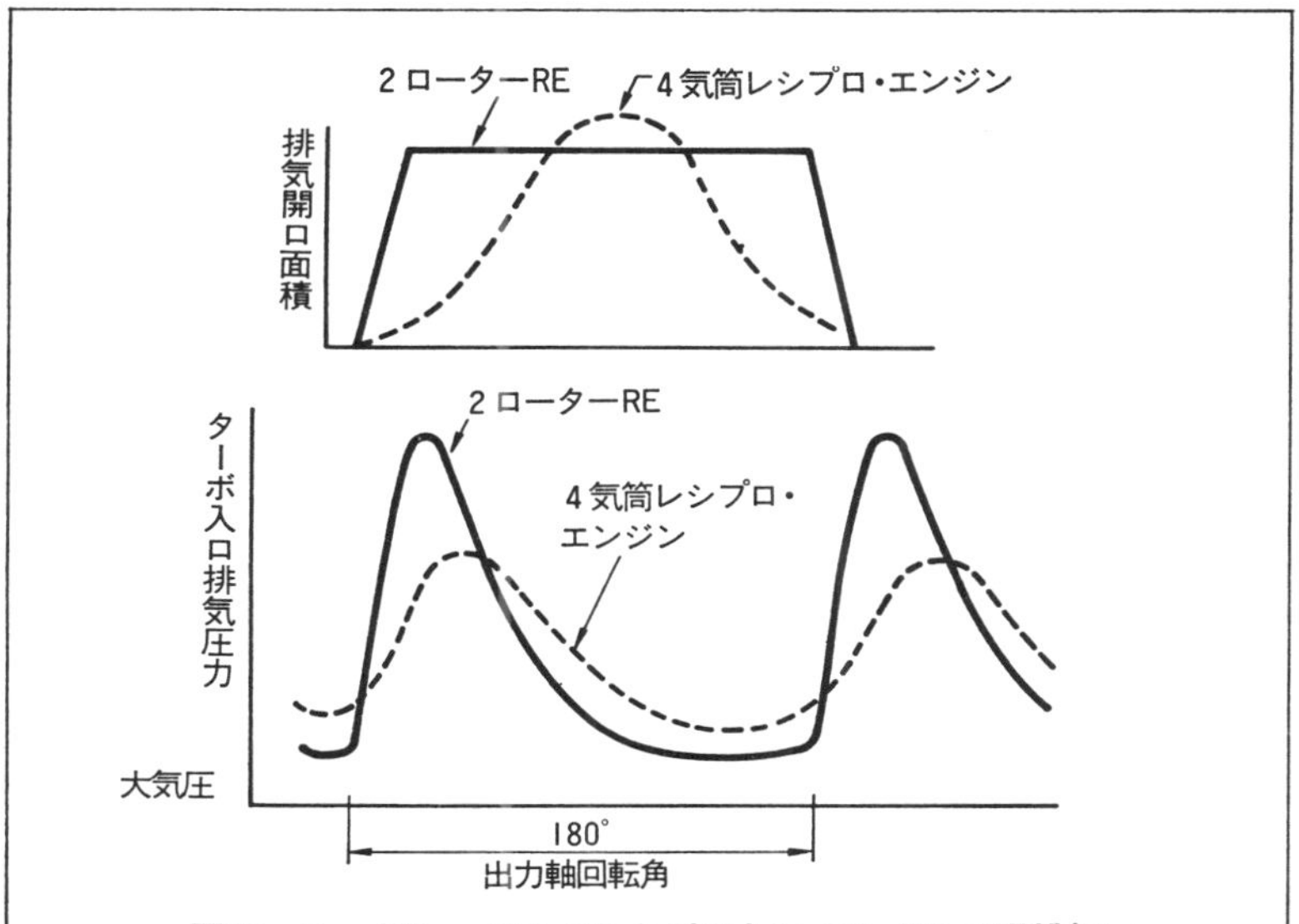

図13　ロータリー・エンジンとピストン・エンジンの吸排気口の有効面積変化／時間と、それによるブローダウン

ロータリー・エンジンの面白いところはバルブがなくて、ローターがポートを開いたり、閉じたりするロータリー・バルブになっていることである。閉じているとき、静止している普通のバルブはカムによってムキになって加速しても、**図13**上の点線のように、ゆっくりと開いて、ゆっくりと閉じることしかできないが、ローターが一定速度で回転しているロータリー・エンジンでは、図の実線のように急に開いて、閉じる。だから有効面積が大きくなり、パワーがでやすいシカケなのだ。

もっと都合のよいことは、吸気中に高速で流れている空気を突然に止めてしまうと、空気はローターにぶつかり、空気の慣性力で圧力が高まってしまうのだ。この圧力は圧力波となってローターからはね返り、吸気管を逆流する。それから**図14**左上のように、吸気中の隣のハウジング内に飛び込み、いくらかの過給をする。ローターがもう少し回って、図14左下のように、急激に吸気ポートが開くと、燃焼室内に閉じこめられていた少量の排気ガスが爆発的に吸気ポート内に入り、ミクスチャーに

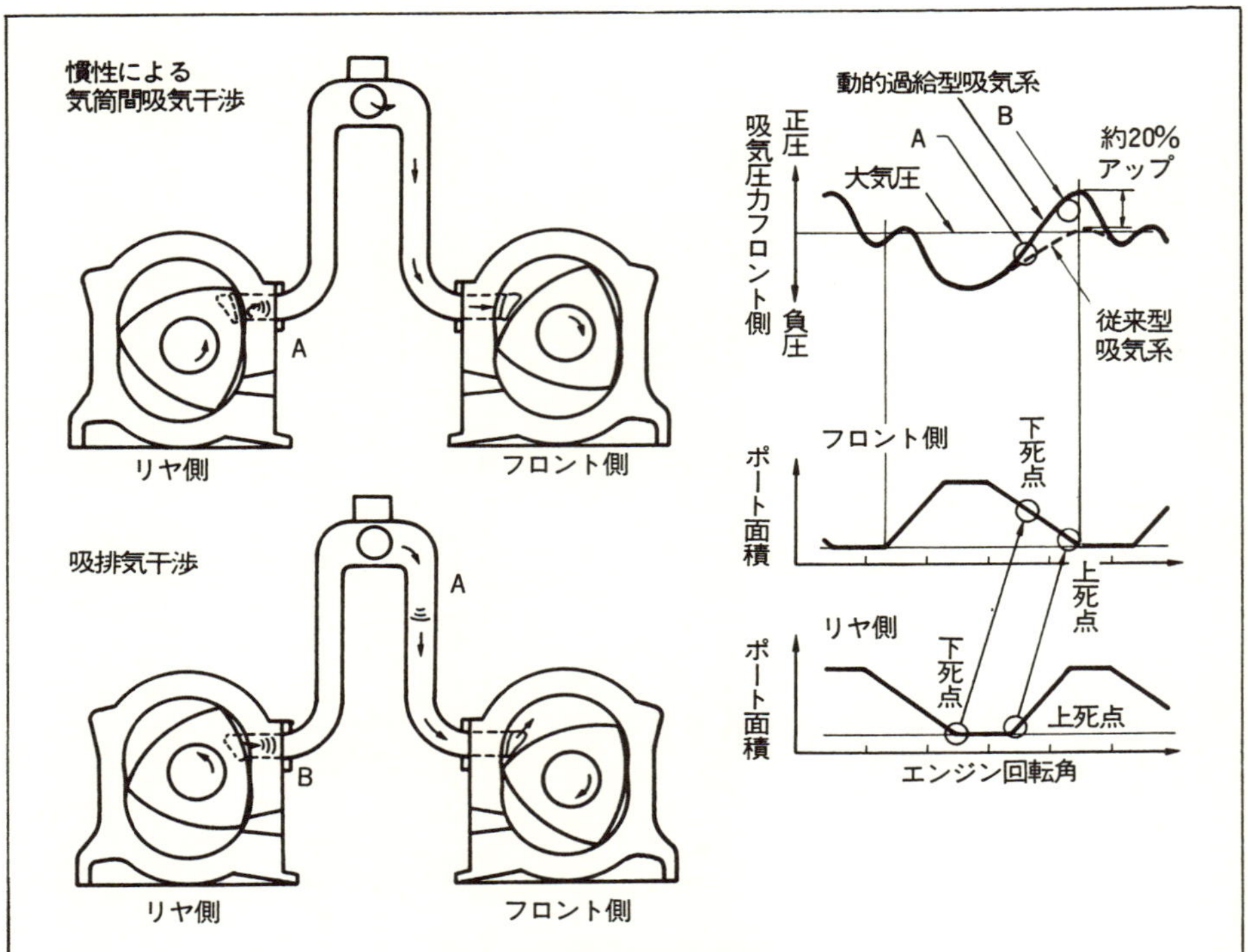

図14　動的過給方式の原理

圧力波を発生させ、これがポート内を逆流する。この圧力波は図14右に示すように、まさに吸気ポートをローターが閉じようとする瞬間に隣のハウジング内に飛び込む。そして圧力波がハウジング内から再び吸気ポート内に逃げ出そうとするとき、ローターによってピタッと吸気ポートをふさぎ、取り込んでしまうのだ。だから図14右によれば吸気終わり圧力を20%も高めることができたのだそうだ。

　マツダは慣性アンド圧力波過給にダイナミック過給とゴロのよい名前をつけた。**図15**のパフォーマンス・カーブを見ると、3500rpm以上では30%のトルクアップになっているのである。それでもロータリー・エンジンのポテンシャル、140ps／ℓにほど遠く、ターボ過給したピストン・エンジンに徹底的な差をつけられなかった、とみえてヤッパリ今流行のターボ過給をすることにした。それもニッサンRBエンジン同様にバリアブル・ジオメトリー、すなわち可変タービンノズル面積のターボチャージャーを採用したのだ。

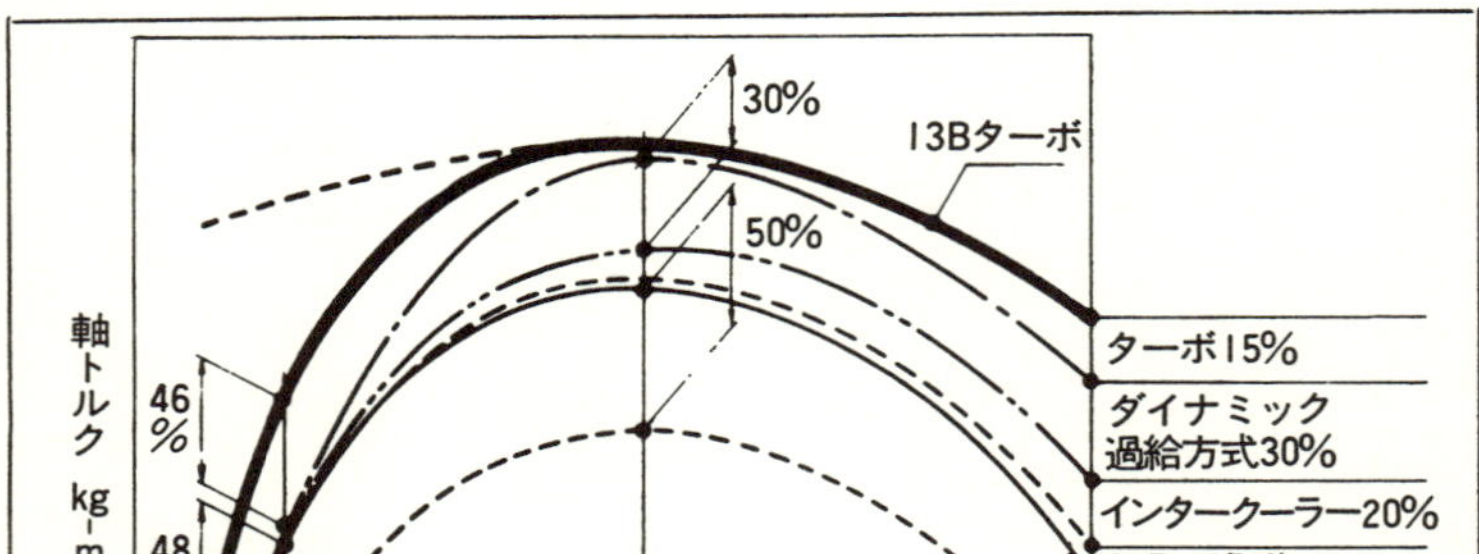

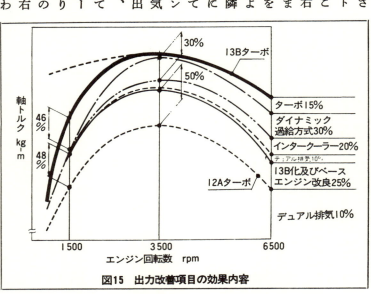

図15　出力改善項目の効果内容

●ツイン・スクロールにしても発進トルクには効かない

バリアブル・ジオメトリーといってもニッサンとはシカケが違い、図16のように、低速専用のPスクロールと、高速になると開くSスクロールと、2つのスクロールを持つツイン・スクロール・ターボを採用したのだ。これならばオレもあきるほど実験した思い出があるし、効きめも小さかったことを覚えている。

エンジン全体のシカケは図17で、低速のときは当然のことながら排気ガスの量が足らず、タービン・ノズルで排気ガスの速度を高めることはできない。排気ガスの速度の2乗に比例してパワーを回収するタービンは低速では全く無力なのだ。何とかしなくてはの行き着くところ、小さなスクロールに全量の排気ガスを流せば、排気の圧力も高まり、排気の速度も高くなり、タービンも元気よく回り、コンプレッサーもブーストを高めるリクツである。

タービンもこのシカケに合うように変えてあるのだ。ロータリー・エンジンの排気口は図13上のように急に開くのだ。排気は図の下のようにドバッと吹き出て、タービンの羽根にブツカレば、ターボが元気になって当たり前である。排気がドバッと出ることをプロはブローダウンといい、ブローダウン・エネルギーを上手に回収しなければ、レスポンスを、低速トルクを高めることはできない。

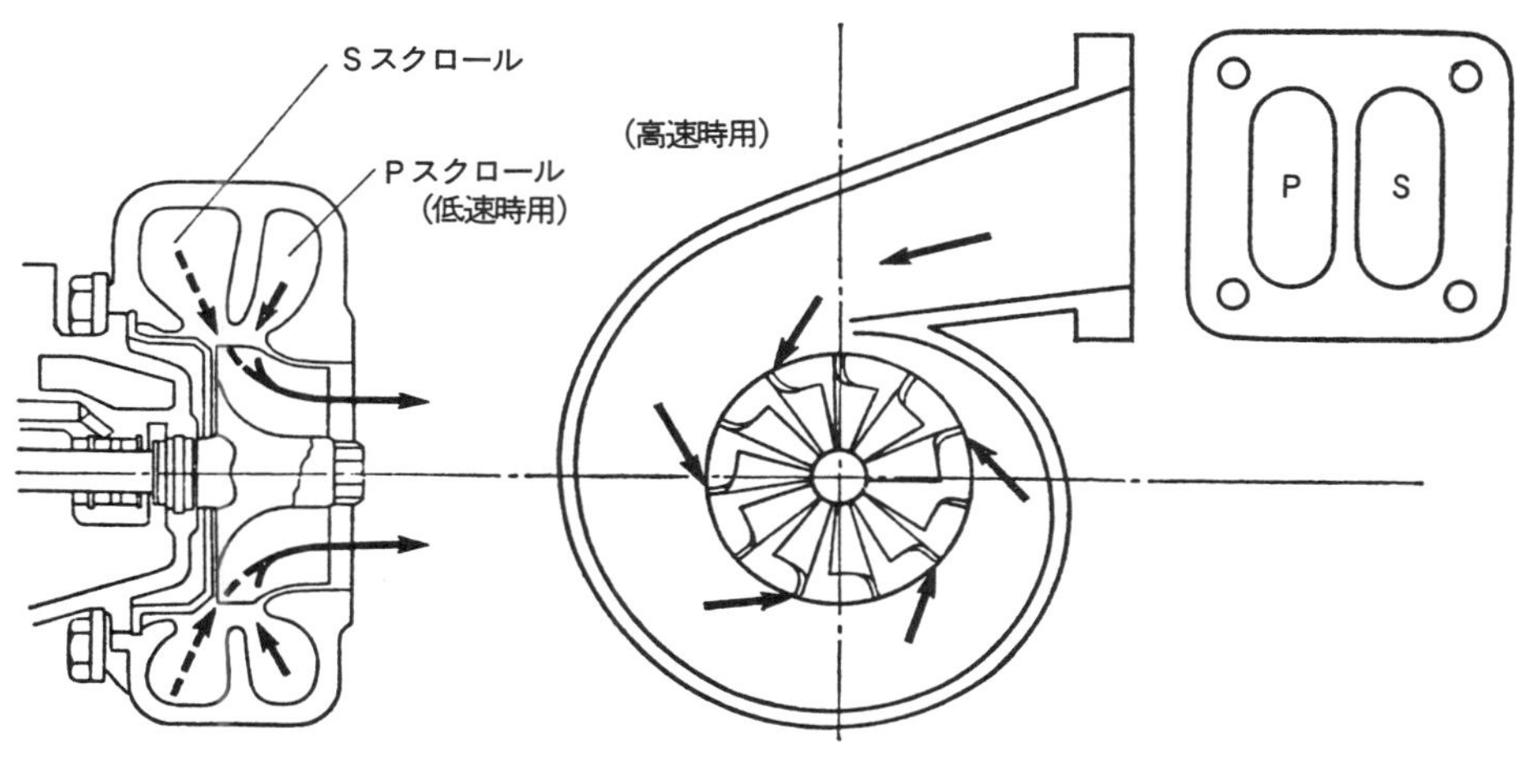

図16　ツイン・スクロール・ターボの作動

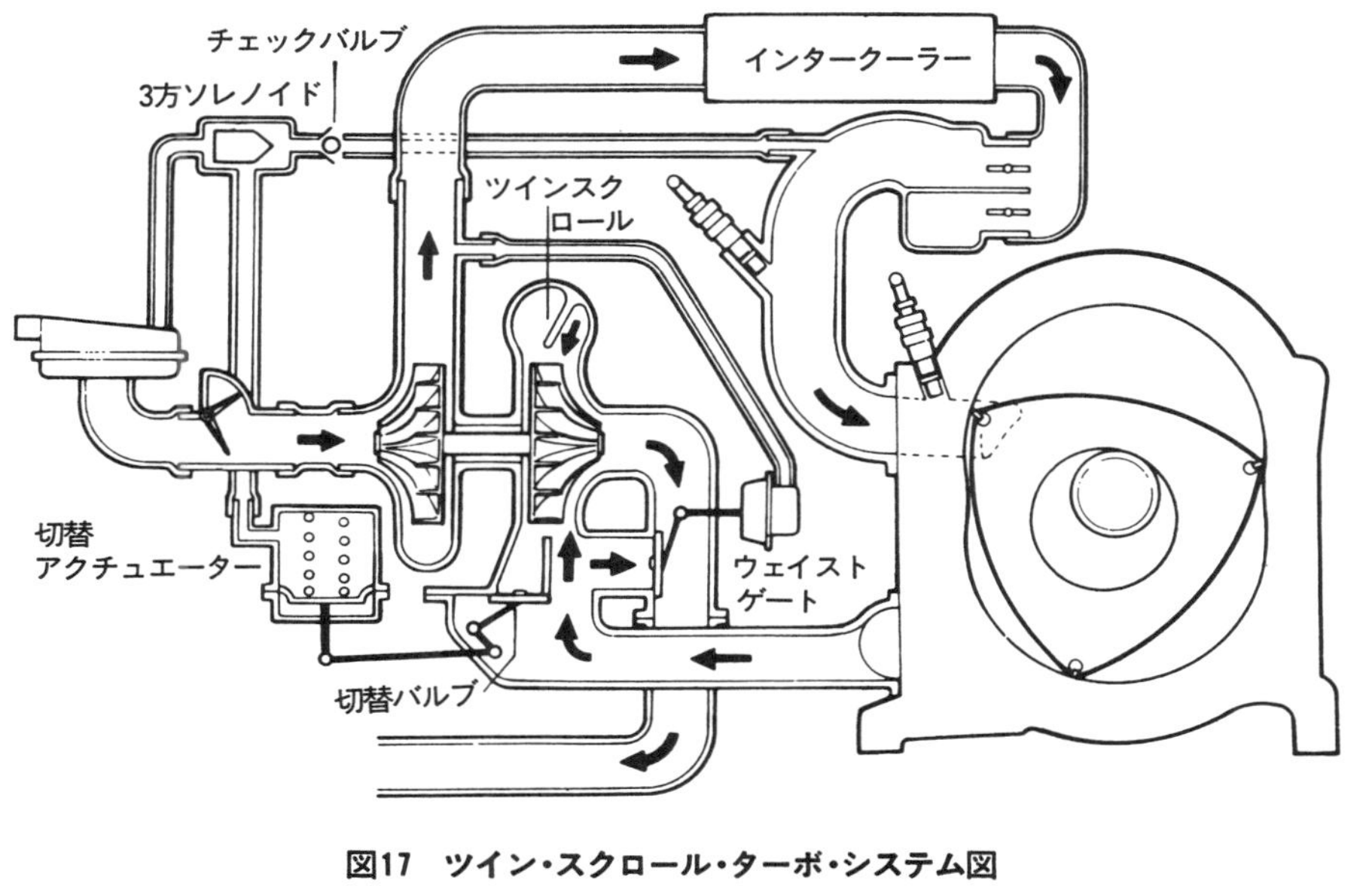

図17　ツイン・スクロール・ターボ・システム図

ロータリー・エンジンの激しいブローダウンをタービンのパワーに上

手に変えるには、図18下のスプーン型のタービン・ブレードよりも、図の上の旧式ないかにもカッコ悪い、板状のブレードの方が効率が良いのだそうだ。と、ここでピストン・エンジンのツイン・スクロール・ターボの効きめの悪いことが理解できた。

小さなPスクロールから排気ガスを噴出させて、タービンにブツケれば、低速トルクは図15の太い点線のごとくになってくれると期待したが、現状は太い実線である。理想と現実との差の大きさにアゼンとするばかりだが、しょせんはアイデアがチンケなのであって、こんなシカケでは低速時の排気ガスのエネルギーが不足してブーストは高まらず、低速トルクも高くならないのだ。だがマツダにいわせれば、新しい過給システム、ツイン・スクロール・ターボの採用によって、低速トルクを20％も改善したと得意なのである。得意なヤツには創造も進歩もない。

ツイン・スクロール・ターボならば、ブーストが高くなり過ぎてノッキングが発生するから、Sスクロールを開いて、背圧を下げ、排気ガスの流速を下げて、ブーストをコントロールするのでは、と考えて当たり前であるが、イージーゴーイングとか必要悪が大好きエンジニアの悪癖、ウエストゲート・バルブから排気エネルギーを捨てて燃費を悪くすることは、万日残業の荒行によっても解脱しきれないのだ。

マツダ・ロータリー・エンジン設計課長、大関サンは、「先生の嫌いなウエイストゲートも採用しております」とすまなそうにいったとき、カッとしたオレは、「お前は大関ではないッ、小結だッ」と思わず叫んだ。

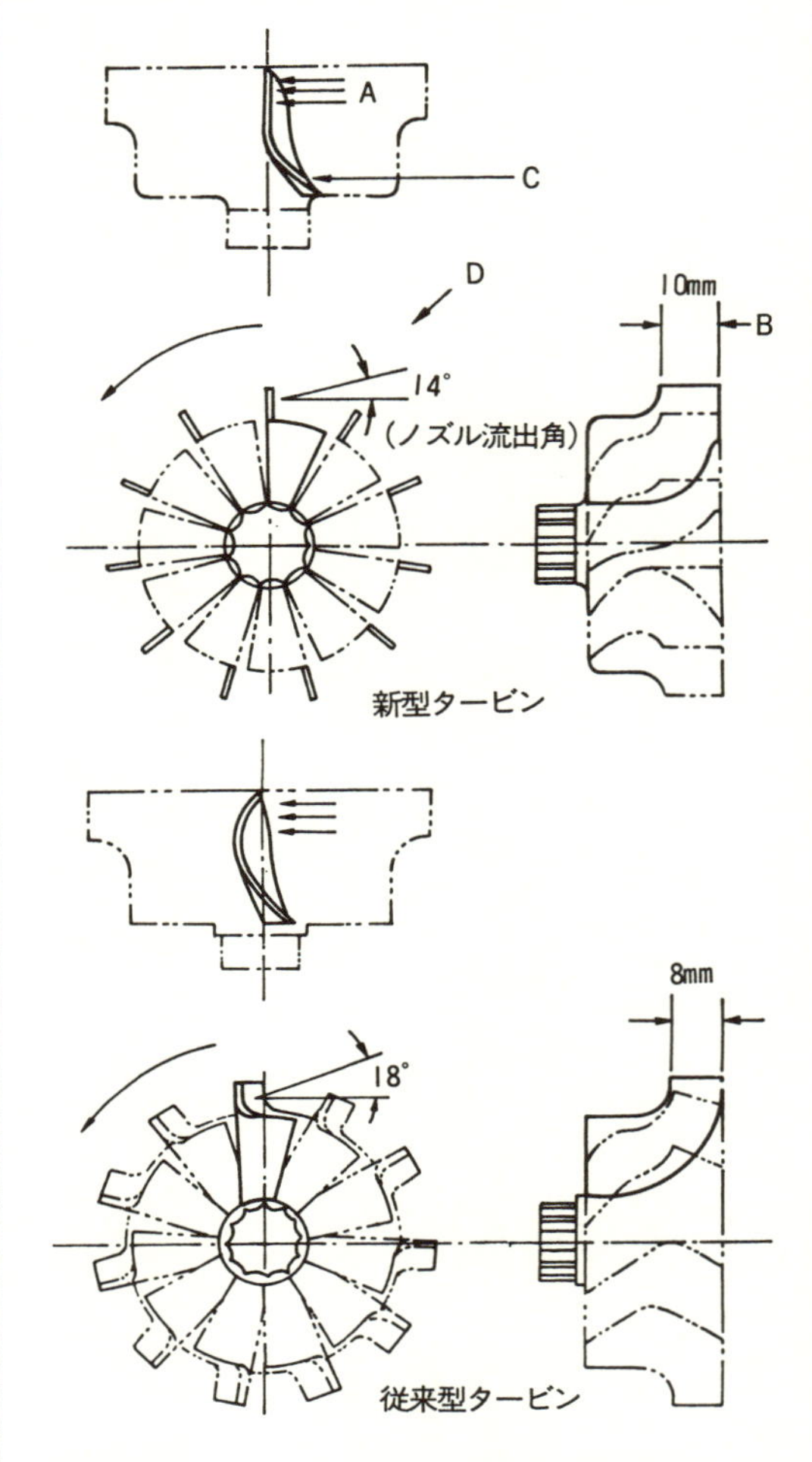

図18　ロータリー・エンジン用ブレード型タービン

Pスクロールだけに排気ガスを流すと、ノズル面積が小さすぎて図19のように、エンジン速度の増加とともに排気ガスの全量を流すことはできない。余った排気ガスはウエイストゲートから捨てる。この捨てる排気の量がSスクロールを開いたときの流量と一致した時、ウエイストゲートを閉じ切り換えバルブを全開して、PS両方のスク

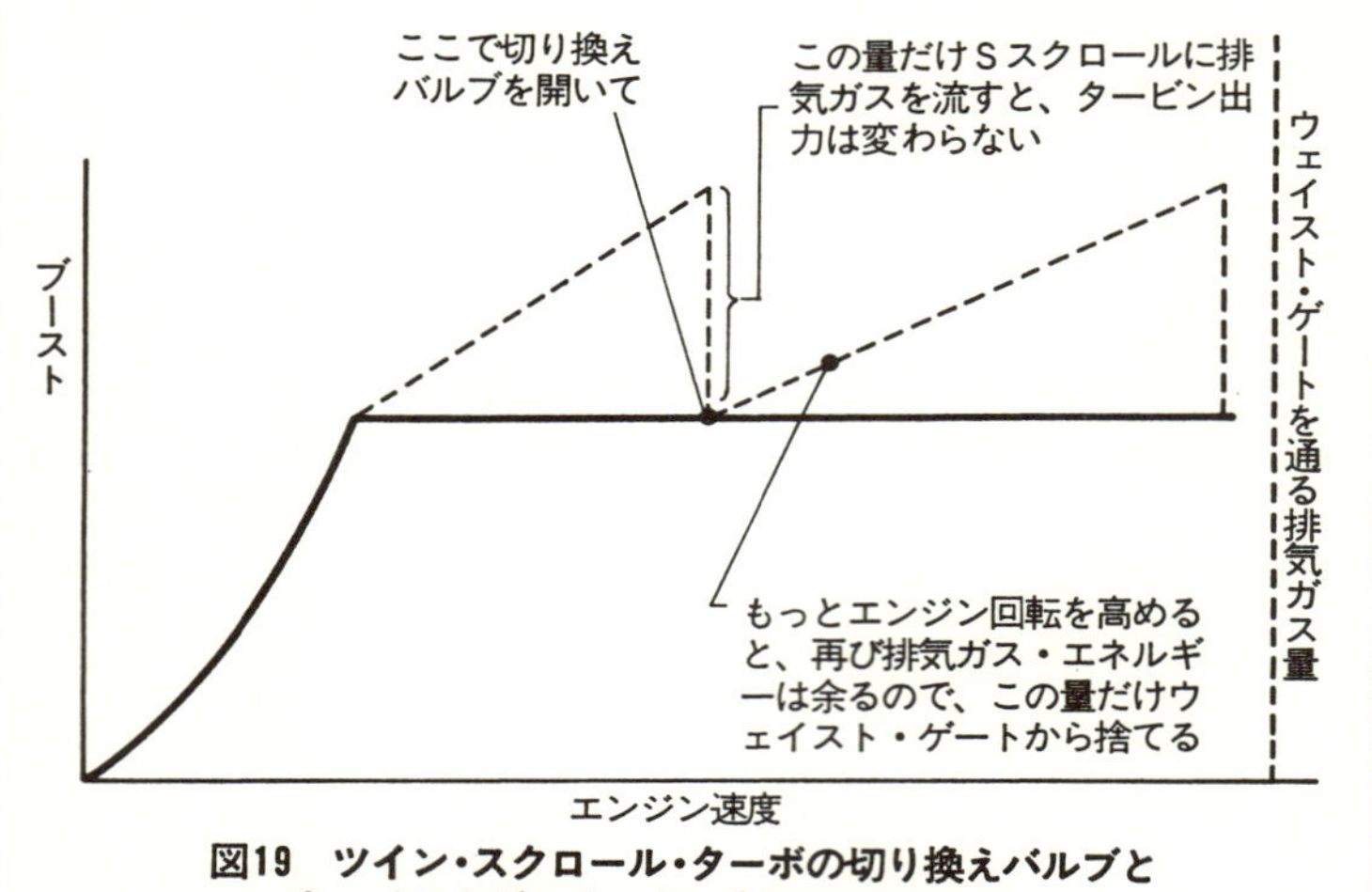

図19　ツイン・スクロール・ターボの切り換えバルブとウェイストゲート・バルブのコントロール

ロールに全量の排気ガスを流すのだ。そうするとタービンに流入する排気ガスの量は急に増えるが、タービン・ノズル面積も増えて、ガスの流速は低下し、タービン出力は切り換えの瞬間、変わることはないのだ。

ガソリン・エンジンのパワーは消費した燃料の量におよそ比例し、燃料と空気とは1：14・5の割合、ストイキオメトリー（理論混合比）なミクスチャーでエンジンに供給されるから、排気ガスの量も馬力に正比例するリクツである。だから、低速、高負荷時と高速、低負荷では馬力は変わらず、排気ガス量が一定の線が存在し、この線に沿って切り換えバルブを作動させれば、切り換え時のショックをドライバーに感じさせなくてすむワケである。図20の点線は切り換えバルブの切り換え時期を示し、もちろん等馬力曲線的である。

エンジン回転速度を頼りに切り換えないこのバルブは、EFIに必要な空気流量計を頼りに、空気流量が予定値を超えた、とコンピューターはアクチュエーターに知らせ、アクチュエーターは切り換えバルブを開閉するのだ。

結果は図15で、低速はもちろんPスクロールのみでガンバッテ、20％ものトルクを膨らませることに成功した、と自画自賛しているが、オレはいつもいっているとおり、エンジンは800rpmのトルクで評価するのだから、効果はゼロである。

●スリーピースのアペックス・シールはすばらしい

問題のレスポンスは？　図21である。ゼロ発進するとき、1500rpmでクラッチをエンゲージをして、フルスロットルにすると、図の上の吸気管内圧力はアクセルを踏むことによって、直ちに0、すなわち大気圧力になる。これからがターボのガンバリどころで、排気ガスによって加速されるターボは3秒後に水銀柱380㎜（圧力比1・5）に達し、エンジン速度は3000rpmとなり、エンジンはピークトルクを発揮することになる。点線のフツウのターボは4秒もかかるのだから、ツイン・スクロール・ターボの効果

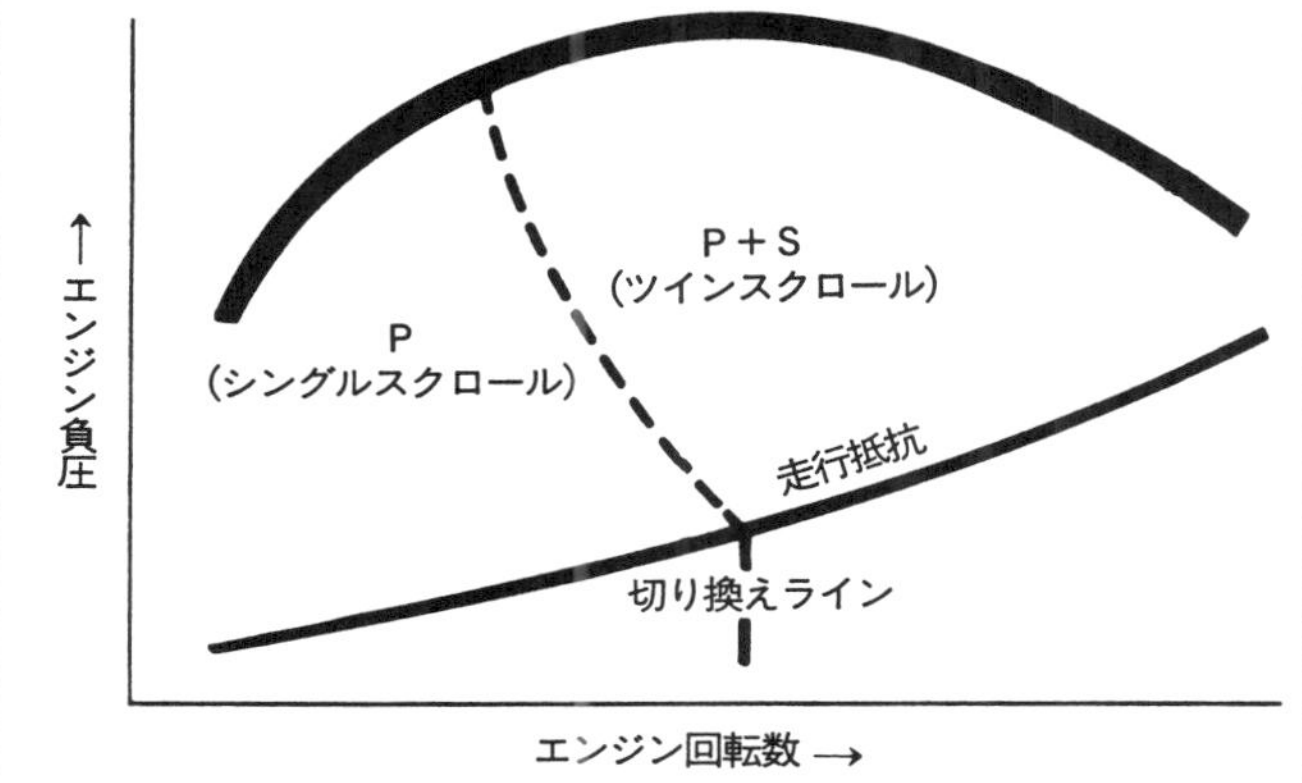

図20　ツイン・スクロール・ターボ切り換え特性図

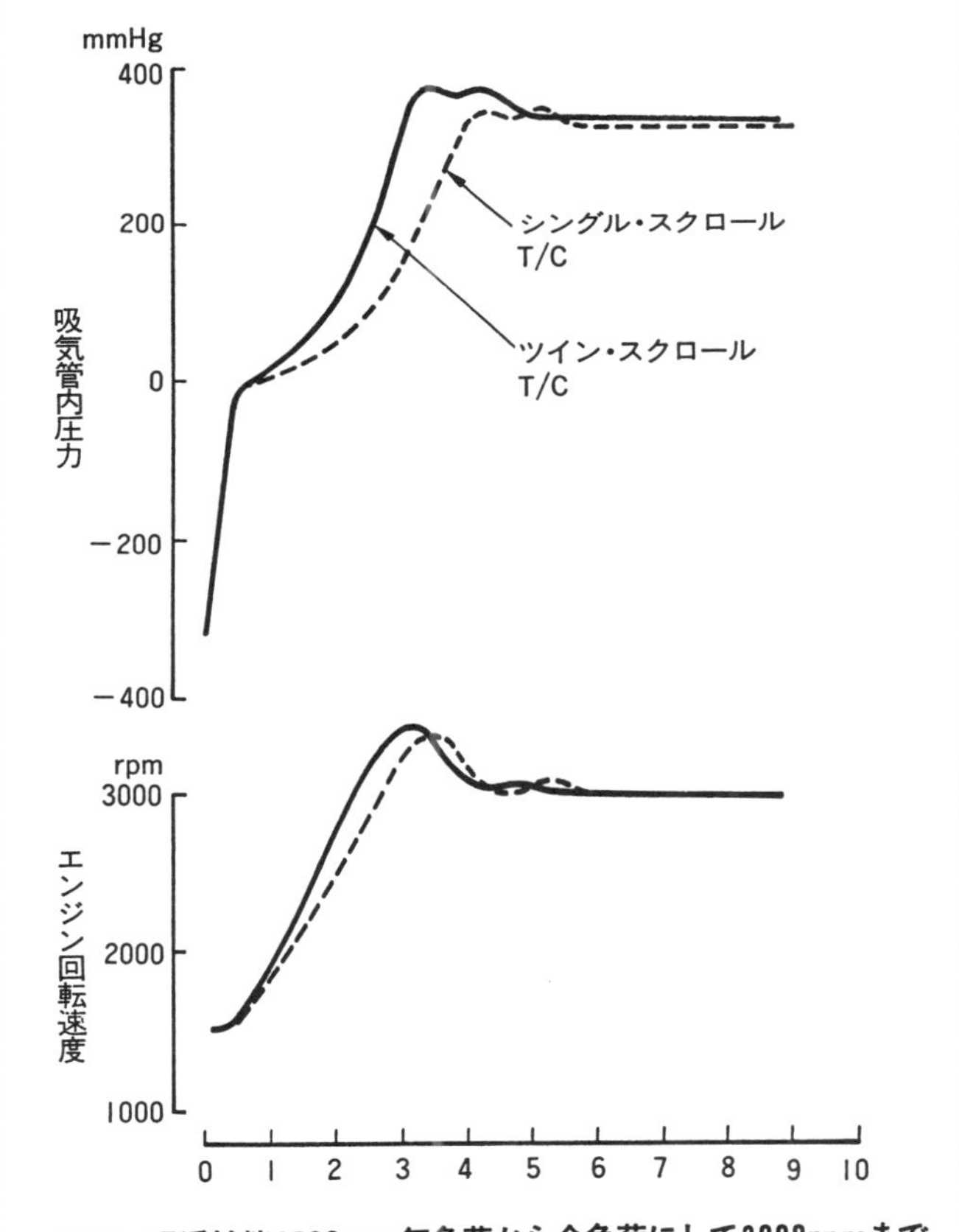

図21　過透性能1500rpm無負荷から全負荷にして3000rpmまで

を否定することはできない。

　ニュー・サバンナのボンネットには男性バレリーナのナニのごとく、ここにあるゾとばかりフクラミがあるのだ。このフクラミはエア・スクープで、サバンナが高速で走りさえすれば、動圧でここから空気が押し込まれて、チャージ・クーラーに流れ込み、ターボで温度を高められたブーストを冷やすのだ。空気は27℃冷やされると、密度を10％増やす。このチャージ、クーラーは40℃冷やすことができるので、15％も空気が重くなって、燃料をそれだけ分燃やすことができ、パワーはもう15％分アップすることが期待できる。図15を見ると、低速側はブーストが高まらず、車速も低いので、効果はないことは理解できるが、高速では15％の空気量アップなのに、20％もパワーアップしたことになっている。熱効率を高めること以外に、この5％の差は埋められないので、マツダもズルをしたかと目を光らせたが、落ちついてこのパフォーマンス・カーブを見ると、1ランク下の12Aターボ比となっているではないか。これならば20％の慣性過給で30％パワーアップも理解できる。しかし、技術の評価をエンジンの排気量アップ込みでするとは……。オレが昔使っていた手口ではあるが、万日残業の荒行もマツダのエンジニアをセコクし、オレをスケベにしただけかも。

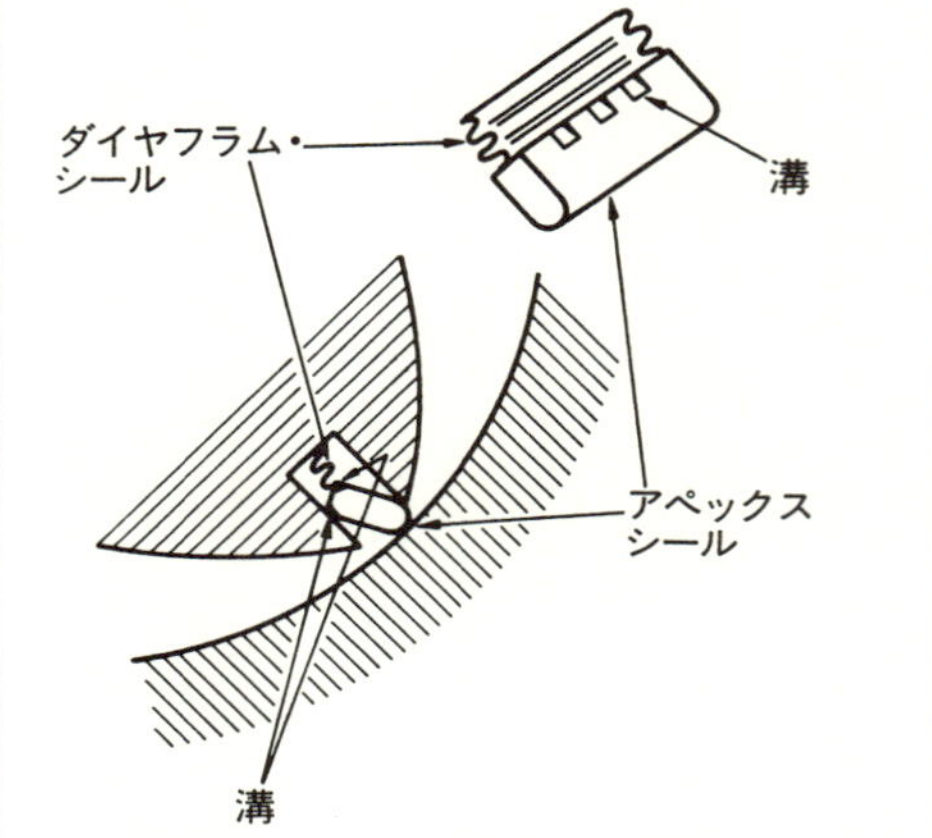

図22　使いものにならないオレの発明ダイヤフラム・シール

　だが、大声でホメたいことがひとつある。アペックス・シールである。「13B・SIエンジン」でピストン・エンジンのピストン・リングと同じ役割をするアペックス・シールやサイド・シールの漏れ止め効果が低く、これがロータリー・エンジンの致命的な欠点となっている、とワメいた。そして、オレは親切にもマツダのために、マンガチックな発明までしてやったのだ。**図22**がそれで、称してダイヤフラム・シールである。アペックス・シールとシール溝底との間に漏れ止めがないと、**図23**のように、圧縮行程から膨張行程に移る瞬間、左側に押しつけられて、シールをしていたアペックス・シールは、燃焼圧力によって右側に移ろうとする一瞬、図の中央のように、漏れ止めの機能を全く失う。

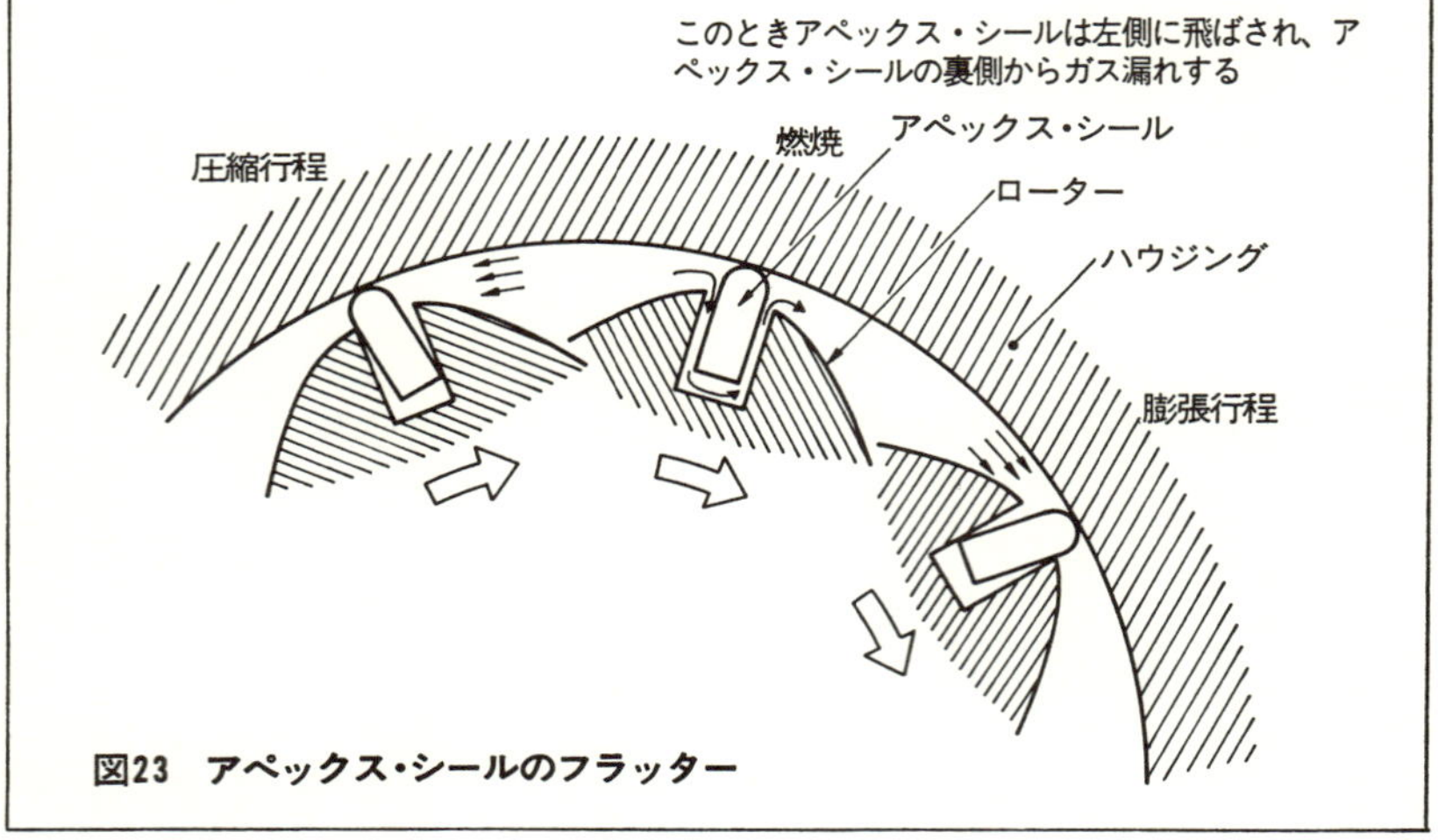

図23　アペックス・シールのフラッター

　一瞬であっても、このときのガス漏れ量は多く、低速での圧縮圧力を低下させ、始動を困難にし、体積効率の低下は当然に低速トルクを下げ、漏れたガスの量に比例して燃費を悪くしていたのだ。この3悪を、一挙に解決しようとしたのが、ダイヤフラム・シールであったのだ。だが、これはマンガなのだ。

　マツダはスリーピースのアペックス・シールを発明した。**図24**がそれで、厚さを3㎜から2㎜と薄くしたのが、第一の改良である、そのワケは**図25**を見ればわかる。ブ厚いシールでは図左のように、シールの裏側

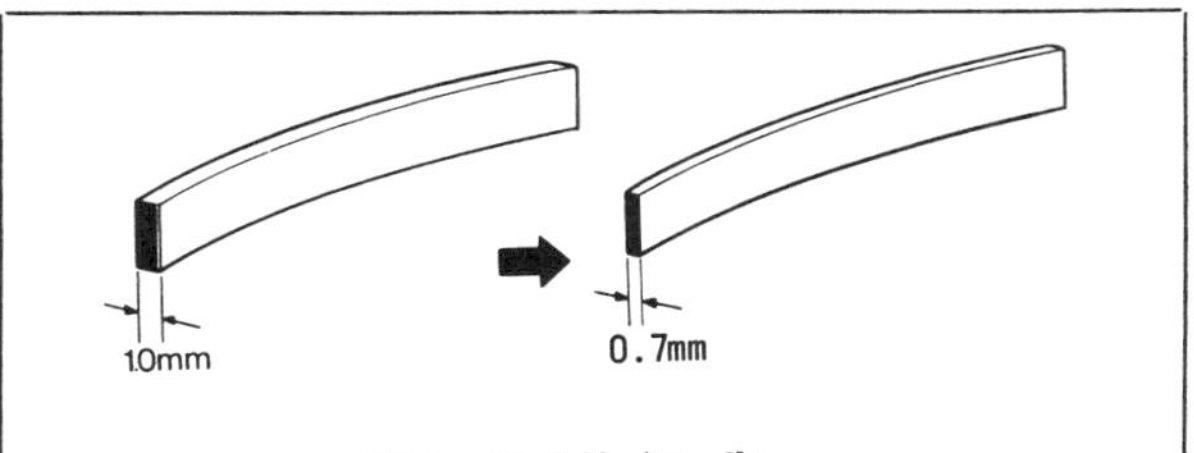
1.0mm
0.7mm

図26　サイド・シール

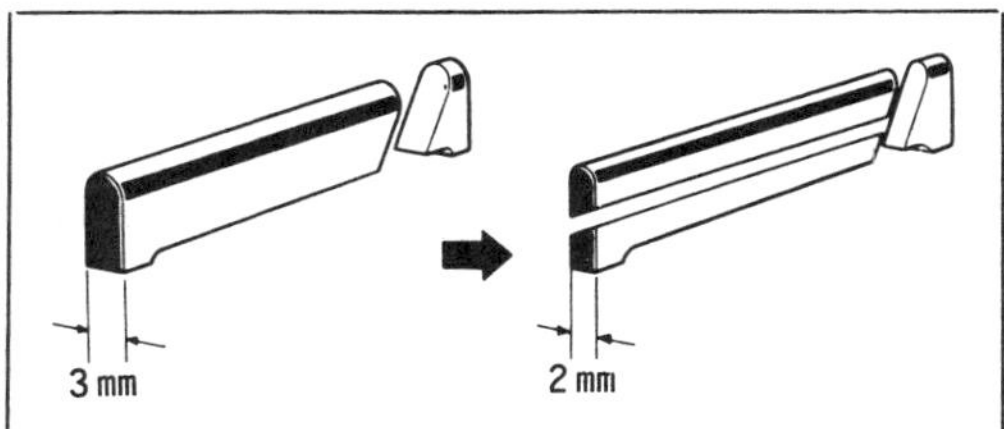
3 mm
2 mm

図24　アペックス・シール

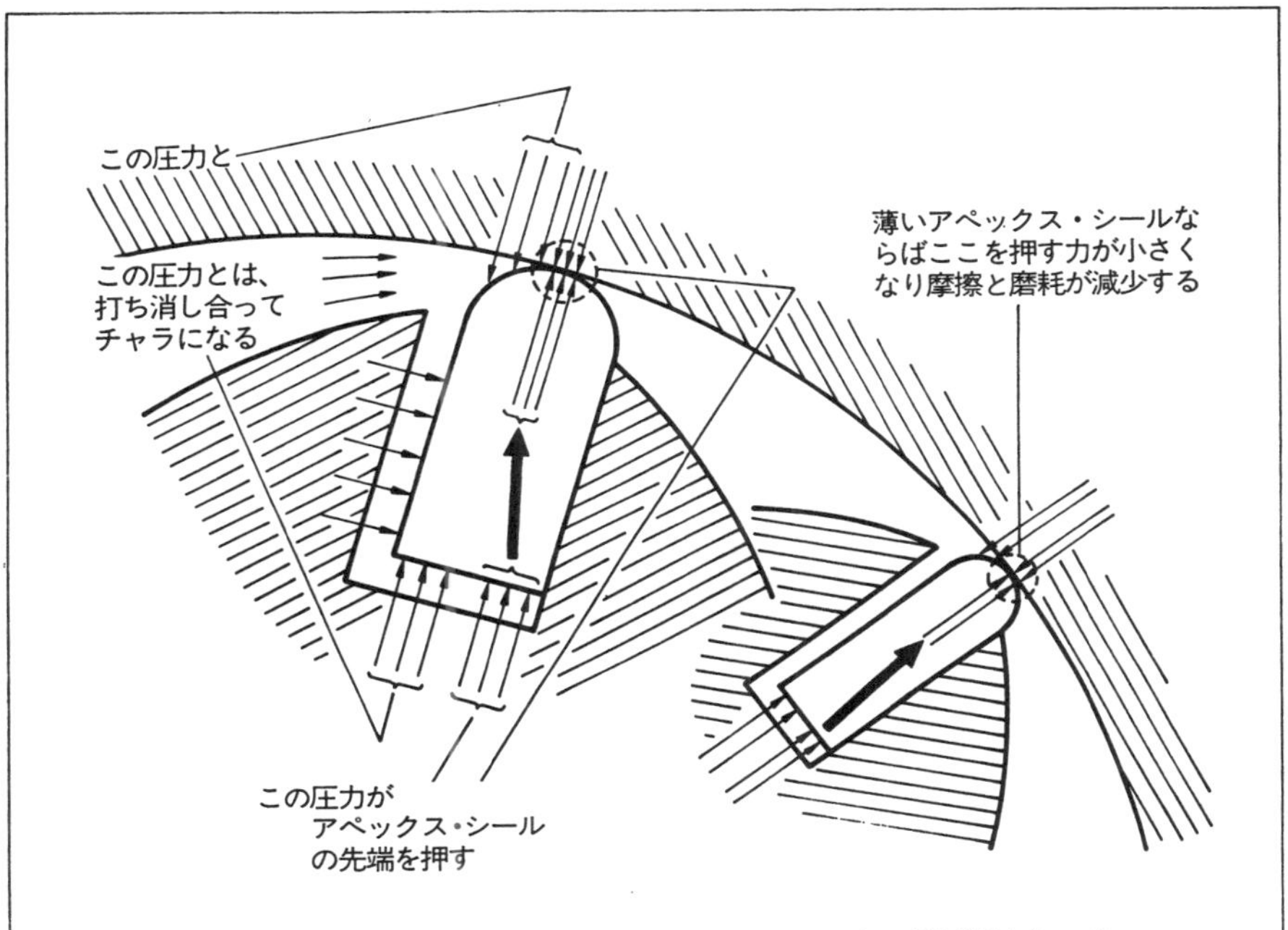
この圧力と
この圧力とは、
打ち消し合って
チャラになる
薄いアペックス・シールな
らばここを押す力が小さく
なり摩擦と磨耗が減少する
この圧力が
アペックス・シール
の先端を押す

図25　なぜ薄いアペックス・シールやピストン・リングが望ましいか

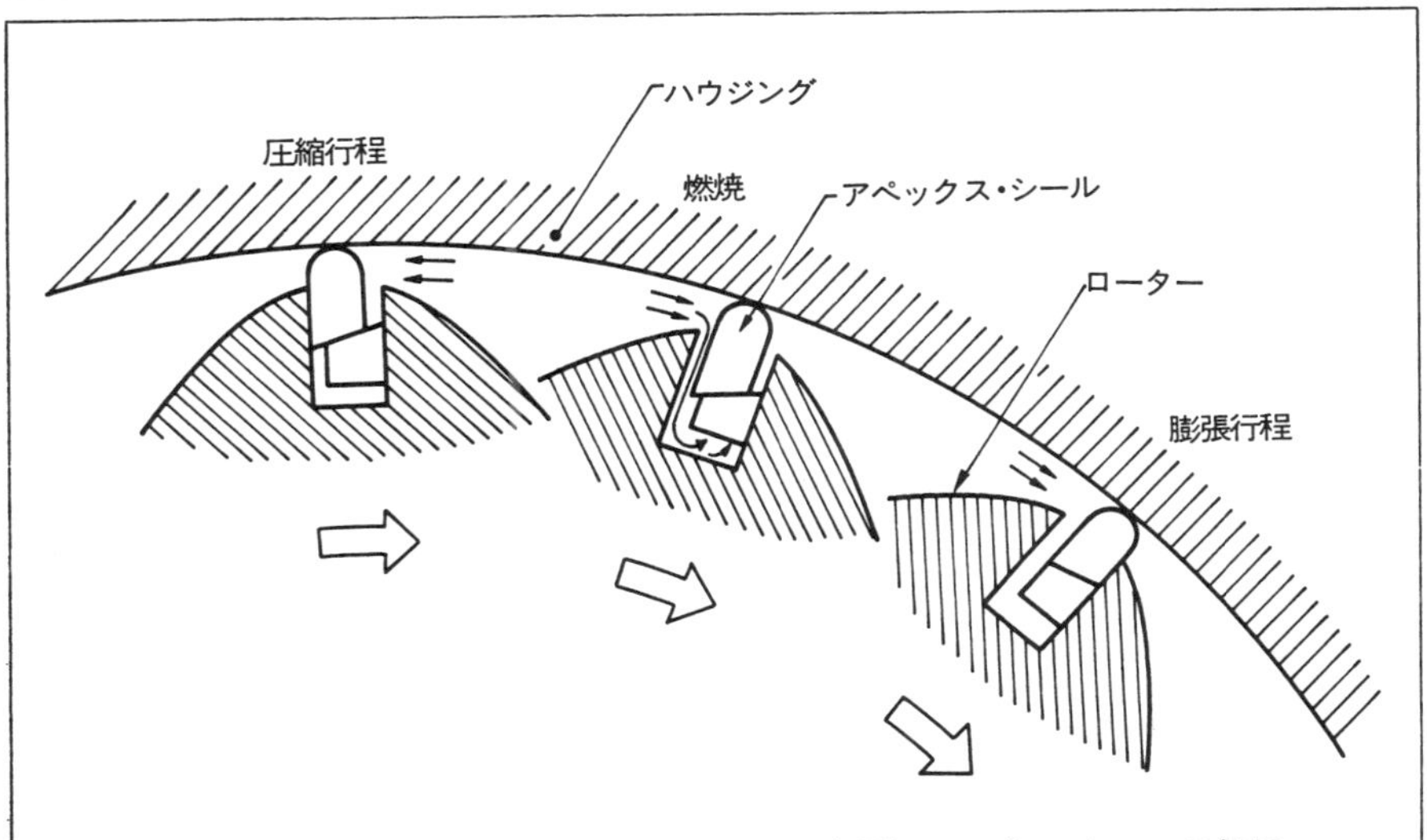
ハウジング
圧縮行程
燃焼
アペックス・シール
ローター
膨張行程

図27　フラッター時の吹き抜けをなくした新型アペックス・シールの併用

に回ったガス圧力を広い面積で受け、シールの先端を強くハウジング内面に押しつけるのだ。だから摩擦抵抗は大きく、当然に磨耗量も大きくなるのだ。このリクツはアペックス・シールだけでなく、ピストン・リングにも適用され、ピストン・リングの大オーソリティ、武蔵工大の古浜先生もリングは薄くすべし、とおっしゃっているのだ。それならば、ロータリー・エンジンのサイド・シールも薄く、と考えて当然で、**図26**を見ると、1㎜から0・7㎜と薄くしている。

アペックス・シールを薄くしても、背後からの吹き抜けはなくならないので、もうヒトワザ必要で、それを図24と**図27**で説明する。上下に斜めに切られたアペックス・シールの上半分は溝の左側に押しつけられ、下半分は右側に押しつけられながら圧縮行程を続ける。燃焼すると、急に圧力が高くなり、上半分も溝の右側に飛ばされるが、このとき、下半分はガッチリと漏れ止めしているのである。

アペックス・シールも人間も下半分から漏らしてはいけないのだ。これの作り方がまた面白いのだ。一体に作ったアペックス・シールを、万年筆のペンの先の割れ目の切り方と同じ方法、ダイヤモンドの粉を塗りつけた紙を高速で回転させながらスライスするのだそうだ。

●機械式過給のほうが ロータリーにマッチするのでは…

一時はピンチといわれたマツダ、もとはといえばロータリー・エンジンのせいだ、といわれたマツダが悔しさの中に万日残業に耐えて、精液の時代を乗り越え、この新型13Bロータリー・ターボ・エンジンはオギャーと呱呱の声をあげたと認めざるを得ない。その原動力はハウジング内面の表面処理技術とスリーピース・アペックス・シールの発明によってである。と、ホメルのもここまでで、自慢のダイナミック過給もツイン・スクロール・ターボも気に入らないのだ。

ロータリー・エンジンの残る欠点は低速トルクが小さいことである。アイドル速度800rpmとピストン・エンジンと同レベルではあるが、ロータリー・エンジンの場合、シャフトの速度をいうべきではなく、ローターはこのとき400rpmと低速なのだ。低速では1サイクルを終わるまでの時間が長く、熱が冷却水へ逃げる割合が多く、熱効率が低下し、低下したぶんだけパワーも落ちるのだ。かてて加えて、燃焼室の表面積は広く、熱が逃げやすく、低速トルクをさらに低下させている。アペックス・シールやサイド・シールが大改造されたとはいえ、切れめが8コもあるのだ。ピストン・リングは1コだから、同じ技術で作れば、8倍もガス漏れ量が多くなって当たり前である。高速ならば穴の開いたバケツでも水を汲めるが、低速では大半が漏れてしまうのと同じリクツで、ロータリー・エンジンの低速トルクをさらに低下させている。このエンジンの生まれながらのハンディキャップは今や低速に集中しているのだ。

それなのに、ダイナミック過給は低速では役立たず、3000rpm以上にチューニングするとは何事ぞ。ツイン・スクロール・ターボにしてみたところで、図15の太い点線にはほど遠く、これもまた高速チューニングしたといわざる得ない。

ハンガリーのチェールなるオジサン（大学教授）はCCS(Combined Charging System)なる過給方法を発明した。この考え方はマツダのダイナミック過給によく似ていて、圧力波の共鳴を低速にチューニングすると、エンジンの吸入空気量が増え、ターボも元気になって、低速トルクを高める、というシカケである。高速では負の圧力波がシリンダー内に入り、パワーの邪魔をするが、このとき、ターボから出るブーストは**高すぎて、ウエイストゲートがエネルギーを捨てざるを得ないほど持て余しているのだから、気にすることはない。**

生まれつき低速トルクが苦手なロータリー・エンジンの800rpmトルクを高めるのに、低速ではブーストを高められないターボとの組合わせで、低速トルクを高めようとすることはどだいムリである。マツダのエンジニアがターボにコダワリ、万日残業してみたところで、もう10%もトルクアップするのがセイゼイである、と悟るべきである。悟りを開き、目が澄んできたならば、おのずと方針は変わり、過給システムも変わるのだ。過給機としてリショルムかコンプレックスが低速トルクとレスポンスに有利である。コンプレックスは「セラミック・ターボ」の項でいっているように、高速での伸びが足りず、高回転の可能性を秘めたロータリー・エンジンには……。残るはリショルム・コンプレッサーだけである。と、ここで確かな筋からタレコミがあった。トヨタとホンダのリショルムは現在進行中とのことである。もう一社はハッキリしないとのことであった。80%の確率でオレはいすゞだと思う。マツダも千日残業でやらなくちゃ。

●ピストン・エンジンに勝つには排気量の縮小

ところがだ、赤のサバンナＲＸ—７をドライブしてみると、３秒あるべきはずのターボラグがゼロに感じるのだ。アクセルを目一杯踏むと、サバンナは弾かれたように飛び出し、シートバックはオレの背中を強く押し、首がガクンと後ろに引かれ、５００ccのバイクに乗ってビックリした昔を思い出した。トルクカーブと実車は大違いなのだ。悪い方に大違いは今まで何回かあったが、期待外れによいとは……。

ドライブが楽しめ、ガソリン代がタダで、先生スゲェや、と尊敬されるので、ＲＸ—７に乗って仕事に行った。途中の高速道路で、二度目のビックリは、５速のままで、１００km／ｈからでも、１４０km／ｈからでも３速に落としてからのような激しい加速をするのだ。このクルマはヒタスラに走りたがるのだ。点数を意識して１２０km／ｈを維持しようとするが気がつけば１４０km／ｈであった。と感じたのは、ターボラグの間、無過給でもこのロータリー・エンジンは強大な低速トルクを、ターボが働き始める３０００ｒｐｍ以上ではトップのときの他車サードなみの高速トルクを発揮して加速するということであった。ということは、ロータリー・エンジンの底力がスゴイというべきであって、ターボはあくまでもオマケである。

ＲＸ—７でスキーに行けばギャルが……、と考えたオレは山へ行った。奇しくも、２年前「13Ｂ・ＳＩの項」のルーチェ・ロータリーと同じコースとはなった。スキーを教えた美女はホントはオレよりも上手で、帰りぎわに人妻だと知らされてガックリしたが、無機質材料でできているＲＸ—７は無表情で、ヒタスラにツッパシル。１２０〜１６０km／ｈの追い越し加速を楽しみつつ川崎に帰って、トータル６０３km、燃料は73ℓ、８・２km／ℓの走行燃費であった。八方尾根を往復したときのフェアレディＺの９・３km／ℓにはいまだ及ばないまでも、加速とひきかえにガソリンを食った、とテメエを納得させることはできる。２年前のルーチェの７・３km／ℓと比較すれば大進歩である。新型アペックス・シールの効果はあった。

サバンナＲＸ—７の加速が良いことはわかった。高信頼性の期待もある。だが燃費はもっと良くしてピストン・エンジンに勝たなければならない。そのために、シールを改善し、吸排気ポートを改善するなどの現在の技術の延長線上で残業しても、残業料ドロボーといわれるだけである。

勝つ道は唯一、エンジンの排気量を小さくすることだけが、漏れを、冷却損失を、そして摩擦損失を小さくして、燃費をよくするポテンシャルを持っているのだ。１・３ℓのエンジンを０・９ℓに縮小し、０・９ℓのロータリー・エンジンをパワーアップし、１８５psとすれば、燃費でピストン・エンジンに勝てるばかりでなく、軽いエンジンはもっと加速を、小さなエンジンは車のスタイルとC_D値を改善し、エンジンのコストまで安くすることができるのだがなァー。

●終わりに一言

24時間の荒行に耐えて、「米国ＩＭＳＡシリーズ第1戦、デイトナ24時間レース、マツダ、キャメルライトクラスとＧＴＵクラスで優勝」とあるが、結果は**表1**で、総合順位ではケツのほうではないか。ポルシェに勝つのでなければ、このレースは日本の購買層にとって何の意義もないのだ。

「ＥＲＣ（ヨーロッパ・ラリー選手権）ブークドスパラリー、マツダＲＸ—７グループＢ総合2位」となったのは、天候が変わりやすいスパ地方で晴、雨、雪、氷と参加者泣かせの難しいラリーのため、**表2**のように4駆が有利であった、と弁解しているが、マツダには最初から勝つ気などなかったのでは……。

マツダにはＲＸ—７総合優勝プロジェクトなどはなく、条件を悪くしておいて決戦に臨むとは何事ぞ。4駆がなければ設計すればいい。設計する人がいなければ外人に頼め。どうせドライバーは外人なのだから。

柔道で無差別級優勝したからキレイなオヨメさんが、ＲＸ—７も総合優勝してくれなければゼッタイにオレは買う気にならないのだ。と値引交渉中なのだが……。

表1　米国IMSAシリーズ第1戦デイトナ24時間レース2月2日・3日アメリカ
マツダ、キャメルライトクラスとGTUクラスで優勝　(出場＝76台・完走＝27台)

総合順位	クラス順位	カーNo.	車両	ドライバー	周回数
1	GTP 1	8	ポルシェ962	A.J.フォイト/B.ウォレク/A.アンサーSr./T.ブーツェン	703
2	2	14	ポルシェ962	A.ホルバート/D.ベル/A.アンサーJr.	686
3	3	67	ポルシェ962	J.バスビー/R.ヌープ/J.マス	674
4	4	5	ポルシェ962	B.アキン/H.スタック/P.ミラー	670
5	5	7	ポルシェ935	J.ミュレン/R.マッキンタイヤ/K.ナイロップ	668
6	6	2	マーチ84G・シボレー	A.レオン/S.マッキットリック/T.ウォルターズ	654
7	7	1	マーチ85G・ポルシェ	A.Lレオン/R.ラニエ/B.ウイッティントン	652
8	GTO 1	65	フォードマスタング	J.ジョーンズ/W.ダレンバッハ/D.バンディ	637
9	GTP 8	9	ポルシェ935	W.ベーカー/J.ニューサム/C.ミード	624
10	**キャメルライト 1**	**93**	**マツダ・アーゴJM16**	**K.マーシュ/R.ポーレイ/D.マーシュ**	**602**
11	**GTO 2**	**53**	**マツダRX-7(GTO)**	**D.スミス/T.ウォー/D.ファブレーズ**	**599**
12	**GTU 1**	**71**	**マツダRX-7(GTU)**	**寺田陽次朗/A.ジョンソン/J.ダンハム**	**599**
13	**キャメルライト 2**	**63**	**マツダ・アーゴJM16**	**片山義美/J.ダウニング/J.マフッチ**	**599**

表2　ERC(ヨーロッパラリー選手権)第3戦ブークドスパラリー2月8日～10日ベルギー
マツダRX-7グループB総合2位　(出場＝80台・完走＝24台)

総合順位	グループ順位	車両	ドライバー	タイム
1	B 1	アウディクワトロ	B.ワルデガルド/H.トーゼリウス	6時1分5秒
2	**B 2**	**マツダRX-7**	**M.デュエツ/G.ティモニエー**	**6時11分55秒**
3	A 1	アウディクワトロ80	B.ムンスター/Y.ボゼー	6時19分44秒
4	B 3	スコダS130LR	L.クレチェック/B.モトル	6時20分31秒
5	A 2	トヨタカローラGT	D.ベアミアシュ/D.ドカンク	6時25分31秒

●P・S

自動技術会の会誌、自動車技術1月号の「スーパーチャージドエンジンの開発(1G—GZEU)」なる記事を拝読した。オレがいかにガンバッても40%の全断熱効率しか得られなかったルーツ・ブロワーが、いかにしてトヨタのエンジニアによって49%と効率を高めたか、を知りたかったからである。ところが、この紹介記事の中には「表面に特殊樹脂コーティングをしたことにより、ローター間の気密性を良くし、高いポンプ効率を得た」とだけしか効率にふれた個所がないのだ。

「気密性を良くし」とは文学的表現で、技術会というプロの中でもプロの集団内では「体積効率をX%とルーツ・ブロワーとしては異例の高効率を得た」と記述するのが技術的表現で、「高いポンプ効率を得た」にいたっては文学者でも技術者でも見当がつかぬ。空気を送るキカイにはファン・ブロワー、コンプレッサーがあるが、ポンプとは水を送るキカイでは。「高いポンプ効率」とは何%の全断熱効率なのだろうか?

自動車技術者が互いに技術を発表しあって、互いに技術を高めあう目的で設立された自動車技術会の会誌に、トヨタはお茶を濁したような文章を発表しても文句をいう気にはなれない。日本の自動車技術者は集団自閉症で、もしも他社が同じことを発表しても、「コンピューターによる最適形状に設定した、特殊な形状のローターは特殊アルミ合金で、特殊な押し出し機械に成形され、特殊樹脂によって特殊な方法でコーティングされ……」と文学同人誌を読んでいるような気にさえさせるのだから。

「特殊」などとアイマイな表現は、エンジニアは使うべきではなく、「特殊浴場」専用の言葉とすべきである。

それでもこれを書くのは、「トヨタには社内用、学会用、重役用および自動車評論家用の効率があるのだと思う」と二か月前に書き、トヨタの申し入れによって先月に訂正したが、トヨタは学会用の効率を発表しなかったので、「トヨタには自動車評論家用の効率はあるが、学会用の効率なんぞなかったのだ」と訂正する。

三菱編

シリウスDASH3×2
インタークーラー付ECーターボ
MMCサイクロン・エンジン

三菱シリウスDASH3×2
インタークーラー付ECIターボ

待望の第二世代過給ガソリン・エンジンのはしり

「フル・スロットルで走らないほうがいいですよ」といいながら、MFの鈴木社長がキーを渡してくれた。クルマはイカツイ形をした、いかにも速そうなスタリオンである。オレが驚いたのも道理で、MMCといえば、前世紀の遺物、デボネアをまだ生産しているかと思えば、生きている化石、エリマキトカゲをCMに登場させ、オモチャ屋に空前の大利益をもたらしたが、エリマキトカゲを見てミラージュやスタリオンを買いたくなるのは、重症のピーターパン・シンドロームに陥ったガキどもとMMC広報担当重役くらいのものだ。これはピント外れというより、初めからカメラの向きが違っていたのだ。

それだったら、スタリオンという名前の代わりに、エリートがエリートのために設計した、ロータス・エリートじゃなかった、〝エリマキ・エリート〟とでも名づけたらどうか。エンブレムには、小さなオチンチンをつけたエリマキちゃんが走ってくるところを、岡本太郎センセイにデザインしてもらって……。

かくもユカイな人たちのいる自動車会社の化石、MMCが世界最強のシリウスDASHエンジンを発表した。このエンジンは我われを感動させるサムシングを持っているか？

●他人のインスピレーションで発明

エンジンのシカケを説明する前に、MMCがこれを発明するに至った背景をトインビー風（ホントは風が吹いてオケ屋がもうかるふう）に述べる。

エルメス、カルダン、グッチとアチャラ・ブランドで飾りたてた人のガキが、BMW、ベンツ、ポルシェなどのアチャラ・ブランド・カーが欲しくなるころ、ママは「ボクちゃんはトーダイに入りなさい」という。なぜか、ケンブリッジ、プリンストンといったアチャラ・ブランド大学ではない。

グランプリをとれば映画館の前に列ができ、ノーベル賞をとれば文化クンショウをくれる日本人の価値観のモノサシは、むかしは中国、いまは欧米であるが、なぜかガッコーだけはトーダイである。

トーダイとは東京にあるガッコーで、頭の固いコドモを集めて、もっと固くする訓練をして、良い役人を作るところであるが、「創造性を欠き、これがエリートとして君臨している日本、恐れるに足らず」とルーズベルト大統領に報告したのは、時の駐日米大使、グルーであった（と他人の言葉を借りて逃げを打つところは我ながら秀才風である）。

一方、明治革命に成功し、権力を手にした山口や鹿児島のカッペたちも、日本人としては例外ではなく、スケベであった。

岩崎小弥太という人がこれに目をつけ、役人専用の恋人バンクをつくり、ゲイシャを集めた。恋人バンクでは損をして、政府から仕事を得てもうけるという、いまに続くワンパターンを発明し、後の三菱バンクのもとになった、とNHKの〝気くばり〟が放送していた。

岩崎小弥太のエライところは、次に役人を〝フンケイの友〟にしようと、役人と同じガッコー、トーダイを出たコドモを入社させたことであった。

この結果、いまでも三菱コンツェルンは政府との取引がスムーズであり、戦闘機や戦車は独占的である。

この100年続いた、そしてこれからも続くこのワンパターンが、トーダイこそが最高というニッポンの価値観になったのである。

――とチノー指数の低いオレたちは思うのである。

「発明の才能は教育の量に反比例する」とはかつてのGMの名研究部長、ケッタリング博士の言葉（なぜかここでも逃げを打つ）だが、そういう意味からはMMCに発明の期待はできないはずだ。

ところがMMCには良い発明が多いのである。中でも有名なのがこのシリウスDASHエンジンにも使われている2次バランサーで、ポルシェに技術を輸出したのはアッパレである。

80年くらい前に、イギリスにランチェスターという天才がいて、直4エンジンが1回転に2回上下に身震いすることを止める2次バランサーを発明した。

これは**図1**のように、2個のバランサーがクランクの2倍の速度で互いに逆方向に回転する。例えば、上死点でもピストンは慣性力によって上に行きたがるから、エンジンを上に動かす。が、2次バランサーが付いていれば、ピストンと同じ慣性力を下向きに発生して振動をチャラにしてしまう。ところが、**図2**のようなクランクシャフトの位置では、シリンダー内の燃焼圧力によってピストンがシリンダーを矢印の方向に押し、クランクの先はタイヤを通じて地球につながっているので、エンジン全体を反時計方向に回転させ、ムズかしくいうと起振モーメントを発生する。

MMCのエリートがランチェスターの次にエラかったのは、2次バランサーを図2のように上下にずらしたことだ。こうすると、2次バランサーはエンジンを時計方向に回転させようと働き、起振モーメントを消してしまう。だが、よく考えてみると、起振モーメントは燃焼圧力、すなわちエンジン負荷によって変わるのだが、そこはヘンサ値満点のエリートゆえ、足して2で割ったところにチューニングしてOK。

「このグリコのオマケみたいなもの、ホントに効くの？」とイヤミの固まりのオレ。「ダイナモのブラケットが折れたことはない」とエリート。参った！　エンジンの強烈な加振力で、発売前にはダイナモを落とすものだが、このひと言は効いている証拠だ。

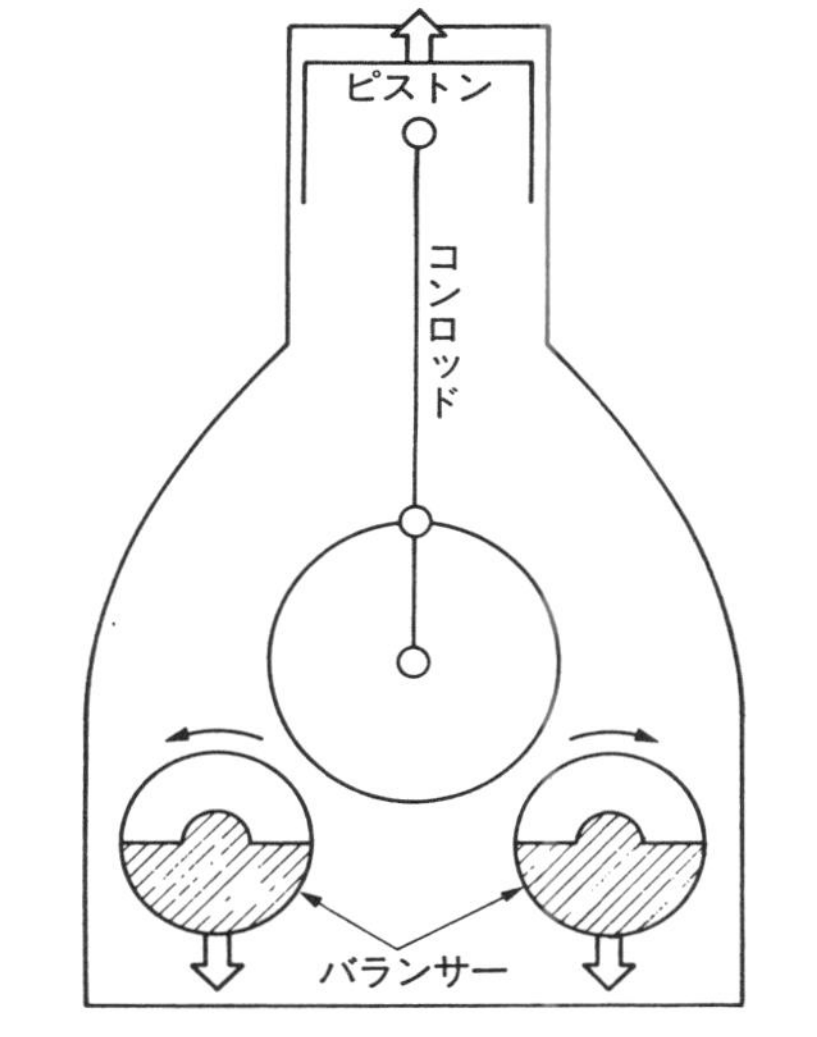

図1　ランチェスターの2次バランサー

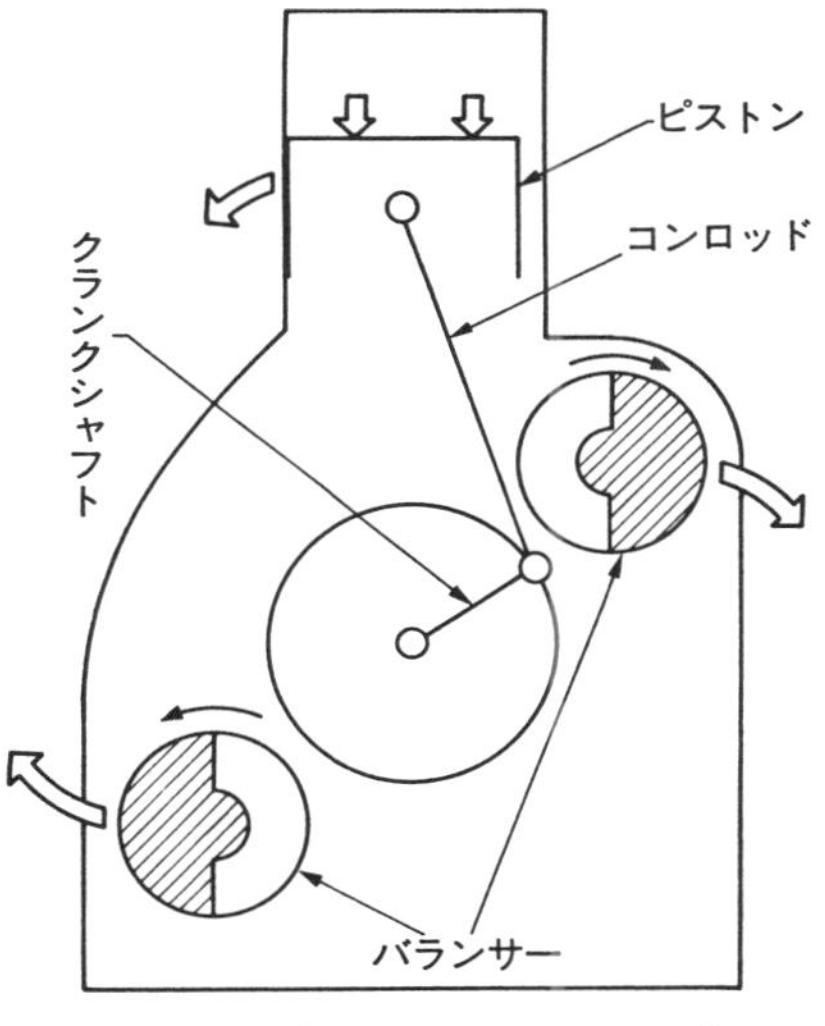

図2　MMC(発明したのは個人で会社ではない)の2次バランサー

ちなみに、スタリオンのボンネットを開けてみると、DASHエンジンは身震いもせずスルスルと回っていた。

だが、これはプロ同士の話であって、ユーザーにはあまり関係ない。ユーザーの耳にコモリ音や、体に感じる振動が少ないことを実感させるには至っていないのダ。

だから、残念ながら、この発明が他社の直4エンジンとの間に差別感を作りだしていない。

カルマン渦空気流量計も三菱の発明だ。

ドイツのボッシュが、電子制御燃料噴射装置を発明した。いうまでもなく、このEFIはベンチュリーを必要とせず、吸気抵抗が少なく、パワーがアップする。その上正確に燃料噴射量を制御できるので、燃費にもエミッションを減らすのにも効果的だ。

だが、**図3**の〝ノレン式〟エアー・フロー・センサーは目ざわりだ。これがあると、ホンのわずかではあるが、吸気抵抗が増え、パワーダウンになる。

そこでMMCのエリートは〝ノレン〟をとっぱらって、「カルマン渦」を使った空気流量計を考えついたのだ。（**図4**）

どういうしかけかというと――

空気が渦発生柱の横を流れるとき、流量に正確に比例して右巻と左巻の渦が交互にできる。どうでもいいことだが、これをカルマン渦といわないと、教養がないといわれてしまう。このカルマン渦が下流に作った超音波の帯を通過するとき、図の状態では渦が空気を上の方に動かし、超音波受信器は振動数が下がったと感じ、次の渦では音の乗っている空気を受信器にぶつけるから振動数が高くなったと感じる。

これは救急車とすれ違うとき、ピーポーが急に1オクターブ下がる、ドップラー効果である。いわゆるラジオのFM波をつくり、渦の数を数える、高度な流体力学的な装置である。さすがMMCとオレは感動するが、ユーザーにとっては、エアー・フロー・センサーが熱線風量計であろうと、カルマン渦を使おうと関係ないことである。

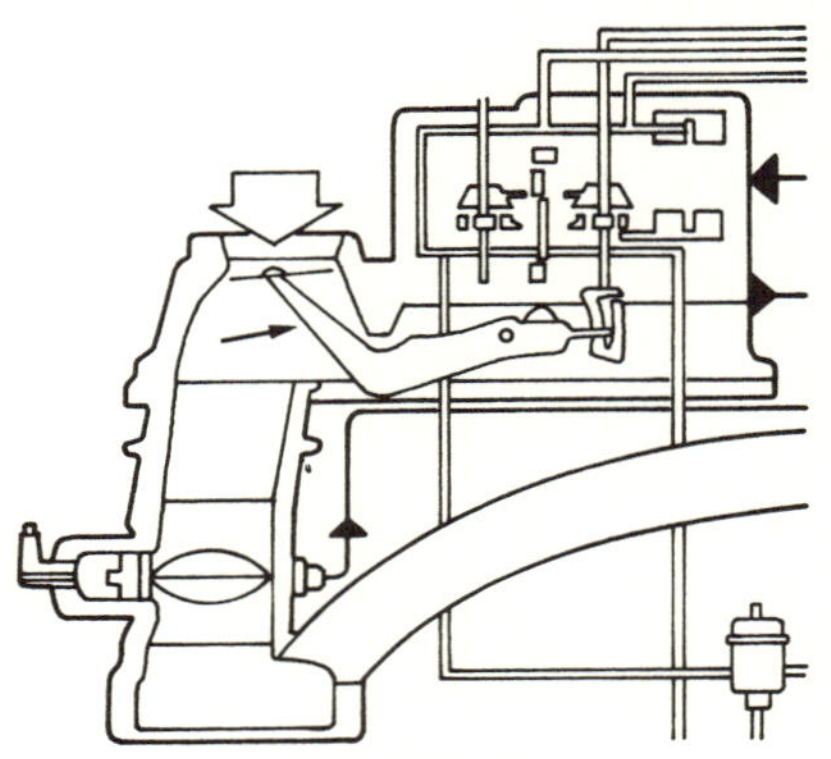

図3　エアー・フロー・センサー

●なぜ3×2？

3度目の正直で現れ出たのはバルブ・セレクター。これはアメリカのイートン社が発明して、GMが飛びついた。そして8―6―4可変気筒エンジンを作り、キャデラックに載せた。

MMCもこれに飛びついた。ただし、パテントは買わないで、自分で発明してしまったのはリッパというべきか、セコイというべきか？

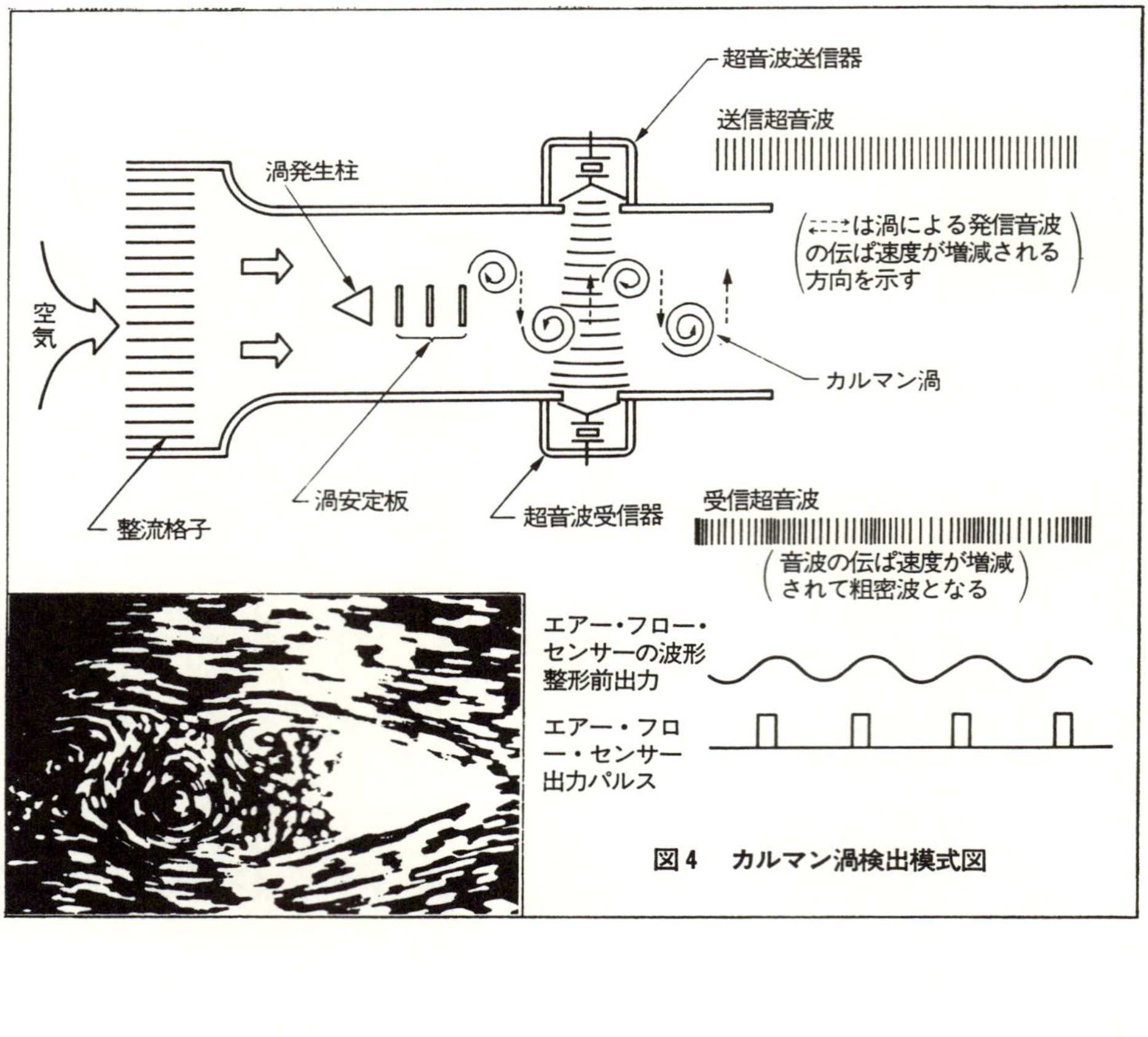

図4　カルマン渦検出模式図

アメリカの雑誌『タイム』は、こういう日本的発想を、「他人のインスピレーションを横取りする勉強熱心な学生国家」といい、「注目しつつも懸念と憤激と驚嘆の的」であると評している。

学生国家のところをMMCに、トーダイに、まてよ、どこのガッコーに入れ変えても、ピッタンコではないか。イヤー、マイッタ、マイッタ！

イートン社のインスピレーションは**図5**に示すものだ。

ガソリン・エンジンは全負荷ではディーゼルにひけをとらない燃費だが、全負荷で走る状態はほとんどない。使用頻度の多いのは25%負荷で、500g/ps・hrと100負荷の倍以上も悪くなってしまうのだ。この原因はエンジンの負荷調整をスロットルで行う、つまり吸気口を絞ってエンジンを窒息状態にしてしまうからである。

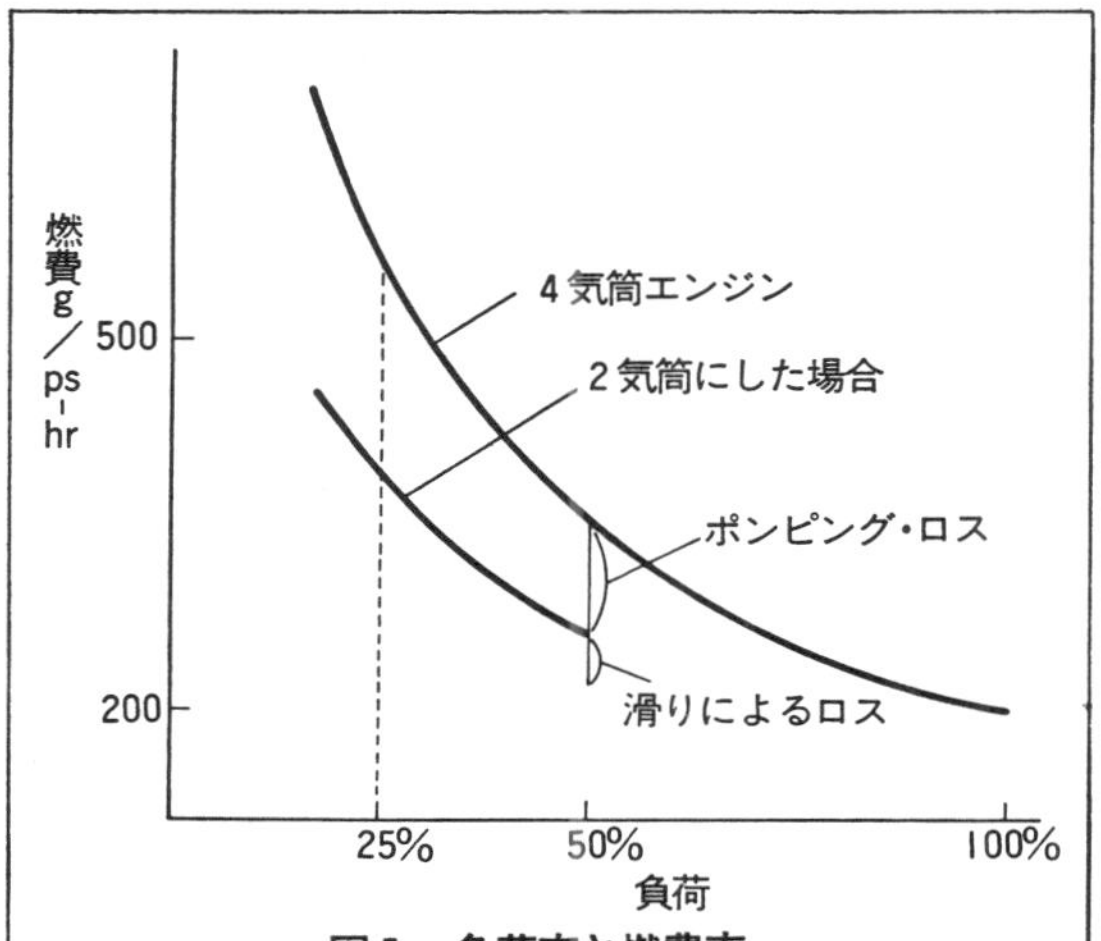

図5　負荷率と燃費率

絞らないでエンジンの負荷調整をすることがガソリン屋の夢であって、夢の実現にプロがもがき苦しむのを毒舌がカラカイ、それを笑いながら読めるのは、自動車に金を払っているユーザーの特権である。

話を戻して、平坦路を60km/h程度で走行するときは、4気筒2リッター・エンジンの1/4負荷、すなわち500ccエンジンでフルスロットルで走ることだ。図5の100%負荷の燃費で走行するわけである。しかし1気筒だけでは品がないので、2気筒だけ使い、残りの2気筒は吸排気弁を閉めたままにしておくと（摩擦損失のうち2/3はシリンダーに出入りする空気のポンピング・ロスである）、図5に示すように、50%負荷でも全負荷燃費に近づき、その差は負荷が減少しても続くという有難いものであった。

ところが、キャデラックは間もなく発売を停止した。故障するとか、4—6—8気筒とシリンダー数を変えるとき、乗客にショックを与え、キャラダがラックではなかったと聞いている。

BMWも一時、6—3可変気筒エンジンの開発を熱心にやっていたが、結局、あきらめたらしい。

だから、オリオンMDエンジンは世界唯一の市販可変気筒エンジン

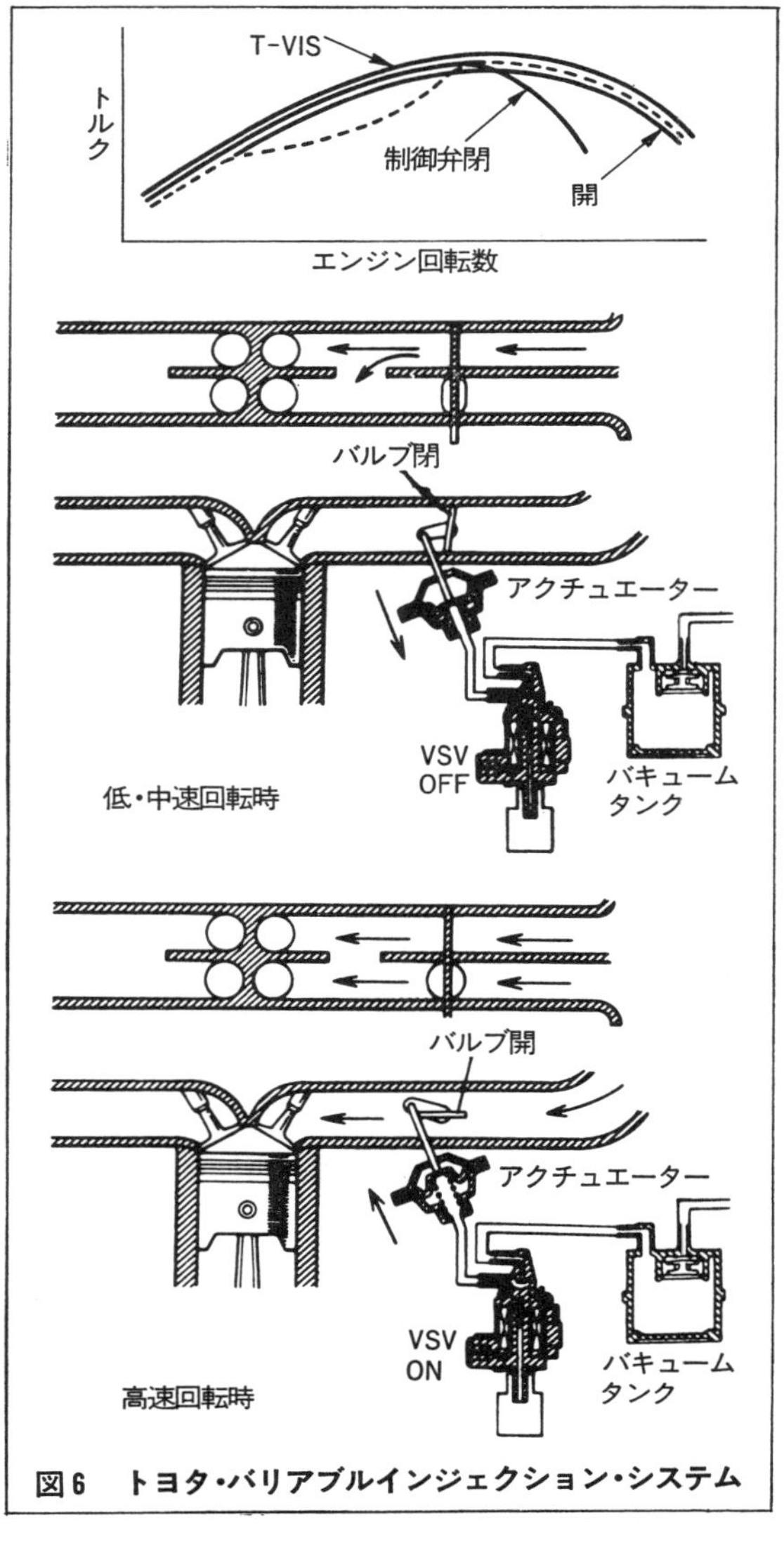

図6　トヨタ・バリアブルインジェクション・システム

だ。とはいっても、売れたという話はあまり聞いていないが。

一方、機を見るに敏なトヨタはDOHC24バルブとか16バルブ・エンジンを矢つぎばやにだし、ガキばかりかオジンまでもウットリさせた。その直4・16バルブの4A—GEUエンジン（図6、14頁項参照）にはT—VISなるシカケがついている。低速では、2つの吸気弁につながる2本の吸気通路のうち1本をシャッター・バルブで閉じる。残る1本の吸気通路だけでエンジンにミクスチャーを吸わせてやると、管内の速度が高くなり、低速でも慣性過給が可能で、高出力型エンジンにとってニガテな低速時の高トクルを作りだすことに成功した。

ここでまたまたMMCのエリートは、他人のインスピレーションにしびれた。そしてエリートらしく、VIS（Variable Induction System：可変吸気システム）を完ぺきに仕上げようとした。そして蔵のなかからクモの巣を払って復活してきたのが、可変気筒用のバルブ・セレクター（MMCではRocker arm with valve deactivation deviceというんだそうで、つまらぬことに教養を見せる事大主義者はベロを噛めばよい）。

これをうまく利用して、VISを作ればT—VISの欠点をなくし、ライバルに差をつけられると考えた。そしてこれがDASHエンジンとなり、やっとこの評論も本論に入ることができたのである。

あいにくと、この完ぺき主義者たちの会社にはDOHCエンジンがなく、SOHCでガマンした。

1本だけのカムシャフトに、プライマリー吸気カムとセカンダリー吸気カムと排気カムの3×4＝12コのカムをつけた。排気カムは普通のカム・プロフィールである。

図7がバルブリフト・カーブである。アイドルから2500rpmまでは、プライマリー吸気カムで傘径29㎜の小さな吸気弁だけで吸気する。傘径37㎜のセカンダリー・バルブはバルブ・セレクターによって閉じたままにしておく。図7をよくみると、吸気弁とのオーバーラップがタッタの30度しかない。

オーバーラップが大きいと、高速ではガスの慣性力によってオーバー

図7　シリウスDASHエンジン
バルブリフト・カーブ

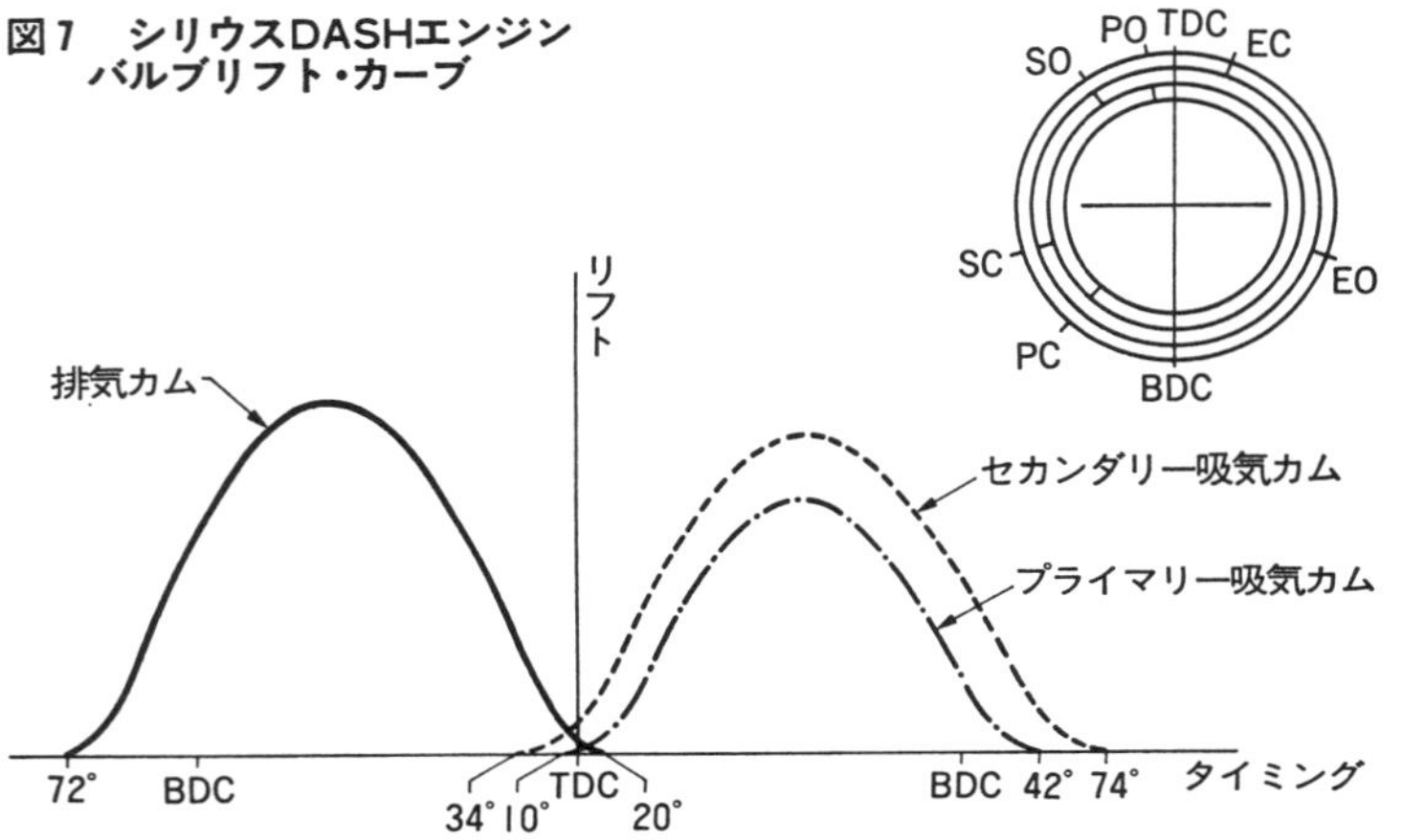

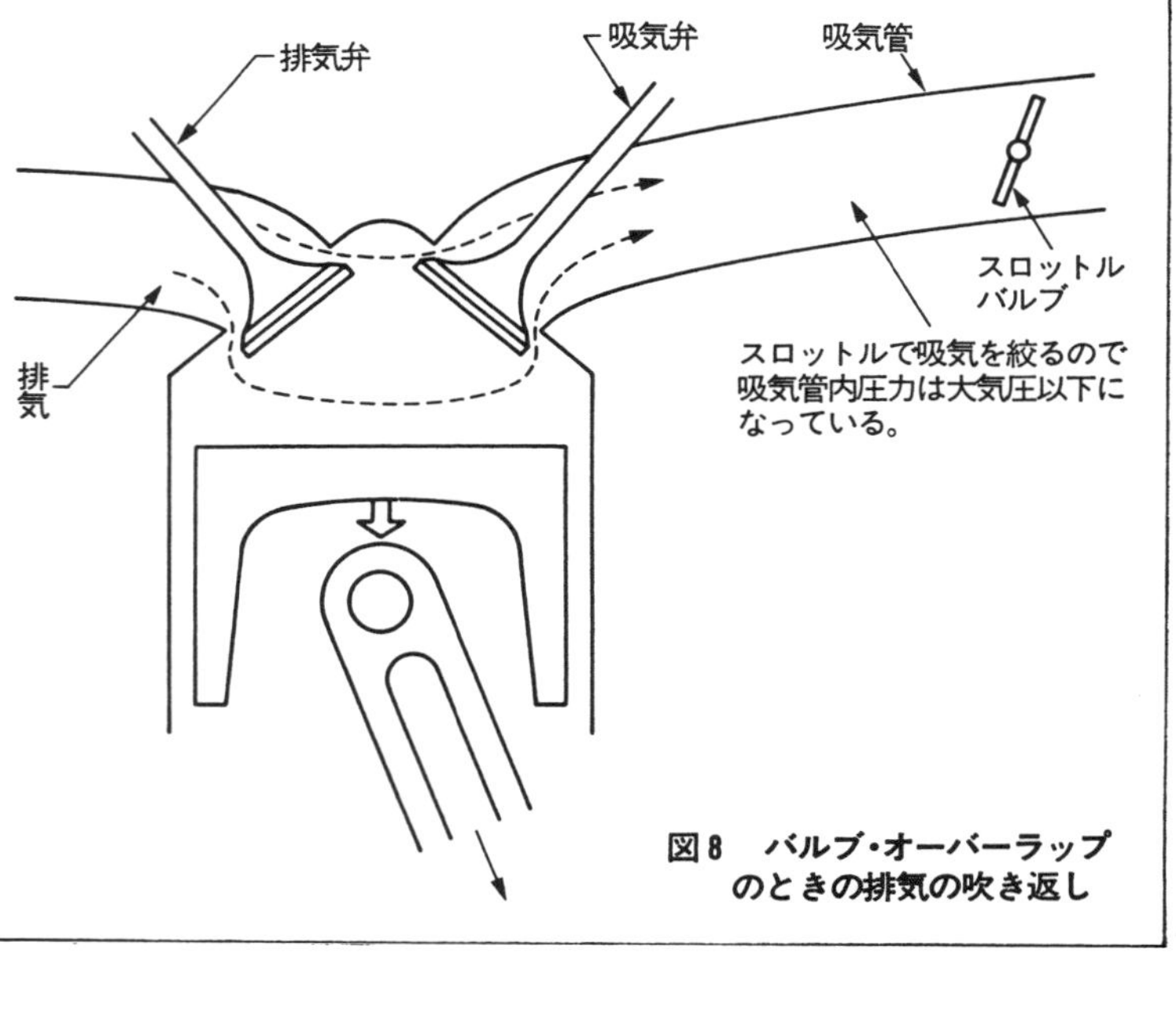

図8　バルブ・オーバーラップ
のときの排気の吹き返し

ラップ中にも排気は外に流れ続けようとし、逆流はしないのだが、低速では**図8**に示すように、吸気弁と同時に開いている排気弁から吸気管内に排気が逆流するのである。

ミクスチャーに排気が混じると第一に燃えにくいし、次の吸気行程では前に逆流した排気ガスだけを吸入することだってありうる。これでは低速回転が不安定で、パワーが出ず、発進時にエンストしやすい。低速をムラなく回すにはオーバーラップがあってはいけないのだ。

ロールスロイスで、5㎞/hで走ってガクガクしたのでは、乗っている王様は旗を振る民衆の前でサマにならない。だからこの吸気プライマリー・バルブのオーバーラップは、ロールスロイス風である。

トヨタのT―VISでは2つの吸気カムとバルブ・セレクターを使っていないので、オーバーラップを小さくすることはできない。

また、小さな排気弁は図7に示すように、下死点後42度と比較的早めに閉じている。吸気下死点後圧縮行程に入っても吸気弁が開いているということは、吸気行程で吸入したチャージを再び吸気弁から吹き返してしまうので、クラッチ・エンゲージをする極低速では、吹き返しのないバルブ・タイミング、すなわち下死点で吸気弁を閉めるのが理想的である。

このエンジンの吸気弁閉時期は、下死点後42度と早めに閉じている(T―VISではできなかった)が、それでもこの排気量2ℓのDASHエンジンの発進トルクは、1・7ℓエンジンのそれでしかない。しかし、普通のバルブタイミングの普通のエンジンでは、理論的に40%も発進トルクを損をして、その上、バルブ・オーバーラップによる吹き返しで、せっかく吸入したミクスチャーと思いきや排気ガスだったりして、発進トルクはハチャメチャに低下する。

なぜハチャメチャかというと、すべてのメーカーはこの都合の悪い発進トルク値、すなわち極低速トルクを発表しないのである（**図12**、**図16**参照)。

この吸気弁閉時期もまさにロールスロイス風であって、加えて、**図9**に示すように小さな吸気弁と細い吸気通路のため、低速でも吸気の流入速度は速く、シリンダー内に激しいスワールを発生させ、低速の燃焼をよくする。

この小さな吸気弁と開弁時期の短いカムだけで作ったのがロールスロイスで、6ℓエンジンは180psくらいだと思う。ムリに馬力を出せば欠点が増えることをよく知っているロールスロイスは、馬力を公表していないが、図12と同じ馬力でも6ℓエンジンの1000rpmのトルクは3倍もでるのダ。

SLの蒸気エンジンや電車の

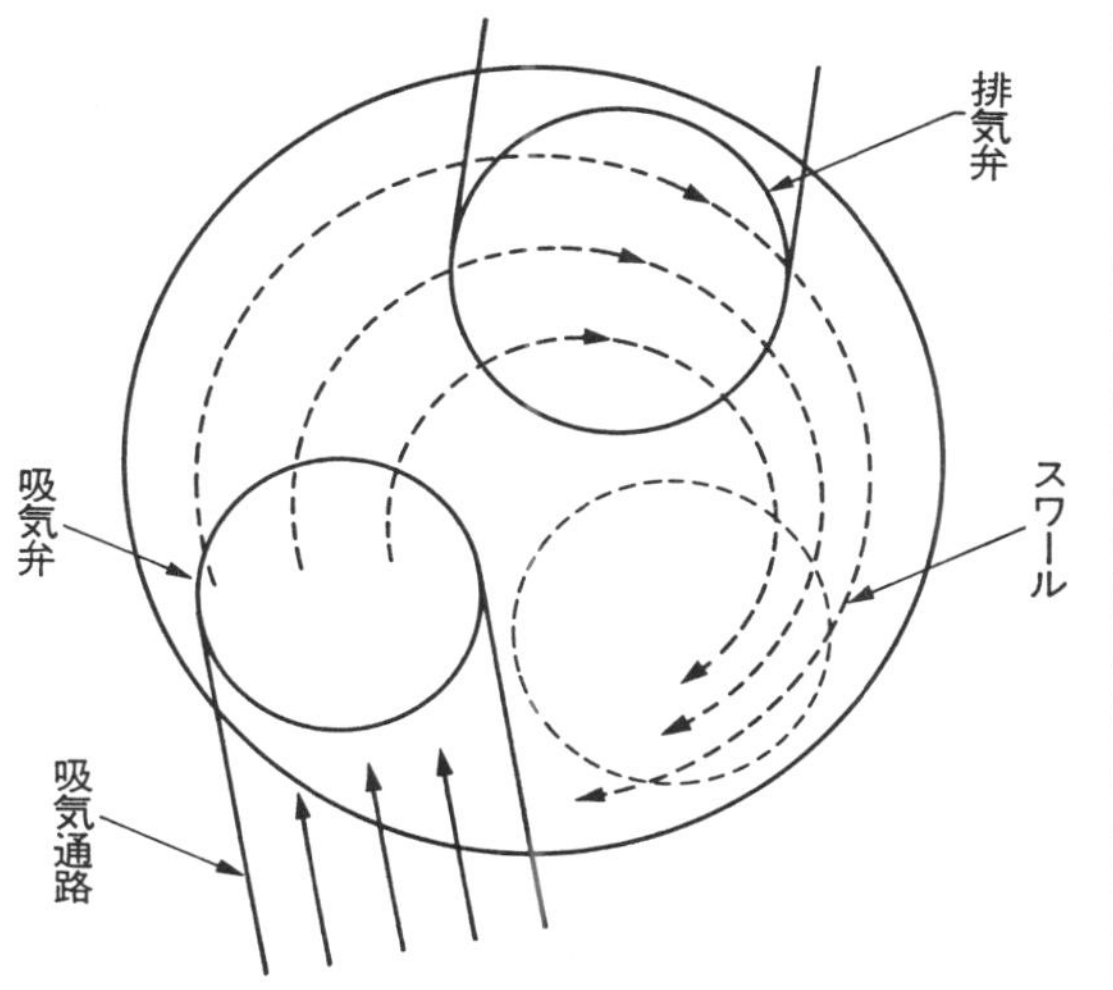

図9　プライマリー・バルブだけ開く低速では強いスワールが発生する

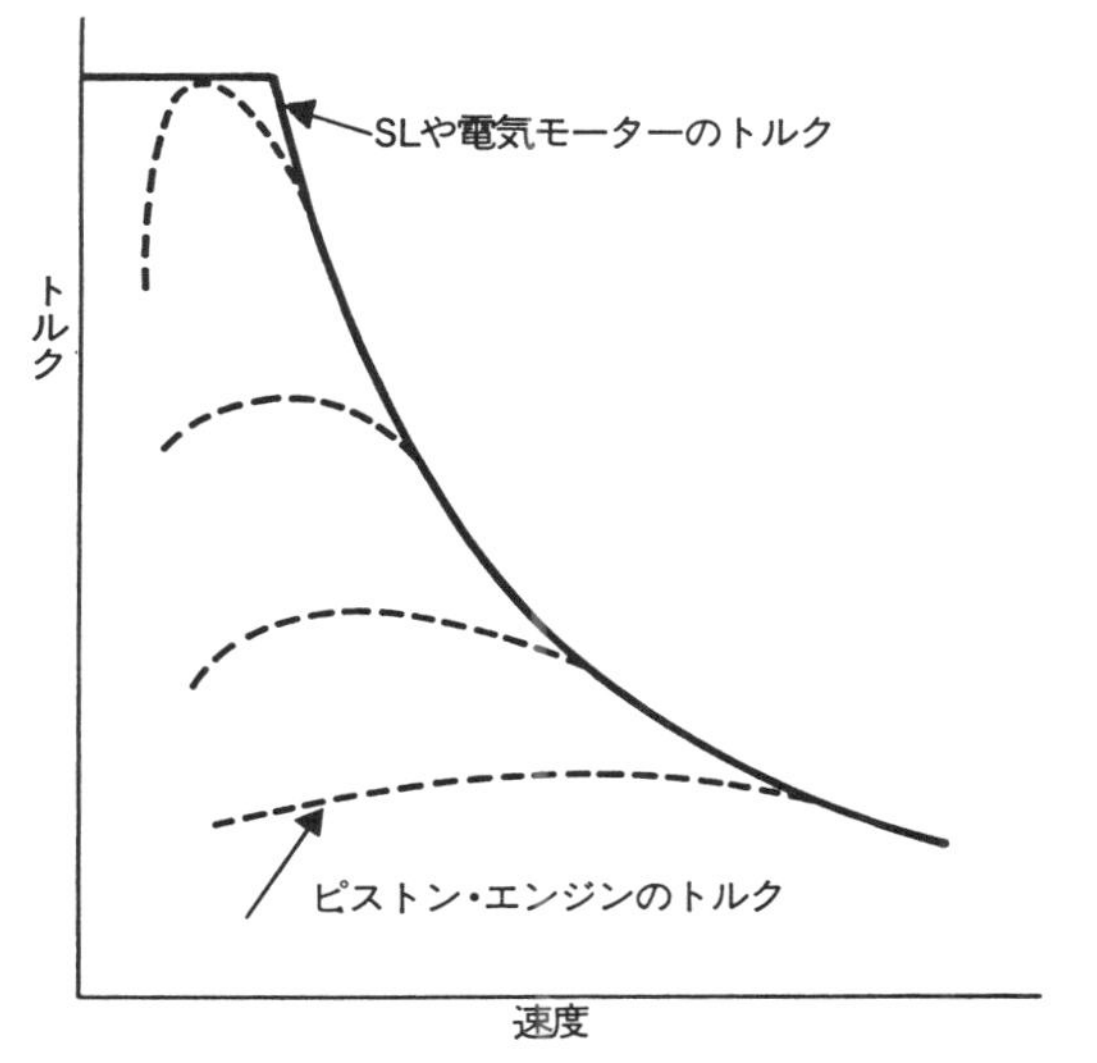

図10　SLと自動車のトルク・カーブ

直流直巻モーターは、駆動系にクラッチもトランスミッションも必要ではない。それはトルク・カーブが**図10**の実線のように低速でメチャ高であるからである。それに引き換え、内燃機関は点線のような〝フラットなトルク特性〟しか出せず、やむを得ずクラッチとトランスミッションの力を借りて発進し、登坂しているのである。

発進および低速トルクを高めるために、持てる国アメリカの大型トラックでは**図11**のように馬力を3割くらい思い切って捨てる。そうすれば点線のように、高速に比し中低速トルクが太ったことになるのではないか。これは過給技術に優れ、ゆったりとした国民性のアメリカ人だからできることであって、〝他人のインスピレーション〟を得ても、チンケな日本人はマネする気にもなれない。

自動車の価値観は、特にスポーティカーの価値観は馬力にありと、メーカーと評論家はユーザーを洗脳してしまった。

馬力を出すには、ダレでもすぐ思いつくのはスイス人、ビュッヒの発明したターボ。これをエンジンにボルト・オンすると、**図12**の点線のようにパワーアップする。

しかし、1000rpmのトルクは変わらない。問題なのは、これより低速の発進トルクだ。NAとターボのトルク・カーブをもっと低回転まで伸ばしてみると（エキストラ・ポレートというとカッコいい）、当り前のことだが、ターボがジャマしてNAよりトルクが低いのだ。

パワーも原価1万円たらずのインタークーラーを付けると、175psとなるが、ターボがジャマになる低速域ではさほど大差ない。

ところが、DASHエンジンでは小バルブと短デュレーション（弁開期間）のお陰で、1000rpmのトルクは2割ほど太った。

計算どおりである。2500rpmを超えるとチャージの流速が追いつかなくなり、図12の点線のようにトルクが下がってしまうのでここでバルブ・セレクターを使って傘径37㎜の大きなセカンダリー吸気弁を動かし始める。

セカンダリー吸気弁は図7のセカンダリー吸気カムによって駆動される。これは図7から分かるように、54度に及ぶ大きなオーバーラップを持ち、弁閉時期は下死点74度と極端に遅く、レーシング・エンジンのそ

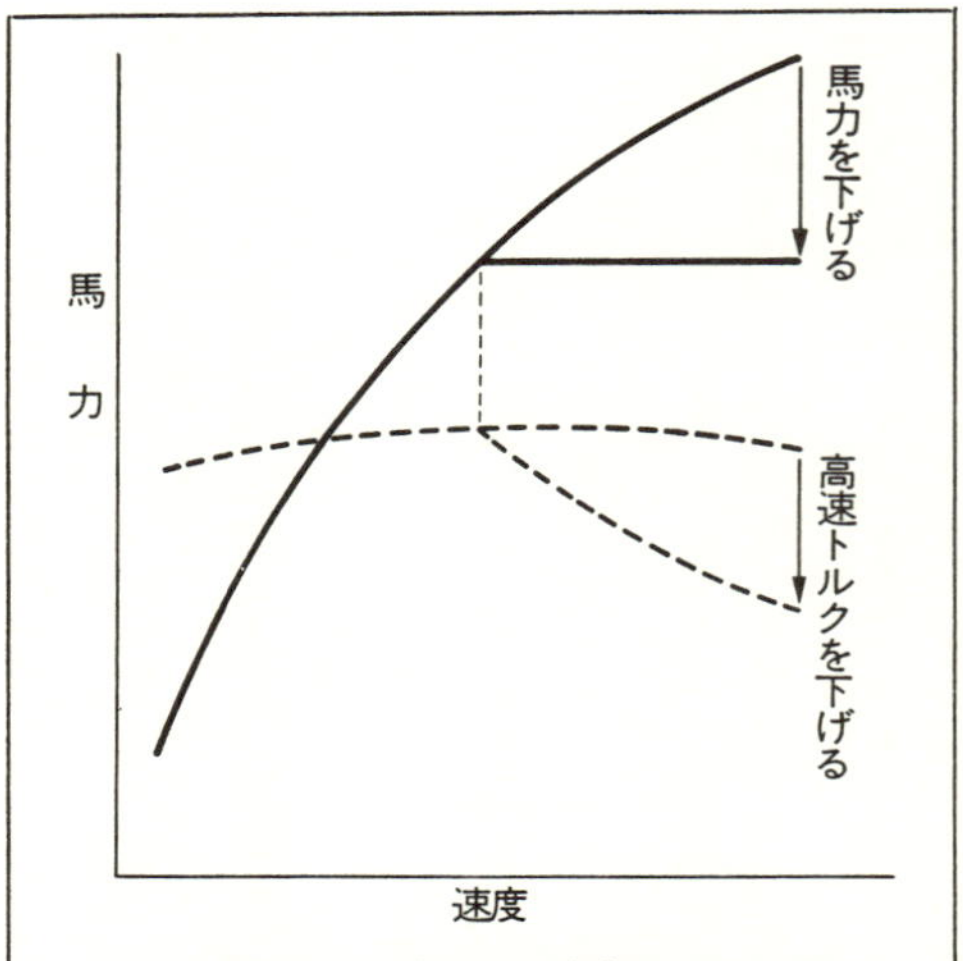

図11　馬力を下げても低速高トルクとなる

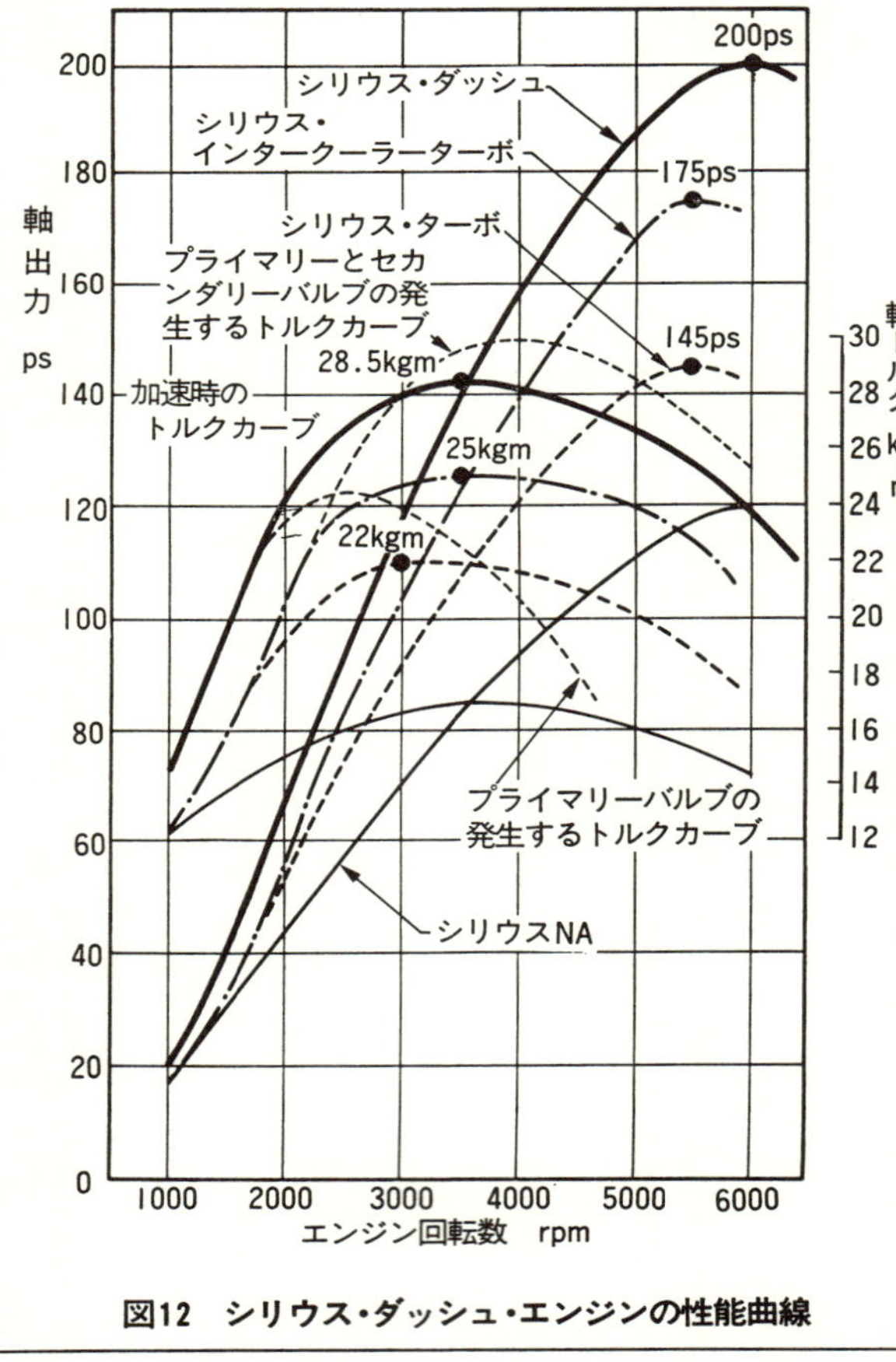

図12　シリウス・ダッシュ・エンジンの性能曲線

れに近い。だから２５００ｒｐｍから上はモリモリとパワーが出て２００psになっちゃったという話である。

●実に巧妙なバルブ・セレクターのシカケ

低速ではショジョの如く、高速ではアバズレの如くＤａｓｈするエンジンは、バルブ・セレクターのお陰でできたが、キャデラック同様、故障しやすいんじゃないかという心配が残る。しかし、心配は無用である。**図13**でそのシカケを説明すると——

図の(A)の状態では、バルブ・セレクターは死んでいる。ストッパーとプランジャーは噛み合っていないので、セカンダリー・カムがセカンダリー・バルブを開けようとしても、バルブを押すプランジャーは(B)のように滑るだけでバルブは開かない。ところが、いま(A)の状態でコンピューターが〝開けバルブ〟と命令するとロッカーシャフトの中を通って、

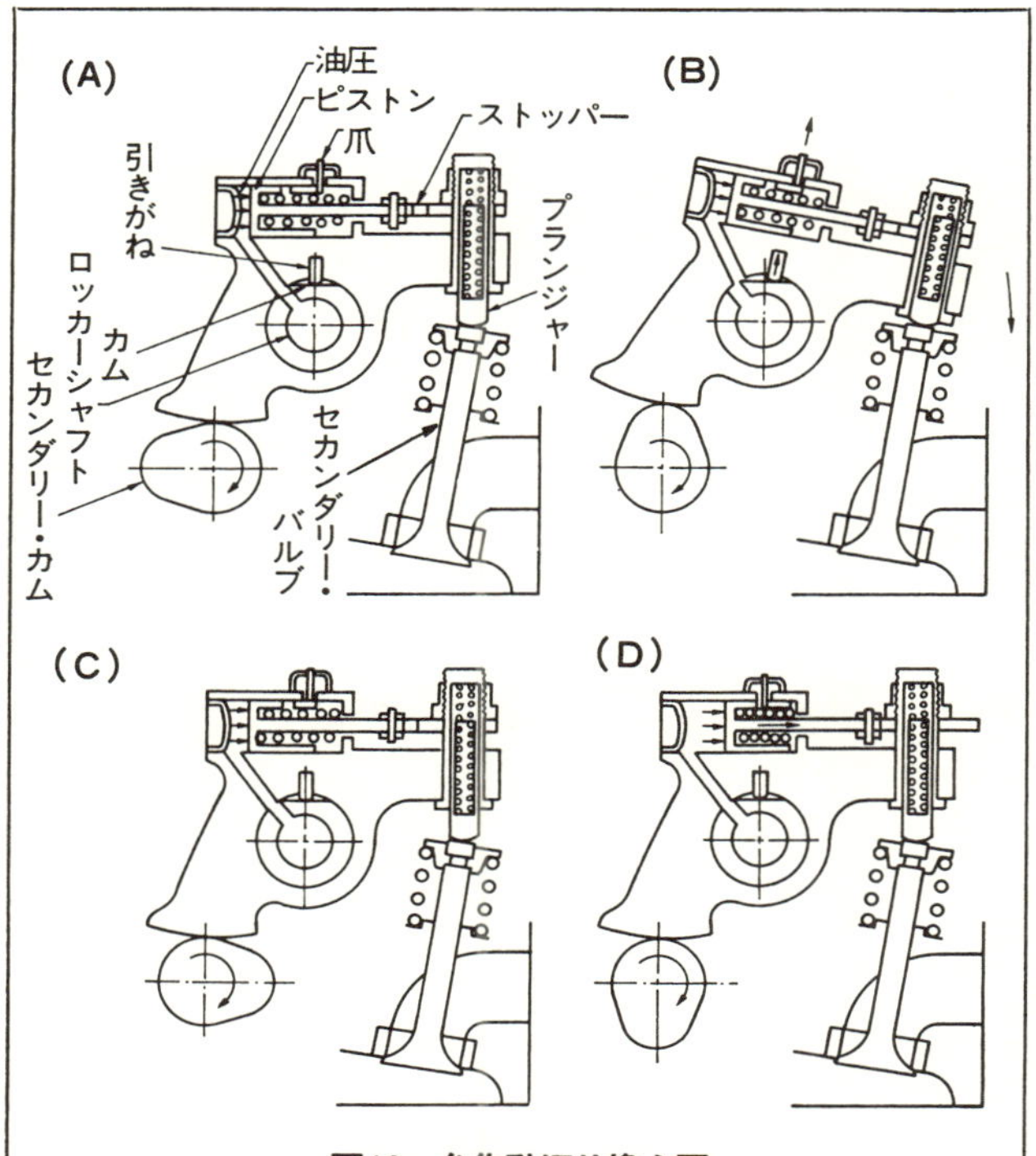

図13　弁作動切り換え図

4kg／cm²に増圧された油がピストンを押す。ピストンに押されたストッパーがプランジャーの上に飛び込むタイミングが大切で、プランジャーが動いているときストッパーが飛び込むと、シンクロなしのミッションを変速するみたいに、ガリガリといって壊れてしまうのだ。ＤＡＳＨエンジンでは、(A)の状態ではストッパーを押そうとしてもカムが引き金を押さず、引き金はピストンの動きを止める爪を外さないのでピストンは動けない。(B)の状態になると、カムは爪をはずし、ストッパーはプランジャーに向かってはじかれ、(C)でストッパーは**図14**左のようにプランジャーに激突し、プランジャーの下がるのを待ち、(D)で図14右のようにストッパーの入る道が開き、ストッパーがここに入ってバルブ・セレクターは〝生き〟となり、セカンダリー・バルブを開閉する。

ウマイ!!　オレは感動した。他人のインスピレーションとはいえ本家を越えているし、本家では考えもつかなかったターボ・エンジンの低速トルク・アップに転用したのだからホメるよりほかない。

ただ、これだけの苦労をしても図12から分かるように、１０００ｒｐｍのトルクは12kgｍからタッタの３kgｍしか向上していないのではないか、とクサスこともできるが、スタリオンは５速１００km／ｈのとき、エンジンの回転数は２５００ｒｐｍである。平地を点数とお金を失わないように走るのであれば、これ以上の回転数とパワーはいらないのだから、低速トルクが太りタウン・ドライブをイージーにし、燃焼速度を高めたことによる燃費良化を評価しなければならない。

２５００ｒｐｍまではブーストの針は動かないわけではないが、図12からも想像できるように、シートバックが激しく背中を押し始めるのは、２５００ｒｐｍからである。図12ではピーク・トルクは３５００ｒ

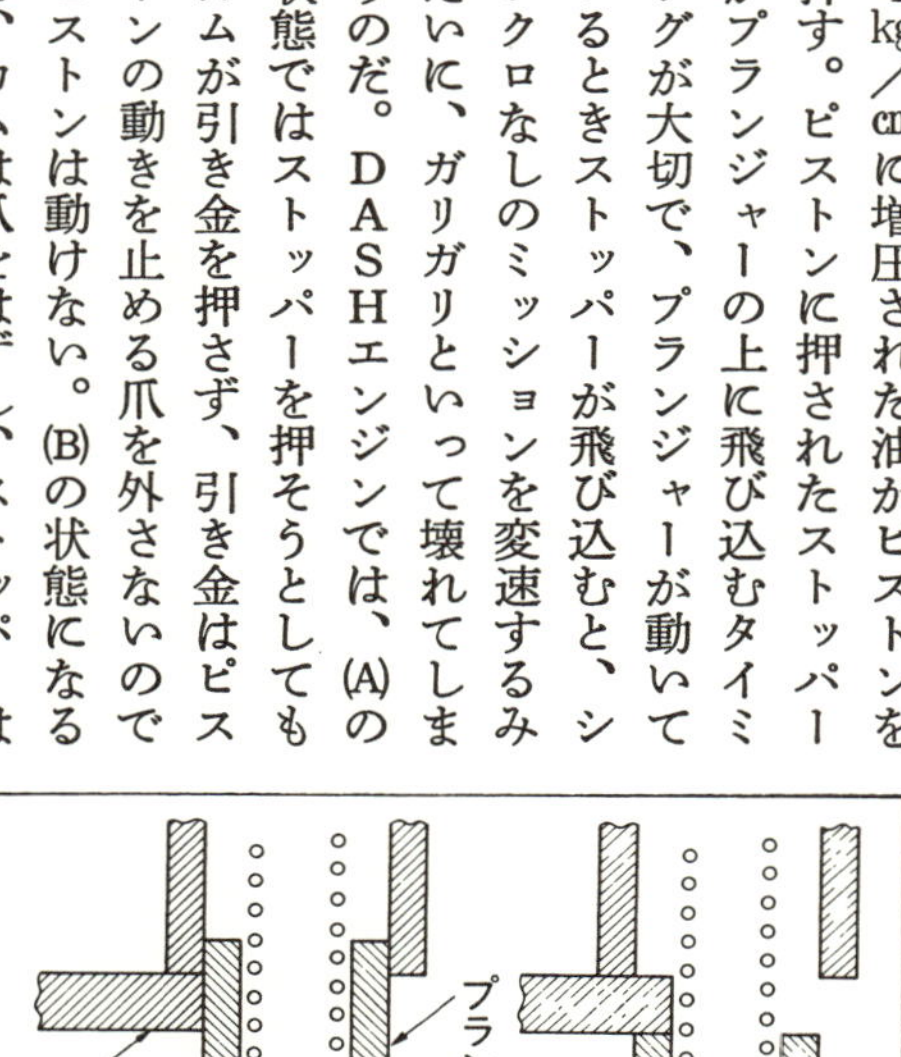

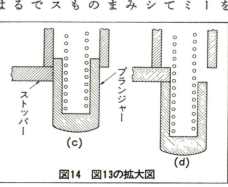

図14　図13の拡大図

pmにあるが、実感としては4000rpmを過ぎたあたりで感じる。

これは加速を始めたときはヘッドやピストンがまだ加熱状態にならず、チョットだけノッキングしないので**図15**のシカケでウエイストゲートを押さえ込んでブーストを高める。いずれはヘッドが熱くなってノッキングを起こし、ノック・センサーが苦しいとコンピューターに泣きを入れ、〝開けゲート〟と命令を出して定常のブーストにもどす。このシカケを最初に採用したのは、いすゞアスカ・ターボだ。この希少によって価値を発生した各車とスタリオンと乗り比べてみたが、市街地での加速感は変わらなかった。だからマネをしたのだといわれても、後から発売したものは、その屈辱に耐えねばならない。

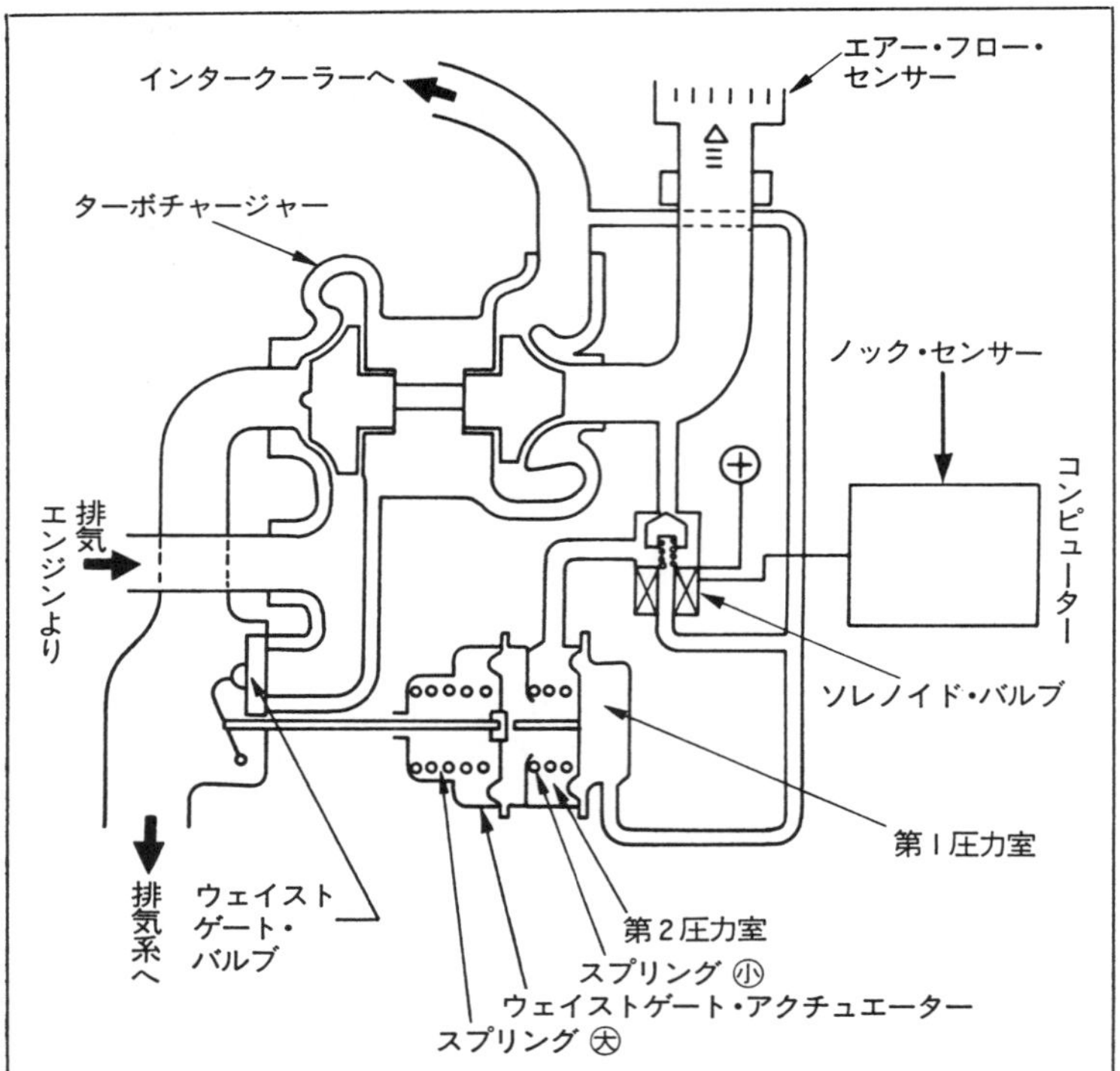

図15　過給圧制御システム

ターボはブーストを高めてパワーを出そうとすればするほど、図12のようにピーク・トルクは高速側に移るので、加速中は高めの4000rpmに最大トルクを感じて当然である。

ターボ・ラグはほとんど感じない。強いていえば、ローで急発進するとき、4000rpmで突如としてダッシュするが、このぐらいのターボ・ラグはあったほうが是とする価値観の逆転したユーザーも多い。

ライバルとの性能を比較すると**図16**となる。

ホントの性能は、これに0・7か0・8を掛ければよいのだ。自分の好きなクルマに0・8を掛け、嫌いなクルマに0・7を掛けて眺めてもウソにならない。

なぜかといえば、役人もまた生きている化石で、役人の見ている前で馬力もネンピも低公害性もインチキのやり放題なのだ。

頭が固いといわれているMMCのエンジニアも例外ではなく、上手にトルク・カーブを創造したものだ。それでも図16は我々に真実を語りかけていて、我々のいだいている、馬力＝加速の幻想を覆してくれる。こ

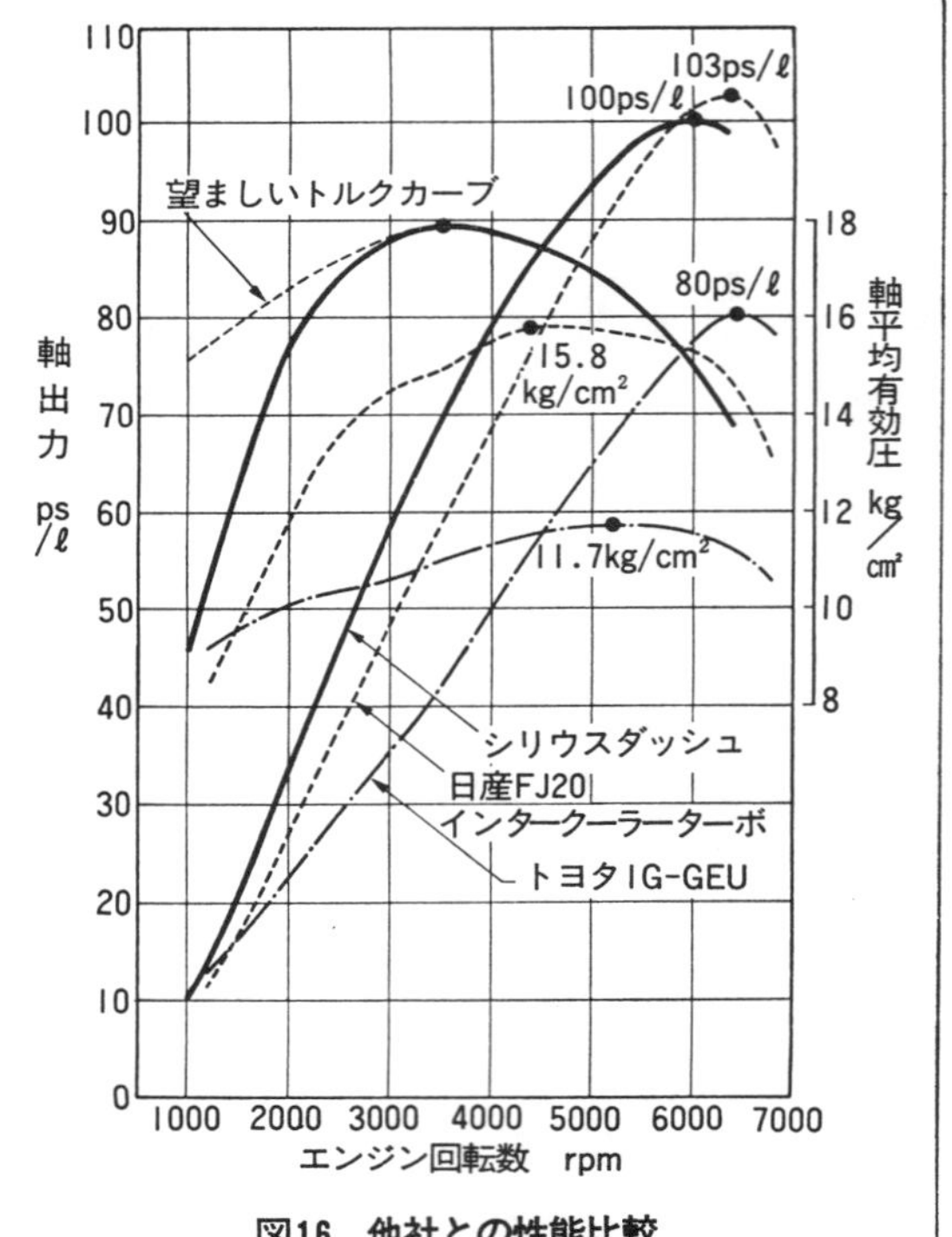

図16　他社との性能比較

の3×2とかT-VISによって、1000rpm後でのクラッチ・エンゲージ・ポイントの発進をしやすくしている。

さらに、図16の点線、望ましいトルク・カーブを創造することができれば、いまのグリコのオマケ付きクルマ――例えば、2ℓ車にターボを付けて馬力競争する――から脱却して、2ℓ車に加速を損うことなく1ℓエンジンを載せ換えて、軽い燃費のよいクルマができるのだが。6月号で述べたように、ジャギュアではこの思想で4・2ℓ・205psエンジンに換えてDOHC4弁3・6ℓ・225psのエンジンとしているのではないか。

もし1000rpmのトルクをどうしても高めることができないときは、CVT――スバル・ジャスティに採用決定の無段変速機――でもホンダのいうMM思想は実現する。

さて、前述したように、スタリオンは100km／hまではプライマリー・バルブだけで走れるので燃費はいいはずであるが、加速の誘惑は断ち難く、ネンピは計測しないことにしても、試乗はフル・スロットルとフル・ブレーキだけを楽しむことにした。そして、高速道路で専ら追越しを楽しんだ。気安くアクセルを踏み込むと、5速・100km／h・2500rpmでブースト計の針がほとんどゼロを指していたものがアッという間にブーストが0・8kg／cm²を指しつつ前車を3台くらい抜くと、もう速度は170km／hをオーバー。4速にシフト・ダウンする必要は全くない。

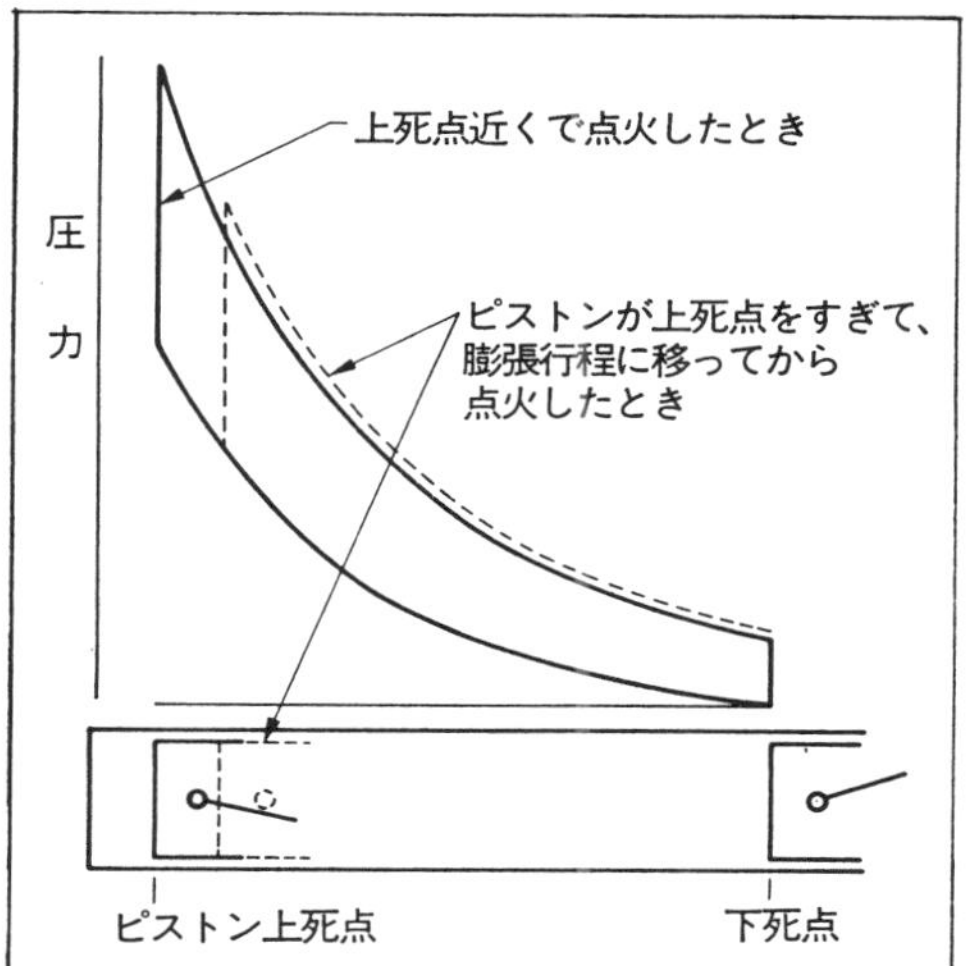

図17 タイミング・リタードとは圧縮比を下げること

これには、さすがのオジン暴走族も命とお金が惜しくなり、120km／hで一休みするという有様であった。

2500rpmを超えると、コンピューターは〝開けセカンダリー・バルブ〟と命令し、大量の排気ガスがターボを加速し、ブーストを上げる。ブーストが上がればチャージクーラー付といえども、パワーとともにノッキングが発生する。シリンダー・ブロックに取り付けられたノック・センサーは4000Hzのカンカンというエンジンの悲鳴を聞き取り、親分、大変ダアーとコンピューターにご注進。

コンピューターはデスビに〝点火時期を遅らせろ〟と命令、点火時期を遅らせると、**図17**から分かるように、実質圧縮比が低下してノッキングはオサまるが、ネンピは落ちる。

ベンツが無過給エンジンでも、ソジウム冷却排気弁と鍛造ピストンを使っているのに、こんなにパワーが出たのでは、熱でこのガラクタ・エンジンがモタない。あわてたコンピューターはカルマン渦で空気流量を測定しているEFIに〝ミクスチャーをハチャメチャに濃くしろ〟と命令し、ナント、ガソリンでピストンやヘッドを冷却する。

さらにネンピはどうでもよい、パワーさえ出ればと加速すると、エンジン回転が3500rpmを超え、ブーストが限界まで高まり、チャージクールやタイミング・リタードのかいもなくノッキングを始める。そこで、〝開けゲート〟とコンピューターが命じて排ガスをウエイストする。ウエイストゲートを開ければそこから排気エネルギーが逃げ、それだけ分は確実にネンピは悪くなる。

要するに、パワーを稼ぐためにネンピを悪くし、HCやCOをタレ流すわけである。これはDASHエンジンだけがそうなのではない。今のターボ・エンジンは高負荷時にはいずれも同じことをしているのだ。今、日本のエンジニアにとって必要なのは、過給ガソリン・エンジンの高負荷ネンピ改善のインスピレーションを外国から得ることである。

とはいっても、この3×2DASHエンジンの低速トルクの太りは、オジンでも高速ドライブを楽しめるようにしてくれた、世界で最もナウいシカケである。

MMCサイクロン・エンジン

この理想のエンジンがなぜ評価されないのか——生態学的考察

エリマキトカゲのCFによって、オモチャ業会に空前のブームと利益をもたらした。が、この間、MMCのシェアーは低下し続けたのだ。

エリマキトカゲのヨタヨタと走る姿はMMCそのものを連想させ、ついでにギャランΣの加速性能の低さをユーザーに自ら強調したのかも。

次のCFは？

これも懲りずに同じ広告会社に外注した。金さえ取れればよい広告会社のCFは、「サイクローン」とそよ風のごとくにササヤクのだ。

いすゞの「シグナス」、マツダの「マグナム」にも似て、ササヤキからは新技術、力強さ、経済性、レスポンスのいずれも連想させせない。サイクロン（印度洋に発生する大嵐）の目玉となるような力強い新エンジンを期待させせない。

●優雅とは

初夏のキラメク水面の下を優雅に泳ぐ金魚を見つつ、オレは思った。時間という概念にとらわれず、そして、自身の美しさを少しも主張していない。ところが、金魚と正反対の生きザマを強いられたり、あるいは自らノメリ込んでしまった優雅とはほど遠いオレたちには、金魚を見ることによって安らぎを感じているのかもしれないと。

だが、気になるのは金魚のウンコだ。生命維持の役割を完全に果たした後の老廃物を惜しむかのように曳航する姿は、括約筋が弱いのでフンギレが悪そうに見えるが、よく見るとウンコの方が金魚にしがみついているのだ。

教授は定年を過ぎると名誉教授になり、現職を名刺に刷り忘れても、名誉教授の肩書きを忘れることはない。これは金魚のウンコではあるが、金魚（大学）に対して完全に無害である。

といえるのは、名誉教授につきまとうのは文字どおり名誉だけで、ゼニ、権力、そして女とは無縁だからだ。

ましてや名誉教授という名目に、捨て扶持はついていないのである。金魚のウンコで大迷惑しているのは、日本の会社、と社会である。オレたち、一般大衆は残念ながらゼニによってネジフセられているし、そのゼニを与えるか、与えないかの決定権は権力が握っているのだから、最低の権力者、課長といえども、ヒラたるものたとえ心の底でバカにしていても、演技力によって尊敬のマナザシで土下座するか、負け犬のような顔で討論にワザと負けてやらなければいけない。

最高の権力者、社長ともなれば、全社員から尊敬のマナザシで見つめられる。が、権力者の座を下りると、タダの顔中シミだらけのオジイサンになり下がってしまうのだ。

権力者はこの冷たい事実を知っている。そして、何よりもマズイことに、権力とともにゼニまでもが入らなくなるのだ。

アメリカの経営者ならば、引退、すなわちハッピー・リタイヤメントで、十二分な退職金でマイアミに別荘を造り、ゴルフとヨットで余生を遊び暮らすことができるのも、会社とは完全にフンギレてしまったからだ。しかし、敗戦国ニッポンでは、共産革命を恐れた統治者マッカーサーが農地解放をして、地主をなくし、加えて相続税を増やしたので有閑階級はなくなり、日本中が労働者だらけとなった。

最高の労働者、社長の所得税は80％にも達し、サラリーをお手盛りでいくら引き上げて見たところで、手もとには幾らも残らない。それでも楽しいのは、権力によって社員を土下座させ、会社の金でショファー付ベンツに乗り、ゴルフやゲイシャ・パーティを楽しむことができるからである。だから、権力を失いたくないし、後任の社長が決まっても、金魚のウンコのようにシガミつくのだ。その最良の手段は、代表取締役会長になることで、8年間ガンバレばパーフェクト・ゲームといえる。

ところが一つの会社に社長と会長の2人の代表がいることは、キング・パーレビとシャー・ホメイニが同居してるみたいなもので、双方ともにカリスマだから、ウマクいかないリクツである。

ところが住友金属のように、会長の上に代表取締役名誉会長というウンコがシガみついていても何となくウマクいくのである。そのシカケは自他ともに許す三流の人物を、本人もゼッタイに重役になれないと思い込んでいるヤツを社長にする。感激した新社長は前社長に犬のごとくに仕えるから、前社長は会長にしろ、新社長にしろ命令できるのだ。が、それでも一つの会社に2人の親玉では社長の方が何となくコソバユイと見えて会長を経団連に捨て扶持をつけて送りつけるのだ。

経団連という名の隠居部屋、これがまたヘンなのだ。

前会長の稲山サン。この人はミスター・カルテルといわれ、新日鉄の社長時代、ナレアイによって鉄の値段を引き上げ、一時は製鉄会社の利益を高めたが、カルテルの報いは、国際相場の3倍もする国内炭を使うことを義務づけられ、鉄鋼業会から国際競争力を失わせ、現在の構造不況業種に育てあげた、その人なのである。

経団連の新しい会長は斎藤サンで、これまた新日鉄会長というのもヘンだ。

経団連が日本経済の総本山といいたいのであれば、輝かしい未来が約束されているコンピューター&コミュニケーションの日本電気の関本サンが会長になるべきだという説もあるが、オレの選択はスポーツ事業、すなわち三次産業の雄、西武の堤義明サンである。というのは、円高で日本でモノを作っても国際競争力がなくなったり、輸出する相手の国にゼニがなくなったりしたので、外国に工場を建てて、そこで造ることになった。結果はミエミエでいつかは日本国内には工場と仕事がなくなってくるのだ。そうすると、何をすべきかといえば、失業保険でゴルフやテニスをして遊び暮らすよりほかにテはないのだ。皆が一生懸命に遊べば、ゴルフ場にも、そのレストランにも労働力の需要が増大し、失業問題は解決する？　しないだろうなァー。

日本の未来は現在のアメリカで、アメリカを見ると、技術集約型でない自動車とか、テレビ産業などに失業者は多いが、宇宙・航空機産業とか、コンピューターなどの先端技術産業では将来も十分に強いので、日本の自動車も技術的に断然優位に立つことによって、ベンツのような高い車を輸出することしか、ロードーシャを生かし続ける道はないのだ。

●技術はあっても商品企画がない

新技術を創造しようとするとき、それを必ず妨害するのはエライ老人で、このウンコをたくさんヒッパッテ泳がざるを得ない年老いた金魚、すなわち会社ほど活力が失われる。このことは「パーキンソンの法則」になっているくらいで、ＭＭＣもそれに該当するではないか、と京都にまでインタビューに行ったのだ。

ギャランΣのサイクロン・エンジンは確かにオレの理想のエンジンで、表1によれば、

Ａ、低・中速トルクは高い。

Ｂ、レスポンスは処女のケツに手がふれたごとくに素早く反応する。だから、

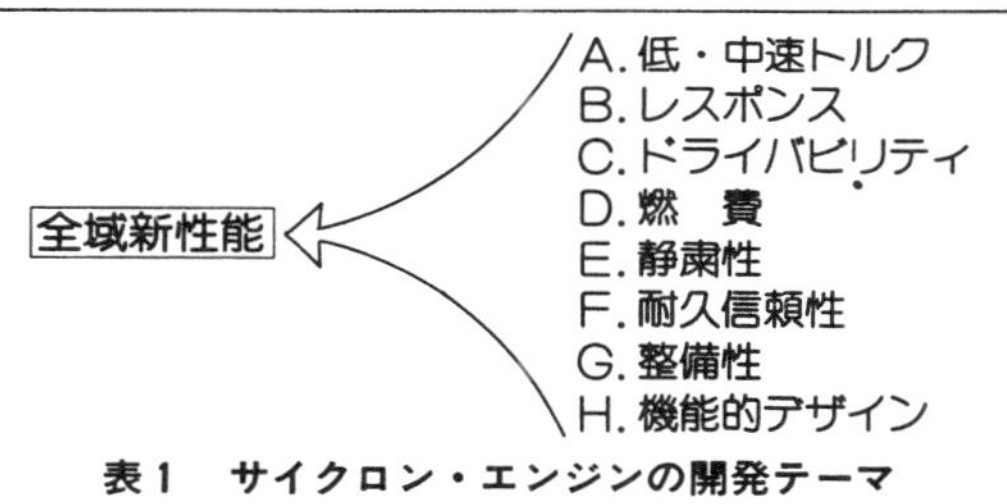

表1　サイクロン・エンジンの開発テーマ

C、ドライバビリティは良く、だれがハンドルを握っても、スタートでエンストすることもなく、100㎞／hまでは中速・高トルクと素早いレスポンスのお陰で実に気持のよいドライブを楽しむことができる。

なのに、自動車評論家ゴッコを終えて、ギャランΣから降りたオレのダチのガキどもがオゴソカにいうには、「オレたちを駆り立てるサムシングがないなァ」であった。ガックリしたオレは頼りになるのはオジンとばかりに、MFの鈴木社長に「理想のエンジンはこれだ」というと、

？？？……と、オレの顔を見つめるばかりなのだ。

鈍なオレもここで悟らざるを得なかった。虚栄の道具としての自動車には、虚栄のための性能が必要なのだと。実用品として自動車を考えるならば、100㎞／hを超えて走ることは我が国では許されないこととなってはいるが、実は、自動車ジャーナリズムに毒されてしまった連中は、140㎞／hからの加速がドライバビリティの評価の最も大切な項目になってしまっているのだ。そして、評論家によって作られた世論によって評価し、オレは〝良い〟クルマに乗っているのだゾ、という虚栄心を満たすためにクルマを買うのだ。だから、さらにそれが高価であればなおさら入手したくなるのが道理である。

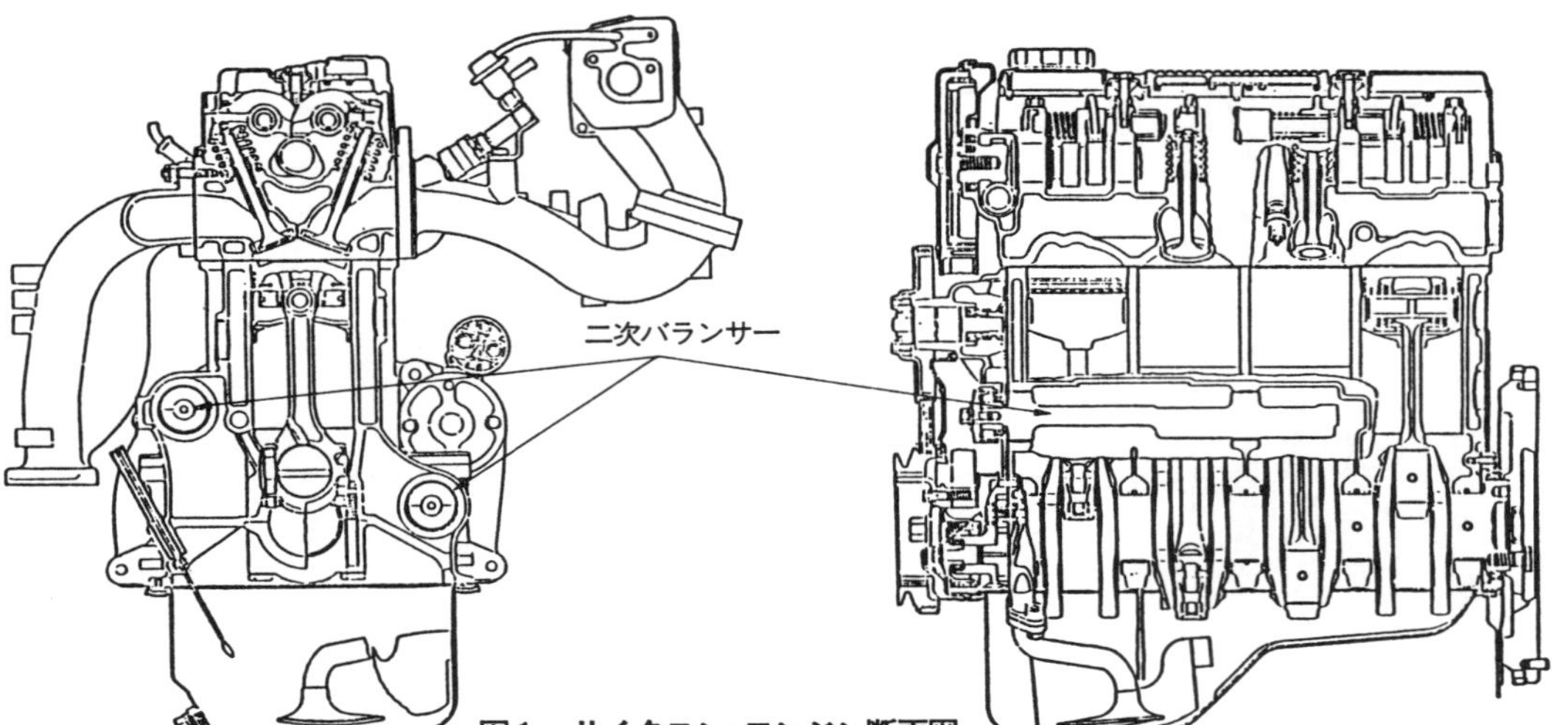

図1　サイクロン・エンジン断面図

道理が分かっているトヨタは、直6／2ℓの1GエンジンをDOHCの24バルブにし、ツイン・ターボ／チャージクールとツッパリ、ニッサンも負けじと、RBエンジンにセラミック・ターボを取り付け、互いに高性能とレスポンスの良さを誇り、譲らないのだ。

一方、サイクロンECI―MULTIエンジンは、と見れば、直4である。直4エンジンは直6と比較して走りが下品ではないか、高級車はやはり直6だと評論家はいいたがるが、1980年代における最高のビンテージカー、メルセデス・ベンツ190―2・3にはコスワース・チューンの直4、2・3ℓDOHC16バルブ・エンジンが載っているが、伝え聞くところによれば、走りはベンツにふさわしく上品で、しかもF1のごとくよく走るとのことである。

ポルシェ944ターボだって、直4、2・5ℓエンジンを載せて堂々と高級車にして高価格車である。ただし、このエンジンは直4にしては排気量が大き過ぎ、2次の慣性力（エンジン1回転に2回、上下にアバレル）が軽いポルシェのボディを揺るがし、これがカワイコチャンのデカパイと共振してプルンプルンしてはマズイとみえて、MMCから2次バランサーのパテントを買って、取り付けているのだ。

2次バランサーの本家、MMCのサイクロン・エンジンはそれなしであろうはずもなく、**図1**に示すように取り付けてあるのだ（2次バランサーが直4エンジンを上品にするリクツはシリウス・エンジンの項参照）。

ギャランはFF横置きエンジンで、直6エンジンでは長過ぎて、エンジン・ルームの中には入らない。入らないから、直4として短くした

が、ニッサンやホンダはV6エンジンを採用している。が、V6では6気筒エンジンといえども完全バランスしない。クランク軸を中心に1次と2次の下品なゴマスリ運動をする。それに、24バルブにするには、ニッサンVGエンジンのように複雑にして高価なQOHC（4本カム）とするか、ホンダ・レジェンドC20Aエンジンのような複雑にして旧式な弁機構を採用するほかはなく、オマケにV6ツィン・ターボとF1なみのスペシフィケーションを誇ろうとするにはあまりにも幅広で、これまたボンネット内に入りきらない。だから、MMCはFFエンジンとして最適なシリンダー配置を選んだといえる。だが、迷エンジン・デザイナー毒舌がカリカリするのは、サイクロン・エンジンはSOHCなのだ。

直4エンジンは6シリンダー・エンジンと比較して、構造簡単で、部品点数も少なく、エンジンを安く、軽く作られるのも魅力の一つである。それに、FF用エンジンとして最もコンパクトでスリムなのだから、DOHC16バルブ、セラミック・ターボ、チャージクールしてライバルに差をつけるべきだったのに……。

ウンコにリモート・コントロールされているMMCは、我が社もベンツ並みにSOHCを踏襲すべきである。そして、ベンツ以上のドライバビリティを確保せよ、とアワレなエンジン設計課長に命令したにちがいない。

SOHCの動弁系はだれが設計しても、図1と図2を比較すれば分かるように、ベンツもサイクロンも瓜二つである。だからといって、ベンツ並みというには百年早いのだ。

安全性と静粛性／快適性、操縦安定性を重視したため、重くなり過ぎたクルマの加速能力が不足したり、クルージング・スピードが200km／hを超えなければ、悪びれずにギャランと同程度の大きさのクルマに排気量5ℓもの大きなエンジンを、燃費を気にしないでヒタスラに走りをエンジョイする人のために載せてしまうのだ。その上、DOHC4弁よりもSOHCの方が低速トルクを高め、レスポンスを改善しやすいので、ターボという下品なシカケを嫌うベンツは、コストが安いからといって、一見チンケ風なSOHCにしたわけではない。MMCがベンツのマネをするようなことをオジンは顰蹙《ひんしゅく》というのだ。語源は昔、シナに西施という美女がいて、王様がイタスときのシカメ顔が更に美しく、王様を夢中にさせたとの評判があったので、ブスがマネしたら、思わず目を覆って、「こいつは顰蹙だ」といったのだ。

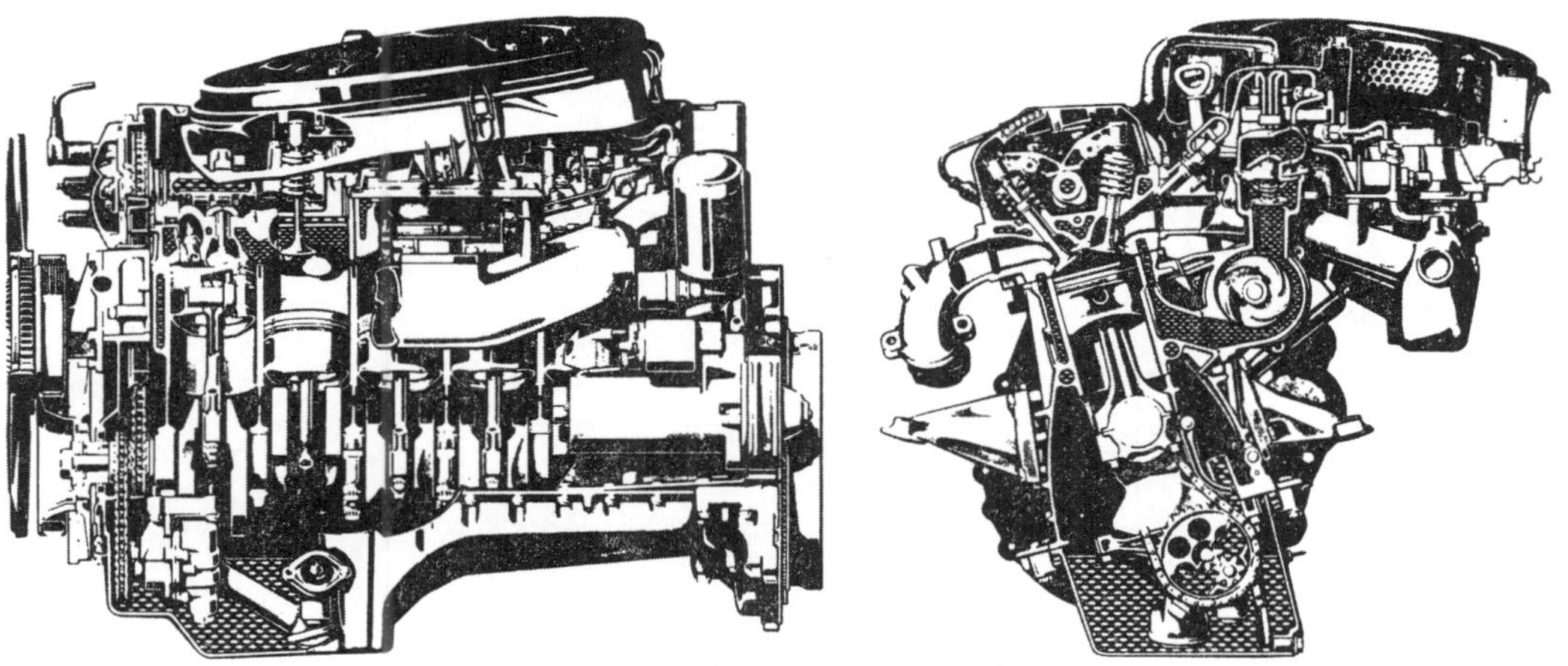

図2　ベンツの新エンジンM103の断面図

顰蹙すべきはサイクロン・エンジンの企画であって、だからヒット商品とはならないことはわかっているのだ。

その証拠に表1に高性能ではなく全域〝新〟性能としてある。

●低速チューニングの数々のワザ

技術的には、MMCのエンジニアはガンバッたと思う。

まず、ドライバビリティをよくするには、低速トルクを高める必要がある。ガソリン・エンジンの場合、ストイキなミクスチャーを吸入し、燃焼し、パワーを発生させるので低速での充塡効率を高めるのが、ワザその1である。図3はサイクロン・エンジンの何の特徴もない吸排気系ではあるが、吸気マニホールドのブランチもデュアル・エキゾーストも2000rpmにチューニングした、とMMCはイバルのだ。

結果は図4で、従来エンジンよりも全域にわたって充塡効率は向上し、向上した分だけ性能アップしているはずである。2000rpmにチューニングした吸排気系ならば、2000rpmのトルクだけを高めるのでは、と思って当たり前である。が、ロング・デュアル・エキゾーストならば、全域も可能なのだ。図3で説明すると、直4エンジンでは#1シリンダーの排気弁が閉じる直前に、#3シリンダーの排気弁が開き、高圧の排気ガスが排気管内に流入する。このとき、⊕の圧力波が音速で集合部に向かい、⊖の圧力波となって#1シリンダーの排気管をさかのぼり、燃焼室内に残った900℃の排ガスを吸い出してしまうのだ。と、パルス・コンバーター大好きオジンのオレが思ったのは間違いで、実際は長いエキゾースト・ブランチ内をピストンに押されて高速で流れている排気ガスは、ピストンが排気上死点に来て停止すると、排ガスの速度もそれにつれて速度ゼロになるはずだが、実際は高速で流れている排ガスは急に減速することはムリで、高速で流れ続けるので燃焼室内の残留排ガスを吸い出してしまうのだ。

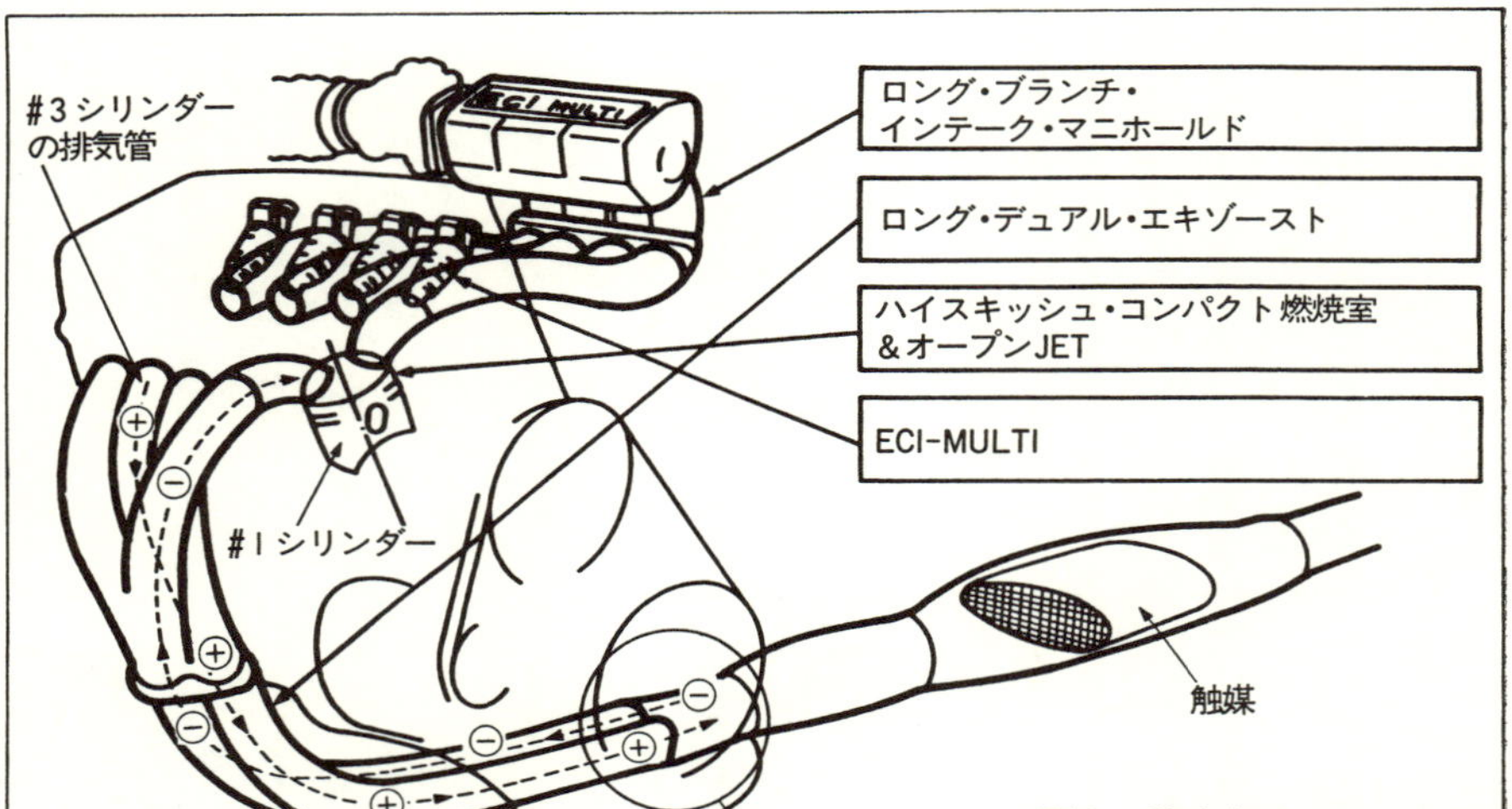

図3　サイクロン・エンジンの吸排気系

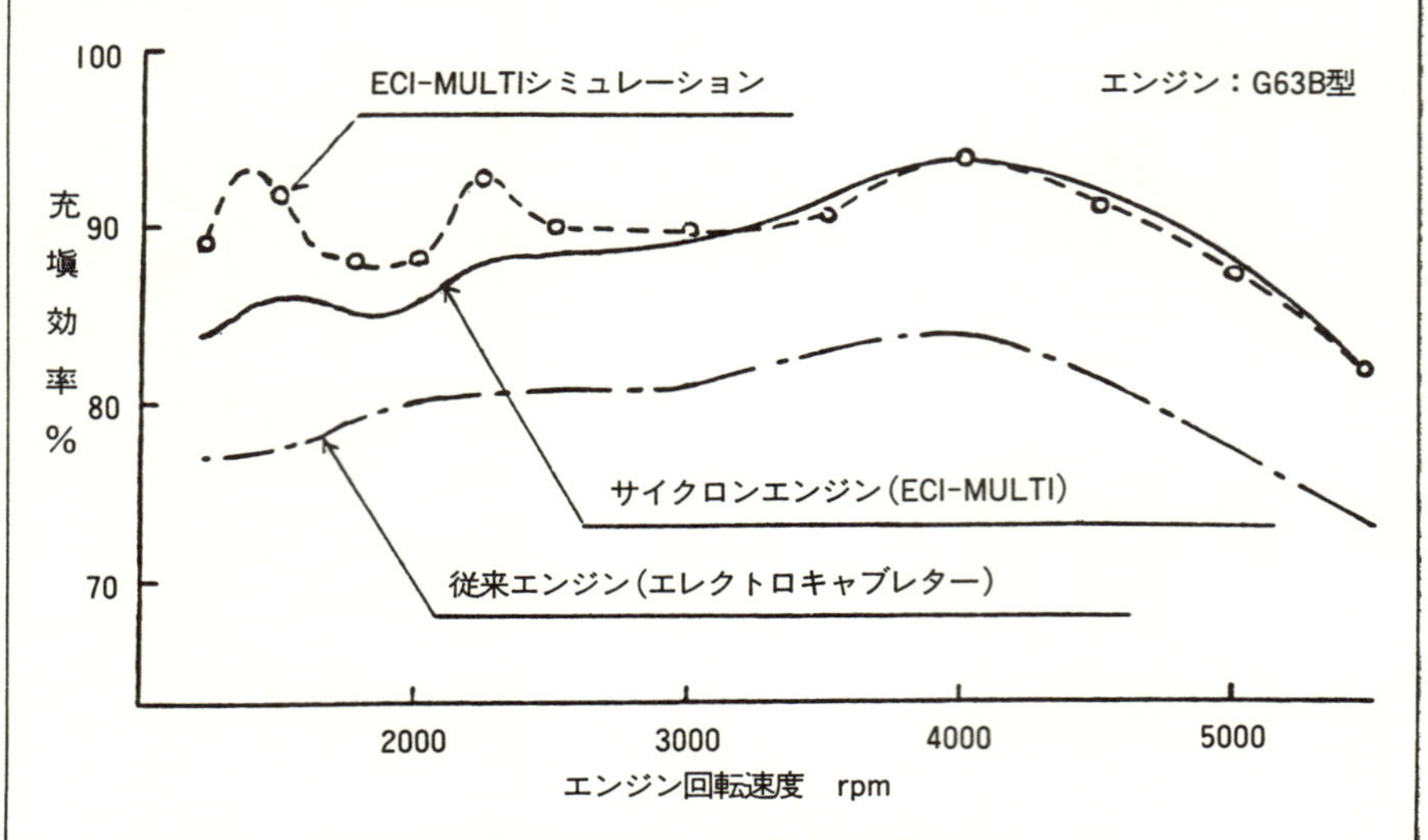

図4　吸気系改良による充塡効率の向上

逆に、燃焼室内の排ガスが多量に残ると、吸入された20℃のチャージは900℃の排ガスと混入し、温度上昇する。

80℃温度が上昇したとすれば、1・3倍にも膨張し、70%のチャージが入ればシリンダー内は大気圧となり、これ以上は吸入できず、パワーは30%ダウンとなるリクツである。

これをもっとわかりやすく説明すると、ニッサンVG20E・T JE

T　TURBOのバリアブル・ジオメトリー・ターボで写真5に示すように、低速ではタービン・ノズル面積を小さくして排気ガスの噴出速度を高めてタービン駆動力を高め、コンプレッサーを高速回転させてブーストを高め

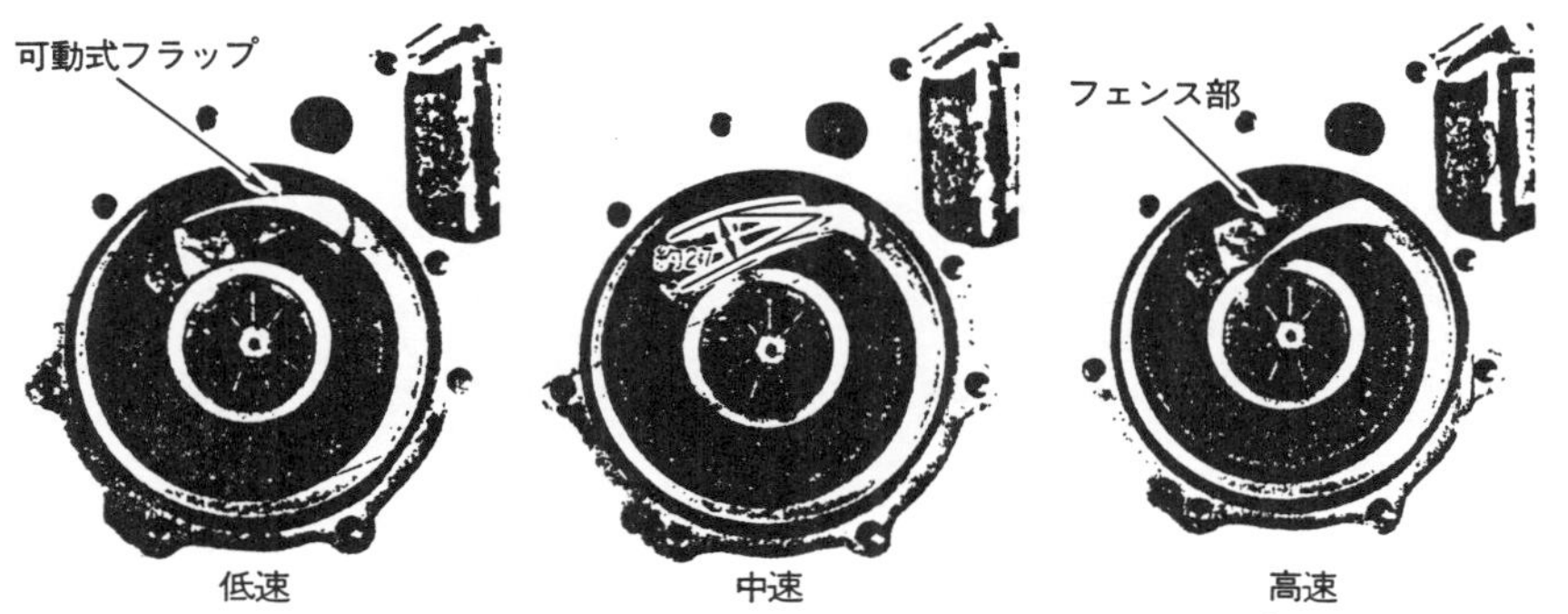

写真5　ジェット・ターボ断面図（タービン・ハウジング側）

れば、低速トルクを高め、レスポンスをよくするシロウトだましのシカケである。が、実際にはノズル面積を小さくすれば、フンヅマリ状態になって排気ガス圧力を高め、燃焼室内には高温の排ガスが残り、高いブーストでチャージを押し込もうとしても、チャージは排ガスと混合して温度上昇し、熱膨張してシリンダーの中へはいくらも入らない。

だから、慣性過給、スーパーチャージャーやターボなどでチャージを押し込む前に、デュアル・エキゾーストで排気をシリンダーから吸い出すのが、効果的なパワー・チューニングなのだ。

図6は排気弁近くの排気通路内の圧力変動を示し、○は排気弁を閉じ、チャージを吸い始める直前の排ガスの圧力で、この瞬間に圧力が急に下がって排ガスを燃焼室内から吸い出して、チャージを入りやすくしていることがよくわかる。

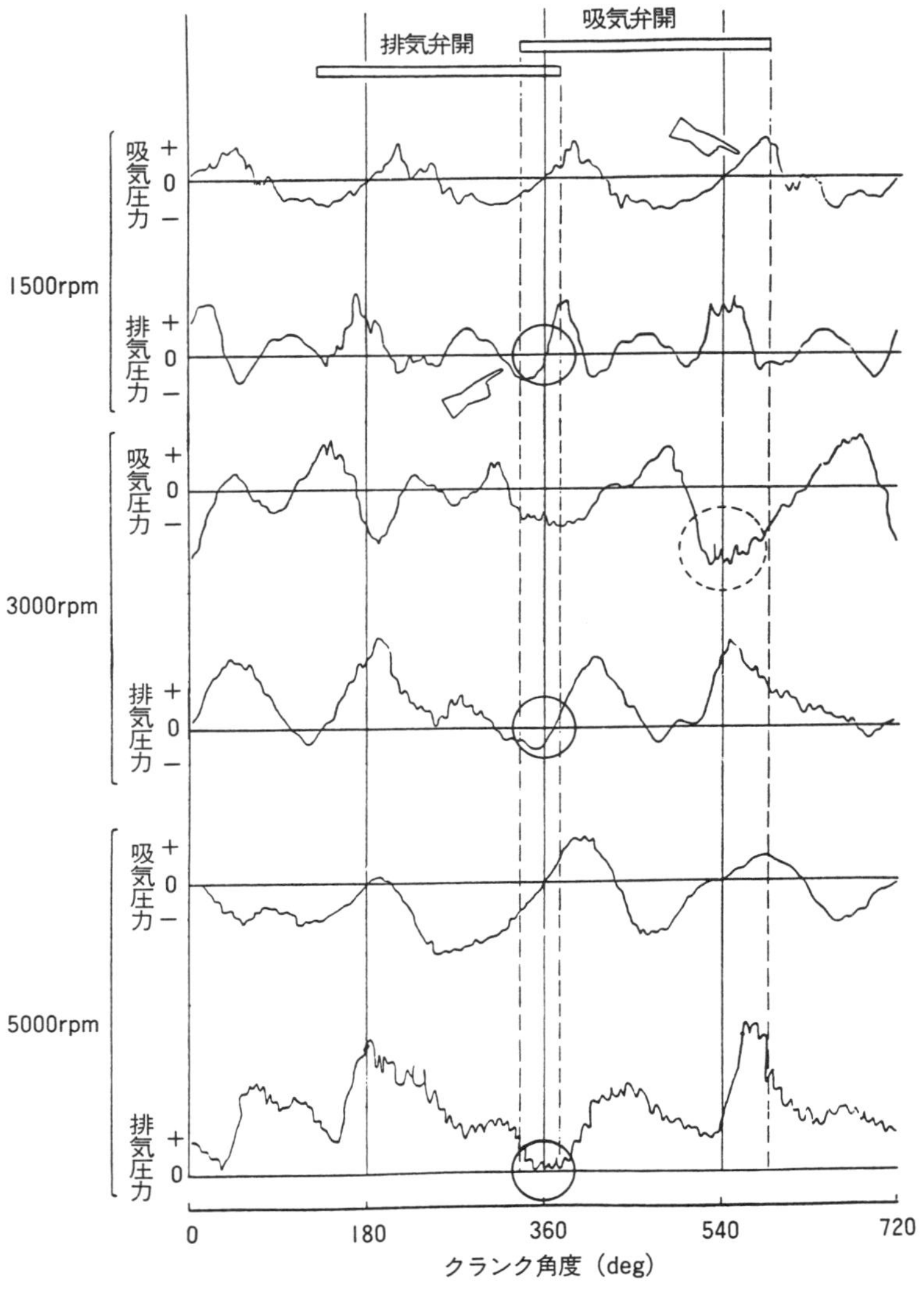

図6　吸排気系の圧力変動

一方、長いブランチを使った慣性過給は、吸気行程の途中はどうで

も、吸気弁が閉じる直前に正の圧力波とともにチャージがドバッとシリンダーに入ることを期待しているが、図6をよく見ると、3000rpmのときは○で示すように、圧力波が入ってくる直前に吸気弁を閉じてしまうので、ここでは慣性過給はマイナスに働く。それでも、図4を見ると、3000rpmの充塡効率を高めたのはロング・デュアル・エキゾーストが排ガスを吸い出したからである。

充塡効率を高めたら、次にシリンダー内に入ったチャージを完全燃焼させてやらねばならない。渦を作ってやればよく燃えることは80年前から分かっているので、**図7**に示すように、MMCも他社並みにスキッシュ・エリアをつけた。スキッシュ・エリアのチャージはシリンダー・ヘッドとピストンによって挟まれ、ピストンによって絞り出されて図7上の矢印のような渦を作る。だが、この渦だけでは低負荷時の燃焼がウマく行かない。低負荷からスムーズにパワーが吹き上げられなければレスポンスを改善できなかったとみえてMMCの得意ワザ、ジェット・バルブをつけたのだ。

低負荷時には、チャージはスロットル・バルブによって絞られ、そよ風のようにシリンダー内に流入するので、渦を作らない。そのかわり、シリンダー内は低圧である。そこに向かってジェット・バルブを開き、大気圧の空気を噴出してやれば燃焼室内に渦ができ、燃焼改善しうるリクツである。と、これだけで低速トルクを従来エンジンよりも11%も高くしたのは技術的にはリッパである。が、レスポンスを改善するには更にワザが必要なのだ。

MMCが愛用していたシングル・ポイント（ノズル1〜2個だけ）のEFIではキャブレターと同じで、ノズルから噴射された燃料はマニホールドの壁を伝わって流れ、エンジンが2〜3回転した後にシリンダーに流入するのではなぐられてから3日後に怒り出すようなもので、レスポンスは悪い。それならばシリンダーの中に直接ガソリン噴射すればと、ベンツは考えた。膣内射精とオレがいうこの方式は、レーシング・エンジンとして良い成績をあげたが、この噴射装置はディーゼルの噴射ポンプより高価となり、一般に普及することはなかった。

シリンダー内ガソリン噴射に限りなく近づけたのが、マルチ・ポイントのEFIで、極めてありきたりのシカケではあるが、MMCではECI―MULTIと重々しくいうのだ。それぞれの吸気弁に向けてガソリンを噴射すれば、コンピューターで計算したとおりの量のガソリンを一瞬の遅れもなくシリンダー内に送り込めるから、最良のレスポンスが期

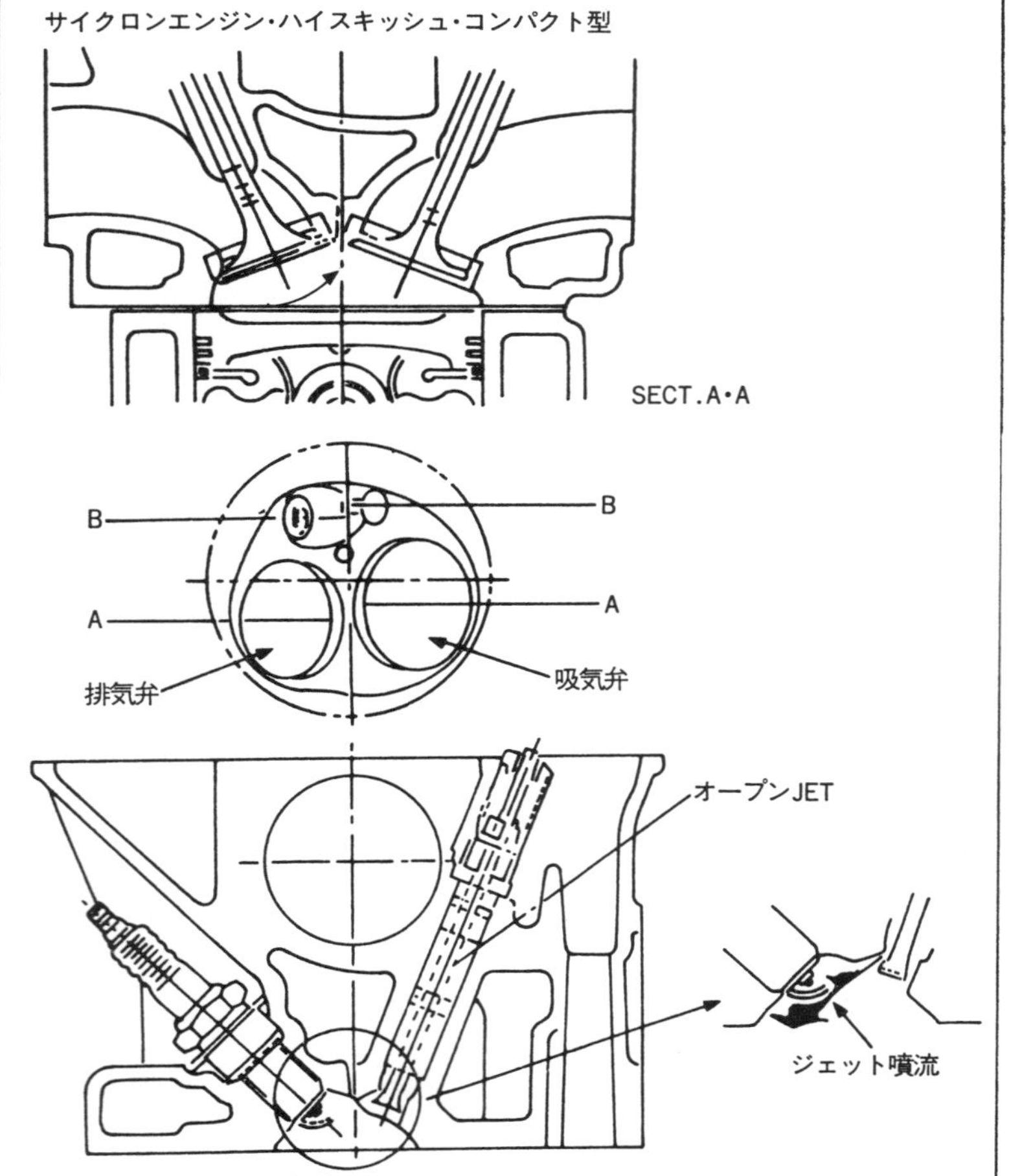

図7　燃焼室

待できる。ボッシュは良い発明をしたものだ、と思う。だが、図8のB、Cのように狙いが悪く、ポートの壁をガソリンで濡らすと、濡れ分だけは遅れてシリンダーに入る。コンピューター・コントロールしてみたところで命令した分だけ噴射し、シリンダーに入った、とコンピューターは信じているのだから、レスポンスは悪くなるリクツである。そこで、Aのように吸気弁の中心に向けて噴射した方がよい、とあまりにも当たり前のことをマスターベーションしている。が、これだけでは未だレスポンス不十分である。

アクセル・ペダルを急に踏むと、踏み代に応じて吸入空気量は増加し、その増加分だけの燃焼を少しの遅れもなく、正確に噴射するのがEFIで、サイクロンECI―MULTIでは1500rpmのとき、どのようにスバシコイ反応をするかを説明すると、図9のようになる。下の線は無負荷状態から〝急〟にアクセルを踏んでも、スロットル全開になるには0・1秒の時間は必要で、それに応じて吸入空気量は上の線のように変化する。アクセルを踏み始めた時期がちょうど#1シリンダーを吸気行程時であれば、図のように噴射されるガソリン量は少し増量され、次にクランクが半回転して#3シンダーが吸気行程に入るころには、吸入空気量は更に増加しつづける。#3シリンダーがどれだけの空気を吸入したか、を見届けてからコンピューターが計算し始めたのでは、このときすでに吸気弁は閉じてしまっているから、ガソリンはシリンダー内に入らない。そこでコンピューターは吸気行程の途中で見切り計算をし、噴射量も見込みで増量しなければならない。テナ調子でコンピューターはシリンダーごとの噴射量を1/1000秒で次々と計算し、/噴射弁に命じて噴射させ、その量が命令どおりであったかどうかを排気管に取り付けたO_2センサーによって検算し、補正し、限りなく理論空燃比（ストイキ：空気14・5：ガソリン1）に近づけるようにガンバルのだ。そして加速中には排ガスの毒はどうでも濃いめのミクスチャーでパワーを出し、レスポンスをよくするのだ。

ECI―MULTIなくしてはサイクロン・エンジンのすばらしいレスポンスはあり得ないのだ。とすれば、エンジンの進歩はここでもコンピューターにブラ下がっているだけか、とオレを嘆かせることになる。

とはいうもののECI―MULTIは他社のEFIよりススンでいるのだ。

吸入空気量に比例した、ストイキなミクスチャーをエンジンに供給するには、何よりもまず吸入空気量を正確に測定できるエアーフロー・センサーが必要である。そして、その測定値がデジタル値であるのが望ましいのだ。ということは、コン

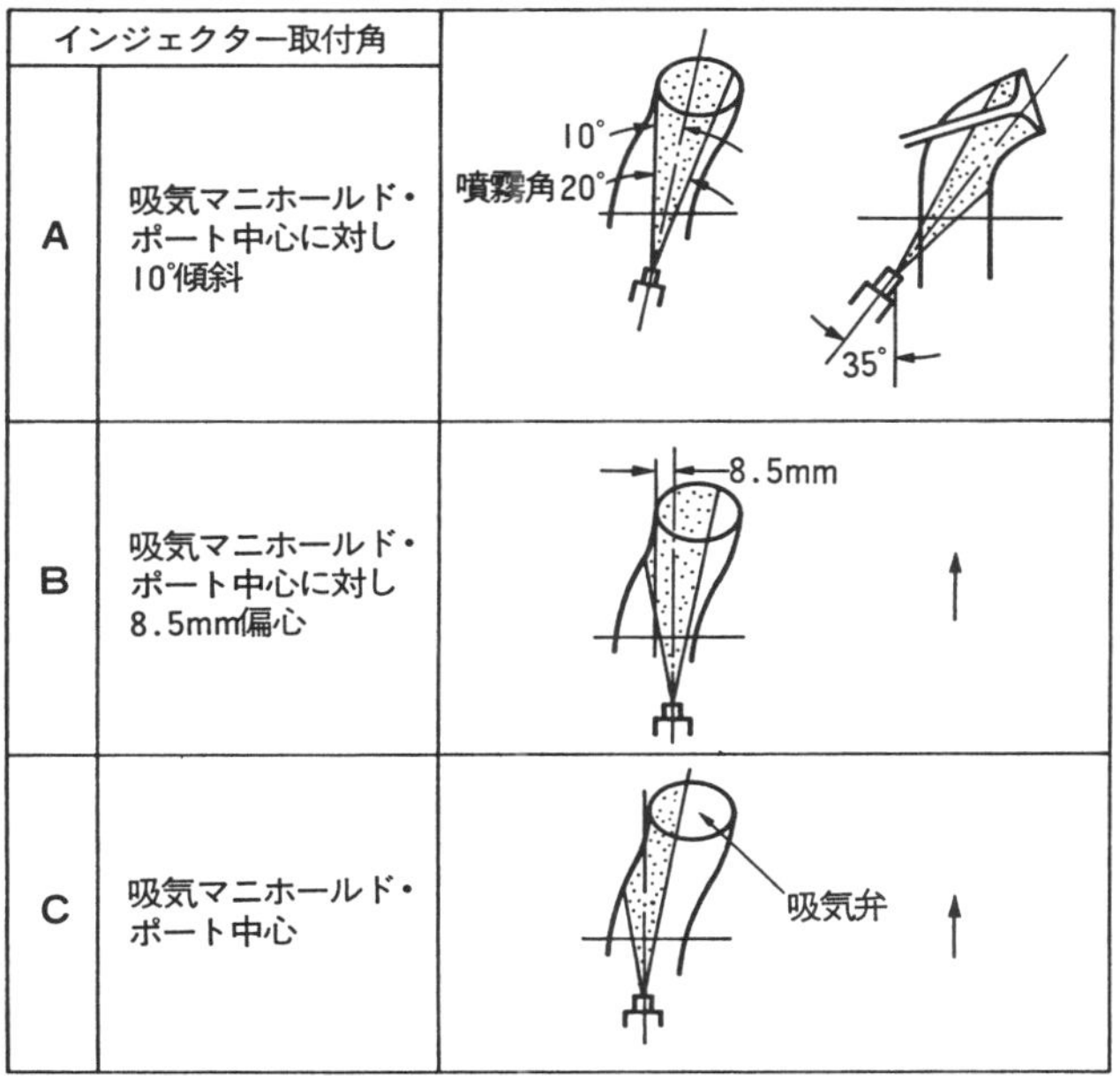

図8　ECI-MULTIインジェクター噴射方向の影響

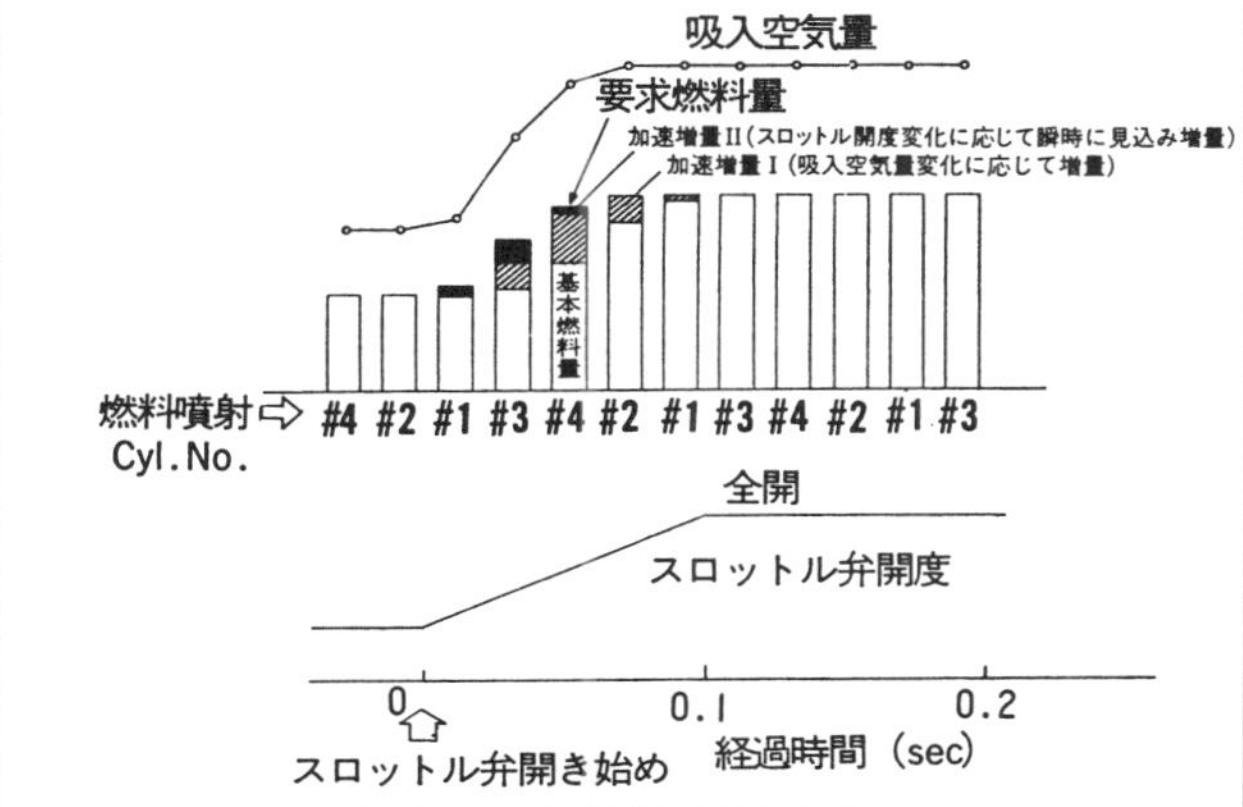

図9　加速時燃料供給方法

ピューターとはデジタル・コンピューターで、センサーからアナログ信号を受けてもデジタル変換しなければならず、時間のムダばかりか、精度も落ちるリクツである。

アナログ式のボッシュLジェトロニック式は板を風圧でノレンのように動かしてアナログ値を検出するセンサーで、ベンツが愛用しているといえども、重い板ノレンは流量変化に対応できず、レスポンスは悪い。これに気がついたトヨタはわずかな空気の圧力差で流量を測定する、スピード・デンシティ型のセンサーを開発したが、これまたレスポンスが十分でなく、MMCのマネをしてカルマン渦式を開発した。

同様にノレン式に不満を持ったニッサンは針金に電気を流して赤熱しておいて、風が当たると冷えて、針金の電気抵抗値がアナログ値で変わることを利用したホットワイヤー式センサーを開発したが、空気がブツカッテも針金が急には冷えないとか、針金が汚れると精度が落ちるなどの欠点があるのだ。

MMCのカルマン式エアフロー・センサーだけが極めたセンサーだ。

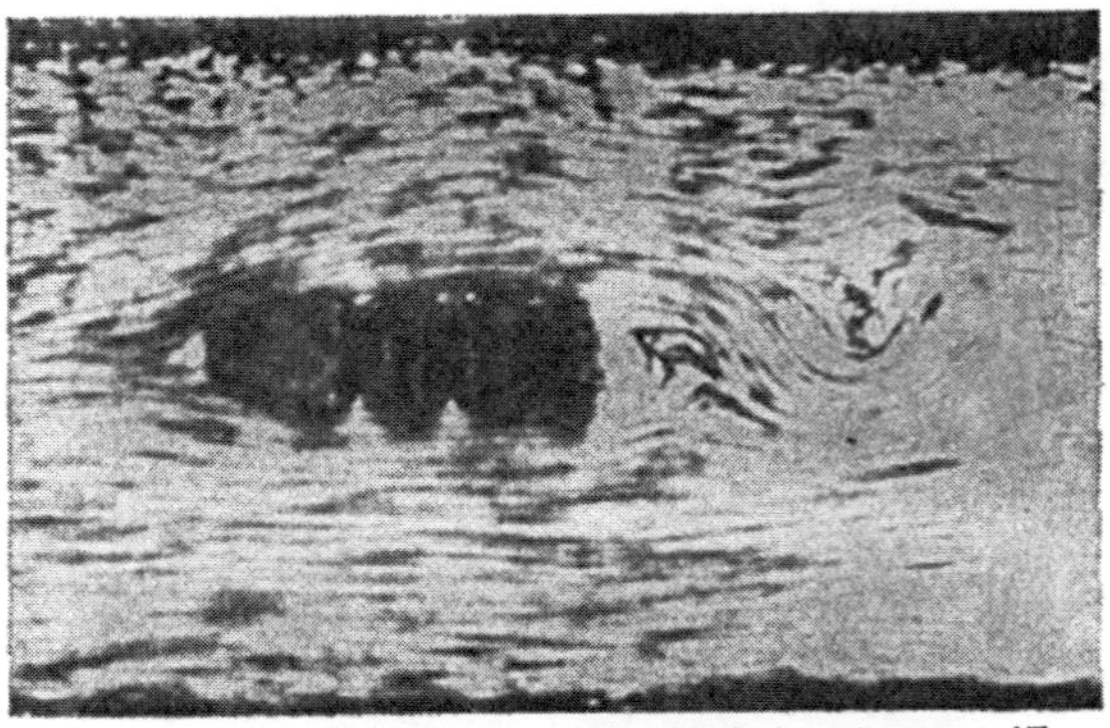
写真10　流れの障害物の下流に発生するカルマン渦

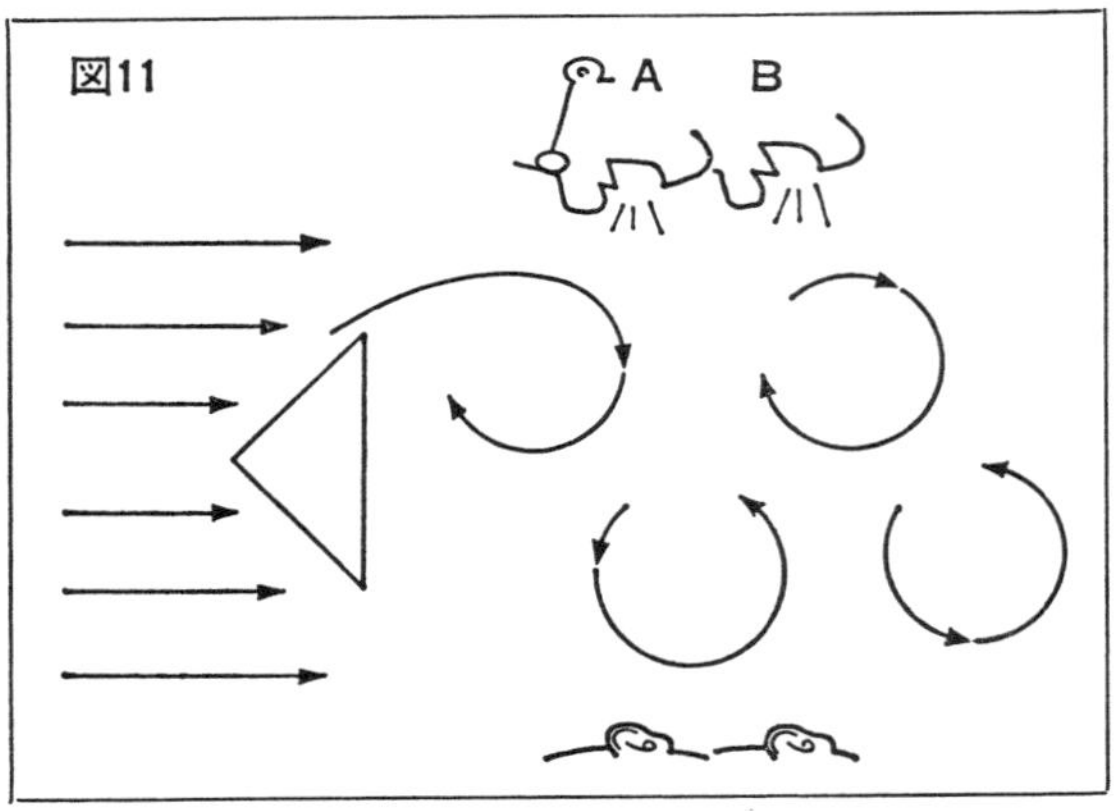

図11

といえるのは測定値がデジタルで流れの抵抗も少なく、正確なのだ。カルマンとは女の名前ではない。流れによって発生する渦の数は流量に正確に正比例するということを数式化したエライ・オジサンである。**写真**10がカルマン渦である。**図**11のように流れにジャマ物があると右巻きと左巻きが、流速に応じて次々と出てくるのだ。図のAの所で叫ぶと、声は流れに乗って風下の耳にはよく聞こえるが、Bの声は風上の耳には届かないのだ。このリクツで吸入空気量を測定するのが、MMCのカルマン式エアーフロー・センサーで、**図**12上のスピーカー、超音波送信器から声を入れるが、マイク、超音波受信器では聞こえたり、聞こえなかったりするから、このマイクは1と0の信号を、流速の速いときには速いテンポのデジタル信号をコンピューターに送りつづける。

このシカケは精度がよいばかりか、渦とは流れそのものなので、レスポンスの悪かろうはずもなく、スピーカーやマイクの調子が少しぐらい悪くても、マイクは聞こえた、聞こえないの判断をするだけだから、このシカケは調子悪くなるということもなく、最高なのだ。

地道に積み上げた技術の集大成の結果、洗錬されたサイクロン・エンジンのレスポンスはオレを感動させた。高く評価できる。

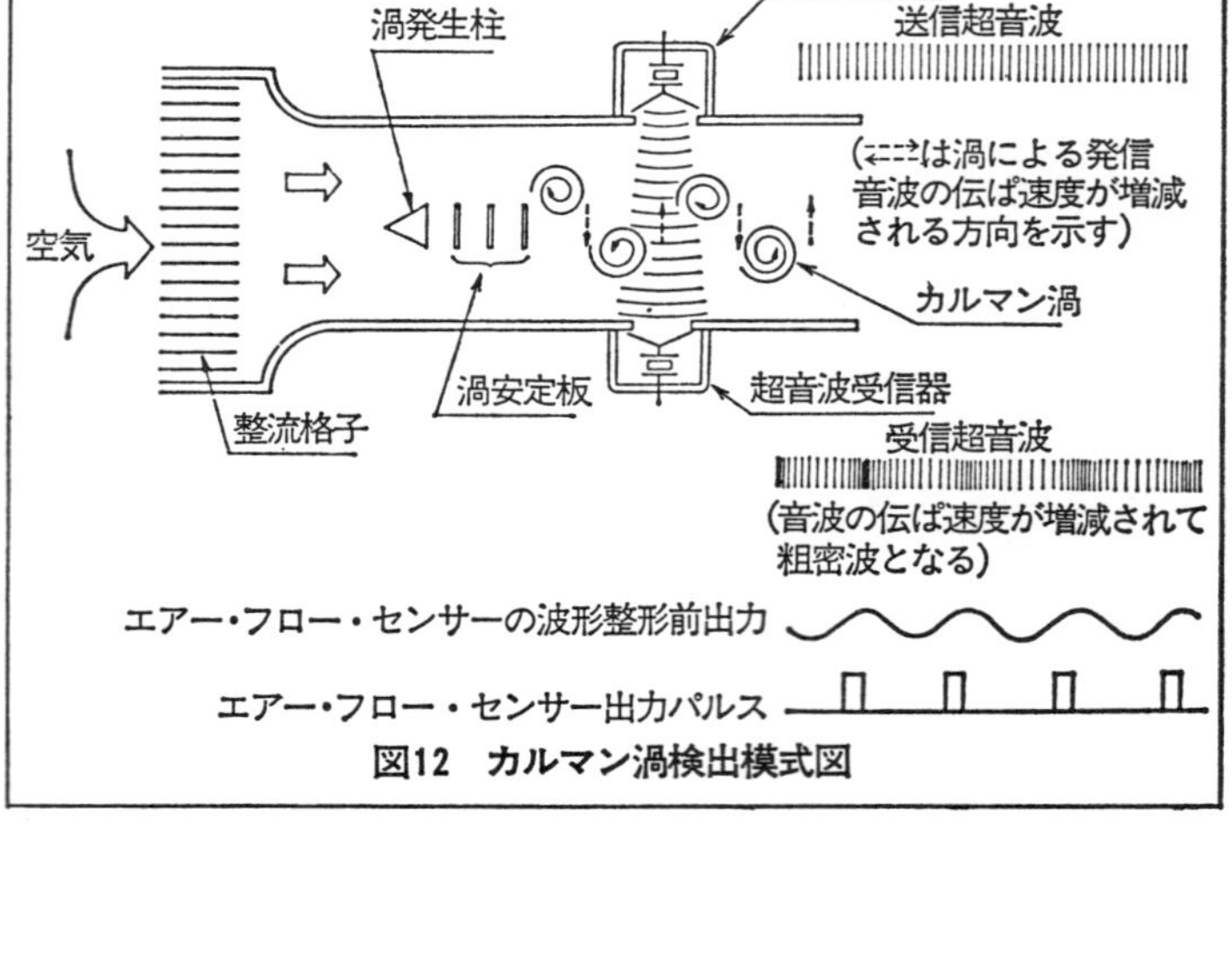

図12　カルマン渦検出模式図

●それでもＳＯＨＣはＤＯＨＣにかなわないのだ

ＭＭＣが認識しなければならないことは、それでも、最低のスーパーチャージャーとオレがキメつけたルーツ・ブロワー付のクラウンにレスポンスは及ばないということである。そして、最高のルーツ・ブロワーは最低のリショルム・コンプレッサーにはかなわない。パワーはＳＯＨＣはＤＯＨＣに、シリンダー当たり2弁は3弁に、3弁は4弁に、ＤＯＨＣ4弁はそれをスーパーチャージ（ルーツ、リショルム、スパイラル・コンプレッサー、ターボ、コンプレックスｅｔｃによる）したものにかなわないし、スーパーチャージしたエンジンを最高にパワーチューニングしても、ヘタクソにそれをチャージクールしたエンジンにはかなわない、ということを知るべきである。

流行のターボ・エンジンでは、シングル・ターボはツイン・ターボまたはセラミック・ターボに、ツイン・ターボはツイン・セラミック・ターボにレスポンスにおいてかなわず、そして、今後いかにターボ・エンジンが進化しても、低速トルクとレスポンスの点では容積型過給機によるスーパーチャージド・エンジンにはかなわないのだ。またウエイストゲートのついたターボ・エンジンは、それなしでもノッキング・コントロールできるミラー・サイクルを組合わせたターボ・エンジンに燃費の点でかなわない。

ＭＭＣのＳＯＨＣエンジンは、今考えうる最先端にあるＤＯＨＣ４弁、ツイン・セラミック・ターボ、チャージクールしたエンジンに何ステップ離されているのだろうか？

ＭＭＣがこれからイッキにトップに躍り出るには最先端のエンジンを創り出さねばならない。5年後にＤＯＨＣ、ツイン・ターボを出してもそのときはもう古過ぎるのだ。ターボの欠点、低速トルクとレスポンスの悪さをスーパーチャージャーでカバーするハイブリッド・エンジンを作ってみても、トヨタではすでに発表しているし、次の次を考え、開発に着手すべきでは……。

自動車に革命を起こし、空前のヒット商品たりうるものはＣＶＴ。た

だし、ジャスティ用の50psしか変速できず、変速幅もタッタの5しかないチンケなヤツではなく、３００psで変速幅も20程度のものができれば、低速トルク、レスポンス、燃費などこれからエンジンの側で改善すべき命題はすべてこれで解決するのだ。だから、ＧＭもフォード、ベンツそれに富士重すら熱中しているのに、ＭＭＣにはその気配はない。

ガソリン・エンジンのパワーをもっと高めるには、過給してもノッキングの壁があり、チャージクールして壁をのりこえようとしても大気温度以下に冷やしようがない。そこで冷凍サイクルという発想がでてくる次第で、それを一番簡単に商品化できるのがミラー・サイクルだと思う。ＭＭＣはなぜこれを研究したくないのか？　ええッ、といっても、期待していたとおり、ただニヤニヤするだけであった。彼らは意見をいわないのではなく、長く管理状態におかれたサラリーマンは、自分の意見をいえば生イキだといわれるから、上役の意見に悪ノリさえしていれば安全なのだ。

やがて課長になるころは意見喪失症になってしまうのだ。

自主性を失った意見喪失症のサラリーマンには、新車の企画などできようはずもない。このよどみから飛び出すには、デザイナーたちが自ら販売の現場に飛び込んで情報活動をしてみろ、といいたい。応告会社にアンケートを外注してみたところで、もっと安くとか、燃費の良いクルマが欲しいとかのオザナリの答えしか返ってこないのだ。セールスマンにきけば、高い、スタイルが悪い、から売れないのだ、と弁解するに決まっている。こんなデタラメな情報をベースに完成したのがサイクロン・エンジンで、これでは初めからヒットさせないための企画に従って設計しているようなものだ。

ヒット商品を確実に作る方法は、デザイナーたちがセールスという情報活動をすることだ。クルマを売れというのではない。知らない人に買ってくれませんか、と泣きつくのだ。泣きつかれても、だれでも買いたくないから、ネンピが、スタイルが悪いなどといい立てて逃げるに決まっている。そして、その人が持っているクルマを見れば、次の次にはどんなクルマを買いたがるかは、感受性の強い人ならば、あるいはバーの

ホステスを口説くのに熱心で言葉の裏の裏まで見通せる人ならば見えてくるのだ。それがDOHC4弁、ツイン・ターボ、チャージクールであったとしたら、コスト15万円アップでプライス50万円アップならば、新技術の応用によって35万円の価値を創造する、といえるのだ。そのとき、表1の「サイクロンエンジンの開発テーマ」は何よりもまず、

A、プライス（いくらで売れるかを見極め）
B、コスト　（何円で作れるかガンバル）
C、低・中速トルク
D、レスポンスなどなどと、書き変えられ、このテーマに従って開発されたエンジンはマニアたちから熱い眼差しで歓迎されるはずだ。

そして、これが牽引車となって、例えばベンツ500Sがあるから、チンケな190Eも良く見えてくるリクツで、SOHCのサイクロンのドライバビリティが評価されるのでは……。そしてOHVの時代にSOHCが先鋭的であったように、5年後にはDOHCターボがフツウのエンジンになるのでは……といったら、「ターボもあります」というので、「では乗せてくれェ」と椅子から腰を浮かせると、ただし、EFIはシングル・ポイントです、といわれて、アキレたオレはとたんに興味を失った。

●ハッパの技術よりシステムがなければダメ

レスポンスのよいサイクロン・エンジンにターボすれば、ドライバビリティのよい、乗って楽しいクルマができると思ったのに、シングル・ポイントのEFIでレスポンスを改悪するとは何を目標に、どんな開発テーマで設計したのだろうか？

世の中には宇宙を見て考える人とか、銀河系、太陽系、地球、日本、山、森、木、枝とかハッパなど、それぞれの視野に応じて関心を持てばEのであって、どの分野が高級だとはいえないが、MMCの研究は枝葉末節のハッパばかりなのだ。全体として山（自動車を総合的に）を見たり、森（例えば、エンジンの新過給システム）に目を移すことなく、ヒタスラにハッパ（部品）の色や形にコダワルのだ。例えば、整理整頓である。これをして悪いという理由は全く見つからないから、正しいのだ。しかし、整理整頓によって急成長した会社はない。それでも整理整頓にチンケな取締役が熱中するのは、絶対にマイナス評価されることがないからである。

チンケなエンジニアであれば、ボルトに熱中していれば安全、というわけにはいかない。現状の次の技術が塑性域角度法で、ボルトが伸びるまで締めつけるから、座面陥没とか遅れ破壊（2〜3日してからボルトの頭がポロリと落ちる）など危険が一杯で、エイズを恐れるような男にはとても取組めないのだ。当然のことながらMMCでは研究していない。ということは、「ボチボチやっています」という目つきでわかった。

カム・プロファイルは？　と次のハッパを指さして聞いたら、「基本的にはベンツがやっていた、サイン・カーブとポリノミアルとの合成」というのだ。ポリノミアルとはコンピューターもカルキュレーターもない昔、手計算でもできるカム・プロファイルで、一見スムーズにみえるが、弁ばねがサージ（波うち）しやすく、弁がジャンプしやすい最低のカム・プロファイルで、たとえベンツがやっていようとも、カーブの途中をサイン・カーブに置き換えようとも、チノー指数は低いガキを塾に入れてもダメなように、改良のしようがないのだ。

カム・プロファイルならば整理整頓と同じで、マイナスの評価を受ける心配もなく、大いに研究して複雑なプログラムを使ってコンピューターで計算し、だれが読んでも分からないような論文を書けばドクターにもなれるのだから、視野狭窄症のMMCのエンジニアはこのハッパをもっと研究すべきだと思う。

カム・プロファイルの変位をバルブに伝えるのが**図13**のロッカーアームで、カムとロッカーアームのチップとは滑りながら力を伝えるが、互いに線接触なので、面圧が高く磨耗しやすい。このチップを耐磨耗性であるセラミックにしたい、とはどのエンジニアでも思いつくところだ。

磨耗量は金属製のチップの1／10と激減し、Eのだ。が、問題はコストである。ニュー・セラミックスは素材としても高価であるが、素材を製品とするときは、硬いのでダイヤモンドで研磨する以外に手はなく、

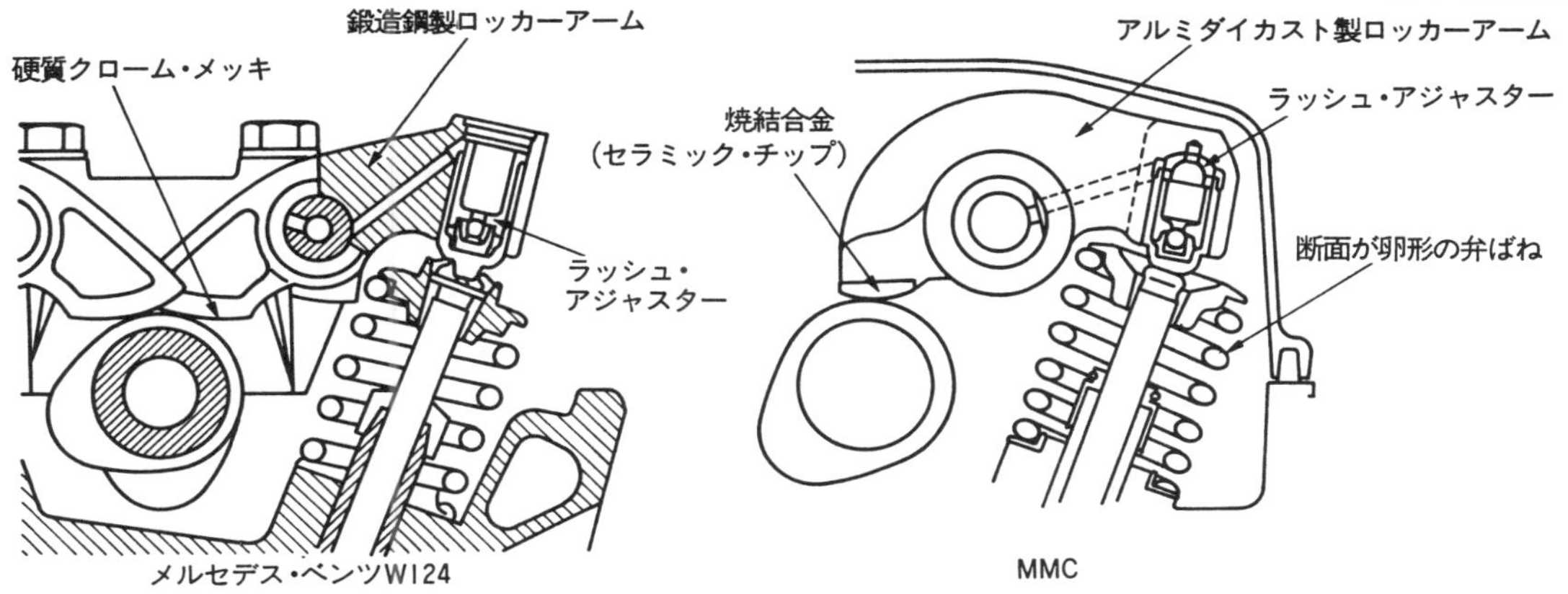

図13　ロッカーアーム内蔵式ラッシュ・アジャスター比較

これがベラボーに高くつくので、商品化の壁になっていたのだ。が、MMCではチップを半焼きの状態で柔らかいうちに、カムとの接触面をピッカピカに仕上げてから焼き、それからロッカーアームに鋳ぐるむ方法を発明した。それなら安くできるのでは、と聞くと、それでもロッカーアームのコストは数倍になりますとのことであった。そして数倍とは何倍かはいわなかったのだ。あまりにも高価なセラミック・チップのロッカーアームはガソリン・エンジンには使えない。タクシー用のLPGエンジンとディーゼル専用とは残念！

わずか、親指の爪ほどのチップですらロッカーアームのコストをハネ上げてしまうのだから、読者はセラミック・エンジンへの道は遠いと知るべきである。

ロッカーアームの先端、バルブを押すところには図13に示すように、ラッシュ・アジャスターがついている。エンジンを静かにするにはよいシカケで、図の左のベンツとソックリなので、マネかと思ったら、ベンツより1年早いとはリッパだ。そして、ベンツのものより小さく、ベンツの18gに対して14gと軽いのだとイバッテいた。ので、それでも「蓄圧室がデカ過ぎ、剛性が低下して、バルブがジャンプするのでは。それはボールのせいだ、なぜチェック・プレートにしないか？」と聞けば（「ホンダC25A／C20Aエンジン」図14参照）、MFは読ましていただきました、だが、「信頼性が心配でして」などと自分のチエの無さを隠そうとする。

レンズ工場の人にいわせれば、平面とは半径5kmの球面の一部と考えているのだから、球も板も漏れ止めの性能は変わらないのだゾ。

しかし、ベンツ並みにヘタな設計のラッシュ・アジャスターでも、ロッカーアームの剛性が2割しか下がらなかったとは、極め足らなかったとはいえ、リッパだ。

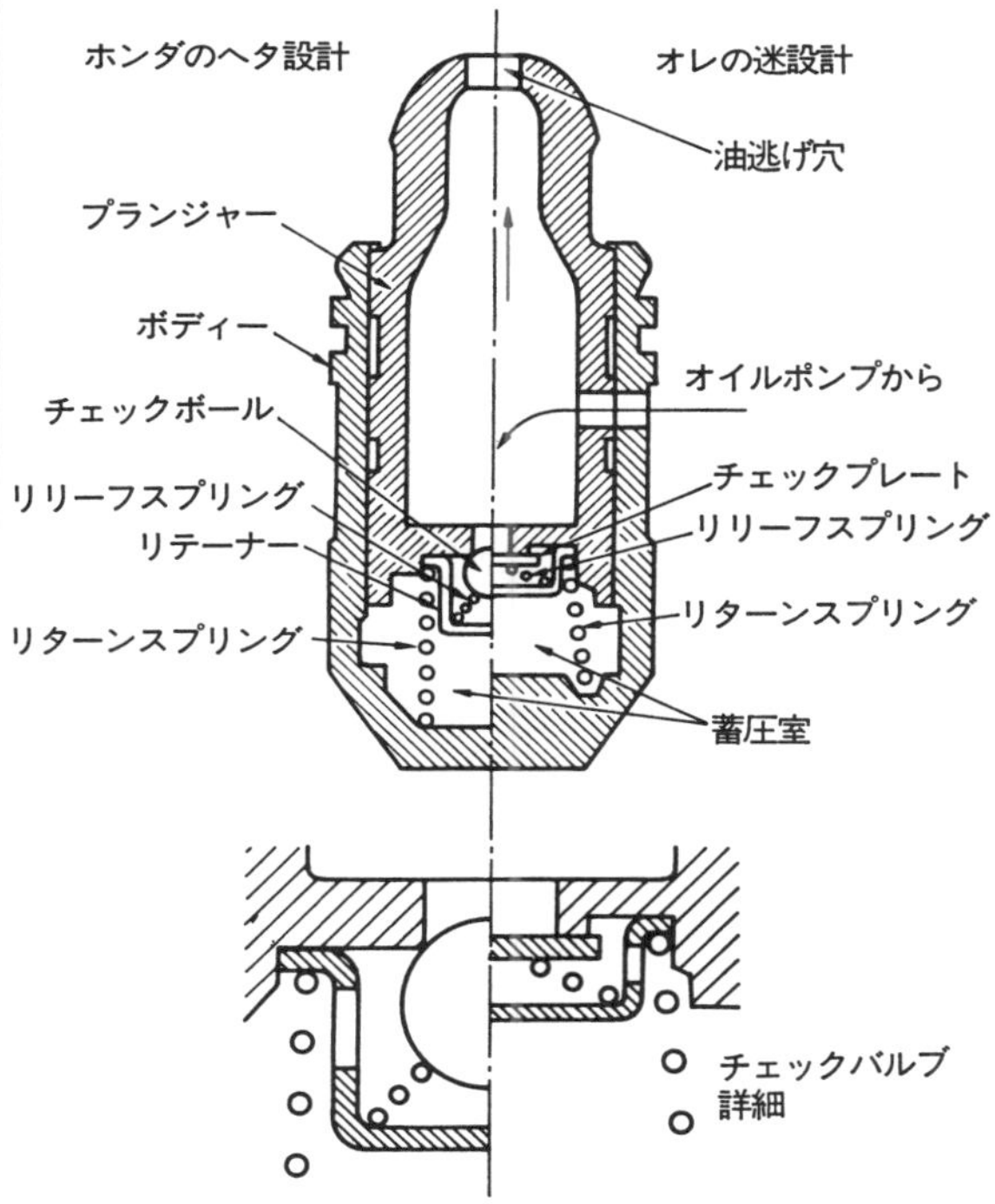

図14　ハイドロリック・ラッシュ・アジャスター

リッパなハッパは弁ばねにもあった。コイル・スプリングの針金の断面がマン丸ではないのだ。マン丸な針金ではコイルの内側で1の力を受ける（応力が発生する）とき、コイルの外側では０・７の剪断応力しか発生しない。これではコイルの外側にはまだ余力があるのに、内側から破断することになり、内側でコワレないように太い針金を使うことは、重く、高速では振動（サージング）しやすくなり、バルブがジャンプするとか、弁ばね自体が振動の応力で勝手にコワレてしまうのだ。そこで、コイルの外側も内側も同じ応力が発生するようにと、考えたのが**図15**の卵型断面のコイルばねなのだ。

その理由は**図16**で、丸いコイルばねを四角として考えると、矢印の方が加わっても、針金がベアリングで支えられているトーションバー・スプリングの場合は、A、ねじりによる剪断力しか発生しないが、弁ばねのようなコイル・スプリングには支持するベアリングがないので、B力による剪断力も発生する。結局、コイル・スプリングに発生する応力はA＋Bとなり、コイルの内側からコワレやすいことになる。

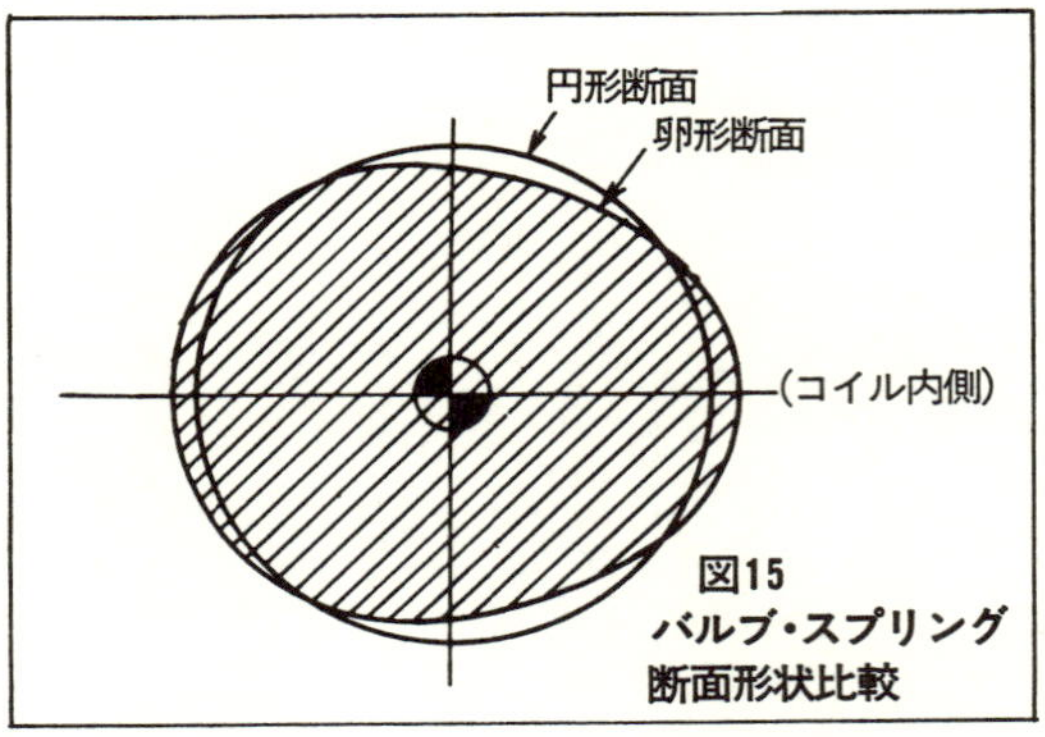

図15
バルブ・スプリング
断面形状比較

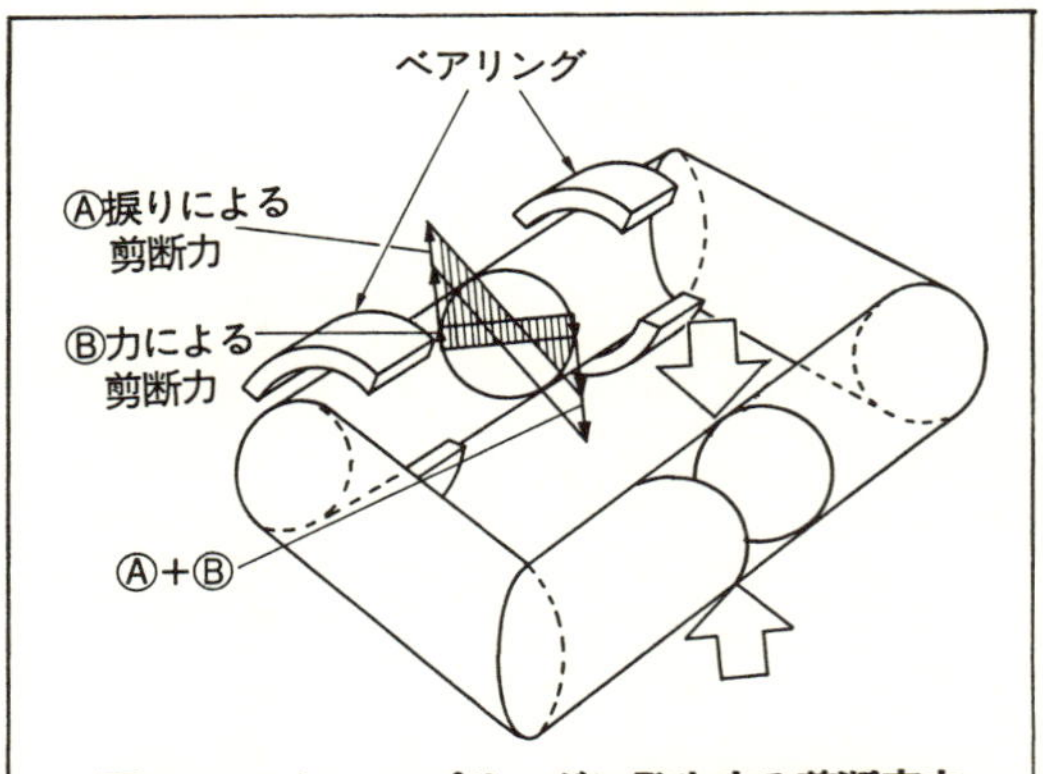

図16　コイル・スプリングに発生する剪断応力

●終わりに一言

これを書いている間に、三菱重工では重役を下請会社に押しつけないことにしたことをテレビで知った。ＭＭＣもそうなり、金魚のウン害から解放され、活性化した会社に必ずなり、ギャランΣはシェア・アップする、と期待され喜ばしく思う。だが、若いエンジンが創造力を発揮するまでは確実にシェアは減り続けるのだ。その解決方法をいうと、柳の下には確実に二匹のドジョウがいるのだ。二匹めのドジョウをＭＭＣが捕え、シェア・アップするよりほかにテはない。

一匹めのドジョウはコスワース・チューンド・ベンツ１９０―２・３だ。二匹めにＭＭＣコスワース・チューンド・サイクロン・エンジンを作るのだ。ＭＭＣとしては完全に外注で、ベンツ同様、コベントリークライマックス社で作ったＤＯＨＣのシリンダーヘッドをシリンダー・ブロックにボルトで締めつけさえすればよいのだから、ラクである。このエンジンを載せたギャランΣを３００万円で限定発売すれば、ぜひオレに1号車を売ってもらいたいと思う。原価20万円アップで30万円もうかるリクツなのだ。

コスワースがダメなら、Ｋ―ミラー・ターボチャージド・サイクロン・エンジンはどうか。オレのチューンナップ・ショップはコスワルス。ダメかなァー。

自動車を最初に作ったベンツとＦ１で鍛えぬかれたコスワースと世界最高のネームを2つ組み合わせても、ネームバリューだけではヒット商品を作れない、ということをベンツは知っていた。どんなに小説がウマクても、芥川賞をとらなければ、作家になれないと同様に、チンケなベンツ１９０をヒットさせるには勲章が必要で、ベンツの場合は２４７km／hの世界記録を勲章にしたのだ。

ギャランΣが２４８km／hの世界記録に挑戦するとき、ドライバーとしてケケ・ロズベルグなんかも悪くはないが、ヘタクソなオレにドライブさせての世界記録ならば最高のクンショウである。オレのドライバー・チームはチチ・サワリゲス。ダメかなァー。

ヤマハ編

FX750 5バルブ・エンジン

ヤマハFX750 5バルブ・エンジン

究極の5バルブの次は、異次元へのリープの期待が……

「おっちゃん、なにゆうとりまんねん」は、関東のカッペ言葉では「バーロー、4の5のぬかすな」である。

4バルブ・エンジンが最高と思いつめている会社は「何もバルブを5つにする理由はない」といい、ヤマハは「絶対に5バルブは良い」といってユズラないのだ。

そこで、天下のオチョクリ男、オレは浜松まで出かけた。そしていった。

「バーロー、勝負はオレにまかせろ！」

●エンジンはバルブの数で評価すべきか？

クルマはロールスロイスが一番で問題ないが、ガッコーはトーダイが一番、も事実である。

日本のサラリーマンは、一緒に入社した50人が同時に課長になれないと〝不公平だァ〟とわめく。実力をキビシク評価して、1人だけを課長にすると、〝ゴマすりだ〟〝三流大学出だァ〟とわめいてユズラないのだ。

トーダイ出にするとダマる。赤チョーチンで〝学歴偏重だァ〟〝実力もないのに〟とわめいたところで、負け犬の遠吠えで、入学できなかったテメエをうらむより仕方ないとオレは悟った。

臨教が共通一次をやめて、自由化したり、個性化したりしても、会社が学歴偏重をやめてみたところで、受験するガキどもが価値観を変えないかぎりムダで、ムダだからこそ、臨教のオッチャンたちのディスカッションをテレビで見ていると面白いのだ。

西ドイツにマイバッハという会社があった。今は、ベンツとＭＡＮのディーゼル・エンジン部門／ガスタービン部門が合併してＭＴＵという会社になっている。最近、この会社から発表された過給ディーゼル・エンジンは無過給エンジンの4倍もパワーが出るのだ。昔も１０００馬力級では世界最高で、6バルブのディーゼル・エンジンを作った、とＭＴＺ（エンジンの本）に図面がでていた。早トチリのオレは、このときバルブの数でエンジンを評価した。

バルブの数はドイツ語を読めなくても、数えることはできた。だが、内容を知りたくなったオレは、ＮＨＫラジオのドイツ語入門で、いくらか読めるまでガンバッたのだ。それから、マイバッハの6弁エンジンが大好きになった。

Maybach——5月の小川——小川春彦をオレのペンネームにした。劣等感の強い、創造力のない人間がペンネームを考えるときの最低の手口ではあるが、このペンネームは20年前のＭＦからノミ屋のツケを稼ぎだすには有効だったのだ。

前説が長くなったが、パワーアップしようと、2バルブのエンジンで回転を高めてガンバッても、バルブの開口面積が不足して高速が伸びず、パワーも出ないことはダレでもわかる。

それで、吸気弁を2つにした3バルブにして、回転を高めようとガンバッてはみたが、吸気は楽になったものの、排気弁が1本ではフンづまりになって、高速が伸びないことはダレでもわかる。

さらに、排気弁も2つにした4バルブ・エンジンにすれば、回転数が高められ、高速が伸びることは、72年前にわかっていた。

では、吸気弁を3つにしたヤマハの5バルブ・エンジンは、回転数を高めようとガンバッたら、4バルブに勝てるか？

さらに排気弁を3つにして、6バルブにしたら、もっと高速が伸びるか？

しからば、オレは吸気弁を4つにして、ラッキー7バルブでガンバル！

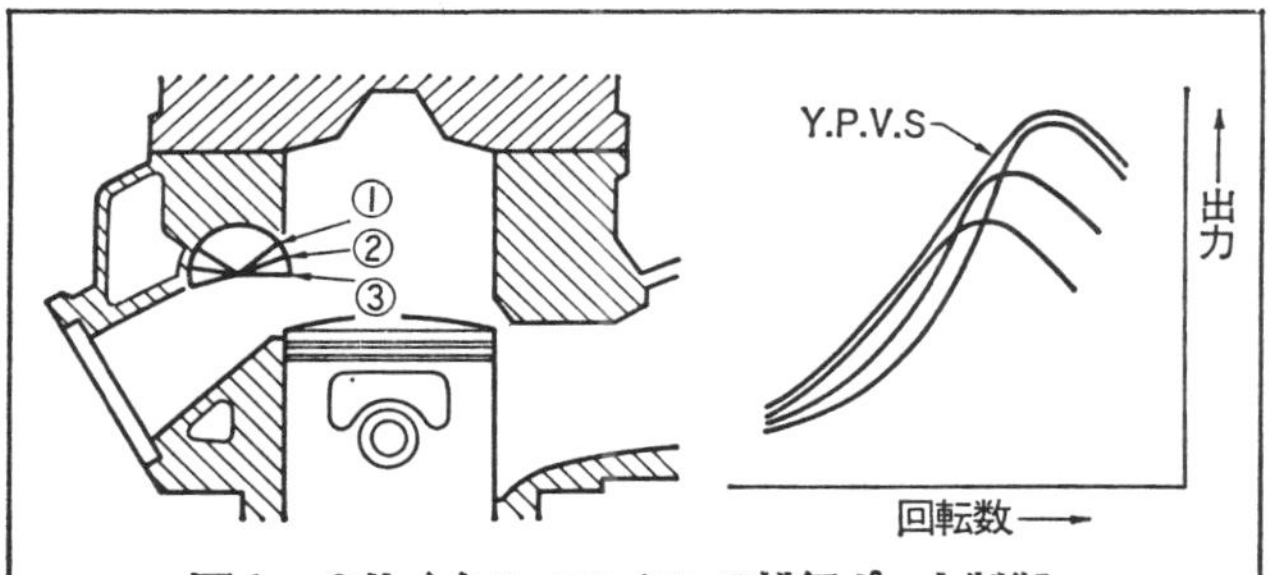

図1　2サイクル・エンジンの排気ポート制御

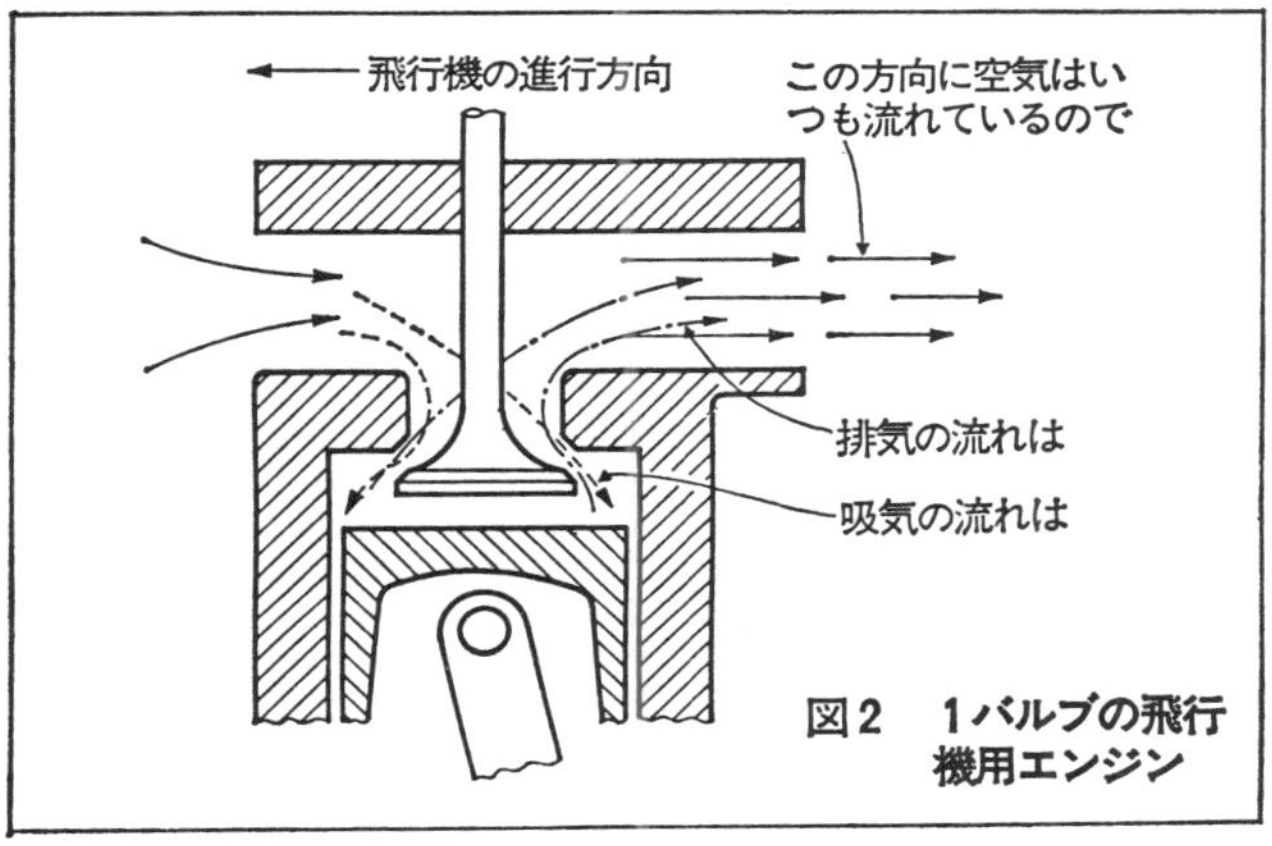

図2　1バルブの飛行機用エンジン

イヤー、まだまだ。吸気弁が4つなら、排気弁も4つないとベンピする――とダレでも10までは数えられるので、4の5の6の7の8のとウルセーのだ。

ここに0や1を加えないとイッキツーカンができないというのであれば、0バルブ――2サイクルを仲間に入れてやればいい。2回転で1回パワーを出す4サイクルより、毎回のほうが良いに決まっていて、だからレースで勝つのだ。2サイクルの欠点は低速だ。低速時に、混合気が排気管に吹き抜けてパワーが出ないのだ。これを改良すれば、低速のレスポンスが良くなって、4サイクルと対抗できるのでは……と、ヤマハのカタログを見ると、アッタ！ **図1**がそれで、低速のとき、混合気が排気側に逃げないように、ロータリー・バルブでせき止めるシカケである。

これは良いシカケだと思うが、4サイクル不要論をまだ聞かないので、イマイチかも。

1バルブの4サイクル・エンジンがあればもっと楽しい。楽しいことに**図2**がそれで、30年前に読んだ富塚先生の本に出ていたが、ヒコーキ用というだけで名前は忘れた。フランス人の発明だと思う。なんでも最初の1だけが天才的で、創造性があるが、2から8まではヒタスラにテーノー的発想であることは、読者も気づいていると思う。そのバカらしさをカラカウのがオレの生き甲斐なのである。

8バルブ・エンジン。何を血迷ったか、ピストンが**写真3**のような秋田名物、曲げわ

写真3　オートバイ（レーサー）用8バルブ・エンジン用のだ円ピストン

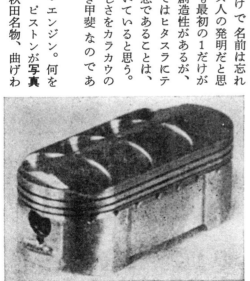

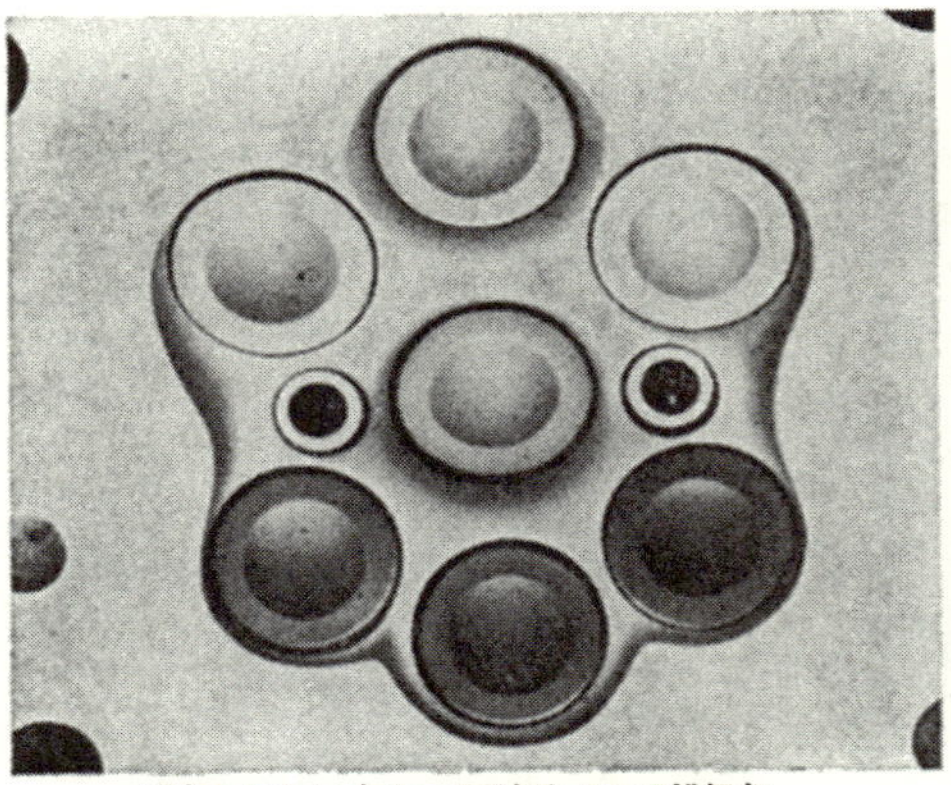

写真５ ７バルブ、４つの吸気と３つの排気弁、それに２つのプラグが見える

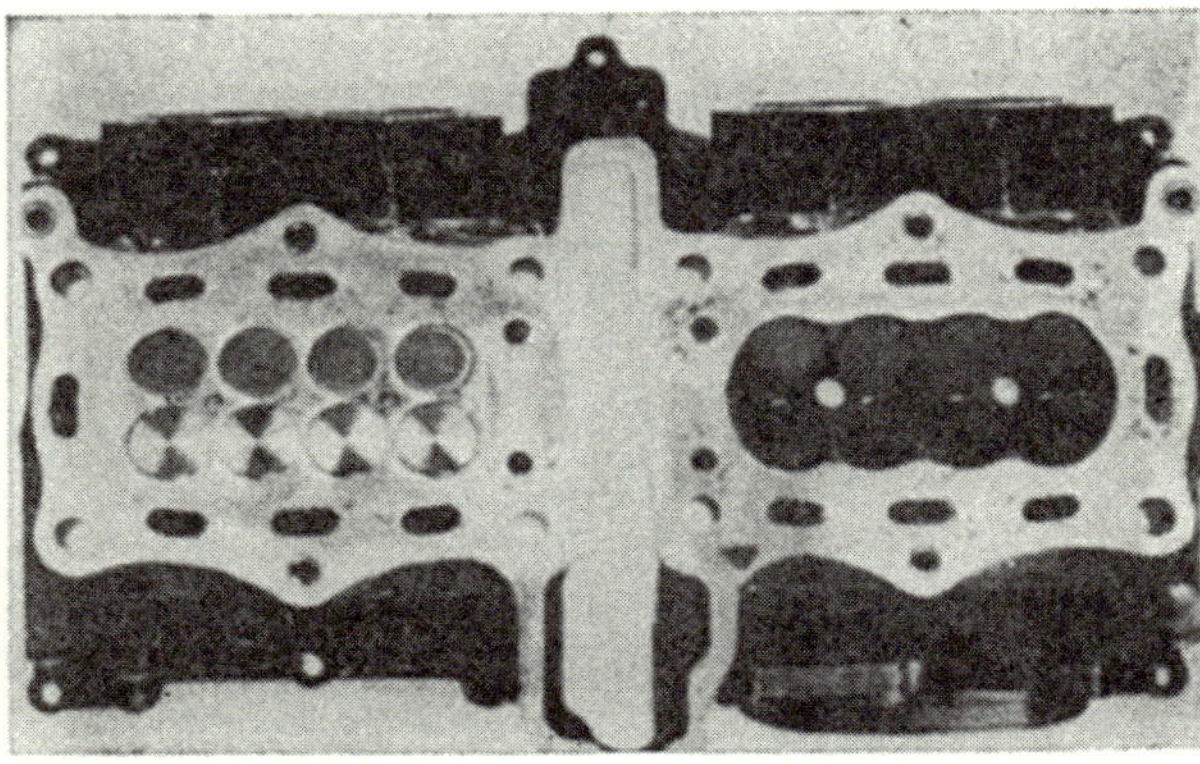

写真４　数えれば分かる

っぱのベントウ箱タイプである。ベントウ箱の上にメダマ焼、でないバルブを8コ並べると8バルブ・エンジンができ上がる(**写真4**)。

これに感動する人は、重症の〝お人よし性躁病〟である。

マンマルなピストン・リングでも今のところ未完成で、だから、リング会社でも、また武蔵工大の古浜先生も研究し続けられているのだ。

将来、ピストンが曲げわっぱ風になり、ダ円のピストン・リングを使うことは考えられない。曲げわっぱのピストンを使ってレースに優勝してみたところで、技術の進歩にはなにも寄与しない。と、なにもカリカリすることはない。曲げわっぱでアッハッハハ……と。これはジョーダンなのだ。

７バルブ(**写真5**)。

シリンダーの外周に沿ってコンパスで丸を6コ描いたら、真中に空地ができたので、もう1コ丸を追加すると、７バルブ・エンジンができ上がる。小丸はプラグ。黒ズンでいるのが排気弁、白バックレているのが４つの吸気弁である。

感動できるか？

次が**6バルブ・エンジン**。

ドイツのマイバッハが6バルブということを知ると、わけもなく感動するのが、オレの〝お人よし性躁病〟で、〝外国カブレ〟という皮膚病も重症である。だから、ほかは〝6デナシ〟と固く信じていた。そして実際に設計したのが、2弁とか4弁のディーゼルだから、〝シラケ病〟もひどいのだ。

●馬力は熱応力の限界で定まる

「なぜ6バルブにしないのか」とオレ。「真中の排気ポートが苦しい」とヤマハ。

図6を見れば分かるように、真中の排気ポートは一番冷やしたい場所なのだが、ブリッジが両側の排気ポートから熱を受けて、逆に熱くなってしまうのだ。

このように、物体の一部分だけが熱くなると、部分的に熱膨張しようとするが、周りは冷たいのだ。この状況をプロは熱応力(サーマル・ストレス)が発生したといい、温度の高いところにワレメ(サーマル・クラック)ができて、コワレてしまうのだ。

なぜ温度の高いところにワレメができるのか？

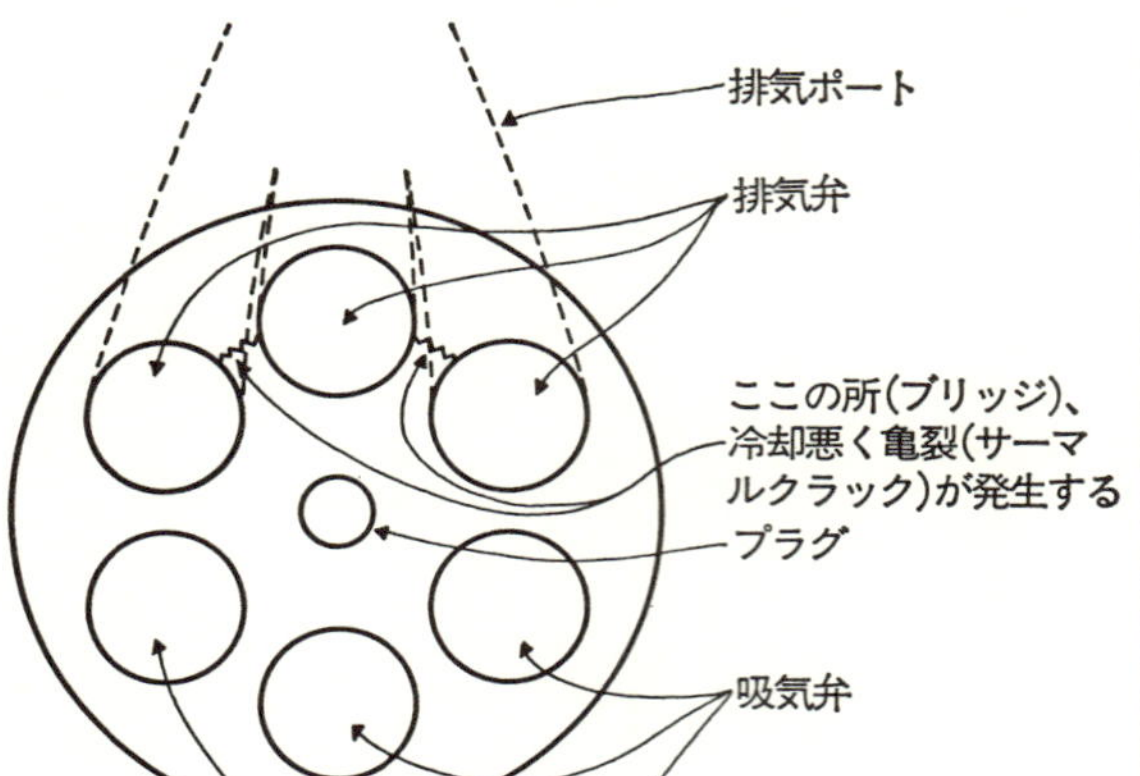

図６　６バルブ・エンジンは真中の排気弁が苦しい

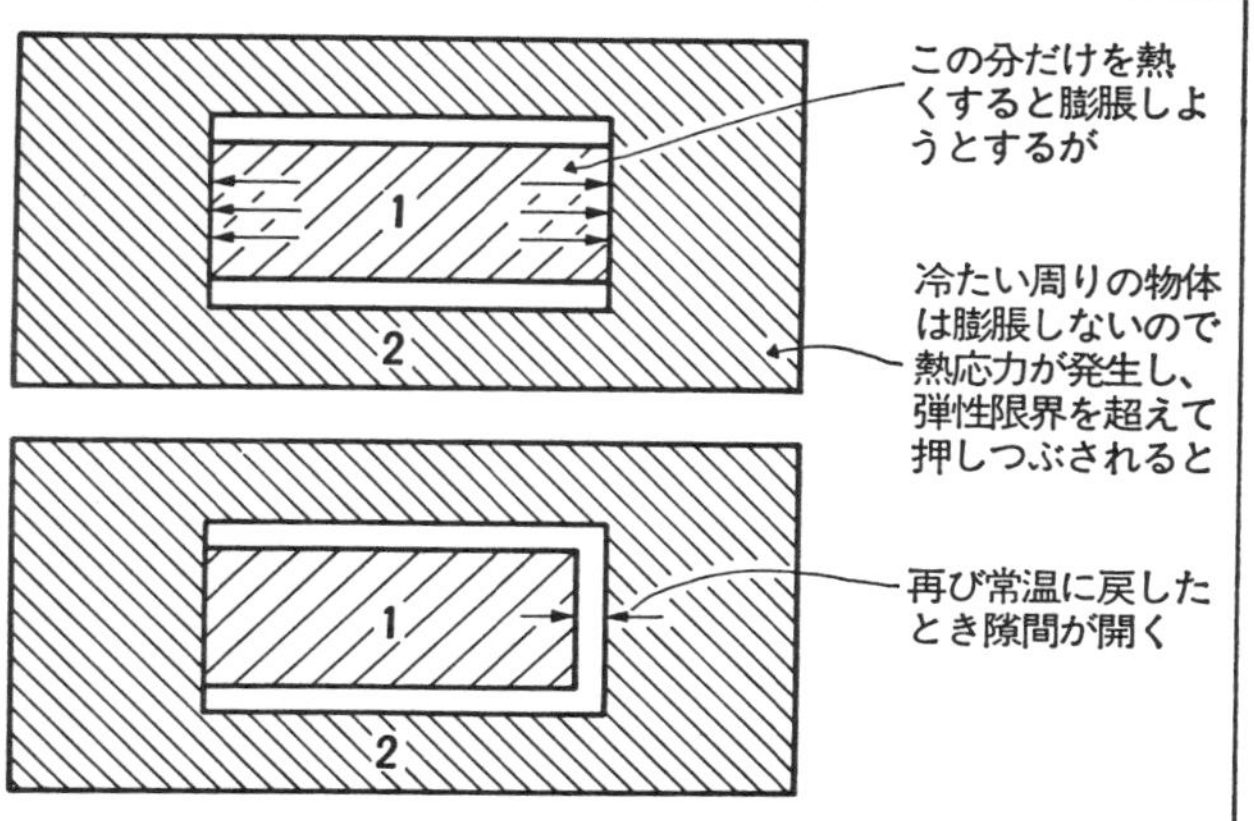

図7　熱応力とクラック

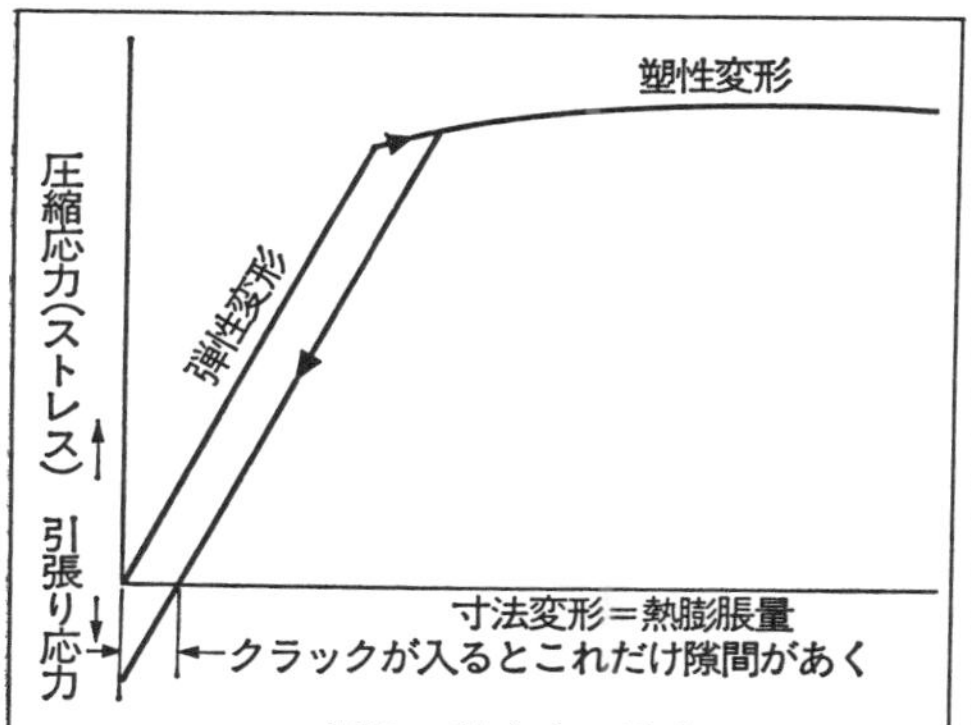

図8　熱応力の発生

図7のように、物体の一部分だけを熱くすると、そこだけ熱膨張しようとするが、まわりに抑さえ込まれてできない。できれば、人間と同じようにストレスが溜る。

図8は熱膨張量とストレスとの関係を示し、温度差、すなわち熱膨張差が増えると当然にストレスは増える。温度差が小さく、熱膨張量が弾性変形内であれば、温度が下がると再びストレスはゼロになり、サーマル・ストレスによるサーマル・クラックの発生はない。

アルミでできたシリンダー・ヘッドの場合、ブリッジが３００℃を超えると、周りが１００℃で、温度差２００℃以上となり、部分的な熱膨張は弾性変形を超えて、圧縮の塑性変形を伴う。この場合、常温にまで冷えても寸法は元には戻らず、図８のように塑性変形は残り、これが引張り残留応力に変わる。

図７で説明すれば、隙間ができようとするが、図７の１と２が一体なので、引張りのストレスが発生し、これを何回か繰り返すと、クタビレて隙間、すなわちサーマル・クラックが発生するというリクツである。だから、サーマル・クラックが発生したら、そこを一生懸命に冷やすべきだが、周りを温めて同じ温度にしても温度差はなくなるリクツである。ただし、これではノッキングして困る。

なぜシロウトの読者に、熱応力をクドクドと説明したかというと、実はヘッドの熱応力がガソリン・エンジンの出力に限界を規定し、実用車ではリッター当たり70馬力が限界、というのがプロの常識である。

アチラでは１年も待たなければ手にはいらないという、メルセデス・ベンツ１９０―２・３は、２・３リッター・エンジンで１６０ps（DIN）と、リッター当たり70psも出している。そして２４７㎞／hの世界記録というクンショウも持っている。

だが、読者がフシギに思うに違いないのは、なぜベンツともあろうものが、イギリスのチューンアップ屋のコスワースに技術開発をたのんだのか？　往年のＦ１の覇者、ベンツは馬力の出し方を忘れたのか？　と思って当たり前である。

コスワースは、元もとはコベントリーにある消防エンジンを作っていた会社だが、数年前まではＦ１エンジンはすべてコスワース製３リッターであった。ところが、周知のように、今やＦ１エンジンはターボ主流である。１９７６、７年当時、１・５ℓのターボでは絶対に３ℓ無過給エンジンに勝つのは不可能だと思われていたのに、それに果敢にチャレンジし、今日のターボ全盛時代をもたらした功労者はルノーである。

Ｆ１界から駆逐されてしまったコスワースだが、無過給エンジンのチューンアップ技術は、依然、世界のトップである。とくに、コスワースはサーマル・クラックの発生しにくいアルミのシリンダー・ヘッドを作る特別な鋳造技術を持っているのだ。

70ps／ℓ出してもワレないヘッドはコスワースしかできないと悟ったベンツは、チューンアップしたヘッドをコスワースから買って、シリンダー・ブロックに組み付けたのだ。

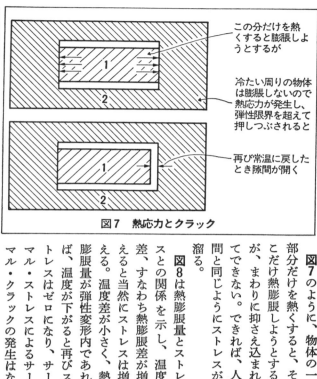

日本の100ps／ℓも出すエンジンが何のクンショウも持っていないのは、ヘッドの鋳造技術がヘタなのかも。

コスワースほど実力のないヤマハは、真中の排気弁を捨てることにした。それが**写真9**の5バルブ・エンジンで、吸気弁が3コ、排気弁が2コの究極のバルブ・レイアウト、5バルブができ上がったわけだ。

4は死に通じ、5は七五三の5に通じ、川上源一さんもゲンがいいといったかどうか？

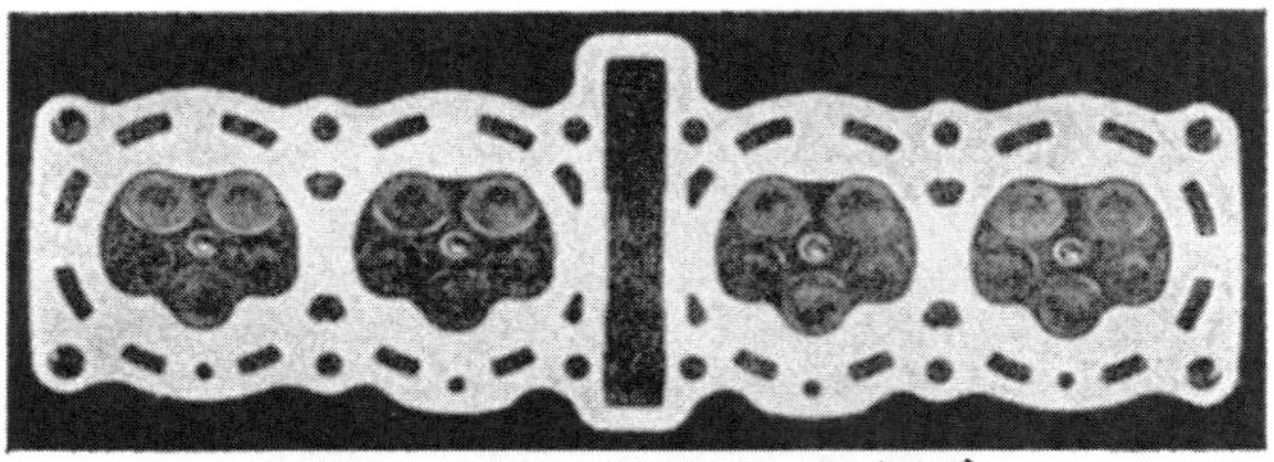

写真9　5バルブ・エンジンのバルブ

シリンダーヘッド燃焼チャート				
バルブ数	4			5
燃焼室スペース	ビッグ・バルブ	EX ペントルーフ	IN 狭いバルブ挟み角	EX IN
適合性	普	良	良	最良
圧縮化	良	悪	良	良
吸入量	良	良	悪	良
バルブ重量	普	普	良	良

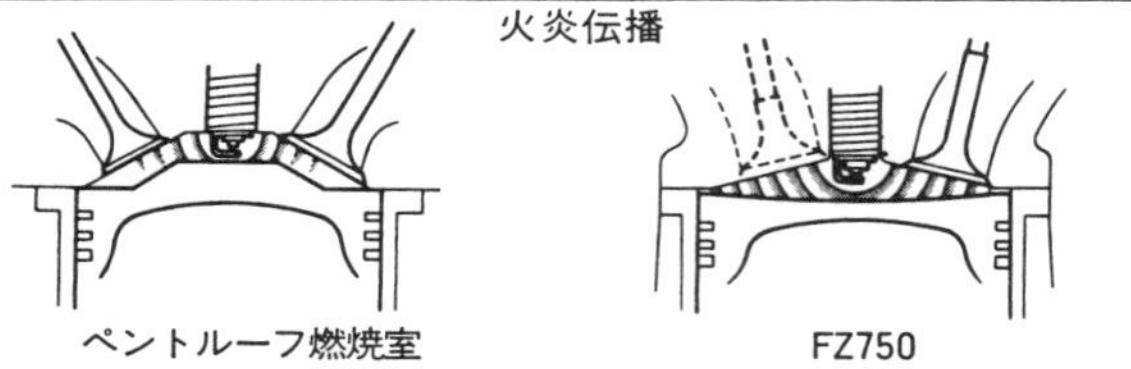

図10　5バルブ・エンジンが最高！

●パワーアップには風通しをよくするのが一番

ゲンだけではパワーが出ないのでパワーアップはこれからである。バルブの狭み角を大きくすれば、大きなバルブが使えるが、燃焼室の形が崩れて、圧縮比を高めにくい、燃焼もよくない。大きなバルブは重くて回転も高めにくい。だから、4弁はダメとヤマハがいいたいチャートが、**図10**の上左の2つである。それを拡大して分かりやすくしたのが下左の図である。

バルブの狭み角を小さくすれば、燃焼室の形はよくなり、高い圧縮比でよく燃焼する。だが、バルブが小さくなり過ぎて高速は伸びない、というのが図10の上左から3つめで、5弁にすれば、燃焼室の形は最良で、圧縮比も良、吸排気抵抗は減り、高速の伸びも良、バルブは小さく、軽く、耐高速性も良、というのがチャートの上左で、これを信じないと話は先に進まない。

バルブ駆動は**図11**で、ダイレクト式である。ホンダみたいにレバー式にしないと、リフトが稼げず、パワーが……という心配は無用である。

オートバイのエンジンは、**図12**のように吸気弁開期間は285度と自動車用と比べれば50度も長く、ユックリとバルブを開けても十分なリフ

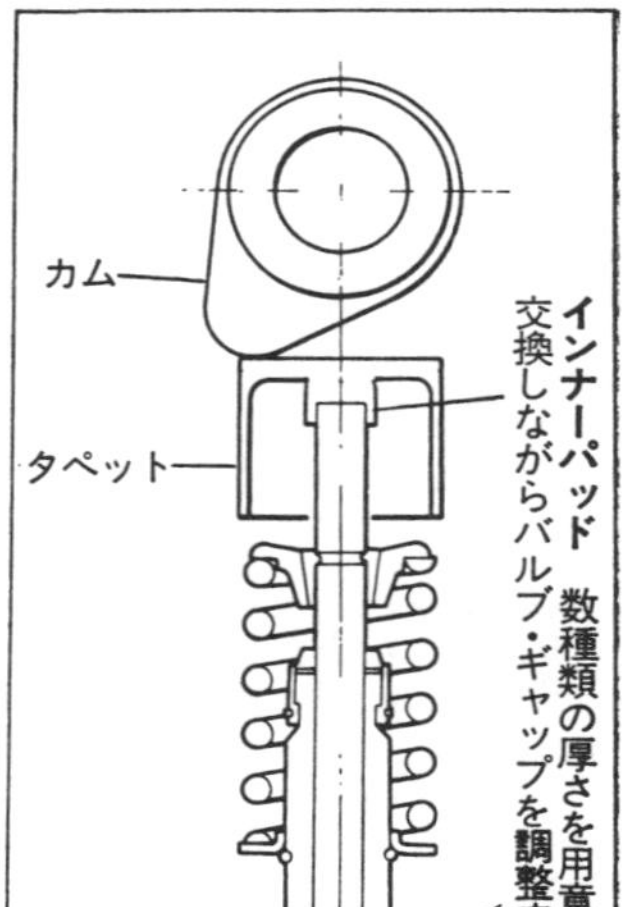

図11　バルブ(エキゾースト)

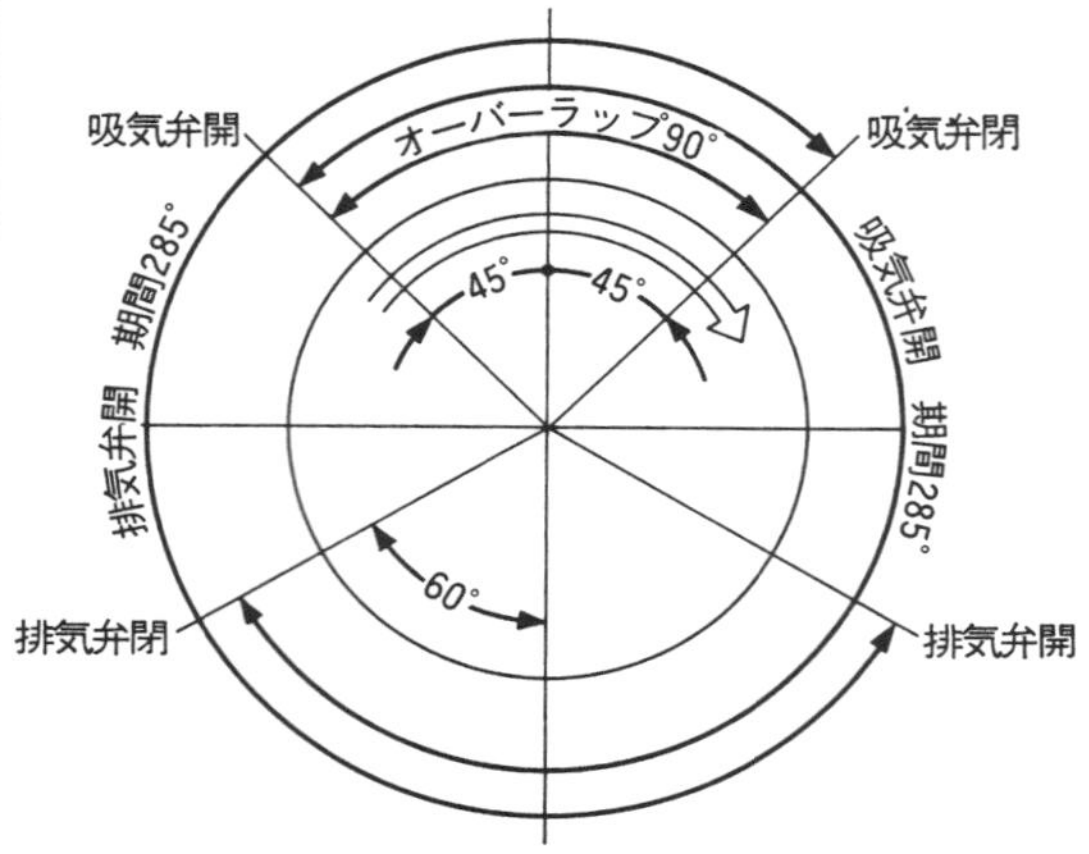

図12　FZ750エンジンのバルブ・タイミング

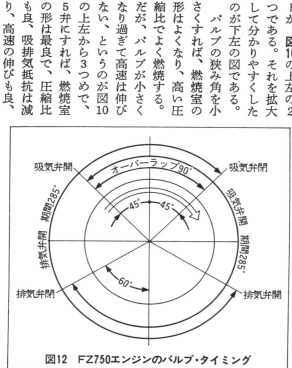

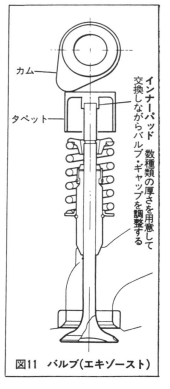

トは稼げる。これは図24を見れば、よく理解できる。

急加速をしなければ、しかも小型軽量なバルブはオドラないリクツではあるが、1万1000rpm以上回せばヤバイ。

フツーのダイレクト式では、**図13**のようにパッドを交換しながらギャップを調整する。これは手っ取り早くてよい方法ではあるが、500円玉ほどの大きさのパッドの重さがバルブをオドラせる。これではなんのために5バルブにして軽量化したのか分からない。そこで、図11のように小豆大のインナーパッドを入れることにしたのだ。これより軽い弁駆動方式は考えられないので、究極のデザインである。——ホントはベンツの強制駆動（Zwangiäufig Steuern）が究極。

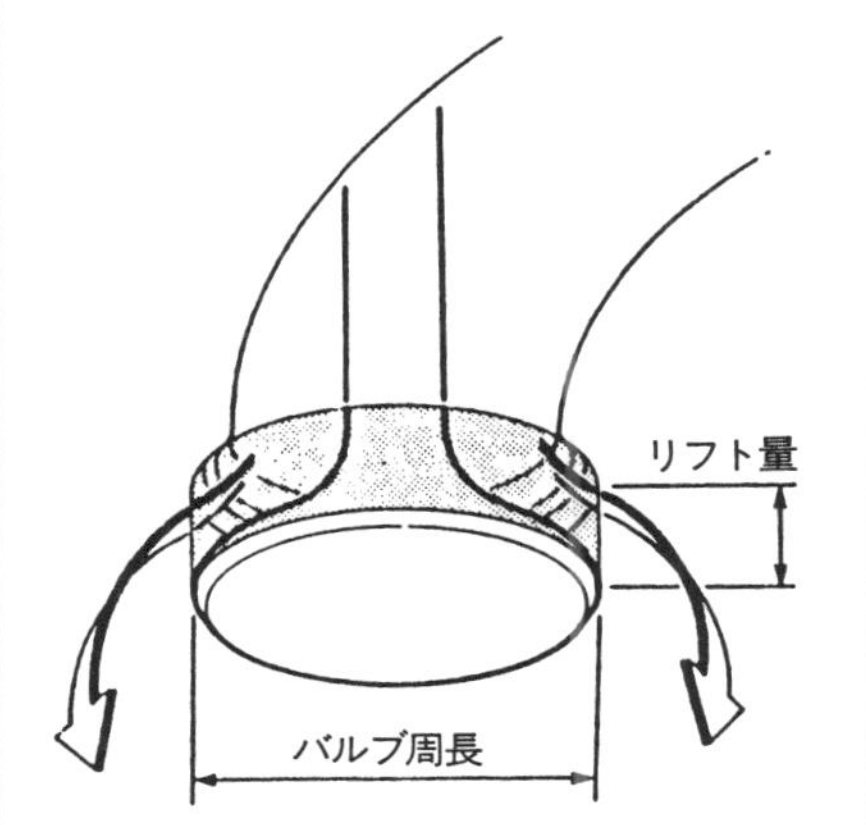
リフト量
バルブ周長
図14　弁有効面積（カーテン・エリア）

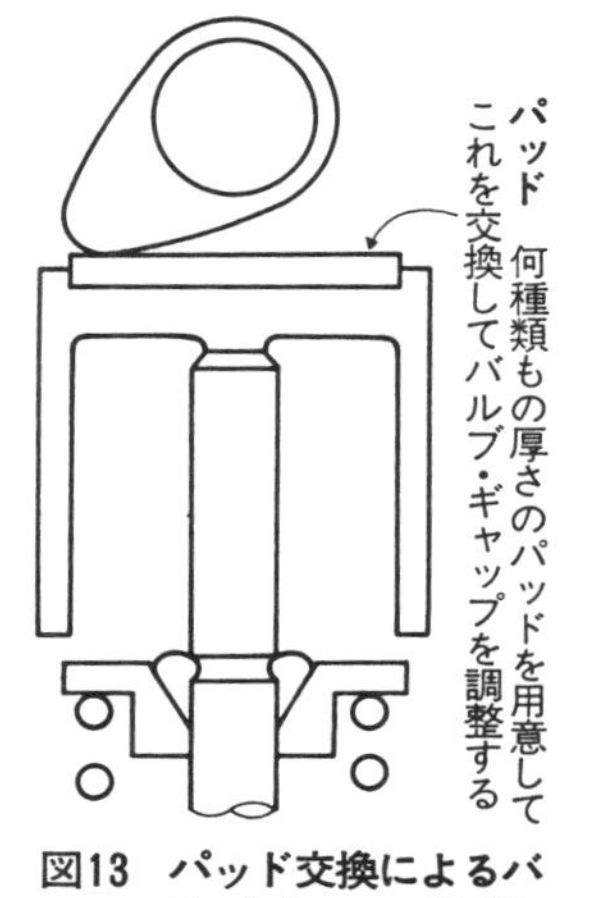
パッド　何種類もの厚さのパッドを用意して
これを交換してバルブ・ギャップを調整する
図13　パッド交換によるバルブ・キャップ調整

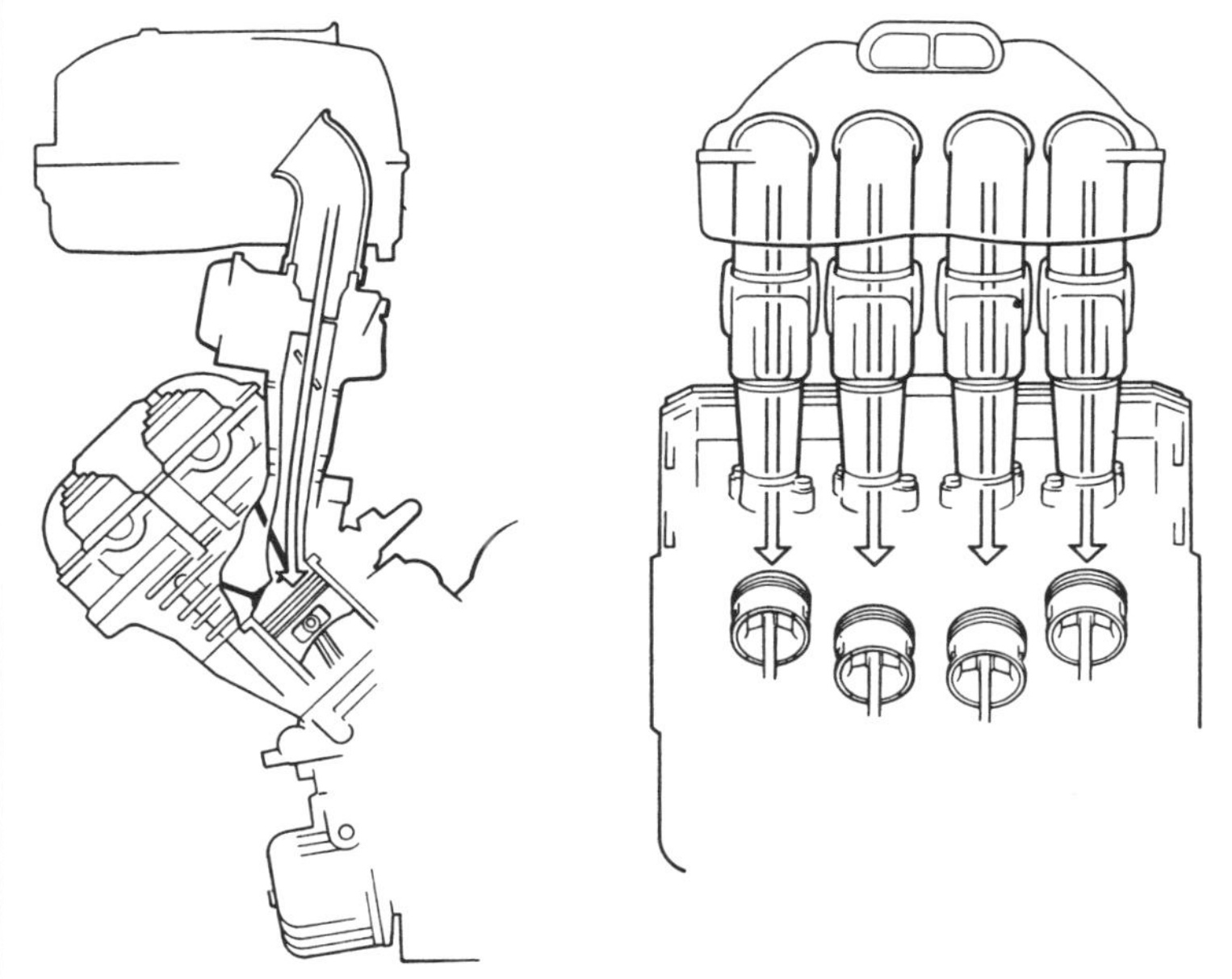
図15　FZ750吸入管

バルブ・ギャップを調整するためには、一度組み付けたカム軸を外してからコップ状のタペットを外さないと、このインナーパッドを取り替えられないが、究極を追求するヤマハとしては、あえて採用したとのことで、オレは大いに感動した。

だが、カム・プロファイルはポリダイン。弁ばねも見るとおり、平凡で究極とはほど遠い、ヨーチなものだ。

オレにゼニを払って教えてもらうか、あるいは東大の酒井教授にタダでヒスダインカムの手法を教えてもらえば、もっと速度を、もっとリフトを稼げるのに！

それでも5バルブはよいもので、**図14**に示す有効吸気バルブ面積、これは弁の周りにカーテンをたらした面積なので、別名カーテン・エリアが10％も増えたのだ。

燃焼室がエーカッコして、カーテン・エリアが増えたところで、まだパワーは出ない。空気の入口から排気の出口までゼーンブが風通しがよくないとパワーは出ないのだ。

まず、インテーク・パイプを**図15**のようにストレートにする。空気が最も流れやすいのは直線で、また、ストレート・パイプが慣性過給に一番効果があるし、圧力波の波も崩れずにスパッとシリンダーの中に飛び込む。しかし、パワーは風通しのよさに比例する。これまでは、直4のナナハンの吸気ポートを真っ直ぐにすると、幅が広くなり、ライダーのヒザに当たって、ライダーは大股開きになってしまう。それでエンジンを45度前傾させることによって、ライダーのヒザに干渉せずに吸気ポートをストレートにできたのがミソで、曲がったパイプより10％もパワーアップできたそうである。

なお、キャブレターはダウン・ドラフトのＳＵ型だ。

吸気が曲がったパイプを嫌うなら排気だって同じである。フツーのオートバイは、**図16**左のように180度ターンして真後ろに排気をとり回しているが、ヤマハＦＺ750では、エンジンを45度前傾させたため、135度と曲げ角度が減少している。

この角度減少分だけは確実に排気抵抗をへらし、パワーアップと燃費良化をもたらしている。

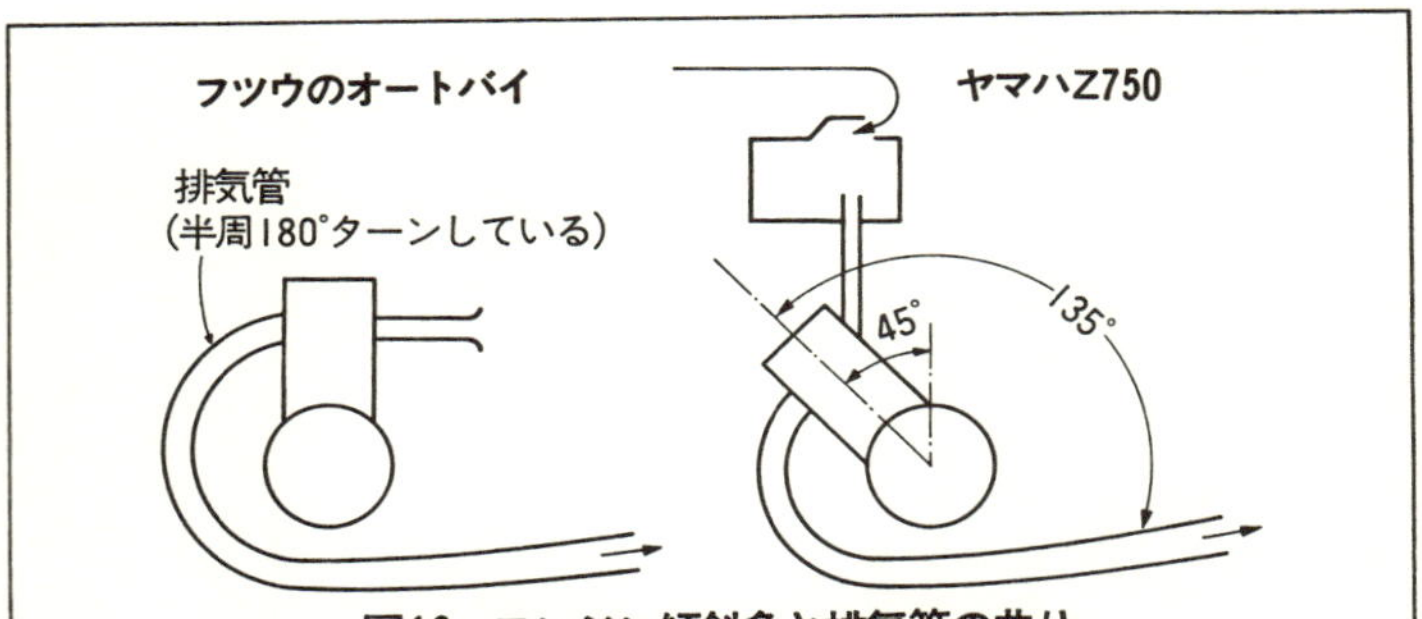

図16　エンジン傾斜角と排気管の曲り

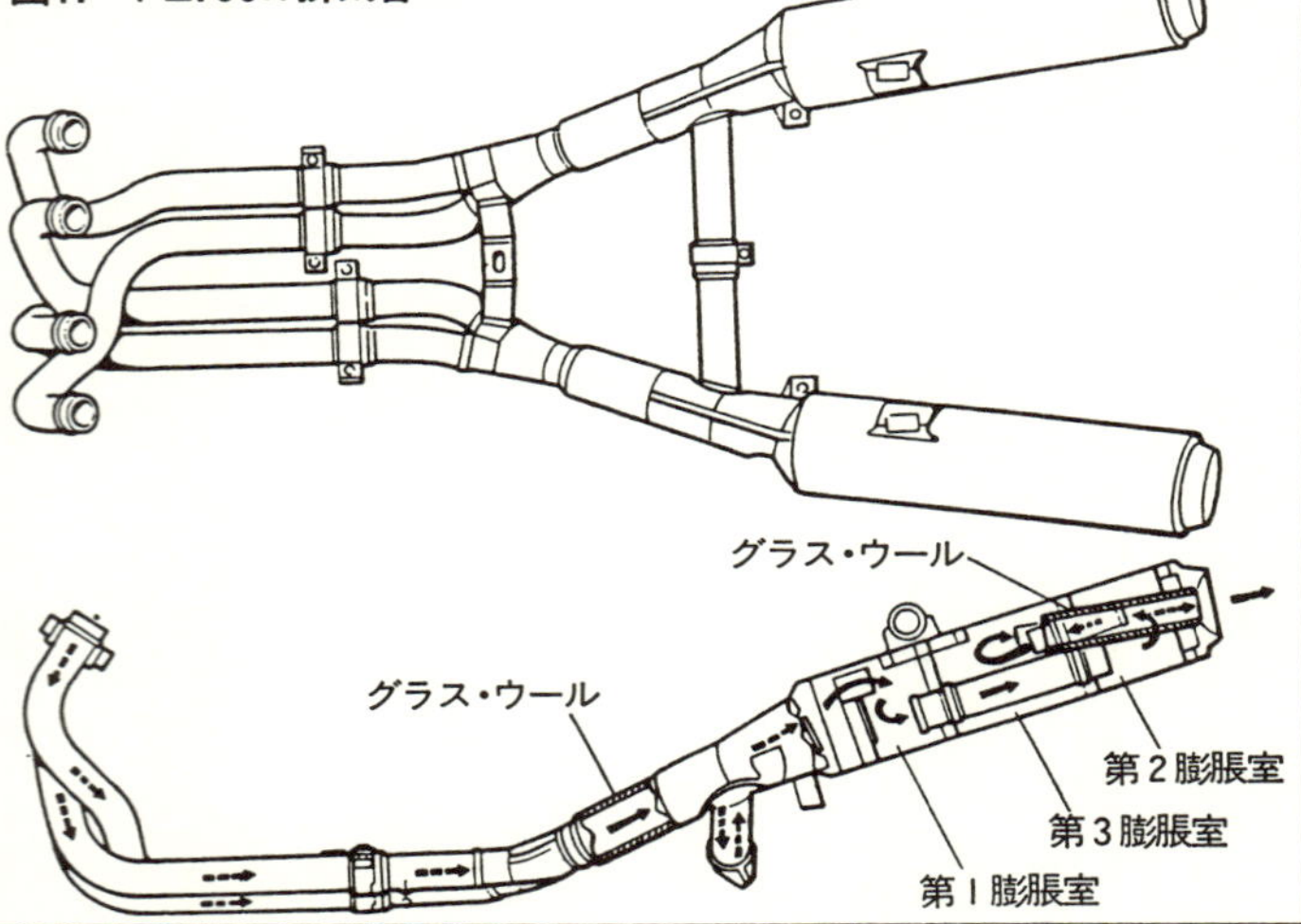

図17　FZ750の排気管

図17は排気系で、排気は1、4気筒と2、3気筒をそれぞれまとめて左右に流している。こうすると**図18**から分かるように、1番シリンダーの排気弁が開いているときは、決して4番シリンダーは開かず、互いに他のシリンダーへ排気が逆流することはなく、排気干渉のないよい排気管といえる。しかし、ホンダＺＣエンジンのように、タコ足マニホールドをもう一度1本にまとめ、パルス・コンバーターにすれば、シリンダーの中の残留ガスを排気ガスで吸出すことができ、もっとパワーアップするのだが……(**図19**)。

なぜ、そうしなかったのか？

オートバイの場合、エンジンも排気管もカザリモノなのだ。Ｌ４エンジンの排気管が片側1本だけでは、アンバランスでサマにならない。

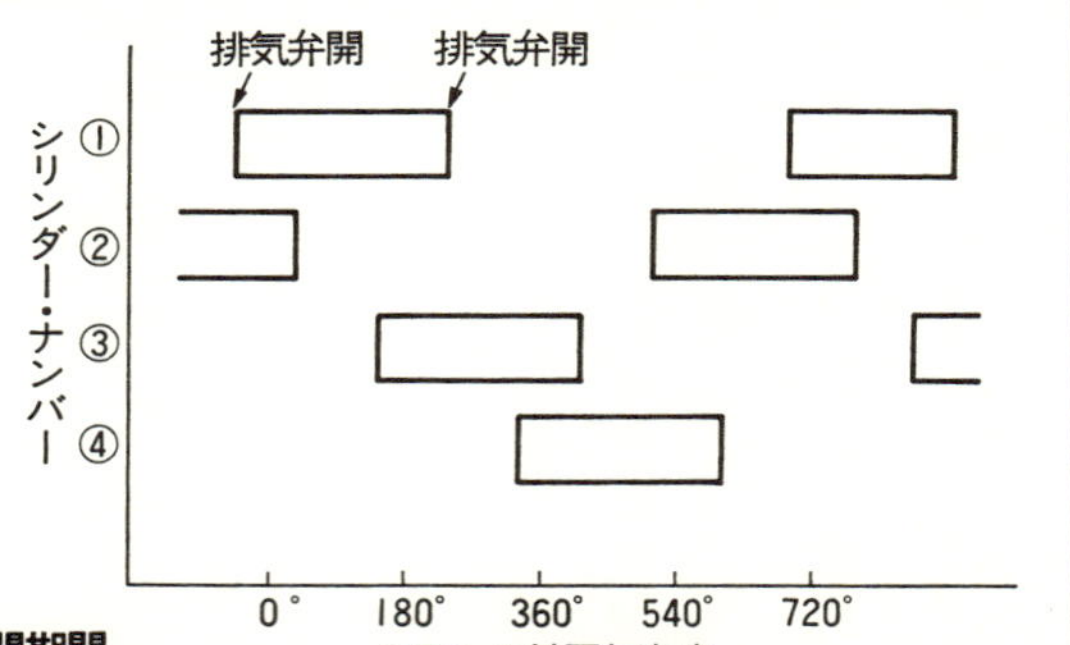

図18　排気弁開期間

図19　図17をパルス・コンバーターに改造すると

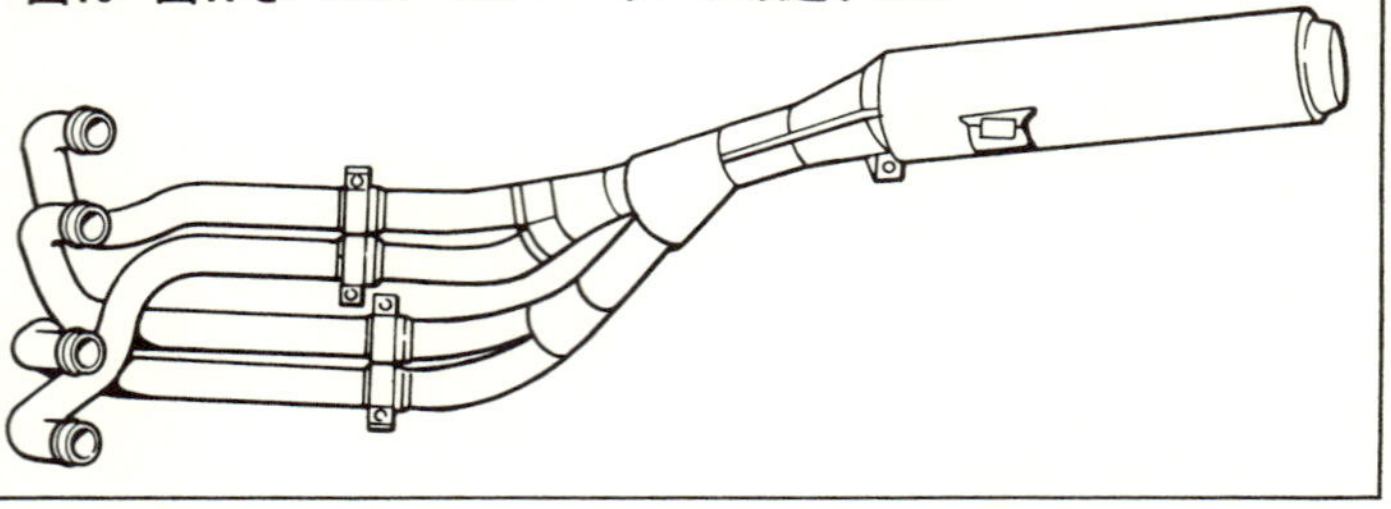

要するに、自動車はキモノを着ているが、オートバイはヌードだ。Cカップでゴマカスわけにはいかないのだ。ただ、オレには、図19のほうが図17よりキレイに見えるが、リクツの分かっていないコドモたちには、図17がよく見えて当たり前かも……。

エンジンの真ん中にタイミング・チェーンが通っている(図20)。前から不思議な設計をするものだな、と思っていたが、端にタイミング・チェーンをもってくると、右から見たときと左から見たときのケシキが違って、カッコ悪いのだそうだ。

アホな女ほど美しいが、オートバイにも理解できないアホらしさがあるのだ。

それは、なぜラム効果を利用しないのか、ということだ。速く走ると風当たりが強くなる。この風当たりをプロはラム効果といい、ラム効果だけで、図21のようにラム・ジェット・エンジンができるのだ。フツーのジェット・エンジンもラム効果なしではヒコーキを飛ばすことはできないし、レーシングカーはもちろんのこと、最近では低速の大型トラックまでラム効果によって、いくらかでもパワーアップしようとガンバっているのに！

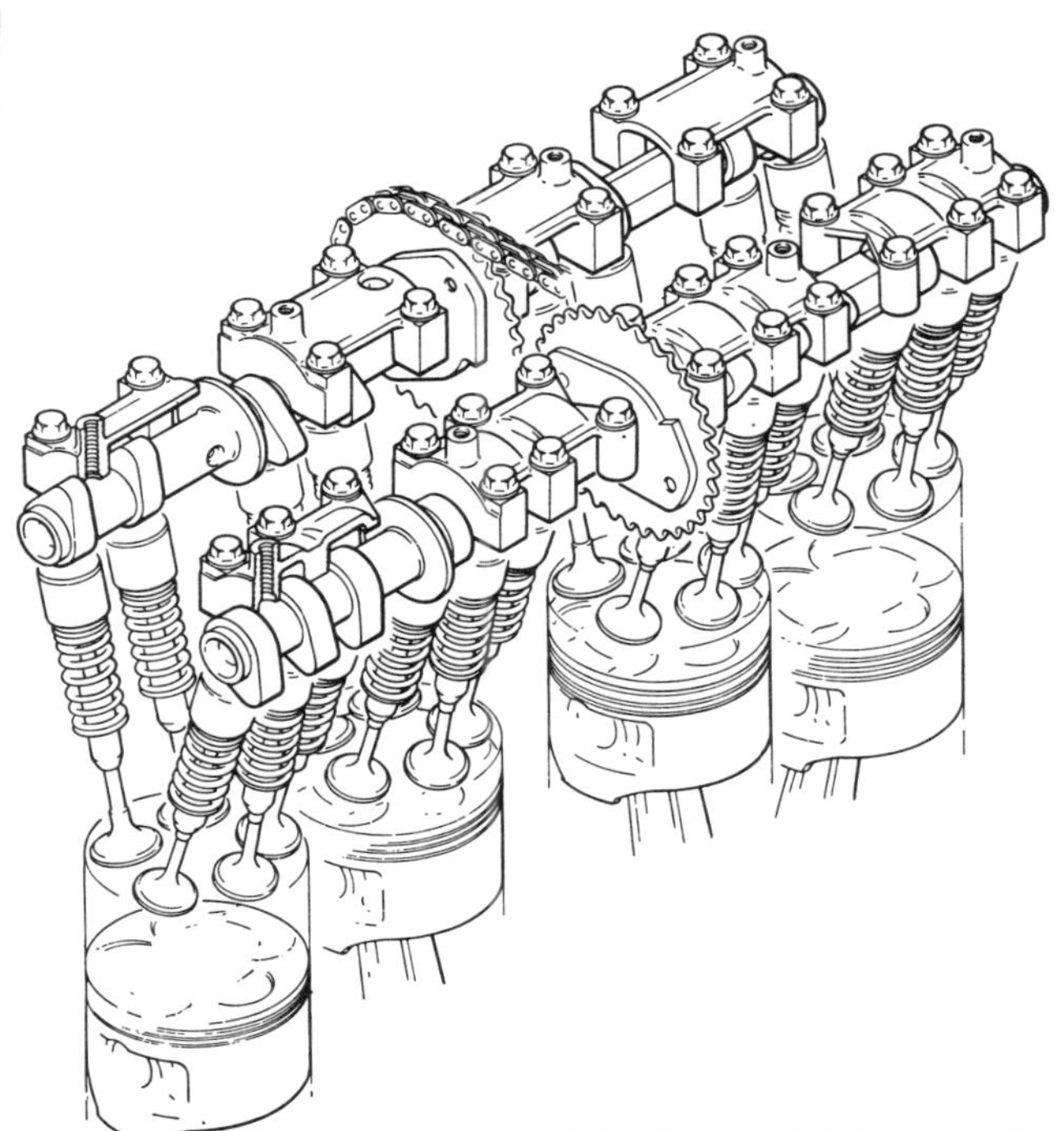

図20　真中にあるタイミング・チェーン

それなのに、オートバイは図22のように、進行方向とは逆の後ろのほうから空気を吸っているのだ。

１００km／hで6%だから、２００km／hでは24%もラム圧は上昇し流入空気量の増えた分だけパワーが稼げるリクツである。だから、オートバイでは、２００km／hで走ると逆に、24%パワーダウンするのだ。

コドモのオモチャといえどもマジにやらなくちゃ。どんな迷信があって、

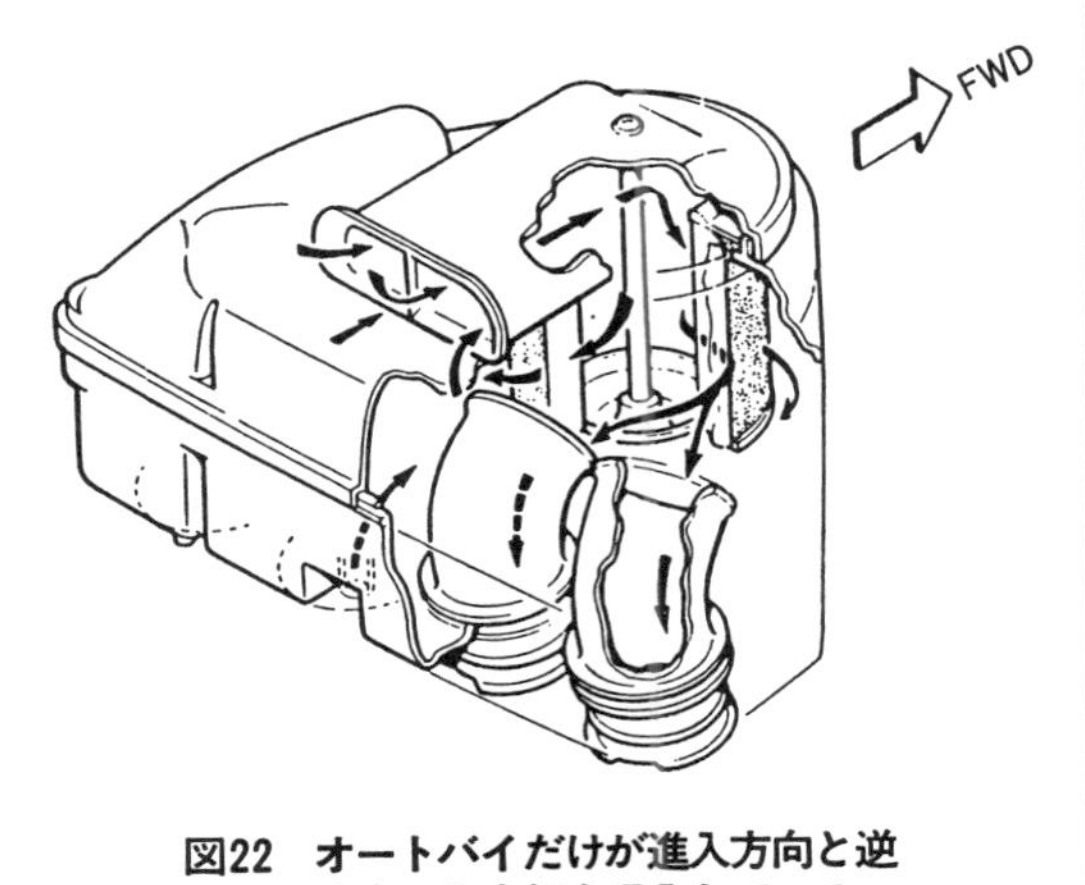

図22　オートバイだけが進入方向と逆方向から空気を吸入している

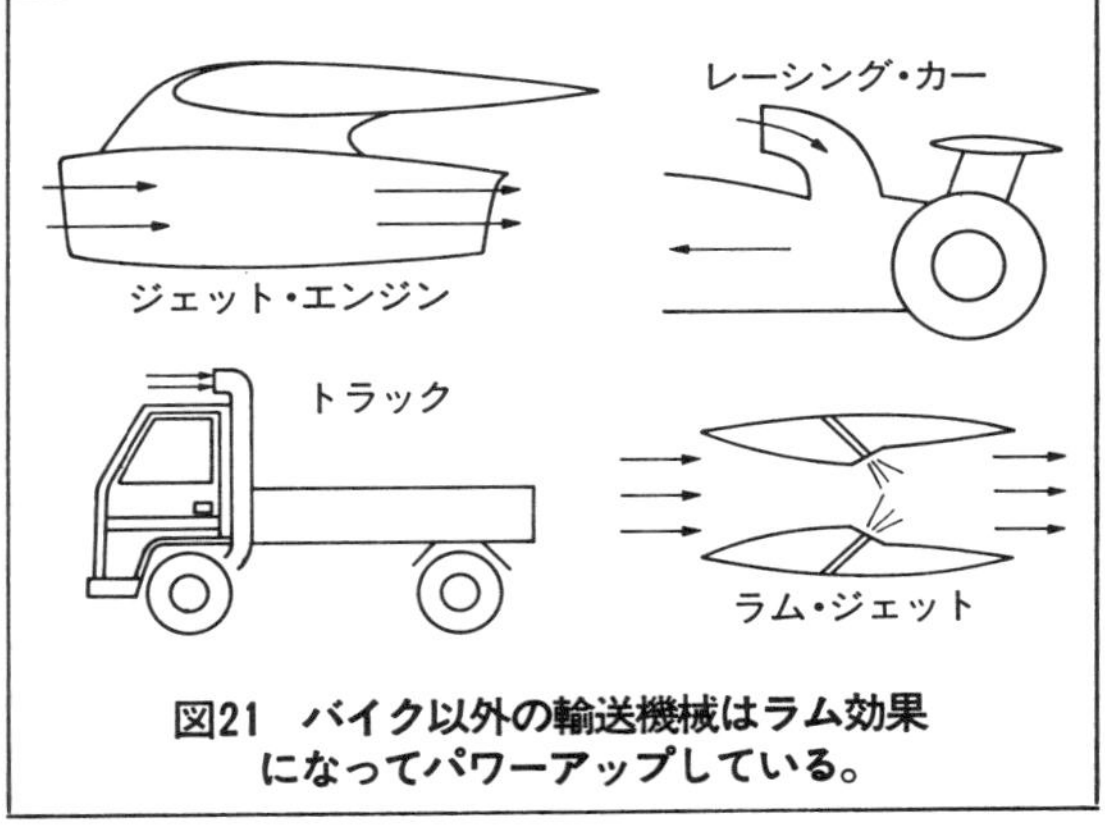

図21　バイク以外の輸送機械はラム効果になってパワーアップしている。

どんな弁解をするか、質問すべきであった。

●4輪車とは異なる高速セッティングのバルブ・タイミング

ヤマハFX750・5バルブ・エンジンのパワーは102ps／11000rpm（図23）である。このエンジンをV8にすれば、ナント1500cc、204psとなり、ホンダのZCエンジンもマッサオである。が、自動車はオクレテルウと思うのはシロウトで、このエンジンは自動車には使えないのだ。

図24を見れば分かるように、弁開期間が断然長いのだ。長ければ、同じ加速度で弁を開いても、リフトは大きく、混合気がタップリとシリンダーに入って、パワーが出て当たり前である。ただし、これは6000rpm以上の話であって、低速、低負荷ではパワー／トルクが出ない。

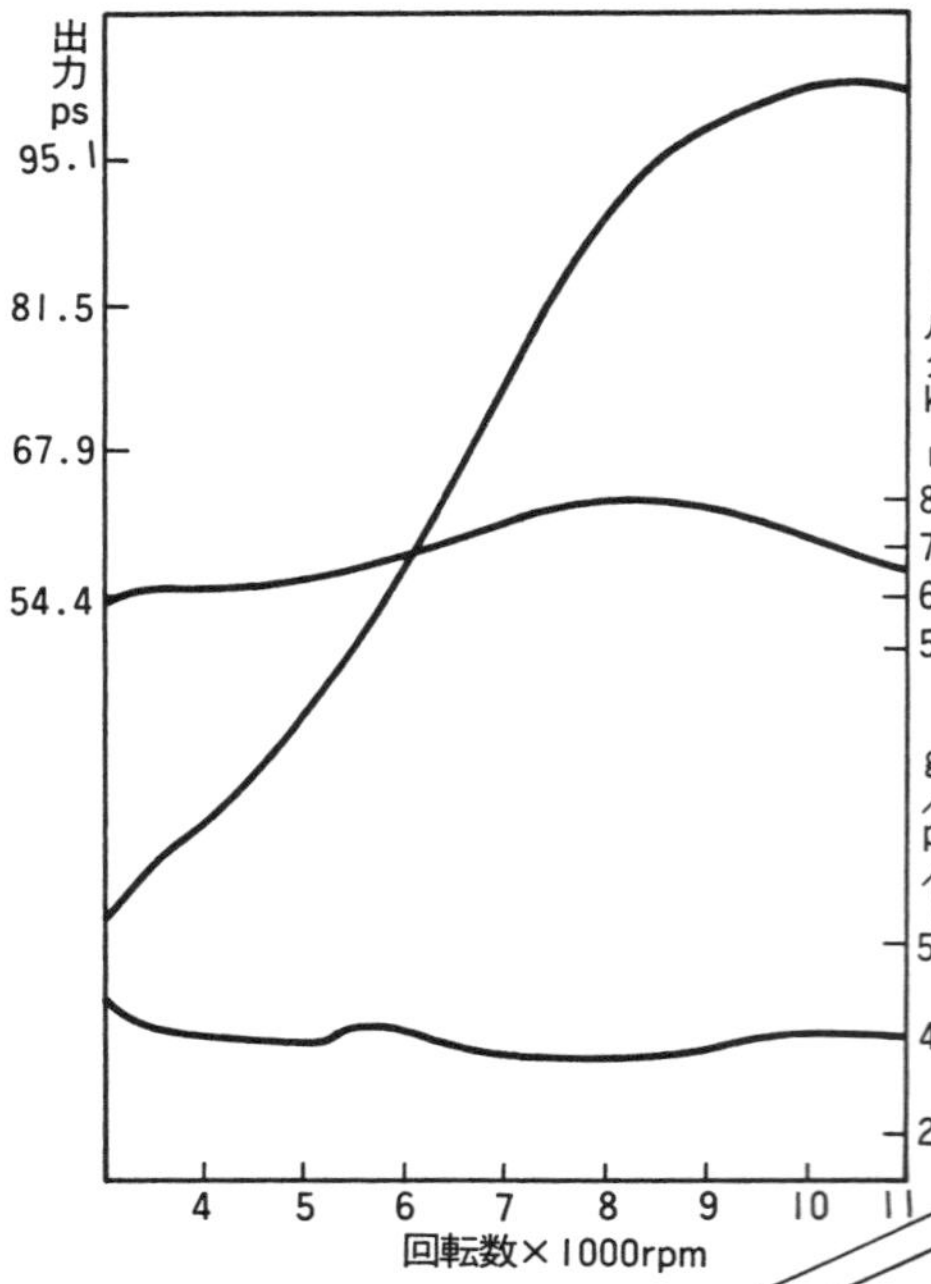

図23　エンジン性能曲線（ヨーロッパ仕様）

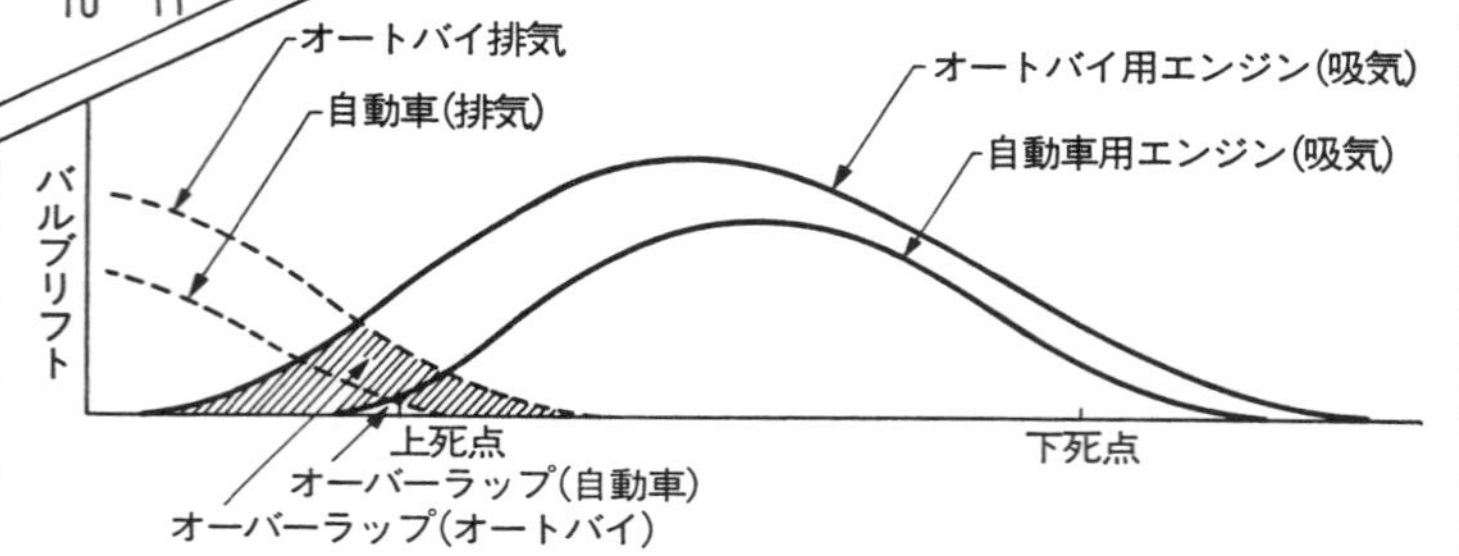

図24　自動車用とオートバイ用エンジンのバルブリフトとオーバーラップ

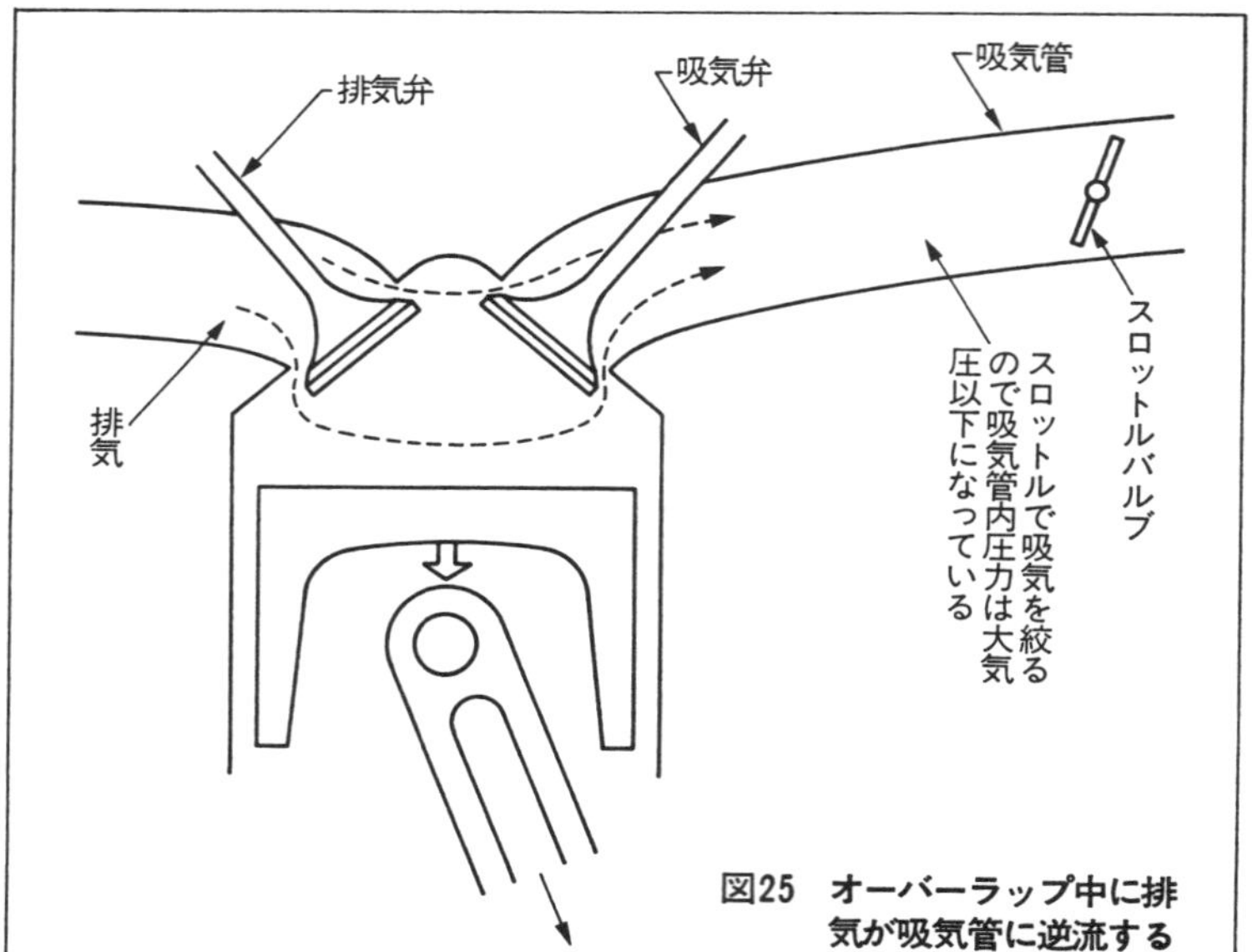

図25　オーバーラップ中に排気が吸気管に逆流する

図25に示すように、とくにアイドルでは、この長大なオーバーラップ期間中に、排気やスロットル・バルブで絞められて負圧になっているインレッド・マニホールド内に逆流する。で、次の吸気行程では排気ばかり吸入することになり、パワーが出ないのだ。オートバイが、絶えず空ブカシしていないとエンストしやすいのは、このためなのだ。

高速になれば、排気は慣性過給の逆で、その慣性力でシリンダーの中の排気ガスを吸い出そうとするからエンストはしない。

図23の性能曲線図を見ると、3000rpm以下のカーブがない。ゼロではないが、測定しうるほどのパワーが出ないし、記入するのがミッ

トモないのでカーブを切り捨てたのだ。

　オーバーラップだけではなく、低速を無視した弁開閉時期の設定となっているのだ。あまりにも早く排気弁が開く(排気行程の下死点前60度)と、**図26**のように、高圧のガスがピストンを押すのをやめて、排気管にドバッと逃げてしまい、パワーを落とし、燃費を悪くする。また、あまりにも遅くまで吸気弁を開き続けている(吸気行程下死点後60度)と一度吸入した混合気を再び吸気管のなかへ押し戻してしまうので、低速パワーは出ないのだ。

　だから、3000rpm以下ではまったく使いものにならず、常に高回転を維持して走るのがオートバイの楽しみ方というわけだ。もっとも車体自体が軽いし、低速トルク不足はさほど気にならない、というのがオートバイ乗りの言葉だが。

●異次元へのリープ

　ヤマハFZ750が連戦連勝し、4バルブ・エンジンをウッ4ッ4とセセラ笑えるか？　5バルブのヤマハF2エンジンはホンダに勝てるか？

　外野のオレたちは〝ヤマハよ4の5のいえ〟と見守るばかりである。

　2弁から4弁へも、4弁から5弁へも大きな飛躍であることは認める。

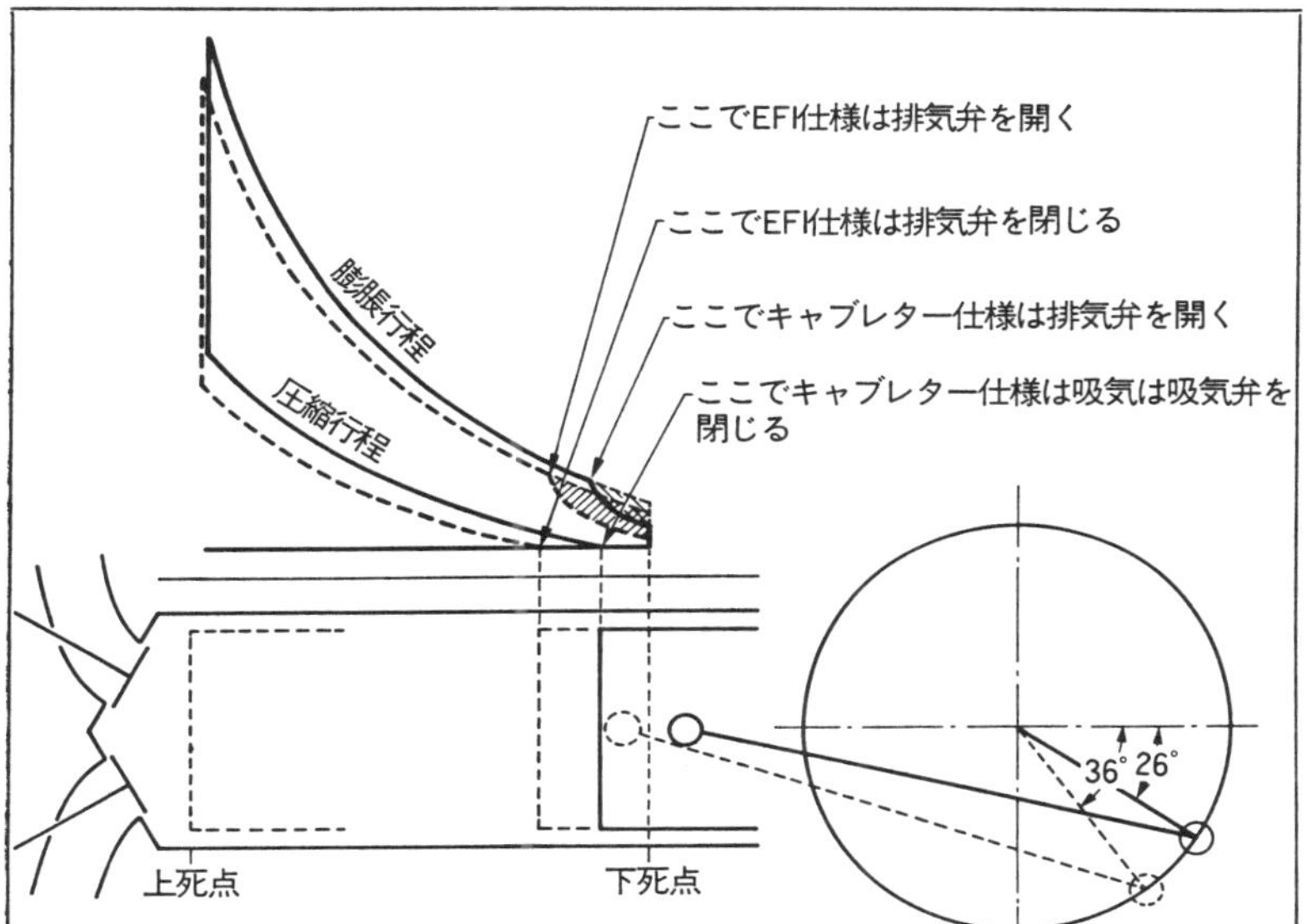

図26

　そして、このように同じ次元でのジャンプが行き詰まると、他の次元へリープする。

　ヒコーキがピストンからジェット・エンジンへ、真空管からLSIに変わってコンピューターが進歩し、ディーゼルがターボ化に成功する(ガソリンは成功していない)等々、歴史が証明しているのだ。

　そういえば、3万馬力の船用2サイクル・エンジンのシカケは、全部1バルブ・エンジンである(**図27**)。

　燃費はオートバイの半分以下だから、悪いはずがない。バルブ・タイミングを変えるシカケを追加して、低速では排気弁を早く閉め、高速では遅くまで開くようにすれば、アイドルも、低速トルクも、高速パワーも出るリクツで、吸気ポートはシリンダー全周に開けるから、究極のポート面積が得られるし、排気弁もピストンほどの大きさだから面積に不足はない。これが一番パワーが出るシカケと思うが、大きなバルブを1回転に1回動かすことは、4サイクル・エンジンの4倍の慣性力を発生し、どんなに良い設計をしてもバルブはオドリ、弁ばねは折れてしまうに違いない。だから、バルブはデスモドローミックに駆動すればの話であるが……。しかし、4の5のいうよりは、ハルカに次元が高い。

　1バルブ――オレは文化庁長官のように教養は高くないので、レイプはできない。が、リープはするのだ。図27を

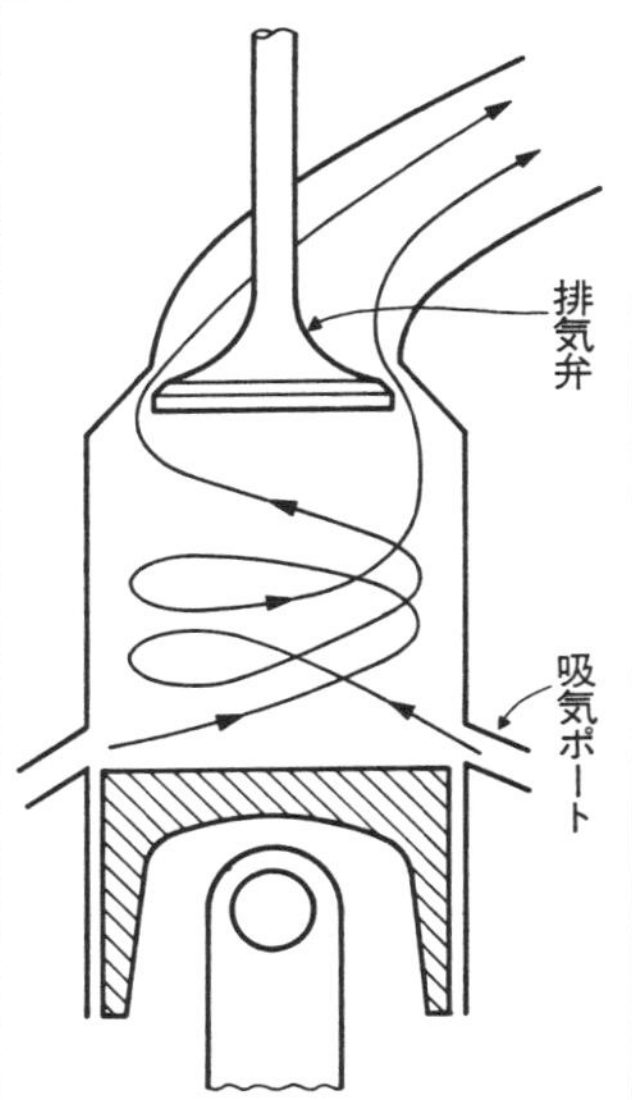

図27　船用2サイクル・ディーゼル・エンジン

描いているうちに、4サイクル屋のオレは、このでかいバルブを4サイクルに、と思った。究極のカーテン・エリアはこれしかない。

これを実現するには、次元を超えてリープしなければ……。

リープしたのが図28である。排気が終わったら、ロータリーバルブがグルッと回って、排気ポートを閉じ、吸気ポートを開けてやれば、1弁でも4サイクル・エンジンはできる。

究極の4サイクルが！

●終わりに一言

何年か前に、カワイコちゃんをレイプするにはバイクで、と思った。そして近所のガキから250を借りて、オベンキョウしてみたのだが、乗って、ガバッとフカシたら、頭が後ろへ飛んで行くような気がした。恐ろしくなってすぐにオリた。

オレは頭が柔らかいから首まで、と思ったが、それは間違いで、チンケな会社で首を切られたとき、皮一枚だけしか胴とつながっていなかったのだ。だから、ヤマハFZ750をサワッても、ミロのビーナスにサワッているみたいで、何のキモチもおきないので、フィーリングなどあろうはずがない。

この「毒舌」がおもしろくないのは、〝1、2、3、4の次は？

5デチュ！〟

だけですむところを引き伸ばしたことと、1回休みを宣言したもののオダテに乗って、渡米直前に大急ぎで書いたからである。

●オマケにもう一言

責任の半分はヤマハだ、とヤツアタリする。

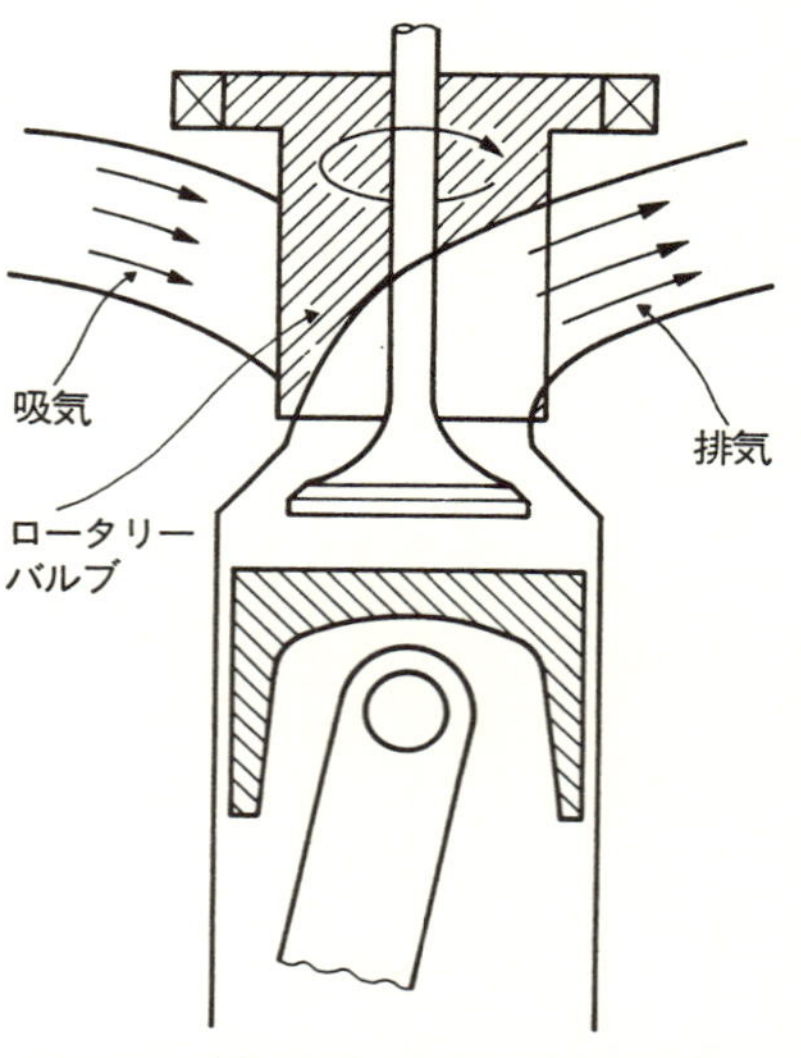

図28　究極のカーテン・エリアを持った4サイクル・エンジン

「毒舌」の罪ホロボシに、「毒舌賞」なるものを、突然作った。

英語でいうと、Engine of The Year である。

選考委員はオレ1人だけ。というのは、オレだけが自由――失うべき何物（ハード＝ゼニ、ソフト＝名誉・地位、肉体＝ドーティ）もない状態で、しかもエンジン・デザイン・コンサルタントで、現役のコドモのデザイナーたちをカラカエルからである。

で、去年の'84 Engine of The Year は、トヨタ4A-GEUエンジンに決定した。

授賞理由は次のとおりだ。

このエンジンは冒頭の章でヨーチな設計だ、と決めつけているが、F1のメカ、DOHC4バルブ・エンジンを量産して、レビン／トレノに載せたこと、つまり、量産DOHC4バルブの概念を樹立したのだ。そしてトヨタは大いに売りまくったのだ。これまで雲の上の存在であったものを、大衆化してしまったのだ。

ジャーナリストとしてのオレは、これをエンジンのベースとしてみるようになった。すなわち、DOHC4バルブ＋αのαによって、エンジンを評価するようになった。

一方、いまだにターボはウエイストゲートの必要悪から脱出できず、燃費が悪いこともあってユーザーからあきられ、ユーザーのマナザシはDOHC4バルブに向けられている。

そして、その先鞭をつけたトヨタと、変わり身早くDOHC路線を展開するホンダが、シェアを伸ばしている。

他社よ、何をしているのだ。4の5のいわずに、DOHC4バルブ車を早くだせ！　それとも、ヤマハから5バルブを買って、4バルブをやっつけるか――。

セラミック・エンジンの虚像と実像

セラミック・エンジンの夢はマボロシか

セラミック・エンジンの虚像と実像

いまは技術革新の時代である。エレクトロニクスをはじめ、あらゆる分野で技術の飛躍がなされつつある。極めつくされたピストン・エンジンにおいても、壁を乗り越える〝サムシング〟が近い将来でてくる予感がする。例えば、そうしたなかでセラミック・エンジンなども、期待されているもののひとつである。まあ、どちらかというと、現代は材料革新の時代ともいえるくらい、種々の新材料が登場してきているが、一般にセラミックは〝万能〟の新素材といった見方がなされている。

いわく、セラミック・エンジンは冷却水がいらないから、熱効率が抜群によくなり、燃費が格段に向上する。現在、自動車用ディーゼル・エンジンで約40％の熱効率（最も効率の良いマリン・エンジンは50％だが）だが、セラミック化によって断熱エンジンとすれば冷却損失がないから、その分熱効率がよくなるというわけだ。

また、いすゞ・京セラの試作セラミック・エンジンのように、鉄やアルミのエンジン部材をセラミックに置き換えれば、容易にネンピの良い断熱エンジンとなる、というのもマスコミによって植えつけられた一般大衆のセラミック・エンジン像である。が、これらが全部ウソとはいわないが、いわばセラミック・エンジンのPR用くらいにしか役に立たない代物である。こうした〝セラミック・エンジン〟でなく、ホンマもののセラミック・エンジンとはどんなものなのか、また、その可能性はどうか——について概説しよう。

●最大限ガンバッても30㎞／ℓが実現できるかどうか

本論に入る前に、今後の自動車用エンジンの燃費向上プログラムを知っておく必要がある。

表1はセラミック・エンジンの元祖、ロイ・カモさん（二世）の計画だ。これはフォード社がカミンズ社に委託して進めている、ディーゼル乗用車の低燃費エンジン計画のプログラムだが、これをみても分かるとおり、現在16・0㎞／ℓの燃費が、トータルとして30・0㎞／ℓにしかならないのだ。ありとあらゆる革新的技術を駆使しても、燃費は2倍弱くらいしかよくならないわけだ。そして、この計画の実現性は7、8割くらいである。

逆にいうと、これだけの技術的バリアを乗り越えても、たかだかリッター30㎞の燃費率が実現できるかどうか、ということなのである。

この計画の中で、まず、渦流室式ディーゼルを直噴にすると、16㎞／ℓが18・4㎞／ℓに伸びる。渦流室には、**図1**に示すようにスロート（絞り）がついていて、ここから半燃えのガスをピストンの上の主燃焼室に噴き出して燃焼させる方式で、小型エンジンでも静かによく燃える。しかし、このスロート（ノド）はゼンソク病みで流れの抵抗が大きく、**図2**の機械損失をふやす。図2をよくみると、サイクルの損失は燃やした燃料のおよそ50％で、圧縮化の低いオットーサイクル（ガソリン）では

表1　燃費改善の可能性　　単位：km/ℓ

渦流室式ディーゼル	16.0
直噴化	18.4
フォーミュラ・コンセプト（高比出力、低回転化）	19.5
断熱コンセプト	21.3
熱効率の改善	
ファン除去	
プーリーとベルト不要	
セラミック構成	
高圧燃料噴射、急速燃焼	22.5
最適可変バルブ・タイミング&燃料噴射	24.2
最少フリクション・コンセプト	26.1
ガス・ベアリング	
リングレス・ピストン	
ローリング・エレメント	
アンチ・フリクション・カムシャフト、ロッカー	
オイル・ポンプ除去	
ポジティブ・ディスプレースメント・コンパウンディング	27.7
高効率部分負荷エア・システム	28.7
水ポンプ除去	29.3
エンジン、補器類の縮小・軽量化	29.5
それに伴う車両の空力特性の向上	30.0

当然もっと多くなる。熱効率の最も高い直噴ディーゼルでさえ、理論的に燃料の熱エネルギーの半分しか機械的エネルギーに変わらないのだ。

燃料供給量を減らせば一定の割合では減るが、機械損失は負荷が変わっても変わらず、無負荷すなわちアイドルのときは燃焼室で発生したパワーのすべてを機械損失が食いつくしてしまうのだ。

だから、スロートでのスロットル損失のない、すなわち機械損失の少ない直噴は、無負荷から全負荷にわたってネンピがいいのだ。

次に、「フォーミュラ・コンセプト」というのがあるが、これはパワーを過給でグンと高めておいて、エンジンの最高回転数を3000rpm強くらいに下げることである。いうまでもなく、無過給での5000rpm時よりもパワーを出して、というのが前提だ。なぜそうするかというと、ディーゼル・エンジンは機械損失が多いからだ。5000rpmで70psのエンジンは燃焼室では100psも出しているのに、30psは機械損失となってしまうのだ。ところが、エンジン回転を3000rpmに下げると、**図3**に示すように機械損失は急に下がり、20%となる。

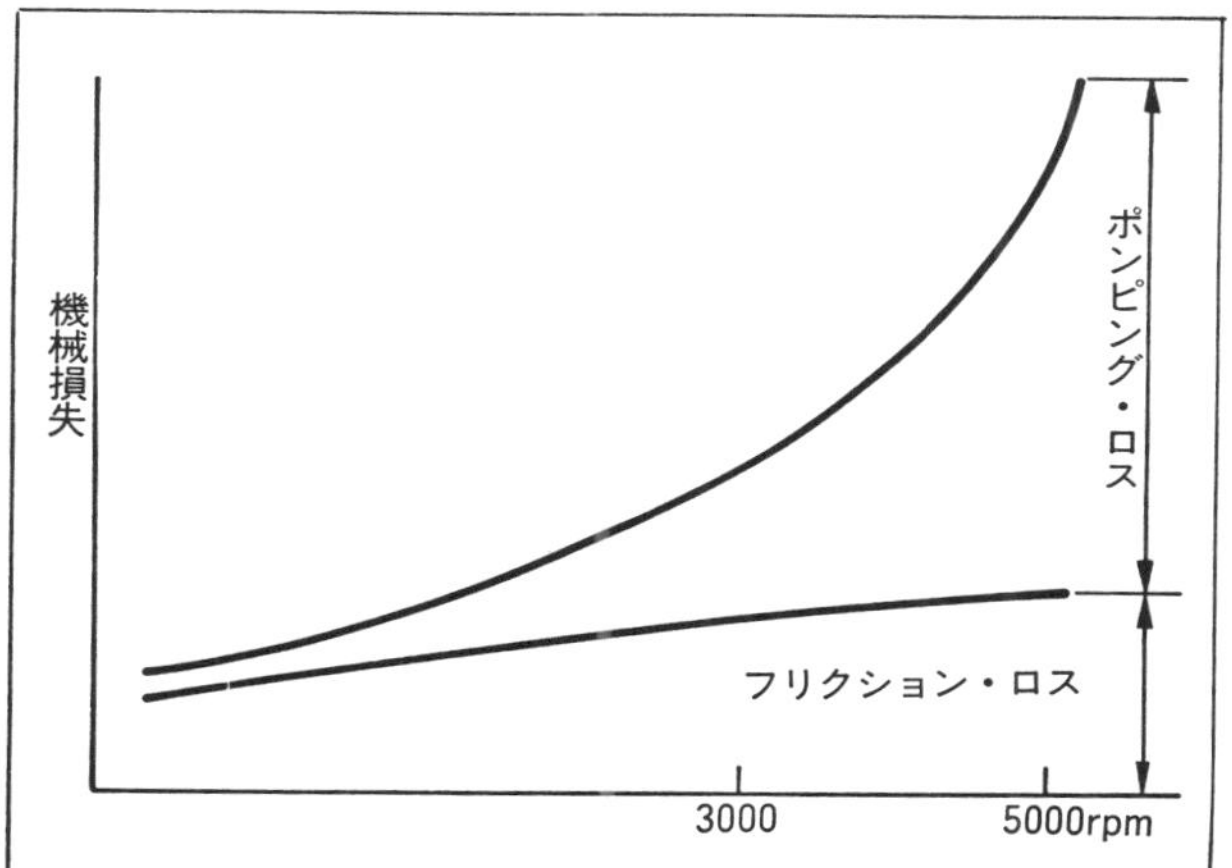

図3　エンジン速度とフリクション

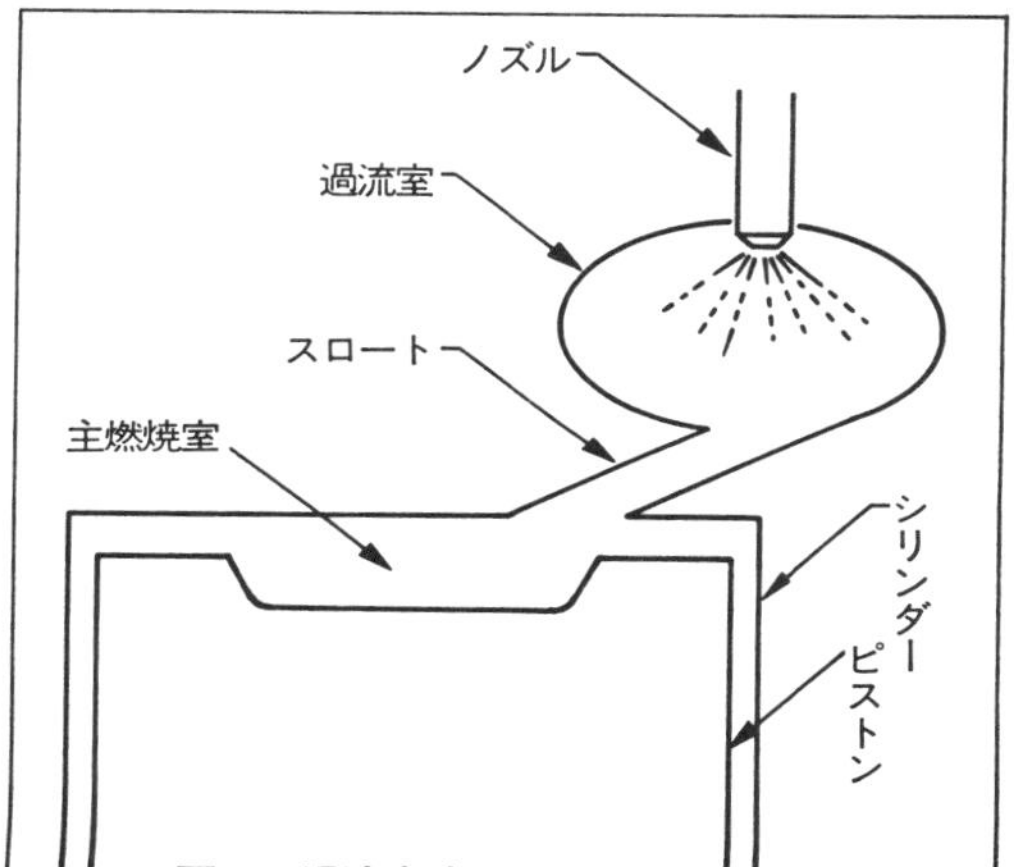

図1　渦流室式エンジン

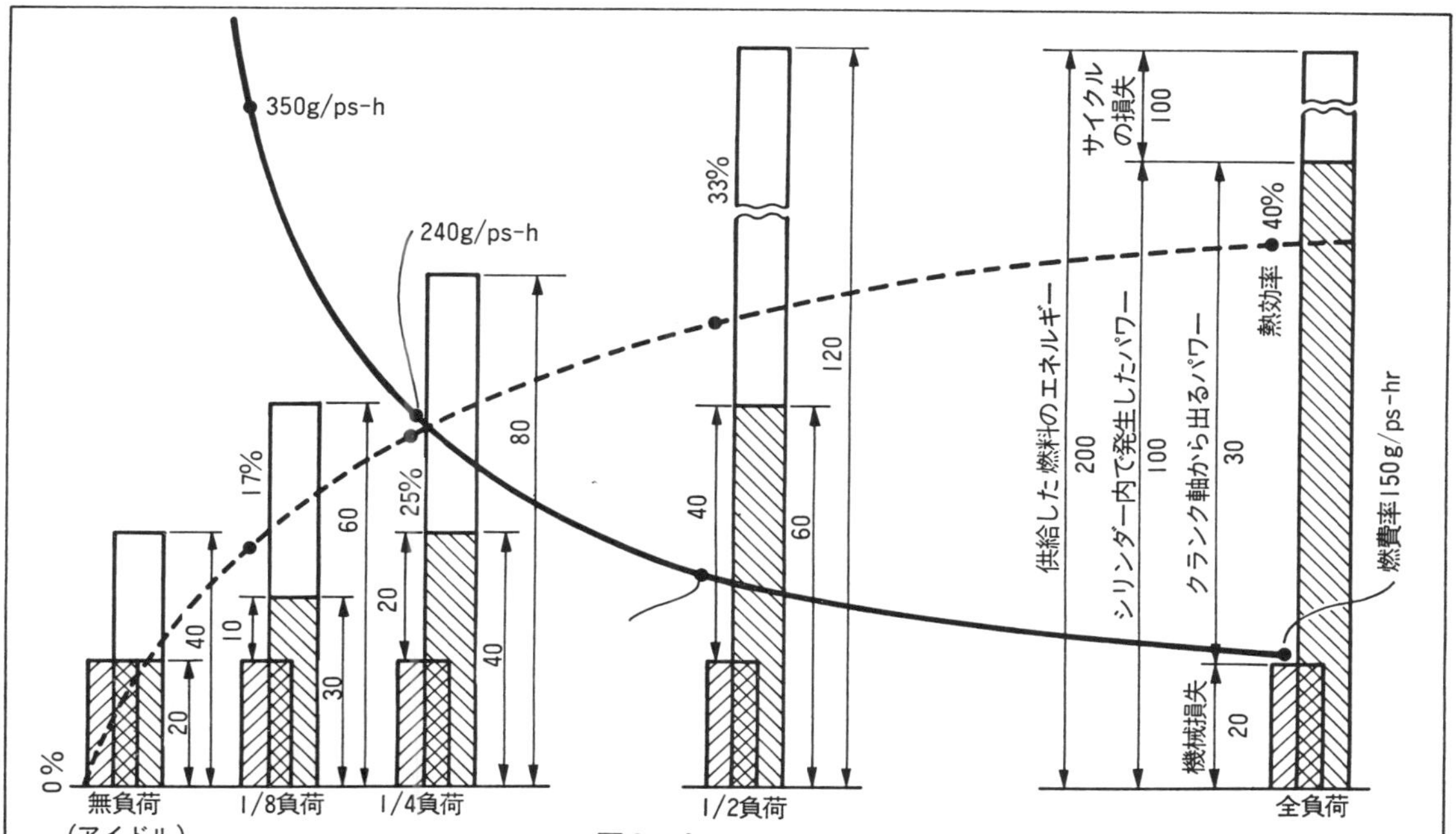

図2　トルクと燃費の関係

それを図3で説明すると、摩擦損失はエンジン速度が変わってもあまり変わらないが、ポンピングロス、空気がシリンダーを出入りする抵抗は、速度の2乗に比例してふえるからだ。これは口をすぼめて吸排気をしているようなもので、オチョボ口でもゆっくり呼吸をすればラクなりクツだ。

他に機械損失を下げる試みをいろいろやったが、うまくいったのはDOHC4弁くらいなもので、これとてスケベ根性からパワーアップしたくなり、エンジン速度を上げてしまうので、いままで成功したためしがない。だから、機械損失を下げるには、回転数を下げる以外に方法がないというわけだ。

直噴ディーゼル・エンジンの最高回転を下げ、インジケーテッド・ミーン（燃焼室内で発生するパワー）が10出る。そのうちパワーとして8、機械損失として2、約20％である。

ところがインジケーテッド・ミーンを20として2倍にパワーアップしても、機械損失は2と変わらない。エンジンの圧力を上げても、ピストンの重量を増やしても、意外と機械損失は変わらない。これは実験で確かめられている。

もし、パワーを4倍出すと、機械損失の割合は5％くらいになる。

となると、がんばってエンジンの機械損失を減らすのがバカバカしくなる。図示燃費(燃焼室内の熱効率)だったら120g／ps・hからもっと下までいく。すなわち、馬力さえ出せば、理論的には限りなく図示燃費に近づく。ところが、実際はターボをかけたガソリン・エンジンは燃費を悪くしているし、ディーゼルでもほんの少しよくなるだけなのだ。

なぜかというと、ガソリン・エンジンではノッキングを逃げるために圧縮比を下げねばならず、ディーゼル・エンジンでは出力増大に見合った燃料を噴射するが、いま使われているボッシュ式燃料噴射装置では噴射時間が長くなり、後述するように図示燃費（燃焼効率）を悪くしてしまうからなのだ。

一方、乗用車は普段1/7か1/8負荷程度で走っている（トラックは1/4負荷程度で走っていることが多い）。この際、1/8負荷、すなわち80×1/8＝10psということで話をすすめると……。

「フォーミュラ・コンセプト」によって、直噴ディーゼル・エンジンの全負荷燃費を150g／ps・hまで下げたとしても（フツウの直噴では160g／ps・h）、図2に示すように1/4負荷では240g／ps・hと悪くなり、1/8負荷では燃料が60の熱エネルギーを出すと30が機械エネルギーに変わり、ここまで熱効率50％であるが、機械損失に20食われ、クランク軸から出てくるのはたったの10で、全負荷で40％の熱効率は10÷60＝16・7％と低くなり、これから燃費率を計算すると350g／ps・hと低くなり、無負荷では熱効率はゼロ、燃費率は無限大となるのです。

ガソリン・エンジンでは、これにスロットル・ロスという悪役がつきまとい、けたたましく燃費を悪くしているが、このけたたましさをトヨタはリーン・コンバスション・センサーでなだめて、350g／ps・hに近づけたことは実にリッパなことなのです。

だが、ここで思考の方向転換をして、過給によってパワーを4倍出し2リッターのエンジンを500ccと排気量を1/4にすれば、**図4**に示すように、このエンジンの1/4負荷は無過給であったときの全負荷となり、当然ネンピは150g／ps・hが期待でき、1/8負荷では無過給の1/2負荷と同じで、350g／ps・hが180g／ps・hまで下げられるわけだ。

エンジン回転を下げて、過給をする、この「フォーミュラ・コンセプト」がたった1km／ℓしかネンピがよくならないのは、過給したときの馬力アップが少なすぎるからだ。

理論的には、排気量2リッターの4気筒可変気筒エンジンで、1気筒だけ使って走っても同じ燃費になりそうなものだが、ポンピング・ロスがなくなるだけで、残りの3つのピストンを動かすための摩擦損失は残り、期待したほど燃費がよくならないし、ガックン、ガックンするのでGMもやめたのです。

機械損失の割合を減らすために、過給度を高めて2倍にパワーアップすれば、機械損失の割合は11％に、4倍にパワーアップスレバ6％となり、図2のようにネンピは限りなく図示燃費に近づき、燃費はよくなるリクツだが、過給度を高めると、サイクルの効率が下がって、ネンピは

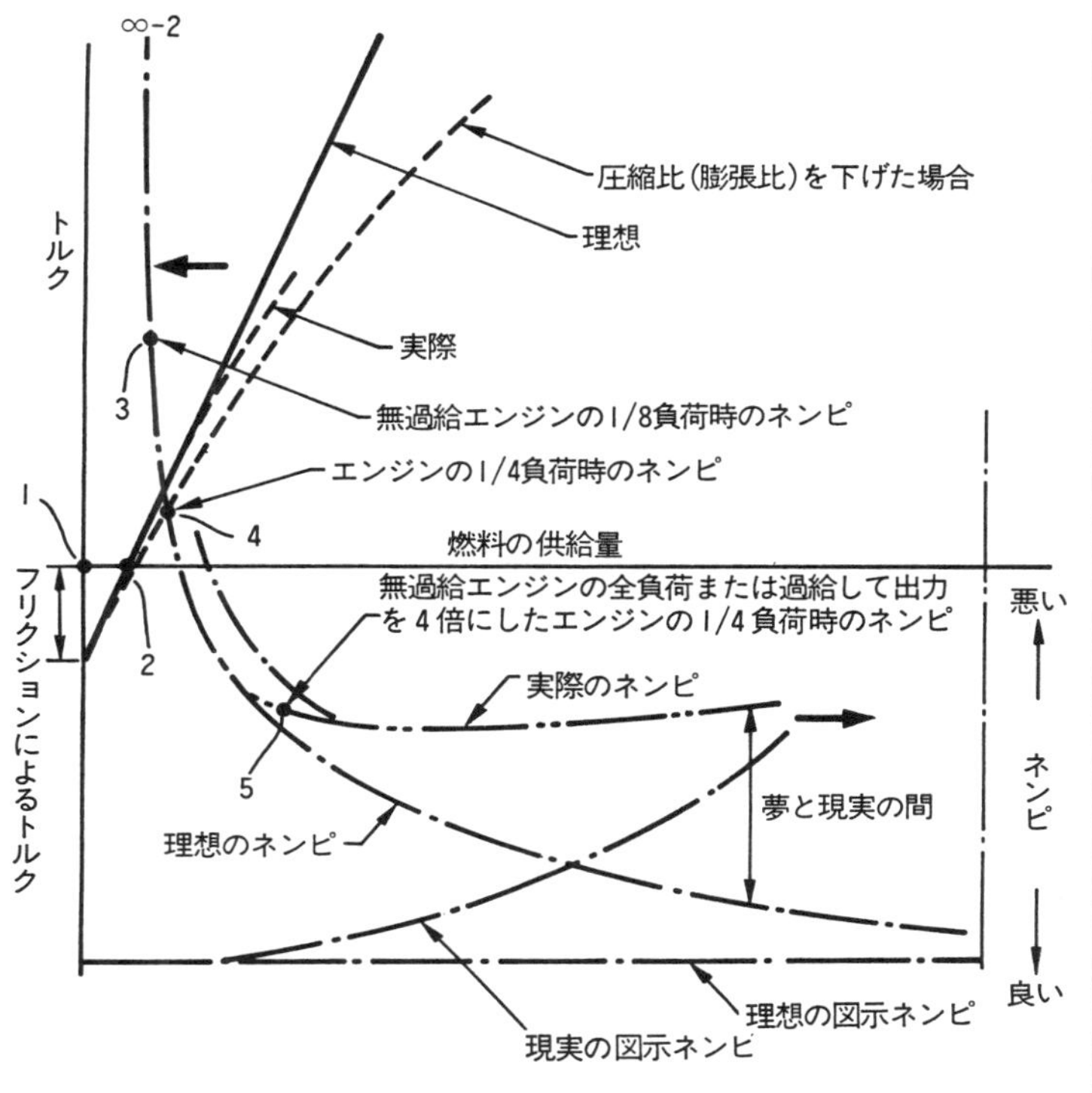

図4　過給すれば理論的に燃費はよくなる

図4のように良くも悪くもならないのが、今日のフツウのエンジン技術なのです。

●むしろ、セラミック断熱エンジンは燃費が悪化する

で、本題のセラミックだが、表1の「断熱コンセプト」。セトモノでエンジンを作って冷却水ナシとすると、2km／ℓほど燃費がよくなるとしているが、これはマユツバである。

「熱効率の改善」とあるが、ディーゼル・エンジンは材料を鉄からセトモノに変えようと、冷却してもしなくても、作動原理はあくまでもディーゼル・サイクルで、図2の〝サイクル損失〟量は本質的に変わりがない。むしろ、驚くべきことに、セラミック断熱エンジンは燃費が悪くなるのだ。その理由のひとつは、冷却しないので、シリンダーやシリンダー・ヘッドが500℃に達する高温になり、吸入する空気が暖められ膨脹し、吸入空気量が減る。吸入空気量が減ると馬力が落ちる。図2から分かるように、馬力がでないエンジンは必ず燃費が悪いのです。

もうひとつは、暖かい空気を圧縮すると、高温になり過ぎ、そこへ噴射された燃料はすぐ着火し、静かに燃える。こんな上品なことはディーゼルには似合わない。

断熱エンジンはおとなしく燃えるため、圧力上昇せず、燃やした燃料の割合に比してパワーがでないから、〝サイクル損失〟は増大し、熱効率は下がる。ただし、冷却水なしなので、水ポンプとファンが不要となる。水ポンプとファン駆動に食われる馬力は約10％くらいあるので、エンジン自体の燃費を悪くしても、オツリがくるのだ。また、ラジエーターがあると、風を通すためにグリルが必要になるが、これはC_Dの大敵だ。

ではセラミック・エンジンは、絶対にネンピが悪くなるのかというと、手はあるのだ。

フツウのボッシュ式燃料噴射装置では、噴射圧力は最高で700気圧である。これでは噴射率が低く、燃料に火がつくまでにたくさんの燃料を噴射できない。

カミンズ社では、噴射ポンプのカムの直径がピストン径の半分にも達する〝ビッグカム〟エンジンを開発し、噴射圧力を1500気圧にまで上げて、噴射率を高めることに成功している。これが同社のセラミック・エンジンを成功させた原動力であるが、カムでプランジャーを押す噴射装置では、低速ではプランジャーはゆっくり動き、圧力も低く、噴射率も低い。そして高速では逆に高くなり過ぎてしまう。

これはセラミック・エンジンに限らないが、これからの噴射装置は蓄圧式が望ましい。つまり、燃料を容器の中に2000気圧で蓄えておき電子装置で弁を開き、ドバッと燃料を噴射するのだ。この方式であれば低速でも高速でも同じ高噴射率とすることができる。**図5**の斜線に示す

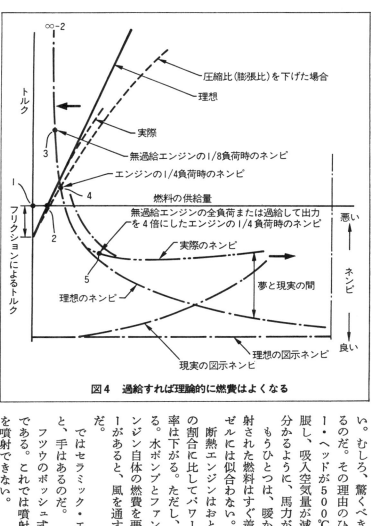

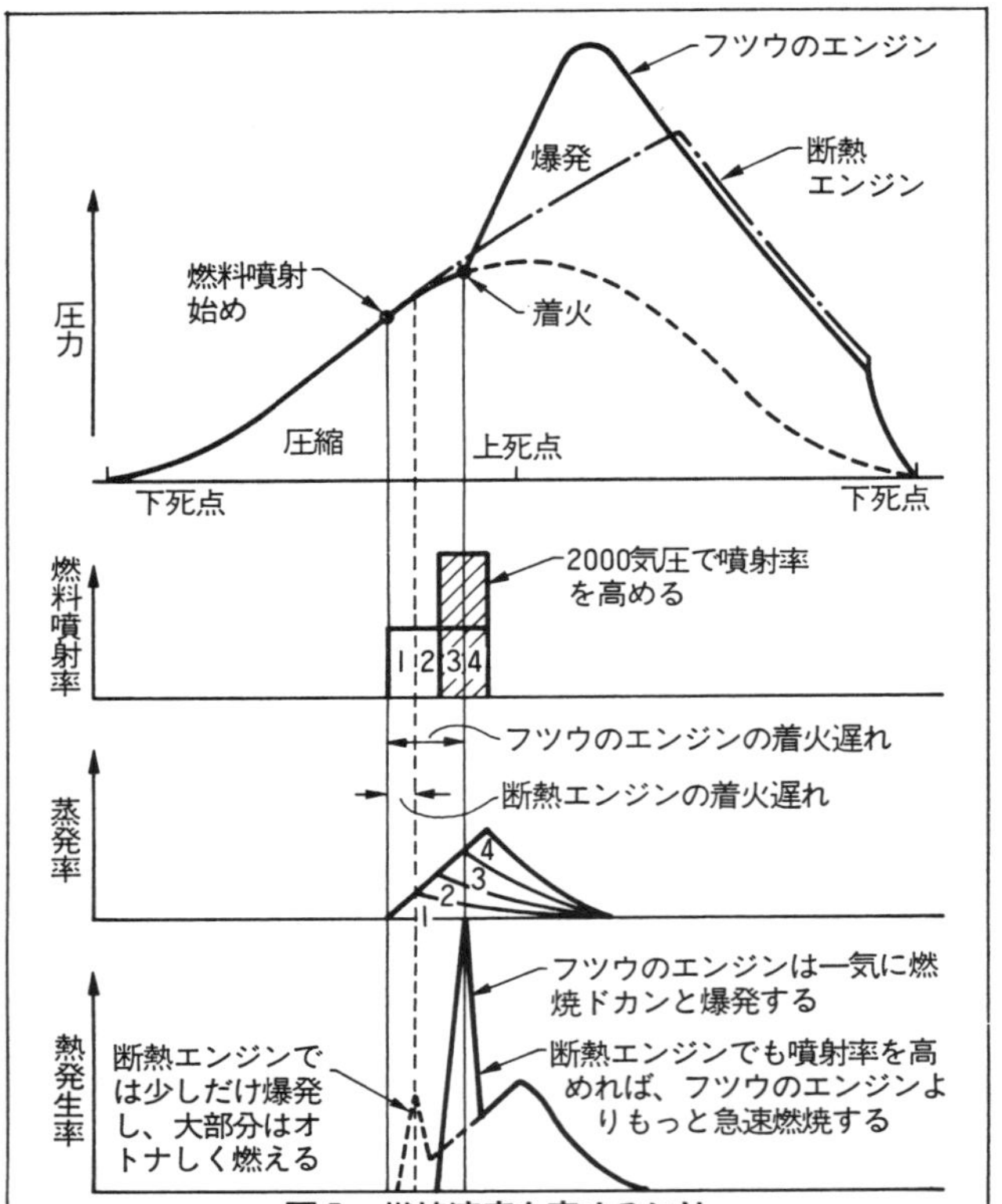

図５　燃焼速度を高めるには

ように、噴射率を高めれば、断熱エンジンでも火がつくまでに多量の燃料を噴射できるので、フツウのエンジン並みにドカンと爆発させて、燃焼速度を高めてネンピをよくすることも可能である。だから現在、世界中でこの蓄圧式燃料噴射装置の開発にシノギを削っているのだ。

ウイスコンシン大学のオットー・ウエハラ先生（二世）はもう一歩先きに進んで高圧高温の燃料噴射の研究をしている。高圧の燃料は暖めても、蒸発してガスにはなれないが、熱い１５００気圧の燃料が、ノズルの穴をでて１００気圧の燃焼室に入ると、とたんに蒸発してガスになるというわけだ。ガスにはすぐ火がつくが、噴射率を高めることによってガソリン並みに静かな低燃費ディーゼルができるそうだ。

しかし、これだけの技術をセラミック・エンジンにいれ込んで、冷却水なしにしてみたところで、図2のカタチが変わるとは思えない。

フツウのエンジンでは、機械損失はエネルギー保存の法則により全部熱に変わり、サイクル損失とともに燃料の熱エネルギーの30%で冷却水を暖め、30%は排気ガスとして大気中に捨てている。

セラミック断熱エンジンでは、冷却水に捨てていた熱が排気に移り、排気温度が高まるだけである。

で、燃やした燃料の60%のエネルギーを持っている、高温のガスからガスタービンでエネルギーを回収して、歯車で減速してクランクシャフトに戻してやれば、最新式〝断熱ターボ・コンパウンド（複合）エンジン〟のでき上がり——となるわけだが、ちょっと待て。ものには順序というものがある。コンパウンドする前に、エンジンを最高に仕上げておかなければいけない。

●冷却水だけでなく、潤滑油も不要とする試み

表1にある「最適可変バルブ・タイミング」が、次なる関門である。

フツウのエンジンのバルブ・タイミングは中速にチューニングしてある。だから高速に伸びがなく、低速ではガクガクするのだ。エンジン回転や負荷に応じた最適バルブ・タイミングがとれれば、始動容易、低速トルク大、高速出力アップして、さらにネンピが良くなるのだから、このシカケはエンジン・デザイナーの夢で、ＭＭＣのＤＡＳＨエンジンはこの理想に近づいたよい一例であるが、カミンズ社ではアメリカ最大のシンクタンク、バッテルメモリアル研究所と協同して、最適可変バルブ・タイミング・システムを開発しつつあるのだ。

それは、油圧と電子装置を応用して自由にバルブ・タイミングを変え、図6のようにバルブの有効面積をふやす。過給したときのパワーを高めるために、ミラーサイクルもできるというシカケである。

オレの発明したKミラー・システムよりは、たしかに理論的には優れていて、カモさんがあまり自慢するので、「それでもネンピは悪くなった」とオレがいったら、ビックリしつつも、「そのとおりだ」と認めた。

こういうシカケで弁を動かすと、意外に大きな馬力が必要で、その馬力ロスが理論的な効率改善を超えてしまったわけだ。

日本の電気屋が集まって、エンジンの不出来なところを電子コントロールしてよいエンジンを作ろうと、**図6**のように最適にバルブを動かそうとしたがダメで、カムでバルブを動かすのが合理的であるとの結論に達したそうだ。

だがうまくいけば、表1のように2㎞／ℓほど燃費がよくなるはずだ。

次の「最少フリクション・コンセプト」。

図3をみると、フツウのエンジンでは機械損失のうち2/3はポンピング・ロスで、残りの1/3がフリクション・ロスだ。エンジンの回転を下げた「フォーミュラ・コンセプト」ではフリクション・ロスが半分もある。

もし、フリクション・ロスがなくなれば、図2の1/8負荷、すなわち**図7**の右は左に変わり、熱効率は17%から33%に回復するし、全負荷ではクランクシャフトからでるパワーが80から90となり、供給した燃料のエネルギーは200で、90÷200＝45%となり、熱効率はいずれの負荷でも向上する。

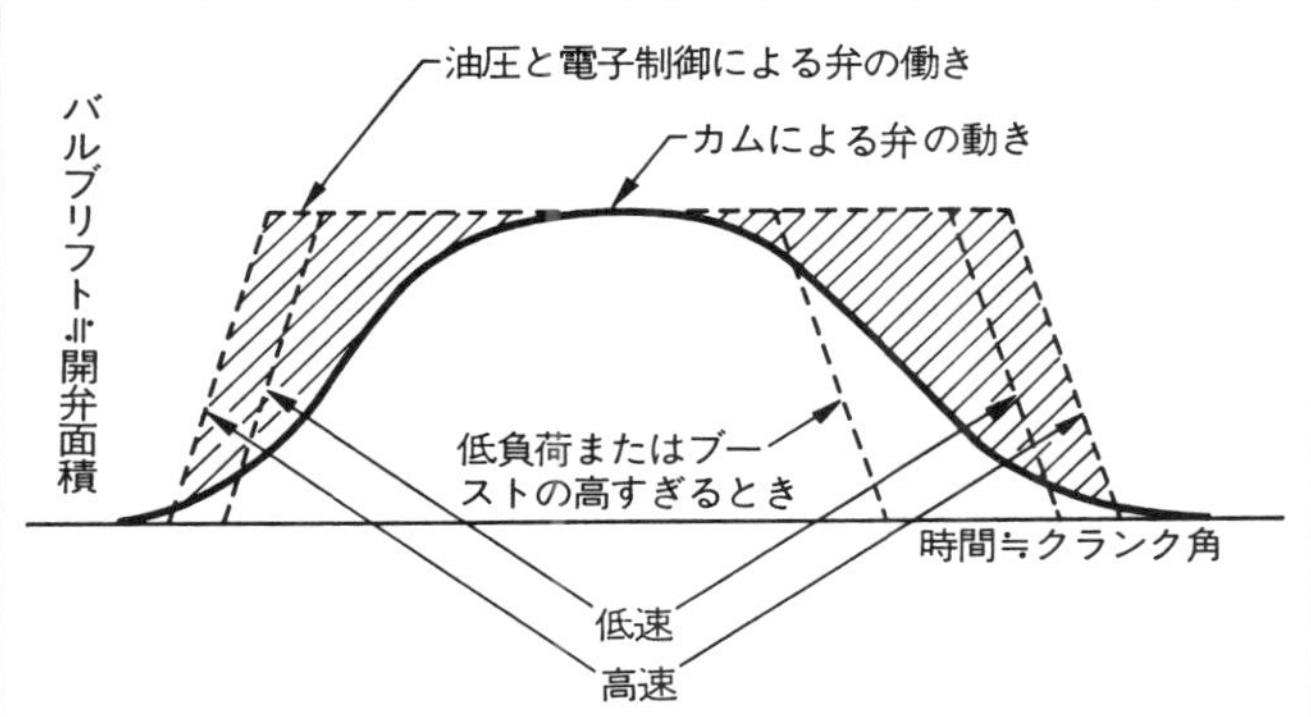

図6　電子油圧式弁駆動装置の弁の動き

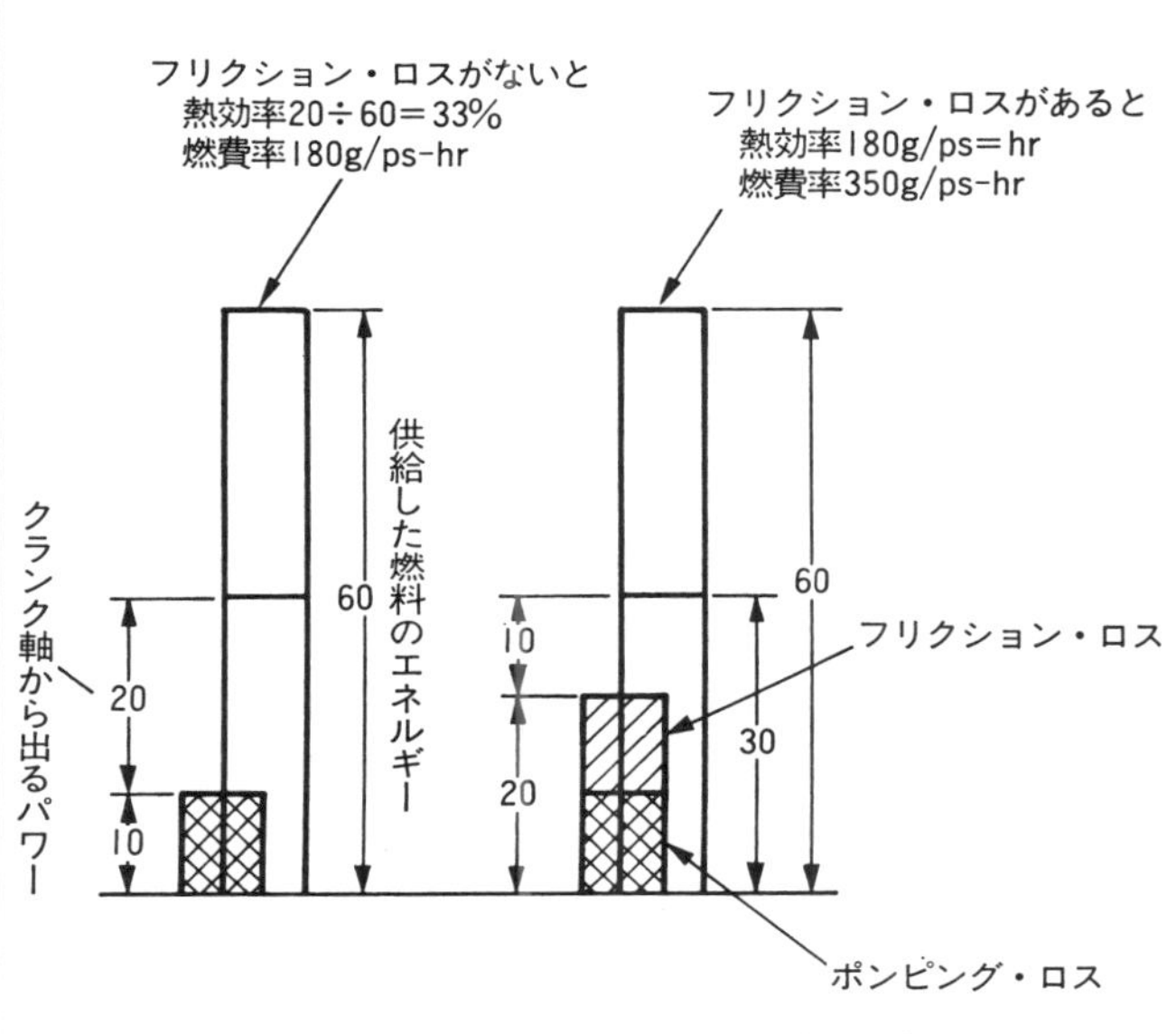

図7　フリクション・ロスがなくなると

フツウの人は油をさせば摩擦は少なくなると考えるが、エンジニアは油さえなければ、と考えるのである。たとえば、2枚の下敷を互いにコスッてもなんの抵抗もないが、これに油を塗ると猛烈に抵抗がふえるのが体験できる。だから一番摩擦抵抗の大きい部品は表面積の広いピストンで、次がピストン・リングである。これを油で潤滑する代わりに、ガスのきわめて薄い層で支えてやれば、摩擦抵抗はほとんどゼロになるのだ。

例えば、歯医者の歯を削るヤスリは、ガス・ベアリングのお陰で30万rpmに速度が上がり、少しずつ削るので痛くなくなったのだ。

幸いに、セラミックの中でもシリコン・ナイトライド（窒化硅素）は熱膨脹率が低く、ピストンとシリンダーをこれで作れば、隙間をきわめて小さくすることができるから、そこから少しずつ漏れるガスによってガス・ベアリングすることができ、ピストン・リングも不要になるという、〝投資ジャーナル的〟にウマイ話だ。

そして、クランクシャフトの軸受けを、これまたシリコン・ナイトライド製のローラーベアリングにすれば、〝油なしエンジン〟ができるという。

頭の固いオレには信じられない、否信じてはいけないことであった。

4年前にカミンズ社で見せてもらった、セトモノ製のローラー・ベアリングは折れたり、変形したものばかりで、とてもモノになるとは思えなかった。が、世界一の東芝のシリコン・ナイトライドのせいか、近ごろは〃油なしエンジン〃も回るようになったのだそうだ。ただし、ローラー同士が互いにコスリあわないようにするケージ(図8)が磨耗して困っているそうだ。ケージにリチウム・フロライド(リチウム沸化物)のコーティングをすれば、だいぶ良くなるというが……。

また、ガス・ベアリングは大きな荷重を支えることは無理で、図9左のようなフツウのクランク機構では、ガス圧力とコンロッドの傾きによって生ずるサイド・スラストを支えきれず、セトモノ同士とはいえ焼き付いてしまうのだ。そこで図9右のように、ウォーキング・ビームを使ってシーソーのようにピストンを駆動すれば、サイド・スラストが発生せずにウマクいくのだそうだ。

こんなバカバカしくも大ゲサなことまでしても、〃油なしエンジン〃にこだわる理由はなにか?

それは効率が低く、馬力を食うオイル・ポンプをなくすことができるからで、断熱油なしセラミック・エンジンでは、水ポンプ、冷却ファン、オイル・ポンプの3つのパックリ・モンスター(馬力食い)を退治したことになり、これでだいぶ理想のエンジンに近づいてきたことになる。

●断熱エンジンは米軍の戦車用エンジンが発端

さて、次は「ポジティブ・ディスプレースメント・コンパウンディング」とベロを噛む話をする前に、火力発電所の話をすると——。

火力発電所の10万馬力の蒸気タービンでも、熱効率はタッタの40%に過ぎない。残りの60%の熱を日本では海に捨てて、温水公害を起こすが、アメリカではこの熱を利用して町の冷暖房をする。こうすれば、図2のサイクル損失はなくなり(他に利用することによって)、効率は80%になる。排熱の利用方法はこれだけではない。日本ではガスタービンで発電し、900℃の排気ガスで500℃の蒸気を作り、蒸気タービンでも発電をするコンパウンド・サイクルを研究中である。これで熱効率を50%まで高めようという目論見である。

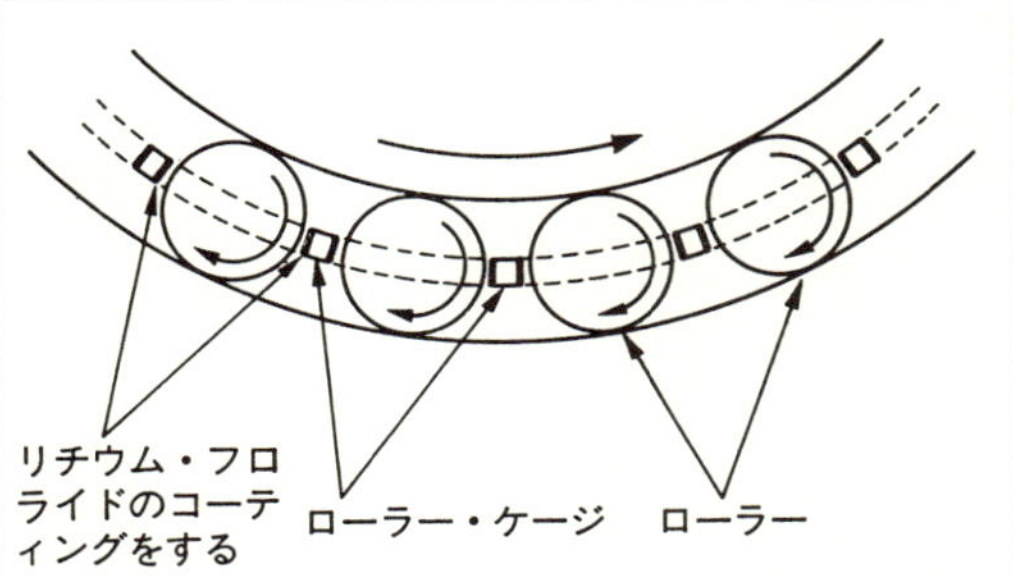

図8　油なしエンジンのローラー・ベアリング

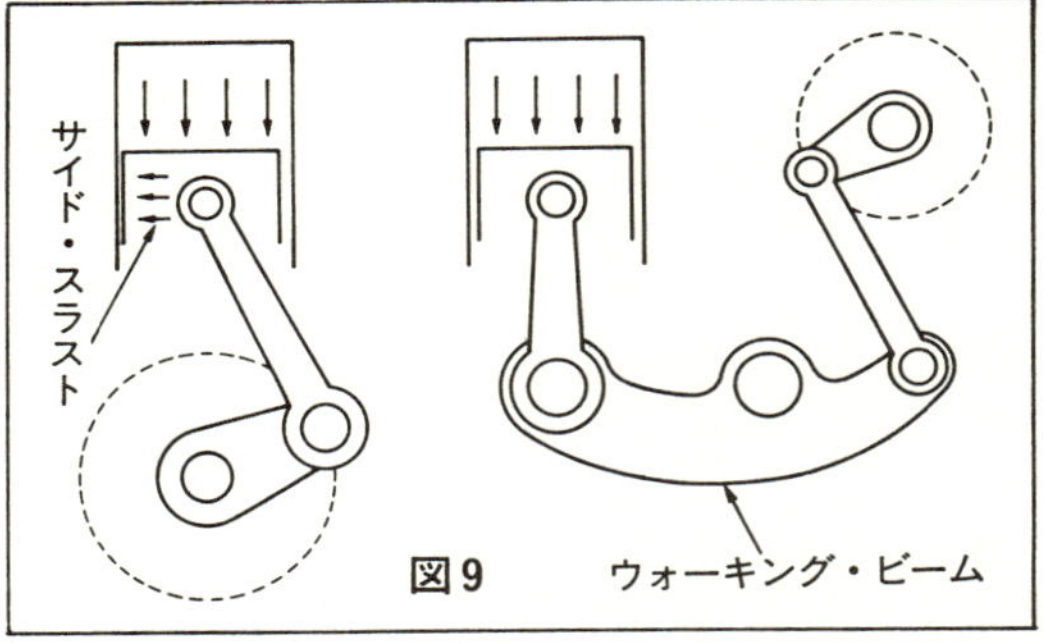

図9

ディーゼル・エンジンでも排気ガスの熱で発電することは、大型船舶用エンジンでもやっているし、カミンズ社のトラック用エンジン計画でも、「ランキン・ボトミング・サイクル(蒸気タービンはランキン・サイクルで作動し、ボトミング=ボトム=皿をなめるように)」として、最後にこれをやることになっている。

それはさておき、熱伝導率の低いセラミック・エンジンでも、冷却すると鋳鉄エンジンと全く変わらなくなる。冷却水なしとすることではじめて断熱エンジンとなるわけだ。

前述のように、冷却水なしのセラミック・エンジンは、排気ガス温度が高くなるだけで、エンジンの熱効率は下がる。そこでガスタービンによって、高温の排気エネルギーを回収してクランクシャフトに戻してやって、トータルで燃費をよくするのである。これがターボ・コンパウンドで、図2のサイクル・ロスと機械損失の全部をこれで取り返そうというわけだ。

話は前後するが、そもそもカミンズ社がセラミック断熱エンジンを手掛ける発端になったのが、戦車用エンジンなのだ。十数年も前から、カミンズ社ではTACOM(戦車軍司令部)と協同して断熱コンパウンド・エンジンに挑戦していたのだ。

十数年前には、到底実現不可能と思われていた断熱エンジンの開発に、なぜＴＡＣＯＭが巨額の金を注ぎ込んだかというと——。

２００㎜もの厚い装甲をもつ戦車も、エンジンの冷却用の空気取入れ口がアキレス腱で、水冷エンジンであろうが空冷エンジンであろうが、大きな孔を開ける必要があるので、鉄の丸棒のラジエーター・グリルを付けても、ここにタマが当たればパーになってしまうのだ。ガスタービンならば、という発想もあったが、いくら研究してもネンピがよくならず作戦行動距離が短くなってしまうので、作戦上困る。

軍事上の機密にもかかわらず、10年後には、断熱コンパウンド・エンジンを載せた戦車を作ると公表し、しかも開発過程を発表しつつ作っているアメリカは、いかにすすんでいることか。エライ！と賞賛を贈りたい。自閉症の日本人からみればマヌケともいえるかも知れぬ。

初めこの話を聞いたオレは、これは冗談だ。カモは米軍をカモにして楽しんでいるのだ、とキメつけてこのプロジェクトをせせら笑った。

が、カミンズ社の14リッターの断熱エンジンを軍用5トン車に載せて、３０００マイル走ってワシントンのペンタゴンに乗り込んだ、カモさんのうれしそうな顔をみたとき、気が変わった。

アメリカで成功したものをすぐマネするようでなければ、日本のエンジニアではない、とセコク感動し、カモさんのいうとおり製図（設計ではない）したら、驚くべきか、当たり前というべきか、水なしでもエンジンがビンビン回るのだ！

だから、日本の戦車メーカーの三菱重工では２００〜１０００馬力の断熱エンジンを開発したし、日野自動車も２８０馬力のエンジンを発表した。

中でも出色なのは、小松製作所の外山さんたちが開発した、断熱ターボ・コンパウンド・エンジンで、これは去年の秋、ＳＡＥや箱根で開かれた「エンジン用セラミックス部品国際シンポジウム」で発表された。

全体のシカケはカミンズと同じで、図10のようになっている。

ターボを出た排気ガスにはまだエネルギーが残っているから、パワーリカバリー（動力回収）タービンで回収して、クランク軸に戻す。

回転数がタービンは５万ｒｐｍでクランクシャフトは１８００ｒｐｍと大きく違うので、３段の減速歯車で回転を合わせるのだが、タービンへクランク軸からのねじり振動が伝わると、タービン・ブレードが粉々になってしまうので、フルード・カップリングで振動を遮断している。

そういえば、30年前の米軍のヒコーキの空冷ターボ・コンパウンド・ガソリン・エンジンは同じシカケのものであっ

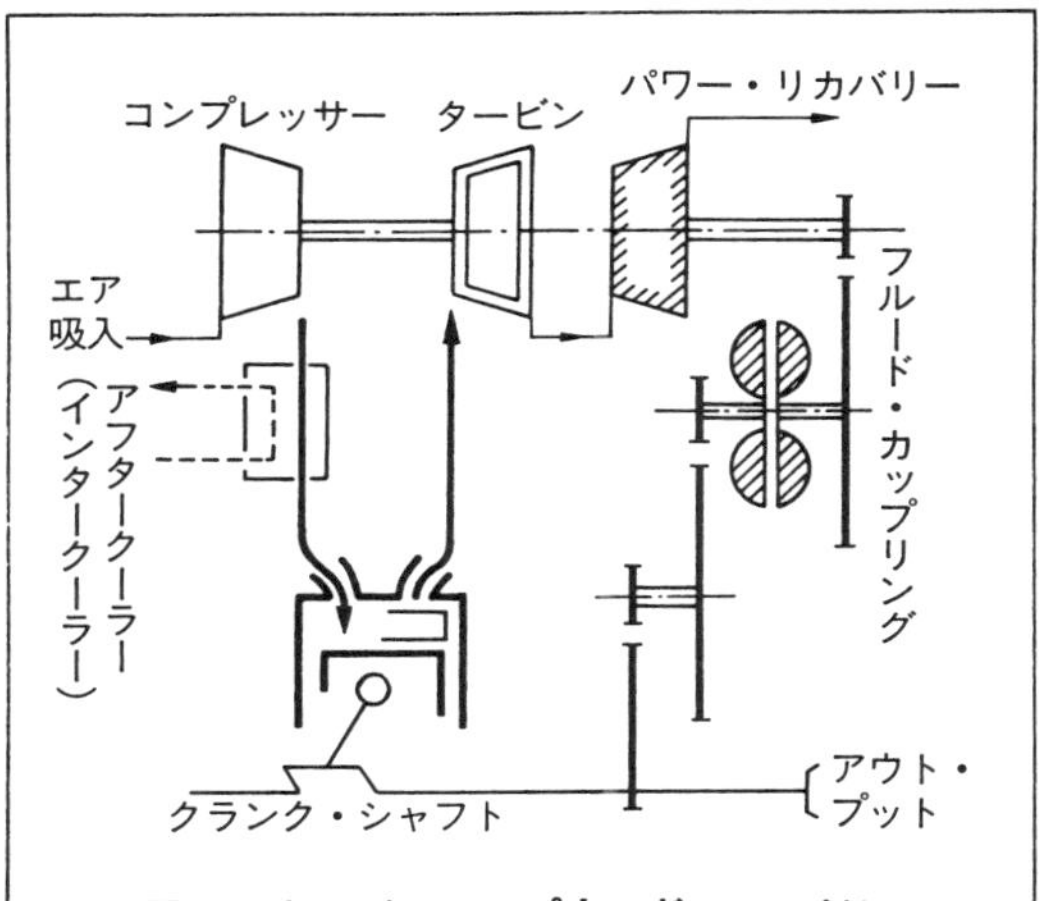

図10　ターボ・コンパウンド・エンジン

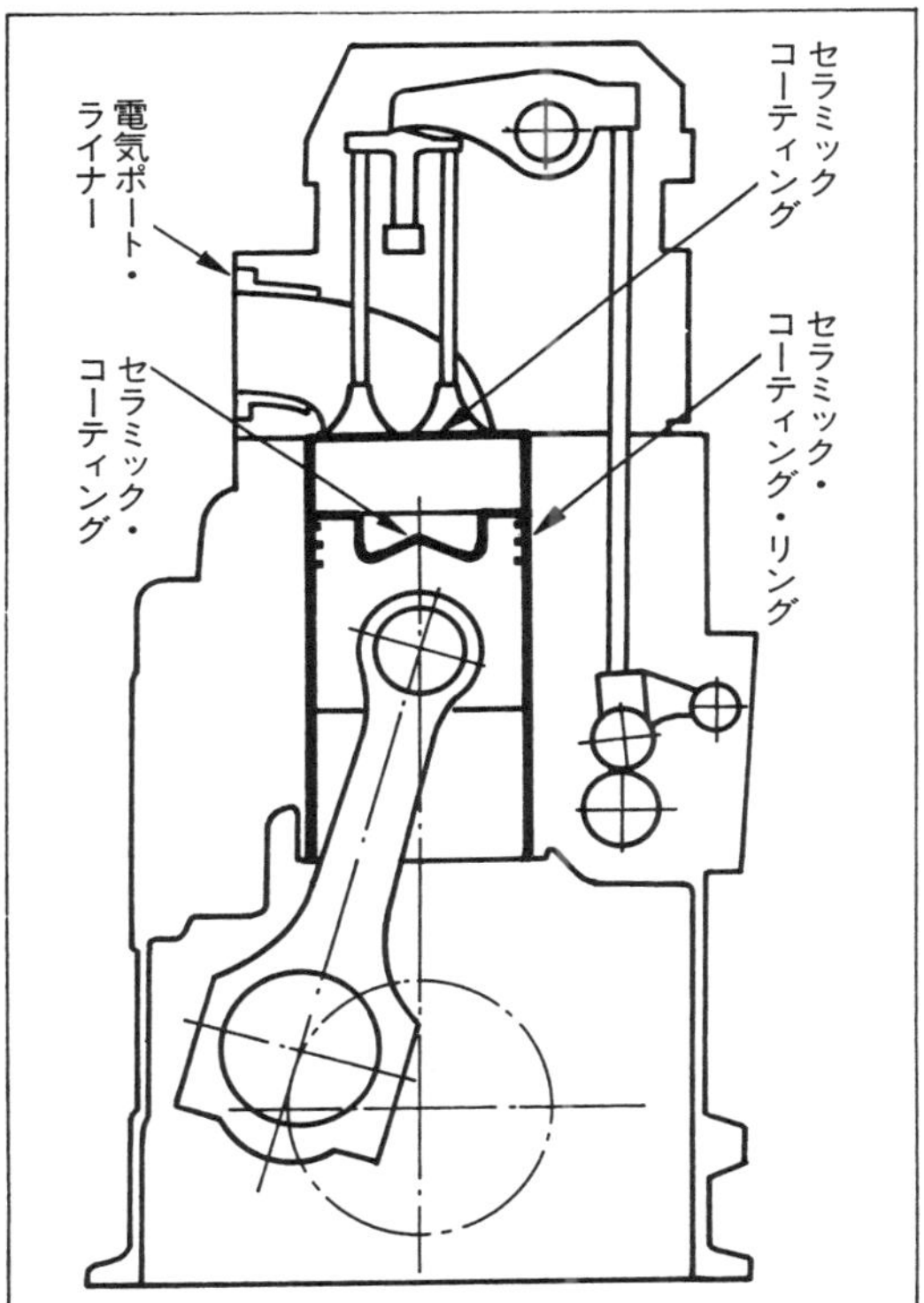

図11　断熱セラミック・エンジン

た。

図11の断面図を見てもわかるとおり、鋳鉄シリンダーと鋳鉄ピストンにセラミックを1㎜厚くらいにコーティングしている。そのわけは、アルミでは700℃でセラミック・コーティングしようとすると、500℃でピストン本体が熔けてしまうからだ。

アメリカのカモン・サイエンス社が発明したKラミックは、酸化クロームを水に溶かし、鉄に塗って焼くとセラミック・コーティングができる。O_2センサーに使われるジルコニアはここでも有用で、第一、熱膨張率が大きく、鉄のそれとほとんど同じだ。だから鉄にコーティングしてもはがれない。次に熱伝導率がセラミック中一番小さい。第三に鉄との間にアフィニティ（親和力）が全くなく、いくらゴシゴシこすっても焼き付くことはない。

だから、Kラミックにジルコニアを混ぜて、ピストン、ピストン・リング、シリンダー、シリンダー・ヘッドに塗って焼けば、よく断熱し、高温の熱応力に耐え、500℃の高温でもピストンとシリンダーが焼き付くことがない〝夢のセラミック・エンジン〟が出来上がる——というわけだ。

ナーンだ、どうってことないじゃないか、なんていってもらっちゃ困る。ここへくるまでに、涙なくしては語れない数多くの失敗談が踏み

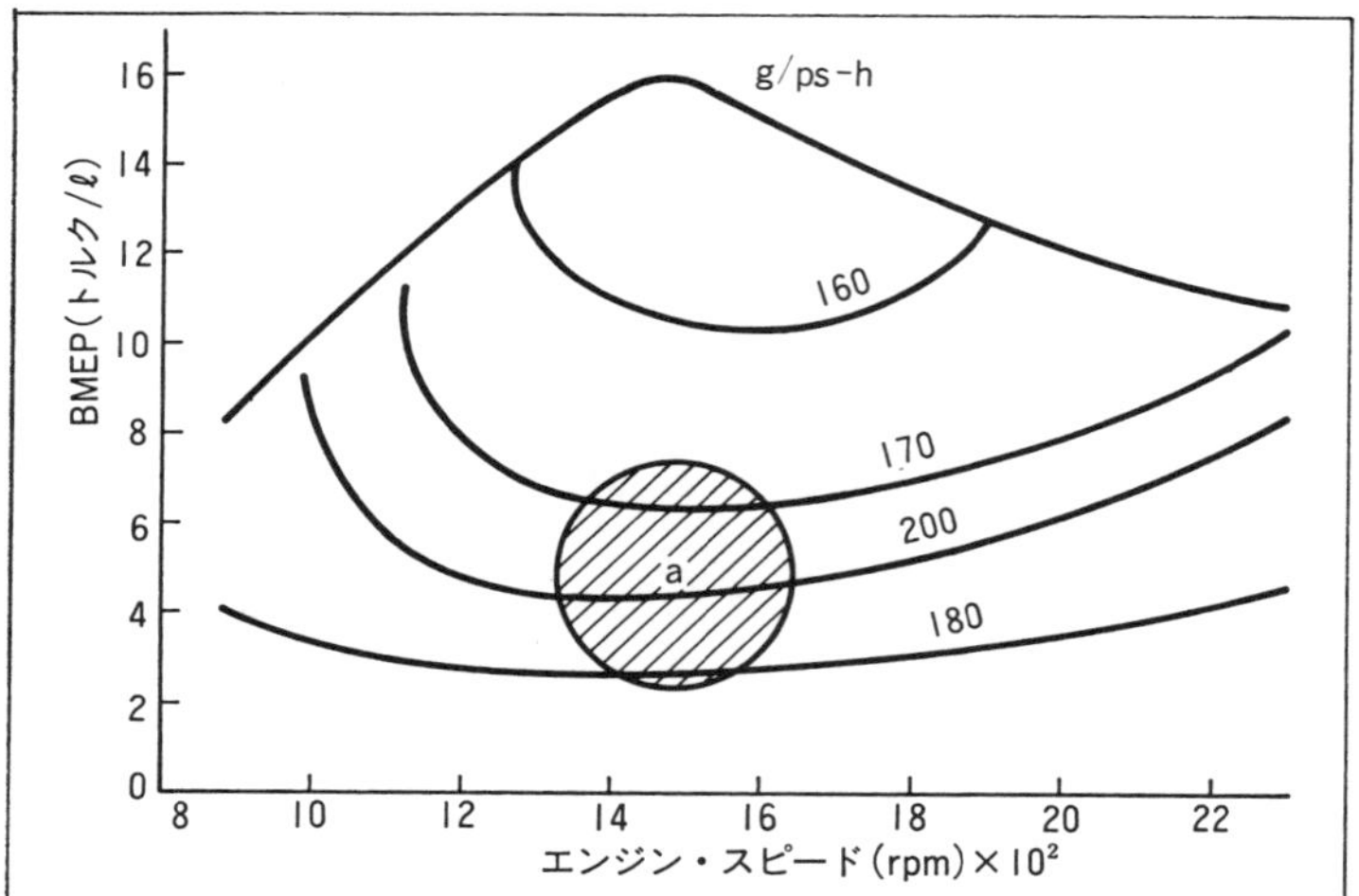

図12　フツウのターボ・ディーゼル・エンジン

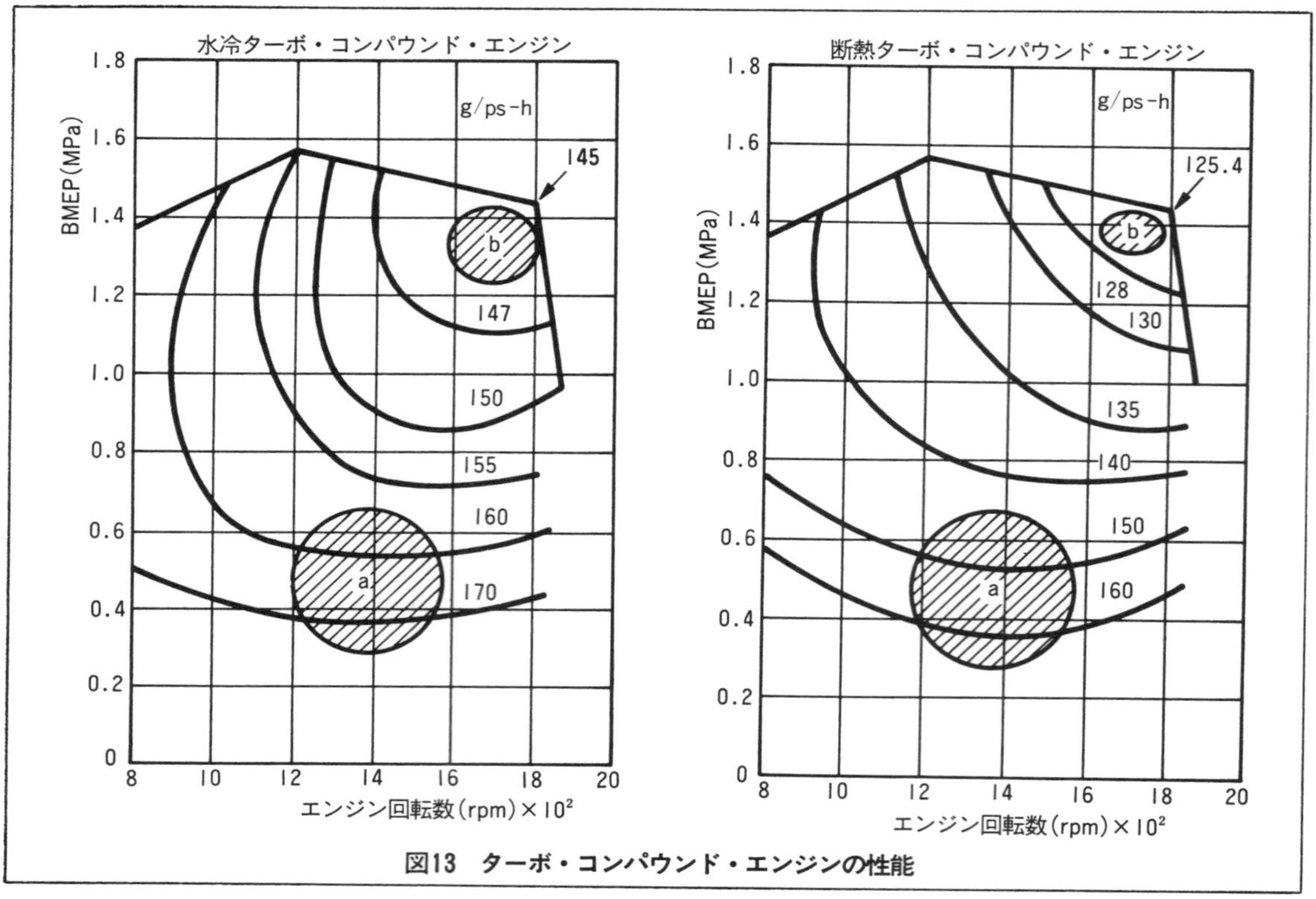

図13　ターボ・コンパウンド・エンジンの性能

台としてあるのだから。

さて、結果はどうかというと、たしかに小松の断熱エンジンの燃費は向上している。

図12はフツウのターボ・ディーゼル・エンジン、図13左は〝水冷〟ターボ・コンパウンド・エンジンで、図13右は〝断熱〟ターボ・コンパウンド・エンジンの燃費率曲線だ。

これを見ると、最高出力時の燃費は、〝フツウ〟が160g／ps・h、〝水冷〟が145g／ps・h、〝断熱〟では125・4g／ps・hと〝フツウ〟より37％も向上している。ブルドーザーの場合、いつも最高出力回転域を使っているというから、かなりメリットがあるが、トラックでは最高出力は登坂のとき以外に必要でなく、1/4負荷くらいで走ることが多いので、実用燃費は図12、図13のa領域の燃費になる。それで比較すると、〝フツウ〟で180g／ps・h、〝水冷〟は170g／ps・hだが、〝断熱〟では160g／ps・hと〝フツウ〟の最良燃費と同じで、自動車用エンジンとしても、断熱ターボ・コンパウンド・エンジンはステキであるが、125g／ps・h（3km／ℓの10トン・トラックの燃費を4・2km／ℓにまで高め得る）の驚異の低燃費が自動車に利用できないのは、スイカの皮を食って中身を捨てるようなもので、残念である。図13のように、最高出力点で最良燃費になるエンジンでは、15段ミッションでも、CVT（無段変速機）を使っても、そのオイシサを引き出すことはできない。

低速の燃費を良くしようとしても、排気エネルギーは最高出力のときが最大で、しかもパワーリカバリー・タービンの効率が、このとき最高になるのだ。

セラミック断熱エンジンのパワーリカバリーが最高に働いたとき、熱効率はおよそ50％で、こんなに努力しても熱エネルギーの半分は空中に逃げてしまうのだ。

それはともかく、こうしたシカケを、乗用車用にそのまま縮小ゼロックスで作れないだろうか？

●スクリューエキスパンダーを使ってコンパウンドする

答は、残念ながらノーなのだ。

フォードのこの計画で使われるエンジンは、1400ccのディーゼル・エンジンで、ターボ・チャージャーを付けてもタービン・ローターの直径は2・5cm、ざっとサカズキ大くらいで、これでは効率が悪くて、ターボ・コンパウンドをしても燃費はよくならない。なぜ効率が悪いかというと、タービン・ローターとケースの隙間は大型でも小型でも変わらない。そうすると、小さければ小さいほど、隙間からもれる割合が大きくなるからだ。

そこでカモさんの計画では、速度型のターボの代わりに、小型でも効率のよい容積型のスーパーチャージャーを使う。

容積型コンプレッサーには、ランチアがスーパー・

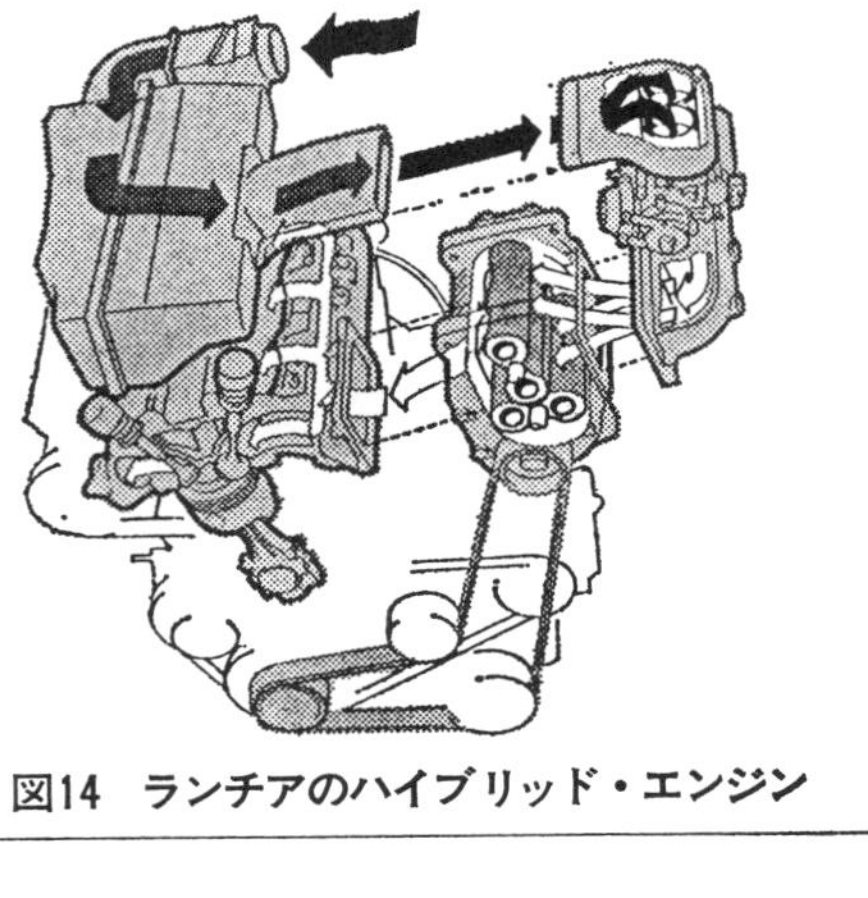

図14　ランチアのハイブリッド・エンジン

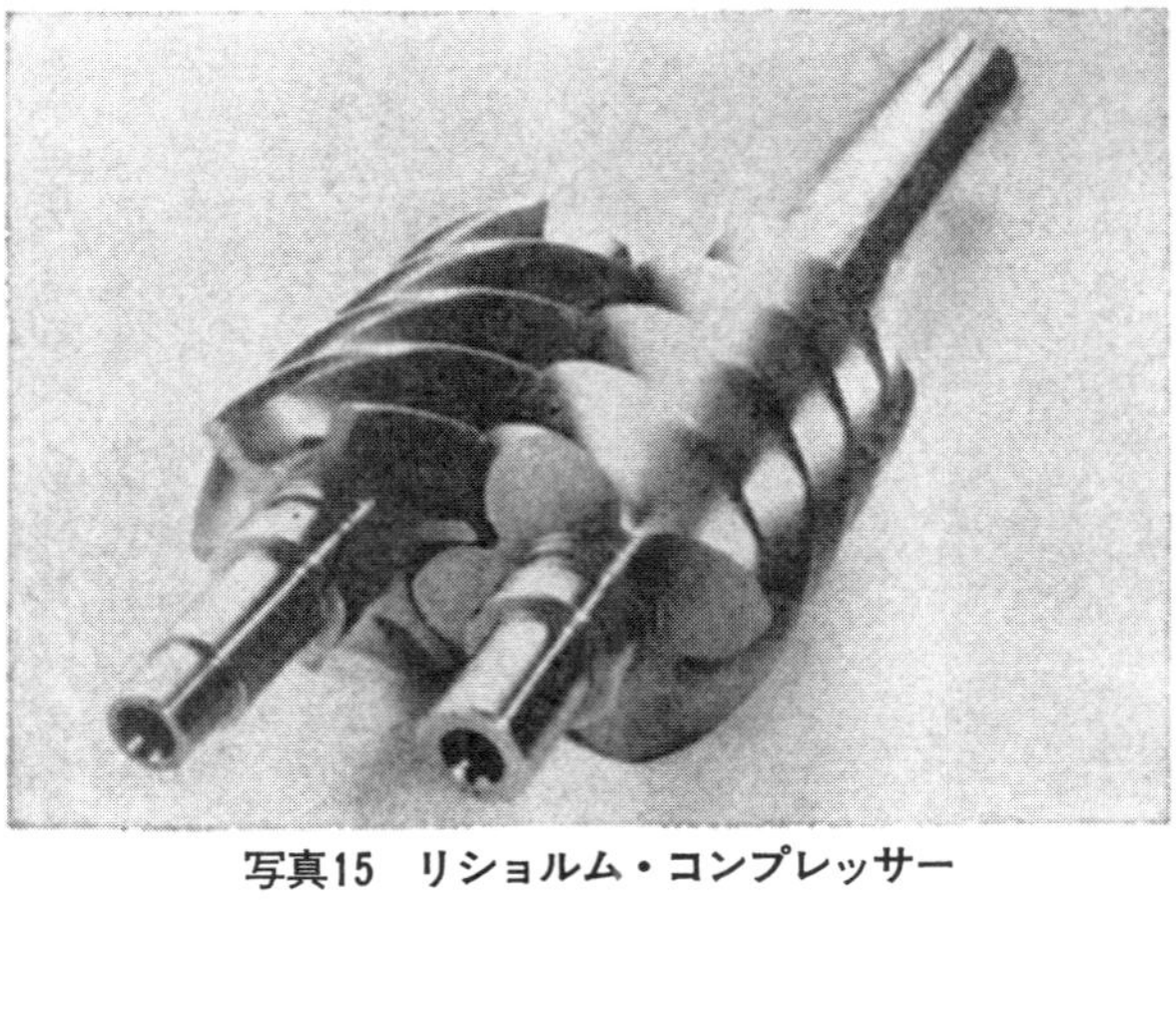

写真15　リショルム・コンプレッサー

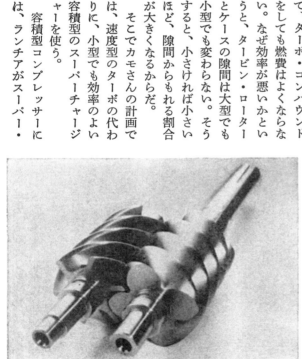

チャージャーとして使っているルーツ・タイプ（**図14**）とかスウェーデンのアルフ・リショルムによって発明された、リショルム・コンプレッサーなどがある。これは**写真15**のように、ねじれたローター同士を噛み合わせているので、一般にスクリュー・コンプレッサーといわれている。

ルーツ式ではブーストは0・5気圧が限度で、効率も40％と低いが、スクリュー式では、一気に20気圧まで圧力を高めることもできるし、効率も80％と高いので、いまや工場で使われているコンプレッサーはほとんどがこれである。

これをスーパーチャージャーとして使わない手はないとスイスのザウラー社で試作した。オレも設計し、試作したのがナント30年前だった。最初のテストで50％パワーアップし、しまいには2倍のパワーをだすことに成功し、ターボの話も珍しい当時、燃費は180g／ps・hといくらか悪化した（無過給エンジンでは185g／ps・h）ものの、大成功であったが、早過ぎてボツになった。

「来年のことをいえば鬼が笑い、5年先のことをいえば気違いあつかいされる」とは松下幸之助氏の名言だが、30年先では気違いあつかいされたのは当然だったかも知れない。

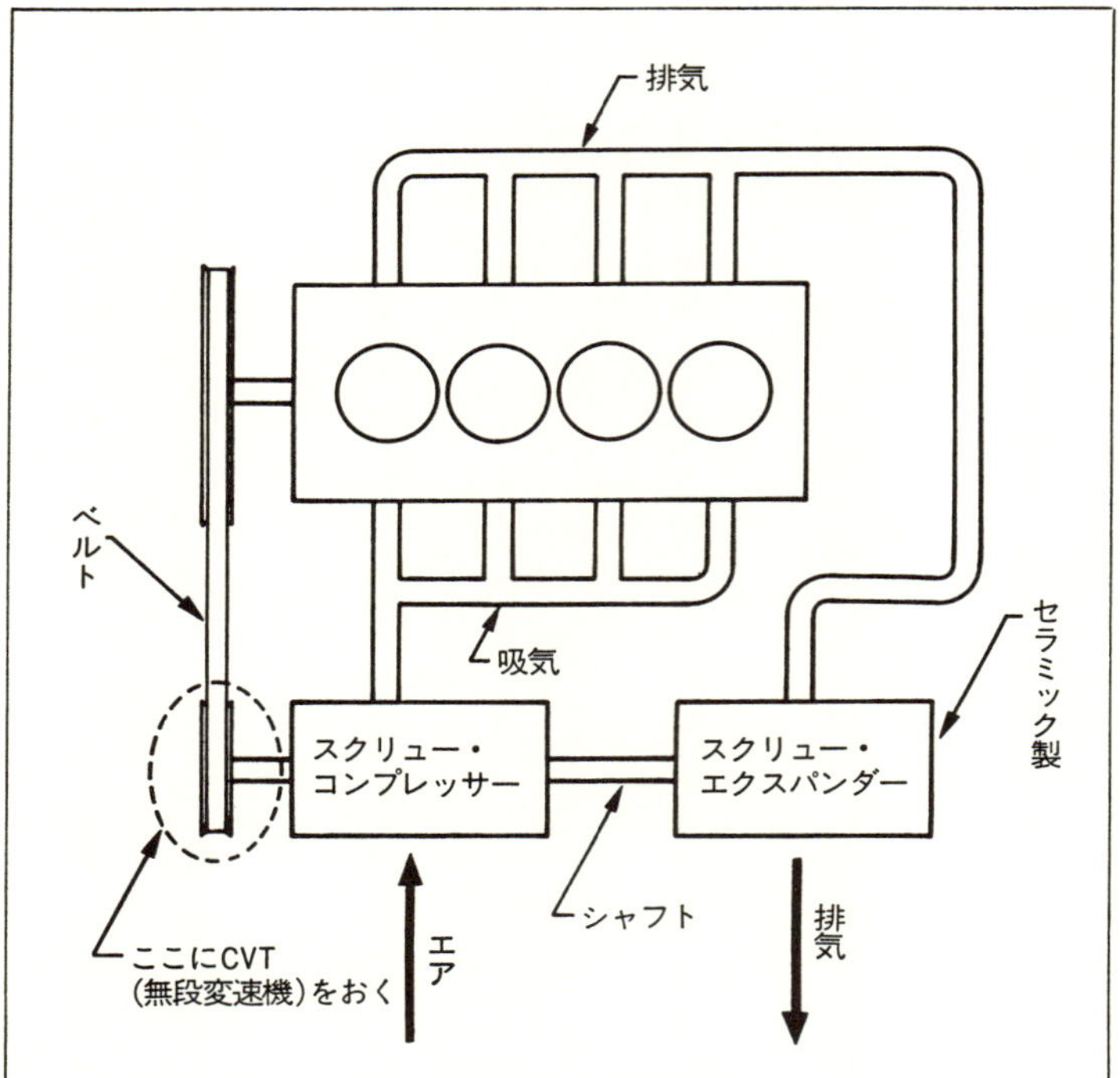

図16　ポジティブ・コンパウンド・エンジン

グチはさておき、カモさんのシステムは、図16に示すようにエンジンのクランク軸から駆動されるスクリュー・コンプレッサーで空気を圧縮して、エンジンにスーパーチャージする。そうするとターボ断熱エンジンと同様、排気エネルギーがふえるので、これを効率よくスクリュー・エキスパンダーでパワーとして回収する。それには、さっきのスクリュー・コンプレッサーの出口から高温高圧の排気ガスを入れて膨脹させるエキスパンダーとすると、軸からパワーを回収できるわけで、図16のように継いでやればスクリュー・エキスパンダーがスクリュー・コンプレッサーを駆動してもオツリがでるので、ベルトを通じて逆にクランク軸を駆動することになり、燃費が良くなるわけだ。

スクリュー・コンプレッサーは3～5万rpmは回る。この先っぽは音速の6、7割で回したほうが効率がよくなる。一種のプロペラでもあるし、コンプレッサーでもある。流れがスムーズなのである。スクリュー・コンプレッサーでもエキスパンダーでも一番効率のよい回転で回したほうが、当たり前だが燃費がよくなるので、いつでも図16のスクリュー・コンプレッサーとエキスパンダーの回転比を一定にせず、ここにCVTをおけば、図13のaの部分にチューニングできる。そうすれば理想的な自動車用エンジンになるはずだ。

パワーの少ないときはゆっくり回し、パワーが余ってくると、オツリでクランク軸を回す。理想のスーパー・チャージング・システムだ。

これで、「フォーミュラ・コンセプトによる断熱、ミラーシステム・高噴射率・最少フリクション・ポジティブ・ディスプレースメント・コンパウンディング、直噴ディーゼル・エンジン」が完成したわけだ。

ルーツ・ブロアーとかスクリュー・コンプレッサーとかのポジティブ

・ディスプレースメント・タイプ（容積型）のコンプレッサーは、回転数に比例して空気を吐出するのでクランク軸から駆動してやれば、低速でも高速でも一定のブーストが得られ、自動車用エンジンとして重要な低速トルクがでて、ターボ・ラグみたいなものも発生しないが、これを駆動するパワー分だけ燃費を悪くする欠点が残るので、必要なパワー以上にエキスパンダーでパワーリカバリーするわけだが、スクリュー・エキスパンダーには８００℃くらいの高温の排気ガスが流入するので、金属製ではダメである。

金属でもガスタービンなどに使う超耐熱合金（ニッケル、コバルト、モリブデン、クローム、タングステンなどの合金で超高価）ならば温度に耐えるが、小さな隙間を保ちながら3万ｒｐｍくらいで回るスクリュー・コンプレッサーには、熱膨張率が大きくて使えない。

シリコン・ナイトライドは耐熱１３００℃のセラミックで、熱膨張率が鉄の数分の一で、エキスパンダーの素材としてこれ以外のものは考えられない。だから、スクリュー・エキスパンダーのローターはむろん、ケースもボール・ベアリングも歯車も全部シリコン・ナイトライドで作る。なぜなら、８００℃の排気ガスによってスクリュー・エキスパンダーは赤く輝いている。軸受を油で潤滑しようとしても、すぐに油が燃えてしまうから、これも〝油なしエキスパンダー〟としなければならない。

現在、このセラミック・エキスパンダーは、日本の某社で試作中のはずだ。日本のファイン・セラミックス技術は、アメリカからインスピレーションを与えられると、たちまち世界のトップ・レベルに躍り出た。

スウェーデンで発明され、アメリカでコンパウンド・エンジンへの応用が考えられた、このスクリュー・エキスパンダーの完成は、日本が最初になるかも……。

スクリュー・コンプレッサーとスクリュー・エキスパンダーの効率はそれぞれ80％で、総合効率は80×80＝64％だ。ターボ・チャージャーではコンプレッサーが60％、タービンが80％で総合効率は60×80＝48％だから、燃費の面でもターボ・コンパウンドよりポジティブのほうが良い燃費が期待できる。

技術的バリアもさることながら、セラミック・スクリュー・エキスパンダーの問題点は、コストがべらぼうに高い、ということだ。それは、セラミックは非常に硬いので、ダイヤモンドで研磨するからだ。仕上げをしないで型の中で整形できれば、コストは下がるが……。

このコストが安くできるかどうかが、セラミック・スクリュー・エキスパンダー実用化の最大のカギなのである。普通はホットプレスといって圧力を高めながら焼くが、最近は常圧で焼いても丈夫でいいものができてきているので望みはあるが。

それにセラミックをものにするために、世界中で激烈な技術競争が行われており、いずれは安くて優れたセラミックができる可能性は大である。

そして、どこかが完成させたら、ゼロックス・マンのオレは、たちまちコピーすると思う。

●モノリスタイプのセラミック・エンジンの実用化は無理

次に、昨年の東京モーターショーに展示されていた、有名ないすゞ・京セラのモノリス・タイプ（一体式）のセラミック・エンジンでは、実用化の可能性が全くないことを述べる。

まず、これにはコンパウンド・システムが付いていないので、たとえ回ったところで、前述のように馬力が下がって、燃費が悪くなるだけで、なんのためにセラミック・エンジンとしたのか意味がない。

が、それはともかく、セラミックの特性として、衝撃に弱い、ということがよくいわれる。

これはこういうことだ。

セラミックは熱伝導率が低いから、非常に幅の狭いところで大きな温度差が発生する。高温である部分は伸びようとして伸びられない。低温である部分を無理やり引張る。その熱膨張率の差で熱応力ができるわけだ。

シリコン・ナイトライドのヤングス・モジラス（変形しにくさ）は鉄の２倍だ。だから、熱応力は鉄製エンジンより大きい。また、応力が集中しやすいので局部的に集中する。例えば、ゴム板があって、穴が開いていても、それを引張っても別にそこからピーンといきゃしない。

だが、ヤングス・モジラスが高くなればなるほど、こういうところに応力がモロに集中する。だから、ひとつのカタマリに小さな欠陥があると、そこへ集中してピーンと割れてしまう。

かつて、ガス・タービンの専門家に「飛行機用ジェット・エンジンにセラミックを使ったらどうか」と質問したら、セラミックでは羽根の１枚が折れるとその破片によって他の全部のタービンブレードがガラガラと粉になってしまうから恐ろしくて使えない、というのが答であった。「セラミックではこうならないでしょう」といいながら、ぶつかってちょっと曲がった、ガスタービンの羽根を見せてくれた。それとガス・タービンの羽根は小さな孔を開けて冷却しているが、セラミックで作ったらそこに強烈な応力が集中してとてももたないわけだ。

また、例えば、シリコン・ナイトライドは金属シリコンを１３００℃以上に熱して、そこに窒素ガスを吹くと、化合して窒化硅素になるわけだが、これを１３００℃以上に熱すると、元のシリコンと窒素ガスに分かれてしまう。現在のジェット・エンジンの燃焼ガスのタービン入口温度は１３００℃くらいである。ではシリコンとカーボンを化合させたシリコン・カーバイト（グラインダーのと石）でやったらどうかというと、それは１５００℃までもつので、それに望みをかけているのだが……。

ところで、現在、ターボ・チャージャーをセラミックで作る試みがなされているが、このシリコン・カーバイトでタービンを作ると、比重が軽いのでレスポンスがよくなる。このセラミック・ターボはうまくいく確率が高い。

セラミックが厚いほど断熱性は向上するが、熱応力が高まって自己崩壊してしまうのだ。セラミックが使えるのは、せいぜい１㎜厚くらいのものだ。たとえば、１㎜の厚さにセラミックをシリンダーに薄く塗って使う。こうすれば、熱が逃げる。熱が逃げても、冷却水がなければ冷却損失が生じない。

モノリスとか、厚さ５㎜とかのセラミックのかたまりでエンジンを作っても、もつわけがない。

いうまでもなく、ピストン・エンジンの燃焼室内はボカンと２０００℃で燃えて、次に冷たい20℃の空気がスパーッと入ってきて、圧縮してそれがまた２０００℃で燃える――ということをくり返しているのだから、そうした熱応力にかたまりのセラミックがもつわけがない。とくに負荷が大きくなると割れてしまう。

この道をいくら進歩させていっても、サルがゴリラになるだけで、まともに使える良いエンジンにはならない。

●コストの壁が打ち破れるかが大きなカギ

次にセラミック・エンジンの実用化をはばむ大きな問題点のひとつである、コスト問題だが、例えば、地球の表面は硅素、窒素、酸素、炭素などのセラミックの原料で覆われているわけだが、ファイン・セラミックスにするには、シリコン酸化物から金属シリコンを還元して作らなければならない。鈍度の高い金属シリコンは非常に高価である。

これで部品を作ると、現在の金属部品の１００倍か２００倍ものコストがかかる。

しかも前述のように、焼き上がったセラミック部品は硬くて、通常の機械加工ができないので、ダイヤモンドで削って、さらにダイヤモンド粉で磨かないとならない。しかも問題は、こうして表面をいかにキレイに仕上げても、まだ粗いのだ。普通金属はグラインド仕上げをした場合で、表面の凹凸は10ミクロン程度、ボール・ベアリングの表面が０・２〜０・４ミクロンくらいだが、それ以上の滑らかさが必要なのである。

磨耗するということは、ミクロでみると、金属同士がぶつかりあってそこで熔接が生じて、それがちぎれることである。これをアドヒージョン磨耗という。ベアリング・メタルに鉛や銀を使うのは、それらが鉄と相性が悪く、決して合金を作らず、したがって、熔接されないものであり、さらに柔らかいので鉄がぶつかったとき、鉛は自らが凹んでしまう性質をもっているからだ。

セラミックの場合は、他の金属と熔接はしないが、硬くて変形しにくい性質のものだから、表面が粗いと相手をガリガリと削ってしまう。互いにすべると、相手材との間に1ミクロンくらいの油膜ができる。お互いに1ミクロン以上の凹凸がなければ、相手をガリガリと削らない。で、鏡面仕上げにする必要があるのだが、カムとタペットの間とかギヤの歯同士の間では、油膜厚さは0・1ミクロンくらいしか発生しないので、変形しにくいセラミックのような材料ではガリガリと削りあってしまう。リチウム・フロライドは柔らかいほうなので、ピストン・リングあたりに使えるだろう。

だが、鏡面仕上げをしたシリンダーとピストン・リングは、一度うまくいくと磨耗が従来エンジンの$\frac{1}{100}$くらいになってしまうので、断熱エンジンだけでなく、耐磨耗性を向上するためにセラミック化を図る手もある。たとえば、ロイ・カモさんは、アメリカのスーパーマーケットの冷凍ケース用動力源として、セラミック・ガス・エンジンを計画している。

これは、なんら手入れをせずに、10年間エンジンを常時回しっぱなしにしようというものだ。現在のエンジンはいい材料を使っているが、1年間も回しっぱなしにするとダメになる。ガラクタ材にセラミックを塗れば、耐磨耗性を格段に向上させられる。ピストン・リングもスチールにセラミックを貼ってやればいい。

ただ、ガス・エンジンを断熱すると、ノッキングしてしまうので、これには冷却水を入れる。つまり、メカや機能としては通常のガソリン・エンジンと同じなのだが、耐磨耗性が抜群なので、ノーメンテナンスで10年間回しっぱなしでも大丈夫、というわけだ。

むしろ、今後はこのように耐磨耗部品をセラミック化するというほうが、一般化するだろう。現に、トヨタの乗用車用ディーゼル・エンジン2L型はピストン頂部にセラミック・ファイバーを巻いている。これはこの部分の耐磨耗性と熱膨脹を考慮したものである。

あるいは、最近、「ニカジル・コーティング」のアルミ・シリンダー・エンジンのＢＭＷ・Ｋ１００やホンダＮＳ２５０（いずれもオートバイだが）などが市販された。ポルシェやフェラーリなどＦ１エンジンでは前から使われていたが。これらは鋳鉄のシリンダー・ライナーを廃して、シリンダーをピストンと熱膨脹率の同じアルミ同士にすることによって相性をよくして、ピストン・クリアランスを小さくできる。焼き付かずに、またメカ・ノイズが少なくできる。

しかし、「ニカジル」の成分はニッケルとシリコン・カーバイトで特に値段の高いニッケルが含まれているから、安くないはずだ。もし酸化クローム・セラミックが実用化されれば、コスト的に太刀打ちできるようになるかも知れない。

このように、耐磨耗部品としてのセラミックが実用化されるほうが早く、また用途も広がっていくだろうが、やはり、本命としてのセラミック・エンジンは、冷却水なしの断熱したコンパウンド・エンジンでなければならない。

そして、新世代のセラミック・エンジン・プロジェクトは次のようになる。

1 高比出力と低回転化
2 そのためのミラー・サイクル化
3 高圧燃料噴射
4 セラミックによる断熱化
5 コンパウンド化

そして最後に、超ワイド・レンジの無段変速機、ＣＶＴが必要——という筋書きである。

これによって、コンパクトで燃費に優れた、セラミック・エンジンが実現するわけである。まあ、あと5、6年でできれば上出来だろう。

セラミック・エンジンの夢はマボロシか!?

——日本特殊陶業のセラミック屋から見たエンジン用セラミック——

夢のある仕事や生活をしている人は、人生をエンジョイしているが、夢のなくなった人——平均的にいって、45歳を過ぎたサラリーマンとかガキが東大を落ちたオバン——は余生を墓場に向かって歩いているだけなのだ。SLには牧歌的な親しみは感じたが、5%とあまりに効率が低すぎ、より速く、より効率を高くの夢には次元が低すぎたので、あっという間に電車に変わってしまった。

ヒコーキは、ガソリン・エンジンとプロペラでは、ヒコーキ野郎の夢である音速を超えることは無理なので、赤トンボ以外は全部ジエット・エンジン（ガスタービン）になってしまったのだ。重い、デカイ、振動する、ウルサイ、排気がキタナイ、熱効率の低い自動車用ピストン・エンジンは、革命的な新技術によって飛躍的に発達することもなく、輝かしい夢のある新型原動機（ガスタービンとかスターリング・エンジン）にとって代わられることもなく、毎年バイバイ・ゲームで性能を高めるコンピューターの助けで、辛うじて数%の性能向上をしているだけなのだ。この絶望的な余生を送っているエンジンに、ロイ・カモは夢のセラミック・エンジンを提唱したのだ。夢という人もあり、マボロシという人もいるが……。

●希望の星、セラミック・エンジン登場

オレが今一番バカバカしいと思うのは、日教組の高校全入と中曾根内閣の臨教である。日教組は相手としないにしても、臨教のアホらしさの第一は、トップが元大学教授なのだ。組織運営能力のない人をあげよ、と入試に出たらセンコーと書けば合格で、センコーと前例がなければ何事も決断できない役人が日本の教育をダメにしているのに……。

イワユル文化人たちが教育の自由化を叫ぶと、センコーと役人グループは〝管理〟しにくくなるので大反対で、外野の日教組もニンマリ。コドモたちの個性を尊重しよう、伸ばそう、試験ジゴクから解放しようという目的なのに、〝管理〟を排除し、自主性を尊重するのではなくて、ナゼカ私大にまで共通一次なのだ。

それでも、ケナゲに、個性と才能のムシリ取り教育に耐えていくらかの独創力を残して、〝夢のあるエンジンを作ろうとする夢〟をもって入社するエンジニアがいないわけではないが、これを日本の社会とか会社では変人とかキチガイというのだ。この変人が新しい概念の下に創造したアイデアを上役に具申すると、必ず外国に例はあるかと聞かれるのだ。「バカヤロー。外国に例があればマネじゃネエカ」と叫びたいのを必死にコラエた、この才能あるエンジニアはこの一発で二度と発明したくなくなるのだ。そしてゴマスリこそサラリーマンの生きる道、と悟って出世した上役のマネをするようになるのだ。

外国に例のある何かスバラシイ夢、自動車用ガスタービンは、GMもフォードもクライスラーもベンツもローバーも一生懸命ガンバッテいたが、今ではもうミーンナ夢去りぬである。日本のトヨタやニッサンは、〝外国の例〟をマネしないのは我が社のハジとばかりガンバッタが、オートショーではカワイコちゃんほどにも目を引かない変なカザリモノに成り下がった。セトモノで作って花模様の絵付けでもすれば、ニュー・セラミック・ガスタービンということになり人気が出るかも……。

スターリング・エンジンも例外ではなく、ご本家、オランダのコーヒーメーカーのメーカー、フィリップ社も40年ほどやってみたが、ものにならないのであきた。スターリング・エンジンの神様マイヤーさんもフィリップ社を去った。なぜか日本ではこのダメな外国の例に今ごろになってとりつかれた学者やエンジニアがいるのだ。コイツらはどんな夢を見ているのだろうか？　フリーピストン・エンジンもスチーム・エンジンもミーンナ・ダメだった。このワビシサは次の革命的な新技術を待ち望むオレたちの気持を強めずにはいなかった。

そこに加茂さんのセラミック・エンジンが出現したのである。

●すばらしいセラミック、サイアロン

日本人にも例外的な創造的な人がいると思ってはいけない。加茂さんとはロイ・カモで100％日本人の血が流れていても、軍歌、大山元帥の歌が大好き、女の子大好きのアメリカ人なのだ。彼はカルフォルニアの収容所を出ると、ワシントン大学に入った。卒業後、ノードバーグ社に入社した。この会社ではミラーサイクルを応用したガス・エンジンを作っていたが、世界一の自動車用ディーゼル・エンジン・メーカーのカミンズ社に移り、技術担当重役となった。

世界の頂点に立つカミンズ社は下を見て、日本の技術を見て、笑うことはあってもマネをしようという気にはならない。夢は上にあるので、上を見ると何も見えないので新技術は創造するよりほかはないのだ。そこでカモさんは夢を見た。

燃料のもつエネルギーの1/3は冷却によって空中に捨てられてしまうので、この1/3をパワーに変えられないかと、こんなスバラシイ発想は、日本に生まれ、育ち、教育を受け、研究する人にはムリで、アメリカがよいのかも知れない。

もう1人のアメリカ人、ポーランド系のブライジックさんはペンタゴンのTACOM（戦車軍司令部）勤務で、ロシヤより強い戦車を創造するのが夢である。そしてこの夢を実現させなければアメリカがアブないのだ。200㎜もの厚い装甲を持つ戦車のアキレス腱は、エンジンの冷却用空気を出し入れする口で、ここにタマがあたればパーになってしまうのだ。そこで軍とカミンズ社は目的は違うが、同じ目標〝無冷却エンジン〟を作ることになり、軍は研究助成金を出したのだ。

この無冷却エンジンの本名はAdiabatic Engine（アダイアバティック：断熱）で、便器と同じ材料、セラミックを使わなくとも、冷却しなければアダイアバティックなのだ。オレがカミンズ社にスカウトされて行ったとき（英語がダメでポシャッタ。ナミダ）、鉄製の断熱エンジンが回っていたが、長持ちしないとみえて、前項で述べたように、Kラミック・エンジンへと発展してきたのだ。

オレもマネして設計した。出来た。回った。後は売るばかりと、早トチリするのが日本人のオレの悪いクセで、イギリスでは深く静かに研究が続けられていたのだ。

Automotive Engineeringの去年の12月号を見て驚いた。そこにはスバラシイ・セラミック、Syalon（サイアロン）が発明されたと書いてあるではないか。全文を紹介すると長すぎるので箇条書きにすると――。

●Saylon とは Si-Al-O-N の原素でできている。

●1960年代の終わりごろ、ヘッドランプや噴射ポンプのメーカー、ルーカスの研究所でガスタービン用のSiNの研究を進めていた。

●ルーカスがスポンサーになって、ニューカッスル大学で研究中に、SiN（窒化硅素）にAlO（アルミナ）を加えて、ホット・プレスしなくともベラボーに優れたセラミックを作ることができた（セラミックは小さな穴があると、強度がガクンと落ちるので、SiNの場合、カーボンの型で強圧しながら1800℃で焼くのがホット・プレス）。

●鋼より強く、硬さはダイヤモンドに近く、アルミの軽さである。

●磨耗とサーマル・ショックに強い（900℃に赤めて水中に投げ入れてもヘイキ）。

●サイアロン101が最初に生産された。これは耐熱1000℃までで、これを超えるとガラス層が柔らかくなって強度を失う。

●サイアロン201は1400℃までOK（最新のジェット・エンジンの耐熱は1300℃だから大いに有望かも）。これはYttrium Alumin-

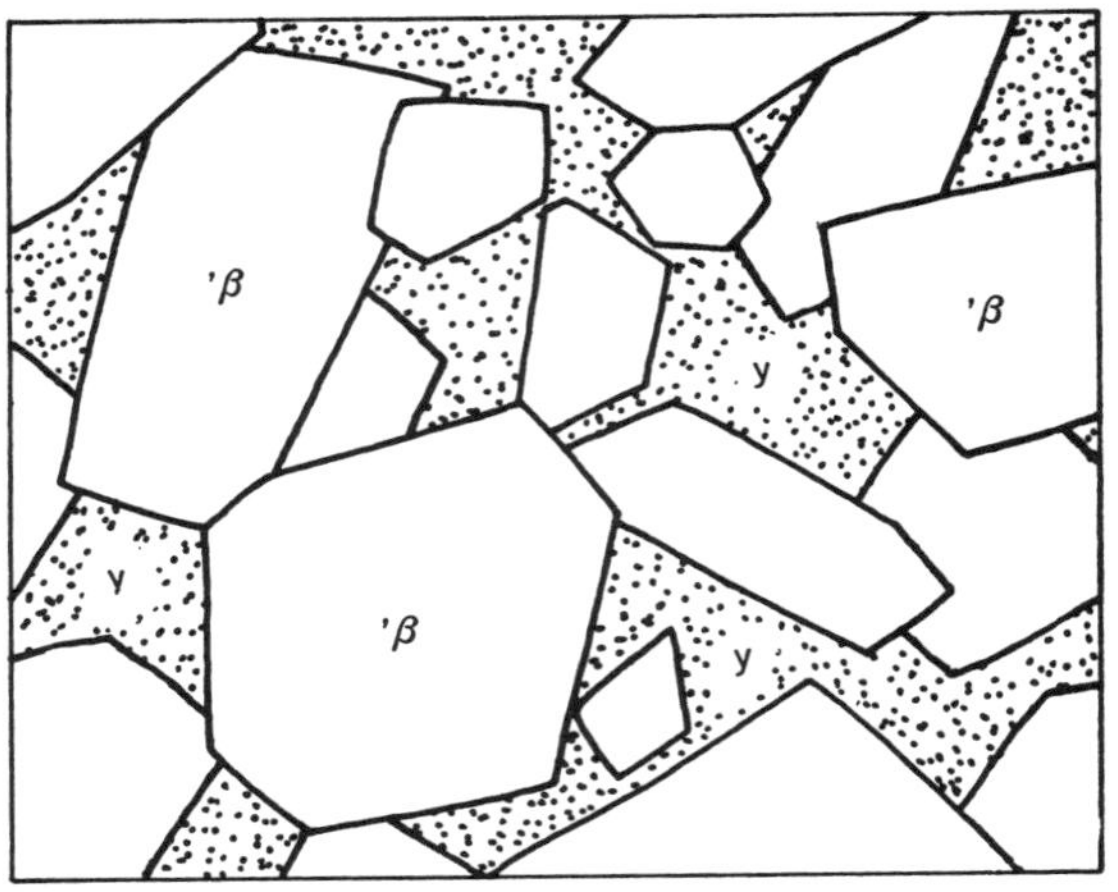

図1　サイアロンの組織

ium Garnet（1月の誕生石、ガーネットにイットリウムとアルミを混ぜた）をガラス層に変えたもの。**図1**のY印のガーネットがサイアロンの粒を糊づけしているのだ。

●いすゞではサイアロン１０１のホット・プラグを使って、アスカ・ディーゼルのアイドル騒音を下げた。

●ルーカスでは吸排気弁をこれで作り、テストをして、１０００時間無事故であったので、バルブ・ガイド、ピストンやシリンダーライナーにも向いているといっている。

●VWではタペットをこれで作り、6万km走って、磨耗はナント０・75ミクロンであった。だからロッカーアームのパッドにも向いているといっている。

●ディーゼルの噴射弁のニードルに使えば、軽いので噴射のフンギレがよくなり、黒煙が出ない。硬いので磨耗も少ない。

●サイアロンのパーツを作るには、a：２０００kg／cm²の圧力で押し固めてから窒素の雰囲気中で１８００℃で焼く。焼いている間に20％も縮むので、どうしても1％の寸法エラーは避けられない。正確な寸法に仕上げるにはダイヤモンドで研磨する。b：Injection Molding（タイ焼き式）は、ターボのタービン・ローターに適している。サイアロンの粉をプラスチックの糊で固め成形してから焼く。25％も縮むので寸法エラーも大きい。

c：プラスチックの糊で粘土状にして穴から押し出して棒を作る。

d：Slip Casting とは、サイアロンの粉を水で溶いた泥を作り、水の滲みこみやすいスカスカの石膏（ドイツ語ではギブス）の型の中に注ぎ、生型を作ってから焼く、縮みは20％。

●サイアロンはタングステン・カーバイド（タンガロイ）の値段の二倍もするが、切削工具や引き抜きダイスなどに使えば作業能率が高く、寿命も長いから効果／コスト比は大きい。

●ヨーロッパでは無関心な人が多い。

●切削工具用のライセンスは、スウェーデンのサンドビック社とアメリカのケナメタル社が買った。

●日本ではエンジン部品用に三菱金属、日立、ＮＧＫと名前は分からないがもう1社。

●日立はいすゞと協同でアスカ・ディーゼル用のホット・プラグとグロー・プラグを研究している。

●三菱金属と三菱重工は協同でターボラグの少ないターボのローターを開発した。

——とのことである。

これは大変だ。早くマネしないとオレは流行遅れのオジン・エンジニアになるとアワてた。

早速日立に電話した。断られた。外国の技術を有難がる会社に限って秘密主義なのだ。ＩＢＭの技術をドロボーする会社は、ドロボー対策に熱心なのは当たり前とアキラめて、名古屋のＮＧＫに電話したらソクＯＫ。

●モノリスのセラミック・シリンダーは1本数十万円

世界一の生産量と品質を誇るプラグメーカー、ＮＧＫのショールームでインタビューをした。

まずプラグ。ガソリン・エンジンには不可欠で、これの選定を誤ればレースには絶対勝てないのだ。プラグの主要部分は１００年も前から**図2**のようにセラミックで、材質はアルミナ、Al_2O_3である。これも焼くと20％も縮んでしまい、1％の寸法誤差は避けられないが、加工しないで製品のプラグとするのがコツで、レース用プラグはダイヤモンドで加工するのでベラボーに高くなるのだそうだ。市販プラグの100倍もするサイアロン・プラグを使わないと、レースに勝てないときがくるかも……。

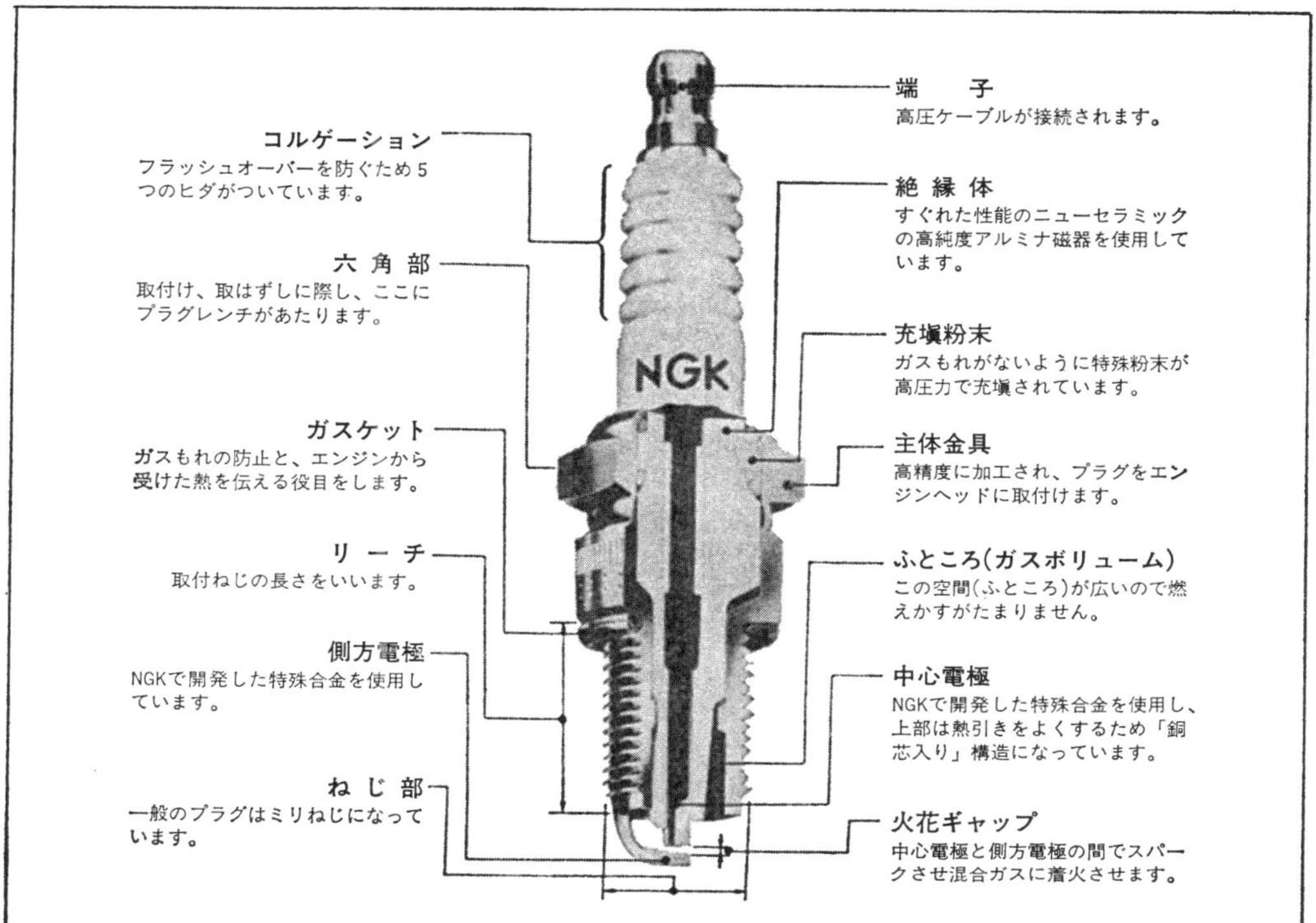

NGK
端　子
高圧ケーブルが接続されます。
コルゲーション
フラッシュオーバーを防ぐため5つのヒダがついています。
絶縁体
すぐれた性能のニューセラミックの高純度アルミナ磁器を使用しています。
六角部
取付け、取はずしに際し、ここにプラグレンチがあたります。
充塡粉末
ガスもれがないように特殊粉末が高圧力で充塡されています。
ガスケット
ガスもれの防止と、エンジンから受けた熱を伝える役目をします。
主体金具
高精度に加工され、プラグをエンジンヘッドに取付けます。
リーチ
取付ねじの長さをいいます。
ふところ(ガスボリューム)
この空間(ふところ)が広いので燃えかすがたまりません。
側方電極
NGKで開発した特殊合金を使用しています。
中心電極
NGKで開発した特殊合金を使用し、上部は熱引きをよくするため「銅芯入り」構造になっています。
ねじ部
一般のプラグはミリねじになっています。
火花ギャップ
中心電極と側方電極の間でスパークさせ混合ガスに着火させます。

図2　プラグ

グロー・プラグ。これは図3のようにディーゼル・エンジンのノズルからの燃料の霧がこれにブツかる。グロー・プラグには電気を通して赤めてあるので、これにブツカッタ燃料に火がつき、寒い朝でもエンジンを始動させるシカケである。これなくして乗用車用のスワール・チャンバー式ディーゼル・エンジンは始動しないのだ。

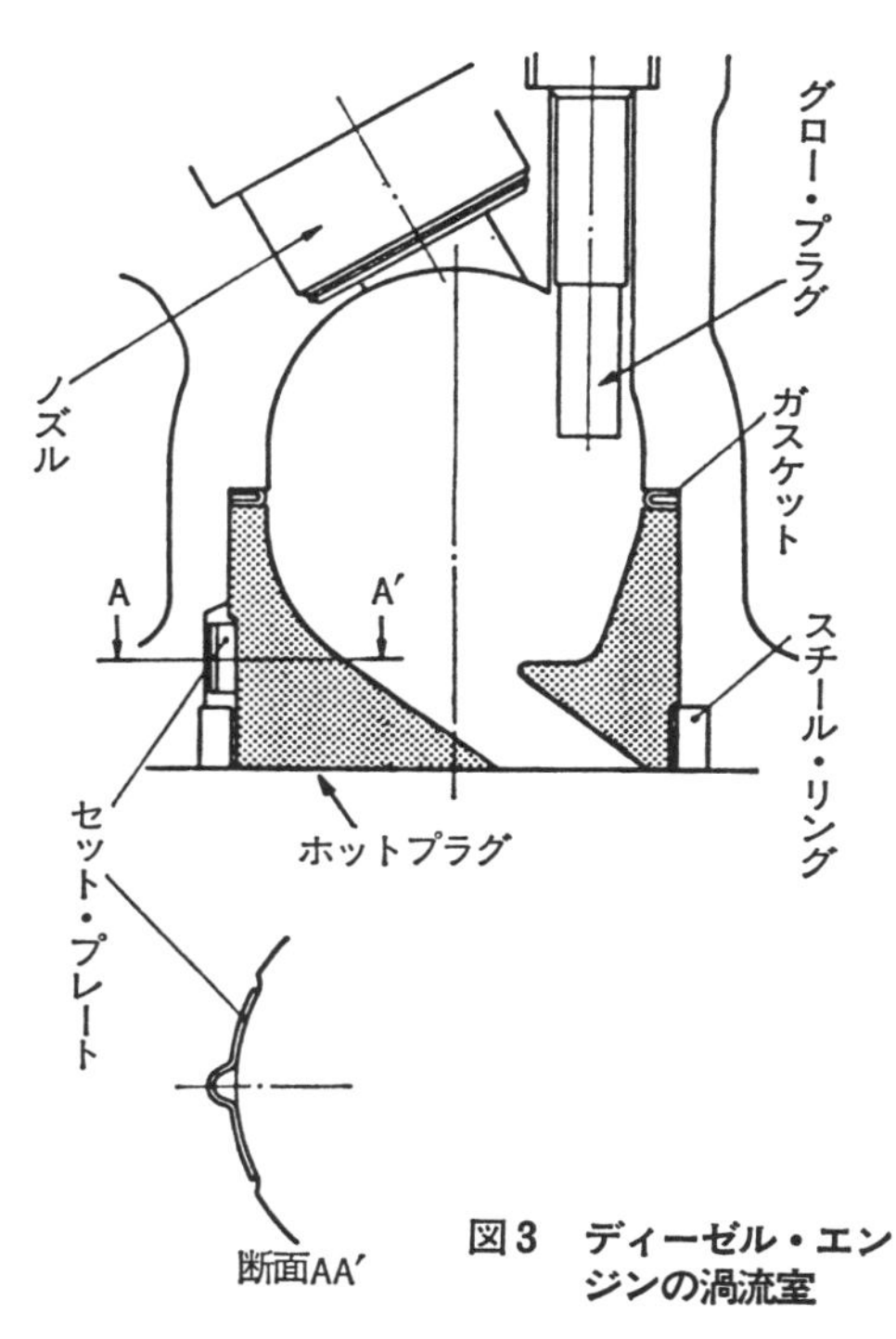

グロー・プラグ
ノズル
ガスケット
A
A′
スチール・リング
ホットプラグ
セット・プレート
断面AA′

図3　ディーゼル・エンジンの渦流室

グロー・プラグの先端は、図4のように耐熱合金のシーズ(鞘)に電熱線が入っていて、電熱線とシーズの間はセラミックの粉で絶縁してあるのだ。これでは熱いヤツにコンドームを被せているようなもので、熱がジカに伝

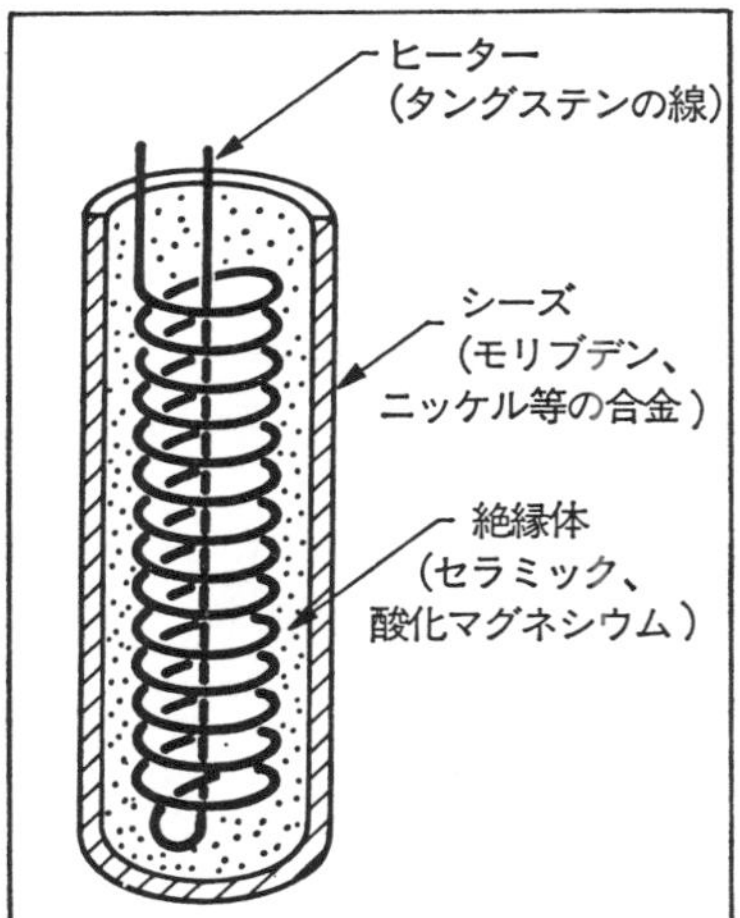

ヒーター
(タングステンの線)
シーズ
(モリブデン、
ニッケル等の合金)
絶縁体
(セラミック、
酸化マグネシウム)

図4　グロー・プラグの先端

図5　セラミック製のグロー・プラグ

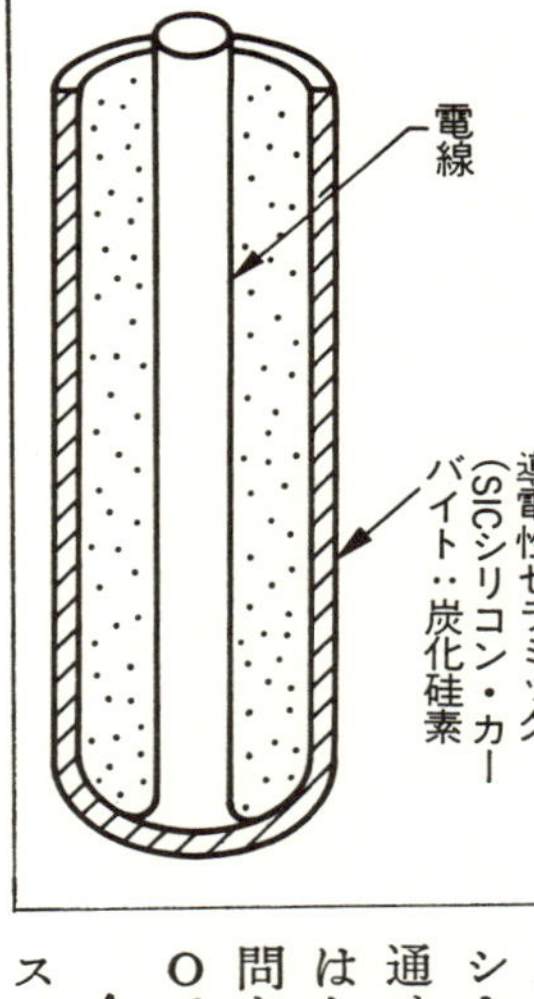

わらなくて何となくもの足りない。図5のようにシーズそのものに電気を通せば早く熱くなるのではと、シッタカブリの質問をしてみたら、答はNOであった。

金属は電気抵抗がプラスであるが、セラミックはマイナスなのだ。ということは、金属は冷たいときは抵抗が小さく、ドバッと電気が流れて直ぐに熱くなる。熱くなると抵抗が大きくなって電気が流れにくくなり、ヒーターの温度はそれ以上高くならない良い性質を持っているのだ。

セラミックがマイナスであることは、熱くなれば熱くなるほど電気が流れ、アッという間にセラミックを熔かしてしまうのだ。電子コントロール？　もちろんすれば、一定温度に保つことはできるが、たかが鞘を熱くすることに大金をかけることはない。ムリにセラミック化しようとするのはアホである。これはダメ。

次に本命のホット・プラグ。スパーク・プラグがセラミックなら図3のホット・プラグもセトモノにしたほうが、と考えて当たり前である。サイアロンといえどもSiとAlとOとNで、足の下の土の主成分はSiOとAlOであるし、空気中にはNは無限にあるのだから、便器のセトモノと同様に安くなるはずとだれでも考えるのだ。

ところが純粋のSiとAlを作るのに金がかかる。AlOはともかくとして、Siを窒素の雰囲気中で焼いてSiNの粉を作るのに金がかかる。SiNとAlOの粉を混ぜて、それにイットリウム・アルミ・ガーネットはベラボーに高いのだ。だが、それを混ぜなくとも、窒素雰囲気中で1800℃の高温で1週間も焼き続けないとサイアロンにならないのだ。ホット・プレスしないからシリコン・ナイトライドより安くできるかもしれないが、それでもニッケルとコバルトとモリブデンなどの含まない超合金より、高くなってしまうのだ。その上、図3のようにシリンダー・ヘッドの穴の中にシックリとはめ込むには、ダイヤモンドで加工せねばならず、バカバカしくてホット・プラグなぞ作りたくないそうだ。それで分かったことは、オレがカモさんにトヨタの自家製のホット・プラグを見せようとしたとき、「見たくないッ」といって目をツブった。その気持ちだ。

スケベの特長はシツコイことで、オレはムキになった。ではシリンダーはどうか？　と、NGKのエンジニアに聞けば、こんなデカイものでは、焼いているうちに20％も縮むと2～3㎜もの寸法誤差が出るのでダイヤモンドで1／100㎜ずつ削ってたら、手間もコストもベラボーにかかるという。急いで削ると熱が発生し、その熱でワレてしまうのだ。そして寸法が出たら、さらにダイヤモンドの粉でラッピングしてピッカピカに仕上げる。仕上面がザラザラだと固いセラミックでリングやピストンを削ってしまうのだ。シリンダー1本作るのに100万円はかかるのだそうだ。でも量産すればとセキこむオレに、冷たく「変わりません」。

乗用車用エンジンの原価は10万円から20万円の間だ。モノリス型セラミック・エンジンのオーソリティ、いすゞの河村さんはシリンダー1本10万でできるといっているが……。

発狂したオレは、「バルブは、ピストンは、リングは、バルブ・ガイドは、バルブシート・インサートは」と食い下がったが、「100万円からウン十万円の間です」と取りつくシマがない。

●セラミック・エンジンにしても燃費はよくならない

ここで思い出すのは、この前の東京モーターショーへ行ったとき、いすゞ／京セラのセラミック・エンジンを見て、カモさんが「バカなことするなッ」とオレをツキトバすから、「オレがこんなバカなもの設計するかッ」と彼に体当たりしたことだ。

今考え直してみると、日本民族にしてアメリカ住民のカモさんが、〝断熱エンジン〟を創造し、そのアイデアやノウハウを日本住民に教えた。ところが自閉症集団である日本住民は何を早トチリしたか、「断然エジンを作るにはセラミックがよい」を「セラミック・エンジンは燃費がよい」にすり変えてしまったのだ。彼にいわせれば、燃費をよくするには**図6**のようにパワーリカバリー（動力回収）・タービンをターボの下流に取り付けて、排気のエネルギーを動力にしてクランク軸に戻してやるシカケ、コンパウンド（複合）エンジンとすることが先決である。そして排気エネルギーを増やすには冷却しない断熱がいいにきまっているのだ。それなのに〝セラミック・エンジン〟とはナゼダ。こんな小さいエンジンでは、コンパウンド・エンジンにしてもタービン効率が低いので、ガンバッタほどには燃費はよくならないのだ。

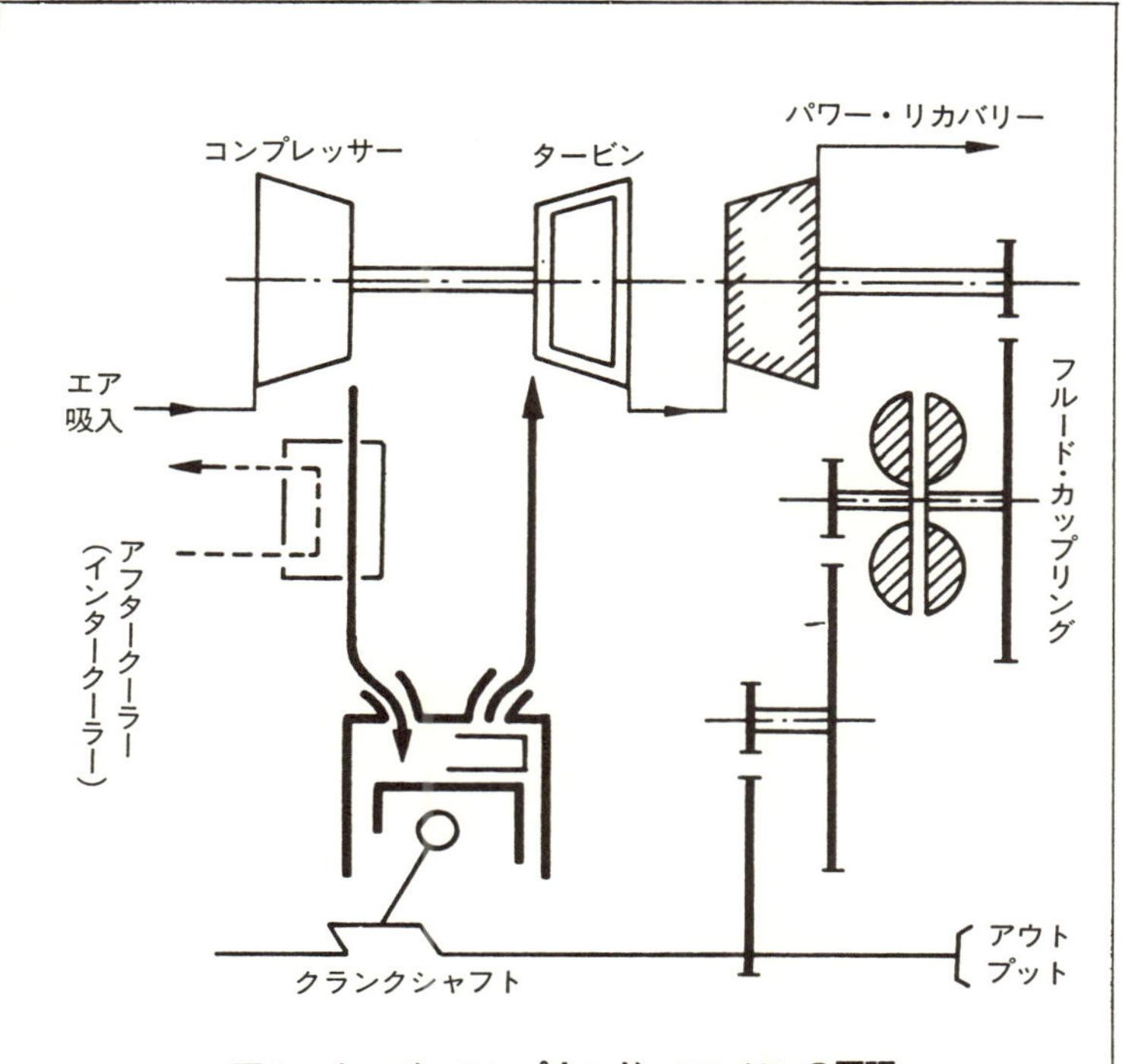

図6　ターボ・コンパウンド・エンジンの原理

カモさんは、こんなスリカエをしてかたくなにモノリス・セラミック・エンジンを研究する日本住民と、こんなアホなものを有難がって口を開けてノゾキこんでいる日本住民に腹が立って爆発したのだ。そして、オレは日本住民を代表してツキトバされたのだった。

閑話休題。

シラケたオレは質問の方向を変えることにした。小さければ安いはずだ。それに耐磨耗性で今困っている部品、タペットやロッカー・アームのパッドは**図7、8**のように小さい。それに耐磨耗性がバッグンで10倍以上ももつのであれば少しぐらい高くても……。

「量産してもウン千円です」タカが５００円玉の大きさで。

それではターボのタービン・ローターはどうだろうか。金属の1/3の目方でできればターボラグも少なくなるし、耐熱１４００℃とバッグンなのもウレシイではないか。

「ＮＯ！」

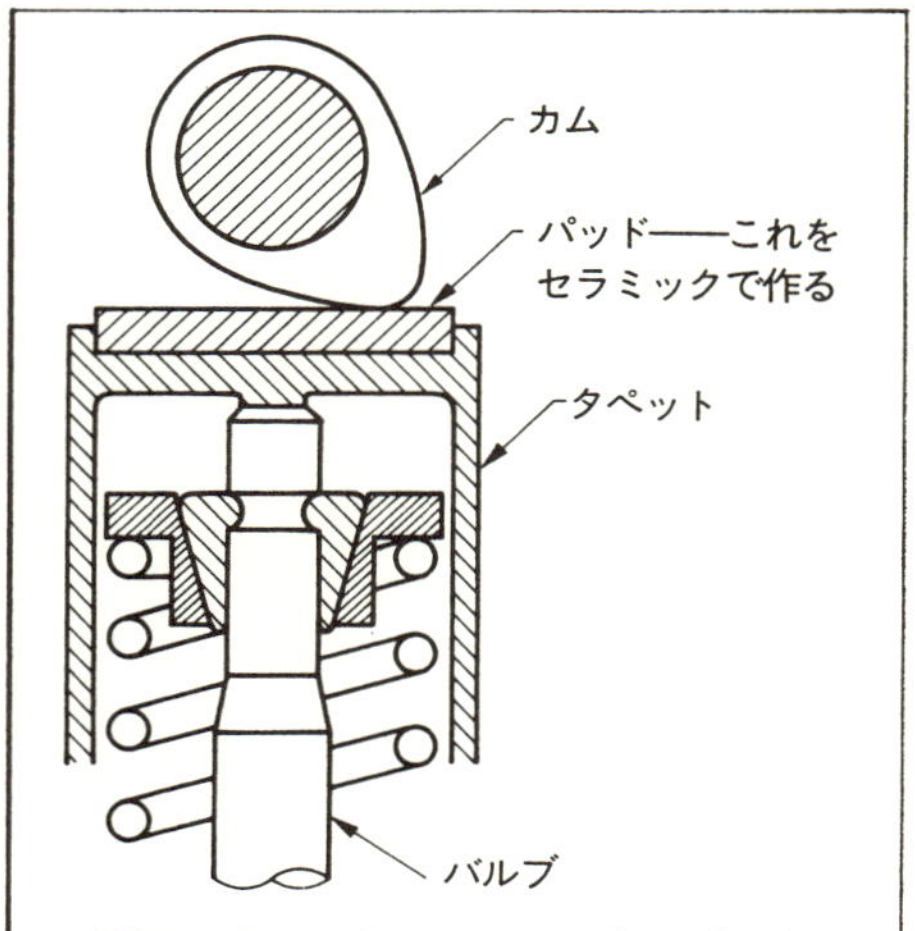

図7　タペットのセラミック・パッド

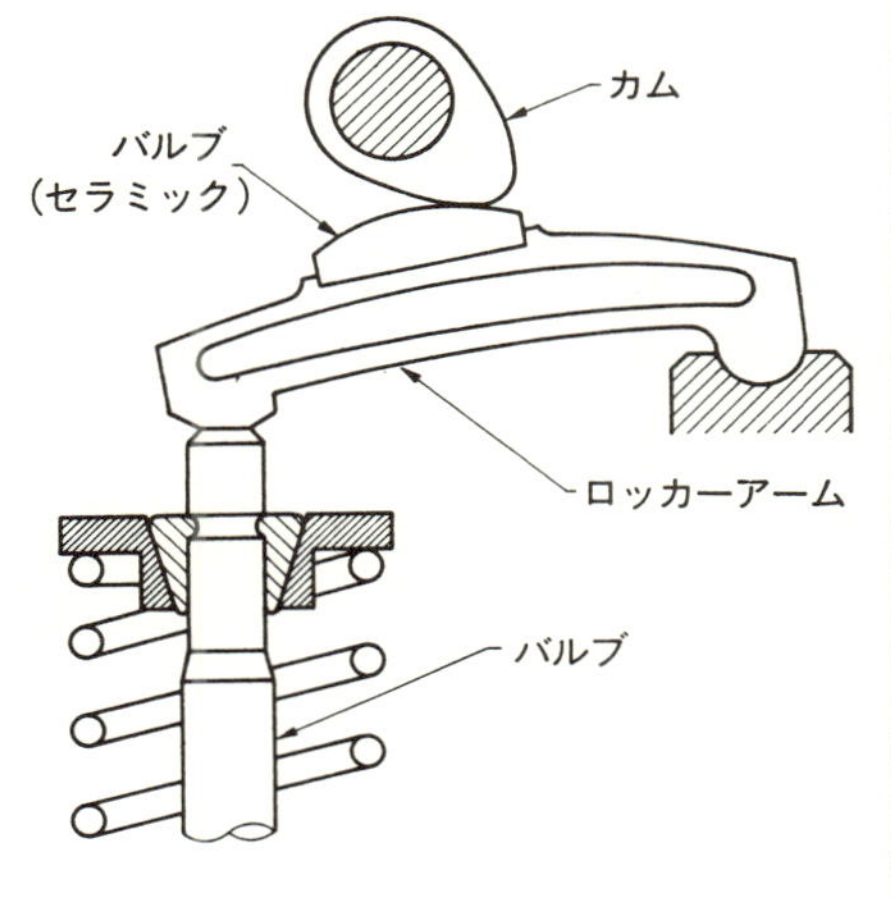

図8　ロッカーアーム用セラミック・パッド

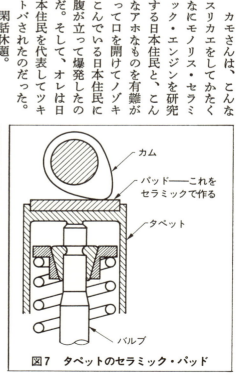

サイアロンをスリップ・キャストすれば、**図9**のスができないから丈夫なのでは？

「スはできます」

シャフトにはめ込むときのテーパー削りに金がかかってダメなのか。

「毎分20万回転するローターはバランス取りする必要があり、これが大変なのです。金属のローターであればプラズマでブットバせば簡単なのだが」

下を向いてナットク。この後、セラミックをやっているターボの専門家の友人に聞いたら、10個焼くと9個はヒビが入って使いものにならないし、思ったほどターボラグも小さくならないので止めたいといっていた。

トロイといわれているオレも、ここでムリヤリ悟らされた。今金属でできている部品をセトモノに変えてはいけないのだ。それでは断熱エンジンはどうしてくれる!? Kラミックがあるのだ。前項でも述べたように、Kラミックとは酸化クロームを水で溶いて、**図10**のようにシリンダー内面とピストン上面とシリンダーヘッド下面に塗って焼けば、酸化クロームはクロミアというセラミックになり、ホーロービきのナベを作る要領でパーツができるのだ。シリンダー内面はダイヤモンドで研磨しなければならないが、安さが実感できるではないか。

ご本家、カモさんばかりでなく、小松製作所で燃費125g/ps・hrの驚異の高熱効率を実現した外山さんも、Kラミックよりほかに断熱エンジンへの道はないと一昨年の秋、箱根で開かれた「エンジン用セラミックス部品国際シンポジウム」で断言しているのだ。

●実用化するまでに乗り越えなければならないバリア

さて、Kラミック製の断熱コンパウンド・エンジンはその性能曲線を**図11**に示すように、今や研究室で完成しているのだ。が、これを商品化し、読者が断熱エンジン車のドライブをエンジョイするには、踏み越えねばならぬ難関が幾つかあるのだ。いずれはこれを詳細に説明するのがオレの任務と心得るが、今はスキーに行きたいのだ。

難関のその1は、今あるフツウのディーゼル・エンジンより安くなくてはユーザーは買う気にはなれないのだ。安くするにはヒタスラにリッター当たり出力を高めることで、10トン車用の排気量14ℓ、300ps

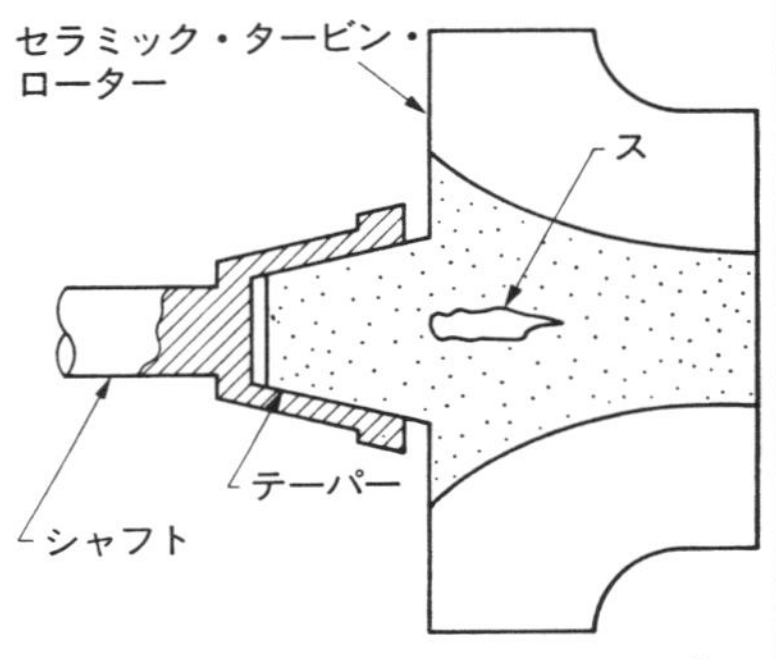

図9　セラミック・タービン・ローター

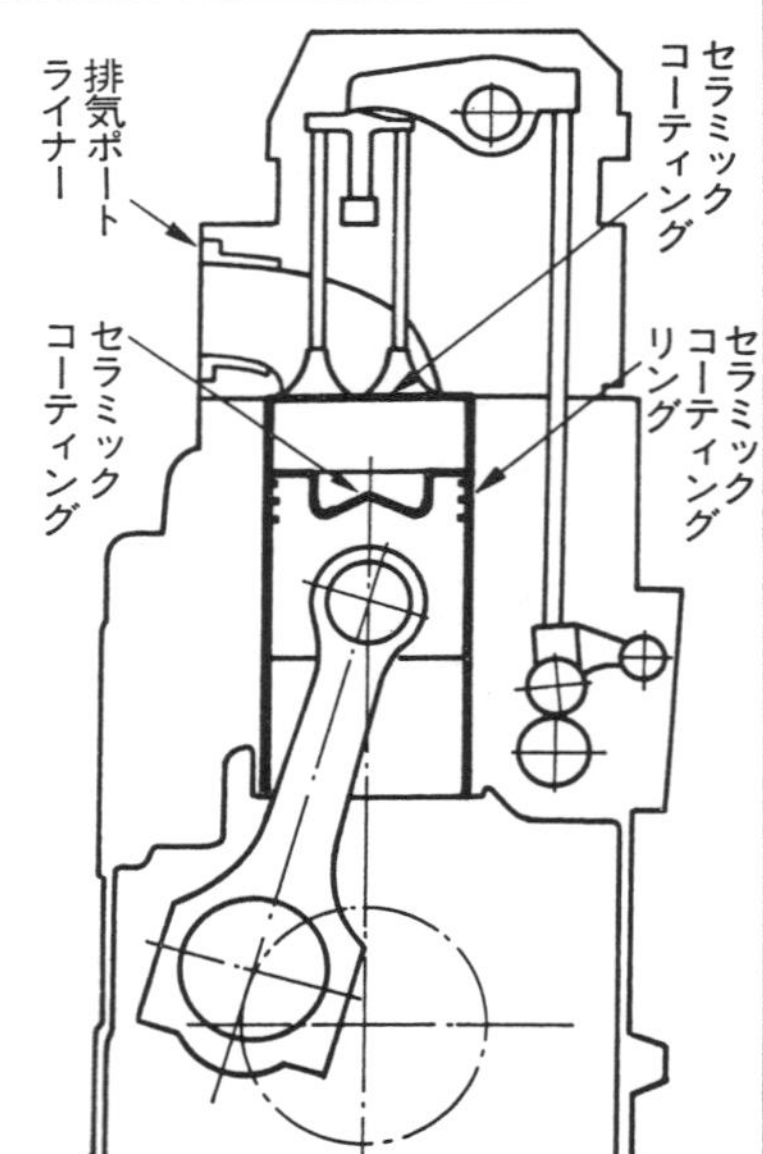

図10　セラミック・コーティングした断熱エンジン

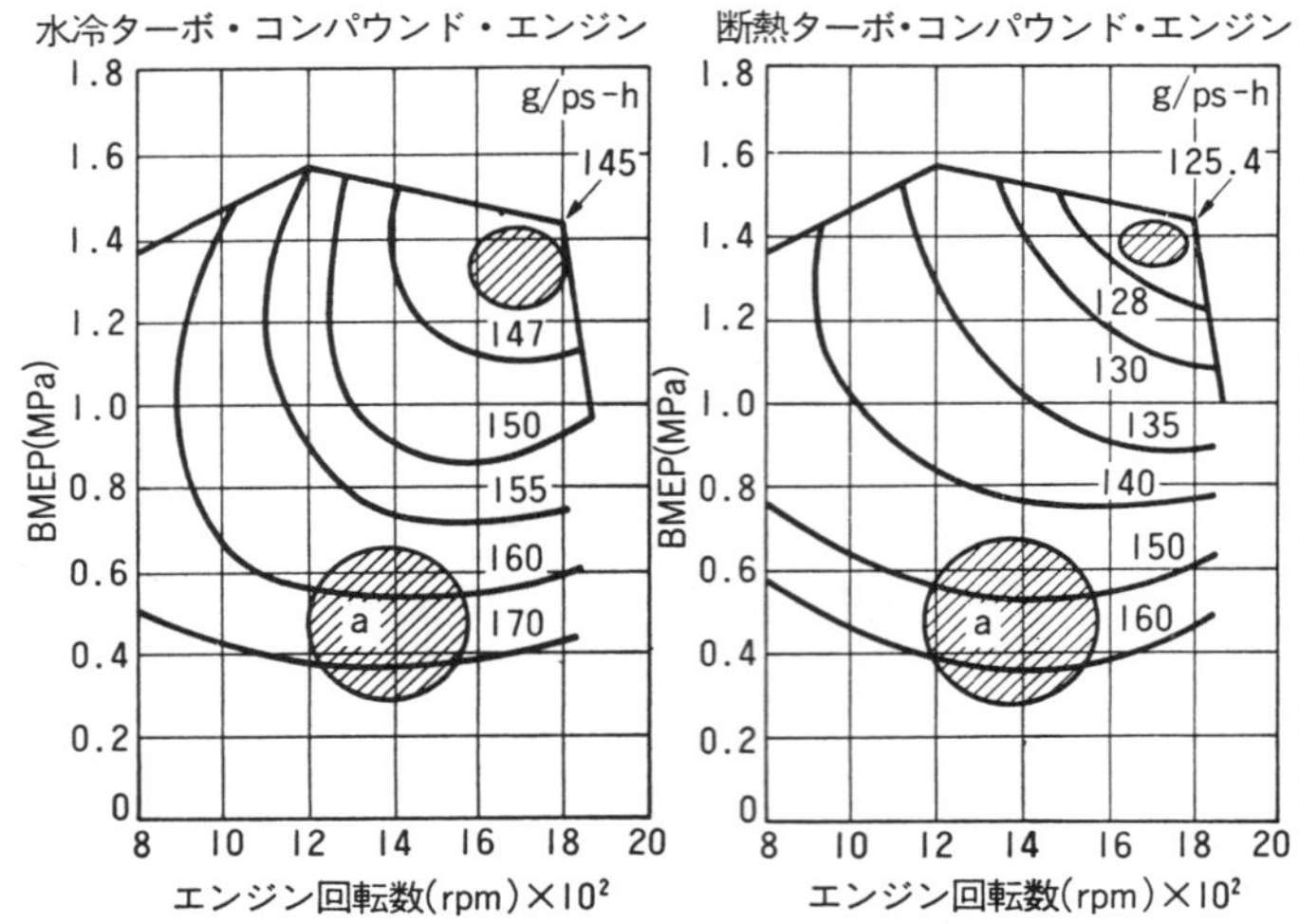

図11　コンパウンド・エンジンの性能

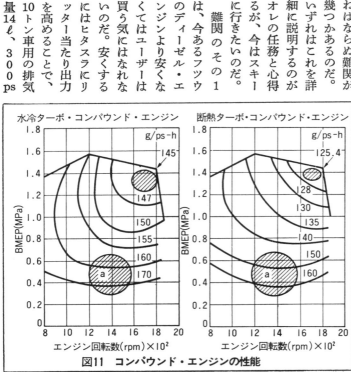

のエンジンは原価100万円くらいであるが、6ℓ、160psでは50万円くらいであって、この6ℓエンジンをターボ過給＋チャージクール＋パワー・リカバリー・タービン＋パワー・リカバリー・ギヤ・トレイン＋Kラミック・エンジン・パーツをつけ加えて100万円を超えなければ、燃費がよいので売れるはずだ。100万円を超えたらもっと安い小さなエンジンをパワーアップするよりほかにテはないのだ。そして乗用車エンジンを断熱にしてもっと安くする方法は思いつかないのだ。

その2は燃費である。**図11**はブルドーザー用断熱エンジンの性能曲線で、ブルドーザーはいつでも最高回転、最高トルクのあたりでエンジンを酷使するので、図11のようにウマク最大出力のあたりを最低燃費にしたのではなくて、なってしまったのだ。

自動車は図11の領域aのあたり、エンジンの$^1/_4$負荷あたりで走ることが多いので、最大出力時の燃費を犠牲にしてでも、領域aにねらいをつけて燃費をチューンナップをしなければならない。

領域aでは、燃料噴射量が少なく、排気温度は低くなり、ターボは元気よく回らないのだ。そのターボを出た排気にはもうエネルギーは少ない。この排気でパワー・リカバリー・タービンを回すのだからいくらもパワーは回収できないリクツで、動力回収がウマクいかなければ、燃費もよくはならない。

領域aの燃費をよくするのが、オレの発明したKミラー・システムだが、ページがない。

その3は低公害性である。断熱エンジンでは冷却に熱をうばわれないので、圧縮温度は高くなり、そこへ噴射された燃料は直ぐに燃え始めるので、たくさんの燃料が急に爆発的に燃焼して発するドカンというディーゼル・ノックは小さく、静かになるが、燃焼温度が高いことは、化合してはいけない窒素と酸素が化合し、NO_xを作りやすいので困るのだ。

その4は信頼性で、これは実際に車として50万㎞も走ってみなければ分からないのだ。10万㎞だけ走ってみて、磨耗量が1／100㎜だから50万㎞は走れる〝はず〟だ、の〝はず〟は信頼性工学ではいってはならないことなので、実際に50万㎞を走ってみた後でなければ、耐久および信頼性は50万㎞を保証しますといえないので、日野自動車では今走らせているかもしれない。

●部品としてのセラミックの可能性は大

これでKラミックで作った断熱コンパウンド・エンジンに夢と希望があることがお分かりいただけたと思うが、忘れてはいけないものに、今君が乗っているクルマにセラミック部品があるのだ。

キビしい公害規制も天の助けか、外国人の独創性か、三元触媒によって、ガソリン・エンジンの排出するNO_xもCOとHCもマトメテ退治できることはご承知とは思うが、触媒はプラチナその他の貴金属でできているのでカタマリを排気管中にブラ下げるワケにはいかない。**写真12**のような蜂の巣の形をしたセラミック製のハニカム坦体にプラチナを1／1000㎜ほどケチッてつけるので自動車が安くできるのだ。

このハニカムはコージーライトというセトモノでスカスカなのだ。ここにディーゼルの排気を流すとススがとれてキレイな排気になるのだ。これをプロはパテキュレート対策というのだ。ディーゼルのススには発ガン物質が含まれていることが分かったので、アメリカではパテキュレート規制をするというと日本もやるのだ。アメリカやヨーロッパではスパイクタイヤを使わせないので、粉塵公害はない。日本はどうする？

話を元にもどして、ハニカムでススをとるとアッという間にハニカムの穴はススで一杯になってしまうのだ。しかたがないから排気温度を高めてススを焼く。ススが燃えて1000℃以上になるとコージーライトは熔けてしまうので、困っていることはテレビで見たとおりで、今、コージライトに代わるセラミックがないのだそうだ。

ガソリン・エンジンの場合、三元触媒を働かせるには正確な理論空気燃料比を保たねばならず、コンピューターでEFIをコントロールするわけだが、理論空燃比であるかどうか見分けるのがO_2センサーで、これがなければコンピューターも判断のしようがないのだ。

O_2センサーにはチタニア（TiO）とかジルコニア（ZrO）が使われているし、トヨタ・カリーナの超リーン・コンバッション・エンジンのリーン・センサーもジルコニア製である。

ガソリン・エンジンの燃費をよくしようとして限界まで圧縮比を高めると、気温とか、温度、負荷条件がキビシくなるとノッキングが発生してピストンを熔かしてしまうのだ。ニッサン・ローレル用直6エンジンでは、無過給であるにもかかわらずノック・センサーを使ってギリギリにまで圧縮比を高めたことはリッパである。

PZT（チタン酸ジルコン酸鉛）というセトモノは、たたくとナント15000ボルトもの電圧を発生するのだ。これを利用したものに電子ライターとか、ガス・ライターがあるが、特定の振動数に共振してPZTを激しく動かしてもたたかれたと同じように電圧へ発生してあたり前で、エンジンはノッキングするとシリンダー・ブロックは2000Hz（ヘルツ：毎秒2000回）の振動を発生し、PZTを使ったノック・センサーはガクンとゆすられるとドバッと電気を出し、コンピューターにノッキングしていることを知らせるのだ。コンピューターはディストリビューターに命じ、タイミングを遅らせてノッキングを止めるのが、ノッキング・コントロール・システムである。

写真12

オレの発明したKミラー・システムでは、ノッキングを感じると圧縮比を変えてしまう可変圧縮比機構をもっているので、過給してもブースト2kg/cm²ぐらいまでノッキングしないでパワーを出せるのだ。

PZTに電気を流してやると動く。交流の電気を流せば振動するので、これを利用してスピーカーを作ることができる。高周波特性が優れているのでツィーターに使われるし、これを超音波振動させて水をハジキ飛ばせば、家庭用加湿器ができるリクツである。

このリクツを使ってキャブレーターを作れば、細かいガソリンの霧ができて、ミクスチャーの分配がよくなる、燃焼効率が高くなり、燃費もよくて排気もキレイになるのでは、と考える人は独創力のある人で、もちろん各社は夢中で研究中とは思うが、現状では霧をたくさん作れない、霧の量をコントロールできないなどの難問に苦しんでいるのだ。が、やがては解決し、オレたちが見られなかった夢までもニュー・セラミックはかなえてくれるかもしれないのだ。

オレはセラミックの専門家ではない。そのわずかな知識からでもセラミックはオレたちバカなエンジン・デザイナーたちを見えないところで助けてくれているのがよくわかる。

断熱エンジン用セラミック部品のみ脚光を浴びている現状であるが、深く静かに目立たぬところで技術革新を続けているセラミックにも注目しなければ……。

CVT技術論

理想に向かって挑戦することのむずかしさ

トルコン／マニュアル・ミッションを越えているか

対談

牧田藤雄　富士重工　発動機技術第一部副部長

兼坂　弘　著者

牧田藤雄氏

理想に向かって挑戦することのむずかしさ

オレは自動変速機付きの自動車は嫌いである。（注1）中でもムカツイたのは、いすゞのNAVI5であった。急加速でワリコミの最中で、突然に力が抜け、一瞬ヒヤッとした後にパワーオンし、ドライバーの気持ちを逆なでするのだ。ところが1週間も乗っていると、キカイが自動変速をしようとする直前にアクセル・ペダルから足を離すと、実に上手に変速してくれ、マニュアル・トランスミッションと同じく、オレはクルマを操っているのだゾ、というE気分にしてくれるのだ。

トルコン付き自動変速機も嫌いである。トルコン（注2）の低効率に起因する加速のモタツキ、燃費の悪さ、それにプラネタリー・ギヤで変速するときのかすかなショック、エンジン回転音の変化も、嫌いな人にはタマラナクいやなのである。

ポルシェのスポルトマチックならば、フツウのトランスミッションをパワーオンの状態で変速するから、効率も高く、レーシング・ドライバーよりも速く変速できる。これをコンピューターでコントロールすれば理想的な、と思いたいが、パワーのつながり（注3）の悪さはあくまでも残る。

図1の点線のように、間にもう1段入れて10段ミッションとすれば、デルタ地帯は小さくなるリクツで、アメリカのコンボイに使われるトラックでは15段、スウェーデンのボルボのトラックは16段ミッションが使われているのだ。

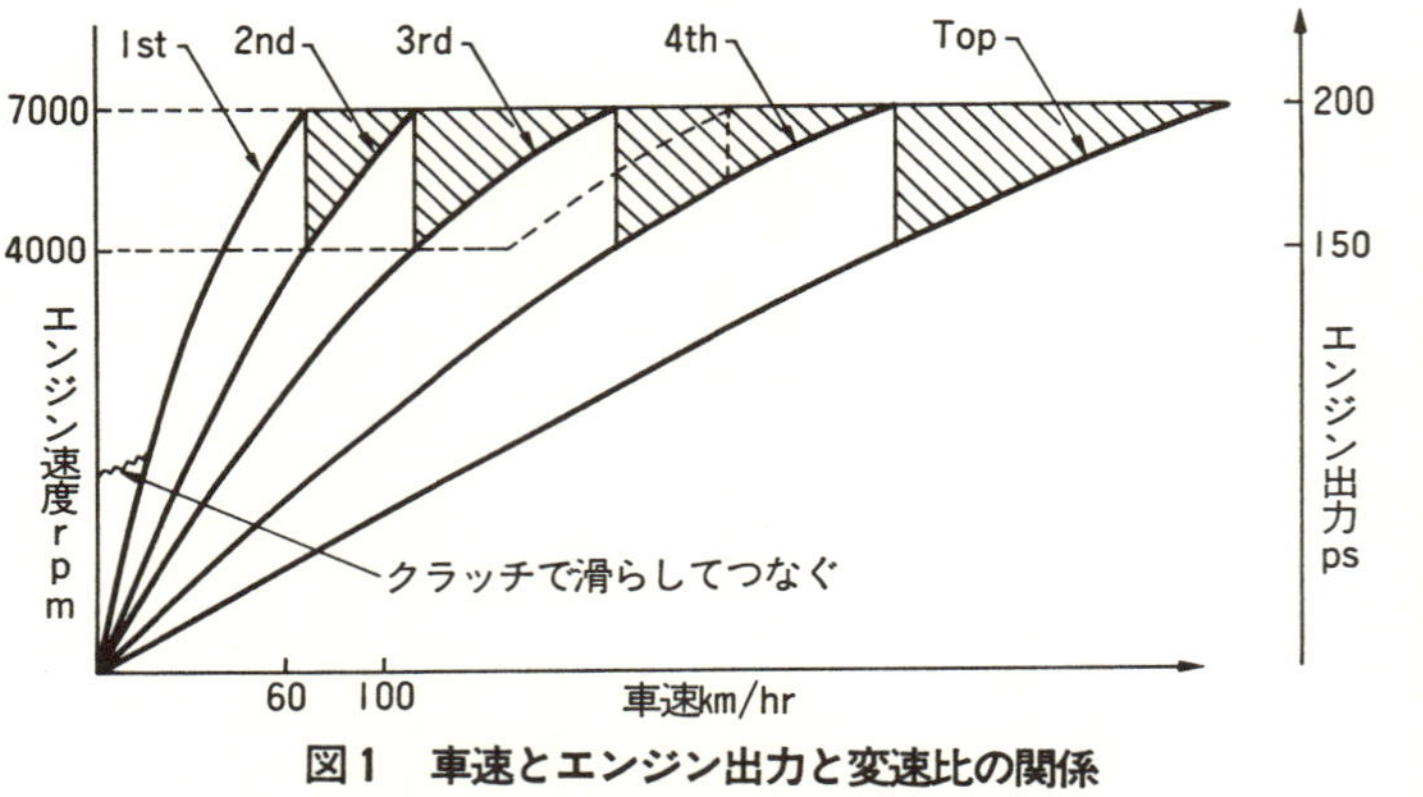

図1　車速とエンジン出力と変速比の関係

無限に段数を増やしたCVTならば、200psのクルマは200psで加速し続けることになり、F1で

注1：古いものを懐かしがり、新しいメカに拒絶反応するのは老人性痴呆シンドロームの初期徴候で、もっと進むと、他人の万日残業の結果の作品を口汚く罵るようになる。

注2：トルクコンバーターの日本語。ドイツ語では、ドレェモーメントファアバントラーと、オチンチンを男性の生殖器風にいうこのキカイも、流体の速度をトルクに変換するCVT：Continuously Variable Transmission：連続的に変速できる変速機ではあるが、効率が低いため発進時のクラッチ兼CVTとしての機能しか持たず、自動車用とするにはトランスミッションの補助として働く。

注3：有段、例えば5段ミッションと200ps／7000rpmのエンジンでクルマを0発進で急加速するときは、**図1**のように、ローで発進し、エンジンは回転の高まりとともにパワーを高め、7000rpmになると200

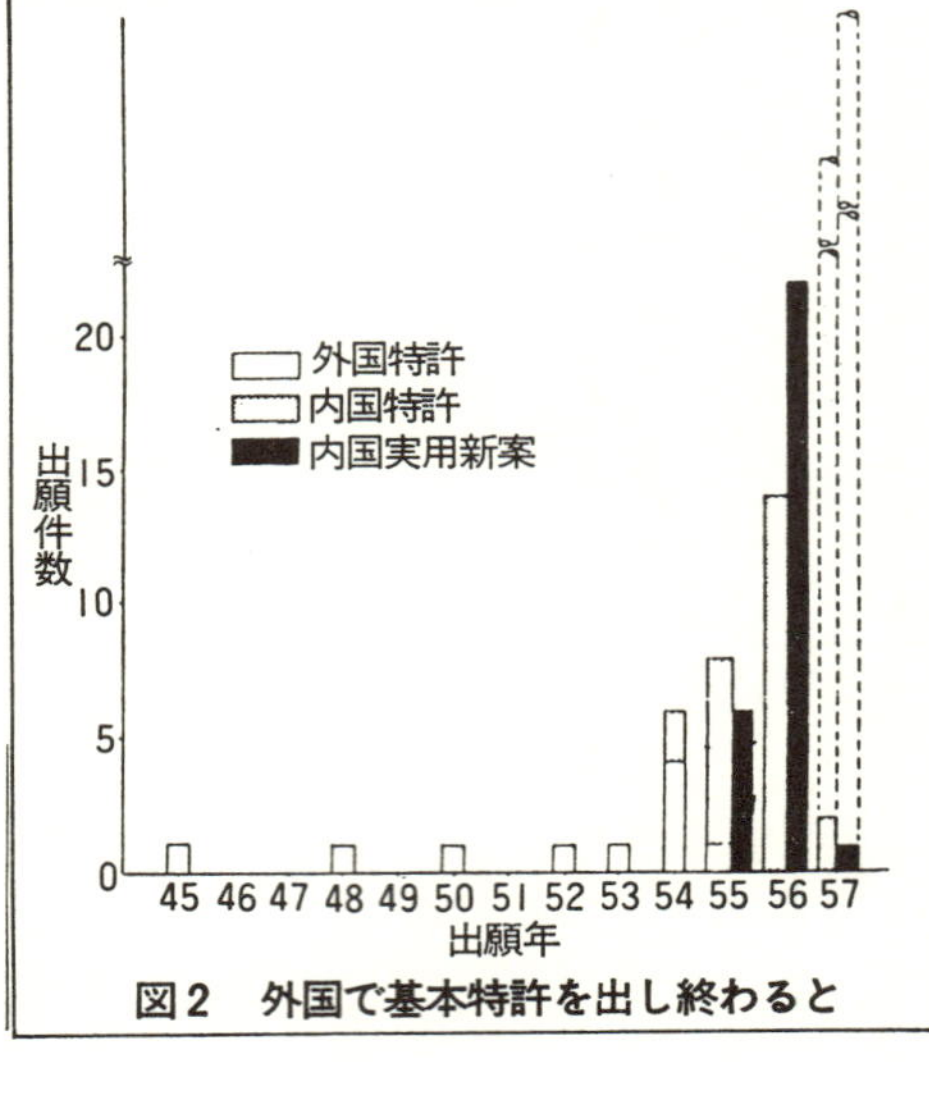

図2　外国で基本特許を出し終わると

も、交差点グランプリでも楽勝できるリクツである。

このリクツに合うものはないか？　と、富士重では自分では何も考えず、ヒタスラに外国が発明してくれるのを待った。

棚からボタ餅がいつかは落ちてくるであろうと待ち続けるおろかな日本のエンジニアの気持ちを統計的に示すのが、**図2**である。基本特許を外国で出し終わると、日本の出番で、ベルトがすぐに切れるので、ベルトの外周に残留圧縮応力を発生させたらとかの、頭を使わなくても誰でも思いつくようなパテントをハチヤメチャに出願するのだ。

日本は世界一の発明国ということになっているが、パテントとペテントを分けて統計処理するコンピューターを作るべきだ。

これで話が終わったのではない。ペテントを出し終わり、もしもCVTが商品化されると、これからが大学の出番で、CVTなる講座ができるのだ。だから日本の大学にある学問とは世界の最後端にあり、ここでオベンキョウしたガキから創造的なエンジニアが出現すると期待してはいけない。

図3および**4**がオランダのファンドーナ社で発明したCVTで、この会社はもとはといえば、村の鍛冶屋で、チューリップ畑の鋤などを作っていたが、大会社となり、DAFと名前も改めて、イギリスのレイランドと提携して大型トラックと自前でダフオディルなる、ゴムベルトを利用したスクーターと同じシカケのCVT付きの小型乗用車を作っていた。

CVT付きの乗用車はイージードライブで、加速も良く、燃費も良いので、もっと大きな車にもCVTを採用できればと考えた。

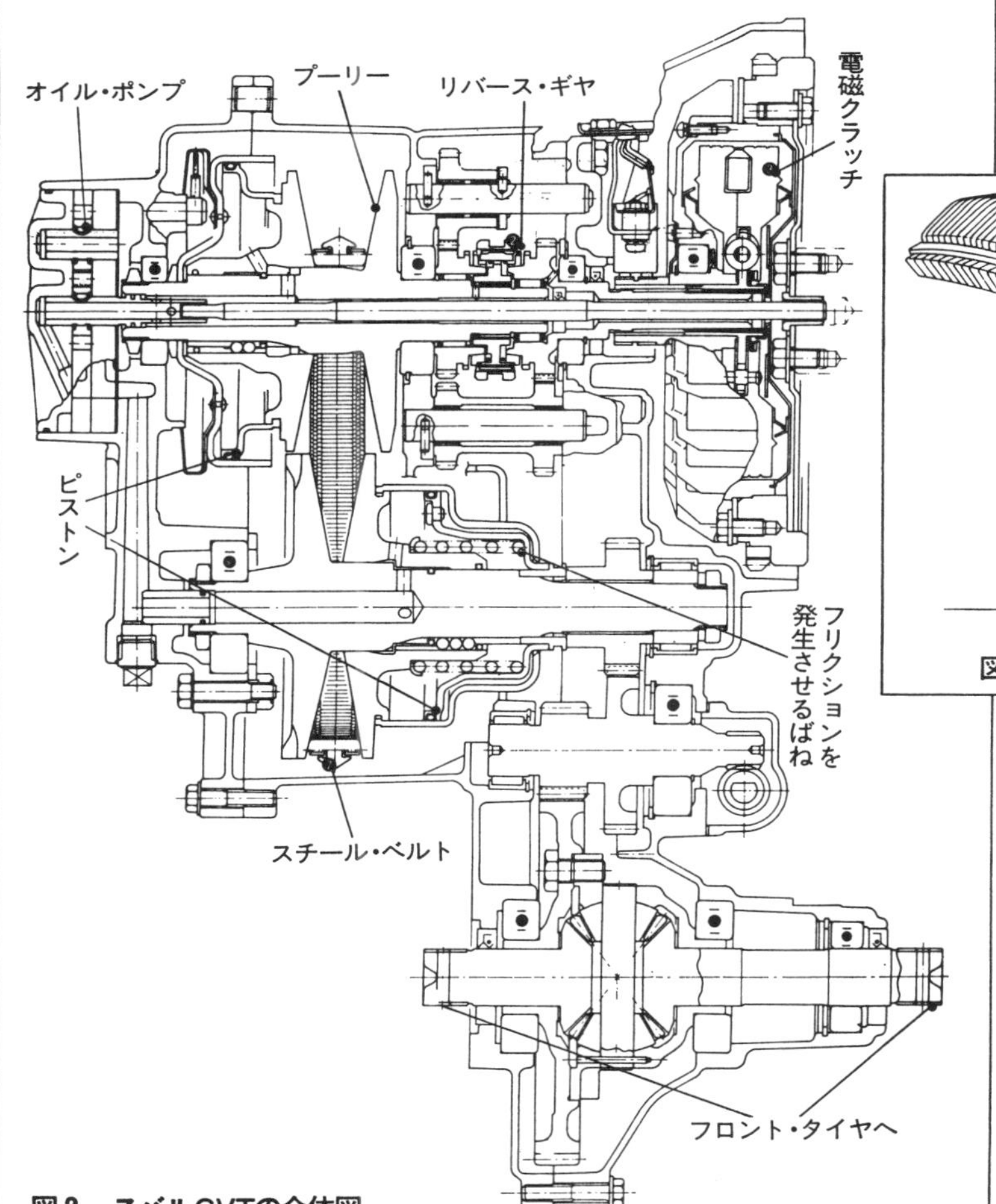

図3　スバルCVTの全体図

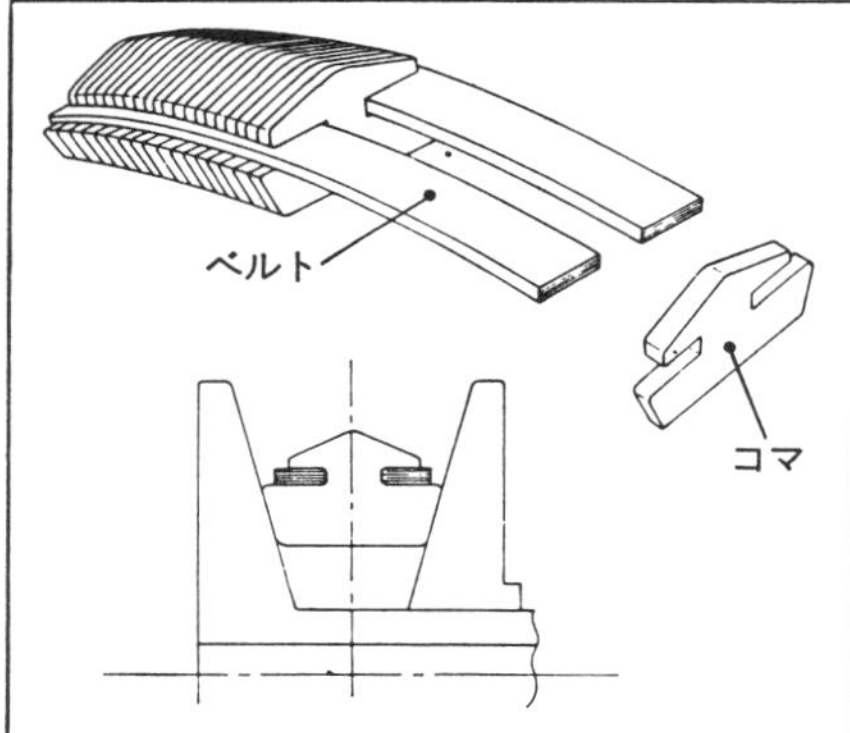

図4　ベルトとコマの詳細図

psを発揮するが、もっと回転を高めると、エンジンはオーバーランでコワレてしまうから、2ndにチェンジする。するとエンジンは4000rpm、150psとなり、それからクルマを加速しつつ7000rpm、200psにまでフキアゲ、それから3rdというふうに加速し続けるのだ。だから斜線部のデルタ地帯はパワーの空白域である。

ゴムのVベルトでは大出力は伝達できないことは分かったので、スチールのVベルトを発明した。スポンサーを物色して、ボルボに話しかけたら、すぐに乗った。そこでファンドーナというボルボの資本も入れた別会社を作り、世界中に宣伝したら、フィアットはこれを使った車、ウーノを作るといい出し、GMもフォードも富士重etcがシリ馬に乗った。ただし、ベンツ、BMW、VWなどのドイツ勢はこれに冷やかで、ドイツのCVT専門メーカー、PIVに作らせることにしたのだ。**図5**、**6**がそれである。

ロータリー・エンジンのパテントを買うのにGMはヴァンケルに600億円も支払ってから、ナゼか直ぐ開発を中止したが、これを知ってるファンドーナは巨額のもうけの半分をボルボに分けるのが惜しくなった。そこで、莫大な違約金を支払ってボルボと手を切ったのだ。

ファンドーナの正体はこれで分かった。CVTもヤバイのではないか、と思わないほどオレはお人好しではないのだ。で、オレは富士重へ出かけて、図3、4を見ながら対談を始めた。

合理的か非合理的か

兼坂　私が呼び出されたのは、毒舌評論でスバルのCVTを盛んに攻撃するからである(笑い)。(注4)

まず、フリクションで動力を伝えたいのに、なんで油を使うのだ。(注7) それからもうひとつは、あんなベルトに重い将棋のコマ(注8) みたいなものをくっつけて、ガラガラ叩けば音はでるし、その音のためにコマの厚さをいろいろ変えて、周波数を分散させて、可変ピッチ・プロペラみたいなことをやって音を下げる。しかし、コマが重いから、そうスピードを上げて使うことはできない。

もっと致命的な欠陥は、複数枚の金属ベルト、たしかマレージング鋼(注5) のベルトだと思うのですが、あれがプーリーにかかると、必ず滑りが生ずる。その滑りによって、新たなるテンションを発生する。(注6)

聞くところによると、トヨタ(注9) はコマとプーリーの間でビスコスティが大きくて、ベルト間でビス

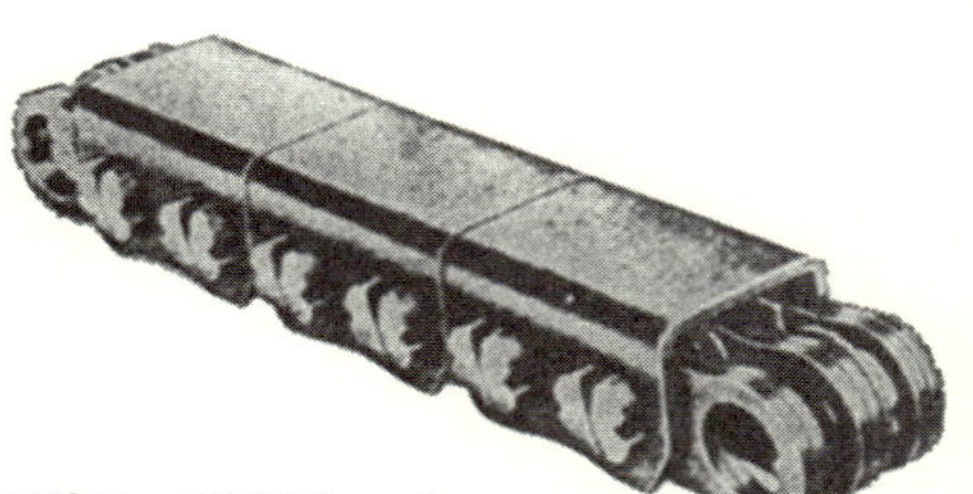

写真5　PIVのチェーン

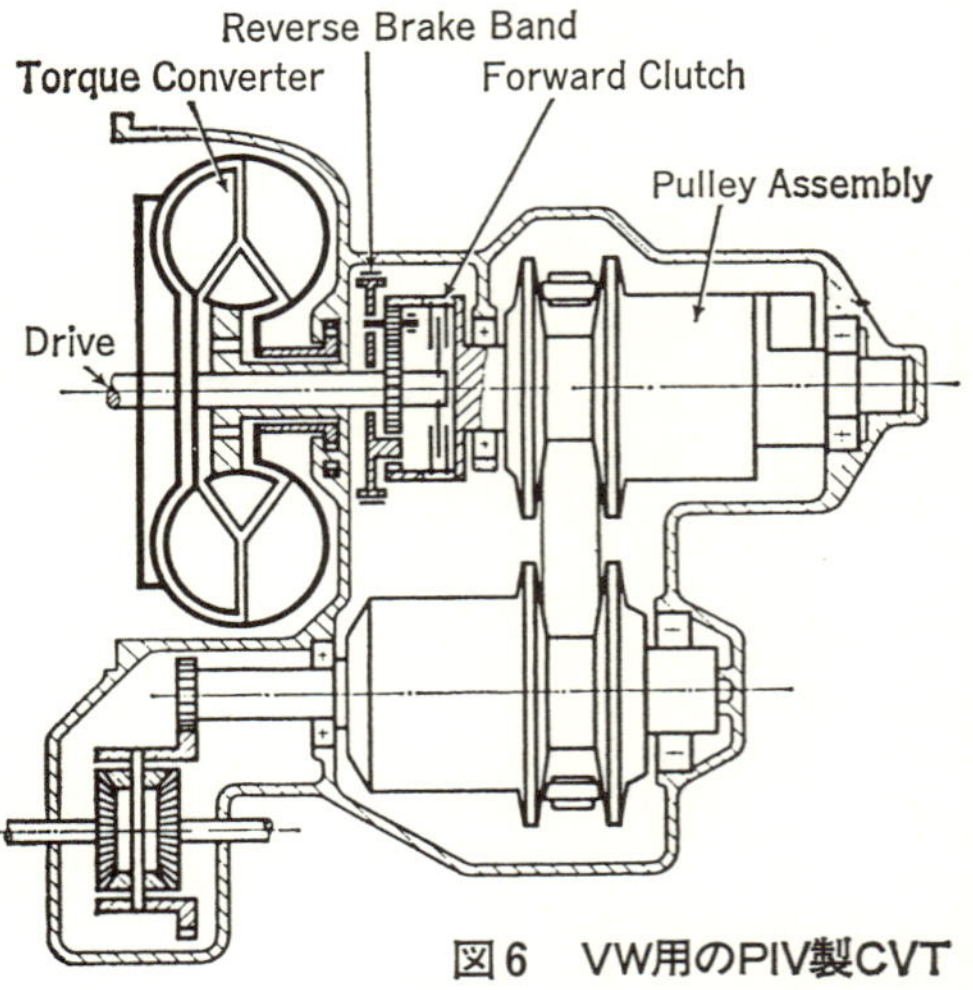

図6　VW用のPIV製CVT

注4：コンサルタント・エンジニアであるオレを呼び出すには、最低20万円は必要である。オレはスバルのCVTなんぞの弁解を聞く耳は持たず、ただカラカイに行っただけなのに、MFは記事にしたいと泣くのだ。

注5：現在実用化されている最強のハガネ。1mm^2で200kgに耐える。オースフォーミング鋼なら300kg／mm^2の強さ。

注6：ベルトをプーリーに掛けて、引っぱると、**図7**のように外側に引張応力が集中することは避けられないが、**図8**のように、手元のノートブックで実験してみればすぐ分かるように、曲げると紙の間に滑りを生じるのだ。これと同じリクツで外側のベルトは内側のベルトより遅れてプーリーを通過する。ベルト間に摩擦がなければ問題はないが、内側のベルトは摩擦力で外側のベルトをムリヤリ引っ張り、過大な応力を発生させてベルトを切ってしまうのだ。

ベルトをチギレなくする唯一の方法は潤滑である。油膜厚さは、a、相対滑り速度と、b、ビスコスティ：油の粘度に比例し、c、面圧に反比例するので、図8により相対滑り速度がホンのわずかである金属ベルト間に厚い油膜が発生しうる環境ではない。そこで日本人ならではのトンチキな発明があって、ベルトの

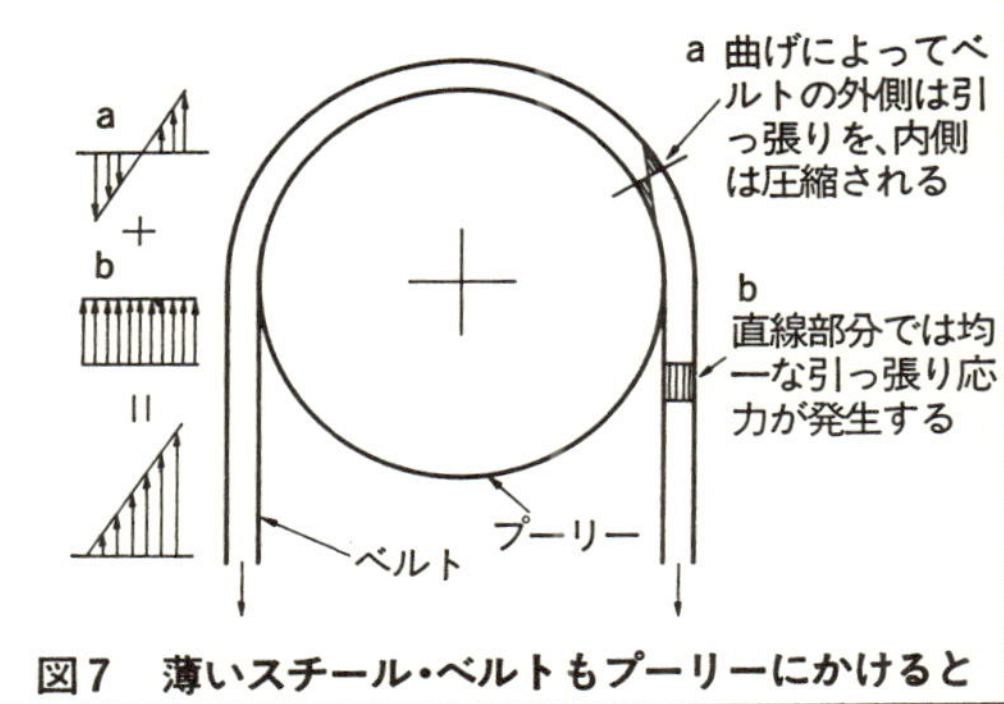
a 曲げによってベルトの外側は引っ張りを、内側は圧縮される
b 直線部分では均一な引っ張り応力が発生する
a
+
b
=
プーリー
ベルト

図7　薄いスチール・ベルトもプーリーにかけると

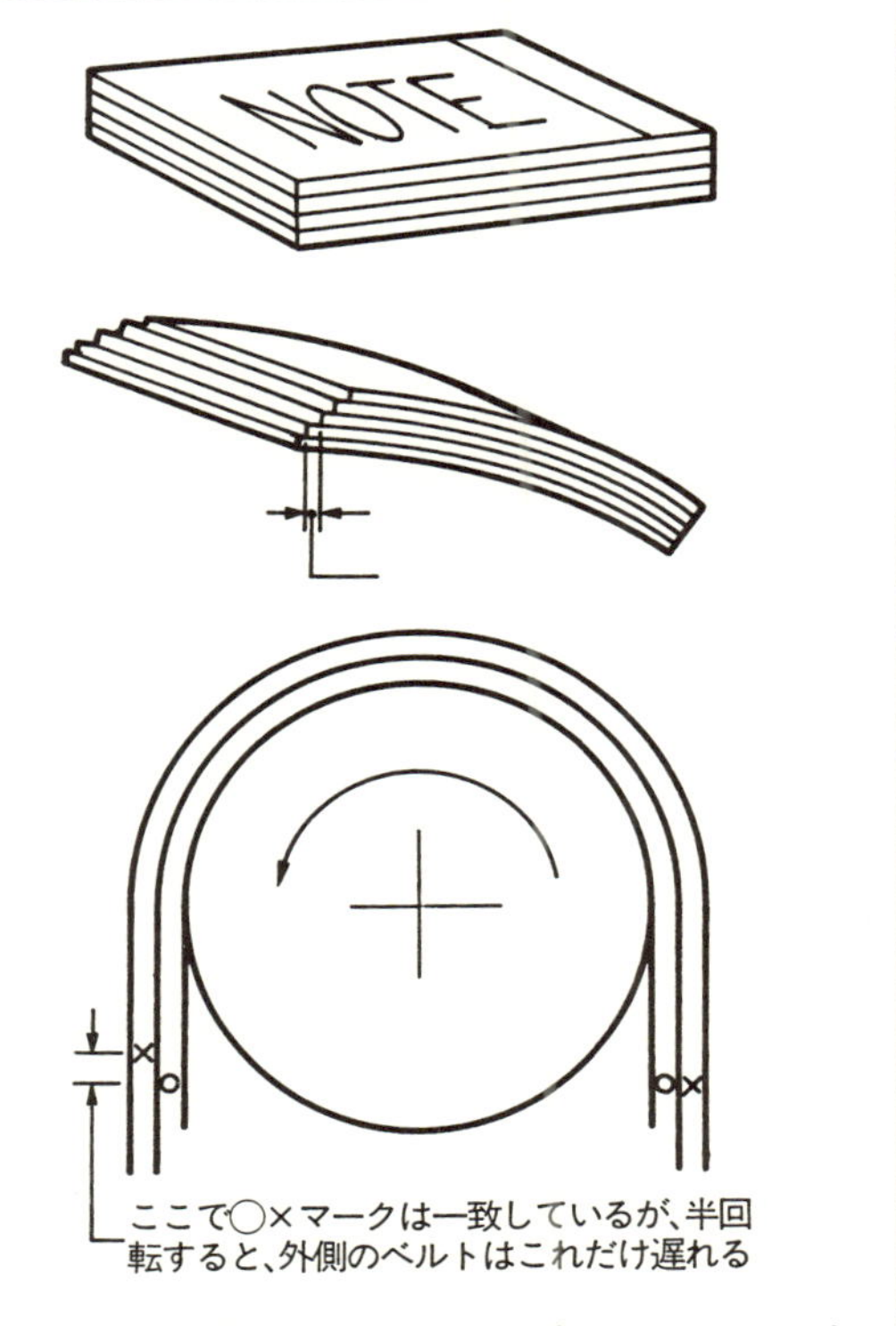
NOTE
ここで○×マークは一致しているが、半回転すると、外側のベルトはこれだけ遅れる

図8　重ね合わせたベルトをプーリーにかけると

コスティの少ない油を作れと油会社に命令した、というのを聞いて、大いに笑ったんですがね。まあ、そこいらに非常に問題があって、大馬力を伝えようとすれば、最高の材質を使ったベルトでも切れざるを得ないのじゃないか。だから、ファンドーナが開発に手間取っているのじゃなかろうか。場合によると技術サギではなかろうか、と思ったわけです。

オレの仲良しの東大の舶用機械の酒井教授に、「酒井さん、今度オレは何を発明したらいいんだ」(注10)といったら、それはCVTである。「今世紀最後の自動車の技術革新はCVTだから、CVTを研究しなさい」と。

で、CVTをいろいろ検討した。お宅のカタログなんかもみた。

そうしますと、トラクション・タイプ(注11)でソロバン玉をぐっと押すやつは、どうしても幅がでますから、外周と内周で速度が違う。CVTで機械学会賞をもらったシンポ工業のおニイちゃんいわく。トラクション・タイプでは5馬力が限度である。だから馬力を上げるにはベルト・タイプがいいんでしょう、というようなことをいっておりましたがね。(注13)

そういういろんなバックグランドがあって、私はいま現在、ファンドーナ式CVTは成立しない、という信念を持っているので、その信念を打ち破っていただきたい(笑い)。

牧田　すでにベルトとコマの構造はご存じだと思いますが、このスチールのコンマ何ミリという薄いリングを、現在10数枚重ねておりまして、コマのほうは板をプレスで打ち抜いた、というカタチです。

現在の状況は、ジャスティに付けまして、すでに試乗テストというようなカタチで、トータル250台くらい、長いものは約2年、大部分のものは約1年くら

横からジェットで油を噴きつけたら……というが、これとても悪アガキでしかない。

ベルト間の滑り抵抗は、a、油膜厚さに反比例し、b、ビスコスティ、c、面圧と、d、接触面積に比例する。原理的に油膜厚さが薄いのが致命的である。

注7：ベルトに夢中で潤滑しながらプーリーとコマに油がつかないようにするには、この構造では不可能である。プーリーとゲタとの間が潤滑されると、いうまでもないことではあるが、乾燥状態と比較して摩擦係数は1／10だから、伝達力も1／10に低下するリクツである。だからブレーキに油を塗ってはいけないのだ。ベルトの張力を10倍にすれば、乾燥状態と同じトルクが伝達できるので、張力を10倍に高めると、もっとベルト間の油膜厚さは薄く、面圧は高まり、滑り抵抗が増えて、ベルトを切る。そこで、幅広のベルトを採用すると、接触面積が増えて、これまた滑り抵抗増大となり……。

注8：図4のコマは鋼製で、ゴムの比重の7倍もある。

注9：スバルは、というべきところ。トヨタは、といえば何かというかと思った。

注10：こういうマヌケな質問するヤ

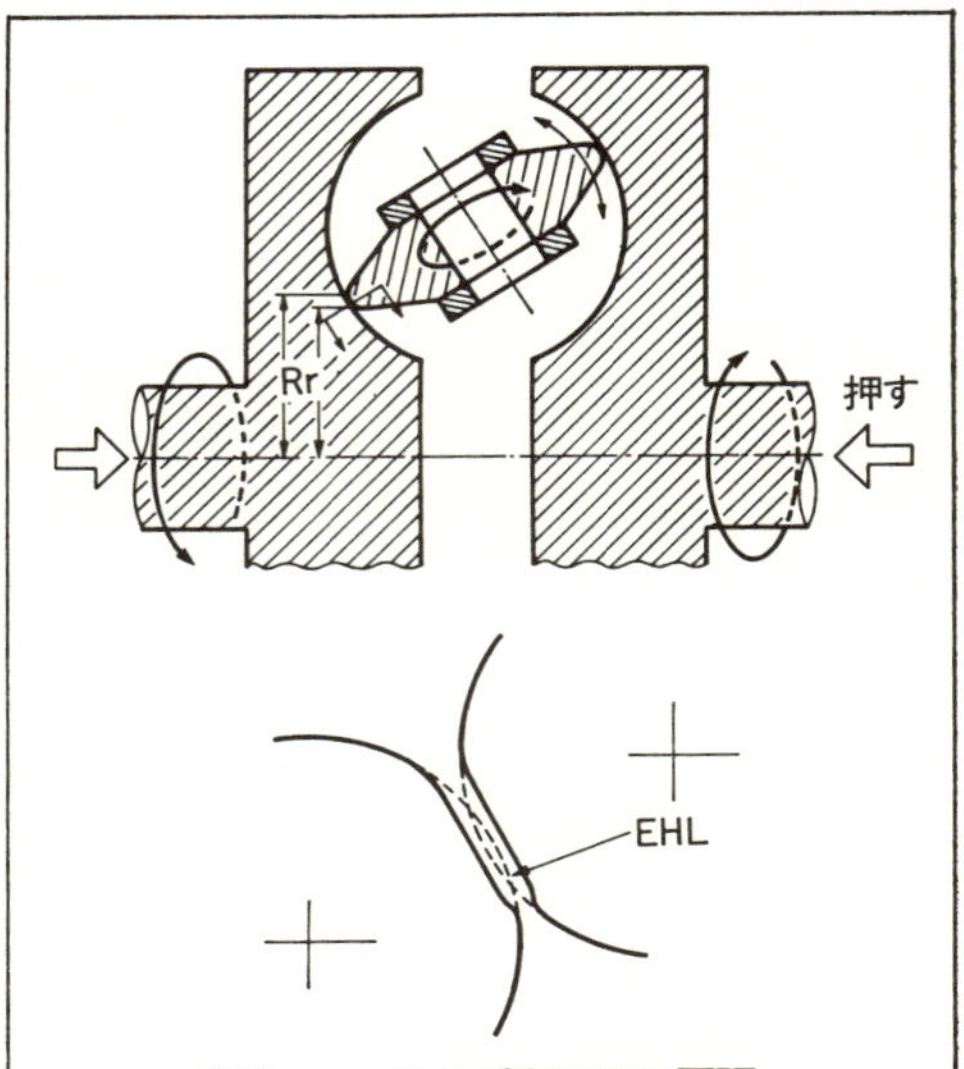

図9　ハイエス製CVTの原理

い、いろいろテストをやっております。

結果を申しますと、非常に具合がいいということですね。

今のところ、先ほどご指摘がありました切れるとか壊れるとかいうことは全然ございません。

兼坂　ジャスティは何馬力ですか。

牧田　公称63馬力です。

兼坂　だから、ファンドーナ式は30馬力くらいしかもたないだろうと思う。

牧田　現在我われが使っているサイズのこのベルトでは、最大100馬力近くまでいけると思います。

私どものほかに、これと同じサイズのものをやっているのは、フォードとフィアット。フォードはフィエスタとかエスコートで1・6ℓのエンジンと組み合わせています。

フィアットはウーノに付けようということで、ほぼ我われと同じくらいのペースで検討が進んでいます。

先ほど金属のものを油の中で使うのは、という話もありましたけれども、当然いろいろ過渡的な状態のなかでは、ベルトとプーリーは相対運動をしますので、(注14) ミクロに見れば滑りというものが必要になってくるわけです。(注15) しかし、基本的には動力伝達の過程では滑ってはならないということで、当然プーリーとコマの間には油膜が介在しないと成立しないわけですね。当然、油が入れば摩擦係数が落ちますので……。

兼坂　これはEHLの状態じゃなくて、流体潤滑の状態じゃないですか。(注16)

牧田　ええ、そうです。

兼坂　EHLになるには、もう1桁か2桁くらい面圧が高まらないとならない。トラクション・ドライブですとEHL状態なわけですが。

そこでまず問題が発生するのじゃないか。

牧田　これは普通のオートマチックなんかに比べると、非常に高い油圧を使っています。だいたい20数気圧というような圧をシリンダーにかけまして、(注17) セカンダリーのプーリーにそういう力をかけて、セカンダリー側でベルトが滑らないようにがっちりクランプしています。

それからプライマリー側の油圧をコントロールして変速をやらせるわけですけれども、プライマリー側のシリンダーの径がセカンダリーよりも大きくできておりますので、ライン圧をセカンダリーと同じ値をプライマリーにかけますと、プライマリーの力が打ち勝ちまして、プライマリー側の幅が狭くなる。(注18)

このコントロールの基本的な考え方としては、セカンダリー側にクランプ圧をかけてやって、そこで十分

ツは老人性視野狭窄症で、世の中のこと、自動車の将来について何も分かっていない。

注11：いろいろな形式があり、一例をあげると図9である。動力はEHL（注12）を通して伝達される。

円板にドーナツ状の溝を作り、ソロバン玉を入れて、前後に動かないように支持し、円板でソロバン玉を押しつけながら片方の円板を回転すると、ソロバン玉を通じて他方の円板に動力伝達し、このときソロバン玉を矢印の方向にヒネルと速度比が変わりCVTとなる。このハイエスCVTは300psの動力伝達が可能である。

注12：EHLとはElasto Hydro-dynamic Lubricationの略で、図9下に示すように、強く押された円板とソロバン玉は点線から実線のように弾性変形し、間に油を巻き込む。油の圧力は数万気圧に達し、このときビスコシティも数万倍となり、EHLを介して動力伝達が可能である。だが接点の内側rと外側Rとは半径が異なり、滑り速度の差は効率の低下となる。

注13：トラクション・タイプでは理論的に点接触でないとCVTは成立しないので、面で接触させるベルト方式の方が大きな摩擦力を発生させうる。

トルク伝達に必要なトラクションを出してやる。それから変速は、プライマリー側の油圧をコントロールしてやる、という考え方です。

これがバンドーネ（注19）のコントロール系のひとつの大きな特徴になっておりまして、いろいろなメーカーで検討しているなかには、セカンダリーとプライマリーを両方関連させてコントロールさせてやろう、という例が多いのですが、バンドーネの基本特許がそういったことですので、それを避けてやってるんだと思いますけども、バンドーネのほうはそういう構造をとることによって、コントロール・バルブの構造その他が非常に簡単になっている、という特徴があります。

兼坂　コントロールは非常に楽ですが、それで十分なトルクを伝えようとすれば、セカンダリーのほうのばねがどうしても強めになるし、コマにかかる面圧を高めるということは、自動的にスチールバンドのストレスを高めることになるのではないですか。

牧田　このばねは、油圧ゼロのときにイニシャル・クランプ力をだすだけの役目で、力はほとんど全部油圧でだしております。

ご指摘のように、トルクを大きく伝えようとすれば、このスチールのベルトには基本的にはテンションがかかるわけです。要するに両方のプーリーでぎゅう

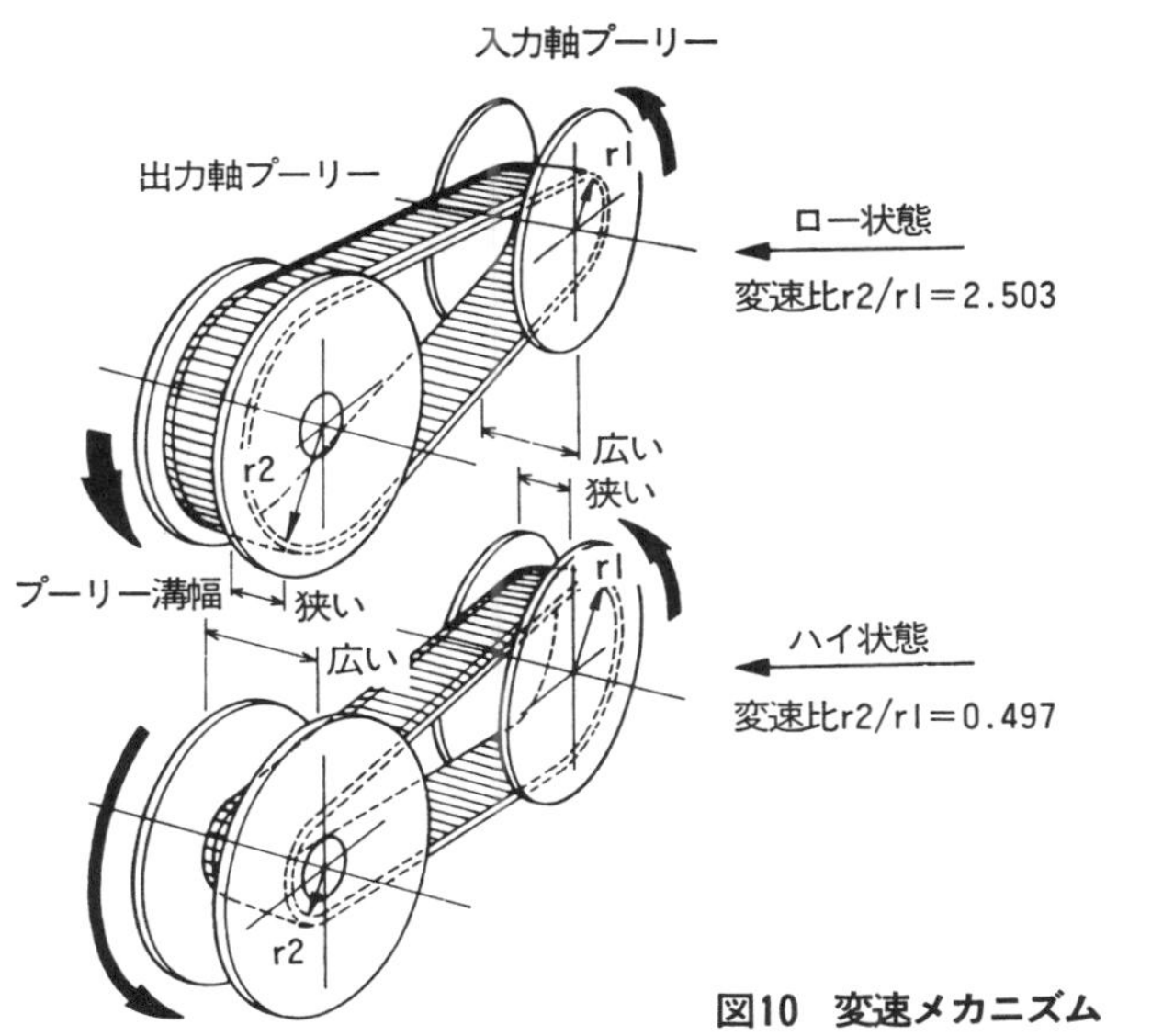

図10　変速メカニズム

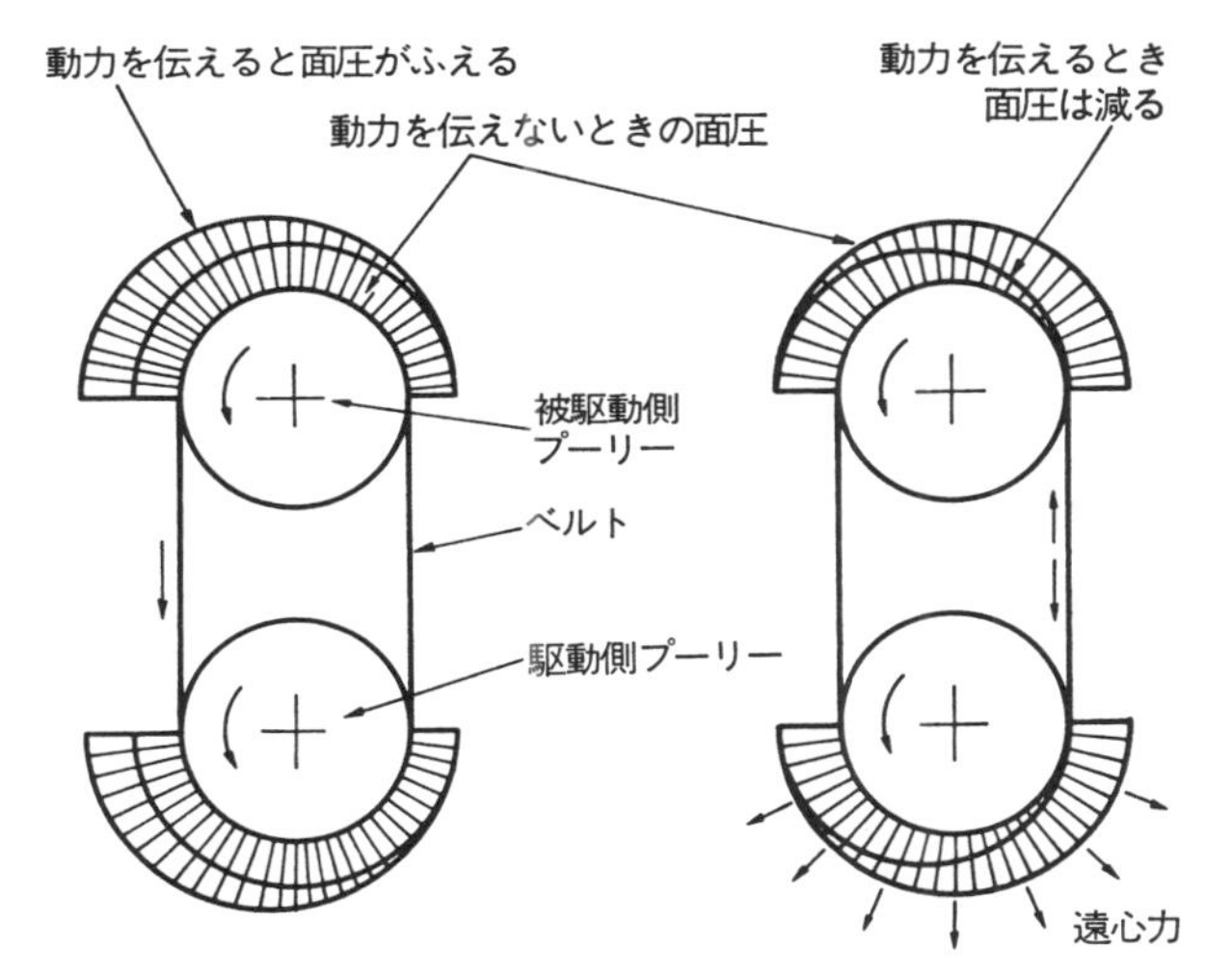

図11　ベルトの伝達トルクと面圧

注14：ここで図8を認めた。

注15：滑れば必ず効率は低下する。

注16：流体潤滑とは、摩擦係数を下げるため。エンジンのベアリングやピストン・リングも流体潤滑。

注17：図3のオイル・ポンプはエンジンで駆動せねばならず、圧力が高い程、またレスポンスを良くしようとして容量を大きくすれば、もっとパワーを食い、ネンピを悪くする。

注18：変速のシカケは図10参照。

注19：牧田サンはバンドーネといい、オレはファンドーナと発音する。ドイツのベートホーヘンは日本語でベートーベンのタグイか。

注20：フツウのベルトでは動力を伝えようとベルトを引っ張ると、プーリーとの接触面の面圧は図11左のように増加し、摩擦力も増加し、高いトルクを伝えることができる。しかし、ファンドーナでは図11右のようにコマの圧縮によって、プーリーからコマへ離す方向に力が働き、面圧は減少し、伝達トルクは低い。左のフツウのベルトは薄くて、軽いので、高速回転しても、大きな遠心力は発生しないが、ファンドーナではコマによってベルトとしての重さは100倍にも達し、高速回転させる

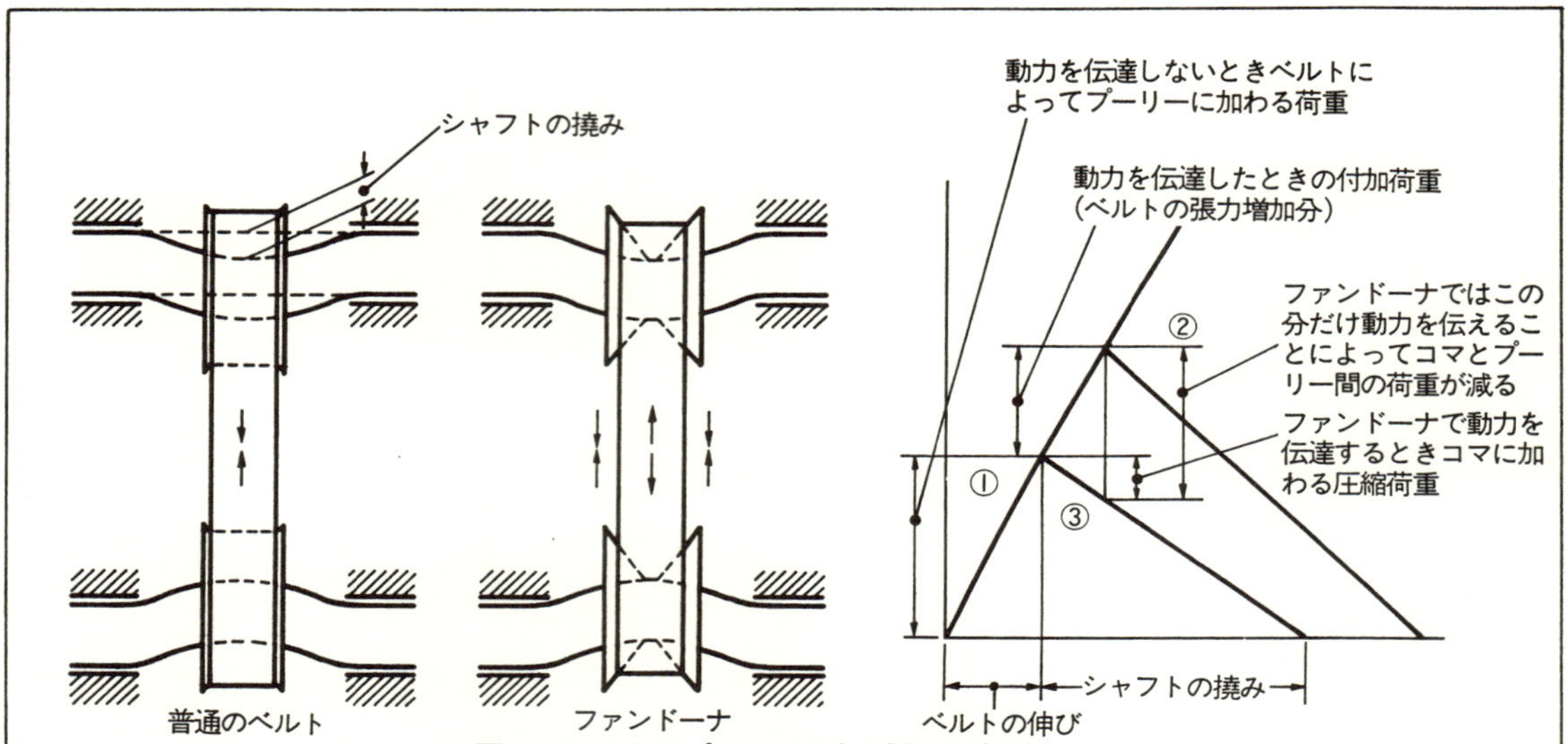

図12　ベルトとプーリーの力と歪の三角形

っと挟まれて、それには対応するテンションがかかります。

もうひとつはベルトですから、直線運動と円孤運動、この円孤運動のときには曲げモーメントがかかってきますから、応力としては、テンションにもうひとつ、曲げによる応力振幅がかかる。当然、現在のままでクランプ力を上げていけば、テンションが増えてくる。ただし、基本的に、この回転からくる遠心力、そこらへんがいちばんつらくて……。

兼坂　ですから私もそれを指摘したんです。コマが重いと。

それから、素人向けに、このトルク伝達はコマを圧縮してやるんだから、ベルトには付加的なテンションは生じないというんですが、プロが見れば、伝達トルクによってコマにコンプレッションを与えれば、その反力としてベルトのテンションは必ず増えるわけですね。(注20)

牧田　コマに当たったコンプレッションは、大部分は次にRの部分にきたときに、そこのところにクランプ力がかかりますから、そこのフリクションで大部分受けてくれるわけですね。(注21) そのときに、そのベルトはセカンダリー側で増負荷になりますので。

現在のものは1万回転くらい回ります。(注22) そういうことで、かなり大きな遠心力が出ますけれども、その遠心力に対しては、プーリーで抑えているクランプ力とベルトでガイドしている力、この両方で対抗しているわけです。この遠心力をすべてスチールベルトで受けると、当然のことながら、ものすごく大きな力がかかってきますけれども、こうするとそれほど大きな力はここにかからないわけです。(注23)

と、コマは遠心力によってプーリーから浮き上がってしまい、動力伝達不可能となる。

これらの力関係を力と歪みの三角形、図12で示すと、フツウのベルトでは動力を伝達しようとすると、ベルトの張力は増加しつつ、1／100㎜くらいは伸び、ベルト張力によって、シャフトはもう1／10㎜くらいは曲がる。動力を伝達する前が図12の①で、伝達すると②と張力はふえる。

ファンドーナでは、コマでプーリーを互いに押す。ということは、シャフトに加わる荷重をへらすことになり、それを図12で表すと、②―③の力でプーリーを押し、ベルトの張力は②と高まる。そしてコマとプーリーの接触力は③と弱まり、図11を図12で証明できる。

注21：力が抜ける方向に荷重をうける。

注22：回ることは回るが、遠心力でクランプ力が抜け、ほとんどトルクは伝達できない。

注23：加わるから発売が2年も遅れた。

あとベルトに受ける力としては、直線運動にかかったときに、このコマが将棋のコマみたいなものですから、グラグラしないようにガイドしてやる。そういうための受ける力、これは当然かかってまいりますね。

いまご指摘になったような疑問点を、専門的に解析していきますと、このシステムというのは、力をうまく分散している。

最初は、私どももこんな薄っぺらなリングで、どうしてもつんだろうという疑問があったんですけども、いろいろ解析していきますと、そういった点ではうまく合理的にできてると思いますね。

兼坂　ボクは非合理的だと思うんだな。第一、摩擦で動力を伝えるのに潤滑しなきゃいかんというのは、致命的欠陥でありますよ。

牧田　ただこれは……。（注24）

兼坂　ですから、レオーネだとかアルシオーネに使おうと思ったが、とてもそれだけのパワーが伝えられないと……。

牧田　たしかに大きさのほうは限界があると思います。しかし、私どもがいまやっているような程度の大きさのエンジン、レオーネ程度ならこのシステムは成立すると思いますね。当然、ベルトのサイズその他はそれに見合って、それなりの変更をして行かなければいけませんけれども。このままのベルトでは、やはりせいぜい1500cc、その程度だと思います。

これは、たとえば通常はオーバードライブに相当するところで常に回るようになっておりまして、ブレーキングで急停止したときでも、すぐにローの位置に戻ってくれなければいけない。そうしますと、あまりこのトラクションだけに目をつけて、摩擦係数を上げておきますと、そういったときにうまく動かなくなってしまう。パニック・ブレーキのような状態になっても、必ずローの状態に戻ってくれる。そういうような条件が必要になってくるわけです。

兼坂　なるほど。（注25）

牧田　動力伝達の過程では、ベルトとプーリーが相対的に滑ってしまうということがあってはまずい。しかしながら、そういう過渡的な状態では、うまく動いてくれなければ困る。そういうことで、ライン圧のコントロールとか、そういったものも両方の相反するような条件を満たしてやらなければならない。現在のところ、どちらかというと、むしろ伝達容量を確保するということが重点で、そのために必要でないところでも、少しフリクションが大きくなる、という傾向があるわけです。（注26）

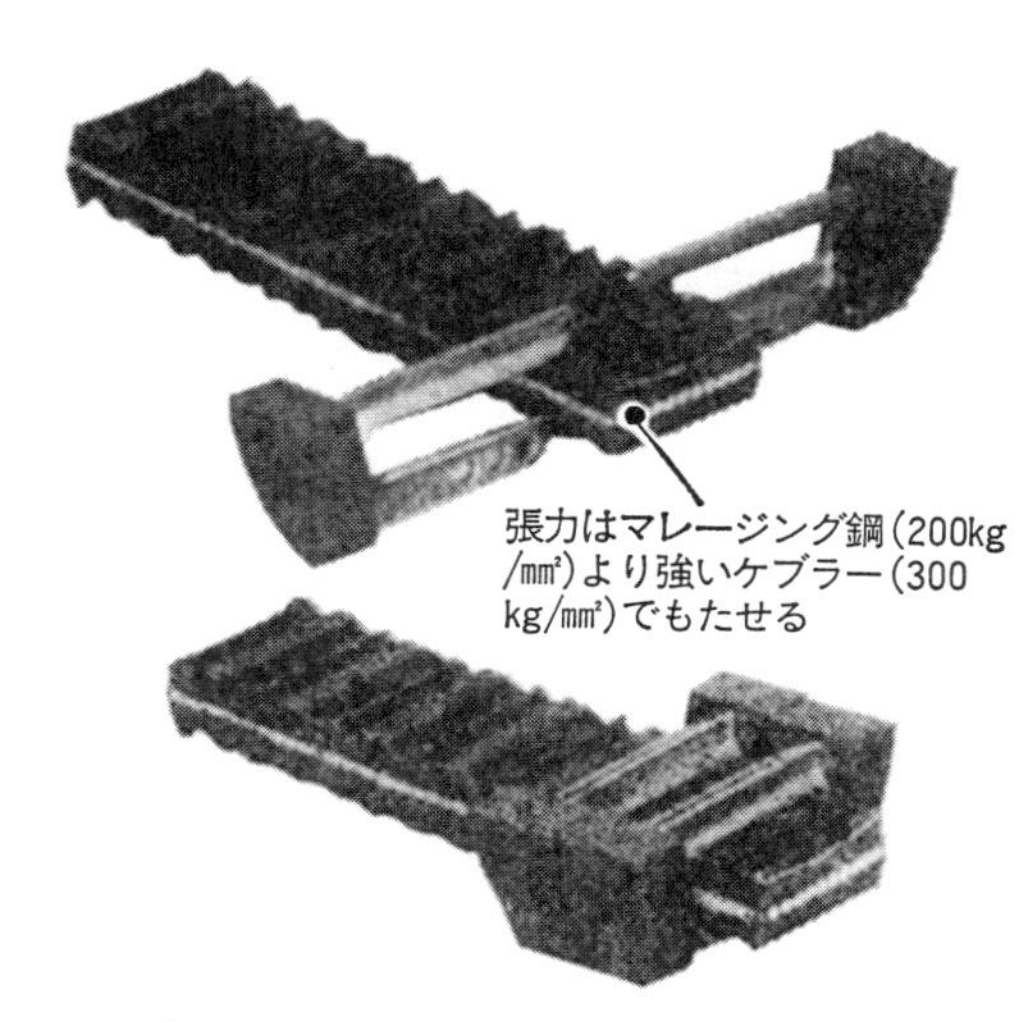
張力はマレージング鋼(200kg/mm²)より強いケブラー(300kg/mm²)でもたせる

図13　ゴム・ベルトにコマをつけたゲーツのCVT

注24：ウソをつくときの枕言葉。

注25：と、ダマサれるほどオレは無知ではない。MF85年3月号のオレの記事を思い出していただきたい。ゲーツ・ラバー社で発明した、**図13**のゴムベルトにコマをつけた一見ファンドーナ式のCVTはもちろん無潤滑で、だから摩擦係数が高く、大きなトルクを小さなクランプ力で伝えられるので、レスポンスが良くなるリクツで、ドライブしてみてもそのとおりであった。

注26：これを日本語にホンヤクすると、コマとプーリー間は潤滑してあり、滑る、滑らないように大きなピストンに20kg/cm²もの高圧を加え、大きなクランプ力を発生させた。このような状態でレスポンスを良くするためには、大容量のオイル・ポンプが必要となる。が、それではポンプ駆動に必要な馬力が大きすぎ燃費が悪くなるので、コントロール・システムが難しい。

トルコン／マニュアル・ミッションを越えているか

コントロール・システムが実用化のカギ

兼　坂　まあ究極的にCVTの死命を制するのはコントロール・システムだと。要するに、定常走行で燃費の目玉が使えるわけですから、理論的には燃費は半分になっちゃうわけですね。（注27）そういう素晴らしいよさがあるんですが、それを素早く対応させないと、いすゞのNAVi5みたいになっちゃう。あれもなかなかいいと思うんだが。

それで、最初、クラッチとしてはトルコンがベターじゃないかと思いました。そうすると、発進のコントロールは非常に楽になる。（注29）いったん発進したら、あとは殺してしまえば燃費が悪くならない。だけどまてよ、トルコンを使うと、またトルクアップしたやつが入ってくるんだ。これはまた厳しい。（注30）お宅のは電磁クラッチですね。

牧　田　そうです。

兼　坂　その電磁クラッチを採用せざるを得なかった。まあ、これはフリクションに頼るクラッチより非常にいいと思うのですが。

牧　田　たしかに、これをまとめるいちばんのポイントは、クラッチにあるわけです。（注31）

クラッチをどうやって自動化するか。もうひとつは、前後退の切り換え機構をどういう格好にするか。

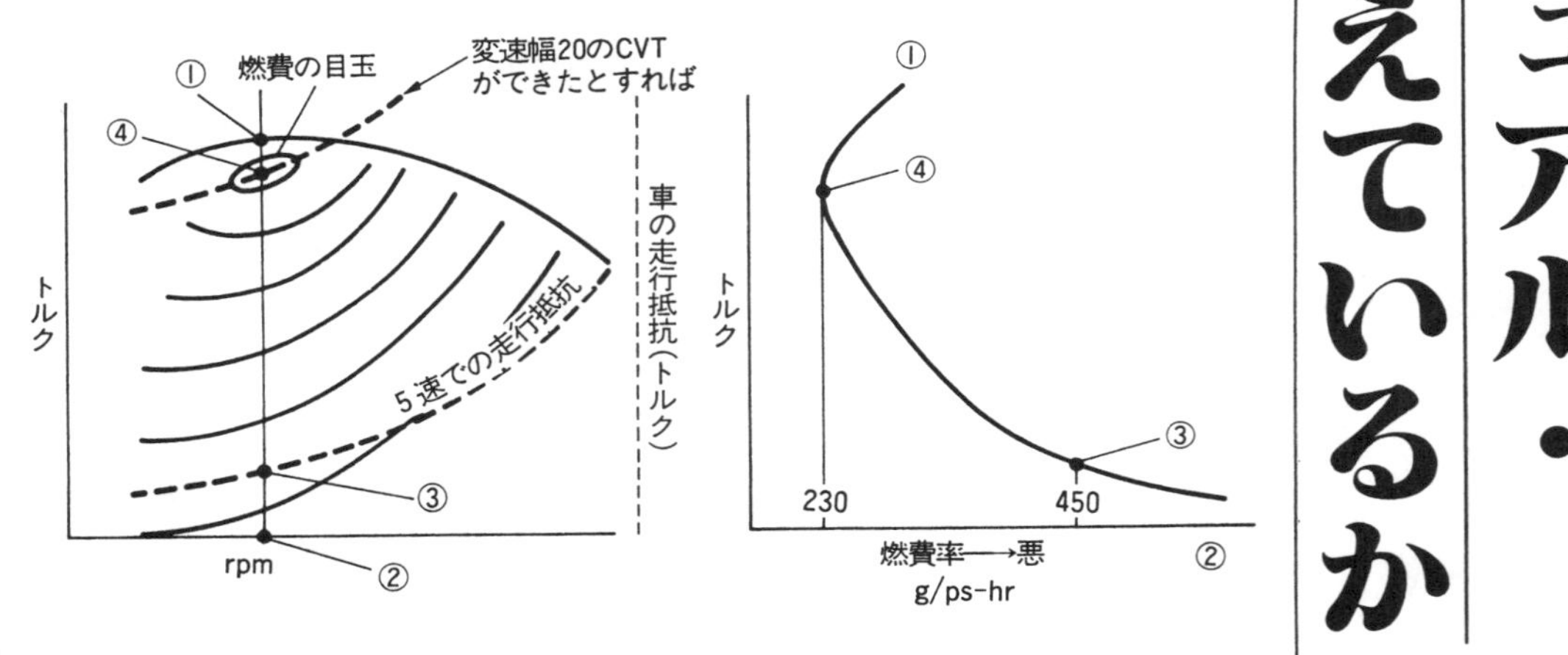

図14　燃費の目玉と走行抵抗曲線

注27：燃費の目玉とは図14に示すように最低燃費率（230g／ps・hr）である。通常のマニュアル・ミッションの5速で平地を60km／hで定常走行すると、450g／ps・hrと、エンジン負荷の減少とともに燃費は悪化する。

通常のマニュアルやトルコン付きミッションでは変速幅（注28）が5程度なので、燃費の目玉を使うことはできないが、変速幅が20もあるCVTならば、10km／ℓに燃費改善できるリクツである。

ただし、富士重のファンドーナ式CVTの変速幅は5で、燃費の目玉を使うことはできず、オイル・ポンプに吸収される動力分だけマニュアル・トランスミッションより燃費は悪い。

注28：トップの減速比が1で、ローの減速比が5の場合、変速幅5という。

とくに私どものように、小さなクルマ、小さなエンジンでは、このへんを非常に効率よくまとめないと、せっかく本質的に燃費のいい要素を持っていても、それが死んでしまう。たしかにトルクコンバーターを使うと、入力トルクが大きくなって全体に大きくしなければならなくなる。

兼坂　そうそう、トルコンで2倍アップすればたいへんだ。

牧田　もうひとつは、トルクコンバーターとかフルイドカップリングなどの流体クラッチを使いますと、前後退の切り換え機構がプラネタリー式になり、しかも動力を常に伝えたまま変速できるかっこうにしなければいけない。

ジャスティではマニュアル・トランスミッションと同じようなギヤ・チェンジ方式をとったわけですけども、これをとろうとしますと、どうしても変速の瞬間にクリーン・ニュートラルにしなければいけない。

それが必須条件になってくるわけです。

兼坂　そうだね。ここにトルコン式のものを使ったら、これ、パワーオンの状態でやらなければいかんから……。

牧田　それを避けようとすると、さらに減速用のクラッチを付けなければいけない。

兼坂　もうひとつでかいクラッチをまた付けるとか。プラネタリーギヤでブレーキするとか。

牧田　そういうことをやりますと、伝達効率の問題とか、全体のコンパクトネス、そういった面で障害がでてくるわけです。

この電磁クラッチというのは、コントロールを電気でやっていますので制御性がよくて、実際に発進のいろんな状態に応じて微妙に電磁コントロールを変えているんですが、非常にフィーリングに違和感がない。

そこへ持ってきて、電磁クラッチを使ったので、コンベンショナルなギヤ・チェンジ方式が使えた。それで非常にコンパクトにまとまっているわけです。

それと、ベルトそのものも、コンバーターを介していませんから、エンジン・トルクだけを考えておけばいい。

全体のシステムとしては、とくにリッターカーということを想定した場合には、非常にうまくまとめた、と我われとしても思っているわけです。

よそでやっているCVTでは、ここに流体式のものを入れたり、フォードとかフィアットがやっているのは、ここに油圧式の多板クラッチを使いまして、変速用のクラッチと発進クラッチを兼ねているようなことをやっています。それをすべて油圧制御でコントロールしていますから、油圧回路がべらぼうに大きくなりまして、しかも先ほどちょっとご指摘がありましたように、摩擦係数の安定性があまりよくないということですね。クラッチ・トルクの変動をフィードバック・コントロールできない。

兼坂　それをやったんじゃ、引きずりトルクでまいっちゃうし、油圧コントロールのポンプでかくさなければいかんし、第一、油圧装置への入力がべらぼうに大きくて、ロスが大きい。たしかにエレキでやったということは、このシステムでは最善だと思いますね。

牧田　あと、理屈からいえば、燃費の目玉のところを常時使えるわけですけれども、エンジンの出力に余裕がなければ常時そこを使うわけにいかないし、実

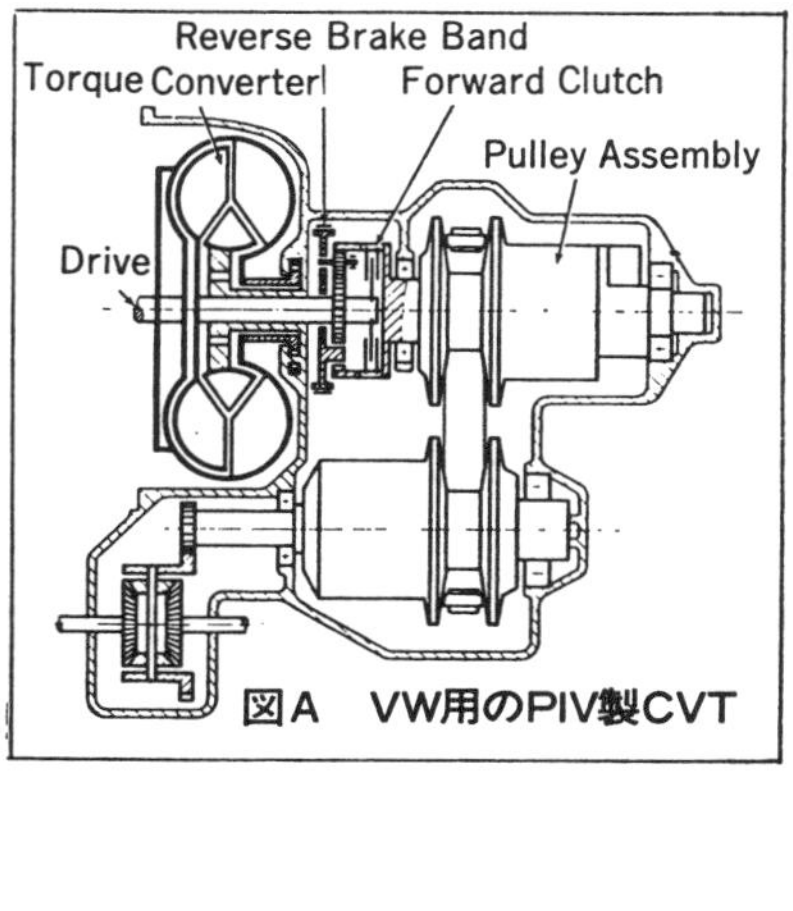

図A　VW用のPIV製CVT

注29：図AのVWのCVTのように、クラッチの代わりにトルコンを採用すれば、トルコンの変速幅3×CVTの変速幅5＝15となり、エンジンの負荷を燃費の目玉に近づけることは可能である。また、電子コントロールなどせずともスムーズに発進する。

注30：トルコンで減速比を3稼ぐと、CVTの入力トルクは3倍にアップするから、ジャスティ1ℓエンジン用のCVTは333ccの超ミニカー用にしか使えない。

注31：いすゞNAVi5はフリクション・クラッチの電子コントロールに成功した。電磁クラッチはコントロールは楽だが、高価で重い。重いクラッチやフライホイールはレスポンスをにぶくし、0発進加速を遅くする。

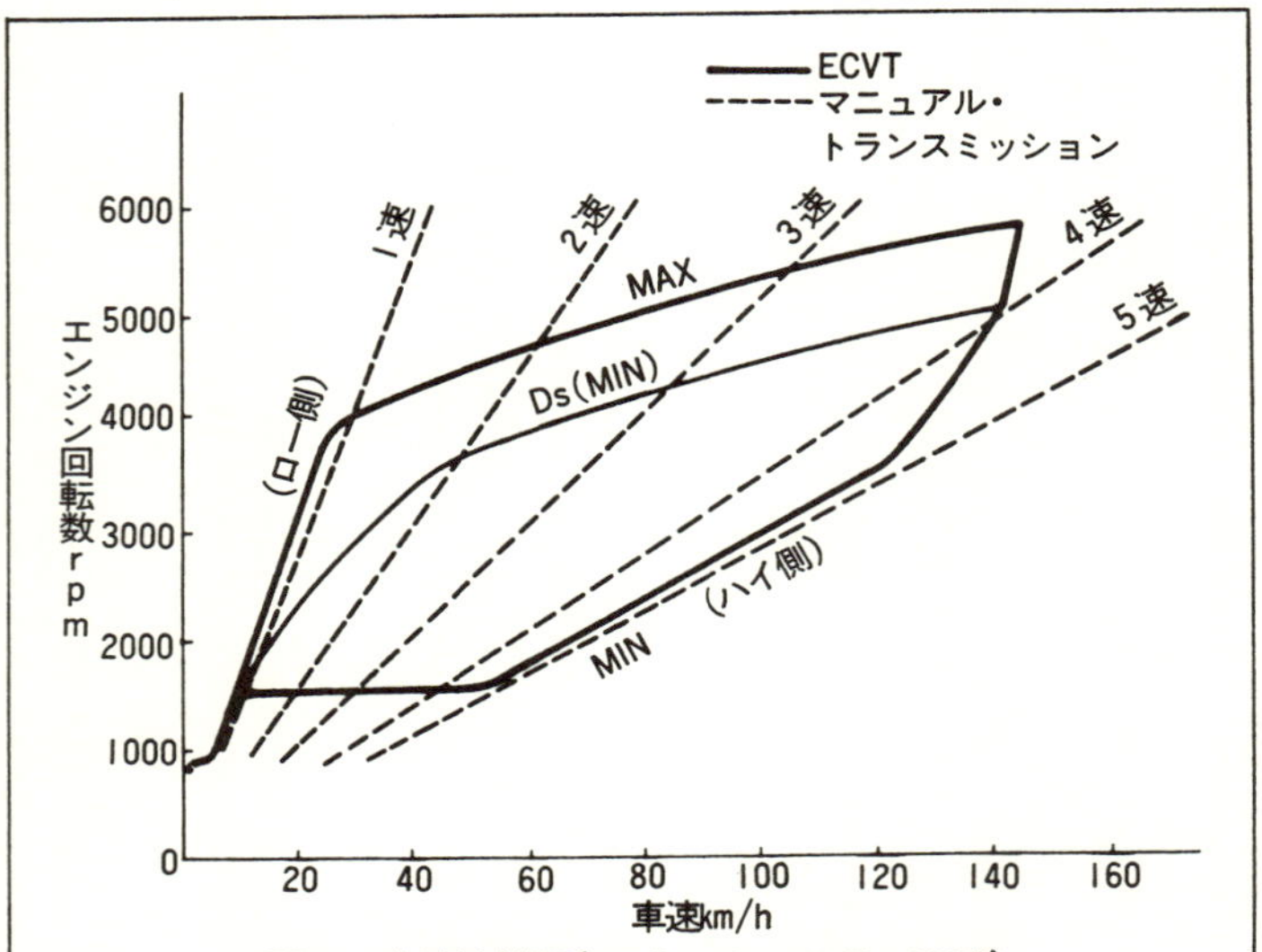

図15　変速比線図（スバル・ジャスティKA5）

際にそういうふうにしてみますと、加減速とか、感じが今までのクルマとはだいぶ違ったものになってしまう。基本的に、今までの既存のクルマとあまり突拍子もなく違うフィーリングのクルマになってしまったのでは、まず世の中に受け入れられないわけですね。(注32)

兼坂　そう。アクセルを踏む速度で変速比が変わらない限りにおいては、モタモタ感はどうしようもないですからね。

牧田　この油圧コントロール関係をどうチューニングするかについては、そこらへんにいちばん重点を置いています。

本質的に燃費がいい、というよさをできるだけ殺さずに、過渡応答性なんかでは普通のクルマに対して違和感がないようにしています。これはチューニングの仕方によって、かなり大幅に変えられるわけですけども。

兼坂　目玉を通さなくたって、目玉より輪っぱ2つくらいのところへいったって全然悪くないし、乗用車は1／6負荷くらいのところを多用するから、250g／ps・hとか300g／ps・hr以下くらいのところを通していれば、そう変わるものでもない。(注33)

牧田　実際に使ってみますと、意外に（注34）実用燃費がいいんです。その理由は、**図15**の変速特性にあるわけです。ローとハイのステップ比を今のジャスティの5速とほぼ同じくらいとってあります。したがって、ローの加速感は普通のマニュアル・トランスミッションのクルマとほぼ同じ……。

兼坂　ちょっとその前に、これで稼げる変速比はどのくらいなんですか。

牧田　5・04です。

兼坂　じゃマニュアルより大きいわけだ。そうするとオーバードライブ付きと同じくらいかな。

牧田　そうですね。オーバードライブとほぼ同じに設定してあります。

それでマニュアル・トランスミッションですと、5速に入れる頻度が少ない。街中では4速止まりが大部分だと思いますけれども、このCVTの場合には、常にある条件になりますと、自動的にこの5速に相当するギヤ比のところにきますので、エンジン回転の使用頻度といいますか、変速比の使用頻度をとってみる

注32：変速幅が5と小さく、燃費の目玉は使えないし、もし使ったとしても、コントロール・システムのレスポンスが悪いもので、急加速は不可能の意。

注33：それには少なくとも変速幅15は不可欠。

注34：変速幅がタッタの5で、CVTの効率は88％と低いので、〝意外〟なのだ。オレにいわせれば、マニュアルよりも燃費が悪いということが意外だ。

と、ハイ側を使う頻度が多くなってくるわけです。

兼坂　で、エンジンはいつも低速で寿命が長く、フリクションが少なく、燃費がよく、それからロード・ファクターが高ければ、ポンピング・ロスがないから、ガバッと燃費のいいほうへいくわけですね。

牧田　はい。あまり気がつかないメリットですが、実際に使ってみますと、そこいらへんの影響が大きくて、実用燃費が非常にいい。それから走っているときのエンジン音、これはマニュアル・トランスミッションのクルマより音が静かである。そういう特徴があります。

兼坂　それはそうですね。回転を下げれば音は必ず下がるんだから。1000rpm当たり何dBくらい下がりますか。

牧田　0・1とか0・2といった程度ですが……。

それと、このCVTには「DS」レンジというのがあります。普通のトルコン車の2ndホールドとかローホールドに相当するポジションなんですが、それに相当する機能を持っていると同時に、さらに別の機能を持っています。いわゆるローホールド、2ndホールドは、エンジン・ブレーキを効かすために使うのが主目的でして、当然その使い方ができるわけですが、DSレンジの変速のポイントがDレンジと変わってくるわけです。たとえば、Dレンジでアクセルを目一杯に踏んでやりますと、図15の変速特性のラインに沿って加速していきます。約4000rpmで変速が始まりまして、ほぼこの線に乗って最高回転の6000rpmくらいまで上がっていきます。アクセル開度が少ないと約1500rpmくらいから変速が始まります。その扇型の中で、アクセルの踏み加減によって変速が自由に変わってくるわけです。（注35）

兼坂　アクセルを踏む速度はどうなんですか。

牧田　この変速は全部メカニカルな油圧でやってますので、速度の要素は入ってません。（注36）

それでDSレンジにしますと、アクセルの踏み込みをいちばん浅くしても、このライン（Dレンジの急加速ライン）に沿って変速する。ということは、意識してアクセルを踏み込まなくても、比較的変速比の大きい領域を使えるものですから、とくに登り坂などでは力をだした状態で走れるということです。

普通のトルコン車ですと、ローホールドでは、そのまま踏み込んでいっても、エンジンばかり吹き上がって変速しないわけですが、CVTは自動的に変速が始まりますから、DSレンジのままで使っても、そういった点での不具合は生じない。ですから、ワインディングの登り坂が続くようなところでは、DSレンジに入れておけば比較的速く走れる。そういう意味で、このDSは、スロープ、坂道とスポーティな使い方ができるという意味で名付けたわけです。これがトルコン式オートマチックにないおもしろい特徴ですね。そういうこともありまして、これまで小さいクルマのイージードライブといいますと、かったるくてしょうがないという印象が強いわけですが、この場合はそういう点がまったくなくて、むしろマニュアル・トランスミッションよりも、ギア・チェンジの時間的ロスがなくてすみますから、非常にキビキビ走ることができると思います。

兼坂　CVTというのは、トルコン・ミッションよりも、マニュアル・ミッションよりも、すべての面で超えているのが前提条件ですからね。

注35：このCVTのDレンジを使って登坂するとき、カーブにさしかかって、アクセルをゆるめるとオーバードライブ相当の減速比となり、次に直線の登坂路でアクセルを目一杯踏んだとき、レスポンスが悪く、2nd相当の減速比にまでスパッと切り変わらず、モタモタするので、燃費はどうでも常時3rd相当の減速比で、エンジンを高速にしながらレスポンスを良くするのがDSレンジ。

注36：ドライバーが急加速するときは、アクセル・ペダルを速く、そして目一杯踏むので、良い電子コントロール・システムなら、アクセルの速度センサーと位置センサーの信号をコンピューターに入れる。例NAVi5。

牧　田　はい。

兼　坂　この断面図（図B）をみると、フライホイールとクラッチのGDスクェア（注37）が大きいから、発進はモタモタするんじゃなかろうか、という心配があるんですが。

牧　田　トータルのGDスクェアは、現在のマニュアル・トランスミッションとほぼ同じです。（注38）むしろ、我われが技術的に問題にしているのは、この図の③のドリブン側のGDスクエアです。これがマニュアル・トランスミッションに比べて大きくなっています。そういうことで、その後ろにシンクロ機構を持っていったときに、シンクロの容量をある程度配慮しなければいけないということで。ただ、この場合には走行中にここで変速することはないわけです。

一般に止まっているときしか変速しませんので、そのときは回転数は非常に低いので、必要なシンクロの負荷トルクは一般のトランスミッションに比べると格段に小さくてすむ。

兼　坂　10トン・トラックの場合、ゼロ発進のとき、回転部分に70％のエネルギーが入ってしまう。この場合、入り量はどうなるんでしょうね。

牧　田　ゼロ発進はいろいろデータをとっておりますけれども、普通のトランスミッションとほとんど変わりありません。たしかにご指摘のような意味でのスタンディング・スタートのときのGDスクェアは、ちょっと大きめになっておりますけれど。（注39）

兼　坂　これで交差点グランプリをやるとすると、4000rpmまではモタモタするかもしらんが、あとは変速ごとにフライホイールをまた加速したり減速したりとか、その間パワーオフするとかがないので、4000rpmから先ではもう楽勝になるわけですね。

牧　田　ええ、実は私もこのクルマに乗っているわけですけれども、初めて乗ってみると、交差点でこれまでのクルマと同じ調子でアクセルを踏みますと、前のクルマに追突しそうな感じになるわけです。前のクルマが2ndに入れるために、加速量が変わってくるわけですけれども、こちらはそういったことがないものですから、前のクルマに近づいてしまう。ちょっとアクセルの踏み加減を加減しなければいけない。そんな感じのときもあります。ですから、むしろそういうもたつき感はありません。

もうひとつは、このクルマは、追越し加速がいいというのが特徴だと思います。図16の走行性能にあるとおり、3速のトルコンは、ステップ状に変速していく。

不連続的に駆動力が変わっていくことになります。ロードロード

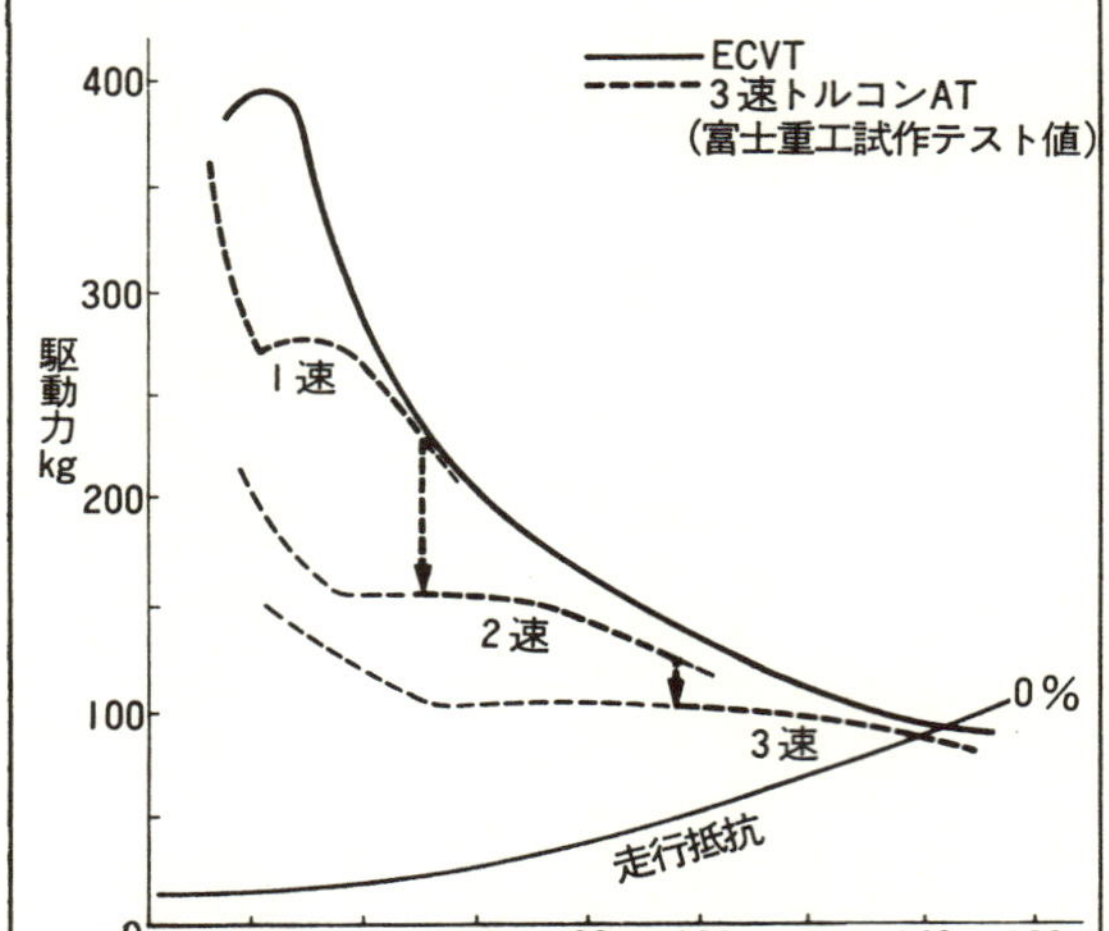

図16　スバルECVT最下駆動力曲線
（スバル・ジャスティKA5）

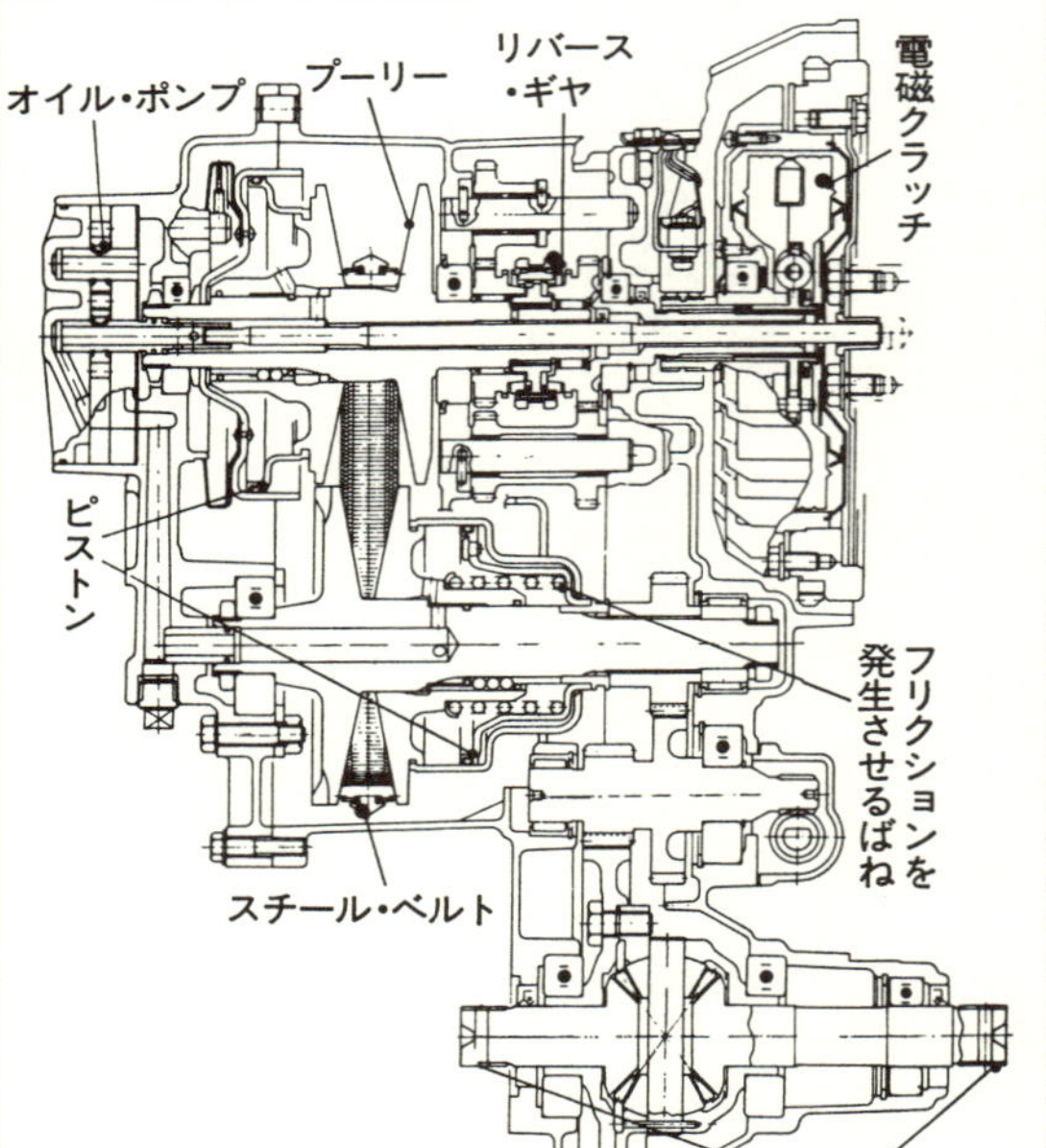

図B　スバルCVTの全体図

でクルージングしているときに、キックダウンしても、50㎞／hとか60㎞／hで走っていますと、2速まででしかシフトダウンできない。そうすると、この点線の2速を上まわるような駆動力は使えないわけですけれども、CVTの場合は無段ですから、変速段数でいえば、1・5速とかに相当するところまで簡単にシフトダウンできるわけです。そういうことで、余裕駆動力を瞬間的に大きく引きだせることがありまして、高速道路などで余裕をもって追い越しができる。

編集部　金属ベルトの音がでるのじゃないか、という懸念があるのですけれども……。

牧　田　ベルトのコマのピッチはイコール・ピッチです。それで実際に音はまったく聞こえないというわけではありませんけれども、実用的に問題になるような音は出ておりません。これがこのベルトのいちばんの特徴ではないかと思いますけれども。たとえばチェーン・タイプでは音の問題にいちばん苦労しているわけですけれども、その点では実用上まったく問題ない。これから量産したとしたときに、バラツキその他でどうでてくるか、ちょっと注目しているのですけれども。

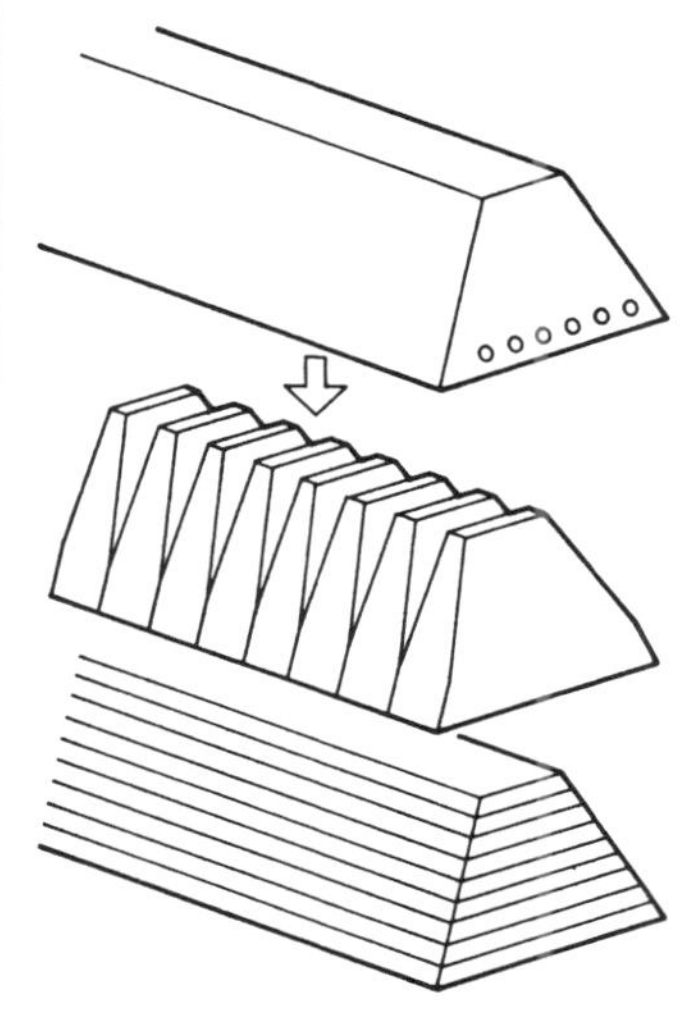

図17　ゴム製のVベルトからスチール製のCVTが生まれた

国産他社もCVTを開発中

兼　坂　ファンドーナにしても、PIVにしても、ボルグワーナーにしても、ベルトを長手方向に微分している。（注40）半径方向に微分したらどうなるんだ、

図18　多層平ベルト無潤滑CVT

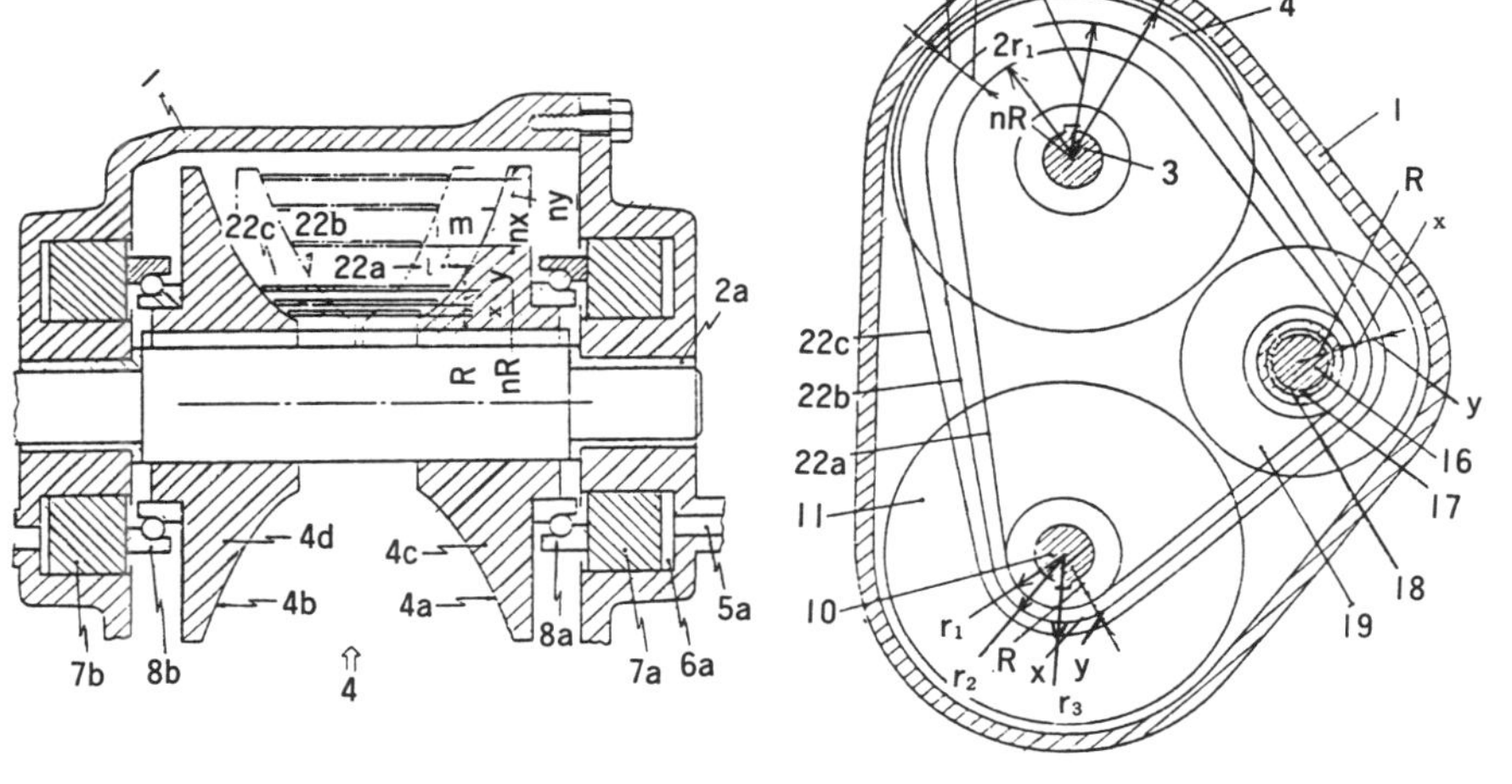

注37：フライホイールの重さ（G）に比例して、直径（D）の2乗に比例するGD²はレスポンスを悪くし、0発進は遅くなる。

注38：と注39とは矛盾している。

注40：ベルト式のCVTにはゴム製のVベルトが使われていたが、伝達パワーには限界があり、パワーを高める目的でもっと強い鋼にしたい。そしてもっと伝達パワーを高めたいと思うが、鋼のVベルトでは全く曲がらないので、**図17**中のように長手方向にスライス（微分）した。その結果がコマなのだ。これだけではプーリーに掛けることも、パワーを伝えることもできないので、コマを金属の平ベルトで連結したのがファンドーナ。ただし、これはベルト間でスリップし、スチールの平ベルトが切れるので、その代わりにチェーンでコマを継いだのが、ボルグワーナーで、チェーンのピンとプーリー間のEHLでトルクを伝達するのがPIVである。

平ベルトにしても、チェーンでも潤滑せねばならず、コマとプーリー間の摩擦力は潤滑によって1／10に低下してしまう。

スチール製のコマやチェーンは重く、高速になるとプーリーに衝突して音を出す。

注41：ゴム製のVベルトの形に厚さ

（注41）ということで、いま東大の酒井研で基礎実験をやってるんですが、ベルト1枚で5馬力くらいだというんだが、スチール同士だからミューが低いので、うまい表面処理すればミューは0・6～0・8くらいまでいくはずである。そうすればもっといくけど、仮に5馬力でも、ベルト20枚、0・2㎜のやつを20枚重ねれば、100馬力くらいいけるじゃないか、早くモノを作れとやってるんです。ただ、コントロール・システムが大変だというから、そんなのはオレは作れない。馬力さえ通ればどこかにやらかすんだと。

　これだと完全ドライでいける。滑り率2％くらいですかね。相当ビュンビュン回してパッと止めて、プーリーに手でさわっても、触れる範囲だから、まあいけるんじゃないかと思っている。

牧田　やはり、このベルトの場合、要求されるものとして、ひとつは負荷容量の問題がありますね。負荷容量をできるだけ上げて、コンパクトにまとめなければいけないということで……。

兼坂　それはN数増せばいいんだから。

牧田　それともうひとつは、コントロール性だと思いますね。アクセル操作に応じて自由に変速できると。

兼坂　ドライブとドリブンと積極的に動かさなければ、この場合は動きようはずがありません。

牧田　ですからこの場合、やはり実際のシステムとしてまとめようとすると、そこらへんがいちばんむずかしい点じゃないかと思います。

兼坂　それはわかっています。

牧田　今のスチールのVベルトなんていうのが、あそこまでまとまり得たというのは、その両方がうまく成立するところを見つけたということだと思うのですよ。

兼坂　ボクは富士重にパテントを売りつけようという意思はないんですが、日本人で頭のいい人にこれを説明すると、必ずそこのところをいうんです。それはむずかしいと。それはおもしろそうだ、というのは誰もいわない。

　それを確認してみただけです（笑い）。

兼坂　ターボチャージド・エンジンは低速のレスポンスが悪い。そのレスポンスの悪さは、このCVTを使えば解消するのじゃないでしょうか。

牧田　解消するといいますか、うまくCVTの特性と組み合わせることによって、ターボのそういった点はかなりカバーできると思いますね。（注42）

兼坂　だったら、なぜ富士重はターボ付で出してこないのか。トルクが出すぎるんだったら、エンジンの排気量を下げればエンジンの負荷率は上がるから、もっと燃費がよくなるし。

　私はよくいうんですが、2手ずつ使えと。1手だけやったって、他社はすぐ追いついてくる。2手ずつやって、1馬身以上離してしまえというのですが、どうなんでしょうね。

牧田　当然そういった検討はやっているわけですけれども、まあなんといいますか、全体の開発の手順上こうなったといいますか、やはり次のステップとして、そういったものはいいマッチングだと思いますし、やらなければいけないということで、今いろいろ検討はしているわけです。

　いろいろな開発手順の事情で、現在はこうなっているというふうなご解釈をいただきたいと思うのですけ

0・1㎜のマレージング鋼の平ベルトを100枚で置き換えたとする。それが図17上で、厚さはトータルで10㎜しかない。このベルトの引張り強さは同じ寸法のゴムの100倍もあるのだ。そしてゴムベルト同様に無潤滑だから5psのスクーター用のCVTのゴムVベルトの寸法にすれば、500psのCVTができるリクツである。

　実験の結果、オレの暗算どおりに1枚のベルトで5psを伝えることができた。

　問題は図18のようにベルトを掛けないと、内側と外側のベルトでは変速比が変わってしまい、例えば、図18左で1：2に変速しようとすれば、下側のプーリーで内側のベルトがr_1ならば上側のプーリーで$2r_1$、中のベルトはr_2：$2r_2$、外側のベルトではr_3：$2r_3$というように100枚のベルトをかけてやらねば、CVTとして成立しないことである。が、プーリーの内側を図18右のように指数函数曲線で作ると、ベルトを100枚使ってもプーリーと接触する半径比は一定となり、同じ変速比で、それぞれのベルトが動力を伝えることができるリクツである。1枚ずつのベルトは非常に軽く、5万rpmまで高めてもトルクの減少や振動の発生はないので、ガスタービンや複合エンジンのタービン用CVTにも使える。

れども。

兼坂　しかし、富士重たるもの、飛行機を作っていた会社がマレージング鋼のベルトが作れないとは情けなくて信じたくもないほどですね。結局、ベルトはファンドーナから買うんだという屈辱的な契約をしたんですね。

牧田　オランダ政府の国策といいますか、向こうの雇用を確保するということで、少なくとも現時点では向こうで作ったものを買ってくれと。

兼坂　オランダもチューリップだけではダメか。

牧田　失業問題が深刻のようですし、残業させるくらいなら人を雇え、という法律を作っているような状態でして。

彼らも日本で作れば、もっとうまいものが早くできるだろうと認めているわけですけれども、そこらへん国家的な政策がからんでいまして。

兼坂　だから自分で発明しないからそういうことになるわけですよ。たとえば、日本のマリン・ディーゼルなんていうのはバーマイスターと契約して、あるいはスルーザーと契約して、川重なり三菱で1号機を日本で作り上げた。それでデータとって補助的な発明を全部やって売りだす。その図面が自動的に韓国へいく。で、韓国には工賃でかなわない、ということになる。

ですから、ボルグワーナーとかPIVだとかのように、よし、その精神はいただいたと。オレたちはオレたちで別のものを発明しようと。でないと、日本は世界一の自動車生産国ではあるが、二流の自動車技術国でしかない、と思えるのですがね。

牧田　ボルグワーナーですらファンドーナのパテントにどうしようもなくて歯ぎしりしている点がありますので、一般的にいって、最近の日本の自動車技術は、かなりそういった域は脱してきているのじゃないかな、と思うのですけれどもね。

兼坂　いや、EFIにしても、何にしても、日本がそういうインパクトを与えたというのは何ひとつないと思うのですよ。

牧田　そこらへんになりますと、結局、日本の技術的な面での風土というか、そういった面もあるかもしれませんね。

兼坂　技術担当取締役がそういう発明を助長させないムードをつくる（笑い）。ファンドーナのCVTはトヨタもやっているし、日産もやっているというし、みんなやっている。

編集部　トヨタが昨年のモーターショウに、CVTを展示していましたが、あれはトヨタもファンドーナ社と契約したんですか。

牧田　いや、契約していません。私のあちこちから聞いている情報ですと、日本の各メーカーはほとんどあのタイプの試作とか検討をやっているようです。しかし、正式にファンドーナと契約してやっているのは私どもだけです。ですから、厳しいいい方をすれば、契約もしていなくて、明らかにファンドーナの特許を使ったようなものを試作して、それを世の中に公表すること自体、企業のモラルとしては問題だと思いますね。（注43）

編集部　富士重工は、そういうほかの契約に対して拘束できるんですか。日本では独占なんですか。

牧田　ある条件の範囲内では、日本で独占的にやれるわけです。

注42：変速幅5のCVTをターボ車に使っても、マニュアル・ミッションも幅5だから何の改善もないから、できると断言せず、〝と思います〟になった。変速幅10のCVTができればターボラグは解決する。

注43：パテント：専売特許とはモツパラに売ることを特に許す、ことで、試作したり、それで遊ぶのは許されている。

兼坂　それからお宅の追加特許はダンゼン生きてますからね。

牧田　はい。

ファンドーナのベルトに関する基本特許はあと6年くらいで切れるわけです。そうしたらすぐ作り出そうということで、それこそ素材メーカーからカーメーカーから、かなりのメーカーがこれを必死になって今やっているわけですけれども、基本特許が切れたからといって、全体のシステムの特許とか周辺がいろいろありますから、そう簡単にどこもここもというわけにはいかないと思いますけども……。

兼坂　いかないですよ、絶対に。

牧田　私どものつかんでいる情報ですと、いくつかのメーカーで本格的に量産設備に近いような設備を入れて、これをやろうとしているところが何社かあるわけです。そんなことを今からやって、どうなっちゃうのかなという気がしますね。

兼坂　そういうことをすれば、ファンドーナの思うつぼで、パテント料は自由自在に引き上げられちゃう。

牧田　世界を見ても日本だけだと思います。自分のところでパテントを実施させてもらう見通しもないのに、開発をやり、設備をある程度入れるというのは……。

そういった点で日本の業界は、先ほどからご指摘がありましたように、人の作ったもの、考えたものをなんとか自分のものにしちゃいたいという……。(注44)

編集部　オランダの国家的政策で、あちらで作らざるを得ないのでしょうけれども、6年たったらこちらで作れるんじゃないですか。

牧田　オランダのほうは当面自分のところの雇用を作り出したとしても、やっぱり生産能力に限界がある。そういうことは充分認識しているようですね。そういう事態になったらどうするかですね。これは考えているようですけども。(注45)

兼坂　前にＢＳゲーツが試作した、ケブラー・ベルトを使ったＣＶＴが付いたクルマに乗ったんだが、実によかったね。無段というのは。

編集部　クリープ現象がないのがいいですね。

牧田　クリープがないのがいいという人と悪いという人がいますね。

編集部　悪い、というのはどうしてでしょうかね。

牧田　これまでイージー・ドライブ車というのは、クリープがあるのが常識だというわけです。とくにちょっとした坂で停車しているときに、ブレーキを踏まなくてすむ。ＣＶＴ車だとずり落ちちゃうじゃないかといわれまして……。

兼坂　そういうことをいう人がいるとはね。だったら、クリープ・ボタンを付けてやればいい。簡単だもの。

編集部　そんな改悪をすることはないと思いますけど。

兼坂　いや、欲しい人には付けてやるというのが商売のコツよ。だけどたとえばターボは、最初の頃は４０００ｒｐｍとか４５００ｒｐｍからドバッと効かないと、これはなんだ、とアマチュアに評判が悪かった。ＭＦの自動車評論家などはもっぱらそれを要求していた。だが、今はそういう人はなくなった。

編集部　クリープがないのは、それこそ慣れの問題で、むしろクリープしなくていいという評価に変わる

注44：トヨタはアイシン・ワーナーの系列でボルグワーナー式になり、ニッサンはＶＷとお友達で、ドイツのＰＩＶと読むのが、自動車推理小説の読み方。オレの読みでは3社とも潤滑による滑りのためＣＶＴを投げ出す。

注45：スバル用ベルトの全部をオランダで作るとすると、10～30人でできるが。作らないで2年間スバルを待たせると……。

んじゃないでしょうか。

牧田　私なんかそう思っているのですが、初めてのものですから、市場に導入するときに、今までのクルマと感覚的にも運転の仕方にも、あまり違ってはまずいと。そういうところはかなり神経を使いました。

クラッチのイメージなんかも、もっとタイトにやろうと思えばできるわけですけれども、まあイージードライブというと、まず女性というのがありますのでね。

編集部　タイトにできるのだったら、そのほうがいいと思いますね。

牧田　ああいうかっこうでまとめてみますと、むしろイージードライブというよりも、スポーティなエンジンとの組み合わせで、スポーティな走りを好む男の子向けといいますか、そういうふうな味つけをすると非常にうまくまとまるのじゃないか、という感じもしています。

編集部　イージーとスポーティ、両方やればいい。

兼坂　むかし電磁クラッチの付いたセミ・オートマチックでは、バックするときピューといっちゃって、身の毛のよだつ思いをしたが、これもリバースに入れたら滑りを多くしたほうが安全かもしらんね。

牧田　あれは、リバースはクラッチの継ぎ方を変えてあるんです。

兼坂　ああ、それはいいですね。

牧田　そのへんが電子制御クラッチのいいところですね。自由にそこらへんできますから。

兼坂　ところでパーバリーってご存知ですか。あれをどう思いますか。（注46）

牧田　現物は見たことはありませんが、やはりどうなんですかね、耐久性とか音とか、そこらへんのところでまとまりというのが……。制御関係をまとめるのはむずかしいんじゃないかなと思いますけれどもね。（注47）

兼坂　それはそうですよ。あれでクリープしたら、ものすごい力がでちゃうから。牧田さんに質問す

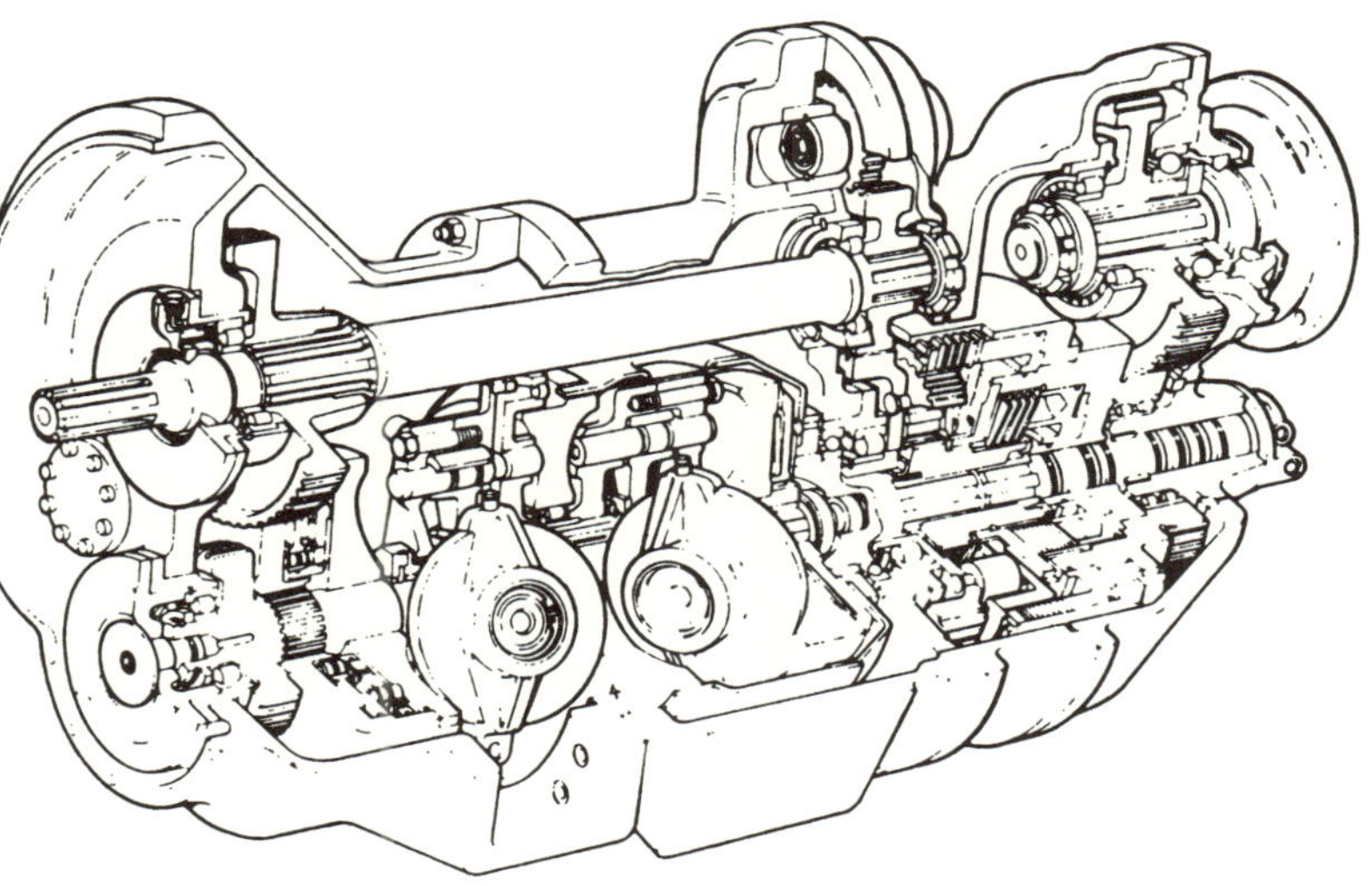

図19　レイランド大型バス用のパーバリー式CVT

注46：目下のところ、イギリスのレイランド社の大型バスでテスト中で、燃費を30％も改善した、といっている。図19がそれで、トラクション・タイプのCVTと写真20のプラネタリー・ギヤによるデファレンシャル・ギヤから成り立っている。

ると、まず日本の秀才的特徴の欠陥だけでてきますね（笑い）。いいところをおっしゃってほしいんです。

牧　田　実はそこらへんのことはあまり研究してませんので、はっきり申し上げられないのですけれども。

兼　坂　ボクはあれが究極の姿じゃないかと思うんです。変速幅無限大ですからね。

牧　田　あれは変速レスポンスというのはどの程度までいくんですかね。そこらへんのところがよくわからないんですけれどもね。

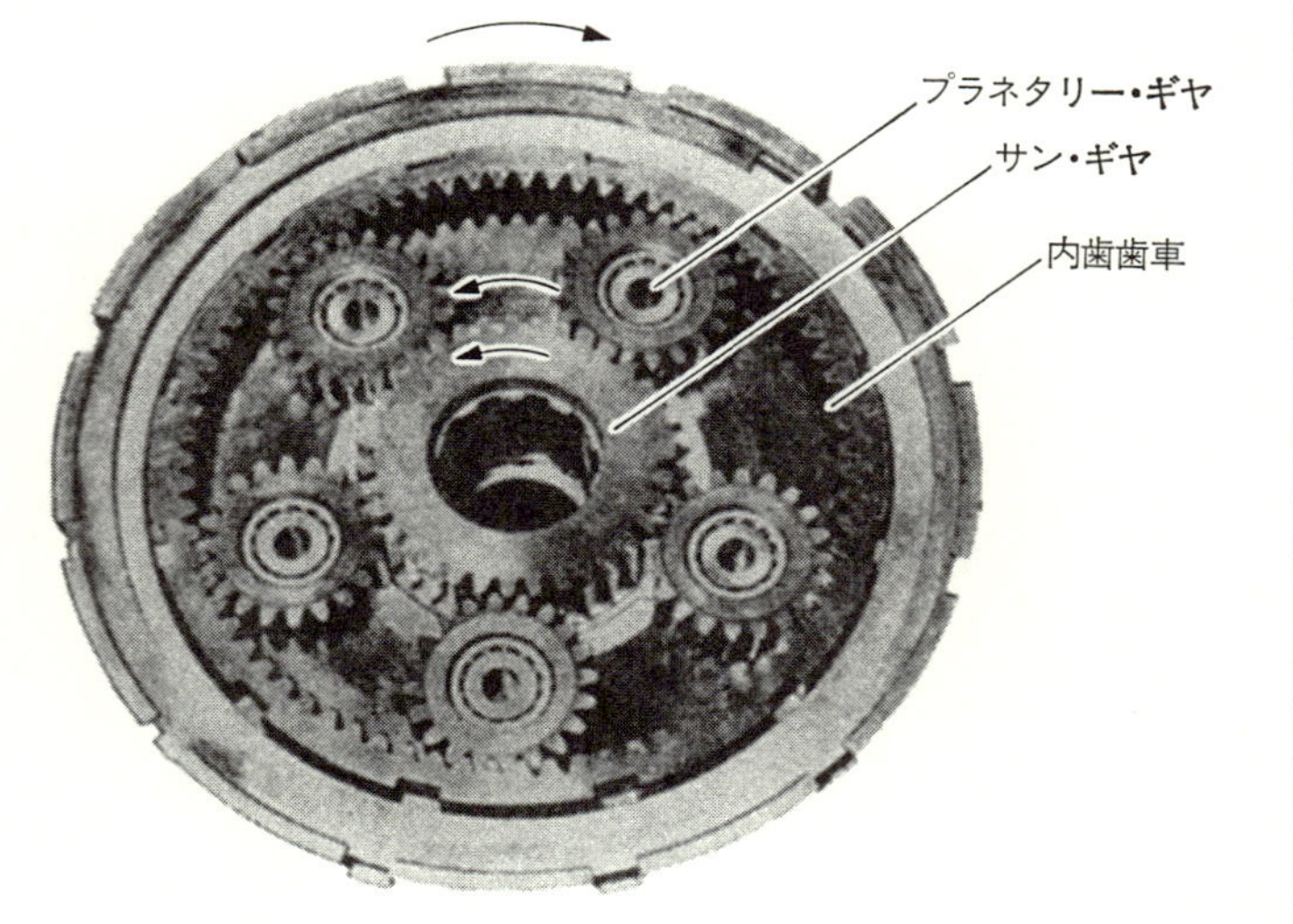

図20　パーバリーCVTのプラネタリー・ギヤ

兼　坂　それはCVTでやるわけですから。あれとコンピューターをうまく連動させて、富士重並みの実力があって改善し得たとして、そういうものを評価すると、もう一歩上になるんじゃないんですか。

牧　田　そうですね。まあ、私どもはたまたま今の小さなクルマに、現在のマニュアル・トランスミッションと車載上の互換性をもたせるということで、こんなカタチにまとめたわけですけれどもね。

兼　坂　それはわかります。

牧　田　そのまとめ方がうまくいくかな、という感じはあります。あれは信頼性なんかは高いのじゃないかと思いますけれども、磨耗はどうなりますかね。

兼　坂　ですからトラクション・ドライブでは評価しないで、トラクション・ドライブのかわりに、お宅のCVTを挿入したというふうに考えてみるわけですね。

　あれでやると、エンジンをフルに回しておいて、変速機無限大でバーッと吹かしておいて、それでヨーイドンとスタートすると、エンジンが減速しつつフライホイールのエネルギーはバーッと出ながら、クルマを加速するんですね。そうすると相当リキのないエンジンでもタイヤを鳴かせながら発進できる。タイヤを鳴かせたがっているガキの要望にも応えられると。

終わりに一言

　これからも富士重とディスカッション、クエッション&コントリビューションをしたいものである。そして、なれ合いではなく、相互に完全に理解し合うことによって、新しい技術が、新しいCVTが創造されることを願ってやまない。

写真20のサン（太陽）ギヤを止めて、内歯歯車を時計方向に回転させると、プラネタリー（遊星）ギヤはサン・ギヤの回りをゆっくりと時計方向に回転し、このときサン・ギヤを反時計方向に回転すると、プラネタリー・ギヤの回転は遅くなり、サン・ギヤの回転速度をもっと高めると、プラネタリー・ギヤの回転は止まる。もっとサン・ギヤを高速にすれば、プラネタリー・ギヤはサン・ギヤの回転方向に回転し、反時計方向へと逆転するリクツである。

　サン・ギヤの変速をCVTでやり、プラネタリー・ギヤでタイヤをドライブするのがパーバリーCVTで、クラッチ不用、リバース・ギヤも不用で、変速幅は無限大だから走行燃費がよくなって当然である。

　このタイプのトラクションCVTはエンジン・トルクによって自動的に、ファンドーナのように油圧でピストンを押さなくても、速度比を変えることもできるので、変速のレスポンスは良い。

注47：クラッチ不用、リバース・ギヤがなければ制御はラク。

常識を超えたホンダ・パワーが世界を制するとき

対談

桜井淑敏　本田技術研究所　取締役主任研究員所付
兼坂　弘　著者

桜井淑敏氏

対談　常識を超えたホンダ・パワーが世界を制するとき

●前編

パワーと燃費、すなわち過給圧と圧縮比のバランス

以前から、兼坂さんが「ホンダＦ１が優勝したら話を聞きたいな」とおっしゃっていたものですから、今回、その機会を持たせていただきました。ご存知のように兼坂さんは毒舌で鳴る方ですから。（笑）、桜井さんも、それに負けないように吹きまくっていただきたいと思います。

兼坂　今日、出がけにＭＴＺ（注ドイツの機械学会誌）を探して、ルノーＦ１エンジンの記事を見つけたんですが、これによると、'78年に３ℓの無過給よりも、１・５ℓターボのほうがいいだろうと、ルノーが考えた…。

ホンダさんは、いつからＦ１に復帰したんですか。

桜井　まず'83年に、実験的に出ました。今のウィリアムズと組んで本格的に全レース参加というのは、'84年からですね。

兼坂　その'83年までの間に、ルノーが総合優勝したことはあるんですか。

桜井　チャンピオンは取ってないです。

兼坂　しかし、ポテンシャルは１・５ℓターボにあり、という共通の認識ができてきたところへ、お宅も入っていったと……。

熱っぽく語る桜井淑敏氏（左）、とまとめ役の両角氏、そして毒舌評論家の著者。

桜井　そうですね。ターボがよさそうだということになってから、燃料タンク容量を規制して、燃費の制限があればノーマル・アスピレーションのほうがいいのじゃないかとか、いろいろありましたけれども、'83年から'84年、とくに'84年からはほとんどターボ、という時代に入りました。

——その間の性能向上というのはどんなものだったわけですか。

桜井　'84年に、うちのエンジンが、だいたい６５０psぐらいだったですね。その当時、ポルシェがすでに推定で７５０psぐらい。そのときの過給圧は、かなり低かった。といっても３kg／cm²内外ですけれども。

それが去年になると８００ps以上、今年は９００から１０００psというのが、レースのときの性能なんです。これがクォリファイ、予選になると、今年あたりは１２００から１５００psになっている。それだけ過給圧が上がってきているわけです。

兼坂　その過給圧というのは、圧力比ですか、それとも大気圧以上ですか（注：真空を０

とした値か、大気圧を0とした値か、ということ)。

桜井　圧力比です。クォリファイでは、5kg/cm²とか、6kg/cm²というような、きわめて高い過給圧を使ってますね。

兼坂　過給圧と圧縮比の関係はどうなんですか。

桜井　我われが参加した時期から、順を追って話しますと、まず'84年というのは、ガソリンタンク容量が220ℓに規制されていた。レース距離は300km前後ですから、1・4km/ℓちょっと走ればよかったわけです。'85年からは195ℓということで、大体1・6km/ℓ。それもほとんど全開走行している状態ですから、かなり厳しい。

したがって、性能を上げていくのと、燃費をよくするのを、並行してやっていかなければならない。馬力を上げるために過給圧を上げる。しかし燃費の面からは、圧縮比をそう落とすわけにはいかない。むしろ上げていきたい。

だから、コンプレッサーで送り込むほうの圧力と、圧縮比のバランスポイントというのは、今、相当に高いんです。

兼坂　今、各社の圧縮比はどのくらいなんですか。7ぐらい？　ホンダが特に高いということですか。

桜井　どこも、ほぼ同じぐらいじゃないかと思いますよ。8近辺というところでしょうね。

兼坂　う～ん、思ってたよりも高いですね。それで、トルクの立ち上がりは、何rpmぐらいからなんですか。

桜井　フルパワーのゾーンに入っていく感じになってくるのが、8000rpmあたりです。実際には低速コーナーがかなりありますから、ギヤ・レシオを合わせていっても、やはり6000rpmぐらいには落ちる。したがって、6000rpmから8000rpmを越えるまでのタイム、これも結構重要なんですよ。

一昨年あたりは、最高出力が650psぐらいで、当時としてはまだまだ二流のレベルだったと思います。

それと下のほうの燃焼がよくなかった。ただ立ち上がりの回転の上がり方が遅いというだけじゃなくて、低速コーナーを出ていく時などのパワーの出方が、ぐずぐずしていてから急に出る。そうするとクルマの挙動にそのまま反映してしまって、立ち上がりでふらふらしちゃうわけです。

兼坂　パワー・ドリフトが、うまくコントロールできないと、これは大変だね。

桜井　そうです。だからF1エンジンというのは、マキシマム・パワーがいちばん大事なのはもちろんですけれども、レスポンスとか、8000rpm当たりでのパワー/トルクも、結構重要です。それと先ほど申し上げた燃費、それから耐久性・信頼性、このあたりがエンジン側に要求される大きなファクターなんですね。

兼坂　マキシマムの回転数はどのくらいですか。

桜井　今、大体1万2000rpmぐらいです。

リッター当たり出力とボア×ストロークの関係

兼坂　ボア・ストローク比はどのくらいなんですか。0・5ぐらい？

桜井　それは、ちょっと申し上げられないんですけれども……。というのは、ボア・ストローク・レシオというのは、大変重要なファクターですから。

少なくとも、0・5よりは、ストロークが長いです。

兼坂　じゃあ、0・5と0・6の間にしましょうか。そうすると、ひっちゃかめっちゃかに、徹底的に、偏平な燃焼室になりますね。その場合、非常に燃焼が悪いのじゃなかろうか。ホンダさん得意の燃焼室は、ボア・ストローク比1・3などという、ディーゼルもびっくりの超々ロングストロークですから。

桜井　ボア・ストローク・レシオは申し上げられないんだけれども、最初に作った650psぐらいのエンジンは、もちろん0・5以上であった。

次の、'85年のモントリオール（注：カナダGP/6月）から送り込んだ〝Eスペック〟というエンジンは、最初のに比べると、ずっとロングストロークで、さらに今年、'86年のエンジンというのは、もっとストロークが長い。というように変わってきています。

（注：RA163～166Eという外部向けの呼称以外に、ホンダ内部ではエンジンの仕様変更に応じて、A・B・C……というスペック名を与えている。これは当初、スピリット201改に搭載されてデビューしたのがAスペック。これはF2用2ℓユニットのストロークを縮めたもの、もしくはそれに近いボア×ストロークを採用していたものと推測される。そのあと'84年がCスペック。'85年の前半、モナコGPまでがDスペック。このDスペックまでは、基本設計は変わらず、Eスペックでボア・ストロークからヘッドまわりのデザインまで、かなり大幅な設計変更が行われた。そして'86シーズン用のFスペックでは、再度ボア×ストローク等が変わっている）。

兼坂　レースの主催者は、ボア×ストロークを測って、排気量がうそでないということを確認するはずだけど、それを公表はしないんですか。

桜井　公表は絶対にしません。ただ、うちはピストンなども全部内製ですが、ポルシェなんかだと、マーレにピストンを外注したりしている。そこらあたりから、ポルシェのボア・ストローク比が幾らであるか、ルノーのボア・ストローク比が幾らであるかというのは、大体つかんでいます。お互いに相手の数値は、およそわかっている感じですね。

（注：従来、ボア×ストロークの値を公表していないのは、ホンダだけだった。しかしポルシェ＝TAG、ルノー、BMWなども、このところの新しいエンジンについては、積極的に数値を発表してはいないようだ。）

結局、ボア・ストローク・レシオをどう選ぶのかといえば、リッター当たり出力が、今は600ps／ℓ以上の世界に入っているわけですが、その状態で、最も燃焼を良くするためのポイントを選んでいるのです。

つまり、リッター当たり出力を幾らにするのかというのが決まれば、その中で最適の燃焼が得られるボア×ストロークが決まってきちゃう、というふうに考えていますけれども。

だから、シティの超ロングストロークのエンジンから、F2、さらにF1のエンジンに至るまで、リッター当たり出力で整理すると、全部同じ考え方で、共通している。

兼坂　まあ、そこはうそっぽいけど（笑い）。

桜井　うそっぽくないですよ（笑い）。

兼坂　そうすると、ストロークを長くすれば、ピストン・スピードが上がる。ピストン・スピードはどのくらいまで使うんですか。20m／sec？　もっと？

桜井　20m／sec以上は使わないですよ。もちろんそれ以下です。

兼坂　そうすると、ノッキングと圧縮比の間に最適ボア・ストローク比があって、それは言えないんだということですね。

桜井　ノッキングというより、燃焼効率そのものですね。もちろんピストン・スピードが上がり過ぎちゃまずい。それは回転数とストロークで決まりますね。それと燃焼効率。ノーマル・アスピレーションの状態で、リッター当たり出力をどのくらい出すか。あとは過給で押し込んでいくわけです。そのバランスで、大体決まる。

兼坂　今、街を走っているお宅のシティ・ターボにしても、過給圧は圧力比で1・8ぐらいなのを、3とか4、あるいはそれ以上に高めているんですから、当然そこではノッキングとの戦いがあるわけでしょう。燃焼効率もさることながら、ノッキングとの戦いが、この際、いちばんの問題じゃないかと思うんだが……。

桜井　ところがノッキングのほうは、もうひとつ別に、冷却ということがありますね。うちのエンジンの冷却に関する構造というのは、おそらく、今いちばん進んでいると思うのですけれども。

兼坂　だけど、ノッキングに心配がなければ、もっと圧縮比を上げてもいいのじゃないですか。

桜井　圧縮比は、当然、ノッキングと燃費とパフォーマンス、この三つから決めています。ただノッキングは圧縮比だけじゃなくて、シリンダー壁の温度であるとか、ピストンの温度なんかが関係してますから、基本的には冷却構造で、相当にポテンシャルが変わってきちゃう。

兼坂　ま、それはそうでしょうね。ガソリン・エンジンの場合、冷却とノッキングとの相関性というのは大きいですもの。しかし冷却するということ自体は、断熱圧縮中の熱を奪い、熱効率を下げることなわけだから……。

メキシコGPで力走するN.マンセルのウイリアムズFW11-6/ホンダV6。

桜井　それは、ベースとなる状態の温度がノーマルで、さらに冷却した場合は顕著に出てきますね。だけれども、もともとがノッキングぎりぎりのところで使っていて、冷やしたら冷やした分だけ、また押し込む。熱負荷を上げちゃうわけですから、その場合は、熱効率の低下というのは、特別顕著に出てはきませんけれど。

それで、昔と今のレーシング・エンジンで、いちばん大きな違いというのは、空燃比の設定なんです。たとえば市販の、通常のガソリン・エンジンだと、全開領域の空燃比は、みんな大体12～13ぐらい。これが昔のレーシング・エンジンの場合は、10を切るような設定で、燃料冷却に頼っていたわけです。しかし今は燃費の問題がある。だからうちの今のエンジンというのは、理論空燃比です（注：空気とガソリンの重量比で、14・5～15・0あたり）。全開でも。だからほとんど燃料冷却に頼っていない。それが他に対して一歩リードしているところだと思います。

兼坂　与えられた燃料の総量に対して、思いっ切り走れるというのが勝因、ということですね。

桜井　それと今、うちのエンジンは、クォリファイとレースと、まったく同じスペックのものを使っているんです。載せ換えはしますし、もちろん過給圧とA／F（空燃比）は変えてますけれども。

他のチームで、クォリファイのラップタイムを狙ってきているところは、みんな違うエンジンを載せてます。

例えばクォリファイだけボアの大きいエンジンを積むとか、レースには耐久性のあるタイプを使うとかいったように。

これをやると、レース用のセッティングを決めていくのに使える時間が短くなるわけですね。だから、まったく同じエンジンを使っているというのも、ひとつ特徴的なことなんです。

我われには、今、燃費の優位性というのが確かにある。そしてもうひとつ、限界の耐久性が高いということもいえると思います。

シリンダーブロックはアルミか鋳鉄か

兼坂　シリンダーは、アルミ生地そのままなんでしょうか。まあ、これも言えないんでしょうが……。

――ホンダさんは、F2以来、鋳鉄ブロックですね。

兼坂　じゃ、ホンダの市販車のほうが進んでいるんだ（笑い）。
MTZによると、ルノーはアルミ・ブロックで、クロマード・ライナーを入れたと書いてある。

（注：ルノーもF2、スポーツプロトタイプから、F1用EF1までは鋳鉄ブロック。'84年用のEF4からアルミ・ブロックに変更した。ポルシェ＝TAGはアルミ＋マグネシウム合金、フェラーリはアルミ合金、BMWは鋳鉄を、それぞれ採用している。）

桜井　シリンダーブロックというのは、スリーブと、構造体としてのブロックと、ふたつの意味があります。

スリーブの材質については、今、お話しするわけにはいかないけれども、少なくとも鉄ではない。全然違う材料を使っている。

そうすると問題は、構造体としてのブロックということになるわけです。量産車の場合には、シリンダーブロックにトランスミッションなどがついた状態で、浮いてマウントされている。これならば、パワートレインの自己共振だけを気にしていればいい。

ところがF1などの場合は、シリンダーブロックが完全にクルマ全体のメンバーになっています。だからまともにストレスがかかるし、ブロックの剛性が、クルマ全体の剛性に、かなり寄与するんです。

兼坂　そうすると、強度設計をすればアルミのほうが軽くなるが、剛性設計をすれば鉄もアルミも変わらない。むしろ鉄のほうが有利だというケースもある。

桜井　鉄も普通の鋳鉄なんかだと、そうも言えないんですけれども、弾性係数を相当に上げた特殊なやつを使えば……。

兼坂　グラファイト鋳鉄（注：球状黒鉛鋳鉄の意。鋳鉄だが鍛造なみの強度を得られる）なんかですと、もう鋼と同じレベルですからね。

桜井　そうですね。

兼坂　ああ、それなら理解できます。
そうだとすると、ライナーは熱伝導性のいいアルミ系の材料で表面処理をしたか、18％か24％かのシリコンを入れ、電解研磨してシリコンを浮き出させて、その上をリングを滑らせるようにしたのじゃないだろうか。

桜井　そのへんが、ちょっと言えないんです。

兼坂　言えないだろうけれども、私の想像は大当たりなんです。そうでなければ、そんなに圧縮比を上げられないし、シリンダー内面の温度も圧縮比に非常に影響しますからね。

桜井　まあ、最近は複合材料とかいろいろありますから、そういうものもシリンダーとか燃焼室まわりに使ったりしてますけれども。

エンジンの冷却がキーポイント

――先ほどもお話に出たように、全開燃費という点で、ホンダが他を一歩リードしている。燃費の心配がなければ、エンジンのパフォーマンスをフルに使って走れる。それが今回のコンストラクターズ・チャンピオンにつながったと思うんです。そのためのキーポイントが、おそらく冷却構造にあるのではないかと思うんだけれど、なかなか教えてもらえないんです。

兼坂　教えてくれなければ、どんどん類推するんだ。

他車のシリンダーヘッドもアルミだね。熱伝導率は同じです。それで、ロング・ストロークというのはあり得ないから、全部オーバー・スクエア。それもペッチャンコな燃焼室になるわけだ。それでいくらかは違うといっても、燃焼室の形はどれも似てるはずですよ。バルブ挟角は非常に狭いしね。

そういう中で圧縮比で差をつけるには、シリンダーかピストンで冷やすよりほかにはない。ピストンはどこでもアルミ鍛造だ。ホンダよりマーレのほうが、鍛造はうまいんですよ（笑い）。

まあ、鍛造のうまいへたは別として、とにかくいいアルミ・ピストンと、シリンダーの内面温度、これが圧縮比に大きく響く。

アメリカからロイ・カモさんが来ていて、明後日の晩、一緒に飲むんだけど、彼はセラミック・エンジン、断熱エンジンの創始者だ。その断熱エンジンの大欠点は、シリンダーがチンチンに熱くて、空気が入っていかないことだっていうんだ。入った空気がどんどん膨脹しちゃって、詰め込んでやれない。そこをどうするかというのが最大の悩みですね。だからパワーが出ない。

だから、圧縮比を上げるためや、体積効率を高めるためには、冷え冷えのシリンダーがありがたいわけです。これが馬力を出すための大きな要因だから、シリンダーを冷やして、パワーを高め、燃費をよくした。モーターファン側は、勝手にそう推測するわけだ。

——ヘッドの水回りをよくしたり、何か特別な工夫をしたのが効いたのかなと思っていたんですけど……。

桜井　シリンダーヘッドの冷却は重要ですよ。というのは、燃焼時間からいくと、スリーブよりもヘッドのほうが、露出している所はずっと多いですからね。ピストン、スリーブ、それからシリンダーヘッド、もちろんヘッドにはバルブがある。この四つを、どれだけ冷やせるかということです。それには水とかオイルとか、いろいろありますけれども。

——そこで、ホンダの優位性は、どちらかといえばシリンダー側の冷却にあるわけですか。

兼坂　それを今、一生懸命否定していたんだよ（笑い）。しかし、いくら水回りをよくして、冷却水の速度を上げたって、なかなかこれまで以上には冷えないと思うよ。

桜井　ヘッドも相当やってますよ、ということですね。

理論空燃比でパワーが出る、出ない

——他社のエンジンと比較すると、ホンダのアドバンテージは、燃焼と、冷却と……。

桜井　もうひとつはエンジン・マネージメントですね。この2年間、急速に進歩しました。

たとえばノッキング、そして各部のプレイグニッションに関しては、もうかなり限界のところを攻めてるわけです。だから局部的に温度を測る。そしてエンジン本体の構造、あるいは材料などを変えていく。

それとは別に、シリンダーに入っていく空気の温度をちょっと上げ過ぎると、ノッキングとかプレイグニッションが出やすくなる。逆に吸気温度をちょっと下げると、今度は燃費が悪くなる。しかも、加速領域か、クルージング領域かによって、燃料の送り込み方が違いますから、それぞれに最適の温度がある。

こうした条件をセンシングして、インタークーラーを通ってシリンダーに送り込まれる圧縮された空気の温度を、常に最適の所にぴたっとコントロールしている。今年のスパ・フランコルシャン、ベルギーGPから、そういうシステムを入れたんです。こういうものによって、同じパフォーマンスで燃費を稼げたり、逆に同じ燃費ならば少しパフォーマンスを上げられる。2〜3%は稼ぐことができましたね。

あるいは、燃料のコントロール・システム。空燃比の設定でいえば、要するに最後の到達点というのは、理論空燃比にある。それをどこまできわめられるか。

兼坂　そうかなあ。あらゆる本に、ストイキ（注：ストイキオメトリー。理論空燃比のこと）よりもちょっと濃いめ、13とか13・5あたりに、一番パワーの出る所があるって書いてある。ストイキの14・5でやっていくというのは、非常にうそっぽい。ぼくはストイキじゃないと思うよ。

桜井　だからそれは冷却との関係なんです。先ほども申し上げたように、昔のレーシング・エンジンというのは、燃料冷却に頼っていたわけですから……。

兼坂　そうじゃない。そこでパワーが一番出るというポイントなんです。

桜井　いや、理論的にそれはないです。

——ストイキか、それとも13〜13・5か、どちらがパワーが出るかということよりも、ストイキで燃やさないと、燃料規制がクリアできないんじゃないですか。

桜井　いや、そんなことはないです。燃費の1・6km／ℓというのは、どんな形でもクリアはできます。そうではなくて、理論空燃比で燃やすことが、絶対値としての限界なんです。そこへもっていって、なお

王者の風格を漂わせるN.マンセル。メキシコGP終了時点で70ポイントを挙げてドライバーズ・ポイントはトップ。

かつノッキグやプレイグニッションが出ないようにしちゃえば、燃費が1・6km／ℓになるまで過給圧を上げ、パワーを上げていくことができるという考え方ですね。

そこへ到達するまでが結構大変だったんですけれども、結果的にみると、そこを目指したのが、わりと早かったと思うんです。

兼坂　しかし、ストイキで一番パワーが出るというのはおかしい。

桜井　同じ馬力が出ますよ。

兼坂　いや、そんなのは認めない。

――しかし、エンジン・マネージメント・システムのアドバンテージというのは、今年に関する限り相当に大きかったのは確かですね。

桜井　そうですね。それには今お話ししてきたようなエンジン自体の知能化と、もうひとつ、マン・ツー・マシンの知能化を、今年はかなり進めたんです。

それはどういうことかというと、マシンのコンピューターと、ピットのコンピューターの間で、情報を一元化する。つまり1ラップごとに、エンジンのコンピューターから、ピットのコンピューターへ、全部の情報がダイレクトに流れてくる。このやり方をとっているのは、今のところ、うちだけです。それから、走り終わってからも、エンジンのコンピューターから全部のデータを取り出せる。

たとえば今のホンダの力が、一番力を発揮したときを100、発揮しないときを80とすると、他のエンジンはどのくらいにあるか。ポルシェは、一番力を発揮すれば90ぐらいは出る。発揮しなければ70。ルノーは力を発揮して、80か85ぐらいでしょう。そんなふうに幅を持っているわけですよね。

この幅のうちで、100近くの所を常に狙っていくという意味では、マン・ツー・マシンの知能化というのが、相当に役立ったと思います。

●後編

ウエイストゲート使ってもほとんど燃費変わらない

兼坂　それにしても、これだけ燃費を追いかけているにもかかわらず、ウエイストゲートを使うというのがどうしても理解できない。たとえ話としてウエイストゲートから排気を半分逃がしたとする。そのときにブーストが4気圧だったら、ブレーキ・ミーン（注：brake mean effectice pressure＝BMEPのこと。日本語では正味平均有効圧という）で1・3kg／cm²損して、それだけ燃費は悪くなる。これは現実に証明されているんですからね。

桜井　過給エンジンが、燃費が悪いってことはないですよね。

兼坂　悪くなるどころか、とてもいいはずだと思いますよ。マリン・ディーゼルの場合、ブレーキ・ミーンで32kg／cm²まで出せば、図示熱効率（注：熱機関が1回のサイクルの間に供給された熱量と、仕事量の比が熱効率。図示熱効率といった場合は、熱損失を勘定に入れ、摩擦損失、機械損失は含まない値となる）が出るわけです。たかだか今の大型トラック用ディーゼルの4倍のBMEPですからね。

ディーゼルも、ガソリン・エンジンも、燃費改善はスーパーチャージングによってなされるべきだというのが、私の持論なんです。だけどウエイストゲートから排気をバシバシ捨てていては駄目だ。ウエイストゲートを通ったガスの流量分だけ、燃費は悪くなる。これはものすごく簡単な計算で分かることですよ。

桜井　市販のエンジンにおいては、少なくとも現状では、ごく低回転のトルクは上がらないし、応答遅れもある。けれどもＦ１の場合には、使う回転領域がある程度限定されている。そこでは過給エンジンのほうがいいということが、はっきり証明されていますね。

兼坂　それはそうだと思いますよ。だけどウエイストゲートを使わなければ、燃費がもう2割ぐらいは軽く良くなるのに、どうしてあんなアホなものを使うのかな、という疑問が解けない。

８０００ｒｐｍでトルクが立ち上がって、1万２０００ｒｐｍまで回すということでしたが、８０００ｒｐｍでウエイストゲートを開けるとすると、1万２０００ｒｐｍのときは排気ガスの20～30％はウエイストゲートを通さなければいかん。現実にウエイストゲートから出るパイプは相当に太い。排気タービンから出るパイプの半分くらいの径があるから、¼ぐらいは捨てていると思うんだ。だから、もう20％は燃費を減らせるのではないかと……。

桜井　ウエイストゲートを使ったことで燃費はそんなに悪くならないですよ。ほとんど変わらない。現実にクォリファイのときは、ノー・ウエイストゲートですからね。フルブーストでいっちゃいます。あるいはウエイストゲートを取り外しちゃう場合もある。

しかしレース中には、展開によって、ドライバーが過給圧をマニュアルでコントロールしている。

兼坂　どうやってコントロールするんですか。ターボは勝手にブーストを作ってきますよね。そこでチャージ・エアを捨てるのか、それとも排気を捨てるんですか。

桜井　排気でやります。要するに、過給圧の幅が必要なわけです。クォリファイではフル・ブースト。それに対して実際のレースでは、過給圧をもうちょっと下げて、燃費をよくして走らなければならないときもあるし……。

兼坂　過給圧を上げると、燃費が悪くなるというのは……。

井桜　それはもちろん悪くなります。パワーを出す分だけ、燃料がたくさん入るわけですから。スピードは速いけれども、燃費は悪くなります。だから過給圧を調整する幅が必要なのでウエイストゲートがついている。

兼坂　しかし、ウエイストゲートなしでなおかつブーストをコントロールして、それによってノッキングをコントロールする。そういうことができるエンジンが理想じゃないかと、私は思うんですがね。

マリン・ディーゼルなんか、ウエイストゲートをつけるどころかターボに使った排気ガスのエネルギーが余るもんだから、さらにターボ・コンパウンドして、クランクシャフトにパワーを戻している。そういう現状とセオリーをよく理解しているオレにとっては、ウエイストゲートを使っても燃費が変わらないというのは全く理解できないね。

――レース中は過給圧が低い状態で、ガソリンを使わないようにして走る。そしていざというときだけブースト・コントロールのダイヤルをカチッと上げる。そういう走り方をしてるわけですね。ということは、過給圧を落としている間は、ウエイストゲートが働いている。

桜井　そうですね。

――ウエイストゲートじゃなく過給圧を下げて走るのに、何か他にいい方法はないんでしょうか。

桜井　ウエイストゲートを使うことで燃費が全然悪くならないと言ってるんじゃないですよ。でも、今のＦ１エンジンにおいては、ほとんど変わらないんです。

兼坂　ほとんど変わらない、というのは、日本語の文法でいうと、正確には「変わる」ってことだ。オレだって、ほとんど妊娠させなかったという思い出があるよ……(爆笑)。

だから、その「ほとんど」をなくせれば、ホンダはもっと勝てるということを言っているだけの話でね。

ルノーの掘ったターボという"穴"を速く掘っただけか

兼坂　今までのお話によると、ルノーが「F1はターボがいいよ」という穴の位置を教えてくれて、ホンダはコンピューターを使って、その穴を掘る速度がいちばん速かった(笑い)。要するに日本人特有のパターンで、ただ単にそれだけでしかないんじゃないか。私の耳は非常にいやな耳なんで、そういうふうに聞こえてならないんですが、そうじゃないってことをおっしゃってください。土下座しますから(笑い)。

桜井　我われは、3年前から出たわけですが、そのときにはもう完全にターボ時代に入っていた。当時ものすごい差をつけていたのはポルシェなんですね。ポルシェは、スポーツカー・レースで過給エンジンをずっとやってましたから、ぱっと出てきたにもかかわらず、最初から完成度がかなり高かった。それが先ほどお話したように、750psぐらいのエンジンだったわけです。

だから、その時点ではもう、だれもがターボチャージド・エンジンであり、そこでのひとつの目安として、ポルシェのエンジンがあった。すでにそのとき、ルノーはポルシェに抜かれたんですね。

兼坂　だからルノーは偉い。最初にやったんだからな。

桜井　そこで我われは、過給エンジンとしてのハードウエア、あるいはエンジン・マネージメント・システムなど、圧倒的にいいものを作ろうというところから始まったわけです。

兼坂　だから私が言っているのは、そのルノーが指し示したターボチャージド・エンジンという穴を、速く、深く掘っただけだと、そういう認識でよろしいんですか、ということなんですよ。

そうじゃなく、ホンダ固有のすごい技術があるんだということを示してくれなければ……。

ルノーは、ホンダに何かを教えた。ホンダは全部秘密だ。そういうようなことが、教科書問題だとか、いろいろうるさいことになるんです。自分たちが勉強したことを、人には教えてやらない。本田宗一郎さんは、そんな料簡の狭い男じゃないと思うな。

桜井　要するに、我われが出ていったときには、レギュレーションに自然給気は3ℓというのはあっても、実質的にはもうターボチャージド・エンジンしかない世界だった。

兼坂　それはルノーが教えた。ルノーがやらなければ、コスワースが今もまだ優勝してるよ。

桜井　ルノーが最初にやったということは、それなりに認められますけれども……。

兼坂　それならば今、私はホンダがやったことをどうやって認めればいいんですか。勝ったことは認めるけれども、勝ったらリーダーとして引っ張ってやらなければ。前にここを掘れといって教えてもらって、今度は全部言いたくないというのは……。

桜井　ルノーに教わったというのではなくて、もうみんなターボだったんですよ。F1の歴史におけるルノーの価値というのは、もちろんある。だけれども、この3年間の勝負に関しては、それぞれが同じスタートですね。

兼坂　たとえばウエイストゲートを使わないでパワーが出て、燃費もよくなる。そのくらいのことをやれば、ホンダも新しい井戸を掘ったと認められる。しかし今のところはルノーに教えられた井戸を、ただひたすら、やみくもに掘っているだけではありませんか、と言いたいわけです。

桜井　しかし、ターボチャージャーをエンジンにつけるということは、別に他人の井戸ではないと思うのですね。それがガソリン・エンジンという大きな井戸の中に、前からあるものなのですから。ただ、F1

の世界で、ルノーが最初にそれをやったという勇気は認めます。

兼坂　ホンダは、別に何の技術もなくて、勇気だけしかないのかと思っていたんだが（笑い）。たとえばホンダの場合、驚くべきことにねじの締め付け方を知らない。技術は低いと思うよ。あるのは勇気と、残業だと（笑い）。

桜井　だけど、その技術とは何なのか、ということですね。たとえばクルマのエンジンに必要なファクターというのは、そうそう変わるものではないですし、エンジンの基本原理は、ターボをつけようがつけまいが、そう変わるものではない。

その変わらないものの中で、何が技術なのかといえば、ひとつひとつの要素に対して、どれだけ最適な答えを出したか、あるいは高めて行くか。それが技術だと思うのですね。たとえば燃焼技術、それから熱のコントロール技術、もちろんメカニズムそのものの技術。

だから、おそらく兼坂さんが言われるような意味での、ものすごい発明みたいなものはない。だけど技術がどれだけ高いかというのは、そういうことで決まる。

パトリック・ヘッド氏（左）と桜井氏。

たとえば燃焼技術にしても、ホンダは超ロング・ストロークからショート・ストロークまで、リッター当たり出力の違ういろいろなエンジンをやってきた。そこでルノーなどのヨーロッパのメーカーとちょっと違うのは、公害対策とか、省エネルギーとかを経てきて、そういう技術が進歩している。

F1においては、もちろんそれ以上の進歩をしなければならない。市販の、100ps/ℓ以下のエンジンでもできないような、理論空燃比で全開運転するみたいなことを、600ps/ℓとか、700ps/ℓの世界でやっているわけです。そういうふうに進歩はしているけれど、そのベースには、低公害や省燃費の時代を経てきたことがある。

ターボを使うかどうかということは、ひとつの選択である。ターボの中にも進歩はあるし、使わなくても進歩はある。しかしそこに共通する技術というのが存在する。

兼坂　それを認めるとすると、トヨタとホンダの燃焼技術は、ひと桁ぐらい違う。ホンダに超リーンバーンができるだろうか。さっきはねじの締め付け方も知らないと言ったが、燃焼そのものを研究している人も、ホンダにはいないかもなァ。

リッター当たり出力をいかに設定するかで ボア×ストロークが決まる

兼坂　F1で、ターボチャージャーを使って勝ち抜いているホンダが、なぜレジェンドやアコードを無過給で出してくるんだろうか。シティ・ターボ以来、過給エンジンをまったく出してこないところをみると、レースをしてみた結果、ターボなんぞ駄目だという結論を出したんじゃなかろうかと（笑い）。

ホンダは、レースに勝った。そのフィロソフィ、理屈、仕掛けその他を利用して、こういうクルマを作りましたと言えばいいのに、トヨタあたりにウエイストゲート付きとはいえ、3ℓターボや、2ℓツインターボを出されてしまっている。

桜井さんが言うように、燃費は変わらないで、レスポンスもいいんだったら、市販車のエンジンもターボ付きでやってくれれば、今ごろはトヨタをせせら笑っていられたはずだ。ターボについては、世界一の技術があるはずなんだから。

それをやってこないということは、これは駄目だなという感じを、日本人に与えるわけですよ。ひいては日本のエンジン技術の進歩を止めるわけだね。

桜井　いや、そうじゃなくて、ノーマル・アスピレーションにしても、過給機付きにしても、その基本技術というものは共通している。

エンジンは、まず燃焼をよくする。それから、いかにその周りを冷やすか。そしてたとえば、ターゲットとするところに精妙にコントロールしたマネージメントをする。そういうことが共通した技術なんですね。

F1において何が進歩するかというと、たとえば基本性能。出力、出力特性、そして燃費、あるいは耐久性という面ではバイブレーションといったものですね。

そこでノーマル・アスピレーションか、ターボかという話になると、市販車においては、感性の問題が入ってきます。レースにはドライバーの感性の世界ってないわけです。

そこだけが違う。だから、今のターボチャージド・エンジンというのをそういう意味でとらえると、まだ高級なものになっていない。だんだん使い方はうまくなったし、パワーバンドも広がってきたけれども……。

ターボがいいとか悪いとかいう話じゃなくて、やっぱり、時代とともに、あるいは技術の進歩によって変わってくるものだと思うのですね。そして、そういうことを超えた共通技術として、進歩し続けるものがある。

今おっしゃったような、現在の我われの市販車のエンジンが、他社に対してどうかというのは、今日ここで議論することじゃないですけれど……。少なくとも、今やっているF1の技術は、きわめて近い将来、市販車のエンジンに、たとえノーマル・アスピレーションであってもフィードバックされていくことは確かです。そのままというわけじゃないですけれどもね。

兼坂　今日は酔っぱらったから、ターボ、ターボと叫んだかもしらんけれど、ぼくはいつも、スーパーチャージングか、ナチュラル・アスピレーションかということで話をしているわけです。そこでターボチャージャーに限らず、ルーツとか、あるいはまた、ホンダさんも一生懸命やっているのではないかと思われるリショルム・コンプレッサーだとか、レースでもそういうものを使ったほうが、6000から8000rpmの立ち上がりが鋭くなって、勝てるのではないだろうか。市販車ではどうするのか。そういうことを知りたいですね。

桜井　市販車のエンジンに関しては、いずれにしても6500rpmとか7000rpmといったゾーンまでなわけです。もっと回転を伸ばしていくことが、当面の課題としてありますね。

兼坂　だけどお宅の市販エンジンは、ピストン・スピードで16〜17m／sec出してますから、限界と考えられる20m／secまで、もうあと15％ぐらいしか余力がないじゃないですか。

桜井　まあそれは、エンジンを変えればいいんですよ（笑い）。

兼坂　今までの超ロングストロークから、超オーバースクエアに切換えるわけですか。

桜井　いや、単純にそう言ってるんじゃないですよ。先ほどから申し上げているように、超ロングストロークのシティのエンジン（注：この対談の時点では、まだフルチェンジは発表されていないので、旧型を指す）から、F1とかF2のエンジンまで、ひとつの共通原理があるわけです。それが技術というものである。ボア×ストロークでいえば、その共通原理というのはリッター当たり出力ですよ。

たとえばアコードのエンジンがある。2ℓで150psとか160ps。そのゾーンでは、あのボア×ストロークで、燃焼効率がいちばんいい。

兼坂　だけど、そんなことでは狙いが低いのじゃないですか。もっと出力を出さなければ、トヨタのシェアは奪えない。トヨタにあれだけのシェアを押さえられてしまって、他の自動車メーカーは非常に迷惑だ。その現状を肯定されては困る。

桜井　我われは、今が駄目だとは思っていないんですけども……。ただ技術は進歩し続けるものですから、次の時代もこれでいいと言ってるんじゃないですよ。

兼坂　それならば次の時代はどうするんですか。F1のようにするのでしょうか。

桜井　F1までの幅の中に、たくさんの段階がある。

兼坂　ということは、ストロークが短くなりつつあること……。

桜井　まあ、そういう方向へ行くでしょうね。けれども、レーシング・エンジンというのは、パワーバンドがそんなに広くなくてもいいし、

回転もかなり高い。そういう中での話ですから、そこにもうひとつ工夫がないと、単純にストロークを短くすることはできない。

兼坂 もちろんF1エンジンのままであれば、アイドリングだってよく回らない。そこで新技術を開発すれば、そういうエンジンでもアイドリングがきれいに回って、アイドル・トルクも出る、ということでしょう。

桜井 そういったことです。だから必要とするリッター当たり出力を満たす中で、F1エンジンとはいわないけれど、方向としてはそっちのほうへ行くでしょうね。

全開領域で、ストイキで燃やすなんて、信じない

——先ほどから話の中に出てきているリッター当たり出力ですが、それはどんなファクターで決まるんでしょうか。

兼坂 過給エンジンなら、ブースト圧だよ。

桜井 リッター当たり出力が何で決まるかといえば、原理的にはバルブ面積とピストン・スピードです。もちろんその他にも、抵抗が多いか少ないか、慣性効果を使うかどうかとか、いろいろありますけれどもね。

兼坂 つまり、回転数と体積効率なんだ。

桜井 そこでバルブ面積は、ボアと密接に関わりあっている。だからボア・ストローク比は、リッター当たり出力をどのくらいにするかによって、いかようにも変わる。

ただしリッター当たり出力が低いのに、ストロークが短く、ボアが大きいというのが、いちばん無駄で、効率的に悪い方向へ行ってしまう。

我われは、市販のエンジンについても、現状のリッター当たり出力で満足しているわけじゃない。次のステップでは、当然、今お話に出たようなことを考えていこうとしています。そういう意味では、F1やF2のエンジンが、一方の究極に近いところにある。そこまでの間のどの位置に、ひとつひとつの市販エンジンを持っていくかというのが、これからの我われの課題ですけれども。

——しかし兼坂さんがおっしゃるように、少なくとも現状の市販車を見る限り、F1エンジンでのレベルの高さは、あんまり反映されていないのじゃないだろうか。そのギャップを感じることは確かですね。

桜井 そう言われると、我われとしても返す言葉がないんですが……。けれども、おそらくこれからの数年の間に、今のF1の技術が、市販車に反映されていくと思います。

かつては、レースの技術が市販車に反映されるまで、ごく特殊なクルマを除いて、20年ぐらいかかったんですね。これからはかなり早いのじゃないでしょうか。

兼坂 うん。ところが、そこに問題があると思うんだな。F1の技術が市販車に反映してないのは、レギュレーションがまだ全然甘いからだ。リッター当たり4km走れとか、そういうことをやらなければ、F1テクノロジーが、実際のエンジンに反映してくるとは思えない。アウトバーンではあるかもしれないが。

——ただ、ホンダは本格的にF1に出てから、まだ3年ですよね。だから近い将来、F1から市販車へ、技術がフィードバックされるんだとしたら、あと3年は待ってもいいじゃないですか。

兼坂 そのときは、オレが土下座しているところの写真を、モーターファンに載せてもらおう(笑い)。オレはそのために毎日、柔軟体操をやってるからね。

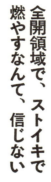

桜井　あと3年とはいわないですけれども、まあそのうちには……。

――全開領域で、ストイキで燃やすエンジンなんてのが、量産で出てくると面白いですね。

兼坂　そんなのが今のクルマでできてないのに、レースではやっているという。これがうそでなくて、何であろうか（笑い）。

桜井　いや、我われだって、そこに到達できるというのは信じられなかったんですから。

兼坂　オレは今でも信じてないもの。テスト・ベンチに招待してくれて、ストイキで回して、600ps／ℓ以上も出てるところを、この目で確かめさせてくれれば信ずるけれど……。オレはそれほど人間が甘くないんだ。いろんなキャバレーやバーで､女にだまされているから（爆笑）。

――ただ、2年前には220ℓで300㎞のレースを走るのにヒイヒイ言ってたクルマたちが、いまや195ℓをぴったり使って、300㎞をより速く走るようにはなりましたね。

兼坂　それはウエイストゲートが燃費を悪くしてないとか、ガソリンを冷却していないだとかいう、信じ難い話じゃなくて、空燃比をいくらか薄い加減にするか、シリンダーの冷却で、圧縮比をいくらか稼いでやれば、ちょうどそのくらいのところへいく。オレの胸算用ではそうなる。だって今までは、空燃比9ぐらいで回してたのを、12ぐらいにすればいい。そのくらいのことなんですよ。

ホンダ・システムはヨーロッパの階級社会への挑戦

桜井　しかしレースというのは、技術を急速に進歩させるものです。F1は2週間に1レースですが、我われは、その1レースごとに新しい技術を投入していこうというのを目指してきたんですけれどもね。

兼坂　いや、それは認めます。まさにそのとおりです。なんか話の成り行きでカリカリして、変な方向へ行きましたが、ぼくはそういう面では非常に高く評価しているんですよ。

ただ、現状の欠点は、欠点として認めないと、次は何をして、どこへ行くのかがわからない。日本人は、荷車を作れば、漆を塗ったり、彫刻をしたりしていて、永遠に本質的な進歩をしない。外国からトラックが入ってくれば、ばあっとトラックに集中して、他を追い越してしまう。そういう民族なんです。

ホンダのF1にしても、これだけの差をコンピューターで詰めるというのは、まったく日本人の得意技なんです。それは非常にいいことではありますが、しかしコンピューターライズするのは、ドイツ人でも、イタリア人でも、だれでもできます。

あなた方としても、ひとつの穴を深く掘れば掘るほど、周りが見えなくなるから、ぼくはそれを憂うるわけです。

ですから、ときどきは穴からひょいっと顔を出して、他に面白いところはないかな、というようなことを考えるべきなんだが、日本人は考えたがらない。

そこがおかしいんだし､そのために日本人はクリエイティブではない、ということになるんだ。

何も創造しないで、徹夜だけで優勝しやがって、この野郎（笑い）とか言われるわけ。

オレは、ディーゼル・エンジンの穴をひたすら掘っているだけの下らん男だけど、ホンダさんに心の底からお願いしたいのは、これだけ成長したんだから、無駄穴を掘って、オットーさんやディーゼルさんの国に、こういう穴を掘ったほうがいいですよ、というふうに教えられるようになってほしい。（注：ニコラス・アウグスト・オットーは、4サイクル・エンジンを完成、その作動原理を確立した。本格的な内燃機関の発明者だといえる。1832〜1891。ルドルフ・ディーゼルは、いうまでもなく圧縮着火機関の発明者。1858〜1915。ともにドイツ人である。蛇足ながら――）。

トヨタみたいに、ただ銭を儲けるだけで、レースをやるような余計な銭があったら、マネーゲームをやったほうが面白いというのでは、国際社会ではちょっとまずいと思うんだ。

それよりも、レースをやってくれたほうが、はるかにうれしいし、日本人として誇りに思うし、喜びでもある。感謝、尊敬の念にあふれていたんだけれど、ちょっと調子が狂って申し訳ありませんでした（笑い）。

桜井　そういうことで言うならば、ハードウェアとしての技術とか、ソフトウェア、知能化関係などの技術とか、それはお互いに競争ですから、半年止まっていたら、おそらく追い抜かれる。そういう状況にあるから、まだ公表はできないわけです。

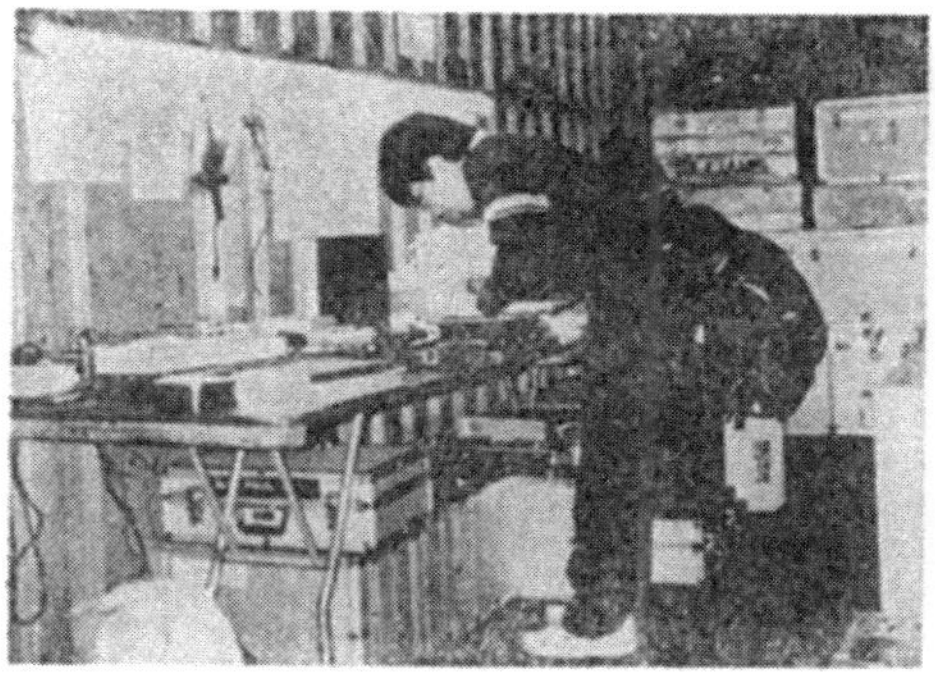

これがホンダ・チームの前戦基地。右の張り紙にはチェック項目が書き込まれている。

兼坂　それはいっこうにかまわない。

桜井　しかしホンダがＦ１をやっていて、彼らに対して何か新しいものを提示したことはあると思うのですね。それは基本的に方法論なんです。

　たとえばポルシェにしても、フェラーリにしても、ルノーにしても、いゆわるマイスター集団。エンジニアにしてもメカニックにしても、レースひとすじ20年というような人間がやっている。しかも彼らの社会を反映して、エンジニアとメカニックというのは、完全な階層社会を形成している。

　我われのほうはといえば、現在のチーム・メンバーで4年以上レースをやっている人間は、ほとんどいない。あとは3年以下で、1年生が半分という構成です。もちろん他の分野では開発もやり、技術者としての実力もあるけれど、レースに関しては素人の集団なんです。

　この素人集団が、マイスター集団を相手にして勝てるか、という挑戦でもあったわけです。

兼坂　つまり、階級社会に対する挑戦だな。

桜井　彼らは、同じ人間が何年もレースをやって、その中でノウハウを積み重ねてきているわけです。

　我われのほうは、スピリットは伝承していく。基本的な考え方や行動様式は、私の年代ならば、本田宗一郎からいつの間にか伝えられたものがある。ホンダの中にいれば、若い人だってそれは受け継いでいる。

　だけど技術は伝承するものではない。常に新しい。そして新たな人間がどんどんやってくる素人集団。階層はない。そのやり方で勝てるということは、彼らにとって、きわめてフレッシュな感覚なんです。

　現実に我われは、ウイリアムズ・チームと一緒にやってきたわけです。たとえば日本人は、朝から晩まで働くとよく言われる。でもウイリアムズのスタッフだって、レースが好きだから、やる奴は結構ハードに働いているわけですよ。

　けれども我われは、今年なんか2か月に1回ぐらいずつメンバーを交替させて、若い人がやってくる。そういう人たちが、来るとすぐに頑張って仕事をして、その結果にミステークがなく、ベストにかなり近いレースをやっていける。

　ウイリアムズ・チームなんかにとっても、それがなぜなのか、どうしてできるのか、ということになるんですね。

　そこを突き詰めていったとき、彼らも同じように変えようとする。けれども階級社会の壁、社会の基本的な慣習の壁がある。

　だから、日本が、我われホンダがレースを通して、彼らに多少なりとも何かを伝えているとすれば、その部分でしょうね。技術は競争だから、ある時点で、そうは公開できない。でもチーム運営、行動様式については、かなりのインパクトを与えていると思いますよ。

兼坂　うん、理解〳〵。彼らにとってはカルチャーショックだ。

　要するに、ヨーロッパはもちろん、アメリカにしても、ソ連にしても激烈な階級社会ですよ。日本だけが敗戦によって、うまいこと階級を失った。

たとえばイギリスのエンジニアが、メカニックに「たばこを吸わないか」と言う場合、たばこを取り出して、ぴっと放るはずですよ。手渡すことはしないと思う。

そういう社会と、日本のような均一な社会とでは、頑張りが違うね。共通の喜びになるわけだから。

ホンダが勝ったのは日本に階級がなくなったからだ

——欧米の人間にとっては、長い間の経験が下地にないと、エンジンもマシンもいじれないというのが常識だった。ところが、技術者であっても、レースに関しては1年未満の経験しかない人でも、頂点の技術を扱える。そこにもうひとつのカルチャーショックがあったと思うんです。それを可能にしたものは、何なんですか。

桜井　まず第一に、スピリットにおいて共通するものがなければいけない。圧倒的に勝つものを作ろう。そのためには、どんなリスクがあっても、新しい技術を入れていく。そういうことに共通の意識を持つわけです。多少の伝承はいるけれど、若い人もみんなその気になってやっている。

もうひとつの武器は、やっぱりデータですね。すべてをデータにしていく。経験とか勘に頼らないとすれば、共通の言葉はデータしかない。

たとえば、いろいろなサーキットがある。そこでの耐久性といっても、それぞれに違う。全開をキープする時間が5秒か10秒違えば、燃焼室の温度が10℃や20℃、すぐに変わってくるというようなことです。

そういうことをシミュレーションして、ベンチ・テストで全部分かるようにする。

あるいは、レース中にも燃費などのデータが1ラップごとに送られてくるというのは、先ほどもお話したとおりです。それだけじゃなくて、レースで走り終わってから、エンジンのコンピューターからデータを取り出す。どこのコーナーで、どこにシフトとしていて、どれだけの回転で、過給圧はいくつで、どういう加速をしたか。それが連続的に全部出てくるわけですよ。

そうやって研究所のテスト、現地のテスト、そしてレースまで、それを全部データにしていく。そこに悪いところが出ていれば、1年生でも10年生でもだれが見ても分かる。悪いところが分かれば、技術屋は必ず直す。この2年間、ずっとそういうやり方をとってきたわけですね。

マイスター集団から見れば素人である我われでも、そうやればできるんだなと、最近はデータを取り出したチームが、結構ありますよ。

その一方で、同じことを長い間やっていると、だんだん技術が私物化してくる。しかし今年の技術に対して、来年は完全に乗り越えなければ駄目だ。そしてまたその次の年も。常に乗り越えていく。

そのためには、同じ技術の筋から考えていたのでは駄目なんです。だから技術そのものの伝承はゼロ。現実をはっきり表すデータを積み重ねるんです。

この我われのやり方、素人集団で、システム化して進めていくというのは、現代的な方法、ある意味での近代化だろうと思うんですね。

それは欧米の人間にとって、相当なショックであると同時に、実際に現場でやっている人たちは、我われだってそういうシステムでやれば、自分の意見もいえるし、もっとやれるんだということを言ってますよ。

兼坂　とにかく今、日本は経済成長率が一番だ。円高でどうなるか分からないけど、そうなった最大の原因は、そしてホンダが勝ったのは、日本に階級がなくなったからだ。

明治の中ごろには、最低の階層に生まれた人でも、士官学校（注：陸軍幼年学校と海軍兵学校）に入れれば、将校になれるようになっていた。ヨーロッパでは、将校は貴族の職業だから、これは驚異だったね。

だから日本は強かったんです。それで戦争に勝ち、あらゆる面で伸びた。だけどそのための最大の要因は、国が滅びる最大の要因でもあるという歴史の法則に従って、日本はまた負けたわけだ。

そうしたら今度は、徹底的に階級をなくしてしまった。その結果として、ホンダの社員のすべてがレースに参加できる可能性がある。これは喜びですね。オレが若かったら、ホンダに入社したいと思うくらいだ（笑い）。

ポルシェにホンダを負かす技術を売り込みに行こう

——桜井さん、実際にF1をやってらっしゃって、やっぱり面白いですか。

桜井　ちょうど2年前、出ればリタイアみたいなときに「やれ」と言われて始めたんですが、そのときはもっと簡単に考えていた。レースは要素が少ない、そう思っていたんです。

そこで1か月ぐらいかけて改良したやつを持っていったら、7～8周で2台ともリタイアしちゃった。次のレースは過給圧を少し落として、堅くいこうとしたら、今度はビリ争いしてしまう。これは大変な世界だ。難しい。

難しいことなら、皆で全力を上げてやるだけの価値があるということで、本気で取り組んだんですよね。だから、それから今までは、いつも2～3時間しか寝ないようなことばっかりなんだけど、やっぱり充実していたんじゃないですかね。

この前、ポルトガルでチャンピオンが決まったときに、うれしいでしょうって言われたんだけれども、自分としては、半分はほっとした。もう半分はすごく淋しいって感じがしたんですね。

多分、ターゲットに向かってやっているときがいいんでしょうね。だから、たとえば来年を考えたときには、皆さんは、2年連続コンストラクターズ・チャンピオンとかおっしゃいますけれど、私としては、チームとしては、次の夢を求めていきたい。

2年連続というのは、1回やったことをもう1回やるということですからね。それをターゲットにするんじゃなくて、今までやってないことを狙ってみたいと思うのですね。

たとえばアイルトン・セナというドライバーがいる。ぼくは彼のことを、20年にひとりの天才だと思っているのですけれども、その天才とホンダ・エンジンの組み合わせで、どこまでいけるのか。

新しいレギュレーションができたとして、新しいマン＝マシンのあり方がどこまで追求できるのか。そういう次の夢を追いかけていきたいですね。

兼坂　ところで、最近2位を一番多く食っているのはどこですか。ホンダに優勝をさらわれているのは。

——マクラーレン・ポルシェでしょうね。

兼坂　そうか。オレがさっきからしつこくウエイストゲートを攻めたたのは、ウエイストゲートなしでもF1用のガソリン・エンジンを回せるというセオリーと、東大での実験結果もあるからなんだ。

じゃ、ポルシェにその話をしに行こうっと（笑い）。

今は国際化の時代だから、ホンダが負けて負け抜くところを、この頭の固い人たちのいる社会では駄目だということを、日本中に認識してもらう。そうすればオレは、日本の社会に貢献することになるのではなかろうか。これは早速ポルシェに出かけて行くことにしよう。

桜井　まあまあ、そうおっしゃらずに（笑い）。（了）

（まとめ：両角　岳彦）

あとがき

　モーターファン誌に連載中の「兼坂弘の毒舌評論」は、初めは四〜五回で終わる予定でいたが、40回を越えるに至った。一つには、次から次へと各メーカーから新エンジンが発表され、読者へのサービスを忘れて、自分自身の興味から熱中して書いたこと、次に、好意をもって愛読してくださる読者が多く、初対面の人が実は読者であったりして友人が増えたこと、第三に、日本のトップクラスのエンジン・デザイナーとの対談を通じて互いにインスピレーションを感じ合えたこと、それによって互いに視野を広げたこと、第四には、読者からの励まし言葉に三栄書房としても、小生も大いに喜び、これがばねになって長期連載となったのである。更に合本とした毒舌評論集に対する要望も強く、出版に至ったのである。

　毒舌評論集を出版するに当たって編集部からの要望は、これまでの36回の毒舌評論のすべてを合本にするのでは大きすぎるから、20ないし25をピックアップしろ、とのことであった。筆者としてはどのエンジンも個性的で（個性的なエンジンを選んだ結果として）印象深く、切り捨てることは苦痛であった。とくに、筆者の専門であるディーゼル・エンジンを自らの手でカットするのはつらかった。次の機会にはディーゼル・エンジン特集を出したい、と思っている。

　この評論集は、もちろん、改訂版である。筆者の思い違い、ミスプリントとか、特に図にミスが多かったので、全面的に見直し補正をした。この中で筆者がエンジン設計者、実験者を痛罵することは、もちろん本意ではなく、ユーザーの中でも特に技術的に興味を持つ代表としての読者に、自動車用エンジンの現在から将来への技術的発展への可能性を認識してもらい、日本の自動車技術を草の根のレベルから押し上げたい、と熱望したからである。

（一九八八年十一月）

毒舌評論が発表されたモーターファン誌バックナンバー

タイトル	年/月号
いでよ画期的エンジン	83/9
トヨタ	
4A-GEUエンジン	84/1
カリーナ用4A-ELU	84/10
1G-GZEUスーパーチャージド・エンジン	86/2
ツインカム24・ツインターボ1G-GTEU	86/5
ニッサン	
VGエンジン	83/10
プラズマRB20E	85/4
VG20E・Tジェット・ターボ	85/11
プラズマRB20DE/RB20DET	85/12、86/1
フェアレディZRセラミック・ターボチャージャー	86/3
VG30DEツインカム24バルブ・エンジン	86/9
ホンダ	
VE（1・3ℓ）/EW（1・5ℓ）型エンジン	84/3
ZCエンジン	85/2
B20A/B18Aエンジン	85/10
レジェンドC25A/C20A	86/6
マツダ	
ロータリー13B　SI（スーパーインジェクション）	84/4
13Bロータリー・ターボ	86/4
三菱	
シリウスDASH3×2インタークーラー付ECIターボ	84/9
MMCサイクロン・エンジン	86/8
ヤマハ	
FX750　5バルブ・エンジン	85/9
セラミックの虚像と実像	84/11
セラミックの夢はマボロシか!?	85/5
対談　CVT技術論	86/6・7
対談　常識を超えたホンダ・パワーが世界を制するとき	86/12、87/1

著者紹介
兼坂 弘

1923年生まれ。日本大学高等工学校卒業。
1942年、いすゞ自動車エンジン設計部入社。1978年いすゞ自動車退社後は、フリーのエンジン・コンサルタントおよびモータージャーナリストとして活躍。その歯に衣着せぬ文章は人気を集め、また後の国産エンジン技術力の底上げにも貢献した。晩年は、ディーゼルエンジンの排出力ガス浄化システムの開発に尽力。2004年没。

毒舌評論
究極のエンジンを求めて
2017年11月25日　初版発行

著　者　　兼坂　弘
発行者　　鈴木賢志

発行所　　株式会社 三栄書房
〒160-8461 東京都新宿区新宿6-27-30 新宿イーストサイドスクエア7F

発売所　　株式会社 復刊ドットコム
〒105-0012 東京都港区芝大門2-2-1 ユニゾ芝大門二丁目ビル
電話 03-6800-4460（代） http://www.fukkan.com/

印刷・製本　シナノ書籍印刷株式会社

ISBN978-4-8354-5521-1 C3053 Printed in Japan

※本書は1988年に三栄書房より刊行された同名本を底本とした復刻版です。
※本書は1988年に刊行された書籍を復刻しており、現在の常識から鑑みると差別的と捉えられる表現が含まれているかもしれません。しかし著者には執筆当時、徒に差別を助長する意図はなかったと推察されます。著者は故人となっており、また作品を尊重する上でも、本書では旧来のテキストのまま収録することといたしました。